KB197325

보리 생태 사전

생태전환교육의 시작

보리 생태사전

1판 1쇄 펴냄 2025년 1월 2일

기획 · 윤구병
세밀화 · 강성주, 권혁도, 김찬우, 문병두, 박소정, 박신영, 백남호,
손경희, 송인선, 안경자, 옥영관, 윤봉선, 윤은주, 윤종진, 이우만,
이원우, 이제호, 이주용, 임병국, 장순일, 정태련, 조광현, 천지현
글 · 강병화, 강태화, 김성수, 김용심, 김익수, 김종범, 김종현, 김준호,
김진일, 김창석, 김태우, 김현태, 명정구, 민미숙, 박병상, 박인주,
백문기, 변봉규, 석순자, 신유항, 신이현, 심재한, 안완식, 오홍식,
이건휘, 이만영, 임경빈, 장용준, 전광진, 전동준, 차진열, 최득수,
황정훈, 보리 편집부

편집 · 전광진, 김소영, 김용란
디자인 · 이안디자인

제작 · 심준엽
영업마케팅 · 김현정, 심규완, 양병희
영업관리 · 안명선
새사업부 · 조서연
경영지원실 · 노명아, 신종호, 차수민
인쇄와 제본 · (주)상지사 P&B

펴낸이 · 유문숙
펴낸 곳 · (주)도서출판 보리
출판 등록 · 1991년 8월 6일 제9-279호
주소 · (10881) 경기도 파주시 직지길 492
전화 · 031-955-3535 전송 · 031-950-9501
누리집 · www.boribook.com 전자 우편 · bori@boribook.com

값 60,000원

보리는 나무 한 그루를 베어 낼 가치가 있는지 생각하며 책을 만듭니다.

ISBN 979-11-6314-381-9 61470

생태전환교육의 시작

보리 생태 사전

윤구병 | 기획

보리 사전 편집부 | 엮음

보리

기획자의 말

보리출판사가 이 땅에 살아가는 동식물을 세밀화로 기록해 온 지 삼십 년이 다 되어 갑니다. 삼십 년 전에는 흔히 볼 수 있던 생명체들을 지금은 쉽게 볼 수 없게 되었지요. 논밭에 농약을 뿌리면서, 바다를 모래로 메우고 땅을 넓히면서, 산림을 허물어 도시와 도로를 만들면서 말이에요. 또 우리의 삶은 무척 편리해졌는데 지구는 점점 뜨거워지고 있습니다. 급격한 기후 변화 때문에 때 아닌 가뭄이나 큰물이 지고, 말 못 하는 생명체들은 몸살을 앓습니다. 해마다 꿀벌 수가 줄어들어 식물의 꽃가루받이도 점점 힘들게 되었습니다. 꿀벌이 없으면 우리가 먹는 채소며 곡식이며 과일나무가 열매를 맺을 수 없고, 씨앗도 퍼뜨릴 수 없으니 당장 우리 삶에도 영향을 끼칩니다. 생물들은 생태계에서 끊임없이 서로 영향을 주고받으며 살아가기 때문에 어느 하나가 사라지면 그 균형이 깨지고 맙니다. 이 기후 위기 시대에 우리는 어떻게 다른 생명체들과 더불어 살아갈 수 있는지, 어떻게 하면 다양한 생물을 보전하고 생태와 환경을 지킬 수 있는지 길을 찾아야 합니다. 그 길로 가는 첫걸음으로 우리 둘레에 어떤 생명체들이 살아가는지 아는 것부터 시작해 보면 어떨까요?

《보리 생태 사전》은 그동안 보리출판사가 꾸준히 개발해 온 세밀화를 집대성하여 사전 형식으로 엮은 책입니다. 보리출판사가 사진 도감이 아닌 세밀화 도감에 눈길을 돌린 까닭은 다른 데 있지 않습니다. 사진은 생물들의 생태를 보여 주는 데 아주 큰 몫을 해 왔지만, 그 나름으로 한계가 있기 때문입니다. 카메라의 눈은 기계 눈이어서 생명체의 특정한 부분은 도드라지게 담아낼 수 있지만, 모든 부분에 초점을 맞추어 온전하게 보여 줄 수 없습니다. 그러나 살아 있는 사람의 눈은 기계 눈과 달리 구석구석까지 초점을 맞추어 그려 낼 수 있고, 또 사진 수십 장의 정보를 세밀화 한 점에 모두 담아 그려 낼 수 있으니 과학적일 뿐 아니라 매우 아름답습니다. 이 책에는 우리나라에 사는 동물, 식물, 버섯, 원생생물 1,602종의 세밀화가 담겨 있습니다. 바닷물고기, 딱정벌레, 나비, 잠자리 같은 종들은 양이 너무 많아 대표적인 것들만 담았는데, 여러분이 둘레에서 흔히 볼 수 있는 종들은 이 사전 한 권이면 충분히 찾아볼 수 있습니다.

《보리 생태 사전》은 여러 가지 방법으로 쉽게 찾아볼 수 있도록 편집에 공을 들였습니다. 이름을 알면 국어사전처럼 가나다차례로 찾아볼 수 있고, 분류 순서에 따라 그림으로도 찾아볼 수 있습니다. 북녘 이름과 지방마다 부르는 다른 이름, 영어 이름으로도 찾아볼 수 있습니다.

한살이, 생김새, 사는 곳, 분류 같은 여러 생물의 생태 정보도 일목요연하게 알 수 있습니다. 한눈에 알아볼 수 있도록 저마다 한 해 동안 어떻게 살아가는지 알 수 있는 시기 정보나 중요한 생태 정보를 꼼꼼하고 알뜰하게 표와 아이콘으로도 시각화했습니다. 꼭 알아야 할 생태계 정보나 생물의 진화, 동물과 식물의 갈래마다 지닌 특징들은 따로 부를 나누어 구성했습니다.

온 가족이 이 책을 돌려 보면서 함께 즐기시기 바랍니다. 여러분을 자연과 생명의 세계로 이끌어 주는 길잡이가 될 것입니다.

2024년 9월
엮은이를 대표하여
기획자 윤구병

일러두기

1. 이 책에는 우리나라에 살고 있는 생물 1,602종의 세밀화와 생태 정보를 담았다.

2. 책의 구성은 다음과 같다.

   1부 생물의 다양성에는 우리나라에 사는 동식물과 버섯, 원생생물의 이름을 가나다차례로 늘어놓았다. 생물은 한 종씩 세밀화로 보여 주고, 한살이를 중심으로 설명하였다. 생김새, 사는 곳, 먹이, 다른 이름, 분류 따위의 요약 정보를 설명글 맨 밑에 덧붙이고, 여러 아이콘을 써서 설명을 도왔다.

   2부 자연과 생태계에는 생태계의 원리와 생물의 갈래별 특징을 설명하였다.

   3부 그림 모아 보기에는 동식물 세밀화를 분류 순서로 늘어놓아 생김새가 비슷한 것들끼리 모아 볼 수 있게 하였다.

   4부 다름 이름 찾아보기에는 우리 이름과 영어 이름 찾아보기를 담았다. 우리 이름은 가나다차례로 늘어놓고, 영어 이름은 ABC 순으로 늘어놓았다.

3. 동물계, 균계, 원생생물계의 이름과 분류 기준은 환경부 국립생물자원관의 〈국가생물종목록〉을 따랐다. 다시마, 미역 같은 유색조식물계는 원생생물계로 구분하였다. 식물계의 이름과 분류 기준은 산림청 국립수목원의 〈국가표준식물목록〉을 따랐다.

4. 생물종의 다른 이름은 북녘 이름, 지역이나 지방마다 달리 부르는 이름, 영어 이름 순으로 늘어놓았다. 북녘 이름은 어깨 글자로 '북'이라고 표시하였다. 영어 이름은 흔히 쓰는 종 이름을 넣었으나 간혹 여러 종을 아우르는 이름을 넣었다.

   예. 개암버섯[북], 눈달치[북] / 목련 Lilytree, 진홍색방아벌레 Click beetle

5. 맞춤법과 띄어쓰기는 국립국어원 누리집에 있는 《표준국어대사전》을 따랐다. 다만, 전문 용어를 풀어 쓴 경우에는 띄어쓰기를 하지 않았다. 또 생물의 분류에서 과 이름에는 사이시옷을 적용하지 않았다.

   예. 뿌리 목 ➜ 뿌리목 / 고양잇과 ➜ 고양이과, 소나뭇과 ➜ 소나무과

6. 이 책은 보리출판사의 세밀화 도감들을 바탕으로 엮었다.

   〈세밀화로 그린 보리 큰도감〉 11권 | 〈세밀화로 그린 보리 어린이 도감〉 17권

   〈세밀화로 그린 보리 산들바다 도감〉 18권 | 〈도토리 주머니도감〉 3권

7. 본문 구성

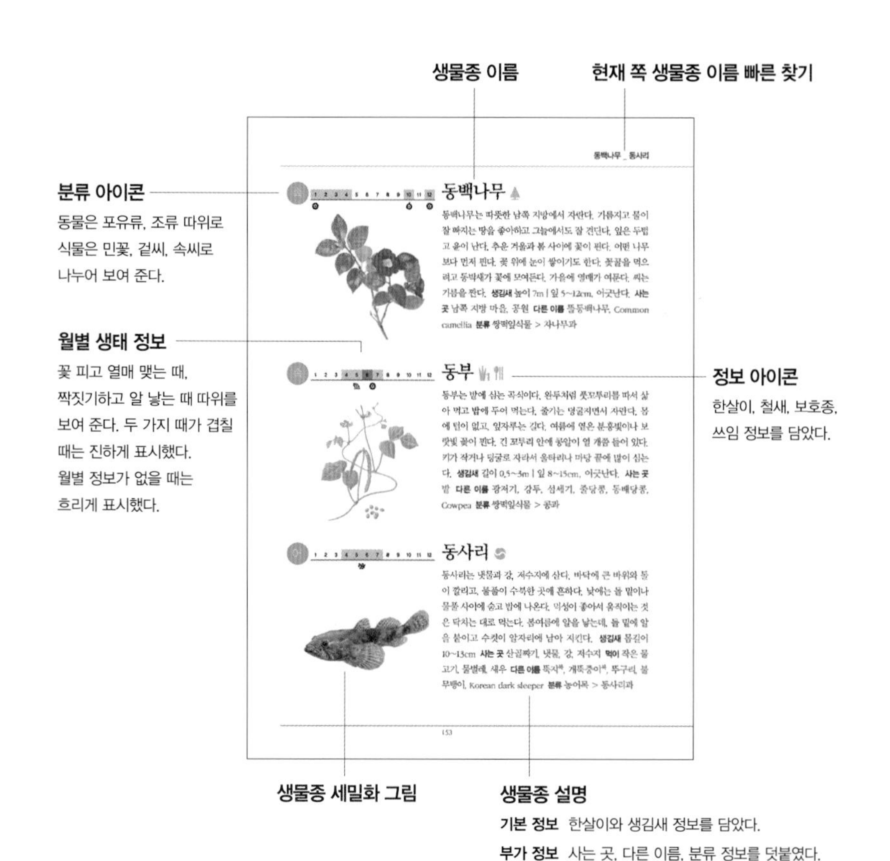

기본 정보 한살이와 생김새 정보를 담았다.

부가 정보 사는 곳, 다른 이름, 분류 정보를 덧붙였다.

아이콘 정보

1. 생물종을 아래와 같이 분류하고, 저마다 다른 색으로 표시했다. 무척추동물 가운데 곤충은 종 수가 많아서 따로 분류하였다.

원	**원생생물계**	
민	**식물계**	민꽃식물
겉		겉씨식물
속		속씨식물
균	**균계**	버섯
무	**동물계**	무척추동물 (곤충 제외)
곤		곤충
어		어류
양		양서류
파		파충류
조		조류
포		포유류

2. 생물종 이름 옆에 있는 아이콘의 뜻은 다음과 같다. 우리나라 보호종과 고유종은 국립생물자원관에서 제공하는 '국가가 지정·관리하는 생물' 목록을 따랐다.

- 큰키나무
- 작은키나무
- 떨기나무
- 덩굴나무
- 한해살이풀
- 두해살이풀
- 한두해살이풀
- 여러해살이풀
- 갖춘탈바꿈 하는 곤충
- 안갖춘탈바꿈 하는 곤충
- 여름 철새
- 겨울 철새
- 텃새
- 나그네새
- 우리나라 보호종
- 우리나라 고유종

- 음식으로 먹는 것
- 약으로 쓰는 것
- 독이 있는 것

3. 월별 생태 정보를 표시한 아이콘의 뜻은 다음과 같다.

- 식물을 심는 때
- 꽃이 피는 때
- 열매가 맺는 때
- 어른벌레가 보이는 때
- 짝짓기를 하는 때
- 알을 낳는 때
- 겨울잠을 자는 때

생김새 정보 *생물종의 크기나 몸길이를 재는 기준은 다음과 같다.

1. **식물** 곧게 자라는 식물은 가장 긴 쪽을 재고, 덩굴로 자라는 식물은 덩굴 길이를 잰다. 홑잎은 잎몸을 재는데, 잎자루를 뺀 잎의 가장 긴 쪽을 잰다. 겹잎은 대부분 쪽잎 길이를 표시했다.

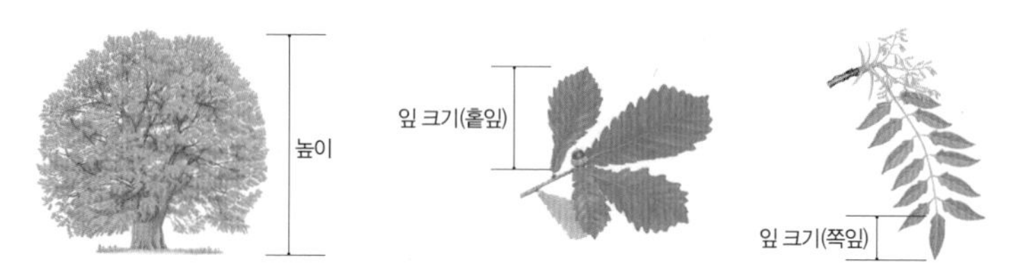

2. **동물** 몸에서 가장 긴 길이를 잰다. 포유류는 꼬리 길이를 뺀 코끝에서 엉덩이까지 길이를 재고, 어류는 꼬리지느러미를 뺀 주둥이 끝에서 꼬리자루 끝까지 길이를 잰다. 조류 가운데 참새는 부리 끝부터 꼬리 끝까지, 백로는 부리 끝부터 발끝까지 잰다. 파충류 거북 무리는 등딱지 길이를 잰다. 무척추동물의 게 무리는 등딱지 크기, 조개 무리는 껍데기 크기, 나비는 날개 편 길이를 잰다.

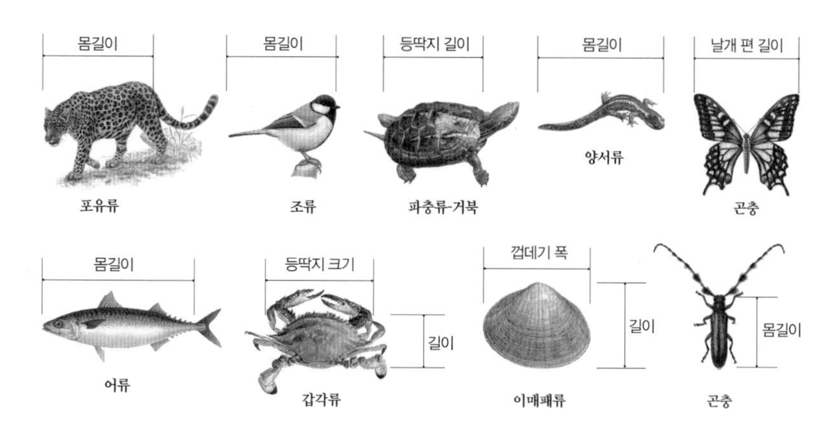

3. **버섯** 갓이나 머리가 분명한 버섯은 갓이나 머리 크기를 표시했다. 대가 없는 덩어리 모양 버섯은 가로×세로 길이로 표시했다.

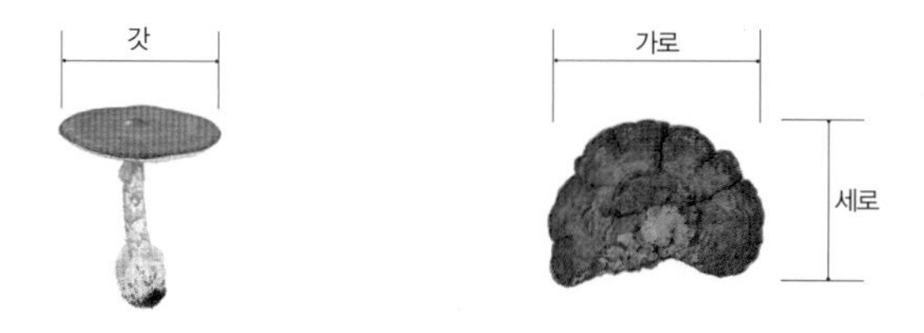

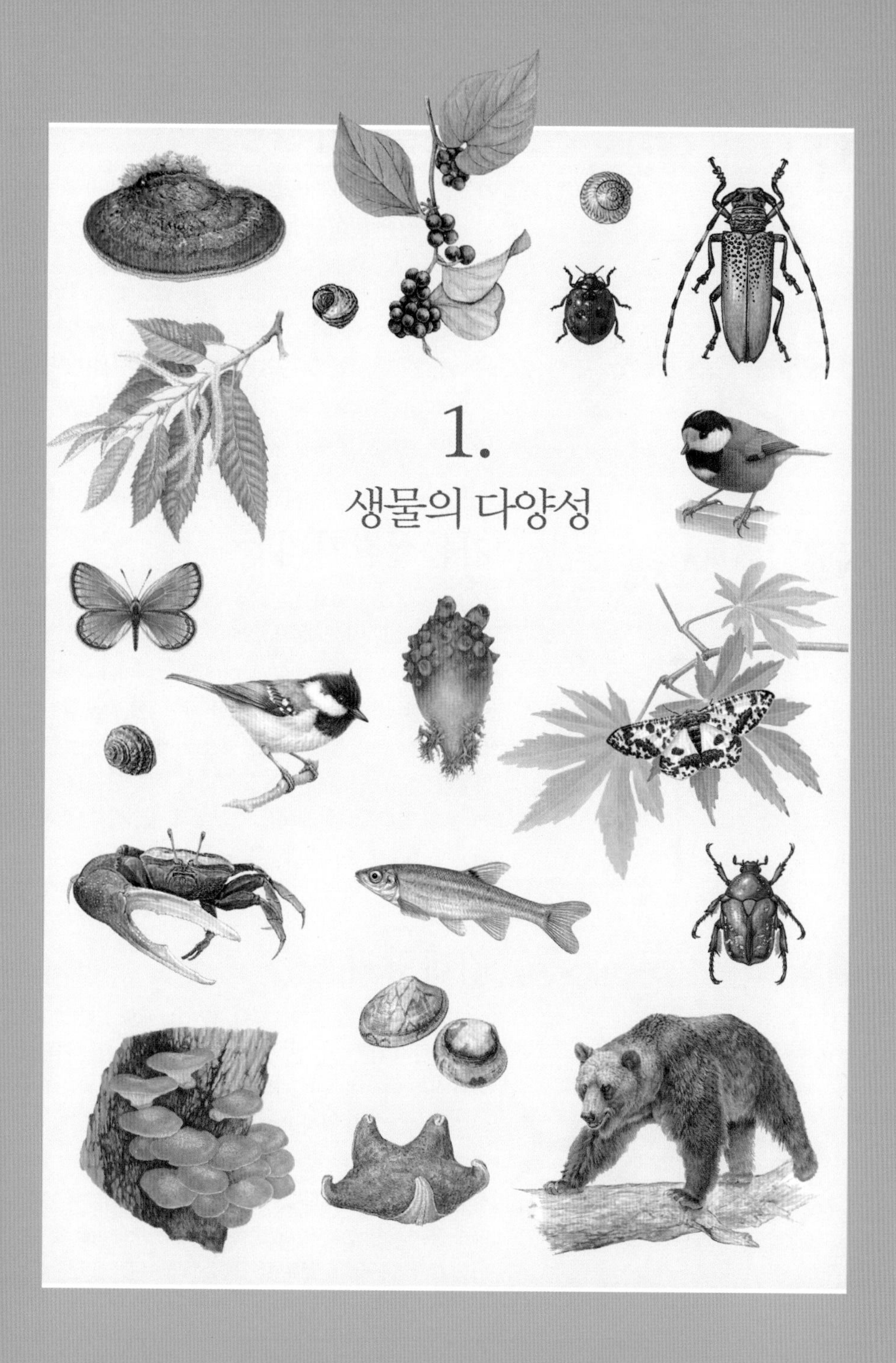

1.
생물의 다양성

어 1 2 3 4 5 6 7 8 9 10 11 12

가는돌고기

가는돌고기는 돌고기와 많이 닮았는데 몸이 더 가늘고 길다. 산골짜기에도 살지만 냇물에 더 흔하다. 맑은 물이 흐르고 자갈이 깔린 곳에서 산다. 깊은 곳보다 얕은 곳을 더 좋아하며 자갈 사이를 이리저리 헤엄쳐 다닌다. 돌에 낀 돌말을 톡톡 쪼아 먹거나 물벌레를 입으로 쿡쿡 찌르듯이 집어 삼킨다. 우리나라에만 사는데 아주 드물다. **생김새** 몸길이 8~10cm **사는 곳** 산골짜기, 냇물, 강 **먹이** 돌말, 물벌레 **다른 이름** Slender shiner **분류** 잉어목 > 모래무지아과

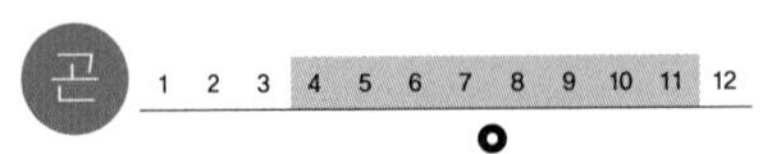

가는실잠자리

가는실잠자리는 몸이 실같이 가늘고 길다. 몸 색은 옅게 푸른빛이 돈다. 실잠자리는 날개를 접어 몸에 붙이고 앉는다. 날개 힘이 약해서 물 위에 떠 있는 풀잎이나 나뭇가지에 자주 앉아 있다. 작은 연못이나 저수지에 알을 낳는다. 물 위에 떨어뜨려 놓거나 물풀 줄기, 잎에 붙여 놓는다. **생김새** 몸길이 34~38mm **사는 곳** 애벌레_냇물, 논물 | 어른벌레_물가 **먹이** 애벌레_물벼룩, 장구벌레, 실지렁이 | 어른벌레_작은 날벌레 **분류** 잠자리목 > 청실잠자리과

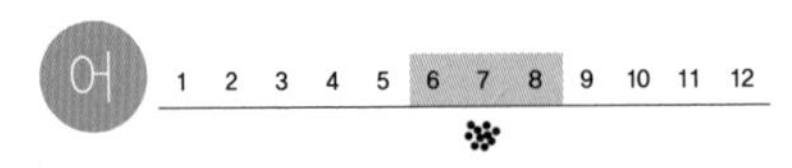

가다랑어

가다랑어는 따뜻한 물에서 산다. 봄에 남해로 올라오고 추워지면 다시 남쪽으로 간다. 수천수만 마리가 물낯 가까이에서 아주 빠르게 헤엄쳐 다닌다. 잠을 잘 때도 헤엄을 친다. 작은 물고기를 잡아먹고 오징어나 게나 새우도 먹는다. 가다랑어는 다랑어 무리 가운데 가장 많이 잡힌다. 참치 통조림을 만든다. **생김새** 몸길이 50~100cm **사는 곳** 남해, 제주 **먹이** 작은 물고기, 오징어, 게, 새우 **다른 이름** 강고등어[북], 가다리, Bonito **분류** 농어목 > 고등어과

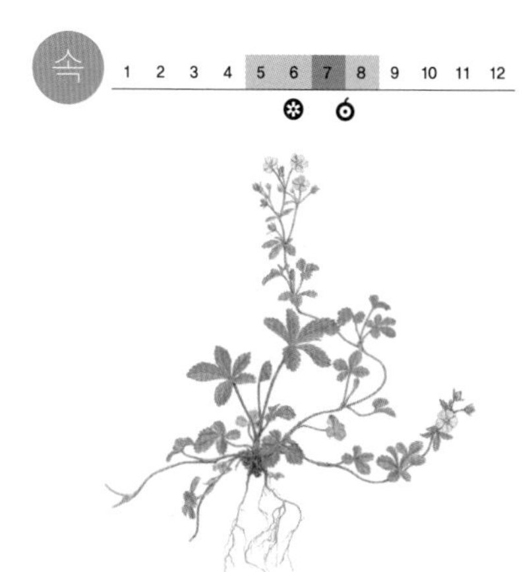

가락지나물

가락지나물은 논둑이나 밭둑, 물가, 길가, 산기슭에서 자란다. 줄기 아래쪽은 비스듬히 눕고 위쪽은 곧게 선다. 잎은 손가락 모양처럼 생겼다. 잎에 털이 드문드문 나 있다. 봄여름에 노란 꽃이 줄기 끝에 모여서 핀다. 꽃이 뱀딸기 꽃과 닮았다. 꽃으로 가락지를 만들며 놀았다고 한다. 열매는 달걀처럼 생겼다. **생김새** 높이 20~60cm | 잎 1~5cm, 모여나거나 돌려난다. **사는 곳** 논둑, 밭둑, 물가, 길가, 산기슭 **다른 이름** 쇠스랑개비[북], 소스랑개비, Anemone cinquefoil **분류** 쌍떡잎식물 > 장미과

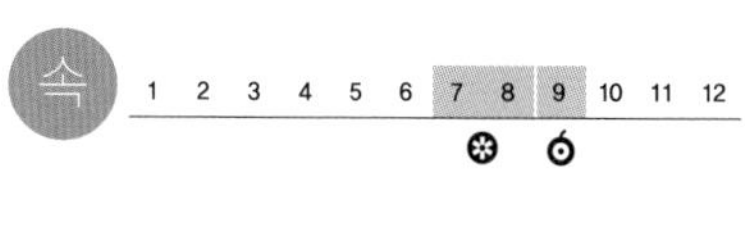

가래

가래는 논이나 연못, 저수지 같은 물에서 자란다. 잎이 흙을 파는 농기구인 가래를 닮았다. 뿌리줄기가 옆으로 뻗으면서 잘 퍼진다. 물속에서 이리저리 구부러지면서 자란다. 잎은 물에 떠 있는 잎과 물속에 잠긴 잎이 길이나 생김새가 다르다. 여름에 꽃대가 물 밖으로 올라와서 노르스름한 풀빛 꽃이 핀다. **생김새** 높이 1m | 잎 5~10cm, 어긋난다. **사는 곳** 논, 연못, 저수지 **다른 이름** 긴잎가래, Pondweed **분류** 외떡잎식물 > 가래과

속 1 2 3 4 5 6 7 8 9 10 11 12

가래나무

가래는 호두같이 생겼다. 양 끝이 뾰족하면서 갸름하다. 가래나무는 추운 곳을 좋아해서 중부 지방이나 더 북쪽에 흔하다. 키가 무척 크게 자란다. 잎은 윤이 나고 가장자리가 매끈하다. 열매의 겉껍질은 풀색인데 속에 있는 밤빛 씨앗이 가래이다. 호두보다 길쭉하고 더 단단하다. 호두처럼 씨앗 속에 속살이 있다. 고소하고 맛이 좋다. **생김새** 높이 20~25m | 잎 6~18cm, 어긋난다. **사는 곳** 산기슭, 계곡 **다른 이름** 추자나무, Manchurian walnut **분류** 쌍떡잎식물 > 가래나무과

1 2 3 4 5 6 7 8 9 10 11 12

가리맛조개

가리맛조개는 민물이 흘러드는 갯고랑이나 펄 갯벌에 무리 지어 산다. 서해와 남해에서 많이 난다. 갯바닥에 굴을 파고 산다. 굴은 펄 속으로 곧게 뻗고, 20~60cm나 될 만큼 깊다. 다른 조개와 달리 조가비가 네모나다. 겉이 주름져 있는데 얇아서 잘 깨진다. 소금물에 담가 모래나 펄 흙을 빼내고 먹는다. **생김새** 크기 10×3cm **사는 곳** 서해, 남해 펄 갯벌 **다른 이름** 맛[북], 참맛, 맛살조개, Constricted tagelus **분류** 연체동물 > 작두콩가리맛조개과

1 2 3 4 5 6 7 8 9 10 11 12

가마우지

가마우지는 흔히 바닷가에서 4~5마리씩 무리 지어 산다. 우리나라에 한 해 내내 살고 동해나 제주도, 거제도 바닷가 바위에서 볼 수 있다. 가마우지의 '가마'는 검다는 뜻이고, '우지'는 깃털이라는 뜻이다. 이름처럼 검다. 물새 가운데 잠수를 가장 잘해서 물속에서 1분 남짓 버틴다. 부리 끝이 갈고리처럼 굽어 있어 물고기를 물면 잘 놓치지 않는다. **생김새** 몸길이 80cm **사는 곳** 동해, 남해 바닷가 **먹이** 물고기 **다른 이름** 바다가마우지[북], Cormorant **분류** 사다새목 > 가마우지과

1 2 3 4 5 6 7 8 9 10 11 12

가막사리

가막사리는 논, 도랑, 개울가, 늪에 흔히 자란다. 기름진 땅을 좋아하는데 논에 많이 난다. 줄기는 꼿꼿하고 아주 길다. 여름, 가을에 꽃이 핀다. 한 송이처럼 보이지만 작은 꽃들이 모여 핀다. 열매는 가을에 여물어서 두 갈래로 갈라진다. 씨앗이 도깨비바늘과 닮아서 가시가 있다. 사람 옷이나 짐승 몸에 붙어서 멀리 퍼진다. **생김새** 높이 20~150cm | 잎 4~13cm, 마주난다. **사는 곳** 논, 도랑, 개울가, 늪 **다른 이름** 가막살, Three-lobe beggartick **분류** 쌍떡잎식물 > 국화과

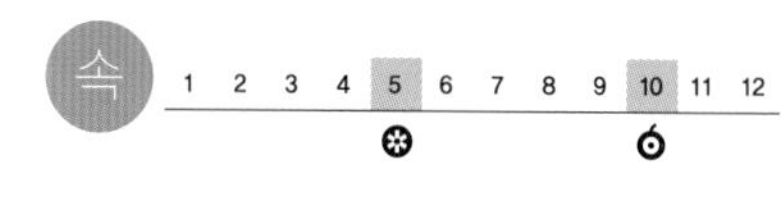

가막살나무

가막살나무는 볕이 잘 드는 낮은 산 중턱에서 자란다. 어린 가지는 붉은 밤빛인데 거친 털이 있다. 잎에도 털이 있다. 봄에 자잘한 하얀 꽃이 우산 꼴로 핀다. 가을에 길쭉한 열매가 빨갛게 익는다. 빨간 열매는 겨울에도 내내 가지에 달려 있다. 말렸다가 달여서 약으로 쓰거나 술을 담근다. **생김새** 높이 2~3m | 잎 6~12cm, 마주난다. **사는 곳** 볕이 잘 드는 낮은 산 **다른 이름** Linden viburnum **분류** 쌍떡잎식물 > 인동과

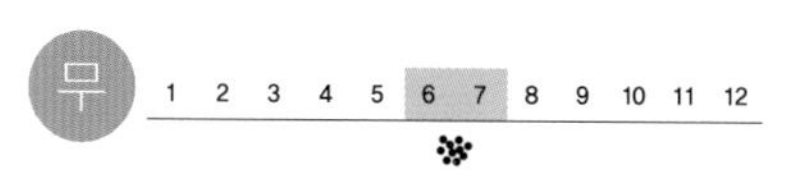

가무락조개

가무락조개는 모래가 조금 섞인 고운 펄 갯벌에 산다. 갯바닥으로 얕게 파고들어 가서 산다. 껍데기가 까맣다고 이런 이름이 붙었다. 허옇거나 잿빛, 밝은 밤색도 있다. 흔히 모시조개라고 한다. 껍데기는 둥글고 볼록한데 꼭지가 한쪽으로 조금 꼬부라진다. 맑은 국을 끓여서 많이 먹는다. **생김새** 크기 5×5cm **사는 곳** 서해, 남해 펄 갯벌 **다른 이름** 가무레기[북], 모시조개, 깜바구, 날추, Black clam **분류** 연체동물 > 백합과

가문비나무

가문비나무는 북부 지방 높은 산에서 자란다. 여러 나무가 모여서 울창한 숲을 이루며 자란다. 무척 더디게 자라서 20년이면 2m쯤 자란다. 바늘잎은 납작하고 살짝 구부러지고 끝이 뾰족하다. 윤기가 난다. 나무는 더디 자라지만 줄기가 곧아서 좋은 목재가 된다. 잎과 송진은 약으로 쓴다. **생김새** 높이 40m | 잎 1~2cm, 모여난다. **사는 곳** 북부 지방 높은 산 **다른 이름** 감비나무, 삼송, Dark-bark spruce **분류** 겉씨식물 > 소나무과

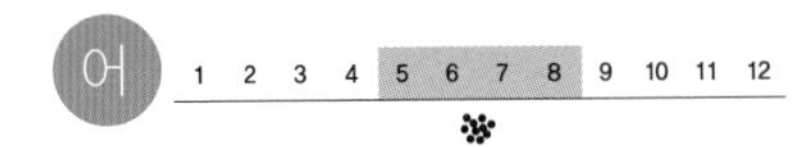

가물치

가물치는 몸집이 아주 크다. 물풀이 우거지고 바닥에 진흙이 깔린 고인 물에서 잘 산다. 물벌레, 지렁이부터 물고기, 개구리까지 잡아먹는다. 살갗으로도 숨을 쉬어서 물 밖에서도 잘 견딘다. 진흙 바닥을 기어다니기도 한다. 가물면 진흙 속에 들어가 있고, 겨울에는 진흙 속에서 아무것도 안 먹고 잠자듯이 지낸다. **생김새** 몸길이 30~80cm **사는 곳** 늪, 저수지, 연못, 냇물, 강 **먹이** 물벌레, 물고기, 개구리, 지렁이 **다른 이름** 까마치, 감시, 메물치, Northern snake head **분류** 농어목 > 가물치과

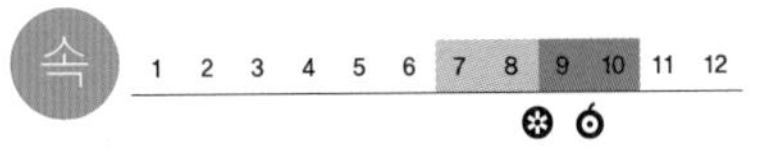

가새쑥부쟁이

가새쑥부쟁이는 볕이 잘 드는 산기슭이나 들에서 자란다. 물기가 조금 있는 땅을 좋아한다. 쑥부쟁이와 닮았는데 가지를 더 많이 치고, 잎 가장자리 톱니가 더 두드러진다. 줄기는 곧게 서고 군데군데 털이 있다. 여름부터 가을 동안 가지 끝에 연보랏빛 꽃이 핀다. 씨앗은 솜털이 달려 있어서 바람을 타고 퍼진다. **생김새** 높이 1~1.5m | 잎 8~10cm, 모여나거나 어긋난다. **사는 곳** 산기슭, 들 **다른 이름** 개쑥부쟁이, 가새쑥부장이, 들국화, Incised-leaf aster **분류** 쌍떡잎식물 > 국화과

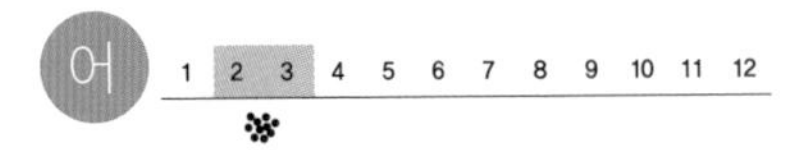

가숭어

가숭어는 우리나라 모든 바다에 사는데 서해에 더 많다. 숭어와 생김새와 사는 모습이 닮았는데 숭어보다 크다. 여름에 민물이 섞이는 강어귀로 몰려온다. 강을 거슬러 올라오기도 한다. 물 바닥을 돌아다니면서 펄을 뒤져서 갯지렁이나 새우 따위를 잡아먹는다. 숭어처럼 물 위로 잘 뛰어오른다. 겨울에 많이 잡아서 회나 구이로 먹는다. **생김새** 몸길이 1m 안팎 **사는 곳** 서해, 동해, 남해 **먹이** 갯지렁이, 새우, 물이끼 **다른 이름** 참숭어, 시렘이, Redlip mullet **분류** 숭어목 > 숭어과

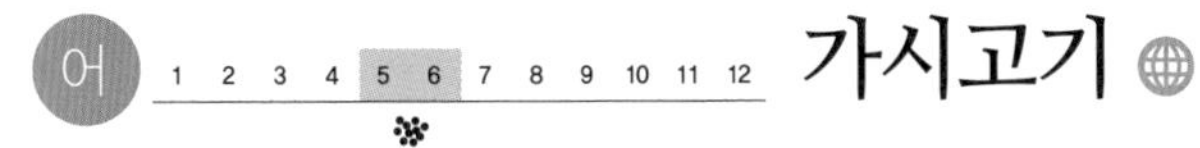

가시고기

가시고기는 등에 작고 뾰족한 가시가 8~9개 줄지어 나 있다. 맑은 물이 흐르는 냇물이나 강에 산다. 물풀이 수북한 곳에 지내면서 깔따구 애벌레나 실지렁이, 물벼룩과 새우를 잡아먹는다. 수컷이 동그란 둥지를 짓고, 암컷을 데려와 알을 낳은 뒤, 둥지를 틀어막는다. 수컷은 새끼가 깨어날 때까지 둥지를 지킨다. **생김새** 몸길이 5cm **사는 곳** 강, 냇물 **먹이** 작은 물벌레, 새우, 실지렁이, 물벼룩 **다른 이름** 달기사리[북], 부어[북], 침고기, Chinese ninespine stickleback **분류** 큰가시고기목 > 큰가시고기과

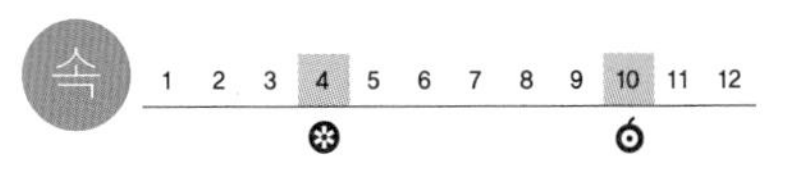

가시나무

가시나무는 따뜻한 남쪽 지방과 제주도 산골짜기에서 잘 자란다. 다른 참나무처럼 도토리가 달리지만, 겨울에도 잎이 푸른 늘푸른나무다. 이름은 가시나무지만 가시는 없다. 도토리깍정이에 골이 여러 개 진다. 도토리는 먹을 수 있지만 너무 잘아서 가루가 많이 안 나온다. 남쪽 지방에서는 마당에 심거나 바닷바람을 막는 울타리로 심어 기르기도 한다. **생김새** 높이 20m | 잎 7~12cm, 어긋난다. **사는 곳** 산골짜기 **다른 이름** 정가시나무, Bamboo-leaf oak **분류** 쌍떡잎식물 > 참나무과

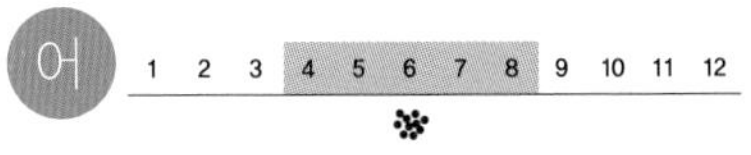

가시납지리

가시납지리는 등에 가시가 있다. 냇물이나 강, 저수지에 살고 탁한 물을 좋아한다. 작은 물벌레를 잡아먹거나 물에 떠 있는 작은 물풀을 먹는다. 알 낳을 때가 되면 수컷은 혼인색을 띠고, 암컷은 산란관이 나온다. 조개 몸속에 알을 300개 정도 낳는다. 납자루 무리 물고기들처럼 조개가 알을 지키는 셈이다. **생김새** 몸길이 8~12cm **사는 곳** 냇물, 강, 저수지 **먹이** 물벌레, 물풀 **다른 이름** 가시납저리[북], 행지리, Korean spined bittering **분류** 잉어목 > 납자루아과

가시닻해삼

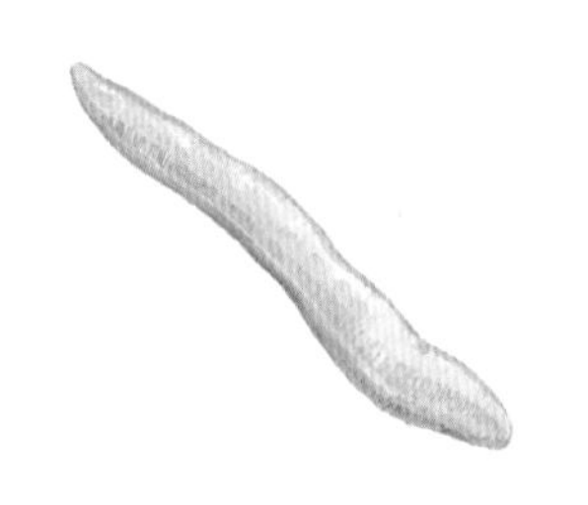

가시닻해삼은 서해와 남해에 산다. 모래와 펄 흙이 섞인 갯바닥 속으로 5~10cm쯤 파고들어 가서 산다. 갯바닥 속을 돌아다니면서 모래나 펄 속에 있는 먹이를 먹는다. 몸빛이 하얗고 속이 어슴푸레 비친다. 공격을 당하면 몸 일부를 스스로 떼어 낸다. 끊어진 작은 토막들은 다시 자라서 온전한 몸이 된다. **생김새** 몸길이 10cm쯤 **사는 곳** 서해, 남해 갯벌 **먹이** 갯벌 속 영양분 **다른 이름** 갯거시랑, Bidentate sea cucumber **분류** 극피동물 > 닻해삼과

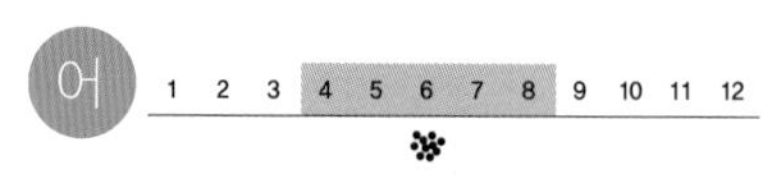

가시복

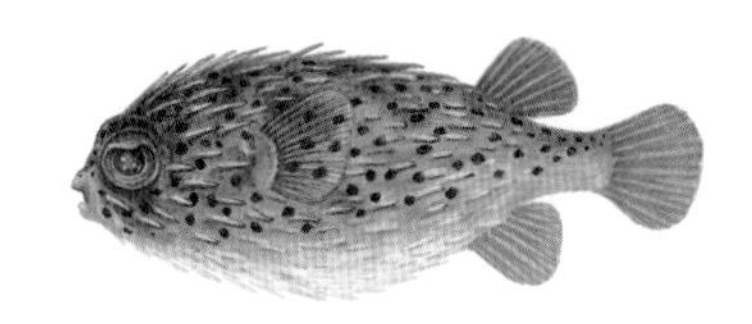

가시복은 따뜻한 바다에서 산다. 제주 바다에 많다. 바다풀이 자라고 바위가 많은 얕은 바다 바닥에서 산다. 헤엄을 칠 때는 가시를 몸에 딱 붙인다. 게나 성게처럼 딱딱한 먹이도 부숴 먹고 작은 물고기도 먹는다. 겁이 나거나 화가 날 때는 몸을 풍선처럼 부풀리고 가시를 세운다. 온몸에 가시가 나 있지만, 몸에 독은 없다. **생김새** 몸길이 30~40cm 안팎 **사는 곳** 제주, 남해 **먹이** 성게, 게, 작은 물고기 **다른 이름** 춤복, Porcupine fish **분류** 복어목 > 가시복과

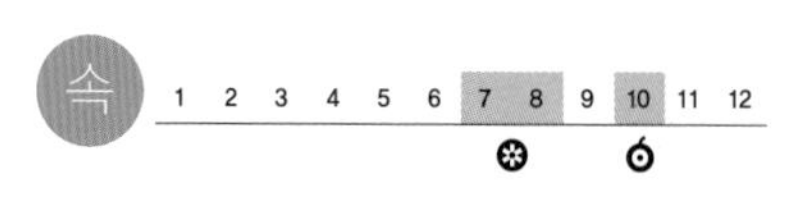

가시연꽃

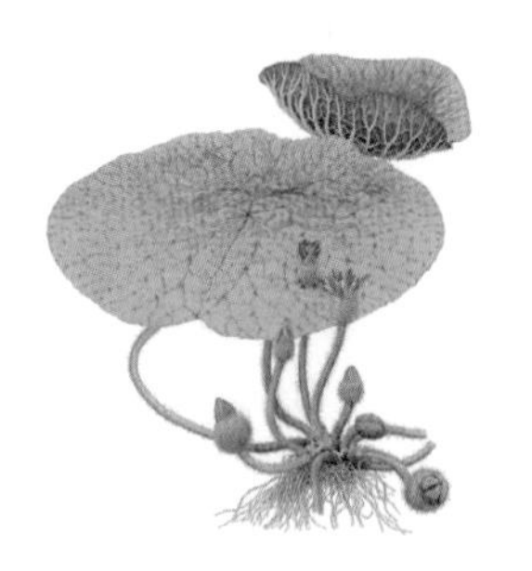

가시연꽃은 넓은 늪이나 못에서 산다. 남쪽 지방에서 자라는데, 물이 더러워지면서 거의 사라지고 지금은 우포늪에서만 겨우 볼 수 있다. 이름처럼 잎과 꽃대에 가시가 잔뜩 나 있다. 잎은 어른 팔 한 아름보다 더 큰데, 쭈글쭈글 주름이 지고, 잎맥마다 뾰족한 가시가 나 있다. 꽃은 낮에 활짝 폈다가 밤에 오므라든다. 가을에 밤송이 같은 열매가 익는다. **생김새** 잎 지름 20~200cm **사는 곳** 늪, 못 **다른 이름** 가시련꽃[북], 개연, 칠남성, Prickly waterlily **분류** 쌍떡잎식물 > 수련과

1 2 3 4 5 6 7 8 9 10 11 12

가시파래

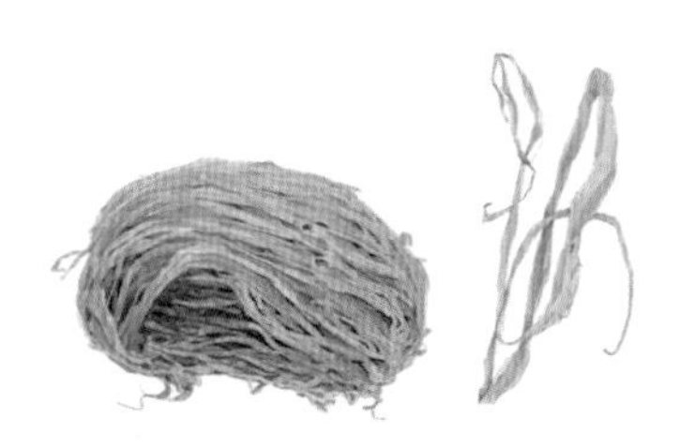

가시파래는 남해 갯벌에서 드물게 나는 바닷말이다. 가늘고 길다. 자갈이나 조개껍질, 개흙에 헛뿌리를 붙이고 자란다. 쌀쌀한 늦가을에 돋기 시작해서 겨울에 많이 자란다. 바닷물이 빠졌을 때 갯벌에서 뜯어 바닷물과 민물에 씻은 뒤 타래처럼 말아 낸다. 갯마을이나 시장에서는 흔히 감태라고 한다. **생김새** 길이 10~30cm **사는 곳** 남해 깨끗한 갯벌 **다른 이름** 감태, 감투 **분류** 녹조류 > 갈파래과

1 2 3 4 5 6 7 8 9 10 11 12

가재

가재는 맑은 골짜기나 시냇물 속에서 산다. 낮에는 돌 밑에 가만히 숨어 있다가 밤에 움직인다. 게나 새우처럼 몸이 딱딱한 껍데기에 싸여 있다. 큰 더듬이 한 쌍으로 몸의 균형을 잡고, 작은 더듬이로는 먹이를 찾는다. 큰 집게다리로 먹이를 잡는다. 집게다리를 쳐들고 짧은 여덟 개의 다리로 걷는데, 위험할 때는 몸을 뒤로 튕겨서 재빠르게 도망간다. 겨울잠을 잔다. **생김새** 몸길이 5~6cm **사는 곳** 골짜기, 개울 **먹이** 벌레, 물고기, 옆새우 **다른 이름** 석해, 까재, Korean crayfish **분류** 절지동물 > 가재과

1 2 3 4 5 6 7 8 9 10 11 12

가재붙이

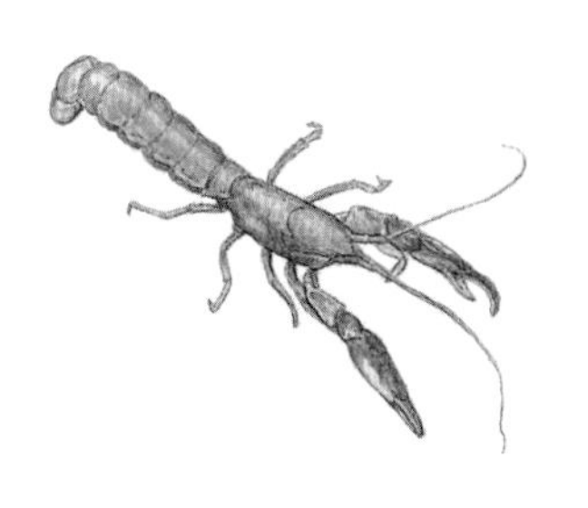

가재붙이는 서해와 남해 펄 갯벌에 굴을 파고 산다. 구멍 밖으로 흙을 밀어 올려 구멍 둘레에 쌓기도 한다. 염전이나 새우 양식장 바닥에 굴을 파기도 한다. 낮에도 구멍 밖에 나와 돌아다닌다. 몸 빛깔이 밤색이고 온몸에 짧은 털이 나 있다. 더듬이가 길고, 두 집게발은 크기가 같고 튼튼하다. 이름과 달리 갯가재보다는 딱총새우나 쏙붙이와 닮았다. **생김새** 몸길이 4cm **사는 곳** 서해, 남해 펄 갯벌 **먹이** 개흙 속 영양분 **분류** 절지동물 > 가재붙이과

가죽나무

가죽나무는 볕이 잘 드는 산기슭이나 마을 가까이에서 자란다. 더러운 공기에도 잘 버텨서 길가에 가로수로 심어 기르기도 한다. 줄기는 매끈하고 잿빛을 띤다. 잎은 밑부분에 톱니가 있다. 여름에 작고 풀빛이 도는 흰빛 꽃이 가지 끝에 많이 모여 핀다. 잎을 문지르면 역한 냄새가 난다. **생김새** 높이 10~20m | 잎 7~13cm, 어긋난다. **사는 곳** 산기슭, 길가 **다른 이름** 가중나무, Tree of heaven **분류** 쌍떡잎식물 > 소태나무과

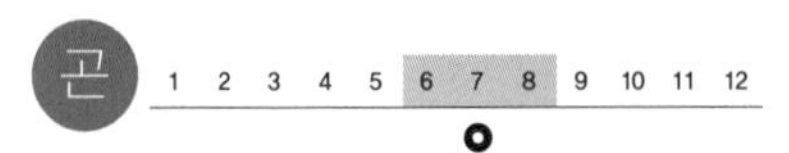

가중나무고치나방

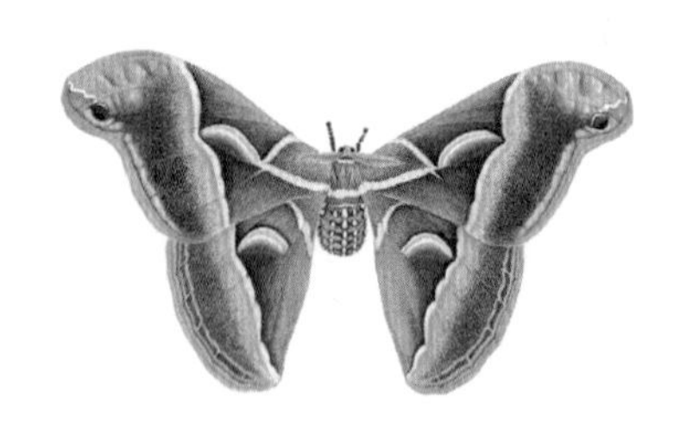

가중나무고치나방은 아주 큰 나방이다. 넓은잎나무가 많은 산에 산다. 낮에는 가만히 있고, 밤에 나는데 자주 날아다니지는 않는다. 가끔 불빛에 모여든다. 애벌레는 산에 자라는 여러 나무에서 나뭇잎을 먹고 산다. 애벌레가 다 자라면 누에처럼 고치를 짓고 그 속에서 번데기가 되어 겨울을 난다. **생김새** 날개 편 길이 110~140mm **사는 곳** 산 **먹이** 애벌레_여러 가지 나뭇잎 | 어른벌레_이슬, 과일즙 **다른 이름** 가중나무산누에나방, Ailanthus silkmoth **분류** 나비목 > 산누에나방과

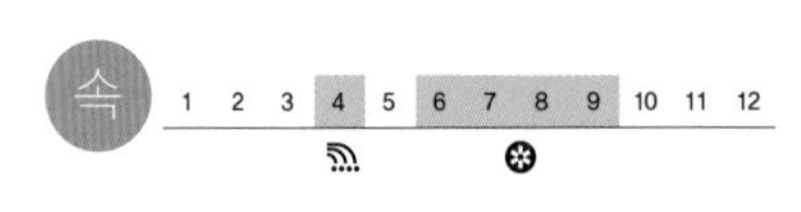

가지

가지는 밭에 심는 열매채소다. 오래전부터 길러서 반찬을 해 먹었다. 줄기는 검은 보랏빛이다. 잎맥도 보랏빛이 돈다. 초여름부터 꽃이 피기 시작해서 가을까지 이어가며 핀다. 열매도 꽃이 지는 자리마다 달린다. 열매는 자줏빛이고 길쭉하게 크다. 겉이 매끈하다. 화분에 심어도 잘 자라고, 기르기 쉽다. 찌거나 삶아서도 먹지만 볶거나 구워 먹으면 더 맛이 좋다. **생김새** 높이 60~100cm | 잎 15~35cm, 어긋난다. **사는 곳** 밭 **다른 이름** 까지, 자가, Eggplant **분류** 쌍떡잎식물 > 가지과

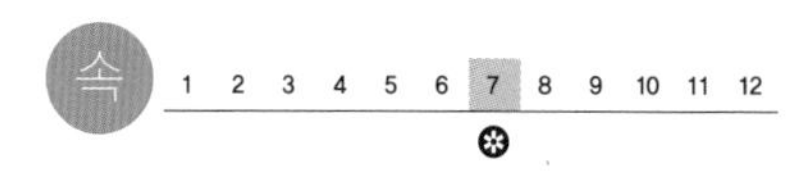

가지더부살이

가지더부살이는 높은 산 그늘진 곳에서 자란다. 스스로 광합성을 하는 게 아니라 다른 식물에서 양분을 얻는다. 주로 나무의 뿌리에 붙어산다. 줄기는 여러 대가 모여난다. 잎은 줄기를 감싸며 난다. 얇은 막처럼 생겼고 작아서 알아보기 어렵다. 여름에 흰빛 꽃이 줄기 끝에 모여 핀다. 열매는 달걀 모양이다. 엽록소가 없어서 버섯인 줄 알기 쉽다. **생김새** 높이 5~10cm | 잎 0.4~0.8cm, 어긋난다. **사는 곳** 높은 산 **다른 이름** 가지더부사리[북], Tubiflorous phacellanthus **분류** 쌍떡잎식물 > 열당과

가창오리

가창오리는 늦은 가을에 우리나라로 와서 강이나 호수 같은 민물에서 무리를 지어 산다. 낮에는 물에서 쉬거나 자고, 해가 뜨거나 질 무렵이면 떼를 지어 논으로 날아간다. 수십만 마리가 모여서 지내는데, 처음에는 수만 마리씩 큰 덩어리를 지어 파도 꼴로 날아오른다. 전세계 가창오리는 거의 모두 우리나라로 와서 겨울을 난다. **생김새** 몸길이 40cm **사는 곳** 호수, 논 **먹이** 풀씨, 곡식, 새싹, 지렁이, 물고기, 벌레 **다른 이름** 반달오리[북], 태극오리, Baikal teal **분류** 기러기목 > 오리과

가침박달

가침박달은 무리 지어서 난다. 볕이 잘 드는 산기슭이나 산골짜기에서 자란다. 햇가지에는 흰 껍질눈이 여기저기 있다. 잎은 끝이 뾰족하고, 가장자리 윗부분에 날카로운 톱니가 있다. 흰 꽃이 가지 끝에 모여서 피는데, 꽃잎이 다섯 장이고 끝이 오목하다. 씨앗이 납작하고 날개가 있어서 멀리 퍼진다. 꽃이 피었을 때 보기 좋아서 공원에 심기도 한다. **생김새** 높이 1~5m | 잎 5~9cm, 어긋난다. **사는 곳** 산기슭, 산골짜기 **다른 이름** 까침박달, Korean pearl bush **분류** 쌍떡잎식물 > 장미과

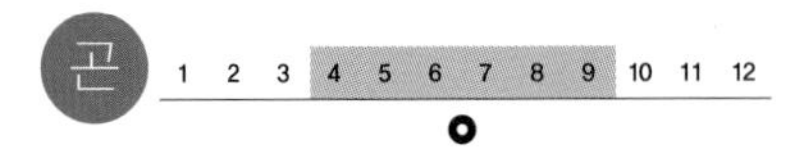

각시멧노랑나비

각시멧노랑나비는 넓은잎나무가 많은 산길이나 숲 가장자리에 산다. 나무 사이를 나풀나풀 날아다닌다. 엉겅퀴나 큰꼬리풀 꽃에 자주 날아든다. 한여름과 추운 겨울에는 잠을 잔다. 초여름에 잠깐 날아다니다가 한 달쯤 여름잠을 잔다. 깨어나서 초가을까지 지내다가 다시 겨울잠을 잔다. **생김새** 날개 편 길이 50~60mm **사는 곳** 나무가 많은 숲 가장자리, 산길 **먹이** 애벌레_갈매나무, 참갈매나무, 털갈매나무 잎 | 어른벌레_꿀 **다른 이름** 봄갈구리노랑나비[북], Lesser brimstone **분류** 나비목 > 흰나비과

각시붕어

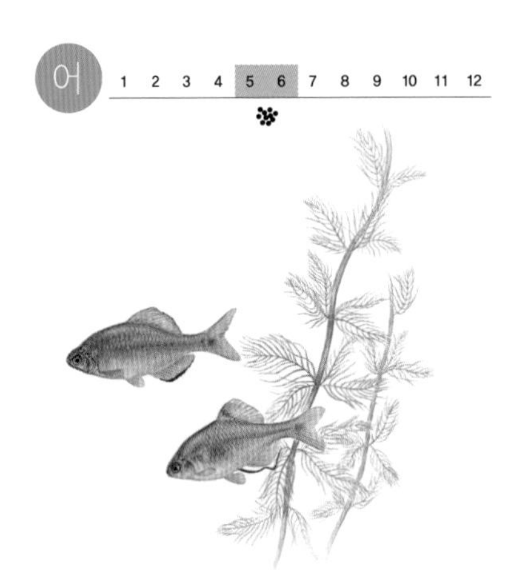

각시붕어는 이름처럼 몸빛이 알록달록 곱다. 몸이 아주 작고 납작하다. 얕은 냇물이나 저수지에 산다. 떼를 지어 천천히 헤엄치며 작은 물벌레를 잡아먹는다. 물벼룩과 물풀도 먹고 돌말도 먹는다. 산란기가 되면 수컷은 혼인색을 띠고, 암컷은 산란관이 나온다. 다른 납자루 무리 물고기처럼 조개에 알을 낳는다. **생김새** 몸길이 4~5cm **사는 곳** 냇물, 저수지, 강 **먹이** 물벼룩, 물풀, 돌말 **다른 이름** 남방돌납저리[북], 색시붕어, 꽃붕어, 납작붕어, Korean rose bitterling **분류** 잉어목 > 납자루아과

각시원추리

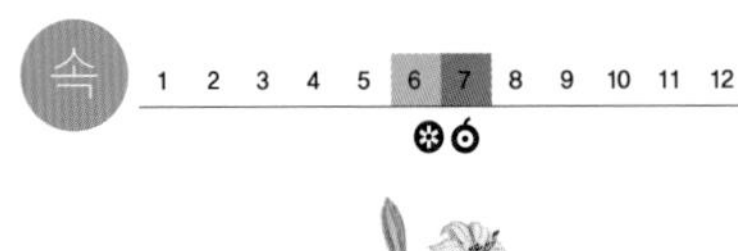

각시원추리는 원추리 무리 가운데 작은 편이다. 높은 산에서 모여 자란다. 꽃을 보려고 뜰이나 공원에도 심는다. 잎은 줄기 밑부분에서 배게 난다. 가늘고 길어서 휘어진다. 꽃줄기가 잎 사이에서 곧게 자란다. 여름에 꽃줄기 끝에서 큰 꽃이 피는데 향기는 없다. 아침에 피고 저녁에 진다. 꿀이 있어서 벌이 찾아든다. 열매는 세모지고 익으면 튀어나온다. **생김새** 높이 40~70cm | 잎 50cm, 마주난다. **사는 곳** 높은 산, 공원 **다른 이름** 가지원추리, Dumortier's daylily **분류** 외떡잎식물 > 백합과

1 2 3 4 5 6 7 8 9 10 11 12

갈게

갈게는 바닷가 진흙 바닥에 굴을 파고 산다. 갈대밭에 많이 산다. 바닥이 조금 단단해도 굴을 잘 판다. 1m까지 깊게 파기도 한다. 집게발을 부지런히 움직여 개흙을 먹는다. 먹이를 먹을 때 두 눈을 높이 세우고 살피다가 위험을 느끼면 제 구멍으로 후다닥 숨는다. 방게와 닮았다. 간척지나 염전에서도 볼 수 있다. **생김새** 등딱지 크기 3×2.5cm **사는 곳** 갯가, 갈대밭, 염전 **먹이** 개흙 속 영양분, 풀, 썩은 동물 **분류** 절지동물 > 참게과

어

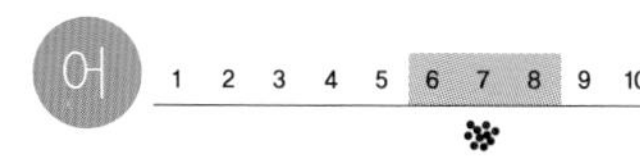

갈겨니

갈겨니는 산골짜기나 냇물에서 살고, 맑은 물이 흐르는 강에서도 산다. 눈이 크고 몸통에 굵은 줄이 또렷하다. 여울에서 물살을 가르며 헤엄치고 물살이 느린 곳도 좋아한다. 작은 물벌레나 돌말을 먹는다. 물을 차고 뛰어올라서 하루살이나 잠자리 같은 날벌레를 잘 잡아먹는다. 모래와 잔자갈이 깔린 여울 바닥을 파헤치면서 알을 낳는다. **생김새** 몸길이 10~17cm **사는 곳** 산골짜기 **먹이** 작은 물벌레, 돌말, 날벌레 **다른 이름** 불지네[북], 눈검쟁이, 눈검지, 참피리, Dark chub **분류** 잉어목 > 피라미아과

무

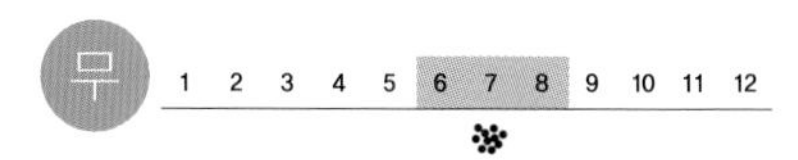

갈고둥

갈고둥은 바닷가 바위나 돌에 붙어 산다. 까만 바탕에 밝은 얼룩무늬가 나 있다. 제비처럼 예쁘다고 제비고동, 제주도에서는 까맣다고 가마귀보말이라고 한다. 껍데기가 반들반들하고 뚜껑은 반달처럼 생겼다. 밤에 나와 기어다니면서 먹이를 먹는다. 바닷말도 갉아 먹는다. 봄에 갯바위에서 짝짓기 하는 모습을 쉽게 볼 수 있다. **생김새** 크기 2×2cm **사는 곳** 갯바위나 자갈밭 **먹이** 바위 유기물, 바닷말 **다른 이름** 제비고동, 가마귀보말, Japanese nerite **분류** 연체동물 > 갈고둥과

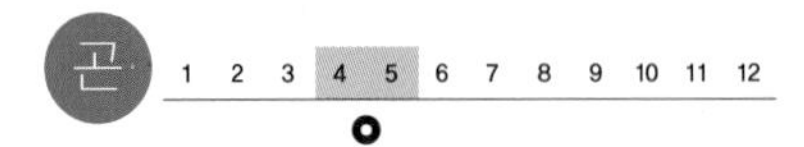

갈구리나비

갈구리나비는 산 가장자리 양지바른 풀밭이나 산속에 있는 집 가까이에서 흔하게 볼 수 있다. 이른 봄에만 나타난다. 한곳에서 바쁘게 왔다 갔다 하는 버릇이 있다. 민들레, 나무딸기, 냉이꽃에 날아와 꿀을 빤다. 애벌레는 장대나물 잎과 열매를 먹으며 자란다. 번데기로 오래 지낸다. **생김새** 날개 편 길이 43~47mm **사는 곳** 산 가장자리 풀밭 **먹이** 애벌레_냉이, 갓, 장대나물 잎과 열매 | 어른벌레_꿀 **다른 이름** 갈구리흰나비[북], Yellow tip **분류** 나비목 > 흰나비과

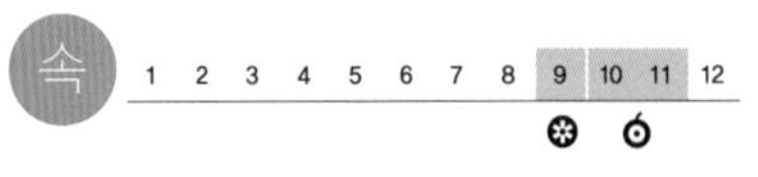

갈대

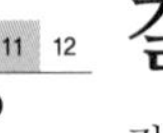

갈대는 강가나 냇가, 갯벌, 연못처럼 물이 있거나 축축한 곳에서 모여 자란다. 빽빽하게 우거진다. 가는 대나무 같다고 붙은 이름이다. 곧고 높이 자라는데 어른 키보다 높이 큰다. 한여름에 이삭이 수북하게 퍼지며 달린다. 대를 엮어 돗자리나 발이나 빗자루를 만들고, 초가집 지붕을 이는 데도 썼다. **생김새** 높이 2~3m | 잎 20~50cm, 어긋난다. **사는 곳** 강가, 냇가, 갯벌, 연못 **다른 이름** 갈, 갈풀, 갈삐릭이, 달뿌리풀, 갈꽝줄기, Common reed **분류** 외떡잎식물 > 벼과

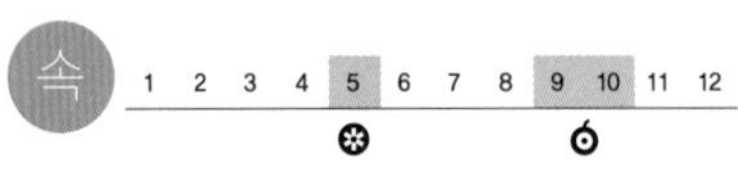

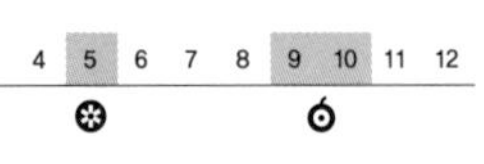

갈매나무

갈매나무는 산골짜기나 개울가에서 자란다. 떨기나무이지만, 줄기가 굵게 자라서 작은키나무처럼 자라기도 한다. 줄기는 짙은 밤빛이고 가지를 많이 치는데, 가지 끝이 가시 모양으로 바뀐다. 봄에는 작고 노란빛이 도는 풀빛 꽃이 한두 송이씩 모여 핀다. 열매는 둥글며 검게 익고 씨가 한두 개 들어 있다. 산울타리로 심기도 한다. **생김새** 높이 5m | 잎 5~10cm, 마주난다. **사는 곳** 산골짜기, 개울가 **다른 이름** Dahurian buckthorn **분류** 쌍떡잎식물 > 갈매나무과

어 1 2 3 4 5 6 7 8 9 10 11 12

갈문망둑

갈문망둑은 강이나 강어귀, 바다와 가까운 하천에 산다. 바닥에 자갈이 깔린 곳에서 빨판을 붙이고 지낸다. 배에 있는 빨판 힘이 약해서 물살이 거의 없는 곳에 많다. 수컷은 짝짓기 때 혼인색을 띠어서 화려해진다. 알은 가을에 돌 밑에 붙여 낳는다. 새끼는 바다로 내려가서 조금 자란 뒤에 점점 강을 거슬러 올라오며 지낸다. **생김새** 몸길이 7~9cm **사는 곳** 냇물, 강, 강어귀, 논도랑, 저수지 **먹이** 돌말, 작은 동물 **다른 이름** 경기매지[북], 까불이, 돌팍고기, Paradise goby **분류** 농어목 > 망둑어과

무 1 2 3 4 5 6 7 8 9 10 11 12

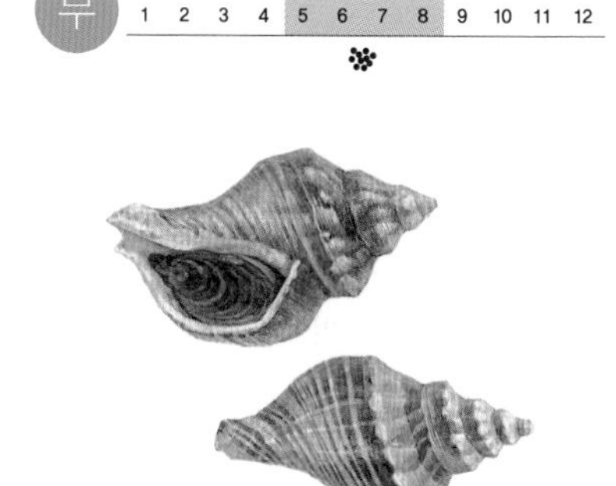

갈색띠매물고둥

갈색띠매물고둥은 물 깊이가 10~50m쯤 되는 얕은 바다에서 산다. 서해, 남해, 동해에서 두루 산다. 껍데기에 갈색 띠가 있는데 사는 곳에 따라 빛깔과 생김새가 조금씩 다르다. 조개나 고둥, 작은 물고기를 먹는다. 배를 타고 나가 통발에 생선 토막을 미끼로 넣어서 잡는다. **생김새** 크기 5×9.5cm **사는 곳** 얕은 바닷속 갯바위 **먹이** 조개, 고둥, 죽은 게나 물고기 **다른 이름** 서해바다골뱅이[북], 삐뚤이고동, Ezoneptune shell **분류** 연체동물 > 물레고둥과

곤 1 2 3 4 5 6 7 8 9 10 11 12

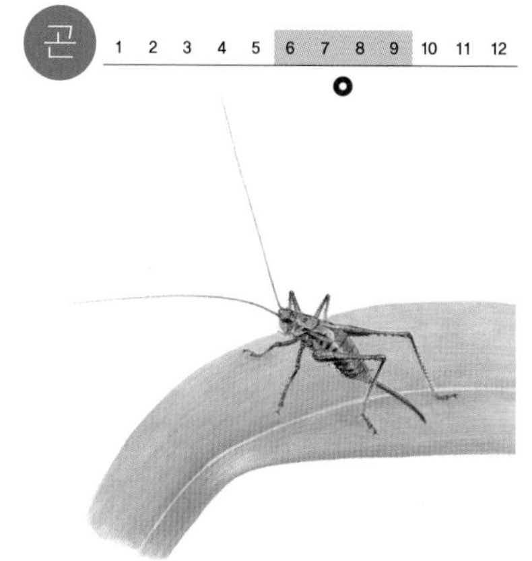

갈색여치

갈색여치는 온몸이 짙은 밤빛이다. 날개가 짧아서 반날개여치라고도 한다. 날지 못하는 대신 잘 뛴다. 밤에 돌아다니면서, 나방이나 곤충 애벌레를 잡아먹고, 죽은 벌레나 과일, 채소도 갉아 먹는다. 사람이 손으로 잡으면 큰턱으로 세게 깨물고, 다리를 잡히면 스스로 다리를 떼어 버리고 달아나기도 한다. 알로 겨울을 나고 봄에 애벌레가 깨어난다. **생김새** 몸길이 25~30mm **사는 곳** 낮은 산, 풀숲, 논밭 **먹이** 작은 벌레, 풀, 채소 **다른 이름** 긴허리여치, 반날개여치 **분류** 메뚜기목 > 여치과

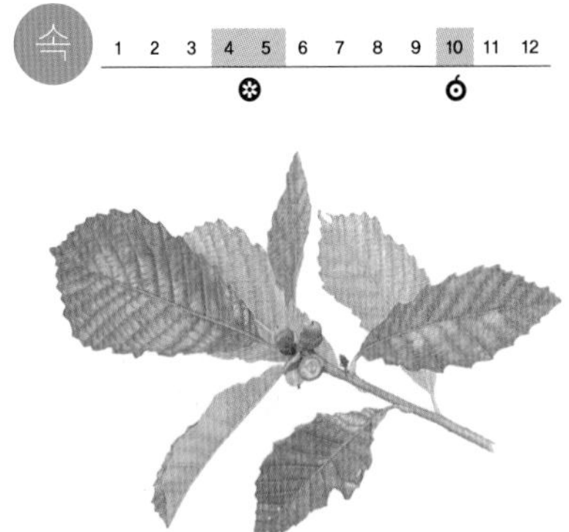

갈참나무

갈참나무는 도토리가 열리는 참나무 가운데 하나이다. 산골짜기 기름진 땅에서도 자라지만 평지에서도 잘 자란다. 잎은 가을에 누런빛으로 단풍이 들고, 늦게까지 달려 있다. 길쭉하고 반질반질 빛난다. 도토리는 다른 참나무보다 가루가 많이 나온다. 다른 참나무처럼 나무가 단단해서 목재로 쓰기 좋다. 구워서 숯도 만들고 줄기를 잘라서 버섯도 기른다. **생김새** 높이 30m | 잎 10~30cm, 어긋난다. **사는 곳** 산기슭, 들 **다른 이름** 재갈나무, Oriental white oak **분류** 쌍떡잎식물 > 참나무과

갈치

갈치는 따뜻한 바다에 산다. 제주도 바다에서 지내다가 여름에는 남해와 서해에 머무르며 알을 낳는다. 꼬리지느러미가 없어서 등지느러미를 물결치듯 움직여 헤엄을 친다. 또 물속에서 하늘을 쳐다보며 꼿꼿이 선 채로 먹이를 잡거나 헤엄을 치기도 하며 잠도 잔다. 갈치는 우리나라에서 가장 많이 잡는 생선 가운데 하나다. **생김새** 몸길이 1m안팎 **사는 곳** 제주, 남해, 서해 **먹이** 정어리, 전어, 조기, 오징어, 새우 **다른 이름** 칼치[북], 풀치(새끼), 빈쟁이, Largehead hairtail **분류** 농어목 > 갈치과

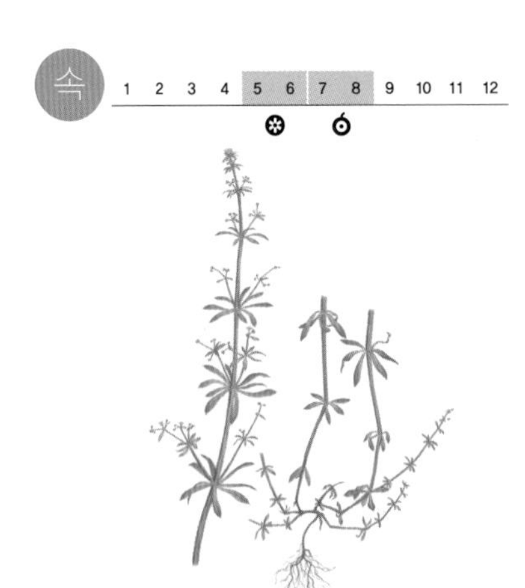

갈퀴덩굴

갈퀴덩굴은 길가나 빈터, 밭에서 흔히 자란다. 덩굴로 자란다. 줄기는 네모졌는데 모서리마다 아래로 갈고리처럼 생긴 굽은 가시가 줄지어 난다. 잎에도 가시가 있다. 초여름에 잎겨드랑이에서 연둣빛 꽃이 모여 핀다. 씨앗에 갈고리 같은 털이 있어서 사람이나 짐승 털에 붙어서 퍼진다. 가벼워서 바람을 타고 날아가기도 한다. **생김새** 길이 60~120cm | 잎 1~3cm, 돌려난다. **사는 곳** 길가, 빈터, 밭 **다른 이름** 가시랑쿠, 갈키덩굴, Stickwilly **분류** 쌍떡잎식물 > 꼭두서니과

1 2 3 4 5 6 7 8 9 10 11 12

갈황색미치광이버섯

갈황색미치광이버섯은 여름부터 가을까지 넓은잎나무가 자라는 숲속 죽은 나무줄기, 그루터기, 썩은 가지에 난다. 살아 있는 졸참나무, 모밀잣밤나무, 물참나무 밑동에도 난다. 뭉쳐나거나 무리 지어 난다. 갓은 황금색이나 밝은 밤빛을 띠고 겉은 매끈하다. 주름살은 노랗고 빽빽하다. 독성분이 있다. **생김새** 갓 38~137mm **사는 곳** 넓은잎나무 숲 **다른 이름** 웃음독벗은갓버섯, Spectacular rustgill mushroom **분류** 주름버섯목 > 포도버섯과

속

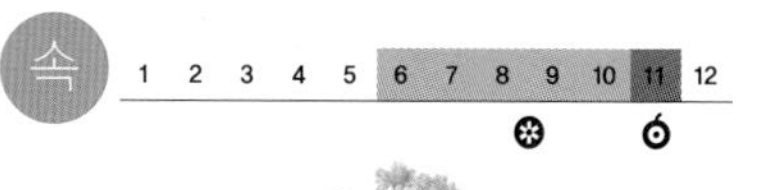

감국

감국은 산기슭이나 집 둘레나 밭둑에서 자란다. 흔히 들국화라고 하는 꽃들 가운데 하나다. 잎은 깊게 갈라지고 톱니가 뾰족뾰족 난다. 줄기에는 하얀 털이 나 있고 가지가 많이 갈라진다. 가을에 가지 끝마다 노란 꽃이 모여 핀다. 꽃 내음이 좋아서 꽃으로 차를 우리거나 술을 담근다. **생김새** 높이 30~80cm | 잎 3~5cm, 어긋난다. **사는 곳** 산기슭, 집 둘레, 밭둑 **다른 이름** 들국화, 단국화, 가을국화, 산황국, 황국화, Indian dendranthema **분류** 쌍떡잎식물 > 국화과

속

1 2 3 4 5 6 7 8 9 10 11 12

감나무

감나무는 감을 먹으려고 심는 과일나무다. 집집마다 마당에 몇 그루씩 심어 길렀다. 밭두렁이나 집 가까운 산기슭에 심기도 한다. 잎 앞면은 윤기가 나고, 가을에 붉게 물든다. 봄에 감꽃이 노랗게 핀다. 열매는 처음에는 푸른색이다가 가을에 붉게 여문다. 잎이 떨어지고 감을 딴다. 달고 맛이 좋다. 봄에 딴 어린잎으로는 차를 만들어 마신다. **생김새** 높이 15m | 잎 7~17cm, 어긋난다. **사는 곳** 뜰, 밭두렁, 산기슭 **다른 이름** Oriental persimmon **분류** 쌍떡잎식물 > 감나무과

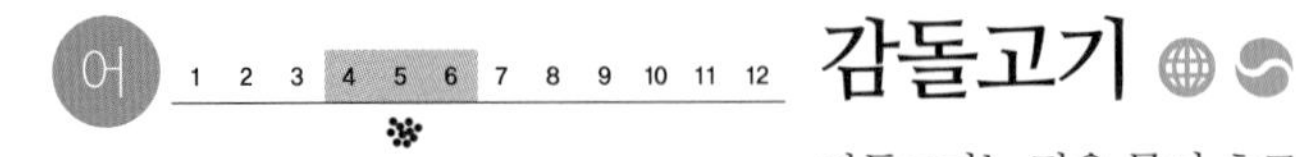

감돌고기

감돌고기는 맑은 물이 흐르는 곳에서 산다. 냇물이나 강에 사는데 큰 바위와 자갈이 많은 곳을 좋아한다. 돌고기와 아주 많이 닮았다. 몸이 검다고 감돌고기라고 한다. 물이 허리까지 오는 곳에서 20~30마리씩 떼를 지어 헤엄쳐 다닌다. 바위나 자갈에 붙어 있는 돌말을 먹고 작은 물벌레도 잡아먹는다. **생김새** 몸길이 7~10cm **사는 곳** 냇물, 강 **먹이** 돌말, 물벌레, 다슬기, 작은 새우, 물고기 알 **다른 이름** 금강돗쟁이[북], 꺼먹딩미리, 먹뙬칭어, Black shinner **분류** 잉어목 > 모래무지아과

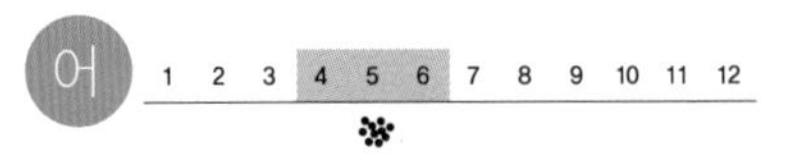

감성돔

감성돔은 따뜻하고 얕은 바다에서 많이 산다. 바닥에는 모래가 깔리고 바닷말이 숲을 이루는 곳을 좋아한다. 혼자 살거나 몇 마리가 무리를 지어 산다. 물 가운데나 바닥에서 헤엄쳐 다닌다. 이빨이 튼튼해서 소라나 성게처럼 단단한 껍데기도 부숴 먹는다. 수컷은 다 자라면 대부분 암컷이 된다. 낚시로 많이 잡는다. **생김새** 몸길이 60~70cm **사는 곳** 우리나라 온 바다 **먹이** 작은 물고기, 갯지렁이, 소라, 새우, 김, 파래 **다른 이름** 감성어, 맹이, 남정바리, Black porgy **분류** 농어목 > 도미과

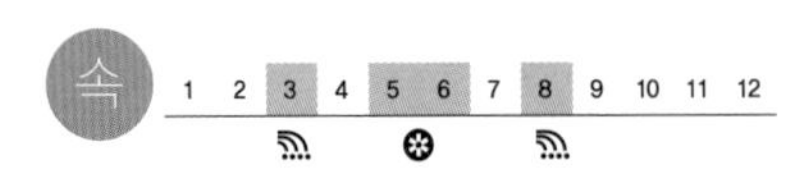

감자

감자는 밭에 심는 덩이줄기 채소다. 뿌리는 수염뿌리로 뻗고, 줄기가 땅속줄기와 땅 위 줄기로 나뉜다. 땅속줄기에 작은 알이 맺혀 커진 게 우리가 먹는 감자이다. 오뉴월에 꽃대가 올라와 자주색이나 하얀 꽃이 핀다. 밥 대신에 먹기도 하고 온갖 반찬을 만들기도 한다. 과자, 녹말, 당면을 만들고, 알코올도 뽑는다. 햇빛을 받아 파래진 부분에는 독이 있어서 도려낸다. **생김새** 높이 60~80cm | 잎 12~30cm, 어긋난다. **사는 곳** 밭 **다른 이름** 북저, Potato **분류** 쌍떡잎식물 > 가지과

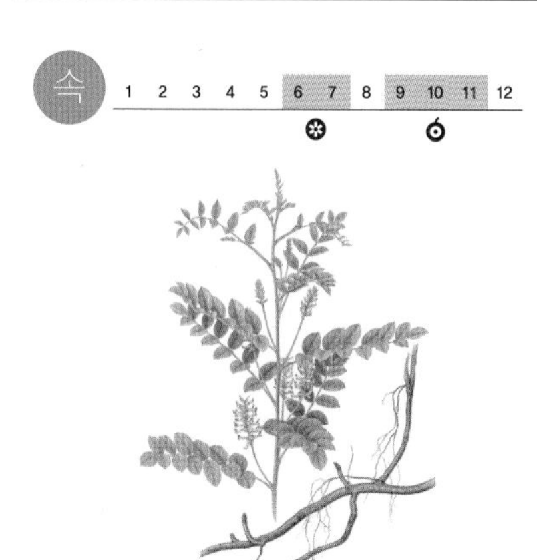

감초

감초는 물이 잘 빠지는 마른 땅에서 자란다. 추운 곳을 좋아한다. 높이가 어른 허리춤쯤 큰다. 뿌리는 땅속으로 길게 뻗고, 줄기와 잎자루에 털이 빽빽하다. 감초는 설탕보다 훨씬 더 달다. 단맛을 내려고 음식에도 넣었다. 한약을 지을 때 고루 많이 쓰인다. **생김새** 높이 1m | 잎 2~5cm, 어긋난다. **사는 곳** 마른 땅 **다른 이름** 미초, 국노, 신강감초 Licorice **분류** 쌍떡잎식물 > 콩과

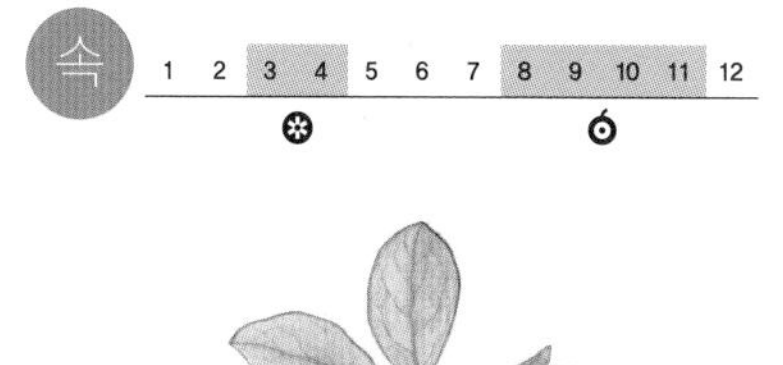

감탕나무

감탕나무는 남부 지방 바닷가 근처산 중턱에서 자란다. 천천히 자란다. 잎은 도톰하고 윤이 난다. 가장자리가 밋밋하다. 작고 노란 꽃이 잎겨드랑이에서 한 개씩 피거나 여러 개가 모여 핀다. 열매는 붉게 익는데 살 안에 단단한 씨가 몇 개 있다. 익은 열매는 이듬해까지 달려 있다. 산울타리로 심기도 한다. **생김새** 높이 10m | 잎 5~10cm, 어긋난다. **사는 곳** 바닷가 산기슭 **다른 이름** 떡가지나무, Elegance female holly **분류** 쌍떡잎식물 > 감탕나무과

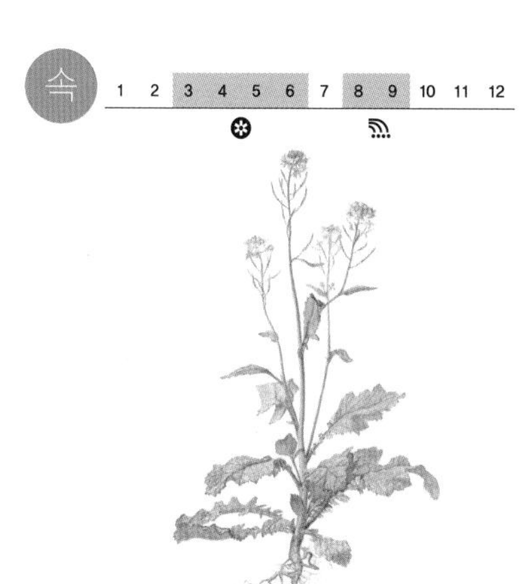

갓

갓은 밭에 심는 잎줄기채소다. 늦여름에 씨를 뿌려 김장철 무렵에 거둔다. 잎 가장자리는 톱날처럼 날카롭고, 앞뒷면에는 가시가 있다. 잎은 풀색이거나 불그스레하거나 보랏빛이 돈다. 봄에 노란 꽃이 피었다가 지면 꼬투리가 열리고 안에 씨앗이 있다. 씨앗을 갈아 양념으로도 쓴다. 흔히 겨자라고 한다. 맛이 맵고 독특한 향이 진하다. **생김새** 높이 30~150cm | 잎 20cm, 모여난다. **사는 곳** 밭 **다른 이름** 겨자, 상갓, Brown mustard **분류** 쌍떡잎식물 > 배추과

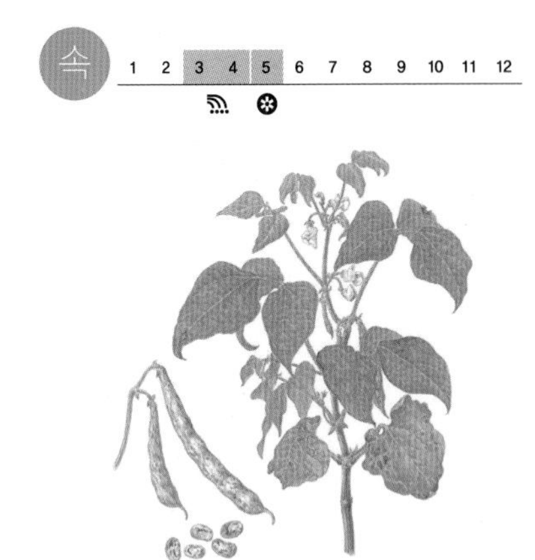

강낭콩

강낭콩은 밭에 심는 곡식이다. 줄기와 잎에 잔털이 난다. 흰빛, 보랏빛, 붉은빛 꽃이 핀다. 꼬투리는 풀빛이다가 누렇게 익는다. 품종마다 꽃과 콩 색깔과 생김새, 크기가 다르다. 줄기가 덩굴로 뻗어서 받침대를 세우거나 키 큰 식물 옆에 심어서 타고 올라가게 한다. 밥에 두어 먹거나, 반찬으로 먹고, 떡에 소로 넣는다. 덜 여문 풋콩을 먹기도 한다. **생김새** 길이 1.5~2m | 잎 10cm, 마주난다. **사는 곳** 밭 **다른 이름** 울콩, 앉은뱅이강낭콩, 넝쿨강낭콩, Kidney bean **분류**쌍떡잎식물 > 콩과

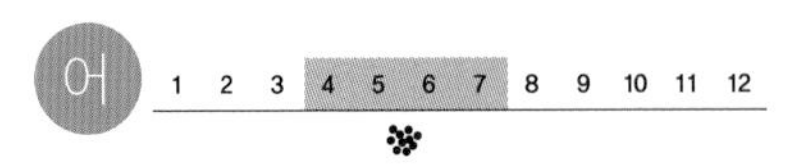

강담돔

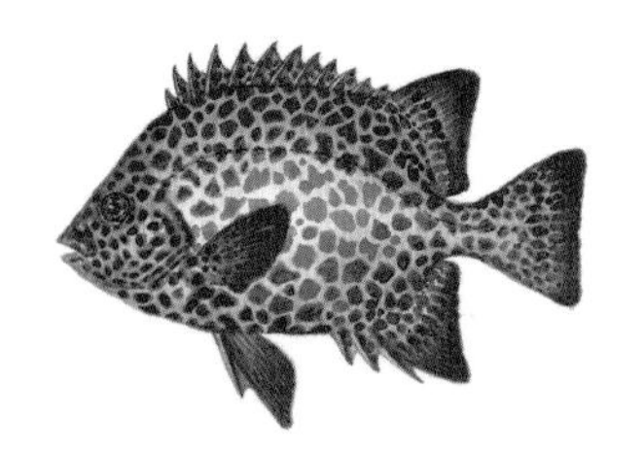

강담돔은 따뜻한 물을 좋아한다. 바닷가 바위 밭에 살면서 조개나 고둥, 성게 같은 껍데기가 딱딱한 먹이도 부숴 먹는다. 어릴 때는 몸에 까만 무늬가 잔뜩 나 있다가 크면서 흐려지고 없어진다. 강담돔은 여름철에 바닷가에서 낚시로 잡는다. **생김새** 몸길이 40~90cm **사는 곳** 우리나라 온 바다 **먹이** 조개, 고둥, 성게, 작은 물고기 **다른 이름** 깨돔, 얼룩갯돔, Spotted parrot fish **분류** 농어목 > 돌돔과

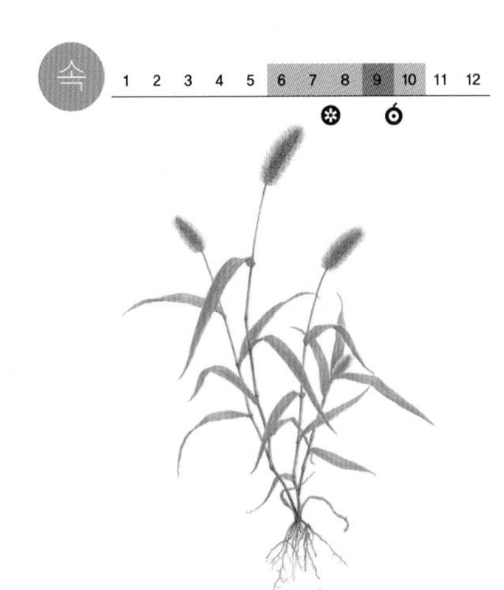

강아지풀

강아지풀은 이삭에 털이 많이 달려 있어서 강아지 꼬리 같다. 오래전에는 조를 가라지라고 했는데, 가라지에서 온 이름이라고도 한다. 길가에 흔히 자란다. 땅이 메말라도 잘 견딘다. 줄기는 여러 대가 뭉쳐나고 마디가 길다. 잎은 길쭉하다. 꽃은 한여름에 피고 줄기 끝에 길쭉한 방망이 같은 이삭이 달린다. **생김새** 높이 20~120cm | 잎 5~20cm, 어긋난다. **사는 곳** 벌판, 들 **다른 이름** 개꼬리풀, 구미초, 가라지, 모구초, Green bristlegrass **분류** 외떡잎식물 > 벼과

강주걱양태

강주걱양태는 강어귀에서 강과 바다를 오가며 산다. 하천 중류까지 올라오기도 한다. 작고 까만 첫 번째 등지느러미를 세우면 돛단배가 돛을 편 것처럼 생겼다. 가는 모래가 깔린 바닥에서 지낸다. 모래를 파고들어 가 잘 숨는다. 강 바닥에 사는 갯지렁이나 작은 새우를 잡아먹는다. **생김새** 몸길이 7cm **사는 곳** 강어귀, 강 **먹이** 물속 바닥에 사는 작은 동물, 새우, 갯지렁이 **다른 이름** Dragonet fish **분류** 농어목 > 돛양태과

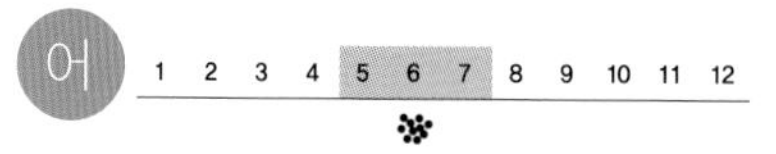

강준치

강준치는 큰 강이나 댐에서 산다. 물살이 느린 곳을 좋아한다. 떼로 헤엄을 치다가 물낯 위로 뛰어오르기도 한다. 작은 물고기, 게나 새우, 물벌레를 잡아먹는다. 물이 조금 더러워져도 잘 견딘다. 봄여름 동안에 강어귀로 가서 알을 낳는다. 겨울에는 추위를 피해서 깊은 곳에서 지낸다. **생김새** 몸길이 40~50cm **사는 곳** 강, 저수지 **먹이** 작은 물고기, 게, 새우, 물벌레 **다른 이름** 준치, 우레기, 준어, 백두라미, Skygager **분류** 잉어목 > 강준치아과

개

개는 가장 오래된 집짐승이다. 세계 어디서나 많이 기르고 사람과 함께 살면서 도움도 많이 준다. 집을 지키거나 사냥을 하거나 양 떼를 몰거나 썰매를 끌기도 한다. 냄새를 아주 잘 맡고 영리하고 주인을 잘 따른다. 사람이 보내는 신호도 곧잘 알아듣는다. 새끼는 대개 한 해에 한두 번 낳고, 한 번 낳을 때 네댓 마리를 낳는다. **생김새** 품종에 따라 많이 다르다. **사는 곳** 집에서 기른다. **먹이** 여러 가지 음식을 잘 먹는다. **다른 이름** 가이, 강생이, 강아지(새끼), Dog **분류** 식육목 > 개과

개개비

개개비는 짝짓기 무렵 '개개비비, 개개비비' 하고 운다. 갈대밭이나 물가 덤불에 숨어 산다. 땅 위에 내려오지 않고 덤불 사이를 옮겨 다닌다. 작은 벌레를 잡아먹거나, 물가에서 고둥, 우렁이, 개구리도 먹는다. 풀씨를 찾아 먹기도 한다. 봄에 우리나라에 와서 짝짓기를 한다. 키 큰 물풀 줄기 사이에 밥그릇처럼 생긴 둥지를 짓고 새끼를 친다. **생김새** 몸길이 18cm **사는 곳** 갈대밭, 강 **먹이** 벌레, 개구리, 풀씨 **다른 이름** 갈새[북], Great reed warbler **분류** 참새목 > 휘파람새과

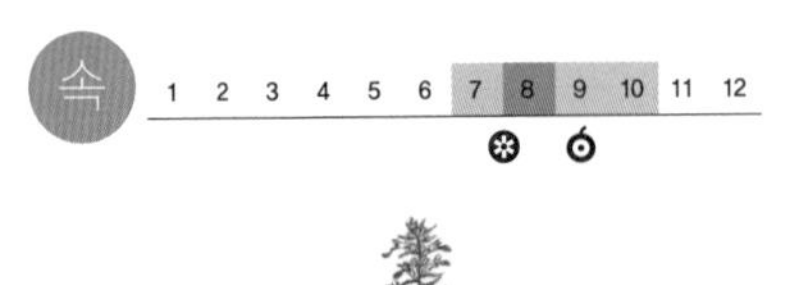

개곽향

개곽향은 산과 들 어디나 물기가 많은 땅에서 자란다. 뿌리줄기가 길게 뻗어 나가며 퍼진다. 줄기는 곧게 자라고 가지를 친다. 잎은 끝이 뾰족하고 뒷면에 짧은 털이 성글게 나 있다. 여름에 줄기와 가지 끝에 연한 붉은빛 꽃이 여러 송이 모여 핀다. 열매는 겉에 주름이 있다. 꽃이 피는 때에 꽃받침 속에 벌레가 있기도 한다. **생김새** 높이 30~70cm | 잎 5~10cm, 마주난다. **사는 곳** 산, 들 **다른 이름** 좀곽향, Spike-flower germander **분류** 쌍떡잎식물 > 꿀풀과

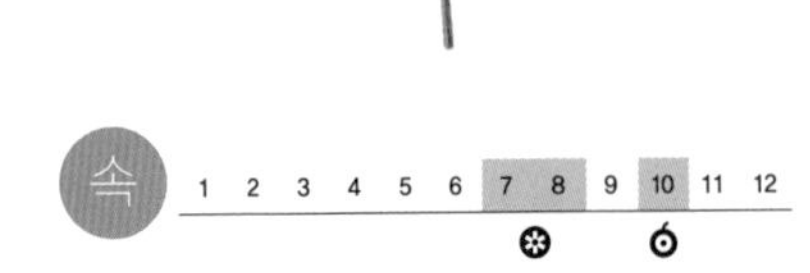

개구리밥

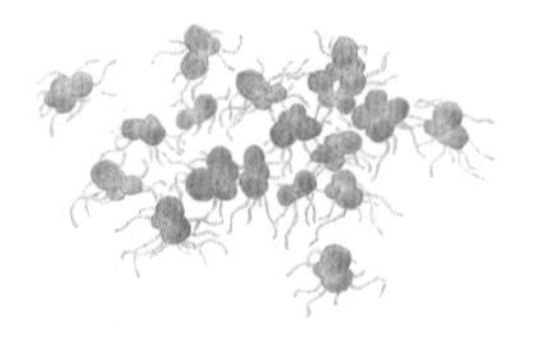

개구리밥은 논, 도랑, 연못, 물웅덩이 같이 고인 물에 둥둥 떠서 산다. 줄기와 잎이 따로 안 나뉜다. 동그란 잎마다 가느다란 뿌리가 나 있어서 잎이 안 뒤집히고, 바람이나 물결에도 안 떠내려가게 한다. 날씨가 따뜻하면 잎이 금방 불어나서 물낯 가득히 퍼진다. 겨울에는 겨울눈을 만들고 밑으로 가라앉는다. **생김새** 높이 5~9mm | 잎 5~9mm **사는 곳** 논, 도랑, 연못, 물웅덩이 **다른 이름** 부평초, 머구리밥, Great duckmeat **분류** 외떡잎식물 > 개구리밥과

개꿩

개꿩은 물떼새 무리에 드는 새이지만, 갯가에 살고 꿩과 비슷하게 생겨서 개꿩이라고 한다. 흔히 바닷가 갯벌에 많이 산다. 열 마리 쯤 무리 지어 다니는데 다른 물떼새나 도요 무리와 섞여 지낼 때가 많다. 갯지렁이나 새우, 조개를 먹고 벌레나 풀씨도 먹는다. 걷다가 갑자기 멈췄다가를 되풀이하면서 다닌다. 봄가을마다 우리나라에 들른다. **생김새** 몸길이 29cm **사는 곳** 강 하구, 저수지 **먹이** 지렁이, 새우, 조개, 벌레, 풀씨 **다른 이름** 검은배알도요[북], Grey plover **분류** 도요목 > 물떼새과

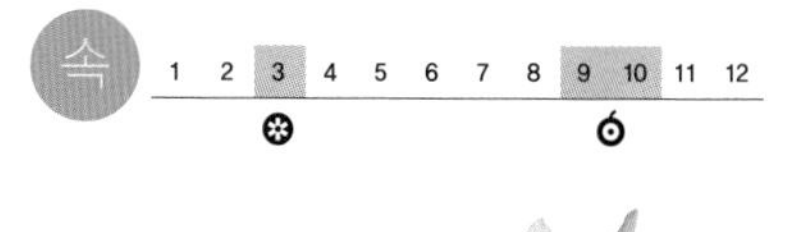

개나리

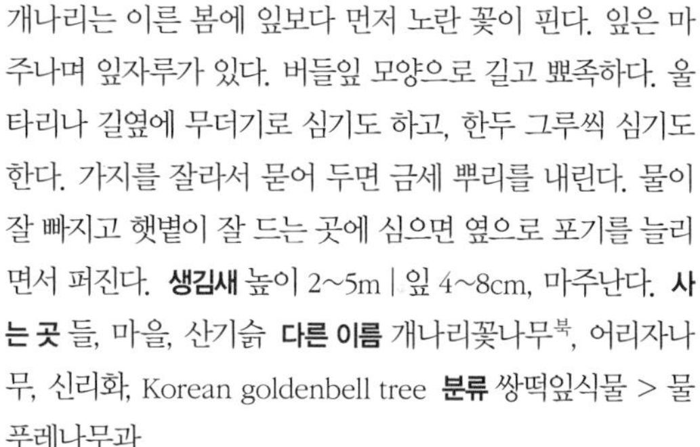

개나리는 이른 봄에 잎보다 먼저 노란 꽃이 핀다. 잎은 마주나며 잎자루가 있다. 버들잎 모양으로 길고 뾰족하다. 울타리나 길옆에 무더기로 심기도 하고, 한두 그루씩 심기도 한다. 가지를 잘라서 묻어 두면 금세 뿌리를 내린다. 물이 잘 빠지고 햇볕이 잘 드는 곳에 심으면 옆으로 포기를 늘리면서 퍼진다. **생김새** 높이 2~5m | 잎 4~8cm, 마주난다. **사는 곳** 들, 마을, 산기슭 **다른 이름** 개나리꽃나무[북], 어리자나무, 신리화, Korean goldenbell tree **분류** 쌍떡잎식물 > 물푸레나무과

개나리광대버섯

개나리광대버섯은 여름부터 가을까지 숲속에 난다. 땅 위에 홀로 나거나 흩어져 나는데 드물다. 갓 빛깔이 개나리꽃처럼 노랗다. 갓은 원뿔 모양이다가 둥글어졌다가 판판하게 핀다. 먹는 버섯인 노란달걀버섯과 닮았지만, 먹으면 죽을 수도 있는 독버섯이다. **생김새** 갓 34~78mm **사는 곳** 숲 **다른 이름** 알광대버섯아재비, East Asian death cap **분류** 주름버섯목 > 광대버섯과

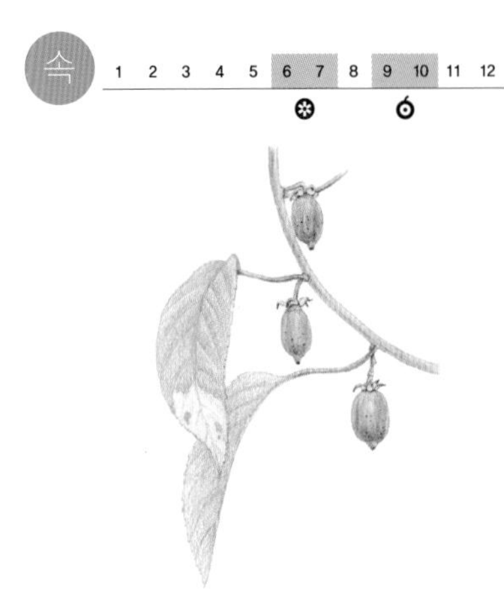

개다래

개다래는 깊은 산 숲속에서 자란다. 다래와 닮았는데, 열매 끝이 뾰족하고 잎이 흰 물감이 묻은 것처럼 희끗희끗한 것이 다르다. 여름에 작고 흰 꽃이 피었다가 열매가 달리는데, 다래는 다 익어도 풀빛이지만 개다래는 누르스름해진다. 씨가 수백 개쯤 들어 있다. 다래처럼 달고 맛있지는 않고 톡 쏘면서 아린 맛이 난다. 날로는 잘 안 먹고 말려서 약으로 쓴다. **생김새** 높이 4~6m | 잎 8~14cm, 어긋난다. **사는 곳** 깊은 산 **다른 이름** Silver vine **분류** 쌍떡잎식물 > 다래나무과

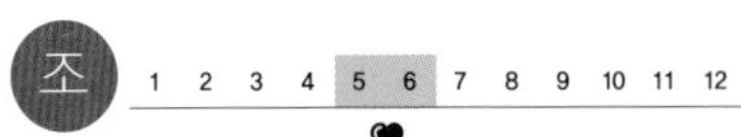

개똥지빠귀

개똥지빠귀는 시골 마을이나 논밭, 과수원 둘레에서 열 마리 안팎으로 무리 지어 산다. '티티-' 하고 운다. 봄가을에 이동할 때는 수십 마리씩 큰 무리를 짓는다. 씨앗이나 나무 열매를 먹고 벌레도 잡아먹는다. 나뭇가지 사이를 날아다니거나 땅 위를 걸어 다니면서 먹이를 찾는다. 양쪽 다리를 번갈아 움직이면서 걷는다. **생김새** 몸길이 24cm **사는 곳** 마을, 논밭, 숲, 야산 **먹이** 나무 열매, 벌레, 지렁이, 씨앗 **다른 이름** 검은색티티[북], 티티새, Dusky thrush **분류** 참새목 > 지빠귀과

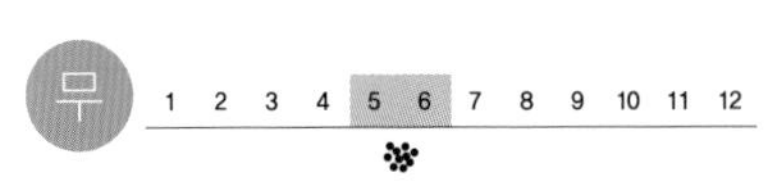

개량조개

개량조개는 물 깊이가 10m쯤 되는 바다에서 산다. 서해와 남해에서 많이 나고 동해 남쪽 바다에도 있다. 조개 가운데 무척 빨리 큰다. 자라면서 생기는 성장선이 뚜렷하다. 겨울에 많이 잡는다. 전북 부안에서는 해방되던 해에 많이 났다고 해방조개라고 한다. 조가비가 누레서 노랑조개라고도 한다. **생김새** 크기 6.5×4.5cm **사는 곳** 서해, 남해 바닷속 모래밭 **다른 이름** 명주조개, 해방조개, 노랑조개, 명지조개, 갈미조개, Hen clam **분류** 연체동물 > 개량조개과

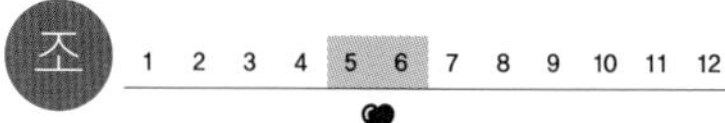

개리

개리는 집에서 키우는 거위의 조상이다. 큰기러기보다 조금 더 크다. 겨울 철새이다. 가을에 우리나라를 비롯한 중국, 일본으로 옮겨와 겨울을 난다. 바닷가 갯벌이나 호수, 습지, 갈대밭 같은 물가에 무리 지어 살면서, 아침저녁으로 무리 지어 가을걷이가 끝난 논이나 갯벌을 걸어 다니면서 먹이를 찾는다. 긴 목을 갯벌 깊숙이 넣고 먹이를 찾을 때가 많다. **생김새** 몸길이 90cm **사는 곳** 갯벌, 논, 호수, 습지, 갈대밭 **먹이** 물풀, 곡식, 조개 **다른 이름** 계우[북], 물개리[북], Swan goose **분류** 기러기목 > 오리과

무 1 2 3 4 5 6 7 8 9 10 11 12

개맛

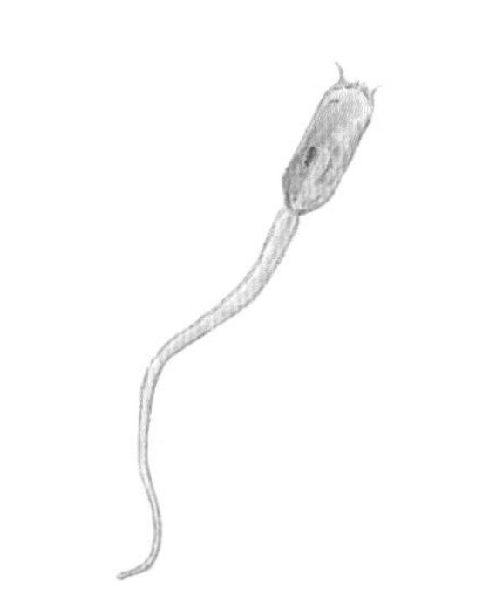

개맛은 서해와 남해 갯벌에서 흔하게 볼 수 있다. 몸통이 납작한 껍데기 두 장에 싸여 있고 긴 꼬리가 달려 있다. 껍데기 위쪽에 촉수들이 나 있는데 물이 들어오면 이 촉수로 먹이를 걸러 먹는다. 갯벌에 바지락 구멍과 비슷한 구멍을 내고 들어간다. 이 모습 그대로 5억 년 동안 살아왔다고 살아 있는 화석이라고 한다. **생김새** 크기 4×1.5cm **사는 곳** 서해, 남해 갯벌 **먹이** 물속 플랑크톤과 유기물 **다른 이름** 푸른록조개[북], Lamp shell **분류** 완족동물 > 개맛과

개망초

개망초는 풀밭이나 빈터, 길가에 흔히 자란다. 땅을 안 가리고 잘 자란다. 어디서나 금방 퍼져서 무리를 짓는다. 줄기와 잎에 잔털이 많다. 가을에 싹이 나서 겨울을 보내고 이듬해 쑥쑥 자란다. 초여름부터 가을까지 가운데가 노랗고 둘레에 하얀 잎이 달린 작은 꽃이 핀다. 달걀처럼 생겼다. **생김새** 높이 20~130cm | 잎 4~15cm, 모여나거나 어긋난다. **사는 곳** 풀밭, 빈터, 길가 **다른 이름** 개망풀, 망국초, 달걀꽃, 왜풀, Daisy fleabane **분류** 쌍떡잎식물 > 국화과

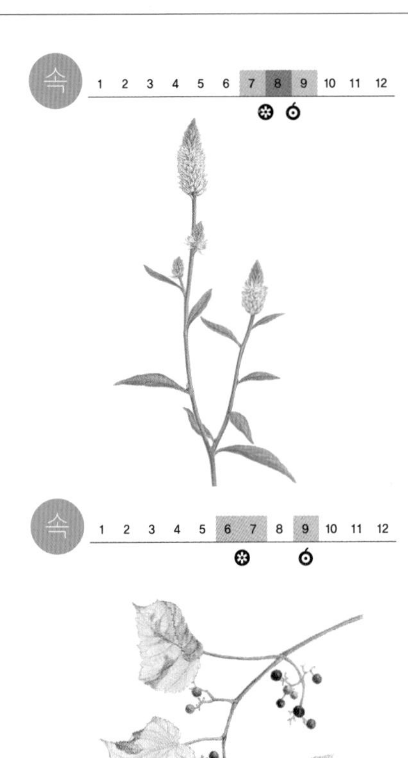

개맨드라미

개맨드라미는 꽃을 보려고 마당에 심어 가꾼다. 오래전에 열대 지방에서 자라던 풀을 들여왔다. 지금은 집 가까이나 밭둑, 길가에서 자라기도 한다. 따뜻한 남부 지방과 제주도에서 자란다. 줄기는 뻗어 올라오다가 가지를 친다. 잎은 버들잎처럼 갸름하다. 여름에 줄기나 가지 끝에 불그스름한 꽃이 핀다. 씨는 약으로 쓴다. **생김새** 높이 40~80cm | 잎 5~8cm, 어긋난다. **사는 곳** 집 둘레, 밭둑, 길가 **다른 이름** 들맨드라미[북], Feather cockscomb **분류** 쌍떡잎식물 > 비름과

개머루

개머루는 밭둑이나 낮은 산에 흔하게 자란다. 열매는 익으면서 여러 빛깔로 탐스럽게 영글지만 먹지는 않는다. 먹을 수 없다고 개머루라는 이름이 붙었다. 둥글고 넓은 잎이 마디마다 어긋난다. 끝이 얕게 갈라진다. 덩굴손은 잎과 마주난다. 포도나 다른 머루보다 더 성기게 달린다. 잎과 열매가 보기 좋아서 뜰이나 공원에 심기도 한다. **생김새** 길이 5m | 잎 7~15cm, 어긋난다. **사는 곳** 밭둑, 낮은 산 **다른 이름** 돌머루, Porcelain berry **분류** 쌍떡잎식물 > 포도과

개미취

개미취는 볕이 잘 드는 산속 풀밭이나 골짜기에서 많이 자란다. 꽃대에 개미가 붙어 있는 것처럼 작고 하얀 털이 나서 붙은 이름이다. 봄에 뿌리에서 잎이 여러 장 뭉쳐 나온다. 줄기가 자란 뒤에 나는 잎은 갸름하고 작다. 잎자루가 길게 줄기를 싸고 있어서 보기보다 잎이 길다. 이른 봄에 순을 뜯어 나물로 먹는다. **생김새** 높이 1.5~2m | 잎 20~31cm, 모여나거나 어긋난다. **사는 곳** 산속 풀밭, 골짜기 **다른 이름** 탱알, 들국화, 돼지나물, Tatarinow's aster **분류** 쌍떡잎식물 > 국화과

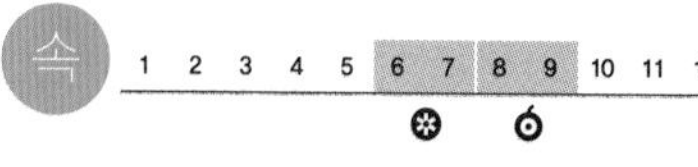

개밀

개밀은 밭이나 논둑, 길가에 흔히 자란다. 밀이나 보리와 생김새가 비슷하고, 가을에 싹이 터서 겨울을 나는 것도 비슷하다. 줄기는 모여나서 다발을 이룬다. 곧게 자라거나 밑부분이 누워 엇자란다. 초여름에 줄기 끝에 이삭이 달려서 아래로 늘어진다. 집짐승 먹이풀로 쓴다. **생김새** 높이 40~100cm | 잎 20~30cm, 난다. **사는 곳** 밭, 논둑, 길가 **다른 이름** 들밀, 수염개밀, Wheatgrass **분류** 외떡잎식물 > 벼과

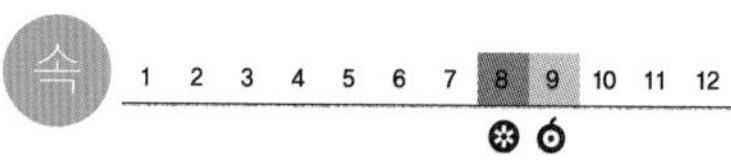

개발나물

개발나물은 늪이나 도랑, 냇가 둘레 같은 물가에서 자란다. 줄기는 곧게 자라고 둥글고 속은 비었다. 위에서 가지를 많이 친다. 잎은 가장자리에 톱니가 있고 앞면보다 뒤가 더 밝다. 여름에 꽃줄기가 나와서 그 끝에 작고 흰 꽃이 모여 우산 모양으로 핀다. 어린순을 나물로 먹지만, 독이 있어서 오래 우렸다가 먹어야 한다. **생김새** 높이 1m | 잎 5~15cm, 어긋난다. **사는 곳** 늪, 도랑, 냇가 **다른 이름** 가락잎풀[북], 개발풀, Hemlock water parsnip **분류** 쌍떡잎식물 > 산형과

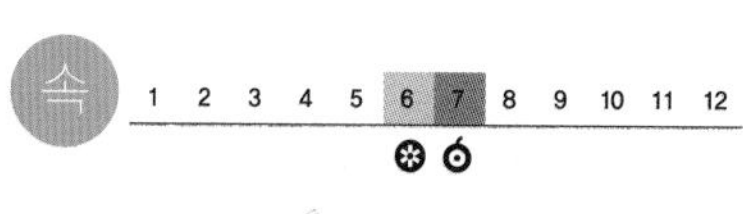

개벼룩

개벼룩은 높은 산 풀밭에서 무리 지어 자란다. 땅속줄기가 뻗으면서 퍼진다. 줄기는 곧게 자라고 잔털이 있다. 여름에 가는 줄기 끝이나 잎겨드랑이에 꽃줄기가 나와서 작고 하얀 꽃이 핀다. 꽃잎 다섯 장이 별모양으로 또렷이 보인다. 벼룩이자리와 비슷한데 개벼룩은 털이 나 있다. **생김새** 높이 5~20cm | 잎 1~2.5cm, 마주난다. **사는 곳** 높은 산 풀밭 **다른 이름** 홀별꽃, 개벼룩이자리, 큰장구채, Blunt-leaf sandwort **분류** 쌍떡잎식물 > 석죽과

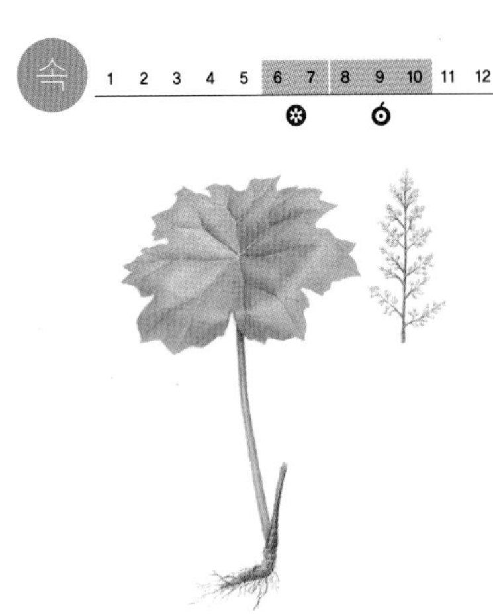

개병풍

개병풍은 높고 깊은 산속에서 자란다. 산골짜기 그늘진 곳을 좋아한다. 줄기는 곧게 자라고 짧은 가시털이 있다. 뿌리잎은 아주 크게 자란다. 우리나라 땅 위에서 자라는 식물 가운데 잎이 가장 크다. 줄기잎은 작다. 여름에 줄기 끝에서 흰빛이나 연한 붉은빛 작은 꽃이 많이 모여 핀다. 우리나라에서 거의 찾기 어렵다. **생김새** 높이 1m | 잎 80cm, 모여난다. **사는 곳** 산속 **다른 이름** 골평풍, 개평풍, Common astilboides **분류** 쌍떡잎식물 > 범의귀과

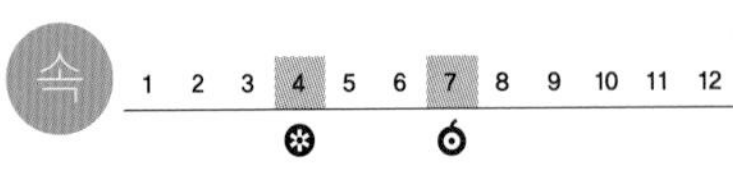

개복숭아

개복숭아는 낮은 산에 많이 자란다. 연분홍빛 꽃이 이른 봄에 잎보다 먼저 핀다. 복숭아보다 알이 작아 살구만 하다. 여름 들머리에 익는데 다 익어도 누르스름한 풀빛이다. 잘 익은 개복숭아는 맛이 아주 달다. 하지만 벌레 먹은 게 하도 많아서 성한 열매를 찾기 어렵다. 개복숭아는 복숭아나무와 같은 종이다. 개복숭아 나무에 복숭아나무를 접붙여서 기른다. **생김새** 높이 5m | 잎 6~14cm, 어긋난다. **사는 곳** 낮은 산 **다른 이름** 돌복숭아, 개복사, Wild peach **분류** 쌍떡잎식물 > 장미과

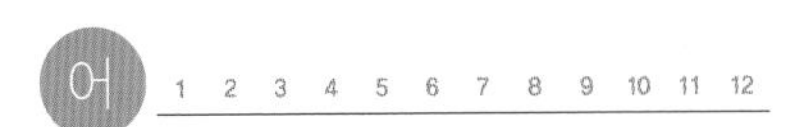

개복치

개복치는 따뜻한 물을 타고 남해와 동해에 자주 나타난다. 덩치가 자동차만 하다. 먼바다에서 혼자 산다. 기다란 등지느러미와 뒷지느러미를 움찔움찔 움직여 느릿느릿 헤엄친다. 플랑크톤이나 해파리나 새우, 오징어, 작은 물고기를 잡아먹는다. 햇살 좋은 날에는 물낯에 발라당 누워 햇볕을 쬔다. **생김새** 몸길이 4m **사는 곳** 동해, 남해, 서해 **먹이** 작은 물고기, 새우, 오징어, 해파리, 플랑크톤 **다른 이름** 골복짱이, Ocean sunfish **분류** 복어목 > 개복치과

무 1 2 3 4 5 6 7 8 9 10 11 12

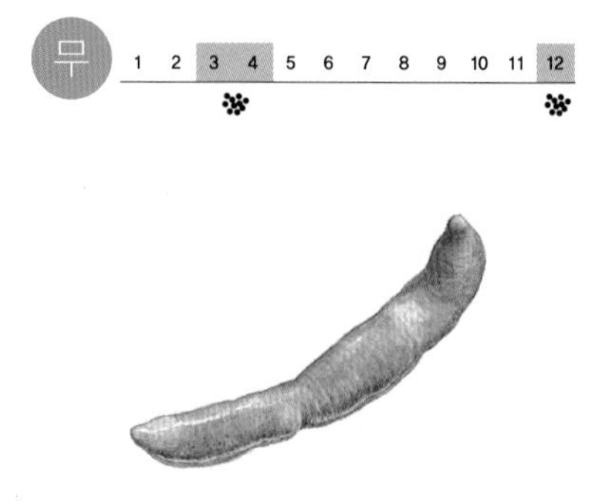

개불

개불은 갯지렁이 같은 환형동물이다. 서해와 남해 모래갯벌에서 산다. 몸이 둥근 통처럼 생겼고 온몸이 발갛고 물렁물렁하다. 몸을 늘였다 줄였다 한다. 몸이 매끈해 보이지만 만져 보면 자잘한 돌기로 덮여 있다. 여름에는 갯바닥 속으로 들어가 여름잠을 잔다. 겨울에 갯벌에 물이 빠지면 삽으로 파서 잡는다. **생김새** 몸길이 10~30cm **사는 곳** 서해, 남해 모래갯벌 **먹이** 모래 속 영양분과 미생물 **다른 이름** 모래굴치, 모래지네, Fat innkeeper worm **분류** 환형동물 > 개불과

속 1 2 3 4 5 6 7 8 9 10 11 12

개불알풀

개불알풀은 물기가 많고 기름진 땅에서 잘 자란다. 줄기는 밑에서 가지를 많이 친다. 옆으로 뻗다가 줄기 끝이 곧게 선다. 줄기와 잎에 부드럽고 짧은 털이 많이 난다. 잎은 손톱만 하고 가장자리에 톱니가 있다. 봄에 잎겨드랑이에서 붉은빛과 흰빛이 도는 꽃이 자잘하게 핀다. 이른 봄에 밭둑을 뒤덮는다. **생김새** 높이 5~15cm | 잎 0.6~1cm, 마주나거나 어긋난다. **사는 곳** 길가, 밭둑 **다른 이름** 봄까치꽃, Wayside speedwell **분류** 쌍떡잎식물 > 현삼과

속 1 2 3 4 5 6 7 8 9 10 11 12

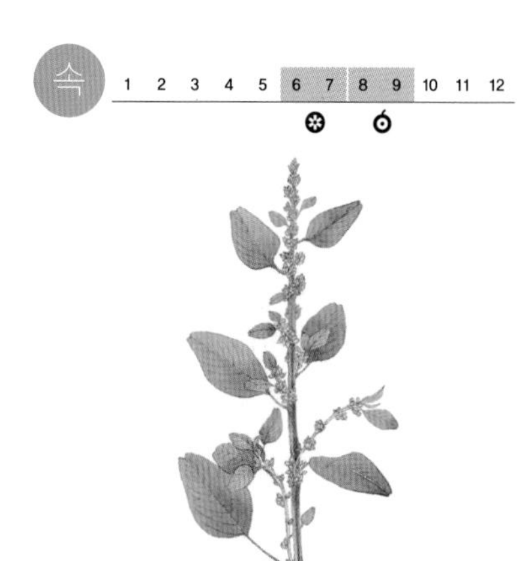

개비름

개비름은 밭 둘레, 과수원, 들판에서 자란다. 요즘은 사람들이 많이 먹어서 일부러 심어 기른다. 볕이 잘 들고 물기가 있는 기름진 땅을 좋아한다. 줄기가 아래쪽에서 많이 갈라지고 온몸에 털이 없고 매끈하다. 6~7월에 잎겨드랑이에서 풀빛 꽃이삭이 자잘하게 핀다. 열매가 익으면 갈라져서 속에 있는 까만 씨앗이 나온다. **생김새** 높이 30~80cm | 잎 4~8cm, 어긋난다. **사는 곳** 밭 둘레, 과수원, 들판 **다른 이름** 참비름, 비름나물, Wild amaranth **분류** 쌍떡잎식물 > 비름과

겉

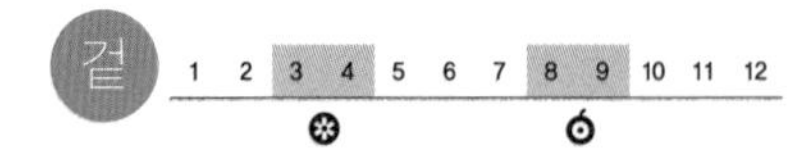

개비자나무

개비자나무는 숲속이나 개울가 물기가 많고 그늘진 곳에서 자란다. 비자나무와 닮았지만 다 자라도 3m쯤 밖에 안 큰다. 잎 가운데 맥이 앞뒤로 도드라진다. 꽃 핀 이듬해 여름에 둥근 열매가 불그스름한 밤빛으로 익는다. 옛날에는 씨앗으로 기름을 짜서 등잔 기름이나 머릿기름으로 썼다. **생김새** 높이 3~6m | 잎 2.5cm, 깃 모양으로 마주난다. **사는 곳** 숲속, 개울가 **다른 이름** 누은개비자나무, Plum yew **분류** 겉씨식물 > 개비자나무과

속

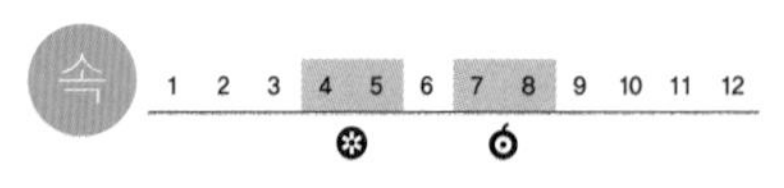

개살구나무

개살구나무는 볕이 잘 드는 산기슭에서 잘 자란다. 이른 봄 잎이 나기도 전에 연분홍 꽃이 나무 가득 핀다. 꽃이 피었을 때 잎이 나고, 열매는 초여름부터 익는다. '빛 좋은 개살구'라는 말처럼 맛이 시고 떫어서 날로는 잘 안 먹는다. 크기도 살구보다 작다. 겉에 짧은 털이 촘촘히 나 있어서 만지면 뽀송뽀송하다. 음료수나 잼을 만들고 씨는 약으로 쓴다. **생김새** 높이 10m | 잎 5~12cm 어긋난다. **사는 곳** 산기슭 **다른 이름** Manchurian cherry **분류** 쌍떡잎식물 > 장미과

속

개소시랑개비

개소시랑개비는 집 둘레나 길가, 밭둑서 흔하게 자란다. 줄기에는 털이 약간 있다. 옆으로 뻗다가 줄기 끝이 선다. 봄에는 뿌리에서 난 잎이 사방으로 퍼진다. 봄여름에 잎겨드랑이에서 노란 꽃이 하나씩 핀다. 볕이 잘 드는 밭둑에서는 푸른 잎으로 겨울을 난다. 어린순을 나물로 먹는다. **생김새** 높이 50cm | 잎 0.7~2.5cm, 어긋난다. **사는 곳** 길가, 밭둑 **다른 이름** 큰양지꽃, 개쇠스랑개비, Bushy cinquefoil **분류** 쌍떡잎식물 > 장미과

1 2 3 4 5 6 7 8 9 10 11 12

개싸리

개싸리는 들판이나 물가, 바닷가 모래밭에서 자란다. 여러해살이풀이지만 떨기나무처럼 자란다. 줄기는 곧게 자라서 가지를 친다. 밤빛 털이 배게 난다. 잎은 쪽잎 석 장으로 된 겹잎이다. 잎에도 털이 나 있다. 여름부터 가지 끝에 누런빛이 도는 흰 꽃이 모여 핀다. 둥글납작하고 털이 나 있는 꼬투리 안에 씨가 있다. **생김새** 높이 60~150cm | 잎 3~6cm, 어긋난다. **사는 곳** 들판, 물가, 바닷가 모래밭 **다른 이름** 들싸리, 개풀싸리, Woolly lespedeza **분류** 쌍떡잎식물 > 콩과

1 2 3 4 5 6 7 8 9 10 11 12

개쑥갓

집 둘레나 길가, 공원, 강둑, 과수원에서 흔하게 자란다. 도시나 시골이나 어디에서나 쉽게 볼 수 있다. 줄기는 곧게 자라고 털이 거의 없다. 붉은빛이 돈다. 잎은 깃 모양으로 갈라지고 깊은 톱니가 있다. 봄여름에 줄기 끝에서 노란 꽃이 모여 핀다. 씨앗에 흰 털이 붙어 있어서 바람을 타고 널리 퍼진다. **생김새** 높이 10~50cm | 잎 3~5cm, 모여나거나 어긋난다. **사는 곳** 길가, 공원, 강둑, 과수원 **다른 이름** 들쑥갓, Groundse **분류** 쌍떡잎식물 > 국화과

1 2 3 4 5 6 7 8 9 10 11 12

개쑥부쟁이

볕이 잘 드는 들판이나 낮은 산에서 자란다. 물이 잘 빠지는 곳을 좋아한다. 줄기는 곧게 자라고 잔털이 나 있다. 잔가지를 많이 친다. 잎 가장자리는 큰 톱니 모양이다. 잎에도 털이 많다. 여름에 줄기와 가지 끝에서 옅은 보랏빛이 나는 동그랗고 큰 꽃이 핀다. 흔히 들국화라고 하는 꽃 가운데 하나이다. **생김새** 높이 35~50cm | 잎 5~6cm, 모여나거나 어긋난다. **사는 곳** 들판, 낮은 산 **다른 이름** 들국화, Meyendorf's aster **분류** 쌍떡잎식물 > 국화과

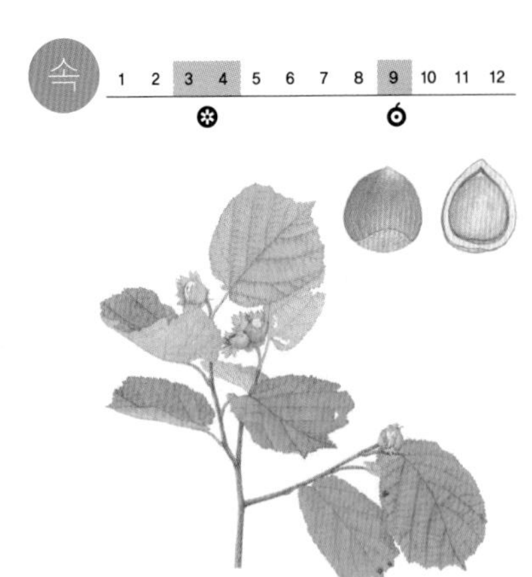

개암나무

개암나무는 산기슭 양지바른 곳에서 진달래, 싸리 같은 떨기나무들과 함께 자란다. 가뭄과 추위를 잘 견딘다. 헐벗은 산에서도 잘 자란다. 잎은 가장자리가 톱니 모양이다. 땅에 떨어지면 잘 썩어서 땅을 기름지게 한다. 봄에 꽃이 피고, 열매는 가을에 익는다. 맛이 고소하다. 그냥 먹기도 하지만, 기름을 짜거나, 약으로도 쓴다. **생김새** 높이 2~3m | 잎 5~12cm, 어긋난다. **사는 곳** 산기슭 **다른 이름** 깨금나무, Asian hazel **분류** 쌍떡잎식물 > 자작나무과

개암버섯

개암버섯은 늦가을에 개암나무나 밤나무 같은 넓은잎나무의 그루터기나 쓰러진 나무줄기에 난다. 다발로 무리 지어 난다. 갓은 둥근 산 모양이다가 펴진다. 겉은 약간 축축하지만 끈적거리지는 않는다. 독버섯인 '노란개암버섯'과 비슷해서 헷갈리기 쉽다. 노란개암버섯은 풀빛이 도는 노란빛이고 개암버섯은 붉은 밤빛이다. 어릴 때는 거의 똑같이 생겼다. **생김새** 갓 30~80mm **사는 곳** 넓은잎나무 숲 **다른 이름** 개암나무버섯[북], Brick tuft mushroom **분류** 주름버섯목 > 포도버섯과

개양귀비

개양귀비는 꽃을 보려고 심어 가꾼다. 진한 빛깔 꽃이 멀리서도 눈에 잘 띈다. 온몸에 고르지 않은 털이 성글게 난다. 줄기는 곧게 자라고 가지를 조금 친다. 잎은 깃 모양으로 갈라지고 가장자리에 톱니가 있다. 봄에 줄기와 가지 끝에서 짙은 붉은빛, 보랏빛 또는 흰빛 꽃이 한 송이씩 핀다. **생김새** 높이 30~80cm | 잎 7~15cm, 어긋난다. **사는 곳** 공원, 물가 **다른 이름** 애기아편꽃, 여춘화, Corn poppy **분류** 쌍떡잎식물 > 양귀비과

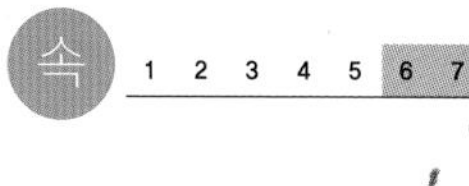

개여뀌

개여뀌는 볕이 잘 들고 물기가 많은 땅에서 자란다. 줄기는 무더기로 나서 옆으로 누웠다가 곧게 자란다. 누운 부분이 땅에 닿으면 뿌리가 내린다. 잎은 작은 버들잎 모양이고 가장자리에 털이 있다. 여름부터 가을까지 붉은 보랏빛 꽃이 자잘하게 모여 핀다. 여뀌처럼 잎과 줄기를 찧어서 냇물에 풀면 물고기가 기절한다. **생김새** 높이 30~60cm | 잎 4~8cm, 어긋난다. **사는 곳** 빈터, 논, 밭 **다른 이름** 어독초, Oriental lady's-thumb **분류** 쌍떡잎식물 > 마디풀과

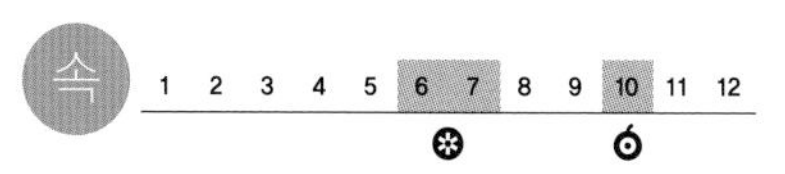

개오동

개오동은 집 가까이나 길가, 공원에 심어 가꾼다. 키가 크게 자란다. 잎은 넓고 끝이 얕게 갈라진다. 줄기는 껍질이 흰빛이고 조금씩 튼다. 여름에 가지 끝에서 큰 꽃이 핀다. 꽃에는 꿀이 많다. 보랏빛 반점이 있는 옅은 노란빛 꽃이 줄지어 매달린다. 열매는 가늘고 길쭉하다. 여물면 갈라진다. 겨울에도 나무에 계속 붙어 있다. 추위나 공해에 잘 견딘다. **생김새** 높이 6~10m | 잎 10~25cm, 어긋나거나 돌려난다. **사는 곳** 마을, 길가, 공원 **다른 이름** 향오동, Chinese catawba **분류** 쌍떡잎식물 > 능소화과

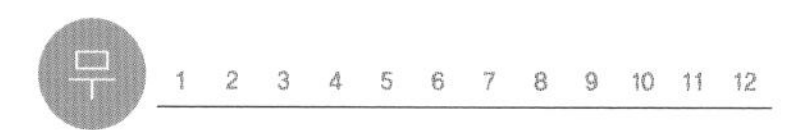

개울타리고둥

개울타리고둥은 서해, 남해, 동해에서 두루 산다. 뭍 가까운 갯바위 틈이나 큰 자갈 아래 무리 지어 산다. 작고 단단한 껍데기는 벽돌 모양으로 오톨도톨하다. 물이 빠지면 돌 틈으로 들어가 있다가 물이 들어오면 돌아다닌다. 살이 잘 찢어진다고 째보고둥, 새색시처럼 바위틈에서 잘 안 나온다고 각시고둥이라고도 한다. **생김새** 크기 2.3×2.6cm **사는 곳** 바닷가 바위틈, 자갈밭 **먹이** 바닷말 **다른 이름** 째보고둥, 각시고둥, Lipped periwinkle **분류** 연체동물 > 밤고둥과

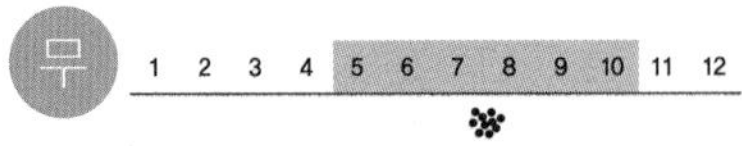

개조개

개조개는 우리나라 온 바다에 산다. 갯가부터 물 깊이가 40미터쯤 되는 진흙 바닥에 산다. 남해 맑은 바다에 많다. 몸집이 커서 어른 주먹만 하다. 껍데기가 거칠거칠하고 성장선이 뚜렷하다. 몸빛은 까만색부터 옅은 잿빛이나 밤색까지 사는 곳에 따라 조금씩 다르다. 개조개는 배를 타고 나가서 그물로 잡거나 물속에 들어가 물질을 해서 잡는다. **생김새** 크기 10×7.5cm **사는 곳** 바닷속 진흙 바닥 **다른 이름** 물조개, 대합, Purplish clam **분류** 연체동물 > 백합과

개피

개피는 논에서 자라는 피와 닮았다. 논, 도랑, 냇가에 흔하다. 가을걷이를 마친 논에 어린싹이 나서 이듬해 오뉴월에 꽃이 피고 모내기 전에 열매를 맺는다. 벼가 자라는 때와 겹치지 않는다. 잎은 가늘고 길다. 씨앗은 동그랗고 납작한데 아주 가벼워서 물에 잘 뜬다. 물살에 흘러가거나 바람에 날려 퍼진다. **생김새** 높이 30~90cm | 잎 7~20cm, 어긋난다. **사는 곳** 논, 도랑, 냇가 **다른 이름** 늪피, 물피, American sloughgrass **분류** 외떡잎식물 > 벼과

객주리

객주리는 더운 물을 좋아한다. 무리를 지어 얕은 바다에서 헤엄쳐 다닌다. 바닥에 모래가 깔리고 바위가 많은 곳을 좋아한다. 물에 떠다니는 작은 동물들을 잡아먹고 해파리도 뜯어 먹는다. 쥐치 무리에 드는데 몸이 좌우로 납작하고 몸집이 크다. **생김새** 몸길이 75cm **사는 곳** 남해, 서해 **먹이** 작은 동물, 해파리 **다른 이름** Unicorn filefish **분류** 복어목 > 쥐치과

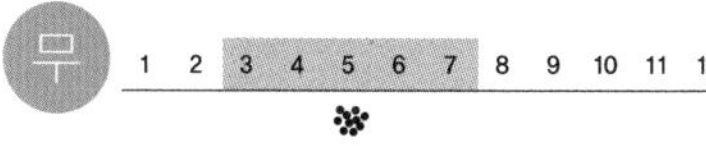

갯가게붙이

갯가게붙이는 게처럼 생겼다. 서해 남부와 남해, 제주도 바닷가 바위틈이나 돌 밑에 산다. 늘 숨어 지낸다. 돌을 들추면 놀라서 다른 곳으로 후다닥 숨는다. 천적에게 잡히면 집게발을 떼고 달아난다. 집게발이 몸통보다 훨씬 크고 한쪽이 더 크다. 갯가게붙이는 게가 아니고, 새우에서 게로 넘어가는 중간 단계에 있는 동물이다. **생김새** 몸길이 1cm **사는 곳** 서해 남부, 남해, 제주도 바닷가 **먹이** 바닷물 속 영양분, 플랑크톤 **다른 이름** Japanese porcelain crab **분류** 절지동물 > 게붙이과

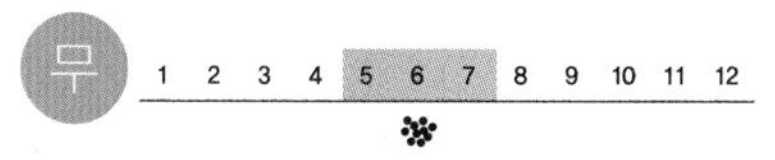

갯가재

갯가재는 얕은 바다에서 산다. 헤엄을 잘 친다. 더듬이가 두 개 있고 몸 가장자리에 가시가 많이 나 있다. 꼬리 쪽 색깔이 알록달록하다. 머리 쪽에 붙어 있는 집게발이 무척 날카로워서 한번 잡은 먹이는 놓치지 않는다. 성질이 사나워서 건드리면 머리를 치켜들고 맞서 싸우려 든다. 갯가에 쳐둔 그물에 잘 걸리는데 오뉴월이 제철이다. **생김새** 몸길이 10~15cm **사는 곳** 서해, 남해 얕은 바닷속 **먹이** 새우, 게, 갯지렁이, 작은 물고기 **다른 이름** Mantis shrimp **분류** 절지동물 > 갯가재과

무 1 2 3 4 5 6 7 8 9 10 11 12

갯강구

갯강구는 갯바위에 무리 지어 산다. 바퀴벌레와 꼭 닮았다. 긴 더듬이가 두 개 있고 등딱지 크기는 윤이 난다. 물이 안 닿는 바닷가 갯바위에서 잽싸게 돌아다닌다. 죽은 동물이나 음식 찌꺼기, 바닷가로 밀려온 바닷말 따위를 닥치는 대로 먹어 치우며 바닷가 청소부 노릇을 한다. **생김새** 몸길이 4cm **사는 곳** 물이 잘 안 드는 갯바위 **먹이** 죽은 동물, 음식물 찌꺼기 **다른 이름** 바위살렝이, 밥줄이, Sea slater **분류** 절지동물 > 갯강구과

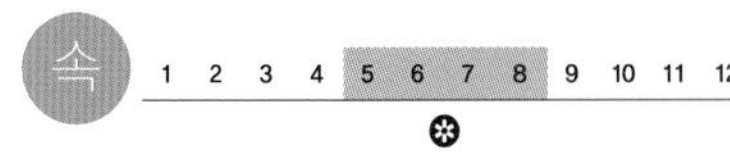

갯개미자리

갯매미자리는 바닷가에 소금기가 있고, 물기가 많은 땅에서 자란다. 바위틈에서도 난다. 줄기는 통통하고 모여난다. 가지를 많이 친다. 줄기 위쪽에는 솜털이 난다. 잎은 길고 둥글게 생겼다. 매끈하고 도톰하다. 여름에 잎겨드랑이에서 희고 작은 꽃이 하나씩 핀다. 꽃잎이 다섯 장으로 별 모양이다. **생김새** 높이 10~30cm | 잎 1.5~3cm, 마주난다. **사는 곳** 바닷가 **다른 이름** 바늘별꽃, 세발나물, 개미바늘, 나도별꽃, Salt sandspurry **분류** 쌍떡잎식물 > 석죽과

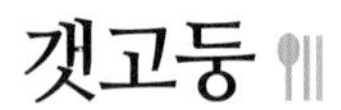

갯고둥

갯고둥은 바닷가에 흔하다. 떼 지어 갯바닥에 모여 산다. 가늘고 긴 원뿔처럼 생겼다. 댕가리, 비틀이고둥, 갯비틀이고둥도 섞여 사는데 서로 워낙 닮아서 가려내기 어렵다. 같은 종이라도 사는 곳에 따라 빛깔이나 생김새가 다르다. 껍데기가 두껍고 단단하다. 삶아서 꽁지를 잘라 내고 속을 빼 먹는다. **생김새** 크기 1.2×3cm **사는 곳** 갯바닥 **먹이** 바닷말, 개흙 **다른 이름** 갯다슬기, 입삐틀이, 빼래이, 쪼루, 게소라, 게집골배이 **분류** 연체동물 > 갯고둥과

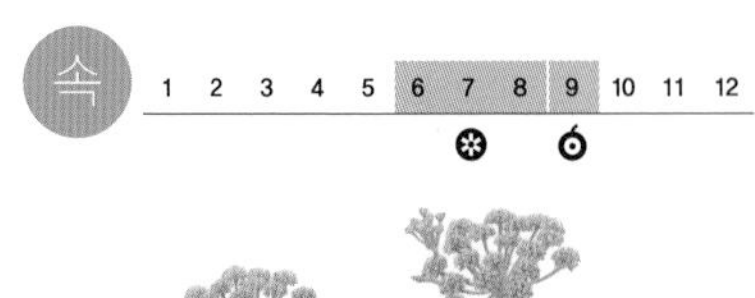

갯기름나물

갯기름나물은 바닷가 모래밭이나 바위틈에서 자란다. 따뜻한 남쪽 바닷가나 제주도와 울릉도에서 난다. 겨울에도 잎이 지지 않고 늘 푸르다. 어른 허리춤쯤까지 큰다. 줄기는 굵고 단단하다. 잎은 세 갈래로 얕게 갈라진다. 잎을 만져보면 두툼하고 뒷면은 허옇다. 어린순은 나물로 먹는다. **생김새** 높이 60~100cm | 잎 3~6cm, 어긋난다. **사는 곳** 바닷가 모래밭, 바위틈 **다른 이름** 미역방풍, 목단방풍, 보안기름나물, Coastal hogfennel **분류** 쌍떡잎식물 > 산형과

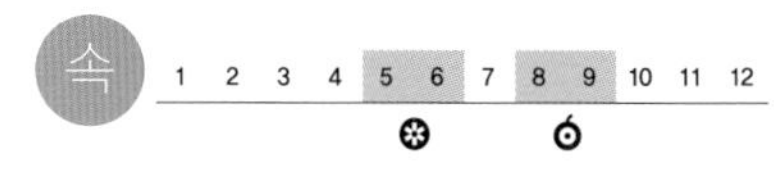

갯메꽃

갯메꽃은 바닷가 모래땅에서 자란다. 밀물 때 물에 잠기는 바닷가부터 물이 닿지 않는 높은 데까지 난다. 모래 속으로 땅속줄기를 뻗으면서 퍼진다. 땅속줄기에서 갈라져 땅위로 나온 줄기는 덩굴지며 자란다. 잎은 동글동글하고 끝이 오목하다. 도톰하며 윤이 난다. 봄에 나팔꽃처럼 생긴 연분홍 꽃이 핀다. **생김새** 높이 30~60cm | 잎 2~3cm, 어긋난다. **사는 곳** 바닷가 모래땅 **다른 이름** 개메꽃, Beach morning glory **분류** 쌍떡잎식물 > 메꽃과

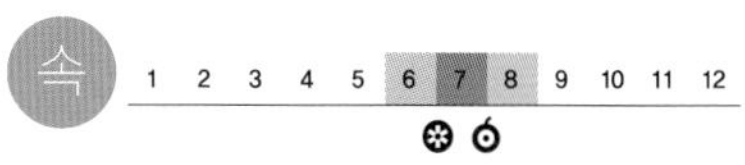

갯방풍

갯방풍은 바람이 많이 부는 바닷가 모래땅에서 자란다. 뿌리는 깊게 내리고 줄기가 짧아서 바닥에 바싹 붙어 자란다. 거센 바람을 잘 견딘다. 겨울에도 잎이 시들지 않는다. 잎자루는 길고 잎은 둥글둥글하다. 가장자리에 잔 톱니가 나 있다. 여름에 흰 꽃이 줄기 끝에 모여 핀다. **생김새** 높이 5~40cm | 잎 2cm~5cm, 모여난다. **사는 곳** 바닷가 모래땅, 바위 벼랑 **다른 이름** 방풍나물, 해방풍, 갯향미나리, Beach silvertop **분류** 쌍떡잎식물 > 산형과

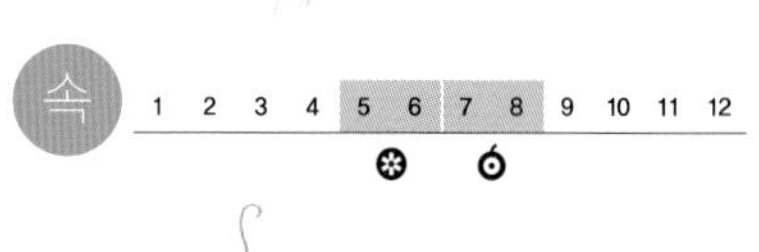

갯완두

갯완두는 바닷가 마른 모래땅에서 자란다. 완두와 닮았는데 조금 작다. 땅속줄기가 이리저리 뻗으면서 퍼진다. 땅 위로 나온 줄기는 비스듬히 누워 자란다. 잎은 끝이 조금 뾰족하다. 잎끝에는 덩굴손이 있다. 봄에 보라색 꽃이 핀다. 꽃이 지면 작은 꼬투리가 여문다. 꼬투리 안에 씨가 다섯 개쯤 들어 있다. **생김새** 높이 20~60cm | 잎 1.5cm~3cm, 어긋난다. **사는 곳** 바닷가 마른 모래땅 **다른 이름** 개완두, Beach vetchling **분류** 쌍떡잎식물 > 콩과

1 2 3 4 5 6 7 8 9 10 11 12

갯우렁이

갯우렁이는 바닷속 진흙 바닥에 산다. 민물에 사는 논우렁이와 닮았는데 꼭지가 논우렁이보다 뾰족하다. 껍데기는 파란빛이 도는 옅은 잿빛인데 꼭지만 까맣다. 큰구슬우렁이나 피뿔고둥처럼 조개나 다른 고둥을 잡아먹는다. 넓고 큰 발을 부풀려 먹잇감을 덮어 싼 뒤 껍데기에 구멍을 내 속살을 녹여 먹는다. **생김새** 크기 3×5cm **사는 곳** 얕은 바닷속 진흙 바닥 **먹이** 조개, 고둥 **다른 이름** 우렁이, 골뱅이, Fortune's moon snail **분류** 연체동물 > 구슬우렁이과

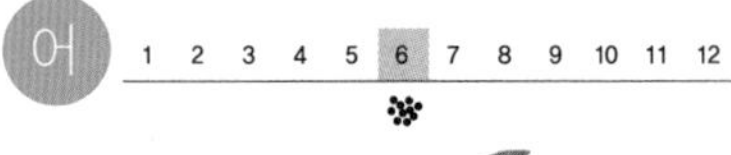

갯장어

갯장어는 따뜻한 바다를 좋아해서 서해와 남해에 많이 산다. 펄이나 모래가 깔린 바닥이나 바위틈에서 산다. 낮에는 숨어서 쉬다가 밤에 나와 돌아다니며 먹이를 잡는다. 새우나 조개, 낙지, 문어, 게와 멸치 같은 물고기를 잡아먹는다. 이빨이 아주 날카롭고 성질이 사납다. 통발이나 주낙으로 잡는다. **생김새** 몸길이 60~80cm **사는 곳** 서해, 남해 **먹이** 물고기, 새우, 게, 문어, 조개 **다른 이름** 개장어, 참장어, 이빨장어, 이장어, Sharp toothed eel **분류** 뱀장어목 > 갯장어과

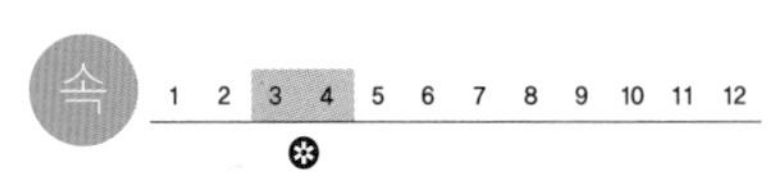

거머리말

거머리말은 얕은 바다나 강어귀 진흙 바닥에 사는 바닷말이다. 물이 깨끗하고 물살이 세지 않은 바닷속에서 숲을 이룬다. 잎 가장자리는 밋밋하고 끝이 둥글다. 꽃은 봄에 녹색으로 핀다. 흔히 '잘피'라고 하며 무리 지어 자란 곳을 잘피밭이라고 한다. 잘피밭에는 물고기가 많이 모여 산다. 또 바닷물을 맑게 해 준다. **생김새** 길이 50~100cm **사는 곳** 얕은 바다, 강어귀 진흙 바닥 **다른 이름** 잘피, 진저리, 애기부들말, Common eelgrass **분류** 외떡잎식물 > 거머리말과

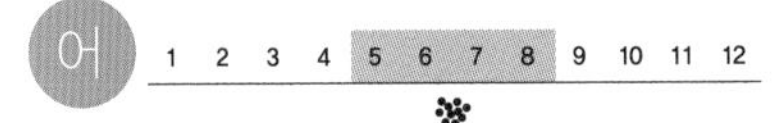

거북복

거북복은 따뜻한 물을 좋아한다. 바닷가 바위 밭에서 혼자 산다. 물속 돌 틈이나 바위 밑에 잘 숨는다. 작은 새우나 곤쟁이 따위를 잡아먹는다. 몸이 상자처럼 네모나고 비늘이 딱딱해서 꼬리자루만 움직여 헤엄친다. 등지느러미와 뒷지느러미를 살랑살랑 흔들어 방향을 바꾼다. 비늘이 아주 단단해서 다른 물고기들이 잘 못 잡아먹는다. **생김새** 몸길이 30cm 안팎 **사는 곳** 제주, 남해 **먹이** 작은 새우, 조개, 곤쟁이 **다른 이름** Box fish **분류** 복어목 > 거북복과

무 1 2 3 4 5 6 7 8 9 10 11 12

거북손

거북손은 생김새나 빛깔이 마치 거북 손을 닮았다고 이런 이름이 붙었다. 남해와 제주 바닷가에서 많이 산다. 물이 맑고 파도가 들이치는 갯바위 틈새에 무리 지어 다닥다닥 붙어 있다. 얼핏 보면 따개비와 닮았다. 물이 들어오면 갈퀴 같은 발을 내밀어서 플랑크톤을 걸러 먹는다. **생김새** 몸길이 5cm쯤 **사는 곳** 갯바위 **먹이** 바닷물 속 플랑크톤 **다른 이름** 자라손이[북], 오봉호, 보찰, Common stalked barnacle **분류** 절지동물 > 부처손과

조 1 2 3 4 5 6 7 8 9 10 11 12

거위

거위는 집오리처럼 생겼지만 몸집이 훨씬 크고 목이 길다. 우는 소리도 아주 크다. 오래전부터 길렀는데, 들새인 개리를 길들인 것이다. 유럽 거위는 회색기러기를 길들였다. 낯선 사람을 보면 개처럼 짖듯이 울고 경계를 한다. 헤엄은 잘 치지만 몸이 무거워서 잘 날지는 못한다. 오래 살아서 40년 가까이산다. **생김새** 몸길이 74~91cm **사는 곳** 집에서 기른다. **먹이** 벌레 ,개구리, 물풀, 풀씨 **다른 이름** Domestic goose **분류** 기러기목 > 오리과

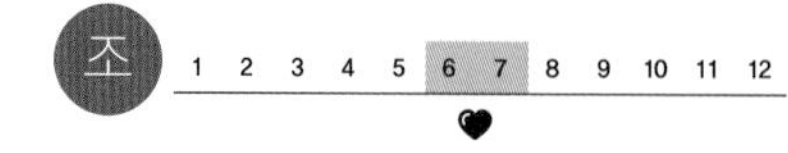

검은가슴물떼새

검은가슴물떼새는 봄과 가을에 우리나라에 와서 논이나 물가, 강가에서 지낸다. 벌레나 물가 동물, 풀씨를 먹는다. 서너 마리에서 수십 마리가 모여 지낸다. 개꿩처럼 여름깃과 겨울깃이 많이 다르다. 여름깃은 개꿩과 비슷해져서 구별하기 어렵다. 검은가슴물떼새가 더 누런빛을 띠고 몸집이 더 작다. **생김새** 몸길이 25cm **사는 곳** 강 하구, 저수지, 갯벌 **먹이** 지렁이, 새우, 조개, 벌레, 풀씨 **다른 이름** 검은가슴알도요[북], Golden plover **분류** 도요목 > 물떼새과

검은다리실베짱이

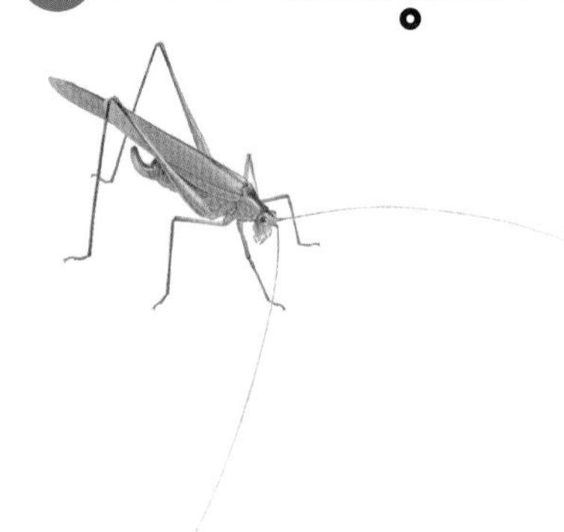

검은다리실베짱이는 다리가 검다. 여러 가지 풀과 꽃가루를 가리지 않고 잘 먹는다. 베짱이는 날개를 비벼 소리를 내는데, 베틀에서 베 짜는 소리와 비슷하다. 뒷다리를 잡히면 떼어 내고 도망친다. 여름에 짝짓기를 하고, 잎사귀나 나무껍질 틈에 알을 하나씩 낳는다. 알로 겨울을 난다. 애벌레는 예닐곱 번 허물을 벗고 어른벌레가 된다. **생김새** 몸길이 28~35mm **사는 곳** 집 둘레, 풀밭, 산 **먹이** 풀, 꽃가루 **다른 이름** 검정수염이슬여치 **분류** 메뚜기목 > 여치과

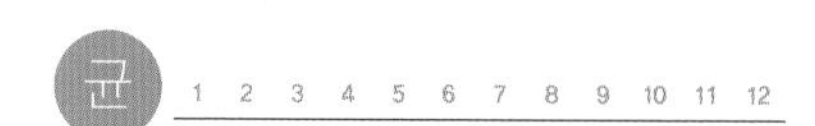

검은띠말똥버섯

검은띠말똥버섯은 여름부터 가을까지 소똥이나 말똥, 두엄 더미 위에 무리 지어 난다. 갓은 어릴 때는 둥그스름하거나 달걀 모양이다가 자라면서 펴진다. 테두리가 물결치듯 구불거린다. 갓이 마르면서 가장자리에 검은 띠무늬가 생긴다. 주름살은 잿빛인데 점점 까맣게 바뀐다. 대는 가늘고 길다. 자라면서 밤빛이 짙어진다. **생김새** 갓 15~45mm **사는 곳** 짐승 똥, 두엄 더미 **다른 이름** 테두리웃음버섯[북], Banded mottlegill **분류** 주름버섯목 > 먹물버섯과

1 2 3 4 5 6 7 8 9 10 11 12

검은띠불가사리

검은띠불가사리는 우리나라 온 바다에 산다. 썰물 때 몸이 드러나면 갯바닥을 얕게 파고들어 가서 다음 밀물 때까지 가만히 있는다. 몸이 딱딱한 뼛조각으로 덮여 있다. 팔이 잘 끊어지지만 몸통이 조금만 남아 있어도 다시 자란다. 조개나 전복, 바닷말을 가리지 않고 먹는다. 건드리면 꼼짝 않고 죽은 척한다. **생김새** 몸길이 10cm쯤 **사는 곳** 갯벌이나 바닷속 **먹이** 조개, 고둥, 바닷말 **다른 이름** 삼바리[북], 오바리, 물방석, Spiny sand seastar **분류** 극피동물 > 검은띠불가사리과

1 2 3 4 5 6 7 8 9 10 11 12

검은머리갈매기

검은머리갈매기는 바닷가 갯벌과 강 하구 둘레에서 산다. 짝짓기 무렵에 머리가 검은색을 띤다. 갯벌에서 게, 새우, 갯지렁이를 잡아먹는다. 바다 위에서 낮게 날다가 물속에서 헤엄치는 물고기를 잽싸게 낚아채기도 한다. 우리나라에 한 해 내내 산다. 봄에 짝짓기를 하고 풀밭에 마른 물풀을 쌓아서 접시처럼 둥지를 짓고 새끼를 친다. **생김새** 몸길이 32cm **사는 곳** 바다, 강 하구 **먹이** 물고기, 게, 새우, 가재, 갯지렁이 **다른 이름** 검은부리갈매기, Saunders's gull **분류** 도요목 > 갈매기과

1 2 3 4 5 6 7 8 9 10 11 12

검은머리물떼새

검은머리물떼새는 바닷가나 강 하구에서 4~5마리씩 작은 무리를 짓고 산다. 텃새이지만 겨울에는 남쪽지방으로 옮겨 간다. 갯벌에 부리를 깊숙이 넣어서 조개, 물고기, 지렁이, 게를 잡아먹거나 단단한 부리로 바위에 붙은 굴을 떼어 먹기도 한다. 둥지는 바위 위나 움푹하게 파인 자갈밭에 조개껍데기와 작은 돌로 짓는다. **생김새** 몸길이 45cm **사는 곳** 강 하구, 냇가 **먹이** 굴, 조개, 물고기, 조개, 지렁이, 게, 벌레 **다른 이름** 물까마귀, Eurasian oystercatcher **분류** 도요목 > 검은머리물떼새과

검은머리방울새

검은머리방울새는 방울새보다 몸집이 작고 몸빛이 노란색을 띤다. 방울새처럼 울음소리가 고와서 사람이 잡아서 기르기도 한다. 낮은 산이나 나무가 많은 숲에 산다. 여름에는 암수가 함께 다니고 겨울에는 여럿이 무리를 짓는다. 두툼하고 단단한 부리로 씨앗이나 낟알을 먹는다. 여름에는 벌레도 잡아먹는다. **생김새** 몸길이 14cm **사는 곳** 낮은 산, 숲 **먹이** 씨앗, 벌레, 거미, 곡식, 나무 열매 **다른 이름** Siskin **분류** 참새목 > 되새과

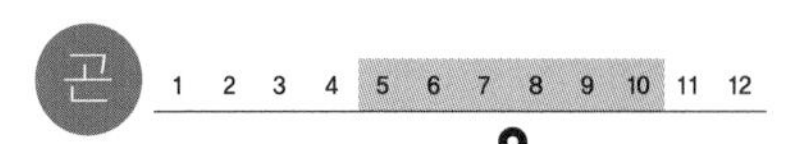

검은물잠자리

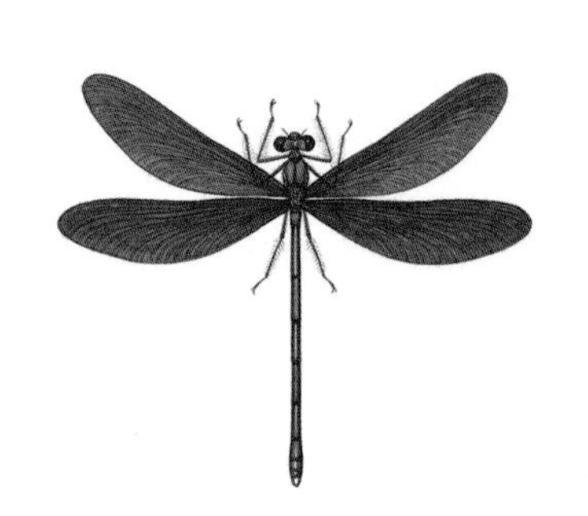

검은물잠자리는 온몸이 검은색이다. 물살이 느리고 물풀이 많은 물가를 좋아한다. 애벌레 때는 물속에서 살다가 물 밖으로 나와 어른벌레가 된다. 태어난 곳 가까이에서 산다. 천천히 날아다니고 수컷끼리 만나면 서로 쫓아낸다. 물풀이 많은 곳에 알을 낳는다. **생김새** 몸길이 60~62mm **사는 곳** 애벌레_냇물, 강 물속 | 어른벌레_물가 **먹이** 어른벌레_작은 날벌레 **다른 이름** 검은실잠자리, 귀신잠자리, 젓가락잠자리, 장님잠자리 **분류** 잠자리목 > 물잠자리과

검은비늘버섯

검은비늘버섯은 봄부터 가을까지 넓은잎나무 그루터기나 썩은 가지에 난다. 뭉쳐나거나 무리 지어 난다. 갓은 연한 노란빛이고 가운데는 누런 밤빛이다. 갓에 붙은 비늘 조각은 납작하게 눌려 있거나 손거스러미처럼 위로 젖혀진다. 물기를 머금으면 갓에 붙은 비늘도 끈적거린다. 주름살은 자랄수록 붉은 밤빛으로 바뀐다. 맛이 좋지만 익혀 먹어야 한다. **생김새** 갓 35~70mm **사는 곳** 넓은잎나무 숲 **다른 이름** 기름버섯, 기름비늘갓버섯, Chestnut mushroom **분류** 주름버섯목 > 포도버섯과

검은이마직박구리

검은이마직박구리는 서해와 남해 바닷가에 어쩌다가 보이는 나그네새이다. 텃새도 아니고 아주 드물다. 직박구리보다 작고 몸 색도 다르다. 이마에 있는 검은색 무늬가 뚜렷하다. 날씨가 따뜻해지면서 우리나라에서 겨울을 나는 새가 조금씩 생기고 있다. 한두 마리씩 지내지만 여럿이 모여 무리를 이루기도 한다. **생김새** 몸길이 19cm **사는 곳** 바닷가 **먹이** 벌레, 나무 열매 **다른 이름** Light-vented bulbul **분류** 참새목 > 직박구리과

검은큰따개비

검은큰따개비는 남해에 흔하다. 빛깔이 거무튀튀하고 크다. 다른 작은 따개비가 검은큰따개비에 붙어 살기도 한다. 물이 맑고 파도가 들이치는 갯바위에 무리 지어 다닥다닥 붙어 있다. 물이 들어오면 뚜껑을 열고 갈퀴 같은 발을 내밀어 물에 떠다니는 플랑크톤을 걸러 먹는다. **생김새** 크기 3cm쯤 **사는 곳** 물이 잘 들이치는 갯바위 **먹이** 바닷물 속 영양분, 플랑크톤 **다른 이름** 띠꾸지, 굴통, Black barnacle **분류** 절지동물 > 사각따개비과

속 1 2 3 4 5 6 7 8 9 10 11 12

검정말

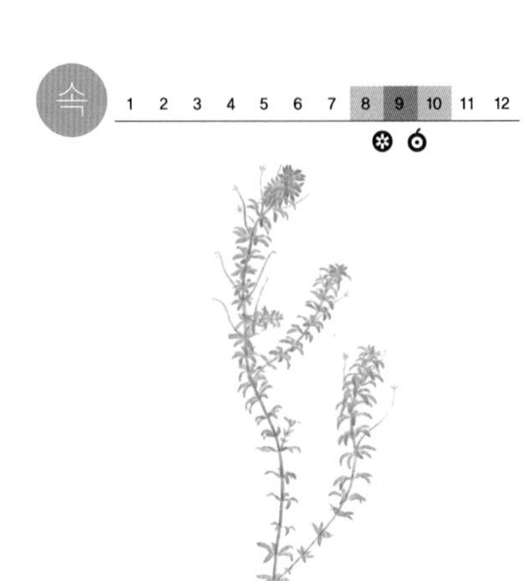

검정말은 물속에서 사는 물풀이다. 냇물, 도랑, 연못, 저수지처럼 물이 느리게 흐르는 곳이나 고인 물에서 수북하게 자란다. 한번 생기면 빨리 자라서 무리를 크게 이룬다. 뿌리는 물속 땅에 단단히 내리고 줄기와 잎은 물살을 따라 흐느적거린다. 암꽃과 수꽃이 딴 그루로 피는데, 한 그루에서 같이 피는 것도 있다. **생김새** 높이 30~60cm | 잎 1~2cm, 돌려나거나 마주난다. **사는 곳** 냇물, 도랑, 연못, 저수지 **다른 이름** Perfect aquatic weed **분류** 외떡잎식물 > 자라풀과

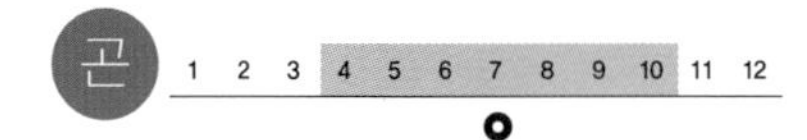

검정볼기쉬파리

검정볼기쉬파리는 쉬파리 가운데 흔한 편이다. 다른 파리는 알을 낳지만 쉬파리는 '쉬'를 슨다. 쉬는 알이 아니라 애벌레이다. 쉬파리가 쉬를 슬면 몇 시간 만에 구더기가 들끓는다. 구더기는 똥과 썩은 고기를 먹는다. 된장이나 간장독 안에도 쉬를 슨다. 쉬파리는 집 밖에 더 많다. 낮에 집 안에 있던 것들도 집 밖에서 밤을 보낸다. **생김새** 몸길이 7~13mm **사는 곳** 집, 마을 **먹이** 똥, 썩은 고기나 생선 **분류** 파리목 > 쉬파리과

곤 1 2 3 4 5 6 7 8 9 10 11 12

게아재비

게아재비는 장구애비처럼 물에 산다. 생김새나 먹이를 잡아먹는 품이 사마귀 같다고 물사마귀라고도 한다. 헤엄을 잘 못 치고 긴 다리로 물속 바닥을 기어다닌다. 낫처럼 생긴 날카로운 앞다리로 먹이를 낚아챈다. 어른벌레로 겨울을 나고 봄에 물 밑에 알을 낳는다. 애벌레 때는 아가미로 숨을 쉬고, 어른벌레는 숨관으로 숨을 쉰다. **생김새** 몸길이 40~45mm **사는 곳** 웅덩이, 저수지, 논 **먹이** 물벌레, 물고기, 올챙이 **다른 이름** 물사마귀 **분류** 노린재목 > 장구애비과

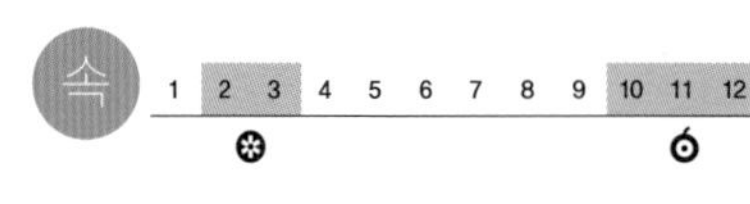

겨우살이

겨우살이는 살아 있는 나무에 뿌리를 내리고 산다. 겨우살이처럼 살아 있는 식물에 더부살이하는 식물을 기생 식물이라고 한다. 잎은 길쭉하고 두툼하다. 뿌리는 다른 나무에 단단히 박혀 있다. 멀리서 보면 새 둥지처럼 보인다. 열매를 새가 먹고 똥을 싸면 씨앗이 다른 나뭇가지에 달라붙어 있다가 싹이 튼다. **생김새** 높이 30~60cm | 잎 3~6cm, 마주난다. **사는 곳** 큰 나무에 붙어서 산다. **다른 이름** 기생목, 동청, Korean mistletoe **분류** 쌍떡잎식물 > 겨우살이과

결명자

결명자는 씨를 거두려고 밭에 심어 기른다. 키는 어른 허리춤쯤 자란다. 잎은 아까시나무 잎을 닮았다. 긴 잎자루에 작은 잎이 2~3쌍 난다. 여름에 노란 꽃이 피었다가 가을에 기다랗고 활처럼 휜 꼬투리가 열린다. 꼬투리 속에 결명자 씨가 한 줄로 들어 있다. 씨를 말려서 볶은 다음 물에 넣고 달여서 보리차처럼 마신다. **생김새** 높이 50~150cm | 잎 3~4cm, 마주난다. **사는 곳** 밭 **다른 이름** 긴강남차, 초결명, Foetid cassia **분류** 쌍떡잎식물 > 콩과

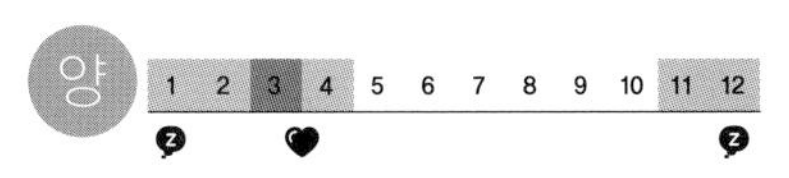

계곡산개구리

계곡산개구리는 높은 산 골짜기에 산다. 알을 낳을 때도 산 밑으로 안 내려온다. 온몸에 검은 점무늬가 흩어져 있다. 날벌레나 거미, 지렁이를 잡아먹는다. 돌밑이나 가랑잎 밑에서 겨울잠을 잔다. 이른 봄에 깨어나 짝짓기를 한다. 알은 골짜기 물가에 덩어리로 낳는다. 바위나 돌에 붙여 낳기도 한다. 우리나라 개구리 가운데 유일하게 알덩어리를 돌에 붙인다. **생김새** 몸길이 6~7cm **사는 곳** 산골짜기 **먹이** 날벌레, 지렁이, 거미 **다른 이름** Huanren brown frog **분류** 무미목 > 개구리과

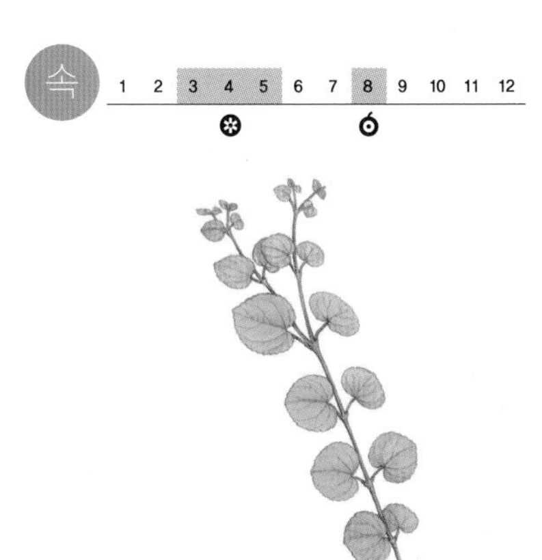

계수나무

계수나무는 볕이 잘 들고 물기가 많은 땅에서 자란다. 나무가 크게 자라고, 여럿이 무리를 지을 때가 많다. 꽃 냄새가 좋고 단풍이 아름다워서 공원이나 뜰에 심는다. 줄기에서 굵은 가지가 많이 갈라진다. 잎은 심장 모양으로 가지에 나란히 이어 달린다. 가을에 단풍이 보기 좋게 든다. 암수딴그루로 봄에 꽃이 먼저 피고 잎이 난다. 씨는 납작하고 한쪽에 날개가 있다. **생김새** 높이 25~30m | 잎 3~7.5cm, 마주난다. **사는 곳** 공원, 뜰 **다른 이름** 런향나무[북], Katsura tree **분류** 쌍떡잎식물 > 계수나무과

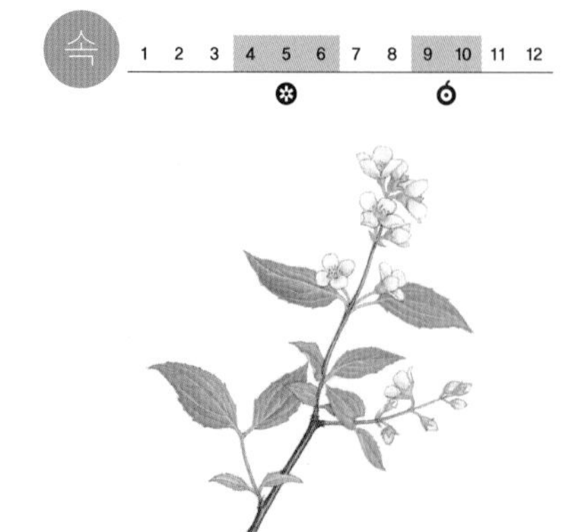

고광나무

고광나무는 산골짜기 그늘진 곳에서 자란다. 기름지고 물이 잘 빠지는 땅을 좋아한다. 꽃이 아름다워서 공원에 심기도 한다. 줄기는 여러 갈래로 자라서 덤불을 이룬다. 묵은 가지는 잿빛이고 햇가지는 밤빛이다. 가지 끝이나 잎겨드랑이에 흰빛 꽃이 여러 송이 모여서 핀다. 꿀이 많다. 열매는 여물면 저절로 터진다. 어린순을 비비면 오이 냄새가 난다. **생김새** 높이 2~4m | 잎 7~13cm, 마주난다. **사는 곳** 산골짜기, 뜰, 공원 **다른 이름** 오이순, Korean mock orange **분류** 쌍떡잎식물 > 수국과

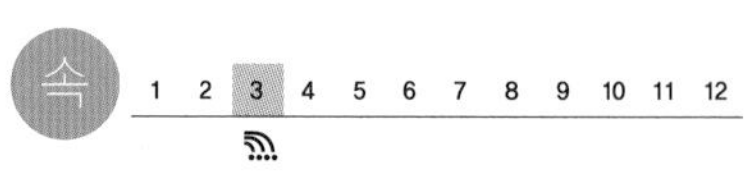

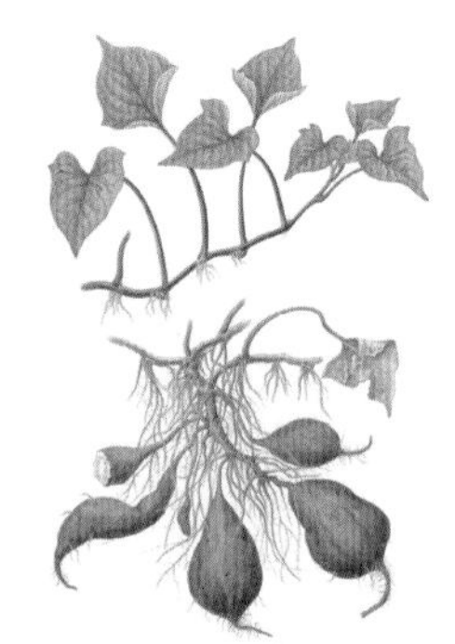

고구마

고구마는 밭에 심는 뿌리채소다. 줄기는 자줏빛이고 줄기가 땅을 기면서 뿌리가 나온다. 뿌리가 땅속으로 뻗으면서 덩이뿌리인 고구마가 달린다. 꽃은 가끔 필 때가 있다. 이른 봄 심으면 한 뼘쯤 싹이 자라는데, 이 순을 잘라서 밭에 심는다. 고구마는 밥 대신으로도 먹는다. 구워 먹거나 쪄 먹는데 맛이 달다. 연한 줄기와 잎자루는 나물로 많이 먹는다. **생김새** 길이 3m쯤 | 잎 5~13cm, 어긋난다. **사는 곳** 밭 **다른 이름** 감서, 감저, 남서, 단감자, Sweet potato **분류** 쌍떡잎식물 > 메꽃과

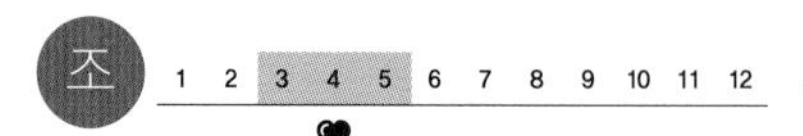

고니

고니는 추워지면 우리나라로 와서 겨울을 나는데, 호수, 강가, 강 하구 바닷가를 많이 찾는다. 큰고니보다 몸집이 작다. 부리에 있는 노란색 부분도 작다. 일제강점기 때부터 백조라는 말이 널리 쓰였다. 온몸이 희고 부리는 노랗고 다리가 검다. 물풀의 열매나 뿌리, 줄기를 먹는다. **생김새** 몸길이 120cm **사는 곳** 호수, 강, 연못, 바닷가 **먹이** 우렁이, 조개, 물고기, 물풀, 벌레 **다른 이름** 백조, Bewick's swan **분류** 기러기목 > 오리과

고동색광대버섯

고동색광대버섯은 여름부터 가을까지 넓은잎나무 숲속 땅에 홀로 나거나 두세 개씩 난다. 버섯고리를 이루기도 한다. 소나무, 졸참나무, 상수리나무 둘레에 흔하게 난다. 어린 버섯은 알처럼 둥글었다가 껍질을 찢고 갓과 대가 나온다. 갓은 둥근 산 모양을 거쳐 판판해진다. 갓 가장자리에는 길고 뚜렷한 줄무늬가 있다. 주름살은 희고 빽빽하다. **생김새** 갓 43~95mm **사는 곳** 넓은잎나무 숲 **다른 이름** 밤색학버섯[북], 고동색우산버섯, Tawny grisette mushroom **분류** 주름버섯목 > 광대버섯과

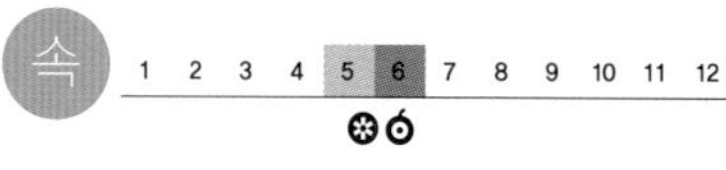

고들빼기

고들빼기는 들이나 밭, 빈터에 흔히 자란다. 물이 잘 빠지는 땅을 좋아한다. 가을에 싹이 터서 땅바닥에 잎을 납작하게 펼친 채 붙어 겨울을 난다. 이듬해 봄에 줄기가 올라오고 여름부터 가을까지 노란빛 꽃이 핀다. 열매는 까맣게 익는다. 이른 봄에 나물로 먹는데 씁쓸하다. **생김새** 높이 20~80cm | 잎 2.5~5cm, 모여나거나 어긋난다. **사는 곳** 들, 밭, 빈터 **다른 이름** 씬나물, 쓴나물, 빗치개씀바귀, Sonchus-leaf crepidiastrum **분류** 쌍떡잎식물 > 국화과

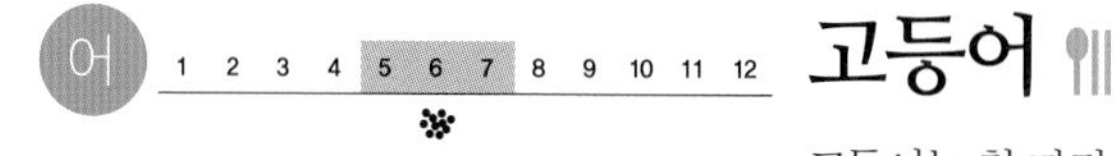

고등어

고등어는 철 따라 따뜻한 바닷물을 따라 떼로 몰려다닌다. 겨울에는 제주도 남쪽 바다에서 지내다가, 봄에 제주 바다로 올라와서 한 무리는 서해로, 또 한 무리는 동해로 올라간다. 작은 새우나 멸치 같은 먹이를 따라 올라간다. 우리나라에서 가장 많이 잡는 물고기 가운데 하나이다. **생김새** 몸길이 40~50cm **사는 곳** 우리나라 온 바다 **먹이** 새우, 멸치, 작은 물고기 **다른 이름** 고동어, 고망어, 고도리(새끼), Mackerel **분류** 농어목 > 고등어과

1 2 3 4 5 6 7 8 9 10 11 12

고라니

고라니는 세계에서 우리나라에 가장 많이 산다. 산기슭이나 풀이 우거진 들, 물가 갈대밭에서 산다. 하루에 두세 번씩 꼭 물을 마신다. 헤엄도 잘 친다. 암수 모두 뿔이 없고, 수컷만 송곳니가 입 밖으로 길게 나와 있다. 풀, 나뭇잎, 열매, 풀뿌리 따위를 즐겨 먹는 초식성이다. 봄에 새끼를 두세 마리 낳는다. **생김새** 몸길이 80~120cm **사는 곳** 산기슭, 물가 풀숲 **먹이** 풀, 나뭇잎, 나무 열매, 채소 **다른 이름** 복작노루[북], 보노루, 고랭, Water deer **분류** 우제목 > 사슴과

1 2 3 4 5 6 7 8 9 10 11 12

고란초

고란초는 산이나 절벽 그늘지고 축축한 바위틈에서 자란다. 고사리처럼 꽃이 피지 않고 홀씨로 퍼지는 민꽃식물이다. 뿌리줄기는 옆으로 길게 뻗는다. 비늘조각으로 뒤덮여 있다. 잎은 줄기에 한 장씩 나거나 두세 줄 줄지어 난다. 잎이 두텁고 가장자리가 물결 모양으로 구불거린다. 잎 뒷면에 동글동글한 홀씨주머니가 붙어 있다. **생김새** 높이 8~35cm | 잎 6~12cm **사는 곳** 산, 절벽 **다른 이름** Spear-leaf selliquea fern **분류** 양치식물 > 고란초과

1 2 3 4 5 6 7 8 9 10 11 12

고랑따개비

따개비는 바닷가 갯바위에 딱 붙어 산다. 바위나 돌, 말뚝이나 조개껍데기, 배 밑창에도 잘 달라붙는다. 민물이 흘러드는 곳에 많다. 어릴 때는 물에 둥둥 떠다닌다. 그러다가 알맞은 곳에 붙으면 단단한 껍데기를 만들고 한평생 산다. 물이 들어오면 뚜껑을 열고 갈퀴 같은 발을 내밀어 플랑크톤을 걸러 먹는다. **생김새** 크기 1~2cm **먹이** 바닷물 속 영양분, 플랑크톤 **사는 곳** 갯바위, 말뚝, 배 밑창 **다른 이름** 꾸적, 쩍, 굴등, Littoral pulmonate limpet **분류** 절지동물 > 따개비과

고래상어

고래상어는 세상에서 몸집이 가장 큰 물고기다. 덩치는 커도 성질이 아주 순하다. 다 크면 몸길이가 20미터가 넘는다. 따뜻한 물을 따라 넓은 바다를 돌아다니면서 가끔 우리나라 근처로 온다. 물낯 가까이에서 물고기 떼와 함께 홀로 헤엄치거나 여러 마리가 무리를 짓는다. 큰 입을 벌려서 먹이를 걸러 먹는다. 덩치가 커서 고래 같지만 아가미로 숨을 쉬는 상어다. **생김새** 몸길이 20m 안팎 **사는 곳** 제주, 남해 **먹이** 플랑크톤, 작은 물고기, 오징어 **다른 이름** Whale-shark **분류** 수염상어목 > 고래상어과

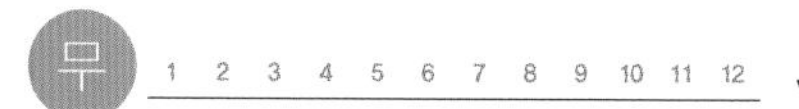

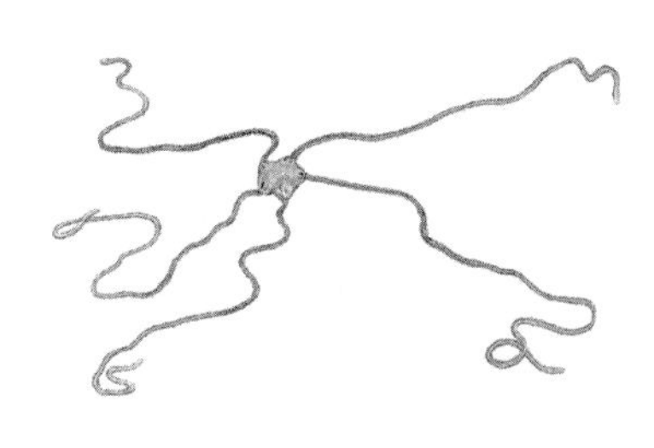

고려가시거미불가사리

고려가시거미불가사리는 바닷속 모랫바닥에 산다. 돌 밑이나 다른 동물에 붙어 살기도 한다. 흔히 보는 불가사리와 많이 다르게 생겼다. 온몸이 작은 비늘로 덮여 있고 팔 다섯 개가 아주 가늘고 길다. 긴 팔을 써서 다른 불가사리보다 훨씬 빠르게 움직인다. 플랑크톤이나 개흙 속에 있는 영양분을 먹는다. 바다 지렁이라고도 한다. **생김새** 몸길이 20cm쯤 **사는 곳** 바닷속 모랫바닥, 갯벌 **먹이** 플랑크톤이나 영양분 **다른 이름** 거미삼바리[북], 바다지렁이 **분류** 극피동물 > 가시거미불가사리과

고려엉겅퀴

고려엉겅퀴는 풀숲이나 산기슭, 산골짜기에서 자란다. 강원도에서 많이 난다. 줄기는 곧게 자라고 가지를 많이 친다. 처음에는 털이 있다가 차츰 없어진다. 가장자리에는 가시털이 있다. 가을에 줄기나 가지 끝에서 꽃이 핀다. 옅은 보랏빛이고 흰 털이 거미줄 모양으로 덮여 있다. 흔히 곤드레라고 한다. **생김새** 높이 60~120cm | 잎 15~35cm, 모여나거나 어긋난다. **사는 곳** 풀숲, 산기슭, 산골짜기 **다른 이름** 곤드레, 구멍이, 도깨비엉겅퀴, Gondre **분류** 쌍떡잎식물 > 국화과

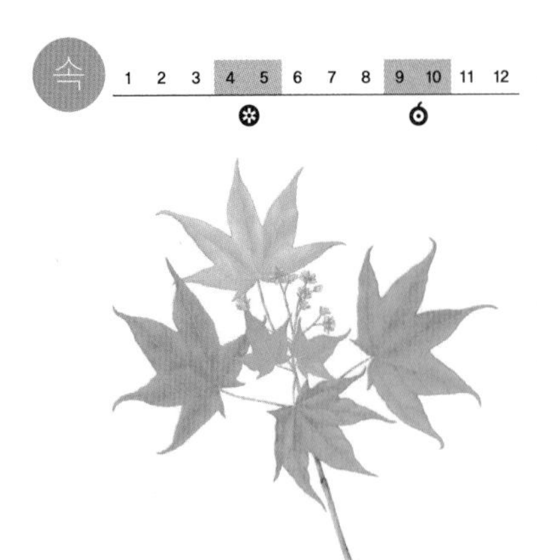

고로쇠나무

고로쇠나무는 산속 골짜기나 골짜기 가까운 양지바른 곳에서 잘 자란다. 단풍을 보려고 공원이나 마당에 심어 기르기도 한다. 우리나라에서 나는 단풍나무 가운데 가장 키가 크게 자란다. 잎은 다섯에서 일곱 갈래로 갈라지고 손바닥 모양이다. 고로쇠나무 줄기에서 받은 물을 고로쇠 약수라고 한다. 이른 봄에 나무에 흠집을 내어 받는다. **생김새** 높이 20m | 잎 6~8cm, 마주난다. **사는 곳** 볕이 드는 골짜기 **다른 이름** Mono maple **분류** 쌍떡잎식물 > 단풍나무과

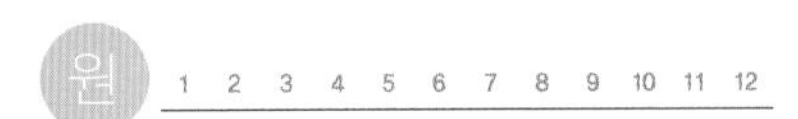

고리매

고리매는 바닷가 바위나 자갈에 붙어 자라는 바닷말이다. 물웅덩이에 많다. 늦가을에 실처럼 가느다랗게 돋아나서 이른 봄까지 자란다. 옅은 밤색인데 자라면서 색이 짙어지고 마디가 생긴다. 무척 매끈하다. 여름이 되면 녹아 없어진다. 어릴 때는 털이 나 있어서 무척 부드럽고 대롱처럼 속이 비었다. **생김새** 길이 15~60cm **사는 곳** 남해, 서해 갯바위나 자갈밭 **다른 이름** 산파래, Whip tube **분류** 갈조류 > 고리매과

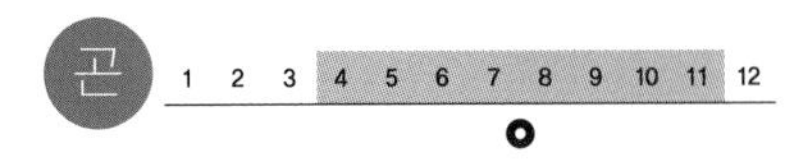

고마로브집게벌레

고마로브집게벌레는 다른 집게벌레처럼 배 끝에 긴 집게가 달려 있다. 집게로 적을 쫓거나 짝짓기를 할 때 쓴다. 집게벌레들은 대개 밤에 돌아다니지만, 고마로브집게벌레는 낮에도 많이 돌아다닌다. 작은 벌레들을 잡아먹고, 새순이나 꽃가루도 먹는다. 암컷은 나뭇잎을 붙여 방을 만들고 알을 낳는다. 애벌레가 깨어날 때까지 알을 돌본다. **생김새** 몸길이 15~22mm **사는 곳** 들, 집 둘레 **먹이** 작은 벌레, 새순, 꽃가루 **다른 이름** 검정다리가위벌레[북] **분류** 집게벌레목 > 집게벌레과

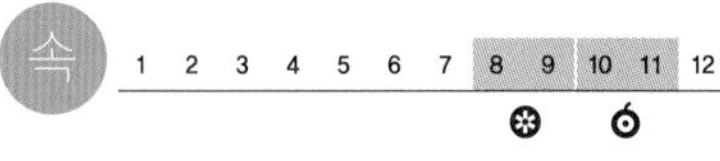

고마리

고마리는 논둑이나 도랑, 냇가 둘레 같은 물가에서 자란다. 물을 맑게 한다. 햇볕이 잘 드는 곳을 좋아한다. 줄기는 땅 위를 기고 끝으로 갈수록 비스듬하게 서는데, 모가 나고 잔가시가 성글게 나 있다. 잎은 세모꼴로 방패처럼 생겼다. 여름부터 하얗거나 분홍빛 꽃이 뭉쳐서 핀다. 열매는 세모꼴이고 잿빛 밤색이다. **생김새** 높이 30~70cm | 잎 4~7cm, 어긋난다. **사는 곳** 논둑, 도랑, 물가 **다른 이름** 고만이, 뱀풀, Thunberg's smartweed **분류** 쌍떡잎식물 > 마디풀과

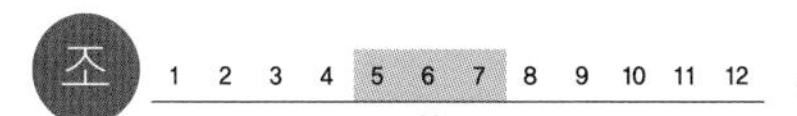

고방오리

고방오리는 겨울에 우리나라에 와서 저수지나 물이 고인 논에서 산다. 처녀가 길게 땋은 머리를 고방 머리라고 하는데, 고방오리는 이 모습을 닮아서 붙은 이름이다. 꼬리 끝이 길고 뾰족하다. 고방오리끼리 무리를 짓기도 하지만 청둥오리, 흰뺨검둥오리, 쇠오리 들과 섞이는 때가 더 많다. 머리를 물속에 넣고 물고기를 잡아먹거나 물풀을 뜯어 먹는다. **생김새** 몸길이 75cm **사는 곳** 논, 연못, 호수, 냇가 **먹이** 물고기, 달팽이, 곡식, 물풀, 풀씨 **다른 이름** 가창오리[북] Pintail **분류** 기러기목 > 오리과

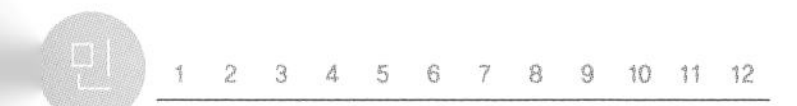

고비

고비는 산이나 숲속이나 냇가에서 자란다. 물기가 많고 기름진 땅을 좋아한다. 고사리처럼 꽃이 피지 않고 홀씨로 퍼지는 민꽃식물이다. 생김새도 고사리와 비슷하다. 줄기처럼 보이는 것은 기다란 잎자루다. 잎에는 흰 솜털이 덮여 있다. 이른 봄에 잎자루가 올라오면 잎이 펴지기 전에 꺾어서 먹는다. **생김새** 높이 60~100cm | 잎 20~30cm **사는 곳** 산, 숲속, 냇가 **다른 이름** Asian royal fern **분류** 양치식물 > 고비과

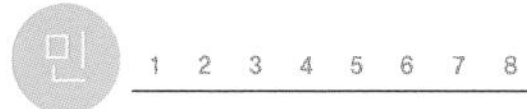

고사리

고사리는 산이나 숲속에서 자란다. 햇빛이 잘 드는 곳에서도 나고 나무 아래 그늘지고 축축한 곳에서도 난다. 꽃이 피지 않고 홀씨로 퍼지는 민꽃식물이다. 줄기처럼 보이는 것은 기다란 잎자루다. 잎은 뒷면이 앞면보다 색이 연하고 털이 조금 있다. 이른 봄에 잎자루가 올라오면 잎이 퍼지기 전에 꺾어서 나물로 먹는다. **생김새** 높이 1m쯤 | 잎 15~86cm, 모여난다. **사는 곳** 산이나 숲속, 풀밭 **다른 이름** 길상채, 권두채, 북고사리, Eastern braken fern **분류** 양치식물 > 잔고사리과

속 1 2 3 4 5 6 7 8 9 10 11 12

고삼

고삼은 물이 잘 빠지고 햇볕이 잘 드는 길가나 산기슭, 풀밭에서 자란다. 뿌리를 약으로 쓰려고 마당에 많이 심는다. 굵은 줄기가 나무처럼 뻗어 올라가면서 자란다. 키는 어른 허리춤쯤 큰다. 줄기에서 기다란 잎줄기가 사방으로 뻗는다. 여름에 노란 꽃이 피고 가을에 콩꼬투리 같은 열매가 달린다. **생김새** 높이 80~120cm | 잎 2~4cm, 어긋난다. **사는 곳** 길가, 산기슭, 풀밭 **다른 이름** 능암[북], 너삼[북], 쓴너삼, 도둑놈의지팡이, Shrubby sophora **분류** 쌍떡잎식물 > 콩과

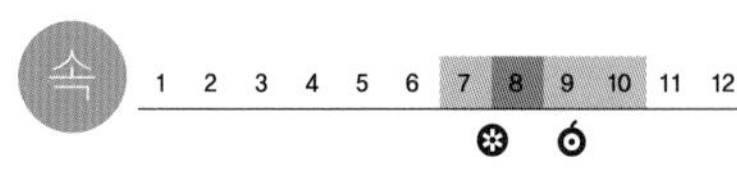

고수

고수는 잎을 먹으려고 밭에 심는다. 어디서나 잘 자란다. 잎에서 남다른 냄새가 나서 잎을 향신료나 양념으로 쓴다. 몸에는 털이 없다. 줄기는 곧게 자라고 둥글고 속이 비어 있다. 뿌리에서 나는 잎은 잎자루가 길고 한 두번 깃 모양으로 갈라진다. 여름이 되면 가지 끝에 흰빛 또는 연한 보랏빛을 띤 작은 꽃이 여러 송이 모여 핀다. **생김새** 높이 20~70cm | 잎 모여나거나 어긋난다. **사는 곳** 밭 **다른 이름** 고수나물, Coriander **분류** 쌍떡잎식물 > 산형과

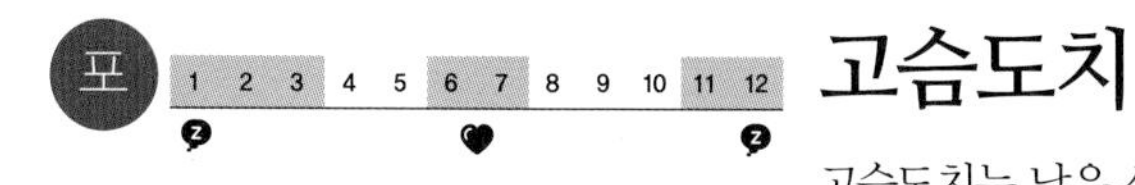

고슴도치

고슴도치는 낮은 산이나 들에서 산다. 버려진 굴에서 살거나, 나뭇잎이나 풀로 둥지를 틀기도 한다. 온몸에 날카로운 가시가 나 있다. 위험을 느끼면 몸을 동그랗게 말아서 가시를 곤두세운다. 해거름에 나와 먹이를 찾는다. 육식성으로 벌레를 가장 잘 먹는다. 다리가 짧아서 움직임이 둔하다. 11월쯤부터 겨울잠을 잔다. 여름에 새끼를 3~7마리 낳는다. **생김새** 몸길이 10~25cm **사는 곳** 낮은 산, 들 **먹이** 곤충, 쥐, 개구리, 새알, 버섯 **다른 이름** 그스리, Hedgehog **분류** 고슴도치목 > 고슴도치과

고양이

고양이는 사람이 기르거나 집 근처에서 산다. 눈이 아주 밝고, 소리도 잘 듣는다. 또 수염이 더듬이 구실을 한다. 몸의 균형을 잡는 능력도 뛰어나다. 먹이를 찾으면 조용히 다가가서 잡는다. 똥이나 오줌을 누면 흙으로 덮는다. 새끼를 낳으면 두세 차례 집을 옮겨 가며 새끼를 키운다. **생김새** 몸길이 30~60cm **사는 곳** 마을이나 집에서 기른다. **먹이** 쥐, 작은 동물, 물고기, 새, 벌레 **다른 이름** 고내이, 괭이, 귀앵이, Cat **분류** 식육목 > 고양이과

속 1 2 3 4 5 6 7 8 9 10 11 12

고욤나무

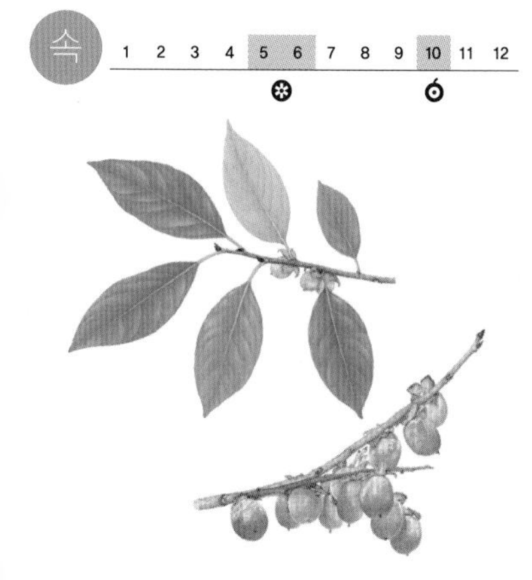

고욤나무는 산기슭이나 낮은 산에서 저절로 자란다. 흙이 깊고 물이 잘 빠지는 땅에 심으면 잘 자란다. 생김새가 감나무와 아주 비슷하다. 잎은 가을에 단풍이 들었다가 열매보다 먼저 떨어진다. 초여름에 검은 자줏빛으로 꽃이 핀다. 고욤은 감과 아주 비슷해서 콩감이라고도 하는데, 살구만큼 작다. 목재를 깎아 작은 살림살이를 만든다. **생김새** 높이 15m | 잎 6~12cm, 어긋난다. **사는 곳** 산기슭, 낮은 산 **다른 이름** Date plum **분류** 쌍떡잎식물 > 감나무과

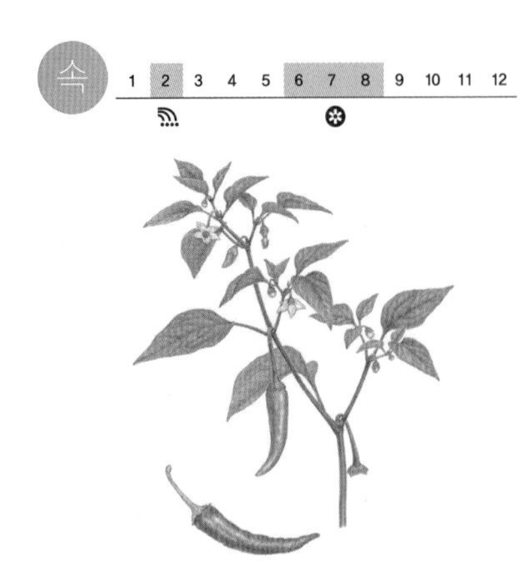

고추

고추는 밭에 심는 열매채소다. 열매에서 나는 매운맛 때문에 양념 채소로 널리 기른다. 줄기는 곧게 자라고 가지를 많이 친다. 초여름부터 잎겨드랑이에서 흰 꽃이 핀다. 꽃이 지면 풀빛 열매가 달리기 시작해서 한여름부터 빨갛게 익는다. 열매가 열리면 그때그때 따 풋고추로 먹는다. 빨갛게 익은 고추는 햇볕에 말리고 빻아서 고춧가루를 낸다. **생김새** 높이 60~90cm | 잎 5~10cm, 어긋난다. **사는 곳** 밭 **다른 이름** 진초, 당추, 신초, Chili pepper **분류** 쌍떡잎식물 > 가지과

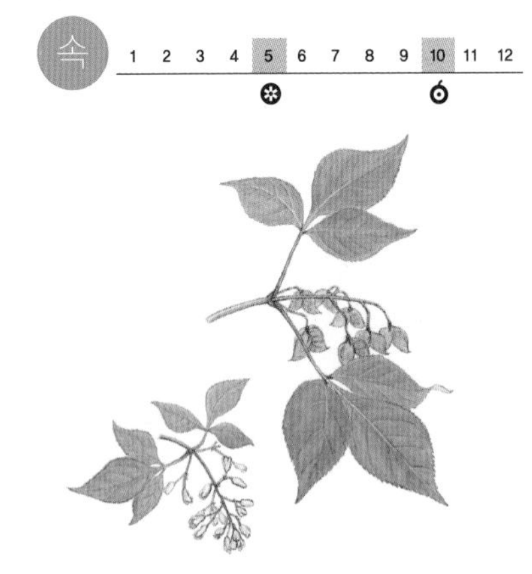

고추나무

고추나무는 산기슭이나 산골짜기에 흔하다. 물기가 있는 땅에서 더 잘 자란다. 잎은 쪽잎 석 장인 겹잎인데 고춧잎을 닮았다. 봄에 하얀 꽃 여러 송이가 가지 끝에 늘어지며 핀다. 열매는 방패처럼 생겼다. 처음에는 풀빛이다가 가을에 누렇게 익는다. 열매를 누르면 바람 빠지는 소리가 난다. 봄에 어린순을 뜯어서 나물로 먹는다. **생김새** 높이 4m | 잎 5~8cm, 마주난다. **사는 곳** 산기슭, 골짜기 **다른 이름** 철쭉잎, Bumald's bladdernut **분류** 쌍떡잎식물 > 고추나무과

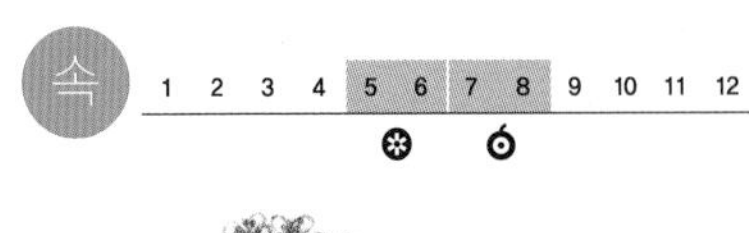

고추냉이

고추냉이는 산골짜기 물기가 많은 곳에서 자란다. 먹으려고 밭이나 화분에 심어 가꾸기도 한다. 줄기는 곧게 자란다. 잎 가장자리에 잔 톱니가 있다. 잎자루가 길다. 봄여름에 줄기 끝에서 흰빛 꽃이 모여 핀다. 뿌리줄기는 양념으로 쓴다. 겨자와 비슷하게 쓰는 양념이지만 겨자는 씨를 쓰고, 고추냉이는 뿌리줄기를 쓴다. **생김새** 높이 20~40cm | 잎 8~10cm, 모여나거나 어긋난다. **사는 곳** 산골짜기, 밭 **다른 이름** Wild wasabi **분류** 쌍떡잎식물 > 배추과

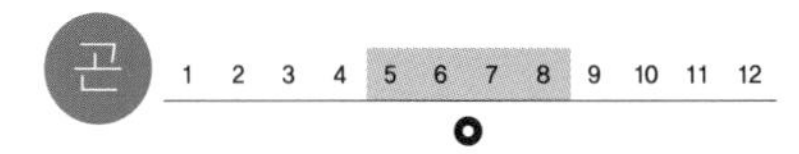

고추잠자리

고추잠자리는 빨갛게 익은 고추처럼 온몸이 붉다. 흔히 여러 마리가 함께 날아다닌다. 몸 쪽 날개도 붉은빛이 돈다. 날개 힘이 약해서 낮게 날아다닌다. 애벌레는 골짜기나 웅덩이 속에서 산다. 어른벌레가 되면 들이나 산으로 날아가 날벌레를 먹고 산다. **생김새** 몸길이 44~50mm **사는 곳** 애벌레_골짜기, 웅덩이 물속 | 어른벌레_논밭, 산 **먹이** 애벌레_물속 벌레 | 어른벌레_날벌레 **다른 이름** 초파리잠자리[북], 붉은배잠자리, Red dragonfly **분류** 잠자리목 > 잠자리과

곤줄박이

곤줄박이는 나무가 우거진 숲이나 들에 산다. 새끼를 치고 나면 무리를 짓는데, 박새나 오목눈이 무리와 섞이기도 한다. 나뭇가지나 줄기를 부리로 톡톡톡 쳐서 먹이를 찾는다. 벌레, 거미를 잡아먹고 솔씨나 나무 열매도 먹는다. 발가락을 손처럼 써서 열매를 잡을 줄도 안다. 봄여름에 짝짓기를 하고 나무 구멍이나 바위틈에 이끼를 써서 둥지를 짓고 새끼를 친다. **생김새** 몸길이 14cm **사는 곳** 산, 숲, 마을 **먹이** 벌레, 씨앗, 나무 열매 **다른 이름** 곤줄매기, Varied tit **분류** 참새목 > 박새과

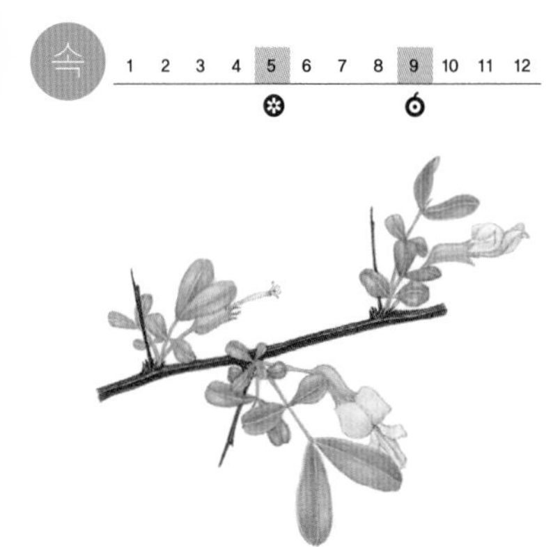

골담초

골담초는 볕이 잘 드는 집 둘레나 길가에서 자란다. 공원이나 길가에 많이 심는다. 공기가 안 좋은 도시에서도 자란다. 줄기는 곧게 자라고 가지를 많이 친다. 잎은 끝이 둥그스름하고 가운데가 조금 오목하다. 봄에 붉은빛이 도는 노란 꽃이 잎겨드랑이에서 핀다. 줄줄이 모여 있고 아래로 드리운다. 열매는 납작한데 여물면 두 조각으로 터진다. **생김새** 높이 2m | 잎 1~3cm, 어긋난다. **사는 곳** 집 둘레, 길가 **다른 이름** Chinese peashrub **분류** 쌍떡잎식물 > 콩과

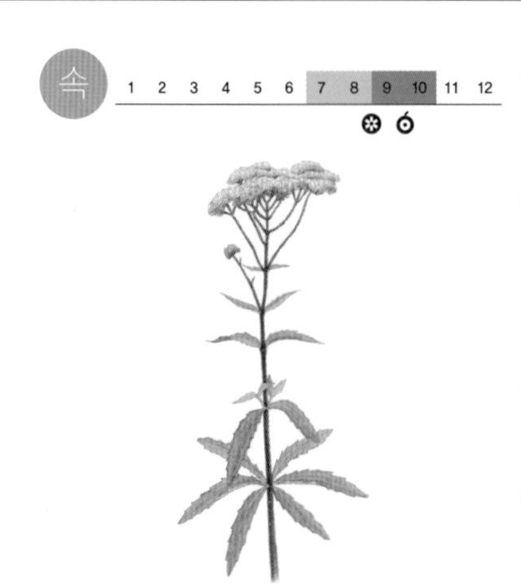

골등골나물

골등골나물은 볕이 잘 드는 산기슭이나 풀밭에서 자란다. 물기가 있는 땅을 좋아한다. 꽃을 보려고 뜰에 심기도 한다. 줄기는 곧게 자라고 거센털이 나 있다. 잎에도 털이 있고, 가장자리에 톱니가 있다. 가을에 줄기 끝에서 희거나 옅은 보랏빛 꽃이 모여 핀다. 열매는 검은 밤빛이고 털이 있다. **생김새** 높이 30~80cm | 잎 6~12cm, 돌려나거나 마주난다. **사는 곳** 산기슭, 풀밭 **다른 이름** 벌등골나물, Lindley eupatorium **분류** 쌍떡잎식물 > 국화과

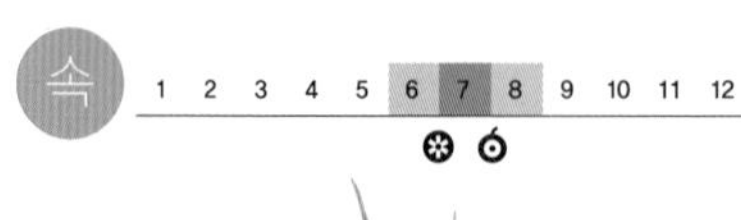

골풀

골풀은 축축한 강가나 논둑, 풀밭에서 자란다. 땅속에서 뿌리줄기가 옆으로 뻗고, 뿌리줄기 마디마다 줄기가 돋아서 한 무더기로 수북하게 자란다. 줄기는 잎이 안 달리고 가느다란 회초리처럼 쭉쭉 뻗어 자란다. 반들반들하고 매끈하다. 여름에 자잘한 꽃이 둥그렇게 뭉쳐서 핀다. 줄기를 말려서 돗자리나 방석을 짠다. **생김새** 높이 25~100cm | 잎 10~20cm, 모여난다. **사는 곳** 강가, 논둑, 풀밭 **다른 이름** 등심초, 골, 인초, 조리풀, Common rush **분류** 외떡잎식물 > 골풀과

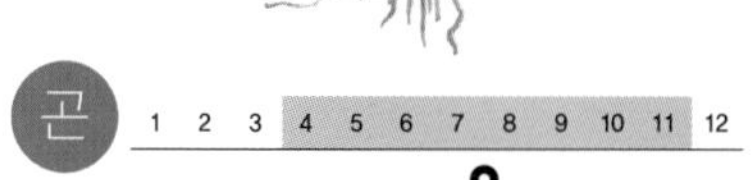

곰개미

곰개미는 공원이나 길가에 흔하다. 진딧물이 내는 단물이나 다른 벌레를 잡아먹는다. 먹이가 크면 여럿이 함께 나른다. 곰개미도 다른 개미들처럼 여왕개미, 수개미, 일개미가 모여 산다. 보통 여왕개미 한 마리와 일개미 수백 마리가 한데 산다. 일개미가 만 마리를 넘을 때도 있다. 일개미는 몇 달쯤 살다 죽지만 여왕개미는 십여 년쯤 살기도 한다. **생김새** 몸길이 4~13mm **사는 곳** 공원, 길가, 풀밭 **먹이** 진딧물이 내는 단물, 작은 벌레 **다른 이름** Japanese wood ant **분류** 벌목 > 개미과

1 2 3 4 5 6 7 8 9 10 11 12

곰딸기

곰딸기는 산속 그늘지고 축축한 곳에서 자란다. 줄기에 끈끈하고 붉은 털이 촘촘히 나 있고 굵은 가시가 성글게 있다. 잎 뒷면은 흰 털이 나고, 잎자루에는 붉은 털이 난다. 초여름에 꽃이 피고 한 달 사이에 열매가 익는다. 산딸기처럼 달고 맛있다. 날로 먹고 열매와 뿌리, 줄기는 햇볕에 말려 약으로도 쓴다. **생김새** 높이 3m | 잎 4~10cm, 어긋난다. **사는 곳** 산속 그늘진 곳 **다른 이름** 붉은가시딸기, Wine raspberry **분류** 쌍떡잎식물 > 장미과

1 2 3 4 5 6 7 8 9 10 11 12

곰보버섯

곰보버섯은 봄에 벚나무, 물푸레나무 같은 나무가 자라는 숲속 땅 위나 거름기가 많은 밭, 길가에 홀로 나거나 무리 지어 난다. 갓에 구멍이 움푹움푹 파여 있다. 자라는 속도가 느려서 땅 위로 돋아난 다음 3주 가까이 천천히 자란다. 반으로 잘라 보면 갓부터 대까지 하나로 이어져 있고 속이 비어 있다. 우리나라에서는 잘 먹지 않지만 다른 나라에서는 즐겨 먹는다. **생김새** 갓 26~54×23~35mm **사는 곳** 숲, 밭, 길가 **다른 이름** 숭숭갓버섯[북], Morel **분류** 주발버섯목 > 곰보버섯과

1 2 3 4 5 6 7 8 9 10 11 12

곰취

곰취는 깊은 산속 나무 아래에서 자란다. 그늘지고 축축한 땅을 좋아한다. 높은 산이면 어디서나 나지만 강원도에서 많이 난다. 줄기는 곧게 뻗고, 거미줄 같은 하얀 털이 빽빽이 있다. 뿌리에서 난 잎은 심장 모양으로 아주 널따랗다. 여름에 줄기 끝에 노란 꽃이 모여 핀다. 곰취는 참취나 미역취와 함께 가장 흔히 먹는 산나물 가운데 하나다. **생김새** 높이 1~2m | 잎 40cm쯤, 모여나거나 어긋난다. **사는 곳** 산 **다른 이름** 곰달래, Fischer's ragwort **분류** 쌍떡잎식물 > 국화과

곰치

곰치는 물이 따뜻하고, 깊이가 3~30미터쯤 되는 바위 밭이나 산호 밭에서 산다. 낮에는 산호나 돌 틈에 몸을 숨기고 있다가 밤에 나와 돌아다니면서 먹이를 찾는다. 먹이가 가까이 오면 용수철처럼 튀어나가 덥석 문다. 이빨이 송곳처럼 뾰족하고 안 쪽으로 휘어 있어서 한번 물면 놓치지 않는다. 우리나라에서는 보기 어렵다. **생김새** 몸길이 60~70cm **사는 곳** 제주, 남해 **먹이** 문어, 새우, 작은 물고기 **다른 이름** Moray eel **분류** 뱀장어목 > 곰치과

무 1 2 3 4 5 6 7 8 9 10 11 12

공벌레

공벌레는 썩은 나무 아래처럼 그늘지고 축축한 곳에 모여 산다. 집 근처에도 흔하다. 생김새가 쥐며느리와 닮았다. 놀라면 몸을 공처럼 둥글게 만다. 몸은 머리와 가슴 일곱 마디, 배 다섯 마디로 나뉜다. 곰팡이나 죽은 동물과 썩은 풀을 먹는다. 짝짓기를 하고 나면 알을 배에 넣고 다닌다. **생김새** 몸길이 14~19mm **사는 곳** 풀숲, 썩은 나무 아래, 축축한 곳 **먹이** 음식 찌꺼기, 죽은 벌레 **다른 이름** Pill bug **분류** 절지동물 > 남방공벌레과

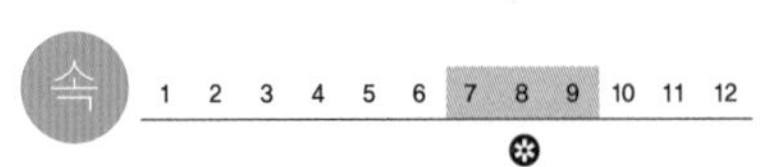

과꽃

과꽃은 볕이 잘 드는 산기슭이나 골짜기, 길가에서 자란다. 꽃을 보려고 뜰이나 공원에 흔하게 심어 기른다. 줄기는 한 줄기가 곧게 자라고 흰 털이 덮여 있다. 잎은 앞뒤로 털이 있는데, 뒤에는 희고 거센털이 있다. 여름부터 줄기와 가지 끝에서 크고 동그란 꽃이 하나씩 핀다. 여러 빛깔 꽃이 핀다. **생김새** 높이 30~100cm | 잎 5~6cm, 어긋난다. **사는 곳** 산, 길가, 공원 **다른 이름** 벽남국, 취국, 당국화, China aster **분류** 쌍떡잎식물 > 국화과

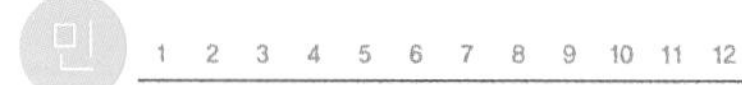

관중

관중은 깊은 산속 땅이 눅눅하고 그늘진 곳을 좋아한다. 여러 포기가 수북하게 모여 자란다. 고사리와 잎이 닮았다. 봄이 되면 뿌리에서 싹이 둥그렇게 빙 둘러서 돋는다. 새순은 고사리순처럼 동그랗게 말려 있다가 풀어지면서 자란다. 줄기가 따로 없다. 가운데 잎줄기를 따라 작은 잎들이 달린다. 잎 뒤쪽에 홀씨주머니가 있다. **생김새** 높이 1m | 잎 20~80cm, 모여난다. **사는 곳** 깊은 산속 **다른 이름** 범고비북, 희초미, 면마, Shield fern **분류** 양치식물 > 관중과

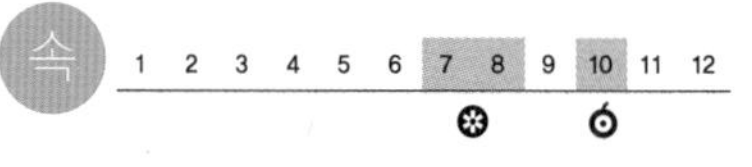

광나무

광나무는 바닷가 낮은 산기슭에서 잘 자란다. 쥐똥나무와 닮았는데 쥐똥나무와 달리 남부 지방에서만 자라고 겨울에도 잎이 안 진다. 잎은 반지르르하다. 여름에 하얀 꽃이 가지 끝에 원뿔꼴로 모여 핀다. 열매는 처음에는 풀빛이다가 가을에 까맣게 익는데 겨울에도 나무에 붙어 있다. 잎과 열매를 약으로 쓰고, 산울타리로도 심는다. **생김새** 높이 3~5m | 잎 3~8cm, 마주난다. **사는 곳** 바닷가 산기슭 **다른 이름** 푸른검정알나무북, Wax-leaf privet **분류** 쌍떡잎식물 > 물푸레나무과

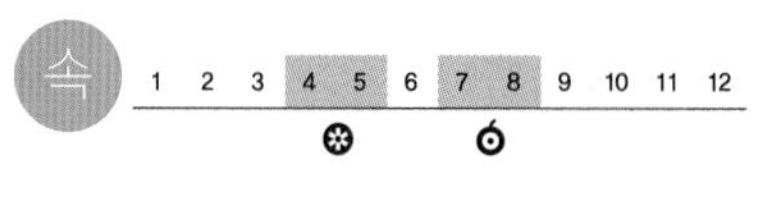

광대나물

광대나물은 밭이나 과수원, 길가, 산기슭에서 자란다. 반달처럼 생긴 잎이 마주나서 줄기를 둥글게 감싼다. 줄기는 자줏빛이 돈다. 잎 생김새가 광대가 입는 옷처럼 생겼다. 봄에 잎겨드랑이에서 불그스름한 꽃이 여러 송이 모여 핀다. 꽃을 따서 빨면 단물이 조금 나온다. 꽃에는 꿀주머니가 있어서 벌레들이 꿀을 빨면서 꽃가루받이를 돕는다. **생김새** 높이 10~30cm | 잎 1~2cm, 마주난다. **사는 곳** 밭, 과수원, 길가, 산기슭 **다른 이름** 코딱지나물, Henbit deadnettle **분류** 쌍떡잎식물 > 꿀풀과

괭이갈매기

괭이갈매기는 울음소리가 고양이 소리 같다고 붙은 이름이다. 바닷가와 강 하구를 날면서 먹이를 찾는다. 물고기, 조개, 개구리, 음식물 찌꺼기, 물풀까지 닥치는 대로 먹는다. 봄에 짝짓기를 하고, 풀밭에 둥지를 지어 새끼를 친다. 같은 둥지를 쓸 때가 많다. 새끼는 3년이 지나야 다 자란다. **생김새** 몸길이 46cm **사는 곳** 강 하구 **먹이** 물고기, 조개, 벌레, 개구리, 물풀, 음식 찌꺼기 **다른 이름** 검은꼬리갈매기[북], 개갈매기, Black-tailed gull **분류** 도요목 > 갈매기과

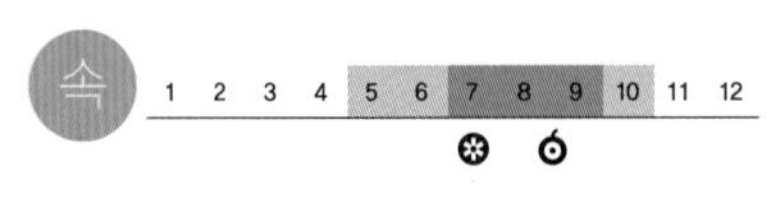

괭이밥

괭이밥은 집 둘레나 길가, 과수원, 밭에서 흔히 자란다. 줄기가 땅 위를 기면서 뻗고 마디마다 뿌리를 내린다. 잎이 토끼풀과 비슷하지만, 잎에 흰 무늬가 없다. 낮에는 잎을 쫙 펴고, 밤이나 날이 흐리면 잎을 접는다. 봄부터 가을까지 샛노란 꽃이 핀다. 꽃이 지면 길쭉한 열매가 열린다. **생김새** 높이 10~30cm | 잎 1~2.5cm, 어긋난다. **사는 곳** 집 둘레, 길가, 과수원, 밭 **다른 이름** 새큼풀, 시금초, 괭이싱아, 괴승아, Creeping wood sorrel **분류** 쌍떡잎식물 > 괭이밥과

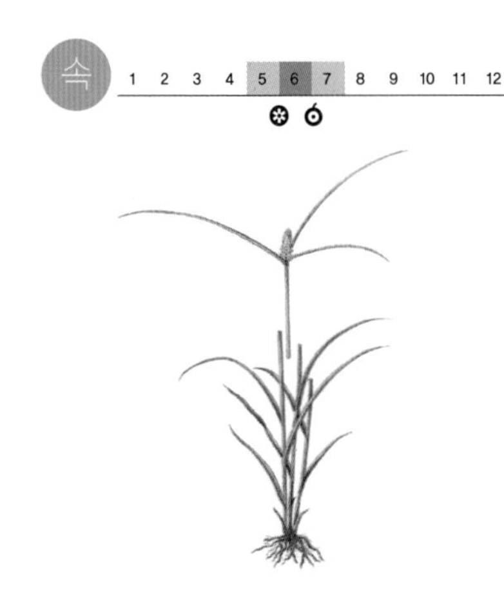

괭이사초

괭이사초는 볕이 잘 드는 산기슭이나 풀밭, 밭둑, 길가에서 자란다. 물기가 있는 땅에서 흔하게 자란다. 온몸에 자잘한 점이 있다. 줄기는 여럿이 모여 난다. 세모지고 매끈하다. 잎도 줄기처럼 가늘면서 길다. 깔끄럽다. 늦은 봄에 줄기 끝에서 둥근기둥 모양으로 이삭처럼 꽃이 달린다. **생김새** 높이 30~60cm | 잎 30~60cm, 모여난다. **사는 곳** 산기슭, 풀밭, 밭둑, 길가, 물가 **다른 이름** 수염사초, Nerved-fruit sedge **분류** 쌍떡잎식물 > 사초과

괴불나무

괴불나무는 산기슭이나 개울가 그늘진 숲에서 자란다. 줄기 속은 밤빛인데 비어 있다. 어린 가지는 풀빛이고 털이 있다. 봄에 하얀 꽃이 피는데 입술 모양으로 갈라진다. 열매는 여름부터 앵두처럼 빨갛게 익는다. 속이 들여다보일 듯이 맑은 빛깔 열매가 마주 보고 달린다. 날로도 먹고 말렸다가 약으로도 쓴다. 새들도 열매를 잘 먹는다. **생김새** 높이 4~5m | 잎 5~10cm, 마주난다. **사는 곳** 산기슭, 개울가 숲 **다른 이름** 아귀꽃나무[북], Amur honeysuckle **분류** 쌍떡잎식물 > 인동과

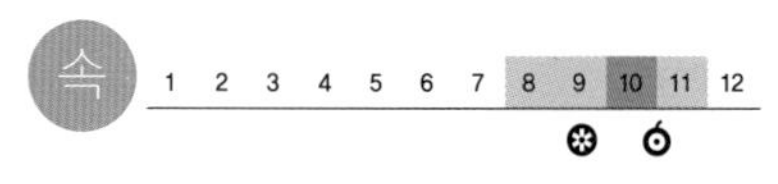

구기자나무

구기자나무는 밭둑이나 냇가, 산비탈에서 저절로 자란다. 집 둘레와 우물가에 심어 기르기도 한다. 서늘한 날씨에서 잘 자라고 추위에도 잘 견딘다. 잎은 타원꼴인데 끝이 뾰족하고 가장자리가 매끈하다. 새로 난 햇가지에서만 열매를 맺는다. 여름에 자줏빛 꽃이 핀다. 늦여름부터 붉은 열매가 익는다. **생김새** 높이 1~2m | 잎 3~8cm, 어긋난다. **사는 곳** 밭둑, 냇가, 산기슭 **다른 이름** 물고추나무, 괴좆나무, 선장, Chinese matrimony vine **분류** 쌍떡잎식물 > 가지과

파
1 2 3 4 5 6 7 8 9 10 11 12

구렁이

구렁이는 우리나라 뱀 가운데 가장 크다. 집 가까이에 살면서 지붕이나 돌담, 밭둑에서 집쥐나 참새나 개구리를 잡아먹는다. 독니가 없고 사람에게는 해코지를 안 한다. 혀를 날름거려 냄새를 맡아서 먹이를 찾는다. 오뉴월에 짝짓기를 하고 알을 낳는다. 날이 서늘하면 암컷이 많이 나오고, 더우면 수컷이 많이 깨어난다. 날이 추워지면 겨울잠을 잔다. **생김새** 몸길이 1~2m **사는 곳** 집지붕, 돌담, 밭둑 **먹이** 쥐, 새, 새알, 개구리 **다른 이름** 구렝이[북], 진대, 흑지리, Korean ratsnake **분류** 유린목 > 뱀과

1 2 3 4 5 6 7 8 9 10 11 12

구름송편버섯

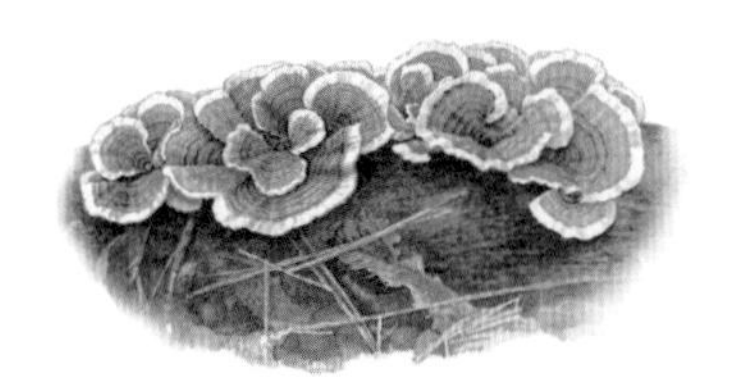

구름송편버섯은 봄부터 늦가을까지 죽은 나무에 무리 지어 난다. 수십 수백 개 버섯이 물결치듯 모여서 겹쳐 난다. 대는 없고 나무에 바로 붙어 난다. 한 해 내내 흔하게 볼 수 있다. 갓은 반원이나 부채꼴이다. 여러 빛깔이 어울린 고리 무늬가 나타난다. 겉에 짧고 가는 털이 덮여 있어서 만지면 부드럽다. 살은 하얗고 가죽처럼 질기다. **생김새** 크기 10~50mm **사는 곳** 산 **다른 이름** 기와버섯[북], 구름버섯, 운지버섯, Turkeytail fungus **분류** 구멍장이버섯목 > 구멍장이버섯과

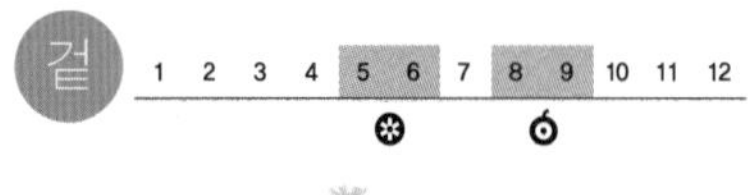

구상나무

구상나무는 한라산, 덕유산, 지리산 같은 높은 산에 사는데 특히 한라산에 많다. 우리나라에서만 난다. 나무 생김새가 아름다워서 공원이나 뜰에 심기도 하지만 더러운 공기에 약해서 기르기가 쉽지 않다. 잎은 짧고, 끝이 살짝 갈라져 오목하다. 뒷면이 희다. 열매는 가을에 풀색이나 붉은색, 검은색으로 여문다. **생김새** 높이 18m | 잎 0.9~1.4cm, 모여난다. **사는 곳** 높은 산 **다른 이름** 제주백회, Korean fir **분류** 겉씨식물 > 소나무과

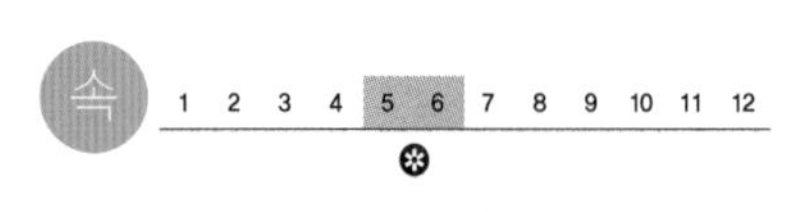

구상난풀

구상난풀은 깊은 산 바늘잎나무 숲에서 많이 자란다. 구상나무 숲에 많다고 붙은 이름이다. 엽록소가 없다. 스스로 광합성을 하지 않고 다른 식물에서 양분을 얻는다. 줄기는 여럿이 모여 나서 곧게 자란다. 잎은 비늘 조각 같은 모양으로 줄기에 붙어 있다. 여름에 줄기 끝에서 연한 밤빛이 도는 흰 꽃이 핀다. **생김새** 높이 10~25cm | 잎 1~1.5cm, 어긋난다. **사는 곳** 깊은 산 **다른 이름** 석장풀, 수정초, Yellow indian pipe **분류** 쌍떡잎식물 > 진달래과

속 1 2 3 4 5 6 7 8 9 10 11 12

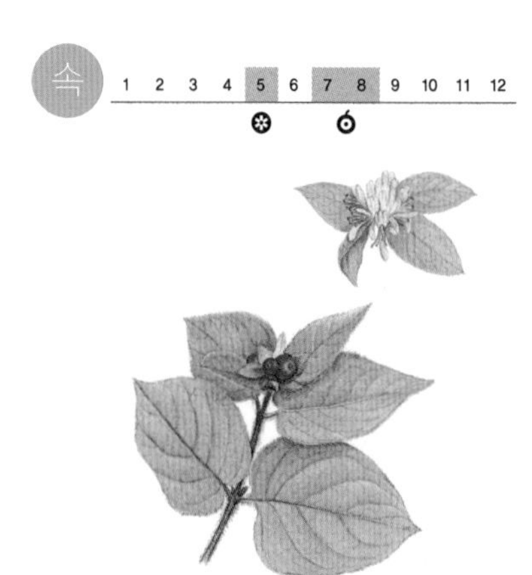

구슬댕댕이

구슬댕댕이는 높은 산 숲속에서 자란다. 추위에는 잘 버티지만 볕이 잘 드는 곳을 좋아한다. 공원에도 심는다. 가지와 잎에는 털이 잔뜩 나 있다. 잎은 앞쪽에만 털이 있고 뒤쪽에는 잎맥 위에만 털이 난다. 열매 아래쪽을 싸고 있는 받침에도 누런 잔털이 소복하다. 봄에 연노란 꽃이 피고, 열매는 늦여름부터 빨갛게 익는다. **생김새** 높이 1~3m | 잎 5~10cm, 마주난다. **사는 곳** 높은 산 **다른 이름** Wavy-leaf honeysuckle **분류** 쌍떡잎식물 > 인동과

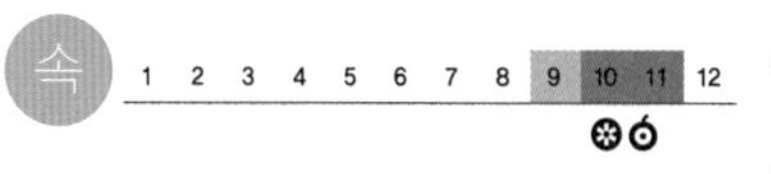

구절초

구절초는 볕이 잘 드는 산속 풀밭에서 자란다. 산등성이나 들에서도 볼 수 있다. 꽃을 보려고 집에서도 기른다. 땅속줄기가 옆으로 뻗으면서 무더기로 자란다. 뿌리잎과 줄기잎이 크기와 모양새가 많이 다르다. 서리가 내리고 추워질 때 꽃이 핀다. 어린순은 나물로 무쳐 먹는다. **생김새** 높이 50cm 안팎 | 잎 1~4.5cm, 모여나거나 어긋난다. **사는 곳** 산속 풀밭, 산등성이, 들 **다른 이름** 들국화, 선모초, White-lobe Korean dendranthema **분류** 쌍떡잎식물 > 국화과

속 1 2 3 4 5 6 7 8 9 10 11 12

국수나무

국수나무는 산어귀나 나무가 우거진 숲에서 자란다. 공원에도 심는다. 잎이 세모지게 생겨서 끝은 뾰족하고 가장자리에 톱니가 있다. 털이 나 있다. 줄기 속이 국수 가락 같다. 가는 줄기를 잘라서 속을 잡아 빼면 국수처럼 나온다. 줄기를 끊어다가 광주리나 바구니를 만들기도 한다. 여름에 흰 꽃이 피는데 꿀도 많다. 가을에는 붉게 단풍이 든다. **생김새** 높이 1~2m | 잎 2~5cm, 어긋난다. **사는 곳** 산골짜기, 숲 **다른 이름** Laceshrub **분류** 쌍떡잎식물 > 장미과

국화

국화는 꽃을 보려고 심어 가꾼다. 가을에 마당이나 공원에서 피는 꽃 가운데 가장 흔한 편이다. 줄기는 곧게 자라고 어릴 때는 풀빛이다가 자라면서 점차 잿빛이 돈다. 잎은 깃 모양으로 깊게 갈라진다. 가을에 줄기와 가지 끝에서 둥근 꽃이 하나씩 핀다. 흔히 국화 무리에 드는 심어 가꾸는 꽃을 두루 국화라고 하기도 한다. **생김새** 높이 60~90cm | 잎 4~10cm, 어긋난다. **사는 곳** 마당, 공원 **다른 이름** 국, Garden mum **분류** 쌍떡잎식물 > 국화과

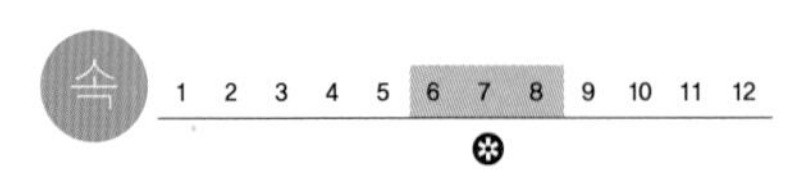

국화마

국화마는 산기슭이나 들판에서 자란다. 추위에 약해서 남부 지방에서 자란다. 뿌리는 길게 옆으로 뻗는다. 줄기도 길게 덩굴져 뻗으면서 자란다. 성글게 가지를 친다. 잎은 손바닥 모양인데 5~9갈래로 갈라진다. 끝이 뾰족하다. 여름에 잎겨드랑이에서 누른빛 꽃이 줄줄이 달린다. 열매에는 날개가 있어서 바람을 타고 멀리 간다. **생김새** 높이 1~3m | 잎 5~12cm, 어긋난다. **사는 곳** 산기슭, 들판 **다른 이름** 산약, Chrysanthemum-leaf mountain yam **분류** 외떡잎식물 > 마과

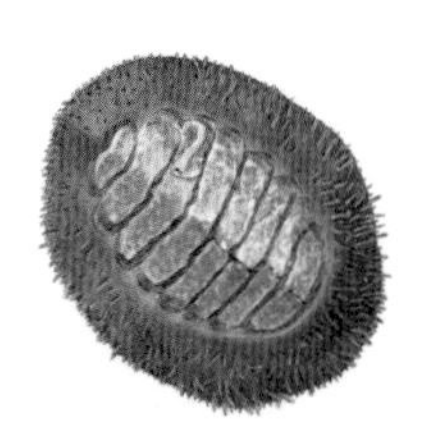

군부

군부는 바닷가 바위나 돌에 납작 붙어 산다. 그늘진 바위 틈에 많다. 느리고 굼뜨게 움직이는데 바위에 달라붙어서 좀체 움직이지 않는다. 밤에 조금씩 움직이면서 바위에 붙은 유기물이나 바닷말을 갉아 먹는다. 등 쪽에 손톱 같은 딱딱한 판 여덟 장이 기왓장처럼 포개져 있다. 마치 번데기 같다. **생김새** 몸길이 4~7cm **먹이** 바닷말, 바위 유기물 **사는 곳** 갯바위 **다른 이름** 딱지조개[북], 신짝, 등꼬부리, 할뱅이, Chiton **분류** 연체동물 > 군부과

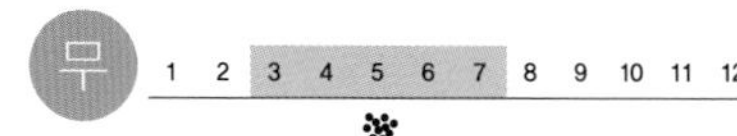

군소

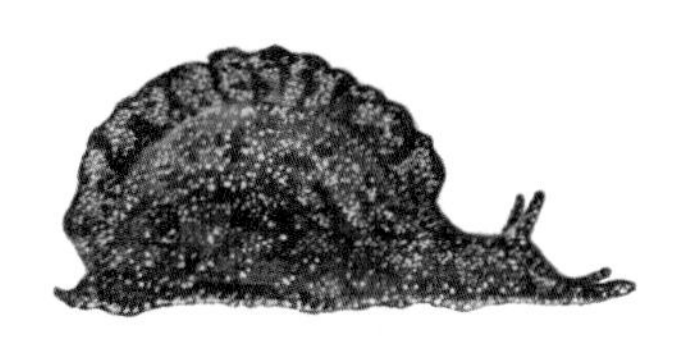

군소는 맑은 바다에서 사는 고둥이다. 바닷말이 우거진 바닷속 갯바위를 좋아한다. 고둥이지만 단단한 껍데기가 없고 온몸이 물렁물렁하다. 헤엄을 못 치고 바다 밑을 기어다닌다. 누가 건드리면 보랏빛 먹물을 내뿜는다. 머리 쪽에 뿔 더듬이가 두 쌍 있어서 달팽이처럼 보인다. 먹물을 빼낸 뒤 날로 먹거나 삶아서 먹는다. **생김새** 몸길이 20~40cm **사는 곳** 동해, 남해 맑은 바닷속 **먹이** 바닷말 **다른 이름** 바다토끼[북], Sea hare **분류** 연체동물 > 군소과

굴

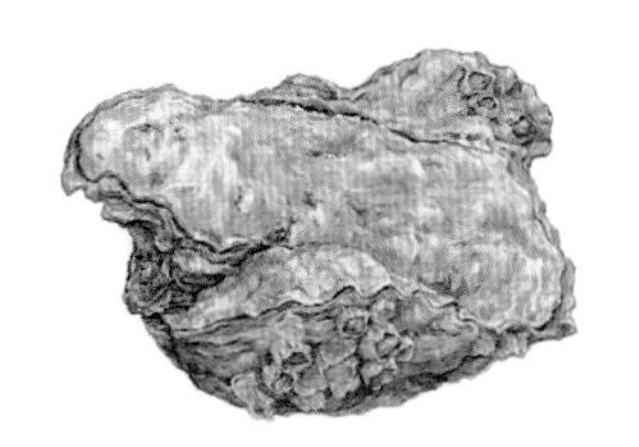

굴은 남해와 서해에 많다. 어릴 때는 바다에서 떠 다니다가 바닷가 바위나 돌에 한쪽 조가비를 단단히 붙이고 평생 산다. 껍데기는 우툴두툴한데 저마다 제멋대로 생겼다. 속살이 물컹물컹하다. 늦가을부터 살이 올라 겨울이 제철이다. 꼬챙이로 톡톡 쳐 껍데기를 까고 속살을 딴다. 알을 낳는 늦봄부터 여름 사이에는 독이 있어서 안 먹는다. **생김새** 크기 10×5cm **사는 곳** 서해, 남해, 동해 갯바위 **다른 이름** 참굴[북], 석화, 꿀동이, Oyster **분류** 연체동물 > 굴과

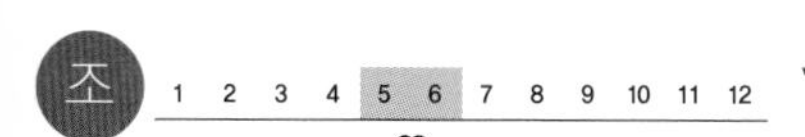

굴뚝새

굴뚝새는 마을 둘레나 개울가에서 산다. 겨울이면 굴뚝 속을 들락날락한다. 따뜻한 굴뚝 속에 있는 벌레를 잡아먹으려고 그런다. 동굴처럼 어둡고 그늘진 곳도 잘 찾아다닌다. 나뭇가지를 이리저리 재빠르게 옮겨 다니면서 벌레를 찾아 잡아먹는다. 물속에 들어가 돌을 뒤집어 가며 물속 벌레도 잡는다. 봄에 짝짓기를 하고 나무뿌리 사이나 바위틈에 둥지를 짓고 새끼를 친다. **생김새** 몸길이 10cm **사는 곳** 마을, 개울가, 계곡 **먹이** 벌레, 거미 **다른 이름** 쥐새[북], Eurasian wren **분류** 참새목 > 굴뚝새과

굴참나무

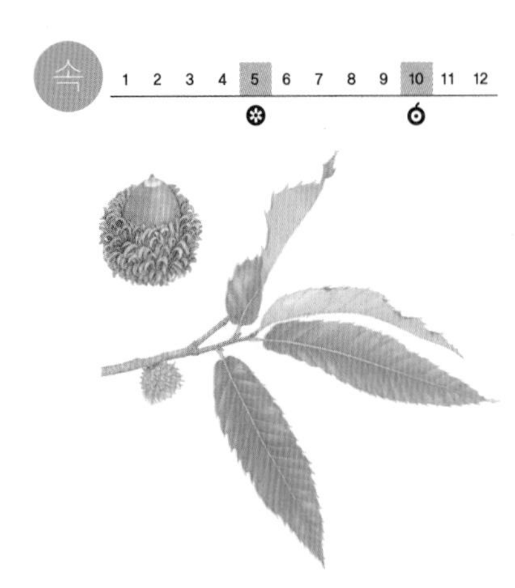

굴참나무는 낮은 산에서 흔하게 자란다. 메마른 땅에서도 잘 산다. 잎은 길쭉하고 가장자리에 톱니가 있다. 뒷면에 털이 많다. 자라면서 줄기에 폭신폭신하고 두꺼운 껍질이 생겨난다. 굴피라고 한다. 가볍고 탄력이 있으면서 공기나 물이 새지 않는다. 굴피는 처음에는 윤기가 나지만 점차 두꺼워지고 깊게 터진다. 도토리는 알이 굵다. **생김새** 높이 20m | 잎 8~15cm, 어긋난다. **사는 곳** 낮은 산 **다른 이름** Oriental cork oak **분류** 쌍떡잎식물 > 참나무과

굴털이

굴털이는 여름부터 가을까지 숲속 땅 위에 홀로 나거나 무리 지어 난다. 주름살을 칼로 베면 하얀 젖이 많이 나오는데 맛이 아주 맵다. 갓은 어릴 때는 가운데가 오목한 둥근 산 모양이고 끝이 안쪽으로 말려 있다. 자라면서 판판해지는데 다 자라면 가운데가 더 오목해져서 깔때기 모양이 된다. 가장자리는 물결치듯 구불거린다. 자라면서 구멍이 생겨 젖이 겉으로 배어 나온다. **생김새** 갓 40~150mm **사는 곳** 숲 **다른 이름** 흙쓰개젖버섯[북], 젖버섯, Red milk mushroom **분류** 무당버섯목 > 무당버섯과

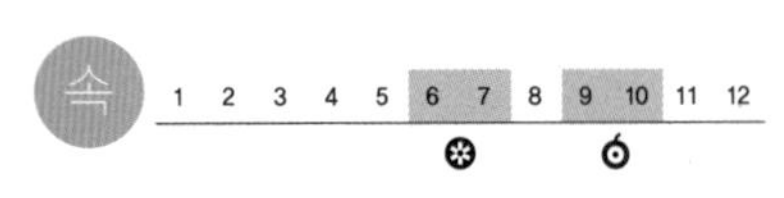

굴피나무

굴피나무는 산기슭부터 높은 산까지 볕이 잘 드는 곳에서 자란다. 잎은 겹잎인데 새잎이 날 때는 털이 있다가 점점 없어진다. 가을에 작은 솔방울처럼 생긴 열매가 하늘을 보고 달린다. 만지면 까실까실하다. 열매 속에 날개 달린 작은 씨가 들어 있다. 열매를 삶아 옷감에 까만 물을 들인다. **생김새** 높이 10~12m | 잎 4~10cm, 어긋난다. **사는 곳** 볕이 잘 드는 산 **다른 이름** 굴태나무, Cone-fruit platycarya **분류** 쌍떡잎식물 > 가래나무과

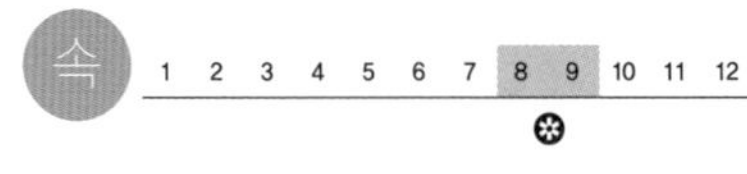

궁궁이

궁궁이는 깊은 산 나무숲 속이나 산골짜기 물기가 많은 땅에서 자란다. 심어 가꾸기도 한다. 줄기는 곧게 자라고 둥근데 속이 비어 있다. 성글게 가지를 친다. 잎은 넓게 자라는데 끝이 뾰족하고 여러 번 갈라진다. 여름에 줄기와 가지 끝에 작고 흰 꽃이 우산 모양으로 모여 핀다. 깊은 산에서 눈에 잘 띈다. **생김새** 높이 80~150cm | 잎 20~30cm, 어긋난다. **사는 곳** 깊은 산 **다른 이름** 천궁, 도랑대, Polymorphic angelica **분류** 쌍떡잎식물 > 산형과

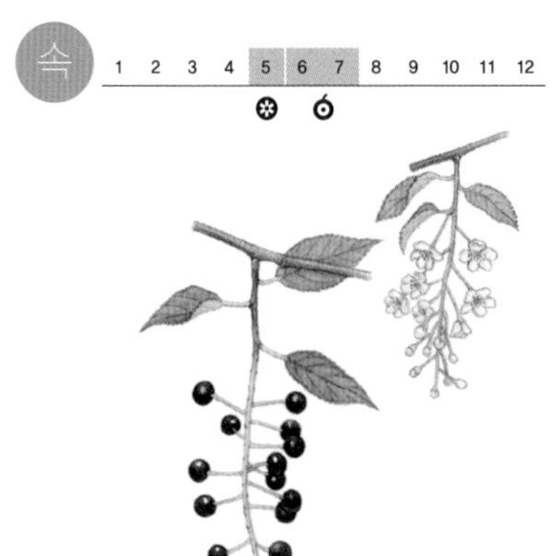

귀룽나무

귀룽나무는 깊은 산골짜기나 물가에서 자란다. 꽃이 많이 피고 나무 생김새가 보기 좋아서 공원에 일부러 심기도 한다. 잎은 긴달걀꼴로 가장가리에 잔 톱니가 있다. 꽃이 필 때는 온 나무가 흰 구름이 덮인 것처럼 꽃으로 뒤덮인다. 열매는 여름에 검게 익는다. 버찌와 닮았다. 나무껍질은 검은 밤빛이고 세로로 벌어진다. **생김새** 높이 15m | 잎 6~12cm, 어긋난다. **사는 곳** 산골짜기, 물가 **다른 이름** 구름나무[북], 귀중목, Bird cherry **분류** 쌍떡잎식물 > 장미과

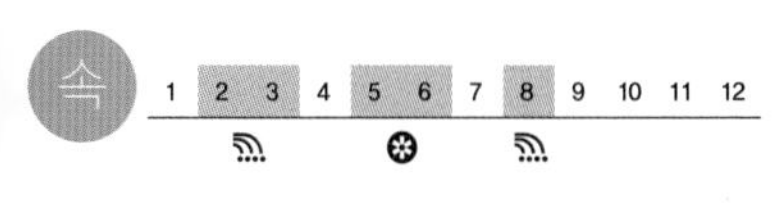

귀리

귀리는 밭에 심는 곡식이다. 아무 곳에서나 잘 자란다. 키가 크게 자라고 수염뿌리는 땅속 깊이 뻗는다. 대는 뭉쳐서 난다. 오뉴월에 대 끝에서 풀빛 꽃이 핀다. 꽃이 지면 이삭이 달린다. 낟알을 털어서 밥을 짓거나 맷돌에 갈아 죽을 쑤어 먹는다. 떡이나 국수도 해 먹는다. 요즘은 집짐승을 먹이려고 심는다. 줄기는 두드려 종이를 만들었다. **생김새** 높이 40~180cm | 잎 14~40cm, 어긋난다. **사는 곳** 밭, 산밭 **다른 이름** 연맥, 작맥, 이맥, Oats **분류** 외떡잎식물 > 벼과

귀상어

귀상어는 먼바다에 살며 바닷가 가까이로는 잘 안 온다. 따뜻한 물을 좋아한다. 망치처럼 생긴 머리를 귀라고 여겨서 귀상어라는 이름이 붙었다. 바닷속 가운데나 밑바닥에서 헤엄쳐 다니며 먹이를 잡아먹는다. 밤에 물고기나 오징어, 갑각류 따위를 잡아먹는다. 백상아리만큼 성질이 사납다. 알이 아니라 새끼를 낳는다. **생김새** 몸길이 4m **사는 곳** 먼바다 **먹이** 물고기, 오징어, 갑각류 **다른 이름** 양재기, 양반상어, 양징이, 관상어, 안경상어, Smooth hammerhead **분류** 흉상어목 > 귀상어과

귀신그물버섯

귀신그물버섯은 여름부터 가을까지 숲속 땅에 홀로 나거나 여럿이 흩어져 난다. 너도밤나무 둘레에 흔하다. 갓은 둥근 산처럼 생겼다가 자라면서 판판해진다. 갓 밑은 벌집처럼 생겼다. 하얗다가 자라면서 검은 밤빛으로 바뀌고 문지르면 색이 바뀐다. 대 아래쪽에는 솜털 같은 비늘 조각이 붙어 있다. **생김새** 갓 32~105mm **사는 곳** 숲 **다른 이름** 솔방울그물버섯[북], 솜방망이그물버섯, 솜귀신그물버섯, Old man of the woods **분류** 그물버섯목 > 그물버섯과

귀제비

귀제비는 시골 마을 둘레에 사는데, 봄여름에는 혼자 또는 암수끼리 다니다가 짝짓기가 끝나면 가족끼리 다닌다. 제비와 닮았다. 둥지는 제비 둥지보다 좀 더 크고, 입구가 좁게 생겼다. 제비와 마찬가지로 다리가 짧아 잘 걷지 못한다. 하늘을 날면서 나는 벌레를 잡아먹는 습성도 비슷하다. 예전에는 도시 둘레에서도 흔했지만, 요즘에는 아주 드문 새가 되었다. 한 해에 두 번 새끼를 친다. **생김새** 몸길이 19cm **사는 곳** 마을 둘레 **먹이** 벌레 **다른 이름** 붉은허리제비[북], 맥맥이, Red-rumped swallow **분류** 참새목 > 제비과

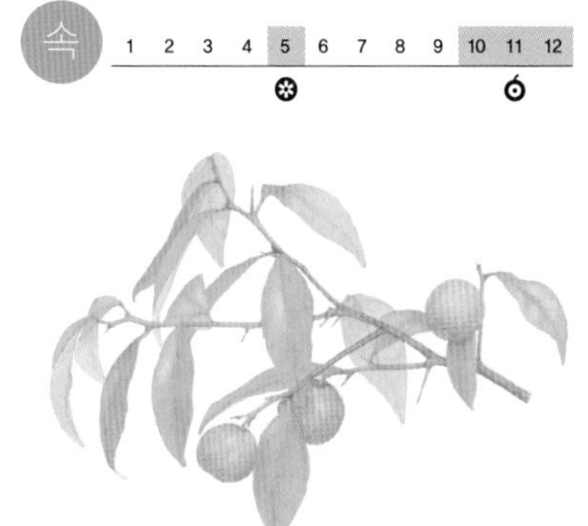

귤나무

귤나무는 귤을 먹으려고 심어 기른다. 귤나무는 제주도에서 많이 자란다. 남해안에서도 자라는 곳이 있다. 어린 가지는 풀색이고 가시가 있다. 잎은 끝이 뾰족하고 두껍고 반짝인다. 봄에 흰 꽃이 피고 짙은 풀색 열매를 맺는데 열매는 가을부터 겨울 사이에 익는다. 나무를 심어서 귤을 따려면 4~5년이 지나야 한다. 귤껍질을 약으로 쓰기도 한다. **생김새** 높이 3~6m | 잎 5~7cm, 어긋난다. **사는 곳** 밭 **다른 이름** 감귤나무, 밀감나무, Mandarin orange **분류** 쌍떡잎식물 > 운향과

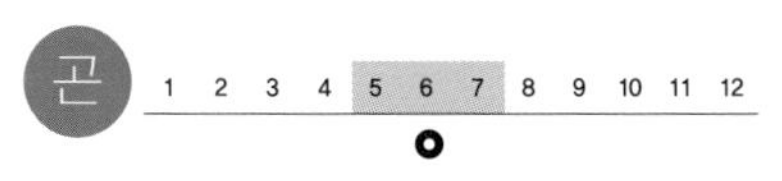

그라벤호르스트납작맵시벌

그라벤호르스트납작맵시벌은 맵시벌 무리에 든다. 맵시벌은 나무 속에 사는 다른 곤충의 애벌레를 찾아내고 알을 낳는다. 나비 애벌레나 거미 몸에 알을 낳는 맵시벌도 있다. 벌이지만 무리 지어 살지 않고 혼자서 살아간다. 침으로 먹이가 되는 벌레를 찔러 꼼짝 못 하게 한 뒤에 알을 낳는다. 애벌레가 깨어나면 이 벌레를 먹고 자란다. **생김새** 몸길이 30~40mm **사는 곳** 산, 숲 **먹이** 애벌레_하늘소나 잎벌레 애벌레 | 어른벌레_거의 안 먹는다. **분류** 벌목 > 맵시벌과

그령

그령은 볕이 잘 드는 길가나 냇가, 풀밭에서 자란다. 수크령처럼 사람이나 짐승 발에 밟혀도 잘 산다. 한 뿌리에서 여러 줄기가 나와 큰 포기를 이룬다. 줄기와 잎은 가늘고 길다. 꽃줄기에서 잔가지가 넓게 퍼지고 끝에 꽃이삭이 달린다. 씨앗은 바람에 날리기도 하고, 사람 옷이나 짐승 몸에 붙어서 퍼지기도 한다. **생김새** 높이 30~80cm | 잎 20~40cm, 어긋난다. **사는 곳** 길가, 냇가, 풀밭 **다른 이름** 암크령, 꾸부령, Korean lovegrass **분류** 외떡잎식물 > 벼과

1 2 3 4 5 6 7 8 9 10 11 12

그물무늬금게

그물무늬금게는 맑고 얕은 바닷속 모랫바닥에 산다. 등딱지 크기에 그물 무늬가 있다. 노란 빛깔과 무늬 때문에 눈에 잘 띈다. 등딱지 크기 양 옆에는 날카로운 가시가 하나씩 있다. 기어다니지 않고 모래 속에 숨어 있다. 밤게처럼 몸 뒤쪽부터 파고들어 간다. 건드리면 빠각빠각 소리를 낸다고 빠각게라고도 한다. **생김새** 등딱지 크기 3.5×3.2cm **사는 곳** 서해, 남해 얕은 바닷속 모랫바닥 **다른 이름** 방기, 빠각게, Flower moon crab **분류** 절지동물 > 금게과

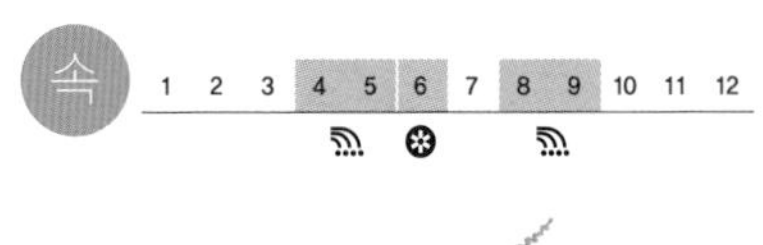

근대

근대는 밭에 심는 잎줄기채소다. 아무 곳에서나 잘 자라고 겨울을 나도 얼어 죽지 않는다. 뿌리에서 잎이 바로 돋는다. 뿌리잎은 두툼하지만 부드럽다. 여름에 대가 올라오고 줄기잎이 달린다. 초여름에 누런 풀빛 꽃이 피었다가, 딱딱한 열매를 맺는다. 줄기와 잎을 잘라 먹는다. 씨를 뿌리고 한 달쯤 지나면 잎을 뜯어 먹는다. **생김새** 높이 1m쯤 | 잎 20~30cm, 모여나거나 어긋난다. **사는 곳** 밭 **다른 이름** 군달, 부단초, Leaf beet **분류** 쌍떡잎식물 > 명아주과

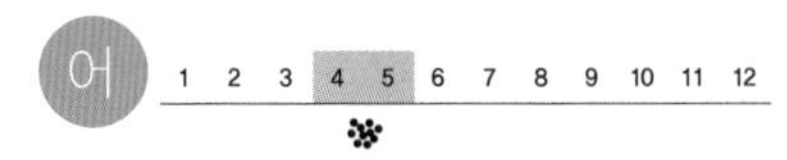

금강모치

금강모치는 금강산에서 처음 찾았다고 붙은 이름이다. 깊은 산골짜기 맑고 차가운 물에서 산다. 물이 콸콸 쏟아지는 웅덩이에서 열 마리쯤 떼를 지어 이리저리 헤엄쳐 다니고 돌 틈이나 큰 바위 밑에 잘 숨는다. 작은 물벌레나 새우, 물이끼를 먹는다. 알 낳을 때가 되면 수컷 몸통에 귤색 줄무늬가 진해진다. **생김새** 몸길이 7~8cm **사는 곳** 산골짜기 **먹이** 작은 물벌레, 새우, 물이끼 **다른 이름** 금강뽀돌개[북], 연지모치[북], 산버들치, Kumkang fatminnow **분류** 잉어목 > 황어아과

금개구리

금개구리는 등 양쪽에 금색 줄이 솟아 있다. 올챙이도 금색 줄이 있다. 논보다는 저수지나 늪 같은 넓고 깊은 물에서 산다. 물에서 잘 나오지 않고 지낸다. 물 가까이 오는 파리나 벌, 잠자리, 거미, 사마귀 같은 벌레를 잡아먹는다. 초여름에 짝짓기를 하고 알을 낳는다. 알은 낱낱이 떨어져서 물 위에 뜬다. **생김새** 몸길이 5~6cm **사는 곳** 저수지, 늪, 웅덩이 **먹이** 잠자리, 거미, 피라미, 작은 물고기, 물벌레 **다른 이름** 금줄개구리, 금와, Seoul pond frog **분류** 무미목 > 개구리과

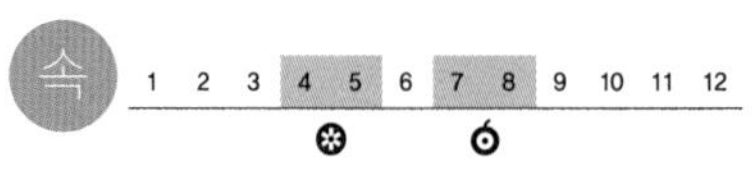

금낭화

금낭화는 산속 바위틈이나 그늘진 곳에서 자란다. 꽃을 보려고 뜰에도 심어 가꾼다. 줄기는 곧게 자란다. 잎은 깃 모양으로 여러 번 갈라진다. 끝이 뾰족하다. 봄에 줄기 끝에서 한 송이씩 꽃이 줄지어 핀다. 열은 붉은빛이고 아래로 달린다. 씨앗은 검고 반들거린다. 심을 때는 여름에 익은 씨앗을 받아서 씨를 뿌리거나 뿌리를 나눠 심는다. **생김새** 높이 40~60cm | 잎 3~6cm, 어긋난다. **사는 곳** 산, 뜰 **다른 이름** 며느리주머니, Bleeding heart **분류** 쌍떡잎식물 > 양귀비과

금방동사니

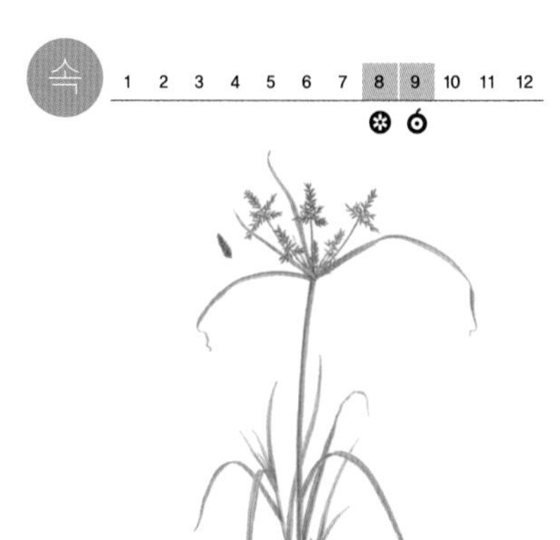

금방동사니는 볕이 잘 들고 기름진 땅에서 흔히 자란다. 밭과 과수원에서 무리를 지어 자라기도 한다. 뿌리에서 줄기 몇 개가 비스듬히 모여난다. 줄기는 납작한 세모꼴이다. 줄기 끝에서 꽃대가 우산살처럼 여러 갈래로 나와서 퍼진다. 그 끝에 꽃이삭이 달린다. 이삭은 누른빛이 도는 밤빛이다. **생김새** 높이 20~60cm | 잎 모여난다. **사는 곳** 길가, 논밭, 빈터 **다른 이름** 금방동산, 개왕골, Awned rice flatsedge **분류** 외떡잎식물 > 사초과

금불초

금불초는 강가 풀밭이나 논둑에서 자란다. 물기가 있는 눅눅한 땅을 좋아한다. 꽃을 보려고 집에서 기르기도 한다. 뿌리에서 잎이 잔뜩 뭉쳐나다가 줄기가 올라온다. 뿌리잎은 여름에 시든다. 줄기잎은 길쭉하면서 뾰족하고 가장자리는 밋밋하다. 가을에 씨가 여무는데 씨마다 갓털이 달렸다. **생김새** 높이 20~60cm | 잎 5~10cm, 모여나거나 어긋난다. **사는 곳** 강가 풀밭, 논둑 **다른 이름** 들국화, 옷풀, 하국, 가지금불초, 선복화, Oriental yellowhead **분류** 쌍떡잎식물 > 국화과

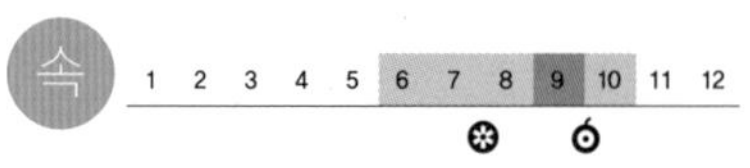

금잔화

금잔화는 꽃을 보려고 뜰이나 공원에 심어 가꾼다. 약으로 쓰거나 기름을 짜려고 밭에도 심는다. 온몸에 짧은 털이 성기게 있다. 줄기는 곧게 자라고 가지를 친다. 잎은 잎자루가 없고 길쭉하다. 가장자리에 톱니가 있다. 여름에 가지 끝에서 둥글고 꽃잎이 복슬복슬한 꽃이 하나씩 핀다. 열매는 가을에 익는데 겉에 가시 모양으로 돌기가 있다. **생김새** 높이 20~60cm | 잎 2~6cm, 어긋난다. **사는 곳** 뜰, 공원 **다른 이름** 금송화, Field marigold **분류** 쌍떡잎식물 > 국화과

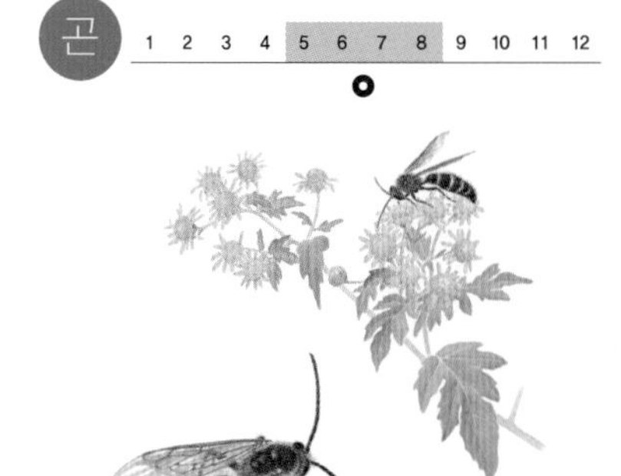

금테줄배벌

금테줄배벌은 배벌 무리에 든다. 배벌은 꽃을 찾아 날아다니면서 꽃가루와 꿀을 먹고, 풍뎅이 애벌레 몸에 알을 낳는다. 여름에 숲 언저리나 풀밭에서 볼 수 있다. 무리 지어 살지 않고 혼자 산다. 금테줄배벌은 콩풍뎅이 애벌레 몸속에 알을 낳는다. 알에서 깨어난 애벌레는 콩풍뎅이 애벌레를 먹고 자란다. 번데기로 겨울을 난다. **생김새** 몸길이 20~30mm **사는 곳** 숲, 풀밭 **먹이** 애벌레_콩풍뎅이 애벌레 | 어른벌레_꽃가루, 꿀 **분류** 벌목 > 배벌과

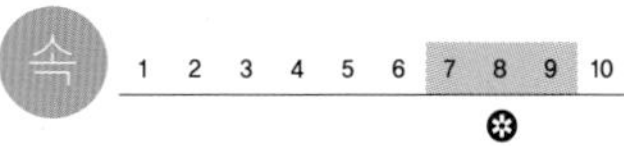

기름나물

기름나물은 햇빛이 잘 드는 산기슭이나 나무숲에서 자란다. 나물로 먹으려고 심어 가꾸기도 한다. 줄기는 곧게 자라고 둥글며 세로 줄무늬가 있다. 가지를 많이 치고 가는 털이 나 있다. 잎은 깃 모양으로 잘게 갈라진다. 여름에 줄기와 가지 끝에 작고 흰 꽃이 우산 모양으로 모여 핀다. 산에서 눈에 잘 띈다. **생김새** 높이 40~80cm | 잎 5~10cm, 어긋난다. **사는 곳** 산기슭, 나무숲 **다른 이름** Terebinthaceous hogfennel **분류** 쌍떡잎식물 > 산형과

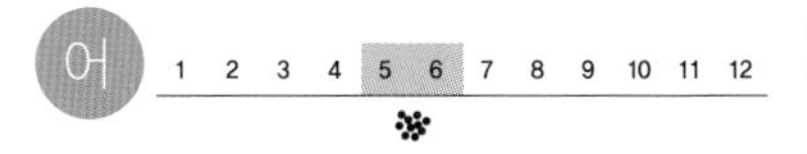

기름종개

기름종개는 경상도에 있는 낙동강과 형산강 물줄기에서만 산다. 모래가 많이 깔린 곳에서 재빠르게 헤엄치고 다닌다. 몸에 점무늬가 뚜렷하다. 모래에 붙어 있는 돌말이나 작은 물벌레를 먹고 산다. 모래를 함께 삼켰다가 모래는 아가미 밖으로 뿜어낸다. 봄에 알 낳을 때가 되면 수컷은 점무늬가 이어져서 줄처럼 된다. **생김새** 몸길이 10~15cm **사는 곳** 냇물 **먹이** 돌말, 작은 물벌레 **다른 이름** 모래미꾸리, 자갈미꾸라지, 기름동갱이, Siberian spiny loach **분류** 잉어목 > 미꾸리과

기와버섯

기와버섯은 여름부터 가을까지 숲속 땅에 홀로 나거나 흩어져 난다. 졸참나무, 상수리나무, 자작나무 둘레에 많이 난다. 갓이 풀빛을 띤다. 물기를 머금으면 조금 끈적거린다. 겉껍질이 자라면서 가운데를 빼고 거북 등처럼 터진다. 속살은 하얗고 잘 부스러진다. 대 겉은 매끈하고, 속은 꽉 차 있다가 구멍이 많이 생긴다. **생김새** 갓 45~135mm **사는 곳** 숲 **다른 이름** 풀색무늬갓버섯[북], 록색반점버섯, 청버섯, Greencracked brittlegill mushroom **분류** 무당버섯목 > 무당버섯과

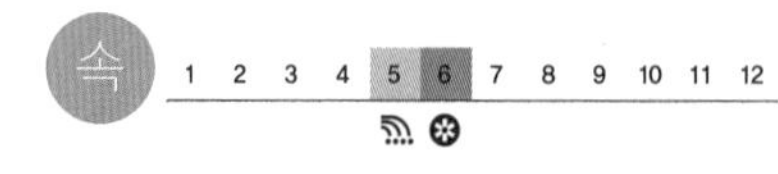

기장

기장은 밭에 심는 곡식이다. 벼, 보리, 밀보다 먼저 길렀다. 메마른 땅에서도 잘 자라고, 빨리 여문다. 줄기는 마디가 지며, 속이 비어 있다. 줄기와 잎이 털로 덮여 있다. 줄기 끝이 가지를 치며 꽃이 피고 이삭이 달린다. 봄이나 여름에 씨를 뿌려 여름과 가을에 거둔다. 줄기는 지붕을 이거나 땔감으로 쓴다. 이삭으로는 빗자루를 만들기도 한다. 짚은 집짐승 먹이로도 쓴다. **생김새** 높이 1~1.7m | 잎 25~45cm, 어긋난다. **사는 곳** 밭, 산밭 **다른 이름** 메기장, 찰기장, Proso millet **분류** 외떡잎식물 > 벼과

긴골광대버섯아재비

긴골광대버섯아재비는 여름부터 가을까지 졸참나무나 종가시나무가 많은 넓은잎나무 숲에서 난다. 땅 위에 홀로 나거나 흩어져 난다. 갓 가장자리에 골처럼 깊게 파인 긴 줄무늬가 있다. 어린 버섯은 희고 작은 알 모양이다가 갓이 넓은 우산처럼 펴진다. 색도 잿빛에서 거무스름한 밤빛으로 바뀐다. 주름살은 하얗고 자라면서 연분홍빛을 띤다. 독버섯인데 먹을 수 있는 우산광대버섯과 헷갈리기 쉽다. **생김새** 갓 25~65mm **사는 곳** 넓은잎나무 숲 **분류** 주름버섯목 > 광대버섯과

긴꼬리제비나비

긴꼬리제비나비는 참나무가 많은 울창한 산골짜기나 길가에서 볼 수 있다. 몸과 날개가 크고 검다. 다른 호랑나비보다 느리게 날지만 제비가 미끄러져 내리듯 잘 날아다닌다. 수수꽃다리, 나리, 엉겅퀴 같은 꽃에서 꿀을 빨아 먹는다. 알은 귤나무, 산초나무를 찾아 어린줄기나 잎에 하나씩 낳는다. 번데기로 겨울을 난다. **생김새** 날개 편 길이 60~120mm **사는 곳** 산골짜기, 숲 **먹이** 애벌레_귤나무, 산초나무 잎 | 어른벌레_꿀 **다른 이름** 긴꼬리범나비[북], The long tail spangle **분류** 나비목 > 호랑나비과

조 1 2 3 4 5 6 7 8 9 10 11 12

긴꼬리홍양진이

긴꼬리홍양진이는 낮은 산 나무 덤불이나 물가 수풀에 산다. 양진이와 생김새가 비슷하나 몸집이 작고 꼬리가 훨씬 길다. 몇 마리씩 무리를 지어 지낸다. 여름에는 작은 벌레를 잡아먹고, 겨울에는 풀씨나 나무 열매를 먹는다. 수컷이 암컷보다 더 붉다. 남부 지방에서는 겨울 철새로 살고, 추운 지방에서는 텃새로 지낸다. **생김새** 몸길이 15cm **사는 곳** 산, 숲, 밭 **먹이** 벌레, 곡식, 씨앗, 나무 열매 **다른 이름** Long-tailed rose finch **분류** 참새목 > 되새과

속 1 2 3 4 5 6 7 8 9 10 11 12

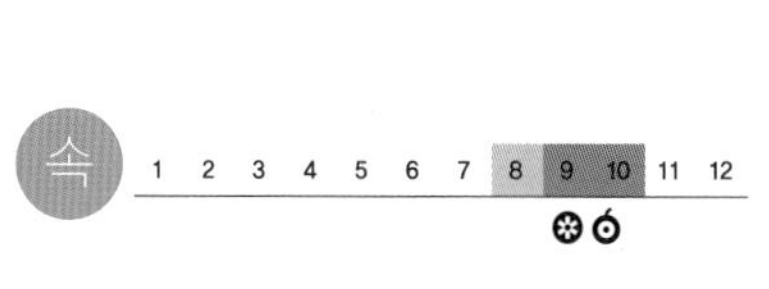

긴담배풀

긴담배풀은 볕이 잘 드는 산기슭이나 숲 가장자리에서 자란다. 줄기는 곧게 자라고 옅은 흰빛 털이 덮여 있다. 잎에도 털이 있고, 긴 잎자루가 있다. 가장자리에 고르지 않은 톱니가 있다. 여름에 줄기 끝과 잎겨드랑이에서 나오는 긴 꽃대 끝에 둥근 모양 꽃이 한 송이씩 핀다. 아래로 향해 달린다. **생김새** 높이 30~120cm | 잎 7~23cm, 어긋난다. **사는 곳** 산, 숲 **다른 이름** 천일초, Divaricate carpesium **분류** 쌍떡잎식물 > 국화과

균 1 2 3 4 5 6 7 8 9 10 11 12

긴대안장버섯

긴대안장버섯은 여름부터 가을까지 숲속 땅 위나 땅속에 묻혀 있는 썩은 나무에서 잘 자란다. 홀로 나거나 흩어져 난다. 가늘고 긴 대 위에 말안장처럼 생긴 갓이 있다. 갓은 자라면서 약간 울룩불룩해지고 마르면 암갈색이 된다. 대는 가늘고 긴데 위아래 굵기가 비슷하거나 아래로 가면서 약간 굵어진다. 속은 차 있거나 비어 있다. 살은 탱탱하다. **생김새** 갓 20~35mm **사는 곳** 숲 **다른 이름** 가는대안장버섯[북], 가는대말안장버섯, Elastic saddle fungus **분류** 주발버섯목 > 안장버섯과

어

1 2 3 4 5 6 7 8 9 10 11 12

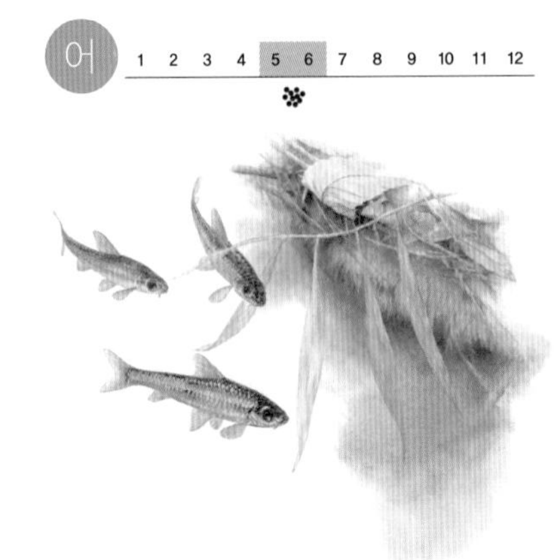

긴몰개

긴몰개는 몰개 무리 가운데 몸통이 가장 날씬하다. 냇물이나 강, 댐, 저수지에서 산다. 물살이 느리고 물풀이 우거진 곳을 좋아한다. 물가에서 떼를 지어 헤엄쳐 다닌다. 물벼룩이나 작은 새우를 잡아먹고 산다. 봄에 물풀에 알을 붙여 낳는다. **생김새** 몸길이 7~10cm **사는 곳** 냇물, 강, 저수지, 댐 **먹이** 물벼룩, 작은 새우 **다른 이름** 가는버들붕어[북], 쇠피리, 밀피리, 쌀고기 **분류** 잉어목 > 모래무지아과

1 2 3 4 5 6 7 8 9 10 11 12

긴발가락참집게

긴발가락참집게는 바닷가 물웅덩이에 많이 산다. 물속에서 긴 다리 두 쌍으로 슬금슬금 기어다닌다. 비어 있는 고둥 껍데기를 찾아서 들어가 사는 집게이다. 다른 게와 달리 배와 꼬리가 말랑말랑하다. 위험을 느끼면 잽싸게 고둥 껍데기 속으로 숨는다. 한쪽 집게발이 더 크다. 몸이 자라면 더 큰 껍데기로 옮긴다. **생김새** 등딱지 크기 0.5×0.7cm **사는 곳** 바닷가 물웅덩이 **먹이** 죽은 게, 조개, 물고기, 바닷말 **다른 이름** 게골뱅이[북], 집게, 소라게, Long-toe hermit crab **분류** 절지동물 > 집게과

1 2 3 4 5 6 7 8 9 10 11 12

긴사상자

긴사상자는 산이나 숲속 그늘진 곳에서 자란다. 줄기는 곧게 서고 아래쪽에 흰 털이 배게 있다. 뿌리에서 난 잎은 여러 번 깃꼴로 갈라진다. 잎 가장자리에 톱니가 있다. 봄에 작고 흰 꽃이 많이 모여 핀다. 꽃술이 돌기처럼 길게 튀어나와 있다. 뿌리와 잎에서 열은 향기가 난다. **생김새** 높이 40~60cm | 잎 10~20cm, 어긋난다. **사는 곳** 산, 숲 그늘진 곳 **다른 이름** 개사상자, Aristate sweetroot **분류** 쌍떡잎식물 > 산형과

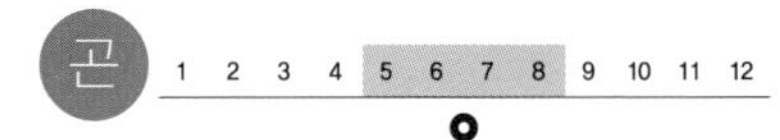

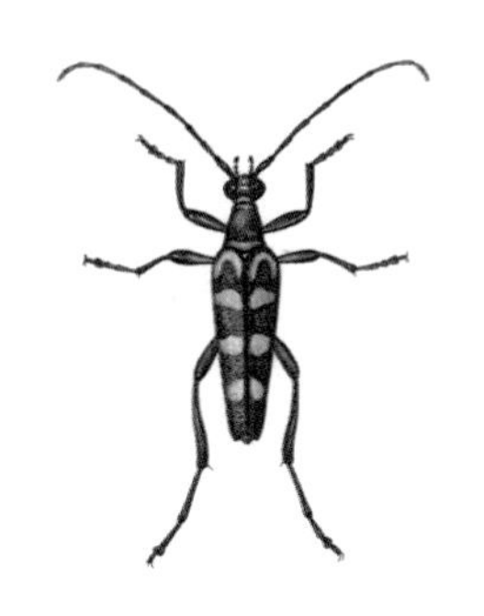

긴알락꽃하늘소

긴알락꽃하늘소는 꽃이 많이 피어 있는 산에서 쉽게 볼 수 있다. 꽃하늘소 무리에 든다. 다른 꽃하늘소들처럼 꽃에 모여서 꽃잎을 뜯어 먹고, 꽃술을 파먹는다. 나무속을 파먹는 다른 하늘소보다 크기가 작다. 밤에 돌아다니지 않고 낮에 돌아다닌다. 애벌레는 죽은 두릅나무나 졸참나무 속을 파먹고 산다. **생김새** 몸길이 12~18mm **사는 곳** 산, 숲 **먹이** 애벌레_두릅나무나 졸참나무 속 | 어른벌레_꽃잎, 꽃술 **분류** 딱정벌레목 > 하늘소과

긴침버섯

긴침버섯은 여름부터 가을까지 죽은 참나무나 너도밤나무에 겹치듯 무리 지어 난다. 우리나라에는 드물다. 대가 없이 나무에 바로 붙어 난다. 조개 모양이다. 가장자리는 구불거리고 톱니가 있다. 갓 밑에는 침처럼 생긴 돌기가 잔뜩 나서 아래로 늘어진다. 살은 단단하고 진한 과일 향기가 나고 달다. 살짝 데치거나 소금에 절여 먹는다. **생김새** 갓 32~105×27~74mm **사는 곳** 숲속 죽은 넓은잎나무 **다른 이름** 긴수염버섯, 침버섯 **분류** 구멍장이버섯목 > 아교버섯과

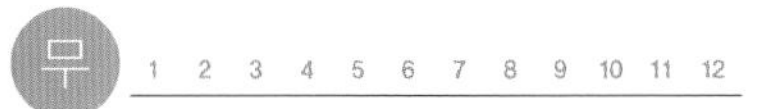

길게

길게는 서해와 남해에 산다. 모래가 많이 섞인 진흙 갯벌에서 무리 지어 산다. 모래나 개흙을 집어먹고 산다. 눈자루가 가늘고 길다. 몸통 가장자리와 다리에 털이 많고, 집게발에는 오톨도톨한 돌기가 촘촘하게 나 있다. 수컷 집게발이 암컷 집게발보다 훨씬 크다. **생김새** 등딱지 크기 3.7×1.7cm **사는 곳** 서해, 남해 갯벌 **먹이** 모래나 개흙 속 영양분 **다른 이름** 길거이, 능쟁이, Granulate-hand ghost crab **분류** 절지동물 > 칠게과

1 2 3 4 5 6 7 8 9 10 11 12

김

김은 바닷가 바위나 돌에 이끼처럼 붙어 자라는 바닷말이다. 바위에 누덕누덕 붙는다고 누덕나물이라고도 한다. 늦가을에 돋아서 한겨울에 바위를 뒤덮는다. 겨울부터 이른 봄까지 뜯을 수 있다. 뜯으면 며칠 있다가 같은 자리에 또 돋는다. 김이나 우뭇가사리처럼 붉은빛이 도는 바닷말을 홍조류라고 한다. 홍조류는 바닷가 얕은 곳부터 깊은 바닷속까지 널리 퍼져 산다. **생김새** 길이 15~30cm **사는 곳** 갯바위 **다른 이름** 누덕나물, 돌김, 김, Laver **분류** 홍조류 > 김파래과

1 2 3 4 5 **6 7 8** 9 10 11 12

김의털

김의털은 볕이 잘 들고 메마른 들이나 길가, 산에서 자란다. 메마른 땅 어디서나 흔하게 나는 풀이다. 줄기와 잎이 무더기로 모여 난다. 줄기는 가늘고 매끈하다. 아래쪽에 마디가 한두 개 있다. 잎은 동그랗게 말려서 바늘모양이다. 여름에 줄기 끝에 한쪽으로 기울어진 꽃이삭이 달린다. 김의털 무리에 드는 풀이 여럿 있다. **생김새** 높이 15~40cm | 잎 5~20cm, 모여난다. **사는 곳** 들, 길가, 산 **다른 이름** 산거울, Sheep's fescue **분류** 외떡잎식물 > 벼과

어

1 2 3 4 5 6 7 8 9 10 11 12

깃대돔

깃대돔은 따뜻한 물에서 산다. 제주 바다에서만 볼 수 있다. 바위 밭이나 산호 밭에 많이 있다. 등지느러미는 낫 모양으로 생겼고 자기 몸길이보다도 길다. 등지느러미 앞 줄기가 깃대처럼 길다. 길쭉한 주둥이로 산호를 톡톡 쪼아 먹거나 해면동물을 잡아먹는다. 깃대돔은 사람들이 보려고 수족관에서 많이 기른다. 하지만 키우기가 무척 까다롭다. **생김새** 몸길이 25cm **사는 곳** 제주 **먹이** 산호, 해면동물 **다른 이름** Moorish idol **분류** 농어목 > 깃대돔과

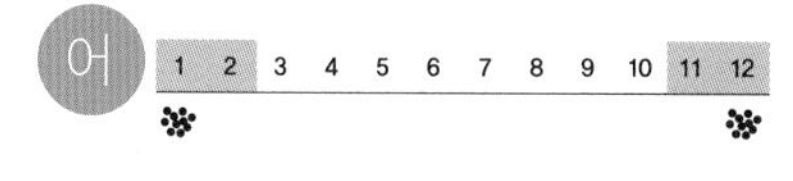

까나리

까나리는 맑고 찬 물에 산다. 바닷가 가까이 모래가 깔린 바닥에서 무리를 짓는다. 모래 속에 잘 들어가 숨는다. 여름에 더워지면 모래 속에 들어가 여름잠을 잔다. 여름잠을 자기 전에 먹이를 잔뜩 먹어서 몸에 살을 찌운다. 동해에 사는 까나리가 크다. 양미리라고 시장에 나오는 것이 사실 까나리다. 서해에서는 젓갈을 담그고 말려서도 먹는다. **생김새** 몸길이 5~15cm **사는 곳** 동해, 서해, 남해 **먹이** 플랑크톤, 물풀 **다른 이름** 곡멸, 꽁멸, 솔멸, 양미리, Sand lance **분류** 농어목 > 까나리과

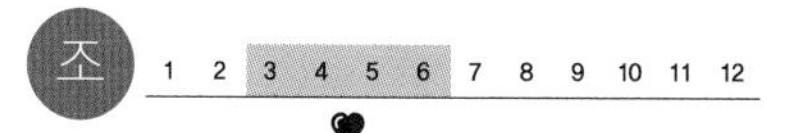

까마귀

까마귀는 산이나 마을 둘레에 산다. 온몸이 까맣다고 붙은 이름이다. 똑똑해서 네 살짜리 아이와 지능이 비슷하다고 여긴다. 호두를 찻길에 두었다가 차가 밟아 깨지면 알맹이를 빼 먹을 줄도 안다. 여름에는 가족끼리 살다가 겨울이면 여럿이 무리를 짓는다. 벌레나 작은 새, 쥐, 개구리, 죽은 동물, 곡식과 나무 열매를 가리지 않고 먹는다. 둥지는 깊은 산속 나무나 벼랑에 짓는다. **생김새** 몸길이 50cm **사는 곳** 마을, 야산, 논밭 **먹이** 벌레, 새, 쥐, 죽은 동물, 곡식, 나무 열매 **다른 이름** Carrion crow **분류** 참새목 > 까마귀과

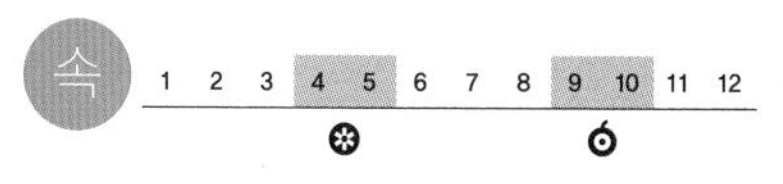

까마귀밥나무

까마귀밥나무는 산어귀나 계곡 가까이에 자란다. 열매를 까마귀가 잘 먹어서 까마귀밥이라는 이름이 붙었다. 암수딴그루다. 잎은 손바닥 모양이고 뒤쪽에 하얗고 부드러운 털이 빽빽이 난다. 잎자루도 짧은 털로 덮여 있다. 가을에 찔레 열매처럼 동그란 열매가 빨갛게 익는데 이듬해 봄까지 달려 있다. **생김새** 높이 1~2m | 잎 5~10cm, 어긋난다. **사는 곳** 산어귀, 계곡 **다른 이름** Chinese winter-berry currant **분류** 쌍떡잎식물 > 까치밥나무과

속 1 2 3 4 5 6 7 8 9 10 11 12

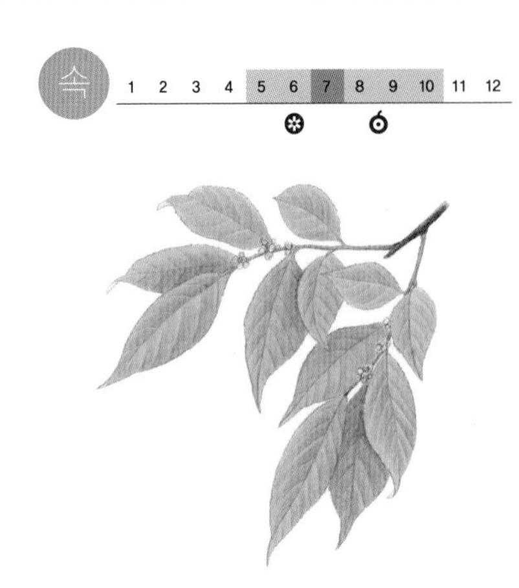

까마귀베개

까마귀베개는 남부 지방 산에서 자란다. 흙이 깊고 기름진 땅을 좋아한다. 뜰에 심어 가꾸기도 한다. 줄기는 밤빛이고 가지를 많이 친다. 햇가지에는 털이 있다. 잎은 끝이 길고 뾰족하다. 반들거리고 윤이 난다. 가을에 곱게 단풍이 든다. 꽃은 여름부터 작고 풀빛이 도는 노란 꽃이 핀다. 열매는 처음에는 노랗다가 점점 검게 익는다. **생김새** 높이 7m | 잎 6~12cm, 어긋난다. **사는 곳** 산, 뜰, 공원 **다른 이름** 헛갈매나무, 푸대추나무, Crow's pillow **분류** 쌍떡잎식물 > 갈매나무과

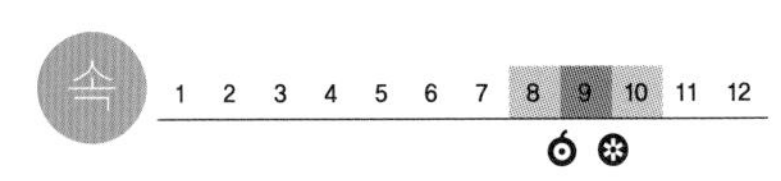

까마귀쪽나무

까마귀쪽나무는 바닷가 산기슭에서 자란다. 남부 지방이나 제주도에 많다. 잎이 도톰하고 아름다워서 뜰에 심기도 한다. 잎은 긴 타원형이고 도톰하게 두껍고 윤이 난다. 가장자리가 뒤로 조금 말린다. 꽃은 노란빛 나는 흰 꽃이 서너 개씩 모여난다. 암수딴그루이다. 열매는 꽃이 핀 이듬해에 푸른 보랏빛으로 여문다. **생김새** 높이 7~10m | 잎 6~11cm, 어긋난다. **사는 곳** 바닷가 산기슭 **다른 이름** 구롬비, Yellowish velvety-leaf litsea **분류** 쌍떡잎식물 > 녹나무과

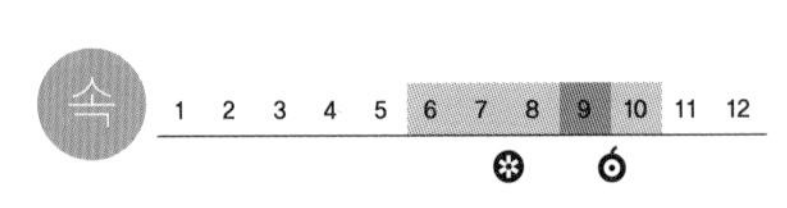

까마중

까마중은 열매가 새까맣다. 밭이나 집 둘레, 길가에 흔히 자란다. 축축하고 거름기가 많은 땅을 좋아한다. 줄기는 위로 뻗고 가지를 많이 친다. 여름에 작고 하얀 꽃이 여러 개 모여 핀다. 열매는 풀빛이다가 까맣게 익는다. 열매에서 달짝지근한 맛이 난다. 독성이 조금 있다. 열매 속에는 씨가 수십 개 들어 있다. 짐승이 먹고 씨를 퍼뜨리기도 한다. **생김새** 높이 20~110cm | 잎 6~10cm, 어긋난다. **사는 곳** 밭, 집 둘레 **다른 이름** 깜뚜라지, 먹때깔, Common nightshade **분류** 쌍떡잎식물 > 가지과

까치

까치는 시골에도 살고 도시에도 산다. 어디서나 흔하다. 낮에 움직이고 밤에는 숲속으로 가서 잠을 잔다. 쥐, 개구리, 벌레, 곡식, 나무 열매, 음식찌꺼기까지 가리지 않고 먹는다. 꽁지가 길고 자주 까딱거린다. 이른 봄부터 짝짓기를 하고 눈에 잘 띄는 높은 자리에 둥지를 튼다. 지난해 썼던 둥지를 고쳐 쓸 때가 많다. **생김새** 몸길이 45cm **사는 곳** 마을, 공원, 야산 **먹이** 쥐, 개구리, 벌레, 나무 열매, 곡식 **다른 이름** Magpie **분류** 참새목 > 까마귀과

까치버섯

까치버섯은 가을에 숲속 땅에 홀로 나거나 무리 지어 난다. 밑동에서 가지가 여럿으로 갈라지고 가지 끝마다 갓이 달려 다발을 이룬다. 갓은 꽃잎이나 부채처럼 생겼고 서로 이어지거나 겹쳐 있다. 가장자리는 허옇고 물결치듯 구불거린다. 바닷말인 톳과 비슷한 냄새가 나는데 마르면 더 진하다. **생김새** 크기 67~310×55~128mm **사는 곳** 숲 **다른 이름** 검은춤버섯[북], 양배추검은버섯, 먹버섯, Blue chanterelle **분류** 사마귀버섯목 > 사마귀버섯과

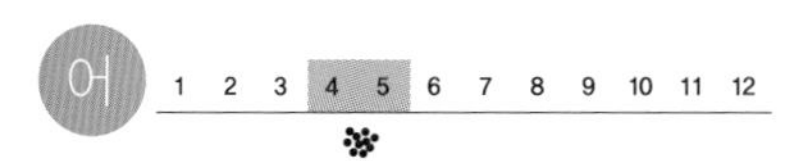

까치복

까치복은 따뜻한 물을 좋아한다. 서해에 많이 산다. 복어 무리 가운데 몸집이 꽤 크다. 또 복어 무리 가운데 헤엄을 잘 치는 편이라 멀리까지 돌아다닌다. 바닥에 울퉁불퉁한 바위가 솟은 물속 가운데쯤에서 헤엄쳐 다닌다. 새우나 게나 조개도 씹어 먹고, 오징어나 작은 물고기도 잡아먹는다. 다른 복어처럼 화가 나면 배를 빵빵하게 부풀린다. **생김새** 몸길이 60cm **사는 곳** 우리나라 온 바다 **먹이** 게, 새우, 조개, 작은 물고기 **다른 이름** 까치복아지, Yellowfin puffer **분류** 복어목 > 참복과

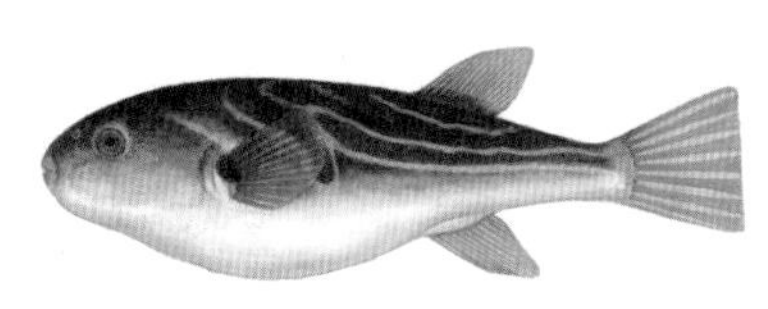

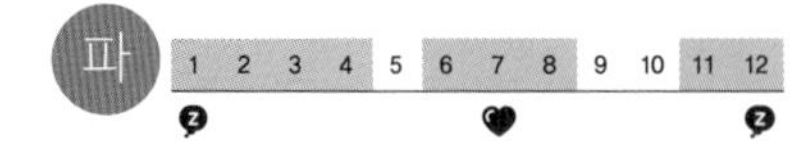

까치살모사

까치살모사는 살모사 무리 가운데 몸이 가장 굵고 독도 가장 세다. 나무가 별로 없고 큰 바위가 드러나 있는 곳이나 산속 묵정밭 돌무더기에서 산다. 쥐, 도마뱀, 도롱뇽, 다람쥐 같은 작은 동물을 잡아먹는다. 여름에 짝짓기를 하고 배 속에서 새끼를 까서 이듬해 여름에 낳는다. 겨울에는 돌 틈이나 구멍에서 겨울잠을 잔다. **생김새** 몸길이 80~90cm **사는 곳** 높은 산 **먹이** 쥐, 도마뱀, 도롱뇽, 다람쥐 **다른 이름** 칠점사, 칠보사, Short-tailed viper snake **분류** 유린목 > 살모사과

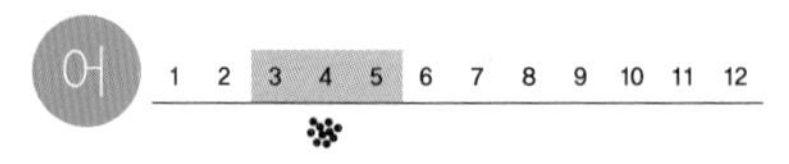

까치상어

까치상어는 따뜻한 바다를 좋아한다. 상어 무리 가운데 덩치가 작은 편이다. 바닷가 가까운 물속 진흙 바닥이나 바다풀이 자라는 곳에서 산다. 혼자 돌아다니기를 좋아하고 가끔 무리를 짓기도 한다. 깜깜한 밤에 바닥을 돌아다니면서 작은 물고기나 새우나 게를 잡아먹는다. 다른 상어처럼 알이 아니라 새끼를 낳는다. **생김새** 몸길이 1m 안팎 **사는 곳** 서해, 남해 **먹이** 작은 물고기, 새우, 게 **다른 이름** 죽상어, Banded houndshark **분류** 흉상어목 > 까치상어과

속 1 2 3 4 5 6 7 8 9 10 11 12

까치수염

까치수염은 볕이 잘 드는 산기슭이나 숲 가장자리에서 자란다. 물기가 있고 메마르지 않은 땅을 좋아한다. 무리를 짓는다. 몸에는 짧은 털이 배게 난다. 줄기는 둥글고 곧게 자란다. 줄기 아래가 붉은빛을 띤다. 잎은 버들잎처럼 생겼고 털이 있다. 여름에 흰빛 작은 꽃이 많이 모여서 핀다. 꽃송이가 기다랗다. **생김새** 높이 50~100cm | 잎 6~10cm, 어긋난다. **사는 곳** 산기슭, 숲 **다른 이름** 꽃꼬리풀, 개꼬리풀, Manchurian yellow loosestrife **분류** 쌍떡잎식물 > 앵초과

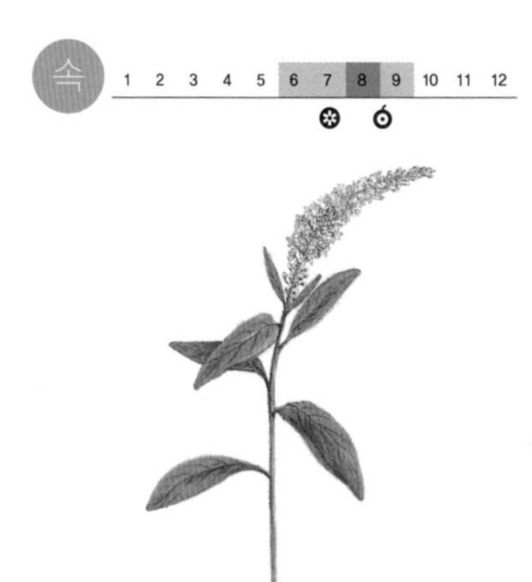

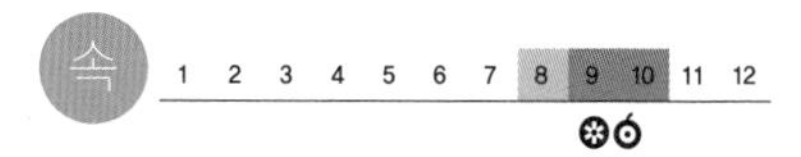

깨풀

깨풀은 밭둑이나 길가, 과수원, 빈터에서 자란다. 물이 잘 빠지는 곳을 좋아한다. 추운 곳에서는 잘 못 살아서 남부 지방에 흔하다. 잎이 들깻잎을 닮았다. 줄기는 곧게 자라고 가지를 많이 친다. 온몸에 짧은 털이 나 있다. 여름에 암꽃과 수꽃이 함께 모여 피고 가을에 열매가 익는다. 씨앗은 달걀 모양이다. 까만 밤빛으로 익고 윤이 난다. **생김새** 높이 20~50cm | 잎 3~8cm, 어긋난다. **사는 곳** 밭둑, 길가, 과수원, 빈터 **다른 이름** 들깨풀, Asian copperleaf **분류** 쌍떡잎식물 > 대극과

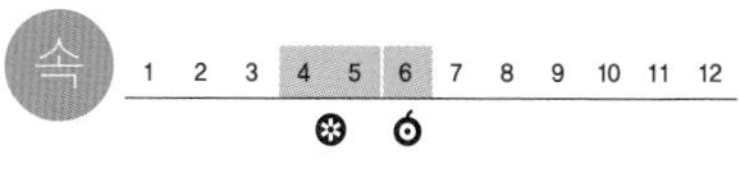

깽깽이풀

깽깽이풀은 산속 그늘에서 자란다. 추운 곳을 좋아해서 중부 지방이나 그보다 더 북쪽에서 자란다. 봄에 꽃대가 나온다. 보라색 꽃이 피면 그제야 잎이 수북하게 나온다. 줄기가 따로 없다. 잎 가장자리는 물결치듯 굽이친다. 비가 와도 물에 안 젖고 물방울이 잎에서 구른다. 씨가 단맛이 나서 개미들이 물어서 가져간다. 그러면서 씨앗이 퍼진다. **생김새** 높이 20cm 안팎 | 잎 9cm, 모여난다. **사는 곳** 산속 그늘 **다른 이름** 산련풀, 황련, Asian twinleaf **분류** 쌍떡잎식물 > 매자나무과

꺅도요

꺅도요는 바닷가나 강가에서 산다. 보호색을 써서 몸을 감추는 재주가 있다. 천적이 가까이 오면 '꺅' 소리를 내면서 날아오른다. 낮에는 덤불 속에 숨어서 쉬다가 해 질 무렵부터 먹이를 찾기 시작한다. 논이나 냇가의 개흙 바닥에 긴 부리를 푹푹 꽂아 헤치면서 물고기, 지렁이, 달팽이 같은 것을 잡아먹는다. 봄가을에 우리나라에 들러 먹이를 먹고 쉬어 간다. **생김새** 몸길이 27cm **사는 곳** 강, 논, 갯벌, 호수 **먹이** 물고기, 새우, 게, 지렁이, 벌레, 물풀 **다른 이름** Common snipe **분류** 도요목 > 도요과

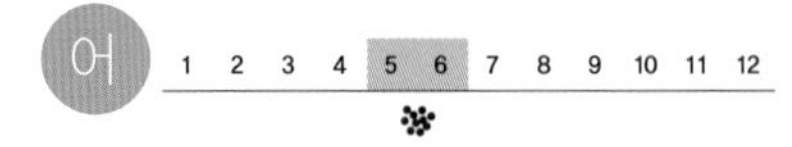

꺽저기

꺽저기는 꺽지와 닮았는데 몸집이 훨씬 작다. 아가미뚜껑에 파란 점이 있다. 냇물이나 강에서 산다. 바닥에 모래가 깔리고 물풀이 많은 곳을 좋아한다. 물고기, 물벌레, 작은 새우를 잡아먹는다. 물풀 속에 숨어 있다가 잽싸게 나와서 물고기를 사냥한다. 알을 물풀 줄기에 붙여 낳는다. 수컷은 어린 새끼가 자랄 때까지 돌본다. **생김새** 몸길이 12~15cm **사는 곳** 냇물, 강 **먹이** 물고기, 물벌레, 작은 새우 **다른 이름** 남꺽지북, 꺽쇠, 꺽따귀, Japanese aucha perch **분류** 농어목 > 꺽지과

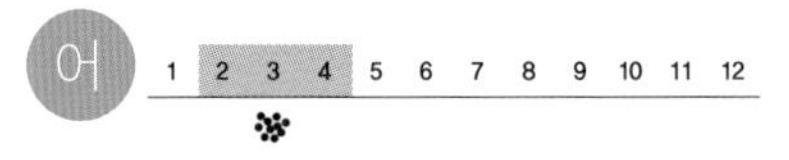

꺽정이

꺽정이는 강이나 강어귀에서 산다. 바다와 가까운 냇물에서도 살고, 바다와 민물을 오르내리며 지낸다. 모래가 깔리고 돌이 많은 곳을 좋아한다. 낮에는 돌 밑에 숨어 있다가 밤에 나와서 돌아다닌다. 게나 새우, 작은 물고기를 잡아먹는다. 갯벌에 있는 조개나 굴 껍데기 안쪽에 알을 낳아 붙인다. 수컷이 알을 지킨다. **생김새** 몸길이 10~17cm **사는 곳** 강, 강어귀, 냇물 **먹이** 게, 새우, 작은 물고기 **다른 이름** 거슬횟대어북, 쐐기, Roughskin sculpin **분류** 쏨뱅이목 > 둑중개과

꺽지

꺽지는 등지느러미에 억센 가시가 있다. 찔리면 무척 아프고 쓰라리다. 바위가 많은 산골짜기에 산다. 돌이 많은 냇물에서도 볼 수 있다. 깊은 소나 물살이 느린 곳을 좋아한다. 밤에 더 많이 돌아다닌다. 물고기, 물벌레, 작은 새우를 잡아먹는다. 수컷은 새끼가 자랄 때까지 돌본다. 우리나라에만 산다. **생김새** 몸길이 15~30cm **사는 곳** 산골짜기, 냇물, 강 **먹이** 물고기, 물벌레, 작은 새우, 물고기 **다른 이름** 꺽저기북, 돌쏘가리, 돌깍장이, Korean aucha perch **분류** 농어목 > 꺽지과

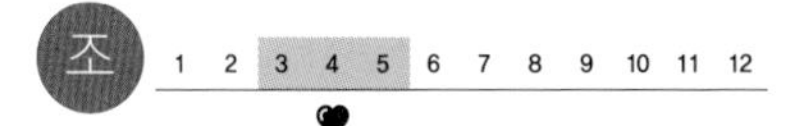

꼬까울새

꼬까울새는 유럽에서 매우 흔한 새인데 우리나라에서는 2006년에 홍도에서 처음 관찰된 뒤로 가끔씩 보인다. 낮은 산이나 나무 덤불에 있다가 나는 벌레를 잡거나, 땅에 내려와 뛰면서 벌레를 잡는다. 움직임이 아주 재빠르다. 울새와 몸집이 비슷하며 머리와 가슴이 주황색이다. **생김새** 몸길이 14cm **사는 곳** 숲, 마을 **먹이** 벌레, 지렁이, 거미 **다른 이름** 유럽울새, European robin **분류** 참새목 > 솔딱새과

속 1 2 3 4 5 6 7 8 9 10 11 12

꼬리진달래

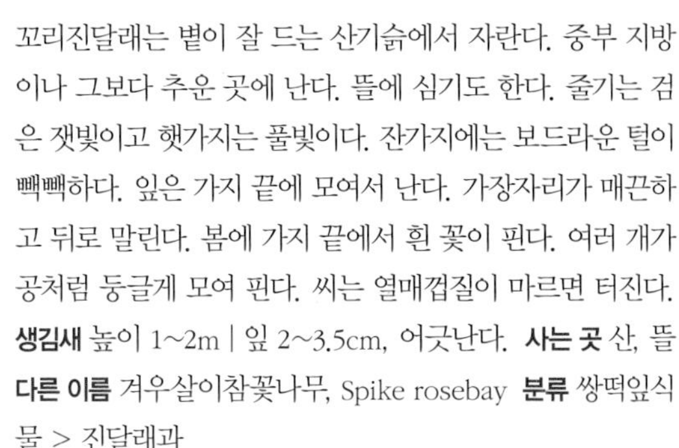

꼬리진달래는 볕이 잘 드는 산기슭에서 자란다. 중부 지방이나 그보다 추운 곳에 난다. 뜰에 심기도 한다. 줄기는 검은 잿빛이고 햇가지는 풀빛이다. 잔가지에는 보드라운 털이 빽빽하다. 잎은 가지 끝에 모여서 난다. 가장자리가 매끈하고 뒤로 말린다. 봄에 가지 끝에서 흰 꽃이 핀다. 여러 개가 공처럼 둥글게 모여 핀다. 씨는 열매껍질이 마르면 터진다. **생김새** 높이 1~2m | 잎 2~3.5cm, 어긋난다. **사는 곳** 산, 뜰 **다른 이름** 겨우살이참꽃나무, Spike rosebay **분류** 쌍떡잎식물 > 진달래과

꼬마물떼새

꼬마물떼새는 물떼새 가운데 몸집이 가장 작다. 강이나 저수지 같은 물가에 산다. 가족끼리 모여 다닌다. 가만히 섰다가 빠르게 걷기를 되풀이하면서 먹이를 찾는다. 작은 벌레를 많이 잡아먹는다. 둥지는 자갈밭이나 모래밭에 바닥을 오목하게 파서 짓는다. 알을 품는 동안 천적이 오면 다친 척하면서 적을 다른 곳으로 이끈다. **생김새** 몸길이 15cm **사는 곳** 저수지, 개울, 바다, 논 **먹이** 벌레 **다른 이름** 안경도요[북], 껄룩새, Little ringed plover **분류** 도요목 > 물떼새과

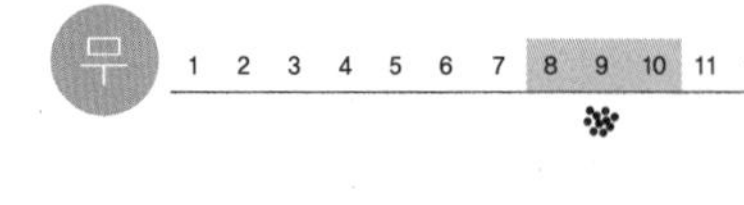

꼬막

꼬막은 서해와 남해에 산다. 개흙이 부드럽고 푹푹 빠지는 갯벌에서 많이 산다. 껍데기에 골이 깊다. 여름에 알을 낳는다. 살이 붉다. 흔히 새꼬막을 꼬막이라고 하는데 꼬막은 새꼬막보다 골이 넓고 돌기가 더 울퉁불퉁하다. 껍데기째 살짝 데쳐서 속살을 먹는다. 늦가을부터 봄까지 잡는다. **생김새** 크기 5×4cm **사는 곳** 서해, 남해 펄 갯벌 **다른 이름** 참꼬막, 제사꼬막, Blood cockle **분류** 연체동물 > 돌조개과

꼬시래기

꼬시래기는 서해와 남해 갯벌에서 사는 바닷말이다. 작고 둥근 헛뿌리를 바위에 붙이고 자란다. 자갈이나 조개껍데기에 붙어 자라기도 하고 모래밭에서도 자란다. 민물이 드나들고 파도가 잔잔한 바닷가에 많다. 여름에도 녹아 없어지지 않고 일 년 내내 볼 수 있다. 긴 머리카락이 헝클어진 것처럼 보인다. 이른 봄에 뜯어서 먹는다. 데치면 파래진다. **생김새** 길이 20~200cm **사는 곳** 서해, 남해 갯벌 **다른 이름** 꼬시락, Sea string **분류** 홍조류 > 꼬시래기과

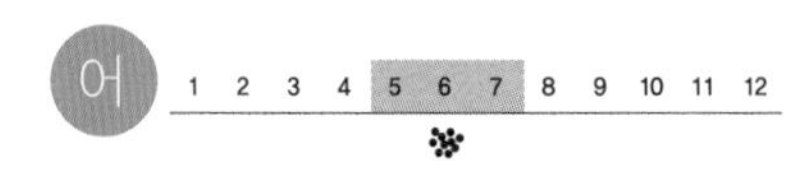

꼬치동자개

꼬치동자개는 동자개 무리 가운데 가장 작다. 맑은 물이 흐르고 바닥에 잔돌이 깔린 냇물에서 산다. 낮에는 숨어 있고 저물녘에 나온다. 돌 틈에서 사는 작은 물고기나 물벌레를 잡아먹는다. 죽은 물고기와 물고기 알도 먹는다. 알을 낳을 때는 넓은 돌 밑을 치우고 낳는다. **생김새** 몸길이 8~10cm **사는 곳** 냇물, 산골짜기 **먹이** 작은 물고기, 물벌레, 물고기 알 **다른 이름** 어리종개[북], 빠가새끼, 띵가리, Korean stumpy bullhead **분류** 메기목 > 동자개과

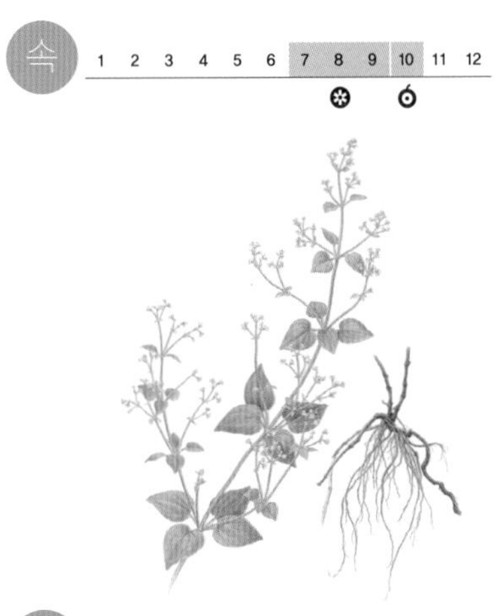

꼭두서니

꼭두서니는 산기슭이나 마을, 집 가까운 울타리에서 자란다. 그늘진 곳을 좋아한다. 덩굴풀이어서 다른 나무나 물체를 타고 올라간다. 줄기는 네모지고 모난 곳에 짧은 가시가 난다. 그래서 다른 물체에 착 달라붙고 한번 붙으면 잘 안 떨어진다. 잎자루와 뒤쪽 잎맥에도 잔가시가 나 있다. 뿌리에서 붉은 물감을 뽑아서 옷이나 천을 물들였다. **생김새** 길이 1~3m | 잎 3~7cm, 마주난다. **사는 곳** 산기슭, 마을 **다른 이름** 꼭두선이, 가삼자리, 갈퀴잎, 천초, Asian madder **분류** 쌍떡잎식물 > 꼭두서니과

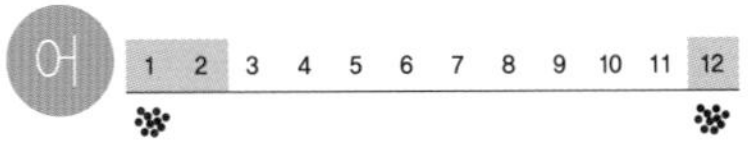

꼼치

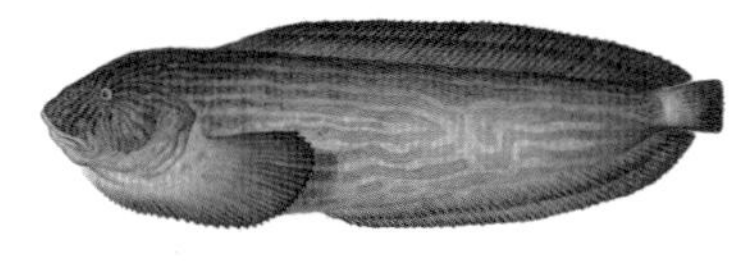

꼼치는 차고 깊은 바다 모랫바닥에서 산다. 살이 두부처럼 물컹물컹하고 흐늘흐늘해서 몸이 흐느적댄다. 배지느러미에 빨판이 있어서 바닥에 잘 붙어 있곤 한다. 헤엄을 치기보다 바닥에 배를 대고 돌아다닌다. 작은 새우나 조개나 물고기를 잡아먹는다. 꼼치는 겨울에 탕을 끓여 먹는다. 물곰탕, 곰치탕이라고 한다. **생김새** 몸길이 40~50cm **사는 곳** 동해, 남해, 서해 **먹이** 새우, 조개, 물고기 **다른 이름** 물메기, 물꿩, 물곰, 물텀벙이, Grassfish **분류** 쏨뱅이목 > 꼼치과

어 1 2 3 4 5 6 7 8 9 10 11 12

꽁치

꽁치는 차가운 물을 좋아한다. 차가운 물을 따라 동해 바다를 오르락내리락한다. 물낯 가까이에서 떼로 몰려다닌다. 헤엄을 잘 친다. 큰 물고기한테 쫓길 때는 물 위로 날아오르기도 한다. 새끼는 처음에는 플랑크톤을 먹다가, 자라면 작은 새우나 물고기 알이나 새끼 물고기 따위를 먹는다. 꾸덕꾸덕하게 말려서 과메기를 만든다. **생김새** 몸길이 30cm **사는 곳** 동해, 남해 **먹이** 플랑크톤, 새우, 새끼 물고기 **다른 이름** 공치[북], 청갈치, 과메기, Mackerel pike **분류** 동갈치목 > 꽁치과

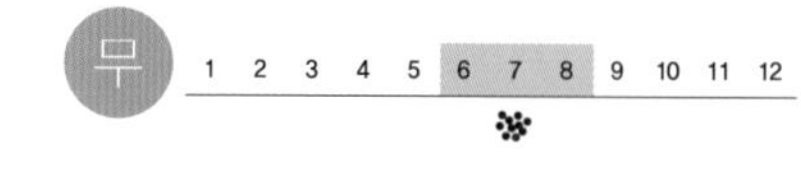

꽃게

꽃게는 물 깊이가 20~30m쯤 되는 서해 바닷속에서 산다. 기어다니기보다 헤엄치는 것을 좋아한다. 맨 뒤쪽 다리 한 쌍이 노처럼 납작해서 헤엄을 잘 친다. 여름에 알을 낳고, 늦가을에 서해 남쪽으로 가서 겨울을 난다. 집게발이 크고 억세다. 건드리면 집게발을 쳐들고 벌떡 일어난다. **생김새** 등딱지 크기 17.5×8.5cm **사는 곳** 서해, 남해 바닷속 **먹이** 갯지렁이, 조개, 새우, 게, 물고기 **다른 이름** 꽃기, 뻘떡게, Swimming crab **분류** 절지동물 > 꽃게과

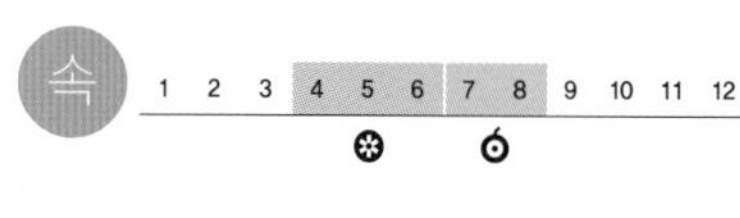

꽃다지

꽃다지는 밭둑이나 길가에 흔히 자란다. 냉이와 닮았다. 냉이는 꽃이 하얗고 꽃다지는 노랗다. 가을에 싹이 터서 잎이 방석처럼 땅바닥에 바짝 붙어 겨울을 난다. 줄기는 곧추서며 짧은 털과 별모양털이 나 있다. 이듬해 봄에 줄기가 올라와서 줄기 끝에 노란 꽃이 여러 송이 모여 핀다. **생김새** 높이 10~30cm | 잎 2~4cm, 모여나거나 어긋난다. **사는 곳** 밭둑, 길가 **다른 이름** 두루미냉이, 코딱지나물, 코따대기, Wood whitlow-grass **분류** 쌍떡잎식물 > 배추과

꽃등에

꽃등에는 벌과 닮았지만 파리 무리에 든다. 산기슭이나 들에 산다. 꽃가루와 꿀을 핥아 먹고 옮겨 다니면서 꽃가루받이를 돕는다. 벌처럼 일부러 키우기도 한다. 애벌레는 구더기처럼 생겨서 꼬리구더기라고 하는데, 물가 썩은 흙 속에서 산다. 번데기나 애벌레로 땅속에서 겨울을 난다. **생김새** 몸길이 14~15mm **사는 곳** 애벌레_물가 흙 속 | 어른벌레_들판, 낮은 산 **먹이** 애벌레_썩은 찌꺼기 | 어른벌레_꿀, 꽃가루 **다른 이름** 꼬리벌꽃등에[북] **분류** 파리목 > 꽃등에과

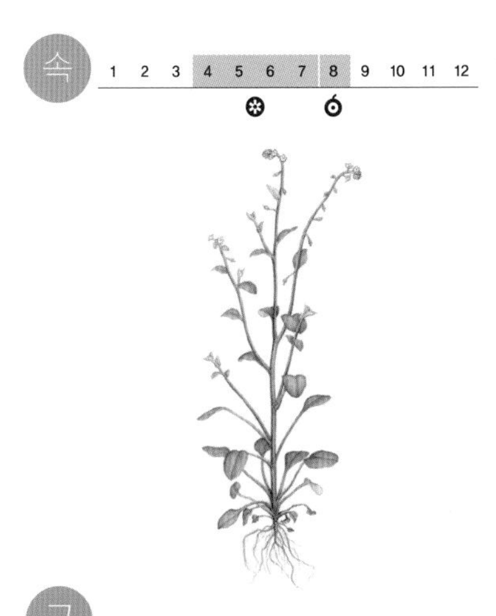

꽃마리

꽃마리는 길가, 집 둘레, 과수원, 논둑에서 흔히 자란다. 볕이 드는 곳을 좋아하고 조금 그늘진 곳에서도 잘 산다. 가을에 나서 냉이처럼 땅바닥에 바짝 붙은 채 겨울을 난다. 이듬해 봄에 꽃이 피고 열매를 맺는다. 꽃봉오리는 연분홍빛인데 꽃이 피면 하늘색이다. 꽃대가 말렸다가 도르르 펴지면서 꽃이 핀다. **생김새** 높이 10~30cm | 잎 1~3cm, 어긋난다. **사는 곳** 길가, 집 둘레, 과수원, 논둑, 밭둑 **다른 이름** 꽃따지, 꽃냉이, Common Asian trigonotis **분류** 쌍떡잎식물 > 지치과

균 1 2 3 4 5 6 7 8 9 10 11 12

꽃버섯

꽃버섯은 여름부터 가을까지 흔히 볼 수 있다. 풀밭, 숲속 땅에 홀로 나거나 무리 지어 난다. 어릴 때는 갓 꼭대기가 뾰족하다가 자라면서 판판하게 펴진다. 가운데는 볼록하다. 어릴 때는 붉은빛이다가 자라면서 잿빛을 거쳐 검게 바뀐다. 주름살은 조금 성글다. **생김새** 갓 15~35mm **사는 곳** 숲, 풀밭 **다른 이름** 붉은고깔버섯[북], 붉은산무명버섯, 붉은산벚꽃버섯, Blackening waxcap mushroom **분류** 주름버섯목 > 벚꽃버섯과

무 1 2 3 4 5 6 7 8 9 10 11 12

꽃부채게

꽃부채게는 얕은 바다 갯바위나 자갈 바닥에 산다. 몸통이 부채처럼 생겼고 등딱지 크기가 울퉁불퉁하다. 두 집게발은 크고 억세게 생겼는데, 건드리면 다리를 움츠린 채 꼼짝도 안 한다. 생김새와 빛깔이 꼭 돌 같아서 바위틈이나 돌밭에 있으면 눈에 잘 안 띈다. 여름에 알을 낳는다. 제주도에서는 갯바위에 많다고 돌깅이라고 한다. **생김새** 등딱지 크기 2.4×1.6cm **사는 곳** 갯바위, 자갈밭 **다른 이름** 돌깅이, 돌팍깅이 **분류** 절지동물 > 부채게과

꽃송이버섯

꽃송이버섯은 늦여름부터 가을까지 바늘잎나무 밑동이나 그루터기 둘레에 홀로 난다. 살아 있는 나무에 붙어 양분을 얻는다. 크게 자라서 흔히 무게가 1킬로그램쯤 된다. 꽃잎처럼 생긴 수많은 작은 갓들이 뭉쳐서 꽃송이처럼 보인다. 대 하나에서 여러 가지로 나뉘고 그 끝마다 얇고 넓적한 갓이 달린다. 대는 짧고 뭉툭한데 질기다. **생김새** 크기 100~300×110~230mm **사는 곳** 바늘잎나무 숲 **다른 이름** 꽃잎버섯[북], Wood cauliflower fungus **분류** 구멍장이버섯목 > 꽃송이버섯과

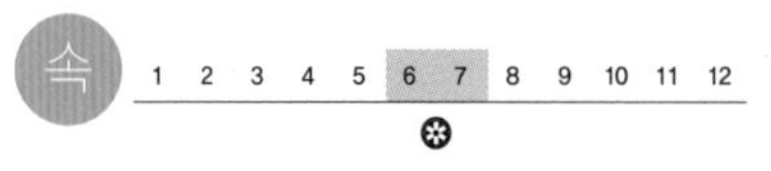

꽃창포

꽃창포는 얕은 물가나 늪지에서 자란다. 물기가 많고 기름진 땅에 난다. 꽃을 보려고 뜰이나 공원에 흔하게 심어 가꾼다. 줄기는 무더기로 나고 곧게 자란다. 잎은 뿌리목에서 나는데 가늘고 길다. 끝이 점차 뾰족해지고 가운데 잎맥이 도드라져있다. 여름에 꽃대 끝에서 보랏빛이나 흰빛으로 여러 빛깔 꽃이 세 송이쯤 핀다. **생김새** 높이 60~120cm | 잎 20~60cm, 어긋난다. **사는 곳** 물가, 늪, 뜰, 공원 **다른 이름** Japanese water iris **분류** 외떡잎식물 > 붓꽃과

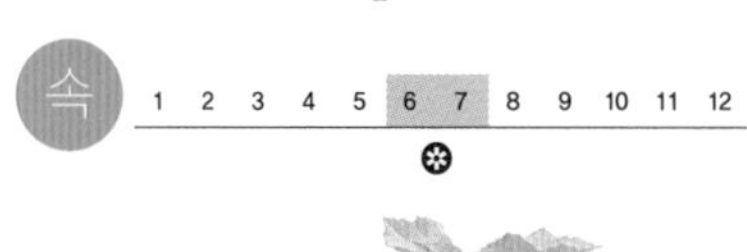

꽈리

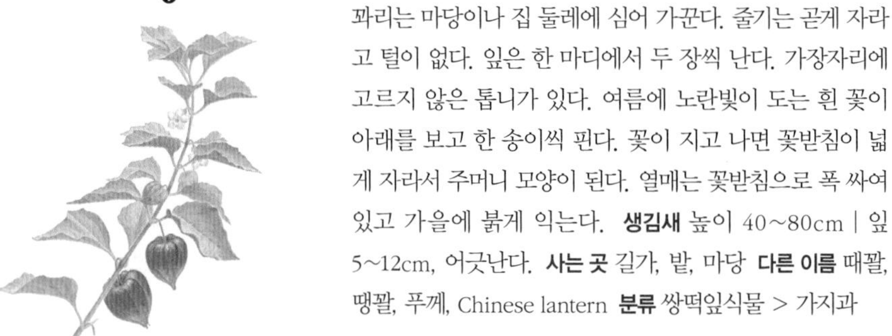

꽈리는 마당이나 집 둘레에 심어 가꾼다. 줄기는 곧게 자라고 털이 없다. 잎은 한 마디에서 두 장씩 난다. 가장자리에 고르지 않은 톱니가 있다. 여름에 노란빛이 도는 흰 꽃이 아래를 보고 한 송이씩 핀다. 꽃이 지고 나면 꽃받침이 넓게 자라서 주머니 모양이 된다. 열매는 꽃받침으로 폭 싸여 있고 가을에 붉게 익는다. **생김새** 높이 40~80cm | 잎 5~12cm, 어긋난다. **사는 곳** 길가, 밭, 마당 **다른 이름** 때꽐, 땡꽐, 푸께, Chinese lantern **분류** 쌍떡잎식물 > 가지과

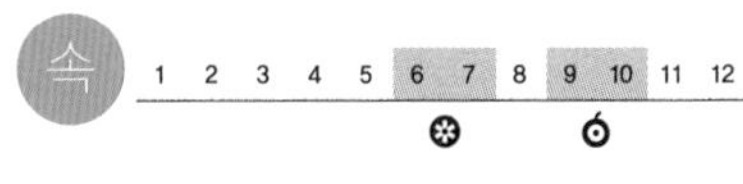

꽝꽝나무

꽝꽝나무는 남부 지방에 바닷가를 따라서 자란다. 볕이 잘 드는 곳을 좋아한다. 뜰에도 심고 산울타리로도 심어 가꾼다. 줄기는 잿빛이고 어린 가지는 모가 난다. 잎은 작고 두텁다. 매끈하고 반들거린다. 촘촘히 달린다. 가장자리에 잔톱니가 나 있다. 암수딴그루이다. 암꽃은 작고 하얀데 잎겨드랑이에서 한 개씩 핀다. 열매는 검게 익는다. **생김새** 높이 1.5~3m | 잎 1.5~3cm, 어긋난다. **사는 곳** 바닷가, 공원 **다른 이름** Box-leaf holly **분류** 쌍떡잎식물 > 감탕나무과

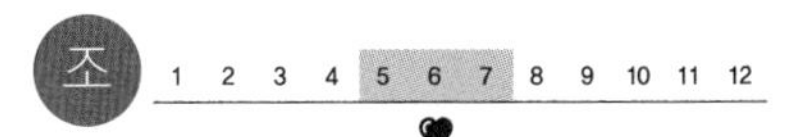

꾀꼬리

꾀꼬리는 야산이나 숲속에서 산다. 생김새와 울음소리가 아름다워 예로부터 글과 그림에 많이 나온다. 눈에 띄지 않게 지내고, 물속으로 들어가 씻는 걸 좋아한다. 나뭇가지를 옮겨 다니면서 벌레를 잡아먹는다. 나무 열매도 먹는다. 봄에 우리나라에 와서 짝짓기를 한다. 수컷이 아름다운 소리를 내서 암컷을 찾는다. 둥지는 높은 나뭇가지에 매달아서 짓는다. 새끼를 치고 가을에 돌아간다. **생김새** 몸길이 25cm **사는 곳** 숲, 마을, 산기슭 **먹이** 벌레, 거미, 나무 열매 **다른 이름** 꾀꼴새[북], Chinese oriole **분류** 참새목 > 꾀꼬리과

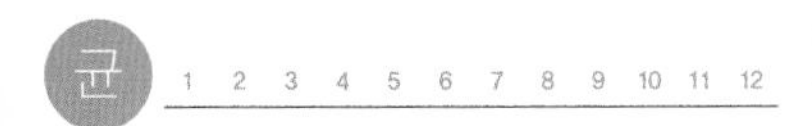

꾀꼬리버섯

꾀꼬리버섯은 여름부터 가을까지 숲속 땅에 난다. 흩어져 나거나 무리 지어 난다. 갓은 어릴 때는 둥근 산 모양이고 끝이 안쪽으로 말려 있다가 자라면서 판판하게 펴진다. 나중에는 가운데가 오목하게 들어가거나 깊숙하게 홈이 파여 깔때기 모양이 된다. 가장자리는 물결치듯 구불거린다. 갓 밑은 쭈글쭈글하다. 버섯에서 잘 익은 살구 냄새가 난다. **생김새** 갓 30~90mm **사는 곳** 숲 **다른 이름** 살구버섯[북], 오이꽃버섯, Chanterelle **분류** 꾀꼬리버섯목 > 꾀꼬리버섯과

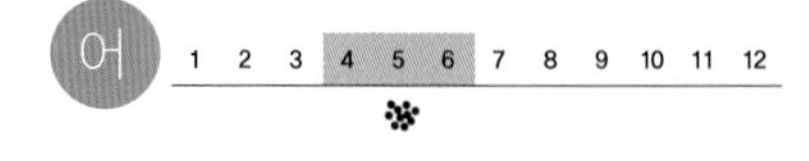

꾸구리

꾸구리는 맑은 물이 흐르고, 깊이가 무릎 정도 되는 여울에서 산다. 물살이 세도 안 떠내려가고 돌에 착 붙는다. 눈꺼풀이 있다. 어두우면 눈꺼풀이 열리고 밝으면 닫힌다. 우리나라 민물고기 가운데 꾸구리와 돌상어만 눈꺼풀이 있다. 돌 틈이나 돌에 붙어사는 물벌레를 잡아먹고 돌말도 먹는다. **생김새** 몸길이 7~13cm **사는 곳** 냇물, 강 **먹이** 작은 물벌레, 돌말 **다른 이름** 긴수염돌상어[북], 돌메자[북], 눈봉사, 눈멀이, 돌나래미, 소경돌나리 **분류** 잉어목 > 모래무지아과

속 1 2 3 4 5 6 7 8 9 10 11 12

꾸지뽕나무

꾸지뽕나무는 볕이 좋은 산기슭이나 들판에서 자란다. 꽃과 열매가 다른 뽕나무와 사뭇 다르다. 뽕나무 열매를 오디라고 하는데, 늦여름부터 익기 시작해서 가을에 빨갛게 익는다. 꾸지뽕 오디는 덜 익었을 때는 다른 오디만 한데 다 익을 때쯤이면 동전만큼 커진다. 달고 맛있다. 목재는 농기구를 만든다. **생김새** 높이 10m | 잎 6~10cm, 어긋난다. **사는 곳** 들, 산기슭 **다른 이름** 굿가시나무, 활뽕나무, Silkworm thorn **분류** 쌍떡잎식물 > 뽕나무과

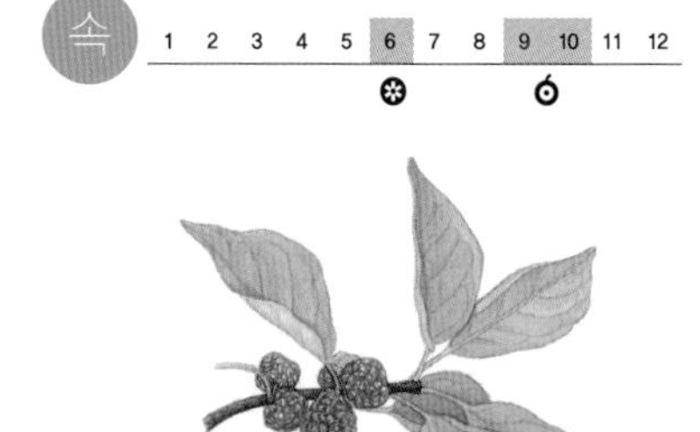

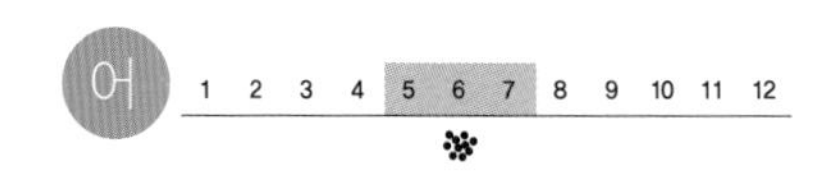

꾹저구

꾹저구는 냇물이나 강에서 살고 커다란 댐에도 산다. 강어귀에 많은데, 동해로 흐르는 하천에 특히 흔하다. 배에 빨판이 있어서 돌 위에 곧잘 올라 가만히 있는다. 돌 사이를 옮겨 다니면서 물벌레나 실지렁이, 작은 물고기를 잡아먹는다. 새끼는 바다로 내려갔다가 두세 달이 지나면 민물로 올라온다. **생김새** 몸길이 10cm **사는 곳** 강, 강어귀, 냇물, 댐, 저수지 **먹이** 물벌레, 실지렁이, 작은 물고기 **다른 이름** 대머리매지[북], 밀뿌구리, 꾸가리, Floating goby **분류** 농어목 > 망둑어과

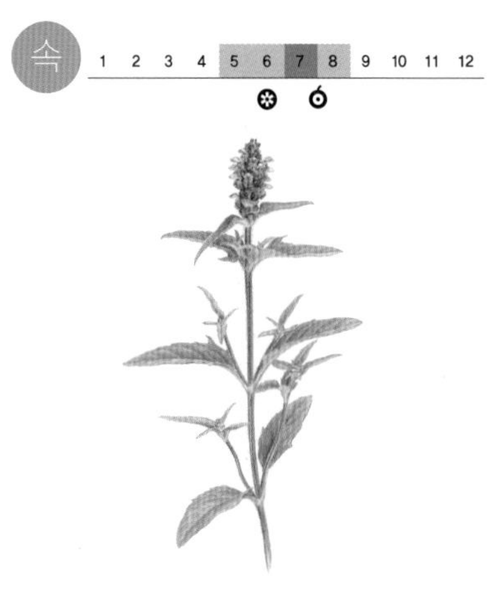

꿀풀

꿀풀은 볕이 잘 드는 산기슭이나 길가, 풀밭에서 자란다. 꽃을 보려고 집에서 가꾸기도 한다. 꽃에 꿀이 많다. 꿀벌도 많이 모인다. 줄기가 여럿 모여서 수북하게 자란다. 줄기는 흰 털이 나 있고 모가 졌다. 뿌리 가까이에서는 잎이 뭉쳐나고, 줄기에 달리는 잎은 마주난다. 꽃을 그늘에 말려서 약으로 쓴다. **생김새** 높이 10~40cm | 잎 2~5cm, 모여나거나 마주난다. **사는 곳** 산기슭, 길가, 풀밭 **다른 이름** 꿀방망이, 가지골나물, 가지래기꽃, Lilac self-heal **분류** 쌍떡잎식물 > 꿀풀과

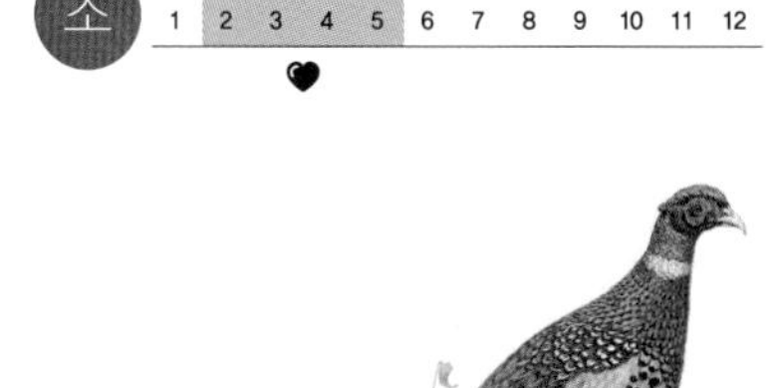

꿩

꿩은 풀밭이나 산기슭에 산다. 수컷은 장끼, 암컷은 까투리, 새끼는 꺼병이라고 부른다. 한 번에 오래 날지는 못한다. 암수가 짝을 지어 산기슭을 어슬렁거리면서 먹이를 찾는다. 여름에는 벌레를 많이 먹고, 겨울에는 나무 열매나 풀씨를 주워 먹는다. 예전에는 흔하고 고기 맛이 좋아 사냥을 많이 했다. **생김새** 몸길이 수컷 80cm, 암컷 60cm **사는 곳** 산기슭, 논밭 **먹이** 풀씨, 나무 열매, 벌레 **다른 이름** 장끼, 까투리, 꺼병이(새끼), Pheasant **분류** 닭목 > 꿩과

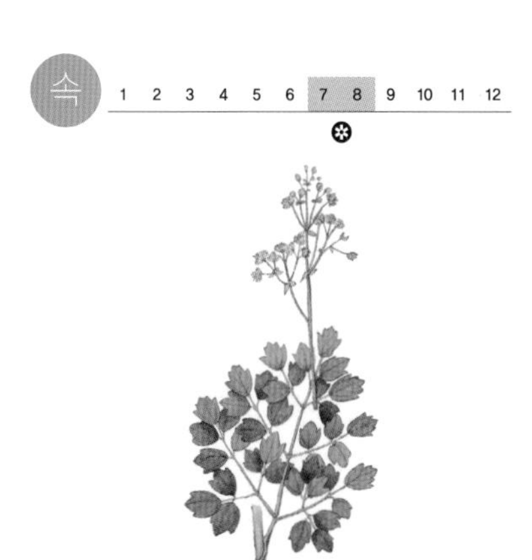

꿩의다리

꿩의다리는 볕이 잘 드는 산이나숲 가장자리에 산다. 오염되지 않은 산과 숲에서 살기 때문에 도시 가까이에서는 잘 살지 못한다. 줄기는 곧게 자라고 속이 비어 있다. 줄기 아래에 달리는 잎은 잎자루가 길고 여러 번 갈라진다. 여름에 줄기 끝에서 흰빛이나 연한 붉은빛 꽃이 모여 핀다. **생김새** 높이 50~150cm | 잎 1.5~3.5cm, 어긋난다. **사는 곳** 산, 숲 가장자리 **다른 이름** 가락풀, Iberian columbine meadow-rue **분류** 쌍떡잎식물 > 미나리아재비과

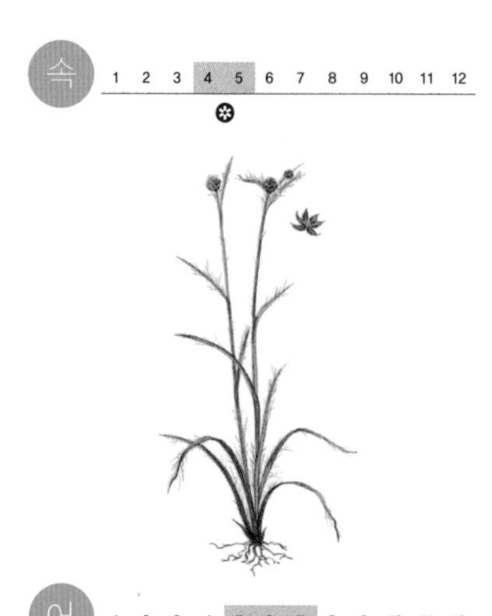

꿩의밥

꿩의밥은 볕이 잘 드는 산이나 숲 가장자리에서 흔하게 자란다. 마른 땅을 좋아한다. 풀밭이나 들판에도 흔하게 자란다. 줄기는 모여나고 곧게 자란다. 잎은 줄 모양으로 길쭉하고 가장자리에 긴 흰털이 있다. 봄에 꽃줄기가 나와서 그 끝에 붉은빛이 도는 검은 밤빛 꽃이 핀다. 열매는 모가 난 달걀 모양이다. **생김새** 높이 10~30cm | 잎 7~15cm, 모여나거나 어긋난다. **사는 곳** 산, 들 **다른 이름** 꿩밥, Sweep's woodrush **분류** 외떡잎식물 > 골풀과

어

1 2 3 4 5 6 7 8 9 10 11 12

끄리

끄리는 피라미와 닮았는데 몸집이 훨씬 크다. 큰 강이나 저수지에 산다. 물살이 느리고 폭이 넓은 곳에 많다. 물낯 위로 펄쩍펄쩍 잘 뛰어오른다. 새끼 때는 작은 물벌레와 물풀을 먹고 커서는 물벌레부터 물고기까지 닥치는 대로 잡아먹는다. 알 낳을 때가 되면 수컷은 혼인색을 띤다. **생김새** 몸길이 20~40cm **사는 곳** 강, 저수지 **먹이** 물벌레, 물풀, 새우, 날벌레, 작은 물고기 **다른 이름** 어헤, 날치, 날피리, 치리, Korean piscivorous chub **분류** 잉어목 > 피라미아과

끈끈이주걱

끈끈이주걱은 산이나 숲속 물기가 많은 곳에서 자란다. 줄기는 곧게 자란다. 잎은 뿌리목에서 나고 옅은 붉은빛이 돈다. 잎 겉에 붉은 보랏빛 샘털이 빽빽하게 난다. 끈적한 점액이 나온다. 벌레가 샘털에 붙으면 꼼짝 못 하고 끈끈이주걱이 양분을 빨아들인다. 여름에 잎겨드랑이에서 긴 꽃줄기가 나오고 끝에 이삭 모양으로 흰 꽃이 핀다. **생김새** 높이 20cm | 잎 0.5~1cm, 모여난다. **사는 곳** 산, 숲속 **다른 이름** Round-leaf sundew **분류** 쌍떡잎식물 > 끈끈이귀개과

끈적끈끈이버섯

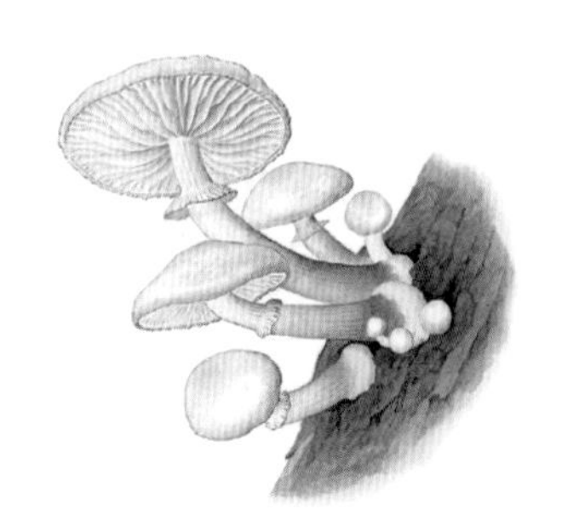

끈적끈끈이버섯은 여름부터 가을까지 넓은잎나무를 베어 낸 그루터기나 나무줄기에 뭉쳐나거나 무리 지어 난다. 갓과 대에 끈적끈적한 점액이 덮여 있다. 갓은 물기를 머금으면 끈적거리고 우산살 같은 줄무늬가 나타난다. 주름살은 하얗고 사이가 성글다. 대는 구부러져 있고 밤빛 비늘 조각이 덮여 있다. 대 위쪽에 얇고 하얀 턱받이가 붙어 있다. **생김새** 갓 22~68mm **사는 곳** 넓은잎나무 숲 **다른 이름** 진득고리버섯[북], 끈적긴뿌리버섯, Porcelain mushroom **분류** 주름버섯목 > 뽕나무버섯과

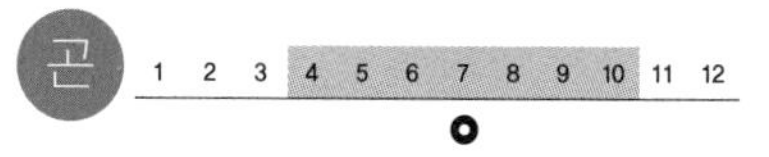

끝검은말매미충

끝검은말매미충은 매미와 비슷하게 생겼는데 아주 작다. 낮은 산이나 풀밭이나 논에 흔하다. 톡톡 튀듯이 이곳저곳으로 날아다닌다. 입이 대롱처럼 생겨서 풀잎을 찔러 즙을 빨아 먹는다. 즙을 빨아 먹을 때는 잎 뒤에 가만히 붙어서 먹는다. 곡식이나 과일나무에 많이 붙어서 농사에 해를 끼친다. 나무껍질 틈이나 돌 밑에서 어른벌레로 겨울을 난다. **생김새** 몸길이 11~13mm **사는 곳** 논밭, 낮은 산, 풀밭 **먹이** 곡식, 과일나무 즙 **다른 이름** Black-tipped leafhopper **분류** 노린재목 > 매미충과

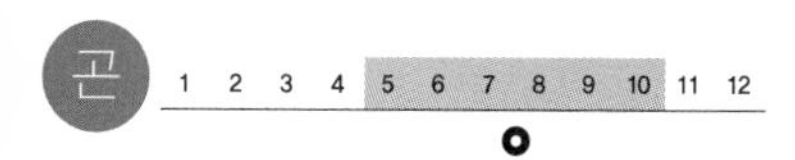

나나니

나나니는 벌이지만 무리를 짓지 않고 혼자 살아간다. 풀밭이나 강가에서 많이 볼 수 있다. 꽃꿀을 빨아 먹는다. 집은 나무 구멍이나 땅속에 구멍을 뚫어 짓는다. 나방이나 나비 애벌레를 잡아 둔 다음, 알을 하나 낳고 구멍을 막는다. 애벌레는 어미벌이 넣어 둔 먹이를 먹고 자란다. 번데기로 겨울을 난다. **생김새** 몸길이 20mm **사는 곳** 풀밭, 강가 **먹이** 애벌레_나방이나 나비 애벌레 | 어른벌레_꿀 **다른 이름** Red banded sand wasp **분류** 벌목 > 구멍벌과

1 2 3 4 5 6 7 8 9 10 11 12

나도양지꽃

나도양지꽃은 중부 지방 높은 산 그늘진 곳에서 자란다. 기름지고 물기가 있는 곳을 좋아한다. 온몸에 성긴 털이 있다. 줄기가 기어 나가면서 퍼진다. 여럿이 모여난다. 뿌리잎은 잎자루가 길고 쪽잎 석 장으로 되어 있다. 잎겨드랑이에서 난 꽃줄기 끝에 노란빛 꽃이 핀다. 꽃잎은 다섯 장으로 또렷한 별모양이다. **생김새** 높이 10~20cm | 잎 2~4cm, 모여난다. **사는 곳** 높은 산 **다른 이름** 금강금매화, Siberian barren strawberry **분류** 쌍떡잎식물 > 장미과

1 2 3 4 5 6 7 8 9 10 11 12

나문재

나문재는 바닷가 모래땅이나 소금기가 있고 물기가 많은 땅에서 자란다. 줄기는 곧게 자라며 둥근기둥 모양이다. 잎은 잎자루가 없고 배게 난다. 여름까지 풀빛이다가 가을에 아래부터 붉은빛으로 물든다. 여름에 가지 위에서 풀빛이 도는 작은 꽃이 한두 송이씩 많이 모여 핀다. **생김새** 높이 30~100cm | 잎 1~5cm, 어긋난다. **사는 곳** 바닷가 모래땅 **다른 이름** 갯솔나물, Asian common seepweed **분류** 쌍떡잎식물 > 명아주과

1 2 3 4 5 6 7 8 9 10 11 12

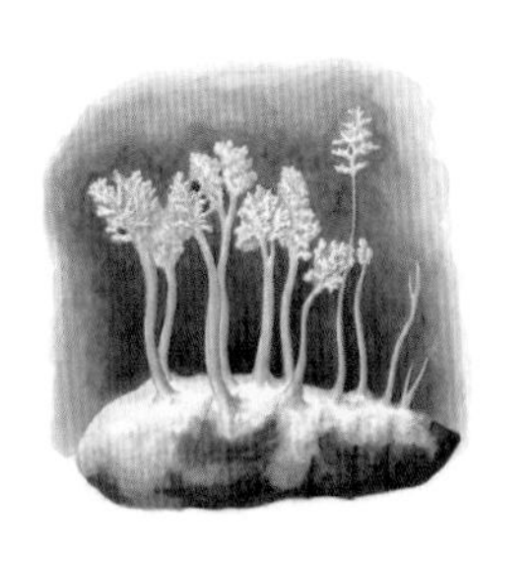

나방꽃동충하초

나방꽃동충하초는 나비나 나방의 번데기, 애벌레 또는 어른벌레 몸에서 난다. 나뭇가지나 산호처럼 생겼다. 여럿이 모여 난다. 여름부터 가을까지 넓은잎나무 숲속 가랑잎이 두껍게 쌓인 곳이나 이끼 사이에서 흔히 볼 수 있다. 우리나라에 나는 동충하초 가운데 가장 흔하다. 머리 끝에 하얀 포자 덩이가 있는데 조금만 흔들려도 사방으로 포자를 퍼뜨린다. **생김새** 크기 20~75×1~2.5mm **사는 곳** 넓은잎나무 숲 **다른 이름** 눈꽃동충하초 **분류** 동충하초목 > 동충하초과

나비고기

나비고기는 따뜻한 물을 좋아한다. 산호 밭에서 많이 산다. 늘 혼자 다니는데 짝짓기 때에는 짝을 지어서 둘이 다닌다. 뾰족한 주둥이로 산호를 톡톡 쪼아 먹고 바닷말, 작은 새우, 플랑크톤도 먹는다. 밤이 되면 산호에 몸을 숨기고 쉰다. 가슴지느러미를 나비처럼 팔락이며 헤엄친다. 몸빛이 보기 좋아서 사람들이 수족관에서 키운다. **생김새** 몸길이 15cm 안팎 **사는 곳** 제주, 남해 **먹이** 산호, 바닷말, 작은 새우, 플랑크톤 **다른 이름** Butterfly fish **분류** 농어목 > 나비고기과

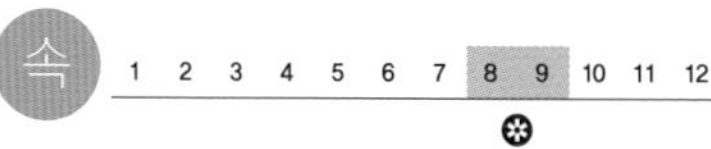

나사말

나사말은 늪이나 못, 천천히 흐르는 냇물 속에 잠겨 자란다. 잎은 뿌리줄기 마디에서 난다. 물이 깊을수록 잎도 길게 자란다. 잎 윗부분에 톱니가 있다. 암수가 포기가 다른 풀이다. 수꽃은 암꽃을 찾아 물에 둥둥 떠다닌다. 암꽃은 가루받이를 할 때는 물에 떠 있다가 나중에 물에 잠긴다. **생김새** 높이 물 깊이에 따라 달라진다. | 잎 30~80cm, 모여 난다. **사는 곳** 늪, 못, 냇물 **다른 이름** Asian tape grass **분류** 외떡잎식물 > 자라풀과

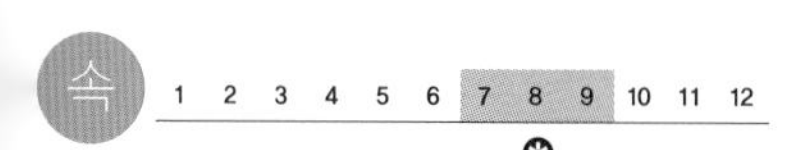

나자스말

나자스말은 저수지나 늪, 물도랑, 논의 물속에 잠겨 산다. 줄기는 가늘고 가지를 많이 친다. 잎은 가는 실 모양이다. 가장자리에 잘 보이지 않을 만큼 자잘한 톱니가 있다. 꽃은 암꽃과 수꽃이 따로 있지만 한 포기에서 같이 핀다. 여름에 잎겨드랑이에서 연한 풀빛으로 작은 꽃이 핀다. **생김새** 높이 30cm | 잎 1~3cm, 마주난다. **사는 곳** 늪, 도랑, 논 **다른 이름** 가는가시말, 가는마디말, Ricefield water-nymph **분류** 외떡잎식물 > 나자스말과

속 1 2 3 4 5 6 7 8 9 10 11 12

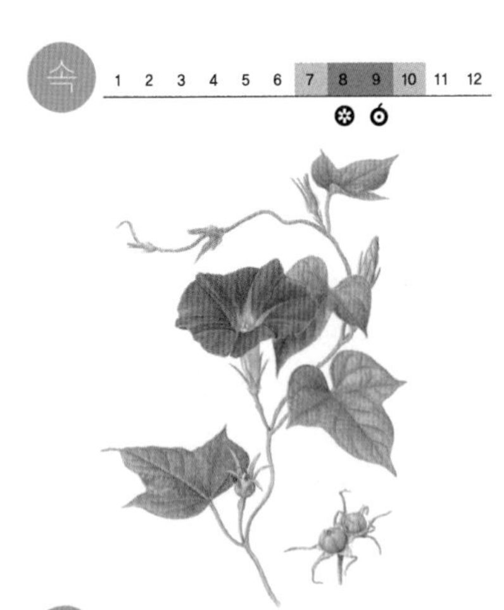

나팔꽃

나팔꽃은 마당이나 길가에 일부러 심어 기른다. 가느다란 줄기가 시계 방향으로 다른 물체를 뱅뱅 감으면서 뻗는다. 타고 올라갈 받침대나 다른 나무가 있어야 한다. 줄기에는 하얀 털이 난다. 잎은 세 갈래로 갈라지고 잎자루가 길다. 꽃은 아침 일찍 피었다가 점심때가 되면 시든다. **생김새** 높이 2~3m | 잎 5~14cm, 어긋난다. **사는 곳** 마당, 길가 **다른 이름** 금령이, 나발꽃, 견우화, 견우자, Lobedleaf pharbitis **분류** 쌍떡잎식물 > 메꽃과

나팔버섯

나팔버섯은 나팔처럼 생겼다. 여름부터 가을까지 바늘잎나무 숲속 땅에 홀로 나거나 무리 지어 난다. 버섯고리를 이루기도 한다. 전나무, 솔송나무, 분비나무 둘레에 흔히 난다. 어릴 때는 꼭대기 부분이 약간 넓은 원기둥꼴이다가 갓이 피면서 나팔 모양이 된다. 다 자라면 가장자리가 물결치듯 구불거리기도 한다. 갓 가운데는 밑동까지 뚫려 있다. 독이 있다. **생김새** 갓 33~110mm **사는 곳** 바늘잎나무 숲 **다른 이름** Scaly vase **분류** 나팔버섯목 > 나팔버섯과

무 1 2 3 4 5 6 7 8 9 10 11 12

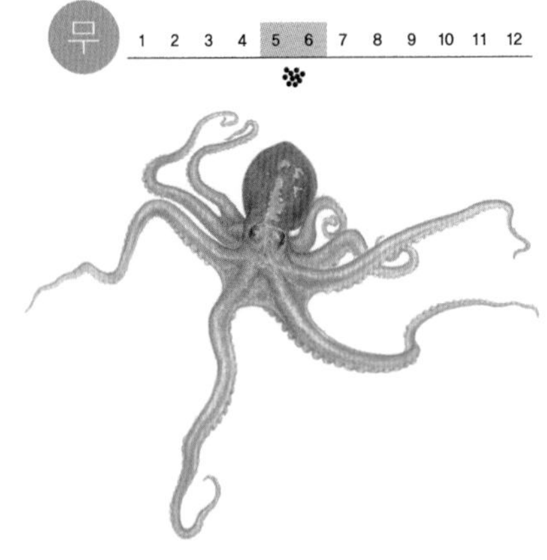

낙지

낙지는 서해와 남해 갯벌에서 산다. 다리는 여덟 개인데, 몸통보다 서너 배쯤 길다. 오징어나 문어처럼 위험을 느끼면 먹물을 쏜다. 밤에 돌아다닌다. 새우나 게, 물고기를 닥치는 대로 잡아먹는다. 펄 위에 난 낙지 구멍을 보고 삽으로 파서 잡는다. 다리가 가느다란 낙지는 세발낙지라고 한다. **생김새** 몸길이 30~60cm **먹이** 새우, 게, 조개, 물고기 **사는 곳** 서해, 남해 갯벌 **다른 이름** 무네, 서해낙지, Korean common octopus **분류** 연체동물 > 문어과

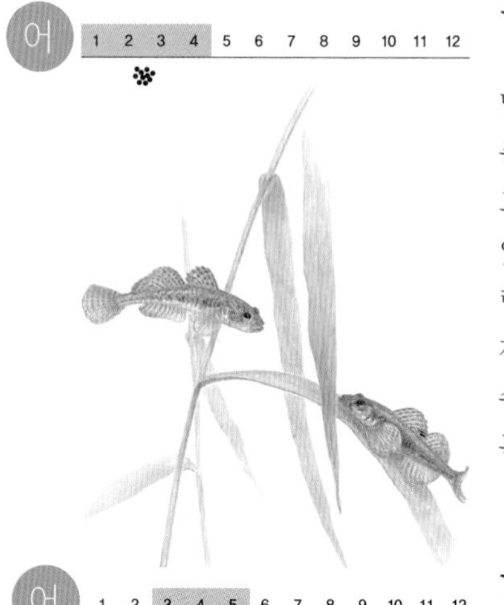

날망둑

날망둑은 너른 강과 강어귀에 산다. 모랫바닥에서 동물성 플랑크톤과 바닥에 사는 작은 동물을 먹는다. 망둑어과 물고기들이 빨판으로 돌 사이를 옮겨 다니거나 바닥에 붙어 있는 것과는 달리, 날망둑은 물에서 헤엄을 친다. 알은 모랫바닥에 있는 작은 돌 밑에 낳는다. 수컷이 새끼가 클 때까지 보살핀다. **생김새** 몸길이 8~9cm **사는 곳** 강, 냇물, 저수지 **먹이** 작은 물벌레, 동물성 플랑크톤 **다른 이름** 날살망둑어[북], 덤부치, Chestnut goby **분류** 농어목 > 망둑어과

어 1 2 3 4 5 6 7 8 9 10 11 12

날치

날치는 따뜻한 물을 좋아한다. 물낯 가까이에서 떼로 헤엄쳐 다니고 물속 깊게는 안 들어간다. 가슴지느러미가 새 날개처럼 길어서 물 위로 펄쩍 뛰어올라 수십 미터를 미끄러지듯 날아간다. 꼬리를 물에 담그고 지그재그 노 젓듯이 움직이면서 물수제비뜨며 날기도 한다. 밤에 배를 타고 나가 환하게 불을 밝히면 떼로 몰려든다. **생김새** 몸길이 35cm **사는 곳** 동해, 남해 **먹이** 플랑크톤, 새우 **다른 이름** 날치고기, 날치어, Flying fish **분류** 동갈치목 > 꽁치과

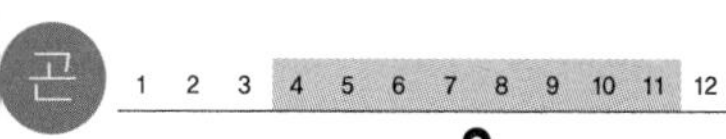

남방부전나비

남방부전나비는 공원, 길가, 들에서 산다. 들판에 핀 꽃에 앉아서 쉬기도 하고 꿀도 먹는다. 알은 괭이밥 잎 뒷면에 하나씩 낳는다. 애벌레가 괭이밥 잎을 갉아 먹는다. 줄기와 열매도 먹는다. 애벌레로 겨울을 나고 돌이나 가랑잎 밑에서 번데기가 되었다가 어른벌레로 탈바꿈한다. **생김새** 날개 편 길이 17~28mm **사는 곳** 공원, 길가, 마을 **먹이** 애벌레_괭이밥, 자주괭이밥, 선괭이밥 | 어른벌레_꿀 **다른 이름** 남방숫돌나비[북], Pale grass blue **분류** 나비목 > 부전나비과

어 1 2 3 4 5 6 7 8 9 10 11 12

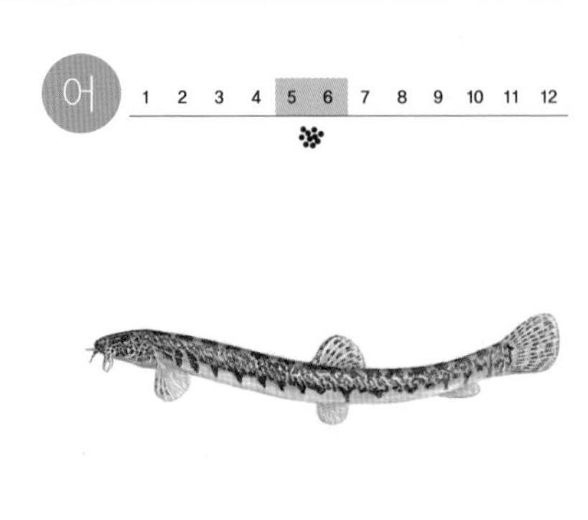

남방종개

남방종개는 우리나라 남쪽 지역에 산다고 남방종개라는 이름을 붙였다. 왕종개와 닮았는데 더 가늘고 길다. 냇물과 강에서 살고 물살이 느리고 자갈과 모래가 섞여 있는 바닥에서 헤엄쳐 다닌다. 모래에 붙어 있는 돌말이나, 물속 작은 벌레를 먹고 산다. 우리나라에만 산다. **생김새** 몸길이 10~15cm **사는 곳** 냇물, 강 **먹이** 돌말, 물벌레 **다른 이름** 뽀드락지, 꼬들래미, 기름장군, Southern king spine loach **분류** 잉어목 > 미꾸리과

속 1 2 3 4 5 6 7 8 9 10 11 12

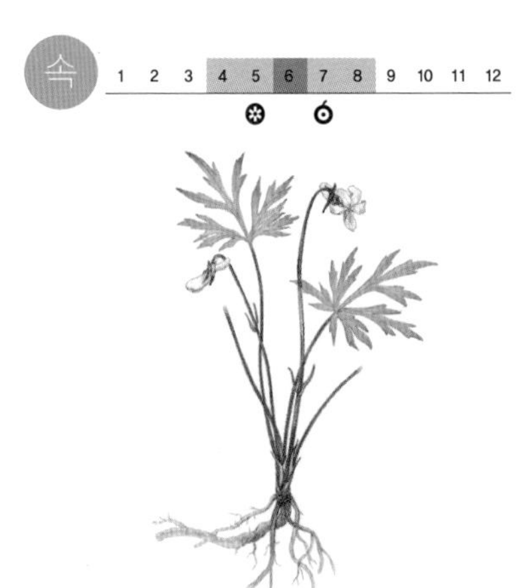

남산제비꽃

남산제비꽃은 나무숲이나 풀숲 기름진 땅에서 자란다. 뿌리목에서 잎이 여럿 모여난다. 잎자루가 길고 잎은 여러 번 갈라진다. 봄에 잎겨드랑이에서 가늘고 긴 꽃줄기가 나와서 끝에 흰 꽃이 핀다. 잎 모양이 다른 제비꽃과 많이 다르다. 꽃잎에 털이 있다. 열매는 익으면 세 쪽으로 벌어진다. 꽃을 보려고 뜰이나 공원에 심어 가꾼다. **생김새** 높이 4~20cm | 잎 2~7cm, 모여난다. **사는 곳** 숲, 뜰, 공원 **다른 이름** 남산오랑캐꽃, Namsan violet **분류** 쌍떡잎식물 > 제비꽃과

곤 1 2 3 4 5 6 7 8 9 10 11 12

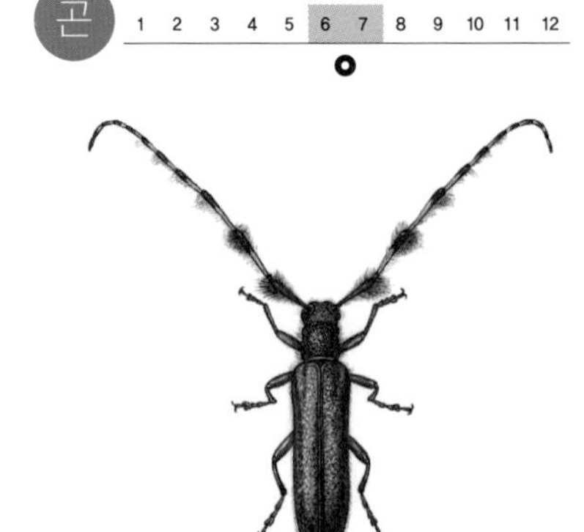

남색초원하늘소

남색초원하늘소는 꽃이 많이 피어 있는 산이나 풀밭에서 산다. 낮에 돌아다닌다. 온몸이 짙은 푸른빛으로 반짝거린다. 몸은 검은 털로 덮여 있고, 더듬이 마디마다 털뭉치가 있다. 꽃하늘소 무리에 들지만 꽃보다 개망초나 노랑원추리 줄기와 잎을 먹는다. 꽃가루도 먹는다. **생김새** 몸길이 11~16mm **사는 곳** 산 **먹이** 애벌레_나무 속 | 어른벌레_개망초, 노랑 원추리 줄기, 잎 **다른 이름** Agapanthia long-horned beetle **분류** 딱정벌레목 > 하늘소과

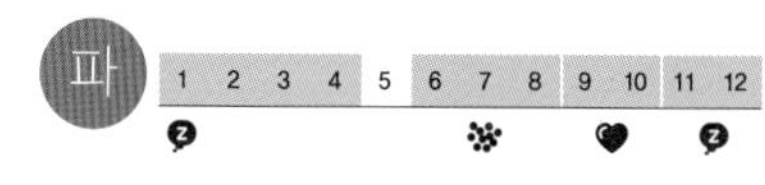

남생이

남생이는 논이나 늪, 강에서 산다. 낮에는 돌 밑이나 진흙 속에서 쉬고 아침이나 해 질 녘에 나온다. 물속에서는 몸놀림이 재빠르고, 헤엄도 잘 친다. 몸이 딱딱한 껍데기로 싸여 있다. 위험하다 싶으면 머리, 다리, 꼬리를 등딱지 속으로 숨긴다. 초여름에 물가 모래톱에 구덩이를 파고 알을 낳는다. 겨울에는 진흙 속에서 겨울잠을 잔다. **생김새** 등 길이 15~45cm **사는 곳** 강, 논, 늪 **먹이** 개구리, 작은 물고기, 물풀 **다른 이름** 민물거북, Reeve's turtle **분류** 거북목 > 남생이과

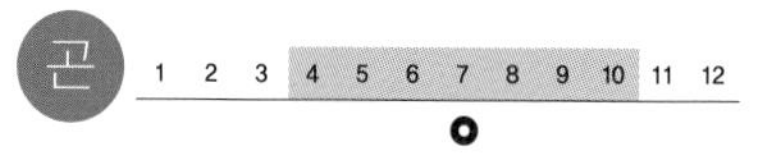

남생이무당벌레

남생이무당벌레는 우리나라에 사는 무당벌레 가운데 가장 크다. 산이나, 밭, 과수원에서 살면서 나무에 해를 끼치는 다른 벌레를 잡아먹는다. 위험을 느끼면 죽은 척하고 땅에 떨어져서 가만히 있는다. 쓴맛이 나는 물을 내기도 한다. 알은 애벌레 먹이가 사는 나뭇잎 뒷면에 낳는다. 어른벌레로 겨울을 나는데, 여러 무당벌레가 함께 모여서 겨울을 난다. **생김새** 몸길이 10mm **사는 곳** 산, 밭, 과수원 **먹이** 잎벌레의 애벌레, 진딧물, 깍지벌레 **다른 이름** Coccinellid beetle **분류** 딱정벌레목 > 무당벌레과

어 1 2 3 4 5 6 7 8 9 10 11 12

납자루

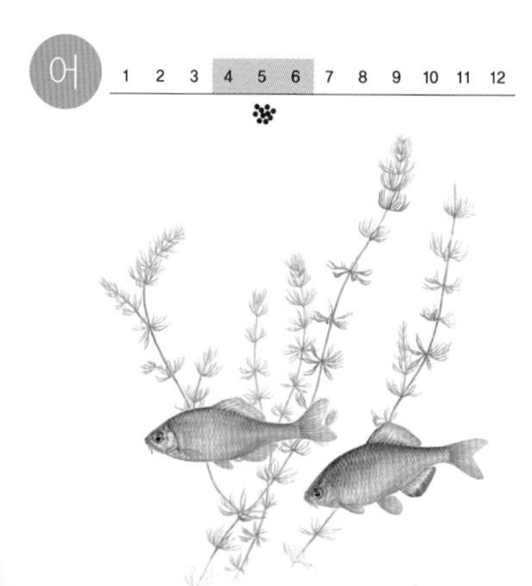

납자루는 서해와 남해로 흐르는 하천에서 산다. 깊이가 어른 무릎 정도 오고 자갈이 많이 깔린 냇물에 흔하다. 돌에 붙은 돌말을 먹고, 실지렁이나 작은 물벌레도 잡아먹는다. 알 낳을 때가 되면 수컷은 혼인색을 띠고, 암컷은 배에서 산란관이 나온다. 말조개나 대칭이에 알을 낳는다. **생김새** 몸길이 5~10cm **사는 곳** 냇물, 강, 저수지 **먹이** 돌말, 실지렁이, 물벌레 **다른 이름** 납주레기[북], 납쟁이, 납줄갱이, 밴대, Slender bitterling **분류** 잉어목 > 납자루아과

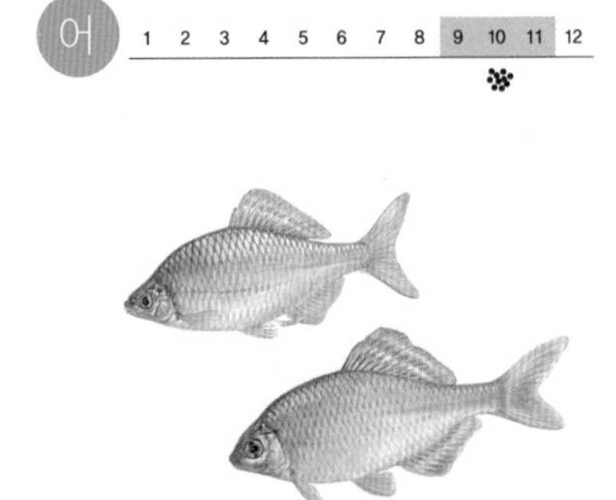

납지리

납지리는 물살이 느린 냇물과 강에 살고, 맑은 저수지에도 산다. 돌말이나 물풀을 먹고, 물벌레를 잡아먹는다. 납자루와 닮았지만 몸에 분홍빛이 돈다. 납자루 무리는 봄여름에 알을 낳는데, 납지리는 가을에 알을 낳는다. 산란기에 수컷은 혼인색을 띠고 암컷은 산란관이 나온다. 조개에 알을 낳는다. **생김새** 몸길이 6~10cm **사는 곳** 냇물, 강, 저수지 **먹이** 돌말, 물풀, 물벌레 **다른 이름** 납저리아재비북, 행지리, 배납생이, Flat bittering **분류** 잉어목 > 납자루아과

낭피버섯

낭피버섯은 여름부터 가을까지 바늘잎나무 숲에 가랑잎이 쌓인 곳에 흔하게 난다. 이끼가 있는 풀밭에도 난다. 홀로 나거나 모여 나는데 둥글게 버섯고리를 이루기도 한다. 갓과 대에 노란빛 가루 같은 알갱이가 붙어 있다. 어릴 때는 갓이 원뿔이나 둥근 산 모양이다가 자라면서 가장자리가 펴지고 우산살 같은 주름이 생긴다. 주름살은 하얗다가 노랗게 바뀐다. **생김새** 갓 14~45mm **사는 곳** 바늘잎나무 숲 **다른 이름** 주름우산버섯북, 참낭피버섯, Earthy powdercap mushroom **분류** 주름버섯목 > 주름버섯과

냉이

냉이는 햇볕이 잘 드는 들이나 밭, 길가에 흔히 자란다. 일부러 밭에서 기르기도 한다. 뿌리는 곧고 흰색이며 뿌리에서 나는 잎은 여러 장이 모여난다. 뿌리잎이 땅에 바짝 붙어 겨울을 난다. 봄에 줄기가 올라오고 끝에 하얀 꽃이 모여 핀다. 꽃이 지면 꽃자루 끝에 세모난 열매가 달린다. 흔히 먹는 봄나물이다. **생김새** 높이 10~50cm | 잎 9~12cm, 모여나거나 어긋난다. **사는 곳** 들, 밭, 길가 **다른 이름** 나생이, 나숭게, Shepherd's purse **분류** 쌍떡잎식물 > 배추과

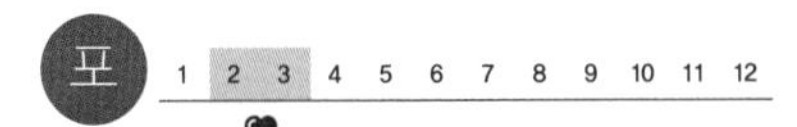

너구리

너구리는 높은 산만 아니면 어디서든 사는데, 먹이를 찾아서 마을에도 내려오고 도시에서도 산다. 사는 것이나 생긴 것이나 개와 다 비슷하다. 발자국도 거의 같다. 암수가 같이 살거나 식구가 모여 산다. 굴을 파거나 남이 파 놓은 굴을 보금자리로 쓴다. 겨울잠을 자고 봄에 새끼를 낳는다. **생김새** 몸길이 60cm쯤 **사는 곳** 마을 근처 들과 산 **먹이** 쥐, 벌레, 작은 동물, 물고기, 나무 열매, 채소, 곡식 **다른 이름** 넉다구리, Racoon dog **분류** 식육목 > 개과

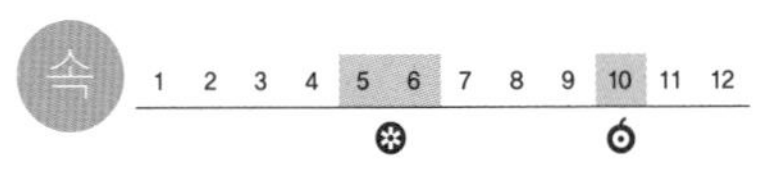

너도밤나무

너도밤나무는 울릉도에서만 자란다. 바닷가 쪽에서 자란다. 줄기는 잿빛이고 어릴 때는 매끈하다가 나중에 세로로 터진다. 잎은 끝이 뾰족하고, 가장자리에 얕은 톱니가 있다. 꽃은 햇가지에 달린다. 수꽃과 암꽃이 따로 핀다. 수꽃은 밑으로 드리우고 암꽃은 두 송이씩 핀다. 열매는 여물면 열매껍질이 밤빛으로 바뀌면서 네 갈래로 터진다. **생김새** 높이 20m | 잎 6~12cm, 어긋난다. **사는 곳** 바닷가 **다른 이름** Engler's beech **분류** 쌍떡잎식물 > 참나무과

넓은잔대

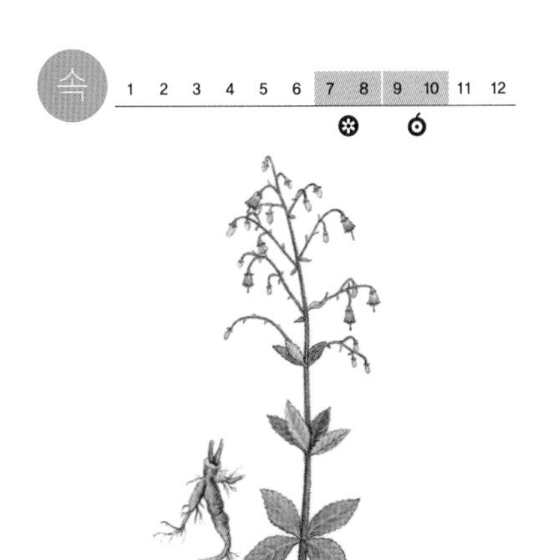

넓은잔대는 산이나 숲속에서 자란다. 중부 지방이나 그보다 추운 곳에 난다. 줄기는 곧게 자라고 털이 없이 매끈하다. 잎자루는 짧거나 거의 없고, 잎 가장자리에 거친 톱니가 있다. 잎 앞뒤로는 보드라운 털이 나 있다. 여름에 줄기 끝에서 푸른빛, 보랏빛, 흰빛 작은 종 모양 꽃이 줄줄이 매달려 핀다. 열매는 둥글고 가을에 익는다. **생김새** 높이 60~100cm | 잎 4~10cm, 돌려난다. **사는 곳** 산, 숲속 **다른 이름** 넓은잎잔대, 큰모시나물, Spreading-branch ladybell **분류** 쌍떡잎식물 > 초롱꽃과

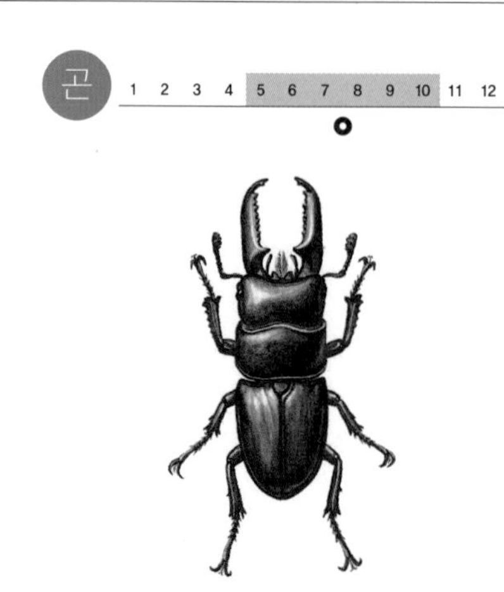

넓적사슴벌레

넓적사슴벌레는 사슴벌레 무리 가운데 가장 크다. 숲에 산다. 수컷은 집게처럼 생긴 크고 튼튼한 큰턱이 있다. 암컷은 수컷보다 턱이 짧다. 낮에는 쉬고, 밤에 나뭇진이나 익은 과일에 잘 모인다. 불빛이 있으면 날아오기도 한다. 애벌레는 나무속에서 지내고, 어른벌레로 겨울을 난다. **생김새** 몸길이 20~50mm **사는 곳** 애벌레_나무 속 | 어른벌레_숲 **먹이** 애벌레_나무 속살 | 어른벌레_나뭇진, 익은 과일 **다른 이름** Korean long-fanged stag beetle **분류** 딱정벌레목 > 사슴벌레과

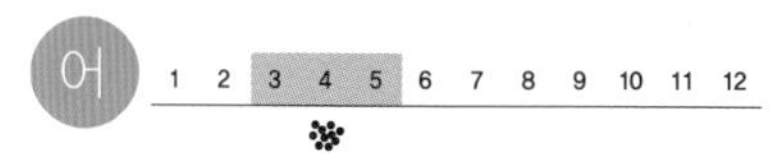

넙치

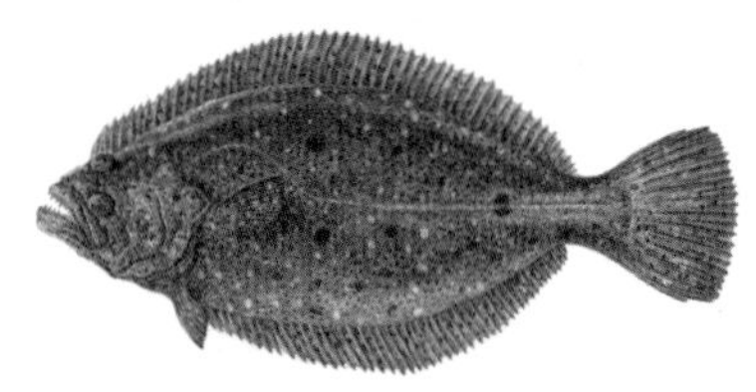

넙치는 조금 차가운 물에서 산다. 바닥에 모래가 깔린 곳을 좋아한다. 낮에는 모래 속에 몸을 숨기고 있는다. 헤엄을 칠 때면 부드럽게 너울너울 파도치듯이 움직인다. 주위에 맞게 몸빛을 바꿀 줄 안다. 어릴 때는 눈이 몸 양쪽에 붙어 있다가 크면서 한쪽으로 쏠린다. 왼쪽으로 쏠리면 넙치고, 오른쪽으로 쏠리는 것은 가자미 무리이다. **생김새** 몸길이 50~80cm **사는 곳** 서해, 남해, 동해 **먹이** 작은 물고기, 새우, 게, 오징어 **다른 이름** 광어, Bastard halibut **분류** 가자미목 > 넙치과

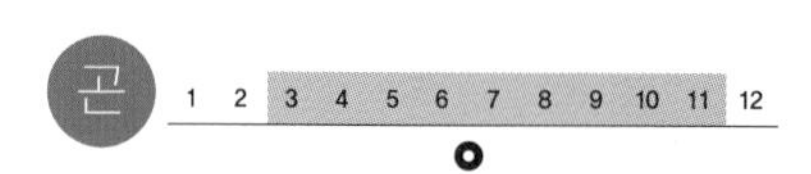

네발나비

네발나비는 논밭 언저리나 개울가, 공원에서 산다. 앞다리 한 쌍이 아주 작아서 다리가 네 개로 보인다. 꽃에서 꿀을 빨고, 나뭇진이나 과일즙도 먹는다. 여름에 보이는 나비와 가을에 보이는 나비가 다르게 생겼다. 알은 환삼덩굴이나 삼에 낳는다. 어른벌레로 겨울을 지낸다. **생김새** 날개 편 길이 42~47mm **사는 곳** 논밭, 개울가, 공원 **먹이** 애벌레_환삼덩굴, 삼, 홉 | 어른벌레_꿀, 썩은 과일즙, 나뭇진 **다른 이름** 노랑수두나비[북], Asian comma butterfly **분류** 나비목 > 네발나비과

노간주나무

노간주나무는 모래땅, 습기가 많은 땅을 가리지 않고 잘 자란다. 메마른 땅에 심으면 땅을 기름지게 한다. 향나무를 닮았다. 향기가 나는 것도 비슷하다. 나무 모양이 아름답고 겨울에도 푸르러서 집 둘레에 울타리로 많이 심는다. 잎이 짧고 빳빳하다. 만지면 따갑다. 목재는 물기에 잘 견딘다. **생김새** 높이 8m | 잎 1~2cm, 돌려난다. **사는 곳** 산, 메마른 땅 **다른 이름** 노가지나무, 토송, Needle juniper **분류** 겉씨식물 > 측백나무과

노란개암버섯

노란개암버섯은 봄부터 늦가을까지 바늘잎나무 그루터기나 쓰러진 나무, 썩은 나무줄기에 흔히 난다. 여럿이 다발로 뭉쳐난다. 갓은 연한 노란빛인데 점점 풀빛을 띤 누런색이 된다. 주름살은 갓 빛깔과 똑같은데 포자가 다 익으면 검붉은 빛을 띤다. 개암버섯과 꼭 닮았는데 독이 아주 세다. **생김새** 갓 20~80mm **사는 곳** 바늘잎나무 숲 **다른 이름** 쓴밤버섯북, 노란다발, Sulphur tuft mushroom **분류** 주름버섯목 > 포도버섯과

노란길민그물버섯

노란길민그물버섯은 여름부터 가을까지 숲속 땅 위에 난다. 흩어져 나거나 무리 지어 난다. 졸참나무 둘레에 흔하다. 갓은 만지면 벨벳처럼 부드러운 느낌이 난다. 겉에 짧고 가는 비늘 조각이 덮여 있다. 그물버섯 무리지만 갓 밑이 그물 모양이 아니고 주름살 모양이다. 갓 밑은 밝은 노란빛이다가 자라면서 누런 밤빛으로 바뀌고 얼룩이 생긴다. **생김새** 갓 20~60mm **사는 곳** 숲 **다른 이름** 노란주름버섯북 **분류** 그물버섯목 > 그물버섯과

1 2 3 4 5 6 7 8 9 10 11 12

노란꼭지버섯

노란꼭지버섯은 여름부터 가을까지 숲속 축축한 땅이나 썩은 가랑잎 사이에서 난다. 몇 개씩 무리 지어 나기도 한다. 어릴 때는 원뿔이나 종 모양이다가 자라면 가장자리가 물결치듯 크게 주름지면서 삿갓 모양이 된다. 겉은 매끈하고 반들거리지만 물기를 많이 머금으면 노란빛을 띤다. 대가 비틀리거나 굽어 있는 버섯이 많다. 독이 있다. **생김새** 갓 8~45mm **사는 곳** 숲 **다른 이름** 노란활촉버섯[북], Yellow unicorn entoloma **분류** 주름버섯목 > 외대버섯과

1 2 3 4 5 6 7 8 9 10 11 12

노란난버섯

노란난버섯은 봄부터 가을까지 숲속 썩은 참나무 줄기에 홀로 나거나 무리 지어 난다. 갓은 자라면서 판판해지는데 가운데는 약간 볼록하거나 오목하다. 젖으면 가장자리에 우산살 같은 줄무늬가 또렷해진다. 주름살은 하얗다가 포자가 익으면 살구색으로 바뀐다. 대는 세로로 질기고 가는 힘줄이 있고 아래쪽에 진한 밤빛 비늘 조각이 붙어 있다. **생김새** 갓 35~62mm **사는 곳** 참나무 숲 **다른 이름** 노란갓노루버섯[북], Lion shield **분류** 주름버섯목 > 난버섯과

1 2 3 4 5 6 7 8 9 10 11 12

노란측범잠자리

노란측범잠자리는 깨끗한 물이 흐르는 골짜기 가까이에서 산다. 가슴부터 배 끝까지 검은 줄과 노란 줄무늬가 뚜렷하다. 물살이 느린 골짜기나 강에 알을 낳는다. 물속에서 여러 번 허물벗기를 하며 자란다. 애벌레로 겨울을 난다. 어른벌레는 작은 날벌레를 잡아먹고 산다. **생김새** 몸길이 54~56mm **사는 곳** 애벌레_골짜기나 강 물속 | 어른벌레_골짜기 물가, 산 **먹이** 애벌레_물벌레 | 어른벌레_작은 날벌레 **다른 이름** 갈구리측범잠자리 **분류** 잠자리목 > 측범잠자리과

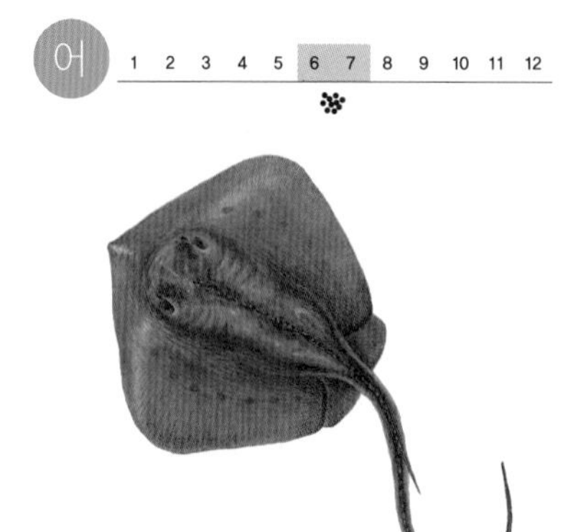

노랑가오리

노랑가오리는 홍어를 닮았다. 바닥에 납작 붙어서 산다. 물 깊이가 10~50m쯤 되는 얕은 바다나 강어귀에 많다. 따뜻한 물을 좋아해서 겨울에는 깊은 곳으로 내려갔다가 봄에 얕은 바다로 올라온다. 모래 속에 몸을 파묻고 먹이를 기다린다. 위험을 느끼면 꼬리에 있는 독침을 세워 휘두른다. 여름에 새끼를 낳는다. **생김새** 몸길이 2m **사는 곳** 남해, 서해, 제주 **먹이** 게, 새우, 갯지렁이, 작은 물고기 **다른 이름** 창가오리, Red stingray **분류** 홍어목 > 색가오리과

1 2 3 4 5 6 7 8 9 10 11 12

노랑갈색먹물버섯

노랑갈색먹물버섯은 여름부터 가을까지 넓은잎나무 그루터기나 썩은 나무줄기에 뭉쳐나거나 무리 지어 난다. 갓은 어릴 때는 달걀 모양이다가 자라면서 판판하게 피는데 누런 밤빛이다가 연해진다. 겉에 허연 비늘 조각이 붙어 있다. 가장자리에는 우산살 같은 주름이 있다. 흔히 밤에 피었다가 금세 시들어서 활짝 핀 것은 보기 힘들다. **생김새** 갓 16~30mm **사는 곳** 넓은잎나무 숲 **다른 이름** 작은반들먹물버섯북, 노랑먹물버섯, 황갈색먹물버섯, Firerug Inkcap mushroom **분류** 주름버섯목 > 눈물버섯과

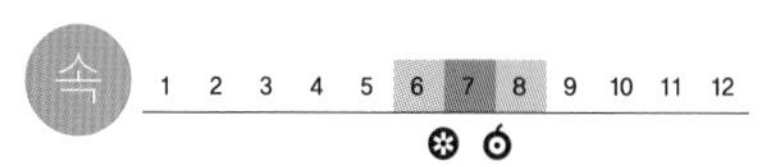

노랑갈퀴

노랑갈퀴는 깊은 산속 볕이 잘 드는 나무숲에서 자란다. 중부 지방이나 그보다 추운 곳에 난다. 줄기는 곧게 자란다. 잎 끝에는 덩굴손이 있는데 모양만 남아서 아주 짧다. 잎 가장자리에는 자잘한 톱니가 있다. 여름에 나비 모양 노란 꽃이 줄줄이 이어 달린다. 열매는 긴 타원꼴 꼬투리열매이고 속에 씨앗이 2~4개 있다. **생김새** 높이 80cm | 잎 3~7cm, 어긋난다. **사는 곳** 산 **다른 이름** 조선갈퀴나물, 참갈퀴덩굴, Yellow-flower vetch **분류** 쌍떡잎식물 > 콩과

노랑나비

노랑나비는 논밭이나 들판에 산다. 봄부터 가을까지 볼 수 있는 흔한 나비다. 집 마당에도 날아든다. 수컷끼리 만나면 서로 날개로 쳐서 쫓아낸다. 민들레, 개망초, 토끼풀, 엉겅퀴, 구절초 같은 꽃에서 꿀을 먹는다. 암컷은 가끔 날개가 흰 것도 있다. 콩, 토끼풀, 비수리 같은 풀잎에 알을 낳는다. **생김새** 날개 편 길이 38~50mm **사는 곳** 마을, 논밭, 들판 **먹이** 애벌레_토끼풀, 자운영, 콩 잎 | 어른벌레_꽃꿀 **다른 이름** Pale clould yellow **분류** 나비목 > 흰나비과

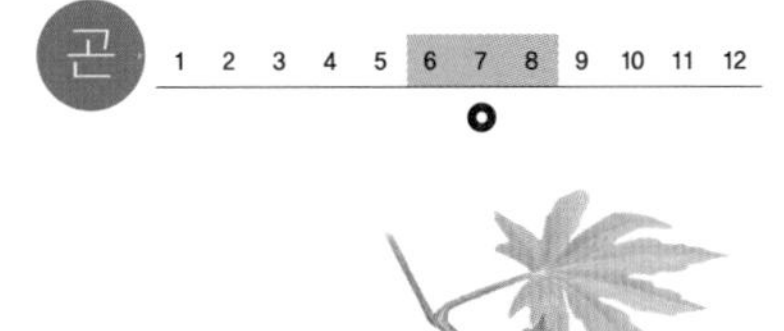

노랑띠알락가지나방

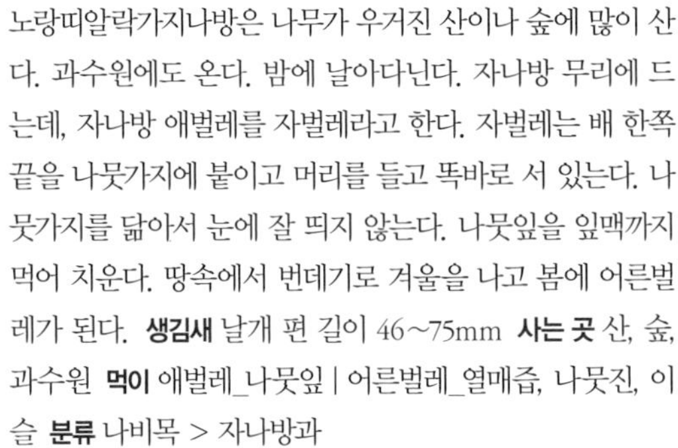

노랑띠알락가지나방은 나무가 우거진 산이나 숲에 많이 산다. 과수원에도 온다. 밤에 날아다닌다. 자나방 무리에 드는데, 자나방 애벌레를 자벌레라고 한다. 자벌레는 배 한쪽 끝을 나뭇가지에 붙이고 머리를 들고 똑바로 서 있는다. 나뭇가지를 닮아서 눈에 잘 띄지 않는다. 나뭇잎을 잎맥까지 먹어 치운다. 땅속에서 번데기로 겨울을 나고 봄에 어른벌레가 된다. **생김새** 날개 편 길이 46~75mm **사는 곳** 산, 숲, 과수원 **먹이** 애벌레_나뭇잎 | 어른벌레_열매즙, 나뭇진, 이슬 **분류** 나비목 > 자나방과

균 1 2 3 4 5 6 7 8 9 10 11 12

노랑망태버섯

노랑망태버섯은 망태말뚝버섯과 꼭 닮았는데 그물 치마가 노란빛이다. 여름과 가을에 두 번 난다. 숲속 땅에 홀로 나거나 무리 지어 난다. 땅속에 거의 묻혀 있다가 비가 와서 땅이 축축해지면 껍질을 찢고 갓과 대가 솟아 나와 빠르게 자란다. 그물 치마가 펼쳐지기 시작해서 30분이면 다 펼쳐진다. 대는 하얗고 구멍이 숭숭 나 있다. **생김새** 갓 32~48×20~30mm **사는 곳** 숲 **다른 이름** 노란그물갓버섯[북], 노란투망버섯[북], 분홍망태버섯 **분류** 말뚝버섯목 > 말뚝버섯과

노랑부리백로

노랑부리백로는 짝짓기 무렵 부리가 노란색을 띤다. 3월 중순부터 우리나라에 와서 여름을 나면서 새끼를 치고 가을에 남쪽으로 간다. 백로 무리는 거의 민물 둘레에 살지만 노랑부리백로는 바닷가에서 많이 산다. 4~5마리부터 100마리까지 무리를 짓고 바닷가나 갯벌에서 먹이를 찾는다. 망둑어를 즐겨 먹고 게, 새우도 잡아먹는다. **생김새** 몸길이 65cm **사는 곳** 바닷가, 강 **먹이** 물고기, 게, 갯지렁이 **다른 이름** 백로, 당백로, Chinese egret **분류** 황새목 > 백로과

노랑부리저어새

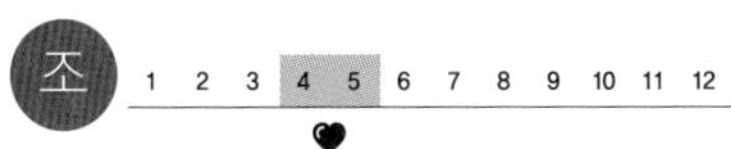

노랑부리저어새는 논이나 냇가 같은 민물에서 혼자 또는 작은 무리를 지어 산다. 먹이를 찾을 때는 저어새처럼 부리를 물에 살짝 담근 채 좌우로 휙휙 젓는다. 물고기나 개구리를 잡아먹고 물풀을 뜯어 먹기도 한다. 날 때는 목과 다리를 길게 뻗은 채 너울너울 난다. **생김새** 몸길이 86cm **사는 곳** 냇가, 강 하구, 갈대밭 **먹이** 물고기, 개구리, 달팽이, 조개, 벌레, 물풀 **다른 이름** 누른빰저어새[북], 주걱새, 가리새, Eurasian spoonbill **분류** 황새목 > 저어새과

노랑분말그물버섯

노랑분말그물버섯은 여름부터 가을까지 숲속 땅에 홀로 나거나 모여 난다. 소나무나 졸참나무 둘레에 흔히 난다. 솜 부스러기 같은 노란 가루가 뒤덮고 있어서 만지면 노란 가루가 묻는다. 자라면서 차츰 노란 가루가 떨어져 나가고 연한 황갈색으로 바뀐다. 갓에 상처를 내면 천천히 파랗게 된다. **생김새** 갓 30~110mm **사는 곳** 소나무 숲, 참나무 숲 **다른 이름** 노란가루그물버섯[북], 노란그물버섯, 갓그물버섯, Ravenel's bolete **분류** 그물버섯목 > 그물버섯과

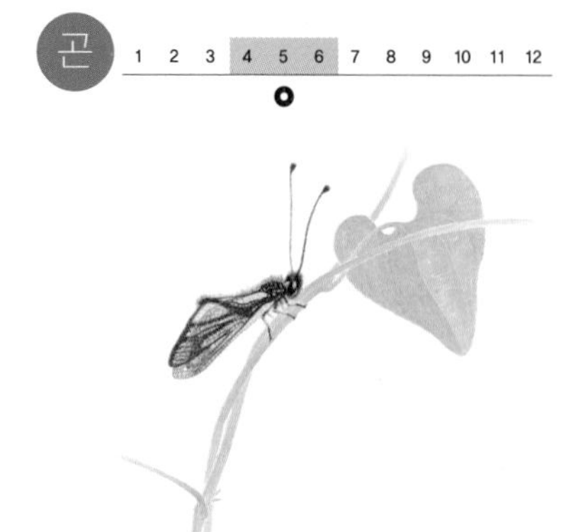

노랑뿔잠자리

노랑뿔잠자리는 볕이 잘 드는 풀밭에 산다. 풀잠자리 무리에 든다. 천천히 날고, 내려앉을 때는 날개를 접고 앉는다. 앞날개 끝자락이 투명하다. 암컷은 짝짓기를 하고 억새 같은 풀 줄기에 알을 낳는다. 잠자리 애벌레는 물속에서 살지만 노랑뿔잠자리 애벌레는 땅 위에서 산다. 풀섶이나 돌 밑에 살면서 작은 벌레를 잡아먹는다. **생김새** 몸길이 18~27mm **사는 곳** 들판, 풀밭 **먹이** 작은 벌레 **다른 이름** Yellow owlfly **분류** 풀잠자리목 > 뿔잠자리과

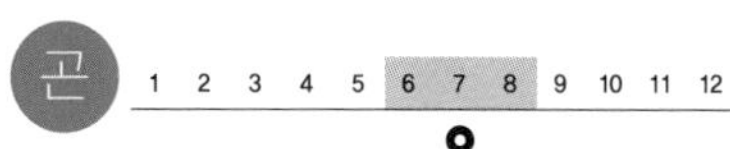

노랑쐐기나방

노랑쐐기나방은 낮은 산기슭이나 과수원에 산다. 밤에만 움직이고 불빛에 잘 모여든다. 애벌레를 쐐기라고 한다. 쐐기 몸에 있는 털에 찔리면 벌겋게 부어오르면서 쓰리고 따갑다. 쐐기는 산이나 과수원에서 나뭇잎을 갉아 먹고 산다. 잎맥만 남긴다. 나뭇가지에 새알처럼 생긴 고치를 만들고 겨울을 난다. **생김새** 날개 편 길이 28~35mm **사는 곳** 낮은 산, 과수원 **먹이** 애벌레_나뭇잎 | 어른벌레_꽃꿀, 열매즙 **다른 이름** 쐐기밤나비[북], Oriental moth **분류** 나비목 > 쐐기나방과

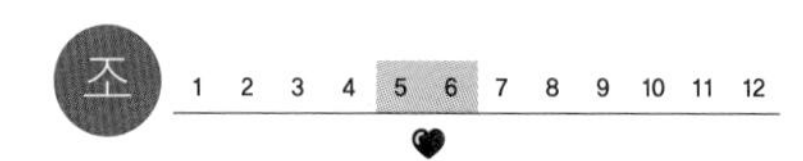

노랑지빠귀

노랑지빠귀는 나무가 우거진 숲이나 풀밭에서 10~20마리씩 무리 지어 산다. 나뭇가지 사이를 날거나 땅 위를 걸어 다니면서 먹이를 찾는다. 우리나라에 머무는 겨울에는 나무 열매를 자주 먹고 씨앗도 먹는다. 짝짓기를 하는 여름에는 벌레와 지렁이를 잡아먹으면서 몸에 양분을 저장한다. 가을에 우리나라에 와서 겨울을 난다. **생김새** 몸길이 24cm **사는 곳** 숲, 낮은 산, 논밭 **먹이** 나무 열매, 씨앗, 벌레, 지렁이 **다른 이름** Naumann's thrush **분류** 참새목 > 지빠귀과

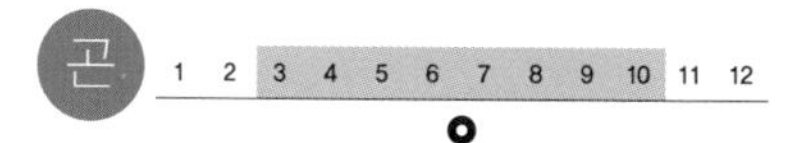

노랑초파리

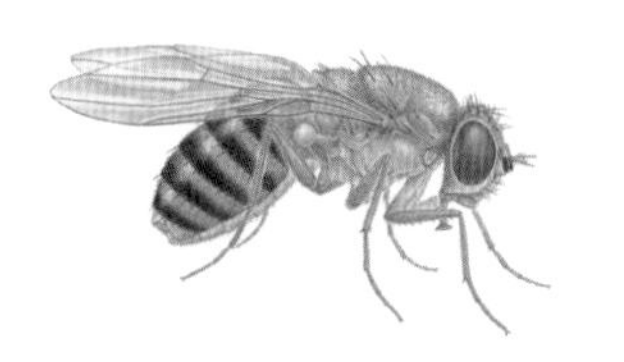

노랑초파리는 집에 산다. 초파리 무리에 드는데 아주 흔하다. 몸집이 조그맣고 노랗다. 아주 작아서 날파리나 하루살이로 잘못 아는 경우가 많다. 썩은 과일이나 과일 껍질같은 음식이 있으면 금세 모여든다. 어둡고 습하고 따뜻한 곳에서 많이 산다. 따뜻한 집에서는 한 해 내내 산다. 애벌레도 어른벌레처럼 썩은 과일이나 신맛 나는 음식을 먹는다. **생김새** 몸길이 2mm **사는 곳** 집, 마을 **먹이** 썩은 음식, 과일 껍질 **다른 이름** Fruit fly **분류** 파리목 > 초파리과

조 1 2 3 4 5 6 7 8 9 10 11 12

노랑턱멧새

낮은 산이나 숲에 산다. 여름에는 암수가 같이 다니다가 새끼를 치고 나면 작은 무리를 짓는다. 가끔 쑥새나 촉새와 섞여 다니기도 한다. 나뭇가지에 앉아 있을 때 머리꼭대기 깃털을 자주 치켜세운다. 날 때는 날갯짓을 재빠르게 하면서 낮은 파도 꼴을 그린다. 봄에 짝짓기를 하고 땅바닥에 오목하게 둥지를 지어 새끼를 친다. **생김새** 몸길이 16cm **사는 곳** 숲, 낮은 산, 마을 **먹이** 벌레, 풀씨, 나무 열매 **다른 이름** Yellow-throated bunting **분류** 참새목 > 멧새과

조 1 2 3 4 5 6 7 8 9 10 11 12

노랑할미새

노랑할미새는 개울이나 냇가, 계곡 둘레에 많이 산다. 암수가 함께 다닌다. 가슴과 배가 밝은 노란색을 띤다. 노랑할미새도 다른 할미새 무리처럼 긴 꼬리를 까딱까딱 흔드는 버릇이 있다. 벌레를 잡아먹는데, 물속에 들어가서 물에 사는 벌레도 먹는다. 봄에 짝짓기를 하고, 개울가 바위틈이나 돌담, 나무 구멍에 밥그릇처럼 둥지를 짓는다. **생김새** 몸길이 20cm **사는 곳** 냇가, 계곡, 호숫가 **먹이** 벌레, 거미 **다른 이름** Gray wagtail **분류** 참새목 > 할미새과

노루

노루는 사슴 무리 가운데 고라니 다음으로 흔하다. 고라니보다 좀 더 높은 산에서 산다. 몇 마리씩 무리를 지어 산다. 뿔은 수컷만 있다. 새벽이나 저녁으로 다니면서 어린 나뭇가지와 풀을 뜯어먹는다. 가을에는 배추, 무, 콩 같은 곡식도 먹는다. 먹이를 먹고 나면 안전한 곳에서 되새김질을 한다. 겨울에 희고 큰 엉덩이 반점이 두드러진다. 봄에 새끼를 두 마리쯤 낳는다. **생김새** 몸길이 100~140cm **사는 곳** 산 **먹이** 어린 나뭇가지, 새순, 채소, 곡식 **다른 이름** 노리, 놀가지, 수건붙이, Roe deer **분류** 우제목 > 사슴과

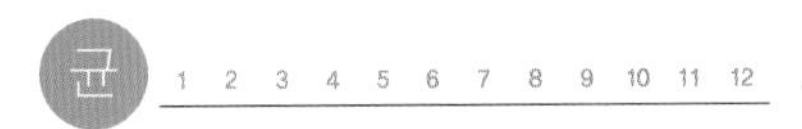

노루궁뎅이

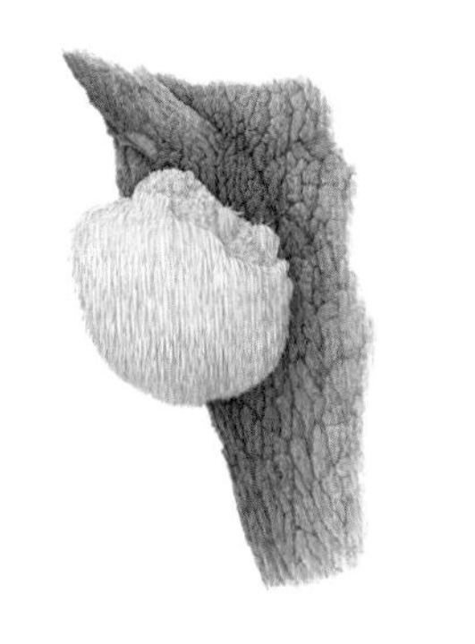

노루궁뎅이는 노루 궁둥이를 닮았다. 가을에 넓은잎나무 줄기에 홀로 나거나 무리 지어 난다. 참나무에 많이 난다. 어릴 때는 찐빵 같고 자라면서 아래쪽이 늘어나 짧은 대를 만들고 가지가 갈라진다. 가지는 굵고 빽빽하게 뭉쳐 있다. 가지 끝에 수많은 돌기가 수염처럼 아래로 늘어진다. 맛이 좋아서 먹으려고 기른다. **생김새** 크기 81~225×55~145mm **사는 곳** 넓은잎나무 숲 **다른 이름** 고슴도치버섯[북], Bearded tooth fungus **분류** 무당버섯목 > 노루궁뎅이과

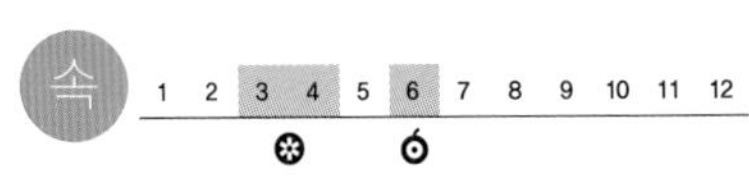

노루귀

노루귀는 볕이 잘 드는 산속 나무숲에서 자란다. 땅이 기름지고 썩은 갈잎이 많아서 푹신한 곳을 좋아한다. 잎은 세 갈래로 나는데 끝이 뭉툭하고 솜털이 많이 나 있다. 꽃줄기 끝에 희거나 옅은 붉은빛이나, 보랏빛 꽃이 한 송이 핀다. 이른 봄에 핀다. 꽃이 핀 다음에야 잎이 나온다. 잎이 나올 때 모양이 노루 귀를 닮았다. **생김새** 높이 9~14cm | 잎 5cm, 모여난다. **사는 곳** 산속 **다른 이름** 뾰족노루귀, Asian liverleaf **분류** 쌍떡잎식물 > 미나리아재비과

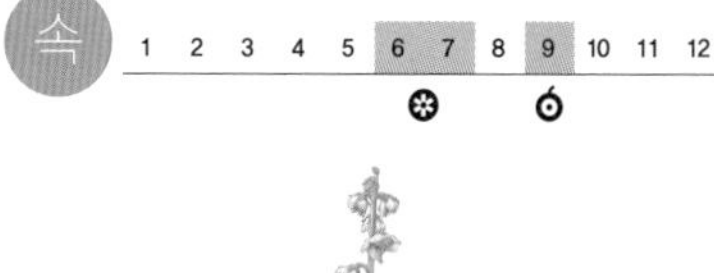

노루발

노루발은 산속 그늘진 곳에서 자란다. 소나무 숲에서 잘 자란다. 한겨울에도 잎이 시들지 않고 푸르다. 옆으로 뻗는 땅속줄기 마디에서 싹이 돋아서, 여러 포기가 가까이 모여 자란다. 잎은 뿌리에서 곧장 나고 잎자루가 길다. 잎몸이 두툼하고 잎맥이 뚜렷하다. 뒤쪽은 자줏빛이 돈다. **생김새** 높이 15~30cm | 잎 4~7cm, 모여난다. **사는 곳** 산속, 숲 **다른 이름** 노루발풀, 애기노루발, 애기노루발풀, East Asian wintergreen **분류** 쌍떡잎식물 > 진달래과

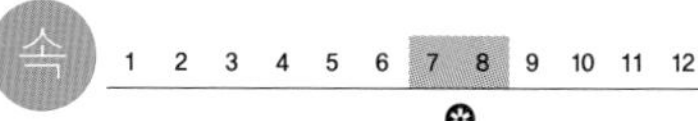

노루오줌

노루오줌은 볕이 잘 드는 산이나 숲 가장자리에서 자란다. 줄기는 곧게 자라며 밑부분은 나무처럼 딱딱해진다. 뿌리잎은 여러 번 갈라지고 긴 잎자루가 있다. 여름에 줄기 끝에서 옅은 붉은빛 꽃이 많이 모여 핀다. 열매에는 새 부리 모양으로 짧은 돌기가 있다. 뿌리에서 역한 냄새가 나는데 그 냄새가 노루 오줌 같다고 붙은 이름이다. **생김새** 높이 30~100cm | 잎 2~8cm, 어긋난다. **사는 곳** 산, 숲 가장자리 **다른 이름** 노루풀, False goat's beard **분류** 쌍떡잎식물 > 범의귀과

노루털버섯

노루털버섯은 가을에 숲속 땅 위에 홀로 나거나 무리 지어 난다. 참나무 둘레에 많다. 갓은 어릴 때 가운데가 오목한 둥근 산처럼 생겼다. 다 자라면 가운데가 움푹 파인 깔때기처럼 바뀐다. 겉에 거친 비늘 조각이 퍼져 있다. 갓 밑에는 뾰족한 돌기가 빽빽하다. 버섯이 많이 나는 곳에서는 표고나 송이보다 맛이 더 좋다고도 한다. 약한 독이 있어서 꼭 익혀 먹어야 한다. **생김새** 갓 57~235mm **사는 곳** 참나무 숲 **다른 이름** 능이버섯[북], 능이, 향버섯, Scaly hedgehog **분류** 사마귀버섯목 > 노루털버섯과

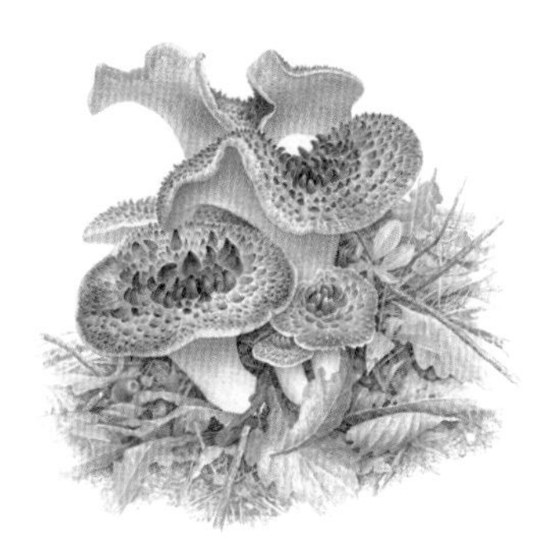

속 1 2 3 4 5 6 7 8 9 10 11 12

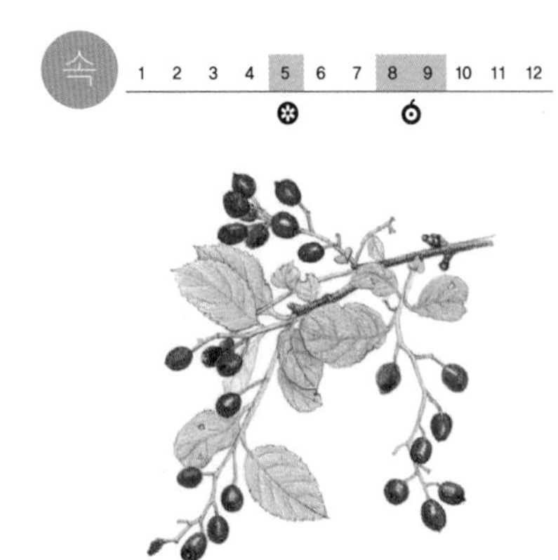

노린재나무

노린재나무는 산과 들에서 흔하게 자란다. 집 뜰에 산울타리로 심기도 한다. 봄에 작고 하얀 꽃이 햇가지 끝에 핀다. 솜털이 달린 것처럼 보인다. 좋은 냄새가 오랫동안 난다. 여름에 작고 동글동글한 열매가 쪽빛으로 익는다. 나무를 태워서 만든 잿물로 노란 물을 들인다고 노린재나무라고 한다. **생김새** 높이 3~4m | 잎 3~7cm, 어긋난다. **사는 곳** 산, 들 **다른 이름** 노란재나무[북], Asian sweetleaf **분류** 쌍떡잎식물 > 노린재나무과

무 1 2 3 4 5 6 7 8 9 10 11 12

노무라입깃해파리

노무라입깃해파리는 남해에서 많이 보인다. 헤엄치는 힘이 약해서 물결이나 파도를 타고 흐느적흐느적 떠다닌다. 몸이 젤리 같고 투명하다. 긴 촉수에 독이 있는데, 이 촉수로 물고기나 새우를 잡아먹는다. 노무라입깃해파리는 몸무게가 200kg이나 나간다. 사람이 촉수에 쏘이면 크게 다친다. **생김새** 몸통 지름 50cm쯤, 촉수 길이 3m쯤 **사는 곳** 남해, 동해, 서해 바닷속 **먹이** 작은 물고기, 게, 새우 **다른 이름** 무리실, 물옷, 물알, Nomura's jellyfish **분류** 자포동물 > 근구해파리과

속 1 2 3 4 5 6 7 8 9 10 11 12

노박덩굴

노박덩굴은 산기슭과 산골짜기, 돌담 같은 곳에서 산다. 나무나 바위를 타고 덩굴지며 자란다. 볕이 잘 드는 곳을 좋아한다. 암수딴그루다. 늦봄에 노란 꽃이 피고, 가을에 작은 콩알만 한 열매가 익는다. 다 여물면 빨간 씨가 드러난다. 이 씨를 새가 아주 좋아해서 겨울에 새들이 모인다. 줄기 껍질에서 실을 뽑고 씨는 기름을 짠다. **생김새** 길이 12m | 잎 5~10cm **사는 곳** 산기슭, 마을 **다른 이름** Oriental bittersweet **분류** 쌍떡잎식물 > 노박덩굴과

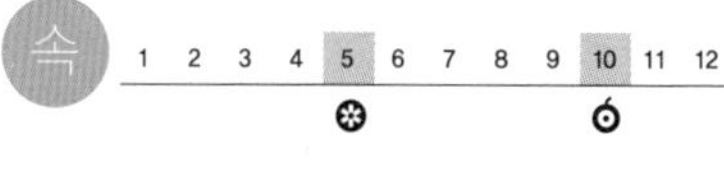

녹나무

녹나무는 제주도와 남부 지방에서 크게 자란다. 흙이 깊고 기름진 땅을 좋아한다. 줄기는 어두운 잿빛이고 세로로 튼다. 햇가지는 매끈하다. 잎이 두껍고 반들반들 윤이 난다. 잎 끝은 뾰족하고 가장자리는 매끈하다. 꽃은 햇가지 잎겨드랑이에 핀다. 잎을 향신료로 쓰는데 월계수와 비슷하다. 목재가 물에도 잘 썩지 않고 벌레를 먹지 않는다. **생김새** 높이 10~20m | 잎 6~10cm, 어긋난다. **사는 곳** 산기슭 **다른 이름** 장뇌목, Camphor tree **분류** 쌍떡잎식물 > 녹나무과

녹두

녹두는 밭에 심는 곡식이다. 콩이나 팥보다 빨리 자라고 알은 다 익어도 풀빛이다. 온몸에 밤색 털이 빽빽이 나 있다. 여름에 나비처럼 생긴 노란 꽃이 핀다. 꽃이 지면 꼬투리가 달리는데 가늘고 길다. 까맣게 익은 꼬투리 겉에는 거친 털이 있고 속에는 씨앗이 열댓 알 나란히 있다. 콩나물처럼 길러서 숙주나물로 길러 먹는다. **생김새** 높이 50cm쯤 | 잎 8~10cm, 어긋난다. **사는 곳** 밭 **다른 이름** 안두, 길두, 숙주, Mung beans **분류** 쌍떡잎식물 > 콩과

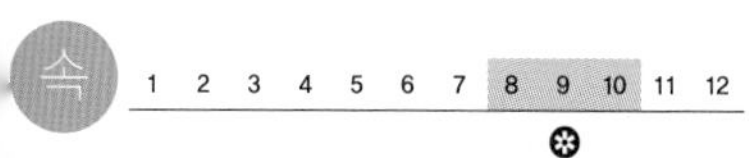

논뚝외풀

논뚝외풀은 밭이나 논둑, 길가 물기가 많은 땅에서 자란다. 줄기는 네모나고, 밑에서 가지를 친다. 잎자루가 짧고 잎 가장자리에 톱니가 몇 개 있다. 여름부터 줄기 위쪽 잎겨드랑이에서 붉은 보랏빛 꽃이 하나씩 핀다. 열매는 띠 모양으로 고추를 닮았는데 작은 씨가 많이 들어 있다. **생김새** 높이 8~20cm | 잎 1~4cm, 마주난다. **사는 곳** 밭, 논둑, 길가 **다른 이름** 논둑외풀, 드렁고추, Small-flower false pimpernel **분류** 쌍떡잎식물 > 현삼과

논병아리

논병아리는 논이나 호수에 산다. 병아리를 닮았다. 다리가 몸 뒤쪽에 달려 있고 물갈퀴가 있어 헤엄을 잘 치고 잠수도 잘한다. 봄에서 여름 동안 물가에서 짝짓기를 하고 물풀과 이끼로 둥지를 짓는다. 둥지를 비울 때는 풀잎으로 알을 덮고, 더울 때는 날갯짓을 해서 알을 식힌다. 새끼를 등에 태우고 다니기도 한다. **생김새** 몸길이 26cm **사는 곳** 호수, 연못, 저수지 **먹이** 물고기, 새우, 달팽이, 물풀, 풀씨 **다른 이름** 농병아리[북], Little grebe **분류** 논병아리목 > 논병아리과

무 1 2 3 4 5 6 7 8 9 10 11 12

농게

농게는 뭍이 가까운 갯벌에서 구멍을 파고 산다. 썰물 때 물이 빠지면 구멍 밖으로 나와서 부지런히 개흙을 먹는다. 수컷 집게발 한쪽이 크고 빨개서 멀리서도 눈에 잘 띈다. 암컷은 집게발이 모두 작다. 농게가 사는 구멍 둘레에는 흙이 굴뚝처럼 쌓인다. 물이 들어오면 집게발로 개흙을 떠서 구멍을 막는다. **생김새** 등딱지 크기 3.2×2cm **사는 곳** 서해, 남해 갯벌 **먹이** 개흙 속 영양분 **다른 이름** 농발게, 붉은농발게, Red-clawed fiddler crab **분류** 절지동물 > 달랑게과

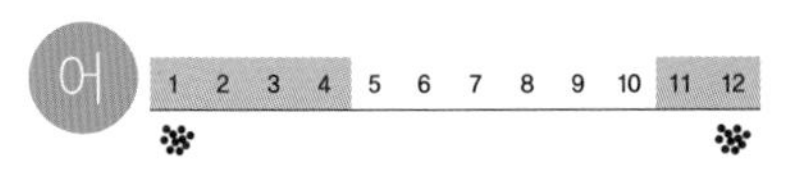

농어

농어는 따뜻한 물을 좋아하고 바닷가 가까이에 산다. 사오월에 얕은 바닷가로 몰려왔다가 날씨가 쌀쌀해지면 알을 낳고 깊은 바다로 가서 겨울을 난다. 봄에 올라온 농어는 물살이 세고 파도가 치는 갯바위 가까이에서 산다. 강어귀에도 많이 살고 강을 거슬러 오르기도 한다. 겨울에 바닷가나 만에서 알을 낳는다. 낚시로 잡는다. 봄여름이 제철이다. **생김새** 몸길이 1m **사는 곳** 우리나라 온 바다 **먹이** 새우, 게, 작은 물고기 **다른 이름** 까지맥이, 껄떡이, Sea bass **분류** 농어목 > 농어과

누룩뱀

누룩뱀은 강가나 밭둑처럼 돌덩이가 많은 곳, 풀밭, 높은 산에 산다. 몸빛이 술을 담글 때 쓰는 누룩과 비슷하다. 날씨가 선선한 봄가을에 많이 나온다. 독니가 없다. 봄에 짝짓기를 하고 알을 낳는다. 알이 깨어날 때까지 지킨다. 겨울에는 바위 밑이나 돌무더기 속에 들어가 겨울잠을 잔다. **생김새** 몸길이 0.9~1m **사는 곳** 산기슭, 밭둑, 강가 **먹이** 개구리, 장지뱀, 쥐, 새, 새알 **다른 이름** 밀구렁이, 밀뱀, 산구렁이, 누루레기, Cat snake **분류** 유린목 > 뱀과

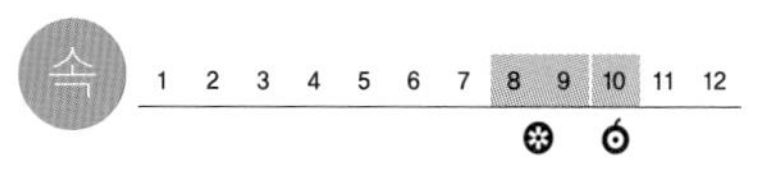

누리장나무

누리장나무는 볕이 잘 드는 산에서 자란다. 잎과 줄기에서 누린내가 난다고 누리장나무라고 한다. 줄기에 짧은 밤빛 털이 있고 가지를 많이 친다. 한여름에 끝이 다섯 갈래로 갈라진 흰 꽃이 핀다. 열매는 빨간 꽃받침에 싸여 있다가 꽃받침이 벌어지면서 드러난다. 익으면 보랏빛이 도는 푸른 빛인데 알이 동그랗다. **생김새** 높이 2~4m | 잎 8~20cm, 마주난다. **사는 곳** 산 **다른 이름** 누린내나무[북], 개똥나무, Harlequin glorybower **분류** 쌍떡잎식물 > 마편초과

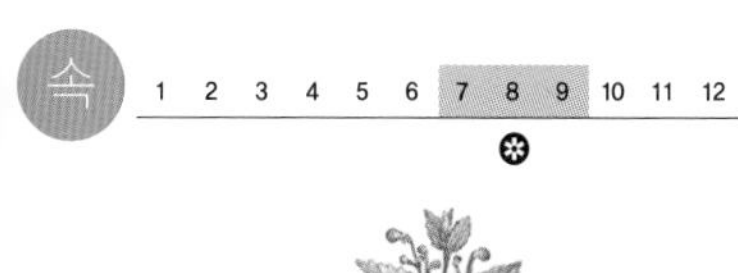

누린내풀

누린내풀은 기름지고 볕이 잘 드는 산과 들에서 자란다. 줄기는 네모나고 위에서 가지를 친다. 잎에는 긴 잎자루가 있다. 가장자리에 둔한 톱니가 있다. 가을에 줄기 끝과 잎겨드랑이에서 푸른 보랏빛 꽃이 핀다. 열매는 겉에 그물 모양 무늬가 있다. 고약한 냄새가 나는데 꽃이 필 때 더 심하다. **생김새** 높이 80~150cm | 잎 8~13cm, 마주난다. **사는 곳** 산, 들 **다른 이름** 구렁내풀, 노린재풀, Odor bluebeard **분류** 쌍떡잎식물 > 마편초과

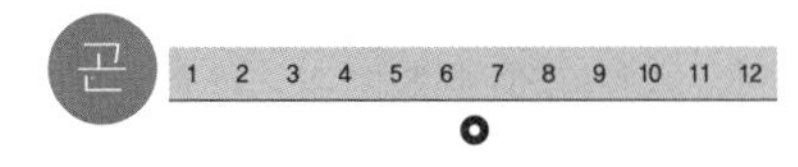

누에나방

누에나방은 비단을 얻으려고 아주 오래전부터 길렀다. 애벌레를 누에라고 한다. 알에서 갓 깨어난 누에는 뽕잎을 갉아 먹고 자란다. 다 자라면 고치를 짓는데 이 고치에서 실을 뽑아 비단을 짠다. 고치에서 실을 뽑지 않고 그대로 두면 어른벌레가 나온다. 누에나방은 몸이 둔해서 조금씩 움직일 뿐 날지 못한다. **생김새** 날개 편 길이 45~50mm **사는 곳** 집 **먹이** 애벌레_뽕나무 잎 | 어른벌레_안 먹는다. **다른 이름** 뽕누에나비[북], 나벵이, Silk moth **분류** 나비목 > 누에나방과

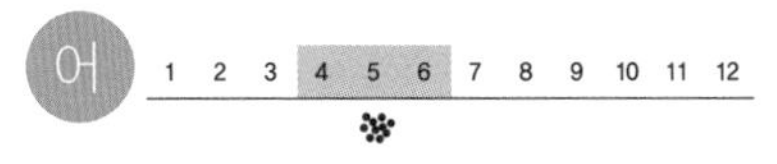

누치

누치는 서해와 남해로 흐르는 큰 강에 많이 사는데, 물이 깊고 물살이 센 여울을 좋아한다. 모래와 자갈이 깔린 강바닥을 헤엄쳐 다닌다. 봄에 얕은 냇물로 올라와서 알을 낳는다. 짝짓기를 할 때 모래와 자갈을 마구 들쑤시면서 소란을 피운다. 새끼는 자라면 큰 강으로 내려간다. **생김새** 몸길이 20~60cm **사는 곳** 강, 댐, 냇물 **먹이** 물벌레, 새우, 작은 게, 다슬기, 물풀 **다른 이름** 구멍이[북], 눈치, 몰거지, 모랭이, Skin carp **분류** 잉어목 > 모래무지아과

눈개승마

눈개승마는 높은 산에서 자란다. 땅이 기름지고 썩은 갈잎이 많아서 푹신한 곳을 좋아한다. 줄기는 곧게 자라고 가지를 친다. 햇가지에는 털이 있다. 잎에는 긴 잎자루가 있다. 반들반들 윤이 난다. 여름에 줄기 끝에서 누런 흰빛이 도는 꽃이 핀다. 암수가 서로 다른 포기이다. 수꽃이 암꽃보다 크다. **생김새** 높이 0.3~2m | 잎 3~10cm, 어긋난다. **사는 곳** 높은 산 **다른 이름** 눈산승마, 삼나물, 쉬나물, Kamchatka goatsbeard **분류** 쌍떡잎식물 > 장미과

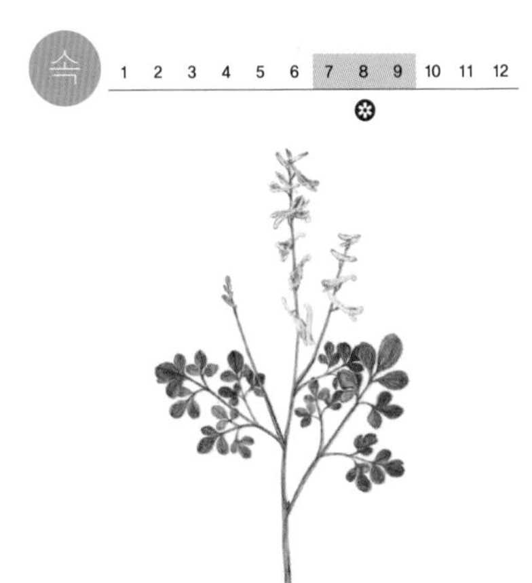

눈괴불주머니

눈괴불주머니는 산골짜기 개울가나 숲 가장자리 물기가 많은 땅에서 자란다. 줄기에는 예리한 모서리가 있다. 가지가 많이 갈라져서 덩굴식물처럼 엉킨다. 잎은 여러 번 갈라진다. 잎자루는 길고 옆으로 날개가 있다. 여름에 가지 끝에서 옅은 노란빛 꽃이 성글게 핀다. 꽃잎이 통 모양으로 서로 엇갈린 방향으로 핀다. **생김새** 높이 30~90cm | 잎 2~3cm, 어긋난다. **사는 곳** 개울가, 숲 **다른 이름** 눈뽈꽃, Prostrate corydalis **분류** 쌍떡잎식물 > 양귀비과

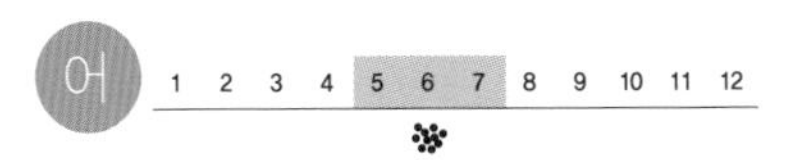

눈동자개

눈동자개는 바위가 많고 바닥에 진흙이 깔린 강을 좋아한다. 낮에는 숨어 있다가 밤에 나와서 물벌레나 작은 물고기를 잡아먹는다. 알 낳을 때가 되면 여러 마리가 한곳에 모여든다. 진흙 바닥을 움푹하게 파고 알을 낳는다. 겨울에는 떼를 지어 깊은 곳으로 들어가 큰 돌 밑에서 지낸다. **생김새** 몸길이 20~30cm **사는 곳** 강, 냇물 **먹이** 작은 물고기, 물벌레 **다른 이름** 황빠가, 보리자개, 칠거리, 벼리자개, 쌔미, Black bullhead **분류** 메기목 > 동자개과

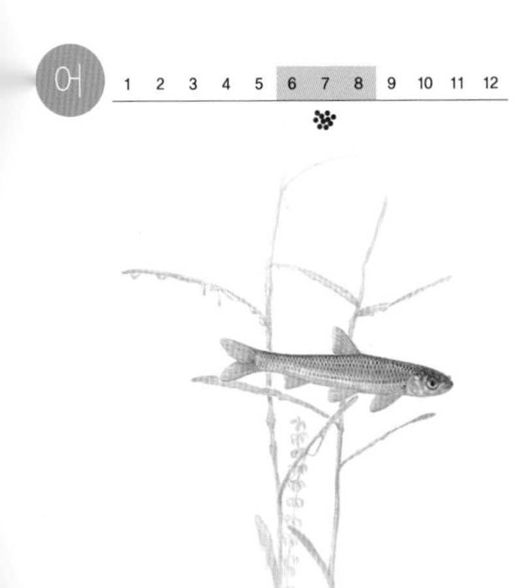

눈불개

눈불개는 눈동자 위에 붉은 점이 있다고 붙은 이름이다. 큰 강 하류 근처 물이 천천히 흐르는 곳에서 산다. 혼자서 지내며 물에 가만히 떠 있기를 좋아한다. 알 낳을 때가 되면 무리를 지어 이리저리 헤엄쳐 다닌다. 무엇이든 잘 먹어서, 돌말과 물풀, 물벌레와 물고기 알을 먹고 산다. **생김새** 몸길이 20~30cm **사는 곳** 강, 강어귀 **먹이** 돌말, 물풀, 물벌레, 물고기 알 **다른 이름** 홍안자[북], 농어리, 독노리, 독준어, 동서, Barbel chub **분류** 잉어목 > 피라미아과

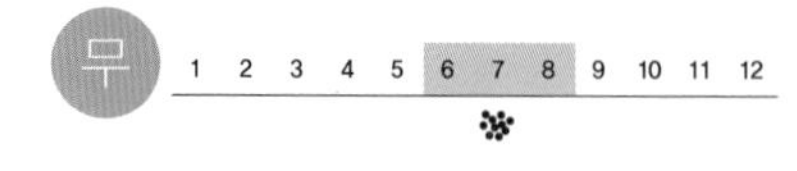

눈알고둥

눈알고둥은 서해와 남해 갯바위에 흔하다. 물에 잠긴 자갈밭이나 물웅덩이 바닥에도 많다. 뚜껑이 소라처럼 딱딱하고 바깥쪽으로 둥글게 부풀어 있다. 그 모양이 눈알이 튀어나온 것 같다고 눈알고둥이다. 껍데기에 푸른 이끼가 붙어 있고, 따개비가 붙어 살기도 한다. **생김새** 크기 3×3cm **사는 곳** 서해, 남해의 갯바위, 물웅덩이 **먹이** 바닷말 **다른 이름** 알골뱅이[북], 눈머럭데기, Coronate moon turban **분류** 연체동물 > 소라과

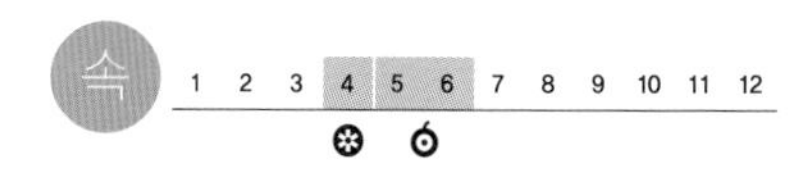

느릅나무

느릅나무는 산기슭에서 자란다. 땅이 깊고 물기가 많은 곳을 좋아한다. 나무가 오래 살고 크게 자라서 정자나무나 당산나무로 심었다. 잎은 거친 털이 있어 까끌까끌하다. 가장자리에 둔한 톱니가 있다. 속껍질을 벗겨 말려서 밧줄이나 노끈을 만들기도 했다. 목재는 물기에 잘 버틴다. **생김새** 높이 30m | 잎 5~13cm, 어긋난다. **사는 곳** 산기슭 **다른 이름** 야유, 소춤나무, Wilson's elm **분류** 쌍떡잎식물 > 느릅나무과

느타리

느타리는 산에서 절로 자라는 것은 늦가을부터 봄까지 난다. 죽은 나뭇가지나 그루터기, 쓰러진 나무줄기에 무리를 지어 난다. 갓은 반원이나 조개 모양이다. 가을에 나는 버섯은 갓이 잿빛이고 봄에 나는 버섯은 밤빛이다. 주름살은 하얗고 빽빽하다. 밑동에 짧고 가는 균사가 빽빽이 붙어 있다. 우리나라에서는 가장 많이 길러 먹는 버섯이다. **생김새** 갓 43~135mm **사는 곳** 죽은 나뭇가지나 그루터기 **다른 이름** 미루나무버섯, Oyster mushroom **분류** 주름버섯목 > 느타리과

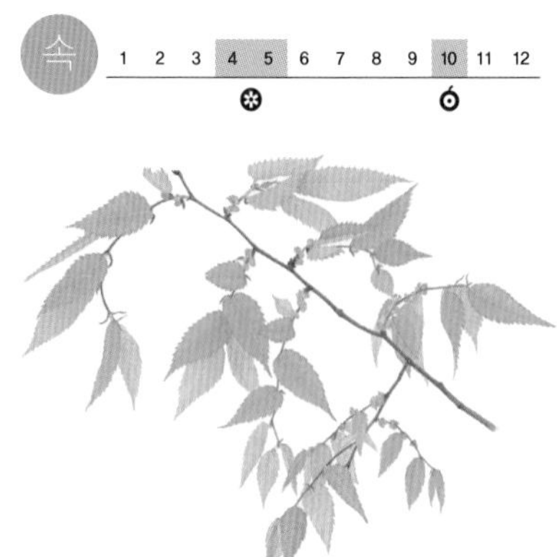

느티나무

느티나무는 마을 가까이 산기슭에서 자란다. 정자나무나 당산나무 삼아서 많이 심었다. 물이 잘 빠지는 기름진 땅을 좋아한다. 도시 공원에도 많이 심는다. 생김새가 아름답고 오래 산다. 잎은 길쭉하고 가장자리에 톱니가 있다. 줄기가 곧고 가지를 사방으로 고루 뻗는다. 목재는 단단하고, 물에도 잘 버틴다. **생김새** 높이 30m | 잎 2~13cm, 어긋난다. **사는 곳** 산기슭, 공원 **다른 이름** 괴목, Sawleaf zelkova **분류** 쌍떡잎식물 > 느릅나무과

늑대

늑대는 산과 들에서 무리지어 산다. 남녘에서는 멸종된 것 같다. 개과 동물 가운데 가장 크다. 멀리서는 개와 구별하기 어렵다. 꼬리가 발꿈치까지 닿고 아래로 축 늘어진다. 머리가 좋고 눈도 밝고 귀도 밝다. 냄새도 잘 맡는다. 신호를 주고받아서 여러 뜻을 주고받는다. 노루, 멧토끼를 좋아하는데, 쥐나 새 같은 작은 동물도 잡아먹는다. **생김새** 몸길이 100~120cm쯤 **사는 곳** 들, 산 **먹이** 쥐, 토끼, 노루, 멧돼지, 작은 동물 **다른 이름** 이리, 말승냥이, Wolf **분류** 식육목 > 개과

능구렁이

능구렁이는 논밭이나 강가에 많이 산다. 구렁이와 달리 성격이 무척 사납다. 두꺼비도 잡아먹고, 다른 뱀까지 잡아먹는다. 독사인 살모사도 잡아먹는다. 다른 뱀보다 몸집은 그리 크지 않지만 힘이 배 이상 세다고 한다. 추위를 많이 타서 일찍 겨울잠을 자고 늦게 깨어난다. 봄여름에 짝짓기를 한다. **생김새** 몸길이 90~100cm **사는 곳** 논둑, 밭둑, 강가 **먹이** 개구리, 두꺼비, 들쥐, 새알, 뱀 **다른 이름** 섬사[북], 능사, 능그리, Asian king snake **분류** 유린목 > 뱀과

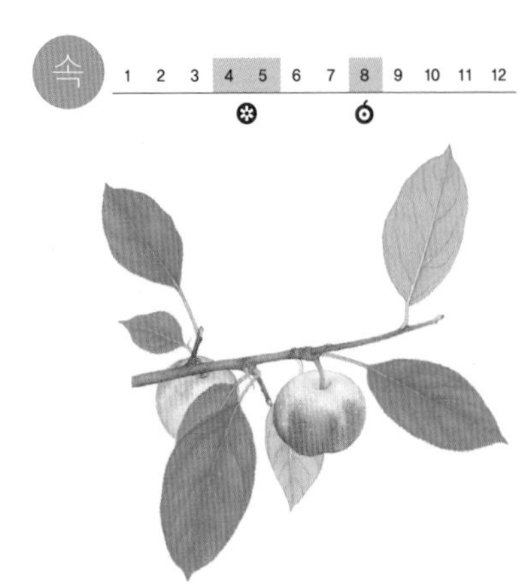

능금나무

능금나무는 예전에는 사과나무나 배나무처럼 흔했다. 열매를 먹으려고 심었다. 나무를 기를 때는 모래가 많이 섞인 비탈진 땅에 심고, 접을 붙인다. 잎은 달걀 모양이고, 끝이 뾰족하고 가장자리에 톱니가 있다. 열매는 새콤하면서도 달다. 사과와 꼭 닮았는데 사과보다 크기가 작다. 꽃도 사과꽃을 닮았다. **생김새** 높이 8~10m | 잎 5~11cm, 어긋난다. **사는 곳** 밭, 산기슭 **다른 이름** Korean apple **분류** 쌍떡잎식물 > 장미과

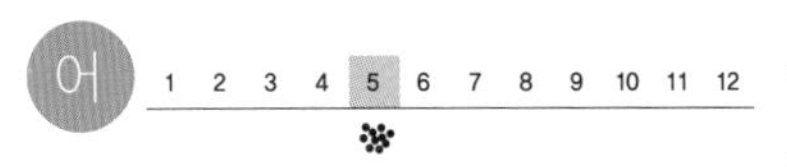

능성어

능성어는 따뜻한 물을 좋아한다. 물속에 바위가 많고 바닷말이 수북이 자란 곳에서 산다. 자리를 잡으면 좀처럼 안 떠나고, 텃세를 부린다. 새끼 때는 얕은 곳에 있다가 클수록 깊은 곳으로 옮긴다. 낮에는 바위틈에 숨어서 쉰다. 자라면서 암컷은 수컷이 된다. 요즘에는 어린 새끼를 잡아서 가둬 키운다. **생김새** 몸길이 50~100cm **사는 곳** 남해, 제주 **먹이** 작은 물고기, 오징어, 새우, 게, 바닷말 **다른 이름** 아홉톤바리, 능시, 구문쟁이, Convict grouper **분류** 농어목 > 바리과

능소화

능소화는 꽃을 보려고 심어 기른다. 물기가 많은 땅을 좋아한다. 추위에 약해서 남쪽 지방에서 많이 심었다. 요즘은 기온이 오르면서 중부 지방에서도 흔히 볼 수 있다. 잎 가장자리에 톱니와 털이 나 있다. 담이나 다른 나무에 빨판을 붙여 가며 타고 올라가 치렁치렁 꽃줄기를 늘어뜨린다. **생김새** 길이 8~10m | 잎 3~6cm, 마주난다. **사는 곳** 뜰, 공원 **다른 이름** 양반꽃, 절꽃, Chinese trumpet creeper **분류** 쌍떡잎식물 > 능소화과

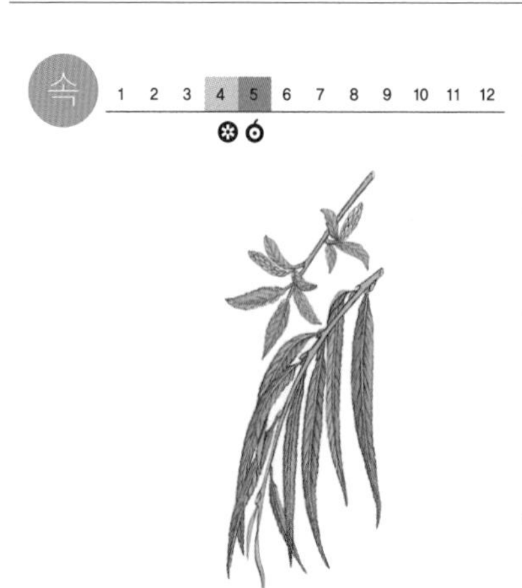

능수버들

능수버들은 냇가나 들에서 크게 자란다. 물기가 많은 땅을 좋아하고, 가로수로도 흔하게 심는다. 수양버들과 비슷하다. 가지가 길게 휘늘어져서 멀리서도 쉽게 알 수 있다. 잎은 양끝이 뾰족하고 잎 가장자리에 톱니가 있다. 꽃은 봄에 잎보다 먼저 피거나 잎과 함께 핀다. 암수딴그루가 대부분이지만 가끔 암수한그루인 나무도 있다. **생김새** 높이 10~20m | 잎 7~12cm, 어긋난다. **사는 곳** 냇가, 들 **다른 이름** Korea weeping willow **분류** 쌍떡잎식물 > 버드나무과

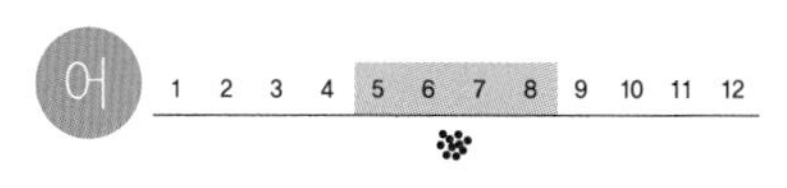

다금바리

다금바리는 따뜻한 물을 좋아한다. 깊은 바닷속 바위 밭에서 산다. 한번 집을 정하면 안 떠나고 산다. 낮에는 바위틈에 숨어 있다가 해거름에 나와서 작은 물고기나 오징어, 새우를 잡아먹는다. 다금바리는 낚시로 잡거나 그물을 내려서 잡는다. 드물게 잡힌다. **생김새** 몸길이 1m 안팎 **사는 곳** 제주, 남해 **먹이** 작은 물고기, 오징어, 새우 **다른 이름** 뻘농어, Saw-edged perch **분류** 농어목 > 바리과

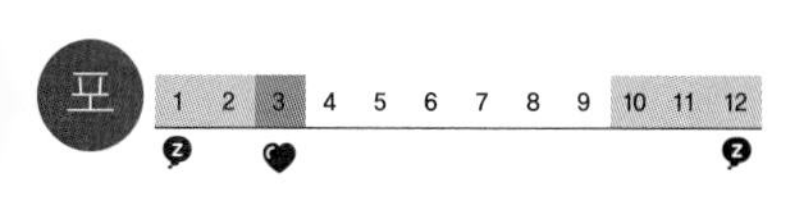

다람쥐

다람쥐는 산에 산다. 귀엽게 생겼다. 꼬리털이 복실복실하다. 몸집이 청설모보다 작고 꼬리도 더 가늘다. 나무도 타지만 땅에서 더 많이 지낸다. 땅속에 굴을 파고 산다. 겨울에는 굴에 먹이도 모아 두고 겨울잠을 잔다. 짹짹거리며 우는데 꼭 새소리처럼 들린다. 겨울잠에서 깨면 짝짓기를 하고 오뉴월에 새끼를 낳아 키운다. **생김새** 몸길이 12~20cm **사는 곳** 산, 숲 **먹이** 도토리, 밤, 잣, 개미, 거미 **다른 이름** 다래미, 볼제비, 새양지, Chipmunk **분류** 설치목 > 다람쥐과

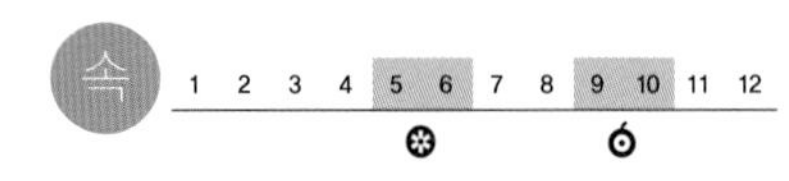

다래

다래나무는 깊은 산에서 자란다. 다른 나무를 휘감으면서 자란다. 모래가 섞여서 물이 잘 빠지는 땅을 좋아하지만, 어떤 땅이어도 잘 자라는 편이다. 잎 끝은 뾰족하고 가장자리에 톱니가 있다. 가을이 되면 다래가 물렁하게 익는데 맛이 달다. 어린잎은 나물로 먹는다. 줄기나, 줄기 껍질로 연장을 만들기도 한다. **생김새** 길이 25~30m | 잎 6~12cm, 어긋난다. **사는 곳** 깊은 산 **다른 이름** 청다래나무, 다래넌출, Hardy kiwi **분류** 쌍떡잎식물 > 다래나무과

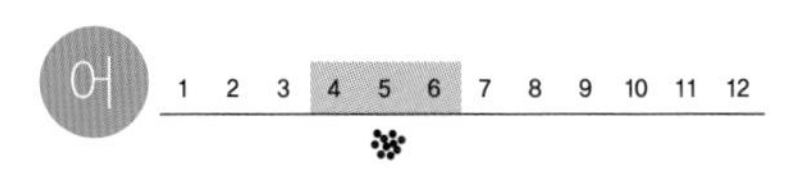

다묵장어

다묵장어는 물살이 세찬 여울 아래 큰 돌 밑이나 모래와 자갈이 깔린 바닥에 산다. 낮에는 모래 속에 숨어 있고 밤에만 나와서 돌아다닌다. 모래 속에 사는 작은 벌레나 유기물을 걸러 먹는다. 어릴 때는 먹이를 먹지만 다 자라면 아무것도 안 먹는다. 봄에 알을 낳고 어미들은 죽는다. **생김새** 몸길이 15~20cm **사는 곳** 강, 냇물 **먹이** 작은 벌레, 유기물 **다른 이름** 모래칠성장어[북], 칠성고기, 홈뱀장어, Far Eastern brook lamprey **분류** 철갑상어목 > 철갑상어과

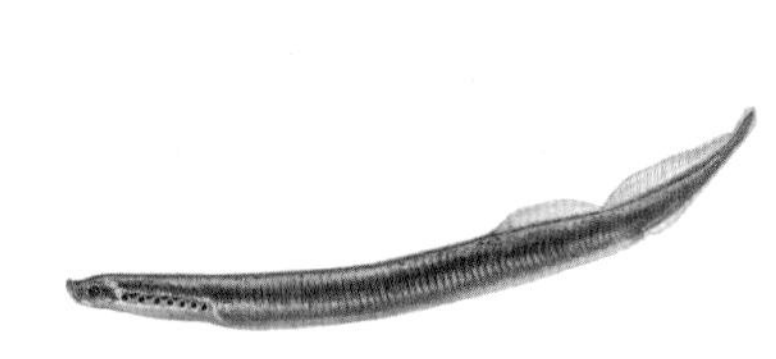

다색벚꽃버섯

다색벚꽃버섯은 가을에 밤나무, 참나무, 너도밤나무 같은 넓은잎나무 숲속 땅에서 난다. 무리 지어 나는데 흔히 버섯 고리를 이룬다. 갓 가운데는 어두운 밤빛이나 붉은 자줏빛인데 가장자리로 갈수록 옅어진다. 물기가 있을 때는 끈끈하지만 잘 마른다. 주름살은 하얗다가 어두운 밤빛 얼룩이 생긴다. **생김새** 갓 40~130mm **사는 곳** 넓은잎나무 숲 **다른 이름** 붉은무리버섯[북], 밤버섯, Pinkmottle woodwax **분류** 주름버섯목 > 벚꽃버섯과

다시마

다시마는 물이 차고 맑은 동해에서 자라는 바닷말이다. 바닷속 바위에 단단히 붙어 자란다. 바닷속에서 숲을 이루기도 한다. 겉보기에는 줄기, 잎, 뿌리가 뚜렷하게 나뉜다. 미역보다 두껍고 미끌미끌하다. 길이가 10m나 되는 것도 있다. 가장자리는 물결처럼 주름이 진다. 다시마처럼 갈색인 바닷말을 갈조류라고 한다. 녹조류보다 깊은 곳에서 자란다. **생김새** 길이 200~600cm **사는 곳** 동해, 남해 바닷속 바위 **다른 이름** 곤포[북], 해대, Kombu **분류** 갈조류 > 다시마과

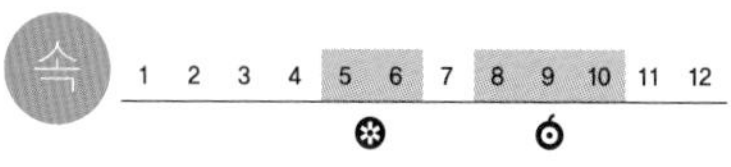

닥나무

닥나무는 산에 볕이 잘 드는 곳에서 자란다. 뜰이나 밭둑에 많이 심기도 한다. 잎은 달걀꼴인데 끝이 뾰족하고 가장자리에 톱니가 있다. 열매는 가을에 붉게 익는다. 닥나무 껍질로 한지를 만든다. 겨울에 나무를 베어 껍질을 벗기고 종이를 뜬다. 종이가 곱고 질기다. 껍질을 벗겨 밧줄이나 노끈도 만들었다. **생김새** 높이 3m | 잎 5~20cm, 어긋난다. **사는 곳** 산, 밭둑, 뜰 **다른 이름** 딱나무, 저목, Japanese paper mulberry **분류** 쌍떡잎식물 > 뽕나무과

닥풀

닥풀은 밭에서 기른다. 약으로도 쓰고 종이도 만들려고 중국에서 들여왔다. 줄기는 곧추 자라고 가지를 안 친다. 잎은 잎자루가 길고, 잎몸이 손가락 모양으로 깊게 갈라진다. 뿌리가 우엉 뿌리처럼 굵고 곧게 자란다. 뿌리에 끈적끈적한 점액이 많아서 닥나무로 한지를 만들 때 이것을 풀로 썼다. **생김새** 높이 1~1.5m | 잎 20~40cm, 어긋난다. **사는 곳** 밭 **다른 이름** 황촉규, 당촉규화, 촉귀, Aibika **분류** 쌍떡잎식물 > 아욱과

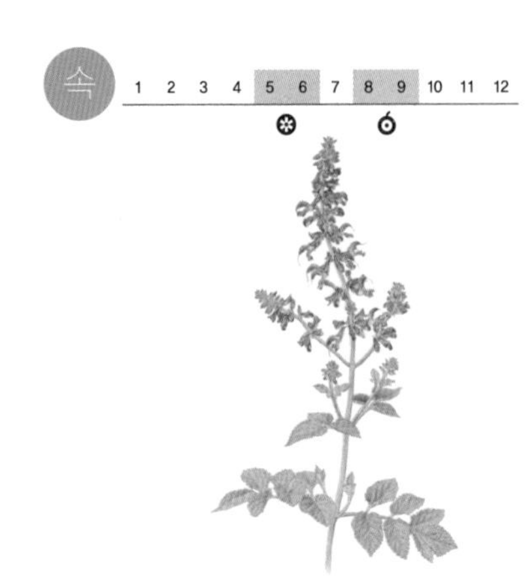

단삼

단삼은 약으로 쓰려고 밭에서 기른다. 뿌리가 인삼을 닮고 색깔이 붉다고 붙은 이름이다. 줄기는 모가 나고, 털이 나 있어 까끌까끌하다. 긴 잎자루에 작은 잎들이 달린다. 가장자리가 톱니 모양이다. 잎맥이 도드라져서 쭈글쭈글하다. 오뉴월부터 꽃이 층층으로 빙 둘러 핀다. 뿌리는 조금 쓴맛이 난다. **생김새** 높이 40~80cm | 잎 1~8cm, 마주난다. **사는 곳** 밭 **다른 이름** Dan-shen **분류** 쌍떡잎식물 > 꿀풀과

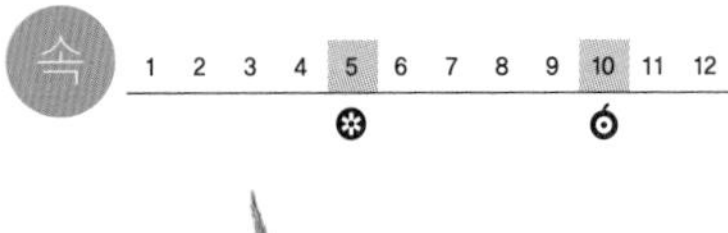

단풍나무

단풍나무는 산골짜기에 물기가 있는 땅에서 드문드문 자란다. 단풍을 보려고 공원이나 길가에 많이 심는다. 가을에 잎이 붉게 물든다. 단풍나무와 당단풍나무가 비슷하게 생겼는데, 단풍나무는 잎이 5~7갈래로 갈라지고, 당단풍나무는 9~11갈래로 갈라져서 잎을 보고 알아볼 수 있다. 목재가 단단해서 살림살이를 만들 때도 쓴다. **생김새** 높이 10m | 잎 5~6cm, 어긋난다. **사는 곳** 산골짜기, 공원, 뜰 **다른 이름** 산단풍나무, 참단풍나무, Palmate maple **분류** 쌍떡잎식물 > 단풍나무과

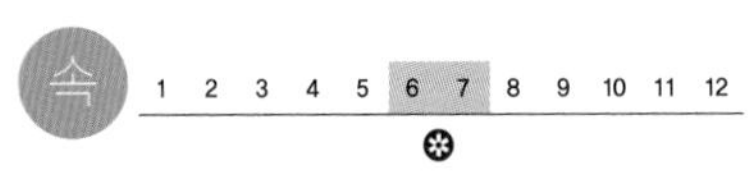

단풍마

단풍마는 산기슭이나 들판에서 자란다. 뿌리는 길게 옆으로 뻗고, 줄기도 길게 덩굴져 뻗으면서 자란다. 성글게 가지를 친다. 잎은 손바닥 모양인데 5~9갈래로 갈라진다. 끝이 뾰족하다. 잎자루에 작은 돌기가 있다. 여름에 잎겨드랑이에서 누른빛 꽃이 줄줄이 달린다. 열매에는 날개가 있어서 바람을 타고 멀리 간다. **생김새** 높이 1~3m | 잎 5~12cm, 어긋난다. **사는 곳** 산기슭, 들판 **다른 이름** 천산룡, 구산약, Maple-leaf mountain yam **분류** 외떡잎식물 > 마과

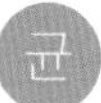

1 2 3 4 5 6 7 8 9 10 11 12

달걀버섯

달걀버섯은 어린 버섯이 달걀을 닮았다. 여름부터 가을까지 상수리나무, 너도밤나무, 구실잣밤나무, 전나무 둘레에서 난다. 땅 위에 홀로 나거나 흩어져 난다. 버섯고리를 이루기도 한다. 어린 버섯은 희고 두꺼운 껍질에 싸인 알 모양인데, 껍질 꼭대기 부분을 찢고 붉은 갓과 하얀 대가 나와 자란다. 대는 다 자라면 속이 빈다. **생김새** 갓 50~150mm **사는 곳** 넓은잎나무 숲 **다른 이름** 닭알버섯[북], Half-dyed slender caesar **분류** 주름버섯목 > 광대버섯과

어

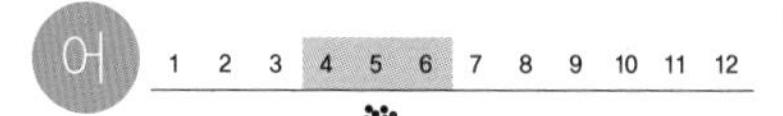

달고기

달고기는 따뜻한 물을 좋아한다. 남해와 서해, 제주 바다에 살고 따뜻한 물이 올라오는 동해에서도 볼 수 있다. 바다 밑바닥을 어슬렁어슬렁 헤엄쳐 다닌다. 먹이가 보이면 몰래 다가가서는 주둥이를 길게 쭉 빼서 잡아먹는다. 어릴 때는 바닷말이 수북이 자란 바닷가에서 살다가 크면 깊은 곳으로 내려간다. 그물로 잡는다. **생김새** 몸길이 30~50cm **사는 곳** 우리나라 온 바다 **먹이** 작은 물고기, 오징어, 새우, 게 **다른 이름** 정갱이, 허너구, John dory **분류** 달고기목 > 달고기과

무

달랑게

달랑게는 뭍이 가까운 깨끗한 모래밭에 산다. 굴을 50센티미터쯤 파고들어 간다. 엽낭게보다 몸집이 크다. 눈도 크고 눈자루가 길다. 집게발은 한쪽이 더 크다. 밤에 나와서 돌아다닌다. 빛깔이 모래와 비슷해서 눈에 잘 안 띈다. 모래를 떠서 먹이만 골라 먹고 나머지는 동그란 모래 뭉치로 뱉어 낸다. **생김새** 등딱지 크기 2.2×1.9cm **사는 곳** 바닷가 모래밭 **먹이** 모래 속 영양분 **다른 이름** 유령게, 옹알이, Ghost crab **분류** 절지동물 > 달랑게과

1 2 3 4 5 6 7 8 9 10 11 12

달래

달래는 볕이 잘 드는 들판에서 자란다. 서늘한 곳을 좋아한다. 봄나물로 먹으려고 밭에 심어 가꾸기도 한다. 땅속에 있는 비늘줄기는 작은 달걀 모양이다. 껍질이 좀 두껍고 속살은 희다. 잎은 뿌리목에서 두 개쯤 나온다. 잎 밑이 꽃줄기를 둘러싼다. 봄에 긴 꽃줄기 끝에 종 모양 꽃이 한 송이 핀다. 흰빛이나 옅은 보랏빛이다. **생김새** 높이 5~12cm | 잎 10~20cm, 모여난다. **사는 곳** 들, 밭 **다른 이름** 들달래, Korean wild chive **분류** 외떡잎식물 > 백합과

1 2 3 4 5 6 7 8 9 10 11 12

달맞이꽃

달맞이꽃은 길가나 냇가나 산 어디서나 잘 자란다. 낮에는 꽃잎을 접고 있다가 밤이 되면 활짝 핀다. 구름이 많이 끼거나 날이 어둑하면 낮에도 꽃이 핀다. 여름이나 가을에 싹이 터서 땅에 바짝 붙어 겨울을 나고, 이듬해 봄에 줄기가 올라온다. 여름에 샛노란 꽃이 핀다. 열매 속에 씨앗이 많이 들어 있다. **생김새** 높이 2m | 잎 5~15cm, 모여나거나 어긋난다. **사는 곳** 길가, 냇가, 산 **다른 이름** 야래향, 해방초, 월견초, Evening primrose **분류** 쌍떡잎식물 > 바늘꽃과

1 2 3 4 5 6 7 8 9 10 11 12

달뿌리풀

달뿌리풀은 강가나 개울가에 흔하게 자란다. 기는줄기가 땅 위로 길게 뻗는다. 마디마디에서 가지를 치고 뿌리가 내린다. 줄기는 곧게 자란다. 좁고 기다란데, 속이 비었다. 마디에 짧고 보드라운 털이 있다. 잎은 끝이 뾰족하고 가장자리가 깔끄럽다. 가을에 줄기 끝에서 보랏빛 꽃이삭이 달린다. 갈대와 닮았다. **생김새** 높이 1.5~2m | 잎 10~30cm, 어긋난다. **사는 곳** 강가, 개울가 **다른 이름** 달뿌리[북], 달, Runner reed **분류** 외떡잎식물 > 벼과

1 2 3 4 5 6 7 8 9 10 11 12

달팽이

달팽이는 물기가 많은 곳을 좋아한다. 낮에는 그늘이나 축축한 바위틈에서 쉰다. 어두울 때 나와서 먹이를 먹는다. 몸이 물렁해서 단단한 껍데기로 몸을 지킨다. 혀에 촘촘하게 이빨이 있어서 잎을 갉아 먹는다. 배 힘살을 늘였다 줄였다 하면서 기어간다. 암수가 한몸이지만 두 마리가 만나서 짝짓기를 하고 알을 낳는다. **생김새** 등딱지 크기 1~2cm **사는 곳** 서늘하고 축축한 풀밭, 숲속 **먹이** 풀잎 ,나뭇잎 **다른 이름** 집진달팡이, 골배이, 할미고딩이, Korean round snail **분류** 연체동물 > 달팽이과

1 2 3 4 5 6 7 8 9 10 11 12

닭

닭은 알과 고기를 얻으려고 기른다. 사천 년쯤 전부터 길러서 점점 몸집이 커지고 날개가 작아져서 잘 날지 못하게 되었다. 품종에 따라 생김새도 다르다. 닭은 무엇이든 잘 쪼아 먹는다. 작은 벌레나 동물부터 풀씨나 곡식도 잘 먹는다. 무리 생활을 하는데 힘이 센 수탉 한 마리만 짝짓기를 한다. 알은 열 개에서 스무 개쯤 낳는다. 알을 치우면 한 해에 백 개도 낳는다. **생김새** 몸길이 20~28cm **사는 곳** 집에서 기른다. **먹이** 작은 벌레, 지렁이, 개구리, 풀, 곡식 **다른 이름** 병아리(새끼), Chicken **분류** 닭목 > 꿩과

1 2 3 4 5 6 7 8 9 10 11 12

닭의난초

닭의난초는 높은 산 나무숲에서 자란다. 물기가 많은 땅을 좋아한다. 뿌리줄기는 짧고 수염뿌리가 많이 난다. 줄기는 가지를 치지 않고 곧게 자란다. 털이 있다. 잎은 끝이 뾰족하고 밑은 점차 좁아져 줄기를 감싼다. 여름에 줄기 끝에 노란 꽃이 성글게 핀다. 옆을 향한다. 심을 때는 뿌리를 나누어서 심는다. **생김새** 높이 10~cm | 잎 6~13cm, 모여난다. **사는 곳** 높은 산 **다른 이름** 파란닭의난, 닭의란, Thunberg's helleborine **분류** 외떡잎식물 > 난초과

닭의장풀

닭의장풀은 밭둑이나 길가, 풀밭, 담장 밑에서 여러 포기가 모여 자란다. 눅눅하고 그늘진 곳을 좋아한다. 줄기는 옆으로 기다가 끝으로 갈수록 곧게 선다. 줄기 마디에서 뿌리가 나온다. 여름에 잎겨드랑이에서 새파란 꽃이 핀다. 꽃잎이 세 장인데, 두 장은 파란색으로 눈에 잘 띄지만 한 장은 흰색이고 조그맣게 달린다. **생김새** 높이 15~50cm | 잎 5~7cm, 어긋난다. **사는 곳** 밭둑, 길가, 풀밭, 담장 밑 **다른 이름** 달개비, 닭개비, Asian dayflower **분류** 외떡잎식물 > 닭의장풀과

담배

담배는 잎으로 담배를 만들려고 밭에 심는 풀이다. 온몸에 끈적끈적한 물질을 내는 샘털이 있다. 줄기는 곧게 자란다. 잎이 아주 크다. 넓은 버들잎 모양이고 가장자리는 물결 모양으로 주름져 있다. 여름에 줄기 끝에서 옅은 보랏빛 꽃이 많이 핀다. **생김새** 높이 1.5~2m | 잎 50cm, 어긋난다. **사는 곳** 밭 **다른 이름** 연초, Tobacco **분류** 쌍떡잎식물 > 가지과

담배풀

담배풀은 산기슭이나 숲 가장자리에서 많이 자란다. 잎이 담뱃잎을 닮았다. 뿌리에서 잎들이 수북하게 모여난다. 온몸에 털이 나고 특이한 냄새가 난다. 이 냄새가 여우 오줌 같다고 오래전부터 여우오줌이라고 했다. 가을에 씨가 여무는데 끈적끈적해서 사람 옷이나 짐승 털에 잘 달라붙는다. **생김새** 높이 50~100cm | 잎 20~28cm, 모여나거나 어긋난다. **사는 곳** 산기슭, 숲 가장자리 **다른 이름** 담배나물, Common carpesium **분류** 쌍떡잎식물 > 국화과

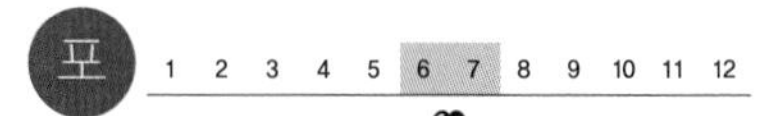

담비

담비는 나무가 우거진 산에서 사는데, 산기슭이나 물가에서 자주 보인다. 눈이 밝고 움직임이 아주 날래다. 발톱이 날카롭고 휘어 있어서 나무를 잘 탄다. 낮에 나와 돌아다니며 쥐를 많이 잡아먹는다. 노루 같은 큰 짐승은 두 마리가 함께 공격해서 잡는다. 암수가 한번 만나면 여러 해 동안 함께 산다. **생김새** 몸길이 60~67cm **사는 곳** 산 **먹이** 쥐, 작은 동물, 노루, 새알, 산열매, 꿀 **다른 이름** 노란목도리담비, 제담부, Yellow-throated marten **분류** 식육목 > 족제비과

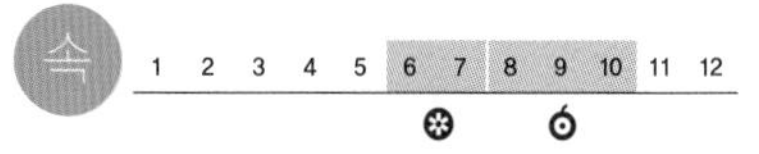

담쟁이덩굴

담쟁이덩굴은 돌담이나 나무를 기어오르면서 자란다. 축축하고 기름진 땅을 좋아한다. 잎은 세 갈래로 갈라지며 가장자리에 톱니가 있다. 가을에 잎이 빨갛게 물들고, 잎이 떨어지면 덩굴만 앙상하게 드러난다. 자라면서 가지를 많이 치고, 가지 끝에는 빨판이 있어서 벽에 달라붙는다. 심어기를 때는 뿌리를 내릴 좁은 땅만 있으면 된다. **생김새** 길이 10m | 잎 4~10cm, 마주난다. **사는 곳** 산, 들, 마을 **다른 이름** 돌담장이, Boston ivy **분류** 쌍떡잎식물 > 포도과

담황줄말미잘

담황줄말미잘은 서해와 남해에 많다. 갯바위에 붙어 산다. 우리나라 바닷가에서 가장 흔한 말미잘이다. 그늘지고 어두운 곳에 무리 지어 산다. 만지면 물컹물컹하다. 바닷물이 들어오면 촉수를 활짝 펴고 바닷물 속 영양분을 걸러 먹는다. 말미잘 가운데 크기가 작은 편이다. **생김새** 몸통 지름 2~3cm **사는 곳** 서해, 남해 갯바위와 물웅덩이 **먹이** 바닷물 속 영양분, 플랑크톤 **다른 이름** Orange-striped sea anemone **분류** 자포동물 > 줄말미잘과

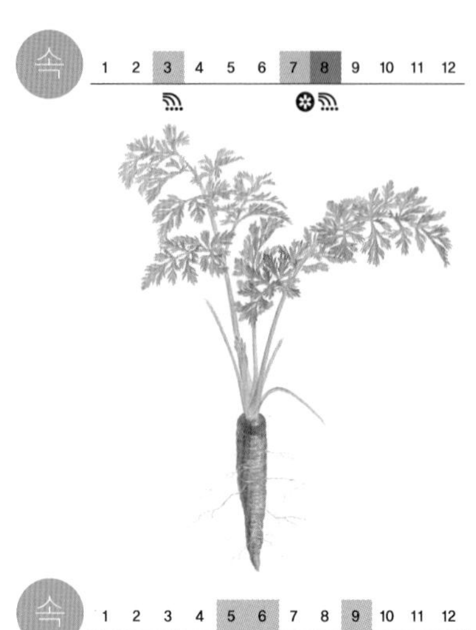

당근

당근은 밭에 심는 뿌리채소다. 뿌리가 빨갛다. 잎은 뿌리에서 모여나고 줄기는 곧게 자란다. 여름에 가지 끝에서 자잘한 흰 꽃이 모여 핀다. 가을에 노란 열매를 맺는데, 향기가 아주 진하다. 당근은 봄과 가을에 두 번 심어 거둔다. 제주도에서 많이 심어 기른다. 품종에 따라 뿌리가 5cm에서 30cm까지 자란다. 날로 먹으면 아삭하고 단맛이 돈다. **생김새** 높이 1m쯤 | 잎 5~15cm, 모여난다. **사는 곳** 밭 **다른 이름** 홍당무, 빨간무, Carrot **분류** 쌍떡잎식물 > 산형과

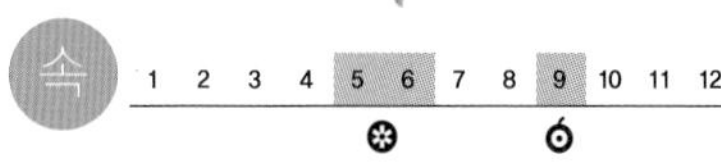

당단풍나무

당단풍나무는 낮은 산에 산다. 흔하게 볼 수 있고 그늘진 곳에서도 잘 자란다. 손바닥처럼 생긴 잎이 9~11갈래로 깊게 갈라진다. 단풍나무는 5~7갈래로 갈라져서 다르다. 열매는 가을에 붉은 밤빛으로 익는다. 날개가 달린 열매 두 개가 마주 붙어 있다. 나무가 단단하고 결이 고와서 가구를 짜거나 악기를 만든다. **생김새** 높이 10m | 잎 7~10cm, 마주난다. **사는 곳** 낮은 산 **다른 이름** 고로실나무, 산단풍나무, Korean maple **분류** 쌍떡잎식물 > 단풍나무과

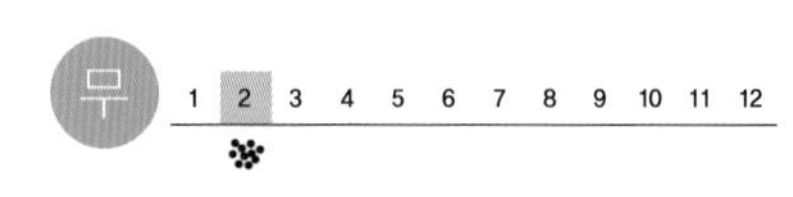

대게

대게는 물이 차고 깊은 동해에서 산다. 물 깊이가 2,000m 가까이 되는 바닷속 진흙이나 모랫바닥에서도 산다. 다리가 대나무처럼 곧게 쭉 뻗었다. 수컷이 암컷보다 두 배쯤 크다. 집게발이 억세서 조개껍데기도 부수어 먹는다. 겨울에는 얕은 바다로 나오고 여름에는 물이 차가운 깊은 바다로 들어간다. **생김새** 등딱지 크기 10.5×9.5cm **사는 곳** 동해 바닷속 **먹이** 조개, 새우, 오징어, 물고기 **다른 이름** 영덕게, 박달게, Snow crab **분류** 절지동물 > 긴집게발게과

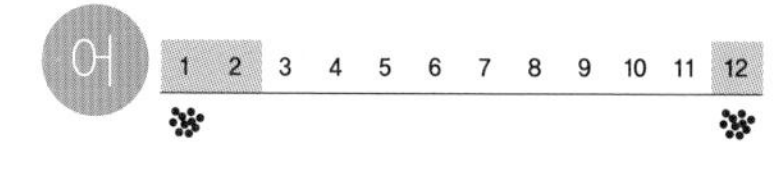

대구

대구는 차가운 물을 좋아한다. 입이 크다고 붙은 이름이다. 여름에는 깊고 차가운 바닷속에서 떼 지어 산다. 한겨울이 돼서 물이 차가워지면 알을 낳으러 올라온다. 물 흐름이 약하고 바닥이 펄로 덮인 바닥에 알을 낳는다. 겨울에 알을 낳으러 올 때 잡는다. 주낙이나 그물로 잡는다. 탕, 구이로 먹고 말려서 포도 만든다. **생김새** 몸길이 100cm **사는 곳** 동해, 서해 **먹이** 새우, 고등어, 청어, 멸치, 오징어, 게 **다른 이름** 곤이대구, 보렁대구, Cod **분류** 대구목 > 대구과

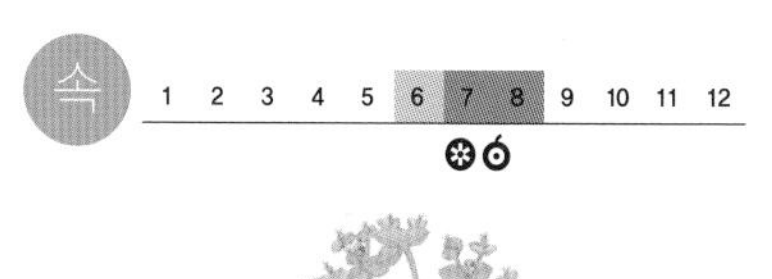

대극

대극은 나무 밑 풀숲에서 자란다. 줄기는 곧게 자라고 위에서 가지를 친다. 옅은 털이 있다. 잎은 버들잎 모양이다. 잎자루가 없다. 여름에 가지 끝에서 풀빛이 도는 노란 꽃이 모여 핀다. 꽃 위로 가지 다섯 개가 다시 갈라진다. 온몸에 독성이 있다. 잎이 없을 때 뿌리를 캐서 약으로 쓴다. **생김새** 높이 30~70cm | 잎 2.5~3cm, 어긋난다. **사는 곳** 풀숲 **다른 이름** 버들옻, 우독초, 능수버들, Peking euphorbia **분류** 쌍떡잎식물 > 대극과

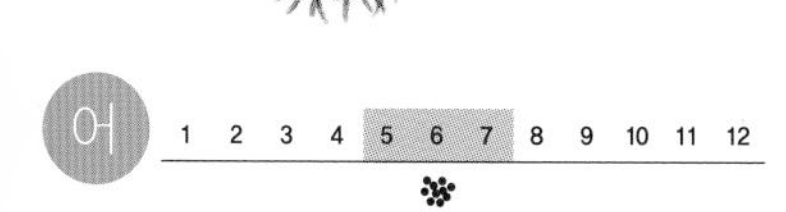

대농갱이

대농갱이는 동자개 무리 가운데 몸집이 가장 크다. 물살이 느리고 바닥에 모래와 진흙이 깔린 큰 강에서 산다. 몸을 숨길 만한 바위가 있는 곳을 좋아한다. 작은 물고기와 물벌레, 새우, 물고기 알을 먹는다. 알 낳을 때가 되면 떼로 강바닥에 모여든다. 진흙 바닥을 파고 알을 낳는다. 수컷이 알을 돌본다. **생김새** 몸길이 30~40cm **사는 곳** 강, 냇물 **먹이** 작은 물고기, 물벌레, 새우, 실지렁이, 물고기 알 **다른 이름** 농갱이[북], 방치농갱이[북], 그렁치, 메기사촌 **분류** 메기목 > 동자개과

대륙사슴

대륙사슴은 숲속이나 숲 가장자리 풀밭에 살면서 풀과 나뭇잎, 어린 나뭇가지, 이끼와 버섯을 즐겨 먹는다. 남녘에는 없다. 온몸에 흰 점이 있다. 점무늬는 겨울에 털이 길어지면서 흐릿해진다. 뿔은 수컷만 있는데, 네 가지로 갈라진다. 암수 모두 소리를 잘 내고 귀를 잘 움직인다. 봄에 새끼를 한두 마리 낳는다. **생김새** 몸길이 100~160cm **사는 곳** 북녘 산 **먹이** 풀, 나뭇잎, 어린 가지, 이끼, 버섯 **다른 이름** 꽃사슴, 우수리사슴, Sika deer **분류** 우제목 > 사슴과

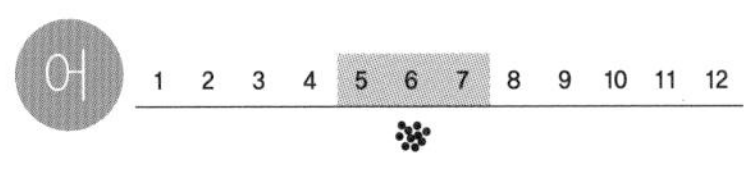

대륙송사리

대륙송사리는 논이나 둠벙, 연못, 늪이나 냇물에 산다. 물살이 느리고 물풀이 떠 있는 곳을 좋아한다. 송사리와 거의 똑같이 생겼다. 송사리는 남부 지방에만 살고, 대륙송사리는 어디서나 볼 수 있다. 입이 눈보다 위에 있고, 입이 위를 보고 벌어진다. 그래서 물에 떠 있는 먹이를 잘 먹는다. **생김새** 몸길이 3~4cm **사는 곳** 둠벙, 논, 늪, 냇물 **먹이** 장구벌레, 작은 물벌레, 물풀, 풀씨 **다른 이름** 눈쟁이, 눈깔망탱이, 눈보, 꼽슬이, Rice fish **분류** 동갈치목 > 송사리과

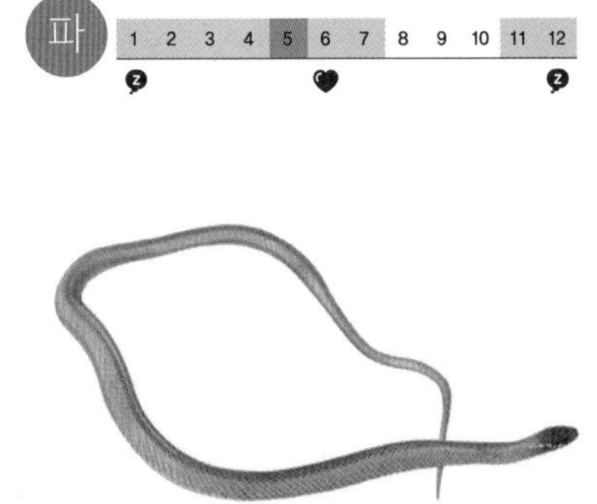

대륙유혈목이

대륙유혈목이는 우리나라 어디에나 산다고 하는데 많지 않다. 제주도에는 흔하다. 돌무더기 밑에서 자주 보인다. 유혈목이라는 이름이 붙었지만 유혈목이와는 전혀 다르다. 몸에 무늬가 거의 없다. 우리나라 뱀 가운데 가장 작다. 독이 없고 성질도 순하다. 언제나 물 가까이에서 지낸다. 겨울잠을 오래 잔다. **생김새** 몸길이 50cm **사는 곳** 산기슭, 강가, 논 **먹이** 쥐, 개구리, 작은 물고기 **다른 이름** 대륙늘메기[북], 달구렁이, 밀뱀, 홍사샛뱀, Asian keelback **분류** 유린목 > 뱀과

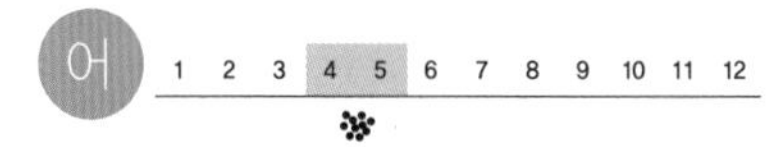

대륙종개

대륙종개는 맑고 찬 물이 흐르는 산골짜기나 냇물에서 산다. 자갈이나 모래가 깔린 여울에서 헤엄쳐 다닌다. 종개와 많이 닮았는데 몸집이 더 크고 무늬가 빽빽하다. 떼를 지어 몰려다니면서 돌이나 자갈 밑에 잘 숨어든다. 봄에 모래나 자갈 바닥에 알을 낳는다. **생김새** 몸길이 10~20cm **사는 곳** 산골짜기, 냇물 **먹이** 물벌레, 돌말 **다른 이름** 말종개[북], 종간이[북], 수수쟁이, 수수종개, 산골지름종개, Siberian stone loach **분류** 잉어목 > 종개과

대맛조개

대맛조개는 서해와 남해 모래갯벌에서 산다. 조가비가 대나무처럼 생겼다. 맛조개 가운데 가장 크고 껍데기도 두껍다. 성장선이 뚜렷하다. 20센티미터 넘게 굴을 파고 들어가서 수관을 길게 내고 바닷물을 빨아들여 먹이를 걸러 먹는다. 추운 겨울에 많이 잡는다. **생김새** 크기 15×3cm **사는 곳** 서해, 남해 모래갯벌 **다른 이름** 토어[북], 개맛, 맛, 개솟맛, Grand razor shell **분류** 연체동물 > 죽합과

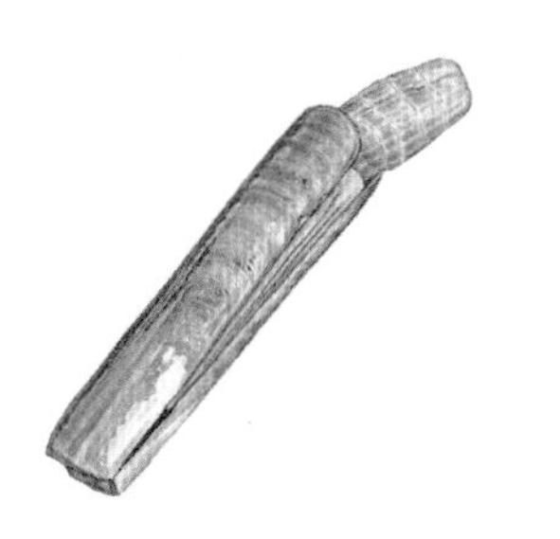

대벌레

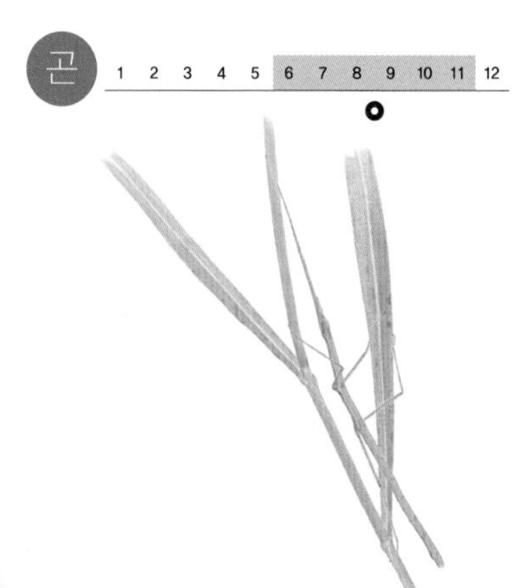

대벌레는 나무가 많은 숲에 산다. 몸이 가느다랗고 마디가 있어서 작은 나뭇가지를 닮았다. 몸 빛깔도 사는 곳에 따라 바뀐다. 적이 나타나면 가만히 있어서 금방 알아보기 어렵다. 놀라면 나무에서 떨어져 죽은 체한다. 암컷은 수컷보다 재빠르다. 넓은잎나무 잎을 갉아 먹고 산다. 날씨가 더워지면서 대벌레가 갑자기 많이 늘어나기도 한다. 알로 겨울을 난다. **생김새** 몸길이 100mm **사는 곳** 산, 숲 **먹이** 나뭇잎 **다른 이름** Korean walking-stick **분류** 대벌레목 > 대벌레과

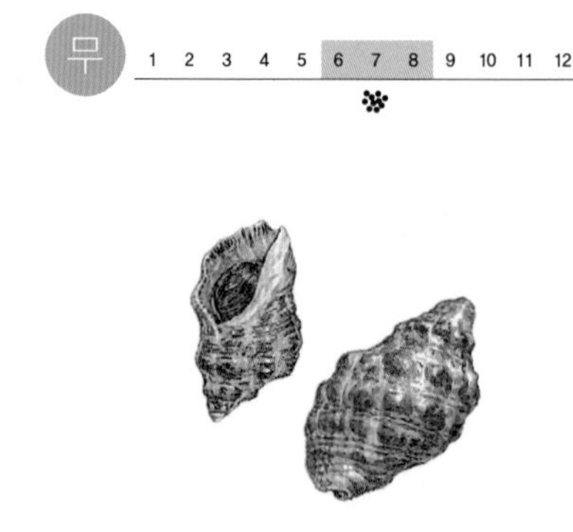

대수리

대수리는 바닷가 바위에 무리 지어 산다. 커다란 바위 전체를 온통 뒤덮을 때도 있다. 흔하게 볼 수 있다. 껍데기에 둥근 혹이 올록볼록 나 있다. 자기 몸집보다 큰 굴이나 지중해담치, 따개비 따위를 잡아먹는다. 늦은 봄에서 여름 사이 노랗고 빨간 알집을 갯바위 아래쪽에 무더기로 슬어 놓는다. **생김새** 크기 1.8×3cm **사는 곳** 갯바위 **먹이** 조개, 고둥, 따개비, 군부 **다른 이름** 강달소라[북], 깨소라, 매옹이, Korean common dogwhelk **분류** 연체동물 > 뿔소라과

대추나무

대추나무는 대추를 따려고 기르는 과일나무다. 집 근처나 밭둑에 많이 심는다. 산에서 자란 묏대추를 심어 기르면서 바뀐 나무다. 잎 앞면은 풀색이고 윤이 난다. 햇가지에 꽃이 피고 열매가 달린다. 대추는 초가을에 익는데 처음에는 짙은 풀색이다가 익으면서 검붉게 된다. 익으면서 점점 달아진다. 붉은 대추를 말리면 쭈글쭈글해진다. **생김새** 높이 10m | 잎 2~6cm, 어긋난다. **사는 곳** 마을, 밭둑 **다른 이름** Common jujube **분류** 쌍떡잎식물 > 갈매나무과

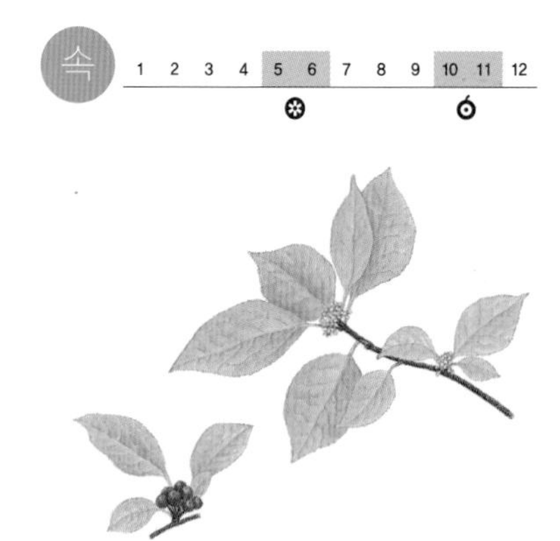

대팻집나무

대팻집나무는 산 중턱 나무숲에서 자란다. 열매를 보려고 심어 기르기도 한다. 줄기 껍질은 얇고 잿빛이 도는 흰빛이다. 잎은 뒷쪽 잎맥에 부드러운 잔털이 배게 난다. 봄에 짧은 가지 끝에서 흰 꽃이 핀다. 수꽃은 많이 모여서 공 모양이고 암꽃은 몇 송이씩 모여서 핀다. 암수딴그루이다. 열매는 작고 빨갛다. **생김새** 높이 10~15m | 잎 3~10cm, 어긋나거나 모여난다. **사는 곳** 산, 숲 **다른 이름** 물안포기나무, Macropoda holly **분류** 쌍떡잎식물 > 감탕나무과

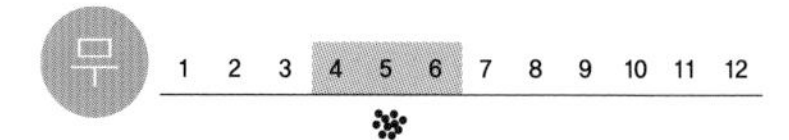

대하

대하는 서해에 많이 산다. 새우 가운데 몸집이 커서 흔히 왕새우라고 한다. 수염 한 쌍이 몸길이보다 훨씬 길다. 암컷이 수컷보다 훨씬 크다. 새우는 몸이 머리, 가슴, 배로 나뉜다. 머리와 가슴이 이어져 있는 머리가슴에는 수염이 두 쌍, 걷는다리가 다섯 쌍 있다. 배에는 헤엄치는 다리가 다섯 쌍 있다. **생김새** 몸길이 15~20cm **먹이** 어린 새우, 갯지렁이, 곤쟁이류 **사는 곳** 서해, 남해 **다른 이름** 왕새우, 홍대, Fleshy prawn **분류** 절지동물 > 보리새우과

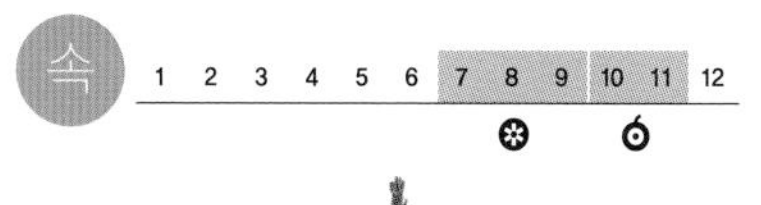

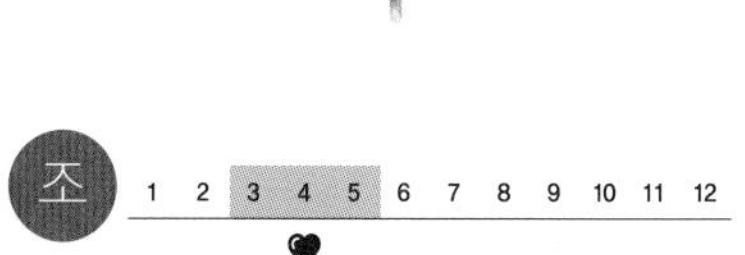

댑싸리

댑싸리는 볕이 잘 드는 밭이나 집 둘레나 길가에서 자란다. 공원에 심어 가꾸기도 한다. 줄기는 곧게 자란다. 가지를 많이 치고 처음에 풀빛이다가 점차 붉어진다. 줄기와 가지로 빗자루를 엮는다. 잎은 가장자리가 매끈하고 잎맥이 뚜렷하다. 여름에 잎겨드랑이에서 가늘고 긴 꽃이삭이 달린다. 열매에는 날개가 붙어 있다. **생김새** 높이 1~1.5m | 잎 2~5cm, 어긋난다. **사는 곳** 밭, 길가, 공원 **다른 이름** 대싸리, 공쟁이, Summer cypress **분류** 쌍떡잎식물 > 명아주과

댕기물떼새

댕기물떼새는 머리에 댕기처럼 길게 뻗은 깃이 있다. 논이나 갯벌에서 3~4마리부터 50마리 남짓까지 무리 지어 산다. 다른 물떼새들처럼 가만히 서서 둘레를 살피다가 먹이가 보이면 재빨리 달려가 잡아먹는다. 걸을 때는 서너 걸음 걷다가 멈추기를 되풀이한다. 봄과 늦가을에 우리나라에 들른다. **생김새** 몸길이 32cm **사는 곳** 갯벌, 강, 호수, 습지, 냇가 **먹이** 갯지렁이, 조개, 게, 새우, 벌레, 풀씨 **다른 이름** 댕기도요북, 쟁개비, Lapwing **분류** 도요목 > 물떼새과

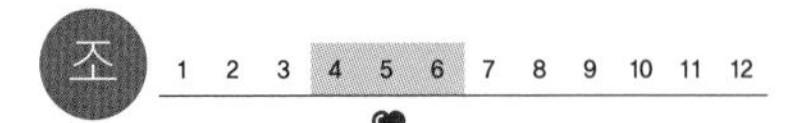

댕기흰죽지

댕기흰죽지는 저수지나 바다에서 산다. 흰죽지처럼 날개 앞이 흰빛이지만, 머리에 검은색 댕기깃이 있다. 수컷이 댕기깃이 더 길다. 흰죽지와 큰 무리를 지어 다닌다. 우리나라에 와서 겨울을 나는데, 가끔 강원도에서 머무르는 새도 있다. 물 위에서 헤엄치거나 깊은 곳까지 잠수해서 먹이를 잡는다. 조개나 물고기나 벌레를 잡아먹고 풀씨도 먹는다. **생김새** 몸길이 40cm **사는 곳** 저수지, 강, 바다 **먹이** 벌레, 물고기, 조개, 풀씨 **다른 이름** Tufted duck **분류** 기러기목 > 오리과

속 1 2 3 4 5 6 7 8 9 10 11 12

댕댕이덩굴

댕댕이덩굴은 산기슭이나 밭둑, 길가에서 흔하게 자란다. 덩굴 다발이 서로 얽히며 자란다. 봄에 흰 꽃이 피는데 암수딴그루이다. 열매는 익으면서 점점 까맣게 바뀌고 겉에 뽀얀 분이 덮인다. 덩굴이 단단해서 바구니를 엮거나 짐을 동여매는 데 쓴다. 뿌리는 약으로 쓰는데 독이 있어서 조심해야 한다. **생김새** 길이 3m | 잎 3~12cm, 어긋난다. **사는 곳** 산기슭, 밭둑, 길가 **다른 이름** 댕강넝쿨, Queen coralbead **분류** 쌍떡잎식물 > 새모래덩굴과

속 1 2 3 4 5 6 7 8 9 10 11 12

더덕

더덕은 깊은 산속 나무 그늘 아래서 자란다. 서늘하고 바람이 잘 통하는 곳을 좋아한다. 겨울이 되면 잎과 줄기는 다 떨어지고 뿌리만 남는다. 이듬해 봄에 뿌리에서 다시 싹이 돋는다. 해가 갈수록 뿌리가 굵어진다. 줄기는 덩굴이 져서 다른 나무를 감고 자란다. 꽃은 종처럼 생겼다. 도라지처럼 뿌리를 많이 먹어서 밭에 심어 기르기도 한다. **생김새** 길이 2m | 잎 3~10cm, 어긋난다. **사는 곳** 산, 들, 밭 **다른 이름** 령아초[북], 백삼[북], 참더덕, 사삼, Deodeok **분류** 쌍떡잎식물 > 초롱꽃과

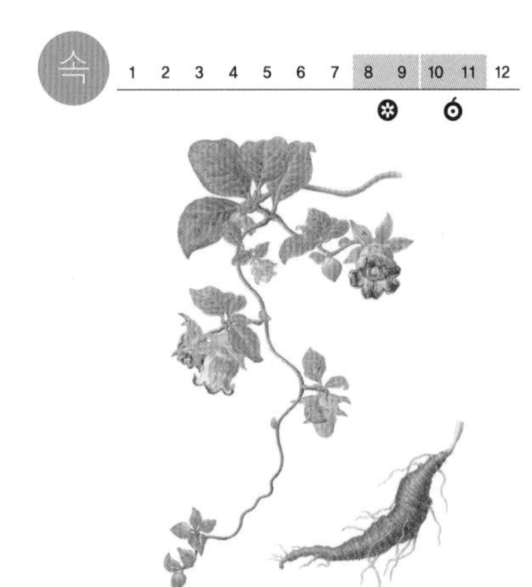

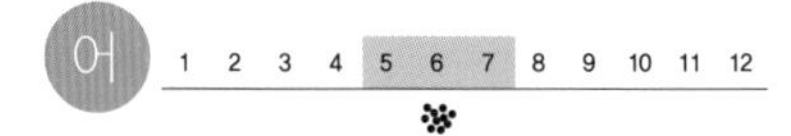

덕대

덕대는 모래나 개펄이 깔린 얕은 바다에서 산다. 병어와 똑 닮았다. 크게 자란다고 알려져 있지만 대부분 병어보다 작다. 머리 뒤에 난 물결무늬를 보고 구분하는데, 덕대는 물결무늬가 좁게 나 있고, 병어는 넓게 퍼져서 나 있다. 사는 모습도 병어와 비슷하고, 맛도 거의 같다. 시장에 나오는 병어는 대부분 덕대다. 시장에서는 병어와 함께 병어로 판다. **생김새** 몸길이 20~60cm **사는 곳** 서해, 남해, 제주 **먹이** 작은 새우, 플랑크톤, 갯지렁이 **다른 이름** Korean pomfret **분류** 농어목 > 병어과

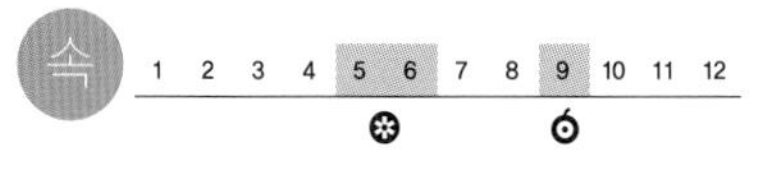

덜꿩나무

덜꿩나무는 볕이 잘 드는 숲 가장자리에서 자란다. 꽃과 열매가 보기 좋아서 공원이나 집 가까이에 심는다. 가지를 많이 치고 줄기 속이 하얗다. 어린 가지에는 털이 배게 난다. 잎은 마주나고 잎자루 뿌리 쪽에 작은 턱잎이 있다. 봄여름에 하얀 꽃이 우산 꼴로 핀다. 가을에 콩알만 한 열매가 빨갛게 익는데 새들이 많이 먹는다. **생김새** 높이 3~4m | 잎 4~10cm, 마주난다. **사는 곳** 숲 가장자리, 공원 **다른 이름** Leather-leaf viburnum **분류** 쌍떡잎식물 > 인동과

덤불해오라기

덤불해오라기는 갈대나 줄 덤불에 많이 산다고 붙은 이름이다. 낮에는 잠을 자고 해 질 무렵부터 움직인다. 덤불을 붙잡고 가만히 숨어 있는다. 갈대 줄기를 붙잡고 가만히 있다가 먹이가 다가오면 기다란 부리로 재빠르게 낚아챈다. 여름에 짝짓기를 하고, 갈대나 줄 덤불 속에 둥지를 짓고 알을 낳아 기른다. **생김새** 몸길이 35cm **사는 곳** 갈대밭, 논, 풀밭 **먹이** 물고기, 개구리, 새우, 게, 벌레 **다른 이름** 작은물까마귀[북], Chinese little bittern **분류** 황새목 > 백로과

덧부치버섯

덧부치버섯은 다른 버섯에 붙어살면서 양분을 얻는다. 이렇게 더부살이한다고 덧부치버섯이다. 여름부터 가을까지 오래되거나 썩은 버섯 갓 위에 무리 지어 난다. 절구무당버섯과 애기무당버섯에 흔히 난다. 갓은 공처럼 둥글다가 자라면서 판판하게 펴진다. 겉이 매끈하다가 자라면서 흙빛 가루 덩이로 바뀐다. 대는 짧은데 없는 것도 있다. **생김새** 갓 5~25mm **사는 곳** 썩은 버섯 **다른 이름** 덧붙이애기버섯[북], Powdery piggyback mushroom **분류** 주름버섯목 > 만가닥버섯과

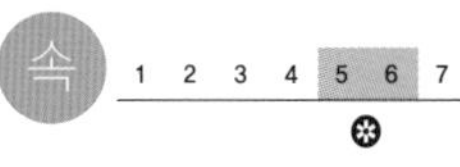

덩굴꽃마리

덩굴꽃마리는 산과 들 그늘진 땅에서 자란다. 온몸에 누운 털이 나 있다. 줄기는 처음에는 곧게 서다가 잎겨드랑이에서 기는줄기가 나오면 땅 위로 누워 뻗으며 덩굴진다. 잎은 끝이 뾰족하다. 봄에 줄기 끝에서 옅은 하늘빛 작은 꽃이 여럿 달린다. 봄에 그늘진 땅에 작고 흰 꽃이 눈에 잘 띈다. 요즘은 점점 드물어지고 있다. **생김새** 높이 7~20cm | 잎 3~5cm, 어긋난다. **사는 곳** 산, 들 **다른 이름** 덩굴꽃말이, Stoloniferous trigonotis **분류** 쌍떡잎식물 > 지치과

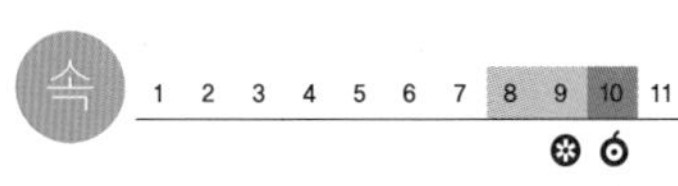

도깨비바늘

도깨비바늘은 길가나 풀밭, 물가, 산기슭에서 자란다. 씨앗이 바늘처럼 생겨서 사람 옷이나 짐승 털에 잘 달라붙는다. 줄기는 모가 지고 털은 거의 없다. 잎은 깃꼴로 갈라지고 위로 올라갈수록 작아진다. 여름부터 노란 꽃이 핀다. 씨앗에 가시가 달려서 풀숲을 다니면 옷에 붙는다. 옷을 파고들어 따갑게 찌른다. **생김새** 높이 25~85cm | 잎 6~8cm, 마주난다. **사는 곳** 길가, 풀밭, 물가, 산기슭 **다른 이름** 귀침초, 좀도깨비바늘, Spanish needle **분류** 쌍떡잎식물 > 국화과

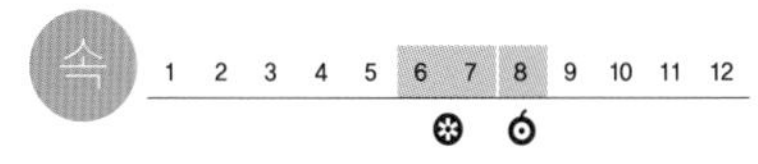

도깨비부채

도깨비부채는 깊은 산 나무 그늘 밑에서 자란다. 온몸에 잔털이 있다. 줄기는 곧게 자란다. 뿌리잎이 아주 크다. 손바닥 모양으로 갈라진다. 잎에는 비늘 조각 처럼 생긴 부드러운 밤빛 털이 있다. 여름에 줄기 끝에서 누런빛이 도는 흰빛 작은 꽃이 많이 모여 핀다. 씨앗도 자잘하고 많다. **생김새** 높이 1m | 잎 15~50cm, 마주난다. **사는 곳** 산 **다른 이름** 수레부채, 독개비부채, Rodger's bronze leaf **분류** 쌍떡잎식물 > 범의귀과

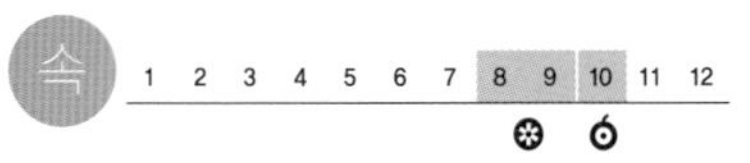

도꼬마리

도꼬마리는 길가나 빈터, 들판에서 흔히 자란다. 열매 겉에 갈고리처럼 흰 가시가 잔뜩 나 있다. 사람 옷이나 짐승 털에 척척 달라붙고 잘 안 떨어진다. 이렇게 해서 씨앗이 멀리까지 퍼진다. 잎은 세모꼴이고 잎자루가 길다. 가장자리에 톱니가 나 있다. 줄기와 잎에는 흰 털이 짧게 나 있다. 만져 보면 거칠거칠하다. **생김새** 높이 1.5m | 잎 5~15cm, 어긋난다. **사는 곳** 길가, 빈터, 들판 **다른 이름** 양부래, 도인두, 갈기초, Burweed **분류** 쌍떡잎식물 > 국화과

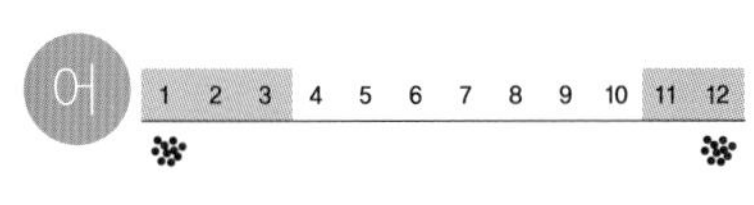

도다리

도다리는 가자미 무리에 든다. 다른 가자미보다 깊은 물에 산다. 바닥에 모래와 진흙이 깔린 곳에서 산다. 바닥에 파묻혀서 지낸다. 가자미 무리는 생김새가 모두 닮아서 헷갈린다. 돌가자미, 문치가자미, 범가자미, 도다리를 뭉뚱그려 도다리라고 한다. 도다리는 그물을 바닥에 끌어서 잡는다. 회나 구이, 탕을 끓여 먹는다. **생김새** 몸길이 30cm **사는 곳** 서해, 남해, 제주 **먹이** 물고기, 조개, 게, 갯지렁이, 새우 **다른 이름** Fine spotted flounder **분류** 가자미목 > 가자미과

도둑게

도둑게는 바닷가 가까이에 살지만, 갯벌이 아니라 뭍에서 산다. 논밭이나 산기슭이나 냇가에 굴을 파고 산다. 뱀처럼 굴을 파고 산다고 뱀게라고도 한다. 여름에 짝짓기를 한다. 새끼는 바다에서 살다가 자라면 다시 뭍으로 올라온다. 겨울에는 굴속에서 겨울잠을 잔다. **생김새** 등딱지 크기 3.3×2.9cm **사는 곳** 서해, 남해, 동해 남부 바닷가 **먹이** 개흙 속 영양분, 음식 찌꺼기 **다른 이름** 뱀게, 심방깅이, Smile crab **분류** 절지동물 > 사각게과

도라지

도라지는 햇볕이 잘 드는 산과 들에서 자란다. 요즘은 밭에서 많이 기른다. 도라지 밭에 가면 알싸한 도라지 냄새가 폴폴 난다. 가느다란 줄기가 곧게 자라 위쪽에서 가지를 친다. 여름부터 가지 끝마다 보랏빛이나 드물게 흰빛 꽃이 핀다. 공처럼 부풀어 오르다가 톡 터지며 꽃잎이 활짝 핀다. 뿌리는 반찬으로도 많이 먹지만 약으로도 쓴다. **생김새** 높이 40~100cm | 잎 4~7cm, 마주나거나 어긋난다. **사는 곳** 산, 들, 밭 **다른 이름** 도래, 길경, 백약, Balloon flower **분류** 쌍떡잎식물 > 초롱꽃과

도라지모시대

도라지모시대는 깊은 산 그늘이 조금 지는 땅에서 자란다. 땅이 기름지고 썩은 갈잎이 많아서 푹신한 곳을 좋아한다. 줄기는 곧게 자라고 털이 없고 매끈하다. 잎은 끝이 꼬리 모양으로 길어지고 가장자리에 톱니가 있다. 여름에 줄기 끝에서 종 모양 꽃이 한두 송이 핀다. 끝이 다섯 쪽으로 갈라진다. 꽃에 꿀이 많다. **생김새** 높이 30~70cm | 잎 5~20cm, 어긋난다. **사는 곳** 산 **다른 이름** 큰잔대[북], 도라지잔대, Big-flower ladybell **분류** 쌍떡잎식물 > 초롱꽃과

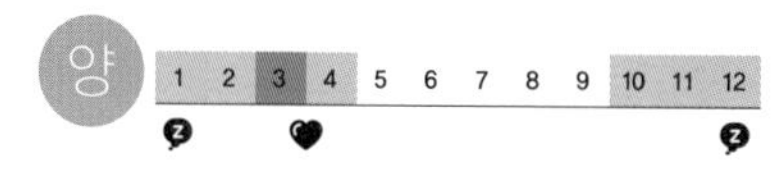

도롱뇽

도롱뇽은 산골짜기 개울가에 많이 산다. 개구리처럼 새끼 때는 물속에서 산다. 도롱뇽은 앞다리가 먼저 나오고 뒷다리가 나온다. 다 자라서 아가미가 없어지면 물 밖으로 나온다. 밤에 천천히 다니면서 거미나 날도래, 벌, 지렁이를 잡아먹는다. 겨울잠을 자고 나와서 이른 봄에 떼로 모여서 짝짓기를 한다. **생김새** 몸길이 7~12cm **사는 곳** 골짜기 물가, 개울가 **먹이** 지렁이, 거미, 작은 벌레 **다른 이름** 도롱룡[북], 도래, 도랑용, Korean salamander **분류** 유미목 > 도롱뇽과

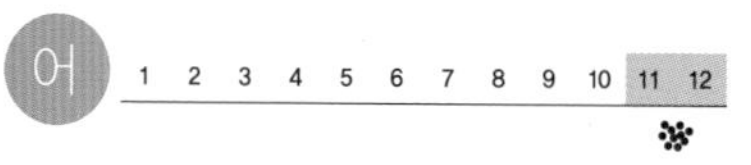

도루묵

도루묵은 찬물을 좋아한다. 깊은 바다 밑 모랫바닥에서 산다. 낮에는 모랫바닥에 몸을 파묻고 있다가 아침저녁에 나와 돌아다닌다. 겨울에 바닷말이 많은 얕은 바닷가에 떼로 몰려와서 알을 낳는다. 도루묵은 겨울에 알 낳으러 올 때 그물로 잡는다. 예전에는 알을 뜯어다가 아이들이 간식거리로 먹었다. **생김새** 몸길이 20~30cm **사는 곳** 동해 **먹이** 어린 멸치, 명태 알, 바닷말 **다른 이름** 도루메기, 도루묵이, 도루매이, 은어, Sailfin sandfish **분류** 농어목 > 도루묵과

도마뱀

도마뱀은 집 가까운 밭이나 산기슭에서 산다. 다리는 짧지만 아주 재빠르게 잘 움직인다. 꼬리를 붙잡히면 한 번은 꼬리를 끊고 달아난다. 꼬리는 한 번은 다시 생긴다. 긴 혀로 냄새를 맡아 먹이나 짝이 어디에 있는지 찾는다. 봄여름에 짝짓기를 하고 알을 낳는다. 겨울잠을 잔다. **생김새** 몸길이 10~15cm **사는 곳** 산, 밭 **먹이** 작은 벌레, 거미, 지렁이 **다른 이름** 미끈도마뱀[북], 도롱이, 독다구리, 돔뱀, Smooth skink **분류** 유린목 > 도마뱀과

도마뱀부치

도마뱀부치는 아직까지 부산에서만 발견되었다. 벽에 붙어서 잘 다닌다. 유리벽이나 천정에도 붙어 있을 수 있다. 집에 들어와 사는데, 밤에 나온다. 불빛에 모여드는 나방이나 모기 같은 날벌레를 잡아먹는다. 어두울 때는 눈이 동그랗다가 밝을 때는 고양이 눈처럼 오므라든다. 도마뱀부치도 도마뱀처럼 꼬리를 끊고 달아나고, 겨울잠도 잔다. **생김새** 몸길이 8~10cm **사는 곳** 집 **먹이** 거미, 나방, 모기 **다른 이름** 집도마뱀북, Gecko **분류** 유린목 > 도마뱀부치과

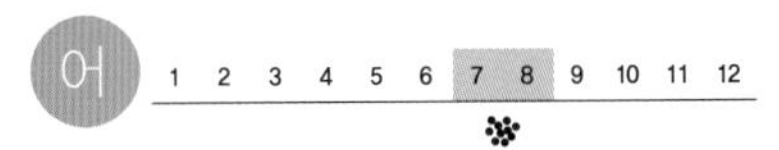

독가시치

독가시치는 따뜻한 바다에서 산다. 제주 바다에 많이 사는데 요즘에는 동해 속초 앞바다까지 올라오기도 한다. 바닷말이 숲을 이루고 울퉁불퉁한 바위가 솟은 얕은 바다에 산다. 낮에 떼를 지어 몰려다니면서 바닷말을 뜯어 먹는다. 독가시치는 갯바위에서 낚시로 많이 잡는다. 가시에 찔리지 않게 조심해야 된다. 회를 떠 먹는다. 찌개, 구이, 튀김으로도 먹는다. **생김새** 몸길이 40cm **사는 곳** 제주, 남해 **먹이** 바닷말, 새우, 갯지렁이 **다른 이름** 따치, Rabbitfish **분류** 농어목 > 독가시치과

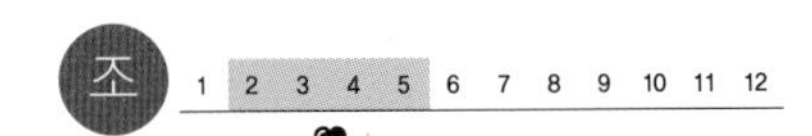

독수리

독수리는 숲이나 강 하구에서 산다. 독수리의 '독'은 대머리라는 뜻이고, '수리'는 사납고 육식하는 새를 가리키는 말이다. 우리나라 맹금류 가운데 몸집이 가장 크다. 겨울에는 여러 마리가 모여 지낸다. 높이 날면서 죽은 짐승을 찾아 먹는다. 가끔 작은 동물을 사냥하기도 한다. 가을에 우리나라를 찾아와 겨울을 난다. **생김새** 몸길이 110cm **사는 곳** 숲, 강 하구, 물가 **먹이** 죽은 짐승, 토끼, 쥐, 물고기 **다른 이름** 번대수리북, Cinereous vulture **분류** 매목 > 수리과

독우산광대버섯

독우산광대버섯은 여름부터 가을까지 숲속 땅에 홀로 나거나 무리 지어 난다. 떡갈나무, 벚나무, 너도밤나무 둘레에 흔히 난다. 어릴 때는 알처럼 둥글다가 껍질을 찢고 갓과 대가 나온다. 온몸이 새하얗다. 겉은 매끄럽고 물기를 머금으면 끈적끈적해진다. 먹을 수 있는 말불버섯이나 흰주름버섯과 닮았지만, 독이 아주 세다. **생김새** 갓 56~145mm **사는 곳** 넓은잎나무 숲 **다른 이름** 학독버섯[북], Destroying angel mushroom **분류** 주름버섯목 > 광대버섯과

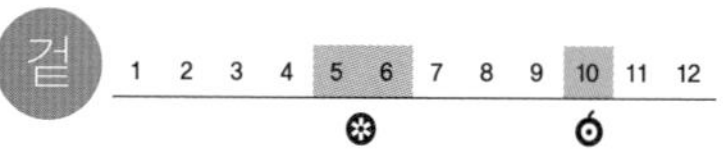

독일가문비

독일가문비나무는 기름진 땅에서 잘 자란다. 추위를 잘 견디고, 그늘진 곳을 좋아한다. 곧게 자라고 아주 높이까지 자란다. 모양새가 좋아서 요즘은 공원에도 많이 심는다. 잎은 한 가닥씩 붙고 끝이 뾰족하다. 가늘고 긴 열매가 밑으로 늘어지며 달린다. 목재는 가구를 짜거나 집을 지을 때 좋다. **생김새** 높이 50m | 잎 1.2~2.5cm, 돌려난다. **사는 곳** 산, 공원 **다른 이름** 긴방울가문비, Norway spruce **분류** 겉씨식물 > 소나무과

독일바퀴

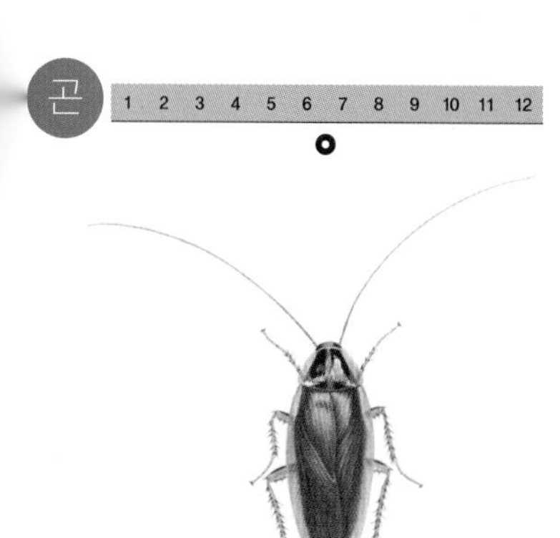

바퀴는 집에서 흔히 볼 수 있다. 음식 찌꺼기나 비누, 종이, 풀 따위를 가리지 않고 다 먹는다. 어둡고 축축한 곳에 많다. 낮에는 좁은 틈새에 숨어 있다가 밤이 되면 밖으로 나온다. 번식력이 강해서 금세 몇 배로 불어난다. 추위에 약하다. 독일바퀴는 몸빛이 다른 새끼가 자주 태어난다. **생김새** 몸길이 10~15mm **사는 곳** 집 안 어둡고 눅눅한 곳, 집 둘레 **먹이** 아무것이나 다 먹는다. **다른 이름** 강구, 바퀴벌레, 돈벌레, German cockroach **분류** 바퀴목 > 바퀴과

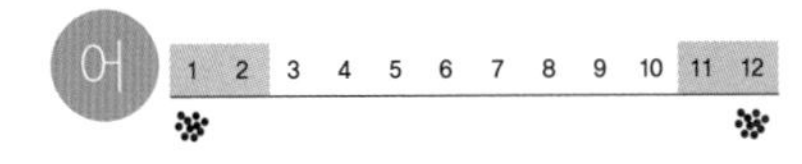

돌가자미

돌가자미는 서해에 많다. 바다 밑 모랫바닥이나 개펄 바닥에 산다. 때때로 강어귀로 올라오기도 한다. 바닥에 붙어 있다가 갯지렁이나 작은 새우, 조개를 잡아먹는다. 여름에는 깊은 곳에 있다가 겨울에 바닷가 가까이로 와 알을 낳는다. 어릴 때는 눈이 양쪽에 있다가 크면서 오른쪽으로 쏠린다. 낚시로 많이 잡는다. **생김새** 몸길이 20~50cm **사는 곳** 우리나라 온 바다 **먹이** 갯지렁이, 작은 새우, 조개 **다른 이름** 돌가재미[북], 도다리, Stone flounder **분류** 가자미목 > 가자미과

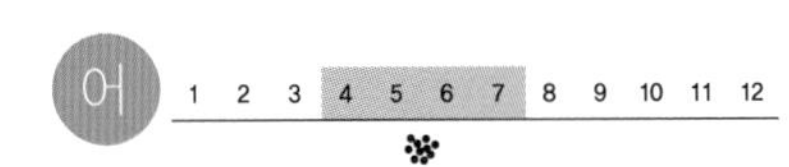

돌갈매나무

돌갈매나무는 산골짜기나 산기슭 바위가 많은 곳에서 자란다. 강원도나 그보다 추운 곳에 난다. 줄기는 어두운 잿빛이고 가지를 많이 친다. 잎 가장자리에는 자잘한 톱니가 있다. 꽃은 잎겨드랑이나 짧은 가지 끝에 여럿이 모여 핀다. 작고 누런 풀빛이다. 열매는 연한 풀빛이다가 익으면 검은 밤빛이 된다. 씨가 한두 개 들어 있다. **생김새** 높이 2m | 잎 1.5~3.5cm, 마주난다. **사는 곳** 산 **다른 이름** 산갈매나무, Little-leaf buckthorn **분류** 쌍떡잎식물 > 갈매나무과

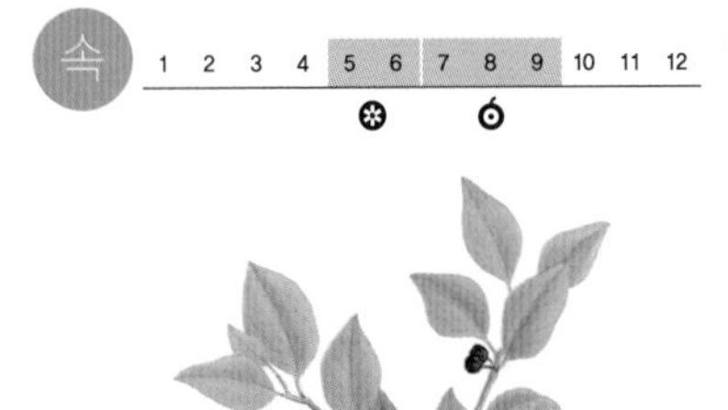

돌고기

돌고기는 산골짜기나 냇물에 흔하고, 맑은 물이 흐르는 강에서도 산다. 큰 돌이나 자갈이 깔리고 물살이 느린 곳에서 떼를 지어 헤엄친다. 주둥이는 납작하고 입술이 두껍다. 돌에 붙은 돌말을 가볍게 톡톡 쪼아서 떼어 먹는다. 봄여름에 돌에 알을 붙여서 낳는다. **생김새** 몸길이 7~15cm **사는 곳** 냇물, 강 **먹이** 돌말, 물벌레, 다슬기, 작은 새우, 물고기 알 **다른 이름** 돗쟁이[북], 중돌고기[북], 배불뚝이, 등미리, 배뚱보, 돌쭝어, Striped shinner **분류** 잉어목 > 모래무지아과

1 2 3 4 5 6 7 8 9 10 11 12

돌기해삼

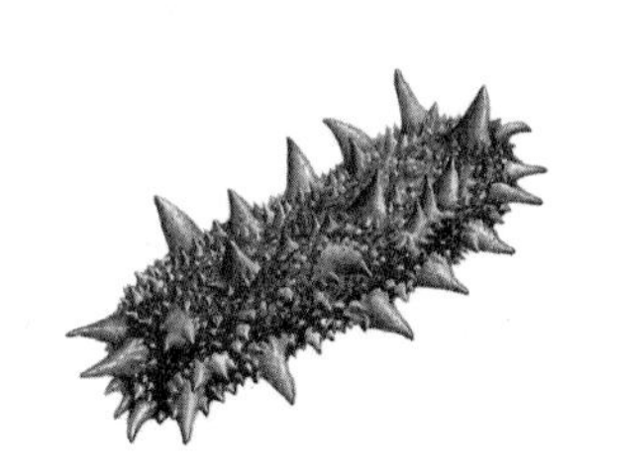

돌기해삼은 몸에 돌기가 있다. 바다 밑에서 산다. 물 빠진 바닷가 바위나 돌 밑에도 있다. 헤엄은 못 치고 기어다닌다. 모래나 개흙, 바닷말, 썩은 동물 따위를 먹는다. 위험하면 똥구멍으로 내장을 쏟아낸다. 그리고는 천적이 내장을 먹는 사이에 달아난다. 내장은 다시 생긴다. 여름에는 깊은 바다로 가서 여름잠을 잔다. **생김새** 몸길이 5~20cm **사는 곳** 바닷속 **먹이** 모래나 개흙, 바닷말, 썩은 동물 **다른 이름** 미, 해삼, Japanese sea cucumber **분류** 극피동물 > 돌기해삼과

1 2 3 4 5 6 7 8 9 10 11 12

돌나물

돌나물은 축축한 바위틈이나 산기슭에서 자란다. 큰 돌을 뒤덮으면서 퍼지기도 한다. 줄기를 잘라 땅에 묻어 두면 금세 뿌리를 내리고 퍼진다. 줄기는 땅 위를 기면서 자라는데 마디에서 새 뿌리가 나온다. 잎은 물이 많아서 통통하다. 오뉴월에 별처럼 생긴 노란 꽃이 여러 개 모여 핀다. 먹으려고 일부러 심기도 한다. **생김새** 높이 15cm | 잎 1.5~2cm, 돌려난다. **사는 곳** 바위틈, 산기슭 **다른 이름** 돈나물, Stringy stonecrop **분류** 쌍떡잎식물 > 돌나물과

1 2 3 4 5 6 7 8 9 10 11 12

돌단풍

돌단풍은 산속 그늘진 개울가에서 자란다. 물기가 많은 바위틈을 좋아한다. 뜰이나 공원에 심어 가꾸기도 한다. 뿌리잎은 길고 매끈한 잎자루가 있다. 손가락 모양으로 갈라진다. 가장자리에 크고 작은 톱니가 있다. 꽃줄기는 곧게 자란다. 봄에 꽃줄기 끝에 작은 꽃이 많이 모여 핀다. 여섯 갈래로 깊게 갈라진다. **생김새** 높이 30~50cm | 잎 20cm, 모여난다. **사는 곳** 개울가, 공원 **다른 이름** 돌나리, Maple-leaf mukdenia **분류** 쌍떡잎식물 > 범의귀과

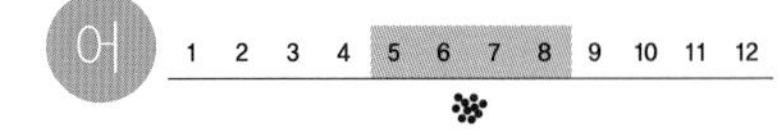

돌돔

돌돔은 따뜻한 바닷물을 좋아한다. 바닷가 갯바위가 많은 곳에서 산다. 갯바위에 사는 물고기 가운데 힘이나 생김새가 으뜸이라 갯바위의 제왕이라고 한다. 낮에 바위틈에서 헤엄쳐 다니고 물낯 가까이 올라오면서 먹이를 잡아먹는다. 성게나 소라나 조개도 깨서 먹는다. 밤에는 바위틈에서 쉰다. 몸에 까만 줄무늬가 줄지어 나 있다. 자라면서 차츰 없어진다. **생김새** 몸길이 30~70cm **사는 곳** 우리나라 온 바다 **먹이** 게, 조개, 고둥 **다른 이름** 줄돔, 청돔, 갓돔, 갯돔, 돌톳, Parrot fish **분류** 농어목 > 돌돔과

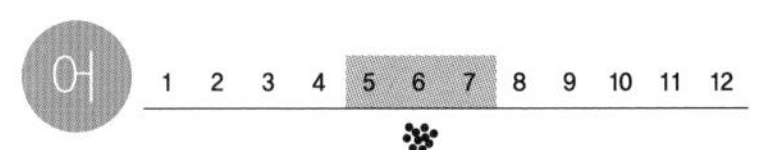

돌마자

돌마자는 물이 맑고, 물살이 느리고 돌이나 모래가 깔린 곳에서 산다. 돌 위에 잘 붙어 있다. 돌 위에서 꼼짝 않고 가만히 쉴 때가 잦다. 돌에 붙은 돌말을 잘 먹는다. 바닥에 닿을 듯이 헤엄치면서 물벌레를 잡아먹기도 한다. 알 낳을 때가 되면 수컷은 몸통이 까매진다. 우리나라에만 산다. **생김새** 몸길이 5~10cm **사는 곳** 산골짜기, 냇물, 강 **먹이** 돌말, 물벌레 **다른 이름** 돌모래치[북], 돌모래무지, 똥마주, 돌바가, 썩어뱅이 **분류** 잉어목 > 모래무지아과

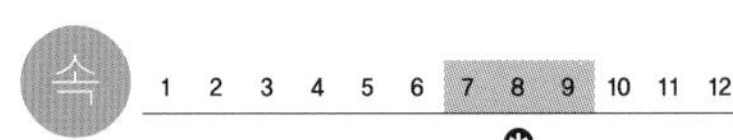

돌마타리

돌마타리는 볕이 잘 드는 산에서 자란다. 메마른 땅에서 잘 난다. 뜰에 심어 가꾸기도 한다. 줄기는 곧게 자라며 가지를 적게 친다. 잎은 버들잎 모양이고 위쪽에 달린 잎이 더 크다. 줄기 끝에서 꽃이 많이 모여 피는데 작고 노란빛이다. 꽃은 종 모양이고 꽃잎이 다섯 갈래로 갈라진다. 온몸에서 고린내가 난다. 더울수록 냄새가 더 난다. **생김새** 높이 20~60cm | 잎 2~7cm, 마주난다. **사는 곳** 산, 정원 **다른 이름** Rocky golden lace **분류** 쌍떡잎식물 > 마타리과

돌묵상어

돌묵상어는 우리나라 바다에 가끔 나타난다. 혼자 다니기도 하고 두세 마리가 함께 다니기도 하는데, 가끔 두세 마리가 길잡이를 하고 수십 수백 마리가 따라 헤엄치기도 한다. 고래상어 다음으로 몸집이 크다. 덩치는 커도 순하고 느긋하다. 큰 입을 쫙 벌리고 플랑크톤을 걸러 먹는다. 작은 먹이를 아가미에 있는 아가미털로 걸러 먹는다. **생김새** 몸길이 15m **사는 곳** 우리나라 온 바다 **먹이** 플랑크톤 **다른 이름** 물치, Basking shark **분류** 악상어목 > 돌묵상어과

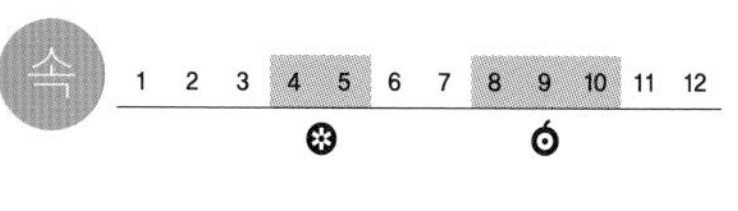

돌배나무

돌배나무는 물기가 많은 골짜기에서 잘 자란다. 배나무와 닮았다. 잎 끝이 뾰족하고 밑은 둥글다. 가장자리에 잔 톱니가 있다. 봄에 흰 꽃이 가지 끝에 모여서 핀다. 돌배는 옛날부터 즐겨 먹던 과일인데 배보다 훨씬 작다. 익으면서 누렇게 된다. 달고 향기가 좋다. 따서 바로 먹을 수 있다. 배나무를 기를 때는 돌배나무에 접을 붙인다. **생김새** 높이 15m | 잎 7~12cm, 어긋난다. **사는 곳** 산골짜기, 마을 **다른 이름** 산배나무, Sand pear **분류** 쌍떡잎식물 > 장미과

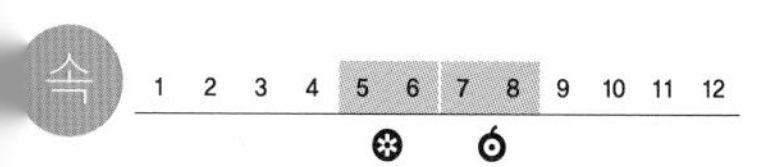

돌뽕나무

돌뽕나무는 바닷가 산기슭이나 강가에서 자란다. 잎 앞은 성긴 털이 있어 깔끄럽고 뒤는 보드라운 털이 빽빽하다. 잎 끝은 뾰족하고 가장자리에는 톱니가 있다. 봄에 잎겨드랑이에서 꽃이 핀다. 암꽃과 수꽃이 따로 핀다. 열매인 오디는 빨갛다가 검은 보랏빛으로 익는다. 예전에는 잎을 따서 누에를 먹였다. **생김새** 높이 8~15m | 잎 3~24cm, 어긋난다. **사는 곳** 바닷가, 강가 **다른 이름** 털뽕나무, 참털뽕나무, Chinese mulberry **분류** 쌍떡잎식물 > 뽕나무과

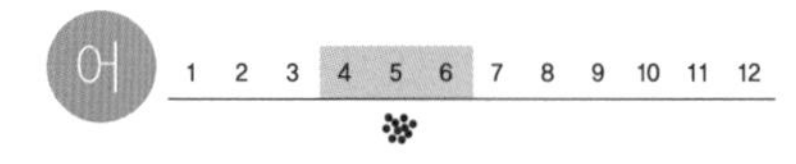

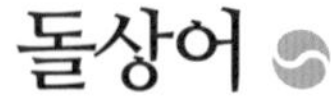

돌상어

돌상어는 아주 맑은 물이 흐르는 산골짜기와 냇물에서 산다. 물살이 세고 잔자갈이 깔린 여울 바닥에서 지낸다. 여울에서도 납작한 몸을 이용해 돌 위에 잘 붙는다. 큰 놈일수록 물살이 더 세고 깊은 곳에서 산다. 꾸구리처럼 눈꺼풀이 있다. 고양이 눈을 닮았다고 여울괭이라고도 한다. 여울 바닥 돌 틈에 알을 낳는다. **생김새** 몸길이 7~14cm **사는 곳** 산골짜기, 냇물, 강 **먹이** 작은 물벌레 **다른 이름** 여울괭이, 돌나래미, 눈깔망냉이, 돌날나리 **분류** 잉어목 > 모래무지아과

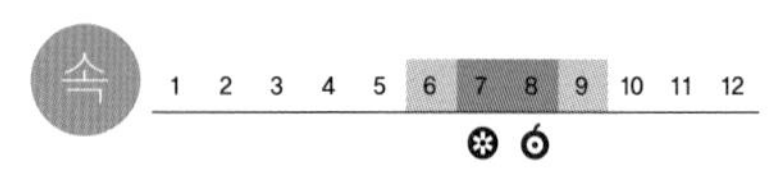

돌소리쟁이

돌소리쟁이는 집 둘레나 길가, 산기슭, 강둑, 과수원에서 흔하게 자란다. 땅에 바짝 붙어서 겨울을 난 다음, 봄에 줄기가 곧게 자란다. 잎 가장자리가 물결 모양으로 주름져 있다. 꽃은 짙은 녹색이고 꽃잎이 없다. 씨앗은 날개처럼 생긴 꽃받침에 싸여서 바람을 타고 날아간다. **생김새** 높이 60~120cm | 잎 10~25cm, 어긋난다. **사는 곳** 집 둘레, 길가, 산기슭, 강둑 **다른 이름** 세포송구, 개대황, Broad-leaved dock **분류** 쌍떡잎식물 > 마디풀과

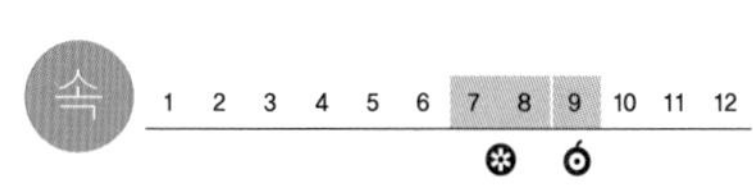

돌콩

돌콩은 볕이 잘 들고 기름진 땅에서 자란다. 곡식으로 심어 먹는 콩의 기원 종이다. 집 둘레나 길가, 산기슭, 밭둑에 많다. 가늘고 긴 줄기로 가까이 있는 풀이나 나무를 휘감으며 자란다. 잎과 줄기에는 거친 밤빛 털이 난다. 여름에 자줏빛 꽃이 핀 다음, 꼬투리가 달리는데 밤빛 콩알이 서너 알 들어 있다. **생김새** 길이 2m | 잎 7~16cm, 어긋난다. **사는 곳** 집 둘레, 길가, 산기슭, 밭둑 **다른 이름** 야생콩, Wild soybean **분류** 쌍떡잎식물 > 콩과

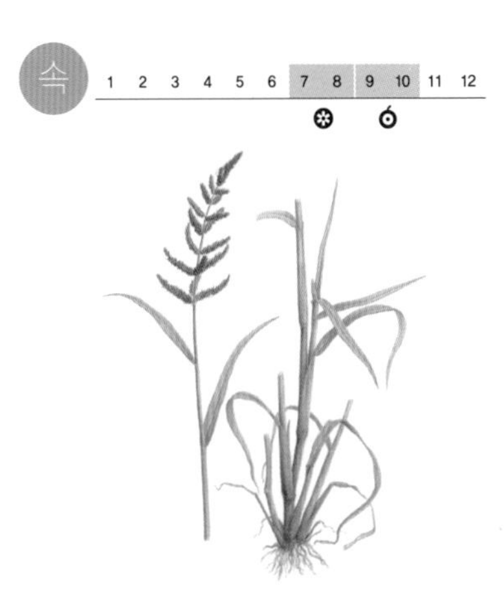

돌피

돌피는 논이나 밭, 논도랑, 길가에서 자란다. 물기가 많은 땅을 좋아해서 얕은 물속에서도 잘 자란다. 줄기는 뭉쳐나는데 가늘고 매끈하다. 잎은 털이 없지만 까칠까칠하다. 여름에 이삭이 고깔처럼 모여 달린다. 논에 흔하게 나는 잡초인데, 자랄 때는 벼와 닮아서 가려내기 어렵다. 모내기를 한 다음 얼마 지나지 않아서 뽑아야 잘 뽑힌다. **생김새** 높이 80~150cm | 잎 8~35cm, 어긋난다. **사는 곳** 논, 밭, 논도랑, 길가 **다른 이름** Barnyard grass **분류** 외떡잎식물 > 벼과

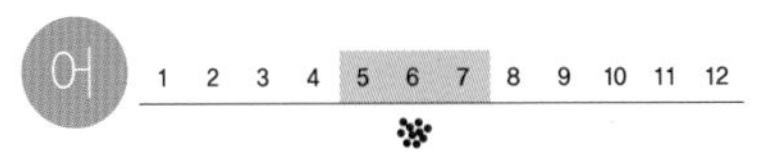

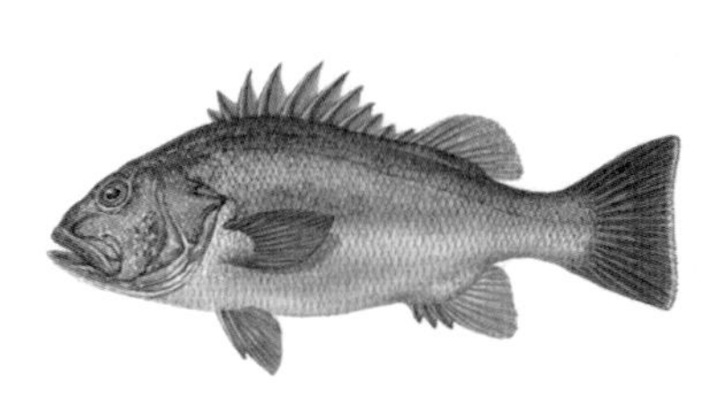

돗돔

돗돔은 아주 깊은 바다에 산다. 사는 모습이 잘 밝혀지지 않았다. 깊은 물속 바위틈에서 물고기를 잡아먹거나 죽어서 바닥에 가라앉는 오징어 따위를 먹는다. 봄여름에 알을 낳으러 얕은 곳으로 올라온다. 알에서 깨어난 새끼는 바닷가에서 크다가 깊은 바다로 들어간다. 돗돔은 여름과 가을 사이에 잡는다. 회로 먹거나 구이로 먹는다. **생김새** 몸길이 2m 안팎 **사는 곳** 동해, 남해 **먹이** 물고기, 오징어 **다른 이름** Striped jewfish **분류** 농어목 > 반딧불게르치과

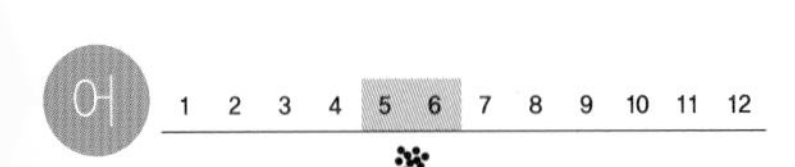

동갈돗돔

동갈돗돔은 따뜻한 물을 좋아한다. 바닷가 모래가 깔린 바닥에서 산다. 민물과 짠물이 뒤섞이는 강어귀에서도 자주 볼 수 있다. 낮에는 끼리끼리 모여 있다가 밤이 되면 저마다 흩어진다. 어릴 때는 물속 바위틈에 옹기종기 잘 모여 있다. 게나 새우나 작은 물고기를 잡아먹는다. 동갈돗돔은 낚시로 잡는다. **생김새** 몸길이 40~50cm **사는 곳** 서해, 남해 **먹이** 게, 새우, 작은 물고기 **다른 이름** Black grunt **분류** 농어목 > 하스돔과

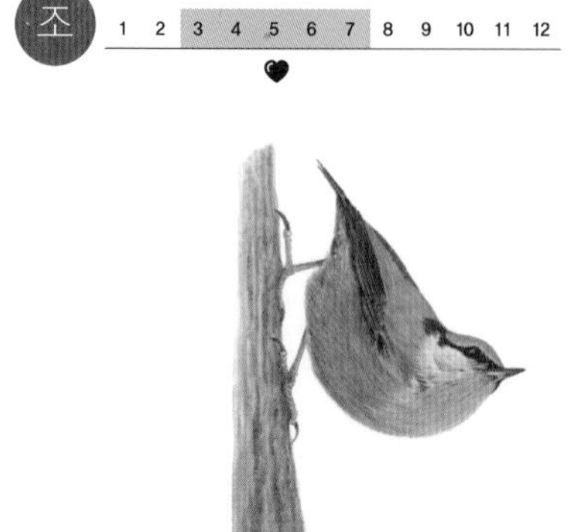

동고비

동고비는 여름에는 깊은 산속에서 혼자 또는 암수가 함께 살다가 새끼를 치고 나면 박새나 쇠박새, 딱따구리 무리와 섞여 다닌다. 나무줄기를 잡고 머리를 땅 쪽으로 향한 채 내려오기도 하고, 아예 나뭇가지 아래쪽에 거꾸로 매달리기도 한다. 나무껍질을 쪼아서 속에 있는 벌레를 잡아먹는다. 봄여름에 짝짓기를 하고 나무구멍에 둥지를 틀어 새끼를 친다. **생김새** 몸길이 13cm **사는 곳** 산, 숲 **먹이** 벌레, 거미, 솔씨, 나무 열매, 곡식 **다른 이름** Nuthatch **분류** 참새목 > 동고비과

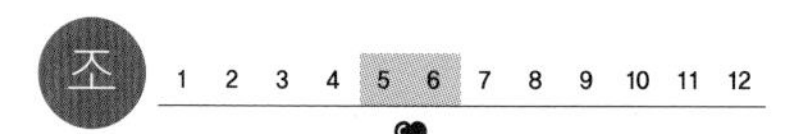

동박새

동박새는 동백꽃 꿀을 빨아 먹고 산다. 동백나무가 많은 숲에서 산다. 짝짓기 무렵에는 혼자 또는 암수가 함께 다니다가 새끼를 치고 나면 여럿이 무리 지어 다닌다. 참새, 박새, 뱁새처럼 작은 새들이 섞여 지낸다. 혀가 길고 갈라져 있어서 과일즙이나 꽃꿀을 빨기에 알맞다. 둥지도 동백나무에 많이 짓는다. 밥그릇처럼 생겼다. **생김새** 몸길이 12cm **사는 곳** 숲 **먹이** 꽃꿀, 꽃가루, 나무 열매, 벌레, 거미 **다른 이름** 남동박새[북], Japanese white-eye **분류** 참새목 > 동박새과

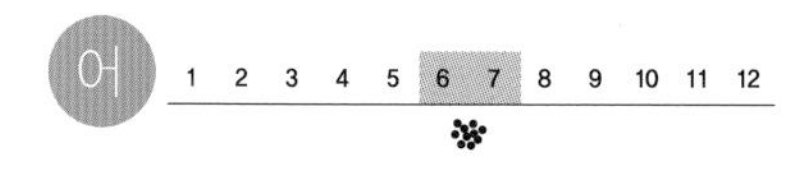

동방종개

동방종개는 동해로 흐르는 경상도의 민물에 산다. 냇물과 강의 중하류에서 지낸다. 자갈과 모래가 깔린 바닥에서 물벌레를 잡아먹는다. 초여름에 알을 낳는다. 종개 무리에 드는 물고기들처럼 수컷이 암컷 몸을 감고 배를 조여서 알을 낳는다. **생김새** 몸길이 10~12cm **사는 곳** 냇물, 강 **먹이** 돌말, 물벌레 **다른 이름** 뽀드락지, 꼬들래미, 기름장군, 삼아치, 싸리쟁이, 노구래쟁이 **분류** 잉어목 > 미꾸리과

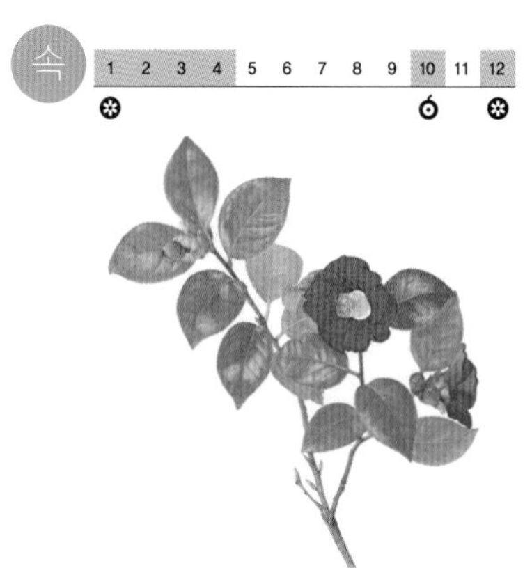

동백나무

동백나무는 따뜻한 남쪽 지방에서 자란다. 기름지고 물이 잘 빠지는 땅을 좋아하고 그늘에서도 잘 견딘다. 잎은 두텁고 윤이 난다. 추운 겨울과 봄 사이에 꽃이 핀다. 어떤 나무보다 먼저 핀다. 꽃 위에 눈이 쌓이기도 한다. 꽃꿀을 먹으려고 동박새가 꽃에 모여든다. 가을에 열매가 여문다. 씨는 기름을 짠다. **생김새** 높이 7m | 잎 5~12cm, 어긋난다. **사는 곳** 남쪽 지방 마을, 공원 **다른 이름** 뜰동백나무, Common camellia **분류** 쌍떡잎식물 > 차나무과

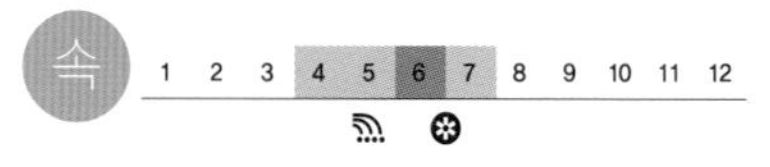

동부

동부는 밭에 심는 곡식이다. 완두처럼 풋꼬투리를 따서 삶아 먹고 밥에 두어 먹는다. 줄기는 덩굴지면서 자란다. 몸에 털이 없고, 잎자루는 길다. 여름에 옅은 분홍빛이나 보랏빛 꽃이 핀다. 긴 꼬투리 안에 콩알이 열 개쯤 들어 있다. 키가 작거나 덩굴로 자라서 울타리나 마당 끝에 많이 심는다. **생김새** 길이 0.5~3m | 잎 8~15cm, 어긋난다. **사는 곳** 밭 **다른 이름** 광저기, 강두, 섬세기, 줄당콩, 동배당콩, Cowpea **분류** 쌍떡잎식물 > 콩과

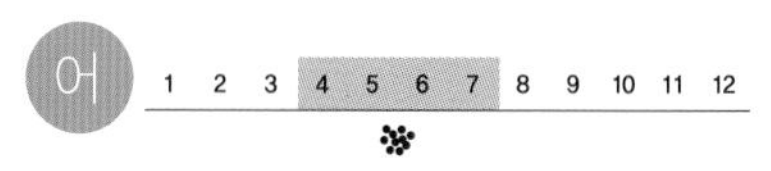

동사리

동사리는 냇물과 강, 저수지에 산다. 바닥에 큰 바위와 돌이 깔리고, 물풀이 수북한 곳에 흔하다. 낮에는 돌 밑이나 물풀 사이에 숨고 밤에 나온다. 먹성이 좋아서 움직이는 것은 닥치는 대로 먹는다. 봄여름에 알을 낳는데, 돌 밑에 알을 붙이고 수컷이 알자리에 남아 지킨다. **생김새** 몸길이 10~13cm **사는 곳** 산골짜기, 냇물, 강, 저수지 **먹이** 작은 물고기, 물벌레, 새우 **다른 이름** 뚝지[북], 개뚝중이[북], 뚜구리, 불무탱이, Korean dark sleeper **분류** 농어목 > 동사리과

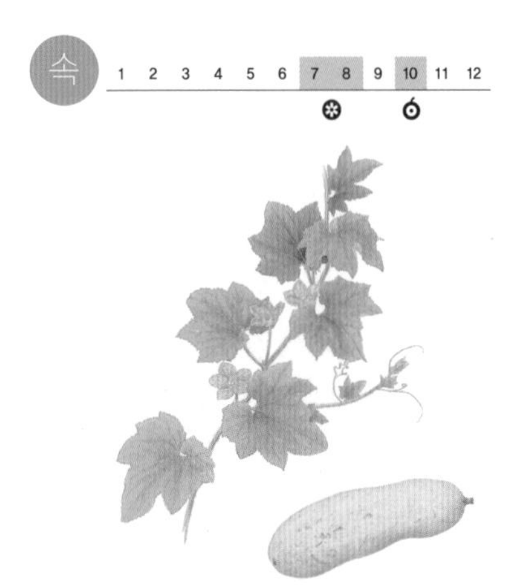

동아

동아는 밭에 심어 기른다. 본디 동남아시아나 인도에서 자라는 풀이다. 줄기는 땅으로 길게 뻗으며 자라다가 덩굴손이 나와서 다른 물체를 감고 올라간다. 자잘한 털이 있어서 까끌까끌하다. 잎은 5~7갈래로 움푹움푹 갈라진다. 가장자리에는 톱니가 난다. 가을에 애호박처럼 생긴 열매가 달린다. 처음엔 풀빛이다가 서리를 맞으면 하얀 분이 더께처럼 낀다. **생김새** 길이 3~4m | 잎 15~25cm, 어긋난다. **사는 곳** 밭 **다른 이름** 동과, 백동과, Wax gourd **분류** 쌍떡잎식물 > 박과

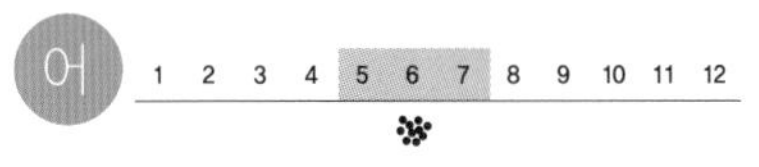

동자개

동자개는 따뜻하고 탁한 물, 물살이 느리고 모래나 진흙이 깔린 곳을 좋아한다. 낮에는 돌 밑이나 바위틈에 숨어 있고, 밤에 나온다. 겨울이 되면 깊은 곳으로 가서 수십 마리가 함께 모여 겨울을 난다. 지느러미 끝에 가시가 있다. 먹으려고 양식을 하기도 한다. **생김새** 몸길이 10~20cm **사는 곳** 강, 냇물, 저수지 **먹이** 작은 물고기, 새우, 물벌레 **다른 이름** 자개[북], 다갈농갱이[북], 빠가, 쐬기, 쏜쟁이, Korean bullhead **분류** 메기목 > 동자개과

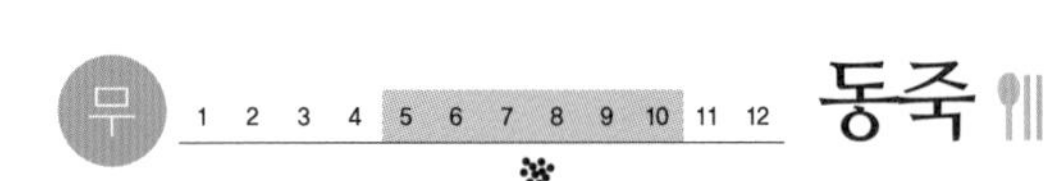

동죽

동죽은 서해와 남해 모래갯벌에 산다. 갯벌에 얕게 묻혀서 지낸다. 사는 곳에 따라 몸빛이 달라서 누르스름하거나 잿빛, 어두운 감청색이 돈다. 가무락조개와 닮았는데 겉이 거칠고 크기가 더 작다. 몸속에 모래가 많이 들어 있다. 한 해에 두 번 알을 스는데 그 모습이 꼭 국수 가락이 쏟아져 나오는 것 같다. **생김새** 크기 4.5×3cm **사는 곳** 서해, 남해 모래갯벌 **다른 이름** 동조개[북], 불통, 미영조개, Surf clam **분류** 연체동물 > 개량조개과

동충하초

동충하초는 나비나 나방의 번데기에서 나는 버섯이다. 벌레에서 나는 버섯이 여러 종류인데 그 가운데 가장 널리 알려져 있다. 여름부터 가을까지 이끼 속이나 땅속, 썩은 나무속에 파묻힌 번데기 몸에서 나서 땅 위로 올라온다. 머리와 대가 야구 방망이처럼 생겼다. 머리와 대가 뚜렷하게 나누어지지 않는다. **생김새** 머리 14~36×1.5~5.3mm **사는 곳** 숲 **다른 이름** 번데기버섯[북], 번데기동충하초, Scarlet caterpillarclub fungus **분류** 동충하초목 > 동충하초과

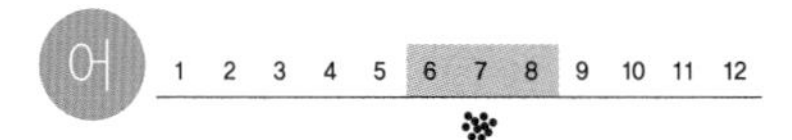

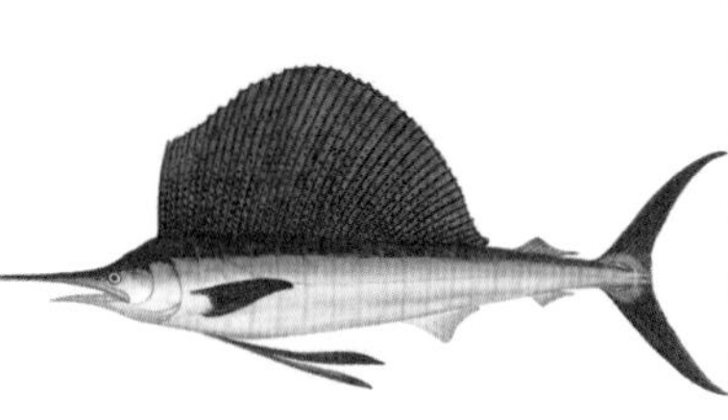

돛새치

돛새치는 여름철에 따뜻한 물을 따라 남해까지 올라온다. 새치 무리 가운데 바닷가로 가장 가깝게 다가온다. 무리를 지어 물낯 가까이를 빠르게 헤엄쳐 다닌다. 물고기 가운데 가장 빠르다. 시속 100킬로미터가 넘는다. 먹잇감을 잡을 때 물고기 떼를 둘러싸서 모아 놓고 잡거나, 기다란 주둥이를 마구 휘둘러 물고기를 쳐서 잡기도 한다. **생김새** 몸길이 3m 안팎 **사는 곳** 남해, 제주 **먹이** 작은 물고기, 오징어 **다른 이름** 배방치, 부채, Sailfish **분류** 농어목 > 황새치과

돼지

돼지는 고기를 먹으려고 기른다. 멧돼지를 데려다가 길들인 것이다. 사람이 기르기 시작한 것은 구천 년쯤 전부터이다. 돼지는 아무거나 잘 먹는다. 살이 빨리 찌고 몸집도 부쩍부쩍 잘 자란다. 요즘은 거의 사료로 기른다. 돼지도 고기소와 마찬가지로 좁은 우리에서 평생을 갇혀 지내는 것이 대부분이다. **생김새** 몸길이 100~140cm **사는 곳** 집에서 기른다. **먹이** 곡식, 구정물, 음식 찌꺼기, 사료 **다른 이름** 도야지, 돗, 돝, Pig **분류** 우제목 > 멧돼지과

1 2 3 4 5 6 7 8 9 10 11 12

돼지가리맛

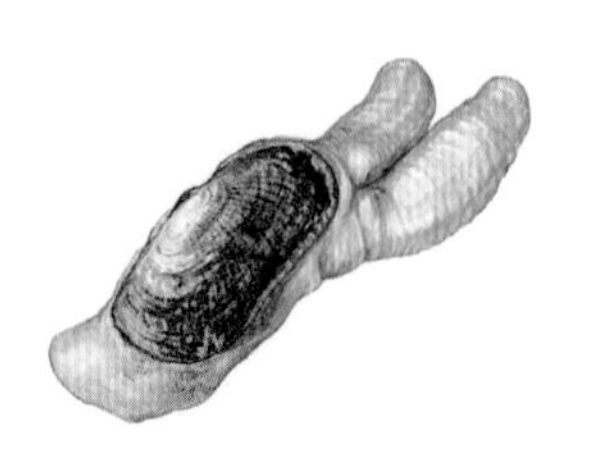

돼지가리맛은 서해와 남해 고운 모래갯벌에 산다. 굴을 깊이 파고 들어가 산다. 구멍을 두 개 내는데, 하나는 크고 하나는 작다. 한창 날 때는 갯바닥에 돼지가리맛 구멍이 수두룩하다. 늦가을부터 봄 사이에 많이 잡는다. 삶아 먹거나 구워 먹는데 살이 푸짐하고 맛도 좋다. **생김새** 크기 8×3.5cm **사는 곳** 서해, 남해 모래갯벌 **다른 이름** 돼지솟꼴랭이, 갈맛조개, Divaricate short razor **분류** 연체동물 > 발가리맛조개과

1 2 3 4 5 6 7 8 9 10 11 12

돼지풀

돼지풀은 길가나 밭, 산기슭에서 자란다. 잎이 쑥 잎을 닮아서 쑥잎풀이라고도 하고, 닿으면 두드러기가 난다고 두드러기풀이라고도 한다. 줄기에서 가지를 많이 치고 온몸에 짧은 털이 난다. 여름에 암꽃과 수꽃이 따로 핀다. 돼지풀 꽃가루는 알레르기를 일으켜서 집짐승이 먹으면 탈이 나기도 한다. **생김새** 높이 30~150cm | 잎 3~11cm, 마주나거나 어긋난다. **사는 곳** 길가, 밭, 산기슭 **다른 이름** 쑥잎풀, 두드러기풀, Common ragweed **분류** 쌍떡잎식물 > 국화과

1 2 3 4 5 6 7 8 9 10 11 12

되새

되새는 떨기나무가 많은 숲이나 계곡 둘레에서 산다. 짝짓기 때는 암수가 같이 다니다가 겨울이 되면 수십 마리씩 무리를 짓는다. 여름에는 벌레를 잡아먹고 겨울에는 풀씨, 낟알을 먹는다. 특히 쌀, 밀, 보리 낟알과 솔씨를 잘 먹고, 나무 열매에서 과육은 쪼아 버리고 속에 있는 씨를 먹기도 한다. 해 질 무렵에는 대나무 숲으로 날아 들어가 잠을 잔다. **생김새** 몸길이 16cm **사는 곳** 낮은 산, 계곡, 논밭 **먹이** 벌레, 새싹, 씨앗, 곡식 **다른 이름** 꽃참새[북], Brambling **분류** 참새목 > 되새과

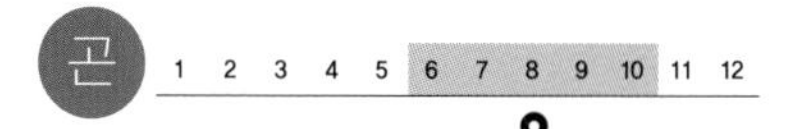

된장잠자리

된장잠자리는 물가나 논, 도시에서 산다. 여러 마리가 함께 잘 날아다닌다. 날면서 작은 날벌레를 잡아먹는다. 웅덩이가 있으면 어디든 알을 낳는다. 애벌레는 봄부터 여름까지 물에서 산다. 추위에 약해서 겨울에 모두 죽고 해마다 봄에 다른 나라에서 우리나라로 날아온다. **생김새** 몸길이 37~42mm **사는 곳** 애벌레_물 웅덩이 | 어른벌레_도시나 시골 물가 **먹이** 애벌레_작은 물벌레 | 어른벌레_작은 날벌레 **다른 이름** 마당잠자리, Wandering glider **분류** 잠자리목 > 잠자리과

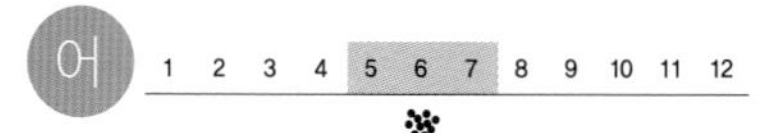

됭경모치

됭경모치는 돌마자와 닮았는데, 몸빛이 훨씬 흐리고 몸통이 날씬하다. 모래가 깔린 강과 냇물에서 산다. 바닥에서 헤엄치고 모래에 잘 붙어서 쉰다. 물속 작은 갑각류나 벌레, 실지렁이를 잡아먹는다. 우리나라에만 산다. **생김새** 몸길이 7~10cm **사는 곳** 강, 냇물 **먹이** 작은 갑각류, 물벌레, 실지렁이 **다른 이름** 황둥이, 돌무거리, 돌무락지, 댕이, 황등어, 개모래미, 꼴띠기 **분류** 잉어목 > 모래무지아과

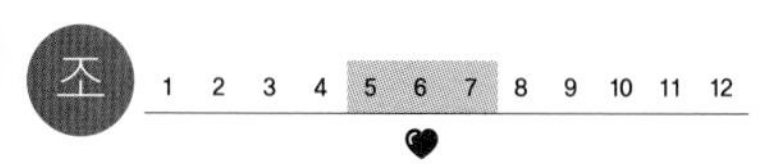

두견

두견은 숲에 산다. 뻐꾸기와 닮았는데, 뻐꾸기보다 몸집이 작고 배에 있는 가로줄이 굵다. 뻐꾸기처럼 날면서도 운다. 특히 우리나라 비무장지대 숲에서는 울음소리를 많이 들을 수 있다. 작은 벌레나 쥐 같은 작은 동물을 잡아먹는다. 뻐꾸기처럼 다른 새 둥지에 몰래 알을 낳는다. 탁란이라고 한다. 깨어난 새끼가 다른 알과 새끼를 모두 둥지 밖으로 밀어 낸다. **생김새** 몸길이 28cm **사는 곳** 숲 **먹이** 애벌레, 벌레, 쥐 **다른 이름** Lesser cuckoo **분류** 두견목 > 두견과

두꺼비

두꺼비는 밭이나 낮은 산에 산다. 천천히 움직인다. 몸집이 크고 온몸에 돌기가 오톨도톨 나 있다. 몸에 난 돌기에서 독이 나온다. 작은 벌레를 가리지 않고 잡아먹고, 밤에 나오는 벌레도 무엇이든 많이 잡아먹는다. 땅속에서 겨울잠을 자고 봄에 물가로 와서 알을 낳는다. 올챙이는 물속에서 산다. 어미는 알을 낳고 봄잠을 잔다. **생김새** 몸길이 수컷 7~8cm | 암컷 10~12cm **사는 곳** 밭이나 집 둘레, 산 **먹이** 살아 있는 벌레 **다른 이름** 더터비, 두텁, 뚜구비, 멍마구리, 볼로기, Asian toad **분류** 무미목 > 두꺼비과

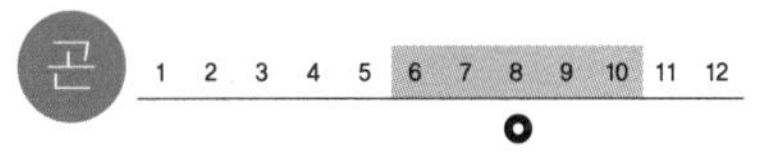

두꺼비메뚜기

두꺼비메뚜기는 마르고 더운 곳을 좋아한다. 높은 산에서도 잘 산다. 땅바닥에 앉아 있기를 좋아한다. 몸이 얼룩덜룩한 흙빛이라 잘 안 보인다. 다른 메뚜기와 달리 소리를 내지 않고 뒷다리 무늬로 암컷을 꾄다. 풀잎이나 곡식, 채소 잎을 갉아 먹는다. 땅속에서 알로 겨울을 나고, 봄여름에 애벌레가 깨어난다. **생김새** 몸길이 24~35mm **사는 곳** 논밭, 흙길, 공원, 산 **먹이** 곡식이나 채소 잎, 풀잎 **다른 이름** 사마귀메뚜기, 송장메뚜기, Korean grasshopper **분류** 메뚜기목 > 메뚜기과

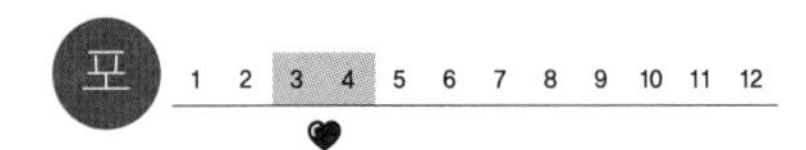

두더지

두더지는 땅속을 파고 돌아다닌다. 삽처럼 생긴 앞발로 굴을 판다. 굴을 파고 지나간 자리는 흙이 봉긋 솟는다. 땅 위에서는 굼뜨지만 땅속에서는 몸놀림이 빠르다. 깜깜한 굴에서 살기 때문에 눈이 어둡다. 대신 귀가 밝다. 육식성으로 땅속 벌레를 잡아먹는다. 봄에 짝짓기를 하고 여름에 새끼를 2~4마리 낳는다. **생김새** 몸길이 13~17cm **사는 곳** 논밭, 낮은 산의 땅속 **먹이** 땅속 벌레, 지렁이 **다른 이름** 뒤지기, 두돼지, Mole **분류** 땃쥐목 > 두더지과

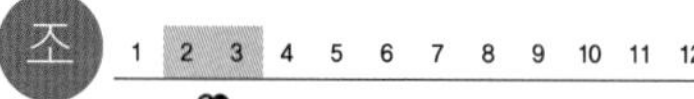

두루미

두루미는 예부터 신선 같은 새로 여겼다. 두루미는 새 가운데 수명이 가장 길어 80년이 넘도록 살기도 한다. 또한 암수가 한번 짝을 맺으면 평생 동안 바꾸지 않는다. 11월부터 해마다 1,000마리쯤 우리나라를 찾아와 논밭에서 겨울을 난다. 여름에는 물고기, 벌레, 개구리를 많이 먹고, 겨울에는 풀씨나 낟알을 찾아 먹는다. **생김새** 몸길이 135cm **사는 곳** 논밭 **먹이** 물고기, 벌레, 개구리, 쥐, 풀씨, 곡식 **다른 이름** 흰두루미[북], 학, Red-crowned crane **분류** 두루미목 > 두루미과

속 1 2 3 4 5 6 7 8 9 10 11 12

두릅나무

두릅나무는 볕이 잘 드는 곳을 좋아한다. 기름지고 물기가 있는 땅에서 잘 자란다. 마을 가까이나 밭둑에 심어 기르기도 한다. 줄기가 온통 가시로 덮여 있다. 어린잎은 가시가 있는데 자라면서 없어진다. 나무순 가운데 일찍 나는 편이다. 새순을 두릅이라고 해서 아주 널리 먹어 왔다. **생김새** 높이 4~5m | 잎 5~12cm, 어긋난다. **사는 곳** 산기슭, 밭둑 **다른 이름** 참두릅나무, 목두채, 총목, Korean angelica tree **분류** 쌍떡잎식물 > 두릅나무과

속 1 2 3 4 5 6 7 8 9 10 11 12

두메담배풀

두메담배풀은 높은 산 그늘지고 물기가 많은 곳에서 자란다. 온몸에 털이 많다. 줄기는 곧게 자라고 위에서 가지를 친다. 잎은 끝이 뾰족하고 가장자리에 톱니가 성글게 있다. 짧은 털이 나 있다. 여름에 줄기 끝과 잎겨드랑이에서 꽃대가 나와 그 끝에 작은 노란빛 꽃이 한 송이씩 핀다. 아래를 향한다. **생김새** 높이 30~100cm | 잎 13~20cm, 어긋난다. **사는 곳** 높은 산 **다른 이름** 산담배풀, Alpine carpesium **분류** 쌍떡잎식물 > 국화과

두엄먹물버섯

두엄먹물버섯은 먹물버섯처럼 갓이 녹아내린다. 봄부터 가을까지 두엄 더미나 밭처럼 거름기가 많은 곳에서 난다. 가끔 아스팔트 틈에서 자라나기도 한다. 뭉쳐나거나 무리 지어 난다. 갓은 어릴 때는 달걀처럼 생겼다가 자라면서 종 모양이 된다. 갓 가장자리에 파인 줄무늬가 있다. 독이 있다. **생김새** 갓 35~75mm **사는 곳** 두엄 더미, 밭 **다른 이름** 먹물버섯북, Common inkcap mushroom **분류** 주름버섯목 > 눈물버섯과

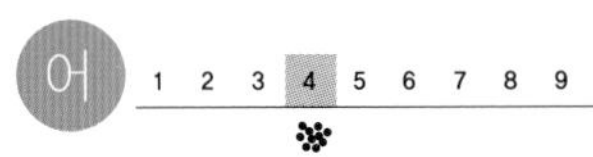

두우쟁이

두우쟁이는 큰 강에서 산다. 모래가 깔린 큰 강바닥에서 헤엄친다. 모래무지와 닮았는데 몸이 훨씬 길다. 추운 겨울에는 강어귀나 바닷가에서 지내는데, 임진강에 사는 두우쟁이는 강화도 바다까지 가서 겨울을 난다. 알 낳을 때가 되면 강을 거슬러 올라온다. 알은 물풀에 붙인다. **생김새** 몸길이 20~25cm **사는 곳** 강 **먹이** 작은 게와 새우, 물벌레, 돌말 **다른 이름** 생새미북, 두루치북, 미수개미, 공지, 여울매자, Chinese ligard gudeon **분류** 잉어목 > 모래무지아과

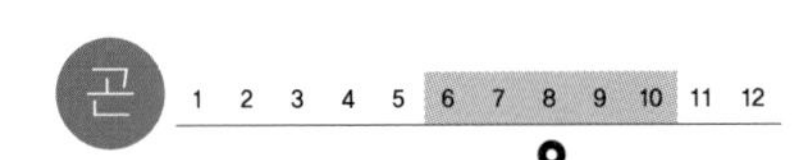

두점박이좀잠자리

두점박이좀잠자리는 논밭에 흔하다. 몸이 빨갛다. 흔히 고추잠자리라고 한다. 여러 마리가 함께 날아다닌다. 날개 힘이 약해서 낮게 날아다닌다. 나뭇가지 끝이나 풀잎 위에 앉았다 날기를 되풀이한다. 애벌레는 물속에서 산다. 어른벌레가 되면 들이나 산으로 날아가 날벌레를 먹고 산다. **생김새** 몸길이 32~38mm **사는 곳** 애벌레_골짜기, 웅덩이 물속 | 어른벌레_논밭, 산 **먹이** 애벌레_물속 벌레 | 어른벌레_날벌레 **다른 이름** 눈썹고추잠자리북 **분류** 잠자리목 > 잠자리과

속

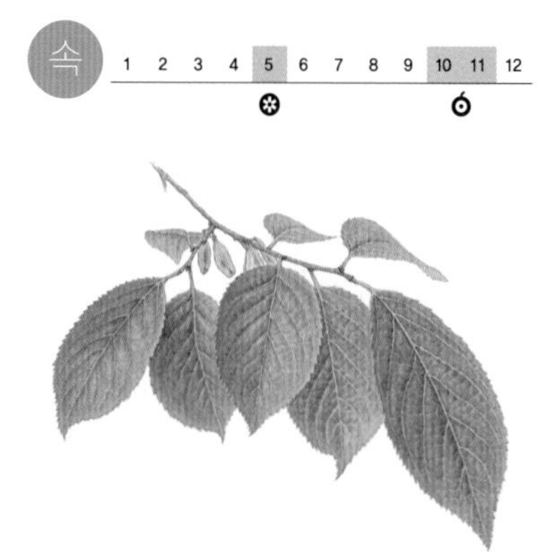

두충

두충은 산이나 들에 심어 기른다. 약으로 쓰려고 들여왔다. 흙이 깊고 물이 잘 빠지는 곳에 심는다. 추위에도 잘 버틴다. 잎 끝이 갑자기 좁아져서 뾰족해진다. 가장자리에 날카로운 톱니가 있다. 잎이 초겨울까지 푸르게 달려 있다. 열매는 납작하고 날개가 달려 있다. 가을에 익는다. 열매를 자르면 고무줄 같은 하얗고 끈적한 실이 나온다. **생김새** 높이 10~20m | 잎 5~16cm, 어긋난다. **사는 곳** 산기슭, 들 **다른 이름** 목면, Hardy rubber tree **분류** 쌍떡잎식물 > 두충과

무

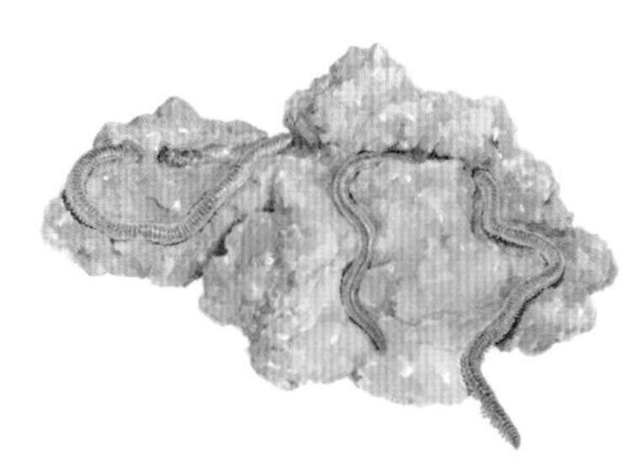

두토막눈썹참갯지렁이

두토막눈썹참갯지렁이는 갯벌에 많이 산다. 갯지렁이 가운데 흔한 편이다. 갯지렁이는 지렁이처럼 몸이 가늘고 긴데 다리가 많다. 관 속에 숨어 있다가 갯벌 위로 나왔다 들어갔다 한다. 두토막눈썹참갯지렁이는 작지만 힘센 이빨로 작은 동물을 잡아먹는데 사람도 물리면 따끔하게 아프다. **생김새** 몸길이 10~200cm **먹이** 개흙 속 작은 동물 **사는 곳** 서해, 남해 갯벌 **다른 이름** 갯거시랑, 갯지네, 그시랑, 거시래이, 청충, Sand worm **분류** 환형동물 > 참갯지렁이과

어

두톱상어

두톱상어는 따뜻한 물을 좋아한다. 서해와 남해, 제주 바다에 산다. 상어지만 성질이 순하고 크기도 작다. 물 깊이가 100m 안쪽인 바다 밑바닥에 살면서 작은 물고기나 새우, 게 따위를 먹고 산다. 알이 네모난 알주머니에 들어 있다. 그물로 잡는다. **생김새** 몸길이 50cm **사는 곳** 서해, 남해, 제주 **먹이** 작은 물고기, 새우, 게 **다른 이름** 개상어, 범상어, Cloudy dogfish **분류** 흉상어목 > 두톱상어과

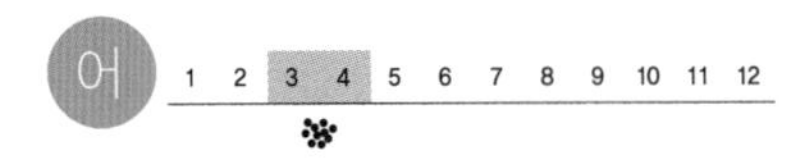

둑중개

둑중개는 맑고 차가운 물이 흐르는 산골짜기나 냇물에 산다. 모래와 자갈이 깔린 여울을 좋아한다. 혼자 살며 돌 밑에 잘 숨는다. 봄에 알을 낳는데 암컷과 수컷이 돌밑에 거꾸로 매달려 알을 낳는다. 수컷이 새끼가 깨어날 때까지 알을 돌본다. 날이 추워지면 큰 바위 밑에서 꼼짝 않고 겨울을 난다. **생김새** 몸길이 10~15cm **사는 곳** 산골짜기, 냇물 **먹이** 물벌레, 작은 물고기 **다른 이름** 강횟대, 뚝중이, 뚝거리, 뿌구리, Miller's thumb **분류** 쏨뱅이목 > 둑중개과

둥굴레

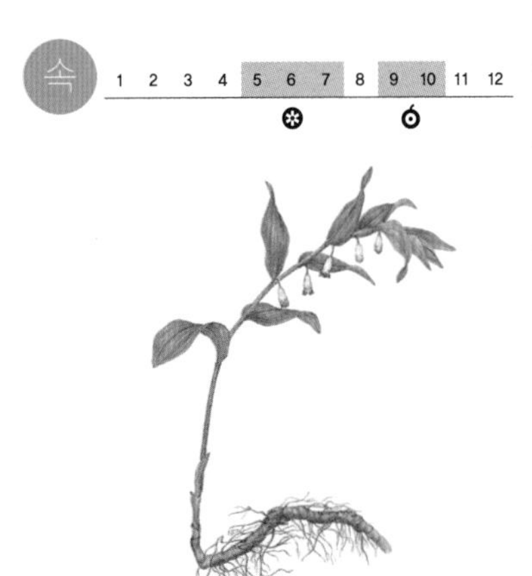

둥굴레는 볕이 드는 산기슭이나 들에서 자란다. 차로 먹으려고 밭에 심어 가꾸기도 한다. 뿌리줄기는 옆으로 길게 뻗는다. 줄기는 곧게 자란다. 모가 나 있다. 잎은 끝이 뾰족하고 가장자리가 매끈하다. 잎자루가 없다. 봄에 잎겨드랑이에서 연한 풀빛 종 모양 꽃이 나란히 줄지어 핀다. **생김새** 높이 30~60cm | 잎 5~10cm, 어긋난다. **사는 곳** 산, 들 **다른 이름** 맥도둥글레, 큰둥굴레, 가막사리, Lesser solomon's seal **분류** 외떡잎식물 > 백합과

둥근배무래기

둥근배무래기는 뭍에서 가까운 갯바위에 다닥다닥 붙어 산다. 사는 곳에 따라 빛깔이 조금씩 다르다. 꼭지가 한쪽으로 치우쳐 있다. 움직일 때는 껍데기를 살짝 들어 올리고 아주 천천히 움직인다. 삿갓처럼 생겼다고 삿갓조개라고도 한다. **생김새** 크기 2.6×0.7cm **사는 곳** 뭍에서 가까운 갯바위 **먹이** 바닷말, 바위에 붙은 영양분 **다른 이름** 배말, 삿갓조개, 청비말 **분류** 연체동물 > 두드럭배말과

둥근이질풀

둥근이질풀은 산속 풀숲에서 자란다. 줄기는 곧게 자라는데 밑부분은 누워 뻗어 가지를 친다. 털이 성글게 나 있다. 뿌리목에서 나온 잎은 잎자루가 길다. 줄기잎은 잎자루가 짧거나 거의 없다. 손바닥 모양으로 갈라진다. 초여름에 잎겨드랑이에서 붉은 보라빛 꽃이 한두 송이씩 모여 핀다. **생김새** 높이 1m | 잎 7~11cm, 마주난다. **사는 곳** 산속 **다른 이름** 산이질풀, 왕이질풀, 참쥐손풀, Korean geranium **분류** 쌍떡잎식물 > 쥐손이풀과

둥근전복

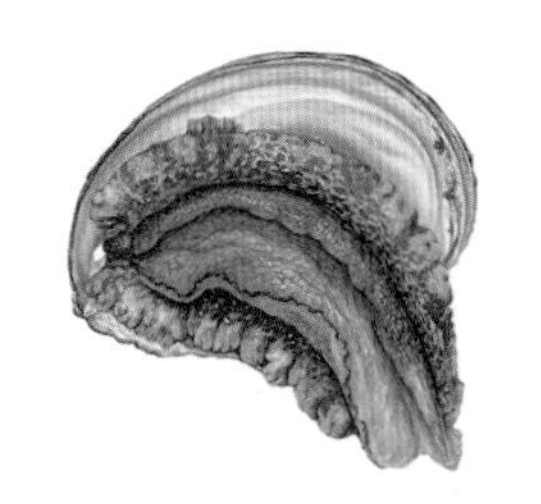

둥근전복은 전복 가운데 가장 흔한 편이다. 맑은 바닷속 바닷말이 우거진 갯바위에 붙어 산다. 미역이나 다시마 같은 바닷말을 갉아 먹는다. 옆구리에 물이 드나드는 숨구멍이 열 개쯤 한 줄로 나 있다. 해녀가 물에 들어가서 딴다. 달라붙는 힘이 세서 맨손으로는 떼기 힘들고 꼬챙이 같은 도구를 쓴다. 사람들이 많이 기른다. **생김새** 크기 4×12cm **사는 곳** 온 바닷속 갯바위 **먹이** 미역, 다시마 **다른 이름** 전복, 생복, 비쭈게, Disk abalone **분류** 연체동물 > 전복과

뒤영벌기생파리

뒤영벌기생파리는 높은 산꼭대기 가까이에서 산다. 기생파리 무리에 든다. 기생파리는 다른 곤충의 몸속에 알을 낳는다. 알에서 깨어난 애벌레가 곤충을 먹고 자란다. 어른벌레는 높은 산에 살면서 꽃가루나 꿀을 먹는다. 벌을 많이 닮았다. 벌은 날개가 두 쌍이고, 파리는 날개가 한 쌍이다. **생김새** 몸길이 10~18mm **사는 곳** 애벌레_다른 곤충 몸속 | 어른벌레_높은 산 **먹이** 애벌레_곤충 | 어른벌레_꽃가루, 꿀 **다른 이름** 뒤병기생파리 **분류** 파리목 > 기생파리과

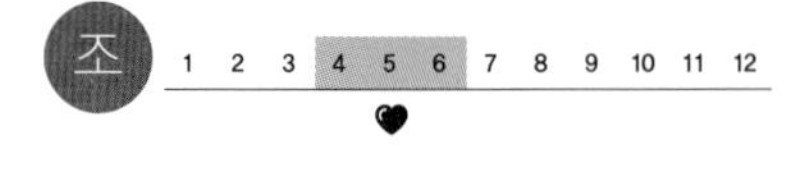

뒷부리장다리물떼새

뒷부리장다리물떼새는 물가나 바다에서 산다. 부리가 가늘면서 위로 휘어 있다. 머리와 목덜미, 날개에 있는 검은색 무늬가 뚜렷하다. 우리나라에는 봄가을에 들르는 나그네새인데, 드물다. 강 하구나 호수, 바닷가 얕은 물에서 작은 물고기나, 조개, 물풀을 먹는다. **생김새** 몸길이 43cm **사는 곳** 호수, 바다, 습지 **먹이** 개구리, 물고기, 조개, 벌레 **다른 이름** 긴다리도요, Pied avocet **분류** 도요목 > 장다리물떼새과

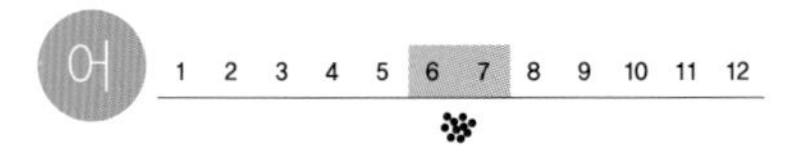

드렁허리

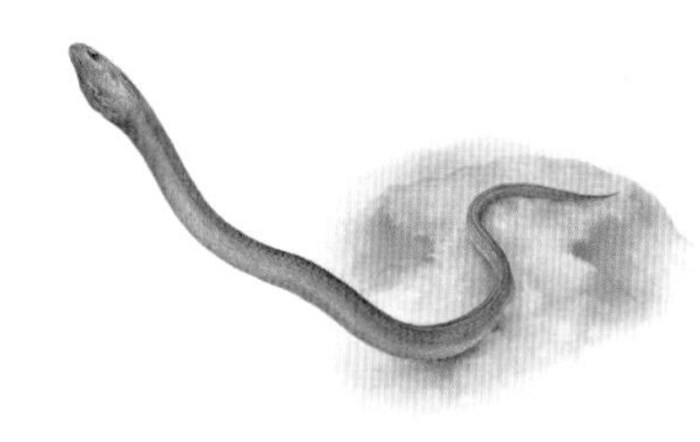

드렁허리는 논, 늪, 저수지, 냇물에서 산다. 논두렁에 구멍을 뚫고 다닌다. 언뜻 보면 뱀인 줄 알기 쉽다. 지느러미도 없다. 구불거리면서 기어다니듯이 헤엄친다. 살갗으로도 숨을 쉰다. 물이 마르면 진흙을 파고들어 가서 지낸다. 어릴 때는 모두 암컷이다. **생김새** 몸길이 30~60cm **사는 곳** 논, 논도랑, 둠벙, 늪, 저수지, 냇물 **먹이** 지렁이, 작은 물고기, 물벌레, 개구리 **다른 이름** 두렁허리[북], 거시랭이, 땅바라지, 땅패기, Albino swamp eel **분류** 드렁허리목 > 드렁허리과

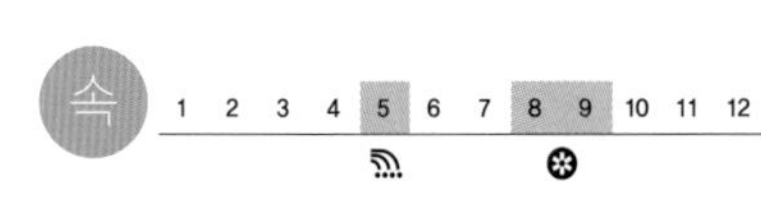

들깨

들깨는 잎과 씨를 먹으려고 밭에 심는다. 집 둘레에서 저절로 자라기도 한다. 줄기는 곧게 서고 털이 빽빽이 난다. 잎은 끝이 뾰족하고 가장자리에 톱니가 있다. 독특한 냄새가 난다. 한여름부터 줄기나 가지 끝에 자잘한 흰 꽃이 핀다. 꽃이 지면 둥글고 작은 씨앗이 달린다. 잎은 쌈을 싸서 많이 먹고, 씨앗은 양념으로 먹거나 들기름을 짠다. **생김새** 높이 1m쯤 | 잎 7~12cm, 마주난다. **사는 곳** 밭, 밭두둑, 마당 **다른 이름** 임, 추소, Deulkkae **분류** 쌍떡잎식물 > 꿀풀과

들주발버섯

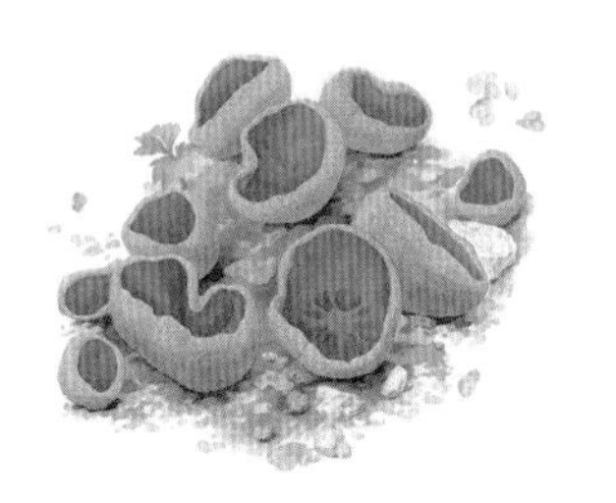

들주발버섯은 여름부터 가을까지 숲속 길가에 무리 지어 난다. 모래땅이나 자갈밭, 풀이 없는 거칠고 메마른 땅에서 잘 자란다. 흔하고 빛깔이 밝은 주홍빛이라 쉽게 눈에 띈다. 어릴 때는 가장자리가 안쪽으로 말려서 주발처럼 오목하다가 자라면서 넓게 벌어져 접시 모양이 된다. 대는 없고 버섯 밑동이 땅에 붙어 있다. **생김새** 크기 20~60mm **사는 곳** 숲, 모래땅, 자갈밭 **다른 이름** Orange peel fungus **분류** 주발버섯목 > 곰보버섯과

들현호색

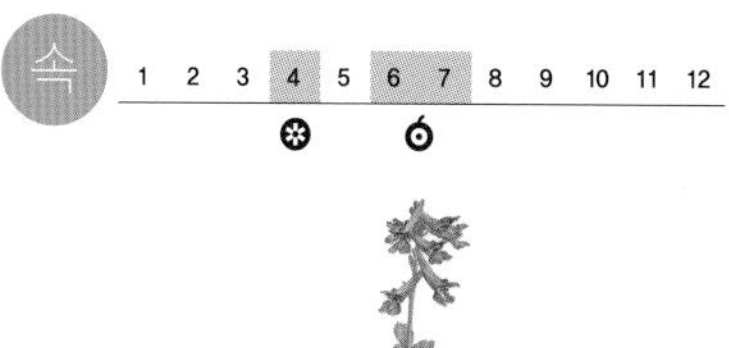

들현호색은 산기슭이나 논둑, 밭둑에서 자란다. 조금 눅눅한 땅에서 잘 자란다. 땅속 덩이줄기에서 가는 뿌리가 나와 옆으로 뻗으면서 또 다른 덩이줄기가 달린다. 잎은 뒷면이 희뿌옇고 가장자리에 톱니가 들쭉날쭉 나 있다. 봄에 분홍빛 꽃이 핀다. 여름이 되면 잎은 마르고 작은 콩꼬투리처럼 생긴 열매가 달린다. **생김새** 높이 15cm 안팎 | 잎 1~2cm, 어긋난다. **사는 곳** 산기슭, 논둑, 밭둑 **다른 이름** 꽃나물, 세잎현호색, 에게잎, Pink corydalis **분류** 쌍떡잎식물 > 양귀비과

등

등은 산골짜기나 산기슭 기름진 땅에서 자란다. 흔히 등나무라고 한다. 뜰이나 공원에 그늘을 만들려고 많이 심는 덩굴나무다. 덩굴은 왼쪽으로 감으면서 올라간다. 잎은 가장자리가 매끈하고 끝이 뾰족하다. 꽃은 봄에 잎과 같이 핀다. 희거나 옅은 보랏빛 꽃이 아래로 늘어지면서 달린다. 열매는 부드러운 털로 덮여 있는 꼬투리이다. **생김새** 길이 10m | 잎 4~8cm, 어긋난다. **사는 곳** 산, 뜰, 공원 **다른 이름** 참등, 등나무, Japanese wisteria **분류** 쌍떡잎식물 > 콩과

등골나물

등골나물은 볕이 잘 드는 산속 나무숲에서 자란다. 그늘이 조금 지는 곳에서도 난다. 줄기는 곧게 자라고 털이 빽빽이 나서 까칠까칠하다. 검은 보랏빛 점무늬가 있다. 잎은 가운데 잎맥이 또렷하다. 잎맥에 거친 털이 있다. 가장자리에 톱니가 있다. 가을에 줄기 끝에서 흰 꽃이 핀다. 우산살처럼 퍼져서 달린다. **생김새** 높이 1~2m | 잎 10~18cm, 모여나거나 마주난다. **사는 곳** 산속 나무숲 **다른 이름** 새등골나물, Fragrant eupatorium **분류** 쌍떡잎식물 > 국화과

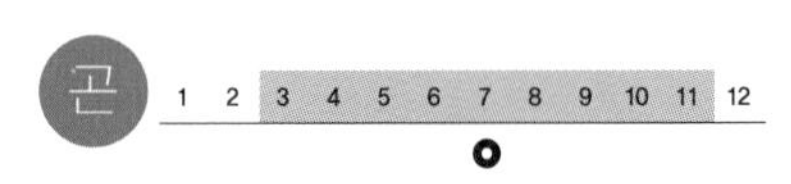

등얼룩풍뎅이

등얼룩풍뎅이는 잔디밭이나 햇볕이 잘 드는 풀섶에 산다. 작고 동글동글하다. 어른벌레는 나뭇잎이나 풀잎을 갉아 먹고, 애벌레는 땅속에서 살면서 잔디 뿌리를 갉아 먹는다. 채소나 곡식이나 어린 나무뿌리도 먹어서 농작물에 해를 끼치기도 한다. 잔디 뿌리도 좋아해서 골프장에도 많이 산다. **생김새** 몸길이 8~13.5mm **사는 곳** 잔디밭, 들판 **먹이** 애벌레_잔디 뿌리, 채소나 곡식 뿌리 | 어른벌레_나뭇잎, 풀잎 **다른 이름** Oriental beetle **분류** 딱정벌레목 > 풍뎅이과

등줄쥐

등줄쥐는 낮은 산이나 들판이나 논밭에 산다. 쥐는 젖먹이 동물 가운데 가장 흔한데, 등줄쥐는 우리나라 들쥐 가운데 절반이 훨씬 넘는다. 땅속에 복잡한 굴을 파고 산다. 귀가 밝고 냄새를 잘 맡는다. 어두운 곳에서 잘 다닌다. 곡식이나 산열매나 풀씨를 갉아 먹고 벌레도 먹는 잡식성이다. 한 해에 서너 번 짝짓기를 하고, 한배에 보통 새끼를 4~5마리 낳는다. **생김새** 몸길이 67~128mm **사는 곳** 들, 마을, 낮은 산 **먹이** 풀 이삭, 열매 **다른 이름** Black-striped field mouse **분류** 설치목 > 쥐과

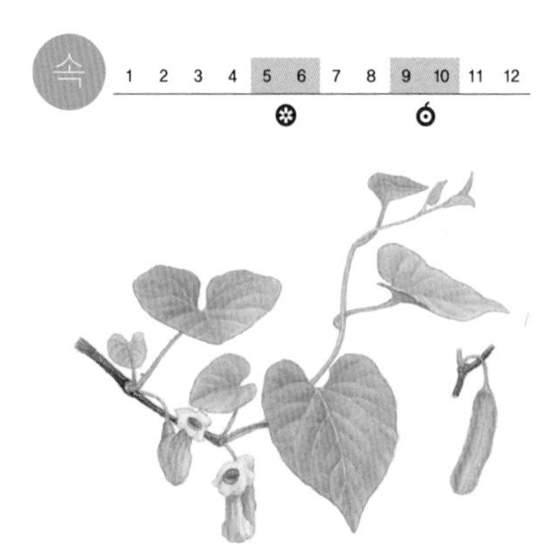

등칡

등칡은 깊은 산 그늘이 드리우는 골짜기에서 자란다. 물이 잘 빠지는 땅을 좋아한다. 줄기는 덩굴지면서 다른 나무를 감아 오른다. 묵은 가지는 연한 밤빛인데 코르크질이 발달하고 냄새가 좋다. 잎은 넓적하다. 뒷면에 짧은 털이 배게 나 있다. 꽃이 말발굽 모양으로 구부러진다. **생김새** 높이 6~10m | 잎 10~26cm, 어긋난다. **사는 곳** 깊은 산 **다른 이름** 큰쥐방울, 긴주방울, 등칙, 칡향, Manchurian pipevine **분류** 쌍떡잎식물 > 쥐방울덩굴과

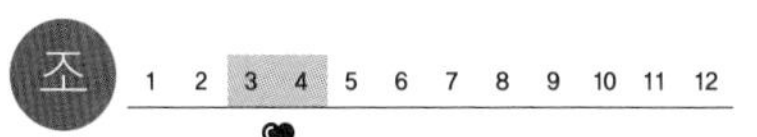

따오기

따오기는 산기슭이나 냇가에 산다. 아침에 논이나 개울가를 천천히 거닐면서 물고기나 달팽이, 개구리 같은 먹이를 잡아먹고, 잘 때는 숲으로 간다. 따옥, 따옥 하고 운다. 날 때는 목을 앞으로 쭉 뻗은 채 난다. 우리나라에서 사라진 지 몇 십 년이 되었던 것을 중국에서 몇 마리 들여와서 수를 늘리고 있다. 짝짓기 철에는 온몸이 잿빛이 된다. **생김새** 몸길이 75cm **사는 곳** 개울, 산기슭, 냇가 **먹이** 물고기, 달팽이, 개구리, 벌레 **다른 이름** 땅욱이, Asian crested ibis **분류** 황새목 > 저어새과

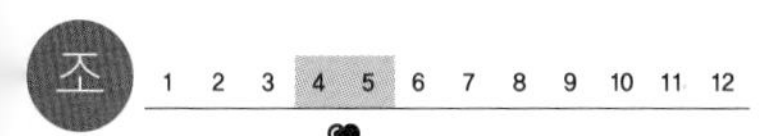

딱새

딱새는 숲속이나 마을 둘레에서 산다. 무리를 짓지 않고 혼자 또는 암수가 함께 다닌다. 주로 키가 작은 떨기나무 위에서 지낸다. 꼬리를 파르르 떠는 버릇이 있다. 여름에는 벌레를 잡아먹고 겨울에는 나무 열매나 풀씨를 먹는다. 봄에 수컷이 꼬리를 흔들면서 암컷을 찾는다. 짝짓기를 하면 바위나 집, 건물 틈에 둥지를 짓고 새끼를 친다. **생김새** 몸길이 14cm **사는 곳** 숲, 마을, 공원 **먹이** 벌레, 거미, 나무 열매, 씨앗 **다른 이름** Daurian redstart **분류** 참새목 > 솔딱새과

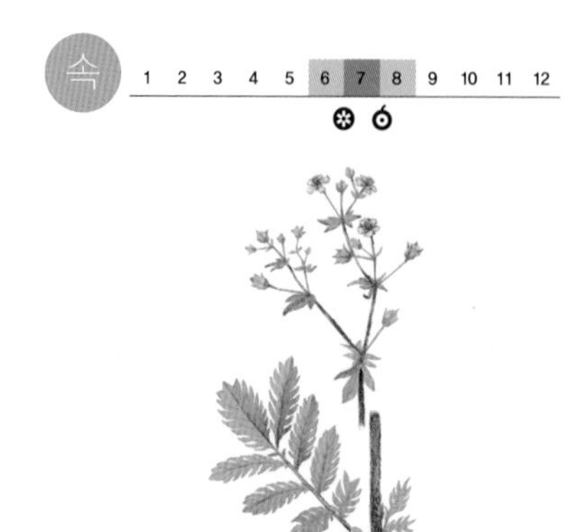

딱지꽃

딱지꽃은 들판이나 개울가, 산기슭, 바닷가 어디서나 흔하다. 햇볕이 내리쬐고 메마른 땅에서 잘 자란다. 여름에 작고 노란 꽃이 핀다. 뿌리에서 나는 잎은 딱지처럼 땅바닥에 납작하게 붙는다. 잎 앞은 반들반들하고 뒤는 하얀 잔털이 잔뜩 난다. 뿌리에서 줄기가 여러 대 나와 가지를 친다. **생김새** 높이 30~60cm | 잎 2~5cm, 모여나거나 어긋난다. **사는 곳** 들판, 개울가, 산기슭, 바닷가 **다른 이름** 갯딱지, East Asian cinquefoil **분류** 쌍떡잎식물 > 장미과

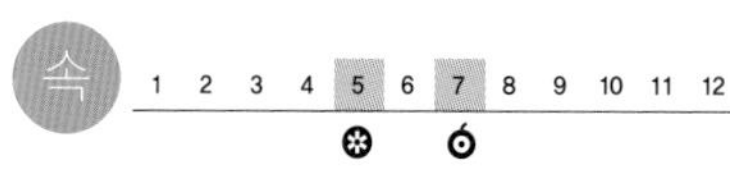

딱총나무

딱총나무는 눅눅한 산골짜기나 개울가에서 잘 자란다. 요즘은 열매를 보려고 공원에 일부러 많이 심는다. 잎은 쪽잎이 달리는 겹잎이다. 잎 뒷면에는 털이 있다. 초여름부터 새빨간 열매가 달린다. 빛깔이 또렷하다. 열매를 따서 술이나 차를 담가 약으로 먹는다. 어린순은 나물로 먹는다. **생김새** 높이 3~4m | 잎 5~14cm 마주난다. **사는 곳** 산골짜기, 개울가, 공원 **다른 이름** Northeast Asian red elder **분류** 쌍떡잎식물 > 인동과

무
1 2 3 4 5 6 7 8 9 10 11 12

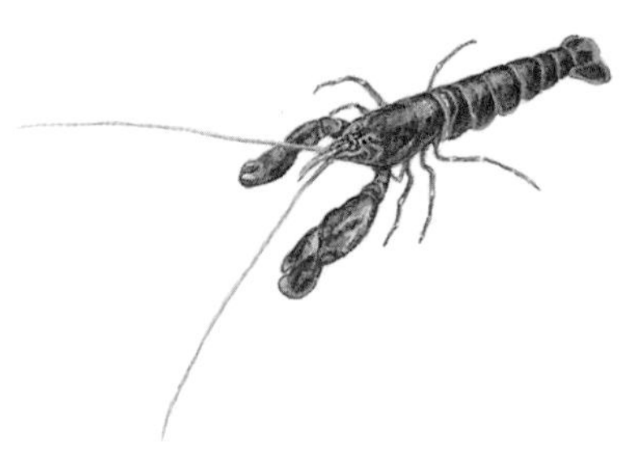

딱총새우

딱총새우는 바닷속 모래진흙 바닥에 굴을 파고 산다. 굴을 여러 갈래로 내고 암수 한 쌍이 함께 들어가 살기도 한다. 건드리면 큰 집게발로 딱총처럼 딱딱 소리를 낸다. 저희들끼리 신호를 보내거나 자기 땅임을 알릴 때도 소리를 낸다. 두 집게발은 크기가 다르고 솜털로 덮여 있다. 꼬리 끝은 부채처럼 생겼다. **생김새** 몸길이 4cm **먹이** 개흙 속 영양분, 작은 동물 **사는 곳** 서해, 남해 갯벌 **다른 이름** 쏙, Snapping shrimp **분류** 절지동물 > 딱총새우과

딸기

딸기는 밭에 심는 열매채소이다. 초여름에 익는다. 요즘은 비닐하우스에서 많이 심어 가꾼다. 줄기는 땅 위를 기면서 뿌리를 내린다. 털이 나 있다. 뿌리에서 잎이 무더기로 모여 난다. 쪽잎 석 장으로 된 겹잎이다. 꽃은 줄기 끝에서 흰 꽃이 한 송이씩 핀다. 열매는 처음에는 풀빛이다가 붉게 익는다. 심을 때는 기는줄기를 뿌리째 잘라 심는다. **생김새** 높이 10~40cm | 잎 3~6cm, 모여난다. **사는 곳** 밭 **다른 이름** 양딸기, Strawberry **분류** 쌍떡잎식물 > 장미과

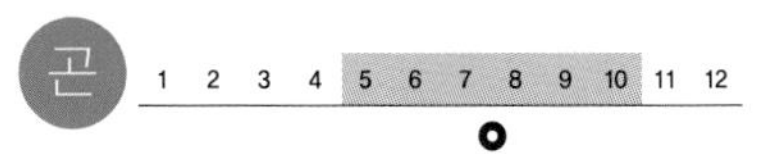

땅강아지

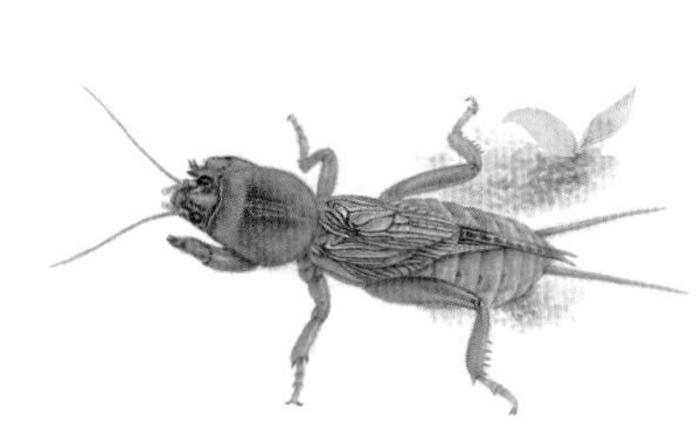

땅강아지는 논밭이나 과수원 땅속에서 산다. 굴을 파고 다닌다. 앞다리가 짧고 갈퀴처럼 생겨서 굴을 잘 판다. 물에서 헤엄도 잘 친다. 채소와 곡식, 과일나무 뿌리를 갉아 먹는다. 논둑에 구멍을 내서 논물이 새기도 한다. 알은 땅속에 낳고, 어른벌레나 애벌레로 땅속에서 겨울을 난다. **생김새** 몸길이 30mm **사는 곳** 논밭이나 과수원 땅속 **먹이** 채소와 곡식 뿌리 **다른 이름** 도루래[북], 하늘밥도둑, 땅개비, 게발두더지, Mole cricket **분류** 메뚜기목 > 땅강아지과

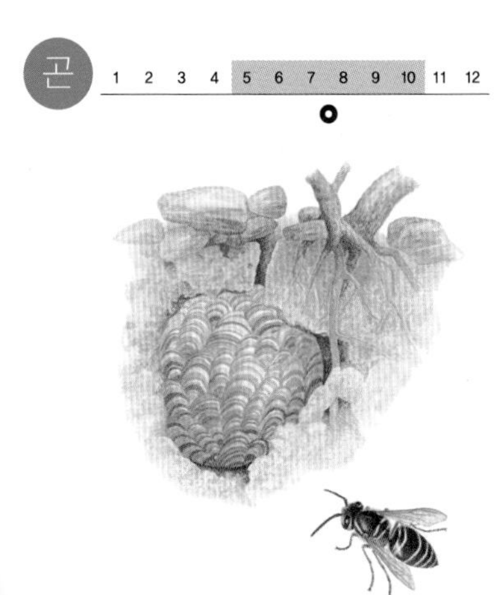

땅벌

땅벌은 땅속에 집을 짓고 산다. 볕이 잘 들고 메마른 밭둑이나 무덤가에 집을 많이 짓는다. 말벌 집처럼 크고 둥글다. 한 집에 여왕벌과 수벌과 일벌이 함께 모여 산다. 겨울이 되면 일벌과 수벌은 죽고 여왕벌은 겨울잠을 잔다. 봄에 여왕벌이 집을 짓고 알을 낳는다. 벌집을 밟거나 건드리면 떼로 덤빈다. **생김새** 몸길이 10~19mm **사는 곳** 밭둑, 무덤가, 들판 **먹이** 애벌레_다른 애벌레나 어른벌레 | 어른벌레_꿀, 과일즙, 나뭇진 **다른 이름** 대추벌, 땡끼벌, 땡비, Korean yellow-jacket wasp **분류** 벌목 > 말벌과

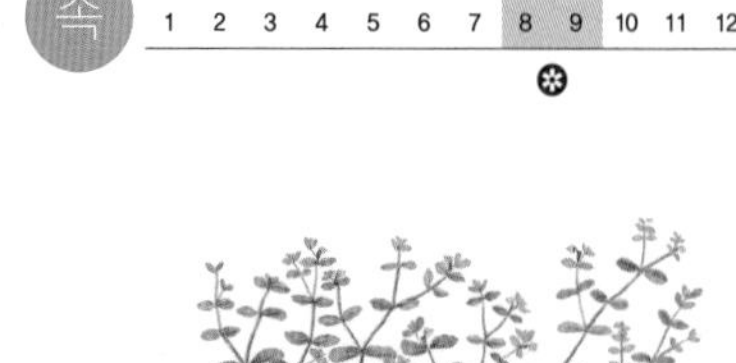

땅빈대

땅빈대는 밭이나 집 둘레나 길가에서 자란다. 줄기가 가늘고 땅에 붙어서 누워 자란다. 가지는 대개 두 개로 갈라진다. 가지를 자르면 흰 물이 나온다. 잎은 납작하게 벌어진다. 길쭉한 달걀꼴이고 가장자리에 잔톱니가 있다. 여름에 작은 꽃이 가지 끝과 잎겨드랑이에 모여 핀다. 꽃은 풀빛이다. 열매는 가을에 여무는데 세 갈래로 갈라진다. **생김새** 높이 10~30cm | 잎 0.7~1.5cm, 마주난다. **사는 곳** 밭, 길가 **다른 이름** 속수자, 비단풀, 점박이풀, Humifuse spurge **분류** 쌍떡잎식물 > 대극과

속 1 2 3 4 5 6 7 8 9 10 11 12

땅콩

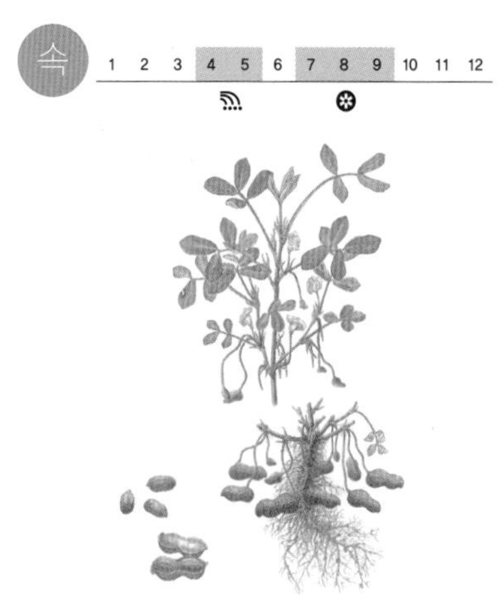

땅콩은 밭에 심는 열매채소다. 줄기는 곧게 자라거나 옆으로 뻗는다. 잎은 어긋나고 쪽잎 넉 장이 깃꼴로 난 겹잎이다. 여름에 잎겨드랑이에서 노란 꽃이 핀다. 씨방 자루가 자라서 땅속으로 파고들어 가는데, 얼만큼 들어가면 비로소 열매를 맺는다. 땅속 꼬투리 안에 땅콩이 두세 알 들어 있다. 콩알은 볶거나 쪄 먹고, 여러 음식에 쓰인다. **생김새** 높이 60cm쯤 | 잎 1~7cm, 어긋난다. **사는 곳** 밭 **다른 이름** 호콩, 낙화생, Peanut **분류** 쌍떡잎식물 > 콩과

속 1 2 3 4 5 6 7 8 9 10 11 12

때죽나무

때죽나무는 남쪽 지방에 흔하다. 물기가 있는 땅에서 잘 자란다. 꽃과 열매가 보기 좋아서 공원이나 집 가까이에도 심는다. 봄부터 하얀 꽃이 아래를 보고 피고 여름에 연한 풀빛 열매가 달린다. 가지마다 수십 개씩 매달려 있다가 익으면 벌어진다. 속에 단단한 밤빛 씨앗이 드러난다. 씨앗에서 짠 기름을 기계기름으로 쓴다. **생김새** 높이 7~10m | 잎 2~8cm, 어긋난다. **사는 곳** 물기가 있는 들, 공원 **다른 이름** 노가나무, Snowbell tree **분류** 쌍떡잎식물 > 때죽나무과

때죽조개껍질버섯

때죽조개껍질버섯은 여름부터 가을까지 때죽나무나 쪽동백나무 가지에 난다. 겹쳐 나거나 무리 지어 난다. 죽은 나무에 많이 나지만, 살아 있는 나무에 나면 나무가 죽는다. 대가 없고 나무에 바로 붙어 자란다. 반원이나 조개껍질 모양이다. 여러 빛깔 고리가 무지개처럼 켜켜이 무늬를 이룬다. **생김새** 크기 20~60×20~30mm **사는 곳** 때죽나무, 쪽동백나무 **다른 이름** 동백나무조개버섯[북], 때죽도장버섯 **분류** 구멍장이버섯목 > 구멍장이버섯과

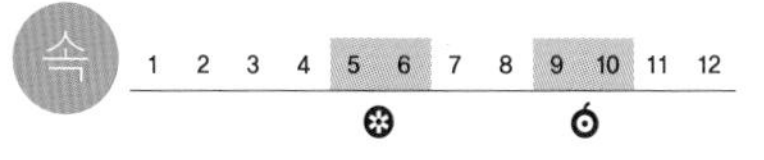

떡갈나무

떡갈나무는 볕이 좋은 곳에서 잘 자라는데 강가나 산자락처럼 낮은 곳에 많다. 참나무 가운데 가장 잎이 크고, 도토리도 크다. 잎 가장자리는 물결무늬이고 뒤에 털이 있다. 잎자루는 거의 없다시피 하다. 도토리는 깍지에 털이 나 있고 가루가 많이 난다. 줄기를 베어다가 버섯을 기른다. **생김새** 높이 20m | 잎 5~42cm, 어긋난다. **사는 곳** 산자락, 강가 **다른 이름** 가랑잎나무, 참풀나무, 가래기나무, 갈잎나무, 선떡갈, 왕떡갈, Korean oak **분류** 쌍떡잎식물 > 참나무과

떡납줄갱이

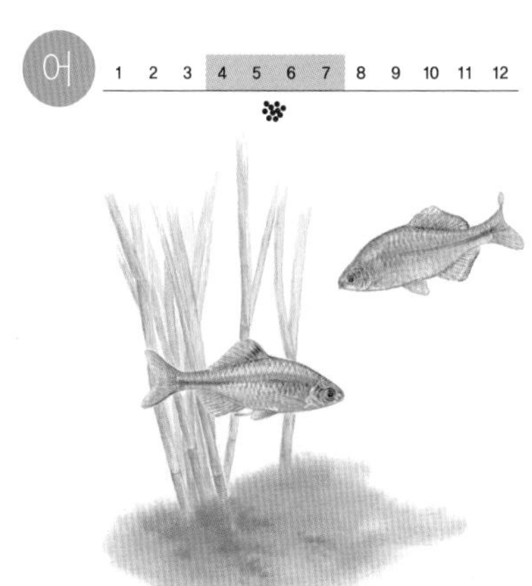

떡납줄갱이는 얕고 물살이 느린 냇물이나 저수지에 산다. 논도랑에서도 볼 수 있다. 납자루 무리 가운데 몸집이 가장 작다. 각시붕어와 닮았는데 떡납줄갱이가 몸이 더 길고 눈이 크다. 줄무늬도 더 뚜렷하다. 알 낳을 때가 되면 수컷은 혼인색을 띠고 암컷은 산란관이 나온다. 조개 몸속에 알을 낳는다. **생김새** 몸길이 5cm **사는 곳** 냇물,강,저수지 **먹이** 물풀, 조류, 동물성 플랑크톤 **다른 이름** 돌납저리[북], 돌납주레기[북], 납데기, 밴대기 **분류** 잉어목 > 납자루아과

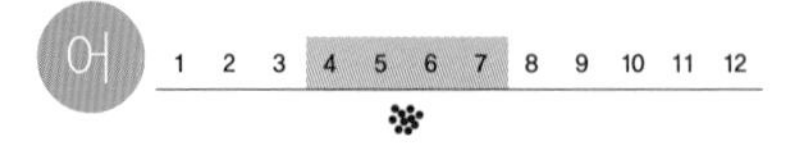

떡붕어

떡붕어는 저수지나 물살이 느린 냇물과 강에 산다. 물이 고여 있는 곳에 더 흔하다. 붕어와 아주 닮았는데 더 납작하다. 사는 모습도 붕어와 비슷하고 먹는 것도 그렇다. 붕어보다 몸집이 좀 더 크고, 등이 툭 튀어나왔다. 떡붕어는 1972년에 우리나라에 들여왔다. 지금은 붕어보다 더 많아졌다. **생김새** 몸길이 15~40cm **사는 곳** 강, 냇물, 댐, 저수지 **먹이** 물벼룩, 거머리, 지렁이, 물풀 **다른 이름** Crucian carp **분류** 잉어목 > 잉어아과

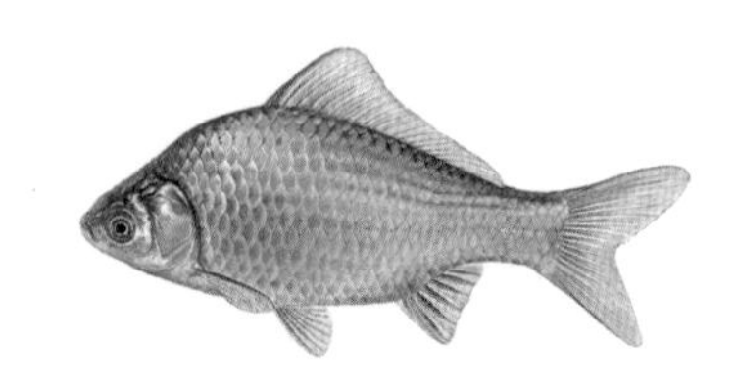

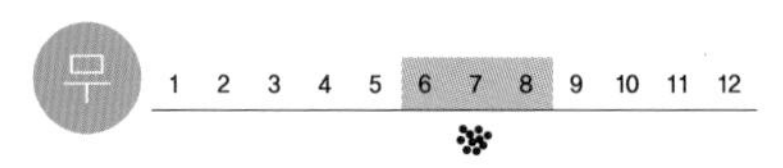

떡쑥

떡쑥은 볕이 잘 드는 산과 들 메마른 땅에서 자란다. 줄기는 곧게 자란다. 땅 가까이에서 가지를 많이 쳐서 여러 줄기가 포기를 이룬다. 흰 솜털이 나 있다. 잎이 도톰하고 솜털이 있다. 가장자리가 매끈하다. 봄부터 여름까지 줄기 끝에서 노랗고 작은 꽃이 여럿 모여서 핀다. 열매는 붉은 밤빛이고 털이 있다. **생김새** 높이 20~40cm | 잎 2~6cm, 모여나거나 어긋난다. **사는 곳** 산, 들 **다른 이름** 서국초, 괴쑥, 솜쑥, Jersey cudweed **분류** 쌍떡잎식물 > 국화

떡조개

떡조개는 모래가 많은 갯벌에 산다. 서해 갯벌에서 많이 산다. 하얗고 둥글고 큼직해서 보름달 같다. 별 무늬 없이 성장선만 또렷하게 나타나며 꼭지는 한쪽으로 조금 치우친다. 껍데기는 아주 납작한데 무척 두껍고 단단해서 잘 깨지지 않는다. 허옇다고 흰조개라고도 한다. **생김새** 크기 8×6.5cm **사는 곳** 서해, 남해 모래갯벌 **다른 이름** 마당조개북, 흰조개, 빗죽이, 할미조개, Japanese dosinia **분류** 연체동물 > 백합과

속 1 2 3 4 5 6 7 8 9 10 11 12

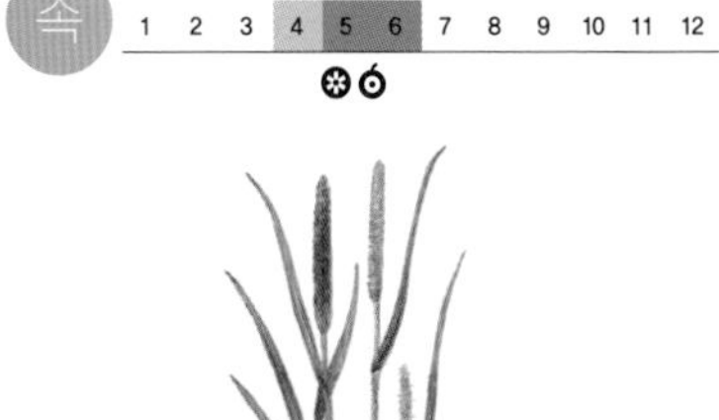

뚝새풀

뚝새풀은 볕이 잘 드는 밭이나 물가에 산다. 메마른 땅에서는 잘 안 난다. 가을에 싹이 터서 겨울을 난다. 줄기는 뿌리에서 여러 개 모여난다. 봄여름에 방망이처럼 생긴 꽃이삭이 나온다. 오뉴월에 씨앗이 익으면 바닥에 떨어졌다가 벼를 거둘 때 논을 말리면 싹이 트기 시작한다. 보리밭에도 많이 난다. **생김새** 높이 20~40cm | 잎 5~15cm, 어긋난다. **사는 곳** 논, 밭, 물가 **다른 이름** 둑새풀, 독새, 개풀, Short-awn foxtail grass **분류** 외떡잎식물 > 벼과

어 1 2 3 4 5 6 7 8 9 10 11 12

뚝지

뚝지는 찬물을 좋아한다. 몸뚱이가 빵빵하고 살은 물컹물컹하다. 배에 동그란 빨판이 있어서 물속 바위에 딱 붙을 수 있다. 사람이 두 손으로 힘껏 잡아당겨도 안 떨어질 만큼 딱 붙는다. 플랑크톤이나 해파리를 먹는데, 먹이를 잡을 때만 헤엄쳐 다닌다. 겨울에 그물을 쳐서 잡는다. 회나 탕으로 먹는다. **생김새** 몸길이 35cm **사는 곳** 동해 **먹이** 플랑크톤, 해파리 **다른 이름** 도치, 멍텅구리, 신퉁이, Smooth lumpsucker **분류** 쏨뱅이목 > 도치과

속 1 2 3 4 5 6 7 8 9 10 11 12

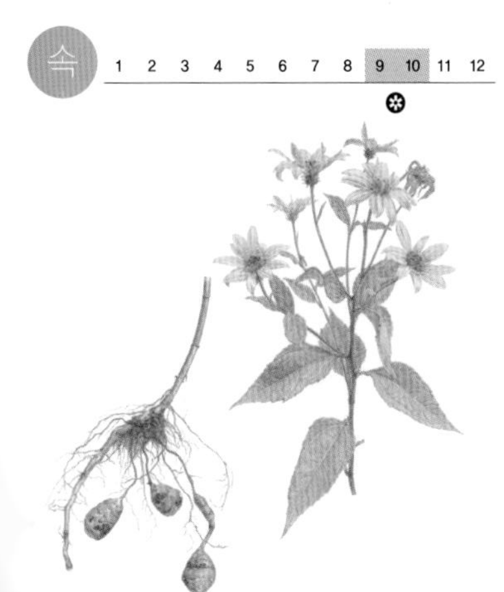

뚱딴지

뚱딴지는 덩이줄기를 먹으려고 밭에서 심어 가꾼다. 집 둘레에서 절로 나기도 한다. 땅속에 감자 모양 덩이줄기가 많이 생긴다. 줄기는 곧게 자란다. 어른 키보다 높게 자란다. 줄기에 털이 있다. 잎은 긴 잎자루가 있고 가장자리에 톱니가 있다. 가을에 줄기 끝에서 진한 노란빛 꽃이 하나씩 핀다. **생김새** 높이 1.5~3m | 잎 15cm, 마주나거나 어긋난다. **사는 곳** 밭 **다른 이름** 뚝감자, 돼지감자, Jerusalem artichoke **분류** 쌍떡잎식물 > 국화과

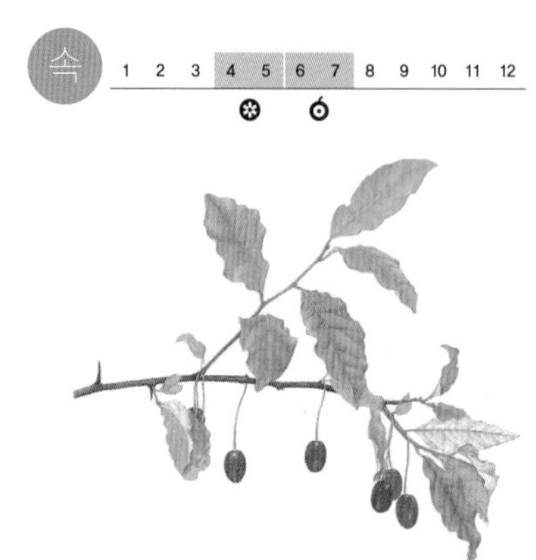

뜰보리수

뜰보리수는 마당이나 밭둑, 공원에 심어 기른다. 밑동에서 줄기가 여러 개 올라온다. 어린 가지는 비늘털로 덮여 있다. 잎은 앞면에 털이 있다가 떨어지고 뒷면에는 털이 남아 있다. 이른 봄에 노란 꽃이 피었다가 초여름에 빨갛게 열매가 익는다. 열매를 날로 따 먹는다. 맛이 달고 시고 조금 떫다. **생김새** 높이 2m | 잎 3~10cm, 어긋난다. **사는 곳** 뜰, 공원, 밭둑 **다른 이름** Cherry elaeagnus **분류** 쌍떡잎식물 > 보리수나무과

뜸부기

뜸부기는 논이나 갈대가 우거진 호수에 산다. 낮에는 물가 풀숲이나 덤불에서 오리 무리와 섞여 쉬고, 아침저녁으로는 논에서 먹이를 찾는다. 작은 물고기나 지렁이, 달팽이, 풀씨를 고루 찾아 먹는다. 위험할 때는 몸을 낮추고 빠르게 기면서 달아난다. 볏잎이나 풀 줄기를 엮어 둥지를 틀고 새끼를 친다. **생김새** 몸길이 수컷 38cm, 암컷 33cm **사는 곳** 논, 저수지, 개울 **먹이** 물고기, 벌레, 지렁이, 곡식, 물풀, 풀씨 **다른 이름** Watercock **분류** 두루미목 > 뜸부기과

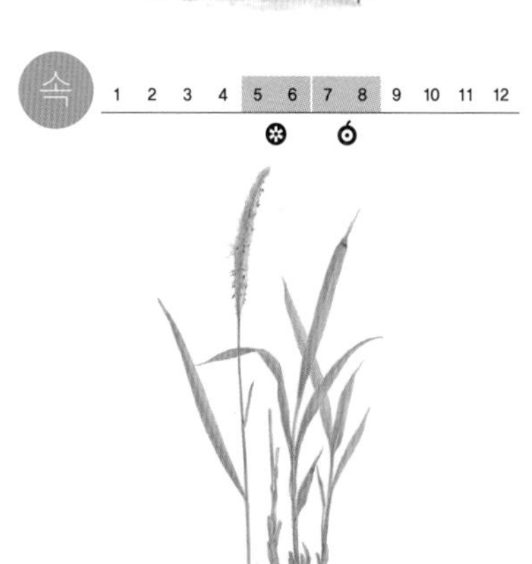

띠

띠는 볕이 잘 드는 곳에서 산다. 오랫동안 가물어도 잘 살고, 비가 많이 와서 물에 잠겨도 잘 산다. 봄에 잎보다 먼저 꽃이삭이 나온다. 꽃은 이삭으로 피는데 하얗다. 띠는 잔디처럼 뿌리줄기가 땅속 깊이 얽히고설켜서 자라기 때문에 흙을 단단하게 잡아맨다. 나무를 베어 낸 산이나 땅을 깎아 낸 곳에 흙이 안 쓸려 가게 하려고 심는다. **생김새** 높이 30~80cm | 잎 20~50cm, 모여난다. **사는 곳** 밭둑, 논둑, 풀밭 **다른 이름** 띄, 삘기, 삐비, Blady grass **분류** 외떡잎식물 > 벼과

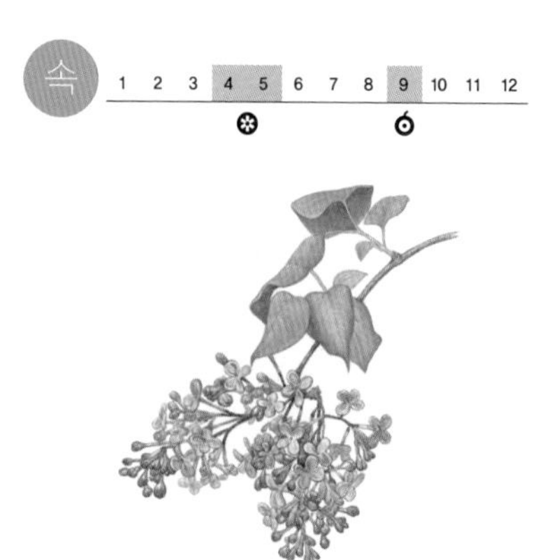

라일락

라일락은 뜰이나 정원에 심어 기른다. 수수꽃다리와 아주 닮아서 서양수수꽃다리라고 한다. 가지를 많이 친다. 줄기 껍질은 잿빛이고 햇가지는 밤빛을 띤 잿빛이다. 봄에 묵은 가지 잎겨드랑이에서 꽃이 핀다. 붉은 보랏빛 꽃이 많이 모여 핀다. 좋은 냄새가 멀리까지 난다. 열매는 여물면 밤빛이고 두 조각으로 벌어진다. **생김새** 높이 4-5m | 잎 5~12cm, 마주난다. **사는 곳** 뜰, 정원 **다른 이름** 서양수수꽃다리, 양정향나무, Lilac **분류** 쌍떡잎식물 > 물푸레나무과

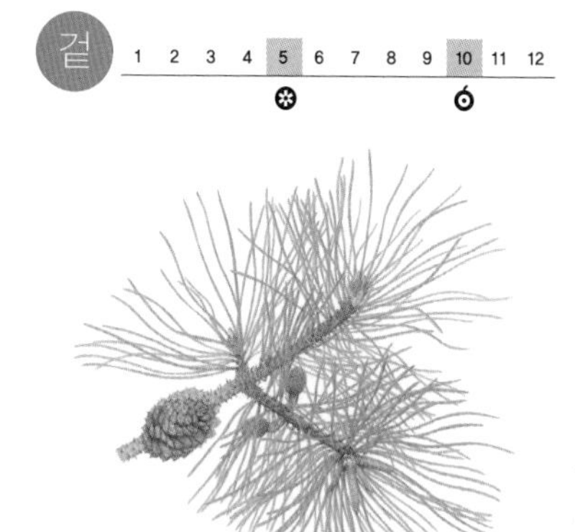

리기다소나무

리기다소나무는 척박한 땅에서도 잘 자라고 추위에도 잘 견딘다. 헐벗은 산에 많이 심었다. 잎이 세 개씩 모여난다. 빽빽하게 붙어서 더 진해 보인다. 봄에 암꽃과 수꽃이 한 그루에 같이 핀다. 솔방울은 햇가지에 3~5개씩 달리는데 이듬해 가을에 여문다. 나무껍질은 소나무보다 더 거칠고 깊게 터진다. **생김새** 높이 15~20m | 잎 7~14cm, 모여난다. **사는 곳** 산 **다른 이름** 세잎소나무, 삼엽송, 미송, Pitch pine **분류** 겉씨식물 > 소나무과

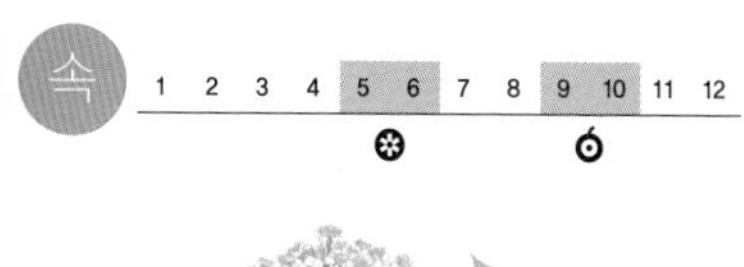

마가목

마가목은 깊고 높은 산에서 한데 모여 산다. 요즘은 공원에도 많이 심는다. 잎은 버들잎처럼 생겼고 가장자리에 톱니가 조금 있다. 앞면에 연한 털이 있다. 가을에 붉은 단풍이 든다. 봄에 흰 꽃이 무더기로 핀다. 작고 빨간 열매가 탐스럽게 열리는데, 오랫동안 달려 있다. 목재는 단단하고 윤이 난다. **생김새** 높이 6~8m | 잎 2~8cm, 어긋난다. **사는 곳** 깊은 산, 공원 **다른 이름** Silvery mountain ash **분류** 쌍떡잎식물 > 장미과

1 2 3 4 5 6 7 8 9 10 11 12

마귀곰보버섯

마귀곰보버섯은 드물게 난다. 봄에 바늘잎나무 숲 땅 위에서 홀로 나거나 무리 지어 나며 때로 버섯고리를 이루기도 한다. 자실체가 뇌처럼 생겼다. 자실체를 반으로 잘라 보면 갓부터 대까지 하나로 이어져 있고 속이 비어 있다. 주름은 자라면서 깊이 파이고 겹쳐져서 찌그러진 모양이 된다. 강한 독이 있다. **생김새** 크기 45~120×45~150mm **사는 곳** 바늘잎나무 숲 **다른 이름** False morel **분류** 주발버섯목 > 게딱지버섯과

1 2 3 4 5 6 7 8 9 10 11 12

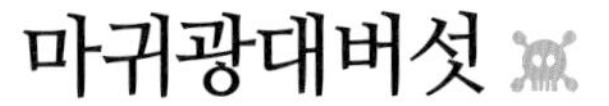

마귀광대버섯

마귀광대버섯은 여름부터 가을까지 너도밤나무, 상수리나무, 졸참나무가 자라는 넓은잎나무 숲속에 많이 난다. 도시의 공원이나 마당에서도 난다. 땅 위에 홀로 나거나 무리 지어 난다. 갓은 어릴 때 둥근 산 모양이다가 자라면서 판판해진다. 겉에 하얀 비늘 조각이 흩어져 있다. 주름살은 하얗고 빽빽하다. 광대버섯 가운데 가장 크다. **생김새** 갓 36~213mm **사는 곳** 넓은잎나무 숲, 공원, 마당 **다른 이름** 점갓닭알독버섯[북], Panthercap mushroom **분류** 주름버섯목 > 광대버섯과

1 2 3 4 5 6 7 8 9 10 11 12

마늘

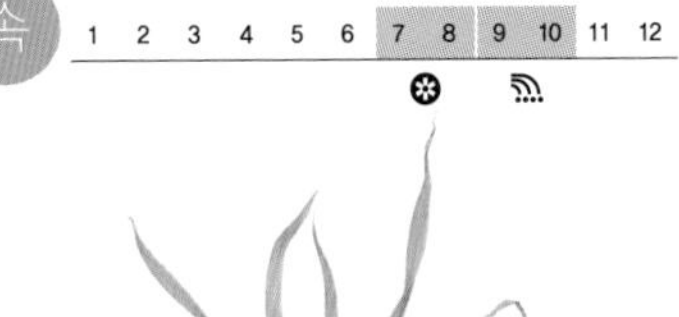

마늘은 밭이나 논에 심는 비늘줄기 채소다. 뿌리 위에 비늘줄기가 있고, 비늘줄기에 마늘쪽이 대여섯 개 들어 있다. 줄기는 곧게 자란다. 여름에 꽃대가 나오고 보랏빛 꽃이 핀다. 마늘은 가을에 심어 겨울을 나고 초여름에 거둔다. 날로 먹으면 아리고 맵다. 온갖 음식에 양념으로 넣어 먹는다. 꽃대를 뽑은 것은 마늘종인데, 이것도 먹는다. **생김새** 높이 50~60cm | 잎 30~50cm, 어긋난다. **사는 곳** 밭, 논 **다른 이름** 백피산, Garlic **분류** 외떡잎식물 > 백합과

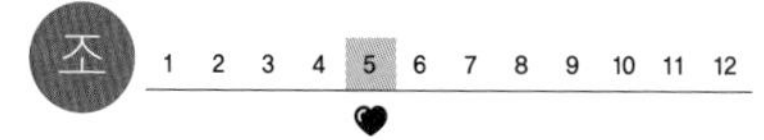

마도요

마도요는 바닷가 갯벌이나 염전, 냇가에서 무리 지어 산다. 우리나라에서 볼 수 있는 도요 가운데 몸집과 부리가 가장 크고 긴 편이다. 부리가 아래로 살짝 굽었다. 긴 부리로 바닥을 찔러 가면서 먹이를 찾는다. 부리 끝에 신경이 있어서 먹이를 잘 찾는다. 새끼를 치러 오가는 봄가을에 우리나라에 들러 쉬어 간다. **생김새** 몸길이 60cm **사는 곳** 냇가, 염전, 갯벌 **먹이** 게, 갯지렁이, 새우, 조개, 물고기, 벌레 **다른 이름** Eurasian curlew **분류** 도요목 > 도요과

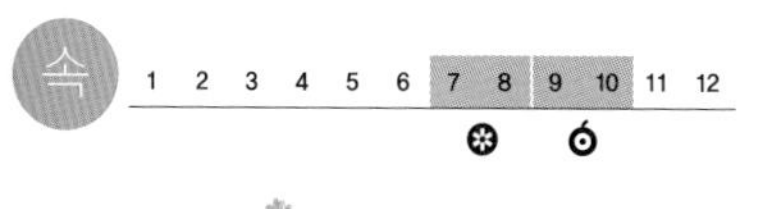

마디꽃

마디꽃은 줄기 마디마다 꽃이 달린다고 붙은 이름이다. 볕이 환히 들면서 축축하고 거름기가 많은 땅을 좋아한다. 논이나 도랑에 흔하다. 줄기는 빨갛고 비스듬히 자라다가 바로 선다. 잎은 주걱처럼 생겼는데 작고 동글동글하다. 여름부터 가을까지 꽃이 핀다. 씨앗은 아주 작고 가벼워서 물에 떠서 멀리 퍼진다. **생김새** 높이 10~15cm | 잎 0.5~1cm, 마주난다. **사는 곳** 논, 도랑, 습지 **다른 이름** 새마디꽃, 참마디꽃, Indian toothcup **분류** 쌍떡잎식물 > 부처꽃과

속 1 2 3 4 5 6 7 8 9 10 11 12

마디풀

마디풀은 길가나 볕이 잘 드는 빈터에서 흔히 자란다. 길가에 자라면서 밟혀도 잘 살고 땅이 단단해도 뿌리를 잘 내린다. 줄기에 마디가 뚝뚝 져 있는데 마디마다 얇고 허연 껍질이 둘러싼다. 껍질은 두 갈래로 갈라진다. 대부분 줄기가 옆으로 비스듬히 퍼지며 가지를 많이 친다. 잎이 다닥다닥 나고 잎겨드랑이에 꽃이 핀다. **생김새** 높이 30~40cm | 잎 1.5~4cm, 어긋난다. **사는 곳** 길가, 빈터 **다른 이름** 돼지풀, 옥매듭풀, 편축, Knotweed **분류** 쌍떡잎식물 > 마디풀과

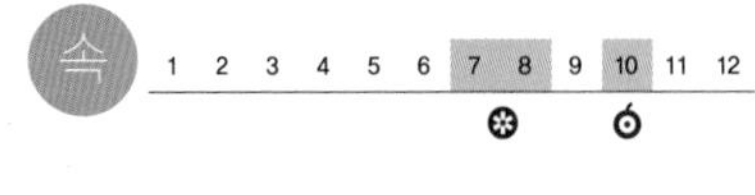

마름

마름은 냇물이나 도랑, 연못, 웅덩이, 늪에서 산다. 진흙 속에 뿌리를 내리고 잎은 줄기 끝에 나서 물 위에 떠서 자란다. 물 깊이에 따라 줄기가 길어진다. 잎이 마름모꼴이다. 잎자루에 공기주머니가 있다. 한여름에 흰 꽃이 핀다. 열매는 세모꼴인데 양쪽에 뿔이 두 개 있다. **생김새** 높이 물 깊이에 따라 다르다. | 잎 3~4cm, 모여난다. **사는 곳** 냇물, 도랑, 연못, 웅덩이, 늪 **다른 이름** 릉각, 골뱅이, East Asian water-chestnut **분류** 쌍떡잎식물 > 마름과

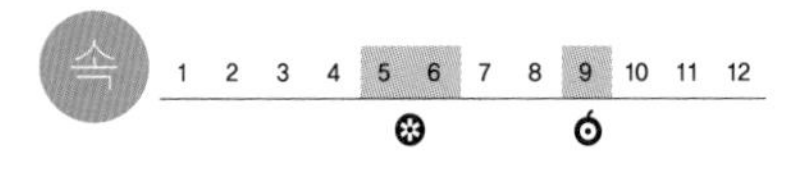

마삭줄

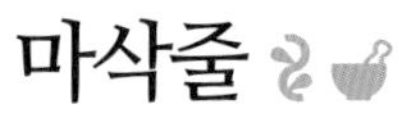

마삭줄은 산기슭 바위나 큰 나무에 붙어서 자란다. 덩굴진다. 따뜻한 남부 지방에 난다. 줄기는 붉은 밤빛이고 햇가지에는 긴 털이 있다. 줄기에서 뿌리가 내려 다른 물체를 붙잡는다. 잎은 반들반들 윤이 난다. 잎맥이 뚜렷하다. 봄에 가지 끝이나 잎겨드랑이에서 작은 꽃이 핀다. 꽃잎이 다섯 장인데 바람개비처럼 돌아가는 모양이다. 희고 향기가 좋다. **생김새** 길이 5~10m | 잎 2~5cm, 마주난다. **사는 곳** 산기슭 **다른 이름** 마삭덩굴, Asian jasmine **분류** 쌍떡잎식물 > 협죽도과

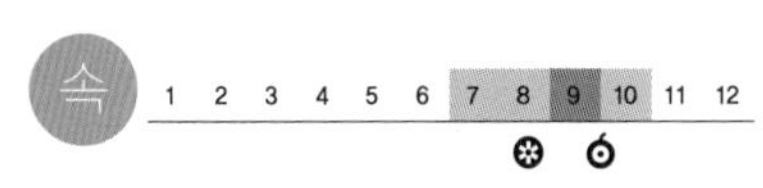

마타리

마타리는 햇볕이 잘 드는 산과 들에서 자란다. 온몸에서 독특한 고린내가 난다. 뿌리줄기가 굵고 옆으로 뻗는다. 뿌리에서 잎이 수북하게 모여나다가 줄기가 나온다. 줄기는 곧게 자란다. 줄기 위쪽 잎겨드랑이에서 꽃대가 올라온다. 아래쪽에 있는 꽃대는 길고 위쪽에 있는 꽃대는 짧아서, 서로 엇비슷한 높이로 나란하게 노란빛 꽃이 핀다. **생김새** 높이 60~150cm | 잎 마주난다. **사는 곳** 산, 들 **다른 이름** 가얌취, 개감취, 패장, Golden lace **분류** 쌍떡잎식물 > 마타리과

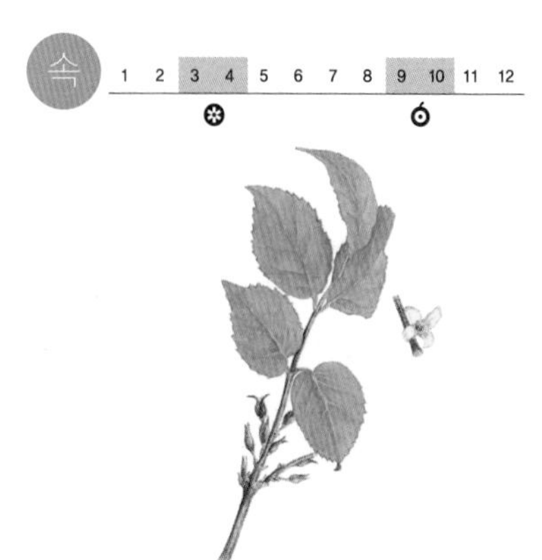

만리화

만리화는 볕이 잘 드는 강원도 높은 산 산골짜기에서 자란다. 뜰이나 공원에 심어 가꾸기도 한다. 개나리와 닮았다. 줄기가 개나리처럼 늘어지지 않고 곧게 자라는 편이다. 잎은 개나리보다 둥그스름하다. 가장자리에 잔톱니가 있다. 이른 봄에 잎이 나기 전에 노란 꽃이 핀다. 열매는 끝이 뾰족하고 좀 납작하다. **생김새** 높이 1~1.5m | 잎 4~7cm, 마주난다. **사는 곳** 높은 산, 뜰, 공원 **다른 이름** 금강개나리, Early forsythia **분류** 쌍떡잎식물 > 물푸레나무과

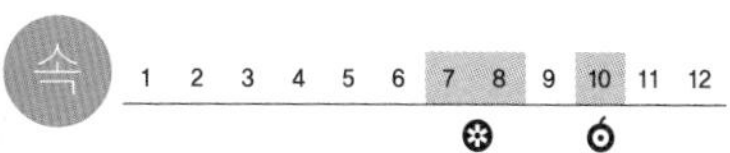

만삼

만삼은 깊은 산속 그늘지고 습한 곳에서 자란다. 덩굴지는 산삼이라고 이런 이름이 붙었다. 더덕하고 닮았다. 생김새와 냄새가 비슷하지만, 잎과 줄기에 하얀 털이 잔뜩 나 있는 게 더덕과 다르다. 더덕처럼 뿌리를 구워 먹거나 장아찌를 담근다. 가느다란 줄기는 다른 나무 따위를 감고 올라간다. **생김새** 길이 1.5~2m | 잎 1~5cm, 어긋난다. **사는 곳** 깊은 산속 **다른 이름** 삼승더덕, Pilose bellflower **분류** 쌍떡잎식물 > 초롱꽃과

포 1 2 3 4 5 6 7 8 9 10 11 12

말

말은 아주 잘 달린다. 요즘 우리나라에서는 달리기 경주를 하려고 말을 기른다. 발가락 끝이 단단한 발굽으로 덮여 있는데, 소와 달리 발굽이 하나로 되어 있다. 여기에 말굽을 박아서 잘 달릴 수 있도록 한다. 우리나라에서는 오래전부터 짐을 나르고, 사람이 타고 다니고, 소처럼 말을 부렸다. 제주도에는 오래전부터 길러 온 조랑말이 있다. **생김새** 몸길이 120~200cm **사는 곳** 제주도에서 많이 기른다. **먹이** 풀, 곡식 **다른 이름** 몰, 모리, 마리, 망아지(새끼), Horse **분류** 말목 > 말과

말냉이

말냉이는 밭이나 논둑, 길가, 낮은 산에 흔히 자란다. 물기가 있는 땅을 좋아한다. 냉이 무리 가운데 가장 크다. 줄기에는 털이 없고 위에서 가지를 친다. 뿌리에서 넓은 주걱 모양으로 난 잎은 얼마 지나지 않아 말라서 떨어진다. 줄기잎은 잎자루가 없이 줄기를 조금 둘러싼다. 봄에 가지 끝에서 흰빛 꽃이 모여 핀다. **생김새** 높이 20~60cm | 잎 3~6cm, 모여나거나 어긋난다. **사는 곳** 밭, 논둑, 길가, 산 **다른 이름** 말황새냉이, Penny cress **분류** 쌍떡잎식물 > 배추과

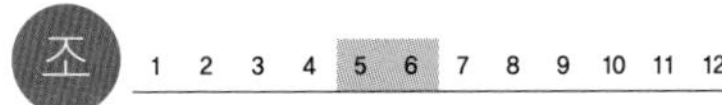

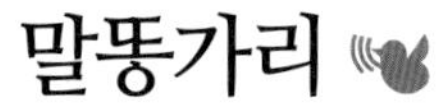

말똥가리

말똥가리는 논밭이나 낮은 산에서 혼자 또는 암수가 함께 산다. 높은 나뭇가지에 앉아서 먹이를 찾는다. 땅 위에 사는 쥐나 두더지를 잡아먹고 개구리, 뱀, 날아다니는 새를 먹기도 한다. 짝짓기 무렵에는 토끼를 자주 잡아먹는다. 10월에 우리나라를 찾아와서 겨울을 난다. 울릉도 같은 곳에서는 한 해 내내 살기도 한다. **생김새** 몸길이 52~56cm **사는 곳** 낮은 산, 냇가, 바다, 산 **먹이** 쥐, 두더지, 토끼, 새, 뱀, 개구리, 벌레 **다른 이름** 저광이[북], Buzzard **분류** 매목 > 수리과

말똥버섯

말똥버섯은 봄부터 가을까지 소똥이나 말똥 위, 풀밭에 무리 지어 나거나 홀로 난다. 갓은 알처럼 둥글다가 자라면서 갓이 펴져서 종 모양이 된다. 갓 가장자리가 위로 살짝 말린다. 거북등무늬같이 갈라지기도 한다. 주름살은 까만 얼룩이 생기다가 온통 까매진다. 대는 가늘고 길다. **생김새** 갓 15~40mm **사는 곳** 짐승 똥, 풀밭 **다른 이름** 웃음버섯[북], 좀말똥버섯, Petticoat mottlegill mushroom **분류** 주름버섯목 > 먹물버섯과

1 2 3 4 5 6 7 8 9 10 11 12

말똥진흙버섯

말똥진흙버섯은 박달나무에 많이 나는 여러해살이 버섯이다. 다른 나무에도 난다. 살아 있는 나무에도 나고, 죽은 나무줄기에도 난다. 나무줄기에서 혹 같은 어린 버섯이 솟아나와 둥근 산 모양이 된다. 대가 없이 나무에 바로 붙어 난다. 겨울에는 자라지 않고 봄에 새살이 돋아서 자라고 다시 굳어지면서 나이테 같은 무늬를 만든다. **생김새** 크기 100~200×50~150mm **사는 곳** 박달나무 숲 **다른 이름** 나무혹버섯북, 진흙버섯, 박달상황버섯, Willow bracket fungus **분류** 소나무비늘버섯목 > 소나무비늘버섯과

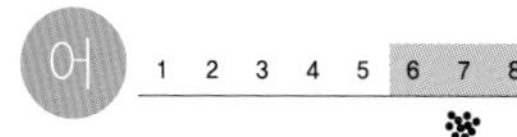

말뚝망둥어

말뚝망둥어는 갯벌에 구멍을 파고 산다. 물고기지만 물 밖에서 더 잘 지낸다. 물속에서는 아가미로 숨을 쉬고, 물 밖에서는 아가미 속 주머니에 공기를 잔뜩 집어넣거나 살갗으로 숨을 쉰다. 갯벌에서는 가슴지느러미로 기어다니거나 말뚝 따위에 올라가 배에 있는 빨판으로 배를 딱 붙이고 있는다. 겨울에는 갯벌 속에서 겨울잠을 잔다. **생김새** 몸길이 10cm **사는 곳** 서해, 남해 갯벌 **먹이** 갯지렁이, 새우, 작은 동물 **다른 이름** 말뚝고기, 나는망동어, 나는문절이, Shuttles hoppfish **분류** 농어목 > 망둑어과

말뚝버섯

말뚝버섯은 망태말뚝버섯과 닮았는데 그물 치마가 없다. 여름부터 가을까지 숲속 땅에 홀로 나거나 무리 지어 난다. 아주 흔하다. 어린 버섯은 알처럼 생겼는데 껍질을 뚫고 대가 금세 올라온다. 갓 가운데 옴폭한 곳에 고약한 냄새가 나는 점액이 고여 있다. 이 냄새로 벌레를 꾀어 포자를 퍼뜨린다. 대는 하얗고 살은 스펀지처럼 구멍이 나 있다. **생김새** 갓 35~52×15~25mm **사는 곳** 숲 **다른 이름** 자라버섯북, Stinkhorn fungus **분류** 말뚝버섯목 > 말뚝버섯과

말매미

말매미는 넓게 트인 들판이나 길가에 많다. 우리나라에 사는 매미 가운데 가장 크다. 울음소리도 크다. 나뭇가지에서 나무즙을 빨아 먹는다. 어른벌레는 나뭇가지 속에 알을 낳는다. 알에서 깨어난 애벌레는 땅속으로 들어가 나무뿌리에서 즙을 빨아 먹는다. 여러 해를 땅속에서 살다가 땅 위로 올라와서 어른벌레가 된다. **생김새** 몸길이 40~48mm **사는 곳** 애벌레_땅속 | 어른벌레_밭, 과수원, 공원 **먹이** 나무즙 **다른 이름** 검은매미[북], 왕매미, Korean blockish cicada **분류** 노린재목 > 매미과

말발도리

말발도리는 높은 산 산골짜기 바위틈에서 자란다. 뜰이나 공원에 심어 가꾸기도 한다. 줄기가 여러 갈래로 자라서 덤불처럼 된다. 햇가지는 푸른 밤빛이고 별 모양 털이 빽빽이 나 있다. 잎자루에도 털이 있다. 잎은 끝이 차츰 뾰족해진다. 봄에 햇가지 끝에 흰 꽃이 모여 핀다. 열매는 종 모양이고 겉에는 털이 나 있다. **생김새** 높이 2~4m | 잎 4~8cm, 마주난다. **사는 곳** 높은 산, 뜰, 공원 **다른 이름** 말발도리나무, Mongolian deutzia **분류** 쌍떡잎식물 > 수국과

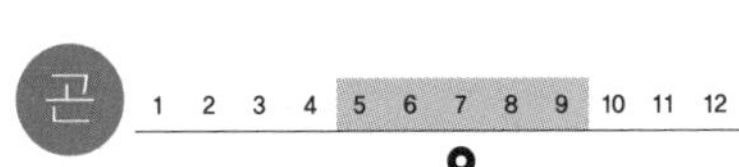

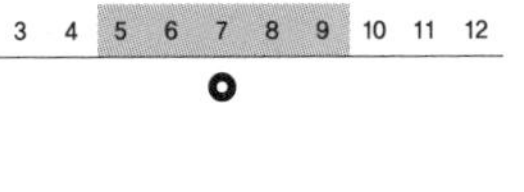

말벌

말벌은 들판이나 산에 산다. 벌 가운데 몸집도 크고 사납다. 독침이 있어서 말벌이 쏘면 많이 부어오르고 아프다. 꿀벌과 달리 여러 번 침을 쏠 수 있다. 말벌은 한 집에 수백 마리가 모여 산다. 여왕벌, 수벌, 일벌이 있다. 애벌레는 살아 있는 꿀벌이나 거미를 먹는다. 꿀벌을 떼죽음시키기도 한다. **생김새** 몸길이 20~30mm **사는 곳** 산, 들판 **먹이** 애벌레_꿀벌, 거미 | 어른벌레_꿀, 과일즙, 나뭇진 **다른 이름** 왕벌, 왕퉁이, 말머리, 바다리, European hornet **분류** 벌목 > 말벌과

말불버섯

말불버섯은 여름부터 늦가을까지 숲속이나 풀밭, 길가에서 흔히 난다. 머리 위쪽 가운데에 가시처럼 뾰족한 돌기가 모여 있다. 돌기가 떨어져 나가면 곰보 자국처럼 흔적이 남아 그물 무늬를 이룬다. 살은 하얗다가 밤빛으로 바뀌고 고약한 냄새를 풍기며 녹아내린다. 다 자란 버섯은 머리 꼭대기에 난 작은 구멍으로 포자를 내뿜는다. **생김새** 크기 20~43×28~64mm **사는 곳** 숲, 풀밭, 길가 **다른 이름** 봉오리먼지버섯[북], 먼지버섯, Puffball **분류** 주름버섯목 > 주름버섯과

말사슴

말사슴은 숲속에 살면서 철 따라 사는 곳을 옮긴다. 여름에는 산꼭대기나 서늘한 북쪽 비탈에 살다가, 겨울에는 볕이 잘 들고 눈이 적은 남쪽 비탈로 옮긴다. 물가에서 많이 지낸다. 사슴과 동물 가운데 가장 크다. 남녘에는 안 산다. 수컷은 큰 뿔이 있다. 봄에 새끼를 한두 마리 낳는다. **생김새** 몸길이 180~200cm **사는 곳** 깊은 산, 숲 **먹이** 나뭇잎, 산열매, 버섯, 채소, 곡식 **다른 이름** 붉은사슴, 누렁이, 백두산사슴, Red deer **분류** 우제목 > 사슴과

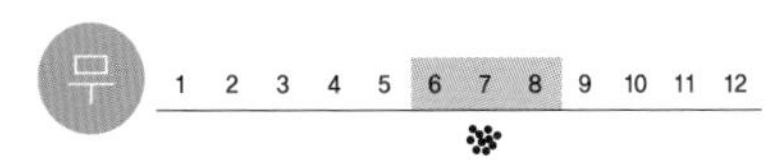

말조개

말조개는 모래나 자갈이 있고 진흙이 쌓인 강에 산다. 호수나 연못에도 산다. 껍데기는 달걀 모양으로 길쭉한데 두껍고 단단하다. 겉은 검고 안쪽은 진줏빛이다. 여름에 알을 낳는다. 알에서 깨어난 새끼는 어미와 아주 달라서 다른 물고기의 아가미나 몸에 붙어서 기생 생활을 한다. 납자루나 중고기 같은 민물고기는 말조개 안에 알을 낳아 새끼를 키운다. **생김새** 크기 5~8cm **사는 곳** 강, 호수 **다른 이름** 내물조개[북], 방합 **분류** 연체동물 > 석패과

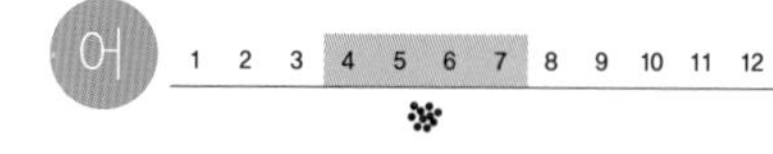

말쥐치

말쥐치는 따뜻한 물을 좋아하는 물고기다. 쥐치보다 더 깊은 바닷속에서 산다. 낮에는 물 가운데쯤에서 헤엄치고, 밤이 되면 바닥으로 내려간다. 촉수에 독이 있는 해파리를 뜯어 먹기도 한다. 몸 색깔이나 무늬가 기분 따라 바뀐다. 말쥐치는 그물이나 통발로 잡는다. 살을 포 떠서 쥐포를 만든다. **생김새** 몸길이 30cm **사는 곳** 우리나라 온 바다 **먹이** 플랑크톤, 갯지렁이, 조개, 해파리 **다른 이름** 말쥐치어북, 쥐고기, 객주리, Black scraper **분류** 복어목 > 쥐치과

말징버섯

말징버섯은 여름부터 가을까지 넓은잎나무 숲속 거름기가 많은 땅에서 난다. 홀로 나거나 무리 지어 난다. 머리는 둥글넓적하고 대는 가늘고 짤막하다. 큰 것은 어른 주먹만 하다. 어릴 때는 희고 반들반들하다가 자라면서 가장자리에서부터 주름이 생긴다. 살이 부드럽고 맛이 좋다. 자랄수록 색이 짙어지고 고약한 냄새가 난다. **생김새** 크기 56~105×45~85mm **사는 곳** 넓은잎나무 숲 **다른 이름** 두뇌먼지버섯북, 두뇌버섯, Giant puffball **분류** 주름버섯목 > 주름버섯과

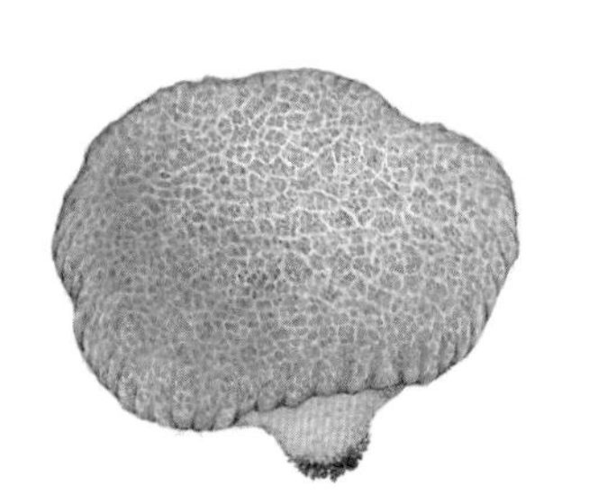

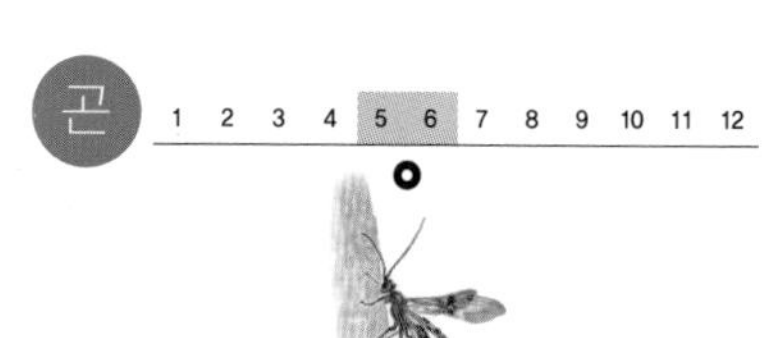

말총벌

말총벌은 낮은 산이나 숲에 산다. 고치벌 무리에 든다. 고치벌은 살아 있는 곤충 몸에 알을 낳는다. 참나무 같은 나무에 많이 붙어 있으면서, 나뭇진이나 꽃가루를 먹는다. 긴 산란관을 나무 속 깊이 넣어서 하늘소 애벌레나 번데기 몸에 알을 낳는다. 애벌레는 그 곤충을 먹고 자란다. **생김새** 몸길이 15~20mm **사는 곳** 낮은 산, 숲 **먹이** 애벌레_다른 곤충 애벌레나 번데기 | 어른벌레_나뭇진, 꽃가루 **다른 이름** 말초리벌, Braconid wasp **분류** 벌목 > 고치벌과

맑은애주름버섯

맑은애주름버섯은 여름부터 가을까지 숲속 가랑잎이나 썩은 나무 위에 난다. 흩어져 나거나 무리 지어 난다. 어디서나 흔하다. 갓은 분홍색, 자줏빛, 하얀색, 연보라색처럼 여러 색을 띤다. 물기를 머금으면 우산살 같은 줄무늬가 나타난다. 가장자리는 물결치듯 구불거린다. 대는 가늘고 밑동이 하얀 균사로 덮여 있다. **생김새** 갓 15~45mm **사는 곳** 숲 **다른 이름** 색갈이줄갓버섯[북], Lilac bonnet mushroom **분류** 주름버섯목 > 애주름버섯과

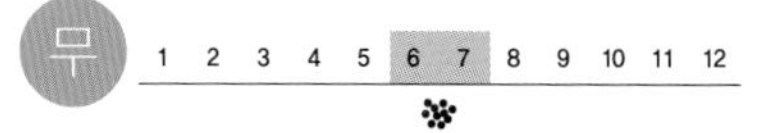

맛조개

맛조개는 서해와 남해 모래갯벌에서 산다. 조가비는 가늘고 긴 네모꼴로 대나무처럼 생겼다. 조가비가 얇아서 잘 부서진다. 갯바닥 속으로 굴을 30cm쯤 곧게 파고 들어가서 산다. 갯벌 모래를 걷어 내면 맛조개 구멍이 뚫려 있다. 키워서 잡으려고 어린 새끼를 따로 길러서 갯벌에 뿌리기도 한다. **생김새** 크기 10×1.5cm **사는 곳** 서해, 남해, 동해 모래갯벌 **다른 이름** 바늘통토어[북], 맛, 참맛, 죽합, Gould's razor clam **분류** 연체동물 > 죽합과

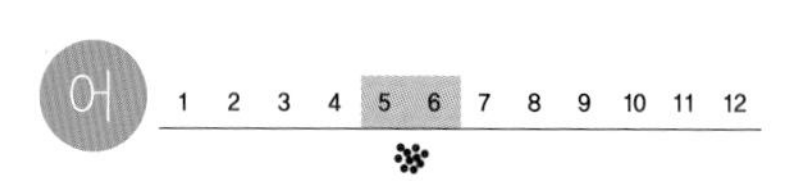

망상어

망상어는 남해와 동해 바닷가 갯바위나 방파제에서 쉽게 볼 수 있다. 사는 곳에 따라 몸빛이 많이 다르다. 잿빛이 도는 것이 많지만, 바위 밭에 살면 불그스름하고, 바닷말이 수북이 자란 곳에 살면 옅은 풀빛을 띤다. 알을 낳지 않고 새끼를 낳는다. 망상어는 갯바위에서 낚시로 많이 잡는다. **생김새** 몸길이 20~25cm **사는 곳** 남해, 동해 **먹이** 동물성 플랑크톤, 지렁이, 새우, 조개 **다른 이름** 망사, 망싱이, 맹이, 망치어, Sea chub **분류** 농어목 > 망상어과

망초

망초는 밭이나 논둑, 길가에서 흔히 자란다. 어디서나 잘 자라고 금방 무리를 이룬다. 가을에 싹이 터서 땅에 바짝 붙어 겨울을 나고 이듬해 봄에 높이 자란다. 줄기는 곧게 자라고 가지를 많이 친다. 여름과 가을에 꽃이 핀다. 씨앗에 흰 갓털이 달려 있어서 바람을 타고 멀리 날아간다. **생김새** 높이 50~150cm | 잎 7~10cm, 모여나거나 어긋난다. **사는 곳** 밭, 논둑, 길가 **다른 이름** 잔꽃풀, 큰망초, 지붕초, 망풀, Horseweed **분류** 쌍떡잎식물 > 국화과

망태말뚝버섯

망태말뚝버섯은 여름부터 가을까지 대숲에 흩어져 나거나 무리 지어 난다. 어린 버섯은 알처럼 생겼다. 아침에 껍질을 찢고 갓과 대가 나와 두세 시간이면 다 자란다. 그물 치마도 30분이면 펴져서 땅에 닿는다. 갓 겉은 울룩불룩하고 점액이 있다. 점액 속에 포자가 들어 있고 고약한 냄새가 난다. 이 냄새로 벌레를 꾀어 포자를 퍼뜨린다. **생김새** 갓 20~40×35~52mm **사는 곳** 대숲 **다른 이름** 그물갓버섯[북], 투망버섯, Bridal veil stinkhorn **분류** 말뚝버섯목 > 말뚝버섯과

매

매는 낮은 산 둘레나 들판에서 혼자 산다. 오래된 나무 꼭대기나 절벽의 벼랑, 바위 꼭대기처럼 높은 곳에 앉을 때가 많다. 새 가운데 가장 빨리 난다. 시력도 아주 뛰어나다. 먹이를 보면 빠르게 내리꽂으면서 먹이를 낚아챈다. 봄에 짝짓기를 하는데, 수컷이 암컷한테 먹이를 잡아 주는 때가 많다. 벼랑 위에 알을 4~5개 낳고 새끼를 친다. **생김새** 몸길이 34~50cm **사는 곳** 산, 마을 둘레 **먹이** 작은 새, 동물 **다른 이름** 꿩매[북], 송골매, 해동청, Peregrine falcon **분류** 매목 > 매과

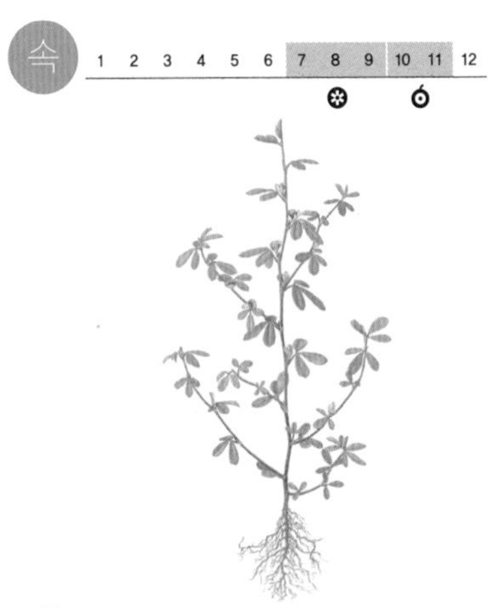

매듭풀

매듭풀은 볕이 잘 드는 길가나 풀밭, 산기슭에 흔하다. 줄기는 가늘고 길며 짧은 털이 나 있다. 조금 누워서 자라는데 밑에서 가지를 많이 친다. 잎은 끝이 둥글거나 오목하다. 잎 가장자리에 흰빛 거센털이 있다. 여름에 잎겨드랑이에서 연한 붉은빛 작은 꽃이 한두 개씩 핀다. 가을에 꼬투리가 달리고 속에 씨가 있다. **생김새** 높이 10~30cm | 잎 1~1.5cm, 어긋난다. **사는 곳** 길가, 풀밭, 산기슭 **다른 이름** 가위풀, Knot clover **분류** 쌍떡잎식물 > 콩과

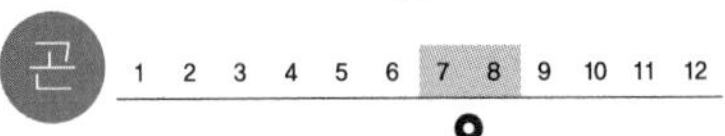

매미나방

매미나방은 과수원이나 낮은 산에서 산다. 암컷은 몸집이 크고 멀리 다니지 않는다. 수컷이 암컷을 찾아다닌다. 알집은 누런 털뭉치처럼 보인다. 나뭇가지에 붙어 있다. 알집 속에서 겨울을 나고 봄에 애벌레가 깨어난다. 애벌레는 밤에 나와서 여러 가지 나뭇잎을 가리지 않고 먹는다. **생김새** 날개 편 길이 41~54mm **사는 곳** 낮은 산, 과수원 **먹이** 애벌레_여러 가지 나뭇잎 | 어른벌레_꽃꿀, 나뭇진 **다른 이름** 사과나무털벌레[북], 집시나방, Gypsy moth **분류** 나비목 > 독나방과

매부리바다거북

매부리바다거북은 열대 바다에 산다. 사람이 많이 잡아서 지금은 멸종위기에 있다. 주둥이가 매의 부리처럼 날카롭게 생겼다. 산호초가 많은 바다에 살면서 먹이를 잡는다. 헤엄을 잘 친다. 알을 낳을 때는 바닷가로 나와서 모래 구덩이를 파고 알을 낳는다. 최근에 우리나라에서 인공으로 새끼를 낳아 기르는 데 성공했다. **생김새** 등 길이 80~110cm **사는 곳** 열대 바다 **먹이** 조개, 게, 물고기, 해파리 **다른 이름** 대모, Hawksbill sea turtle **분류** 거북목 > 바다거북과

매생이

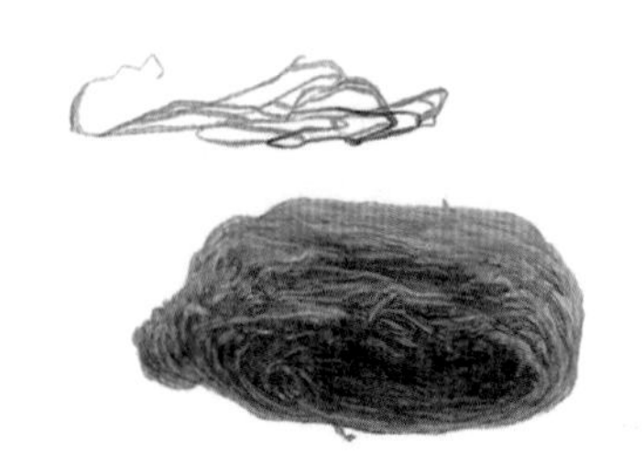

매생이는 남해 갯벌에서 자라는 바닷말이다. 자갈이나 바위에 붙어서 살기도 한다. 바다나물 가운데 가장 가늘다. 머리카락보다 가늘고 부들부들하다. 만지면 미끌미끌하다. 겨울에만 잠깐 난다. 매생이는 뜯어서 바닷물과 민물에 잘 씻은 뒤 한 줌씩 크게 말아 낸다. 요즘은 말려서 보관했다가 먹기도 한다. **생김새** 길이 30cm 이상 **사는 곳** 남해 깨끗한 갯벌 **다른 이름** Seaweed fulvescens **분류** 녹조류 > 초록실과

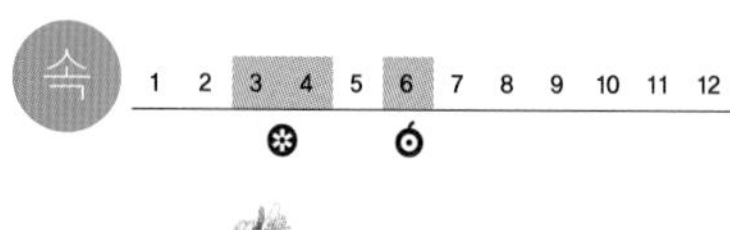

매실나무

매실나무는 오래전부터 매화꽃을 보거나 열매를 먹으려고 심어 길렀다. 이른 봄에 꽃이 핀다. 꽃이 지고 나서 얼마 지나지 않아 매실이 달린다. 잔가지가 많이 난다. 잎 끝이 뾰족하고 가장자리에 톱니가 있다. 매실은 맛이 몹시 시고 떫다. 아직 푸를 때 많이 딴다. 날로 먹지 않고 설탕 절임이나 장아찌를 만들어 먹는다. **생김새** 높이 4~6m | 잎 4~8cm, 어긋난다. **사는 곳** 밭, 뜰 **다른 이름** 매화나무, Plum blossom **분류** 쌍떡잎식물 > 장미과

매자기

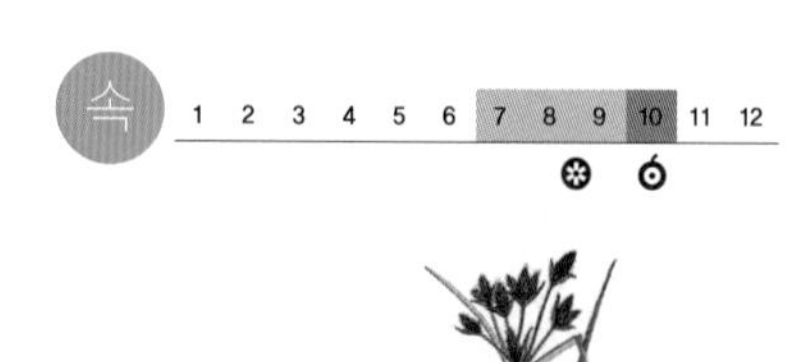

매자기는 연못이나 늪 가장자리나 논둑에서 잘 자란다. 물이 고여 있고 물기가 많은 땅을 좋아한다. 논에 흔하게 자라는 잡초이다. 땅속에 있는 덩이줄기에서 뿌리줄기가 옆으로 뻗고, 뿌리줄기 끄트머리마다 덩이줄기가 또 달린다. 이 덩이줄기에서 뿌리가 나고 줄기가 올라와서 큰다. 올라오는 줄기는 세모나고 매끈하다. **생김새** 높이 80~150cm | 잎 10~26cm, 어긋난다. **사는 곳** 연못, 늪 가장자리, 논둑 **다른 이름** Sea club rush **분류** 외떡잎식물 > 사초과

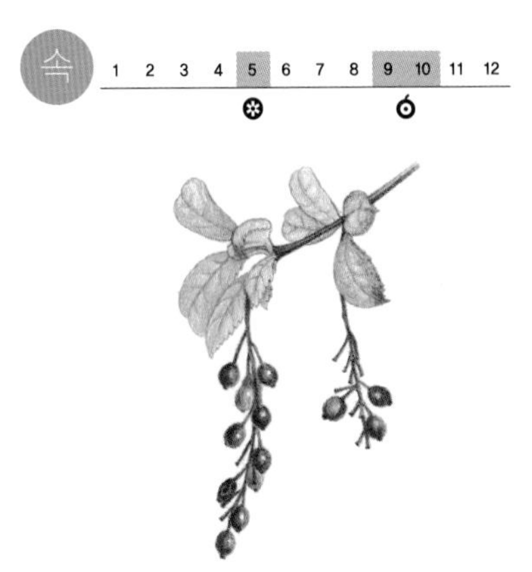

매자나무

매자나무는 볕이 잘 드는 산기슭에서 잘 자란다. 흔하지는 않다. 산울타리로 심거나 화분에 심어서도 기른다. 잎 가장자리에 날카로운 톱니가 있다. 가지에도 날카로운 가시가 있다. 가지는 두 해가 지나면 붉어진다. 봄에 잎겨드랑이에서 노란 꽃이 매달려서 핀다. 열매는 9월쯤 빨갛게 익는다. 잎도 빨갛게 물든다. 따뜻한 곳에서는 겨울에도 잎이 푸른 나무가 있다. **생김새** 높이 1~3m | 잎 3~7cm, 모여난다. **사는 곳** 산기슭 **다른 이름** Korean barberry **분류** 쌍떡잎식물 > 매자나무과

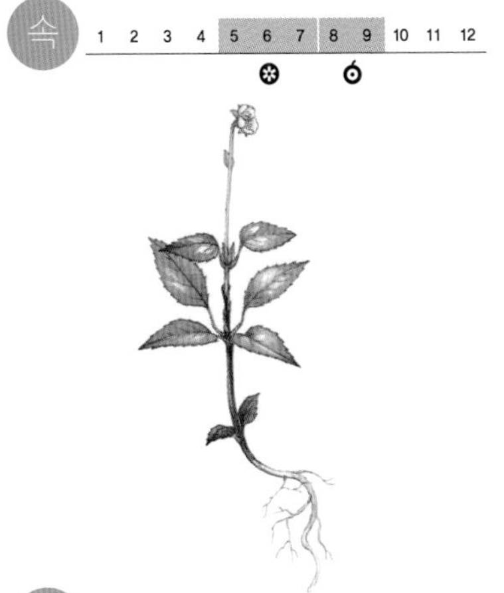

매화노루발

매화노루발은 볕이 잘 드는 숲속, 마른 땅에서 자란다. 겨울에도 늘 푸르러서 눈에 잘 띈다. 줄기는 가늘고, 곧게 서거나 약간 기울어져서 자란다. 잎은 도톰하고 끝이 뾰족하다. 가장자리에 톱니가 조금 있다. 여름에 줄기 끝에서 가는 꽃대가 나와서 분홍빛 도는 흰 꽃이 핀다. 꽃을 보려고 심어 기르기도 한다. **생김새** 높이 5~10cm | 잎 2~3.5cm, 어긋나거나 돌려난다. **사는 곳** 숲속 **다른 이름** 차풀, Asian prince's pine **분류** 쌍떡잎식물 > 진달래과

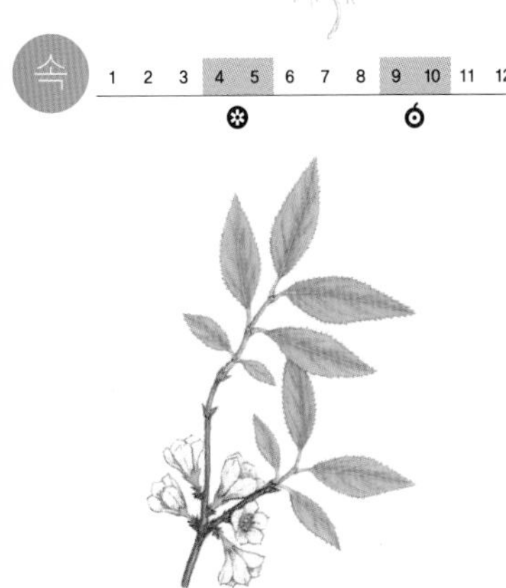

매화말발도리

매화말발도리는 산기슭 바위틈에서 자란다. 묵은 가지 껍질은 잿빛이고 고르지 않게 벗겨진다. 햇가지는 풀색이고 털이 있다. 잎은 짧은 잎자루가 있다. 끝이 뾰족하고 앞과 뒷면에 별 모양 털이 성글게 있다. 흰 꽃이 묵은 가지에서 1~3개씩 달린다. 꽃자루에 털이 있다. 열매는 종 모양으로 익었다가 저절로 터진다. **생김새** 높이 1~2m | 잎 3~6.5cm, 마주난다. **사는 곳** 산기슭 바위틈 **다른 이름** 삼지말발도리, 댕강목, Korean deutzia **분류** 쌍떡잎식물 > 수국과

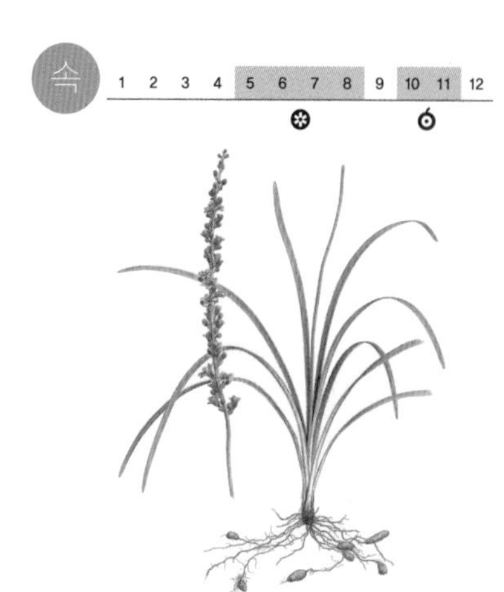

맥문동

맥문동은 숲속 그늘진 곳에서 많이 자란다. 길가나 공원 꽃밭에도 많이 심는다. 여름에 보랏빛 꽃이 무리 지어 핀다. 한겨울에도 잎이 푸르다. 뿌리줄기는 땅속으로 구불구불 뻗다가 한군데씩 잎이 모여난다. 수북한 잎 사이로 꽃대 하나가 올라와서 여름에 꽃이 피고, 가을에 까만 구슬처럼 열매가 달린다. **생김새** 높이 30~50cm | 잎 30~50cm, 모여난다. **사는 곳** 숲속, 길가, 공원 **다른 이름** 겨우살이풀, Big blue lilyturf **분류** 외떡잎식물 > 백합과

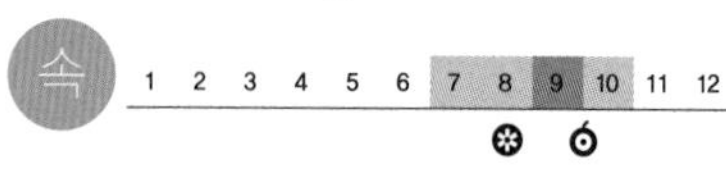

맨드라미

맨드라미는 마당에 심어 가꾼다. 크고 붉은 꽃이 피는 것을 보려고 오래전부터 심었다. 줄기는 곧게 자라고 붉은빛을 띤다. 잎은 가장자리를 따라 붉은빛을 띠기도 한다. 여름에 줄기 끝에서 작은 꽃이 뭉쳐서 핀다. 꽃대가 부채꼴로 퍼지면서 닭 볏 모양으로 넓어지고 주름진다. 꽃잎은 없다. 품종이 여럿이다. **생김새** 높이 40~100cm | 잎 5~10cm, 어긋난다. **사는 곳** 뜰, 길가 **다른 이름** 계관, 계두, 닭벼슬꽃, Cockscomb **분류** 쌍떡잎식물 > 비름과

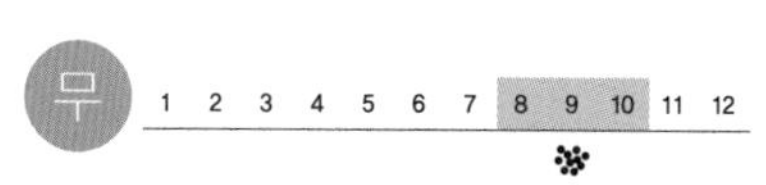

맵사리

맵사리는 남해나 서해 바닷가에 많다. 바닷가 바위나 자갈 밑에 붙어 산다. 맵고 쓴 맛 때문에 이름이 맵사리다. 대수리보다 조금 크고 껍데기가 더 두껍고 단단하다. 대수리와 섞여 살기도 하지만 대수리만큼 흔하지는 않다. 봄에 짝짓기 할 때는 수십에서 수백 마리가 무리를 지어 알을 슨다. **생김새** 크기 2.5×5cm **사는 곳** 남해, 서해 갯바위 **먹이** 조개, 고둥 **다른 이름** 살골뱅이[북], 대사리, Japanese dwarf triton **분류** 연체동물 > 뿔소라과

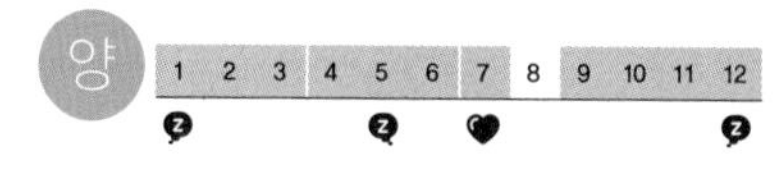

맹꽁이

맹꽁이는 산기슭이나 논밭에 산다. '맹꽁맹꽁' 하고 운다. 튼튼한 뒷다리로 땅을 팔 줄 안다. 낮에는 땅속에 있다가 밤에 나와서 먹이를 잡아먹는다. 기어다니면서 개미나 지렁이를 잘 잡아먹는다. 겨울잠을 잔 다음 잠깐 깨어났다가 봄잠을 잔다. 초여름에 모여서 짝짓기를 한다. 올챙이는 보름 만에 다리가 다 나온다. **생김새** 몸길이 3~5cm **사는 곳** 산기슭, 논밭 **먹이** 지렁이, 작은 벌레 **다른 이름** 쟁기발개구리, 멩마구리, Narrow-mouth frog **분류** 무미목 > 맹꽁이과

맹종죽

맹종죽은 죽순을 먹으려고 밭에 심어 기르는 대나무이다. 땅속줄기로 번져 나간다. 잎은 길쭉하고 얇은데 까슬까슬하다. 4월쯤에 왕대나 솜대 죽순보다 먼저 죽순이 올라온다. 죽순이 굵다. 죽순은 캐서 바로 먹거나 소금에 절여 두고 먹는다. 독이 있어서 반드시 익혀 먹어야 한다. **생김새** 높이 10~20m | 잎 7~10cm, 어긋난다. **사는 곳** 밭 **다른 이름** 죽신대[북], Tortoise-shell bamboo **분류** 외떡잎식물 > 벼과

속 1 2 3 4 5 6 7 8 9 10 11 12

머귀나무

머귀나무는 따뜻한 남부 지방 여러 섬과 울릉도 바닷가에서 자란다. 가지는 굵고 잿빛이다. 끝이 뾰족한 가시가 많이 나 있다. 잎은 길쭉한데 끝이 뾰족하고 가장자리에 잔톱니가 있다. 여름에 작고 옅은 풀빛 꽃이 가지 끝에 많이 모여 달린다. 암수딴그루이다. 열매는 익으면 저절로 벌어져서 검은 씨가 나온다. **생김새** 높이 15m | 잎 40cm, 어긋난다. **사는 곳** 따뜻한 남부 지방 섬, 울릉도 바닷가 **다른 이름** 매오동나무, Alianthus-like prickly ash **분류** 쌍떡잎식물 > 운향과

속 1 2 3 4 5 6 7 8 9 10 11 12

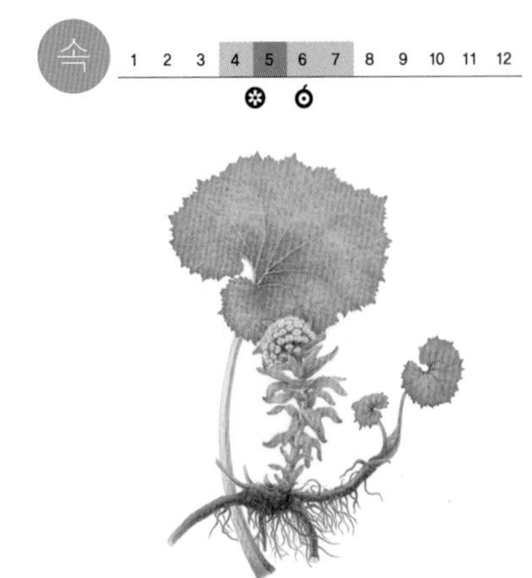

머위

머위는 개울가나 눅눅한 땅에서 자란다. 밭에 심어 가꾸기도 한다. 이른 봄에 꽃줄기가 나와서 꽃이 먼저 핀다. 뿌리잎은 꽃이 핀 다음에 난다. 잎자루가 길다. 머윗대라고 한다. 잎은 심장 모양이고 가장자리에는 뾰족한 톱니가 있다. 봄에 줄기 끝에서 꽃이 핀다. 여러 송이가 둥글게 모여 핀다. 봄에 씨를 뿌리거나 포기를 나눠 심는다. **생김새** 높이 10~60cm | 잎 15~30cm, 모여난다. **사는 곳** 개울가, 눅눅한 땅 **다른 이름** 머구, 머우, Giant butterbur **분류** 쌍떡잎식물 > 국화과

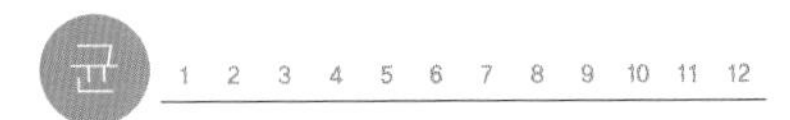

먹물버섯

먹물버섯은 봄부터 가을까지 풀밭이나 길가 거름기가 많은 곳에서 난다. 오염된 땅에서도 잘 자라는데, 중금속을 흡수해서 환경을 정화하는 역할도 한다. 어릴 때는 달걀을 세워 놓은 것처럼 생겼고 갓이 대를 반 이상 덮는다. 주름살은 자라면서 검은색이 된다. 검게 변한 주름살이 갓과 함께 녹아내리는데 하룻밤 사이에 다 녹는다. **생김새** 갓 45~104×25~52mm **사는 곳** 풀밭, 길가 **다른 이름** 비늘먹물버섯[북], Shaggy inkcap **분류** 주름버섯목 > 주름버섯과

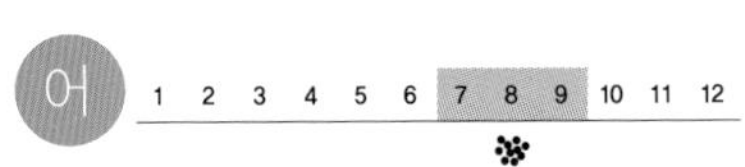

먹장어

먹장어는 남해와 제주 바다에 산다. 얕은 바다 밑바닥에서 산다. 이름은 장어지만 뼈가 물렁물렁해서 장어 무리하고는 다른 물고기이다. 부레가 없어서 물 위로 떠오르지 못한다. 꼬리지느러미만 있어서 헤엄을 잘 못 치고 꿈틀꿈틀 기어다닌다. 다른 물고기 몸에 달라붙어 살을 파먹거나, 죽은 물고기를 먹는다. 통발로 잡는다. **생김새** 몸길이 50~60cm **사는 곳** 남해, 제주 **먹이** 죽은 물고기, 갯지렁이 **다른 이름** 꼼장어, 묵장어, 헌장어, Borer **분류** 먹장어목 > 꾀장어과

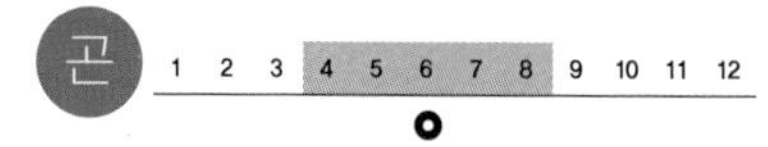

먹줄왕잠자리

먹줄왕잠자리는 작은 연못이나 저수지, 물가에 산다. 날개와 몸집이 크다. 빠르게 잘 날고 눈도 좋아서 날벌레를 잘 잡아먹는다. 저녁 무렵에 잘 날아다닌다. 물속에서 애벌레로 겨울을 나고, 여러 번 허물을 벗으면서 자란다. 알에서 어른벌레가 되는 데 2~5년이 걸린다. **생김새** 몸길이 73~80mm **사는 곳** 애벌레_물속 | 어른벌레_물가 **먹이** 애벌레_올챙이, 물벌레, 작은 물고기 | 어른벌레_모기, 작은 날벌레 **다른 이름** 검은줄은잠자리북, Fiery emperor dragonfly **분류** 잠자리목 > 왕잠자리과

먼지버섯

먼지버섯은 먼지 같은 포자를 폴폴 날린다. 여름부터 가을까지 산이나 언덕 비탈진 곳, 숲속 길가에 난다. 흩어져 나거나 무리 지어 난다. 어린 버섯은 동글납작하고 자라면서 껍질이 여러 조각으로 갈라진다. 껍질을 닫고 있다가 비가 오면 껍질을 열고 물이 튈 때 포자를 함께 퍼뜨린다. 위에 있는 구멍으로 포자가 나온다. **생김새** 크기 20~40mm **사는 곳** 산, 길가 **다른 이름** 땅별버섯북, 별버섯북, Barometer earthstar fungus **분류** 그물버섯목 > 먼지버섯과

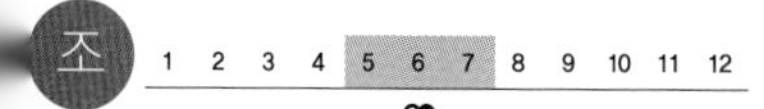

멋쟁이

멋쟁이는 깊은 산속 계곡 둘레나 숲에 산다. 새장 안에서도 잘 산다. 예로부터 사람들이 많이 잡아다가 길렀다. 여름에는 암수가 함께 다니지만 겨울이면 10마리 안팎으로 무리를 지어 다닌다. 여름에는 벌레를 잡아먹고, 겨울에서 봄에는 새순과 나무 열매를 먹는다. 다른 새들에 비해 겁이 없어 사람이 다가가도 잘 도망가지 않는다. **생김새** 몸길이 15cm **사는 곳** 산, 계곡, 숲 **먹이** 새순, 나무 열매, 벌레 **다른 이름** 산까치북, Eurasian bullfinch **분류** 참새목 > 되새과

멍석딸기

멍석딸기는 산기슭이나 밭둑에서 자란다. 뻗어 나간 생김새가 꼭 멍석을 깔아 놓은 것 같다고 붙은 이름이다. 땅 위에 납작 엎드려 사방으로 뻗어 나가면서 크게 덤불진다. 가지에 짧은 가시와 털이 난다. 잎은 쪽잎 3~5장으로 된 겹잎이다. 이른 여름에 보랏빛 꽃이 모여 핀다. 열매는 알이 굵고 조금 늦게 익는다. 날로 먹는다. **생김새** 높이 1~2m | 잎 2~5cm, 어긋난다. **사는 곳** 산기슭, 밭둑 **다른 이름** Trailing raspberry **분류** 쌍떡잎식물 > 장미과

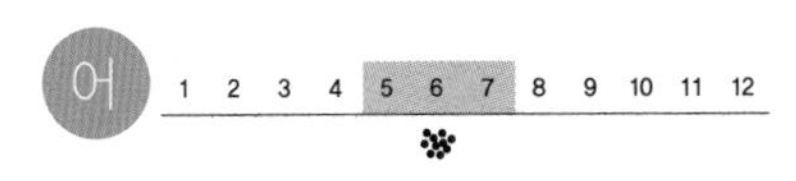

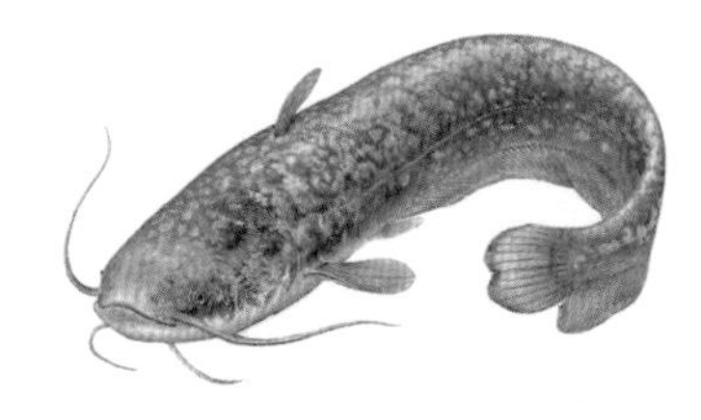

메기

메기는 물살이 느리고 바닥에 진흙이 깔린 강이나 냇물에 산다. 저수지나 늪도 좋아한다. 낮에는 물풀 속이나 바위 밑에 숨어 있다가 밤에 나온다. 입이 아주 크고 긴 수염이 두 쌍 있다. 수염을 더듬어 먹이를 찾는다. 큰 입으로 무엇이든 한입에 삼킨다. 입속에 작고 뾰족한 이가 나 있다. **생김새** 몸길이 30~50cm **사는 곳** 강, 냇물, 저수지, 늪 **먹이** 물고기, 새우, 물벌레, 개구리 **다른 이름** 메사구[북], 며우개[북], 미기, 물텀뱅이, Far Eastern catfish **분류** 메기목 > 메기과

메꽃

메꽃은 밭이나 강둑이나 산기슭에서 자란다. 덩굴져 자라면서 다른 풀이나 나뭇가지를 휘감고 올라간다. 이른 봄에 싹이 트고 여름에 꽃이 핀다. 꽃은 연한 붉은빛으로 나팔꽃처럼 생겼다. 낮에 피었다가 저녁에 진다. 잎은 나팔꽃보다 가늘고 길쭉하다. 땅속줄기로 퍼져서 열매는 잘 안 열린다. **생김새** 높이 50~100cm | 잎 5~10cm, 어긋난다. **사는 곳** 밭, 강둑, 산기슭 **다른 이름** 메, 가는메꽃, Short-hairy morning glory **분류** 쌍떡잎식물 > 메꽃과

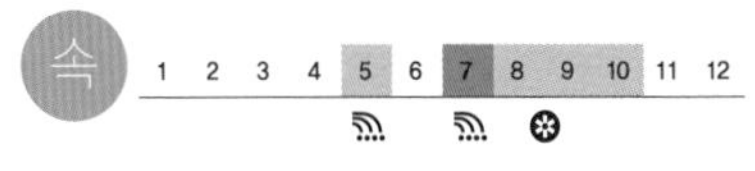

메밀

메밀은 밭에 심는 곡식이다. 거칠고 메마른 밭이나 논에서도 잘 자란다. 뿌리는 수염뿌리고 줄기가 곧게 자란다. 잎은 마주나다가 위쪽은 어긋난다. 하얗고 자잘한 꽃이 피었다가 지고 나면 세모꼴 열매가 열린다. 봄에 뿌려서 여름에 거두기도 하고, 여름에 뿌려서 가을에 거두기도 한다. **생김새** 높이 70cm쯤 | 잎 3~5cm, 마주나거나 어긋난다. **사는 곳** 밭, 논, 산밭 **다른 이름** 미물, Buckwheat **분류** 쌍떡잎식물 > 마디풀과

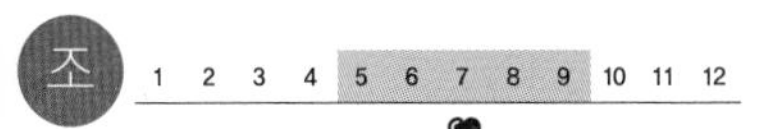

메추라기

메추라기는 알을 먹으려고 많이 기른다. 흔히 겨울에 우리나라로 오는 철새이다. 와서 풀밭이나 논밭에서 지내는 것도 흔하게 볼 수 있다. 가끔 여름에도 가지 않고 번식을 하는 것도 있다. 들판에 떨어진 풀씨나 낟알을 주워 먹고 벌레도 먹는다. 날 때는 짧은 날개를 빠르게 움직여서 난다. 멀리 날지는 않고 조금씩 날아 움직인다. 둥지는 땅바닥에 마른 풀을 깔아 마련한다. **생김새** 몸길이 18~20cm **사는 곳** 풀밭, 논밭 **먹이** 풀씨, 낟알, 벌레 **다른 이름** 메추리, Quail **분류** 닭목 > 꿩과

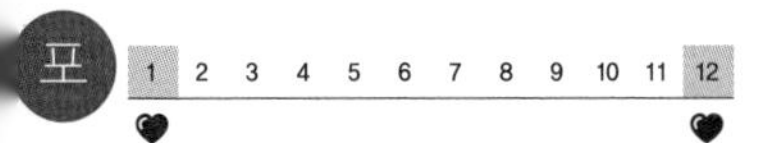

멧돼지

멧돼지는 참나무 숲이나 우거진 덤불숲에서 지내기를 좋아한다. 수컷은 혼자 살고, 암컷은 새끼들과 함께 다닌다. 성질이 사나운 짐승은 아니지만, 궁지에 몰리거나 놀랐을 때는 사람한테도 달려든다. 먹이를 찾아서 밭이나 마을에도 내려온다. 주둥이와 송곳니로 땅을 잘 파헤친다. 겨울에 짝짓기를 하고 봄에 새끼를 넷에서 여덟 마리 낳는다. **생김새** 몸길이 100~150cm **사는 곳** 산 **먹이** 나무 열매, 곡식, 작은 동물, 벌레 **다른 이름** 산돼지, 멧도야지, 멧돗, Wild boar **분류** 우제목 > 멧돼지과

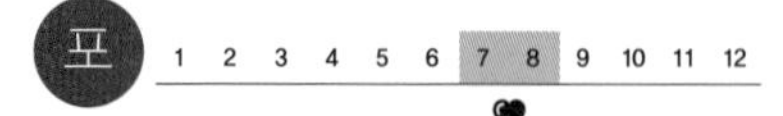

멧밭쥐

멧밭쥐는 논밭이나 들판에 산다. 쥐 가운데 가장 작고 가볍다. 여름에 벼나 벼과 식물 줄기에 풀잎을 엮어 공처럼 둥지를 짓고 새끼를 친다. 비를 피할 수 있게 구멍이 옆으로 나 있다. 다른 들쥐는 여러 번 새끼를 치지만, 멧밭쥐는 한 해에 한 번 새끼를 친다. 겨울에는 땅속에 굴을 파고 지낸다. **생김새** 몸길이 50~65mm **사는 곳** 논밭, 마을, 들판 **먹이** 풀이삭, 열매, 작은 벌레 **다른 이름** 들쥐[북], 우수리멧밭쥐, Harvest mouse **분류** 설치목 > 쥐과

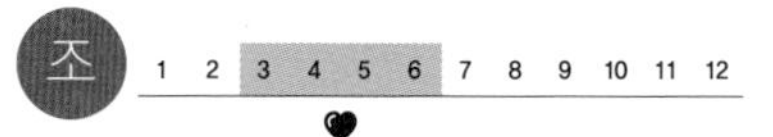

멧비둘기

멧비둘기는 낮은 산이나 논밭에 산다. 낮고 탁한 소리로 '구, 구' 하고 운다. 귀소성이 강해 통신을 주고받는 데 쓰기도 하고 고기 맛이 좋아서 잡아먹기도 했다. 짝짓기 때는 암수가 함께 다니고 새끼 치기가 끝나면 수십 마리에서 수백 마리씩 무리 지어 다닌다. 한 해 동안 2~3번까지 새끼를 친다. 어미가 비둘기 젖을 게워 내서 먹인다. **생김새** 몸길이 33cm **사는 곳** 낮은 산, 논, 마을 **먹이** 곡식, 나무 열매, 벌레 **다른 이름** 메비둘기[북] 산비둘기, Turtle dove **분류** 비둘기목 > 비둘기과

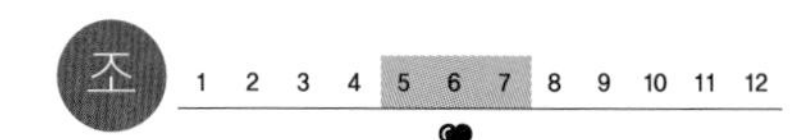

멧새

멧새는 참새와 비슷하게 생겼다. 참새는 마을 가까이 살고 멧새는 산에 산다. 짝짓기 무렵에는 암수가 함께 살고 새끼를 치고 나면 작은 무리를 지어 다닌다. 날 때는 날개를 심하게 퍼덕거리며 날고, 쉴 때는 높은 나무 꼭대기나 전봇대 꼭대기에 앉아서 쉰다. 봄여름에 짝짓기를 하고 밭 둘레나 덤불, 바위틈에 밥그릇처럼 둥지를 짓는다. **생김새** 몸길이 17cm **사는 곳** 산, 숲, 밭 **먹이** 벌레, 거미, 풀씨, 나무 열매 **다른 이름** Siberian meadow bunting **분류** 참새목 > 멧새과

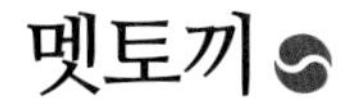

멧토끼

멧토끼는 낮은 산이나 풀이 우거진 곳에서 산다. 작고 순하다. 다른 짐승이 해칠까 늘 조심하며 산다. 큰 귀로 작은 소리도 잘 듣는다. 멧토끼는 집토끼와 달리 귀 끝이 검다. 어둑어둑해져야 먹이를 찾아 돌아다닌다. 쥐처럼 이빨이 계속 자라기 때문에 나무같이 단단한 것을 늘 갉는다. 한 해에 두세 번 새끼를 낳는다. **생김새** 몸길이 42~50cm **사는 곳** 낮은 산 **먹이** 풀, 어린 나뭇가지, 나뭇잎, 채소 **다른 이름** 산토끼, 토깽이, 토깨이, Korean hare **분류** 토끼목 > 토끼과

속 1 2 3 4 5 6 7 8 9 10 11 12

며느리밑씻개

며느리밑씻개는 길가나 풀밭, 볕이 잘 드는 산기슭에 흔하다. 덩굴로 자란다. 다른 풀이나 나무를 붙들어 감고 자란다. 줄기와 잎에 난 가시가 억세서 긁히면 아주 따갑고 아프다. 줄기는 길게 뻗고 여러 갈래로 갈라진다. 잎은 세모꼴이다. 턱잎이 있다. 꽃은 가지 끝에 모여 피고 열매가 검게 익는다. **생김새** 길이 1~2m | 잎 4~8cm, 어긋난다. **사는 곳** 풀밭, 산기슭 **다른 이름** 가시모밀, 사광이아재비, 보리탈, Prickled-vine smartweed **분류** 쌍떡잎식물 > 마디풀과

속 1 2 3 4 5 6 7 8 9 10 11 12

멸가치

멸가치는 산이나 들, 숲속에 그늘지고 물기가 많은 땅에서 자란다. 줄기는 곧게 자라고 위쪽에 거미줄 모양 털이 있다. 샘털이 있어서 끈적끈적하다. 잎자루가 길고 잎자루에 좁은 날개가 있다. 뒷면에 흰 털이 빽빽하다. 가을에 작은 꽃이 가늘고 긴 꽃대에 고깔 모양으로 붙어서 핀다. 꽃대에도 흰 털이 있다. **생김새** 높이 30~100cm | 잎 7~13cm, 모여나거나 어긋난다. **사는 곳** 산, 들, 숲속 **다른 이름** 개머위, Asian trailplant **분류** 쌍떡잎식물 > 국화과

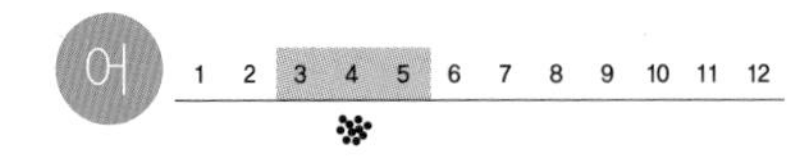

멸치

멸치는 우리나라 온 바다에 산다. 따뜻한 물을 따라 떼로 몰려다닌다. 낮에는 물속에서 헤엄치다가 밤이 되면 물낯 가까이 올라와 헤엄쳐 다닌다. 봄에 북쪽으로 올라왔다가 가을에 남쪽으로 내려간다. 몸집이 작고 늘 떼로 몰려다니니까 방어나 고등어 같은 큰 물고기가 쫓아다니며 잡아먹는다. 얕은 바닷가에서 알을 낳는다. 그물로 잡는다. **생김새** 몸길이 18cm **사는 곳** 우리나라 온 바다 **먹이** 플랑크톤 **다른 이름** 멸오치, 멜, 행어, 열치, Japanese anchovy **분류** 청어목 > 멸치과

명아주

명아주는 볕이 잘 드는 밭이나 집 둘레나 길가에서 자란다. 줄기가 곧고 키가 크게 자란다. 나무처럼 단단해서 지팡이로 많이 썼다. 잎은 세모꼴이고 가장자리에 톱니가 물결처럼 나 있다. 흰명아주와 달리 어린잎이 붉다. 여름에 꽃이 줄기 끝에 모여 핀다. 가을에 열매가 익으면 씨앗이 튀어나와 퍼진다. **생김새** 높이 1~3m | 잎 5~7cm, 어긋난다. **사는 곳** 밭, 집 둘레 **다른 이름** 능쟁이[북], 붉은잎능쟁이, 는쟁이, Red-center goosefoot **분류** 쌍떡잎식물 > 명아주과

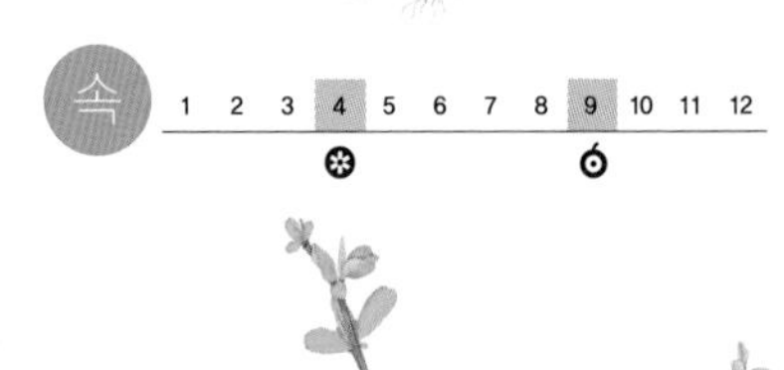

명자나무

명자나무는 물기가 있고 볕이 잘 드는 곳을 좋아한다. 공원이나 마당에 많이 심는다. 가시가 있고 가지치기를 해도 잘 살아서 산울타리로 가꾸기도 한다. 추위에도 잘 버틴다. 잎 앞면은 색이 진하고 윤이 난다. 줄기가 매끈하다. 봄에 잎보다 먼저 분홍빛 꽃이나 흰 꽃이 핀다. 가을에 사과만 한 열매가 익는데 향기가 좋다. **생김새** 높이 2m | 잎 3~9cm, 어긋난다. **사는 곳** 뜰, 공원 **다른 이름** 산당화, 아가씨꽃나무, Japnese quince **분류** 쌍떡잎식물 > 장미과

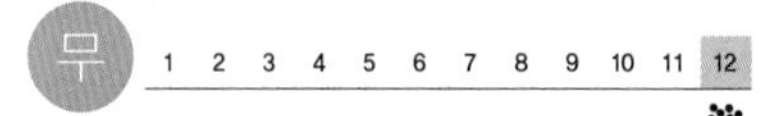

명주매물고둥

명주매물고둥은 동해 찬 바닷속 진흙 바닥에서 산다. 껍데기가 큰 고둥이다. 얇은 뚜껑이 껍데기 안쪽으로 깊이 들어가 있다. 껍데기가 얇아서 잘 깨진다. 배를 타고 나가 통발에 생선 토막을 미끼로 넣어 잡는다. 잠수부가 바다에 자맥질해 들어가서 하나하나 줍기도 한다. **생김새** 크기 9×18cm **사는 곳** 동해 **먹이** 조개, 고둥, 죽은 물고기 **다른 이름** 참골뱅이 **분류** 연체동물 > 물레고둥과

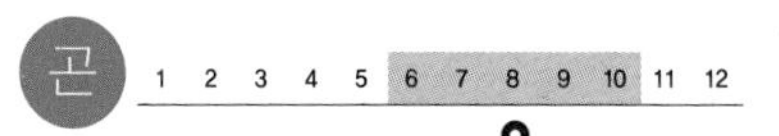

명주잠자리

명주잠자리는 숲에서 산다. 이름에 잠자리가 있지만, 잠자리하고는 많이 다르다. 큰 날개를 너풀너풀거리며 힘없이 난다. 명주잠자리 애벌레를 개미귀신이라고 한다. 개미귀신은 깔때기처럼 생긴 작은 모래 함정을 파서 개미를 잡는다. 함정에 빠진 벌레는 자꾸 미끄러져서 빠져나가지 못한다. **생김새** 몸길이 40mm **사는 곳** 숲 **먹이** 애벌레_개미, 작은벌레 | 어른벌레_작은 벌레 **다른 이름** 만만이, 서생원, 개미귀신(애벌레), Silk antlion **분류** 풀잠자리목 > 명주잠자리과

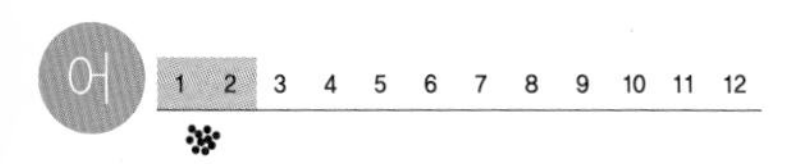

명태

명태는 차가운 물을 좋아한다. 여름철에는 추운 북쪽으로 올라가거나 바다 깊이 들어간다. 어릴 때는 작은 새우 따위를 먹다가 크면 오징어나 멸치 같은 물고기를 잡아먹는다. 겨울이 되면 알을 낳으러 동해 얕은 바닷가로 몰려온다. 바닥이 고르고 모래와 진흙이 섞여 있는 바닷가에서 알을 낳는다. **생김새** 몸길이 90cm **사는 곳** 동해 **먹이** 작은 새우, 오징어, 작은 물고기 **다른 이름** 생태, 동태, 북어, 황태, 코다리, 먹태, 추태, 노가리(새끼), Alaska pollack **분류** 대구목 > 대구과

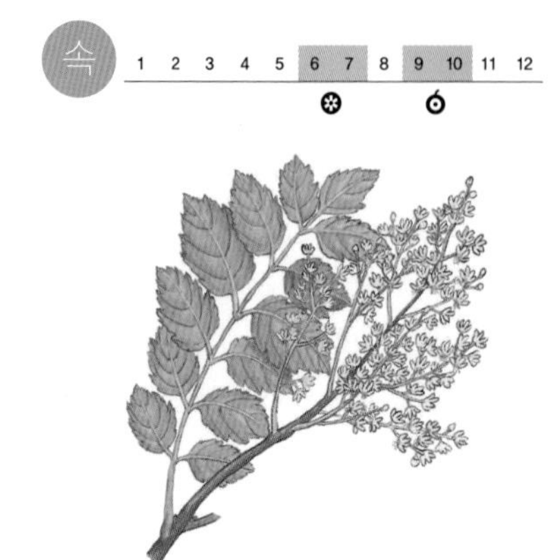

모감주나무

모감주나무는 바닷가나 강가에 무리를 지어 자란다. 공원에 심어 가꾸기도 한다. 줄기는 진한 밤빛이고 어린 가지에 짧은 털이 있다. 잎 가장자리에 고르지 않은 톱니가 있다. 여름에 가지 끝에서 노란 꽃이 여럿 모여 핀다. 열매는 꽈리 같은 주머니 모양인데 여물면 세 개로 갈라지고 씨앗이 세 개 나온다. **생김새** 높이 8~10m | 잎 3~10cm, 어긋난다. **사는 곳** 바닷가, 강가 **다른 이름** 염주나무, Goldenrain tree **분류** 쌍떡잎식물 > 무환자나무과

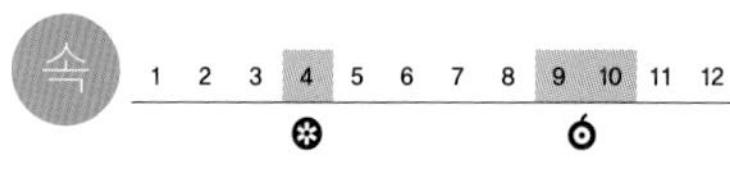

모과나무

모과나무는 따뜻한 곳을 좋아해서 남쪽 지방에서 잘 자란다. 저절로 자라기도 하지만 집 가까이에 심어 기른다. 줄기가 매끈하고 얼룩덜룩해 보인다. 잎은 끝이 뾰족하고 가장자리에 뾰족한 잔톱니가 있다. 봄에 분홍빛 꽃이 핀다. 꾸준하게 피고 진다. 열매는 처음에는 푸르스름하다가 점점 노랗게 익는다. 익을수록 향기가 좋다. **생김새** 높이 5~8m | 잎 5~8cm, 어긋난다. **사는 곳** 뜰, 마을 **다른 이름** 모개나무, Chinese quince **분류** 쌍떡잎식물 > 장미과

모란

모란은 꽃을 보려고 뜰이나 공원에 심어 기른다. 물이 잘 빠지면서도 메마르지 않은 흙에서 잘 자란다. 서늘한 곳을 좋아한다. 줄기는 어두운 잿빛이고 거칠거칠하다. 가지를 많이 치고 한 뿌리에서 여러 줄기가 포기 지어 난다. 잎은 얕게 갈라지고, 끝이 뾰족하다. 봄에 가지 끝에서 큰 꽃이 하나씩 핀다. 꽃 모양이나 빛깔이 다른 품종이 여럿 있다. **생김새** 높이 0.7~2m | 잎 7~8cm, 어긋난다. **사는 곳** 뜰, 공원 **다른 이름** 목단, Tree peony **분류** 쌍떡잎식물 > 작약과

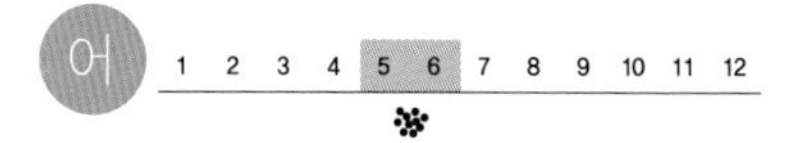

모래무지

모래무지는 냇물과 강에 산다. 물살이 느린 곳을 좋아한다. 모래 속에 몸을 잘 묻고 숨는데, 헤엄치다가도 놀라면 재빨리 모래 속으로 파고들어 간다. 입을 아래로 내밀어 모래를 집은 다음, 모래에 사는 물벌레와 작은 물풀을 걸러 먹고 남은 모래는 아가미로 내뿜는다. 알도 모랫바닥에 낳고 모래로 덮는다. **생김새** 몸길이 10~20cm **사는 곳** 냇물, 강 **먹이** 작은 물벌레, 물풀 **다른 이름** 모래두지[北], 모래물이, 모재미, Goby minnow **분류** 잉어목 > 모래무지아과

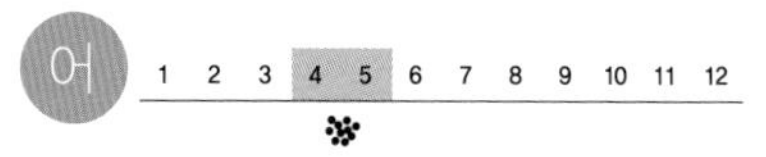

모래주사

모래주사는 강과 냇물 중상류에 산다. 물살이 느리고 바닥에 모래가 깔려 있는 곳에서 여럿이 함께 지낸다. 돌마자와 아주 닮았다. 바닥에 붙어서 쉴 때는 지느러미를 접는다. 알 낳을 때가 되면 수컷은 혼인색을 띠고, 암컷은 배가 불룩해진다. 물이 무릎까지 오고 자갈이 깔린 여울에서 알을 낳는다. **생김새** 몸길이 5~10cm **사는 곳** 강, 냇물 **먹이** 작은 갑각류, 물벌레 **다른 이름** 돌붙이[北], 꼬막가리, 돌박지, 곱사리, 쓰갱이, 황둥이 **분류** 잉어목 > 모래무지아과

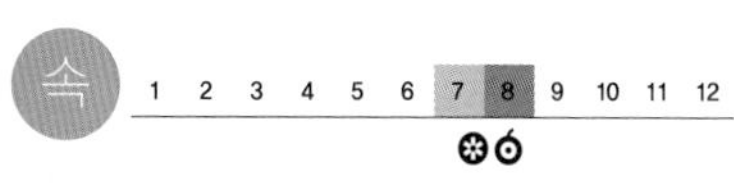

모래지치

모래지치는 바닷가 모래땅에서 자란다. 그늘진 곳을 좋아한다. 몸 전체에 흰빛 털이 배게 난다. 줄기는 곧게 서고 가지를 많이 친다. 잎은 잎자루가 없이 도톰하고 주걱 모양이다. 여름에 가지 끝에서 노란빛이 도는 흰 꽃이 작게 피는데 좋은 냄새가 난다. 열매는 넓적하게 생겼고 겉에는 잔털이 나 있다. **생김새** 높이 25~40cm | 잎 4~10cm, 어긋난다. **사는 곳** 바닷가 모래땅 **다른 이름** 갯모래지치, Siberian sea rosemary **분류** 쌍떡잎식물 > 지치과

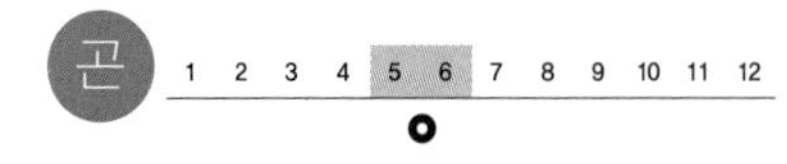

모시나비

모시나비는 들판이나 낮은 산 둘레의 풀밭에서 산다. 날개가 여름에 입는 모시처럼 얇고 속이 비친다. 아침과 저녁에 많이 다니는데 천천히 미끄러지듯 날아다닌다. 흐린 날에 더 잘 날아다닌다. 기린초, 토끼풀, 엉겅퀴, 자운영 같은 꽃에서 꿀을 빤다. 애벌레는 현호색, 들현호색 잎을 먹고 자란다. 알로 겨울을 난다. **생김새** 날개 편 길이 43~60mm **사는 곳** 들판, 풀밭, 낮은 산 **먹이** 애벌레_현호색, 들현호색 잎 | 어른벌레_꽃꿀 **다른 이름** 모시범나비북 **분류** 나비목 > 호랑나비과

모시대

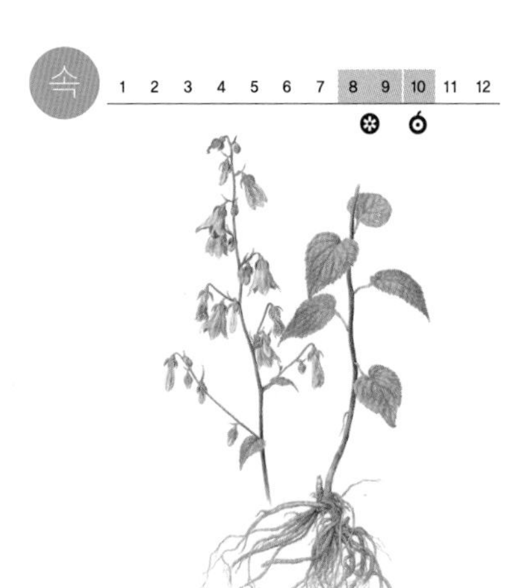

모시대는 산속 그늘지고 눅눅한 곳에서 자란다. 씨를 뿌려서 따로 기르기도 한다. 잎이 모시풀과 닮아서 붙은 이름이다. 줄기가 올라오면서 가지는 거의 안 친다. 잎 가장자리에는 톱니가 거칠게 난다. 여름 내내 연보랏빛 꽃이 핀다. 드물게 흰꽃이 핀다. 꽃은 아래를 향해서 고개를 수그리고 핀다. **생김새** 높이 40~100cm | 잎 5~20cm, 어긋난다. **사는 곳** 산속 **다른 이름** 모시잔대북, 모싯대, Scattered ladybell **분류** 쌍떡잎식물 > 초롱꽃과

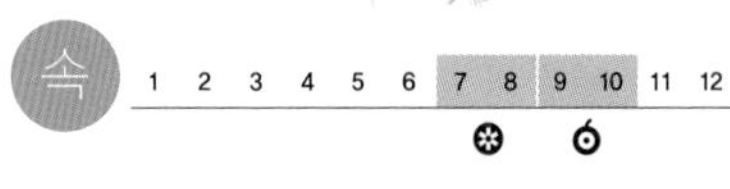

모시풀

모시풀은 밭에 심는 여러해살이풀이다. 줄기는 곧게 올라오면서 가지를 조금 친다. 잎은 잎맥이 뚜렷하고 잎이 쭈글쭈글하다. 가장자리에 거친 톱니가 있다. 잎 뒤쪽에는 흰털이 잔뜩 나 있다. 여름에 꽃이 잎겨드랑이에서 핀다. 줄기에서 실을 뽑아 천을 짠다. 모시 천은 삼베보다 곱고 빛깔이 희다. 목화가 들어오기 전까지는 모시옷을 많이 입었다. **생김새** 높이 1~2m | 잎 10~15cm, 어긋난다. **사는 곳** 밭 **다른 이름** 남모시, Ramie **분류** 쌍떡잎식물 > 쐐기풀과

모자반

모자반은 햇빛이 잘 드는 맑은 바닷속에서 사는 바닷말이다. 납작하고 둥그런 헛뿌리로 바위에 붙어서 자란다. 가을에 싹이 나서 겨울과 봄에 우거진다. 모자반 숲에는 물고기나 바닷속 동물들이 많이 산다. 줄기에 구슬 같은 공기주머니가 알알이 달려 있어서 바위에서 떨어져 나가면 물에 잘 뜬다. 어린 줄기를 잘라 먹는다. **생김새** 길이 100~300cm **사는 곳** 남해, 동해, 제주 바닷속 바위 **다른 이름** 몰, 몸, 모재기, Gulfweed **분류** 갈조류 > 모자반과

모치망둑

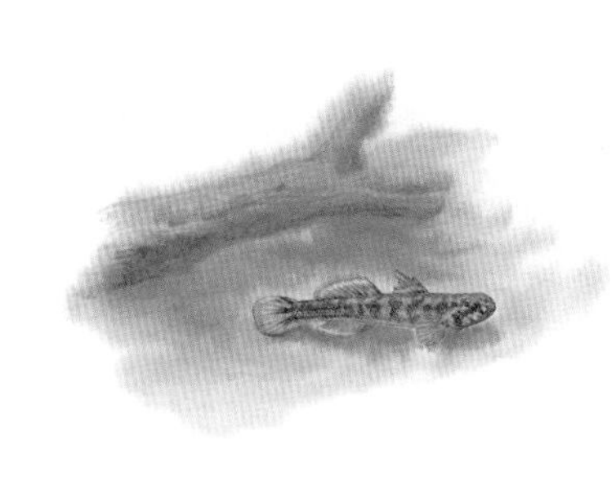

모치망둑은 바다와 잇닿은 강어귀에 산다. 강과 냇물 하류로 올라오기도 한다. 모래와 진흙이 깔려 있는 바닥을 좋아한다. 빨판이 있다. 갯벌에서는 물이 빠지면 게 구멍에 들어가 숨기도 한다. 알 낳을 때가 되면 수컷은 혼인색을 띠어 몸이 까매진다. 조개껍데기에 알을 붙여 낳는다. 수컷이 알자리를 지킨다. **생김새** 몸길이 4~6cm **사는 곳** 강어귀, 강, 갯벌 **먹이** 동물성 플랑크톤, 작은 새우, 게, 유기물 **다른 이름** Estuarine goby **분류** 농어목 > 망둑어과

목이

목이는 나무에 붙어 자라는 버섯이다. 봄부터 가을까지 넓은잎나무가 자라는 숲에서 여럿이 겹쳐서 난다. 자라면서 가장자리가 물결치듯 구불거린다. 마르면 까맣거나 어두운 밤빛으로 바뀌고, 돌처럼 딱딱해지는데 물에 담가 두면 다시 말랑말랑해진다. 맛이 좋아서 여러 음식에 넣어 먹는다. 많이 기르는 버섯 가운데 하나로 참나무나 톱밥을 써서 기른다. **생김새** 크기 20~120×30~50mm **사는 곳** 넓은잎나무 숲 **다른 이름** 귀버섯[북], 검정버섯[북], Jelly ear fungus **분류** 목이목 > 목이과

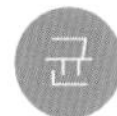

균

목질진흙버섯

목질진흙버섯은 뽕나무 줄기에서 나는 여러해살이 버섯이다. 여름부터 가을까지 난다. 겨울에는 안 자라고 봄에 샛노란 새살이 돋는다. 그래서 해마다 나이테가 생긴다. 대가 없이 나무에 바로 붙어 난다. 어릴 때는 노란 진흙 덩어리 같다가 자라면서 말굽 모양이 된다. 갓은 색이 짙어져서 어두운 밤빛이 된다. **생김새** 크기 60~150×20~100mm **사는 곳** 낮은 산, 들 **다른 이름** 뽕나무혹버섯[북], 상황버섯, Black hoof mushroom **분류** 소나무비늘버섯목 > 소나무비늘버섯과

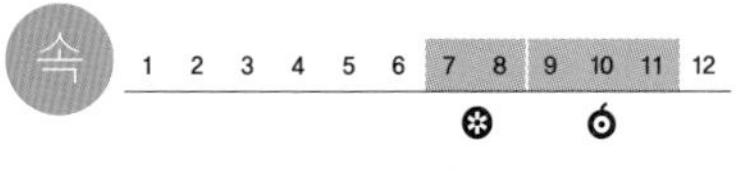

목향

목향은 약으로 쓰거나 향료의 원료로 쓰려고 밭에서 기른다. 밭에 오는 벌레도 막는다. 생김새가 꼭 나무 같고 꿀처럼 좋은 냄새가 난다. 어른 키를 훌쩍 넘어 자라기도 한다. 가지를 많이 친다. 온몸에 털이 나 있다. 아래쪽에 붙은 잎은 잎자루가 길지만 위쪽 잎은 잎자루가 없고 잎몸 밑이 줄기를 감싼다. 여름에 줄기나 가지 끝에서 노란 꽃이 핀다. **생김새** 높이 80~200m | 잎 15~60cm, 어긋난다. **사는 곳** 밭 **다른 이름** 밀향, Elecampane **분류** 쌍떡잎식물 > 국화과

속

목화

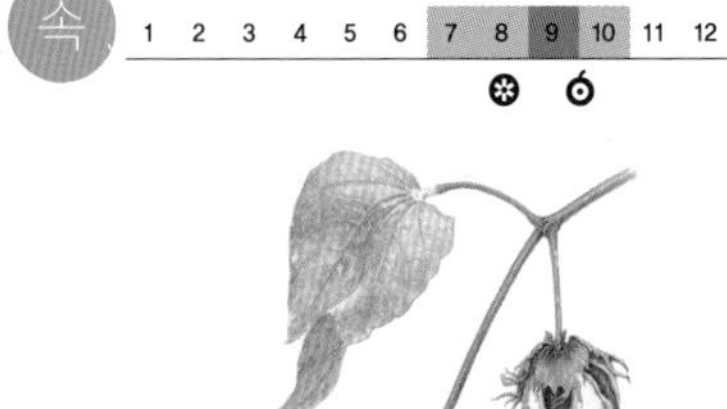

목화는 솜을 얻고 천을 짜려고 밭에 심어 기른다. 물이 잘 빠지는 땅을 좋아하고 조금 박한 땅에서도 잘 자란다. 잎은 흔히 손바닥 모양으로 세 갈래로 갈라지고, 끝이 뾰족하다. 가을에 꽃대 끝에서 희거나 붉은빛이 도는 꽃이 핀다. 씨는 껍질이 아주 딱딱하고, 기름기가 있다. 꽃이 지고 나면 솜이 터진다. 이것을 따서 솜을 얻고 실을 잣는다. **생김새** 높이 60~150cm | 잎 5~10cm, 어긋난다. **사는 곳** 밭 **다른 이름** 미영, 면화, 멘네, Cotton **분류** 쌍떡잎식물 > 아욱과

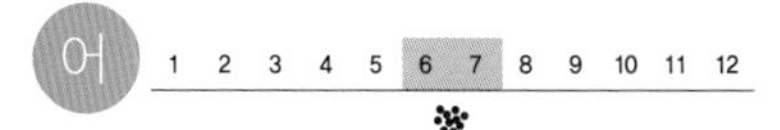

몰개

몰개는 냇물이나 강에 살고, 저수지나 논도랑에도 산다. 바닥에 자갈이나 모래가 깔린 깊은 곳을 좋아한다. 물살이 잔잔한 곳에서 떼로 몰려다닌다. 눈이 크고 몸통에 굵은 줄이 나 있다. 작은 물벌레, 돌말, 식물성 플랑크톤을 먹는다. 여름에 물풀이 수북한 곳에서 알을 낳는다. 알은 물풀에 잘 붙는다. **생김새** 몸길이 8~14cm **사는 곳** 냇물, 강, 저수지, 논도랑 **먹이** 물벌레, 돌말, 플랑크톤 **다른 이름** 버들붕어[북], 쇠피리, 밀피리, 쌀고기 **분류** 잉어목 > 모래무지아과

못버섯

못버섯은 여름부터 가을까지 소나무나 곰솔 둘레에 많이 난다. 홀로 나거나 무리 지어 난다. 어릴 때는 종 모양이다가 판판하게 펴진다. 못처럼 생겼다. 가운데가 뾰족 솟아 있다. 갓은 밤빛이다가 붉은빛을 띤다. 자라면서 매끈해지고 물기를 머금으면 끈적거린다. 속살은 노랗다가 점점 밤빛이 된다. 두껍고 단단하다. 대에는 밤빛 실처럼 생긴 비늘 조각이 붙어 있다. **생김새** 갓 20~108mm **사는 곳** 소나무 숲 **다른 이름** Copper spike mushroom **분류** 그물버섯목 > 못버섯과

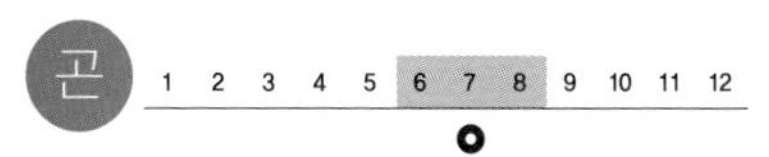

몽고청동풍뎅이

몽고청동풍뎅이는 산이나 들판에 산다. 마당에 심은 나무에도 온다. 줄풍뎅이 무리에 든다. 어른벌레는 풀잎이나 나뭇잎을 갉아 먹고, 애벌레는 땅속에서 뿌리를 갉아 먹으며 자란다. 과일 농사에 해가 되는 것도 있다. 낮에는 숨어 있다가 밤에 나와서 풀잎이나 나뭇잎을 갉아 먹는다. **생김새** 몸길이 17~25mm **사는 곳** 애벌레_땅속 | 어른벌레_낮은 산, 들판 **먹이** 애벌레_풀, 나무뿌리 | 어른벌레_나뭇잎, 풀잎 **다른 이름** 몽고청줄풍뎅이 **분류** 딱정벌레목 > 풍뎅이과

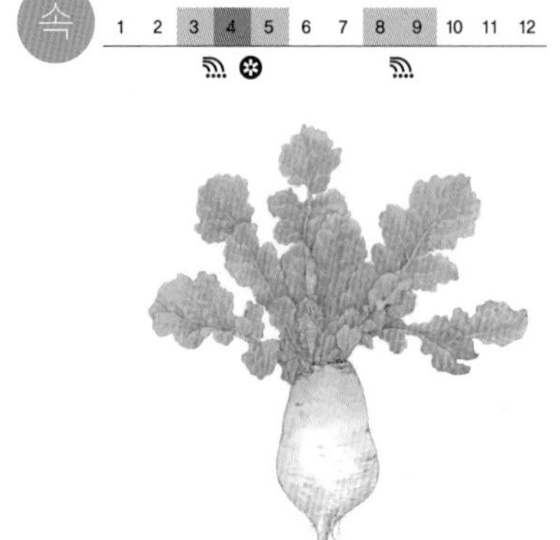

무

무는 뿌리나 잎을 먹으려고 밭에 심는다. 뿌리는 굵고 물이 많다. 뿌리잎이 곧장 돋는다. 꽃은 이듬해 봄에 핀다. 연한 자줏빛이거나 하얗다. 봄에도 심어 먹지만, 서늘한 날씨를 좋아해서 초가을에 씨를 뿌려 김장할 때쯤 뽑는 무가 맛이 좋다. 배추 다음으로 많이 먹는 채소이다. 잎도 채소로 먹는다. **생김새** 높이 60~100cm | 잎 10~35cm, 모여난다. **사는 곳** 밭 **다른 이름** 무꾸, 무시, 무수, Daikon **분류** 쌍떡잎식물 > 배추과

무궁화

무궁화는 뜰에 심어 기른다. 촘촘히 심어서 그대로 울타리로 삼기도 하고, 길에 심기도 한다. 잎은 세 갈래로 얕게 갈라지고 양쪽에 털이 성글게 나 있다. 꽃이 여름부터 가을까지 잇달아 피고 진다. 햇가지 끝에 한 개씩 핀다. 무궁화를 나라꽃으로 정한 것은 광복이 된 뒤다. 가지를 꺾어서 심는다. **생김새** 높이 2~3m | 잎 4~8cm, 어긋난다. **사는 곳** 뜰, 길가 **다른 이름** 무우게, 무강나무, 근화, Rose of sharon **분류** 쌍떡잎식물 > 아욱과

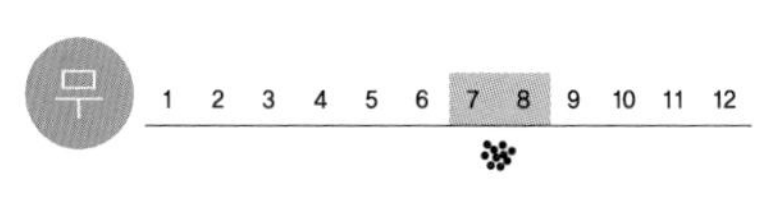

무늬발게

무늬발게는 강원도 동해부터 우리나라 온 바다에서 산다. 물이 맑은 바닷가 갯바위나 자갈밭에 산다. 등딱지는 매끈하고 누런색 바탕에 까만 점이 많아서 얼룩덜룩하다. 위험을 느끼면 재빨리 바위틈으로 숨는다. 기름 냄새가 난다고 지름게라고도 한다. **생김새** 등딱지 크기 3.2×2.8cm **사는 곳** 갯바위 돌 밑이나 자갈밭 **먹이** 바닷물 속 영양분, 작은 동물 **다른 이름** 지름게, 똘장게, Asian shore crab **분류** 절지동물 > 참게과

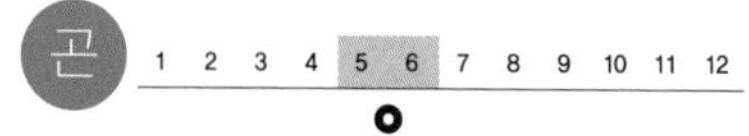

무늬소주홍하늘소

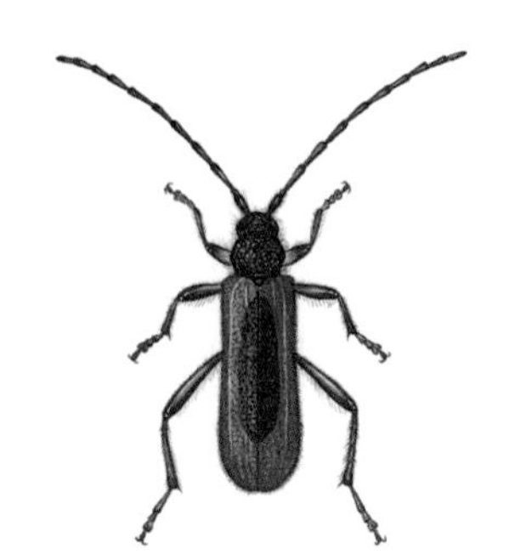

무늬소주홍하늘소는 넓은잎나무가 많은 산에 사는데, 생강나무나 고로쇠나무에 많이 모인다. 단풍나무 꽃에도 잘 날아온다. 나무껍질 속에 알을 낳는다. 애벌레는 나무속을 뱅글뱅글 돌아가며 파먹는다. 애벌레가 먹은 가지는 죽어서 부러진다. 애벌레로 겨울을 나고 봄에 번데기가 되었다가 어른벌레가 되면 작은 구멍을 파고 밖으로 나온다. **생김새** 몸길이 14~19mm **사는 곳** 넓은잎나무가 많은 산 **먹이** 애벌레_나무속 **분류** 딱정벌레목 > 하늘소과

무당개구리

무당개구리는 물이 차고 맑은 산골짜기에 많이 산다. 등이 풀색이고 배는 아주 빨갛다. 눈에 잘 띄는 경계색이다. 살갗에서 독이 나와 뱀이나 새도 잘 안 잡아먹는다. 겨울잠을 자고 일어나서 봄에 짝짓기를 하고 알을 낳는다. 올챙이는 물속에서 살다가 석 달쯤 지나 개구리가 된다. **생김새** 몸길이 4~5cm **사는 곳** 산골짜기, 산기슭 무논 **먹이** 작은 벌레 **다른 이름** 비단개구리[북], 고추개구리, 독개구리, 약개구리, 배붉은가개비, Korean fire-bellied toad **분류** 무미목 > 무당개구리과

무딘이빨게

무딘이빨게는 서해와 남해 바닷속에서 산다. 바다 깊이가 20~100m쯤 되는 모랫바닥이나 모래진흙 바닥에 산다. 등딱지는 불그스름하고 크고 까만 점 두 개가 또렷하다. 볼록하고 매끈하며 윤이 난다. 가끔 여름에 물 빠진 갯벌에 나올 때가 있다. 움직임이 굼뜨고, 건드리면 달아나지 않고 죽은 척한다. **생김새** 등딱지 크기 3.8×2.9cm **사는 곳** 서해, 남해 바닷속 **먹이** 개흙 속 영양분 **다른 이름** Blunt-spined euryplacid crab **분류** 절지동물 > 무딘이빨게과

속 1 2 3 4 5 6 7 8 9 10 11 12

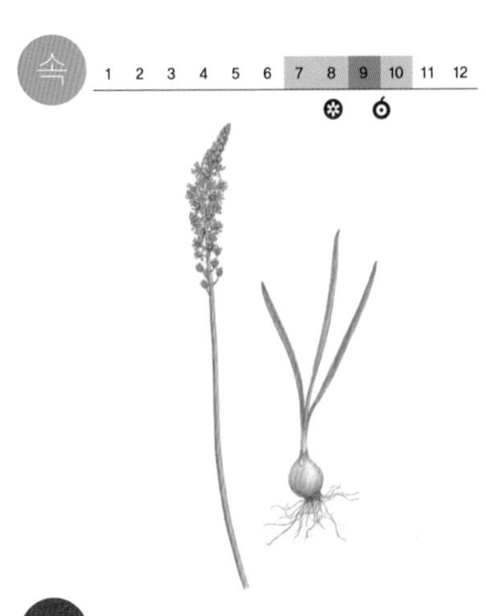

무릇

무릇은 낮은 산이나 밭둑, 길가에서 자란다. 기름진 땅을 좋아한다. 꽃을 보려고 심어 가꾸기도 한다. 양파처럼 생긴 비늘줄기로 겨울을 나고, 봄에 기다란 잎이 두 장 올라온다. 원줄기는 따로 없다. 봄에 나온 잎은 시들었다가 가을에 다시 난다. 여름에 분홍빛 꽃이 피는데 이때는 잎은 시들고 꽃대만 올라오기도 한다. **생김새** 높이 20~50cm | 잎 15~30cm, 모여난다. **사는 곳** 산, 밭둑, 길가 **다른 이름** 물굿, East Asian squill **분류** 외떡잎식물 > 백합과

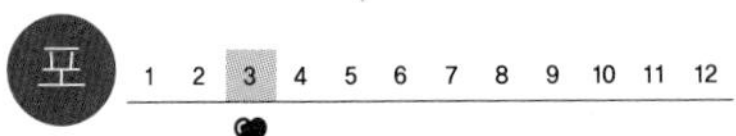

무산쇠족제비

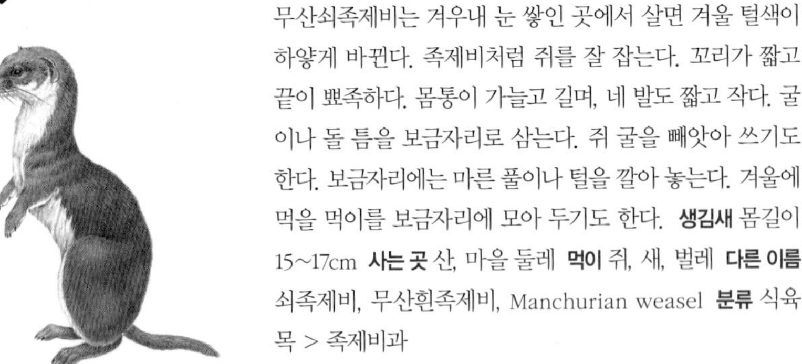

무산쇠족제비는 겨우내 눈 쌓인 곳에서 살면 겨울 털색이 하얗게 바뀐다. 족제비처럼 쥐를 잘 잡는다. 꼬리가 짧고 끝이 뾰족하다. 몸통이 가늘고 길며, 네 발도 짧고 작다. 굴이나 돌 틈을 보금자리로 삼는다. 쥐 굴을 빼앗아 쓰기도 한다. 보금자리에는 마른 풀이나 털을 깔아 놓는다. 겨울에 먹을 먹이를 보금자리에 모아 두기도 한다. **생김새** 몸길이 15~17cm **사는 곳** 산, 마을 둘레 **먹이** 쥐, 새, 벌레 **다른 이름** 쇠족제비, 무산흰족제비, Manchurian weasel **분류** 식육목 > 족제비과

파 1 2 3 4 5 6 7 8 9 10 11 12

무자치

무자치는 논에 살면서 물에 잘 들어가고 헤엄을 빠르게 잘 친다. 흔히 물뱀이라고 한다. 독이 없다. 개구리를 많이 잡아먹고, 줄장지뱀, 물고기, 벌레도 먹는다. 더울 때는 물속에서 쉬기도 한다. 봄에 짝짓기를 하고 늦여름이 되어서 살모사 무리처럼 새끼를 낳는다. 굴 속이나 나무 구멍 속에서 겨울잠을 잔다. **생김새** 몸길이 40~50cm **사는 곳** 논, 갈대숲 **먹이** 개구리, 물고기, 벌레 **다른 이름** 밀뱀[북], 물뱀, 무자수, 떼뱀, Red-backed rat snake **분류** 유린목 > 뱀과

무태장어

무태장어는 민물에서 5~8년 동안 살다가 다 자라면 깊은 바다로 들어가 알을 낳는다. 새끼는 다시 돌아와서 물살이 빠르고 물이 아주 맑은 냇물이나 계곡에서 산다. 바위틈에 숨어 있다가 밤에 나와서 돌아다닌다. 배를 위로 하고 꼼짝 않고 잠을 자기도 한다. 제주도에서 처음 발견되었다. **생김새** 몸길이 1~2m **사는 곳** 강어귀, 강, 바다 **먹이** 게, 새우, 조개, 물고기, 개구리 **다른 이름** 제주뱀장어북, 얼룩뱀장어, 깨장어, Giant mottled eel **분류** 뱀장어목 > 뱀장어과

무화과나무

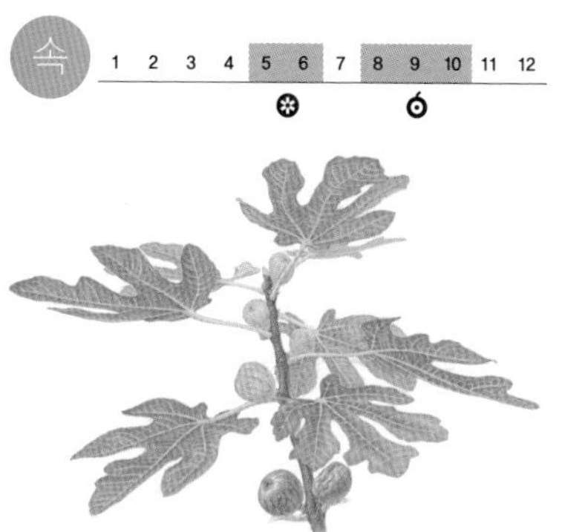

무화과나무는 무화과를 먹으려고 심는 과일나무다. 남쪽 지방에서 심어 기른다. 서해 백령도에도 많다. 잎은 손바닥 모양으로 크고 두껍다. 잎자루가 길다. 꽃이 잎겨드랑이에 돋아난 주머니 안에서 핀다. 겉에서 꽃이 보이지 않아서 무화과라고 한다. 가을에 꽃가루 주머니가 익어 그대로 열매가 된다. 열매는 맛이 달고 향기가 좋다. **생김새** 높이 2~4m | 잎 5~20cm, 어긋난다. **사는 곳** 뜰, 밭 **다른 이름** Fig **분류** 쌍떡잎식물 > 뽕나무과

무환자나무

무환자나무는 절이나 마을 가까이에 심어 기른다. 따뜻한 곳을 좋아해서 남쪽 지방에서 자란다. 잎은 작은 가지에 난다. 길쭉하고 가장자리가 매끈하다. 가을이 되면 샛노랗게 단풍이 든다. 꽃은 봄에 누런 풀색이나 적갈색으로 핀다. 열매는 황갈색으로 익는데 마치 고욤처럼 생겼다. **생김새** 높이 20m | 잎 7~14cm, 어긋난다. **사는 곳** 마을, 공원 **다른 이름** 염주나무, 보리수, Soapberry **분류** 쌍떡잎식물 > 무환자나무과

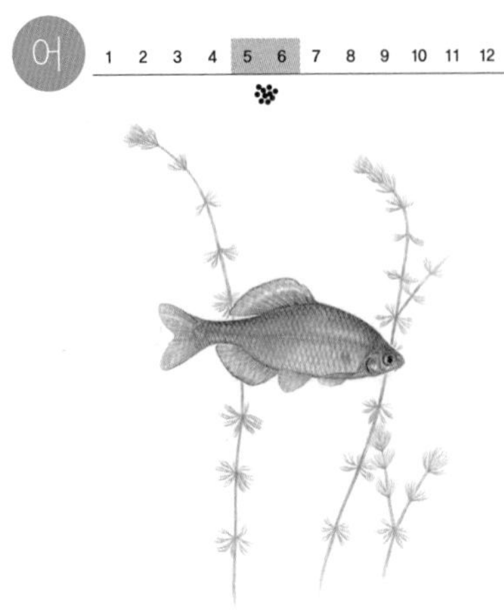

묵납자루

묵납자루는 하천 상류 쪽에 산다. 물살이 느린 곳을 좋아한다. 큰 돌이 쌓여 있거나 물풀이 무성한 곳에서 돌 틈과 물풀에 잘 숨는다. 냇물 가장자리에서 떼로 지내다가 물이 차가워지면 바위와 큰 돌이 있는 깊은 곳에서 겨울을 난다. 알 낳을 때가 되면 수컷은 혼인색을 띠고, 암컷은 산란관이 나와서 조개 몸속에 알을 낳는다. **생김새** 몸길이 7~10cm **사는 곳** 냇물, 강 **먹이** 돌말, 물벌레 **다른 이름** 청납저리[북], 밴매, 뱀재, 본댕이, Korean bitterling **분류** 잉어목 > 납자루아과

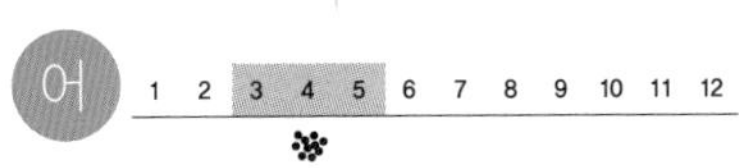

문절망둑

문절망둑은 민물이 섞이는 강어귀나 얕은 바닷가 모래펄 바닥에 산다. 강을 따라 올라오기도 한다. 물이 조금 더러워도 잘 산다. 배에 빨판이 있어서 물속 바위나 바닥에 딱 붙어 있기를 좋아한다. 낮에 먹이를 찾아 먹고 밤에는 모여서 잔다. 봄에 진흙을 파서 집을 짓고 알을 낳는다. 수컷이 알을 지킨다. **생김새** 몸길이 20cm **사는 곳** 우리나라 온 바다 **먹이** 새우, 게, 작은 물고기, 유기물 **다른 이름** 망둥어, 망둑이, 운저리, 꼬시래기, 문주리, Yellowfin goby **분류** 농어목 > 망둑어과

문치가자미

문치가자미는 남해에 가장 흔하다. 남해에서 도다리라고 하는 물고기가 대부분 문치가자미다. 다른 가자미 무리처럼 얕은 바다 바닥에서 살면서 사는 곳에 따라 몸빛을 바꾼다. 몸을 파묻고 있다가 갯지렁이나 게나 새우를 잡아먹는다. 문치가자미는 봄에서 가을까지 잡는다. 낚시로 많이 잡고 그물을 내려 잡기도 한다. **생김새** 몸길이 30~50cm **사는 곳** 우리나라 온 바다 **먹이** 갯지렁이, 게, 새우 **다른 이름** Marbled sole **분류** 가자미목 > 가자미과

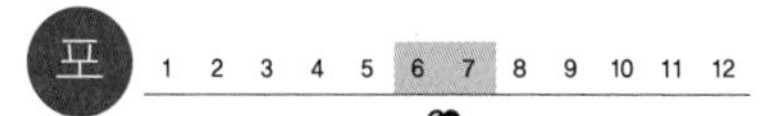

물개

물개는 바다에 산다. 몸에는 털이 빽빽하게 나 있고, 해마다 털갈이를 한다. 네 다리는 지느러미처럼 생겼다. 헤엄을 아주 잘 치고, 뭍에 올라와서도 걷거나 뛸 수 있다. 번식기에는 수컷 한 마리에 암컷 수십 마리가 모여 지낸다. 짝짓기 하는 무렵이 아닐 때는 흩어져 살고, 뭍에도 잘 안 올라온다. **생김새** 몸길이 암컷 1.3쯤, 수컷 2.3m쯤 **사는 곳** 바다 **먹이** 오징어, 정어리, 물고기, 새우 **다른 이름** 해구, 온눌, Northern fur seal **분류** 식육목 > 물개과

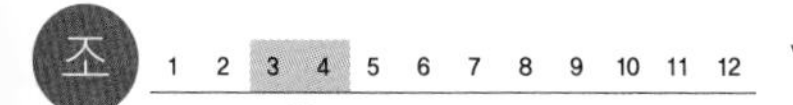

물까마귀

물까마귀는 개울가나 산속의 바위가 많은 계곡에서 혼자 또는 암수가 함께 산다. 앉아 있을 때는 꼬리를 위아래로 까딱거릴 때가 많다. 저녁에 물속에 들어가 먹이를 찾는다. 잠수도 잘한다. 얕은 물에서 목욕을 자주 하고, 흐르는 물에서 떠다니기도 한다. 봄에 짝짓기를 하고 물가 바위틈이나 건물 사이 같은 곳에 둥글게 둥지를 짓는다. **생김새** 몸길이 22cm **사는 곳** 개울, 강, 호수 **먹이** 물고기, 벌레, 가재, 개구리 **다른 이름** 물쥐새[북], Brown dipper **분류** 참새목 > 물까마귀과

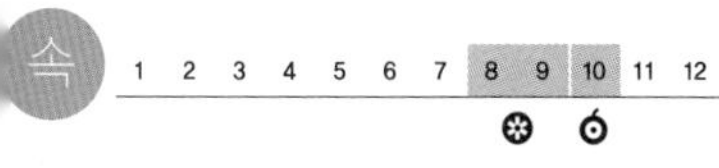

물달개비

물달개비는 늪이나 논, 도랑에서 자라는 물풀이다. 볕이 잘 드는 얕은 물이나 물 가장자리에서 여러 포기가 모여 자란다. 논에서 크게 퍼지기도 한다. 온몸이 매끄럽고 윤기가 난다. 뿌리에서 잎이 곧장 난다. 한여름에 꽃대가 올라와서 파란 꽃이 핀다. 열매는 여물면 물로 떨어져서 멀리까지 퍼져 나간다. **생김새** 높이 10~20cm | 잎 3~7cm, 어긋난다. **사는 곳** 늪, 논, 도랑 **다른 이름** 물닭개비, 압설초, Sheathed monochoria **분류** 외떡잎식물 > 물옥잠과

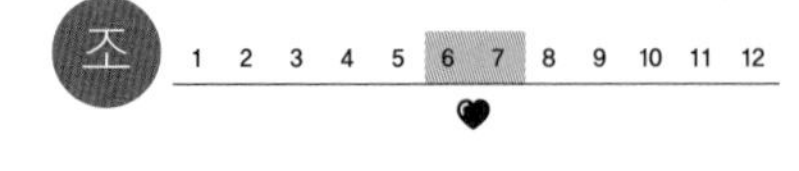

물닭

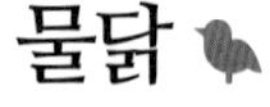

물닭은 물가에 산다. 닭하고 비슷하게 생겼다. 갈대와 물풀이 우거진 호수나 저수지에 산다. 발가락이 하나하나 떨어져 있으면서 저마다 물갈퀴가 붙어 있다. 그래서 헤엄도 잘 치고 걷기도 잘한다. 초여름에 짝짓기를 한다. 둥지는 물 위 갈대 덤불 사이에 줄풀이나 부들 잎을 높이 쌓아 짓는다. **생김새** 몸길이 41cm **사는 곳** 강, 호수, 저수지 **먹이** 물고기, 물풀, 벌레, 풀씨, 볍씨 **다른 이름** 큰물닭[북], Coot **분류** 두루미목 > 뜸부기과

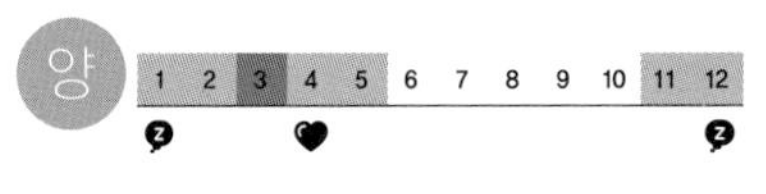

물두꺼비

물두꺼비는 물에 사는 두꺼비이다. 두꺼비는 땅에서 살지만 물두꺼비는 자주 물속에 들어가 있는다. 두꺼비보다 작다. 차고 맑은 물이 흐르는 산골짜기에 살면서 밤에 나와 벌레나 지렁이를 잡아먹는다. 수컷이 암컷을 껴안고 겨울잠을 잔다. 봄에 알주머니를 두 줄로 길게 낳는다. 올챙이는 다리가 다 나오면 물 밖으로 나온다. **생김새** 몸길이 수컷 4~6.5cm **사는 곳** 산골짜기 물속 **먹이** 물속벌레, 거미, 지렁이 **다른 이름** 귀신개구리, Korean water toad **분류** 무미목 > 두꺼비과

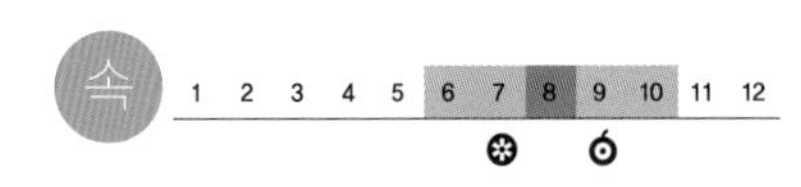

물레나물

물레나물은 볕이 잘 드는 산에서 자란다. 물가를 좋아한다. 줄기는 곧게 자라고 네모졌다. 줄기 아래쪽은 나무처럼 단단하다. 잎은 잎자루가 없이 아랫부분이 줄기를 감싼다. 버들잎 모양이다. 여름에 가지 끝에서 노란 꽃이 핀다. 꽃잎이 낫처럼 굽어서 물레바퀴처럼 생겼다. 열매는 달걀꼴이다. **생김새** 높이 50~120cm | 잎 5~10cm, 마주난다. **사는 곳** 산 **다른 이름** 매대체, 긴물레나물, Great St. John's-wort **분류** 쌍떡잎식물 > 물레나물과

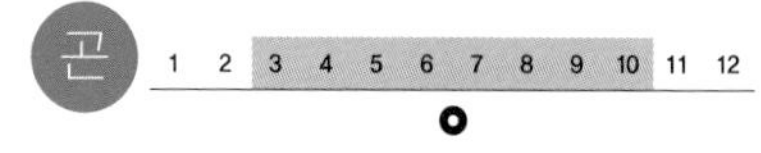

물맴이

물맴이는 고여 있거나 느리게 흐르는 물에서 산다. 물 위에서 재빠르게 헤엄친다. 이리저리 방향을 바꾸거나 원을 그리며 맴돈다. 여러 마리가 모이면 함께 원을 그리며 빙글빙글 맴돈다. 물 위로 떨어지는 벌레를 찾아 잡아먹는다. 애벌레나 어른벌레는 물속에서 살고 번데기가 될 때에만 물 밖으로 나온다. **생김새** 몸길이 6~7mm **사는 곳** 웅덩이, 논, 연못 **먹이** 물 위에 떨어지는 벌레 **다른 이름** 물무당, 물매암이, Whirligig beetle **분류** 딱정벌레목 > 물맴이과

물박달나무

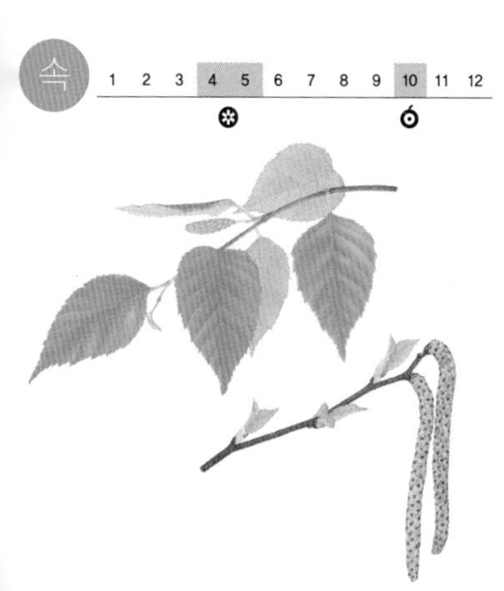

물박달나무는 양지바른 산 중턱에 자란다. 추위에 잘 버틴다. 공기가 오염된 곳에서는 잘 못 자란다. 줄기가 곧고 금세 자란다. 잎 끝은 뾰족하고 가장자리에 톱니가 있다. 봄에 줄기에 구멍을 내어 흘러내린 물을 받아 약으로 쓴다. 암꽃과 수꽃이 한 나무에서 핀다. 나무껍질이 종잇장처럼 얇은 조각으로 벗겨진다. **생김새** 높이 20m | 잎 3~8cm, 어긋난다. **사는 곳** 산기슭 **다른 이름** 째작나무, 사스래나무, 소단목, Asian black birch **분류** 쌍떡잎식물 > 자작나무과

물방개

물방개는 물이 얕고 물풀이 있는 곳에 많다. 뒷다리가 배를 젓는 노처럼 생겨서 빠르고 힘차게 헤엄친다. 다른 벌레나 물고기나 달팽이를 잡아먹는다. 죽은 물고기나 개구리도 먹는다. 밤에 불빛을 보고 날아오기도 한다. 애벌레나 어른벌레는 물속에서 살고 번데기가 될 때에만 물 밖으로 나온다. **생김새** 몸길이 35~40mm **사는 곳** 연못, 웅덩이, 논, 도랑 **먹이** 물벌레, 물고기, 개구리 **다른 이름** 기름도치, 선두리, 물강구, 방개, 쌀방개, Predacious diving beetles **분류** 딱정벌레목 > 물방개과

물수리

물수리는 물가에 살면서 물고기를 잡아먹는다. 먹이를 찾으면 정지 비행을 하면서 가만히 보다가 날개를 반쯤 접고 재빨리 날아서, 물속으로 다리를 뻗어 물고기를 낚아챈다. 봄가을에 우리나라 바닷가나 호수에서 혼자 지낸다. 여름에는 다른 나라로 가서 새끼를 치고 가을에 다시 들렀다가 겨울이 오기 전에 더 따뜻한 곳으로 간다. **생김새** 몸길이 54~64cm **사는 곳** 냇가, 호수, 강 **먹이** 물고기 **다른 이름** 중경새북, 바다수리북, Osprey **분류** 매목 > 물수리과

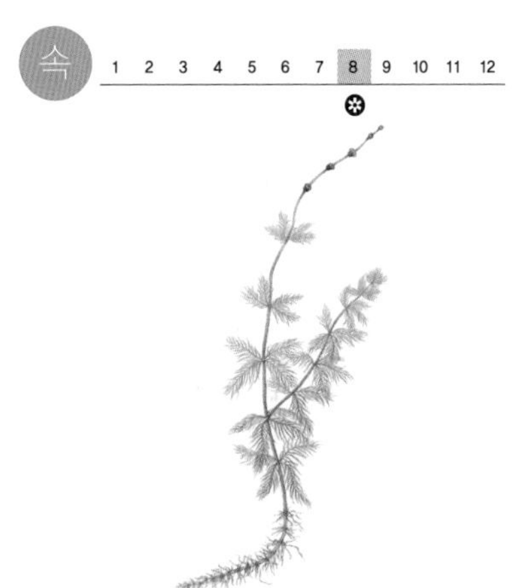

물수세미

물수세미는 연못, 논, 늪이나 냇물에서 자란다. 줄기는 물 밑 진흙 속으로 내리고 위쪽 끝이 물 위에 뜬다. 잎은 줄기 마디마다 네 장씩 돌려난다. 잎자루가 거의 없다. 물속 잎은 아주 가늘고 물 위로 나온 잎은 넓고 짧다. 여름에 잎겨드랑이에서 꽃이 한 송이씩 달린다. 가을에 씨가 여문다. **생김새** 길이 50cm | 잎 1~3cm, 돌려난다. **사는 곳** 냇물, 논, 늪 **다른 이름** 금붕어풀, 붕어풀, Whorled water-milfoil **분류** 쌍떡잎식물 > 개미탑과

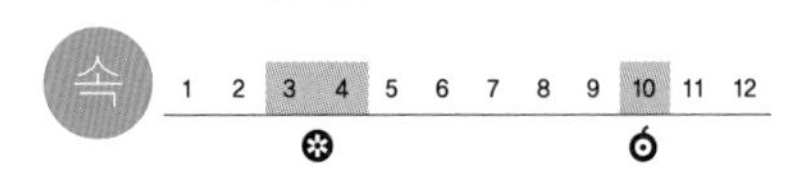

물오리나무

물오리나무는 볕이 잘 드는 산에서 자란다. 헐벗은 산을 푸르게 하려고 많이 심었다. 물오리나무는 빨리 자라고 땅을 기름지게 한다. 다른 나무가 살기 힘든 곳에서도 잘 산다. 오리나무와는 달리 잎이 둥글고 가장자리에 톱니가 있다. 나무껍질은 밤빛이고 거칠게 갈라진다. **생김새** 높이 20m | 잎 8~14cm, 어긋난다. **사는 곳** 산기슭 **다른 이름** 참오리나무, 산오리나무, 털물오리나무, 물갬나무, Manchurian alder **분류** 쌍떡잎식물 > 자작나무과

속

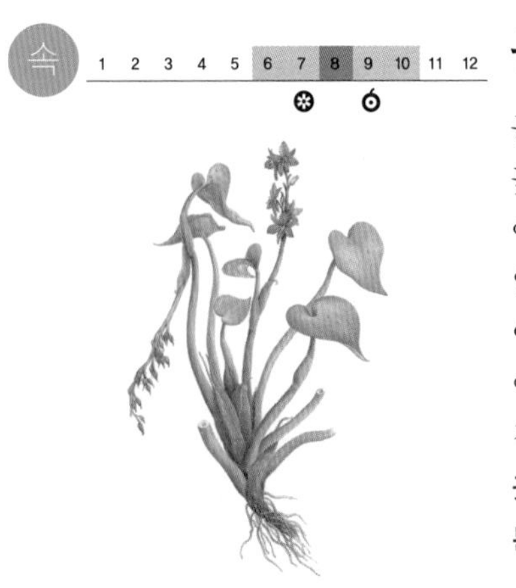

물옥잠

물옥잠은 늪이나 도랑, 연못에서 자라는 물풀이다. 잎과 꽃이 옥잠화를 닮았다. 물속 땅에 뿌리를 내린다. 얕은 물에 사는데 물이 깊어지면 잎자루를 길게 뻗어서 물 밖으로 잎을 내놓는다. 잎이 반들반들 윤이 난다. 물이 차올라 잎이 물속에 잠겨 있으면 죽는다. 여름부터 가을까지 줄기 끝에 파란 꽃이 모여서 핀다. 씨는 자라면서 아래를 보고 처진다. **생김새** 높이 20~40cm | 잎 4~15cm, 어긋난다. **사는 곳** 늪, 도랑, 논 **다른 이름** 우구화, Korsakow's monochoria **분류** 외떡잎식물 > 물옥잠과

곤

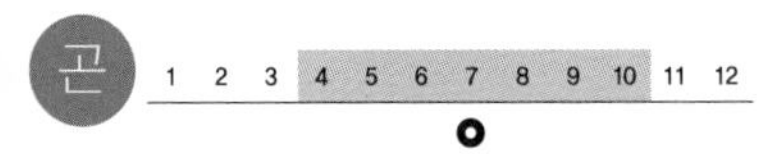

물자라

물자라는 웅덩이나 저수지, 논에 산다. 물장군과 비슷하게 생겼는데 크기가 작다. 물풀 사이에 숨어 있다가 먹이가 다가오면 낫처럼 생긴 앞다리로 낚아챈다. 가운뎃다리와 뒷다리는 털이 있어서 헤엄을 잘 친다. 수컷은 알이 깨어날 때까지 알을 등에 지고 다닌다. 물 밑에서 어른벌레로 겨울을 난다. **생김새** 몸길이 17~20mm **사는 곳** 논, 웅덩이, 저수지 **먹이** 작은 물고기, 올챙이, 달팽이 **다른 이름** 알지기[북], Korean muljara **분류** 노린재목 > 물장군과

곤

물장군

물장군은 논이나 연못, 웅덩이에서 산다. 물에 사는 곤충 가운데 가장 크고 힘이 세다. 물이 마르지 않으면 한곳에서 쭉 산다. 밤에 불빛을 보고 날아들기도 한다. 먹이가 다가오면 재빨리 앞다리로 낚아챈 다음 바늘처럼 생긴 입을 찔러 넣어 체액을 빨아 먹는다. 수컷이 알을 지킨다. 어른벌레로 겨울을 난다. **생김새** 몸길이 48~65mm **사는 곳** 논, 웅덩이, 개울 **먹이** 물고기, 개구리 **다른 이름** 논거북벌레[북], 물찍게, 물소, 물강구, Giant water bug **분류** 노린재목 > 물장군과

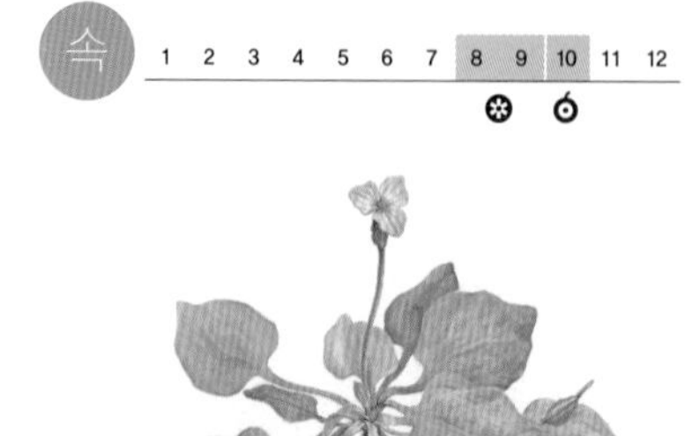

물질경이

물질경이는 얕은 물속에 잠겨서 자라는 물풀이다. 논이나 도랑, 연못, 늪에서 살고 물속 땅에 뿌리를 내린다. 꽃을 보려고 심어 가꾸기도 한다. 잎은 물속에 잠겨 있고 꽃줄기가 길게 자라서 꽃만 물 밖으로 나와서 핀다. 잎에는 세로로 잎맥이 또렷하다. 물 밖으로 나오면 금방 말라서 시든다. 늦여름에 연분홍빛 꽃이 핀다. **생김새** 높이 10~30cm | 잎 10~25cm, 모여난다. **사는 곳** 논, 도랑, 연못, 늪 **다른 이름** 물배추, 수차전, Duck lettuce **분류** 외떡잎식물 > 자라풀과

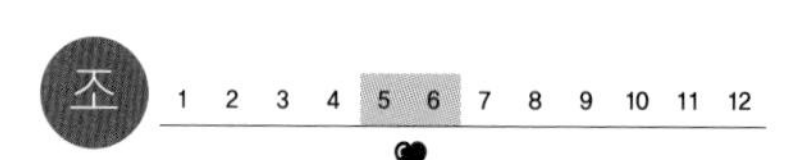

물총새

물총새는 물가에서 혼자 또는 암수가 함께 산다. 나뭇가지에 앉아 있다가 먹잇감이 보이면 총알처럼 물속으로 재빠르게 내리꽂으면서 물고기를 잡는다. 물이 맑은 강가나 냇가에서 정지 비행을 하거나 물속으로 머리를 담가 찾기도 한다. 게나 가재나 벌레도 먹는다. 봄에 물가 둘레에 있는 흙 벼랑에 긴 구멍을 뚫어 둥지를 짓고 새끼를 친다. **생김새** 몸길이 15cm **사는 곳** 강, 냇가, 호수, 논 **먹이** 물고기, 게, 가재, 올챙이, 벌레 **다른 이름** 물촉새[북], Kingfisher **분류** 파랑새목 > 물총새과

물푸레나무

물푸레나무는 산기슭이나 산골짜기, 개울가에서 아름드리 나무로 자라난다. 추위에도 잘 버틴다. 가지를 꺾어 물에 담그면 푸른 물이 우러나서 물푸레나무라고 한다. 잎은 달걀 모양이고 양 끝이 뾰족하다. 봄에 햇가지 끝이나 잎겨드랑이에 꽃이 핀다. 나무가 단단하고, 물에 적셔서 구부리면 휘기 쉽다. **생김새** 높이 15m | 잎 6~15cm, 마주난다. **사는 곳** 산기슭, 산골짜기, 개울가 **다른 이름** 쉬청나무, East asian ash **분류** 쌍떡잎식물 > 물푸레나무과

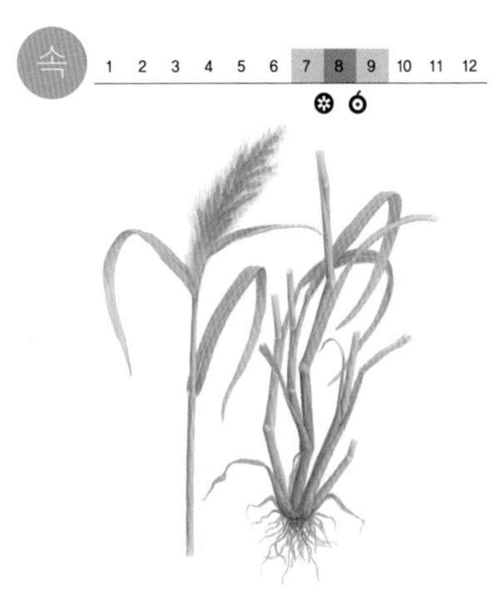

물피

물피는 논이나 도랑처럼 얕은 물에서 자란다. 어릴 때는 벼와 닮았다. 논에 흔한 잡초이다. 돌피가 바뀌어서 물피가 되었는데 돌피와 달리 이삭에 기다란 까끄라기가 달려 있다. 줄기는 곧추서고 가지가 갈라진다. 자랄수록 줄기 아래쪽이 자줏빛을 띠어서 알아보기 쉽다. 여름부터 이삭이 난다. 씨앗은 익으면 쉽게 떨어져서 퍼진다. **생김새** 높이 50~100cm | 잎 30~50cm, 어긋난다. **사는 곳** 논, 도랑 **다른 이름** Long-awned barnyard grass **분류** 외떡잎식물 > 벼과

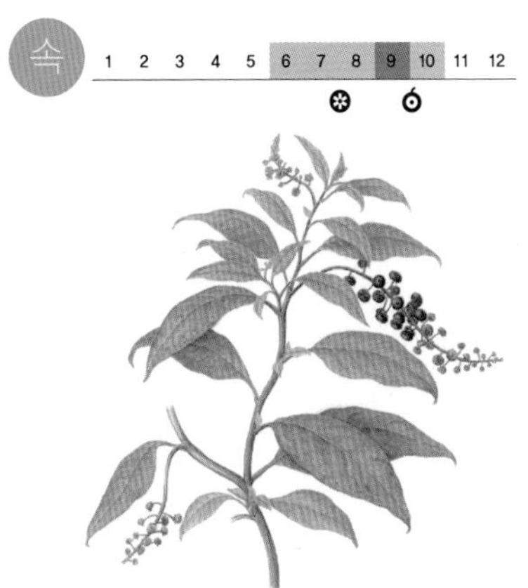

미국자리공

미국자리공은 집 둘레나 길가, 빈 땅에서 잘 자란다. 1950년쯤 미국에서 들어왔다. 흔히 보는 자리공은 거의 미국자리공이다. 토박이 자리공은 드물다. 줄기는 크고 두꺼운데 곧추서고 자줏빛이어서 멀리서도 눈에 잘 띈다. 여름에 불그스름한 흰 꽃이 피고 포도송이처럼 열매가 달린다. 열매에는 독이 있는데 문지르기만 해도 물이 잘 든다. **생김새** 높이 1~3m | 잎 10~30cm, 어긋난다. **사는 곳** 집 둘레, 길가, 빈터 **다른 이름** 빨간자리공, 양자리공, Pigeo **분류** 쌍떡잎식물 > 자리공과

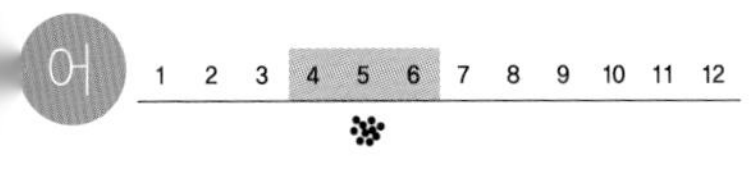

미꾸라지

미꾸라지는 논이나 논도랑, 웅덩이, 늪, 냇물에 산다. 맑은 물보다 진흙탕을 좋아한다. 물벌레나 실지렁이를 잡아먹는데, 장구벌레를 많이 잡아먹는다. 몸이 아주 매끄럽다. 여름에 물이 마르거나 겨울에 땅이 꽁꽁 얼면 진흙 속에서 지낸다. 양식을 해서 추어탕을 끓여 먹는다. **생김새** 몸길이 20cm **사는 곳** 논, 논도랑, 늪, 저수지, 연못, 둠벙, 냇물 **먹이** 물벌레, 실지렁이, 물이끼 **다른 이름** 당미꾸리[북], 논미꾸람지, 추어, Chinese muddy loach **분류** 잉어목 > 미꾸리과

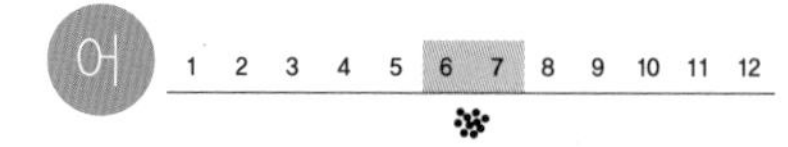

미꾸리

미꾸리는 논도랑, 웅덩이, 늪이나 냇물에서 산다. 진흙을 잘 파고들어 간다. 날이 가물어 물이 마르면 진흙 깊숙이 파고들어 가고, 땅이 꽁꽁 어는 겨울에도 진흙 속으로 들어간다. 장호흡도 하기 때문에 방귀처럼 항문에서 공기 방울이 나오기도 한다. 양식을 해서 추어탕을 끓여 먹는다. **생김새** 몸길이 10~17cm **사는 곳** 냇물, 논, 논도랑, 늪, 저수지, 연못, 둠벙 **먹이** 물벌레, 실지렁이, 물이끼 **다른 이름** 미꾸라지[북], 참미꾸라지, 웅구락지, Dojo loach **분류** 잉어목 > 미꾸리과

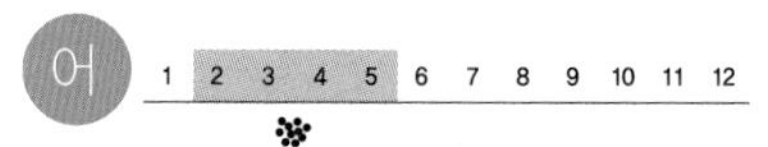

미끈망둑

미끈망둑은 바닷물과 민물이 만나는 강어귀에 산다. 밀물 때 물에 잠기고 썰물에 바닥이 드러나는 곳에서 지낸다. 다른 망둑어 무리처럼 빨판이 있다. 작은 갑각류와 무척추동물을 먹는다. 밤에 나와서 돌아다닌다. 돌 밑에 알을 붙여 낳고, 수컷이 알자리를 지킨다. **생김새** 몸길이 6~8cm **사는 곳** 강어귀, 강, 바닷가 **먹이** 작은 갑각류, 작은 갯벌 동물 **다른 이름** 막대망둥어[북], 미끈망둥어[북], Flat-headed goby **분류** 농어목 > 망둑어과

미나리

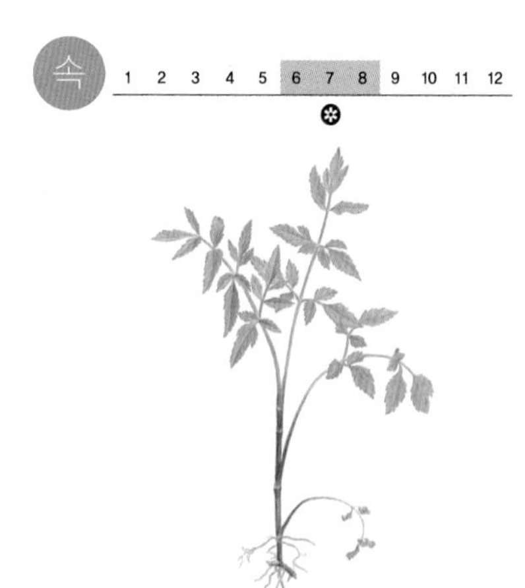

미나리는 개울가나 도랑가에서 자란다. 우물가나 논에 심기도 한다. 줄기는 매끈하고 모가 나 있다. 줄기 마디에서 뿌리가 나온다. 여름에 꽃대에서 하얀 꽃이 핀다. 열매가 익으면 꼬투리가 벌어지고 씨가 떨어진다. 씨로도 퍼지지만 땅속으로 뻗는 뿌리줄기에서 새 줄기가 돋아 퍼지기도 한다. 독특한 냄새가 난다. **생김새** 높이 50cm쯤 | 잎 7~15cm, 어긋난다. **사는 곳** 개울가, 논, 밭 **다른 이름** 불미나리, 돌미나리, 근채, Water celery **분류** 쌍떡잎식물 > 미나리과

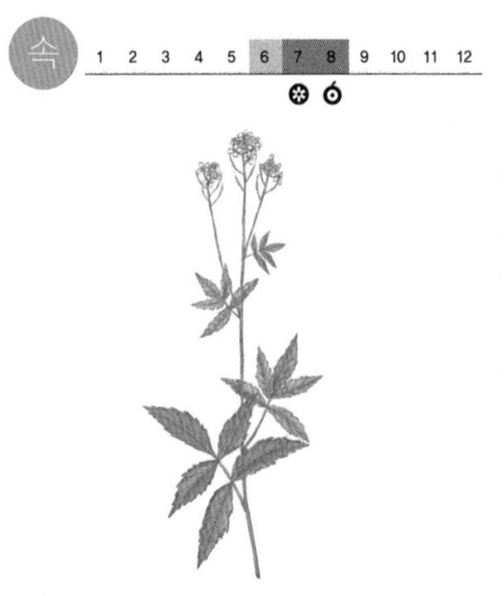

미나리냉이

미나리냉이는 숲이 우거져서 그늘지고 물기가 많은 땅에서 자란다. 줄기는 곧게 서고 부드러운 털이 난다. 잎자루가 길고 잎은 버들잎 모양이다. 잎 끝이 뾰족하고 가장자리에 고르지 않은 톱니가 있다. 잎 뒷면에는 짧은 털이 있다. 여름에 줄기와 가지 끝에서 작고 흰 꽃이 많이 모여 핀다. 열매는 익으면 두 쪽으로 벌어진다. **생김새** 높이 30~70cm | 잎 4~8cm, 어긋난다. **사는 곳** 숲 **다른 이름** 미나리황새냉이, 승마냉이, White-flower bittercress **분류** 쌍떡잎식물 > 배추과

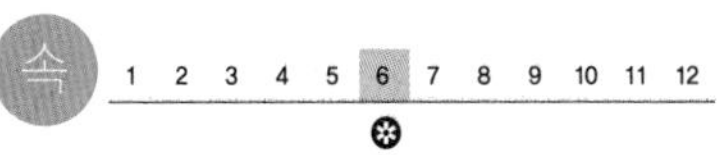

미나리아재비

미나리아재비는 볕이 잘 들고 물기가 많은 땅에서 자란다. 논둑이나 밭둑에서도 자란다. 줄기는 곧게 자라고 속이 비어 있다. 작고 부드러운 털이 나 있다. 뿌리잎은 잎자루가 길고 깊게 갈라진다. 가장자리에는 톱니가 있다. 봄에 줄기 끝에서 작고 노란 꽃이 몇 송이 모여 핀다. **생김새** 높이 30~70cm | 잎 2.5~7cm, 모여나거나 어긋난다. **사는 곳** 논둑, 밭둑 **다른 이름** 놋동이, 바구지, 자래초, East asian buttercup **분류** 쌍떡잎식물 > 미나리아재비과

무
1 2 3 4 5 6 7 8 9 10 11 12

미더덕

미더덕은 남해에 많이 산다. 바닷속 바위에 자루 끝을 거꾸로 붙이고 지낸다. 더덕을 닮았다고 미더덕이라는 이름이 붙었다. 얇은 껍질은 가죽처럼 질기고 딱딱하다. 물을 빨아들이고 내보내는 구멍으로 플랑크톤이나 영양분을 걸러 먹는다. 흔히 오만둥이라고 하는 주름미더덕은 미더덕보다 더 작다. **생김새** 몸길이 5~10cm **사는 곳** 남해, 서해 **먹이** 바닷물 속 영양분과 플랑크톤 **다른 이름** Warty sea squirt **분류** 척삭동물 > 미더덕과

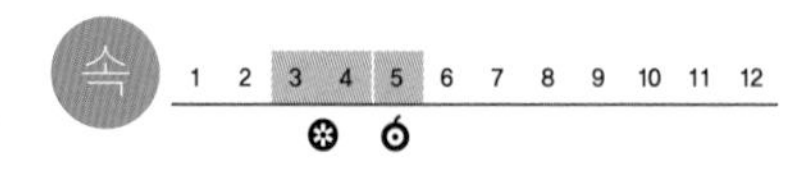

미루나무

미루나무는 백 년쯤 전부터 신작로를 내면서 길가에 많이 심었다. 물기가 많은 기름진 땅을 좋아한다. 곧고 높게 자라고 금세 키가 큰다. 잎은 세모나고 가장자리에 톱니가 있다. 봄에 꽃이 피는데 암수딴그루다. 미루나무를 닮은 우리나라 나무로 사시나무가 있다. 사시나무는 추운 북쪽 지방 산에서 흔하게 자란다. **생김새** 높이 30m | 잎 7~12cm, 어긋난다. **사는 곳** 길가, 공원 **다른 이름** 뽀뿌라[북], 미류나무, 포플러, Cottonwood **분류** 쌍떡잎식물 > 버드나무과

미모사

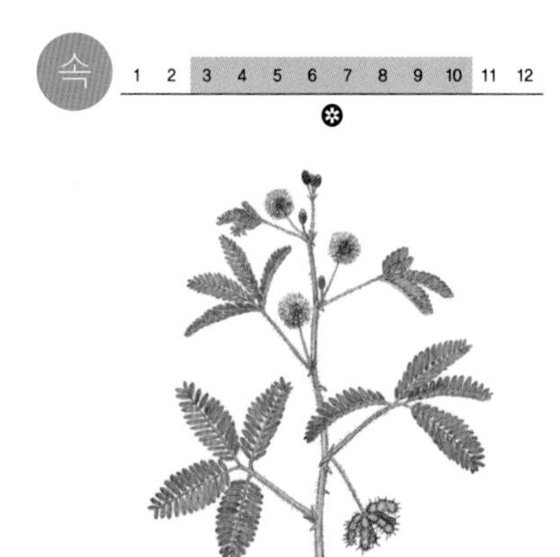

미모사는 들판이나 길가에 산다. 꽃을 보려고 심어 기르기도 한다. 줄기는 곧게 서고 털이 빽빽하게 나 있다. 가시도 있다. 잎은 작은 쪽잎이 10~26쌍이 나란히 달려 있다. 자귀나무와 비슷하게 생겼는데 건드리면 잎이 오므라드는 것도 비슷하다. 밤에도 잎이 처지고 오므라든다. 여름에 꽃대 끝에서 옅은 붉은빛 꽃이 둥글게 모여 달린다. **생김새** 높이 30~100cm | 잎 2~6cm, 어긋난다. **사는 곳** 들판, 공원 **다른 이름** 신경초, Sensitive plant **분류** 쌍떡잎식물 > 콩과

미선나무

미선나무는 충청북도와 전라북도 일부 지방에서 자란다. 우리나라에서만 산다. 양지바른 산기슭에 드물게 자란다. 줄기는 붉은 밤빛이고 새로 난 햇가지는 네모나다. 잎은 끝이 뾰족하고, 가장자리는 밋밋하다. 이른 봄에 잎보다 먼저 꽃이 핀다. 흰 꽃이 개나리와 비슷하다. 열매는 부채처럼 둥근 날개가 있다. **생김새** 높이 1m | 잎 3~8cm, 마주난다. **사는 곳** 충청북도, 전라북도, 산기슭 **다른 이름** Miseonnamu **분류** 쌍떡잎식물 > 물푸레나무과

미역

미역은 동해와 남해, 제주 바다에서 나는 바닷말이다. 바닷속 바위에 붙어 자란다. 남해에서는 좀 더 깊은 바닷속에서 자란다. 따뜻한 바다에서는 잎이 더 얇게 갈라진다. 겉보기에는 잎, 줄기, 뿌리가 뚜렷이 나뉘지만, 몸 안 구조는 식물하고는 아주 다르다. 다시마보다 더 짧다. 가을부터 봄까지 자라고 여름에는 녹아 없어진다. 가장 많이 먹는 바다나물이다. **생김새** 길이 100~200cm **사는 곳** 얕은 바닷속 바위 **다른 이름** 메악, 멕, 메기, Sea mustard **분류** 갈조류 > 미역과

미역취

미역취는 산이나 숲속 볕이 드는 자리에서 자란다. 줄기는 곧게 서고 대가 하나씩 자란다. 잔털이 나 있다. 잎은 버들잎 모양이고 가장자리에 톱니가 있다. 여름부터 가을 사이에 줄기 끝에서 노란 꽃이 여럿 모여 핀다. 열매는 둥근기둥 모양이고 우산털이 흰빛이다. 취나물 가운데 잎이 좁은 편이고 잎에서 윤기가 난다. **생김새** 높이 30~85cm | 잎 7~9cm, 모여나거나 어긋난다. **사는 곳** 산, 숲속 **다른 이름** 돼지나물, Asian goldenrod **분류** 쌍떡잎식물 > 국화과

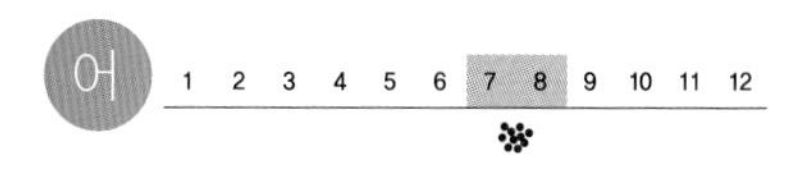

미역치

미역치는 바닷가 가까이에 산다. 흔히 볼 수 있다. 바다풀이 수북하게 자라고 울퉁불퉁한 바위가 많은 곳에서 무리를 지어 산다. 몸집은 작은데 바다풀과 바위 사이를 쏜살같이 헤집고 다닌다. 바늘처럼 뾰족한 등지느러미 가시를 세웠다 눕혔다 한다. 등지느러미 가시는 독가시여서 큰 물고기도 함부로 못 달려든다. **생김새** 몸길이 10cm **사는 곳** 동해, 남해 **먹이** 플랑크톤, 새우, 게, 새끼 물고기, 갯지렁이 **다른 이름** 쏠치, 쐐치, 쌔치, Tiny stinger **분류** 쏨뱅이목 > 양볼락과

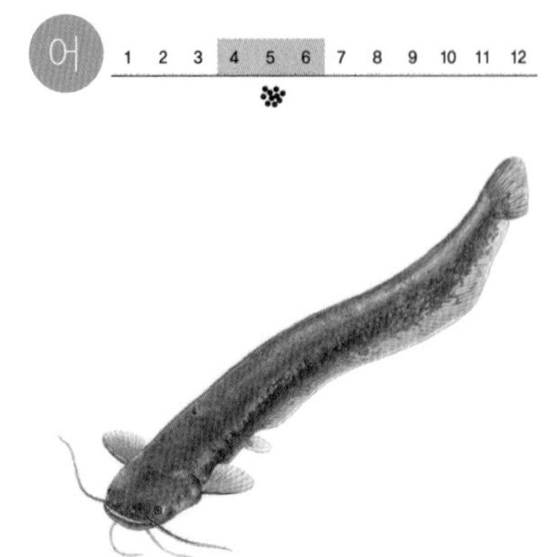

미유기

미유기는 맑고 찬 물이 흐르는 산골짜기와 냇물에 산다. 바위와 돌이 많은 곳을 좋아한다. 메기와 닮았는데 훨씬 작다. 낮에는 바위 밑에 숨어 있다가 밤에 나와서 돌아다닌다. 좁은 바위 밑을 들락날락하면서 작은 물고기나 새우, 물벌레를 잡아먹는다. 수컷이 암컷 몸을 휘감고 배를 눌러서 알을 낳는다. **생김새** 몸길이 15~25cm **사는 곳** 산골짜기, 냇물 **먹이** 작은 물고기, 새우, 물벌레 **다른 이름** 는메기[북], 산메기[북], 돌메기, 올챙이메기 **분류** 메기목 > 메기과

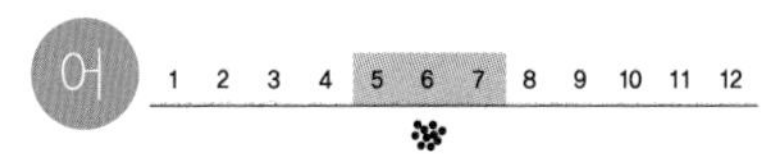

미호종개

미호종개는 고운 모래가 깔리고 맑은 물이 흐르는 냇물에서 산다. 여울진 곳을 좋아한다. 모래 속에 숨어 있을 때가 많다. 모래에 붙어 있는 돌말이나 작은 물벌레를 먹는다. 비가 많이 와서 물살이 세지면 모래 속으로 더 깊이 파고들어 간다. 알을 낳을 때는 수컷이 암컷 배를 조이듯 휘감고, 암컷이 알을 낳으면 정자를 뿌려 수정시킨다. **생김새** 몸길이 7~12cm **사는 곳** 냇물 **먹이** 작은 물벌레, 돌말 **다른 이름** 기름쟁이, Miho spine loach **분류** 잉어목 > 미꾸리과

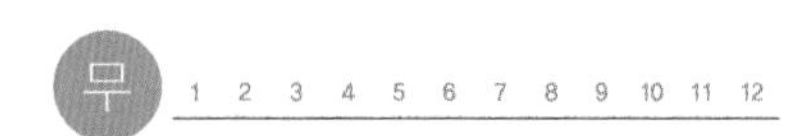

민꽃게

민꽃게는 얕은 바다에서 산다. 썰물 때 돌 밑이나 바위틈에서 쉽게 볼 수 있다. 고둥이나 조개를 잡아서 집게발로 껍데기를 부수고 속살을 먹는다. 꽃게와 닮았는데 꽃게보다 작다. 꽃게처럼 맨 뒤쪽 다리 한 쌍이 노처럼 생겼다. 밤색 바탕에 얼룩덜룩한 무늬가 있다. 성질이 사납고 재빠르게 움직인다. **생김새** 등딱지 크기 9×6cm **사는 곳** 갯바위, 얕은 바다 **먹이** 고둥, 조개 **다른 이름** 박하지, 돌게, Japanese swimming crab **분류** 절지동물 > 꽃게과

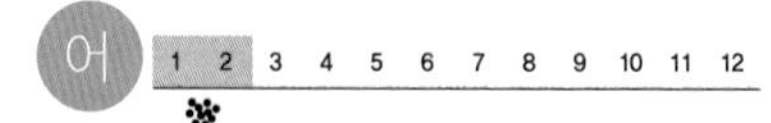

민달고기

민달고기는 우리나라 남해와 제주 바다에 산다. 어릴 때는 바닷말이 수북이 자란 바닷가에서 살다가 크면 깊은 곳으로 내려간다. 바다 밑바닥에서 산다. 달고기와 닮았는데 몸에 둥근 까만 점이 있으면 달고기고, 없으면 민달고기다. 새끼 때는 온몸에 까만 점이 있다가 크면서 없어진다. 물고기나 새우, 오징어 따위를 잡아먹는다. **생김새** 몸길이 70cm **사는 곳** 남해, 제주 바다 **먹이** 작은 물고기, 오징어, 새우, 게 **다른 이름** 정갱이, 허너구, Mirror dory **분류** 달고기목 > 달고기과

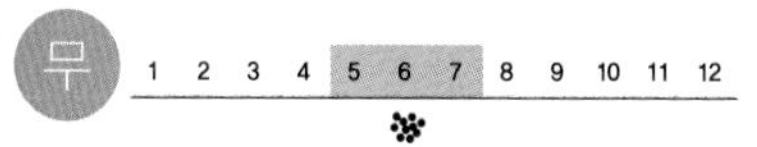

민달팽이

민달팽이는 산이나 들판, 집 가까운 곳 어디서나 흔히 볼 수 있다. 그늘지고 축축한 곳에서 산다. 등에 껍데기가 없다. 단단한 껍데기가 없는 대신 온몸에 끈적끈적한 막이 있다. 배 힘살을 늘였다 줄였다 하면서 기어간다. 채소나 풀잎도 먹고 버섯도 먹는다. 낮에는 숨어 있다가 밤에 먹는다. 암수한몸이지만 두 마리가 만나야 짝짓기를 하고 알을 낳는다. **생김새** 크기 1×4~5cm **사는 곳** 그늘지고 축축한 땅 **다른 이름** 검은줄민달팽이[북], Chinese slug **분류** 연체동물 > 민달팽이과

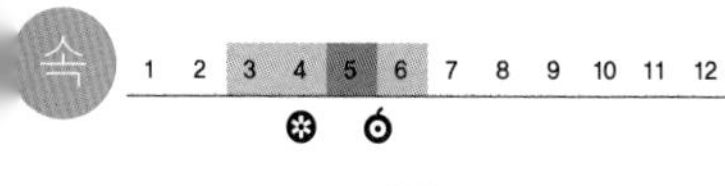

민들레

민들레는 길가나 빈터, 논밭, 산기슭 어디서나 흔하다. 도시에서 흔히 보는 민들레는 서양민들레가 많다. 꽃받침 잎이 뒤로 젖혀지면 서양민들레다. 줄기는 따로 없이 잎이 뿌리에서 곧장 나온다. 작은 꽃들이 많이 모여서 한 송이처럼 보인다. 꽃이 지면 하얀 갓털이 모여 달린다. 바람이 불면 씨가 날아가 퍼진다. **생김새** 높이 20~30cm | 잎 6~15cm, 모여난다. **사는 곳** 길가, 빈터, 논밭, 산기슭 **다른 이름** 안질방이, 포공초, 황화지정, Dandelion **분류** 쌍떡잎식물 > 국화과

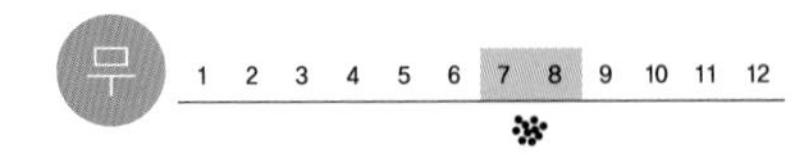

민들조개

민들조개는 동해 바닷가에 흔하다. 얕은 바다 모랫바닥에서 산다. 한 뼘 깊이로 모래 속으로 파고들어 가서 산다. 해수욕장에서 물놀이를 하다 보면 발에 밟히기도 한다. 껍데기가 납작하며 두껍고 매끈하다. 무늬와 빛깔이 저마다 다른데 세로로 굵은 선이 석 줄씩 나 있다. **생김새** 크기 5×3.5cm **사는 곳** 얕은 바다 모랫바닥 **다른 이름** 째복, 비단조개, 잔조개 **분류** 연체동물 > 백합과

어 1 2 3 4 5 6 7 8 9 10 11 12

민물검정망둑

민물검정망둑은 자갈이나 돌이 깔린 강이나 냇물에서 살며 저수지와 큰 댐에서도 산다. 빨판으로 돌에 잘 붙어 있는다. 몸빛이 자주 바뀌는데 짙었다가 옅었다가 한다. 돌 밑에 알을 낳아 붙인다. 암컷은 알을 낳으면 죽고, 수컷은 새끼가 깨어날 때까지 알을 돌본다. **생김새** 몸길이 10cm **사는 곳** 강어귀, 냇물, 댐, 저수지 **먹이** 작은 물고기, 물벌레, 게, 새우, 돌말 **다른 이름** 매지북, 뚝지북, 졸망둥어북, 먹뚝저구, 흑뿌구리, 깨망둑, Triden goby **분류** 농어목 > 망둑어과

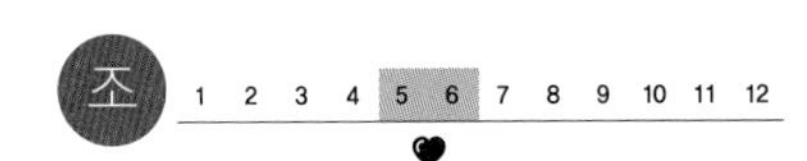

민물도요

민물도요는 바닷가 갯벌이나 민물과 바닷물이 만나는 강 하구에서 지낸다. 바닷가에서 수백 마리부터 만 마리 남짓까지 큰 무리를 짓는다. 물고기, 갯지렁이, 게, 새우 따위를 잡아먹는다. 먹잇감이 보이면 재빠르게 달려가 부리로 낚아챈다. 날 때 몸 위쪽은 어두운 색이고 아래쪽은 밝은 색이어서 방향을 바꿀 때는 마치 바람에 풀잎이 뒤집히듯 한다. **생김새** 몸길이 20cm **사는 곳** 강 하구, 갯벌 **먹이** 게, 새우, 갯지렁이, 물고기, 풀씨 **다른 이름** 갯도요북, Dunlin **분류** 도요목 > 도요과

민물두줄망둑

민물두줄망둑은 바다와 잇닿은 강어귀에 살며, 강과 냇물에도 산다. 갯벌에 흔하다. 바닥에 진흙이랑 돌이 깔린 곳을 좋아한다. 돌 밑에 숨어 지낸다. 줄무늬가 있는데 사는 곳에 따라 달라진다. 알은 돌 밑이나 조개껍데기에 붙여 낳는다. 수컷이 알자리를 돌본다. **생김새** 몸길이 10cm **사는 곳** 강, 강어귀, 냇물, 저수지, 갯벌 **먹이** 새우, 게, 작은 물고기 **다른 이름** 줄무늬매지[북], 점망둥어[북], 돌망둑, 덤바구, 골때기, Shimofuri goby **분류** 농어목 > 망둑어과

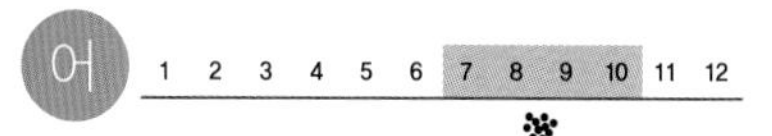

민어

민어는 따뜻한 물에 산다. 낮에는 바닥에 있다가 밤이 되면 물낯 가까이 올라오기도 한다. 민어도 조기처럼 물속에서 '부욱, 부욱' 하고 울음소리를 낸다. 여름부터 가을까지 알을 낳는다. 민어는 여름이 제철이다. 그물로 잡고 낚시로도 잡는다. 가두어 기르기도 한다. 부레를 끓여서 질 좋은 아교를 만든다. **생김새** 몸길이 80~100cm **사는 곳** 서해, 남해, 제주 **먹이** 새우, 게, 오징어, 멸치 **다른 이름** 민애, 보굴치, 어스래기, 암치(새끼), Brown croaker **분류** 농어목 > 민어과

민자주방망이버섯

민자주방망이버섯은 늦가을에 참나무가 자라는 숲속 가랑잎이 쌓인 곳에 난다. 무리 지어 나거나 버섯고리를 이루기도 한다. 갓 빛깔은 보랏빛이나 자줏빛이다가 누렇게 바랜다. 주름살도 보라빛이다가 연한 노란빛으로 바뀐다. 대는 아래쪽이 굵고 밑동은 부풀어서 알뿌리 같다. 밑동에 솜뭉치 같은 하얀 균사가 붙어 있다. **생김새** 갓 45~142mm **사는 곳** 참나무 숲 **다른 이름** 보라빛무리버섯[북], 가지버섯, Wood blewit **분류** 주름버섯목 > 송이과

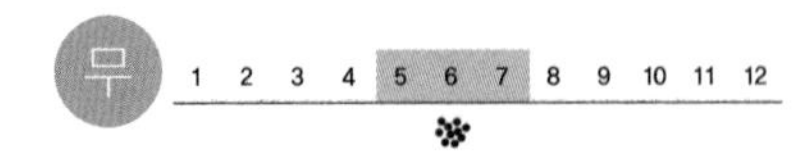

민챙이

민챙이는 서해와 남해 갯벌에서 산다. 물이 얕게 고여 있는 갯바닥에 흔하다. 껍질이 무척 얇아서 만지면 미끄럽고 물컹하다. 천적에게 들키지 않으려고 개흙을 온몸에 뒤집어쓰고 갯바닥을 느릿느릿 기어다닌다. 오뉴월에 알을 낳는다. 알은 동그랗고 물렁한 알주머니에 싸여 있다. **생김새** 크기 2×1.6cm **사는 곳** 서해, 남해 갯벌 **먹이** 개흙 유기물 **다른 이름** 무릉개미북, 보리밥탱이, Korean mud snail **분류** 연체동물 > 포도고둥과

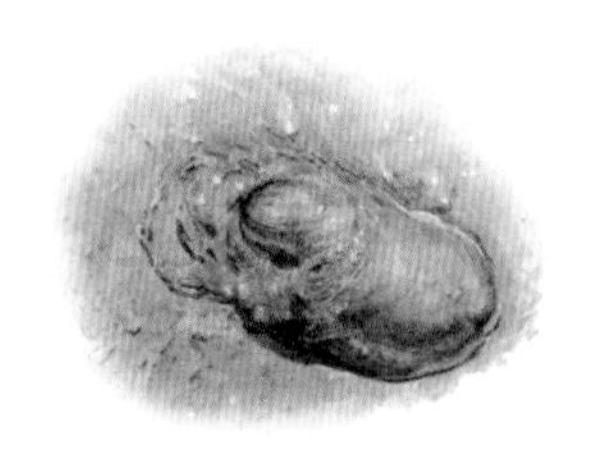

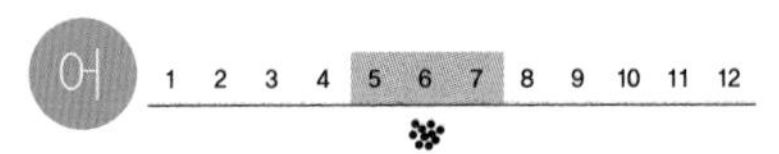

민태

민태는 따뜻한 물을 좋아한다. 바닥에 모래나 펄이 깔린 얕은 바다에 산다. 조기 무리 가운데 가장 작다. 조기랑 똑 닮았는데 배가 노랗지 않다. 물에 떠다니는 작은 플랑크톤이나 갯지렁이, 새우, 게, 오징어, 작은 물고기 따위를 잡아먹는다. 겨울에는 조금 깊은 바닷속으로 갔다가 따뜻한 봄이 되면 바닷가로 몰려와 알을 낳는다. **생김새** 몸길이 20cm **사는 곳** 서해, 남해 **먹이** 플랑크톤, 새우, 게, 작은 물고기 **다른 이름** Belenger's jewfish **분류** 농어목 > 민어과

밀

밀은 밭이나 논에 심는 곡식이다. 세계에서 옥수수 다음으로 많이 길러 먹는다. 줄기가 예닐곱 대씩 모여나고 곧게 자란다. 잎은 가장자리가 까끌까끌하다. 낟알은 보리알보다 조금 작다. 보리처럼 가을에 씨를 뿌려서 어린잎으로 겨울을 나고 이듬해 봄부터 자라서 초여름에 거둔다. 가루를 내서 여러 음식을 만들어 먹는다. 우리나라는 밀가루를 거의 수입해 먹는다. **생김새** 높이 1m쯤 | 잎 15~40cm, 어긋난다. **사는 곳** 밭, 논 **다른 이름** 소맥, Wheat **분류** 외떡잎식물 > 벼과

밀꽃애기버섯

밀꽃애기버섯은 여름부터 가을까지 숲속 가랑잎이 쌓인 곳에 뭉쳐나거나 무리 지어 난다. 때때로 버섯고리를 이룬다. 갓은 어릴 때 갓 끝이 안쪽으로 말려 있다가 자라면서 판판하게 펴진다. 가장자리는 구불거리거나 위로 젖혀지기도 한다. 주름살은 흰빛에서 살구색으로 바뀐다. 대에는 희고 짧은 털이 빽빽이 나 있다. **생김새** 갓 8~28mm **사는 곳** 숲, 공원 **다른 이름** 나도락엽버섯북, 애기밀버섯, Clustered toughshank mushroom **분류** 주름버섯목 > 솔밭버섯과

속 1 2 3 4 5 6 7 8 9 10 11 12

밀나물

밀나물은 산이나 들판 볕이 잘 드는 덤불에서 산다. 물기가 많은 땅을 좋아한다. 줄기는 가늘고 길게 뻗고 가지를 많이 친다. 줄기와 잎겨드랑이에서 나오는 덩굴손으로 다른 식물을 감고 자란다. 잎은 끝이 뾰족하고 잎맥이 뚜렷하다. 여름에 긴 꽃대 끝에 꽃이 많이 모여 핀다. 암수딴그루 식물이다. 열매는 둥글고 검게 익는다. **생김새** 길이 덩굴져 자란다. | 잎 5~15cm, 어긋난다. **사는 곳** 산, 들판 **다른 이름** Riparian greenbrier **분류** 외떡잎식물 > 백합과

어 1 2 3 4 5 6 7 8 9 10 11 12

밀어

밀어는 논도랑, 냇물, 강, 강어귀에 산다. 배에 있는 동그란 빨판으로 어디에나 달라붙는다. 돌 밑으로 들어가서 잘 숨는다. 봄여름에 알을 낳으면 수컷이 알자리를 돌본다. 새끼는 강어귀로 내려가서 겨울을 나고 이듬해 봄에 떼를 지어 냇물까지 올라온다. **생김새** 몸길이 6~8cm **사는 곳** 냇물, 강어귀, 논도랑, 저수지 **먹이** 돌말, 물벼룩, 작은 물벌레 **다른 이름** 가마쟁이북, 퉁거니북, 까불이, 하늘고기, 돌미리, Freshwater goby **분류** 농어목 > 망둑어과

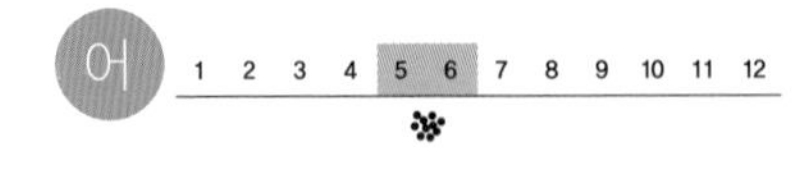

밀자개

밀자개는 큰 강에서 사는데, 바닷물이 들락날락하는 강어귀에서 산다. 밀물 때는 강 위쪽으로 올라가고, 썰물 때는 바다 쪽으로 내려온다. 진흙이 많이 깔려 있는 강바닥에서 새우나 작은 물고기, 물벌레를 잡아먹고 산다. 강 중류까지 올라와 떼를 지어 알을 낳는다. 알을 낳고 다시 강어귀로 내려간다. **생김새** 몸길이 10~15cm **사는 곳** 강, 강어귀 **먹이** 물벌레, 새우, 작은 물고기 **다른 이름** 소꼬리[북], 긴자개[북], 백자개, Light bullhead **분류** 메기목 > 동자개과

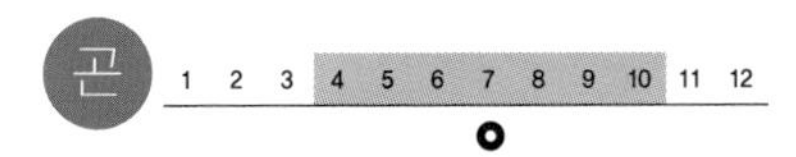

밀잠자리

밀잠자리는 산이나 들판, 마을 가까이에서 산다. 물속에서 애벌레로 겨울을 난다. 물속에서 작은 물벌레를 먹고 살면서 여러 번 허물을 벗는다. 서너 달 자라서 어른벌레가 된다. 알을 낳을 때가 되면 물가로 온다. 짝짓기를 한 암컷은 꼬리로 물을 탁탁 치면서 알을 낳는다. **생김새** 몸길이 48~54mm **사는 곳** 애벌레_물속 | 어른벌레_들판, 산 **먹이** 애벌레_작은 물벌레 | 어른벌레_작은 벌레 **다른 이름** 흰잠자리, White-tailed skimmer **분류** 잠자리목 > 잠자리과

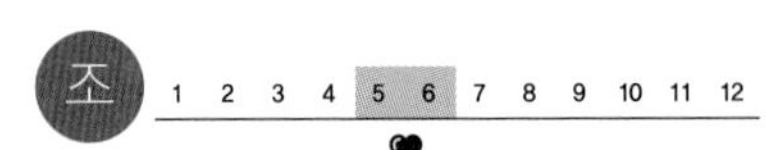

밀화부리

밀화부리는 부리가 노란색이고 끝이 검다. 시골 마을 둘레에 많이 살고 낮은 산이나 숲에도 산다. 수컷은 짝짓기 할 때 부리 빛깔이 조금 더 붉어진다. 새끼를 키울 때는 암수가 같이 지내지만 멀리 갈 때는 열 마리쯤 무리를 짓는다. 콩새 무리와 섞여 다니기도 한다. 높은 나무 나뭇가지에 둥지를 짓고 새끼를 친다. **생김새** 몸길이 17cm **사는 곳** 마을, 낮은 산, 숲 **먹이** 나무 열매, 풀씨, 곡식, 벌레 **다른 이름** Yellow-billed grosbeak **분류** 참새목 > 되새과

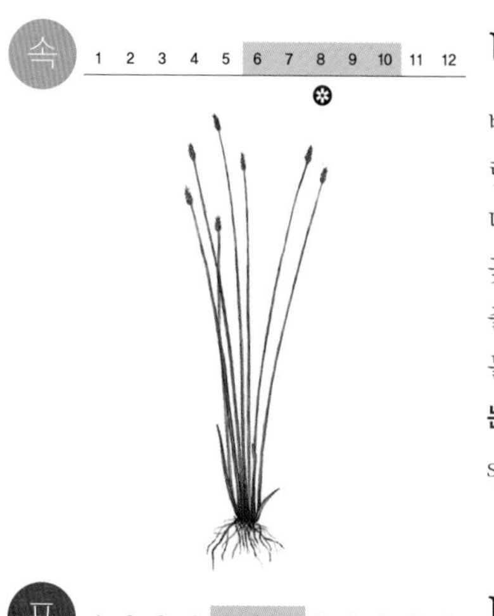

바늘골

바늘골은 물가나 논두렁, 늪에서 흔하게 자란다. 줄기는 여럿이 뭉쳐나고 곧게 자란다. 가늘고 매끈하며 세로줄이 있다. 잎은 거의 사라져서 찾기 어렵다. 여름에 줄기 끝에서 꽃이 핀다. 꽃이 피고 나서 끝이 뾰족하고 기다란 이삭이 줄기 끝에 달린다. 열매는 세모나고 노란 풀빛이다. 반들반들하다. **생김새** 높이 5~40cm | 잎 1.5~4cm, 모여난다. **사는 곳** 물가, 논두렁, 늪 **다른 이름** 물바늘골, Dense-flower spikerush **분류** 외떡잎식물 > 사초과

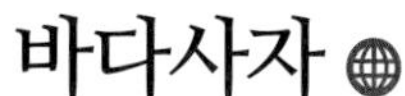

바다사자

바다사자는 겨울에 울릉도와 독도 가까이에서 볼 수 있었지만 지금은 거의 사라졌다. 몸은 밤빛 털이 나 있고, 앞지느러미 발이 길고 넓게 생겨서 헤엄치기에 알맞다. 뭍에 올라와서는 이 발로 딛고 움직인다. 무리를 지어 생활하는데, 혼자 지내는 수컷도 있다. 밤에 움직이고 잠을 잘 때는 땅에 올라와서 잔다. 봄에서 여름 사이에 짝짓기를 한다. 새끼를 한 마리 낳는다. **생김새** 몸길이 1.5~2.5m **사는 곳** 동해 **먹이** 물고기, 오징어, 연체동물 **다른 이름** Sea lion **분류** 식육목 > 물개과

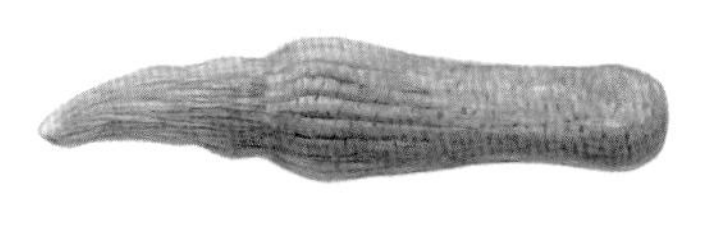

바다선인장

바다선인장은 남해와 서해 모래갯벌이나 바닷속 모랫바닥에 산다. 몸통이 두 마디로 되어 있는데, 짧은 쪽을 모래 속에 박고 긴 쪽 일부만 위로 내놓는다. 몸통을 늘였다 줄였다 한다. 낮에는 모래 속에 숨어 있다가 밤에 나와서 손처럼 생긴 촉수를 활짝 펼치고 작은 생물이나 플랑크톤을 잡아먹는다. 깜깜한 밤에 온몸에서 빛이 난다. **생김새** 몸길이 10cm 이상 **먹이** 플랑크톤, 작은 생물 **사는 곳** 남해, 서해, 얕은 바다 모랫바닥 **다른 이름** Obese sea pen **분류** 자포동물 > 바다선인장과

조 1 2 3 4 5 6 7 8 9 10 11 12

바다직박구리

바다직박구리는 바닷가에 산다. 깃털 무늬가 직박구리와 닮았다. 바닷가 벼랑에 살고 뭍으로는 잘 가지 않는다. 혼자 또는 암수가 함께 산다. 바닷가 바위를 돌아다니면서 지네, 게, 새우를 잡아먹고 벌레나 도마뱀도 먹는다. 겨울에는 나무 열매를 먹고 산다. 봄에 짝짓기를 마치면 밥그릇처럼 생긴 둥지를 짓고 새끼를 친다. 암수가 다르게 생겼다. **생김새** 몸길이 25cm **사는 곳** 벼랑, 마을, 산 **먹이** 벌레, 도마뱀, 새우, 나무 열매 **다른 이름** Blue rockthrush **분류** 참새목 > 솔딱새과

속 1 2 3 4 5 6 7 8 9 10 11 12

바디나물

바디나물은 숲 가장자리나 개울가에서 자란다. 물기가 많고 모래가 섞인 땅을 좋아한다. 줄기는 보랏빛을 띠고 털은 거의 없다. 둥근 모양이고 위쪽에서 가지를 친다. 잎은 두 번 갈라지는 겹잎이다. 뿌리잎과 아래에 난 잎은 잎자루가 길고 밑이 줄기를 감싼다. 줄기 끝에 꽃가지가 많이 퍼지고 가지 끝마다 작고 짙은 보랏빛 꽃이 많이 모여 핀다. **생김새** 높이 80~150cm | 잎 5~10cm, 어긋난다. **사는 곳** 숲, 개울가 **다른 이름** 사약채, Purple-flower angelica **분류** 쌍떡잎식물 > 산형과

속 1 2 3 4 5 6 7 8 9 10 11 12

바람하늘지기

바람하늘지기는 축축한 땅을 좋아해서 논둑이나 밭둑, 묵은 논이나 강가에서 흔히 자란다. 소가 먹고 씨를 퍼뜨려서 소똥이 많은 곳에 수북하게 날 때가 있다. 줄기와 잎이 모여난다. 가늘고 긴 꽃대 끝에 동그란 밤색 이삭이 달린다. 씨앗은 아주 가벼워서 바람에 날리거나 빗물에 흘러가며 퍼진다. **생김새** 높이 10~60cm | 잎 15~40cm, 모여난다. **사는 곳** 논둑, 밭둑, 묵은 논, 강가 **다른 이름** 소똥풀, 우분초, Lesser fimbristylis **분류** 외떡잎식물 > 사초과

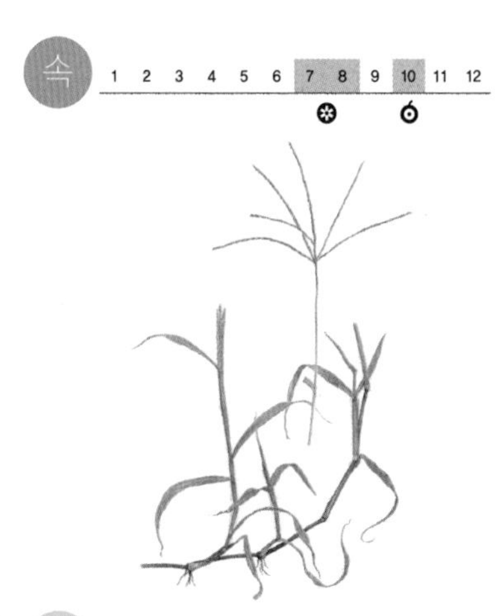

바랭이

바랭이는 길가나 밭둑, 빈 땅에서 자란다. 줄기가 땅 위를 기면서 자라고 마디마다 뿌리를 내려서 금방 퍼진다. 여름에 꽃이 핀 다음 줄기 끝에 이삭이 달리는데 우산살처럼 퍼진다. 씨앗은 빗물에 둥둥 뜨거나 짐승 털에 붙어서 퍼진다. 특히 콩밭에 많이 나는데 빨리 자라고 뿌리가 깊어서 뽑기 어렵다. **생김새** 높이 40~70cm | 잎 8~20cm, 어긋난다. **사는 곳** 길가, 밭둑, 빈 땅 **다른 이름** 보래기, 바래기, 조리풀, Southern crabgrass **분류** 외떡잎식물 > 벼과

바위손

바위손은 산속 바위나 절벽에 붙어 자란다. 물기가 있을 때는 펴져 있다가 마르면 주먹처럼 말린다. 줄기는 빽빽하게 뭉쳐 나와서 바큇살처럼 퍼진다. 잎은 아주 작은데 작은 비늘 조각 같다. 줄기와 가지에 넉 줄로 촘촘히 붙는다. 끝이 뾰족하고 뒷면은 더 흰빛이 돈다. 두텁고 단단하다. **생김새** 높이 15~40cm | 잎 0.1~0.2cm, 모여난다. **사는 곳** 산속 바위, 절벽 **다른 이름** 주먹풀[북], 부처손, Little club-moss **분류** 양치식물 > 부처손과

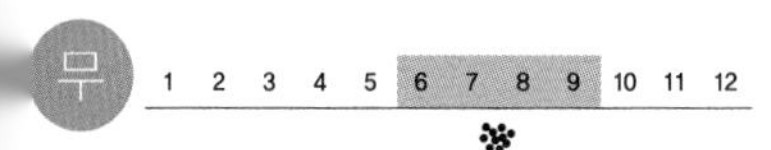

바지락

바지락은 우리나라에서 가장 많이 캐서 먹는 조개이다. 서해 갯벌에서 나는데 민물이 흘러들고 자갈이 섞인 곳에 많다. 껍데기는 거칠거칠하고, 빛깔과 무늬가 저마다 다르다. 맛이 좋고 기르기 쉬워 양식도 많이 한다. 갯벌에 얕게 묻혀 있어서 호미로 득득 긁어 캔다. 소금물에 담가 모래나 개흙을 빼내고 먹는다. 씻을 때 달그락달그락 소리가 난다. **생김새** 크기 5×3.5cm **사는 곳** 서해, 남해 갯벌 **다른 이름** 바스레기[북], 반지락, 소합, 배도라, Manila clam **분류** 연체동물 > 백합과

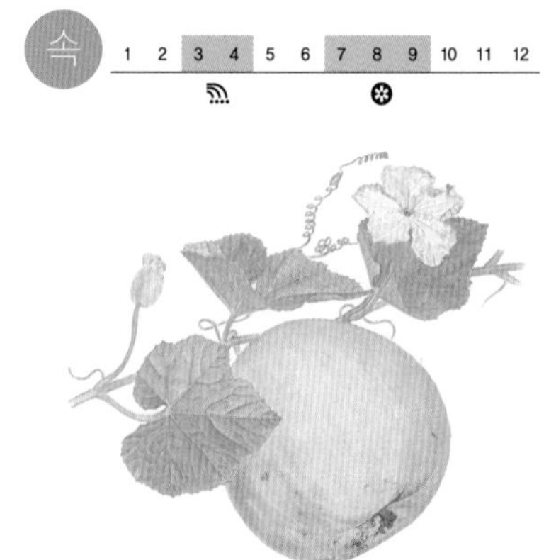

박

박은 집 가까이 심는 열매채소이다. 잘 여문 박을 따서 바가지를 만든다. 담장이나 울타리처럼 덩굴이 감고 올라갈 수 있는 곳에 심는다. 덩굴이 길게 뻗고 덩굴손이 있다. 잎은 호박잎과 닮았는데 털이 부드럽다. 여름부터 하얀 꽃이 이어서 핀다. 저녁에 꽃이 피고 해가 뜨면 꽃이 시든다. 덜 여문 박은 나물로 먹고, 잘 익은 박은 껍데기로 바가지를 만들어 쓴다. **생김새** 길이 10m | 잎 20~30cm, 어긋난다. **사는 곳** 마당, 밭 **다른 이름** 바가지, 종그락지, Bottle gourd **분류** 쌍떡잎식물 > 박과

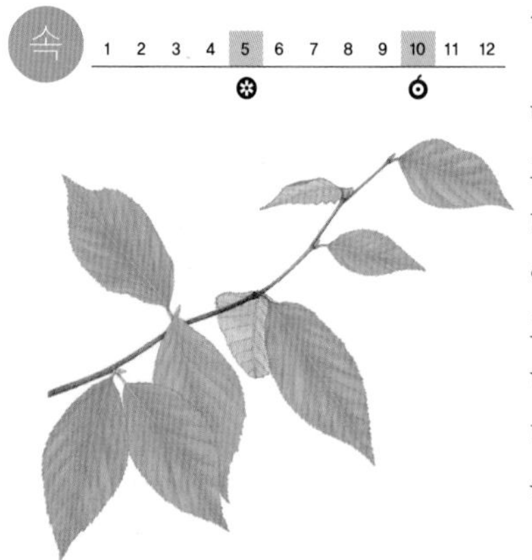

박달나무

박달나무는 볕이 잘 드는 산에서 자란다. 키가 높이 자라고 오래 산다. 오래 자라면 껍질이 두꺼운 코르크질로 변한다. 나무가 단단하고 결 무늬가 아름답다. 홍두깨나 방망이에 가장 좋은 나무로 쳤다. 살림살이를 만드는 데에 여러모로 쓰였다. 껍질에 상처를 내고 물을 받아 약으로 쓰기도 한다. 잎 끝은 점차 뾰족해지며 가장자리에 잔 톱니가 있다. **생김새** 높이 30m | 잎 4~8cm, 어긋난다. **사는 곳** 산기슭 **다른 이름** Bakdal birch **분류** 쌍떡잎식물 > 자작나무과

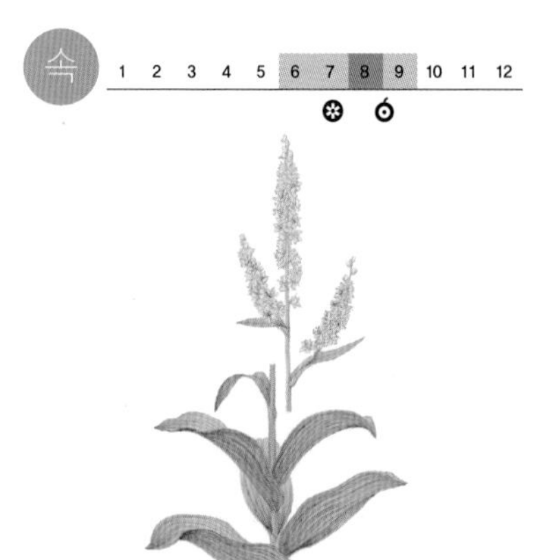

박새

박새는 깊은 산 물기가 많은 땅에서 자란다. 여럿이 무리를 지어 난다. 독성이 강한 풀이다. 줄기는 곧게 자라고 속이 비었다. 위에는 털이 있다. 잎은 넓은 타원형인데 밑이 줄기를 감싼다. 세로로 잎맥이 뚜렷하다. 여름에 줄기 끝에서 풀빛이 도는 흰 꽃이 다닥다닥 모여 핀다. 열매는 좁고 길게 생겼다. 세 갈래로 갈라진다. **생김새** 높이 1~1.5m | 잎 20~30cm, 어긋난다. **사는 곳** 깊은 산 **다른 이름** 새, 넓은잎박새, 묏박새, East Asian white false-hellebore **분류** 외떡잎식물 > 백합과

박새

박새는 여름에는 숲에서 살다가 겨울에는 집 가까이까지 온다. 여러 새들과 무리를 지어 다닌다. 여름에는 벌레를 잡아먹고 겨울에는 나무 열매나 씨앗을 찾아 먹는다. 사람이 만들어 놓은 먹이대에도 잘 찾아온다. 봄여름에 짝짓기를 하는데 한 해에 두 번씩 할 때가 많다. 나무 구멍이나 바위틈에 마른 풀과 이끼로 둥지를 짓는다. **생김새** 몸길이 14cm **사는 곳** 마을, 야산, 숲 **먹이** 벌레, 거미, 나무 열매, 솔씨 **다른 이름** 비죽새, Great tit **분류** 참새목 > 박새과

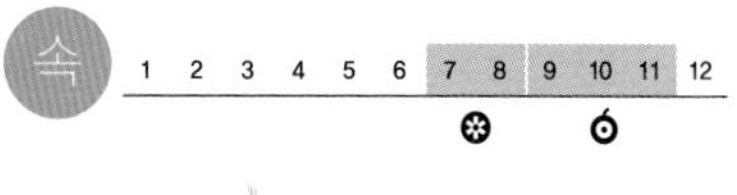

박주가리

박주가리는 볕이 잘 드는 마른 땅에서 자란다. 줄기가 덩굴지면서 다른 풀이나 나무를 시곗바늘이 도는 방향으로 감아 오른다. 칡이나 나팔꽃은 반대로 감는다. 한여름에 연한 자줏빛이나 흰빛 꽃이 핀다. 열매는 뿔처럼 생겼다. 열매가 다 익으면 세로줄이 갈라져서 터진다. 씨앗에는 명주실 같은 하얀 털이 달려 있어서 바람을 타고 멀리 퍼진다. **생김새** 길이 3~4m | 잎 5~10cm, 마주난다. **사는 곳** 볕이 잘 드는 마른 땅 **다른 이름** 나마자, Rough potato **분류** 쌍떡잎식물 > 협죽도과

박태기나무

박태기나무는 오래전부터 공원이나 집 뜰에 심어 길렀다. 해가 잘 들고 물이 고이지 않는 곳이면 어디서나 잘 자란다. 추위에도 잘 견디고 옮겨 심어도 잘 산다. 가지를 잘라 모양을 다듬어서 울타리로 가꾸기도 한다. 이른 봄에 작고 붉은 꽃이 가지마다 소복이 달린다. 붉은 꽃도 보기 좋고 큼지막한 잎도 보기 좋다. 나무껍질은 약으로도 쓴다. **생김새** 높이 3~5m | 잎 6~11cm, 마주난다. **사는 곳** 뜰, 공원 **다른 이름** 구슬꽃나무, 밥태기꽃나무, Chiness redbud **분류** 쌍떡잎식물 > 콩과

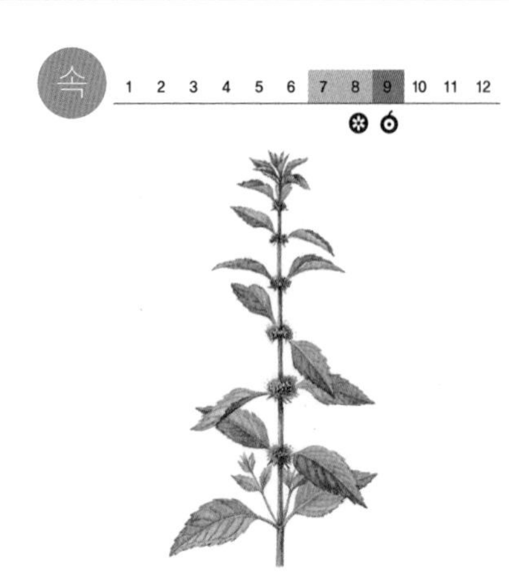

박하

박하는 도랑이나 물가 같은 축축한 곳을 좋아한다. 옛날부터 밭에서도 길렀다. 밭에서 기를 때는 물이 잘 빠져야 한다. 뿌리줄기가 땅속으로 뻗으면서 여러 대가 무더기로 돋아난다. 줄기는 네모나고 털이 나 있다. 잎은 끝이 뾰족하고 잎맥이 뚜렷하다. 가장자리에 톱니가 나 있다. 잎을 비비면 시원하고 알싸한 냄새가 난다. 사탕, 향수, 치약을 만든다. **생김새** 높이 50cm 안팎 | 잎 2~5cm, 마주난다. **사는 곳** 도랑, 물가 **다른 이름** 승하, 영생이, East Asian wild mint **분류** 쌍떡잎식물 > 꿀풀과

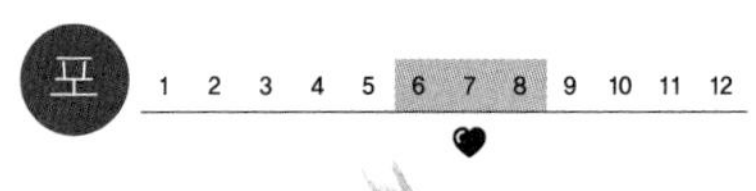

반달가슴곰

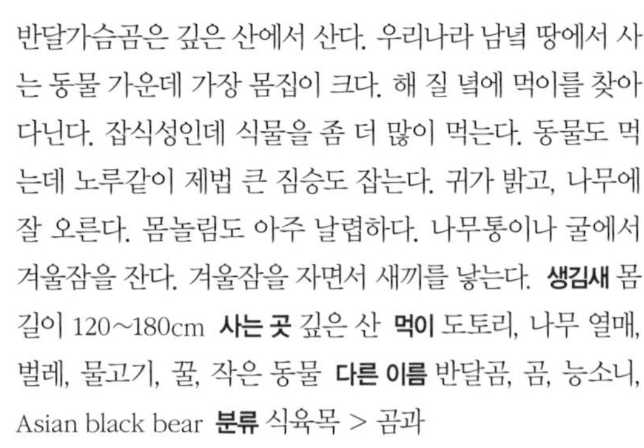

반달가슴곰은 깊은 산에서 산다. 우리나라 남녘 땅에서 사는 동물 가운데 가장 몸집이 크다. 해 질 녘에 먹이를 찾아다닌다. 잡식성인데 식물을 좀 더 많이 먹는다. 동물도 먹는데 노루같이 제법 큰 짐승도 잡는다. 귀가 밝고, 나무에 잘 오른다. 몸놀림도 아주 날렵하다. 나무통이나 굴에서 겨울잠을 잔다. 겨울잠을 자면서 새끼를 낳는다. **생김새** 몸길이 120~180cm **사는 곳** 깊은 산 **먹이** 도토리, 나무 열매, 벌레, 물고기, 꿀, 작은 동물 **다른 이름** 반달곰, 곰, 능소니, Asian black bear **분류** 식육목 > 곰과

어

1 2 3 4 5 6 7 8 9 10 11 12

반지

반지는 밴댕이랑 닮았다. 서해에서 밴댕이라고 부르면서 회로 먹는 물고기가 반지다. 하지만 밴댕이와는 아주 다른 물고기다. 밴댕이는 입이 작고 아래턱이 위턱보다 길지만, 반지는 위턱이 아래턱보다 더 길고 입이 더 크다. 무리를 지어 다니면서 플랑크톤을 먹는다. 봄에 가장 맛이 좋다. **생김새** 몸길이 20cm **사는 곳** 남해, 서해 **먹이** 플랑크톤 **다른 이름** 밴댕이, 반댕이, 송어새끼, 고소어, Hairfin anchovy **분류** 청어목 > 멸치과

속 1 2 3 4 5 6 7 8 9 10 11 12

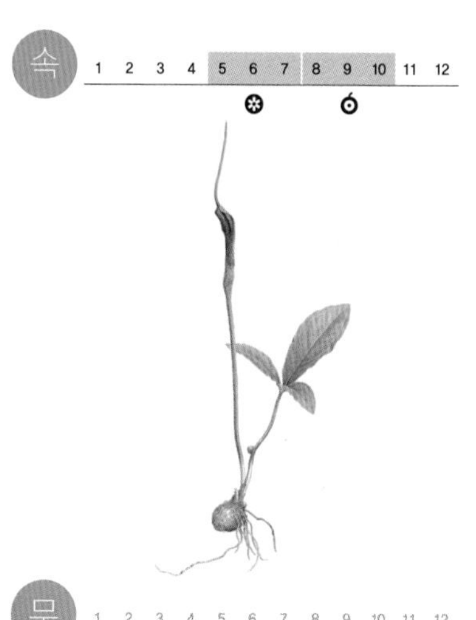

반하

반하는 밭둑이나 길섶, 산기슭에서 자란다. 땅이 거칠거나 그늘진 곳에서도 잘 자란다. 메마르지 않고 물이 잘 빠지는 땅을 좋아한다. 도토리처럼 생긴 알줄기에서 기다란 잎자루가 한두 줄기 나온다. 잎자루 끝에 잎 석 장이 모여 달린다. 끝이 뾰족하다. 잎줄기 아래쯤에 콩알만 한 알갱이가 달리는데 씨는 아니지만, 땅에 떨어지면 싹이 돋는다. **생김새** 높이 30cm 안팎 | 잎 3~12cm, 모여난다. **사는 곳** 밭둑, 길섶, 산기슭 **다른 이름** 끼무릇, 꿩의무릇, Crow dipper **분류** 외떡잎식물 > 천남성과

무 1 2 3 4 5 6 7 8 9 10 11 12

밤게

밤게는 모래가 많이 섞인 서해와 남해 갯벌에 산다. 밤톨처럼 볼록하니 동그스름해서 밤게라고 한다. 칠게나 농게와 달리 구멍을 안 판다. 다른 게처럼 옆으로 안 걷고 앞으로 걷는다. 움직임이 느려서 살아 있는 동물은 못 잡아먹고 죽은 생물을 먹고 살면서 갯벌 청소부 노릇을 한다. **생김새** 등딱지 크기 2.5×2.2cm **사는 곳** 서해, 남해 갯벌 **먹이** 죽은 게, 조개, 물고기, 개흙 **다른 이름** 바다깅이, Pea pebble crab **분류** 절지동물 > 밤게과

속 1 2 3 4 5 6 7 8 9 10 11 12

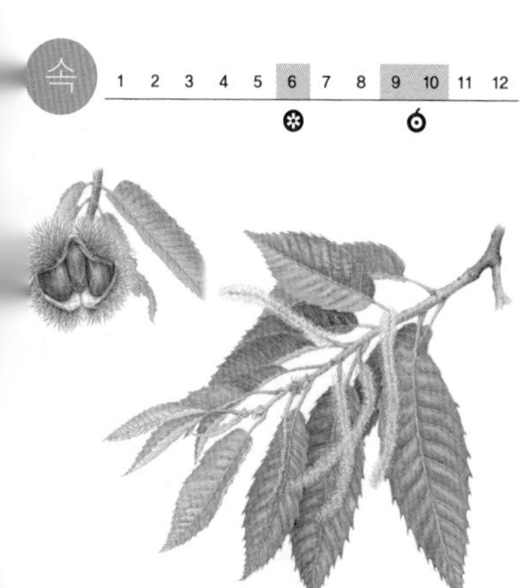

밤나무

밤나무는 밤을 따려고 심는다. 볕이 잘 들고 물이 잘 빠지는 땅을 좋아한다. 잎은 길쭉하고 윤이 난다. 가장자리에 끝이 날카로운 톱니가 있다. 봄에 꽃이 필 때는 벌을 친다. 가을에 열매가 달리는데, 날카로운 가시로 둘러싸여 있다. 오래 두고 먹으려면 속껍질까지 다 벗겨서 햇볕에 말린다. 옛날부터 도토리와 함께 밥 대신 먹을 수 있는 열매로 귀하게 여겼다. **생김새** 높이 20m | 잎 10~20cm, 어긋난다. **사는 곳** 산기슭 **다른 이름** Chestnut **분류** 쌍떡잎식물 > 참나무과

밤나무산누에나방

밤나무산누에나방은 우리나라 산 곳곳에 산다. 낮에는 가만히 있고, 밤에 날아다닌다. 애벌레가 누에를 닮았는데 밤나무 잎을 먹고 산다. 참나무, 사과나무, 배나무 잎도 먹는다. 여름에 고치를 짓고 번데기가 된다. 가을에 어른벌레가 깨어나서 알을 낳는다. 알로 겨울을 난다. **생김새** 날개 편 길이 105~135mm **사는 곳** 산, 과수원 **먹이** 애벌레_밤나무, 참나무, 사과나무, 배나무 잎 | 어른벌레_이슬, 과일즙 **다른 이름** 어스렝이나방, Japanese giant silkworm **분류** 나비목 > 산누에나방과

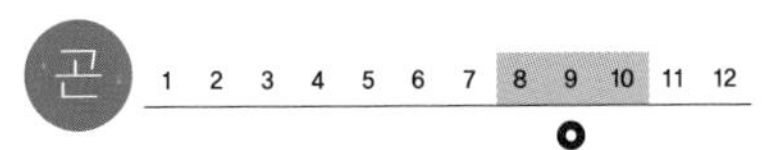

밤바구미

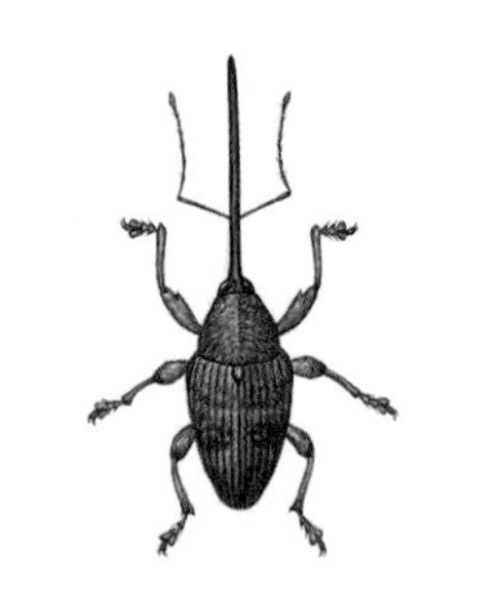

밤바구미는 밤나무 해충이다. 어른벌레가 긴 주둥이로 밤 껍질 속까지 구멍을 뚫고 산란관을 꽂아 알을 낳는다. 애벌레는 밤을 파먹으면서 자란다. 다 자라면 밤 껍질에 둥근 구멍을 뚫고 밖으로 나와서 땅속으로 들어가 겨울을 난다. 밤바구미가 먹은 밤은 겉은 멀쩡하지만, 속이 썩어서 독한 냄새를 풍긴다. **생김새** 몸길이 6~10mm **사는 곳** 밤나무가 있는 밭, 산 **먹이** 애벌레_밤 | 어른벌레_안 먹는다. **다른 이름** Chestnut weevil **분류** 딱정벌레목 > 바구미과

방가지똥

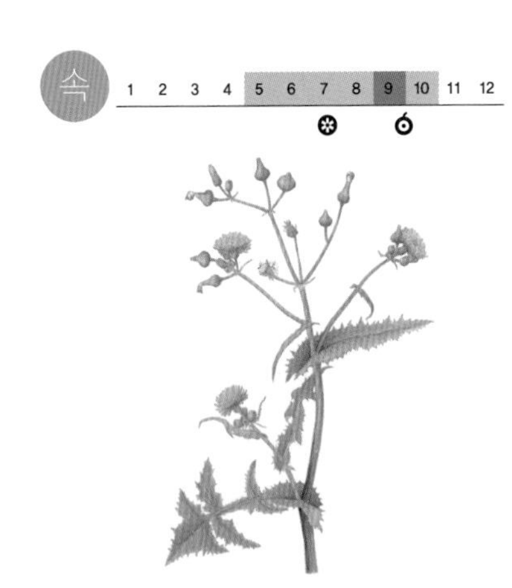

방가지똥은 볕이 잘 드는 길가나 빈터, 강가 풀숲에서 자란다. 줄기는 속이 비었다. 자르면 흰 즙이 나온다. 뿌리잎은 가장자리에 바늘처럼 뾰족한 톱니가 있다. 줄기에서 난 잎도 고르지 않은 톱니가 있다. 줄기와 가지 끝에서 노랗거나 흰 꽃이 모여 핀다. 열매는 납작하고 밤빛이다. 겉에는 줄무늬가 있고 흰빛 우산털이 있다. **생김새** 높이 30~100cm | 잎 15~25cm, 모여나거나 어긋난다. **사는 곳** 길가, 빈터, 강가 풀숲 **다른 이름** Sow-thistle **분류** 쌍떡잎식물 > 국화과

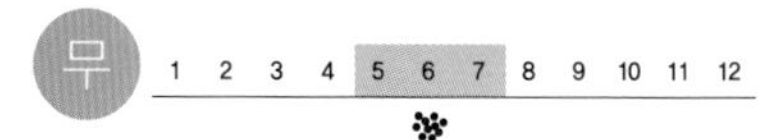

방게

방게는 민물과 바닷물이 만나는 강어귀 갯벌 바닥에 산다. 비스듬히 굴을 파고 들어가 있는다. 갈대밭에서도 많이 산다. 두 집게발이 크고 튼튼해서 굴을 잘 판다. 굴을 팔 때 나온 흙을 구멍 둘레에 높게 쌓아 놓기도 한다. 개흙 속 영양분을 먹고 풀이나 썩은 동물도 먹는다. 맛이 좋아서 게장을 많이 담가 먹는다. **생김새** 등딱지 크기 3.2×2.7cm **사는 곳** 펄 갯벌, 강어귀 갈대밭 **먹이** 개흙 속 영양분, 풀, 썩은 동물 **다른 이름** 참깅이, 방기, Mudflat crab **분류** 절지동물 > 참게과

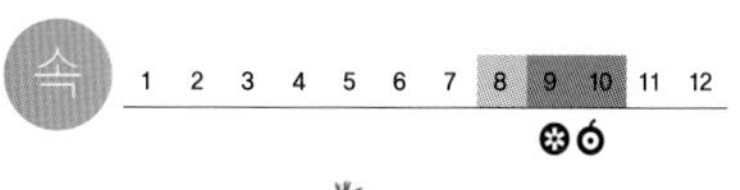

방동사니

방동사니는 논이나 물가에서 자란다. 볕이 잘 드는 곳을 좋아한다. 여러 줄기가 한 포기에서 모여난다. 줄기가 세모나고 매끈하다. 잎은 줄기 아랫부분에서만 난다. 가운데 골이 뚜렷해서 반으로 접힌다. 여름부터 줄기 끝에서 꽃이 핀다. 가지가 몇 개 갈라지고 작은 이삭이 달린다. 낟알은 타원형이고 뾰족하다. 세모나고 뒤로 젖혀진다. **생김새** 높이 10~60cm | 잎 10~30cm, 어긋난다. **사는 곳** 논, 물가 **다른 이름** 검정방동산이, 차방동사니, Asian flatsedge **분류** 외떡잎식물 > 사초과

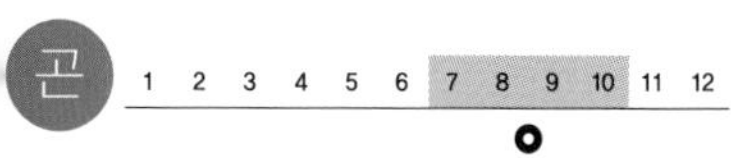

방아깨비

방아깨비는 논밭이나 풀밭에서 살며 잔디, 억새, 벼, 수수 따위를 먹는다. 뒷다리 두 개를 잡고 몸을 건드리면 곡식을 찧는 방아처럼 아래위로 몸을 끄떡끄떡한다. 암컷은 몸집이 수컷보다 훨씬 크다. 수컷은 날지만 암컷은 수컷보다 몸이 크고 무거워서 잘 날지 못한다. 땅속에서 알로 겨울을 나고 봄에 애벌레가 깨어난다. **생김새** 몸길이 40~80mm **사는 곳** 논밭, 공원 **먹이** 벼과 식물 **다른 이름** 따닥깨비, Green hopper **분류** 메뚜기목 > 메뚜기과

방어

방어는 따뜻한 물을 좋아한다. 남쪽 바다에서 살다가 여름에는 동해 울릉도, 독도까지 올라간다. 몸통 가운데에 노란 띠가 있다. 날쌔고 빠르게 헤엄을 친다. 어린 방어는 물낯 가까이에 많고 클수록 깊은 곳에서 산다. 밤에 돌아다니면서 정어리나 고등어, 오징어 따위를 잡아먹는다. **생김새** 몸길이 1.5m **사는 곳** 우리나라 온 바다 **먹이** 전갱이, 정어리, 고등어, 오징어 **다른 이름** 무태방어, 메레미, 되미, 곤지메레미, Yellow tail **분류** 농어목 > 전갱이과

방울새

방울새는 맑은 울음소리가 방울 소리를 닮았다. 야산이나 논밭 둘레의 나무가 많은 곳에 산다. 여름에는 혼자 또는 암수가 함께 다니고 겨울에는 여럿이 무리를 짓는다. 두툼하고 단단한 부리로 씨앗이나 낟알을 먹는다. 여름에는 벌레를 잡아먹는다. 봄에 짝짓기를 하고 높은 나뭇가지 위에 밥그릇처럼 생긴 둥지를 틀어 새끼를 친다. **생김새** 몸길이 14cm **사는 곳** 논밭, 마을, 언덕 **먹이** 씨앗, 벌레, 거미, 곡식, 나무 열매 **다른 이름** Oriental greenfinch **분류** 참새목 > 되새과

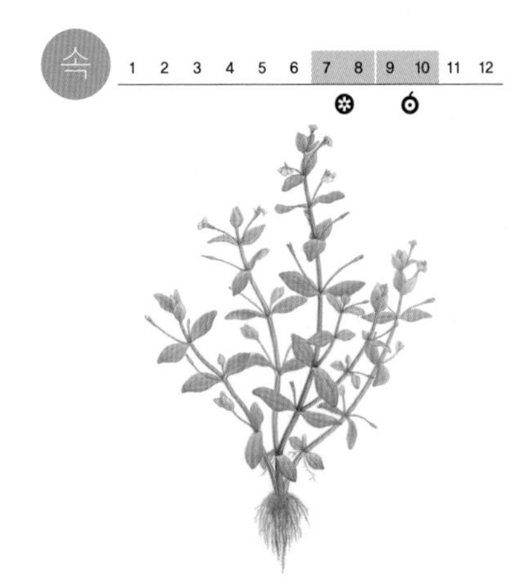

밭뚝외풀

밭뚝외풀은 밭둑에서도 자라지만 물기가 많은 땅을 좋아해서 논둑이나 도랑 둘레에 더 흔하다. 줄기는 네모지고 잎자루는 없다. 잎은 둥글고 길쭉하다. 여름에 잎겨드랑이에서 분홍빛 꽃이 핀다. 곤충이 꽃가루받이를 돕기도 하고, 스스로 꽃가루받이를 하기도 한다. 열매는 열흘 만에 익는다. 열매 안에 작은 씨앗이 많이 들어 있다. 씨를 자주 퍼뜨린다. **생김새** 높이 5~20cm | 잎 1.5~3cm, 마주난다. **사는 곳** 밭둑, 논둑, 도랑가 **다른 이름** 개고추풀, Creeping slitwort **분류** 쌍떡잎식물 > 현삼과

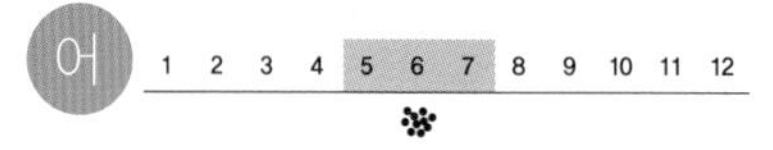

배가사리

배가사리는 맑고 깨끗한 물이 흐르는 냇물이나 산골짜기에 산다. 바닥에 모래와 자갈이 깔려 있고 물살이 센 여울을 좋아한다. 돌에 붙어 있는 돌말과 작은 물벌레를 먹고 모래에서 유기물을 걸러 먹는다. 알 낳을 때가 되면 수컷은 몸이 검어지고, 지느러미 가장자리가 붉어진다. 알을 낳을 때나 겨울에는 떼로 모여 있는다. **생김새** 몸길이 8~15cm **사는 곳** 산골짜기, 냇물, 강 **먹이** 돌말, 작은 물벌레, 유기물 **다른 이름** 큰돌붙이[북], 돌박이, 돌마개, 돌치, 썩은돌나리 **분류** 잉어목 > 모래무지아과

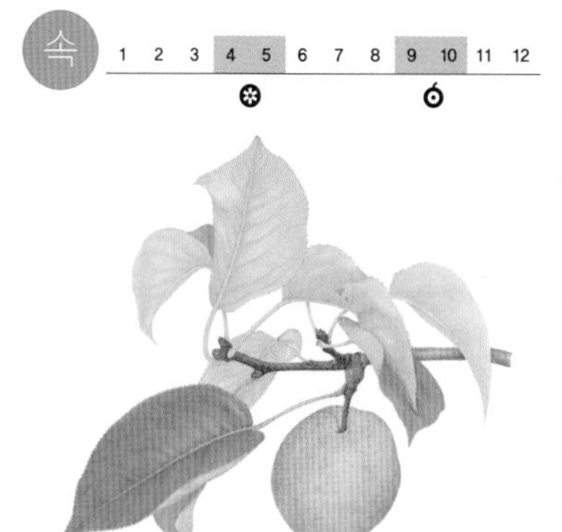

배나무

배나무는 배를 먹으려고 기른다. 산에서 자라던 돌배나무를 개량해서 아주 오래전부터 길러 왔다. 날씨가 따뜻하고, 비가 많이 오는 곳에서 기르기 좋다. 잎은 끝이 뾰족하고 가장자리에 톱니가 있다. 봄에 꽃이 필 때와 가을에 배가 익을 때는 비가 적게 오고, 여름에 열매가 클 때는 비가 많이 오는 곳에서 맛 좋은 배가 난다. 배는 물이 많고 맛이 달다. 돌배나무에 접을 붙여 기른다. **생김새** 높이 15m | 잎 7~12cm, 어긋난다. **사는 곳** 밭 **다른 이름** Pear tree **분류** 쌍떡잎식물 > 장미과

배불뚝이연기버섯

배불뚝이연기버섯은 여름부터 가을까지 숲속 땅이나 썩은 가랑잎 더미 위에 난다. 흩어져 나거나 무리 지어 난다. 버섯고리를 이루기도 한다. 소나무 둘레에서 잘 자란다. 갓은 자라면서 판판해지거나 가운데가 눌린 것처럼 살짝 꺼져 얕은 깔때기 모양이 된다. 갓 끝은 안쪽으로 말려 있다. 주름살은 하얗거나 연한 노란빛이고 성글다. **생김새** 갓 25~50mm **사는 곳** 소나무 숲, 가랑잎 더미 **다른 이름** 검은깔때기버섯[북], 배불뚝이깔때기버섯, Club foot mushroom **분류** 주름버섯목 > 벚꽃버섯과

어 1 2 3 4 5 6 7 8 9 10 11 12

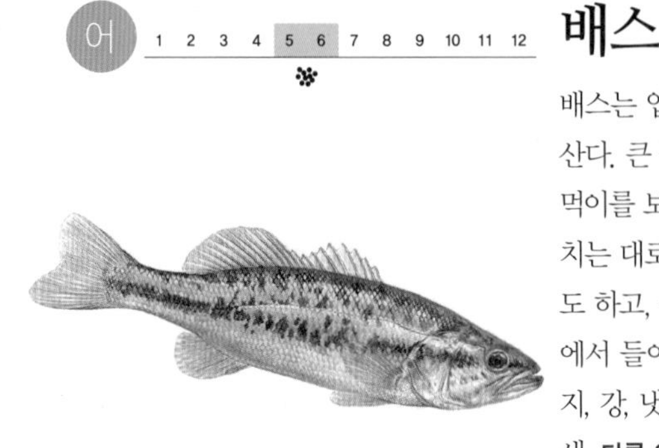

배스

배스는 입이 크다. 물이 고여 있는 저수지나 댐, 깊은 강에 산다. 큰 돌 밑, 나무 밑, 물풀이 수북한 곳에 숨어 있는다. 먹이를 보면 튀어나와 낚아챈다. 작은 것이든 큰 것이든 닥치는 대로 잡아먹는다. 물벌레, 새우, 개구리, 자라를 먹기도 하고, 물가로 나온 들쥐나 새도 잡아먹는다. 다른 나라에서 들여왔다. **생김새** 몸길이 25~60cm **사는 곳** 댐, 저수지, 강, 냇물 **먹이** 물벌레, 새우, 물고기, 개구리, 자라, 들쥐, 새 **다른 이름** 큰입배스, 큰입우럭, Largemouth bass **분류** 농어목 > 검정우럭과

속 1 2 3 4 5 6 7 8 9 10 11 12

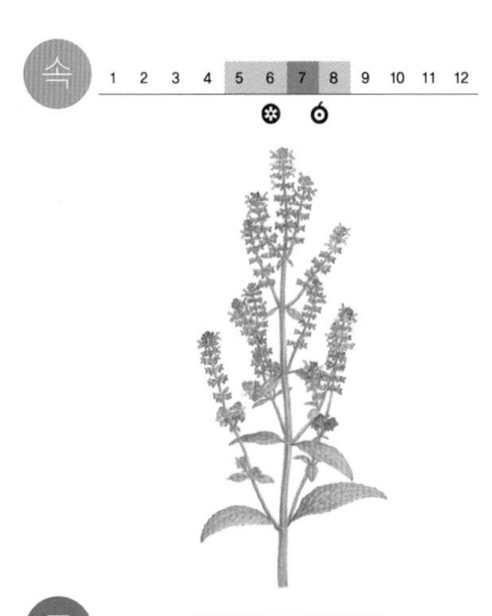

배암차즈기

배암차즈기는 물기가 있는 논둑이나 도랑가에서 자란다. 공기가 오염된 곳에서는 보기 어렵다. 줄기는 곧고 잔털이 나 있다. 줄기가 아주 단단하다. 뿌리에서 난 잎을 땅바닥에 붙이고 겨울을 난다. 오뉴월에 보랏빛 꽃이 기다란 방망이처럼 모여 핀다. 옷감에 물을 들이면 한 번만 물을 들여도 색이 진하다. **생김새** 높이 30~70cm | 잎 3~6cm, 모여나거나 마주난다. **사는 곳** 논둑, 도랑가 **다른 이름** 뱀배추, 배암배추, Plebeian sage **분류** 쌍떡잎식물 > 꿀풀과

곤 1 2 3 4 5 6 7 8 9 10 11 12

배자바구미

배자바구미는 칡넝쿨에서 많이 보인다. 크기가 작고 통통한데 빛깔은 검은색과 흰색이 얼룩덜룩하게 섞여 있다. 웅크리고 있으면 꼭 새똥처럼 보여서, 새나 다른 동물이 잘 찾지 못한다. 어른벌레는 주둥이로 칡 줄기에 구멍을 내고 그 속에 알을 낳는다. 깨어난 애벌레는 줄기 속을 파먹고 산다. 줄기 속에서 번데기가 되었다가, 어른벌레로 겨울을 난다. **생김새** 몸길이 9~10mm **사는 곳** 애벌레_나무줄기 | 어른벌레_밭, 낮은 산 **먹이** 칡 **분류** 딱정벌레목 > 바구미과

배젖버섯

배젖버섯은 여름부터 가을까지 넓은잎나무 둘레 땅에 난다. 흩어져 나거나 무리 지어 난다. 너도밤나무, 물참나무, 졸참나무 둘레에 흔하다. 갓은 어릴 때는 둥근 산 모양이고 끝은 안쪽으로 말려 있다. 자라면서 판판하게 펴져 가운데가 오목해지거나 가장자리가 위로 젖혀져 얕은 깔때기 모양이 되기도 한다. 살을 베면 흰 젖이 나오는데 조금 지나면 밤빛으로 바뀐다. **생김새** 갓 35~115mm **사는 곳** 숲 **다른 이름** 젖버섯북, Voluminous milkcap **분류** 무당버섯목 > 무당버섯과

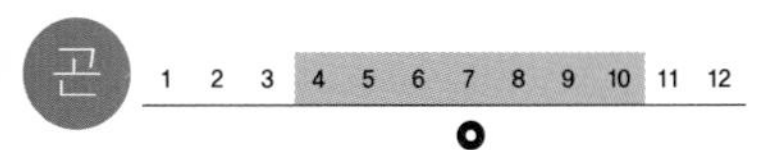

배짧은꽃등에

배짧은꽃등에는 벌과 꼭 닮았다. 산기슭이나 들에 피는 여러 꽃에 모이는 것도 비슷하다. 벌과 섞여 있으면 가려내기 어렵다. 하지만 파리 무리에 들어서 침은 없다. 꽃가루와 꿀을 핥아 먹고 꽃가루받이를 돕는다. 애벌레는 꼬리구더기라고 하는데, 물가 썩은 흙 속에서 산다. 번데기나 애벌레로 땅속에서 겨울을 난다. **생김새** 몸길이 12mm 안팎 **사는 곳** 애벌레_물가 흙 속 | 어른벌레 들판, 낮은 산 **먹이** 애벌레_썩은 찌꺼기 | 어른벌레_꿀, 꽃가루 **분류** 파리목 > 꽃등에과

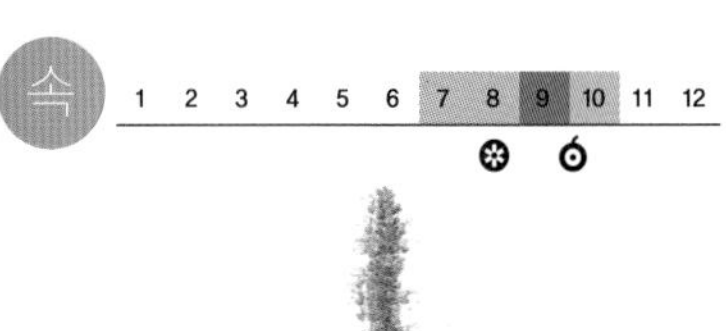

배초향

배초향은 햇볕이 잘 드는 들판이나 길섶, 마당에서 자란다. 깻잎이나 박하와 비슷하면서도 독특한 냄새가 난다. 잎을 비비면 더 진해진다. 줄기는 자라다가 위쪽에서 가지를 많이 친다. 대가 네모나다. 잎몸은 둥그스름하고 가장자리에 톱니가 둔하게 났다. 여름에 보랏빛 꽃이 피면 벌이 많이 모인다. 마당에 심어 가꾸면서 향신료로 쓴다. **생김새** 높이 40~100cm | 잎 마주난다. 크기 5~10cm **사는 곳** 들판, 길섶, 마당 **다른 이름** 방아풀북, 방아, 깨풀, Korean mint **분류** 쌍떡잎식물 > 꿀풀과

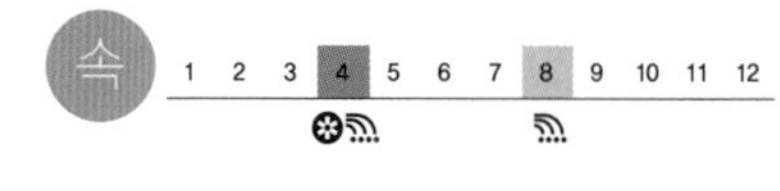

배추

배추는 밭에 심는 잎줄기채소다. 우리나라에서 가장 많이 먹는 채소다. 김치를 담근다. 뿌리에서 잎이 여러 장 나서 배추통을 이룬다. 겨울에 거두지 않고 두면, 이듬해에 줄기가 곧게 자라서 봄에 노란 꽃이 핀다. 장다리꽃이라고 한다. 씨는 까무스름하고 자잘하다. 심는 때에 따라 봄배추, 가을배추로 나눈다. 가을배추가 나올 때 김장을 해서 겨우내 먹을 것을 저장한다. **생김새** 높이 1m | 잎 모여나거나 어긋난다. **사는 곳** 밭 **다른 이름** 백채, 숭채, 얼갈이, 봄동, Napa cabbage **분류** 쌍떡잎식물 > 배추과

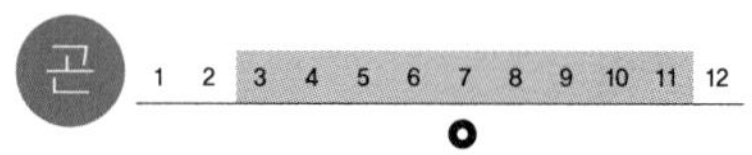

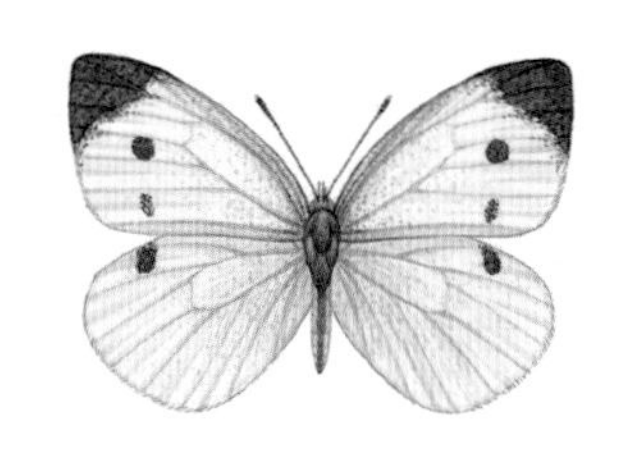

배추흰나비

배추흰나비는 봄이 되면 나타나서 채소밭에 날아다닌다. 낮에 날아다니면서 파나 무나 배추의 장다리꽃 꿀을 빨고 잎 뒷면에 아주 길쭉하고 노르스름한 작은 알을 낳는다. 깨어난 애벌레를 배추벌레라고 한다. 배추벌레는 배추뿐만 아니라 유채, 무, 겨자 잎을 갉아 먹는다. 양배추에도 많이 꼬인다. 배추벌레가 꼬이면 하나씩 찾아서 잡아야 한다. **생김새** 날개 편 길이 39~52mm **사는 곳** 밭 **먹이** 애벌레_무, 갓, 배추, 양배추 | 어른벌레_꿀 **다른 이름** 흰나비, Cabbage butterfly **분류** 나비목 > 흰나비과

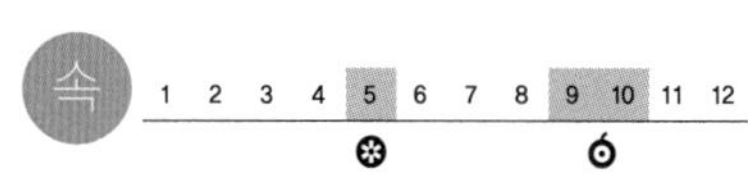

백당나무

백당나무는 산기슭이나 산골짜기에서 자란다. 하얀 꽃이 접시처럼 동그랗게 모여 핀다고 접시꽃나무라고도 한다. 잎은 세 갈래로 얕게 갈라지고 뒤쪽에 털이 있다. 가장자리에 있는 꽃은 꽃잎만 있고 열매는 맺지 못한다. 가을에 잎이 빨갛게 물들고 열매도 빨갛게 익는다. 열매가 겨울까지 달려 있기도 한데 겨울에는 고약한 냄새가 난다. **생김새** 높이 2~3m | 잎 5~10cm, 마주난다. **사는 곳** 산기슭, 산골짜기 **다른 이름** 접시꽃나무[북], Smooth-cranberrybush viburnum **분류** 쌍떡잎식물 > 인동과

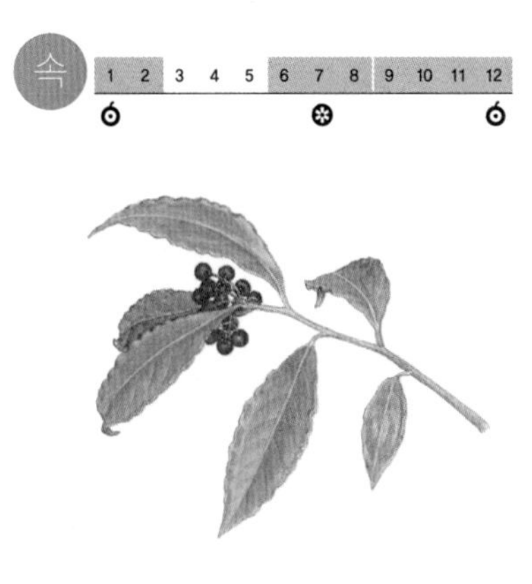

백량금

백량금은 숲속 그늘진 곳에서 자란다. 거의 제주도에서만 자란다. 줄기는 잿빛이 도는 밤빛이고 곧게 자란다. 잎은 가장자리에 물결 모양 톱니와 주름이 있다. 톱니 사이에 샘털이 나 있다. 여름에 작고 흰 꽃이 가지 끝에서 여럿 모여 핀다. 열매는 둥글고 늦가을부터 겨울에 여문다. 붉게 익은 열매는 아래로 드리우는데 오래도록 나무에 붙어 있다. **생김새** 높이 1m | 잎 7~12cm, 어긋난다. **사는 곳** 숲속 **다른 이름** 선꽃나무, Coralberry **분류** 쌍떡잎식물 > 자금우과

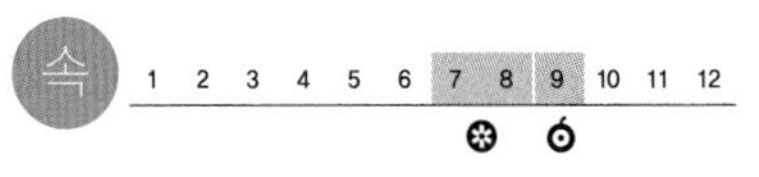

백리향 

백리향은 높은 산 바위가 많은 곳에서 자란다. 뜰이나 공원에도 심는다. 줄기는 땅 위에서 누워 뻗는다. 보랏빛 가지를 많이 친다. 잎 가장자리에 톱니가 없거나 물결 모양으로 작은 톱니가 있다. 여름에 작은 꽃이 여러 층을 이루어 핀다. 열매는 둥글납작하고 검은 밤빛으로 여문다. 꽃과 온몸에서 나는 냄새가 백리까지 간다고 백리향이라는 이름이 붙었다. **생김새** 높이 10~40cm | 잎 0.5~1.2cm, 마주난다. **사는 곳** 높은 산, 뜰, 공원 **다른 이름** 산백리향, Five-rib thyme **분류** 쌍떡잎식물 > 꿀풀과

백목련

백목련은 꽃을 보려고 마당이나 공원에 심어 기른다. 나무에서 피는 연꽃 같다고 붙은 이름이다. 잎보다 먼저 꽃봉오리가 달렸다가 활짝 피어난다. 흔히 목련으로 알고 있는 나무는 거의 백목련이다. 자목련, 일본목련, 별목련도 있다. 겨울눈에는 보송보송한 털이 나 있다. 잎 앞면에 털이 조금 있고 뒷면은 옅은 녹색이다. **생김새** 높이 15m | 잎 5~15cm, 어긋난다. **사는 곳** 뜰, 공원 **다른 이름** 목련, 목란, 목필, Lilytree **분류** 쌍떡잎식물 > 목련과

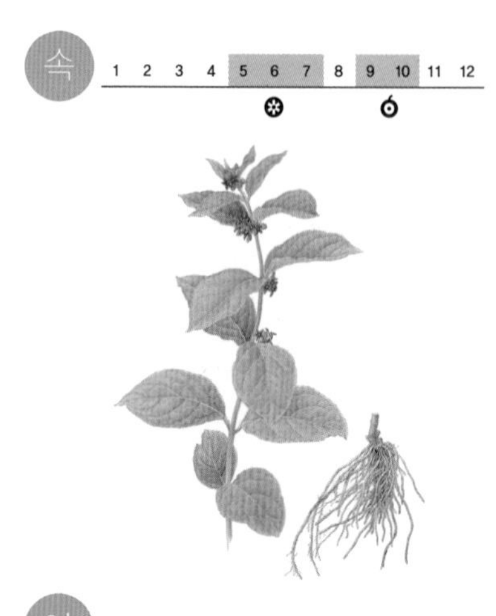

백미꽃

백미꽃은 산기슭에서 흔하게 자란다. 뿌리가 가늘고 하얗다고 붙은 이름이다. 수염뿌리가 온 사방으로 뻗는다. 가지를 안 치고 줄기가 쑥 큰다. 온몸에 부드러운 털이 빽빽하게 난다. 잎몸은 달걀꼴이고 밋밋하다. 봄부터 여름 동안 자줏빛 꽃이 잎겨드랑이에 빙 둘러 핀다. 가을에 꼬투리가 달렸다가 익어서 갈라지면 하얀 솜털이 달린 씨앗이 바람에 날린다. **생김새** 높이 40~80cm | 잎 6~15cm, 마주난다. **사는 곳** 산기슭 **다른 이름** 털백미꽃, 아마존, Black-end swallow-wort **분류** 쌍떡잎식물 > 협죽도과

어

1 2 3 4 5 6 7 8 9 10 11 12

백상아리

백상아리는 흔히 상어하면 떠오르는 물고기다. 우리나라 온 바다에 사는데 봄에 서해에 자주 나타난다. 물낯 가까이 살면서 깊은 바닷속까지도 들어간다. 백상아리는 물고기지만 부레가 없어서 가만히 있으면 물속으로 가라앉는다. 그래서 끊임없이 돌아다닌다. 멀리서 나는 냄새도 잘 맡는다. 상어 가운데 가장 사납다. 15년 넘게 살고 알이 아니라 새끼를 낳는다. **생김새** 몸길이 6m **사는 곳** 우리나라 온 바다 **먹이** 물고기, 바다표범, 바다사자 **다른 이름** 백상어, White shark **분류** 악상어목 > 악상어과

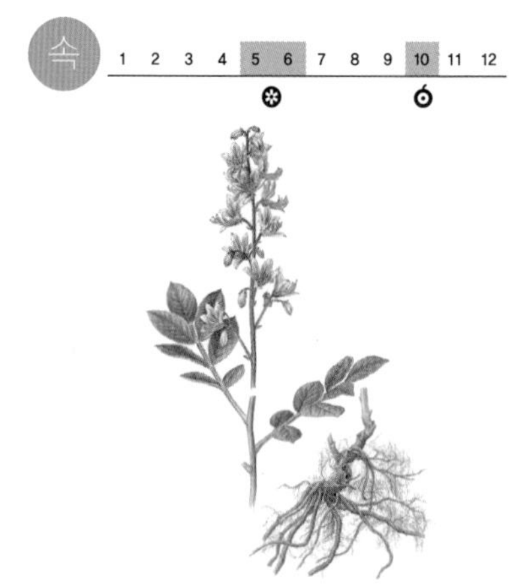

백선

백선은 산기슭이나 산골짜기 볕이 잘 드는 곳에서 자란다. 약으로 쓰려고 일부러 기르기도 한다. 줄기는 가지를 잘 안 치고 곧게 선다. 잎은 긴 잎자루에 작은 잎들이 마주 보며 달린다. 잎자루에 좁은 날개가 있다. 봄여름에 꽃이 피는데 꽃대를 손으로 툭 치면 아주 고약한 냄새가 훅 끼친다. 뿌리에서도 비린내 같은 냄새가 난다. **생김새** 높이 90cm 안팎 | 잎 2~12cm, 마주난다. **사는 곳** 산기슭, 산골짜기 **다른 이름** 검화[북], 자래초, 북선피, Dense-fruit dittany **분류** 쌍떡잎식물 > 운향과

백일홍

백일홍은 꽃을 보려고 뜰이나 공원에서 흔히 심어 가꾼다. 줄기는 곧게 서고 짧은 털이 있다. 잎은 잎자루가 없고 줄기를 반 정도 둘러싼다. 끝이 뾰족하고 가장자리는 매끈하다. 여름부터 가을까지 꽃이 피는데 줄기 끝이나 가지 끝에 한 송이씩 핀다. 품종에 따라 꽃 빛깔과 모양이 저마다 다르다. **생김새** 높이 30~90cm | 잎 4~6cm, 마주난다. **사는 곳** 뜰, 공원 **다른 이름** 백일초, Common zinnia **분류** 쌍떡잎식물 > 국화과

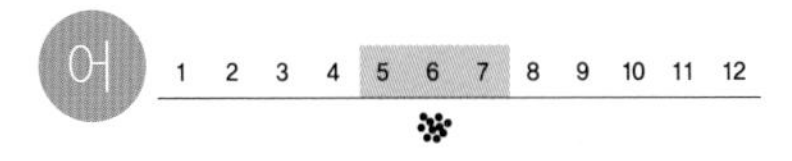

백조어

백조어는 물살이 느린 큰 강에서 산다. 늪과 호수에도 산다. 강준치와 닮아서 입이 삐죽 위로 튀어나왔다. 몸이 납작하고 등이 불룩 솟아 있다. 게와 새우 같은 갑각류나 물벌레와 어린 물고기를 잡아먹는다. 옛날에는 백조어를 먹기도 했지만, 지금은 드물어서 보호종으로 지키고 있다. **생김새** 몸길이 20~25cm **사는 곳** 강, 늪, 저수지, 호수 **먹이** 게, 새우, 물벌레, 어린 물고기 **다른 이름** 냇뱅어[북], 준어, 준치, 왕어, 문치, 홍등어, 황등어, Predatory carp **분류** 잉어목 > 강준치아과

백합

백합은 꽃을 보려고 뜰이나 공원에 심는다. 양파 같은 비늘줄기가 있다. 둥글납작하고 옅은 보랏빛이다. 줄기는 곧게 서고 굵다. 잎은 잎자루가 없고, 털이 없이 매끈하다. 여름에 줄기 끝에 나팔처럼 생긴 희고 큰 꽃이 핀다. 두세 송이가 옆을 보고 달린다. 좋은 냄새가 난다. 품종에 따라 꽃 모양이나 잎 모양이 여럿이다. 가을에 비늘줄기를 심는다. **생김새** 높이 30~100cm | 잎 10~18cm, 마주난다. **사는 곳** 뜰, 공원 **다른 이름** 왕나리, Trumpet Lily **분류** 외떡잎식물 > 백합과

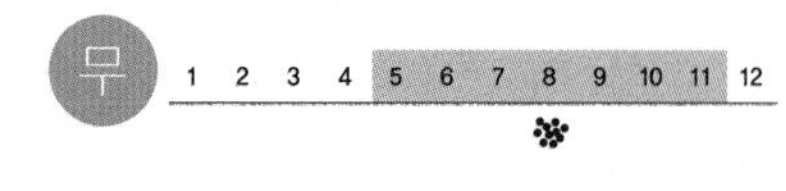

백합

백합은 서해 갯벌에서 많이 난다. 민물이 흘러들고 개흙과 모래가 섞인 곳을 좋아한다. 어릴 때는 강 하구에 살다가 자라면서 모래가 많은 얕은 바다로 옮겨 가는 것이 많다. 빛깔과 무늬가 다 다르다. 껍데기가 두껍고 단단하며 매끈하다. 구워 먹거나 국에 넣어 먹고 죽을 끓여 먹는다. 싱싱할 때는 날로 먹는다. 그랭이나 그레라는 도구로 갯벌을 훑어서 백합을 캔다. **생김새** 크기 8.5×6.5cm **사는 곳** 서해, 남해 갯벌 **다른 이름** 대합[북], 생합, 상합, Poker chip venus **분류** 연체동물 > 백합과

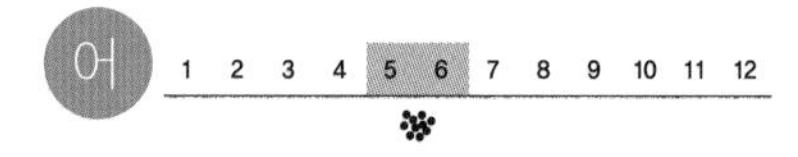

밴댕이

밴댕이는 따뜻한 물을 좋아한다. 봄부터 가을까지는 물이 얕은 만이나 강어귀에 머문다. 떼로 몰려다닌다. 오뉴월에 바닷가에서 알을 낳고, 겨울이 되면 깊은 물속으로 들어가 겨울을 난다. 뒤가 파랗다고 뒤포리, 띠포리라고 한다. 말려서 국물을 우려내는 데 쓴다. 서해 바닷가에서 흔히 회나 구이로 먹는 밴댕이는 반지라는 다른 물고기다. **생김새** 몸길이 15cm **사는 곳** 서해, 남해 **먹이** 플랑크톤, 갯지렁이, 작은 새우 **다른 이름** 뒤포리, 띠포리, 반댕이, Big-eyed herring **분류** 청어목 > 청어과

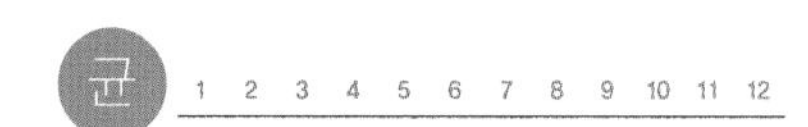

뱀껍질광대버섯

뱀껍질광대버섯은 대에 있는 무늬가 뱀 껍질을 닮았다. 여름부터 가을까지 숲속 땅이나 숲 언저리 풀밭에 홀로 나거나 흩어져 난다. 갓은 둥근 산 모양이다가 자라면서 판판해진다. 가운데가 오목해지기도 한다. 갓이 펴지면서 짙은 밤빛 겉껍질이 터져 크고 작은 비늘 조각으로 흩어진다. 주름살은 하얗고 빽빽하다. 대 밑동이 알뿌리처럼 부풀었다. 독이 강하다. **생김새** 갓 36~132mm **사는 곳** 숲 **다른 이름** 나도털자루닭알버섯[북] **분류** 주름버섯목 > 광대버섯과

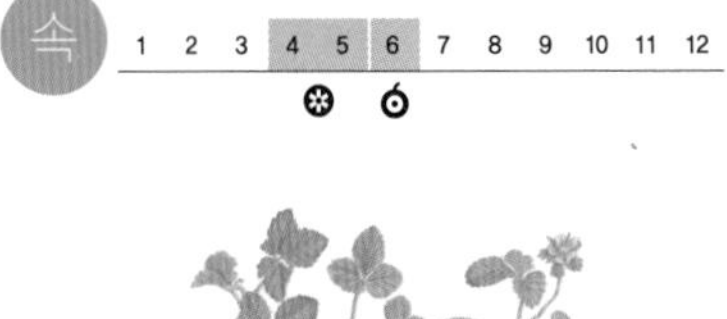

뱀딸기

뱀딸기는 볕이 잘 들면서 축축하고 기름진 땅에서 잘 자란다. 산기슭, 풀밭, 도랑가에 흔하다. 줄기는 땅 위를 기면서 뻗어 나간다. 가늘고 긴 털이 빽빽하게 난다. 마디에서 잎자루가 올라와 잎이 석 장씩 달린다. 봄에 노란 꽃이 핀다. 빨갛고 동그란 열매에 작은 씨앗이 오톨도톨 붙어 있다. 딸기와 닮았지만 먹어 보면 밍밍하다. **생김새** 높이 20cm | 잎 2.5~3cm, 어긋난다. **사는 곳** 산기슭, 풀밭, 도랑가 **다른 이름** 산뱀딸기, Wrinkled mock strawberry **분류** 쌍떡잎식물 > 장미과

뱀장어

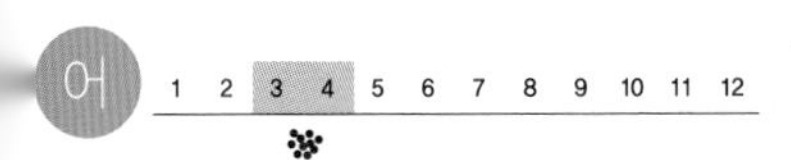

뱀장어는 강에서 살다가 알 낳을 때가 되면 아주 먼바다로 나가 알을 낳고 죽는다. 우리나라 서해와 남해로 흐르는 강에 많이 살고 동해에는 고성 남쪽 강에 드물게 산다. 낮에는 진흙이나 돌 틈에 숨어 있다가 밤이 되면 나와 먹이를 잡아먹는다. 겨울에는 아무것도 안 먹고 지낸다. 새끼뱀장어를 잡아서 양식을 한다. **생김새** 몸길이 60~100cm **사는 곳** 강, 바다 **먹이** 물벌레, 새우, 물고기, 지렁이 **다른 이름** 민물장어, 풍천장어, 장어, Eel **분류** 뱀장어목 > 뱀장어과

뱅어

어 1 2 3 4 5 6 7 8 9 10 11 12

뱅어는 강어귀에서 살다가 봄에 알을 낳으러 무리를 지어 강을 거슬러 올라간다. 암컷과 수컷이 따로 무리를 지어 올라간다. 물 깊이가 2~3m쯤 되는 곳에서 알을 물풀에 붙여 낳는다. 새끼는 여름에 바닷가로 내려간다. 뱅어를 잡아 말려서 뱅어포를 만들고 젓갈을 담근다. 우리가 흔히 먹는 뱅어포는 대부분 뱅어가 아니라 흰베도라치 새끼로 만든다. **생김새** 몸길이 10cm 안팎 **사는 곳** 서해, 남해, 동해 **먹이** 동물성 플랑크톤, 작은 새우 **다른 이름** 실치, Glass fish **분류** 바다빙어목 > 뱅어과

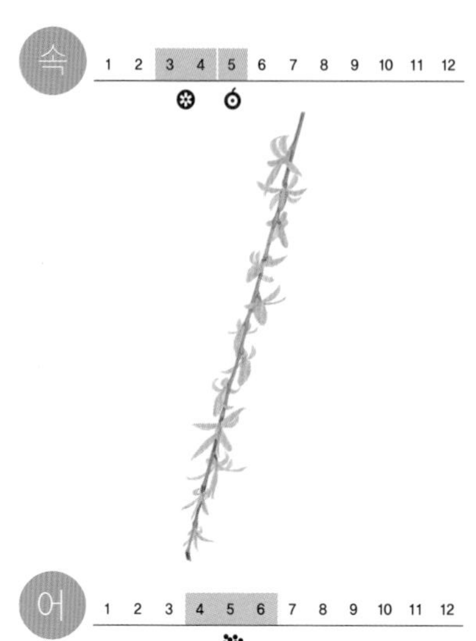

버드나무

버드나무는 강기슭, 냇가 같은 축축한 땅을 좋아한다. 옛날부터 우물가나 빨래터에도 버드나무를 심었다. 키가 크게 자라고 잎이 축축 늘어진다. 잎은 길쭉하고 톱니가 있다. 앞면은 녹색이고 뒷면은 희다. 봄에 꽃이 일찍 핀다. 흔히 버들강아지라고 한다. 가지는 잘라서 피리를 불고 놀았다. 버들피리라고 한다. 암수딴그루이다. **생김새** 높이 20m | 잎 5~12cm, 어긋난다. **사는 곳** 냇가, 강기슭 **다른 이름** 버들, Korean willow **분류** 쌍떡잎식물 > 버드나무과

버들개

버들개는 맑고 차가운 물이 흐르고 물살이 별로 안 센 여울에서 산다. 쉬지 않고 재빨리 헤엄쳐 다닌다. 버들치와 많이 닮았다. 몸통과 머리가 버들치보다 가늘다. 여럿이 떼로 어울린다. 하루살이 애벌레, 강도래 애벌레, 깔따구 애벌레, 옆새우를 잡아먹는다. 돌말과 물풀도 먹는다. **생김새** 몸길이 12cm **사는 곳** 산골짜기 **먹이** 작은 물벌레, 옆새우, 돌말, 물풀 **다른 이름** 동북버들치, 버드락지, Amur minnow **분류** 잉어목 > 황어아과

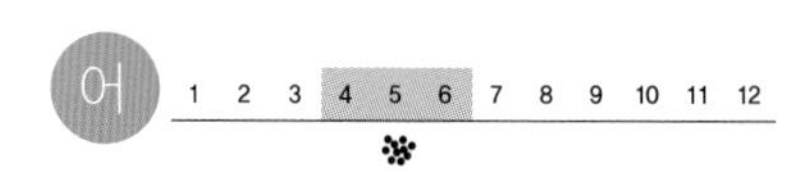

버들매치

버들매치는 냇물과 논도랑에 사는데, 저수지에도 흔하다. 진흙을 파고들어 가 숨기도 한다. 진흙이 깔린 곳에서 산다. 실지렁이, 물벌레를 먹고 물풀이나 그 씨앗도 잘 먹는다. 알 낳을 때가 되면 수컷은 혼인색을 띠고, 진흙 바닥을 움푹하게 파서 알자리를 만든다. 새끼가 깨어나도 안 떠나고 곁에서 돌본다. **생김새** 몸길이 8~12cm **사는 곳** 저수지, 냇물, 논도랑 **먹이** 실지렁이, 물벌레, 물풀 **다른 이름** 알락마재기[북], 각시뽀돌치[북], 꼬래, 몰치, Chinese false gudgeon **분류** 잉어목 > 모래무지아과

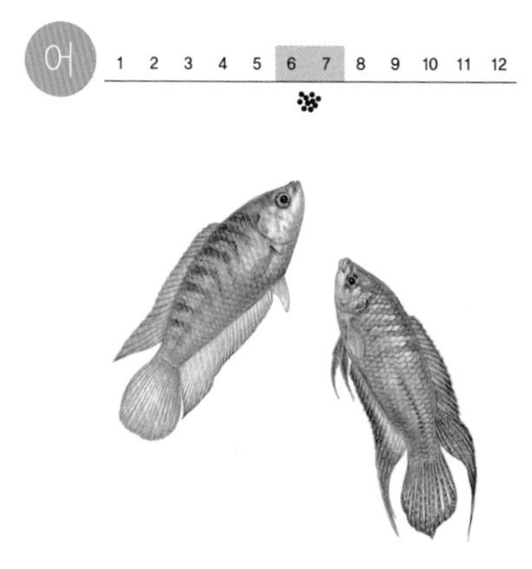

버들붕어

버들붕어는 물이 조금 흐리고 물풀이 수북한 냇물이나 도랑에 산다. 연못이나 저수지에서도 지낸다. 몸빛이 잘 바뀐다. 여럿이 떼를 지어 다닌다. 알 낳을 때가 되면 수컷은 혼인색이 짙어지고 입으로 끈적끈적한 거품을 내어 거품집을 띄운다. 거품집 속에 알을 낳아 띄우고 수컷이 알을 보살핀다. **생김새** 몸길이 7cm **사는 곳** 논도랑, 늪, 연못, 저수지, 냇물 **먹이** 작은 물벌레, 물벼룩, 실지렁이 **다른 이름** 꽃붕어[북], 줄붕어, 보리붕어, Round-tailed paradise fish **분류** 농어목 > 버들붕어과

버들치

버들치는 맑은 물이 흐르는 산골짜기 어디나 흔하다. 버들잎처럼 생겼다. 여울에서 떼로 모여 헤엄쳐 다닌다. 찬물에서도 잘 움직인다. 물속 돌이나 가랑잎을 주둥이로 뒤적거리면서 물벌레나 옆새우를 잡아먹는다. 돌에 붙은 물이끼도 먹는다. 알 낳을 때가 되면 모래와 자갈이 깔린 웅덩이에 떼로 모여서 알을 낳는다. **생김새** 몸길이 10~15cm **사는 곳** 산골짜기 **먹이** 작은 물벌레, 옆새우, 물이끼 **다른 이름** 중국모치[북], 중태기, 버들피리, 메옹이, Chinese minnow **분류** 잉어목 > 황어아과

버즘나무

버즘나무는 길가에 가로수로 많이 심는다. 튼튼하고 빨리 자란다. 잎이 아주 크고 넓적하며 3~5갈래로 얕게 갈라진다. 메마른 땅이거나 춥거나 해도 잘 버틴다. 상처를 입어도 잘 나아서 여간해서는 죽지 않는다. 오염된 환경에서도 잘 버틴다. 목재는 단단하고 무거워서 다른 나라에서는 통을 만드는 재료로 많이 쓴다. 열매는 방울처럼 생겼다. **생김새** 높이 10~30m | 잎 9~18cm, 어긋난다. **사는 곳** 길가 **다른 이름** 방울나무[북], 플라타너스, Oriental plane **분류** 쌍떡잎식물 > 버즘나무과

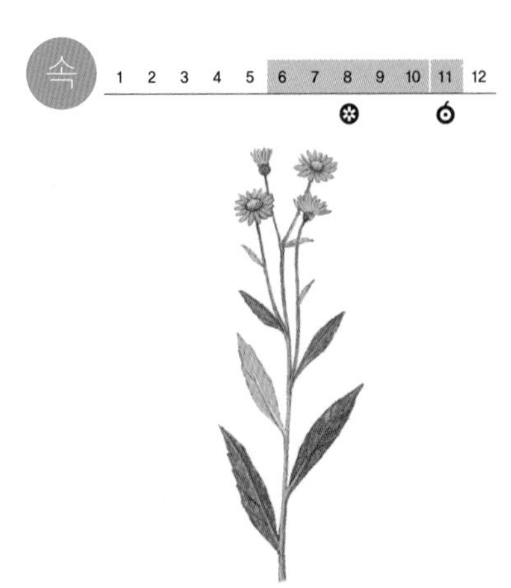

벌개미취

벌개미취는 볕이 잘 들고 물기가 많은 골짜기에서 잘 자란다. 나물로 먹거나 꽃을 보려고 심어 기르기도 한다. 줄기는 곧게 서고 세로로 홈이 있다. 뿌리잎은 끝이 뾰족하고, 꽃이 필 때는 없어진다. 줄기잎은 잎자루가 거의 없다. 가을에 줄기와 가지 끝에 옅은 보랏빛 꽃이 한 송이씩 핀다. 열매는 거꾸로 된 달걀 모양이고 털이 없다. **생김새** 높이 50~100cm | 잎 12~19cm, 모여나거나 어긋난다. **사는 곳** 골짜기 **다른 이름** 벌개미취북, 고려쑥부쟁이, Korean starwort **분류** 쌍떡잎식물 > 국화과

벌씀바귀

벌씀바귀는 볕이 잘 드는 논둑이나 들판에서 자란다. 줄기는 곧게 서는데 아래쪽에서 가지를 치기도 한다. 뿌리잎은 가장자리에 톱니가 있다. 줄기잎은 밑이 화살 모양처럼 양쪽으로 뾰족하고, 줄기를 감싼다. 여름에 줄기 끝에서 몇 송이씩 노란 꽃이 모여 핀다. 열매에는 깊은 홈이 있다. 우산털은 흰빛이고 부드럽다. **생김새** 높이 10~40cm | 잎 6~17cm, 모여나거나 어긋난다. **사는 곳** 논둑, 들판 **다른 이름** 들씀바귀, 가새씀바귀, Many-head ixeris **분류** 쌍떡잎식물 > 국화과

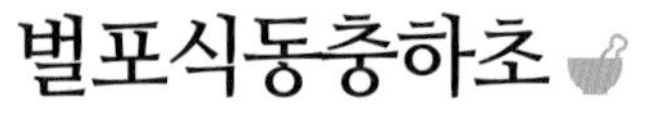

벌포식동충하초

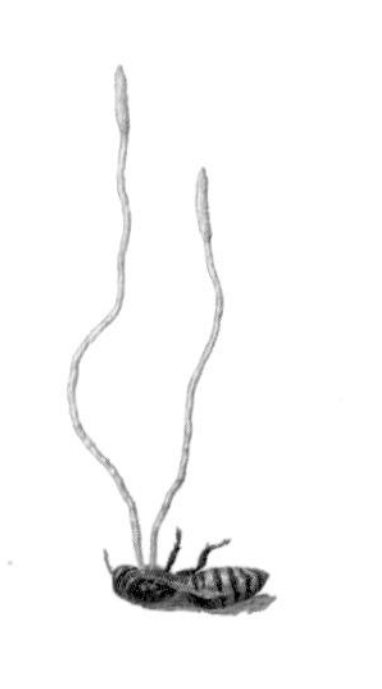

벌포식동충하초는 여름과 이른 가을에 가랑잎이나 땅에 묻혀 있는 죽은 벌의 몸에서 난다. 포자가 벌 몸에 붙으면 효소를 내뿜어 껍질을 녹이고 몸속으로 파고든다. 균사를 뻗어 나가다가 가득 차면 몸 밖으로 뻗는다. 벌의 머리나 가슴에서 한 개가 나는데 드물게 두세 개가 뭉쳐서 나기도 한다. 때로 파리 몸에서도 자란다. 대는 실처럼 가늘고 길며 구불구불하고 질기다. **생김새** 머리 6~10×1~2mm **사는 곳** 숲 **다른 이름** 벌버섯북, 벌동충하초, Wasp cordyceps **분류** 동충하초목 > 잠자리동충하초과

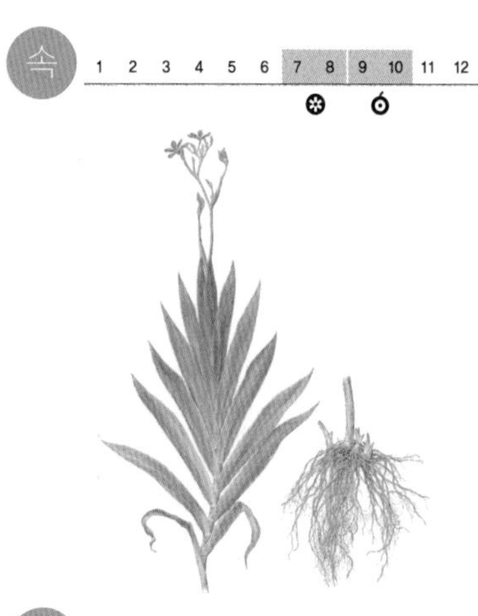

범부채

범부채는 산기슭이나 들판에 퍼져 자란다. 잎 모양이 특이하고 꽃이 좋아서 마당이나 공원에도 많이 심는다. 뿌리줄기가 옆으로 뻗으면서 자란다. 줄기는 꼿꼿하게 올라오다가 윗부분에서 가지를 조금 친다. 잎은 앞뒤로 납작하고 긴 칼처럼 자란다. 부챗살이 펼쳐지는 모양이다. 가지 끝에서 꽃이 핀다. 뿌리줄기에서는 쏘는 듯한 매운맛이 난다. **생김새** 높이 1m | 잎 20~60cm, 어긋난다. **사는 곳** 마당, 공원, 산기슭, 들판 **다른 이름** 나비꽃, 사간붓꽃, Leopard lily **분류** 외떡잎식물 > 붓꽃과

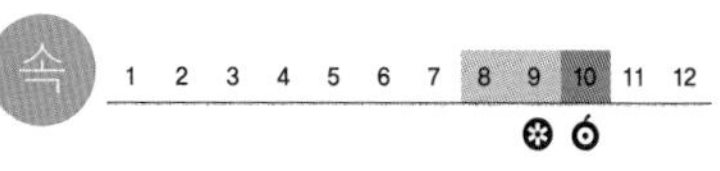

벗풀

벗풀은 얕은 물에서 자라는 물풀이다. 물속 땅에 뿌리를 내리고 잎은 물 위로 뻗는다. 뿌리에서 잎이 바로 나온다. 잎 생김새가 달라서 처음 나온 잎은 가늘고 긴 끈처럼 생겼다. 더 자라면 주걱처럼 생긴 잎이 나오고 그 뒤에 화살촉처럼 생긴 큰 잎이 나온다. 한 그루에 암꽃과 수꽃이 따로 핀다. 열매에는 공기가 들어 있는 날개가 달려 있다. **생김새** 높이 20~80cm | 잎 7~15cm, 모여난다. **사는 곳** 얕은 물가, 늪, 논 **다른 이름** 가는택사, Three-leaf arrowhead **분류** 외떡잎식물 > 택사과

조

1 2 3 4 5 6 7 8 9 10 11 12

벙어리뻐꾸기

벙어리뻐꾸기는 생김새가 뻐꾸기와 많이 닮았지만 울음소리를 제대로 못 낸다고 벙어리뻐꾸기라고 부른다. 깊은 산속의 울창한 숲에 많이 산다. 나뭇가지 사이를 날아다니면서 작은 벌레를 잡아먹는다. 봄에 짝짓기를 마치면 암컷은 알을 품고 있는 산솔새나 멧새 둥지에 몰래 알을 낳는다. 갓 태어난 새끼는 둥지를 독차지한 다음 가짜 어미한테서 먹이를 받아먹고 자란다. **생김새** 몸길이 30cm **사는 곳** 숲 **먹이** 벌레, 작은 동물 **다른 이름** 궁궁새, Oriental cuckoo **분류** 두견목 > 두견과

벚나무

벚나무는 꽃을 보려고 줄지어 심어 기른 곳이 많다. 도시에서도 많이 심어 기른다. 잎 뒷면 잎맥과 잎자루에 털이 있다. 봄에 잎보다 꽃이 먼저 핀다. 꽃이 한꺼번에 피었다가 금세 떨어진다. 열매는 버찌라고 한다. 달고 맛있다. 나무가 빨리 자라고 단단하다. 벚나무에는 산벚나무, 올벚나무, 털벚나무, 왕벚나무 들이 있다. 남쪽 지방에서는 왕벚나무를 많이 심는다. **생김새** 높이 15m | 잎 6~12cm, 어긋난다. **사는 곳** 길가, 공원, 산 **다른 이름** Oriental cherry **분류** 쌍떡잎식물 > 장미과

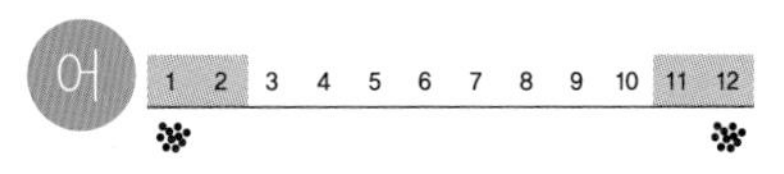

베도라치

베도라치는 얕은 바다 펄 바닥이나 바위 틈에서 산다. 뱀처럼 길쭉하고 비늘이 없고 미끌미끌하다. 낮에는 숨어 있다가 밤이 되면 나와서 먹이를 잡아먹는다. 알을 낳으면 수컷이 알 덩어리를 몸으로 감싸고 지킨다. 새끼는 온몸이 투명해서 속이 훤히 들여다 보인다. 흔히 뱅어포라고 하는 것은 흰베도라치 새끼로 만든다. **생김새** 몸길이 20cm 안팎 **사는 곳** 서해, 남해, 동해 **먹이** 플랑크톤, 작은 새우 **다른 이름** 놀맹이, 빼도라치, 괴또라지, 뽀드락지, Tidepool gunnel **분류** 농어목 > 황줄베도라치과

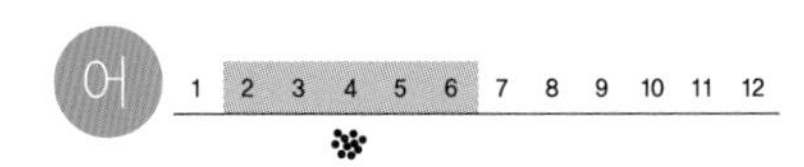

벵에돔

벵에돔은 물살이 세고 파도가 치는 바닷가 갯바위 가까이에서 산다. 밤에는 바위틈에 숨어 있다가 낮이 되면 나와서 먹이를 잡아먹는다. 갯지렁이나 작은 새우나 게 따위를 잡아먹거나, 바닷말을 갉아 먹는다. 겁이 많아서 한 마리가 숨으면 모여 있던 무리가 모두 후닥닥 숨는다. 벵에돔은 낚시로 많이 잡는다. **생김새** 몸길이 50cm **사는 곳** 남해, 제주, 울릉도, 독도 **먹이** 갯지렁이, 게, 새우, 바닷말 **다른 이름** 흑돔, 깜정고기, 수만이, 구릿, Opaleye **분류** 농어목 > 황줄깜정이과

벼

벼는 논에 심는다. 가장 많이 먹는 주식이다. 밭에 심기도 한다. 다른 나라에서도 많이 먹어서 세계 3대 곡식에 든다. 수염뿌리가 내리고 줄기는 모여난다. 줄기 속은 비었다. 잎은 까칠까칠하다. 이삭이 당글당글 열린다. 봄에 씨를 뿌려서 논에 모내기를 하고, 가을에 거둔다. 오로지 벼만 물을 댄 논에서 기른다. 흔히 밥으로 먹는 멥쌀과 찰기가 많은 찹쌀이 있다. **생김새** 높이 50~130cm | 잎 50~100cm, 어긋난다. **사는 곳** 논, 밭 **다른 이름** 베, 나락, Rice **분류** 외떡잎식물 > 벼과

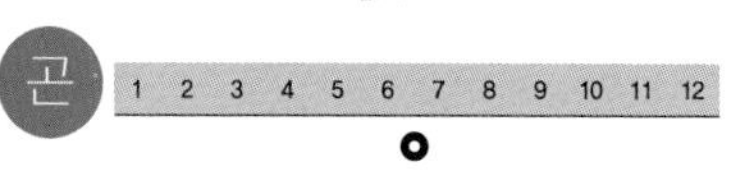

벼룩

벼룩은 사람이나 소나 개의 몸에 붙어 피를 빨아 먹는다. 몸이 아주 작고 양옆에서 누른 것처럼 납작하다. 뒷다리가 크고 튼튼해서 톡톡 튀어 다닌다. 피를 빨아 먹을 때 한 자리를 물고 금세 다른 곳으로 튀어 가서 또 물기 때문에 잡기 어렵다. 벼룩이 물면 모기가 문 것보다 따갑고 가렵다. 옛날에는 사람에게도 많이 붙어살았지만 지금은 거의 사라졌다. **생김새** 몸길이 2~4mm **사는 곳** 사람이나 집짐승의 몸 **먹이** 짐승 피 **다른 이름** 버리디, 베레기, Human flea **분류** 벼룩목 > 벼룩과

벼룩나물

벼룩나물은 잎도 작고 꽃도 작다고 붙은 이름이다. 밭 둘레나 논둑, 집 둘레, 냇가에 흔히 자란다. 기름지고 물기가 많은 땅을 좋아하고 그늘진 곳에서 잘 자란다. 봄여름에 희고 작은 꽃이 피어서 논둑 밭둑을 덮는다. 줄기는 가늘고 털이 없어서 반들반들하다. 뿌리 쪽에서 가지를 많이 친다. **생김새** 높이 15~25cm | 잎 0.8~1.3cm, 마주난다. **사는 곳** 밭둑, 논둑, 집 둘레, 냇가 **다른 이름** 들별꽃, Bog chickweed **분류** 쌍떡잎식물 > 석죽과

벼룩아재비

벼룩아재비는 들판의 눅눅한 땅에서 자란다. 드물어서 쉽게 볼 수 없다. 줄기는 곧게 서고 밑에서부터 가지가 갈라진다. 가늘고 부드러운 가지를 친다. 잎은 잎자루가 없이 마주난 잎 밑이 줄기를 감싸면서 서로 맞닿는다. 끝이 뾰족하고 가장자리가 매끈하다. 여름부터 흰 꽃이 한두 송이씩 핀다. 열매는 둥글고 위쪽이 두 갈래로 갈라진다. **생김새** 높이 5~15cm | 잎 0.3~0.8cm, 마주난다. **사는 곳** 들판 **다른 이름** 실종꽃풀[북], 벼룩풀, Annual mitrewort **분류** 쌍떡잎식물 > 마전과

벼룩이자리

벼룩이자리는 볕이 잘 드는 밭이나 길가에서 흔히 자란다. 온몸에 짧은 샘털이 있다. 줄기는 아래쪽에서 누워 뻗고 위쪽은 곧게 선다. 가지를 많이 친다. 잎은 달걀 모양이고 잎자루가 없다. 여름에 잎겨드랑이에서 흰 꽃이 핀다. 열매는 익으면 여섯 쪽으로 끝이 벌어진다. 씨앗 겉에 자잘한 점무늬가 있다. **생김새** 높이 8~25cm | 잎 0.3~0.7cm, 마주난다. **사는 곳** 밭, 길가 **다른 이름** 모래별꽃, 벼룩나물, 좁쌀뱅이, Thyme-leaf sandwort **분류** 쌍떡잎식물 > 석죽과

벼멸구

벼멸구는 논에 살면서 벼농사에 큰 해를 끼친다. 해마다 장마철에 바람을 타고 중국에서 날아온다. 날아온 벼멸구는 애벌레나 어른벌레나 벼에 붙어서 즙을 빨아 먹는다. 그러면 벼가 말라 죽거나 벼 포기 가운데가 부러진다. 떼로 퍼지면 논 군데군데가 둥글게 폭삭 주저앉는다. 우리나라에 날아온 다음 알을 낳고 두세 번 어른벌레가 생긴다. 겨울을 나지 못하고 죽는다. **생김새** 몸길이 3~5mm **사는 곳** 논 **먹이** 벼 즙 **다른 이름** 밤색깡충이, Brown plant hopper **분류** 노린재목 > 멸구과

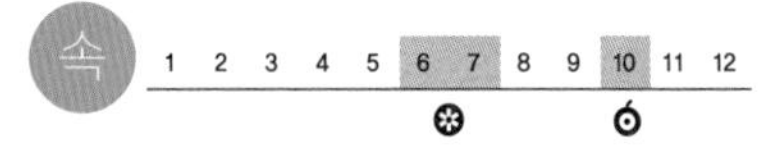

벽오동

벽오동은 남부 지방에서 길가나 공원에 심어 기른다. 줄기는 곧고 높게 자란다. 껍질은 풀빛이고 매끈하다. 잎은 어긋나다가 가지 끝에서 모여난다. 잎이 넓적하고 3~5갈래로 갈라지는 손바닥 모양이다. 여름에 작고 노란 꽃이 가지 끝에서 많이 모여 핀다. 열매는 다섯 갈래로 갈라지는데 콩처럼 생긴 씨앗이 여러 개 붙는다. **생김새** 높이 15~20m | 잎 16~25cm, 어긋나거나 모여난다. **사는 곳** 길가, 공원 **다른 이름** 청오동[북], Chinese parasol tree **분류** 쌍떡잎식물 > 벽오동과

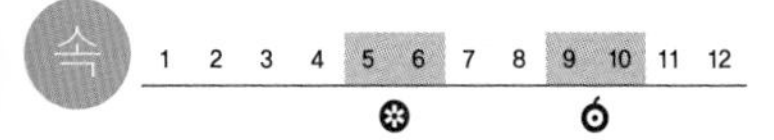

별꽃

별꽃은 볕이 잘 드는 논둑이나 들판, 길가에서 자란다. 줄기는 아래쪽에서 누워 자라면서 가지를 많이 친다. 모여난 것처럼 보인다. 한쪽에만 부드러운 털이 줄지어 있다. 잎은 아래에 난 잎은 잎자루가 길고 위쪽은 잎자루가 거의 없다. 가장자리가 매끈하다. 봄에 가지 끝에서 희고 작은 꽃이 여러 송이 모여 핀다. **생김새** 길이 10~20cm | 잎 1~2cm, 마주난다. **사는 곳** 논둑, 들판, 길가 **다른 이름** 번루, 곰밤부리, Common chickweed **분류** 쌍떡잎식물 > 석죽과

별늑대거미

별늑대거미는 산이나 들판, 집 가까운 곳 어디서나 흔히 볼 수 있다. 거미줄을 치지 않고 먹이를 찾아다닌다. 몸은 밤빛이고 자잘한 무늬가 있고, 가슴판 가운데에는 세로로 무늬가 나 있다. 까맣고 동그란 눈이 또렷하다. 땅 위를 다니면서 작은 벌레를 먹는다. 봄에는 흰 알주머니를 배 아래에 달고 다니는 것이 많다. 알에서 깨어난 새끼는 한동안 어미 몸 위에서 모여 지낸다. **생김새** 몸길이 6~10mm **사는 곳** 산, 풀밭, 마을 **먹이** 작은 벌레 **다른 이름** Thin-legged wolf spider **분류** 절지동물 > 늑대거미과

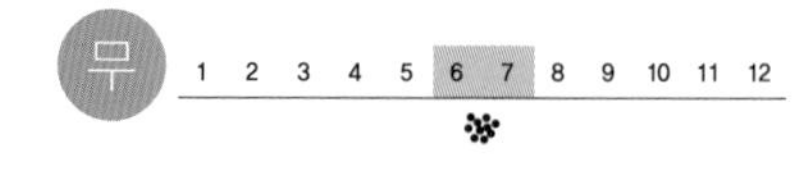

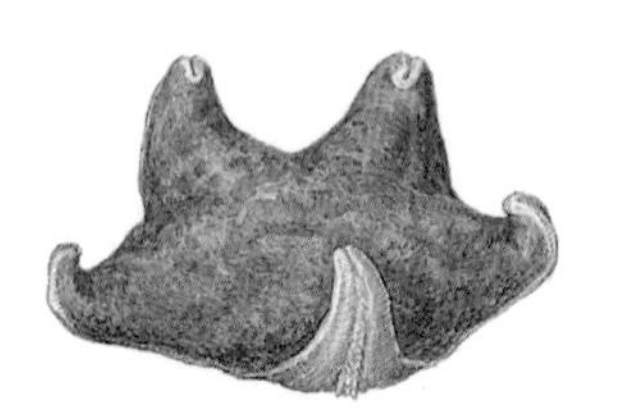

별불가사리

별불가사리는 바닷가 갯벌이나 물웅덩이 어디에서나 흔히 산다. 팔이 짧고 움직임이 둔해서 살아 있는 먹잇감은 잘 못 잡는다. 죽은 물고기나 썩어 가는 조개 따위를 주로 먹는다. 파도 때문에 몸이 뒤집히면 관족을 써서 재빨리 몸을 다시 뒤집는다. 관족은 속이 빈 관인데 늘었다 줄었다 하면서 다리나 발 노릇을 한다. **생김새** 몸길이 5~7cm **사는 곳** 바닷속, 갯벌 **먹이** 죽은 물고기, 썩은 조개, 바닷말 **다른 이름** 알땅구[북], Bat seastar **분류** 극피동물 > 별불가사리과

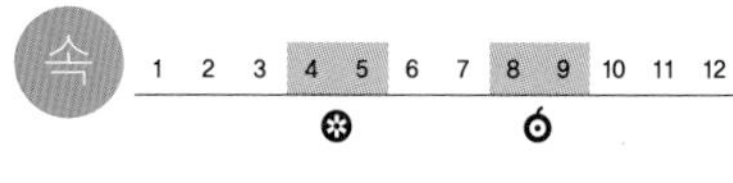

병아리꽃나무

병아리꽃나무는 산기슭이나 산골짜기에서 자란다. 하얀 꽃이 꼭 병아리 같다고 붙은 이름이다. 봄에 하얀 꽃이 큼지막하게 핀다. 꽃이 탐스럽고 예뻐서 공원이나 집 가까이에 많이 심는다. 잎은 짙은 풀빛인데 잎맥이 뚜렷하고 뒤쪽에 털이 있다. 꽃이 진 자리에 까만 열매가 네 개씩 모여 달리는데 먹지는 않는다. **생김새** 높이 2m | 잎 4~8cm, 마주난다. **사는 곳** 산기슭, 산골짜기 **다른 이름** 죽도화, Black jetbead **분류** 쌍떡잎식물 > 장미과

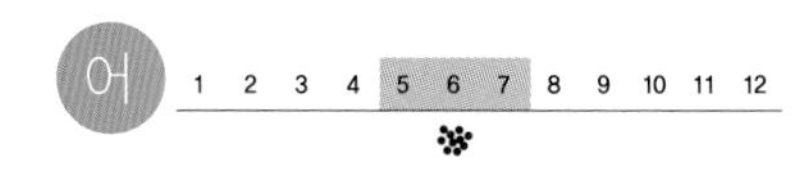

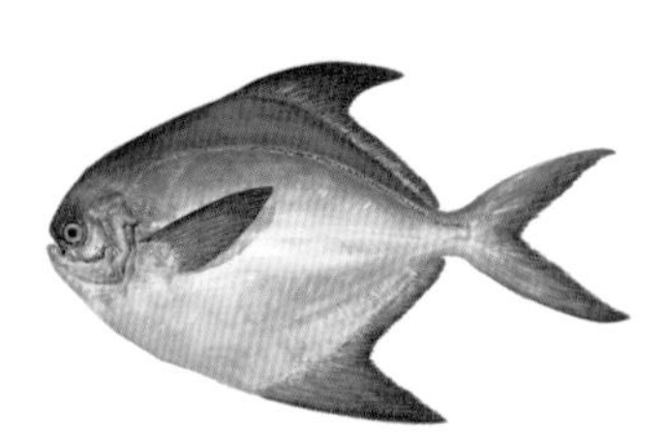

병어

병어는 봄에 서해와 남해로 몰려온다. 바닷속에서 무리 지어 산다. 작은 새우, 플랑크톤, 갯지렁이, 해파리를 잡아먹는다. 여름에 얕은 바닷가나 강어귀로 몰려와서 알을 낳는다. 병어와 꼭 닮은 덕대라는 물고기가 있는데, 시장에서는 병어랑 덕대를 다 병어라고 하면서 판다. 생김새나 맛이 거의 같다. 알 낳으러 올 때 그물로 잡는다. **생김새** 몸길이 20~60cm **사는 곳** 서해, 남해, 제주 **먹이** 작은 새우, 플랑크톤, 갯지렁이, 해파리 **다른 이름** 병치, 편어, Silver pomfret **분류** 농어목 > 병어과

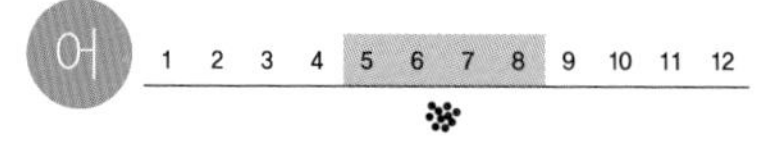

보구치

보구치는 5~8월에 서해로 몰려와서 알을 낳는다. 알을 낳을 때 '뿌욱, 뿌욱' 운다. 암컷과 수컷이 주고받는 소리다. 알에서 나온 새끼는 플랑크톤을 먹으며 큰다. 어른이 되면 새우나 게나 갯가재, 오징어, 작은 물고기를 잡아먹는다. 보구치는 조기 무리 가운데 가장 많이 잡힌다. 그물로 잡는다. 여름에 낚시로도 낚는다. **생김새** 몸길이 30~40cm **사는 곳** 서해, 남해, 제주 **먹이** 새우, 게, 갯가재, 오징어, 작은 물고기 **다른 이름** 흰조기, 백조기, White croaker **분류** 농어목 > 민어과

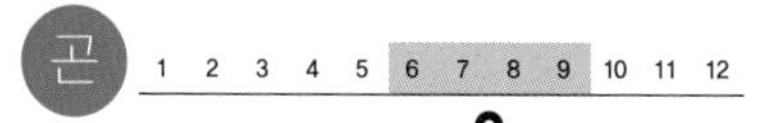

보라금풍뎅이

보라금풍뎅이는 논밭이나 들판에 산다. 강원도 북쪽 지방에 제법 많다. 몸은 공처럼 동글동글하고 반짝이는 보랏빛인데 푸른빛이 돌기도 하고, 붉은빛이 돌기도 한다. 소똥구리처럼 똥을 먹고 산다. 똥을 둥글게 만들어서 똥 속에 알을 낳는다. 알에서 깨어난 애벌레도 똥을 먹으면서 큰다. 사람 똥이나 죽은 새나 쥐의 시체에도 모인다. 똥 속에서 애벌레로 겨울을 나고, 이듬해 봄에 어른벌레가 된다. **생김새** 몸길이 14~20mm **사는 곳** 논밭, 들판 **먹이** 동물 똥, 죽은 동물 **분류** 딱정벌레목 > 금풍뎅이과

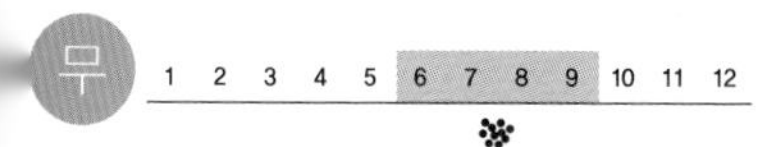

보라성게

보라성게는 바다 밑에서 촘촘하게 무리 지어 산다. 우리나라에서 가장 흔한 성게이다. 동해와 남해, 제주 바다에 많다. 가시가 크고 날카로워서 꼭 밤송이 같다. 가시 끝에 독이 있다. 낮에는 바위틈에 꼭 숨어 있다가 밤에 기어 나와서 바닷말을 뜯어 먹는다. 보라성게 알은 날로 많이 먹는다. 알을 낳는 여름이 제철이다. **생김새** 몸통 지름 5cm, 가시 길이 5cm쯤 **사는 곳** 바닷속 갯바위 **먹이** 바닷말, 죽은 물고기 **다른 이름** 밤송이, 성게, 알땅구, Purple sea urchin **분류** 극피동물 > 만두성게과

보리

보리는 논이나 밭에 심는 곡식이다. 예전에는 쌀 다음으로 중요한 곡식이었지만, 지금은 먹는 양이 크게 줄었다. 뿌리는 수염뿌리다. 줄기는 곧게 자라며 속이 비어 있고 매끌매끌하다. 이삭에는 짧은 털이 있는데 나중에 끝이 길게 자라서 까끄라기가 된다. 보리는 밀처럼 가을에 씨앗을 뿌려서 이듬해 초여름에 거둔다. 밥을 지어 먹거나, 보리차를 끓여 마신다. **생김새** 높이 40~100cm쯤 | 잎 10~45cm, 어긋난다. **사는 곳** 논, 밭 **다른 이름** 맥, 대맥, Barley **분류** 외떡잎식물 > 벼과

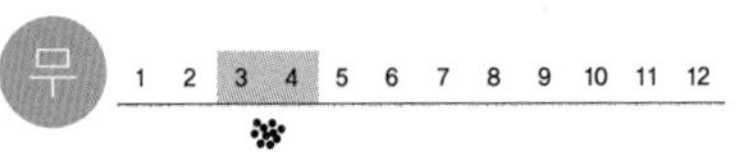

보리무륵

보리무륵은 바닷가 돌 틈, 물웅덩이나 바위가 많은 물속에 무리 지어 산다. 껍데기는 두껍고 매끈하다. 누르스름한 밤색 바탕에 여러 무늬가 있다. 사는 곳에 따라 빛깔과 무늬가 다르다. 껍데기 길이만큼이나 긴 발로 재빠르게 움직여 다닐 줄 안다. 썩은 동물이나 죽은 게, 물고기 따위를 갉아 먹는데 떼로 모여서 먹기도 한다. **생김새** 크기 0.8×1.4cm **사는 곳** 갯바위, 얕은 바다 **먹이** 썩은 동물, 죽은 게나 물고기 **다른 이름** 밀골뱅이[북], Variegated dove shell **분류** 연체동물 > 무륵과

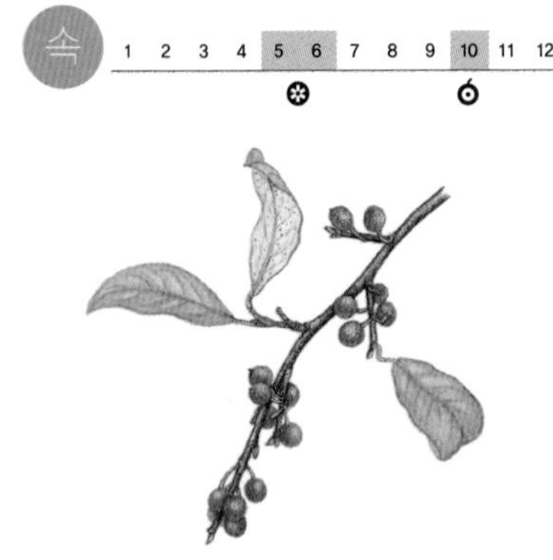

보리수나무

보리수나무는 척박한 땅에서도 잘 자란다. 어디서나 잘 버티고 가시가 많아서 울타리를 치는 데 많이 썼다. 열매는 보리수, 보리똥, 포리똥이라고 한다. 가을에 빨갛게 익는데 맛이 아주 좋다. 단 것도 있고 신 것도 있고 떫은 것도 있다. 심을 때는 가지를 잘라다 꽂으면 잘 자란다. **생김새** 높이 3~4m | 잎 3~7cm, 어긋난다. **사는 곳** 마을, 산기슭, 냇가 **다른 이름** 볼네나무, 보리똥나무, 뽀루새, Autumn oleaster **분류** 쌍떡잎식물 > 보리수나무과

1 2 3 4 5 6 7 8 9 10 11 12

보말고둥

보말고둥은 바닷가 바위나 돌 아래 많다. 자갈밭이나 물웅덩이에도 흔하다. 황토색이나 잿빛 바탕에 보랏빛이 돌고 검은 점이 줄처럼 나 있다. 빈 껍데기에는 집게가 들어가 산다. 삶아 먹으면 맛이 좋아서 참고둥이라고 한다. 경남 통영에서는 또가리고동, 제주도에서는 반질반질한 먹돌 아래 많다고 먹보말이라고 한다. **생김새** 크기 2.6×2.5cm **사는 곳** 바닷가 바위, 돌, 물웅덩이 **먹이** 파래 같은 바닷말 **다른 이름** 배꼽발굽골뱅이[북], 참고둥, 또가리고동, 먹보말, Top shell **분류** 연체동물 > 구멍밤고둥과

1 2 3 4 5 6 7 8 9 10 11 12

복령

복령은 여름부터 가을까지 땅속 깊이 있는 소나무 뿌리에 혹처럼 붙어 자란다. 여러해살이 버섯이다. 주먹만 한 것부터 어른 머리만큼 큰 것도 있다. 무리 지어 난다. 드물게 나는 것은 아니지만 땅속에 있기 때문에 찾아내기가 쉽지 않다. 요즘은 따로 길러서 약으로 쓴다. 겉은 소나무 껍질처럼 거칠고 쭈글쭈글한데 때로는 갈라져서 하얀 속살이 드러난다. **생김새** 크기 75~310mm **사는 곳** 솔숲 **다른 이름** 솔뿌리혹버섯[북], Poria **분류** 구멍장이버섯목 > 구멍장이버섯과

1 2 3 4 5 6 7 8 9 10 11 12

복분자딸기

복분자딸기는 볕이 잘 드는 산기슭에 산다. 잎은 가장자리에 톱니가 있다. 잎자루에 가시가 있다. 여름에 열매가 익는다. 따서 그대로 먹기도 하고, 설탕과 버무려 두었다가 먹기도 한다. 딸기 덤불에는 가시가 많다. 열매를 약으로도 쓴다. 심어서 기를 때는 포기를 가르거나 가지를 꺾어 심어야 잘 자란다. **생김새** 높이 2~2m | 잎 3~7cm, 어긋난다. **사는 곳** 산기슭 **다른 이름** 곰딸기, Korean blackberry **분류** 쌍떡잎식물 > 장미과

복사나무

복사나무는 복숭아를 먹으려고 기른다. 흔히 복숭아나무라고 한다. 아주 옛날부터 심었다. 바람이 세지 않은 남향 비탈밭에 많이 심는다. 잎은 길쭉하고 끝이 뾰족하다. 가장자리에 톱니가 있다. 잎이 나기 전에 연분홍빛 꽃이 핀다. 익으면 물이 많고 물렁물렁해지는 것이 있고, 속살이 딱딱한 것이 있다. 복숭아씨는 약으로 쓴다. 열매는 품종에 따라 빛깔과 생김이 다르다. **생김새** 높이 3~4m | 잎 8~15cm, 어긋난다. **사는 곳** 밭 **다른 이름** 복숭아나무, Peach tree **분류** 쌍떡잎식물 > 장미과

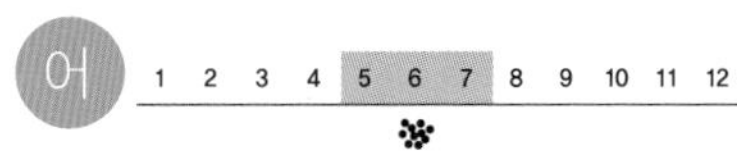

복섬

복섬은 바닷가에서 무리 지어 살아서 흔하게 보는 복어다. 때때로 강을 거슬러 오르기도 하지만 오래 머물지는 않는다. 바닥에 모래나 자갈이 깔리고 바위가 많고 바다풀이 우거진 곳을 좋아한다. 밤에는 바닥이나 모래 속에서 잠을 잔다. 그물이나 낚시로 잡는다. 몸집이 작아서 잘 먹지 않지만 경남 지방에서는 복국을 끓여 먹는다. **생김새** 몸길이 10~15cm **사는 곳** 동해, 남해, 제주 **먹이** 게, 갯지렁이, 조개 **다른 이름** 졸복아지, 쫄복, 졸복, Grass puffer **분류** 복어목 > 참복과

속 1 2 3 4 5 6 7 8 9 10 11 12

복수초

복수초는 깊은 산골짜기나 산기슭 나무숲에서 자란다. 줄기는 곧게 서는데 한 줄기로만 자라거나 이따금 가지를 친다. 잎은 깃털 모양으로 갈라진다. 가장자리에 톱니가 있다. 줄기 아래쪽에 나는 잎은 얇은 막으로 되어 줄기를 감싼다. 이른 봄에 줄기나 가지 끝에서 꽃이 핀다. 가장 먼저 꽃이 피는 풀 가운데 하나이다. **생김새** 높이 10~30cm | 잎 3~10cm, 어긋난다. **사는 곳** 깊은 산골짜기, 산기슭 나무숲 **다른 이름** 복풀, 눈색이속, 원일초, 얼음새꽃, Amur adonis **분류** 쌍떡잎식물 > 미나리아재비과

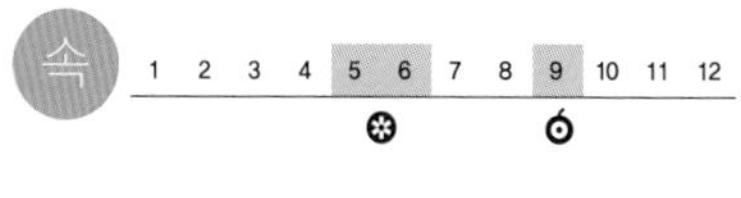

복자기

복자기는 산속 나무숲에서 자란다. 어릴 때는 그늘에서도 잘 자란다. 심어 기르기도 한다. 줄기는 잿빛이 도는 밤색이고 겉이 세로로 갈라진다. 잎은 쪽잎 석 장으로 된 겹잎인데 털이 나 있다. 봄부터 풀빛이 도는 노란 꽃이 짧은 가지 끝에서 몇 개씩 모여 핀다. 열매는 날개가 있어서 바람을 타고 날아간다. 가을에 단풍이 붉게 물든다. **생김새** 높이 10~20m | 잎 7~8cm, 마주난다. **사는 곳** 산속 나무숲 **다른 이름** 가슬박달, Three-flower maple **분류** 쌍떡잎식물 > 단풍나무과

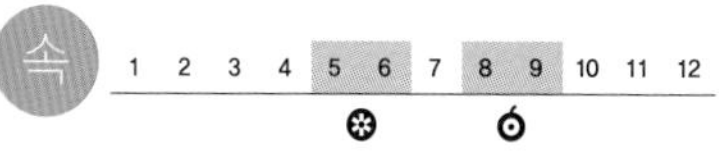

복장나무

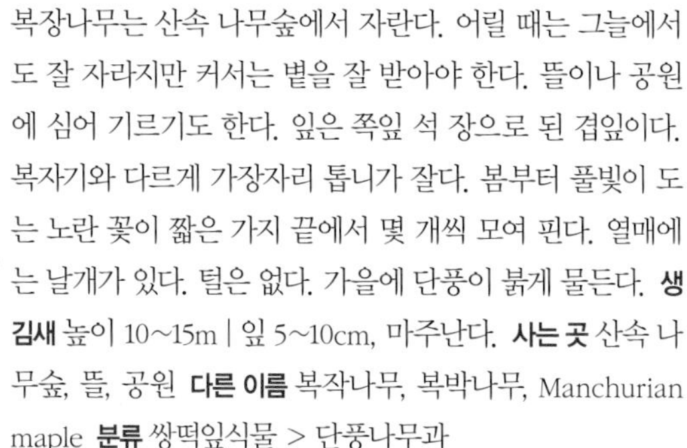

복장나무는 산속 나무숲에서 자란다. 어릴 때는 그늘에서도 잘 자라지만 커서는 볕을 잘 받아야 한다. 뜰이나 공원에 심어 기르기도 한다. 잎은 쪽잎 석 장으로 된 겹잎이다. 복자기와 다르게 가장자리 톱니가 잘다. 봄부터 풀빛이 도는 노란 꽃이 짧은 가지 끝에서 몇 개씩 모여 핀다. 열매에는 날개가 있다. 털은 없다. 가을에 단풍이 붉게 물든다. **생김새** 높이 10~15m | 잎 5~10cm, 마주난다. **사는 곳** 산속 나무숲, 뜰, 공원 **다른 이름** 복작나무, 복박나무, Manchurian maple **분류** 쌍떡잎식물 > 단풍나무과

복주머니란

복주머니란은 높은 산 들판에서 자란다. 낮은 산 나무가 우거진 숲에서도 자란다. 기름진 땅을 좋아한다. 뜰에도 심지만 점점 드물어지고 있다. 줄기는 곧게 자라고 털이 성글게 나 있다. 잎은 줄기를 감싸며 난다. 봄여름에 줄기 끝에 보랏빛이 도는 연한 붉은빛 꽃이 핀다. 꽃이 크고 주머니 모양으로 핀다. **생김새** 높이 25~45cm | 잎 8~20cm, 어긋난다. **사는 곳** 높은 산, 숲 **다른 이름** 작란화, 개불알꽃, 복주머니꽃, Big-flower lady's slipper **분류** 외떡잎식물 > 난초과

복털조개

복털조개는 서해와 남해 갯바위에서 무리 지어 붙어 산다. 껍데기에 털이 나 있다. 구석진 틈에 꼭 끼어 있고 바위에 착 달라붙어서 찾기도 어렵고 따기도 힘들다. 전라도 갯마을에서는 단추라고 하는데 꼬챙이나 따개로 따서 먹는다. 복털조개를 넣으면 국물 맛이 좋아서 국수나 떡국 국물 낼 때 쓴다. 그냥 삶아 먹기도 한다. 겨울에 따야 살이 통통하고 더 맛있다. **생김새** 크기 5×3cm **사는 곳** 서해, 남해 바닷가 바위틈 **다른 이름** 명주살조개[북], 단추, Blood clam **분류** 연체동물 > 돌조개과

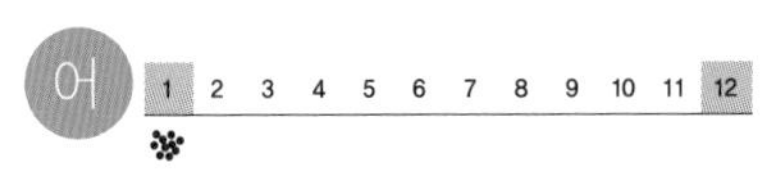

볼락

볼락은 물이 따뜻하고 바위가 많은 바닷가에 산다. 깊이와 사는 곳에 따라 몸 빛깔이 많이 다르다. 낮에는 바위틈에 숨어 있다가 밤이 되면 나와서 먹이를 찾는다. 새우나 갯지렁이나 작은 물고기 따위를 한입에 덥석덥석 삼킨다. 알을 안 낳고 새끼를 낳는다. 볼락은 갯바위에서 낚시로 많이 잡는다. **생김새** 몸길이 30cm 안팎 **사는 곳** 남해, 동해, 제주 **먹이** 새우, 게, 갯지렁이, 오징어, 물고기 **다른 이름** 뽈낙, 뽈낙이, 뽈라구, Black rock fish **분류** 쏨뱅이목 > 양볼락과

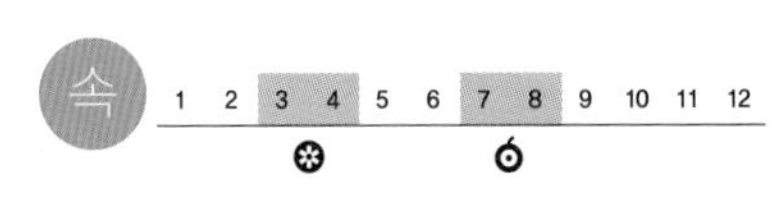

봄맞이

봄맞이는 풀밭, 밭둑, 길가에서 자란다. 볕이 잘 들고 기름진 땅을 좋아한다. 줄기가 따로 없고 뿌리에서 잎이 곧장 난다. 동그란 잎이 꼭 동전처럼 땅에 붙어 있다고 동전초라고도 한다. 이른 봄에 꽃이 핀다. 꽃은 꽃줄기가 올라와 사방으로 가지를 친 끝에서 핀다. 작고 흰 꽃이 하나씩 달린다. **생김새** 높이 5~15cm | 잎 0.5~1.6cm, 모여난다. **사는 곳** 풀밭, 밭둑 **다른 이름** 동전초, 점지매, 후롱초, Umbelled rockjasmine **분류** 쌍떡잎식물 > 앵초과

봉선화

봉선화는 마당이나 뜰, 울타리나 담장 밑에 심어 기른다. 잎은 버들잎처럼 길쭉하고 가장자리에 톱니가 나 있다. 줄기 끝에서는 잎이 촘촘하게 난다. 여름부터 가을 사이에 잎겨드랑이마다 꽃이 달린다. 여러 빛깔 꽃이 핀다. 늦여름부터 열매가 달린다. 다 여물면 톡톡 터진다. 꽃과 잎을 따서 백반이나 괭이밥 잎을 함께 찧어서 손톱에 빨간 물을 들였다. **생김새** 높이 60cm | 잎 8~14cm, 어긋난다. **사는 곳** 마당, 뜰, 집 둘레 **다른 이름** 봉숭아[북], 금봉화, Balsam **분류** 쌍떡잎식물 > 봉선화과

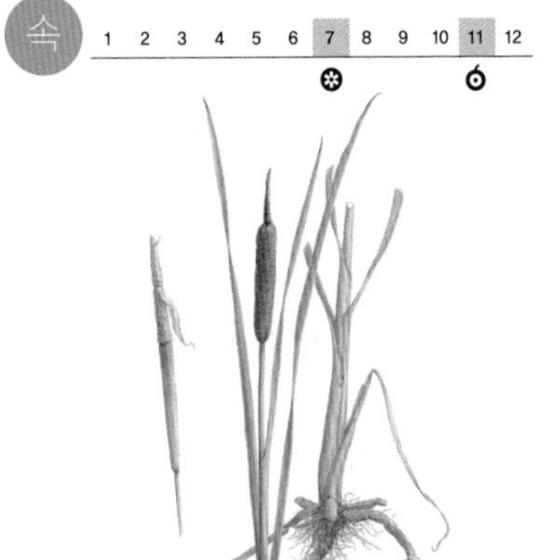

부들

부들은 논도랑, 저수지, 강가, 연못에서 자란다. 꽃이 피어서 꽃가루받이를 할 때 부들부들 떤다고 붙은 이름이다. 더러운 물에서도 잘 살고 물을 깨끗하게 거른다. 여름에 줄기 끝에서 꽃이삭이 나온다. 방망이처럼 생긴 통통한 암꽃이삭 위에 노란 수꽃이삭이 달린다. 씨앗은 보송보송한 털이 있어서 바람을 타고 멀리 날아간다. **생김새** 높이 1~2m | 잎 80~130cm, 어긋난다. **사는 곳** 논, 논도랑, 저수지, 강가, 연못 **다른 이름** 잘포, 향포, 좀부들, Oriental cattail **분류** 외떡잎식물 > 부들과

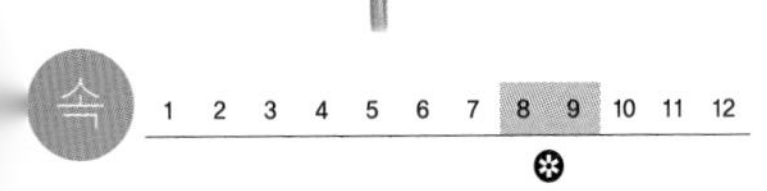

부레옥잠

부레옥잠은 논이나 못에서 자란다. 연못이나 어항에서 기르기도 한다. 물속에서 뿌리줄기가 나와서 퍼진다. 잎은 거꾸로 된 달걀 모양이거나 둥근 모양이다. 매끈하고 도톰하며 겉이 반질반질하다. 잎자루 가운데가 크게 부풀어서 공기 주머니가 되고, 이것 때문에 물에 잘 뜰 수 있다. 봄에 옅은 보랏빛 꽃이 핀다. 꽃은 피었다가 하루 만에 시든다. **생김새** 높이 20~30cm | 잎 5~13cm, 모여난다. **사는 곳** 논, 못 **다른 이름** 풍옥란, 혹옥잠, Water hyacinth **분류** 외떡잎식물 > 물옥잠과

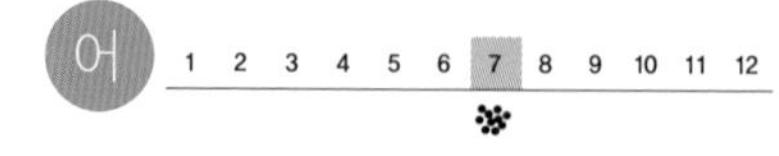

부세

부세는 따뜻한 물을 좋아한다. 조기와 닮았는데 꼬리자루가 길다. 부세도 참조기처럼 부레로 소리를 낸다. 알 낳을 때가 되면 암컷과 수컷이 '뿌욱, 뿌욱' 소리를 내며 서로 따라다닌다. 소리가 커서 멀리 떨어진 배 위에서도 들을 수 있다. 새끼 때는 플랑크톤을 먹다가 크면 새우나 게나 작은 물고기를 잡아먹는다. 부세는 봄여름에 끌그물로 잡는다. **생김새** 몸길이 75cm **사는 곳** 서해, 남해, 제주 **먹이** 새우, 게, 작은 물고기 **다른 이름** 부서, 조구, Large yellow croaker **분류** 농어목 > 민어과

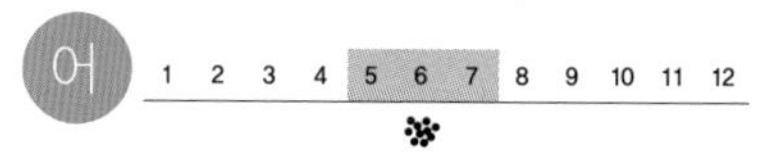

부안종개

부안종개는 물이 맑고 바위가 많은 냇물에서 산다. 돌 틈과 모랫바닥에서 지낸다. 모래 속으로 파고들어 머리만 내밀고 밖을 살피기도 한다. 몸통 옆줄을 따라서 동그란 점이 5~10개 있다. 작은 물벌레를 잡아먹는다. 돌말도 걸러 먹는다. 여름에 알을 낳는데, 수컷이 암컷 몸을 감고 배를 꽉 조여서 알을 짜낸다. **생김새** 몸길이 6~8cm **사는 곳** 냇물 **먹이** 작은 물벌레, 돌말 **다른 이름** 호랑이미꾸라지, 양시라지, 기름쟁이, Puan spine loach **분류** 잉어목 > 미꾸리과

부처꽃

부처꽃은 볕이 잘 드는 물가나 눅눅한 땅에서 자란다. 뜰이나 연못 가장자리에 심어 기르기도 한다. 줄기는 곧게 서고 가지를 많이 친다. 털은 없고 거의 매끈하다. 잎은 버들잎 모양이고 털이 없다. 가장자리는 밋밋하다. 여름에 붉은 보랏빛 꽃이 가지 끝 잎겨드랑이에 모여 핀다. 마디마다 돌려난 것처럼 보인다. 열매는 긴 타원형이고 가을에 익는다. **생김새** 높이 50~100cm | 잎 3~4cm, 마주난다. **사는 곳** 물가, 눅눅한 땅 **다른 이름** 두렁꽃[북], Purple loosestrife **분류** 쌍떡잎식물 > 부처꽃과

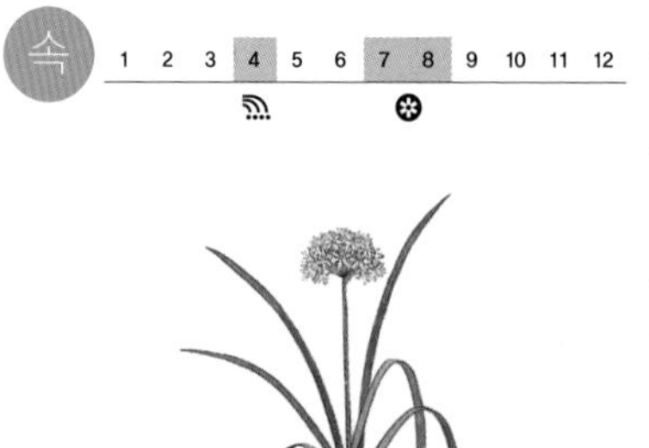

부추

부추는 마당이나 밭에 심는 잎줄기채소다. 베어 먹으면 금세 또 자라서 계속 먹을 수 있다. 잎은 가늘고 길쭉하다. 여름에 잎 사이에서 꽃대가 올라와 꽃이 핀다. 하얗고 자잘한 꽃들이 모여 핀다. 심어 놓으면 포기가 많이 불어나서 큰 포기를 이룬다. 거름을 많이 안 줘도 잘 자란다. 날로 무쳐 먹기도 하고 부침개를 부쳐 먹는다. 김치를 담가 먹는다.
생김새 높이 30cm쯤 | 잎 30cm쯤, 모여난다. **사는 곳** 마당, 밭 **다른 이름** 솔, 졸, 정구지, Garlic chives **분류** 외떡잎식물 > 백합과

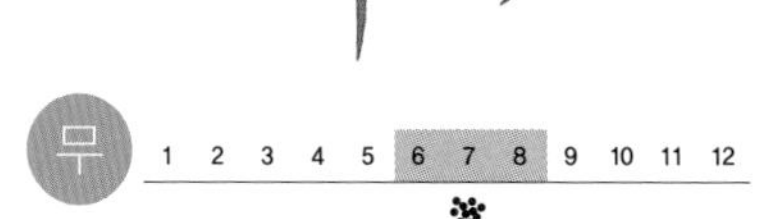

북방대합

북방대합은 동해에서 산다. 강원도 속초, 주문진, 대진 앞바다에서 많이 난다. 물 깊이가 10~30m쯤 되는 모랫바닥에서 산다. 겨울이 제철로 살이 많고 부드럽다. 닭고기 맛이 난다. 삶아 먹거나 구워 먹고, 데쳐서 무쳐 먹는다. 발쪽은 얇게 포를 떠서 초밥을 만든다. 조갯살을 말려 두었다가 오래 두고 먹기도 한다. 동해 갯마을에서는 오래전부터 아기를 낳은 엄마가 많이 먹었다. **생김새** 크기 9.5×7.5cm **사는 곳** 동해 바닷속 **다른 이름** 운피, Surf clam **분류** 연체동물 > 개량조개과

북방매물고둥

북방매물고둥은 물 깊이가 50~200m쯤 되는 동해 찬 바닷속에서 산다. 강원도 속초나 대진 앞바다에서 많이 잡힌다. 길이가 15cm쯤 되는 큰 고둥이다. 껍데기는 밤색이고, 두껍고 단단하다. 뚜껑 밖으로 내민 발 생김새가 전복과 닮았다. 맛도 전복 맛이 난다고 속초에서는 전복소라라고 한다. 싱싱할 때 썰어서 날로 많이 먹는다. 죽을 끓이면 전복죽 맛이 난다 **생김새** 크기 9×15cm **사는 곳** 동해 바닷속 **먹이** 조개, 고둥, 죽은 게나 물고기 **다른 이름** 전복소라 **분류** 연체동물 > 물레고둥과

1 2 3 4 5 6 7 8 9 10 11 12

북방밤색무늬조개

북방밤색무늬조개는 동해와 남해 바닷속 모래밭에서 산다. 조가비가 둥글고 납작한데 꽤 두껍고 단단하다. 밤빛이나 붉은빛이 돌아서 홍조개라고도 한다. 사는 곳에 따라 저마다 빛깔이 다른데 껍데기 가장자리는 까맣다. 북방밤색무늬조개는 흔하지 않다. 껍데기째 구워 먹거나 국을 끓여 먹는다 **생김새** 크기 4.5×4.3cm **사는 곳** 동해, 남해 얕은 바다 **다른 이름** 홍조개 **분류** 연체동물 > 밤색무늬조개과

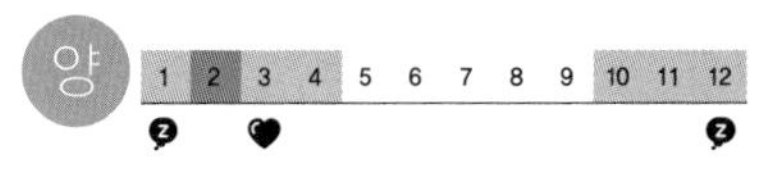

북방산개구리

북방산개구리는 산에 많이 산다. 몸 빛깔이 가랑잎과 비슷하다. 낮에는 나무둥치나 물속 바위 밑에 숨어 있다가 밤에 나와서 날벌레나 개미, 지렁이, 거미를 잡아먹는다. 겨울에는 가랑잎 밑이나 바위 밑에 모여서 겨울잠을 잔다. 봄에 짝짓기를 할 때는 시끄럽게 운다. 올챙이는 물풀이나 물이끼를 많이 먹는다. **생김새** 몸길이 6~8cm **사는 곳** 산골짜기, 산기슭 논 **먹이** 날벌레, 개미, 지렁이, 거미 **다른 이름** 기름개구리북, 산개구리, 뽕악이, 송장개구리, Dybowski's frog **분류** 무미목 > 개구리과

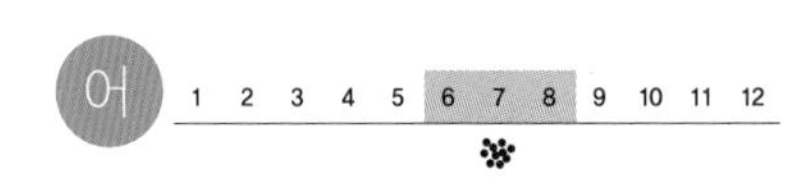

북방종개

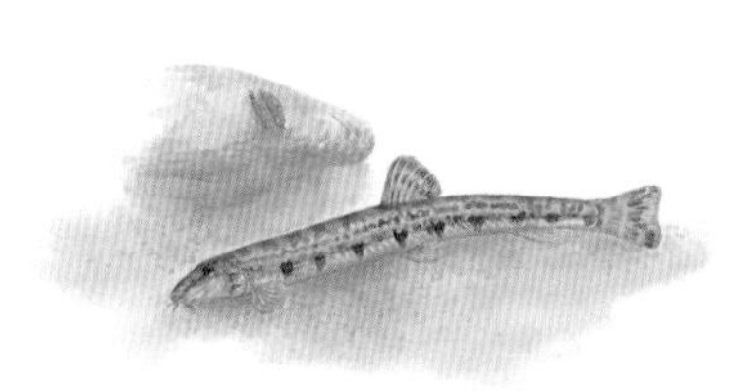

북방종개는 동해로 흐르는 강원도 냇물에 산다. 맑은 물이 흐르는 곳을 좋아한다. 모래가 깔린 바닥에 숨어 있을 때가 많다. 미호종개와 닮았는데, 몸에 난 무늬는 북방종개가 더 큼직하다. 모래 속에 사는 작은 물벌레를 잡아먹고 모래에 붙은 돌말도 먹는다. **생김새** 몸길이 8~10cm **사는 곳** 냇물 **먹이** 물벌레, 돌말 **다른 이름** 눈댕이, Northern loach **분류** 잉어목 > 미꾸리과

분개미

분개미는 높은 산에 많이 산다. 낮은 곳에서도 볼 수 있다. 볕이 잘 드는 풀밭에 넓은 집을 짓고 산다. 일개미는 불개미와 닮았는데, 불개미처럼 몸에 잔털이 많지는 않다. 머리와 가슴은 빨갛고 배가 까맣다. 여왕개미는 머리와 배가 까맣다. 수개미는 짝짓기를 하는 한여름에 볼 수 있다. 분개미는 곰개미 같은 다른 개미에 기생해서 사는 것이 많다. **생김새** 몸길이 7~10mm **사는 곳** 높은 산 **먹이** 죽은 벌레, 진딧물의 감로, 나뭇진, 열매 **다른 이름** Slavemaker ant **분류** 벌목 > 개미과

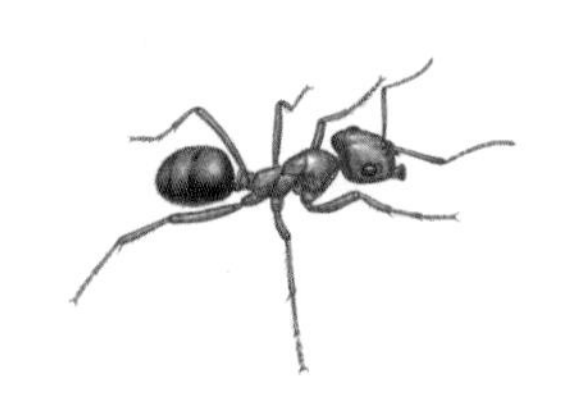

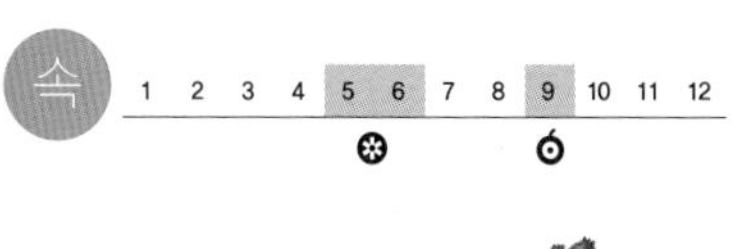

분꽃나무

분꽃나무는 볕이 잘 드는 산기슭에서 자란다. 꽃을 보려고 뜰이나 공원에 심어 기른다. 잎은 넓적한 달걀 모양인데 잎 자루에 별 모양 털이 있다. 앞면에는 솜털이 배게 난다. 봄부터 붉은빛이 도는 흰빛 꽃이 가지 끝에 핀다. 작은 꽃이 둥글게 모여서 핀다. 열매는 납작한 긴 타원형이고 검게 익는다. 씨앗에 도드라진 줄이 있다. **생김새** 높이 1~2m | 잎 4~6cm, 마주난다. **사는 곳** 산기슭, 뜰, 공원 **다른 이름** 붓꽃나무, 섬분꽃나무, 분화목, Korean spice viburnum **분류** 쌍떡잎식물 > 인동과

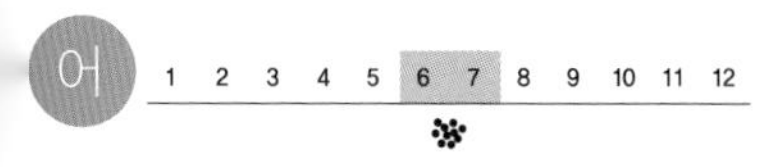

분장어

분장어는 바닷가에서 살며 강어귀에도 올라간다. 밤에는 자주 물낯 가까이 올라온다. 갈치와 생김새도 비슷하고 사는 모습도 비슷한데 수가 훨씬 적다. 언뜻 봐서는 갈치 새끼처럼 생겼다. 분장어는 가끔 그물에 딸려 나오는데, 몸 빛깔이 살아 있을 때는 반짝반짝 빛나는 푸른색이지만 죽으면 은회색으로 바뀐다. **생김새** 몸길이 30~70cm **사는 곳** 서해, 남해 **먹이** 작은 물고기, 새우, 오징어 **다른 이름** 늦갈치, 빈쟁이, Crest head cutlass fish **분류** 농어목 > 갈치과

1 2 3 4 5 6 7 8 9 10 11 12

분지성게

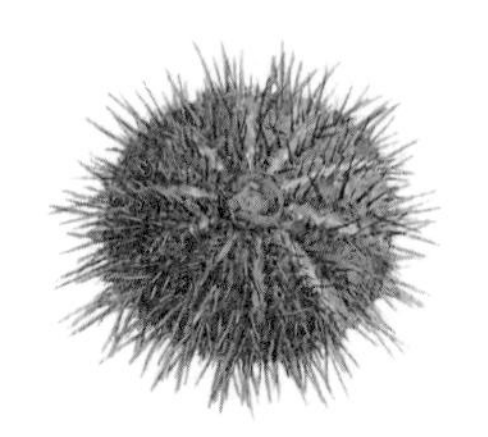

분지성게는 물 깊이가 5미터쯤 되는 얕은 바닷속 모래진흙 바닥에서 무리 지어 산다. 몸에 긴 가시와 짧은 가시가 고루 난다. 부러지면 또 자란다. 밤에 나와서 갯바닥 영양분을 긁어 먹거나 바닷말을 갉아 먹는다. 동해와 남해에서는 잠수부가 바닷속에 들어가 주워 오고, 서해에서는 썰물 때 갯벌에 나온 것을 줍는다. **생김새** 몸통 지름 5cm, 가시 길이 1cm **사는 곳** 얕은 바닷속, 갯바위 **먹이** 진흙 속 영양분, 바닷말 **다른 이름** 밤송이, 물밤, Black sea urchin **분류** 극피동물 > 분지성게과

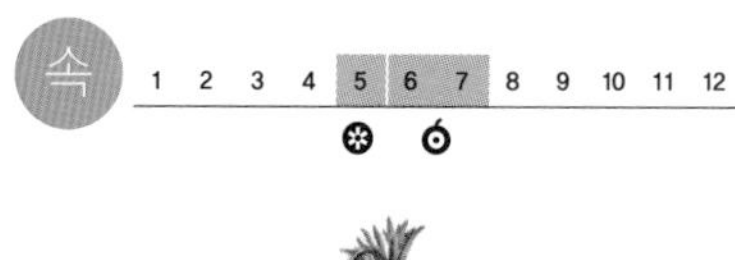

분홍할미꽃

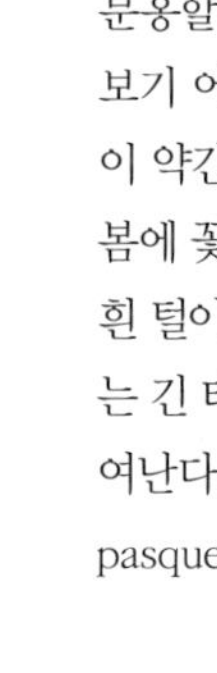

분홍할미꽃은 볕이 잘 드는 높은 산에서 자란다. 드물어서 보기 어렵다. 할미꽃과 닮았는데 더 작다. 온몸에 흰빛 털이 약간 있다. 뿌리잎은 잎자루가 길고 잎 끝이 뾰족하다. 봄에 꽃대가 나오고 끝에 분홍빛 꽃이 한 송이 핀다. 겉에 흰 털이 빽빽이 난다. 종 모양이고 아래를 보고 핀다. 열매는 긴 타원형이다. **생김새** 높이 20~40cm | 잎 3~15cm, 모여난다. **사는 곳** 높은 산 **다른 이름** 산할미꽃, Dahurian pasque-flower **분류** 쌍떡잎식물 > 미나리아재비과

불곰

불곰은 큰 산에 산다. 반달가슴곰보다 더 크고 몸무게도 두 배나 더 무겁다. 남녘에는 없고 북녘의 함경도나 평안도에 산다. 철 따라 먹이를 찾아 멀리까지 옮겨 다닌다. 낮에는 그늘에서 자고, 서늘한 아침이나 저녁에 돌아다닌다. 두 발로 설 줄도 알고 헤엄도 잘 친다. 추운 겨울에는 굴속에 들어가서 겨울잠을 자고 이듬해 봄에 깬다. **생김새** 몸길이 110~220cm **사는 곳** 깊은 산, 고원 **먹이** 풀, 산열매, 버섯, 벌레, 물고기, 쥐, 멧토끼 **다른 이름** 큰곰, Manchurian brown bear **분류** 식육목 > 곰과

불등풀가사리

불등풀가사리는 남해와 제주 바다에 많은 바닷말이다. 갯바위에 붙어서 자란다. 무리를 이룬다. 가지가 불규칙하게 나는데 가늘고 끝은 뾰족하다. 속이 비어 있고 탱탱한 느낌이다. 갯바위 맨 위쪽에 붙어 자란다. 겨울부터 이듬해 봄까지 뜯는데, 미끈거려서 재를 뿌리고 뜯기도 한다. 말렸다가 오래 두고 먹는다. **생김새** 길이 1~10cm **사는 곳** 물이 가까운 갯바위 **다른 이름** 까시리, 새미, Seaweed furcata **분류** 홍조류 > 풀가사리과

불로초

불로초는 흔히 영지라고 한다. 약으로 쓰는 버섯 가운데 가장 많이 기른다. 여름부터 가을까지 나무 밑동이나 베어 낸 나무에 홀로 나거나 무리 지어 난다. 갓은 옻칠한 것처럼 반들거린다. 갓 위쪽에는 나이테가 있다. 살은 두 층으로 나뉜다. 위쪽은 하얗고 부드러운데 아래쪽은 연한 밤빛이고 단단하다. 대가 한쪽으로 치우쳐 자라거나 없는 것도 있다. **생김새** 갓 50~150mm **사는 곳** 넓은잎나무 숲 **다른 이름** 령지버섯북, 만년버섯북, 영지버섯, Reishi mushroom **분류** 구멍장이버섯목 > 불로초과

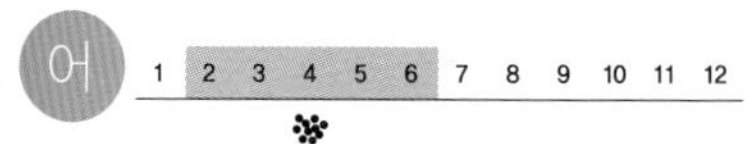

불볼락

불볼락은 물이 따뜻하고 바위가 많은 곳에서 산다. 온몸이 빨갛고 등에 꺼먼 줄무늬가 대여섯 줄 나 있다. 바다 밑바닥 바위 밭에 살면서 작은 새우나 게, 물고기, 갯지렁이 따위를 잡아먹는다. 볼락처럼 새끼를 낳는다. 불볼락은 회, 구이, 조림을 해서 먹지만, 볼락 무리 가운데는 맛이 덜하다. **생김새** 몸길이 30cm 안팎 **사는 곳** 남해, 동해, 제주 **먹이** 새우, 게, 갯지렁이, 오징어, 물고기 **다른 이름** 열기, Goldeye rockfish **분류** 쏨뱅이목 > 양볼락과

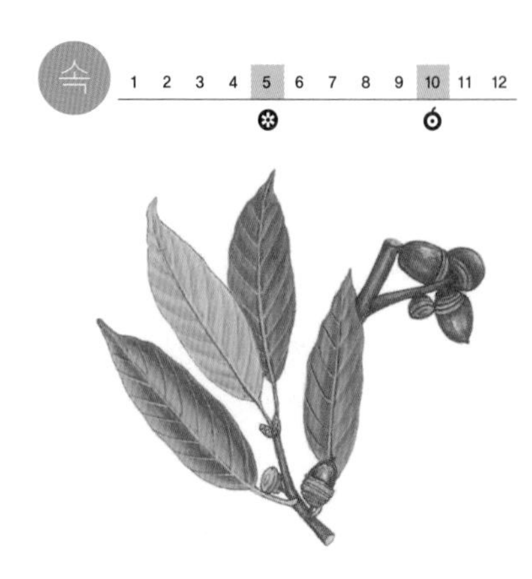

붉가시나무

붉가시나무는 남부지방 볕이 잘 드는 산기슭이나 골짜기에서 자란다. 도토리가 열리는 늘푸른나무이다. 기름진 땅을 좋아한다. 가지와 잎은 어릴 때는 털이 있다가 자라면서 없어진다. 봄에 잎과 함께 꽃이 핀다. 수꽃과 암꽃이 따로 핀다. 수꽃은 햇가지 밑에 달리고 길게 드리워진다. 암꽃은 햇가지 위에 달리고 곧게 선다. 열매는 도토리인데 이듬해에 여문다. **생김새** 높이 20m | 잎 7~13cm, 어긋난다. **사는 곳** 산기슭, 골짜기 **다른 이름** 북가시나무, Red-wood evergreen oak **분류** 쌍떡잎식물 > 참나무과

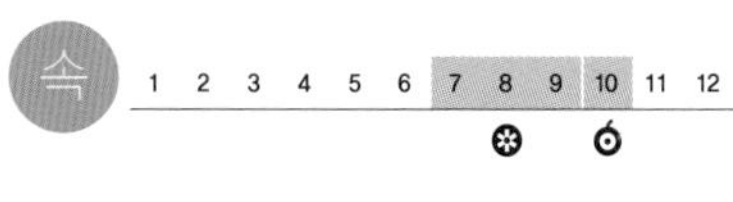

붉나무

붉나무는 산기슭이나 산골짜기 양지바른 곳에서 저절로 자란다. 붉나무는 쪽잎 사이 잎자루에 날개가 있다. 가을에 잎이 붉게 단풍이 든다. 나무를 만지거나 나무즙에 닿거나, 나무순을 나물로 먹을 때 옻이 오르는 것도 비슷하다. 살갗이 부풀고 가려워진다. 잎에 생긴 벌레집을 오배자라 하는데 약으로 쓴다. **생김새** 높이 3~7m | 잎 5 ~ 12cm, 어긋난다. **사는 곳** 산기슭, 산골짜기 **다른 이름** 뿔나무, 굴나무, 오배자나무, Nutgall tree **분류** 쌍떡잎식물 > 옻나무과

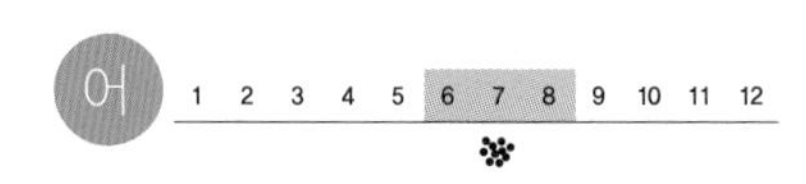

붉바리

붉바리는 따뜻한 물을 좋아한다. 바닷가에 살면서 낮에는 바위틈에 숨어 있다가 밤이 되면 나와서 먹이를 잡아먹는다. 새우, 게, 물고기를 잡아먹는다. 몸빛은 밤빛이고 빨간 점무늬가 온몸에 동글동글 나 있다. 자바리처럼 한번 자리를 잡으면 안 떠난다. 낚시로 잡는데, 회로 먹거나 구이, 조림을 해서 먹는다. **생김새** 몸길이 40cm **사는 곳** 제주, 남해 **먹이** 새우, 게, 물고기 **다른 이름** Garrupa **분류** 농어목 > 바리과

붉은귀거북

붉은귀거북은 우리나라에 사는 민물 거북 가운데 가장 흔하다. 다른 나라에서 들여와 기르던 것이 퍼졌다. 강, 개울, 저수지 어디서나 잘 살고 더러운 물에서도 잘 산다. 위험을 느끼면 딱딱한 등딱지 속에 온몸을 숨긴다. 어릴 때는 등딱지가 연한 풀빛이다. 봄에서 여름 사이에 밤에 땅 위로 올라와 알을 낳는다. 11월부터 겨울잠을 잔다. **생김새** 등 길이 12~20cm **사는 곳** 강, 개울, 연못 **먹이** 물고기, 개구리, 조개, 벌레, 물풀 **다른 이름** 청거북, Red-eared slider **분류** 거북목 > 늪거북과

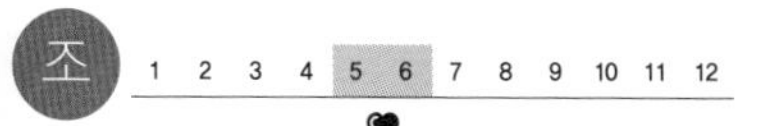

붉은머리오목눈이

붉은머리오목눈이는 낮은 산이나 물가 갈대밭에서 산다. 겨울에는 마을 가까이에도 온다. 흔한 새지만 작아서 눈에 잘 띄지 않는다. 짝짓기 때는 암수가 같이 살다가 새끼를 치고 나면 수십 마리씩 무리 지어 다니면서 요란하게 지저귄다. 여름에는 벌레를 잡아먹고 겨울에는 풀씨를 찾아 먹는다. 봄에 떨기나무 가지나 덤불에 둥지를 틀고 새끼를 친다. **생김새** 몸길이 13cm **사는 곳** 들판, 갈대밭, 숲 **먹이** 벌레, 씨앗 **다른 이름** 부비새[북], 뱁새, Parrotbill **분류** 참새목 > 붉은머리오목눈이과

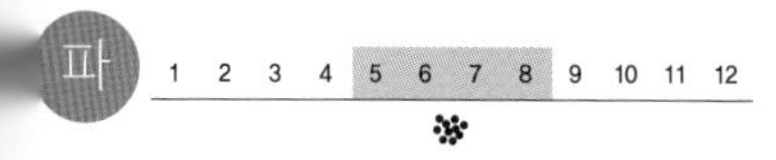

붉은바다거북

붉은바다거북은 바다에서 산다. 알을 낳을 때만 땅으로 올라온다. 물속에서 숨을 오래 참고 헤엄칠 수 있다. 허파로 숨을 쉬기 때문에 숨을 쉬러 한 번씩 올라온다. 땅에 사는 거북과 달리 앞발과 뒷발이 모두 배를 젓는 노처럼 생겼다. 바다에서 해파리나 오징어, 물고기를 잡아먹고, 바닷말도 뜯어 먹는다. **생김새** 등 길이 69~103cm **사는 곳** 바다 **먹이** 해파리, 오징어, 바닷말 **다른 이름** 왕바다거북, 붉은거북, Loggerhead turtle **분류** 거북목 > 바다거북과

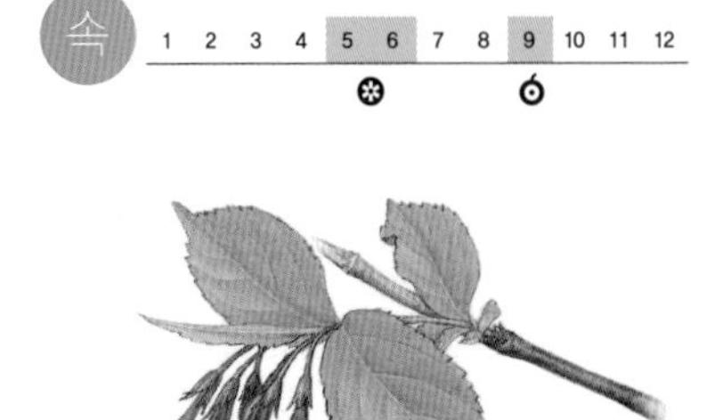

붉은병꽃나무

붉은병꽃나무는 볕이 잘 드는 산골짜기나 개울가에서 자란다. 뜰이나 공원, 길가에 심어 가꾸기도 한다. 여러 줄기가 모여서 난다. 햇가지는 풀빛이고 모가 나 있다. 털이 있다. 잎은 달걀 모양인데 끝이 길게 뾰족하다. 봄에 잎겨드랑이에서 꽃이 핀다. 끝이 다섯 갈래로 갈라진다. 씨앗은 작고 날개가 없다. **생김새** 높이 1.5~3m | 잎 4~10cm, 마주난다. **사는 곳** 산골짜기, 개울가, 뜰 **다른 이름** 북병꽃나무, 팟꽃나무, 조선금대화, Old-fashioned weigela **분류** 쌍떡잎식물 > 인동과

붉은부리갈매기

붉은부리갈매기는 바닷가 항구나 강 하구에서 무리 지어 산다. 부리와 다리가 붉은색을 띤다. 비슷하게 생긴 검은머리갈매기와 섞일 때가 많다. 갯벌을 걸어 다니면서 먹이를 잡거나, 날면서 먹이를 찾는다. 물고기는 물론이고 게, 벌레, 쥐, 음식물 찌꺼기까지 고루 먹는다. 겨울에 우리나라 바닷가에서 가장 많이 볼 수 있는 새이다. **생김새** 몸길이 40cm **사는 곳** 바닷가, 강 하구, 호수 **먹이** 물고기, 새우, 게, 벌레, 쥐, 음식물 찌꺼기, 죽은 동물 **다른 이름** Black-headed gull **분류** 도요목 > 갈매기과

붉은사슴뿔버섯

붉은사슴뿔버섯은 붉고 사슴뿔을 닮았다. 여름부터 가을까지 넓은잎나무의 썩은 나무 그루터기나 그 둘레 땅 위에 홀로 나거나 무리 지어 난다. 어릴 때는 반듯한 원기둥 모양이다가 자라면서 윗부분이 나뭇가지처럼 갈라진다. 어릴 때 모습이 불로초와 비슷하지만 독이 아주 센 버섯이다. 맨손으로 만지는 것도 해서는 안 된다. **생김새** 크기 30~130×5~15mm **사는 곳** 넓은잎나무 숲 **다른 이름** poison fire coral **분류** 동충하초목 > 점버섯과

균

붉은점박이광대버섯

붉은점박이광대버섯은 여름부터 가을까지 숲속 땅에 홀로 나거나 흩어져 난다. 갓이나 주름살을 문지르거나 상처를 내면 빨갛게 바뀐다. 갓에는 비늘 조각이 더덕더덕 붙어 있다. 주름살은 하얗다가 다 자라면 붉은 밤빛 얼룩이 생긴다. 대는 불그스름한 밤빛인데 아래쪽이 더 진하다. 독버섯이다. **생김새** 갓 52~150mm **사는 곳** 숲 **다른 이름** 색갈이닭알버섯[북], Blusher mushroom **분류** 주름버섯목 > 광대버섯과

무

붉은줄지렁이

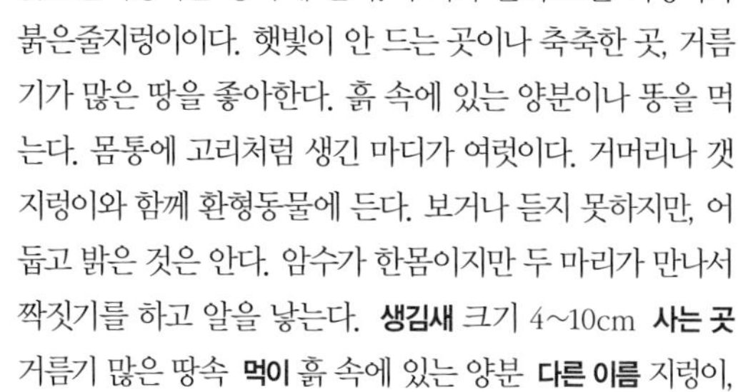

붉은줄지렁이는 땅속에 산다. 우리가 흔히 보는 지렁이가 붉은줄지렁이이다. 햇빛이 안 드는 곳이나 축축한 곳, 거름기가 많은 땅을 좋아한다. 흙 속에 있는 양분이나 똥을 먹는다. 몸통에 고리처럼 생긴 마디가 여럿이다. 거머리나 갯지렁이와 함께 환형동물에 든다. 보거나 듣지 못하지만, 어둡고 밝은 것은 안다. 암수가 한몸이지만 두 마리가 만나서 짝짓기를 하고 알을 낳는다. **생김새** 크기 4~10cm **사는 곳** 거름기 많은 땅속 **먹이** 흙 속에 있는 양분 **다른 이름** 지렁이, Tiger worm **분류** 환형동물 > 낚시지렁이과

속

붉은참반디

붉은참반디는 산속 나무숲이나 풀숲에서 자란다. 줄기는 여럿이 모여난다. 뿌리잎은 세 갈래로 깊게 갈라졌다가 끝이 다시 여러 번 갈라진다. 줄기잎은 두 장이 줄기에 마주 붙는다. 여름에 줄기 끝에서 검은 보랏빛이 도는 작은 꽃이 많이 모여 핀다. 열매는 여름에 익고, 겉에 갈고리 모양 가시가 한두 개 있다. **생김새** 높이 20~50cm | 잎 6~20cm, 모여나거나 마주난다. **사는 곳** 산속 나무숲, 풀숲 **다른 이름** 붉은참바디, Red-flower sanicle **분류** 쌍떡잎식물 > 산형과

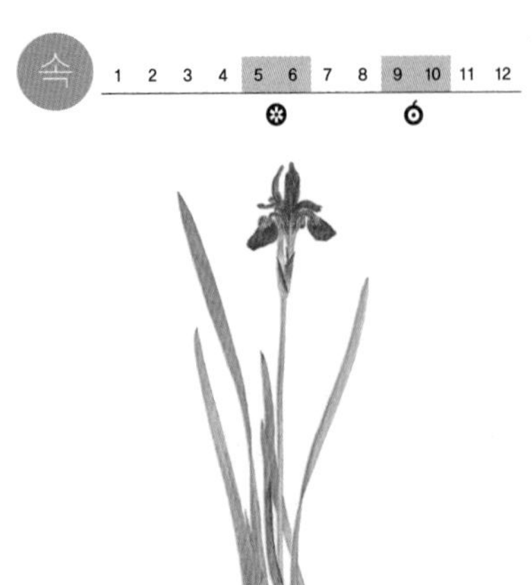

붓꽃

붓꽃은 산기슭이나 산골짜기에서 자란다. 마른 땅을 좋아한다. 꽃을 보려고 뜰에 심어 기른다. 줄기는 잎 사이에서 나와 곧게 선다. 둥근기둥 모양이다. 잎도 줄기처럼 꼿꼿하게 선다. 두껍고 빳빳하고 납작하다. 봄부터 꽃대 끝에서 두세 송이씩 꽃이 핀다. 푸른 보랏빛이다. 꽃봉오리가 붓처럼 생겼다. 열매는 길쭉하고 양 끝이 뾰족하다. 익으면 밤빛 씨가 나온다. **생김새** 높이 30~60cm | 잎 30~50cm, 어긋난다. **사는 곳** 산기슭, 산골짜기 **다른 이름** 비단붓꽃, 계손, Blood iris **분류** 외떡잎식물 > 붓꽃과

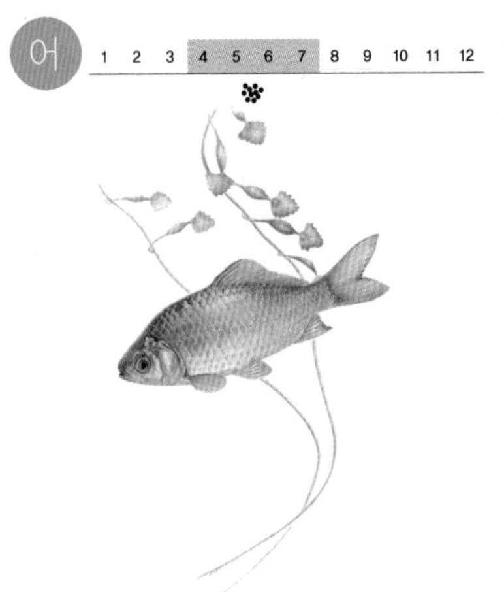

붕어

붕어는 우리나라 어디에나 흔하다. 저수지나 연못, 냇물과 강에 산다. 물이 고여 있거나 느릿느릿 흐르는 곳을 좋아한다. 마름이나 검정말 같은 물풀이 수북한 곳에서 몇 마리씩 무리를 지어 다닌다. 사는 곳에 따라 몸빛이 조금씩 달라서 흐르는 물에 살면 은빛이 돌고, 고인 물에 살면 누런빛을 띤다. **생김새** 몸길이 5~30cm **사는 곳** 강, 냇물, 저수지, 논도랑 **먹이** 동물성 플랑크톤, 벌레, 지렁이, 조개, 작은 물고기, 물풀 **다른 이름** 참붕어, 넓적붕어, Crucian carp **분류** 잉어목 > 잉어아과

붕어마름

붕어마름은 연못이나 늪에서 자란다. 줄기는 가늘고 길다. 둥근 모양이며 가지를 친다. 가지가 변한 헛뿌리를 물 밑 땅에 박고 산다. 잎은 줄기 마디에 돌려난다. 잎자루가 없이 실처럼 가늘고 잔가시 같은 톱니가 있다. 여름에 잎겨드랑이에서 꽃대가 없이 붉은 꽃이 한 송이씩 핀다. 열매는 겉에 가시가 있다. 어항이나 연못에 넣어 기르기도 한다. **생김새** 길이 30~60cm | 잎 1.5~2.5cm, 돌려난다. **사는 곳** 연못, 늪 **다른 이름** 솔잎말[북], Hornwort **분류** 쌍떡잎식물 > 붕어마름과

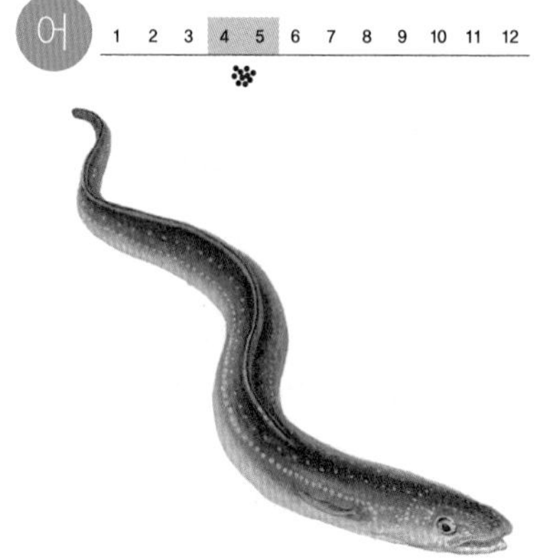

붕장어

붕장어는 따뜻한 물을 좋아하고, 물 깊이가 10~30미터쯤 되는 곳에 많이 살지만 겨울에는 100m 안팎인 깊은 곳으로 옮겨 간다. 모래와 펄이 깔린 바닥에서 산다. 낮에는 모래 속에 머물다, 밤에 나와 먹이를 잡는다. 옆줄 따라 흰 점이 나 있다. 흔히 아나고라고 하는데 일본 이름이다. 그물이나, 통발, 주낙, 낚시로 잡는다. **생김새** 몸길이 40~100cm **사는 곳** 우리나라 온 바다 **먹이** 작은 물고기, 새우, 게, 갯지렁이 **다른 이름** 바다장어, 아나고, Sea eel **분류** 뱀장어목 > 붕장어과

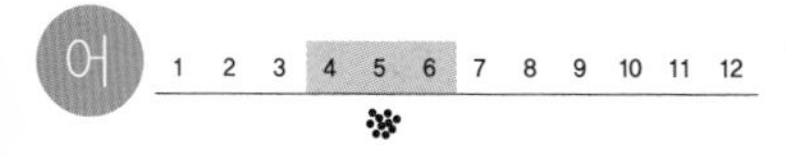

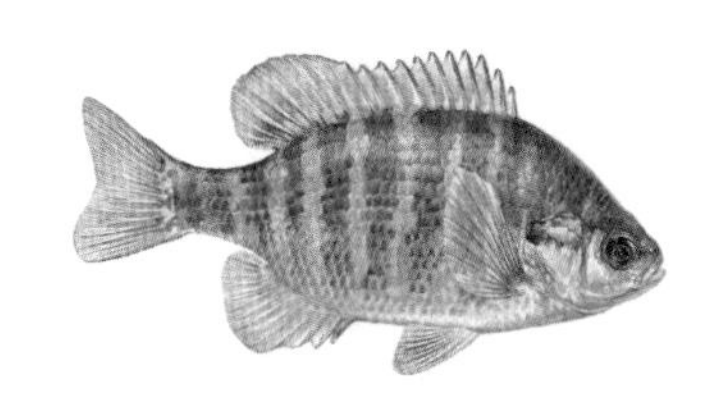

블루길

블루길은 댐이나 커다란 저수지에 산다. 물살이 느리고 물풀이 수북한 곳을 좋아한다. 아가미뚜껑 끝에 크고 짙은 푸른색 점이 하나 있다. 작은 물고기를 즐겨 먹고, 물벌레와 새우, 물풀도 먹는다. 겨울에는 물풀 더미 틈새에서 수십 마리가 함께 숨어 지낸다. 블루길은 외국에서 들여와 퍼졌다. **생김새** 몸길이 15~25cm **사는 곳** 댐, 저수지, 강, 냇물 **먹이** 작은 물고기, 물벌레, 새우, 물풀 **다른 이름** 파랑볼우럭, 월남붕어, Blue gill **분류** 농어목 > 검정우럭과

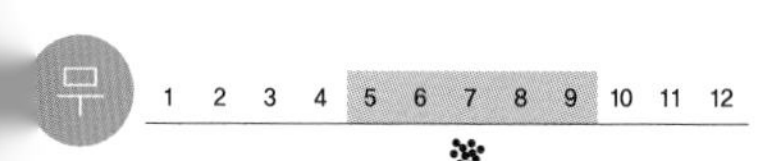

비단가리비

비단가리비는 물 깊이가 10미터쯤 되는 깨끗한 바닷속에 산다. 우리나라 가리비 가운데 가장 흔하다. 태어나면서부터 몸에서 실 같은 족사를 내어 거의 평생 동안 한곳에 붙어 산다. 바위나 자갈이 깔린 곳에 많다. 빛깔이 고운 붉은색부터 자주색, 흰색, 짙은 밤색까지 사는 곳에 따라 다르다. 껍데기 겉에 세로줄이 많이 나 있다. **생김새** 크기 5.2×5.7cm **사는 곳** 서해, 남해, 동해 바닷속 **다른 이름** 살가지[북], 비단챙이, 부채꼬막, Farrer's scallop **분류** 연체동물 > 가리비과

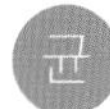

1 2 3 4 5 6 7 8 9 10 11 12

비단그물버섯

비단그물버섯은 여름부터 가을까지 솔숲 땅에 흔하게 난다. 흩어져 나거나 무리 지어 난다. 갓이 물기를 머금으면 끈적끈적하다. 갓 밑은 벌집처럼 구멍이 숭숭 뚫려 있고, 노랗다가 짙어진다. 대 위쪽에는 자줏빛 턱받이가 있고 겉에 작은 밤빛 알갱이가 퍼져 있다. 갓 껍질에 약한 독이 있다. **생김새** 갓 36~100mm **사는 곳** 솔숲 **다른 이름** 진득그물버섯북, 진득돈버섯북, Slippery jack **분류** 그물버섯목 > 비단그물버섯과

곤

1 2 3 4 5 6 7 8 9 10 11 12

비단벌레

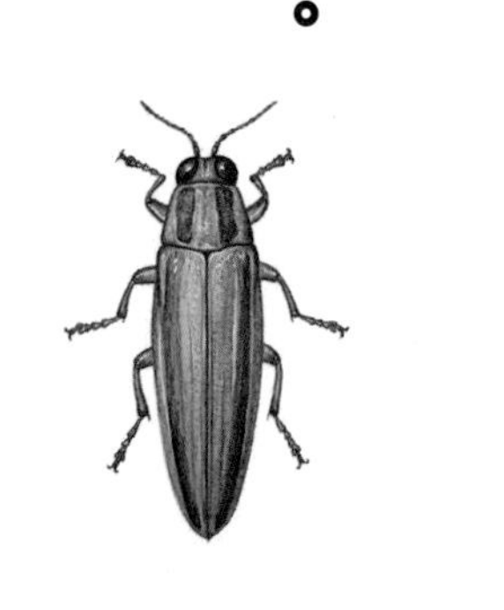

비단벌레는 산속 넓은잎나무 숲이나 들판에 산다. 지금은 아주 드물어졌다. 검고 큰 눈이 있다. 몸 전체가 초록빛인데 금속성으로 반짝이며 윤이 난다. 날개와 등판에는 붉은빛 줄무늬가 있다. 애벌레는 팽나무나 느티나무에 살면서 나무속을 파먹는다. 2~4년쯤 지낸다. 한창 더운 여름날에 느릅나무 같은 큰 나무에서 짝짓기를 한다. **생김새** 몸길이 30~40mm **사는 곳** 넓은잎나무 숲 **먹이** 애벌레_팽나무 줄기 속 | 어른벌레_잎 **다른 이름** Buprestid beetle **분류** 딱정벌레목 > 비단벌레과

속

1 2 3 4 5 6 7 8 9 10 11 12

비름

비름은 볕이 잘 드는 들판이나 밭에서 자란다. 심어 기르기도 한다. 흔히 비름나물이라고 하는 것은 개비름일 때가 많다. 줄기는 곧게 서고 가지를 성글게 친다. 잎은 넓은 달걀 모양이고 잎자루가 길다. 여름에 줄기 끝과 잎겨드랑이에서 작은 풀빛 꽃이 자잘하게 핀다. 열매가 익으면 저절로 갈라진다. 속에 검은 밤빛 씨앗이 하나 들어 있다. **생김새** 높이 80~150cm | 잎 4~12cm, 어긋난다. **사는 곳** 들판, 밭 **다른 이름** 참비름, Edible amaranth **분류** 쌍떡잎식물 > 비름과

속 1 2 3 4 5 6 7 8 9 10 11 12

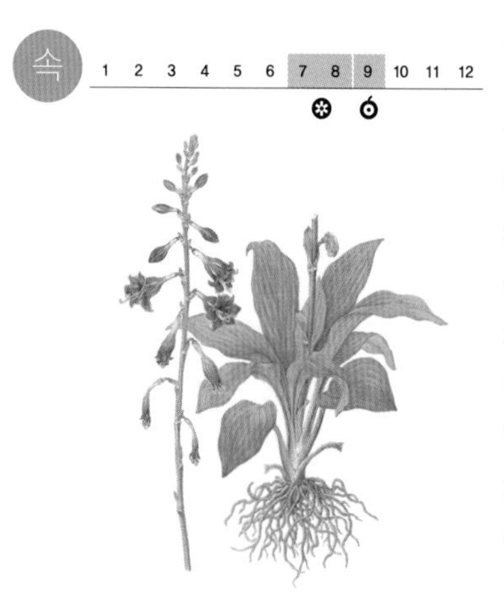

비비추

비비추는 산속 그늘지고 물기가 많은 곳에서 자란다. 뜰이나 공원에도 심는다. 그늘이 조금 지는 자리에서도 잘 자란다. 꽃대는 잎 사이에서 곧게 자란다. 잎은 도톰하고 매끈하다. 세로로 난 잎맥이 뚜렷하고 가장자리는 밋밋하다. 잎자루 아래쪽에 짙은 보랏빛 얼룩점이 배게 있다. 여름에 꽃대 끝에서 옅은 보랏빛 꽃이 줄지어 달려 핀다. 꿀이 많다. 열매는 좁고 길게 생겼다. **생김새** 길이 30~40cm | 잎 12~13cm, 모여난다. **사는 곳** 산속, 뜰, 공원 **다른 이름** 이밥취, Hosta **분류** 외떡잎식물 > 백합과

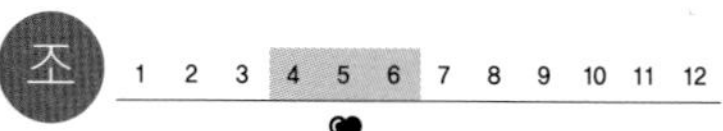

비오리

비오리는 댕기깃이 빗은 것처럼 가지런해서 빗오리라고 했던 것이 바뀐 이름이다. 바다비오리와는 달리 저수지나 강 같은 민물에서 무리 지어 산다. 여럿이 한꺼번에 잠수해서 물고기를 우르르 몰아가며 잡는다. 부리 톱날처럼 생긴 돌기가 있어 먹이를 한번 물면 잘 놓치지 않는다. 잠수를 잘한다. 물 위를 빠르게 달리면서 날아오른다. **생김새** 몸길이 65cm **사는 곳** 강, 호수, 연못 **먹이** 물고기, 벌레, 게, 개구리 **다른 이름** 갯비오리[북], Merganser **분류** 기러기목 > 오리과

겉 1 2 3 4 5 6 7 8 9 10 11 12

비자나무

비자나무는 따뜻한 남쪽 지방에서 많이 자란다. 물기가 많고 거름진 땅을 좋아한다. 곧고 높게 자라고 숲을 이룬다. 바늘잎은 단단하고 끝이 뾰족하다. 조금 비뚤게 두 줄로 마주 달린다. 가을에 열매가 밤색으로 익는다. 열매 안에 있는 씨앗을 비자라고 한다. 그냥 먹거나 기름을 짠다. 목재는 결이 곱고 단단하고 다루기가 쉽다. 물기에도 잘 견딘다. **생김새** 높이 20m | 잎 14~29cm, 마주난다. **사는 곳** 바닷가 산 **다른 이름** Nut-bearing torreya **분류** 겉씨식물 > 주목과

1 2 3 4 5 6 7 8 9 10 11 12

비탈광대버섯

비탈광대버섯은 여름부터 가을까지 숲속 땅에 난다. 홀로 나거나 흩어져 나는데 드물다. 온몸이 새하얗고, 갓과 둥글게 부푼 밑동에 뾰족한 돌기가 있어서 쉽게 알아본다. 주름살도 흰색이고 다 자라도 색이 변하지 않는다. 갓은 어릴 때는 둥근 산 모양이다가 다 자라면 거의 판판해진다. 턱받이는 대 위쪽에 붙어 있다. 독이 강하다. **생김새** 갓 35~75mm **사는 곳** 숲 **다른 이름** 양파광대버섯, Solitary amanita mushroom **분류** 주름버섯목 > 광대버섯과

1 2 3 4 5 6 7 8 9 10 11 12

비파나무

비파나무는 따뜻한 남부 지방에서 자란다. 잎과 열매를 먹으려고 심어 기른다. 햇가지에는 굵고 옅은 밤빛 털이 배게 난다. 잎은 두툼하고 매끈하다. 가장자리에 물결 모양으로 난 얕은 톱니가 있다. 잎 뒷면에도 옅은 밤색 털이 배게 난다. 가을에 가지 끝에서 흰 꽃이 핀다. 열매는 꽃이 핀 이듬해 봄에 노랗게 익는다. 살구만 한데 현악기인 비파처럼 한쪽이 길쭉하다. **생김새** 높이 3~10m | 잎 15~25cm, 어긋난다. **사는 곳** 따뜻한 남부 지방 **다른 이름** Loquat **분류** 쌍떡잎식물 > 장미과

1 2 3 4 5 6 7 8 9 10 11 12

빈대

빈대는 사람이나 다른 동물에 붙어서 산다. 아주 작다. 몸은 붉은빛이 도는 밤빛이고 납작하다. 날개는 거의 눈에 띄지 않는다. 낮에는 어두운 곳에 숨어 있다가 밤에 나와서 피를 빤다. 피를 빨면 몸이 두 배쯤 커진다. 먹을 것을 먹지 못해도 한두 해를 견딘다. 피를 빤 다음 짝짓기를 한다. 빈대가 물면 가려움이 생기는데, 병을 옮기지는 않는다고 한다. **생김새** 몸길이 4~9mm **사는 곳** 집 안, 새 둥지, 집짐승 몸 **먹이** 사람이나 짐승 피 **다른 이름** Bedbug **분류** 노린재목 > 빈대과

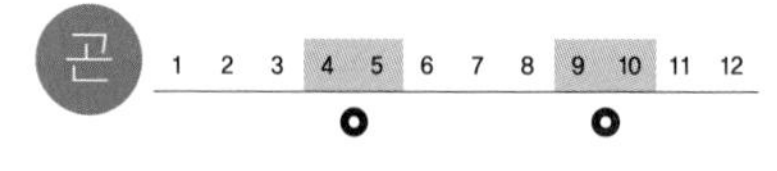

빌로오도재니등에

빌로오도재니등에는 이른 봄에 양지꽃이나 진달래꽃에서 볼 수 있다. 벌처럼 생겼다. 먹는 것도 벌처럼 꿀을 빤다. 제자리에서 날 줄도 알고, 순식간에 몇 미터를 날아갈 정도로 재빠르다. 몸에는 긴 털이 빽빽이 나 있고 아주 부드럽다. 암컷이 다른 벌레의 애벌레나 번데기에 알을 붙여 낳는다. 애벌레는 이 벌레의 체액을 빨아 먹고 자란다. **생김새** 몸길이 7~11mm **사는 곳** 낮은 산, 들판 **먹이** 애벌레_다른 벌레 | 어른벌레_꿀 **다른 이름** Greater bee fly **분류** 파리목 > 재니등에과

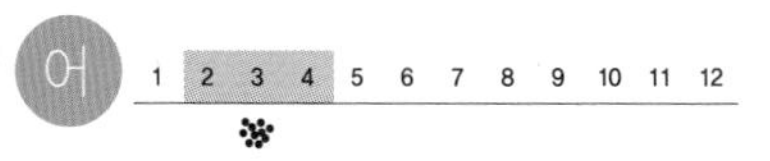

빙어

빙어는 너른 저수지와 댐에서 산다. 본디 바다와 강을 오가는 물고기다. 찬물을 좋아해서 여름에는 깊은 곳에 살고 겨울에 물낯 가까이 올라온다. 다른 물고기는 물이 차가워지면 깊이 들어가지만, 빙어는 얼음장 밑에서 떼를 지어 헤엄쳐 다닌다. 봄에 개울을 거슬러 올라가서 알을 낳는다. 1년만 살아서 알을 낳고 죽는다. **생김새** 몸길이 10~14cm **사는 곳** 저수지, 댐, 강 **먹이** 플랑크톤, 작은 물벌레 **다른 이름** 나루매[북], 기름고기[북], 동어[북], 돌꼬리, Pond smelt **분류** 바다빙어목 > 바다빙어과

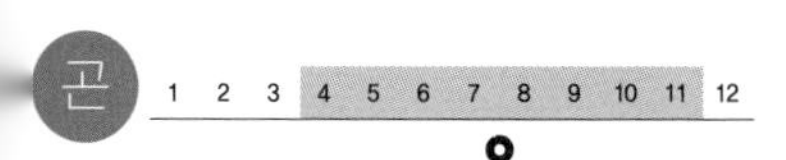

빨간집모기

빨간집모기는 모기 가운데 가장 흔한 편이다. 모기 암컷은 사람이나 짐승의 피를 빤다. 병을 옮기기도 한다. 모기가 물면 따끔하고 가렵다. 사람이나 짐승이 있으면 어디든 온다. 수컷은 과일이나 풀 줄기에서 즙을 빨아 먹고 산다. 피를 빤 암컷은 웅덩이나 고인 물속에 알을 낳는다. 애벌레를 장구벌레라고 한다. 어른벌레로 겨울을 난다. **생김새** 몸길이 5~6mm **사는 곳** 집, 들판, 물가 **먹이** 짐승이나 사람 피, 식물 즙 **다른 이름** Common house mosquito **분류** 파리목 > 모기과

어

1 2 3 4 5 6 7 8 9 10 11 12

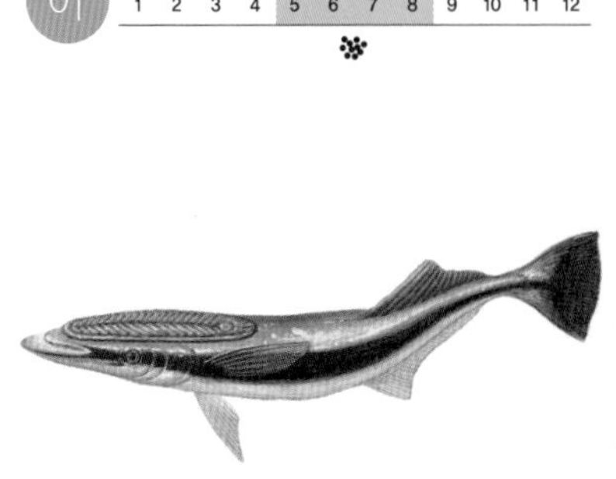

빨판상어

빨판상어는 따뜻한 물을 좋아한다. 혼자 헤엄쳐 다니기도 하지만 상어나 고래처럼 자기보다 덩치 큰 물고기에 빌붙어서 산다. 머리 위에 빨판이 있어서 덩치 큰 물고기 배에 딱 붙어 다닌다. 큰 물고기가 먹다 흘리는 찌꺼기를 받아먹고 산다. 달라붙는 힘이 아주 세서 사람이 일부러 떼 내려 해도 안 떨어진다. **생김새** 몸길이 60~70cm **사는 곳** 우리나라 온 바다 **먹이** 먹이 찌꺼기 **다른 이름** 망치고기, Shark sucker **분류** 농어목 > 빨판상어과

조

1 2 3 4 5 6 7 8 9 10 11 12

뻐꾸기

뻐꾸기는 낮은 산이나 숲에 산다. '뻐꾹, 뻐꾹' 하고 운다. 짝짓기 때만 암수가 쌍을 이룬다. 짝짓기를 하고 나면 자기보다 몸집은 작지만 번식력이 강한 새 둥지를 찾아가 몰래 알을 낳는다. 탁란이라고 한다. 뻐꾸기 새끼는 다른 알과 새끼를 둥지 밖으로 밀어 내고 먹이를 독차지한다. 진짜 어미는 가까이에서 울음소리로 새끼를 가르친다. 새끼가 다 자라면 함께 둥지를 떠난다. **생김새** 몸길이 33cm **사는 곳** 야산, 냇가, 숲, 공원 **먹이** 벌레, 쥐 **다른 이름** Cuckoo **분류** 두견목 > 두견과

속

1 2 3 4 5 6 7 8 9 10 11 12

뽀리뱅이

뽀리뱅이는 볕이 잘 드는 논둑이나 밭둑, 길가에서 흔하게 자란다. 줄기는 곧게 서고 위에서 가지를 친다. 속이 비어 있고 잔털이 많이 난다. 뿌리잎은 밑이 좁아지고 가장자리가 무 잎처럼 갈라진다. 줄기잎은 없거나 서너 장이 난다. 봄에 가지 끝에서 옅은 노란 꽃이 모여 핀다. 열매는 밤빛이고 위쪽에 흰 우산털이 있다. **생김새** 높이 15~100cm | 잎 8~25cm, 모여나거나 어긋난다. **사는 곳** 논둑, 밭둑, 길가 **다른 이름** 박조가리나물, 보리뱅이, Oriental false hawksbeard **분류** 쌍떡잎식물 > 국화과

속 1 2 3 4 5 6 7 8 9 10 11 12

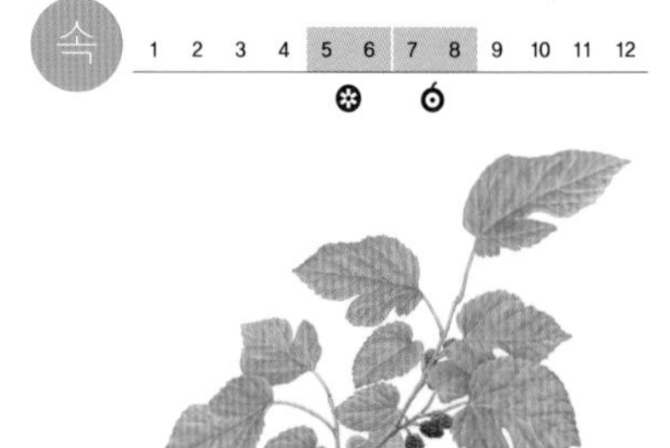

뽕나무

뽕나무는 누에를 치려고 심어 기른다. 잎은 달걀 모양이고 부드러운 털이 있다. 잎을 따면 흰 즙이 나온다. 열매는 오디라고 한다. 여름에 까맣게 익는데 달다. 잎은 누에를 쳐서 비단을 뽑게 한다. 누에는 뽕잎만 먹는다. 뿌리는 약으로 쓴다. 가지로는 종이를 만든다. 속 줄기로는 채반이나 신을 삼기도 한다. **생김새** 높이 3m | 잎 5~15cm, 어긋난다. **사는 곳** 밭 **다른 이름** 오디나무, 백상, Mulberry **분류** 쌍떡잎식물 > 뽕나무과

1 2 3 4 5 6 7 8 9 10 11 12

뽕나무버섯

뽕나무버섯은 여름부터 가을까지 살아 있는 나무 밑동이나 그루터기, 죽은 나무줄기에 난다. 무리 지어 나거나 뭉쳐 난다. 갓은 둥근 산처럼 생겼다가 자라면서 판판해지고 가운데는 오목하다. 거친 비늘 조각이 빽빽하게 덮여 있다. 밑동에는 긴 균사 다발이 있다. 이 다발이 살아 있는 나무뿌리에 파고들어 나무를 죽게 한다. **생김새** 갓 33~102mm **사는 곳** 넓은잎나무나 바늘잎나무 그루터기 **다른 이름** 개암버섯[북], 글쿠버섯, 꿀밀버섯, Honey fungus **분류** 주름버섯목 > 뽕나무버섯과

1 2 3 4 5 6 7 8 9 10 11 12

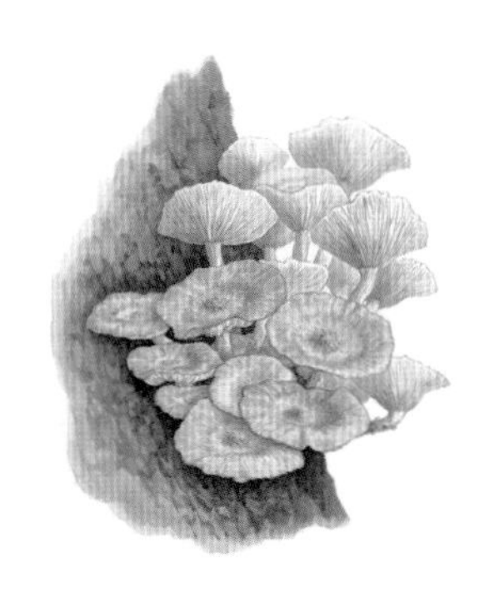

뽕나무버섯부치

뽕나무버섯부치는 여름부터 가을까지 죽은 나무 그루터기나 살아 있는 나무 밑동에 뭉쳐나거나 무리 지어 난다. 뽕나무버섯과 닮았는데 턱받이가 없고 갓 색이 더 밝다. 갓은 가운데가 오목하고 비늘 조각이 빽빽이 덮여 있다. 뽕나무버섯처럼 밑동에 붙은 균사 다발이 퍼지면서 나무뿌리에 파고든다. 나무가 병들고 심하면 죽는다. **생김새** 갓 25~54mm **사는 곳** 나무 그루터기, 나무 밑동 **다른 이름** 나도개암버섯[북], 참나무가다발, 가다발, Ringless honey fungus **분류** 주름버섯목 > 뽕나무버섯과

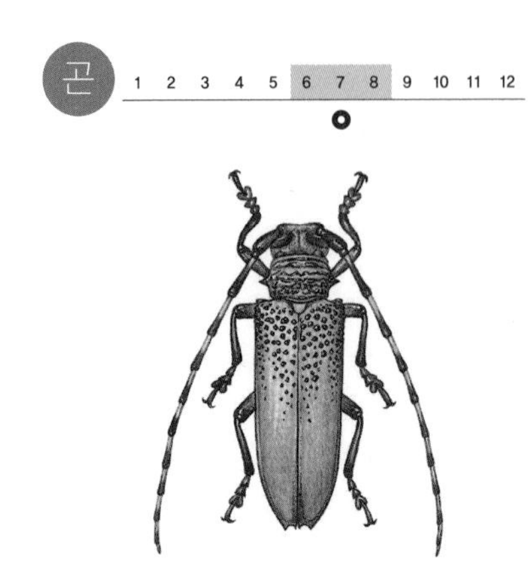

뽕나무하늘소

뽕나무하늘소는 뽕나무뿐만 아니라, 여러 과일나무나 다른 넓은잎나무를 먹고 산다. 여름에 새로 난 나뭇가지 껍질이나 과일을 물어뜯고 즙을 먹는다. 밤에 불빛을 보고 날아오기도 한다. 알은 사과나무나 무화과나무에 많이 낳는다. 애벌레는 나무속을 파먹으면서 자란다. 애벌레가 많으면 나무가 병이 들기도 한다. **생김새** 몸길이 35~45mm **사는 곳** 과수원, 숲 **먹이** 애벌레_나무속 | 어른벌레_나뭇진, 과일즙 **다른 이름** 뽕나무돌드레, 뽕집게, Mulberry longhorn beetle **분류** 딱정벌레목 > 하늘소과

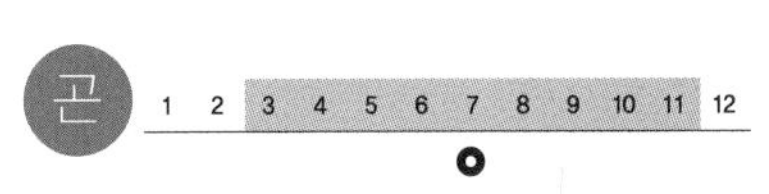

뿔나비

뿔나비는 넓은잎나무가 우거진 골짜기에 모여 산다. 어른벌레로 양지바른 덤불에서 겨울잠을 자고 이른 봄에 깨어나서 날아다닌다. 한여름부터 이듬해 봄까지 잠을 자는 것이 많다. 가을에 잠에서 깨어나기도 하는데 이 나비들은 꽃에서 꿀을 빤다. 알은 팽나무나 풍게나무 잎에 낳는다. 애벌레는 한데 모여서 팽나무 잎을 갉아 먹는다. **생김새** 날개 편 길이 32~47mm **사는 곳** 산골짜기 **먹이** 애벌레_팽나무, 풍게나무 잎 | 어른벌레_꿀 **다른 이름** Nettle-tree butterfly **분류** 나비목 > 네발나비과

뿔논병아리

뿔논병아리는 호수나 강에서 홀로 또는 2~3마리씩 무리 지어 산다. 짝짓기 무렵에 뒤통수에 뿔처럼 뾰족한 머리깃이 자란다. 논병아리처럼 다리가 몸 뒤쪽에 치우쳐 있어서 걷는 일은 드물고 헤엄을 치거나 잠수를 하면서 먹이를 찾는다. 논병아리와 달리 겨울 철새였지만, 점점 텃새로 지내는 무리가 늘고 있다. **생김새** 몸길이 50cm **사는 곳** 저수지, 강, 연못, 바다 **먹이** 물고기, 개구리, 벌레, 물풀 **다른 이름** Great crested grebe **분류** 논병아리목 > 논병아리과

뿔물맞이게

뿔물맞이게는 바닷가 조금 깊은 곳에서 산다. 물이 맑고 바닷말이 자라는 갯바위를 좋아한다. 얕은 바닷속 거머리말 숲에 숨어 살기도 한다. 제 몸을 지키려고 등에 파래 같은 바닷말을 붙이고 다녀서 제 모습을 보기 어렵다. 옆으로 걷지 않고 밤게처럼 앞으로 걷는다. 걸음이 느리다. 수컷이 암컷보다 크고 집게발도 크다. 여름에 알을 낳는다 **생김새** 등딱지 크기 1.6×2.3cm **사는 곳** 바닷말이 자라는 갯바위 **먹이** 바닷말, 작은 동물 **다른 이름** Kelp crab **분류** 절지동물 > 뿔물맞이게과

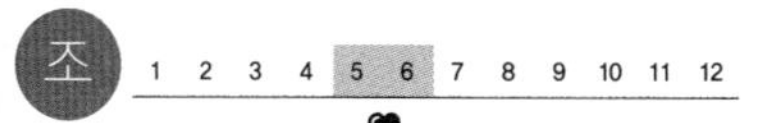

뿔종다리

뿔종다리는 머리 위에 뿔처럼 뾰족하게 깃이 솟아 있다. 작은 무리를 지어 풀밭이나 낮은 언덕을 날아다닌다. 특히 자갈이 많고 메마른 땅에 많이 사는데 쉴 때는 나무 위에 올라가기도 한다. 여름에는 벌레를 잡아먹고, 겨울에는 논밭에서 풀씨나 낟알을 주워 먹는다. 자갈이 있는 오목한 땅에 둥지를 짓는다. 해마다 같은 곳에 짓는다. 흔한 새였지만 지금은 아주 드물다. **생김새** 몸길이 17cm **사는 곳** 들판, 논밭, 마을 **먹이** 벌레, 곡식, 풀씨 **다른 이름** Crested lark **분류** 참새목 > 종다리과

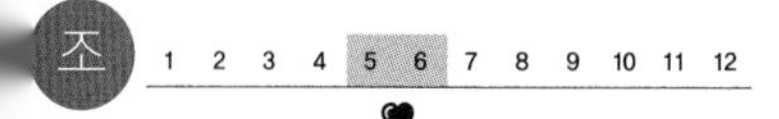

삑삑도요

삑삑도요는 냇가나 강 같은 민물에서 혼자 살거나 두세 마리씩 작은 무리를 짓고 산다. '삐삐삐삑' 하고 날카로운 소리로 운다. 다리가 짧아서 땅 위를 걸을 때는 궁둥이를 위아래로 흔들면서 뒤뚱거린다. 물가를 걸어 다니면서 지렁이나 벌레, 거미를 잡아먹는다. 우리나라에는 봄가을에 작은 개울이나 논에 내려앉아 한동안 쉬었다 간다. **생김새** 몸길이 24cm **사는 곳** 강, 논, 저수지, 습지 **먹이** 지렁이, 거미, 벌레, 새우, 게 **다른 이름** 삑삑도요[북], Green sandpiper **분류** 도요목 > 도요과

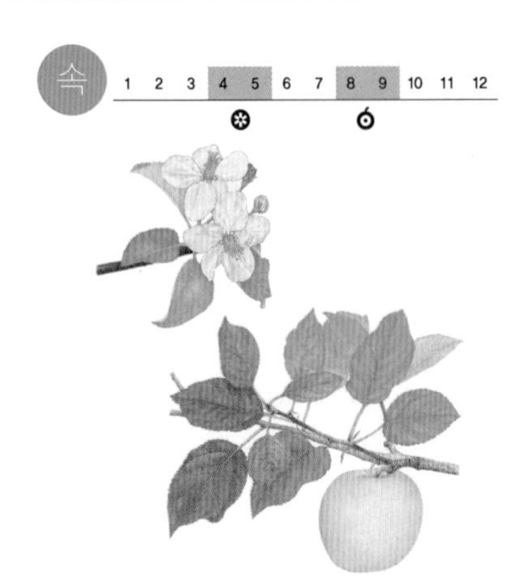

사과나무

사과나무는 사과를 먹으려고 밭에 심어 기르는 과일나무다. 사과는 과일 가운데 귤 다음으로 많이 나고, 땅 넓이로는 사과나무 밭이 가장 넓다. 잎 가장자리에 톱니가 있고 잎자루가 길다. 잎자루와 잎 뒷면에 털이 있다. 봄에 잎이 날 때 흰꽃이 함께 핀다. 심을 때는 능금나무나 야광나무에 접을 붙여 심는다. 나무 모양이나 열매 모양, 열매가 열리는 때가 품종마다 다르다. **생김새** 높이 5~15m | 잎 7~12cm, 어긋난다. **사는 곳** 밭 **다른 이름** Apple tree **분류** 쌍떡잎식물 > 장미과

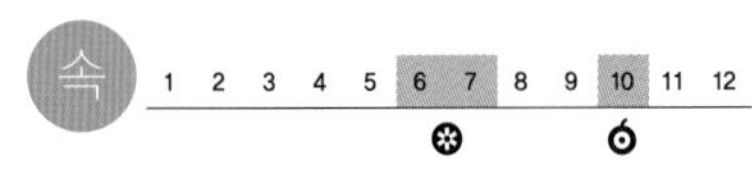

사람주나무

사람주나무는 산기슭 숲속이나 골짜기에서 자란다. 바닷가 숲을 좋아한다. 줄기는 잿빛이고 매끈하다. 가지를 자르면 흰 즙이 나온다. 잎은 길쭉하고 도톰하다. 잎자루가 길고 가장자리는 밋밋하다. 가을에 붉게 단풍이 든다. 이른 여름에 작고 노란 꽃이 햇가지 끝에서 모여 핀다. 열매는 세모난 모양인데 누런 밤빛으로 여물면서 세 쪽으로 갈라진다. **생김새** 높이 4~6m | 잎 7~15cm, 어긋난다. **사는 곳** 산기슭 숲속, 골짜기 **다른 이름** 쇠동백나무, 산호자, 귀룽목, Tallow tree **분류** 쌍떡잎식물 > 대극과

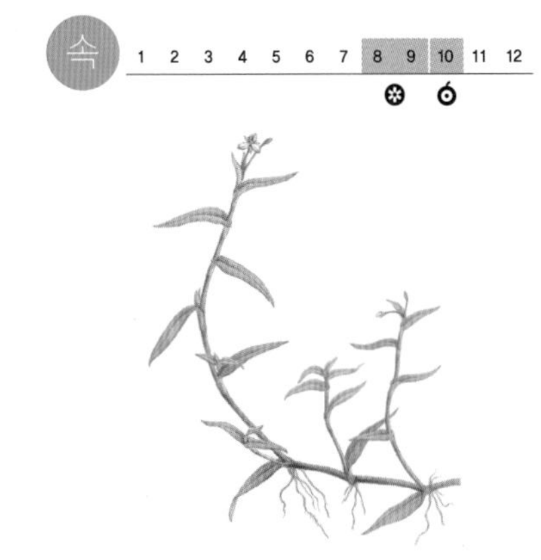

사마귀풀

사마귀풀은 논이나 늪, 도랑 옆 물가에서 자란다. 줄기는 땅 위를 기면서 마디에서 뿌리를 내리며 자란다. 줄기 끝은 곧게 선다. 물기를 많이 머금고 있다. 잎은 두 줄로 어긋나고 좁은 버들잎 모양이다. 반질반질하다. 줄기 끝이나 잎겨드랑이에서 옅은 분홍빛 꽃이 한 송이씩 핀다. 열매는 타원형이고 밑에 꽃받침이 남아서 열매를 둘러싼다. **생김새** 높이 10~30cm | 잎 2~6cm, 어긋난다. **사는 곳** 논, 늪, 물가 **다른 이름** 사마귀약풀[북], 애기닭의밑씻개, 애기달개비, 일본수죽엽, Marsh dewflower **분류** 외떡잎식물 > 닭의장풀과

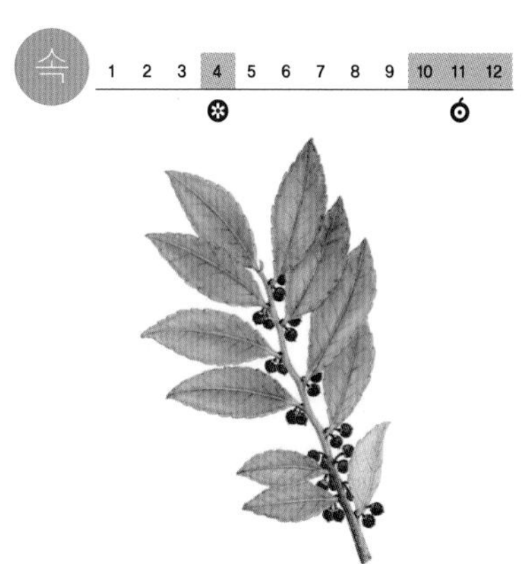

사스레피나무

사스레피나무는 따뜻한 남부 지방 여러 섬에서 자란다. 심어 기르기도 한다. 잎은 두 해 동안 나무에 붙어 있는데 도톰하고 질기다. 앞은 윤기가 나고 뒤쪽은 윤기가 나지 않는다. 봄에 누런 풀빛 꽃이 잎겨드랑이에서 1~3송이씩 핀다. 암수딴그루다. 열매는 작고 둥글다. 검보랏빛으로 여문다. **생김새** 높이 1~3m | 잎 3~8cm, 어긋난다. **사는 곳** 따뜻한 남부 지방 **다른 이름** 무치러기나무, 가새목, 세푸랑나무, East Asian eurya **분류** 쌍떡잎식물 > 차나무과

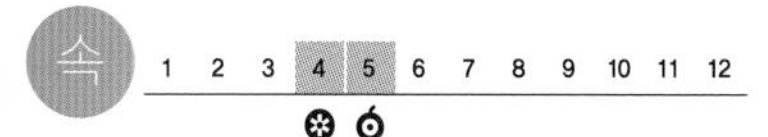

사시나무

사시나무는 산기슭 물기가 많은 땅에서 자란다. 줄기는 윤기가 난다. 오래 자란 나무는 밑부분이 검게 되고 거칠어진다. 잎은 둥글거나 둥근 세모꼴이다. 바람이 조금만 불어도 잎이 많이 흔들린다. 가장자리는 물결 모양이고 뒷면이 희다. 봄에 잎보다 먼저 꽃이 핀다. 암수딴그루이다. 열매는 여물면 두 갈래로 갈라지는데 자잘한 씨앗이 많이 들어 있다. **생김새** 높이 10~20m | 잎 2~6cm, 어긋난다. **사는 곳** 산기슭 **다른 이름** 백양나무, 파드득나무, Korean aspen **분류** 쌍떡잎식물 > 버드나무과

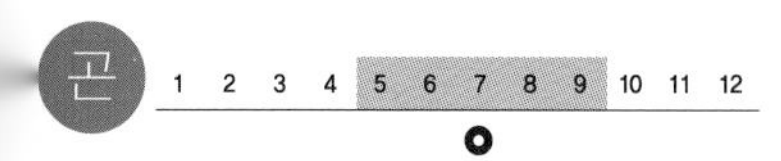

사시나무잎벌레

사시나잎벌레는 잎벌레 무리에 든다. 몸집이 큰 편이다. 사시나무, 황철나무, 버드나무 잎을 갉아 먹는다. 어른벌레로 겨울을 나고, 봄에 쌀알처럼 생긴 알을 나뭇잎에 붙여 낳는다. 애벌레는 5일쯤이면 알에서 깨어나서 잎을 갉아 먹는다. 잎맥만 남겨서 잎이 그물처럼 된다. 애벌레나 어른벌레나 건드리면 모두 고약한 냄새가 나는 희뿌연 물을 내뿜는다. **생김새** 몸길이 11mm **사는 곳** 산, 개울 **먹이** 풀잎, 나뭇잎 **다른 이름** Red poplar leaf beetle **분류** 딱정벌레목 > 잎벌레과

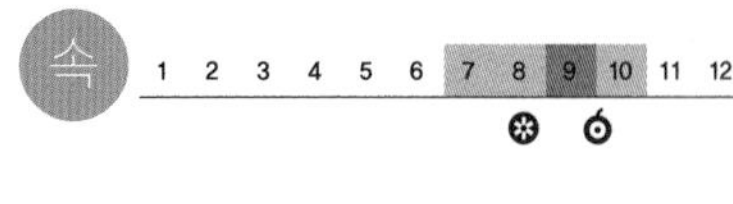

사위질빵

사위질빵은 산이나 들판에서 자란다. 돌이나 나무를 기어오르며 자라는 덩굴나무인데 풀처럼 보인다. 줄기는 길게 뻗는다. 세로로 모가 있고 어린 가지에 잔털이 나 있다. 잎은 잎자루가 길고 쪽잎 석 장으로 된 겹잎이다. 쪽잎 가장자리에 큰 톱니가 있다. 여름에 줄기 끝과 잎겨드랑이에서 꽃대가 나와 흰 꽃이 핀다. 열매는 가을에 익는데 5~10개씩 모여 달리고 털이 있다. **생김새** 길이 3~8m | 잎 4~7cm, 마주난다. **사는 곳** 산, 들판 **다른 이름** 질빵풀, Three-leaf clematis **분류** 쌍떡잎식물 > 미나리아재비과

사철나무

사철나무는 사철 내내 잎이 지지 않고 푸르다. 산기슭 양지바른 곳에서 저절로 자란다. 모래땅이나 메마른 땅에서도 잘 자란다. 공원이나 집 둘레에 심어 기르기도 한다. 공기 오염에도 강하고 가지치기를 해도 잘 자란다. 잎은 두툼하고 윤이 난다. 늘푸른넓은잎나무 가운데 추위를 아주 잘 버틴다. 꽃은 푸르스름한 흰빛을 띠며, 열매는 누런 붉은빛이다. **생김새** 높이 3m | 잎 3~7cm, 마주난다. **사는 곳** 산기슭, 뜰, 공원 **다른 이름** 동청목, 들축나무, 겨우살이나무, Evergreen spindle **분류** 쌍떡잎식물 > 노박덩굴과

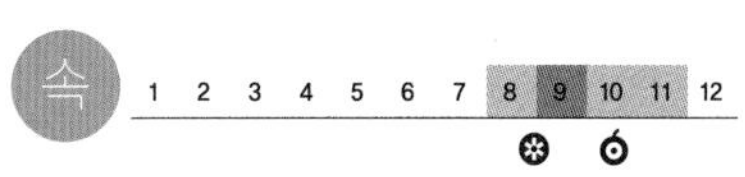

사철쑥

사철쑥은 바닷가나 강가 모래밭에서 자란다. 쑥은 대개 시골 논밭 둘레에 많이 나지만, 사철쑥은 메마르고 땡볕이 내리쬐는 곳에서 잘 자란다. 처음에는 뿌리에서 잎이 무성하게 나다가 줄기가 올라온다. 한여름부터 작고 노란 꽃들이 줄기 끝에 달려서 핀다. 줄기는 겨우내 죽지 않았다가, 묵은 줄기에서 다시 싹이 돋는다. **생김새** 높이 30~100cm | 잎 2~6cm, 모여나거나 어긋난다. **사는 곳** 바닷가, 강가 모래밭 **다른 이름** 더위지기, 인진쑥, 애땅쑥, 애탕쑥, Capillary wormwood **분류** 쌍떡잎식물 > 국화과

사향노루

사향노루는 고라니와 닮았지만 더 작다. 몸빛은 더 짙다. 고라니처럼 뿔은 없고 수컷만 송곳니가 입 밖으로 나와 있다. 꼬리는 아주 짧다. 바위가 많고 높은 산에서 산다. 절벽에서도 잘 달린다. 눈과 귀가 밝고 겁이 많아서 작은 소리에도 잘 도망간다. 새끼 때만 어미와 함께 지내고 크면 혼자 지낸다. 배 쪽에 사향 주머니가 있어서 한때 마구 잡았다. 지금은 드물다. **생김새** 몸길이 70~100cm **사는 곳** 바위가 많은 산 **먹이** 어린 나뭇가지, 새순, 풀잎 **다른 이름** Musk deer **분류** 우제목 > 사향노루과

어 1 2 3 4 5 6 7 8 9 10 11 12

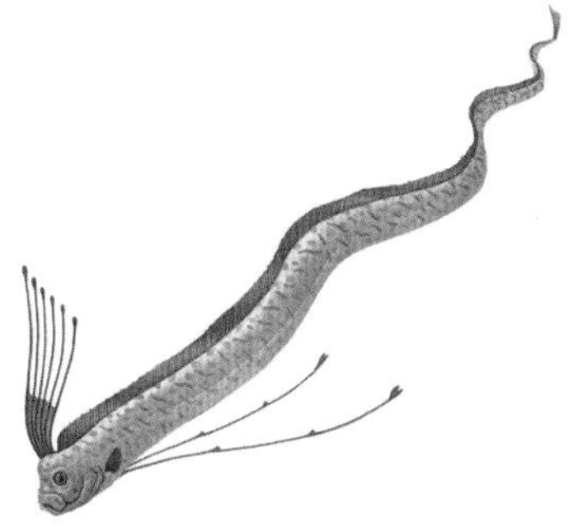

산갈치

산갈치는 아주 깊은 바닷속에서 사는 물고기다. 우리나라에는 동해나 남해에서 가끔 볼 수 있다. 갈치와 닮았지만 갈치보다 훨씬 크다. 몸이 아주 길어서 여러 사람이 모여야 겨우 들 수 있다. 배지느러미가 실처럼 길게 늘어진다. 깊은 바닷속에서 살기 때문에 사는 모습이 밝혀지지 않았다. 작은 새우 같은 갑각류를 많이 잡아먹는다고 알려져 있다. **생김새** 몸길이 5~10m **사는 곳** 동해, 남해 **먹이** 작은 새우, 갑각류 **다른 이름** Oar fish **분류** 이악어목 > 산갈치과

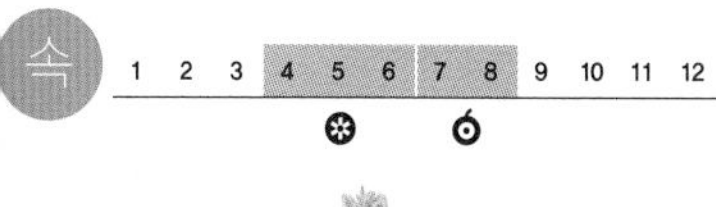

산괴불주머니

산괴불주머니는 볕이 잘 드는 산에서 자란다. 물기가 많으면서도 물이 잘 빠지는 땅을 좋아한다. 줄기는 곧게 서고 가지를 많이 친다. 잎은 깃 모양으로 갈라지고 쪽잎도 다시 깊게 갈라진다. 끝이 뾰족하다. 봄부터 줄기 끝에서 노란 꽃이 줄줄이 붙어 핀다. 열매는 가늘고 긴 꼬투리처럼 생겼다. 구슬을 줄에 꿴 모양이다. 둥근 씨가 10~15개 들어 있다. **생김새** 높이 30~50cm | 잎 10~15cm, 어긋난다. **사는 곳** 산속 **다른 이름** 산뿔꽃[북], Beautiful corydalis **분류** 쌍떡잎식물 > 양귀비과

산국

산국은 볕이 잘 드는 산기슭이나 밭둑, 들판에서 자란다. 줄기는 곧게 서고 위쪽에서 가지를 많이 친다. 짧고 흰 털이 많이 나 있다. 잎은 손바닥 모양으로 여러 갈래로 갈라진다. 가장자리에 고르지 않은 톱니가 있다. 가을에 줄기와 가지 끝에서 작고 노란 꽃이 모여 핀다. 향기가 좋다. 열매는 밤빛이고 우산털이 없다. **생김새** 높이 1~1.5m | 잎 5~7cm, 모여나거나 어긋난다. **사는 곳** 산기슭, 밭둑, 들판 **다른 이름** 기린국화[북], 들국화, Northern dendranthema **분류** 쌍떡잎식물 > 국화과

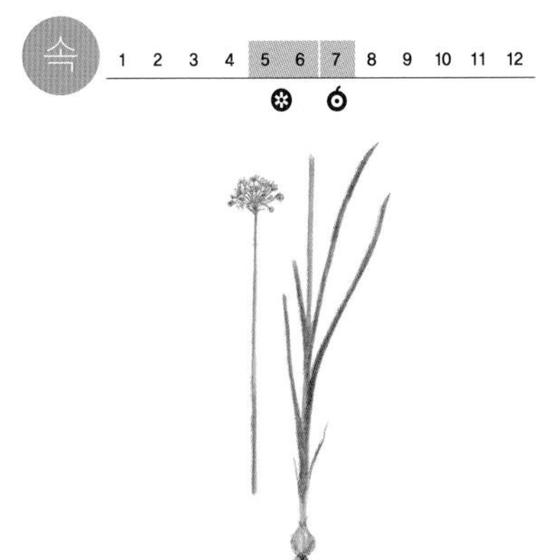

산달래

산달래는 볕이 잘 드는 낮은 산이나 들판에서 자란다. 흔히 봄나물로 먹는 달래가 산달래이다. 나물로 먹으려고 밭에 심기도 한다. 땅속에 있는 비늘줄기는 작은 달걀 모양이다. 껍질이 두껍고 속살은 희다. 잎은 뿌리목에서 두 개쯤 나온다. 잎 밑이 꽃줄기를 둘러싼다. 봄에 흰빛이나 옅은 분홍빛 꽃이 꽃대 끝에 모여 핀다. 알싸한 냄새가 난다. **생김새** 높이 40~80cm | 잎 20~30cm, 모여난다. **사는 곳** 낮은 산, 들판 **다른 이름** 달래[북], 돌달래, Long-stamen chive **분류** 외떡잎식물 > 백합과

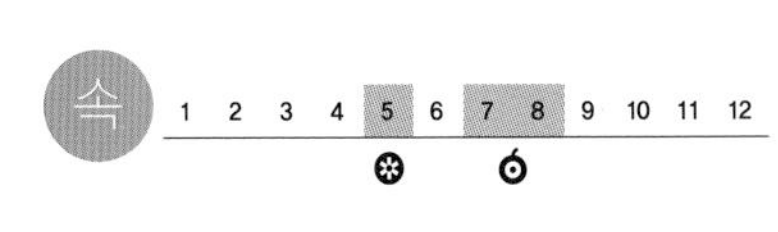

산딸기

산딸기나무는 햇볕이 잘 드는 산어귀나 들판에서 저절로 자란다. 밭둑에 심기도 한다. 잎은 가장자리에 톱니가 있다. 잔가시가 많아서 맨손으로 잘못 만지면 손이 많이 긁힌다. 하얀 꽃이 피는데 꽃에 꿀이 많다. 여름에 열매가 빨갛게 익으면 날로 따 먹는다. 산에 사는 새와 작은 들짐승도 잘 먹는다. 뱀딸기와 헷갈리기 쉬운데 열매 모양이 다르다. **생김새** 높이 1~2m | 잎 6~10cm, 어긋난다. **사는 곳** 산어귀, 들 **다른 이름** 산딸기나무, 나무딸기, Korean raspberry **분류** 쌍떡잎식물 > 장미과

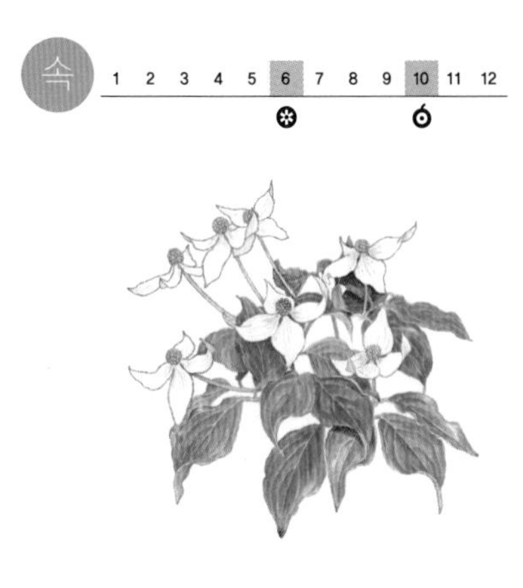

산딸나무

산딸나무는 산기슭 기름진 땅에서 잘 자란다. 열매가 산딸기처럼 생겼다고 산딸나무라고 한다. 여름에 작은 꽃들이 하얀 가짜 꽃에 싸여 핀다. 빨간 열매도 예뻐서 공원이나 마당에도 심는다. 가지는 한 해에 한 층씩 줄기에서 층을 지어가며 난다. 열매 속에 쌀알만 한 씨가 네 개쯤 들어 있다. 술을 담그기도 한다. 목재가 단단해서 악기를 만들 때도 쓴다. **생김새** 높이 10m | 잎 5~12cm, 마주난다. **사는 곳** 산기슭 **다른 이름** 들메나무, 미영꽃나무, Korean dogwood **분류** 쌍떡잎식물 > 층층나무과

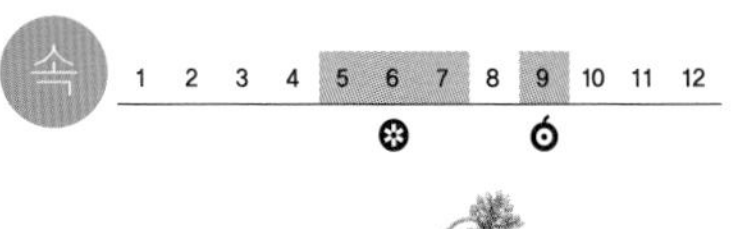

산마늘

산마늘은 깊은 산 나무숲에서 자란다. 비늘줄기는 긴달걀꼴이거나 버들잎 모양이다. 겉에는 그물 같은 갈색 섬유로 덮여 있다. 잎은 뿌리에서 두세 장이 난다. 긴 타원형인데 밑과 끝이 좁고 가장자리는 밋밋하다. 봄부터 여름 동안에 긴 꽃대 끝에 여러 송이 꽃이 우산 꼴로 모여 달린다. 열매는 세모지고 검은 씨가 달린다. **생김새** 높이 40~70cm | 잎 20~30cm, 모여난다. **사는 곳** 깊은 산 나무숲 **다른 이름** 서수레[북], 명이나물, 맹이풀, Alpine broad-leaf allium **분류** 외떡잎식물 > 백합과

산벚나무

산벚나무는 큰 산에서 많이 자란다. 다른 벚나무와 달리 꽃이 필 때 잎도 같이 돋는다. 꽃은 흰빛이나 분홍빛으로 피고 꽃잎은 향기가 없다. 버찌는 콩알만 하다. 초여름부터 빨개졌다가 까맣게 익는데 새콤달콤하다. 버찌 가운데 가장 달다. 새나 짐승도 버찌를 잘 먹는다. 새나 산짐승이 버찌를 먹고 여기저기 똥을 눠서 산에 어린 벚나무가 많이 자란다. **생김새** 높이 20m | 잎 8~12cm, 어긋난다. **사는 곳** 산 **다른 이름** Sargent's cherry **분류** 쌍떡잎식물 > 장미과

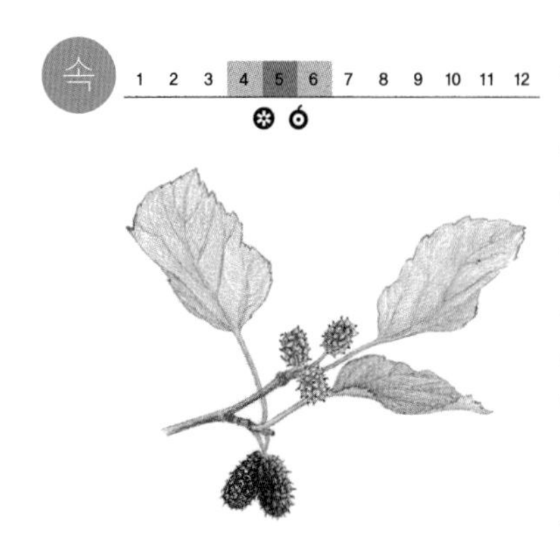

산뽕나무

산뽕나무는 볕이 좋은 산이나 밭둑에서 저절로 자란다. 밭에 심는 뽕나무보다 잎이 작고 빳빳하다. 잎마다 모양이 달라서 깊게 갈라지기도 한다. 오디는 여름 들머리에 새까맣게 여무는데 바람이 불면 잘 떨어진다. 뽕나무 오디보다 볼품없지만 맛은 더 달다. 알이 잘아서 한 움큼씩 따서 입에 털어 넣어 먹는다. 잎은 따다가 누에를 치고 나무껍질과 뿌리를 약으로 쓴다. **생김새** 높이 8m | 잎 2~22cm, 어긋난다. **사는 곳** 산, 밭둑 **다른 이름** Korean mulberry **분류** 쌍떡잎식물 > 뽕나무과

산사나무

산사나무는 볕이 좋은 산기슭이나 골짜기, 마을 둘레에서 자란다. 꽃과 열매가 아름다워서 마당이나 공원에서도 기르고, 꿀을 얻으려고 심기도 한다. 잎 가장자리에 뾰족하고 불규칙한 톱니가 있다. 작고 흰 꽃이 가지 끝에 모여 핀다. 열매는 가을에 붉게 익는데 어린 사과와 닮았다. 씨가 3~5개 있다. 새도 잘 먹는다. **생김새** 높이 4~8m | 잎 5~10cm, 어긋난다. **사는 곳** 산기슭, 골짜기, 마을 둘레 **다른 이름** 찔광나무, 애광나무, 뚱광나무, Mountain hawthorn **분류** 쌍떡잎식물 > 장미과

산속그물버섯아재비

산속그물버섯아재비는 여름부터 가을까지 넓은잎나무와 소나무가 섞여 자라는 숲속 땅에 난다. 홀로 나거나 무리 지어 난다. 드문 편이다. 갓은 어릴 때는 둥근 산 모양이고 갓 끝이 안쪽으로 말려 있다가 자라면서 판판하게 펴진다. 문지르면 파랗게 빛깔이 바뀐다. 갓 밑은 벌집처럼 생긴 구멍이 있고 연한 노란빛이다가 밤빛이 된다. 대 겉에 불그스름한 가루가 붙어 있다. 독버섯이다. **생김새** 갓 45~155mm **사는 곳** 넓은잎나무 숲, 소나무 숲 **분류** 그물버섯목 > 그물버섯과

산솔새

산솔새는 높은 산 중턱 숲에 많이 산다. 무리를 짓지 않고, 혼자 또는 암수가 함께 산다. 나무 사이를 활발하게 날아다니면서 주로 벌레를 잡아먹는다. 봄에 하루 종일 높은 소리로 울면서 자기 세력권을 알리고 짝을 찾는다. 숲속 땅바닥이나 벼랑 움푹 파인 곳에 둥지를 짓고 새끼를 친다. 우리나라에서 나그네새로 쉬어 가기도 한다. **생김새** 몸길이 13cm **사는 곳** 야산, 숲, 공원, 정원 **먹이** 벌레 **다른 이름** Crowned willow warbler **분류** 참새목 > 휘파람새과

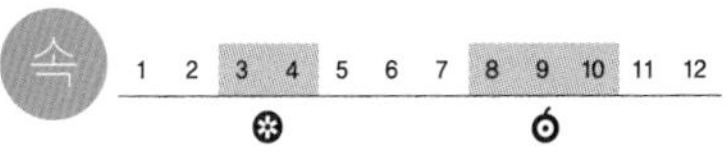

산수유

산수유나무는 산기슭이나 산골짜기에서 저절로 자란다. 꽃을 보고 열매를 쓰려고 심어 기른다. 이른 봄에 잎보다 먼저 노란 꽃을 피워 봄을 알린다. 잎 앞면은 윤기가 나고 뒷면은 흰빛이 돈다. 단풍은 노랗거나 빨갛게 드는데 나무마다 조금씩 빛깔이 다르다. 가을이면 열매가 새빨갛게 익는다. 열매는 서리가 내린 다음에 딴다. **생김새** 높이 7m | 잎 4~12cm, 어긋난다. **사는 곳** 산기슭, 뜰, 공원 **다른 이름** 산채황, 석조, 무등, Korean cornelian dogwood **분류** 쌍떡잎식물 > 층층나무과

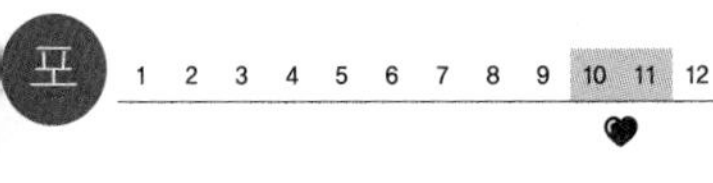

산양

산양은 높은 산속 험한 바위 지대에서 산다. 암수 모두 작고 뾰족한 뿔이 있다. 발굽이 바위에 알맞게 발달해서 가파른 절벽에서도 내달리듯 뛰어다닐 줄 안다. 수컷은 혼자서 지내고, 암컷은 새끼와 무리를 이루고 산다. 아침저녁으로 다니면서 풀과 나뭇잎을 뜯어 먹는다. 도토리 같은 나무 열매도 먹는다. 가을에 짝짓기를 하고 이듬해 봄에 새끼를 한두 마리 낳는다 **생김새** 몸길이 120~135cm **사는 곳** 바위가 많은 산 **먹이** 풀, 나뭇잎, 이끼 **다른 이름** Long-tailed goral **분류** 우제목 > 소과

속 1 2 3 4 5 6 7 8 9 10 11 12

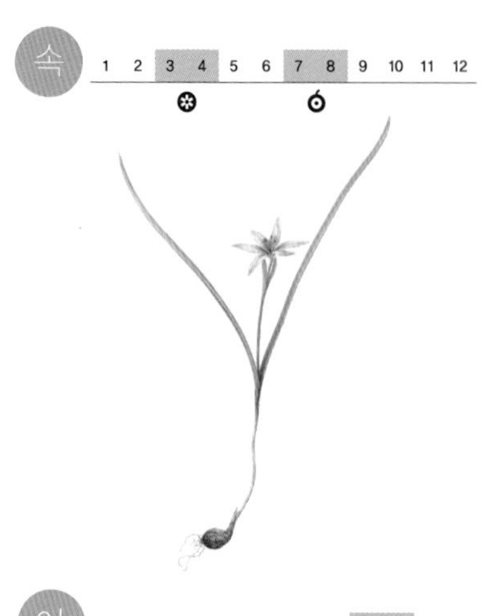

산자고

산자고는 볕이 잘 드는 산에서 자란다. 전라도, 제주도에서 많이 난다. 동그란 알줄기에서 길쭉하고 갸름한 잎이 두 장 난다. 알줄기는 양파처럼 누르스름한 껍질에 싸여 있다. 이른 봄에 하얀 꽃이 핀다. 꽃잎에 자줏빛 줄무늬가 나 있다. 햇볕이 좋으면 꽃잎을 열고 있다가, 날이 흐려지면 꽃잎을 닫는다. 잎과 땅속 비늘줄기는 달달한 맛이 난다. 열매는 둥그스름하고 풀빛이다. **생김새** 높이 15~30cm | 잎 15~25cm, 모여난다. **사는 곳** 산 **다른 이름** 까치무릇, 물구, 물굿, Edible tulip **분류** 외떡잎식물 > 백합과

어 1 2 3 4 5 6 7 8 9 10 11 12

산천어

산천어는 송어가 민물에 눌러앉아 사는 물고기다. 본디 송어는 바다에서 지내다가 민물에 와서 알을 낳는다. 알을 낳고 바다로 돌아가지 않고 민물에 사는 송어가 산천어다. 송어보다 몸집이 훨씬 작다. 맑고 차가운 물에서 산다. 가을에 알을 낳는데 자갈이 깔린 여울에 수컷이 웅덩이를 파고 알자리를 만든다. 알을 낳고 자갈과 모래로 덮는다. **생김새** 몸길이 20cm **사는 곳** 산골짜기 **먹이** 물벌레, 작은 물고기 **다른 이름** 산이면수[북], 조골래, Cherry salmon **분류** 연어목 > 연어과

속 1 2 3 4 5 6 7 8 9 10 11 12

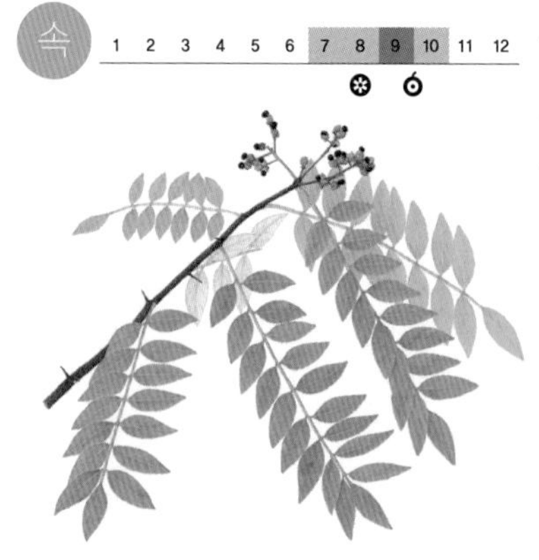

산초나무

산초나무는 산기슭 양지바른 곳에서 드문드문 자란다. 잎을 따서 비비면 향긋한 냄새가 난다. 잎은 쪽잎이 13~21장 달린다. 산초나무는 가시가 어긋나게 붙고 초피나무는 가시가 두 개씩 마주 붙는다. 꽃은 연한 풀빛이다. 열매가 여물면 저절로 터져서 씨앗이 드러난다. 씨앗은 검고 윤기가 난다. 열매는 말려서 약으로 쓰고 기름도 짠다. **생김새** 높이 1~3m | 잎 2~5cm, 어긋난다. **사는 곳** 산기슭 **다른 이름** 초피나무, 제피나무, 젠피나무, Mastic-leaf prickly ash **분류** 쌍떡잎식물 > 운향과

산호랑나비

산호랑나비는 산과 숲 가장자리나 햇볕이 잘 드는 풀밭에 산다. 호랑나비는 몇 마리가 함께 다니기도 하지만, 산호랑나비는 혼자 다닌다. 알은 애벌레가 먹는 미나리나 당근, 탱자나무, 유자나무 잎에 낳는다. 애벌레는 천적을 쫓는 냄새뿔이 있다. 뿔은 주황색이고 지독한 구린내를 풍긴다. 나뭇가지에 붙어서 번데기로 겨울을 난다. **생김새** 날개 편 길이 65~95mm **사는 곳** 낮은 산, 숲, 풀밭 **먹이** 애벌레_당근, 탱자나무, 유자나무 잎 | 어른벌레_꿀 **다른 이름** 노랑범나비[북], Old world swallowtail **분류** 나비목 > 호랑나비과

살구나무

살구나무는 집 가까이에 심는 과일나무다. 볕이 잘 드는 곳을 좋아한다. 잎 가장자리에 톱니가 있다. 꽃은 잎보다 일찍 피고 연붉은빛이다. 살구는 복숭아나 매실처럼 겉에 솜털이 많다. 잘 익으면 노랗게 된다. 손으로 살을 벌리면 씨가 나온다. 향이 좋고 맛이 달다. 씨는 대개 기름을 내서 약으로 쓴다. 베개 속에도 넣는다. 목재는 단단하고 무늬가 좋아서 가구를 짜는 데 쓴다. 심을 때는 개살구나무에 접을 붙인다. **생김새** 높이 5~12m | 잎 6~8cm, 어긋난다. **사는 곳** 마을, 뜰 **다른 이름** Apricot **분류** 쌍떡잎식물 > 장미과

살모사

살모사는 산기슭 돌무더기나 밭둑에서 산다. 어둑해질 때 나와서 작은 동물을 잡아먹는다. 깜깜해도 먹잇감의 체온을 느끼고 쫓아가 잡는다. 여름에 짝짓기를 한 다음, 배 속에서 새끼를 까서 이듬해 여름에 낳는다. 새끼는 태어나자마자 흩어져 홀로 살아간다. 겨울에는 여러 마리가 뒤엉켜 겨울잠을 잔다. 독이 세다. **생김새** 몸길이 80~90cm **사는 곳** 산기슭 돌무더기, 밭둑 **먹이** 쥐, 개구리, 작은 동물 **다른 이름** 까치독사, 살무사, 실망이, 부예기, Korean mamushi **분류** 유린목 > 살모사과

1 2 3 4 5 6 7 8 9 10 11 12

살오징어

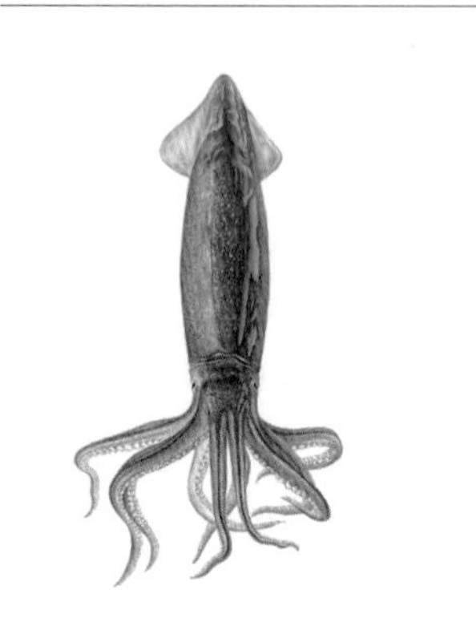

살오징어는 동해에 많이 산다. 흔히 오징어라고 한다. 다리가 열 개인데 이 가운데 긴 다리 두 개는 더듬이다. 위험을 느끼면 순식간에 몸 색깔을 바꾸거나 시꺼먼 먹물을 뿜는다. 밤에 불빛을 보고 몰려들기 때문에 배에 불을 환하게 켜고 잡는다. 날로 먹거나 데쳐서 먹는다. 젓갈을 담그거나 말려서 오래 두고 먹는다 **생김새** 몸길이 40cm **먹이** 새우, 게, 작은 물고기 **사는 곳** 동해, 남해, 서해 **다른 이름** 먹통고기, 오징어, Japanese flying squid **분류** 연체동물 > 살오징어과

무

1 2 3 4 5 6 7 8 9 10 11 12

살조개

살조개는 모래와 자갈이 섞인 갯벌에서 산다. 서해, 남해, 동해에서 다 나지만 흔하지는 않다. 조금 깊은 데서 나기 때문에 물이 많이 빠지는 겨울에 잘 잡힌다. 조가비가 두껍고 볼록하고 거칠며 세로로 골이 많이 나 있다. 가로로 난 성장선도 또렷하다. 살조개는 속에 모래가 없어 바로 먹을 수 있다. 굽거나 국에 넣어 먹는다 **생김새** 크기 5×4.2cm **사는 곳** 동해, 서해, 남해 얕은 바다 **다른 이름** 큰바스레기[북], 쌀댕이, 뒤엉, 바디조개, 참조개, Jedo venus **분류** 연체동물 > 백합과

어

1 2 3 4 5 6 7 8 9 10 11 12

살치

살치는 강이나 커다란 저수지에 살고, 물살이 느린 냇물이나 큰 댐에도 산다. 물낯 가까이에서 떼를 지어 헤엄쳐 다닌다. 화살처럼 생겼다. 비늘이 얇아서 손으로 잡으면 잘 벗겨진다. 실지렁이나 작은 새우를 잡아먹고 물풀과 풀씨도 먹는다. 늦가을이 되면 물이 깊은 강어귀로 가서 겨울을 난다. **생김새** 몸길이 15~20cm **사는 곳** 강, 저수지, 댐, 냇물 **먹이** 실지렁이, 새우, 물풀, 풀씨 **다른 이름** 강청어[북], 강멸치[북], 은치, 치리, 치레기, 딴치, 날치, 편중어, Sharpbelly **분류** 잉어목 > 강준치아과

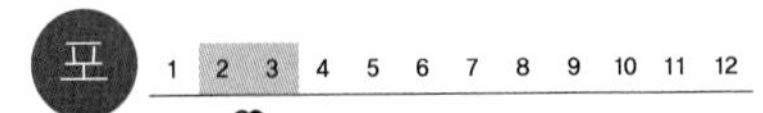

삵

삵은 고양이와 닮았다. 더 크고 사납다. 이마에 흰 줄무늬 두 개가 뚜렷하고, 귀 뒤에 흰 점이 있다. 덤불 숲에서 산다. 육식성으로 어두운 밤에 나와서 사냥을 한다. 쥐를 많이 잡고, 멧토끼나 고라니 새끼나 꿩도 잡아먹는다. 닭도 물어 간다. 움직임이 날쌔고 나무를 잘 탄다. 헤엄도 곧잘 친다. 눈에 잘 띄는 곳에 똥을 싼다. 겨울에 짝짓기를 하고 봄에 새끼를 낳는다 **생김새** 몸길이 50~65cm **사는 곳** 낮은 산, 숲 **먹이** 쥐, 토끼, 고라니 새끼, 새, 벌레 **다른 이름** 살쾡이, 살가지, Leopard cat **분류** 식육목 > 고양이과

삼

삼은 오래전부터 여러 나라에서 심어 길렀다. 줄기가 곧게 자라고 뿌리도 곧게 뻗는데 잔뿌리가 없다. 잎은 손바닥처럼 깊게 갈라진다. 꽃은 연한 풀빛으로 암꽃은 짧은 이삭 모양으로 핀다. 초록빛 꽃이 핀다. 땅이 척박해도 잘 자라는 편이다. 옷감, 약, 종이를 쓰려고 널리 길렀다. 삼에서 실을 뽑아 짠 천을 삼베라고 한다. 요즘은 허가 없이는 기를 수 없다. **생김새** 높이 1~3m | 잎 11~17cm, 마주나거나 어긋난다. **사는 곳** 밭 **다른 이름** 역삼[북], 대마, 마, Hemp **분류** 쌍떡잎식물 > 삼과

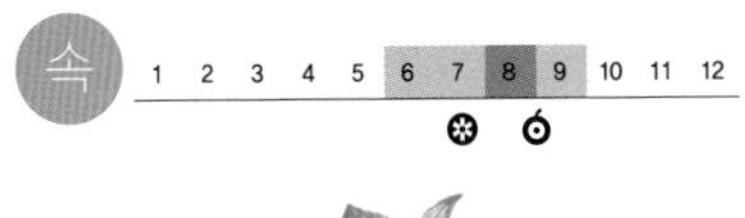

삼백초

삼백초는 큰 나무 밑 눅눅한 곳에서 잘 자란다. 원래는 제주도 협재라는 곳에서 자라던 풀인데 지금은 온 나라에서 심어 기르고 있다. 뿌리줄기가 땅속에서 옆으로 길게 뻗어 나가고, 줄기가 올라와 자란다. 잎에는 잎맥이 뚜렷하게 나 있다. 뒷면이 허옇다. 여름에 흰 꽃이 핀다. 꽃이 필 때, 맨 위 잎 석 장이 하얗게 바뀐다. **생김새** 높이 50~100cm | 잎 5~15cm, 어긋난다. **사는 곳** 큰 나무 밑 눅눅한 곳 **다른 이름** 삼점백, 수목통, Asian lizard's tail **분류** 쌍떡잎식물 > 삼백초과

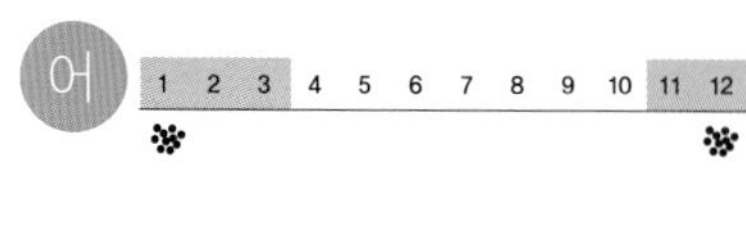

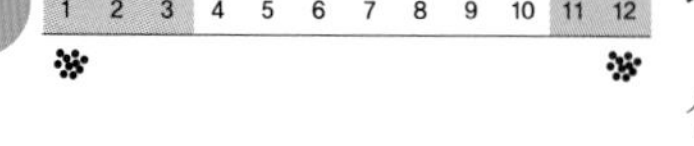

삼세기

삼세기는 울퉁불퉁한 바위가 많은 물 바닥에서 산다. 몸빛이나 생김새가 돌 같아서 눈에 잘 띄지 않는다. 작은 물고기나 새우가 가까이 오면 와락 잡아먹는다. 덩치가 큰 물고기가 와서 집적거려도 꼼짝 안 한다. 지느러미 가시는 삐죽삐죽하지만 독은 없다. 그물로 잡거나 해녀들이 물질을 해서 잡는다. 동작이 굼떠서 손으로 쉽게 잡는다. **생김새** 몸길이 30~40cm **사는 곳** 우리나라 온 바다 **먹이** 작은 물고기, 새우 **다른 이름** 수베기, 범치아재비, 탱수, Sea raven **분류** 쏨뱅이목 > 삼세기과

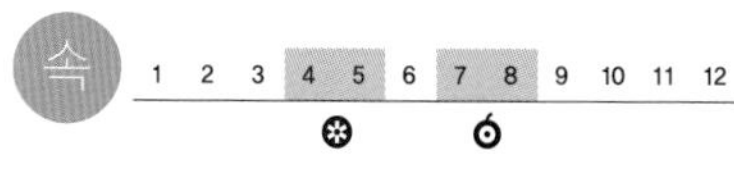

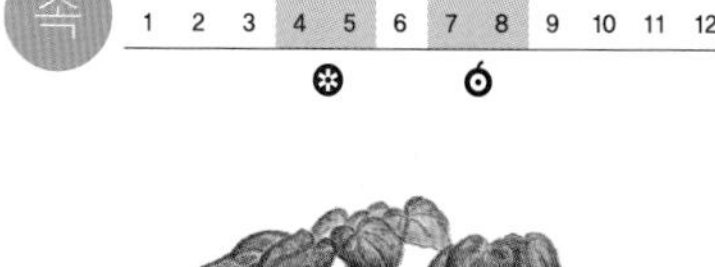

삼지구엽초

삼지구엽초는 깊은 산속 그늘진 곳에서 자란다. 뿌리줄기가 땅속으로 구불구불 뻗는다. 여기서 줄기가 여러 대 나와 무더기로 자란다. 줄기가 세 갈래로 갈라지고, 갈라진 가지 끝마다 잎이 석 장씩 달려서 모두 아홉 장으로, 삼지구엽초라고 한다. 봄에 누르스름한 꽃이 피고 여름에 열매가 여문다. 잎과 줄기를 베어 그늘에 말려서 약으로 쓴다. **생김새** 높이 20~40cm | 잎 5~13.5cm, 모여난다. **사는 곳** 깊은 산속 **다른 이름** 닻꽃, 선령비, 음양곽, Korean epimedium **분류** 쌍떡잎식물 > 매자나무과

속

1 2 3 4 5 6 7 8 9 10 11 12

삼지닥나무

삼지닥나무는 따뜻한 남부 지방에서 심어 기른다. 줄기가 세 갈래로 갈라지고, 가지도 세 갈래로 계속 갈라지면서 자란다. 잎은 길쭉하고 뒷면에 털이 많다. 잎자루가 짧다. 봄에 잎보다 먼저 노란 꽃이 핀다. 묵은 가지 잎겨드랑이에서 둥글게 모여 핀다. 열매는 둥그스름하고 끝에 잔털이 있다. 닥나무처럼 나무껍질로 종이를 만든다. **생김새** 높이 1~3m | 잎 8~15cm, 어긋난다. **사는 곳** 따뜻한 남부 지방 **다른 이름** 삼아나무, 황서향나무, Paperbush **분류** 쌍떡잎식물 > 팥꽃나무과

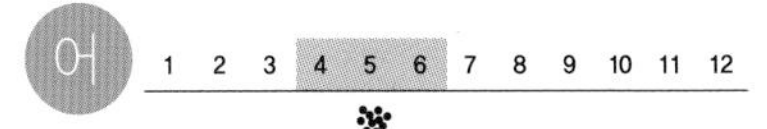

삼치

삼치는 따뜻한 먼바다에서 겨울을 나고, 봄이 되면 우리나라로 헤엄쳐 온다. 헤엄을 아주 빨리 쳐서 시속 수십 킬로미터가 넘기도 한다. 물낯 가까이를 빠르게 헤엄치면서 먹이를 잡아먹는다. 작은 물고기는 통째로 삼키고, 큰 먹이는 날카로운 이빨로 잘라 먹는다. 짝짓기 때가 되면 몸빛이 까맣게 바뀐다. 삼치는 봄에도 많이 잡지만 늦가을에 더 맛이 좋다. **생김새** 몸길이 1m **사는 곳** 남해, 서해, 제주 **먹이** 멸치, 까나리, 정어리, 고등어 **다른 이름** 망어, 망에, Chub mackerel **분류** 농어목 > 고등어과

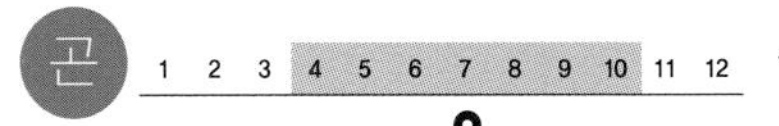

삼하늘소

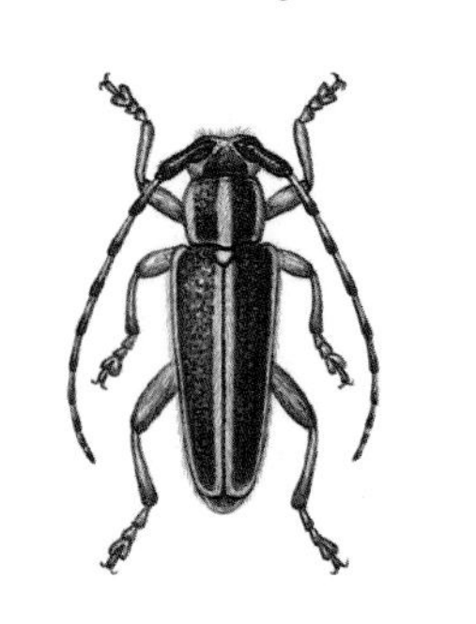

삼하늘소는 '삼'이라는 풀에 사는 작은 하늘소이다. 삼은 줄기 껍질로 삼베를 짜고, 씨는 약으로 쓴다. 예전에는 집집마다 밭에 심어 길렀지만, 지금은 삼을 기르지 않아서 마을에서는 삼하늘소를 볼 수가 없다. 산속에 집이 있던 자리에는 어쩌다 삼이 남아 있는데 이런 곳에서는 삼하늘소를 볼 수 있다. 낮에 나와서 삼 잎을 갉아 먹고 애벌레는 삼 줄기 속을 파먹고 자란다. 뿌리 쪽으로 내려가 애벌레로 겨울을 난다. **생김새** 몸길이 10~15mm **사는 곳** 삼밭 **먹이** 삼 잎이나 줄기 속 **분류** 딱정벌레목 > 하늘소과

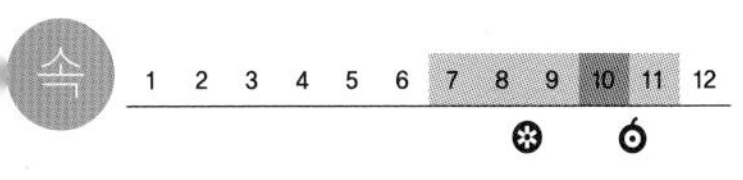

삽주

삽주는 산속 나무 그늘진 곳에서 자란다. 뿌리를 약으로 쓰려고 밭에도 심는다. 품종이 여럿이다. 밭에 심을 때는 거름을 넉넉하게 주어야 한다. 가는 줄기가 자라는데, 아래쪽 잎은 세 갈래나 다섯 갈래로 갈라지고, 위에 달린 잎은 안 갈라지고 둥그스름하다. 줄기를 꺾으면 씁쓰름한 맛이 나는 하얀 진이 나온다. 꽃은 흰빛이나 붉은빛으로 핀다. 열매는 긴 타원형이다. **생김새** 높이 30~100cm | 잎 8~11cm, 어긋난다. **사는 곳** 산속, 밭 **다른 이름** 걸력가, 적출, 쟁두초, Ovate-leaf atractylodes **분류** 쌍떡잎식물 > 국화과

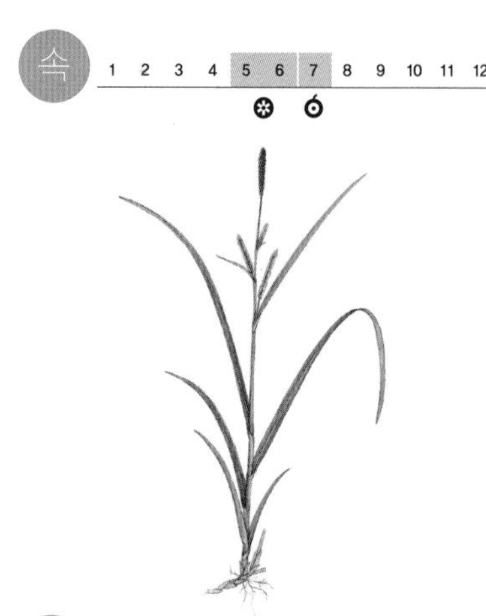

샛갓사초

샛갓사초는 도랑이나 늪 둘레 물가에서 자란다. 땅이 질퍽한 곳을 좋아한다. 여러 포기로 나고 크게 무리를 짓기도 한다. 줄기는 세모지고 까칠까칠하다. 아래쪽은 붉은 보랏빛을 띤다. 여름에 줄기 끝에서 수꽃 이삭이 생긴다. 암꽃 이삭은 수꽃이삭 아래쪽에서 3~6개가 어긋난다. 열매는 세모진 좁은 달걀 모양이다. **생김새** 높이 40~100cm | 잎 40~90cm, 모여나거나 어긋난다. **사는 곳** 도랑, 늪 둘레 물가 **다른 이름** 삭갓사초, 동줄샛갓사초, Curved-utricle sedge **분류** 외떡잎식물 > 사초과

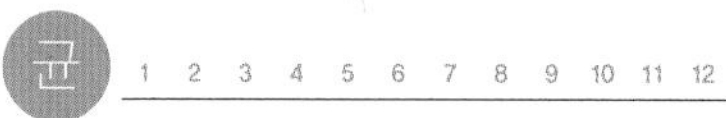

샛갓외대버섯

샛갓외대버섯은 늦여름부터 가을까지 넓은잎나무가 자라는 숲속 땅에 난다. 어릴 때는 갓이 종 모양이고 끝은 안쪽으로 말려 있다가 점점 판판해진다. 주름살은 하얗다가 자라면서 연한 살구색으로 바뀐다. 먹는 버섯인 외대덧버섯과 닮아서 헷갈릴 수 있다. 독이 아주 세다. **생김새** 갓 28~80mm **사는 곳** 넓은잎나무 숲 **다른 이름** 검은활촉버섯[북], Wood pinkgill mushroom **분류** 주름버섯목 > 외대버섯과

포
1 2 3 4 5 6 7 8 9 10 11 12

상괭이

상괭이는 몸집이 작은 고래이다. 육지 가까운 바다에서 사는데, 서해와 남해에서 보인다. 한강에 나타난 적도 있다. 돌고래 무리에 들고 얼굴이 웃는 것처럼 보인다. 몸빛은 옅은 잿빛인데, 나이가 들수록 흰빛이 돈다. 등지느러미가 없다. 혼자나 두어 마리씩 모여 지내지만 열 마리 가까이 무리를 짓기도 한다. **생김새** 몸길이 1.5~1.9m **사는 곳** 서해, 남해 **먹이** 물고기, 새우, 오징어, 식물성 먹이 **다른 이름** 물돼지, 쌔에기, Finless porpoise **분류** 고래목 > 상괭이과

상모솔새

상모솔새는 몸집이 아주 작다. 높은 산 바늘잎나무가 많은 숲에서 살다가 먹이를 찾아 마을 둘레로 내려오기도 한다. 혼자 또는 암수끼리 다니지만 박새나 오목눈이와 섞여 지낼 때도 있다. 여름에는 벌레를 잡아먹고, 겨울에는 풀씨와 솔씨를 먹고 산다. 가을에 우리나라에 와서 겨울을 난다. 겨울밤에는 낙엽 밑이나 덤불 속에서 잠을 잔다. **생김새** 몸길이 10cm **사는 곳** 숲 **먹이** 벌레, 벌레 알, 거미, 씨앗 **다른 이름** 상모박새[북], Goldcrest **분류** 참새목 > 상모솔새과

상수리나무

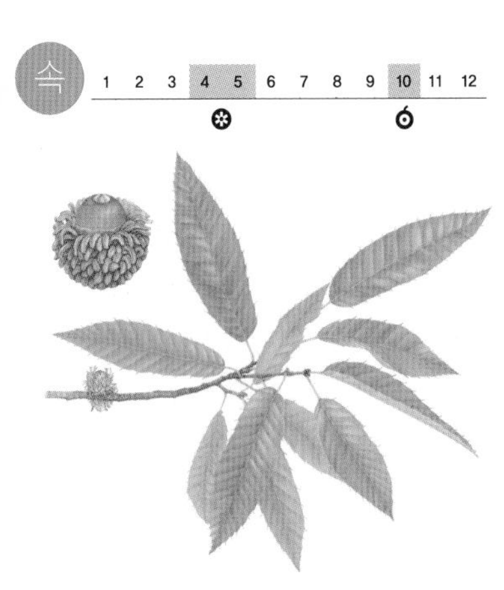

상수리나무는 마을 가까이에서 쉽게 볼 수 있는 참나무다. 잎은 굴참나무나 밤나무와 닮았다. 꽃은 암수한그루로 수꽃은 늘어지고 암꽃은 곧추선다. 봄에 핀 꽃에서 이듬해 가을에 도토리가 익는다. 도토리가 많이 달리지는 않지만 알이 크고 가루가 많이 나온다. 목재는 무척 단단하고 잘 썩지 않는다. 도토리는 묵이나 밥을 해 먹고, 물을 들이는 데에도 쓴다. **생김새** 높이 30m | 잎 20~30cm, 어긋난다. **사는 곳** 산기슭, 마을 **다른 이름** 참나무, 도토리나무, 보춤나무, Sawtooth oak **분류** 쌍떡잎식물 > 참나무과

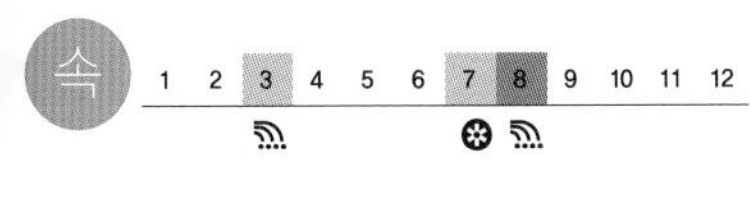

상추

상추는 밭이나 뜰에 심는 잎줄기채소다. 쌈을 싸서 먹는다. 뿌리에서 잎이 돋아나다가 줄기가 올라오면 잎이 줄기를 감싸면서 난다. 잎은 반들반들하고 쭈글쭈글하다. 뿌리잎은 크고 줄기잎은 차츰 작아진다. 여름에 노란 꽃이 핀다. 잎상추는 한 잎씩 뜯어 먹고, 포기상추는 포기째 뽑아 먹는다. 남쪽 지방에서는 겨울을 나고 봄에 뜯어 먹기도 한다. **생김새** 높이 90~120cm | 잎 6~18cm, 모여나거나 어긋난다 **사는 곳** 밭, 마당 **다른 이름** 부루[북], 부리, 상치, Lettuce **분류** 쌍떡잎식물 > 국화과

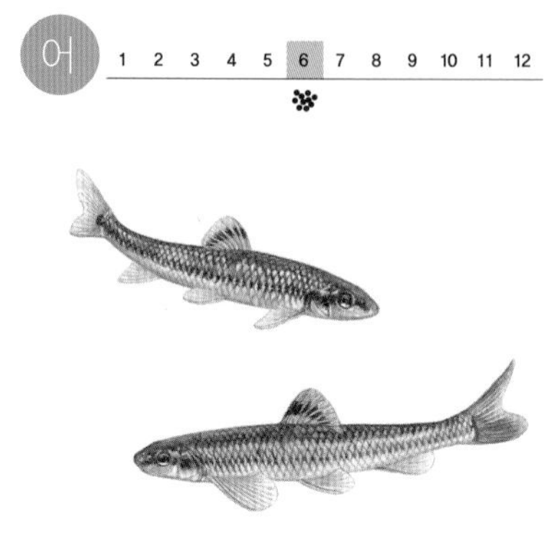

새미

새미는 산골짜기에 흐르는 차갑고 맑은 물을 좋아한다. 차가운 물을 좋아해서 강원도나 경기도 북부에 산다. 바위와 잔돌이 고루 깔린 곳에서 바위 사이를 이리저리 헤엄쳐 다닌다. 돌에 붙은 돌말을 먹고 물속에서 사는 물벌레를 잡아먹는다. 알 낳을 때가 되면 수컷은 혼인색을 띠고 머리에 돌기가 생긴다. **생김새** 몸길이 10~12cm **사는 곳** 산골짜기, 냇물 **먹이** 돌말, 물벌레 **다른 이름** 가리, 갈리, 썩어리, 돌챙이, Tachanovsky's gudgeon **분류** 잉어목 > 모래무지아과

새삼

새삼은 다른 나무나 풀에 붙어산다. 산기슭이나 길섶에서 키 큰 나무를 많이 타고 오른다. 땅에서 싹이 돋아 자라다가 곧 다른 나무나 풀에 달라붙는다. 그러면 뿌리가 없어지고 땅에서 떨어져 나온다. 들러붙은 나무나 풀에 빨판을 붙이고 양분을 빨아 먹는다. 엽록소가 없어서 스스로 양분을 만들지 못한다. 누렇거나 불그스름한 끈처럼 생겼다. 잎은 퇴화해 비늘 모양으로 남아 있다. **생김새** 잎이 없다. 비늘 조각이 있다. **사는 곳** 산기슭, 길가 **다른 이름** Asian large dodder **분류** 쌍떡잎식물 > 메꽃과

균 1 2 3 4 5 6 7 8 9 10 11 12

새잣버섯

새잣버섯은 여름부터 가을까지 소나무나 잎갈나무에 난다. 홀로 나거나 뭉쳐난다. 송이와 닮았는데 송이는 땅 위에 나고 새잣버섯은 나무에서 난다. 갓 겉에 누런 밤빛 비늘 조각이 붙어 있다. 살에서는 소나무 냄새가 난다. 대 위쪽에 난 세로줄이 주름살과 이어진다. 대에는 거스러미 같은 비늘 조각이 붙어 있다. **생김새** 갓 45~145mm **사는 곳** 솔숲, 넓은잎나무 숲 **다른 이름** 이깔나무버섯[북], 잣버섯, 신잣버섯, Train wrecker fungus **분류** 구멍장이버섯목 > 구멍장이버섯과

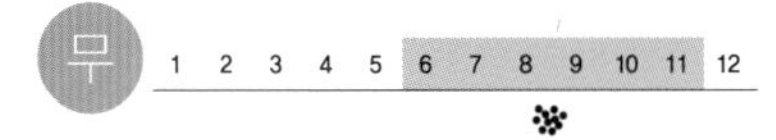

새조개

새조개는 물 깊이가 10미터쯤 되는 얕은 바닷속 모랫바닥이나 진흙 바닥에서 산다. 서해와 남해에서 난다. 조가비 밖으로 발을 쭉 내미는데 마치 새 부리 같아서 새조개다. 껍데기에 털이 있고 세로로 가는 골이 자잘하게 팬다. 겉도 붉고 껍데기 안도 붉다. 껍데기가 얇아서 잘 부서진다. 배를 타고 나가서 조개 그물로 잡는다. 겨울에서 이른 봄 사이에만 나온다. **생김새** 크기 9×9cm **사는 곳** 서해, 남해 바닷속 **다른 이름** 갈매기조개, 갈망조개, 오리조개, Egg cockle **분류** 연체동물 > 새조개과

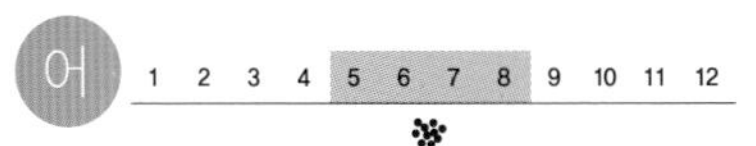

새코미꾸리

새코미꾸리는 미꾸라지처럼 몸이 길쭉하고 미끄럽다. 미꾸라지는 진흙탕에서 사는데 새코미꾸리는 맑은 물이 흐르는 곳에 산다. 자갈이 깔리고 물살이 빠른 여울에서 돌 틈을 들락날락한다. 돌 밑에 들어가 몸을 동그랗게 말고 잘 숨는다. 알 낳을 때가 되면 수컷은 몸통이 붉어진다. 돌에 알을 붙여 낳는다. **생김새** 몸길이 12~22cm **사는 곳** 산골짜기, 냇물, 강 **먹이** 작은 물벌레, 돌말 **다른 이름** 흰무늬하늘종개[북], 강미꾸라지, 수수미꾸라지, White-nosed loach **분류** 잉어목 > 미꾸리과

새팥

새팥은 볕이 잘 드는 기름진 땅에서 잘 자란다. 곡식으로 심어 먹는 팥의 기원 종이다. 모래가 조금 섞인 흙을 좋아하고, 둑처럼 흙이 잘 쓸려 내려가는 곳에 심으면 뿌리가 얽히면서 흙을 단단히 잡아 준다. 줄기가 덩굴져서 다른 나무나 풀을 감고 오른다. 8월에 연노란 꽃이 잎겨드랑이에서 두세 송이씩 피고, 팥처럼 꼬투리가 달린다. **생김새** 높이 2~3m | 잎 3~7cm, 어긋난다. **사는 곳** 들판 **다른 이름** 돌팥, 산녹두, Wild red cowpea **분류** 쌍떡잎식물 > 콩과

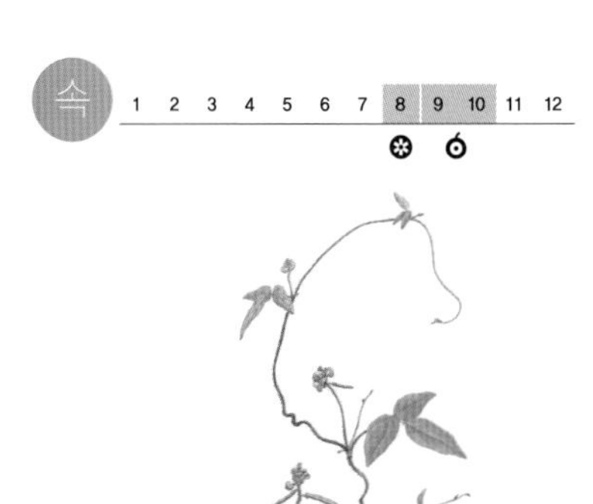

1 2 3 4 5 6 7 8 9 10 11 12

샛별돔

샛별돔은 따뜻한 물을 좋아한다. 온몸이 새까맣지만 머리 위와 등에 새하얀 점이 있어서 눈에 잘 띈다. 어릴 때는 무리를 지어 다닌다. 말미잘 숲에서 산다. 흰동가리처럼 말미잘과 서로 돕고 사는 공생 관계다. 다 크면 말미잘 숲을 떠난다. 동물성 플랑크톤이나 바다풀을 먹는다. 사람들이 보려고 수족관에서 키운다. **생김새** 몸길이 15cm **사는 곳** 제주 **먹이** 플랑크톤, 바다풀 **다른 이름** Domino fish **분류** 농어목 > 자리돔과

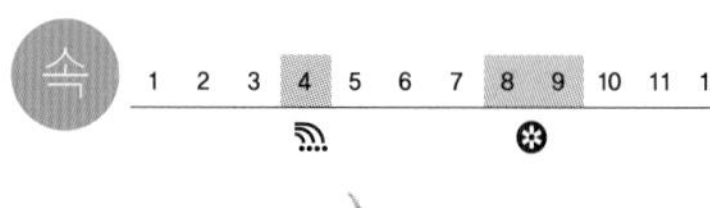

생강

생강은 밭에 심는 덩이줄기 채소다. 덩이줄기를 먹는데, 울퉁불퉁하고 누렇다. 줄기는 덩이줄기에서 곧게 올라온다. 잎은 대나무 잎처럼 가늘고 길며 끝이 뾰족하다. 생강에서는 코를 톡 쏘는 매운 내가 난다. 맛도 알싸하다. 음식의 비린내나 누린내를 없애고 나쁜 균을 없앤다. 우리나라에서는 꽃이 피지 않지만, 더운 나라에서는 여름에 꽃대가 나와서 꽃이 핀다. **생김새** 높이 40~80cm | 잎 15~30cm, 어긋난다. **사는 곳** 밭 **다른 이름** 강, 새앙, Ginger **분류** 외떡잎식물 > 생강과

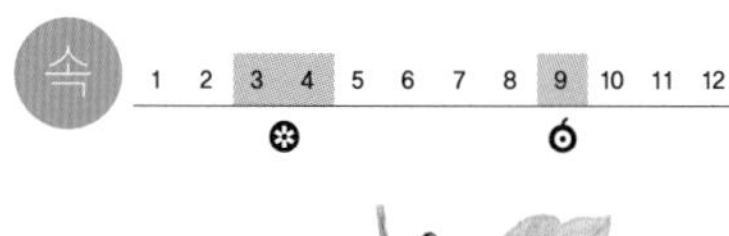

생강나무

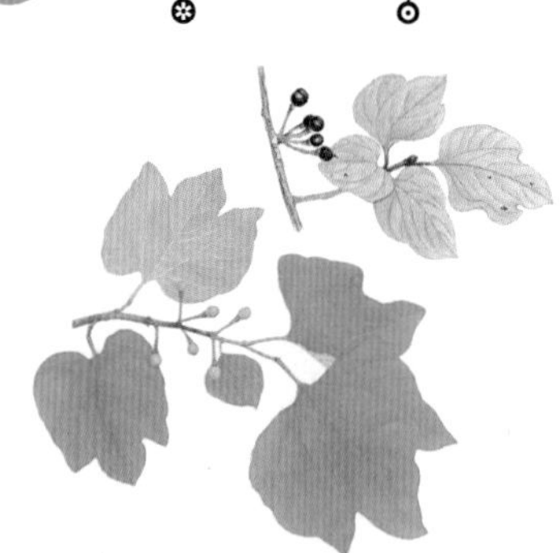

생강나무는 산 어디서나 잘 자란다. 잎을 비비면 생강 냄새가 난다. 줄기에서도 난다. 이른 봄에 노란 꽃을 피워 봄을 알린다. 열매는 둥글고 익으면 검어진다. 생강이 들어오기 전에는 잎과 가지를 말려서 양념으로 썼다. 북부 지방에서는 생강나무를 동백나무라고 했다. 생강나무 씨앗에서 짠 기름도 동백기름이라 하고 머리에 바르거나 등잔 기름으로 썼다. **생김새** 높이 3m | 잎 5~15cm, 어긋난다. **사는 곳** 산 **다른 이름** 동백나무, 산동백나무, 아귀나무, 단향매, Blunt-lobed spicebush **분류** 쌍떡잎식물 > 녹나무과

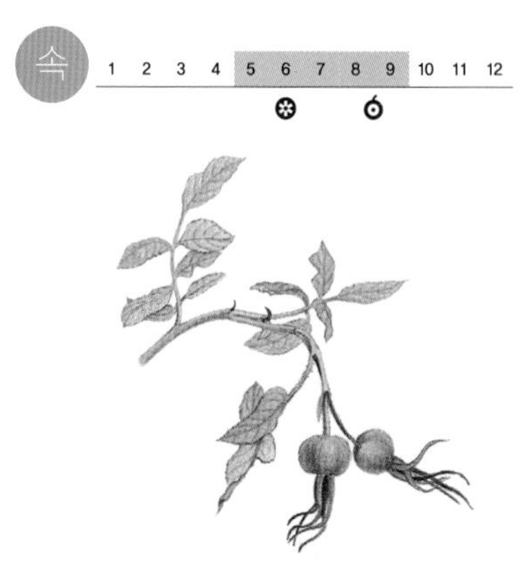

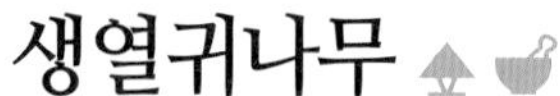

생열귀나무

생열귀나무는 산기슭이나 골짜기, 밭둑이나 도랑 옆에서 자란다. 추위에도 잘 버티고, 그늘이 지거나 도시에서도 잘 자란다. 잎, 꽃, 열매가 해당화랑 꼭 닮았는데 더 작다. 짧은 가지와 잎자루 밑에 가시가 한 쌍 있다. 잎은 쪽잎 5~9장으로 된 깃꼴겹잎이다. 꽃은 연분홍빛이고 향기가 좋다. 늦여름부터 구슬만 한 열매가 열린다. 노랗다가 빨갛게 익는다. 열매에 꽃받침 조각이 남아 있다. **생김새** 높이 1~1.5m | 잎 1~3cm, 어긋난다. **사는 곳** 산기슭, 골짜기, 밭둑 **다른 이름** Amur rose **분류** 쌍떡잎식물 > 장미과

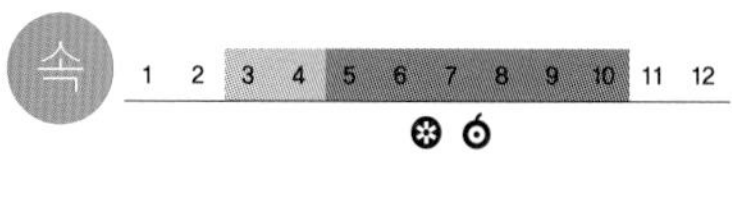

서양민들레

서양민들레는 산과 들, 밭둑에서 흔히 자란다. 어디서나 잘 자라고 빨리 퍼져서 토박이 민들레보다 흔하다. 서양민들레는 꽃이 더 샛노랗고 꽃받침이 아래로 뒤집힌다. 땅속 깊이 뿌리를 내리고 잎은 뿌리에서 뭉쳐나 둥글게 퍼진다. 잎이 세모꼴로 갈라진다. 노란 꽃이 이른 봄부터 가을까지 줄곧 피고 진다. 씨앗에는 우산처럼 펴지는 갓털이 있다. **생김새** 높이 10~25cm | 잎 10~30cm, 모여난다. **사는 곳** 산, 들, 밭둑, 길가 **다른 이름** 민들레, 포공영, Common dandelion **분류** 쌍떡잎식물 > 국화과

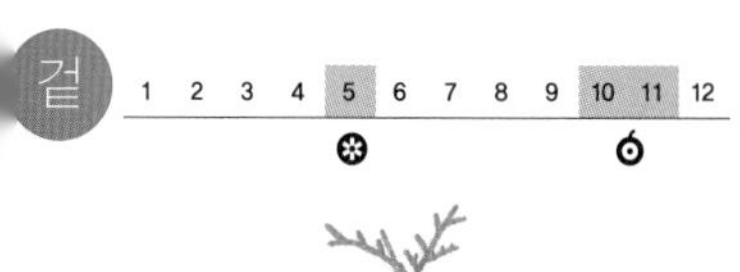

서양측백

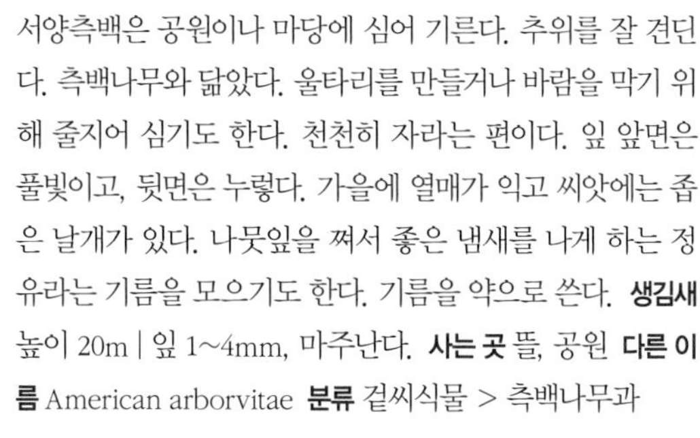

서양측백은 공원이나 마당에 심어 기른다. 추위를 잘 견딘다. 측백나무와 닮았다. 울타리를 만들거나 바람을 막기 위해 줄지어 심기도 한다. 천천히 자라는 편이다. 잎 앞면은 풀빛이고, 뒷면은 누렇다. 가을에 열매가 익고 씨앗에는 좁은 날개가 있다. 나뭇잎을 쪄서 좋은 냄새를 나게 하는 정유라는 기름을 모으기도 한다. 기름을 약으로 쓴다. **생김새** 높이 20m | 잎 1~4mm, 마주난다. **사는 곳** 뜰, 공원 **다른 이름** American arborvitae **분류** 겉씨식물 > 측백나무과

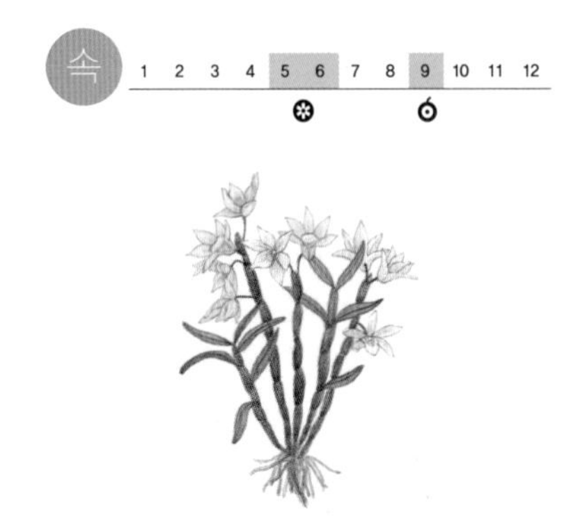

석곡

석곡은 따뜻한 남부 지방의 바위나 늙은 나무에 붙어 자란다. 아주 드물다. 줄기는 곧게 서서 자라는데 마디가 많고 굵다. 여럿이 모여난다. 잎은 줄기 끝에 두세 장이 어긋난다. 버들잎 모양으로 반들반들하고, 끝이 둔하다. 봄에 희거나 옅은 붉은빛 꽃이 줄기 끝에서 한두 송이씩 핀다. 화분에 심어 기르기도 한다. **생김새** 높이 20cm | 잎 4~7cm, 어긋난다. **사는 곳** 따뜻한 남부 지방의 바위, 늙은 나무에 붙어 자란다. **다른 이름** 석골풀[북], 천년윤, 석곡란, Seokgok **분류** 외떡잎식물 > 난초과

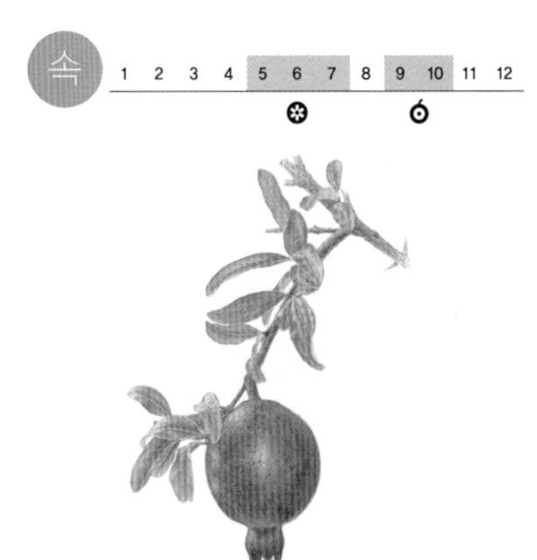

석류나무

석류나무는 석류를 먹으려고 뜰이나 공원에 심어 기른다. 볕이 잘 들고 물이 잘 빠지는 땅을 좋아하는데, 추위에 약해서 따뜻한 남부 지방에서 잘 자란다. 잎은 도톰하고 윤이 난다. 석류는 꽃과 열매가 빨갛고 무척 커서 눈에 잘 띈다. 열매는 속에 붉고 투명한 알갱이가 가득하다. 즙을 짜서 먹거나 약으로도 먹는다. 잎도 약으로 쓴다. **생김새** 높이 4~10m | 잎 2~8cm, 마주난다. **사는 곳** 뜰, 공원 **다른 이름** 석누나무, Pomegranate **분류** 쌍떡잎식물 > 석류나무과

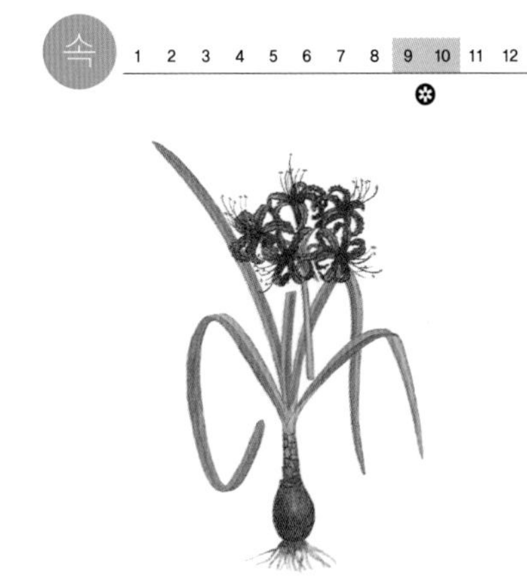

석산

석산은 꽃을 보려고 뜰이나 공원에 심어 기른다. 남부 지방 산기슭이나 풀밭에 무리 지어 자라기도 한다. 독이 있는 풀이다. 비늘줄기는 둥글거나 넓은 타원형이다. 꽃이 지고 나면 잎이 많이 나와 겨울을 난다. 잎은 두껍고 반질반질하다. 가을에 잎이 진 다음 꽃대 끝에서 붉은 꽃이 몇 송이씩 돌려 핀다. 열매는 맺지 않는다. **생김새** 높이 30~50cm | 잎 25~40cm, 모여난다. **사는 곳** 뜰, 공원, 산기슭, 풀밭 **다른 이름** 꽃무릇[북], 가을가재무릇, Spider lily **분류** 외떡잎식물 > 수선화과

석위

석위는 따뜻한 제주도와 남쪽 지방에서 자라는 양치식물이다. 숲속 축축한 바위나 오래 묵은 나무 겉에서 자란다. 겨울에도 내내 잎이 푸르다. 꽃이 안 피고 고사리처럼 홀씨로 퍼진다. 땅속으로 뿌리줄기가 구불구불 옆으로 뻗는다. 뿌리줄기에서 곧바로 잎사귀가 드문드문 돋는다. 잎 앞쪽은 반들반들하고 뒤쪽은 밤색 털로 덮여 있다. 여기에 홀씨주머니가 있다. **생김새** 높이 10~30cm | 잎 8.5~22cm **사는 곳** 숲속 축축한 바위, 오래 묵은 나무 겉 **다른 이름** Tongue fern **분류** 양치식물 > 고란초과

석잠풀

속 1 2 3 4 5 6 7 8 9 10 11 12

석잠풀은 볕이 잘 들고 물기가 많은 들판에서 자란다. 줄기는 곧게 서고 네모지다. 가지를 치고 마디에 흰 털이 있다. 다른 곳에는 털이 없다. 잎은 긴 버들잎 모양이고 가장자리에 톱니가 있다. 여름에 줄기와 가지 마디에 옅은 붉은빛 꽃이 6~8개씩 돌려 핀다. 꽃에 붉은 점이 많다. 꽃받침 끝이 가시처럼 뾰족하다. 열매는 작은 견과처럼 생겼다. **생김새** 높이 30~80cm | 잎 4~8cm, 마주난다. **사는 곳** 들판 **다른 이름** 민석잠화, 민석잠풀, Hairless woundwort **분류** 쌍떡잎식물 > 꿀풀과

석창포

속 1 2 3 4 5 6 7 8 9 10 11 12

석창포는 산골짜기나 개울, 둠벙, 연못가에서 자란다. 물가 바위에 붙어 있는 것이 많다. 따뜻한 남쪽 지방에 많고, 사철 내내 잎이 푸르다. 머리를 감을 때 쓰는 창포처럼 잎과 뿌리에서 좋은 냄새가 난다. 잎은 뿌리줄기 끄트머리에서 무더기로 모여난다. 창포는 잎 가운데에 잎맥 하나가 뚜렷하고, 석창포는 그렇지 않다. 꽃은 풀빛을 띤 노란색이고, 열매는 녹색이다. **생김새** 높이 20~50cm | 잎 30~50cm, 모여난다. **사는 곳** 산골짜기, 개울, 둠벙, 연못가 **다른 이름** 석향포, Grass-leaf sweet flag **분류** 외떡잎식물 > 천남성과

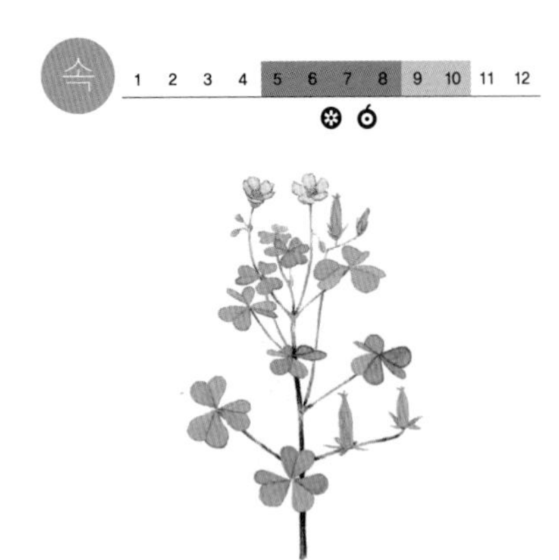

선괭이밥

선괭이밥은 볕이 잘 드는 들이나 길가에서 자란다. 괭이밥과 달리 줄기가 위로 곧게 선다. 뿌리줄기는 옆으로 뻗는다. 잎은 쪽잎 석 장으로 된 겹잎이다. 밤이나 흐린 날에는 잎을 오므렸다가 해가 나면 잎을 쫙 편다. 씹으면 새콤한 맛이 난다. 잎겨드랑이에서 나온 꽃대 끝에 노란 꽃이 핀다. 열매는 둥근기둥 모양이다. **생김새** 높이 20~45cm | 잎 0.8~2.5cm, 어긋난다. **사는 곳** 들, 길가 **다른 이름** 곧은괭이밥풀[북], 왕시금초, 왜선괭이밥, Yellow wood sorrel **분류** 쌍떡잎식물 > 괭이밥과

선씀바귀

선씀바귀는 산기슭이나 풀밭, 길가에 흔히 자란다. 줄기는 곧게 자라고 여러 갈래로 가지를 친다. 뿌리잎은 톱니가 깊게 패며 땅바닥에 넓게 퍼진다. 줄기에 달린 잎은 뿌리잎보다 작고 가장자리가 밋밋하다. 봄에 줄기 끝에 하얗거나 연한 자줏빛 꽃이 핀다. 다른 씀바귀는 노란 꽃이 피는데, 선씀바귀만 하얀 꽃이 핀다. **생김새** 높이 20~50cm | 잎 1~4cm, 모여나거나 어긋난다. **사는 곳** 산기슭, 풀밭, 길가 **다른 이름** 자주씀바귀, Short bristle-like haired ixeris **분류** 쌍떡잎식물 > 국화과

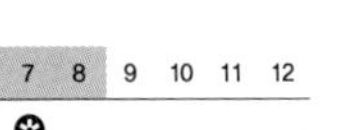

선인장

선인장은 제주도에서 저절로 자라거나 온실이나 집에서 심어 기른다. 줄기는 넓적하고 살쪘다. 진한 풀빛이고 겉에는 가시가 나 있다. 오래되면 누렇게 된다. 잎이 바뀌어 가시가 되었다. 여름에 노란 꽃이 줄기 마디 위쪽에 붙어서 핀다. 꽃이 지면 열매가 누렇게 익는다. 품종에 따라 붉은 보랏빛으로 익는 것도 있다. 단맛이 난다. 마른 땅에서 물 없이 오래 잘 버틴다. **생김새** 높이 1~2m | 잎(가시) 1~3cm, 모여난다. **사는 곳** 제주도 **다른 이름** Prickly pear **분류** 쌍떡잎식물 > 선인장과

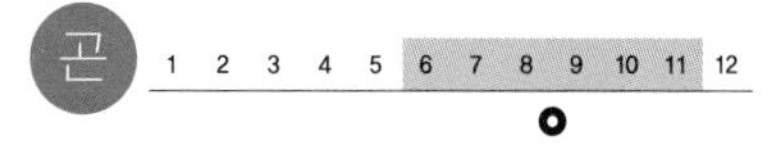

섬서구메뚜기

섬서구메뚜기는 여름부터 가을 사이에 풀밭이나 논밭에서 자주 보인다. 수컷이 암컷보다 훨씬 작다. 수컷이 암컷 등에 올라타서 짝짓기를 한다. 보통 메뚜기는 벼나 억새풀 같은 벼과 식물을 잘 먹는데, 섬서구메뚜기는 풀과 나무, 채소, 곡식, 과일을 가리지 않고 먹는다. 수가 많이 늘어날 때는 작물에 큰 해를 끼치기도 한다. **생김새** 몸길이 30~50mm **사는 곳** 들판, 논밭, 과수원 **먹이** 온갖 식물 **다른 이름** Smaller long-headed grasshoppers **분류** 메뚜기목 > 섬서구메뚜기과

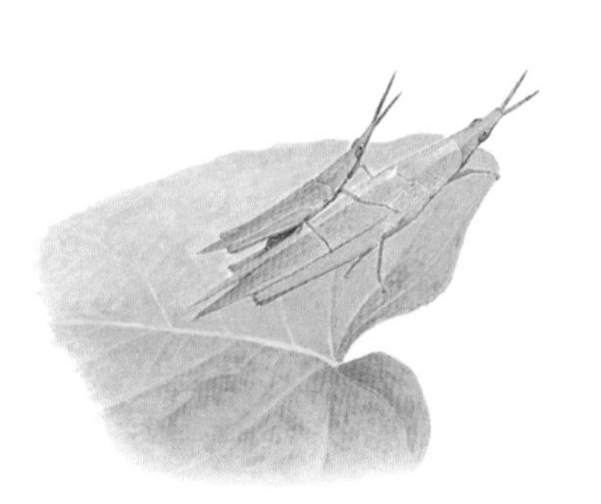

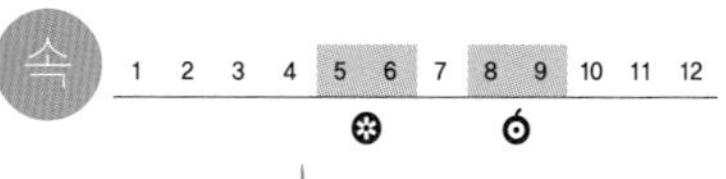

섬장대

섬장대는 볕이 잘 드는 바닷가 산기슭이나 벼랑 틈에서 자란다. 울릉도에만 산다고 알려져 있다. 줄기는 곧게 서서 자란다. 줄기와 잎에는 털이 거의 없다. 잎은 긴 타원형이며 잎자루가 없이 밑부분이 줄기를 둘러싼다. 가장자리가 밋밋하다. 잎겨드랑이에서 나온 꽃대 끝에 흰 꽃이 모여 핀다. 열매는 길고 가늘며 줄기와 나란히 달린다. **생김새** 높이 20~50cm | 잎 2~5cm, 어긋난다. **사는 곳** 바닷가 산기슭 **다른 이름** Ulleungdo rockcress **분류** 쌍떡잎식물 > 배추과

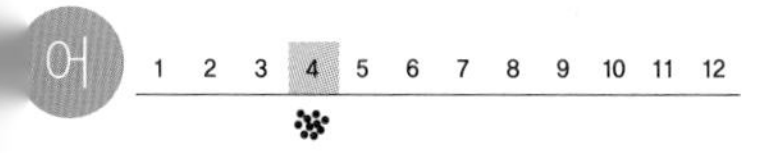

성대

성대는 모래가 깔린 바다 바닥에 산다. 커다란 가슴지느러미를 부채처럼 접었다 폈다 한다. 가슴지느러미 앞에 있는 지느러미 줄기 세 개로 바닥을 짚고 기어다닌다. 지느러미 줄기로 바닥을 파서 모랫바닥에 숨은 먹이를 찾아낸다. 서둘러 헤엄칠 때는 커다란 가슴지느러미를 펴서 비행기가 날듯이 헤엄을 친다. 가끔 '호후, 호우' 하고 운다. **생김새** 몸길이 35~40cm **사는 곳** 우리나라 온 바다 **먹이** 갯지렁이, 새우, 작은 물고기 **다른 이름** 씬대, 끗달갱이, Bluefin sea robin **분류** 쏨뱅이목 > 성대과

1 2 3 4 5 6 7 8 9 10 11 12

세발버섯

세발버섯은 가지가 세 개 뻗어 있다. 늦은 봄부터 가을까지 숲속 땅에 홀로 나거나 흩어져 난다. 어린 버섯은 알처럼 생겼다. 자라면서 껍질을 찢고 굵은 대가 뻗어 나오고 그 끝에서 가지가 세 갈래로 갈라진다. 네 개에서 여섯 개가 나오기도 한다. 가지 안쪽에 지독한 냄새를 풍기는 거무스름한 점액이 붙어 있다. 냄새로 벌레를 꾀어서 포자를 퍼뜨린다. 금세 자라고, 하루를 넘기지 못하고 부러진다. **생김새** 높이 50~100mm **사는 곳** 산, 대숲 **다른 이름** 삼발버섯[북] **분류** 말뚝버섯목 > 말뚝버섯과

무 1 2 3 4 5 6 7 8 9 10 11 12

세스랑게

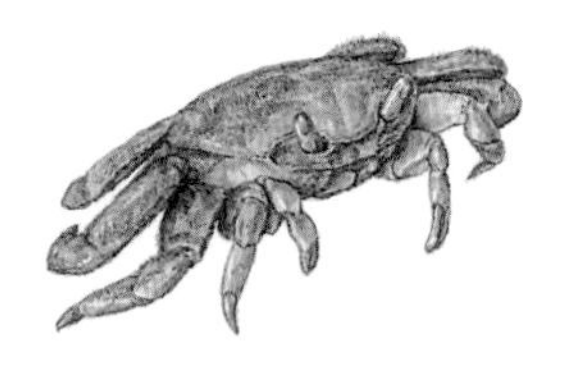

세스랑게는 물에서 가까운 바닷가 진흙 바닥에 굴을 파고 산다. 갯벌 진흙을 쌓아 굴뚝 같은 집을 지어 올린다. 물이 빠지면 구멍 밖으로 나와서 개흙을 집어 먹는다. 몸에 잔털이 많이 나 있다. 수컷 집게발이 암컷 집게발보다 훨씬 크다. 펄 흙을 뒤집어쓰고 있어서 눈에 잘 안 띈다. 잡으려고 손을 대면 죽은 척한다 **생김새** 등딱지 크기 2.2×1.4cm **먹이** 갯벌 속 영양분 **사는 곳** 서해, 남해 진흙 바닥 **다른 이름** Manicure ghost crab **분류** 절지동물 > 여섯니세스랑게과

포 1 2 3 4 5 6 7 8 9 10 11 12

소

소는 사람에게 큰 도움을 주는 집짐승이다. 농사일을 하고 짐을 날랐다. 품종에 따라 크기와 생김새가 여럿이다. 토박이 소를 한우라고도 한다. 털이 불그스레하다. 먹빛에 줄무늬가 띄엄띄엄 있는 것도 있는데, 이것은 칡소라고 한다. 암소나 수소나 모두 뿔이 있다. 요즘은 고기나 우유를 얻으려고 소를 우리에 가두어 기른다. **생김새** 몸길이 300cm쯤 **사는 곳** 사람이 기른다. **먹이** 풀, 볏짚, 풀씨, 곡식 **다른 이름** 세, 쇠, Cattle **분류** 우제목 > 소과

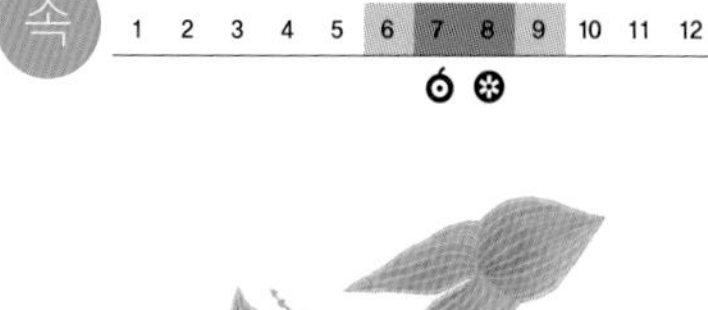

소귀나물

소귀나물은 논이나 웅덩이에서 자란다. 땅속줄기가 사방으로 뻗는데 그 끝에 둥글고 긴 덩이줄기가 생긴다. 잎자루가 길어서 줄기처럼 보인다. 잎은 큰 화살촉 모양이다. 매끈하고 세로로 난 잎맥이 뚜렷하다. 여름부터 가을 동안에 꽃대에 흰 꽃이 층층이 돌려 핀다. 암꽃은 위에, 수꽃은 아래에 달린다. 열매는 옅은 풀빛으로 둥글게 모여 달린다. **생김새** 높이 30~120cm | 잎 7~15cm, 모여난다. **사는 곳** 논, 웅덩이 **다른 이름** 쇠귀나물[북], 자고, Broadleaf arrowhead **분류** 외떡잎식물 > 택사과

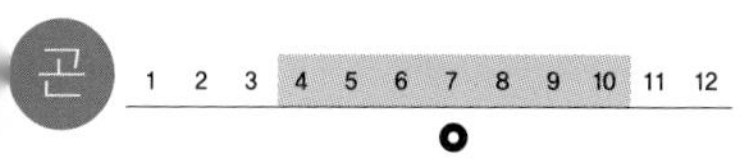

소금쟁이

소금쟁이는 논이나 연못이나 개울에서 지낸다. 물 위를 미끄러지듯이 걸어 다닌다. 몸이 가볍고 다리에 잔털이 많이 나 있는 데다가, 잔털에 기름기가 있어서 물에 뜰 수 있다. 물에 떨어진 벌레를 잡아서 체액을 빨아 먹는다. 죽은 물고기나 벌레가 있으면 떼로 몰려와서 먹기도 한다. 어른벌레로 겨울을 난다. **생김새** 몸길이 11~16mm **사는 곳** 논, 연못, 개울, 웅덩이 **먹이** 물에 떨어진 작은 벌레 **다른 이름** 노내각씨, 소금장수, 물거미, Paludum waterstrider **분류** 노린재목 > 소금쟁이과

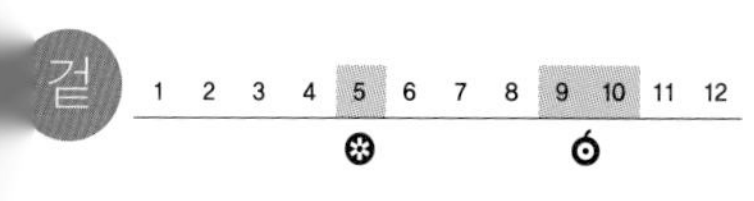

소나무

소나무는 우리나라 어디에서나 자란다. 볕이 잘 들면 땅을 가리지 않고 잘 자란다. 곳곳에 이름난 솔숲이 있다. 참나무와 함께 가장 익숙하고 흔한 나무이다. 바늘잎이 2개씩 모여난다. 꽃은 수꽃과 암꽃이 따로 핀다. 수꽃은 가지 밑부분에 달리고 암꽃은 가지 끝에 달린다. 열매는 솔방울이라고 하는데 열매 조각이 100개 가까이 뭉쳐 있다. **생김새** 높이 20~40m | 잎 6~12cm, 모여난다. **사는 곳** 산, 들 **다른 이름** 솔, 적송, 육송, Korean red pine **분류** 겉씨식물 > 소나무과

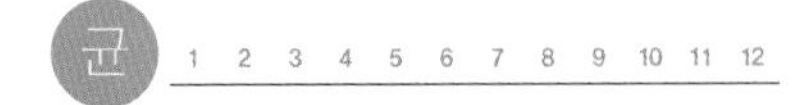

소나무잔나비버섯

소나무잔나비버섯은 소나무, 전나무, 가문비나무 같은 나무에서 자라는 여러해살이 버섯이다. 죽은 나뭇가지나 그루터기에 나서 죽은 나무를 썩게 한다. 대가 없고 나무에 바로 붙어 난다. 갓은 어릴 때 둥글고 탁구공만 하다가 반원 꼴로 자라난다. 해마다 가장자리가 자라면서 나이테 같은 홈이 생긴다. 약으로 쓰려고 기르기도 한다. **생김새** 크기 30~300×30~200mm **사는 곳** 바늘잎나무 숲 **다른 이름** 전나무떡따리버섯[북], 잔나비버섯, Red-belted bracket fungus **분류** 구멍장이버섯목 > 잔나비버섯과

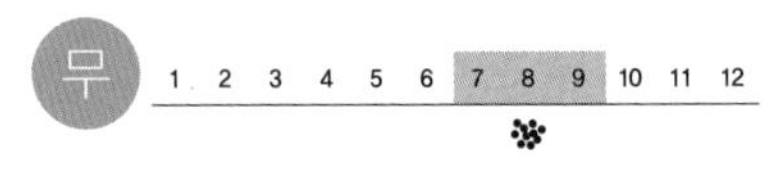

소라

소라는 남해와 제주도에서 많이 난다. 물이 맑은 바닷속 바위에 붙어 산다. 어릴 때는 바닷가 바위 밑에 살다가 다 자라면 바닷말이 많은 깊은 바다 쪽으로 옮겨 간다. 클수록 깊은 바다에 산다. 밤에 나와서 바닷말을 갉아 먹는다. 껍데기에는 뾰족하고 큼직한 뿔들이 솟아 있고, 구멍을 막는 뚜껑에는 가시처럼 우툴두툴한 돌기가 촘촘하게 나 있다. **생김새** 크기 8×10cm **사는 곳** 제주, 남해, 동해 바닷속 **먹이** 바닷말 **다른 이름** Spiny turban shell **분류** 연체동물 > 소라과

소리쟁이

소리쟁이는 물기가 많은 들판이나 길가에서 자란다. 줄기는 곧게 서고 얕은 홈이 있다. 보랏빛을 띤다. 잎은 버들잎 모양이고 끝은 길게 뾰족하다. 가장자리는 거의 톱니가 없거나 밋밋하다. 봄에 줄기와 가지 끝에 옅은 풀빛 작은 꽃이 핀다. 열매는 모가 나 있고 밤빛이다. 윤기가 난다. **생김새** 높이 30~120cm | 잎 13~30cm, 모여나거나 어긋난다. **사는 곳** 들판, 길가 **다른 이름** 송구지[북], 소루쟁이, 긴잎소루쟁이, Curled dock **분류** 쌍떡잎식물 > 마디풀과

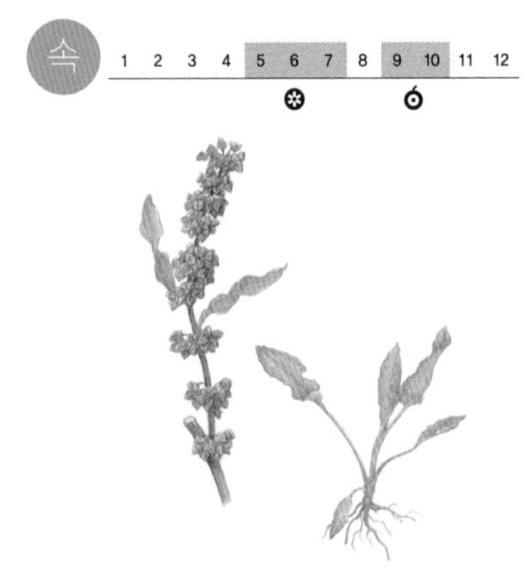

소엽

소엽은 밭에 심어 기른다. 생김새가 들깨를 닮았는데, 온몸이 자줏빛이 돌고 좋은 냄새가 난다. 줄기가 네모지고 곧게 자라면서 가지를 친다. 줄기 마디마다 잎이 난다. 깻잎을 닮았는데 잎자루가 길고 자줏빛이다. 꽃은 줄기와 가지 끝이나 줄기 끄트머리 잎겨드랑이에서 꽃대가 올라와 다닥다닥 핀다. 잎을 깻잎처럼 날것으로 먹거나 음식 할 때 색을 내려고 넣는다. **생김새** 높이 20~80cm | 잎 6~13cm, 마주난다. **사는 곳** 밭 **다른 이름** 차조기, 차즈기, Shiso **분류** 쌍떡잎식물 > 꿀풀과

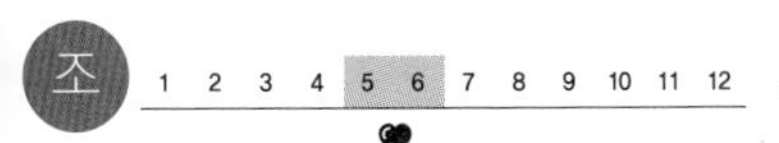

소쩍새

소쩍새는 깊은 산속이나 숲에 살지만 밤에는 야산이나 공원, 과수원, 도시의 가로수까지 내려오기도 한다. 해 질 무렵부터 밤까지 수컷이 '소쩍, 소쩍' 하고 운다. 우리나라 올빼미과 새 가운데 몸집이 가장 작다. 쉬거나 잘 때도 깃뿔을 안테나처럼 세운 채 주위를 경계한다. 야행성이라 초저녁부터 새벽까지 어둠 속에서 먹이를 구한다. **생김새** 몸길이 20cm **사는 곳** 산, 숲, 공원 **먹이** 벌레, 거미, 쥐, 새, 풀씨 **다른 이름** 접동새[북], Scops owl **분류** 올빼미목 > 올빼미과

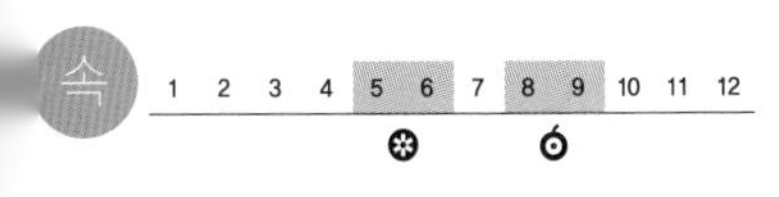

소태나무

소태나무는 볕이 잘 드는 산골짜기나 마을 가까이에서 자란다. 온 나무에서 쓴맛이 난다. 줄기는 붉은 밤빛이다. 잎은 쪽잎 7~15장으로 된 깃꼴겹잎이다. 쪽잎은 끝이 뾰족하고 가장자리는 톱니가 있다. 봄에 풀빛을 띤 노란 꽃이 핀다. 암수딴그루이다. 열매는 동그랗고 두세 개가 함께 붙어 있다. 밑에는 꽃받침이 남아 있다. 가을에 노랗게 단풍이 든다. **생김새** 높이 8~12m | 잎 4~10cm, 어긋난다. **사는 곳** 산골짜기, 마을 둘레 **다른 이름** 쇠태, Bitterwood **분류** 쌍떡잎식물 > 소태나무과

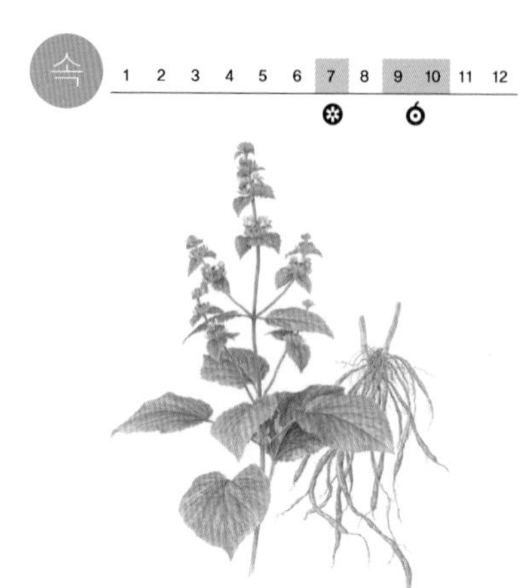

속단

속단은 깊은 산속 볕이 잘 드는 풀밭에서 자란다. 뿌리는 굵고 옆으로 뻗으면서 덩이뿌리가 생긴다. 줄기가 네모나고 곧게 자란다. 털이 나 있다. 잎은 잎자루가 길고 잎몸 가장자리에 톱니가 있다. 잎겨드랑이를 빙 둘러 불그스름한 꽃이 줄기를 따라 층층이 핀다. 가을에 꽃받침 속에서 씨가 여문다. **생김새** 높이 80~150cm | 잎 9~15cm, 마주난다. **사는 곳** 깊은 산속 풀밭 **다른 이름** 토속단, Shady jerusalem sage **분류** 쌍떡잎식물 > 꿀풀과

속새

속새는 깊은 산속 나무 그늘 밑 축축한 땅에서 자란다. 겨울에도 시들지 않고 사철 내내 푸르다. 땅속으로 뿌리줄기가 옆으로 길게 뻗는다. 줄기는 땅 가까이에서 여러 갈래로 갈라지면서 올라온다. 대나무처럼 마디가 진다. 속이 텅 비었다. 비늘 같은 잎이 줄기 마디를 둘러싼다. 가을에 줄기 끝에 홀씨주머니가 달려서 누렇게 익는다. 꽃이 피지 않고 홀씨로 퍼진다. **생김새** 높이 30~60cm **사는 곳** 깊은 산속 나무 그늘 밑 축축한 땅 **다른 이름** Scouringrush horsetail **분류** 양치식물 > 속새과

속속이풀

속속이풀은 들판이나 길가, 도랑가, 논바닥에서 자란다. 물기가 있는 땅을 좋아한다. 줄기는 곧게 서고 윗부분에서 가지를 많이 친다. 뿌리잎은 깃 모양으로 갈라지고 잎자루에 털이 있다. 줄기잎은 잎자루가 없다. 봄에 줄기와 가지 끝에서 노란 꽃이 모여 핀다. 열매는 기둥 모양인데 좀 구부러졌다. **생김새** 높이 30~60cm | 잎 7~15cm, 모여나거나 어긋난다. **사는 곳** 들판, 길가, 도랑가에 물기 있는 땅 **다른 이름** 속속냉이, Bog yellowcress **분류** 쌍떡잎식물 > 배추과

솔개

솔개는 산이나 강, 바닷가에서 혼자 산다. 하늘 높이 날면서 빙빙 돌다가 먹이가 보이면 재빨리 내려온다. 날카로운 발톱으로 먹이를 낚아채서 높은 나뭇가지나 땅 위로 옮겨 가서 먹는다. 봄에 짝짓기를 하고, 소나무나 전나무 같은 높은 나무에 접시처럼 생긴 둥지를 짓고 새끼를 친다. 겨울에는 무리를 짓기도 한다. **생김새** 몸길이 수컷 58cm, 암컷 68cm **사는 곳** 산, 강가, 바닷가 **먹이** 쥐, 새, 물고기, 개구리, 뱀, 벌레 **다른 이름** 소리개[북], Black kite **분류** 매목 > 수리과

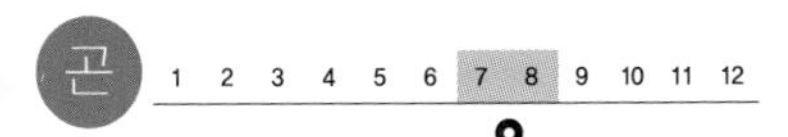

솔나방

솔나방은 소나무 숲에서 산다. 몸은 짙은 밤빛이다. 앞날개에 무늬가 있는데 모양이 저마다 다르다. 온몸에 털이 나 있다. 밤에 많이 돌아다닌다. 애벌레를 송충이라고 하는데, 소나무 잎을 먹으면서 자란다. 송충이가 많은 소나무 숲은 나무가 병이 든다. 송충이 등에 난 털에 찔리면 무척 아프고 붓는다. 한 해에 한 번 여름에 짝짓기를 하고 알을 낳는다. 애벌레로 겨울을 난다. **생김새** 날개 편 길이 50~90mm **사는 곳** 소나무 숲 **먹이** 애벌레_솔잎 **다른 이름** Pine moth **분류** 나비목 > 솔나방과

솔땀버섯

솔땀버섯은 여름부터 가을까지 숲속 땅이나 길가에 난다. 하나씩 흩어져 나거나 작게 무리 지어 난다. 갓 가운데가 볼록하고 겉이 우산살처럼 갈라진다. 갓 가운데는 색이 조금 진하다. 땀버섯 무리는 거의 독버섯인데, 솔땀버섯도 마찬가지이다. 독이 세다. **생김새** 갓 20~76mm **사는 곳** 숲, 길가 **다른 이름** 땀독버섯[북], Torn fibrecap **분류** 주름버섯목 > 땀버섯과

1 2 3 4 5 6 7 8 9 10 11 12

솔방울털버섯

솔방울털버섯은 가을부터 겨울까지 땅에 떨어진 솔방울 위에 한두 개 난다. 갓과 대에 털이 있다. 갓은 판판하고 밤빛인데 진하고 연한 색이 고리처럼 나타나기도 한다. 가장자리는 하얗다. 갓 밑에는 침처럼 생긴 짧은 돌기가 나 있다. 어릴 때는 하얗다가 자라면서 어두운 밤빛으로 바뀐다. 대는 가늘고 길게 자라는데 갓 가장자리에 붙는다. 대에도 가는 털이 빽빽하다. **생김새** 갓 10~20mm **사는 곳** 솔숲 **다른 이름** 솔방울바늘버섯[북], Earpick fungi **분류** 무당버섯목 > 솔방울털버섯과

균 1 2 3 4 5 6 7 8 9 10 11 12

솔버섯

솔버섯은 소나무에 많이 난다. 여름부터 가을까지 소나무나 삼나무 썩은 나뭇가지에 난다. 홀로 나거나 뭉쳐난다. 온몸에 털 같은 적갈색 비늘 조각이 덮여 있다. 갓은 어릴 때 종처럼 생겼다가 자라면서 판판해지고 가운데는 볼록하다. 주름살은 노랗다. 대 밑동은 조금 부풀었다. 안 먹는 것이 좋다. 천에 노란 물을 들이는 데 쓰기도 한다. **생김새** 갓 50~100mm **사는 곳** 소나무 숲 **다른 이름** 붉은털무리버섯[북], Plums and custard mushroom **분류** 주름버섯목 > 송이과

1 2 3 4 5 6 7 8 9 10 11 12

솔부엉이

솔부엉이는 소나무가 많은 곳에서 혼자 또는 암수가 함께 산다. 낮에는 우거진 숲속 나뭇가지에 앉아 쉬고, 해 뜨기 전이나 해가 진 뒤에 먹이를 구하러 날아다닌다. 소리 없이 날면서 벌레, 작은 새, 뱀, 쥐를 잡아먹는다. 정지 비행을 하면서 먹이를 찾기도 한다. 나무 구멍이나 묵은 까치 둥지에 둥지를 튼다. 부엉이 가운데 유일하게 깃뿔이 없다. **생김새** 몸길이 29cm **사는 곳** 야산, 소나무 숲, 공원 **먹이** 벌레, 박쥐, 새, 뱀, 개구리 **다른 이름** Brown boobook **분류** 올빼미목 > 올빼미과

솔이끼

솔이끼는 산속 물기 많은 곳에 무리 지어 자란다. 겉으로 보기에는 뿌리, 줄기, 잎이 나뉜 것처럼 보인다. 헛뿌리는 가는 실 모양이며, 흰빛이다. 줄기는 곧게 선다. 잎은 비늘 조각처럼 생겨서 줄기에 빽빽하게 돌려난다. 가장자리에 톱니가 있고 마른 잎은 줄기에 달라붙는다. 암수딴포기로 자란다. 꽃이 피지 않고 포자로 퍼진다. 포자는 바람을 타고 날아간다. **생김새** 높이 5~20cm | 잎 0.6~1.2cm, 돌려난다. **사는 곳** 산속 **다른 이름** Haircap moss **분류** 선태식물 > 솔이끼과

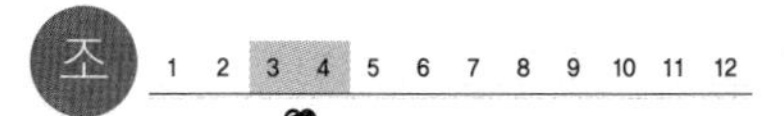

솔잣새

솔잣새는 소나무나 잣나무가 많은 숲에서 산다. 위아래 부리가 어긋나 있는 거의 유일한 새이다. 어긋난 부리로 소나무나 잣나무 씨앗을 잘 까먹는다. 주로 나무 위에서 지낸다. 여러 마리가 무리를 짓는다. 나무순이나 벌레를 먹기도 한다. 나무에 거꾸로 매달려서도 먹이를 잘 찾아 먹는다. 소나무 밑에 솔방울이 수북이 쌓여 있다면 솔잣새가 그렇게 한 것일 가능성이 높다. **생김새** 몸길이 16cm **사는 곳** 숲 **먹이** 씨앗, 새싹, 벌레 **다른 이름** 잣새[북], Red crossbill **분류** 참새목 > 되새과

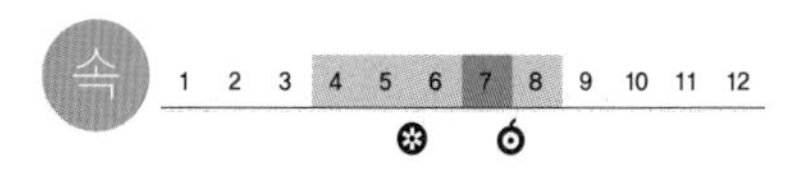

솜다리

솜다리는 높은 산 절벽이나 바위틈에서 자란다. 온몸에 흰 솜털이 빽빽이 덮여 있다. 줄기는 곧게 서고 점차 자라면서 아래쪽 털이 없어진다. 뿌리잎은 일찍 죽는다. 줄기잎은 가장자리가 밋밋하고 잎에도 털이 많다. 잎맥이 뚜렷하다. 여름부터 가을까지 줄기 끝에 노란 꽃이 모여 핀다. 열매는 긴 타원꼴로 짧은 털이 빽빽이 나 있다. 우리나라 고유종으로 보호한다. **생김새** 높이 15~25cm | 잎 2~7cm, 모여나거나 어긋난다. **사는 곳** 높은 산 절벽, 바위틈 **다른 이름** Korean edelweiss **분류** 쌍떡잎식물 > 국화과

1 2 3 4 5 6 7 8 9 10 11 12

솜대

솜대는 왕대나 맹종죽보다 조금 작은 대나무이다. 대에 흰 가루가 묻어 있어서 분죽이라고도 한다. 왕대보다 잎이 좁고 가늘다. 마디가 맹종죽보다는 길고 왕대보다는 짧다. 솜대 죽순은 5월에 올라온다. 대가 잘 쪼개지고 단단하면서도 질기고 잘 휘어서 죽물을 만들기에 좋다. 바구니나 대자리, 채반, 도시락, 용수, 광주리 같은 것도 짠다. **생김새** 높이 10m | 잎 6~10cm, 모여난다. **사는 곳** 산기슭, 밭 **다른 이름** 분죽, 담죽, Black bamboo **분류** 외떡잎식물 > 벼과

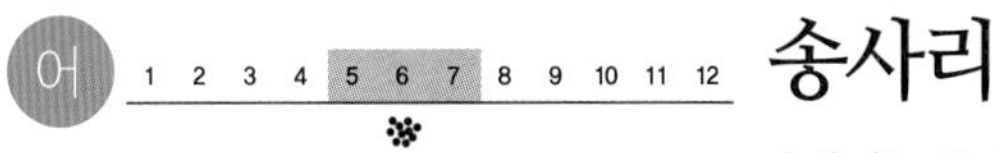

송사리

송사리는 우리나라 민물고기 가운데 가장 작다. 다른 물고기 새끼를 보고도 흔히 송사리라고 한다. 눈이 크고 툭 불거져 나왔다. 물살이 느리고 물풀이 떠 있는 곳을 좋아한다. 소금기가 있는 짠물도 잘 견딘다. 겨울이 되면 물풀 더미 밑에서 지낸다. 봄여름에 알을 낳는다. 물풀에 하나씩 붙여 놓는다. **생김새** 몸길이 4cm **사는 곳** 둠벙, 논, 늪, 저수지, 냇물 **먹이** 장구벌레, 작은 물벌레, 물풀 **다른 이름** 눈쟁이, 눈굼쟁이, 눈깔망탱이, 송아리, 눈깔이, Asiatic ricefish **분류** 동갈치목 > 송사리과

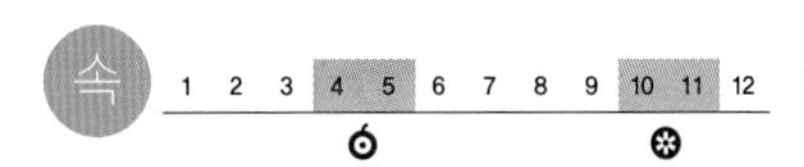

송악

송악은 남쪽 지방이나 바닷가에서 자란다. 덩굴 군데군데에서 뿌리가 나와 다른 나무나 바위에 붙는다. 늘 푸른 잎을 보려고 담장을 타고 가도록 돌담 밑에 심기도 한다. 잎자루가 길고 잎몸은 매끈하다. 3~5갈래로 갈라지기도 한다. 가을에 노랗거나 옅은 풀빛을 띤 작은 꽃이 우산 꼴로 모여 핀다. 꽃이 핀 이듬해 봄에 열매가 까맣게 익는다. **생김새** 길이 10m | 잎 3~7cm, 어긋난다. **사는 곳** 남부 지방 바닷가 **다른 이름** 담장나무, Songak ivy **분류** 쌍떡잎식물 > 두릅나무과

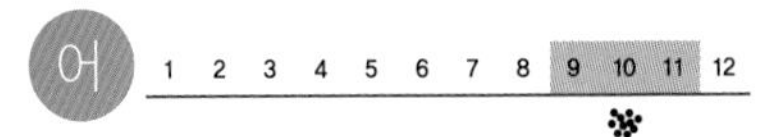

송어

송어는 강과 바다를 오르내리는 물고기다. 바다에서는 물낯 가까이에서 떼 지어 몰려다니며 작은 물고기나 새우 따위를 잡아먹는다. 연어처럼 바다에서 살다가 강을 거슬러 올라와서 알을 낳는다. 짝짓기 때가 되면 몸빛과 생김새가 바뀐다. 알을 낳고 나면 어른 물고기는 모두 죽는다. 송어 가운데 바다로 안 내려가고 강에서 내내 살면 산천어라고 한다. 생김새가 송어랑 딴판이다. **생김새** 몸길이 60~80cm **사는 곳** 동해 **먹이** 새우, 게, 작은 물고기 **다른 이름** 시마연어, 산천어, Cherry salmon **분류** 연어목 > 연어과

균 1 2 3 4 5 6 7 8 9 10 11 12

송이

송이는 소나무와 더불어 사는 버섯이다. 가을에 소나무 숲 속 땅에 흩어져 나거나 무리 지어 난다. 오래 묵은 소나무 둘레에서 드물게 난다. 갓은 어릴 때 공처럼 둥글다가 펴지면서 판판해진다. 대 속은 꽉 차 있고 단단하다. 솜털 같은 턱받이가 대 위쪽에 오랫동안 붙어 있다. 버섯에서 솔향기가 난다. 재배 기술은 아직 없고, 산에서 절로 난 것을 딴다. 절로 난 것을 따는 버섯 가운데 가장 많이 딴다. **생김새** 갓 58~185mm **사는 곳** 소나무 숲 **다른 이름** Matsutake mushrooms **분류** 주름버섯목 > 송이과

속 1 2 3 4 5 6 7 8 9 10 11 12

송이풀

송이풀은 볕이 잘 드는 산속 풀밭에서 자란다. 줄기는 여러 대가 모여 나와 곧게 자라고 모가 졌다. 위쪽에서 가지를 친다. 잎은 긴달걀꼴이고 가장자리에 고른 톱니가 있다. 줄기 위쪽 잎은 잎자루가 없다. 여름부터 줄기 위쪽에서 붉은 보랏빛 꽃이 핀다. 꽃 끝이 새 부리처럼 꼬부라진다. 열매는 뾰족한 달걀꼴이다. **생김새** 높이 30~60cm | 잎 4~9cm, 어긋난다. **사는 곳** 산속 풀밭 **다른 이름** 도시락나물, 마뇨소, 수송이풀, 가지송이풀, Resupinate woodbetony **분류** 쌍떡잎식물 > 현삼과

송장풀

송장풀은 산속 나무숲과 산기슭에서 자란다. 줄기는 곧게 서고 둔하게 모가 진다. 줄기 아래쪽 잎은 달걀 모양이고 위쪽으로 갈수록 점차 작아진다. 가장자리에 톱니가 있다. 여름에 옅은 붉은빛 꽃이 줄기 위쪽 잎겨드랑이에서 층층이 달린다. 열매는 거꾸로 된 달걀꼴인데 검게 익는다. **생김새** 높이 60~120cm | 잎 6~10cm, 마주난다. **사는 곳** 산속 나무숲, 산기슭 **다른 이름** 산익모초[북], 개속단, 개방앳잎, Large-flower motherwort **분류** 쌍떡잎식물 > 꿀풀과

송장헤엄치게

송장헤엄치게는 연못이나 웅덩이처럼 고인 물에서 산다. 배영을 하듯 몸을 뒤집은 채 헤엄을 친다. 긴 뒷다리를 배의 노처럼 젓는다. 다리에 털이 촘촘히 나 있어서 헤엄치기에 좋다. 물 위에 작은 벌레가 있으면 낚아채서 물속으로 끌어들여 체액을 빨아 먹는다. 어른벌레로 겨울을 난다. 물속에 있는 바위나 물풀에 알을 낳는다. **생김새** 몸길이 11~14mm **사는 곳** 연못, 웅덩이, 논 **먹이** 소금쟁이, 어린 물고기, 올챙이 **다른 이름** 물송장, Korean common backswimmer **분류** 노린재목 > 송장헤엄치게과

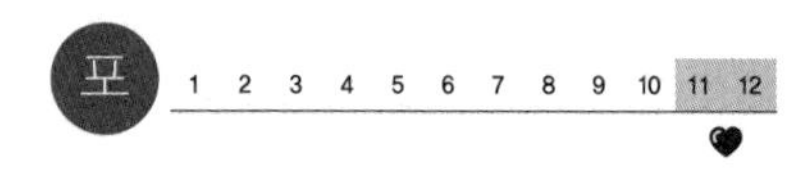

쇠고래

쇠고래는 뭍에서 가까운 바다에서 지낸다. 물 위에서 보면 머리는 뾰족한 삼각형 모양이다. 몸 전체에 얼룩덜룩한 흰빛 무늬가 있고, 조개 같은 것들이 붙어 있다. 머리와 꼬리 쪽에 특히 많다. 두세 마리씩 무리 지어 다니지만, 더 큰 무리를 짓기도 한다. 겨울에 짝짓기를 하고 한 해 뒤에 새끼를 낳는다. 3미터쯤 되는 물기둥을 만든다. **생김새** 몸길이 11~15m **사는 곳** 우리나라 온 바다 **먹이** 새우, 갑각류, 물고기 **다른 이름** 귀신고래, 쁠고래, 회색고래, Korean gray whale **분류** 고래목 > 쇠고래과

쇠기러기

쇠기러기는 우리나라에서 가장 흔히 볼 수 있는 기러기다. 몸집이 작다. 흔히 논이나 호수, 연못 같은 물가에서 무리 지어 산다. 적게는 수십 마리씩, 많게는 수천 마리가 넘게 모여 다닌다. 낮에는 잠을 자거나 쉬고, 이른 아침이나 저녁에 먹이를 찾는다. 날 때는 여럿이 모여 일자나 V자를 이룬다. 봄에 러시아로 가서 여름에 짝짓기를 한다. **생김새** 몸길이 75cm **사는 곳** 논, 호수, 연못, 강, 갯벌 **먹이** 곡식, 새싹, 풀씨, 풀뿌리 **다른 이름** 기러기, White-fronted goose **분류** 기러기목 > 오리과

쇠딱따구리

쇠딱따구리는 숲에서 혼자 또는 암수가 함께 산다. 몸집이 작아서 참새보다 살짝 커 보인다. 새끼를 치고 나면 박새 무리와 어울리기도 한다. 부리로 나무줄기를 쪼아 구멍을 뚫고 긴 혀를 구멍에 넣어 애벌레나 개미를 찾아 잡아먹는다. 나무에 부리로 구멍을 파서 둥지를 짓는다. 암컷이 둥지를 지키고 수컷은 지렁이나 나무 열매를 물어 나른다. **생김새** 몸길이 15cm **사는 곳** 숲, 공원 **먹이** 벌레, 나무 열매 **다른 이름** 작은딱따구리[북], 작은배알락딱따구리, Japanese pygmy woodpecker **분류** 딱따구리목 > 딱따구리과

민 1 2 3 4 5 6 7 8 9 10 11 12

쇠뜨기

쇠뜨기는 볕이 잘 들고 물기가 많은 땅에서 자란다. 땅속에서 뿌리줄기가 뻗어 나가며 넓게 퍼지고, 고사리처럼 홀씨로도 퍼진다. 이른 봄에 뱀밥이라고 하는 생식 줄기가 올라와서 끝에 홀씨주머니가 달린다. 홀씨는 바람에 날리거나 짐승 몸에 붙어서 널리 퍼지는데 싹이 잘 안 돋는다. 뱀밥이 시들 때쯤, 가느다란 풀빛 영양 줄기가 곧게 올라온다. **생김새** 높이 30~40cm **사는 곳** 산기슭, 논둑, 밭둑, 길가 **다른 이름** 쇠띠, 공방초, 마초, 뱀밥, 준솔, Field horsetail **분류** 양치식물 > 속새과

쇠뜨기버섯

쇠뜨기버섯은 여름부터 가을까지 바늘잎나무가 많은 숲속 땅이나 풀밭에 홀로 나거나 무리 지어 난다. 썩은 나무줄기에서도 난다. 아주 드물다. 쇠뜨기처럼 가지가 여러 갈래로 갈라지고, 끝은 두 갈래로 갈라진다. 어릴 때는 가지 끝이 뭉툭한데 자라면서 침처럼 뾰족해진다. 처음에는 투명하다가 점점 투명한 것이 사라진다. 독은 없지만 먹지 않는다. **생김새** 크기 25~60×20~70mm **사는 곳** 바늘잎나무 숲 **다른 이름** Ivory coral fungus **분류** 주름버섯목 > 국수버섯과

쇠무릎

쇠무릎은 산기슭, 논밭 둘레, 길가에서 흔히 자란다. 줄기 마디가 소 무릎처럼 두툼하게 불룩 튀어나왔다고 이런 이름이 붙었다고 한다. 줄기는 네모나고 마디가 진다. 마디마다 잎이 난다. 잎은 끝이 뾰족하다. 한여름부터 줄기 끝이나 가지 끝에서 풀빛 꽃이 붙어 핀다. 가을에 작은 열매가 깨알처럼 익는다. 이 열매가 옷이나 짐승 털에 달라붙어 퍼진다. **생김새** 높이 50~100cm | 잎 10~20cm, 마주난다. **사는 곳** 산기슭, 논밭 둘레, 길가 **다른 이름** 우슬, Oriental chaff flower **분류** 쌍떡잎식물 > 비름과

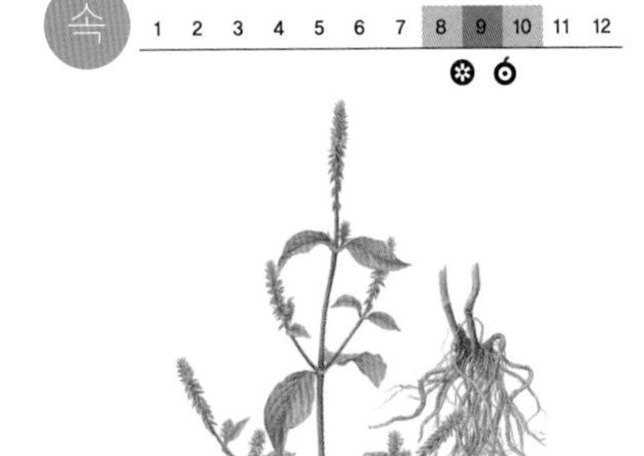

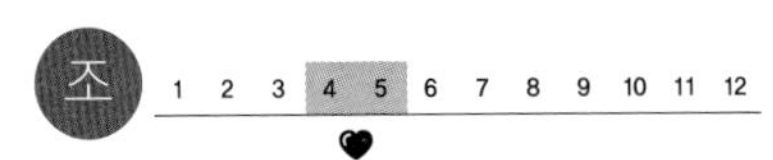

쇠박새

쇠박새는 숲이나 마을 둘레에서 산다. 박새보다 몸집이 작고 배에 검은 줄무늬가 없다. 여름에는 숲속에서 지내고, 새끼를 치고 난 겨울에는 다른 박새와 무리 지어 다니면서 마을 가까이 온다. 벌레를 잡아먹고, 풀씨나 나무 열매도 먹는다. 먹이를 모아 숨겼다가 겨울이 오면 찾아 먹기도 한다. 봄에 짝짓기를 한다. 나무 위에 이끼를 써서 밥그릇처럼 둥지를 짓고 새끼를 친다. **생김새** 몸길이 12cm **사는 곳** 숲, 마을 둘레 **먹이** 벌레, 거미, 나무 열매, 풀씨 **다른 이름** 굵은부리박새, Marsh tit **분류** 참새목 > 박새과

쇠백로

쇠백로는 백로 무리 가운데 몸집이 작은 편이다. 발가락이 노랗다. 수십 마리씩 무리 지어서 사는데 다른 백로보다 드물다. 다른 백로와 섞여서 새끼를 칠 때는 다른 백로보다 아래쪽에 둥지를 짓는다. 쇠백로는 물고기를 잘 잡아먹는데, 물고기를 몰거나 숨은 물고기를 찾아내서 잡을 줄 안다. 여름 철새인데 겨울에도 남쪽 나라로 가지 않고 우리나라에서 지내는 새가 늘고 있다. **생김새** 몸길이 61cm **사는 곳** 염전, 바다, 강 **먹이** 물고기, 게, 새우, 갯지렁이 **다른 이름** 백로, Little egret **분류** 황새목 > 백로과

쇠별꽃

쇠별꽃은 밭이나 논두렁, 길가에 흔히 자란다. 물기가 많고 그늘진 곳, 기름진 땅을 좋아하지만 마른 곳에서도 잘 산다. 별꽃과 닮았는데 별꽃보다 잎과 꽃이 더 크다. 작고 하얀 꽃이 핀다. 열매는 달걀 모양이다. 씨앗은 물에 흘러가거나 바람에 날려 널리 퍼진다. 사람이나 짐승 몸에 붙어서 퍼지기도 한다. **생김새** 높이 20~50cm | 잎 1~6cm, 마주난다. **사는 곳** 밭, 논두렁, 길가 **다른 이름** 별꽃, 아장초, 콩버무리, Giant chickweed **분류** 쌍떡잎식물 > 석죽과

쇠부엉이

쇠부엉이는 들판에서 무리를 짓지 않고 혼자 산다. 저녁부터 낮게 날아다니면서 먹이를 찾는다. 낮에는 나뭇가지, 나무 밑동에 앉아서 잠을 자는데, 낮에 다니기도 한다. 쥐나 작은 새를 즐겨 먹고, 벌레를 잡아먹기도 한다. 작은 소리를 듣고도 먹이가 어디에 있는지 정확히 알아낸다. 올빼미 무리에 드는 다른 새들처럼 먹이를 통째로 삼킨 다음 뼈나 털은 펠릿으로 게워 낸다. **생김새** 몸길이 41cm **사는 곳** 논밭, 갈대밭, 습지 **먹이** 쥐, 새, 벌레 **다른 이름** Short-eared owl **분류** 올빼미목 > 올빼미과

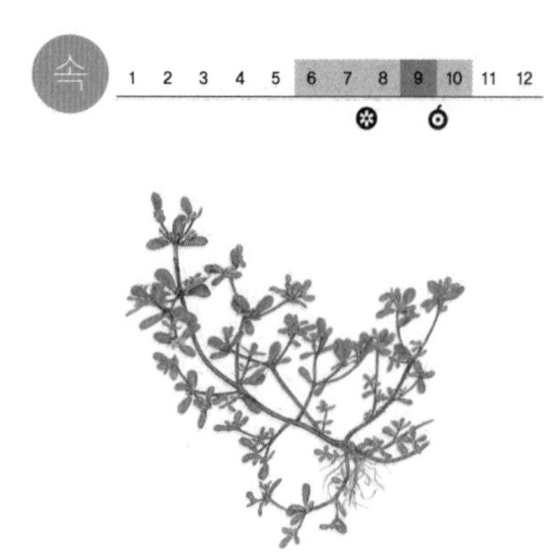

쇠비름

쇠비름은 밭이나 집 둘레, 길가에 많이 난다. 줄기가 땅에 납작하게 붙어서 바닥을 기며 자라고 여러 갈래로 뻗는다. 줄기와 잎은 통통하고, 물이 많아서 가물어도 잘 버틴다. 밭에서 뽑아 놓아도 곧잘 뿌리를 내리고, 호미나 농기계로 캐면서 줄기가 잘리면 잘린 조각마다 뿌리가 새로 돋아 뻗어서, 없애는 게 아주 어렵다. 여름내 노란 꽃이 계속 피고 진다. **생김새** 높이 15~30cm | 잎 1.5~2.5cm, 마주나거나 어긋난다. **사는 곳** 밭, 집 둘레, 길가 **다른 이름** 돼지풀[북], 말비름, Purslane **분류** 쌍떡잎식물 > 쇠비름과

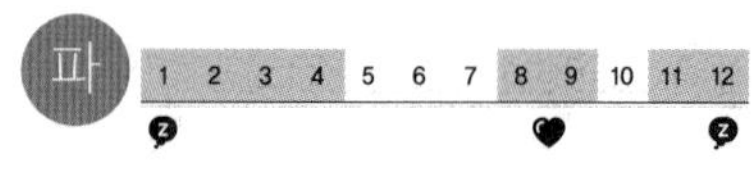

쇠살모사

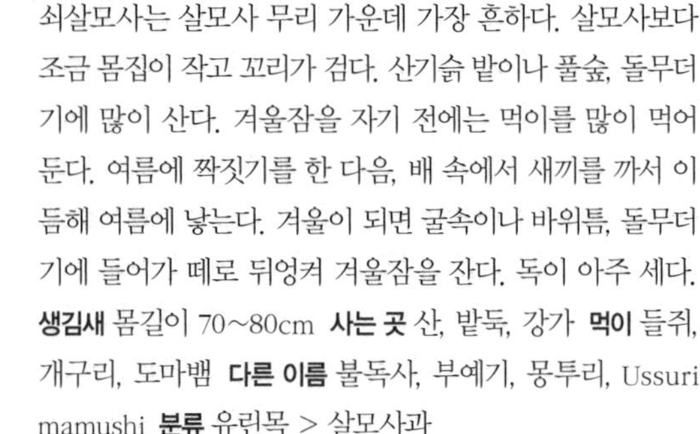

쇠살모사는 살모사 무리 가운데 가장 흔하다. 살모사보다 조금 몸집이 작고 꼬리가 검다. 산기슭 밭이나 풀숲, 돌무더기에 많이 산다. 겨울잠을 자기 전에는 먹이를 많이 먹어 둔다. 여름에 짝짓기를 한 다음, 배 속에서 새끼를 까서 이듬해 여름에 낳는다. 겨울이 되면 굴속이나 바위틈, 돌무더기에 들어가 떼로 뒤엉켜 겨울잠을 잔다. 독이 아주 세다. **생김새** 몸길이 70~80cm **사는 곳** 산, 밭둑, 강가 **먹이** 들쥐, 개구리, 도마뱀 **다른 이름** 불독사, 부예기, 몽투리, Ussuri mamushi **분류** 유린목 > 살모사과

쇠제비갈매기

쇠제비갈매기는 제비갈매기를 닮았지만 몸이 작다. 부리가 노란색인데, 끝이 검다. 다리는 붉다. 물 위를 낮게 날면서 먹이를 찾다가 물속으로 재빨리 뛰어들어 잡는다. 정지 비행도 한다. 물에 사는 게, 새우, 작은 물고기도 먹고, 딱정벌레나 잠자리처럼 날아다니는 벌레도 먹는다. 여름에 북쪽 나라에서 새끼를 치고 봄가을로 동해나 서해에서 쉬어 간다. **생김새** 몸길이 28cm **사는 곳** 바다, 강 하구, 습지, 모래밭 **먹이** 물고기, 게, 새우, 벌레 **다른 이름** Little tern **분류** 도요목 > 갈매기과

조

쇠청다리도요

쇠청다리도요는 청다리도요와 비슷하지만 몸집이 좀 더 작다. 부리는 얇고 곧은 편이다. 다리가 조금 녹색을 띤다. 바닷가 갯벌이나 저수지 얕은 물가에서 산다. 네댓 마리가 무리를 짓는다. 얼핏 보면 청다리도요보다 알락도요처럼 보인다. 긴 부리로 주로 벌레나 작은 조개를 잡아먹는다. 우리나라에는 새끼 치러 오가는 봄가을에 들르는데 보기 드물다. **생김새** 몸길이 23cm **사는 곳** 바닷가, 냇가, 저수지, 논 **먹이** 벌레, 조개, 달팽이 **다른 이름** Marsh sandpiper **분류** 도요목 > 도요과

속

1 2 3 4 5 6 7 8 9 10 11 12

수국

수국은 꽃을 보려고 뜰이나 공원에 심어 기른다. 수구화라고도 하는데 둥근 비단꽃이라는 뜻이다. 줄기는 무더기로 모여나고 겨울에는 윗부분이 말라 죽는다. 잎 끝은 뾰족하고 가장자리에 얕은 톱니가 있다. 여름에 가지 끝에서 옅은 보랏빛 꽃이 둥글게 모여서 핀다. 꽃은 피는 시기나 자라는 흙에 따라 빛깔이 달라지기도 한다. 열매는 거의 맺지 않는다. **생김새** 높이 1~3m | 잎 7~15cm, 마주난다. **사는 곳** 뜰, 공원 **다른 이름** 자양화, 수구화, Chinese sweetleaf **분류** 쌍떡잎식물 > 수국과

포

1 2 3 4 5 6 7 8 9 10 11 12

수달

수달은 깊은 산부터 바닷가까지 물줄기를 따라 산다. 발가락에 물갈퀴가 있어 헤엄을 아주 잘 친다. 물속에서는 날래지만, 다리가 짧아서 물 밖으로 나오면 뒤뚱거린다. 물고기를 가장 많이 먹고 가재나 새우, 개구리, 물새도 잡아먹는다. 물가 바위틈이나 굴을 보금자리로 삼는다. 혼자 살거나 식구끼리 모여 산다. 봄에 새끼를 두 마리쯤 낳는다. 물가 돌 위에 똥을 눈다 **생김새** 몸길이 64~80cm **사는 곳** 물줄기 있는 곳 **먹이** 물고기, 게, 새우, 개구리, 물새 **다른 이름** 물개, Otter **분류** 식육목 > 족제비과

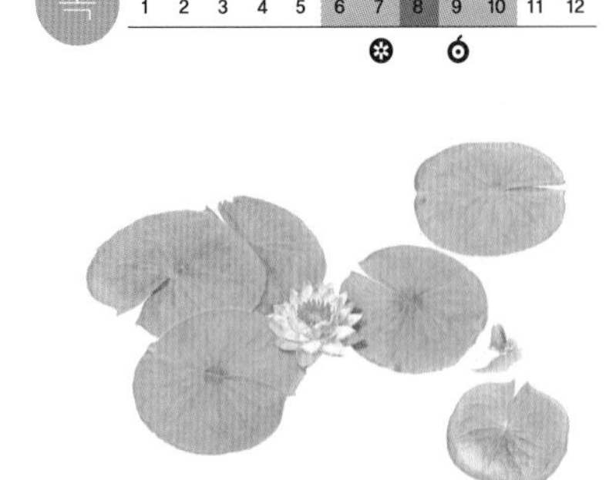

수련

수련은 연못이나 늪에 심어 기른다. 꽃을 보려고 많이 심는다. 뿌리줄기는 짧고 굵다. 수염뿌리가 많이 난다. 잎은 뿌리목에서 무더기로 나온 긴 잎자루 끝에 난다. 잎은 물어 뜨고 한쪽이 깊게 갈라진다. 앞면은 윤기가 나는 풀빛이고 뒷면은 짙은 보랏빛이다. 여름에 꽃대가 나오고 끝에서 흰 꽃이 한 송이씩 핀다. 낮에만 핀다. 씨앗은 달걀 모양이고 서로 맞붙어 있다. **생김새** 높이 1m | 잎 5~12cm, 모여난다. **사는 곳** 연못, 늪 **다른 이름** 자우련, Pygmy water lily **분류** 쌍떡잎식물 > 수련과

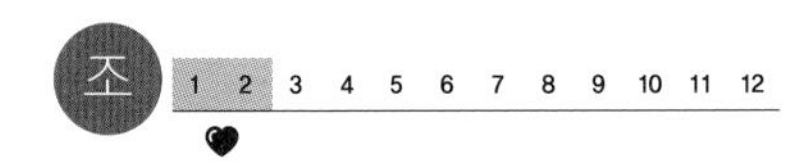

수리부엉이

수리부엉이는 절벽이나 바위가 많은 산에서 혼자 산다. 몸집이 크고 날쌔다. 머리에는 깃뿔이 쫑긋하게 서 있다. 낮에는 거의 쉬고, 주로 밤에 먹이를 찾아 날아다닌다. 소리 없이 날면서 먹이를 찾고 발톱으로 먹이를 움켜쥔다. 벌레, 개구리, 도마뱀, 쥐, 산토끼, 꿩까지 두루 잡는다. 겨울에 짝짓기를 하고, 해마다 같은 장소에서 알을 낳아 새끼를 친다. **생김새** 몸길이 70cm **사는 곳** 절벽, 산 **먹이** 벌레, 쥐, 꿩, 오리, 산토끼, 개구리 **다른 이름** Eurasian eagle-owl **분류** 올빼미목 > 올빼미과

수리취

수리취는 산에서 자란다. 줄기는 곧게 서고 위쪽에서 가지를 친다. 거미줄 같은 흰 털로 덮여 있다. 잎은 끝이 뾰족하고 가장자리에 뾰족한 톱니가 고르지 않게 있다. 뒷면은 솜털이 빽빽이 나 있다. 가을에 검푸른 자줏빛 꽃이 아래를 보고 핀다. 열매는 긴 타원형으로 밤빛이다. 우산털도 밤빛이다. 마른 잎은 불을 붙이는 부싯깃으로 썼다. **생김새** 높이 40~100cm | 잎 10~20cm, 모여나거나 어긋난다. **사는 곳** 산 **다른 이름** 개취, 떡취, Deltoid synurus **분류** 쌍떡잎식물 > 국화과

속 1 2 3 4 5 6 7 8 9 10 11 12

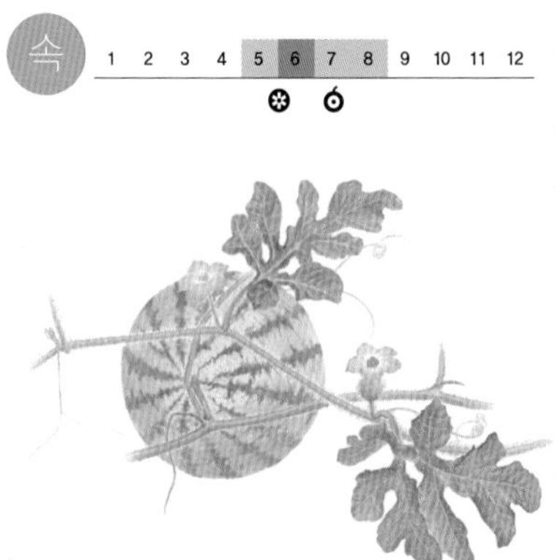

수박

수박은 밭에 심는 열매채소다. 참외와 함께 여름에 많이 먹는다. 줄기는 덩굴지며 자란다. 가시털이 있고 잎겨드랑이에서 덩굴손이 나온다. 마디에서 뿌리가 내린다. 잎은 손가락 모양으로 깊게 갈라진다. 가장자리는 물결 모양으로 갈라지고 고르지 않은 톱니가 있다. 여름에 노란 꽃이 피는데, 암꽃 씨방이 자라서 우리가 먹는 수박이 된다. 암수 다른 꽃이다. **생김새** 길이 2~4m | 잎 10~18cm, 어긋난다. **사는 곳** 밭 **다른 이름** 서과, 수과, Watermelon **분류** 쌍떡잎식물 > 박과

속 1 2 3 4 5 6 7 8 9 10 11 12

수선화

수선화는 꽃을 보려고 뜰이나 공원에 심어 기른다. 볕이 잘 드는 곳을 좋아한다. 남부 지방 바닷가에서 자라기도 한다. 비늘줄기 밑부분에서 흰 수염뿌리가 여럿 난다. 잎은 도톰하고 길쭉하며 끝이 둔하다. 희끄무레한 풀빛이다. 이른 봄에 잎 사이에서 긴 꽃대가 나오고 꽃대 끝에서 흰 꽃이 핀다. 품종에 따라 꽃 모양과 빛깔이 여럿이다. 열매는 맺지 않는다. **생김새** 높이 20~40cm | 잎 20~40cm, 모여난다. **사는 곳** 뜰, 공원 **다른 이름** Chinese sacred lily **분류** 외떡잎식물 > 수선화과

속 1 2 3 4 5 6 7 8 9 10 11 12

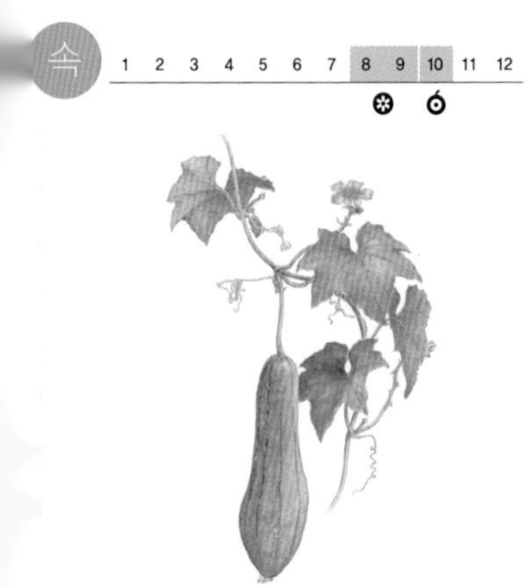

수세미오이

수세미오이는 밭이나 마당에 심어 기른다. 오이와 닮았다. 덩굴로 자란다. 줄기에서 덩굴손이 나와서 기둥이나 담을 타고 올라간다. 줄기는 모가 났다. 잎은 다섯 갈래로 갈라진다. 꽃은 암꽃과 수꽃이 따로 핀다. 호박이나 오이처럼 암꽃 씨방이 커지면서 열매가 된다. 열매가 익으면 속이 실로 짠 그물처럼 촘촘하게 얽힌다. 말려서 껍질을 벗긴 것을 설거지할 때 쓴다. **생김새** 길이 4~12m | 잎 13~30cm, 어긋난다. **사는 곳** 밭, 마당 **다른 이름** 수과, 사과등, Sponge gourd **분류** 쌍떡잎식물 > 박과

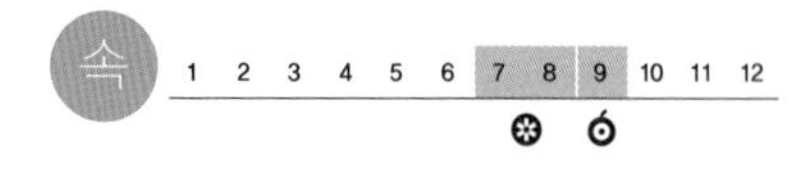

수송나물

수송나물은 볕이 잘 드는 바닷가 모래땅에 산다. 밑에서 가지가 많이 갈라지고 비스듬하게 누워 자란다. 어린순이 솔잎 같다고 가시솔나물이라고도 한다. 잎은 뾰족하면서도 통통하다. 꽃은 여름에 잎겨드랑이에서 핀다. 겨울에도 시들지 않는다. 봄에 어린순을 뜯어 나물로 먹는다. **생김새** 높이 10~40cm | 잎 1cm~3cm, 어긋난다. **사는 곳** 서해, 남해 갯벌이나 모래땅 **다른 이름** 가시솔나물, 저모채, Russian thistle **분류** 쌍떡잎식물 > 명아주과

수수

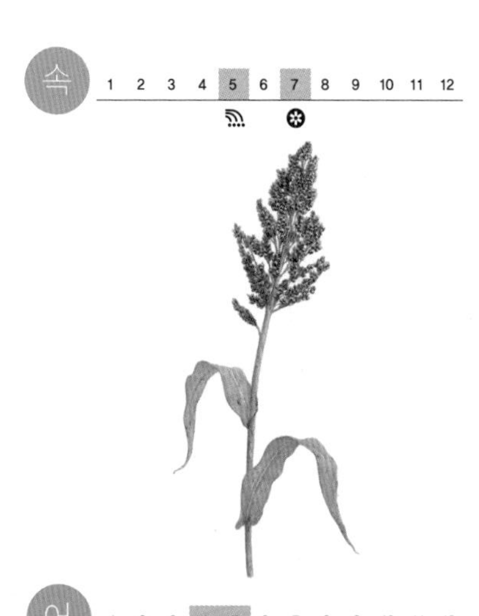

수수는 밭에 심는 곡식이다. 날이 덥고 마른 땅에서 잘 자란다. 키가 아주 크게 자란다. 줄기 껍질은 반질반질하고 속에 속살이 차 있다. 잎이 아주 길다. 여름에 줄기 끝에서 이삭이 나오고 꽃이 핀다. 가을이 되면 이삭이 붉은 밤빛으로 바뀐다. 수수는 메수수와 찰수수가 있어서 찰수수는 밥이나 떡을 해 먹고, 메수수는 집짐승 먹이로 쓰거나 술을 빚는다. **생김새** 높이 2~3m | 잎 50~60cm, 어긋난다. **사는 곳** 밭 **다른 이름** 슈슈, 촉서, 고량, Sorghum **분류** 외떡잎식물 > 벼과

어 1 2 3 4 5 6 7 8 9 10 11 12

수수미꾸리

수수미꾸리는 맑고 차가운 물이 흐르는 곳에서 산다. 큰 자갈과 모래가 깔리고 물살이 빠른 여울을 좋아한다. 큰 돌 밑에 잘 숨는다. 몸통에 세로로 큼지막하고 까만 줄무늬가 많다. 돌에 붙은 돌말을 먹거나 모래 속에서 작은 물벌레를 잡아먹는다. 우리나라 낙동강 상류나 이 강으로 흘러 드는 하천에만 산다. **생김새** 몸길이 15~18cm **사는 곳** 냇물, 산골짜기, 강 **먹이** 작은 물벌레, 돌말 **다른 이름** 줄무늬하늘종개[북], 호랑이미꾸라지, 수수종개, 자갈미꾸라지, 얼룩미꾸라지 **분류** 잉어목 > 미꾸리과

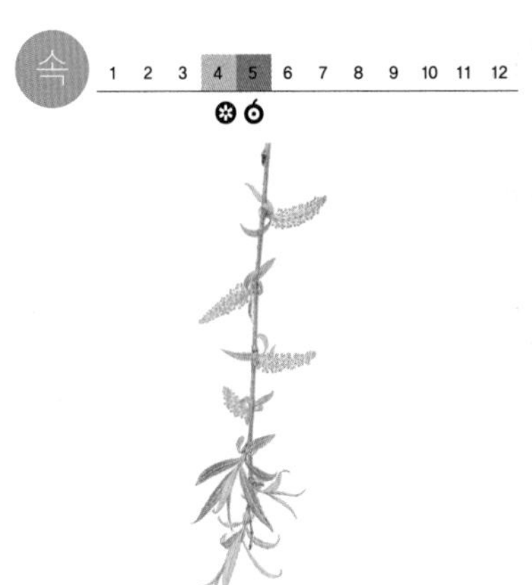

수양버들

수양버들은 냇가나 들에서 크게 자란다. 물기가 많은 땅을 좋아하고, 가로수로도 흔하게 심는다. 가지가 길게 휘늘어져서 멀리서도 쉽게 알 수 있다. 잎은 양끝이 뾰족하고 잎 가장자리가 밋밋하거나 톱니가 있다. 꽃은 봄에 잎과 함께 핀다. 암수딴그루가 대부분이지만 가끔 암수한그루인 나무도 있다. **생김새** 높이 15~20m | 잎 3~6cm, 어긋난다. **사는 곳** 냇가, 들 **다른 이름** 실버들, Babylon willow **분류** 쌍떡잎식물 > 버드나무과

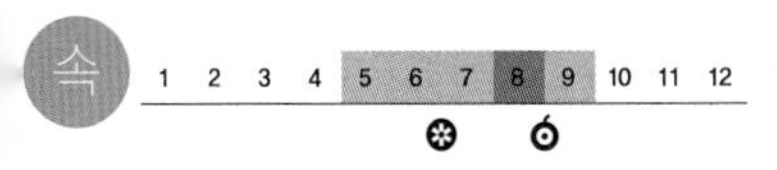

수염가래꽃

수염가래꽃은 논두렁이나 도랑 옆 물기 있는 땅에서 자란다. 줄기는 가늘고 아래쪽은 비스듬히 누우면서 자란다. 마디에서 뿌리가 내린다. 잎은 버들잎 모양이고 가장자리에 둔한 톱니가 있다. 잎자루가 없다. 여름에 잎겨드랑이에서 꽃대가 나와 희거나 불그스레한 흰빛 꽃이 한 송이씩 핀다. 깊게 갈라진 꽃잎이 반원 모양으로 둘러선다. **생김새** 높이 3~20cm | 잎 1~2cm, 어긋난다. **사는 곳** 논두렁, 도랑 둘레 **다른 이름** 세미초, 과인초, Asian lobelia **분류** 쌍떡잎식물 > 초롱꽃과

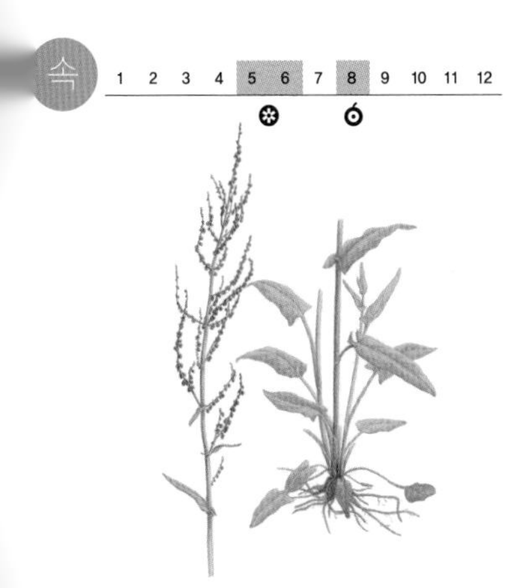

수영

수영은 볕이 잘 드는 기름진 땅에서 산다. 소리쟁이랑 닮았는데 잎이 훨씬 작다. 가을에 잎이 난 채로 겨울을 보낸다. 겨울에는 잎이 땅바닥에 붙어 있는데 붉은빛이 돈다. 이듬해 봄에 줄기가 올라와서 오뉴월에 붉은빛을 띤 풀빛 꽃이 핀다. 바람으로 가루받이를 한다. 열매는 세모지고 까맣다. 줄기와 잎을 먹으면 신맛이 난다고 시금초라고도 한다. **생김새** 높이 30~80cm | 잎 3~6cm, 모여난다. **사는 곳** 산, 들, 풀밭, 빈터 **다른 이름** 시금초, 괴싱아, Garden dock **분류** 쌍떡잎식물 > 마디풀과

1	2	3	4	5	6	7	8	9	10	11	12

수원무당버섯

수원무당버섯은 여름부터 가을까지 소나무와 너도밤나무가 섞여 자라는 숲속 땅에 난다. 홀로 나거나 무리 지어 난다. 독버섯인 무당버섯과 닮았다. 수원무당버섯이 더 작고 밑동이 연한 붉은빛을 띤다. 또 갓과 대에 고운 가루가 덮여 있어서 가릴 수 있다. 주름살은 흰빛이나 우윳빛이고 촘촘히 나 있다. 물기를 머금으면 끈적끈적하다. **생김새** 갓 20~45mm **사는 곳** 솔숲, 넓은잎나무 숲 **다른 이름** Purple-bloom russula **분류** 무당버섯목 > 무당버섯과

1	2	3	4	5	6	7	8	9	10	11	12

수정난풀

수정난풀은 깊은 산 가랑잎 더미 속에서 드물게 자란다. 썩은 나무에 붙어서 양분을 얻는다. 엽록소가 없어서 희고 통통하다. 줄기는 여러 대가 뭉쳐나고 곧게 자란다. 뿌리는 덩어리지고 밤빛이 돈다. 비늘처럼 생긴 퇴화된 잎이 줄기에 붙는다. 얇고 속이 비친다. 여름에 줄기 끝에서 흰 꽃이 한 송이씩 아래를 보고 핀다. 꽃은 종 모양이다. **생김새** 높이 10~20cm | 잎 0.7~2cm, 어긋난다. **사는 곳** 깊은 산 가랑잎 더미 **다른 이름** 수정란[북], 수정초, 석장초, Indian pipe **분류** 쌍떡잎식물 > 진달래과

1	2	3	4	5	6	7	8	9	10	11	12

수조기

수조기는 따뜻한 물을 좋아한다. 겨울에는 제주도 남쪽 바다에서 지내다가 봄이 되면 북쪽으로 올라온다. 펄 바닥이나 모랫바닥에서 산다. 다른 조기 무리와 마찬가지로 짝짓기 때가 되면 소리를 내며 운다. 암컷과 수컷이 내는 소리가 다르다고 한다. 수조기는 그물을 내려 배가 끌면서 잡는다. 낚시로도 잡는다. **생김새** 몸길이 40cm **사는 곳** 서해, 남해 **먹이** 새우, 게, 작은 물고기 **다른 이름** Yellow drum **분류** 농어목 > 민어과

수크령

수크령은 볕이 잘 드는 길가나 과수원, 강둑, 풀밭에서 자란다. 뜰에 심어 가꾸기도 한다. 뿌리에서 줄기가 여러 대 올라와 포기를 이룬다. 잎은 가늘고 길다. 여름부터 가을에 줄기 끝에 꽃이삭이 달린다. 꽃이삭은 검은 보랏빛이고 털이 많아서 복슬복슬하다. 씨앗 끝에 작고 뾰족한 가시가 있어서 짐승 털이나 사람 옷에 잘 붙어 퍼진다. **생김새** 높이 30~80cm | 잎 30~60cm, 어긋난다. **사는 곳** 길가, 과수원, 강둑, 풀밭 **다른 이름** 길갱이, 낭미초, Foxtail fountaingrass **분류** 외떡잎식물 > 벼과

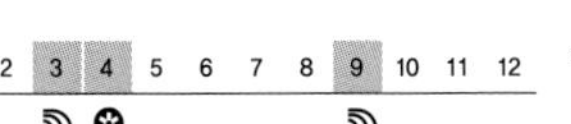

순무

순무는 뿌리와 잎줄기를 먹으려고 밭에 심는다. 뿌리에서 잎이 곧장 난다. 잎은 여기저기 깊이 파인다. 잎자루는 자줏빛이다. 봄에 꽃대가 올라와 노란 꽃이 핀다. 꽃은 배추꽃과 닮았다. 순무는 뿌리도 먹고 잎줄기도 먹는다. 뿌리를 날로 먹으면 알싸하고 매콤한 겨자 맛이 난다. 김치를 많이 담가 먹고 장아찌나 동치미를 담근다. 줄기는 시래기로 말렸다가 국을 끓여 먹는다. **생김새** 높이 30~60cm | 잎 8~15cm, 모여난다. **사는 곳** 밭 **다른 이름** 쉿무우, 쉿무수, Turnip **분류** 쌍떡잎식물 > 배추과

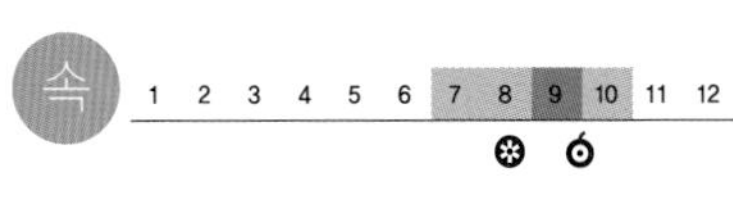

순비기나무

순비기나무는 바닷가 모래땅에서 자란다. 물이 잘 빠지는 자갈밭이나 모래밭을 좋아한다. 줄기는 길게 옆으로 뻗는데 군데군데에서 뿌리를 내린다. 짧고 하얀 털이 나 있다. 잎은 도톰하고 윤이 난다. 짧은 잎자루가 있다. 여름에 가지 끝에서 보랏빛 작은 꽃이 많이 모여 핀다. 열매는 작고 둥근데 아래에 꽃받침이 남아 붙어 있다. **생김새** 높이 30~60cm | 잎 2~4.5cm, 마주난다. **사는 곳** 바닷가 모래땅 **다른 이름** 풍나무, 만형자나무, Beach vitex **분류** 쌍떡잎식물 > 마편초과

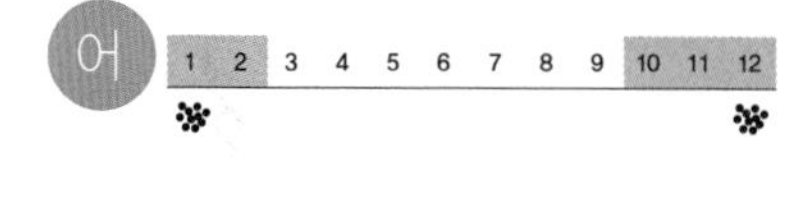

숭어

숭어는 바닷물고기지만 민물이 섞이는 강어귀에 많이 산다. 물이 더러워도 제법 잘 견디며 산다. 펄 속을 뒤져서 작은 새우나 갯지렁이나 바닷말을 안 가리고 먹는다. 펄 흙을 함께 삼키기 때문에 위가 닭 모래주머니처럼 두툼해서 소화를 잘 시킨다. 숭어가 뛰니까 망둥이도 뛴다는 말이 있을 만큼 헤엄을 치다가 물 위로 잘 뛰어오른다. **생김새** 몸길이 80cm **사는 곳** 동해, 서해, 남해 **먹이** 새우, 갯지렁이, 바닷말 **다른 이름** 모치, 개숭어, 동어, 글거지, Redlip mullet **분류** 숭어목 > 숭어과

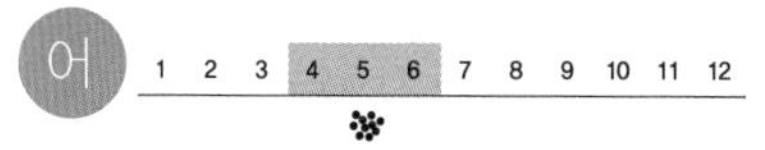

쉬리

쉬리는 맑고 차가운 물이 흐르는 산골짜기나 냇물에 산다. 바위와 자갈이 많고 물살이 센 여울을 좋아한다. 몸이 가늘고 날씬하다. 몸통에 여러 빛깔 띠무늬가 나 있다. 물이 콸콸 쏟아지는 여울에서 헤엄도 치고 물살을 거슬러 오르기도 한다. 알 낳을 때가 되면 수컷은 혼인색을 띤다. 자갈이나 돌 밑에 알을 낳는다. **생김새** 몸길이 10~15cm **사는 곳** 산골짜기, 냇물 **먹이** 새우, 물벌레 **다른 이름** 쉐리[북], 여울각시, 연애각시, 기생피리, 여울치, 수리, Korean splendid dace **분류** 잉어목 > 모래무지아과

쉽싸리

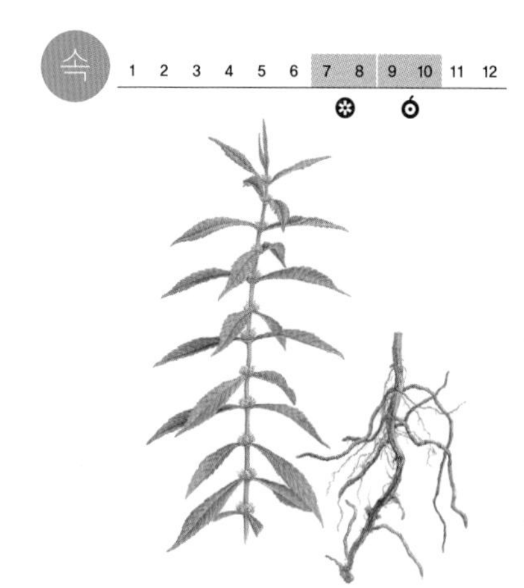

쉽싸리는 축축한 땅을 좋아해서 연못이나 냇가, 도랑에서 자란다. 땅속줄기가 옆으로 뻗으면서 풀숲을 이뤄 자란다. 줄기는 단단하고 네모졌다. 가지를 안 친다. 층층이 마디가 지고 마디마다 잎이 난다. 마주나는 잎이 마디마다 서로 다른 방향으로 난다. 꽃은 흰빛으로 잎겨드랑이에 모여난다. 꽃받침이 다섯 갈래로 뾰족하게 갈라져서 꽃이 지면 가시가 돋은 듯하다. **생김새** 높이 80~120cm | 잎 2~4cm, 마주난다. **사는 곳** 연못, 냇가, 도랑 **다른 이름** 개조박이, Shiny bugleweed **분류** 쌍떡잎식물 > 꿀풀과

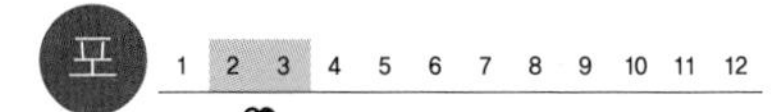

스라소니

스라소니는 삵보다 크고 호랑이보다는 작다. 귀 끝에 검고 긴 털이 쫑긋 솟아 있다. 꼬리는 짧고 끝이 까맣다. 남녘에서는 사라졌다. 북녘 백두산 가까이 높은 산에 산다고 한다. 무리를 안 짓고 혼자 산다. 나무를 잘 타고 달리기도 잘한다. 눈밭이나 얼음판에서도 사냥을 잘한다. 밤에 나와서 사냥을 한다. 겨울에 짝짓기를 하고 새끼를 두세 마리 낳는다. **생김새** 몸길이 1m쯤 **사는 곳** 높은 산 **먹이** 쥐, 멧토끼, 노루, 고라니, 멧돼지, 새, 물고기 **다른 이름** 머저리범, 시라소니, Eurasian lynx **분류** 식육목 > 고양이과

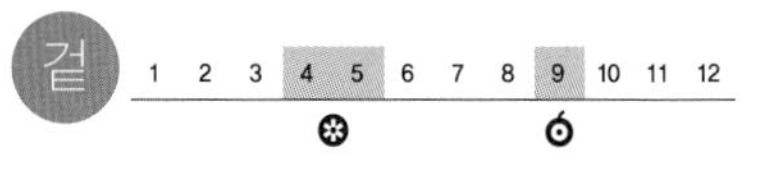

스트로브잣나무

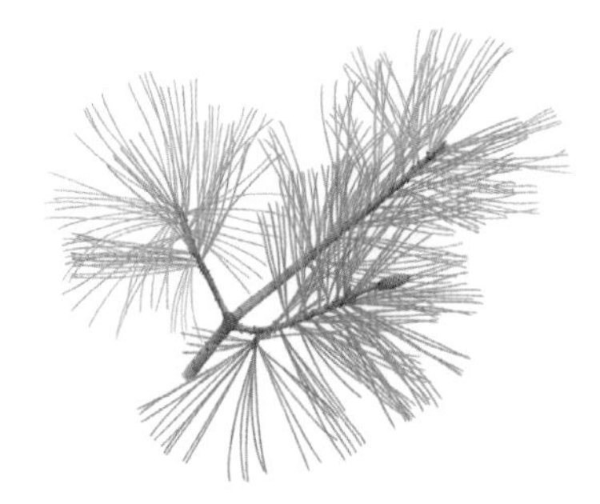

스트로브잣나무는 100년쯤 전에 우리나라에 심기 시작했다. 공원이나 큰길 옆에 많이 심는다. 처음에는 느리게 자라지만 나중에는 빨리 자란다. 추위에 강하고 옮겨 심어도 잘 큰다. 곧고 높게 자란다. 잎은 잣나무처럼 다섯 가닥씩 뭉쳐나고, 잎이 길다. 만져도 따갑지는 않다. 열매는 좁은 통 모양이다. 기를 때는 어린 나무를 길러서 옮겨 심는다. **생김새** 높이 40~67m | 잎 6~14cm, 모여난다. **사는 곳** 공원, 길가 **다른 이름** 가는잎소나무, 스트로브소나무, White pine **분류** 겉씨식물 > 소나무과

승냥이

승냥이는 늑대와 닮았는데 크기가 조금 작다. 여우처럼 털이 붉다. 멀리서는 늑대나 개와 구별하기 어렵다. 꼬리가 짧은 편이다. 동물원에만 몇 마리 살아 있다. 동물원 우리에서 보면 아주 부지런히 왔다 갔다 한다. 성질이 사납고 사냥을 할 때는 여러 마리가 함께 하기도 한다. 새벽녘에 잘 돌아다닌다. 무리를 지어 산다. **생김새** 몸길이 90~120cm쯤 **사는 곳** 들, 산 **먹이** 쥐, 토끼, 사슴, 노루, 멧돼지, 작은 동물 **다른 이름** 승내이, Dhole **분류** 식육목 > 개과

승마

승마는 깊은 산이나 산골짜기에 물기가 많고 그늘진 땅에서 자란다. 줄기는 곧게 자라고 거무스름한 자줏빛이 돈다. 잎은 달걀 모양이고 두세 갈래로 갈라진다. 가장자리에 거친 톱니가 있다. 줄기 끝에서 흰빛 작은 꽃이 빽빽이 모여 핀다. 꽃가지를 많이 친다. **생김새** 높이 1~2m | 잎 8~11cm, 어긋난다. **사는 곳** 깊은 산, 산골짜기 **다른 이름** 끼멸가리, Komarov's bugbane **분류** 쌍떡잎식물 > 미나리아재비과

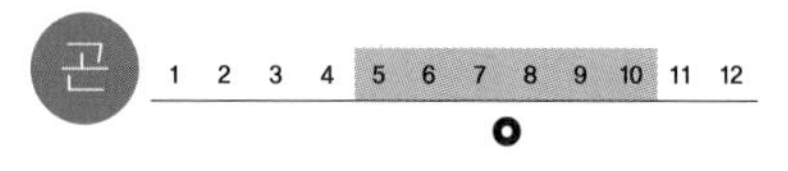

시골가시허리노린재

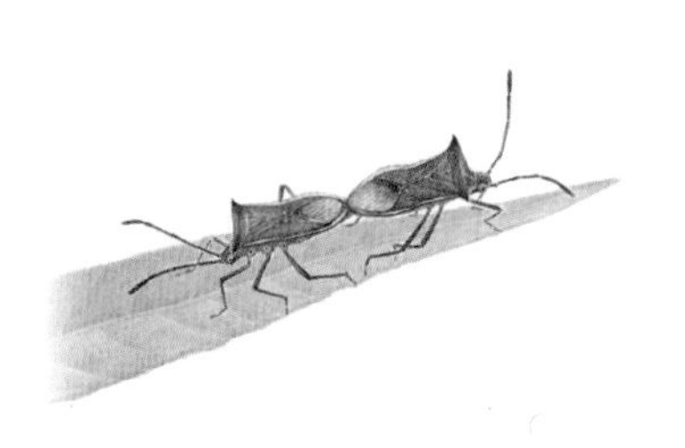

시골가시허리노린재는 몸집이 작고 납작하다. 등 가운데가 잘록하다. 풀밭에서 흔하게 볼 수 있다. 다른 노린재들처럼 적이 덤비면 누린내를 풍겨서 쫓는다. 곡식과 과일나무에 붙어서 즙을 빨아 먹는다. 줄기에 많이 붙어 있는데 잎이나 열매에서도 즙을 빤다. 벼 이삭에 붙어 즙을 빨면 쌀알에 반점이 생긴다. 암컷과 수컷은 배 끝을 서로 맞대고 짝짓기를 한다. **생김새** 몸길이 9~11mm **사는 곳** 풀밭 **먹이** 벼과 식물 잎, 나무즙 **다른 이름** Squash bug **분류** 노린재목 > 허리노린재과

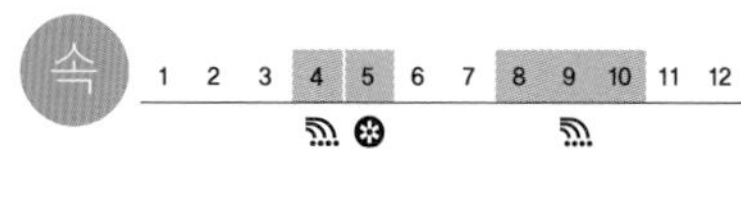

시금치

시금치는 밭에 심는 한두해살이 잎줄기채소다. 아무 때나 길러 먹을 수 있지만 겨울을 나고 봄에 거둔 것이 맛있다. 뿌리는 빨갛고 굵다. 줄기는 곧게 자란다. 뿌리잎은 세모나거나 동그스름하게 생겼는데, 굵은 뿌리와 뿌리잎을 함께 먹는다. 봄에 연한 노란색 꽃이 핀다. 데쳐서 무치거나 된장국에 넣어 먹는다. 날로도 먹는다. 열매는 주머니 모양으로 작은 포에 싸여 있다. **생김새** 높이 50cm쯤 | 잎 2~30cm, 모여나거나 어긋난다. **사는 곳** 밭 **다른 이름** 시금채, 시금초, Spinach **분류** 쌍떡잎식물 > 명아주과

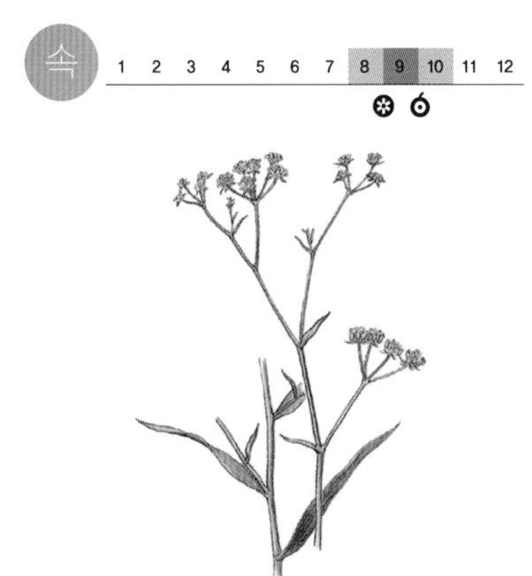

시호

시호는 산이나 들판에서 드물게 자란다. 뿌리를 약으로 쓰려고 밭에 심는데 흙이 기름지고 물이 잘 빠지는 땅이 좋다. 미나리처럼 향긋한 냄새와 맛이 난다고 멧미나리라고도 한다. 뿌리는 짤막하고 나무뿌리처럼 단단하고 굵다. 수염뿌리가 많이 난다. 줄기는 가늘지만 만져 보면 딱딱하고 단단하다. 잎은 대나무 잎처럼 길쭉하고 잎맥이 나란하게 나 있다. **생김새** 높이 40~70cm | 잎 10~30cm, 어긋난다. **사는 곳** 산, 들판 **다른 이름** 멧미나리, Siho **분류** 쌍떡잎식물 > 산형과

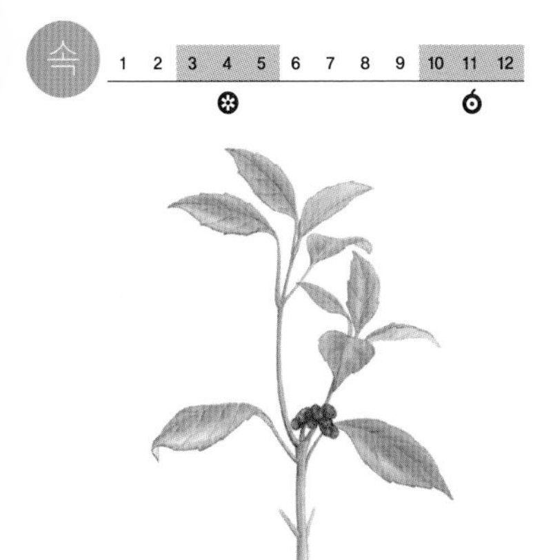

식나무

식나무는 남부 지방과 울릉도 바닷가에서 자란다. 줄기는 껍질이 세로로 갈라진다. 가지는 굵고 둥글며 풀빛이다. 잎은 매끈하고 도톰하다. 봄에 가지 끝에서 보랏빛이 도는 밤빛 작은 꽃이 많이 모여 핀다. 암수딴그루다. 수꽃은 많이 모여 피는데 암꽃은 작고 꽃도 많지 않다. 열매는 가을에 익어서 이듬해 봄까지 달려 있다. **생김새** 높이 2~3m | 잎 5~20cm, 마주난다. **사는 곳** 남부 지방, 울릉도 바닷가 **다른 이름** 넓적나무, 청목, 금식나무, Spotted laurel **분류** 쌍떡잎식물 > 층층나무과

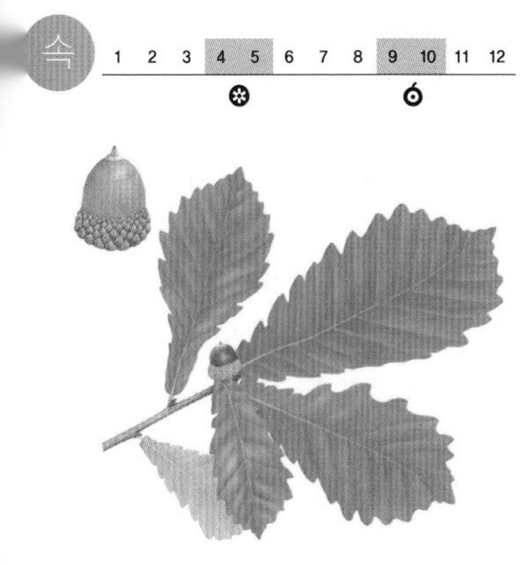

신갈나무

신갈나무는 우리나라 산에서 가장 흔한 참나무다. 추위에도 잘 견뎌서 높은 산에도 있고, 북쪽으로 올라가면서도 숲을 이루며 잘 자란다. 잎 가장자리는 물결 모양으로 떡갈나무잎과 비슷하다. 다른 참나무보다 도토리가 일찍 열고 많이 달린다. 묵을 쑤어 먹거나 밥을 해 먹는다. 집짐승도 먹인다. 줄기를 베어서 표고를 기르는 데 쓴다. **생김새** 높이 30m | 잎 7~20cm, 어긋난다. **사는 곳** 산 **다른 이름** 돌참나무, 재라리나무, Mongolian oak **분류** 쌍떡잎식물 > 참나무과

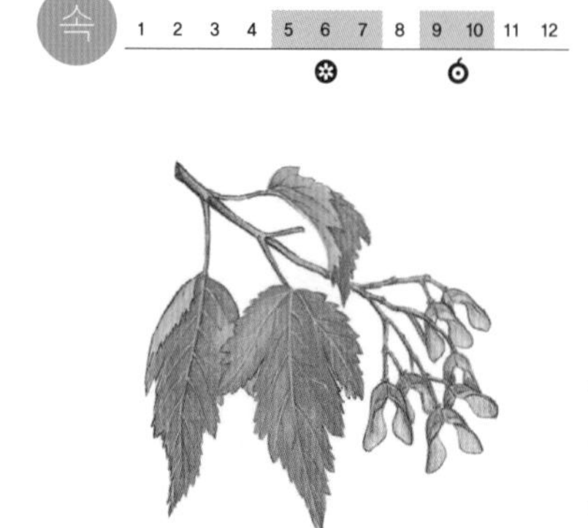

신나무

신나무는 산기슭이나 길가에서 자란다. 줄기는 잿빛이고 잔가지는 가늘며 붉은빛이 난다. 잎은 세 갈래로 얕게 갈라지거나 깊게 갈라지는데 가운데 것이 가장 길다. 가을에 붉게 단풍이 든다. 가장자리에 겹톱니가 있다. 봄에 작고 노란 풀빛 꽃이 짧은 가지 끝에서 핀다. 열매는 여느 단풍나무처럼 긴 날개가 달리고 진한 밤색으로 여문다. 날개는 붉은빛을 띤다. **생김새** 높이 2~10m | 잎 4~8cm, 마주난다. **사는 곳** 산기슭, 길가 **다른 이름** 시닥나무, 단풍자래, Amur maple **분류** 쌍떡잎식물 > 단풍나무과

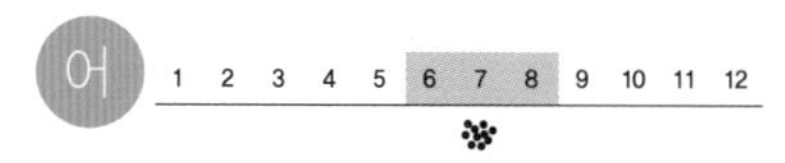

실고기

몸이 실처럼 길고 가늘다. 해마처럼 몸이 뼈판으로 덮여 있고 주둥이가 대롱처럼 길쭉하다. 바닷가 바닷말 숲에 숨어 산다. 해마처럼 암컷이 수컷 배에 있는 주머니 속에 알을 낳는다. 수컷은 주머니 안에서 새끼를 키운다. **생김새** 몸길이 30cm **사는 곳** 우리나라 온 바다 **먹이** 작은 플랑크톤 **다른 이름** Seaweed pipefish **분류** 큰가시고기목 > 실고기과

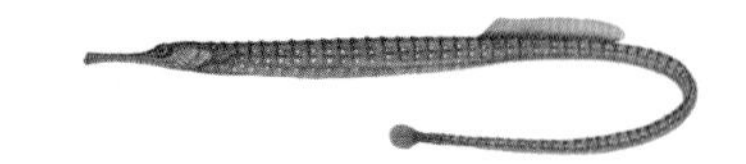

실뱀

실뱀은 등에 허연 줄이 나 있다. 줄뱀이라고도 한다. 꼬리가 길다. 우리나라에 사는 뱀 가운데 가장 빠르다. 나무와 나무 사이를 날듯이 건너다닐 줄도 안다. 풀밭이나 강가 돌무더기에서 많이 살면서 벌레나 개구리나 장지뱀 무리를 잡아먹는다. 사람이 가까이 오면 멀리서 알고 도망을 가기 때문에 보기가 어렵다. 봄에 짝짓기를 하고 여름에 알을 낳는다. **생김새** 몸길이 80~90cm **사는 곳** 풀밭, 강가 돌무더기 **먹이** 벌레, 개구리, 장지뱀 무리 **다른 이름** 줄뱀, 비사, Slender racer **분류** 유린목 > 뱀과

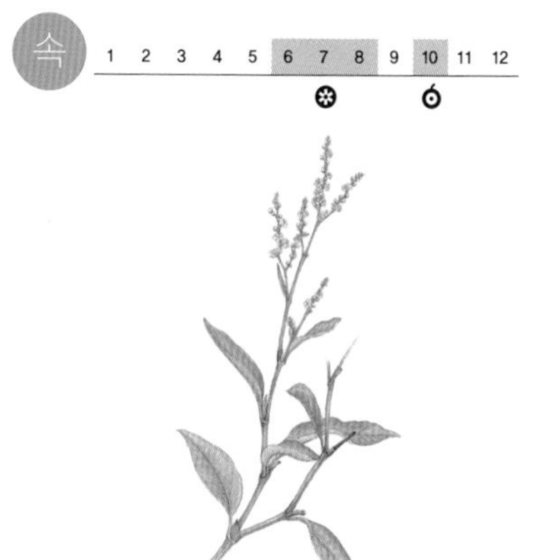

싱아

싱아는 볕이 잘 드는 산기슭에서 자란다. 줄기는 굵고 곧게 선다. 잎은 달걀 모양이거나 버들잎 모양이다. 가장자리에 털이 있다. 턱잎은 얇은 막으로 되어 있다. 줄기나 잎을 씹으면 신맛이 난다. 여름에 줄기와 가지 끝에서 흰빛 작은 꽃이 많이 모여 핀다. 열매는 꽃받침에 싸여 있고 윤기가 난다. 모가 나 있다. **생김새** 높이 1m | 잎 12~15cm, 어긋난다. **사는 곳** 산기슭 **다른 이름** 넓은잎싱아북, 승애, Alpine knotweed **분류** 쌍떡잎식물 > 마디풀과

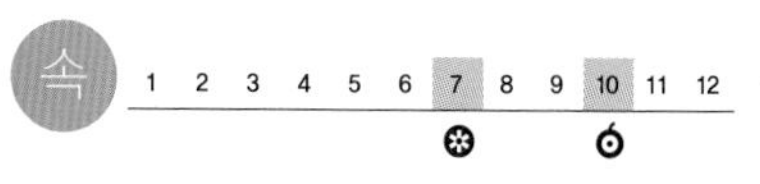

싸리

싸리는 볕이 잘 드는 산에서 흔히 볼 수 있다. 키가 작고 가지를 많이 쳐서 떨기를 이룬다. 박한 땅을 기름지게 한다. 오염된 공기에도 잘 버틴다. 여름부터 자잘한 붉은 보랏빛 꽃이 피는데 꿀이 많다. 잎은 가장자리가 밋밋하고 뒷면에 털이 나 있다. 가을에 단풍이 노랗게 든다. 소나 염소나 돼지가 다 잘 먹는다. **생김새** 높이 3m | 잎 2~5cm, 어긋난다. **사는 곳** 낮은 산, 들 **다른 이름** 풀싸리, 삐울채, 챗가지, Shrub lespedeza **분류** 쌍떡잎식물 > 콩과

싸리버섯

싸리버섯은 여름부터 가을까지 졸참나무, 밤나무 둘레에 흔히 난다. 홀로 나거나 무리 지어 난다. 크기가 커서 눈에 잘 띈다. 갓이 없고 산호처럼 생겼다. 가지 끝은 연분홍빛을 띤다. 늙으면 가지 전체가 누런 흙색이 된다. 생김새가 독버섯인 붉은싸리버섯, 노랑싸리버섯과 비슷해서 헷갈리기도 한다. 먹을 때는 소금물에 절이거나 데쳐서 먹는다. **생김새** 크기 57~148×56~157mm **사는 곳** 참나무 숲, 밤나무 숲 **다른 이름** 큰꽃싸리버섯북, Rosso coral fungus **분류** 나팔버섯목 > 나팔버섯과

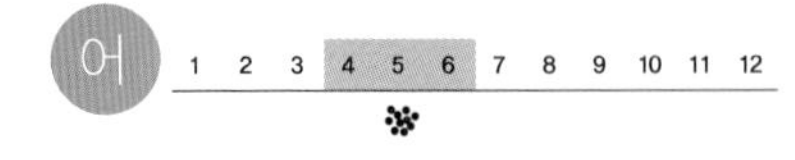

쌀미꾸리

쌀미꾸리는 산에서 내려오는 맑고 차가운 물에서 사는데, 산 바로 아래 논도랑에 흔하다. 웅덩이에서도 산다. 미꾸라지처럼 진흙을 파고들어 가기도 한다. 미꾸라지보다 헤엄을 훨씬 잘 친다. 알 낳을 때가 되면 수컷은 주둥이 끝에서 꼬리까지 넓고 검은 가로 줄무늬가 생긴다. **생김새** 몸길이 5~6cm **사는 곳** 논도랑, 늪, 냇물 **먹이** 작은 물벌레, 물이끼, 풀씨 **다른 이름** 애기미꾸리[북], 쇠치네[북], 옹고지, 용미꾸리, 각시미꾸라지, Eightbarbel loach **분류** 잉어목 > 종개과

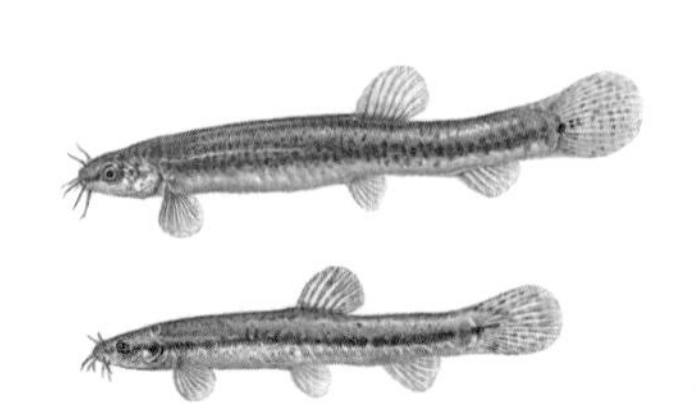

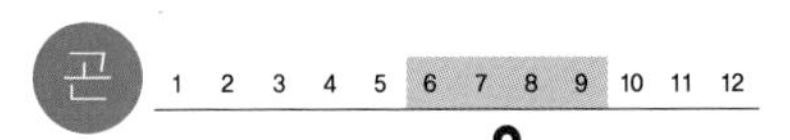

쌀바구미

쌀바구미는 갈무리해 둔 쌀, 보리, 밀, 수수에 꼬인다. 쌀 알갱이보다 작고 몸 빛깔은 검은 밤빛이다. 쌀통 속에서 기어다니면서 낟알을 갉아 먹고, 낟알 속에 알을 낳는다. 한 번 벌레가 나기 시작하면 금세 퍼진다. 따뜻하고 습도가 높으면 아주 빨리 퍼진다. 쌀바구미가 먹은 쌀은 잘 부스러지고, 밥이 맛이 없다. 알, 애벌레, 어른벌레로 겨울을 난다. **생김새** 몸길이 2~3mm **사는 곳** 곳간, 집 안 **먹이** 갈무리한 곡식 **다른 이름** Rice weevil **분류** 딱정벌레목 > 왕바구미과

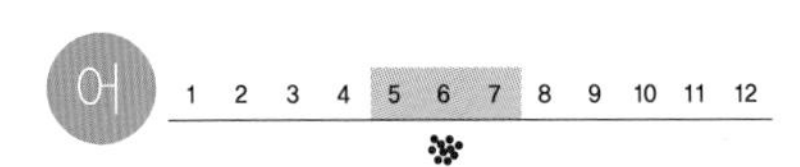

쏘가리

쏘가리는 물이 맑고 바위가 많은 큰 강이나 냇물에서 산다. 등지느러미와 아가미뚜껑에 뾰족한 가시가 있다. 가시에 쏘이면 퉁퉁 붓고 몹시 쓰라리다. 낮에는 잘 안 돌아다니고 깜깜한 밤에 나온다. 먹이가 지나가면 쏜살같이 튀쳐나와서 낚아챈다. 뾰족한 이가 입 안쪽으로 휘어져 있어서 한번 물면 놓치지 않는다. 쏘가리는 낚시나 그물로 잡아서 회나 탕으로 먹는다. **생김새** 몸길이 20~60cm **사는 곳** 강, 냇물, 댐 **먹이** 작은 물고기, 새우 **다른 이름** 새가리, 쇠가리, Mandarin fish **분류** 농어목 > 꺽지과

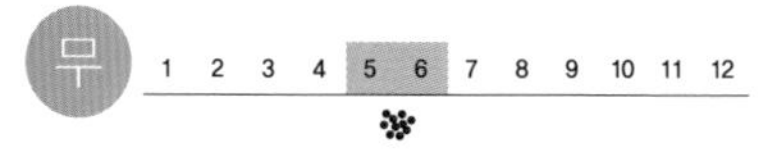

쏙

쏙은 서해와 남해 갯벌에 산다. 갯가재를 꼭 닮았다. 두 집게발은 크기가 같은데 별로 안 크다. 모래가 섞인 갯벌에 30~100cm 깊이로 굴을 깊게 파고 산다. 호미나 삽으로 펄을 5~10cm쯤 걷어 내면 쏙 구멍이 수십 개씩 뽕뽕 뚫려 있다. 이 구멍에 나무 막대기를 넣고 힘껏 쑤시면 맞은편 구멍으로 물이 밀려 나오면서 쏙도 따라 나온다. **생김새** 몸길이 7cm **먹이** 바닷물 속 영양분, 플랑크톤 **사는 곳** 서해, 남해 갯벌 **다른 이름** 설게, 뻥설게, 쏙새비, Mud shrimp **분류** 절지동물 > 쏙과

쏙독새

쏙독새는 야산이나 풀숲에 산다. 해 질 무렵 '쏙쏙쏙쏙쏙……' 하고 연이어 운다. 혼자 산다. 낮에는 잠을 자거나 쉰다. 밤에 입을 크게 벌리고 날아다니면서 벌레를 입안에 담듯이 잡아먹는다. 둥지를 따로 짓지 않고 풀밭이나 낙엽 더미, 낮은 바위틈에 알을 낳아 새끼를 친다. 천적이 오면 알을 옮기거나 다친 척하면서 둥지 먼 쪽으로 이끈다. **생김새** 몸길이 29cm **사는 곳** 야산, 풀숲, 마을, 계곡 **먹이** 벌레 **다른 이름** 외쏙도기[북], 소몰이새, Jungle nightjar **분류** 쏙독새목 > 쏙독새과

쏙붙이

쏙붙이는 서해와 남해 모래갯벌에서 산다. 갯벌에 자기 몸길이의 열 배쯤 깊이로 굴을 파고 들어간다. 쏙과 닮았는데 몸집이 훨씬 작고 껍데기가 물렁물렁하다. 한쪽 집게발이 더 크다. 낮에는 구멍 밖으로 안 나온다. 또 물이 빠지면 구멍 속으로 들어가 여간해서는 보기 힘들다. 바닷물이 들어오면 구멍 밖으로 나와 먹이를 찾으러 돌아다닌다. **생김새** 몸길이 4cm **사는 곳** 서해, 남해 모래갯벌 **먹이** 모래나 바닷물 속 플랑크톤 **다른 이름** Japanese ghost shrimp **분류** 절지동물 > 쏙붙이과

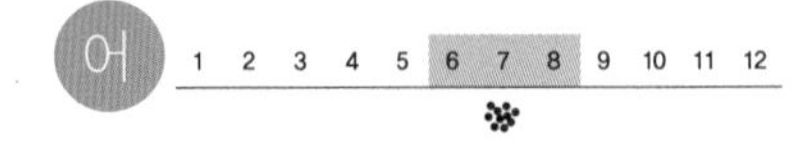

쏠배감펭

쏠배감펭은 따뜻한 물을 좋아한다. 낮에는 바위틈에 숨어 있다가 밤이 되면 나와 돌아다닌다. 느긋하게 헤엄치다가도 먹이를 보면 재빨리 다가가서 독가시로 찌른 뒤 큰 입으로 덥석 삼킨다. 위험을 느낄 때는 가시를 세운다. 큰 물고기도 가시가 무서워서 덤비지를 못한다. 지느러미에 아주 센 독이 있어서 아주 위험하다. **생김새** 몸길이 30cm쯤 **사는 곳** 제주, 남해 **먹이** 작은 물고기 **다른 이름** 날개수염치[북], 쫌뱅이, Lion fish **분류** 쏨뱅이목 > 양볼락과

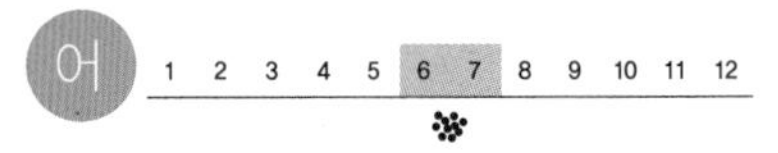

쏠종개

쏠종개는 따뜻한 바닷물 속 바위 밑에서 무리를 지어 산다. 어린 새끼들은 수십 수백 마리가 한 몸처럼 둥글게 모여 있고 헤엄칠 때도 안 흩어진다. 낮에는 어두컴컴한 곳에 떼로 숨어 있다가 밤에 나와서 먹이를 잡아먹는다. 다 크면 혼자 산다. 여름에 바닥에 구덩이를 파고 알을 낳는다. 새끼가 나올 때까지 수컷이 곁을 지킨다. 등지느러미와 가슴지느러미에 독가시가 있다. **생김새** 몸길이 30cm **사는 곳** 제주, 남해 **먹이** 작은 새우 **다른 이름** 바다메기[북], 쐐기, Striped sea catfish **분류** 메기목 > 쏠종개과

쏨뱅이

쏨뱅이는 물살이 제법 세고 얕은 물속 바위 밭에서 산다. 돌 틈에 숨어 지낸다. 물이 얕은 곳에 살면 몸빛이 거무스름하고 깊은 곳에 살면 더 빨갛다. 밤에 나와 작은 물고기나 새우나 게 따위를 잡아먹는다. 알을 낳지 않고 새끼를 낳는다. 갯바위에서 낚시로 많이 잡는다. 그물이나 주낙으로도 잡는다. 등지느러미 가시에 독이 있다. **생김새** 몸길이 30cm 안팎 **사는 곳** 제주, 남해 **먹이** 새우, 게, 작은 물고기 **다른 이름** 삼베이, 삼뱅이, Marbled rockfish **분류** 쏨뱅이목 > 양볼락과

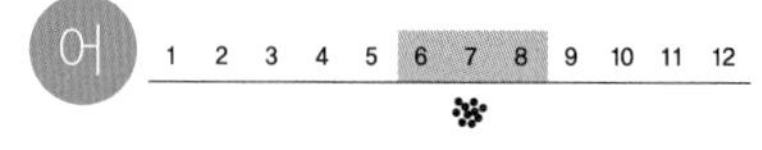

쑤기미

쑤기미는 바위 밭이나 흙모래 바닥에서 산다. 바닥을 파고 들어가 몸을 숨기거나 바위나 돌이나 바다풀 사이에서 꼼짝 않고 있다가 작은 물고기나 새우 따위가 가까이 오면 덥석 잡아먹는다. 등지느러미 독가시로 찔러서 잡아먹기도 한다. 그물이나 낚시로 잡는다. 독이 있어서 조심해야 한다. 복어와 맛이 비슷하다. **생김새** 몸길이 30cm 안팎 **사는 곳** 서해, 남해, 제주 **먹이** 작은 물고기, 새우 **다른 이름** 범치[북], 쑥쑤기미, 쐬미, 노랑범치, Devil stinger **분류** 쏨뱅이목 > 양볼락과

쑥

쑥은 길가나 들판, 논밭 가까이 어디서나 흔하게 자란다. 뿌리가 옆으로 뻗으면서 군데군데에서 싹이 돋는다. 온몸에 흰 털이 덮여 있어서 희끄무레하다. 씁쓰레한 냄새가 난다. 여름부터 불그스름한 꽃이 모여서 핀다. 꽃은 보리알처럼 둥글고 자잘하다. 단군 신화에까지 나올 만큼 오래전부터 먹거나 약으로 써 왔다. **생김새** 높이 60~120cm | 잎 6~12cm, 모여나거나 어긋난다. **사는 곳** 길가, 들판, 논밭 둘레 **다른 이름** 약쑥, 타래쑥, Korean wormwood **분류** 쌍떡잎식물 > 국화과

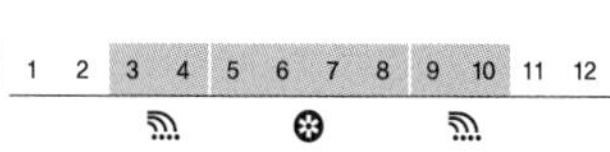

쑥갓

쑥갓은 밭에 심는 한해살이 잎줄기채소다. 생김새나 냄새가 쑥과 닮았다. 줄기는 털이 없고 미끈하다. 잎은 깊게 갈라진다. 갈라진 잎은 또 가늘게 갈라지고, 가장자리에는 톱니가 나 있다. 봄부터 노란 꽃이 핀다. 가을에 열매가 밤빛으로 여문다. 맛이 좋고 독특한 향이 난다. 찌개나 국에 넣거나 날로 쌈을 싸 먹기도 한다. 이른 봄에 씨앗을 뿌려서 여름까지 먹는다. **생김새** 높이 30~60cm | 잎 8~10cm, 어긋난다. **사는 곳** 밭 **다른 이름** 동호, Crown daisy **분류** 쌍떡잎식물 > 국화과

쑥부쟁이

쑥부쟁이는 볕이 잘 드는 들판, 산기슭, 논둑에서 자란다. 쑥처럼 흔하게 먹는 들나물이다. 물기가 있는 땅을 좋아한다. 줄기는 무리를 지어 나고 곧게 선다. 잎은 긴 타원형인데 가장자리에 굵은 톱니가 성글게 있다. 잎 뒷면은 옅은 풀빛이고 털이 있어서 깔깔하다. 가을에 줄기와 가지 끝에서 보랏빛 꽃이 핀다. 가운데는 노랗다. 열매에는 짧은 우산털이 있다. **생김새** 높이 30~100cm | 잎 8~10cm, 어긋난다. **사는 곳** 들판, 산기슭, 논둑 **다른 이름** 쑥부장이[북], 권영초, 부지깽이나물, Kalimeris **분류** 쌍떡잎식물 > 국화과

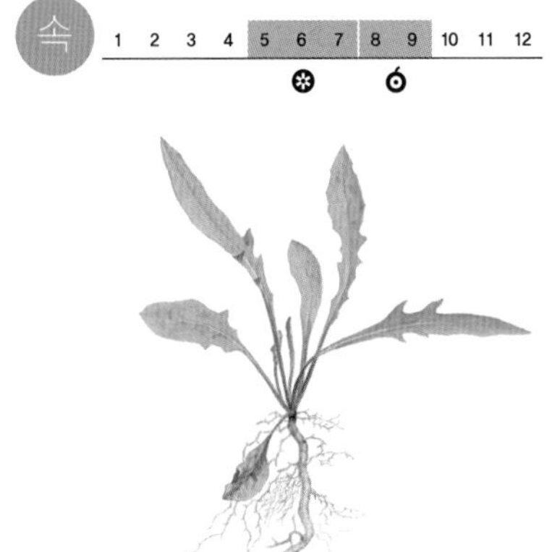

씀바귀

씀바귀는 해가 잘 드는 낮은 산이나 들판에서 자란다. 먹으려고 밭에 심기도 한다. 줄기나 잎을 꺾으면 흰 즙이 나온다. 뿌리잎은 여럿이 모여난다. 잎자루가 길고 가장자리에 톱니가 있다. 줄기잎은 밑이 줄기를 감싸는데 큰 톱니가 있다. 봄에 가지 끝마다 작고 노란 꽃이 핀다. 열매는 검게 익는다. 씨앗에 흰 우산털이 있어서 바람을 타고 퍼진다. **생김새** 높이 30~50cm | 잎 3~10cm, 모여나거나 어긋난다. **사는 곳** 낮은 산, 들판, 밭 **다른 이름** 씀바귀아재비[북], 씸배나물, 싸랑부리, Toothed ixeridium **분류** 쌍떡잎식물 > 국화과

아귀

아귀는 바다 밑 모랫바닥에서 산다. 모랫바닥에 반쯤 몸을 묻고 있다가 지나가는 물고기를 잡아먹는다. 머리 위에 맨 앞쪽 등지느러미 가시 하나를 낚싯대처럼 움직여서 물고기를 꾀어 낚시를 한다. 물고기, 오징어, 성게, 갯지렁이, 불가사리 따위를 잡아먹는다. 예전에는 아귀를 안 먹었지만 요즘은 탕, 찜, 수육으로 먹는다. **생김새** 몸길이 30~40cm **사는 곳** 우리나라 온 바다 **먹이** 물고기, 오징어, 성게, 갯지렁이, 불가사리 **다른 이름** 아구, 반성어, 귀임이, 꺽정이, 물텀벙, Anglerfish **분류** 아귀목 > 아귀과

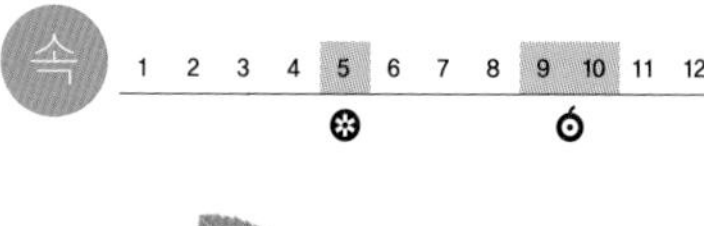

아그배나무

아그배나무는 볕이 잘 드는 산기슭이나 개울가에서 자란다. 가지는 보랏빛인데 때때로 가시가 있다. 어린 가지에는 털이 있다. 잎은 가장자리에 톱니가 있다. 3~5갈래로 갈라지기도 한다. 봄에 짧은 가지 끝에서 흰 꽃이 모여 핀다. 꽃봉오리는 옅은 분홍빛인데 꽃은 흰빛이다. 열매는 사과를 닮았는데 더 작다. 맛은 시고 떫다. **생김새** 높이 2~10m | 잎 3~6cm, 어긋난다. **사는 곳** 산기슭, 개울가 **다른 이름** 삼엽매지나무, 애기사과, Three-lobe crabapple **분류** 쌍떡잎식물 > 장미과

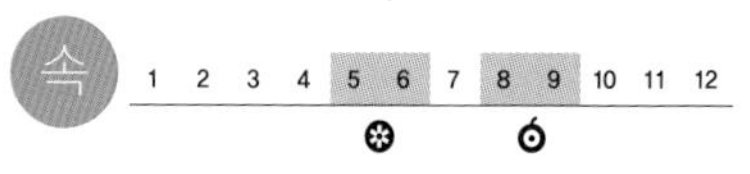

아까시나무

아까시나무는 메마르고 거친 땅에서도 잘 자란다. 땅을 기름지게 한다. 수십 년 전에 헐벗은 산에 많이 심었다. 잎은 쪽잎이 여러 장이다. 잎은 토끼나 염소나 소를 먹이고 가지는 땔감으로 썼다. 이른 여름에는 향기가 진한 흰 꽃이 핀다. 따 먹으면 달다. 꿀이 많다. 꽃이 많이 피는 해에는 꿀도 풍년이 든다. 목재는 단단하고 결이 곱다. **생김새** 높이 25m | 잎 2~4cm, 어긋난다. **사는 곳** 낮은 산, 들 **다른 이름** 아카시아나무, 개아까시나무, False acasia **분류** 쌍떡잎식물 > 콩과

아담스백합

아담스백합은 서해와 남해에서 난다. 물 깊이가 20m쯤 되는 고운 모랫바닥에 산다. 껍데기가 조금 볼록하고 크다. 성장선이 뚜렷하다. 또 두껍고 단단하며 거칠다. 꼭지가 한쪽으로 조금 치우친다. 색깔은 밤빛이 많은데 사는 곳에 따라 조금씩 다르다. 아담스백합은 흔하지 않다. 구워 먹거나 국에 넣어 먹는데 맛이 담백하다. **생김새** 크기 6×5cm **사는 곳** 서해, 남해 바닷속 **다른 이름** 대합, Adams venus clam **분류** 연체동물 > 백합과

아메리카잎굴파리

아메리카잎굴파리는 논밭이나 과수원에 산다. 여느 파리처럼 눈이 아주 크고 날개 한 쌍이 뚜렷이 보이는데, 몸이 아주 작다. 논밭이나 과수원, 꽃밭에서 살면서 여러 농작물 잎에 알을 낳는다. 알에서 깨어난 애벌레가 잎을 파먹으면서 산다. 잎에 구불구불한 길이 난 것 같은 무늬가 남는다. 여러 굴파리 가운데 흔한 편이다. 특히 온실에서 더 많이 산다. **생김새** 몸길이 2mm **사는 곳** 논밭, 과수원 **먹이** 농작물 잎 **다른 이름** American serpentine leafminer **분류** 파리목 > 굴파리과

무 1 2 3 4 5 6 7 8 9 10 11 12

아무르불가사리

아무르불가사리는 우리 바다에 가장 흔한 불가사리다. 크기가 커서 몸길이가 30센티미터나 되는 것도 있다. 덩치가 크고 움직임도 빠르다. 먹잇감을 보면 닥치는 대로 먹어 치운다. 힘이 세서 살아 있는 조개 입도 벌린다. 추운 바다에 살던 불가사리라 겨울에 잘 움직인다. 여름에는 바닷속 깊이 내려가 덜 움직이거나 여름잠을 잔다. **생김새** 몸길이 10~30cm **사는 곳** 바닷속, 갯벌 **먹이** 조개, 고둥, 바닷말 **다른 이름** 삼바리[북], 오바리, 물방석, North pacific seastar **분류** 극피동물 > 불가사리과

아무르장지뱀

아무르장지뱀은 도마뱀 무리 가운데 가장 흔하다. 꼬리를 끊고 도망칠 줄 안다. 한번은 꼬리가 다시 난다. 마을 길섶이나 산기슭, 묵정밭에 많다. 긴 혀로 냄새를 맡아서 먹이나 짝을 찾는다. 낮에 나와서 거미나 달팽이, 개미를 잡아먹는다. 여름에 알을 낳는다. 가랑잎 같은 것으로 알을 덮어 둔다. 겨울에는 겨울잠을 잔다. **생김새** 몸길이 17~19cm **사는 곳** 산기슭, 밭, 풀숲 **먹이** 거미, 개미, 지렁이, 달팽이 **다른 이름** 긴꼬리도마뱀[북], 장작뱀, 잰즐뱀, Long tailed lizard **분류** 유린목 > 장지뱀과

아비

바다나 강 하구에 사는데 거의 물 위에서 지낸다. 긴 부리를 위로 살짝 들고 있어 알아보기 쉽다. 다리가 몸 뒤쪽에 붙어 있어 헤엄을 잘 치고 잠수도 잘한다. 물속에서 더 빨리 헤엄친다. 잠수해서 물고기나 조개, 달팽이, 게를 잡아먹고 물풀도 뜯어 먹는다. 특히 멸치를 좋아해서 멸치 떼를 따라다니곤 한다. 걷는 게 서툴러서 뭍에는 잘 안 올라온다. **생김새** 몸길이 63cm **사는 곳** 강, 호수, 저수지 **먹이** 물고기, 새우, 게, 달팽이, 조개 **다른 이름** 붉은목담아지[북], Red-throated loon **분류** 아비목 > 아비과

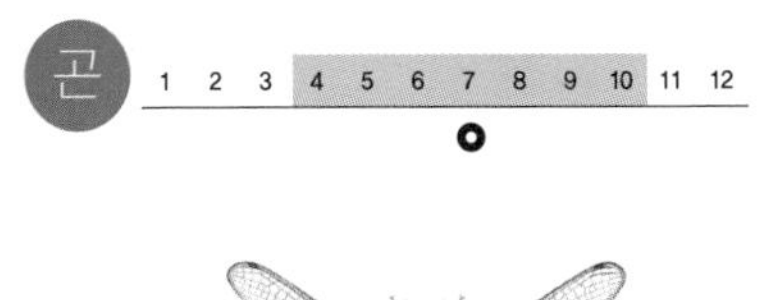

아시아실잠자리

아시아실잠자리는 몸이 실같이 가늘고 길다. 잠자리는 거의 날개를 펴고 앉지만, 아시아실잠자리는 날개를 접어 몸에 붙이고 앉는다. 벼나 억새 같은 풀 사이를 낮게 날아다닌다. 애벌레는 물속에서 물벼룩 같은 작은 물벌레를 잡아먹는다. 어른벌레는 하루살이나 날파리 같은 작은 날벌레들을 먹고 산다. **생김새** 몸길이 24~30mm **사는 곳** 애벌레_냇물, 논물 | 어른벌레_물가 **먹이** 애벌레_물벼룩, 장구벌레, 실지렁이 | 어른벌레_하루살이, 날파리 **다른 이름** 아세아실잠자리[북], Asian damselfly **분류** 잠자리목 > 실잠자리과

아욱

아욱은 밭에 심는 잎줄기채소다. 기르기가 쉽고 자라는 동안 줄곧 잎을 따 먹을 수 있다. 줄기가 곧게 자라고, 잎은 가장자리에는 뭉툭한 톱니가 있다. 연한 붉은빛 꽃이 잎겨드랑이에 모여 핀다. 열매가 여물면 터지면서 씨가 나온다. 씨는 둥글고 좁쌀만 하다. 한 해에도 여러 번 씨를 뿌려 기를 수 있다. 연한 줄기와 잎을 먹는다. 된장을 풀어 아욱국을 끓여 먹는다. **생김새** 높이 60~90cm | 잎 5~15cm, 어긋난다. **사는 곳** 밭 **다른 이름** 아옥, 동규, 노규, 파루초, Curled mallow **분류** 쌍떡잎식물 > 아욱과

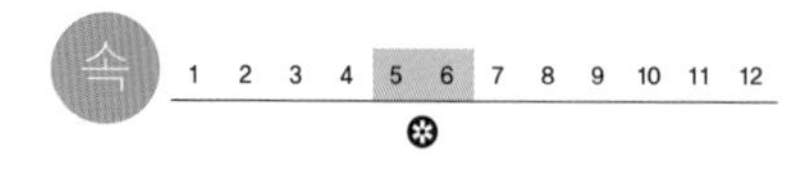

아욱메풀

아욱메풀은 제주도와 추자도에서 자란다. 땅 위를 기면서 덩굴을 뻗으며 자란다. 줄기가 가늘고 털이 있다. 마디에서 잔뿌리가 내린다. 잎은 둥근 심장 모양이고 가장자리가 매끈하다. 잎자루는 가늘고 길다. 봄에 노랗거나 풀빛 꽃이 핀다. 아주 작다. 열매는 둥글고 긴 털이 드문드문 있다. **생김새** 잎 5~15mm, 모여난다. **사는 곳** 제주도, 추자도, 산, 들, 길가 **다른 이름** 아욱메꽃[북], 마제금, 풍장등, Kidney weed **분류** 쌍떡잎식물 > 메꽃과

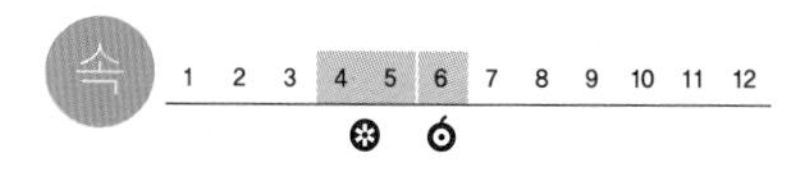

앉은부채

앉은부채는 산속 나무숲에서 자란다. 잎은 뿌리목에서 여럿이 모여나고 잎자루가 길다. 잎몸이 크고 넓은 심장 모양이다. 가장자리가 물결 모양으로 주름진다. 이른 봄에 잎보다 먼저 옅은 보랏빛 꽃이 핀다. 횃불 모양이다. 꽃이 필 때 역한 냄새가 난다. 열매는 둥글게 모여 달리고 붉게 익는다. **생김새** 높이 10~20cm | 잎 30~40cm, 모여난다. **사는 곳** 산속 나무숲 **다른 이름** 삿부채풀, 우엉취, 산부채풀, Skunk cabbage **분류** 외떡잎식물 > 천남성과

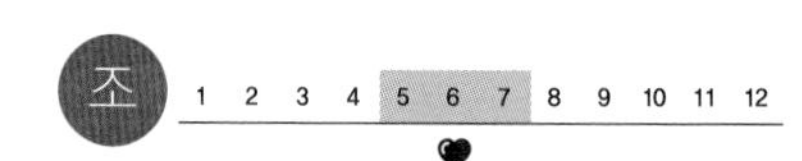

알락꼬리마도요

알락꼬리마도요는 우리나라에서 볼 수 있는 도요 가운데 몸집이 가장 크다. 바닷가 갯벌이나 염전, 냇가에서 무리 지어 산다. 혼자 지내기도 하지만, 수십에서 수백 마리까지 무리를 이룬다. 마도요와 섞여 지내기도 한다. 긴 부리로 바닥을 깊숙이 찔러 가면서 먹이를 찾는다. 게, 갯지렁이, 새우, 조개를 잡아먹는다. **생김새** 몸길이 64cm **사는 곳** 냇가, 염전, 연못 **먹이** 게, 갯지렁이, 새우, 조개, 물고기, 벌레 **다른 이름** Far Eastern curlew **분류** 도요목 > 도요과

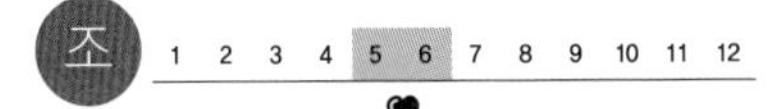

알락도요

알락도요는 삑삑도요와 생김새가 비슷하다. 섞여서 지내기도 하는데, 알락도요는 다리가 노랗다. 냇가나 논에서 무리를 지어 지내는데, 특히 모내기를 하려고 물 댄 논에 많이 찾아온다. 위 아래로 몸을 까닥까닥 흔들면서 논 바닥에 숨은 벌레, 달팽이, 새우, 조개를 잡아먹는다. 우리나라에는 봄가을에 와서 한동안 쉬었다 간다. **생김새** 몸길이 22cm **사는 곳** 논, 저수지, 습지 **먹이** 지렁이, 거미, 벌레, 새우, 게 **다른 이름** Wood sandpiper **분류** 도요목 > 도요과

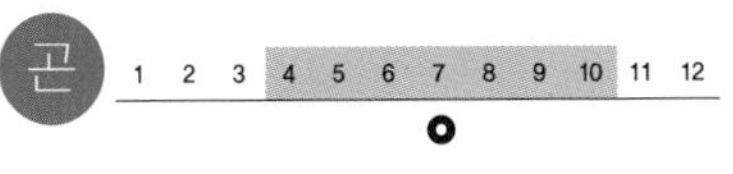

알락수염노린재

알락수염노린재는 논밭이나 산어귀에 산다. 재빠르지는 않지만 잘 난다. 채소나 곡식에서 즙을 빨아 먹는다. 봄에는 배춧잎이나 무 잎을 빨아 먹고, 가을에는 콩, 참깨, 벼, 귤, 단감을 빨아 먹는다. 곡식이나 과일이 검어지고 알이 차지 않는다. 풀이나 나뭇잎도 다 잘 먹는다. 천적이 나타나면 누린내를 뿜는다. 풀숲에서 어른벌레로 겨울을 난다. **생김새** 몸길이 11~14mm **사는 곳** 논밭, 산어귀, 풀숲 **먹이** 콩이나 벼 같은 곡식, 채소, 과일 **다른 이름** Hairy shieldbug **분류** 노린재목 > 노린재과

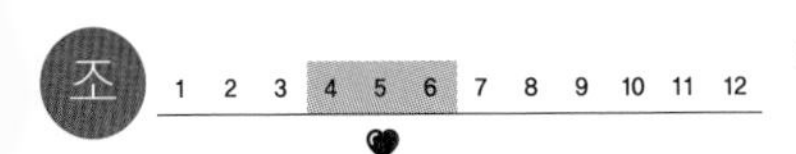

알락할미새

알락할미새는 논밭이나 마을 둘레에서 산다. 우리나라를 찾는 여름 철새 가운데 가장 먼저 오는 편이다. 몸에 흰색과 검은색이 뒤섞여 알락달락하다. 꼬리를 위아래로 흔들면서 빠르게 뛰어다닌다. 개울이나 호숫가를 걷거나 짧게 날아다니면서 벌레를 잡아먹는다. 봄여름에 짝짓기를 하고 돌담이나 건물 틈, 나무 구멍에 밥그릇처럼 생긴 둥지를 짓는다. **생김새** 몸길이 20cm **사는 곳** 마을, 숲, 냇가 **먹이** 벌레, 거미, 씨앗 **다른 이름** 깝죽새, 까불이, White wagtail **분류** 참새목 > 할미새과

알로에

알로에는 아프리카에서 자라던 풀이다. 우리나라에서는 온실에서 기른다. 두툼한 잎이 뿌리와 줄기 밑동에서 켜켜이 어긋난다. 잎은 끝이 뾰족하고 밑동은 넓어져 줄기를 싼다. 겉이 미끈하고 가장자리에 뾰족한 가시처럼 톱니가 난다. 한여름에 꽃대가 나와 꽃대 끝에서 노랗거나 주황빛 꽃이 아래를 바라보고 핀다. 가을에 세모난 열매가 열린다. **생김새** 높이 50~60cm | 잎 80~100cm, 어긋난다. **사는 곳** 온실 **다른 이름** 노회, 나무노회, Aloe **분류** 외떡잎식물 > 백합과

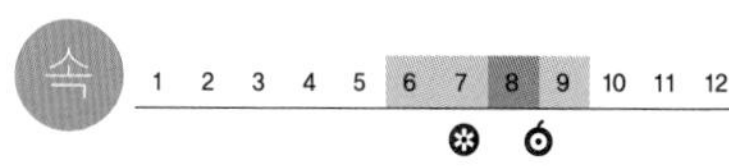

애기땅빈대

애기땅빈대는 볕이 잘 드는 기름진 땅을 좋아한다. 밭, 집 둘레, 길가에서 자라는데 돌 틈이나 도시 보도블록 틈새에서도 난다. 땅빈대와 닮았다. 땅빈대는 토박이 풀이고 애기땅빈대는 북아메리카에서 들어온 풀이다. 땅바닥에 바짝 붙어 기면서 자란다. 잎이 두 줄로 줄지어 마주 보며 달린다. 개미가 꽃에서 꿀을 모으고, 꽃가루받이를 돕는다. **생김새** 길이 10~25cm | 잎 0.5~1cm, 마주난다. **사는 곳** 밭, 집 둘레, 길가 **다른 이름** 애기점박이풀, 좀땅빈대, 비단풀, Milk purslane **분류** 쌍떡잎식물 > 대극과

애기똥풀

애기똥풀은 산기슭이나 길가, 논밭 가까이에서 흔하게 자란다. 줄기에는 흰 털이 난다. 잎은 뒤쪽이 허옇다. 노란 꽃이 활짝 피었다가 열매가 익으면 까만 씨앗이 나온다. 이 씨를 개미가 먹으려고 집으로 옮겨서 씨가 퍼진다. 줄기나 잎을 뜯으면 노란 물이 나오는데, 아주 고약한 냄새가 난다. **생김새** 높이 30~100cm | 잎 7~15cm, 어긋난다. **사는 곳** 산기슭, 길가, 논밭 둘레 **다른 이름** 아기똥풀, 젖풀, 백굴채, 까치다리, 씨아똥, Asian greater celandine **분류** 쌍떡잎식물 > 양귀비과

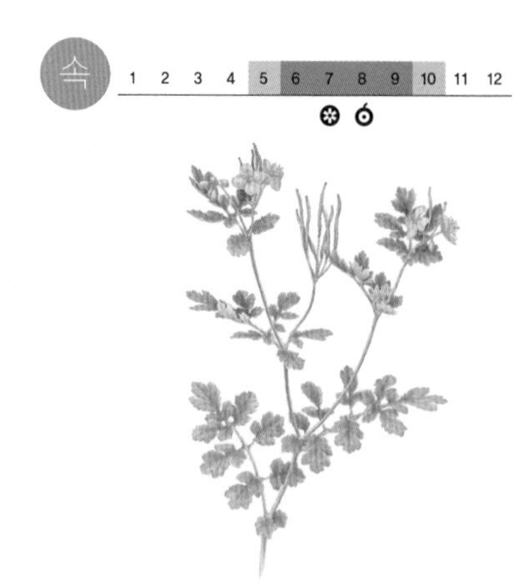

속

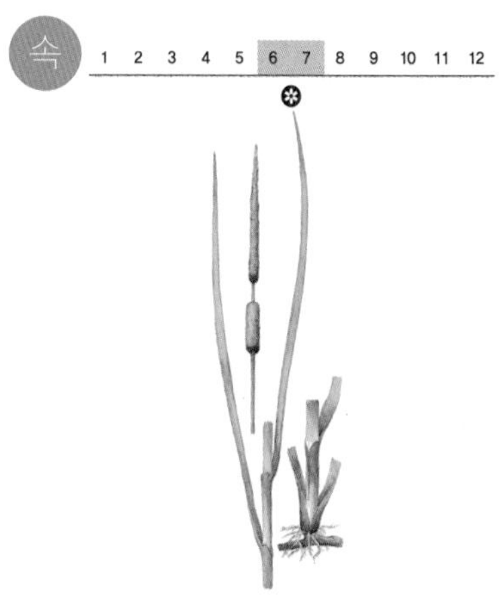

애기부들

애기부들은 무리를 이루며 자란다. 줄기는 물 위로 높이 솟아서 곧게 자라고 단단하다. 잎은 좁고 길다. 밑부분이 잎집으로 되어서 줄기를 감싼다. 여름에 이삭이 달리는데 수꽃이삭과 암꽃이삭이 떨어져서 달린다. 암꽃이삭이 아래에 달리고 더 굵다. 열매는 솜방망이처럼 부풀고 가루 같은 고운 씨가 바람에 날아가 퍼진다. **생김새** 높이 1.5m | 잎 80~130cm, 어긋난다. **사는 곳** 연못, 강가, 늪 **다른 이름** 좀부들, 중앙분, Lesser cattail **분류** 외떡잎식물 > 부들과

곤

애기뿔소똥구리

애기뿔소똥구리는 다른 소똥구리들처럼 소똥이나 말똥을 먹고 산다. 똥을 경단처럼 동그랗게 빚어서 그 속에 알을 낳는다. 알에서 깨어난 애벌레는 소똥을 먹고 자란다. 소똥구리는 풀을 먹은 소가 눈 똥에서만 사는데, 지금은 그런 소가 거의 없어서 소똥구리도 드물다. 땅속에서 어른벌레로 겨울을 나고 여름에 알을 낳는다. 암컷은 애벌레가 어른벌레가 될 때까지 지킨다. **생김새** 몸길이 14~16mm **사는 곳** 들판 **먹이** 소똥, 말똥 **분류** 딱정벌레목 > 소똥구리과

곤

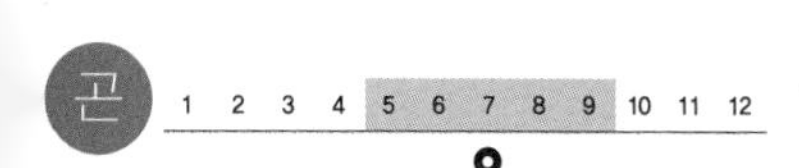

애기세줄나비

애기세줄나비는 세줄나비 가운데 가장 작다. 숲 가장자리 풀밭이나 공원에 산다. 가만히 미끄러지듯 날다가 가끔 날갯짓을 하면서 날아오른다. 알은 아까시나무, 싸리, 자귀나무, 칡, 나비나물 같은 콩과 식물에 하나씩 낳는다. 애벌레는 이 잎을 먹으며 자란다. 나뭇가지와 비슷한 보호색을 띤다. 애벌레로 겨울을 난다. **생김새** 날개 편 길이 42~55mm **사는 곳** 골짜기, 숲, 공원 **먹이** 애벌레_콩과 식물 잎 | 어른벌레_꿀, 나뭇진, 과일즙 **다른 이름** 작은세줄나비[북], Pallas' sailer **분류** 나비목 > 네발나비과

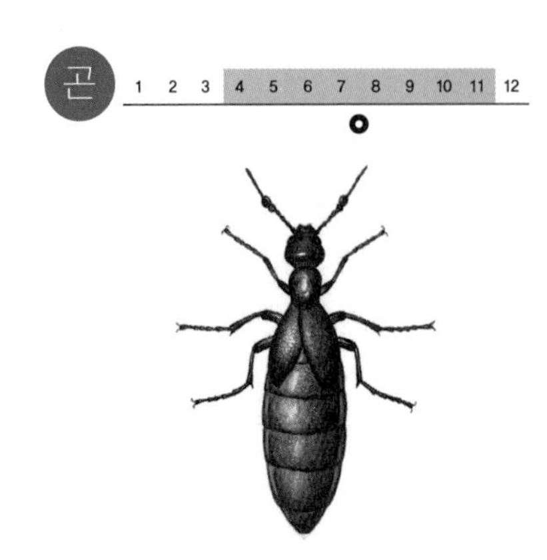

애남가뢰

애남가뢰는 산이나 들판에 산다. 가뢰 무리에 든다. 앞날개는 아주 작고, 뒷날개가 없어서 날지 못한다. 아침이나 저녁 때쯤 천천히 돌아다닌다. 애벌레는 꽃에 있다가 호박벌이나 뒤영벌에 올라타서 벌집으로 간 다음, 꿀과 알을 먹기도 한다. 위험에 빠지면 독이 있는 노란 물을 내뿜는다. **생김새** 몸길이 7~20mm **사는 곳** 산, 숲, 들판 **먹이** 애벌레_다른 벌레 알이나 애벌레 | 어른벌레_식물 잎, 꽃, 줄기 **분류** 딱정벌레목 > 가뢰과

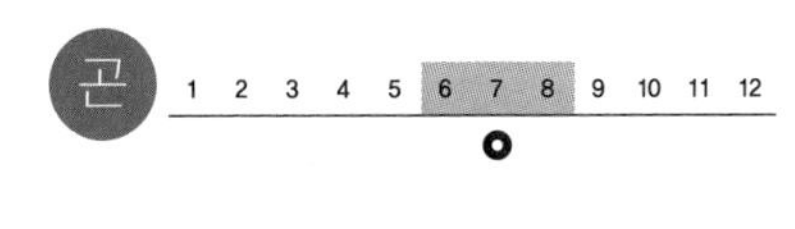

애반딧불이

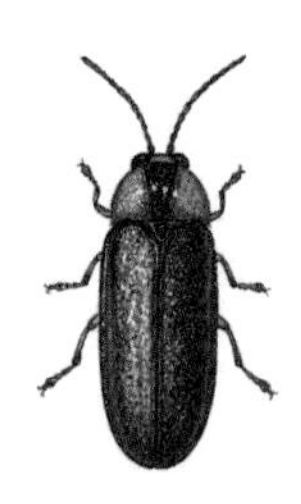

애반딧불이는 물가 풀숲에 산다. 반딧불이 가운데 몸집이 작은 편이다. 배 끝 쪽 마디에서 불빛을 내는데, 암컷은 한 줄, 수컷은 두 줄 빛이 난다. 여름밤에 떼 지어 불빛을 깜박이며 난다. 반딧불이가 내는 불빛은 다른 불빛처럼 뜨겁지 않다. 알과 애벌레도 빛을 낸다. 물가에 알을 낳고 애벌레 때는 물속에서 산다. 애벌레로 겨울을 난다. **생김새** 몸길이 10mm 안팎 **사는 곳** 논, 개울, 골짜기 **먹이** 애벌레_다슬기, 달팽이 | 어른벌레_이슬 **다른 이름** 개똥벌레, 불한듸 **분류** 딱정벌레목 > 반딧불이과

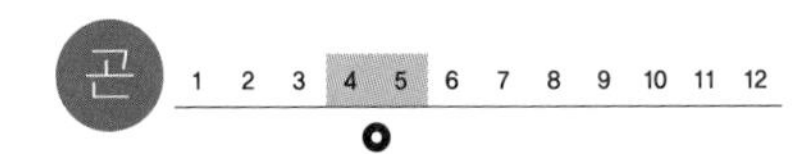

애호랑나비

애호랑나비는 낮은 산 골짜기나 숲 가장자리에서 날아다닌다. 이른 봄에 나타난다. 봄꽃에서 꿀을 빤다. 알은 족도리풀이나 개족도리풀 잎에 낳는다. 알에서 깬 애벌레는 이 잎을 먹고 자란다. 번데기로 오래 지낸다. 초여름에 가랑잎이나 돌 밑에서 번데기가 된 다음 그대로 겨울을 난다. 이듬해 봄에 날개돋이한다. **생김새** 날개 편 길이 39~49mm **사는 곳** 산, 숲, 골짜기 **먹이** 애벌레_족도리풀, 개족도리풀 잎 | 어른벌레_꿀 **다른 이름** 애기범나비[북], 이른봄범나비, Early spring swallowtail **분류** 나비목 > 호랑나비과

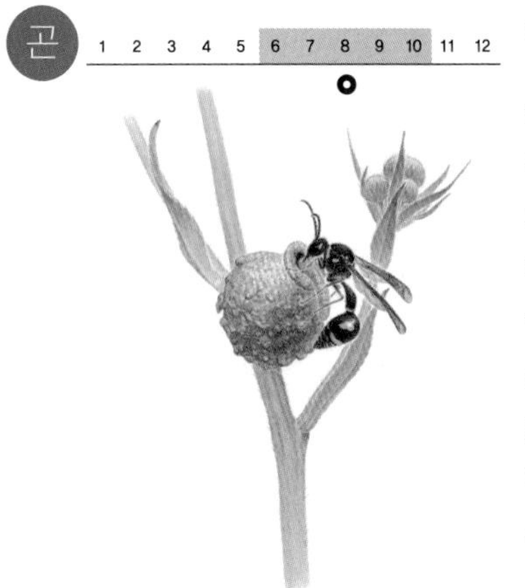

애호리병벌

애호리병벌은 들이나 풀숲에서 산다. 호리병벌 무리에 든다. 호리병벌은 혼자 지낸다. 진흙을 둥글게 뭉쳐서 풀 줄기나 나뭇가지에 붙여 호리병 모양으로 집을 짓는다. 집 속에 알을 낳고, 다른 벌레를 잡아 넣은 다음 구멍을 막는다. 애벌레가 깨어나면 이 벌레를 먹는다. 집 안에서 번데기를 거쳐 어른벌레가 되어서 밖으로 나온다. **생김새** 몸길이 25~30mm **사는 곳** 들판, 낮은 산 **먹이** 애벌레_다른 벌레 | 어른벌레_꿀, 꽃가루 **다른 이름** 조롱벌, Potter wasp **분류** 벌목 > 말벌과

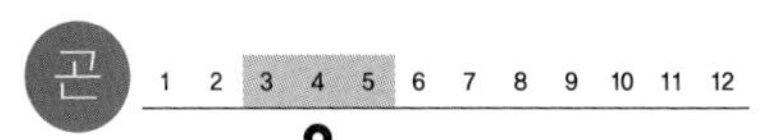

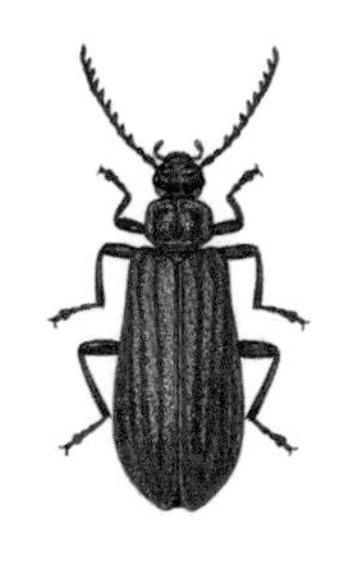

애홍날개

애홍날개는 깊은 산속에 산다. 홍날개 무리에 드는데 몸집이 작은 편이다. 홍반디와 닮았다. 몸이 붉거나 검은 것도 닮았고, 더듬이가 톱날 모양이거나 빗살 모양인 것도 닮았다. 홍날개나 홍반디나 둘 다 사람의 발길이 드문 산속에 산다. 홍날개는 죽은 나무에서 자주 보이고, 홍반디는 나뭇잎이나 꽃 위에 있을 때가 많다. 애홍날개 애벌레는 나무껍질 밑이나 썩은 나무속에 산다. **생김새** 몸길이 6.5~9.5mm **사는 곳** 깊은 산속 **먹이** 썩은 나무 **분류** 딱정벌레목 > 홍날개과

속 1 2 3 4 5 6 7 8 9 10 11 12

앵두나무

앵두나무는 뜰이나 담 옆에 심어 기르는 과일나무다. 이른 봄에 꽃이 잎보다 먼저 피는데 무척 곱다. 흰빛이나 분홍빛 꽃이 가지에 소복하게 붙어서 핀다. 가지와 잎 앞뒤에 털이 나 있다. 앵두는 과일 가운데 가장 먼저 익는 편이다. 열매가 가지마다 촘촘히 붙어서 훑듯이 따 먹는다. 새콤하면서도 달다. 술도 담근다. 술을 담글 때는 무르기 전에 딴다. **생김새** 높이 3m | 잎 3~7cm, 어긋난다. **사는 곳** 뜰, 밭, 산기슭 **다른 이름** 앵도나무, Korean cherry **분류** 쌍떡잎식물 > 장미과

1 2 3 4 5 6 7 8 9 10 11 12

앵두낙엽버섯

앵두낙엽버섯은 여름부터 가을까지 숲속 가랑잎 위에 무리 지어 나거나 흩어져 난다. 갓은 종이처럼 얇고 고운 붉은빛을 띠며, 매끈하고 우산살처럼 홈이 나 있다. 자라면서 가장자리가 물결치듯 구불거린다. 주름살은 하얗고 자라면서 연한 붉은빛으로 바뀐다. 대는 가늘고 질기며 반들반들하다. 마르면 줄어들었다가 물을 머금으면 다시 본래대로 돌아온다. 독은 없다. **생김새** 갓 8~15mm **사는 곳** 숲, 가랑잎 더미 **다른 이름** 종이꽃가랑잎버섯 **분류** 주름버섯목 > 낙엽버섯과

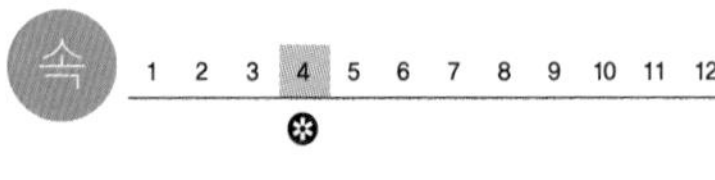

앵초

앵초는 산골짜기에 그늘이 조금 지고 물기가 많은 땅에서 자란다. 온몸에 부드러운 털이 있다. 잎은 뿌리에서 모여 나와 곧게 선다. 털이 있다. 앞면 가운데 잎맥이 깊게 주름이 진다. 가장자리가 둥글둥글 이어지는 모양이다. 봄에 꽃대 끝에서 붉은 자줏빛 꽃이 핀다. 꽃잎이 다섯 갈래로 깊게 갈라진다. 열매는 동글납작한 고깔 모양이다. **생김새** 높이 15~40cm | 잎 4~10cm, 모여난다. **사는 곳** 산골짜기 **다른 이름** 깨풀, 취란화, 연앵초, East Asian primrose **분류** 쌍떡잎식물 > 앵초과

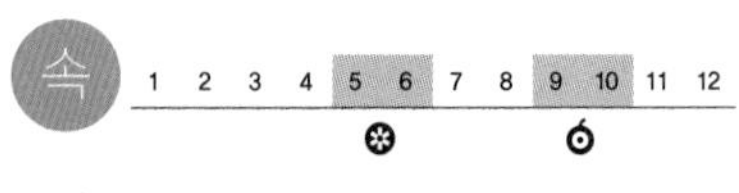

야광나무

야광나무는 산기슭이나 산골짜기에서 자란다. 봄에 하얀 꽃이 짧은 가지 끝에 모여 핀다. 꽃 핀 모습이 불을 켜 놓은 듯 환하다고 야광나무다. 꽃도 열매도 사과나무를 꼭 닮았다. 어린잎은 털이 있지만 자라면서 곧 없어진다. 굵은 콩알만 한 열매가 가을에 빨갛게 익는다. 열매 자루가 길다. 맛이 시고 떫은데 서리가 내리고 나면 달큼해진다. **생김새** 높이 6~7m | 잎 3~8cm **사는 곳** 산기슭, 산골짜기 **다른 이름** 팥사과나무, 동배나무, Siberian crabapple **분류** 쌍떡잎식물 > 장미과

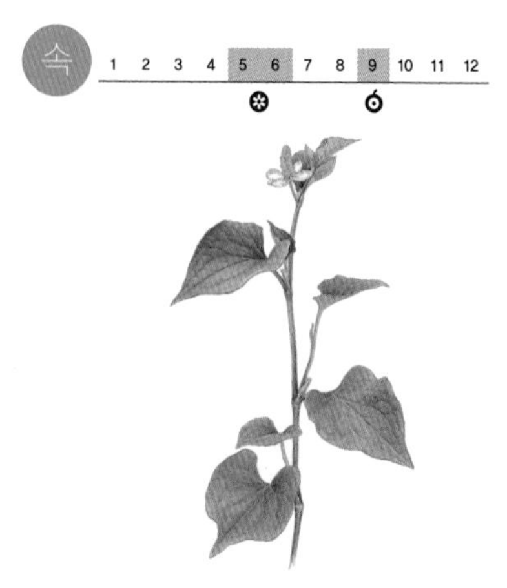

약모밀

약모밀은 숲속 그늘지고 축축한 땅에서 잘 자란다. 약으로 쓰려고 밭에서도 기른다. 자랄 때는 땅속줄기가 옆으로 뻗으면서 퍼진다. 땅속줄기 마디에서 잔뿌리가 나온다. 잎은 메밀 잎을 닮았다. 부들부들하다. 비벼 보면 물고기 비린내가 진하게 난다고 해서 어성초라고도 한다. 많은 꽃이 줄기 끝에 이삭 모양으로 빽빽이 붙어 핀다. 포기째 말렸다가 약으로 쓴다. **생김새** 높이 30~50cm | 잎 3~8cm, 어긋난다. **사는 곳** 숲속, 밭 **다른 이름** 즙채[북], 어성초, 십자풀, Asian greater celandine **분류** 쌍떡잎식물 > 삼백초과

양귀비

양귀비는 약으로 쓰려고 심어 기른다. 지금은 양귀비를 기르는 것이 법으로 금지되어 있다. 가느다란 줄기가 꼿꼿하게 자란다. 휘어져 자라기도 한다. 잎 밑쪽이 줄기를 감싼다. 가장자리로 삐죽빼죽 톱니가 난다. 봄부터 줄기 끝에서 빨갛거나 하얀 꽃이 핀다. 열매는 둥글고 단단하다. **생김새** 높이 50~150cm | 잎 3~20cm, 어긋난다. **사는 곳** 밭 **다른 이름** 아편꽃, 앵속, 약담배, Opium poppy **분류** 쌍떡잎식물 > 양귀비과

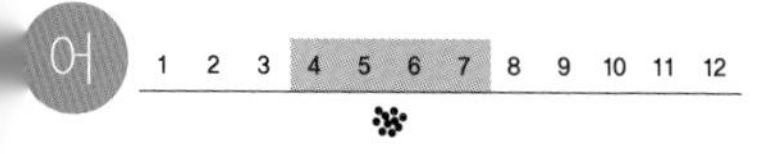

양미리

양미리는 동해에서 산다. 찬물을 좋아한다. 까나리처럼 모래 속에 몸을 잘 숨긴다. 아침에 나와서 먹이를 잡는다. 게나 새우, 작은 동물을 먹는다. 까나리와 닮았지만 등지느러미 생김새가 다르다. 까나리는 등지느러미가 길쭉하고, 양미리는 등 뒤쪽에 삼각형으로 짧게 솟았다. 양미리가 까나리보다 작다. 수컷이 알에서 새끼가 나올 때까지 곁에서 돌본다. **생김새** 몸길이 10cm **사는 곳** 동해 **먹이** 게, 새우, 작은 동물 **다른 이름** 야미리, 앵미리, Korean sandlance **분류** 큰가시고기목 > 양미리과

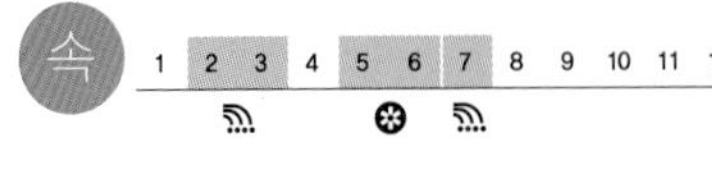

양배추

양배추는 밭에 심는 잎줄기채소다. 줄기가 굵고 짧다. 잎은 매끈하고 두꺼우며 폭이 넓다. 잎이 포개지면서 동그래진다. 봄에 줄기 끝에 연노란색 꽃들이 여러 송이 핀다. 요즘 많이 먹는 케일, 브로콜리, 콜라비도 양배추 종류다. 봄에 심는 봄 양배추가 있고, 여름에 심어 가을에 거두는 가을 양배추가 있다. 날로 먹거나 샐러드를 해 먹거나 김치를 담근다. **생김새** 높이 40~150cm | 잎 15~40cm, 모여나거나 어긋난다. **사는 곳** 밭 **다른 이름** Cabbage **분류** 쌍떡잎식물 > 배추과

속
1 2 3 4 5 6 7 8 9 10 11 12

양버즘나무

양버즘나무 줄기는 잿빛이 도는 흰빛이다. 나무껍질이 떨어져 얼룩덜룩하다. 잎이 크고 손바닥 모양으로 3~5갈래로 갈라진다. 봄에 잎이 날 때 꽃도 핀다. 수꽃은 검붉고 잎겨드랑이에 달린다. 암꽃은 옅은 풀빛이고 가지 끝에 달린다. 가을에 방울 같은 열매 이삭이 한 개씩 길게 늘어진다. 여문 열매는 겨울을 지나 이듬해 봄에 떨어진다. 공해에 강하다. **생김새** 높이 40~50m | 잎 10~20cm, 마주난다. **사는 곳** 큰길가, 공원 **다른 이름** 홑방울나무[북], 양방울나무, 플라타너스, Sycamore **분류** 쌍떡잎식물 > 버즘나무과

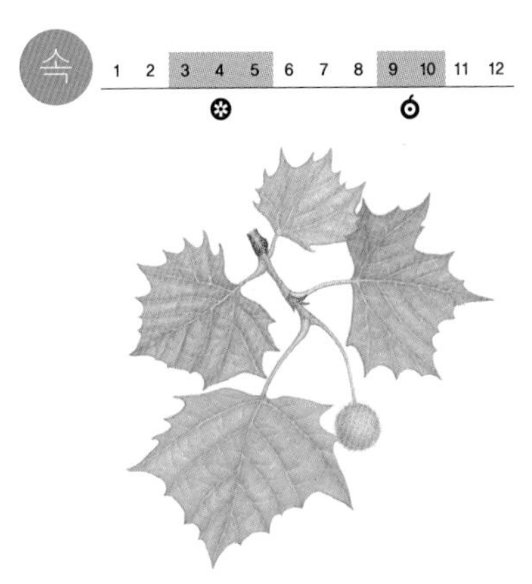

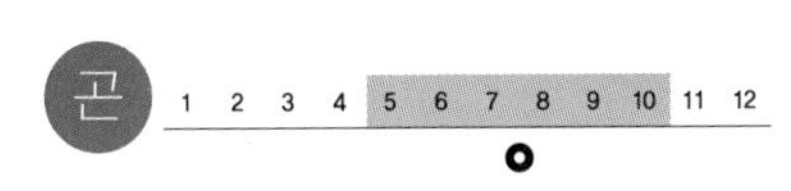

양봉꿀벌

양봉꿀벌은 사람들이 꿀을 얻으려고 기른다. 꽃을 따라 옮겨 다니기도 한다. 꿀벌에는 양봉꿀벌과 토종벌(재래꿀벌) 두 종이 있다. 토종벌은 양봉꿀벌보다 색이 검고 크기가 작다. 흔히 보는 네모난 벌통은 양봉꿀벌이 사는 집이다. 양봉꿀벌이 토종벌보다 꿀을 더 많이 딴다. 꿀벌은 한 집에서 수만 마리가 무리를 이루고 산다. 여왕벌, 수벌, 일벌이 저마다 맡은 일을 하면서 산다. 꽃가루받이를 돕는다. **생김새** 몸길이 12mm 안팎 **사는 곳** 들판, 마을 **먹이** 꽃꿀, 꽃가루 **다른 이름** 꿀벌, Western honey bee **분류** 벌목 > 꿀벌과

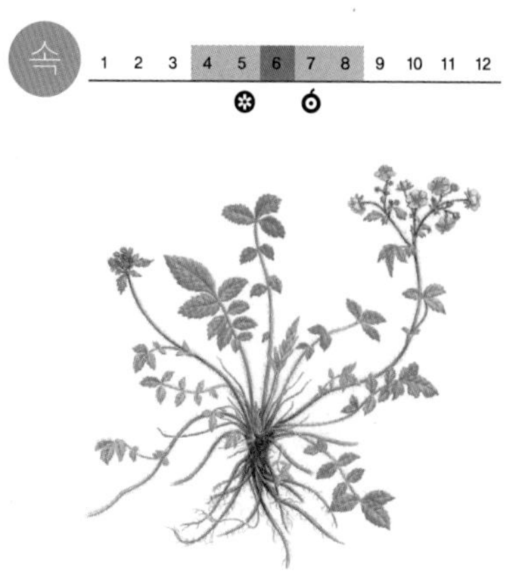

양지꽃

양지꽃은 산기슭이나 밭둑에 흔하다. 메마른 땅에서도 잘 자란다. 볕이 잘 드는 곳을 좋아한다. 뿌리로 겨울을 나고 봄에 줄기와 잎자루가 올라온다. 줄기에 까끌까끌한 털이 나 있다. 싹이 튼 첫해에는 꽃이 안 피고, 이듬해 봄부터 작고 노란 꽃이 모여 핀다. 달걀처럼 생긴 주름진 열매가 달린다. **생김새** 높이 30~50cm | 잎 1.5~5cm, 모여나거나 마주난다. **사는 곳** 산기슭, 밭둑, 메마른 땅 **다른 이름** 소시랑개비, 겹양지꽃, Sunny-place cinquefoil **분류** 쌍떡잎식물 > 장미과

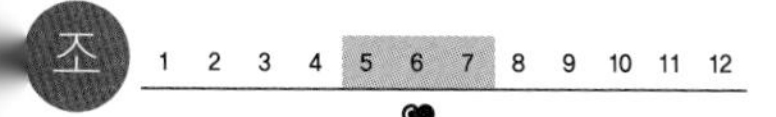

양진이

양진이는 산기슭이나 큰키나무가 많은 숲에서 산다. 여름에는 암수끼리 지내다가 겨울이 되면 10~20마리씩 무리 지어 다닌다. '찟, 찟' 하고 날카로운 소리를 내면서 날 때가 많다. 높은 나뭇가지 사이를 이리저리 날면서 먹이를 찾기도 하고, 풀 속이나 나무 덤불에서도 찾는다. 여름에는 벌레를 먹고 겨울에는 씨앗이나 나무 열매를 먹는다. 11월쯤 와서 겨울을 난다. **생김새** 몸길이 17cm **사는 곳** 산기슭, 숲, 밭 **먹이** 벌레, 곡식, 씨앗, 나무 열매 **다른 이름** 양지니[북], Pallas's rosefinch **분류** 참새목 > 되새과

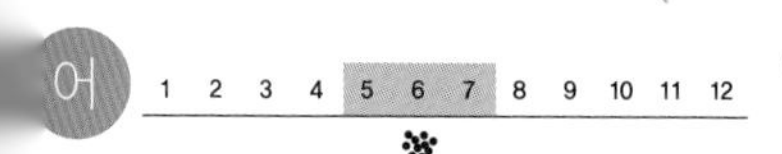

양태

양태는 바닥에 모래와 진흙이 깔린 따뜻한 바다에 산다. 바닥에 붙어서 산다. 머리가 납작하고 배도 납작하다. 한곳에 꼼짝 않고 머물러 있기를 좋아하고 잘 안 돌아다닌다. 작은 물고기, 새우, 오징어, 게 따위를 먹는다. 가까이 다가오면 와락 달려들어 한입에 삼킨다. 모래나 진흙에 몸을 파묻고 겨울잠을 잔다. 어릴 때는 수컷이었다가 다 크면 암컷이 된다. **생김새** 몸길이 50cm **사는 곳** 서해, 남해 **먹이** 작은 물고기, 새우, 오징어, 게 **다른 이름** 장대, 낭태, Indian flathead **분류** 쏨뱅이목 > 양태과

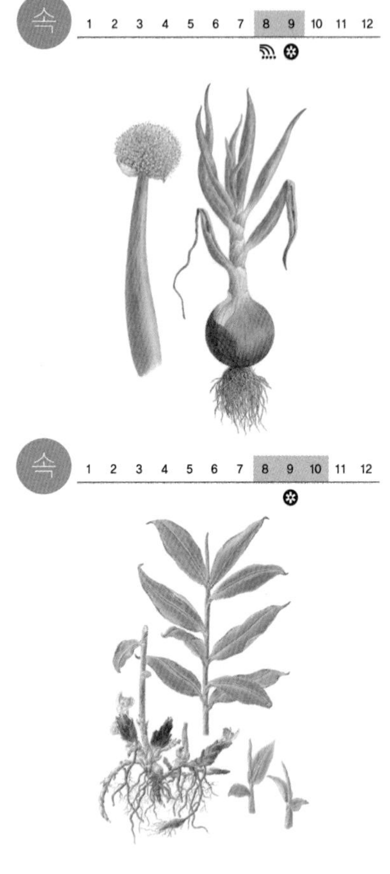

양파

양파는 밭이나 논에 심는 비늘줄기 채소다. 둥그런 비늘줄기 밑으로 수염뿌리가 난다. 줄기는 곧게 자라고 속이 빈 둥근 기둥처럼 생겼다. 이듬해 여름에 꽃대가 나와서 작은 흰빛 꽃들이 공처럼 둥글게 모여 핀다. 색깔에 따라 흰 양파, 누런 양파, 빨간 양파가 있다. 톡 쏘는 매운맛이 나서 온갖 음식에 양념으로 쓴다. 익히면 달짝지근한 맛이 난다. **생김새** 높이 50~100cm | 잎 10~50cm, 어긋난다. **사는 곳** 밭 **다른 이름** 옥파, 둥굴파, 주먹파, Onion **분류** 외떡잎식물 > 백합과

양하

양하는 산속 그늘진 땅에서 자란다. 남부 지방에서는 밭에 심어 기르기도 한다. 생강을 닮았다. 줄기는 곧게 선다. 잎은 두 줄로 나는데 밑은 좁아져 잎자루처럼 되고 끝은 길게 뾰족하다. 생강 잎과 비슷한데 더 크다. 여름부터 불그스름한 노란 꽃이 핀다. 뿌리줄기 끝에서 비늘 조각 모양 잎에 싸여 나온다. 꽃은 하루 만에 진다. 열매는 동그랗고 세 쪽으로 갈라진다. **생김새** 높이 40~100cm | 잎 20~35cm, 어긋난다. **사는 곳** 산속, 밭 **다른 이름** 양애, Mioga ginger **분류** 외떡잎식물 > 생강과

무 1 2 3 4 5 6 7 8 9 10 11 12

어깨뿔고둥

어깨뿔고둥은 갯바위에 붙어 산다. 물이 늘 흐르는 바위틈이나 물웅덩이 구석에 많다. 껍데기가 두껍고 단단한데 어깨가 뿔처럼 솟았다고 어깨뿔고둥이다. 굴이나 홍합 같은 조개와 다른 고둥 껍데기에 구멍을 뚫고 속살을 빨아 먹는다. 12월에서 3월 사이 무리 지어 알을 낳는다. 다른 고둥과 함께 주워 삶아 먹는데 속살이 잘 안 빠진다 **생김새** 크기 2.2×3.4cm **사는 곳** 갯바위 **먹이** 굴, 고둥, 홍합 **다른 이름** 큰굴골뱅이[북], 뿔고동, Japanese oyster drill **분류** 연체동물 > 뿔소라과

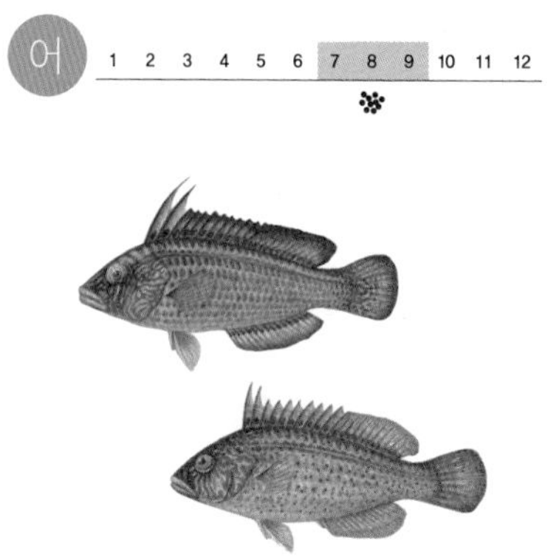

어렝놀래기

어렝놀래기는 우리나라에 사는 놀래기 가운데 가장 따뜻한 바다에서 산다. 제주 바다에 흔하다. 다른 놀래기처럼 암컷과 수컷 생김새가 다르다. 바닷가에 바위가 있고 바다풀이 수북한 곳에서 지낸다. 낮에는 먹이를 잡아먹고 밤에는 바위틈이나 바다풀 사이에서 잠을 잔다. 암컷 가운데 몇몇은 크면서 수컷으로 바뀐다. **생김새** 몸길이 20cm **사는 곳** 제주, 남해 **먹이** 갯지렁이, 조개, 새우, 작은 물고기 **다른 이름** 어랭이, Cocktail wrasse **분류** 농어목 > 놀래기과

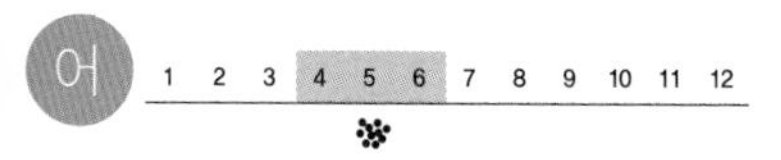

어름치

어름치는 차고 맑은 물을 좋아한다. 얼음이 언 냇물 아래에서도 헤엄쳐 다닌다. 산골짜기나 냇물에서 살고 맑은 물이 흐르는 강에도 산다. 봄에 바닥에 깔린 자갈밭을 움푹 파서 알을 낳고 모래와 잔자갈로 덮는다. 돌을 하나하나 물어다가 알자리에 쌓는다. 산란탑이라고 하는데 알을 보호한다. **생김새** 몸길이 20~40cm **사는 곳** 산골짜기, 냇물, 강 **먹이** 다슬기, 물벌레, 새우, 물고기 새끼, 돌말 **다른 이름** 어르무치[북], 어룽치, 그림치, Korean Spotted Barbel **분류** 잉어목 > 모래무지아과

어리아이노각다귀

어리아이각다귀는 물가나 풀숲이나 산골짜기에 많이 산다. 눅눅하고 서늘한 곳을 좋아한다. 각다귀 무리에 든다. 모기와 닮았는데 훨씬 크다. 천천히 날고 물지 않는다. 가늘고 긴 다리는 어디에 걸리거나 붙들리면 쉽게 떨어진다. 물기가 많은 진흙에 알을 낳는다. 애벌레는 풀에서 즙을 빨아먹거나 진흙 속에서 썩은 나무 따위를 먹고 산다. 어른벌레는 아무것도 먹지 않는다. **생김새** 몸길이 16~17mm **사는 곳** 물가, 풀숲 **먹이** 애벌레_썩은 나무, 풀 | 어른벌레_안 먹는다. **분류** 파리목 > 각다귀과

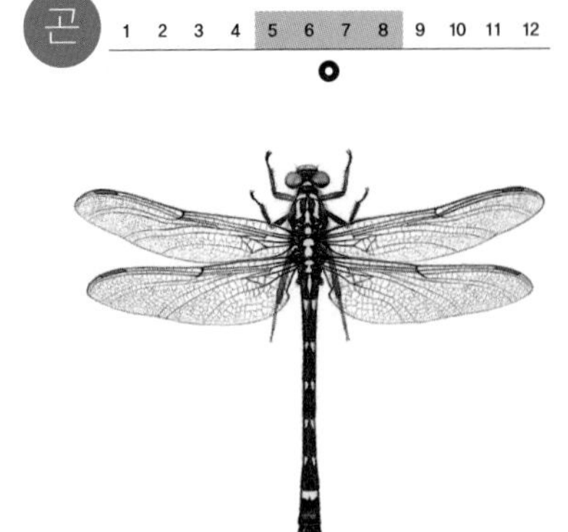

어리장수잠자리

어리장수잠자리는 산골짜기나 강, 시내 어디서나 흔하게 볼 수 있다. 몸집도 크고 힘이 세서 나비나 나방, 다른 잠자리도 잡아먹는다. 짝짓기를 할 때는 물가로 온다. 물이 얕고 느리게 흐르는 개울에 알을 낳는다. 애벌레는 작은 물벌레를 잡아먹는다. 애벌레로 겨울을 두 번 나고 어른벌레가 된다. **생김새** 몸길이 74~80mm **사는 곳** 애벌레_냇물, 강물 속 | 어른벌레_숲, 산 **먹이** 애벌레_물벌레 | 어른벌레_날벌레, 나비, 잠자리 **다른 이름** 작은말잠자리[북], 장수측범잠자리 **분류** 잠자리목 > 측범잠자리과

어수리

어수리는 산기슭이나 들, 개울가에서 자란다. 나물로 먹으려고 밭에도 심는다. 줄기는 곧게 서고 속이 비었다. 부드러운 털로 덮여 있다. 잎은 겹잎인데 쪽잎이 다시 두세 갈래로 갈라진다. 여름에 줄기 끝에 흰 꽃이 많이 모여 핀다. 가장자리 꽃은 크고 안쪽 꽃은 작다. 열매는 납작한 달걀 모양이고 두꺼운 날개가 있다. **생김새** 높이 70~150cm | 잎 7~20cm, 어긋난다. **사는 곳** 산기슭, 들, 개울가 **다른 이름** 개독활, 으너리, East Asian hogweed **분류** 쌍떡잎식물 > 산형과

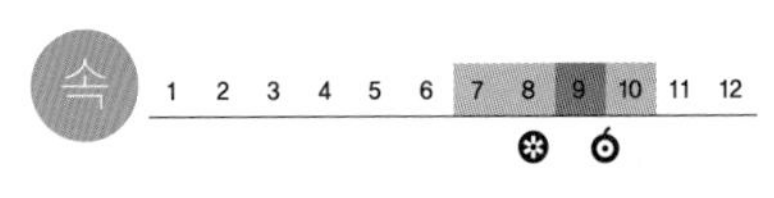

어저귀

어저귀는 집 둘레 빈터나 밭둑에서 자란다. 예전에는 섬유를 얻고, 종이를 만들려고 심어 길렀다. 줄기는 둥근기둥 모양이고 곧게 선다. 위쪽에서 가지를 친다. 부드러운 흰 털이 빽빽하다. 잎에도 별 모양 털이 고르게 있다. 여름에 줄기 끝과 잎겨드랑이에서 작고 노란 꽃이 핀다. 열매는 15~20개가 대접 모양으로 둥글게 붙는다. **생김새** 높이 1.5m | 잎 2~15cm, 어긋난다. **사는 곳** 집 둘레 빈터, 밭둑 **다른 이름** 경마, 오작이, 청마, China jute **분류** 쌍떡잎식물 > 아욱과

어치

어치는 나무가 우거진 숲에서 작은 무리를 지어 산다. 도토리를 좋아해 참나무가 많은 곳에 모인다. 봄부터 여름까지는 깊은 산속에서 살다가 겨울이 다가오면 산기슭으로 나온다. 봄여름에는 작은 새 알이나 새끼를 잡아먹고 벌레도 잡아먹는다. 가을이 오면 나무 열매를 찾아 먹는다. 단단한 솔방울이나 도토리도 까먹을 줄 안다. 높은 나무 가지에 둥지를 틀고 알을 낳아 새끼를 친다. **생김새** 몸길이 34cm **사는 곳** 숲, 야산 **먹이** 새, 쥐, 벌레, 씨앗, 나무 열매 **다른 이름** 깨까치[북], 산까치, Eurasian jay **분류** 참새목 > 까마귀과

속
1 2 3 4 5 6 7 8 9 10 11 12

억새

억새는 산과 들에 흔하다. 볕이 잘 드는 곳에서 무리 지어 자란다. 키가 크다. 갈대와 닮았다. 갈대는 물가에서만 자라고, 억새는 마른 땅에서도 잘 산다. 잎 가장자리에 날카로운 톱니가 있어 베일 수 있다. 가을에 이삭이 달리는데 갈대 이삭은 밤빛으로 원뿔 모양이고, 억새는 밝은 갈색으로 빗자루처럼 생겼다. 햇빛이 비치면 하얗게 보인다. **생김새** 높이 60~200cm | 잎 20~60cm, 어긋난다. **사는 곳** 산, 들 **다른 이름** 참억새[북], 으악새, 자주억새, Purple maiden silvergrass **분류** 외떡잎식물 > 벼과

속
1 2 3 4 5 6 7 8 9 10 11 12

얼레지

얼레지는 깊은 산 기름진 땅에서 자란다. 잎은 두 장이 난다. 긴 타원형이고 자줏빛 얼룩무늬가 있다. 이른 봄에 붉은 보랏빛 꽃이 꽃대 끝에 한 송이씩 아래를 보고 핀다. 꽃잎은 여섯 장인데 뒤로 말리고 안쪽에 점무늬와 짙은 W자 무늬가 있다. 늦봄에 씨를 맺으면 잎과 꽃대가 다 말라 죽는다. 열매는 넓은 타원형 모양이다. **생김새** 높이 25cm | 잎 6~12cm, 마주난다. **사는 곳** 깊은 산 **다른 이름** 얼룩취, 가재무릇, Dogtooth violet **분류** 외떡잎식물 > 백합과

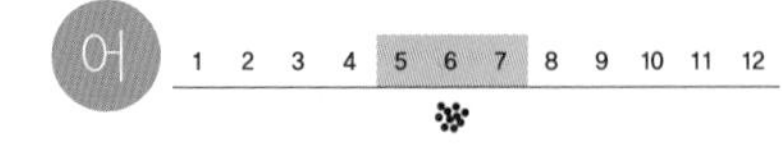

얼록동사리

얼록동사리는 냇물, 강, 늪, 저수지에서 산다. 물풀이 많은 곳을 좋아한다. 우리나라에만 산다. 동사리와 닮았다. 낮에는 돌 밑이나 물풀에 숨어 있는다. 작은 물고기와 새우 종류, 물벌레를 잡아먹는다. 먹이를 먹으면 목이나 배가 까매진다. 돌 밑에 알을 붙여 낳는다. 수컷이 알에서 새끼가 나올 때까지 돌본다. **생김새** 몸길이 15~20cm **사는 곳** 늪, 저수지, 냇물, 강 **먹이** 물벌레, 새우, 작은 물고기 **다른 이름** 곰보, 멍텅구리, 바보고기, Korean spotted sleeper **분류** 농어목 > 동사리과

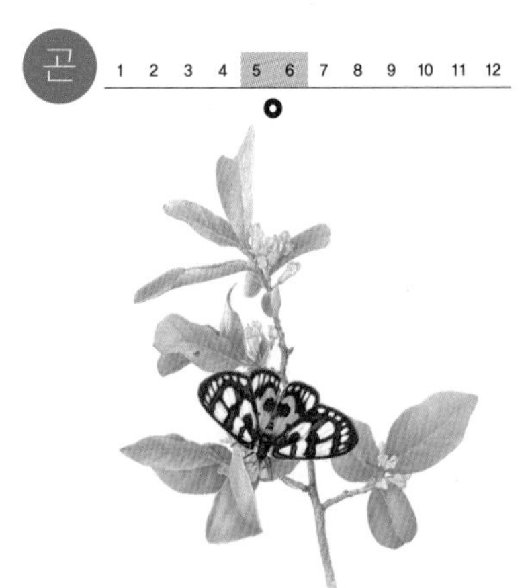

얼룩나방

얼룩나방은 봄에서 초여름 사이 산이나 들판 여기저기에서 볼 수 있다. 언뜻 보면 나비처럼 환한 빛깔과 무늬를 하고 있다. 나방이지만 낮에 날아다니고, 꽃에 모여 꿀을 빨아 먹어서 더 나비처럼 보인다. 애벌레는 털이 길며 검은색과 주홍색의 줄무늬가 있다. 흙 속에서 번데기가 된다. **생김새** 날개 편 길이 57mm 안팎 **사는 곳** 산, 들판 **먹이** 꿀 **분류** 나비목 > 밤나방과

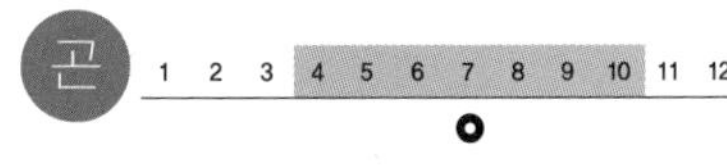

얼룩대장노린재

얼룩대장노린재는 다른 노린재와 달리 나무가 많은 숲속에서 산다. 몸집이 크고 튼튼하게 생겼다. 날 수는 있지만 몸이 무거워서 잘 날지 않는다. 나무껍질과 무늬가 비슷하고 좀처럼 움직이지도 않아서 눈에 잘 띄지 않는다. 움직임이 둔하고 건드리면 죽은 척한다. 큰 나무에 살면서 잎 뒷면이나 나뭇가지에 앉아서 즙을 빨아 먹는다. 어른벌레로 나무껍질 틈에서 겨울을 난다. **생김새** 몸길이 20~22mm **사는 곳** 숲속 **먹이** 나뭇진 **분류** 노린재목 > 노린재과

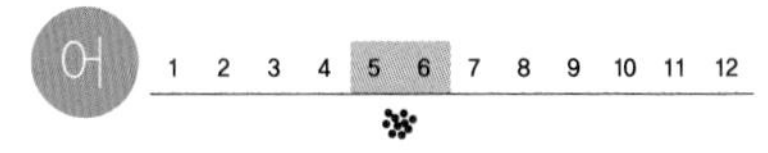

얼룩새코미꾸리

얼룩새코미꾸리는 아주 맑은 물이 흐르는 냇물에서 산다. 우리나라 낙동강 물줄기에서만 산다. 새코미꾸리와 닮았다. 물살이 빠르고 자갈이 깔린 여울에서 작은 물벌레를 잡아먹거나 돌말을 먹는다. 돌 밑에 들어가 잘 숨는다. 알 낳을 때가 되면 수컷은 혼인색을 띤다. 수컷이 암컷 몸을 감아 배를 조여서 알을 낳는다. **생김새** 몸길이 12~20cm **사는 곳** 산골짜기, 냇물, 강 **먹이** 작은 물벌레, 돌말 **다른 이름** 호랑이미꾸라지, 얼룩말미꾸라지, White nose loach **분류** 잉어목 > 미꾸리과

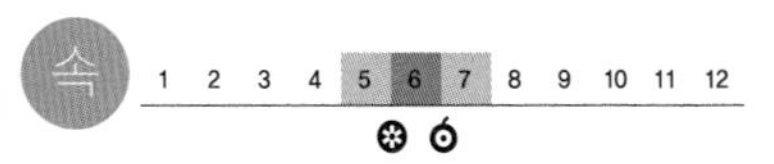

얼치기완두

얼치기완두는 모래가 많이 섞인 땅을 좋아한다. 길가, 밭둑, 풀밭 어디서나 잘 자란다. 남부 지방이나 서해안, 제주도에 많다. 늦여름부터 가을 사이에 싹이 나서 겨울을 난 뒤 봄부터 자란다. 줄기는 가늘고 덩굴진다. 잎줄기 끝이 덩굴손이 된다. 자줏빛 꽃이 피고, 꼬투리가 달린다. 땅을 기름지게 하기 때문에 일부러 심기도 한다. **생김새** 길이 30~60cm | 잎 1.2~1.7cm, 어긋난다. **사는 곳** 길가, 밭둑, 풀밭, 들 **다른 이름** 새갈퀴, Lentil vetch **분류** 쌍떡잎식물 > 콩과

엉겅퀴

엉겅퀴는 낮은 산이나 들판에서 자란다. 볕이 잘 드는 곳을 좋아한다. 줄기가 곧게 자라고 키가 큰 데다가 크고 빛깔이 뚜렷한 꽃이 피어서 눈에 잘 띈다. 온몸에 흰 털이 나 있다. 잎은 깊게 갈라지고 가장자리에 톱니와 함께 큰 가시가 나 있다. 여름에 자줏빛이나 붉은빛 꽃이 핀다. 꽃송이 하나에 수많은 작은 꽃들이 다닥다닥 뭉쳐 있다. **생김새** 높이 50~100cm | 잎 15~30cm, 모여나거나 어긋난다. **사는 곳** 산, 들판 **다른 이름** 가시나물[북], 항가시, 들잇꽃, Ussuri thistle **분류** 쌍떡잎식물 > 국화과

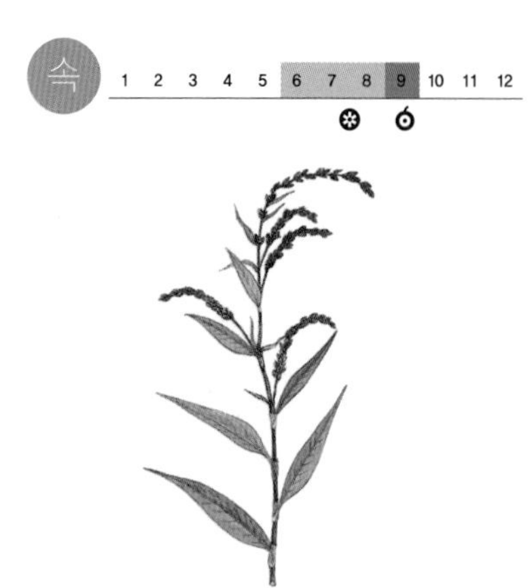

여뀌

여뀌는 물가에서 무리를 지어 자란다. 냇가나 논둑에 많다. 줄기 아래쪽은 누워서 퍼지고 위쪽은 곧게 선다. 줄기가 땅에 닿으면 마디에서 뿌리를 내려 퍼지기도 한다. 잎은 버들잎처럼 생겼다. 줄기와 잎을 씹으면 입안이 얼얼하도록 맵다. 여뀌로 물고기도 잡는다. 줄기나 가지 끝에 이삭 모양으로 꽃이 핀다. 가을에 이삭이 여물면 바람에 날리거나 짐승 몸에 붙어서 퍼진다. **생김새** 높이 40~80cm | 잎 3~12cm, 어긋난다. **사는 곳** 물가, 논둑 **다른 이름** 버들여뀌, 독풀, 어독초, Water pepper **분류** 쌍떡잎식물 > 마디풀과

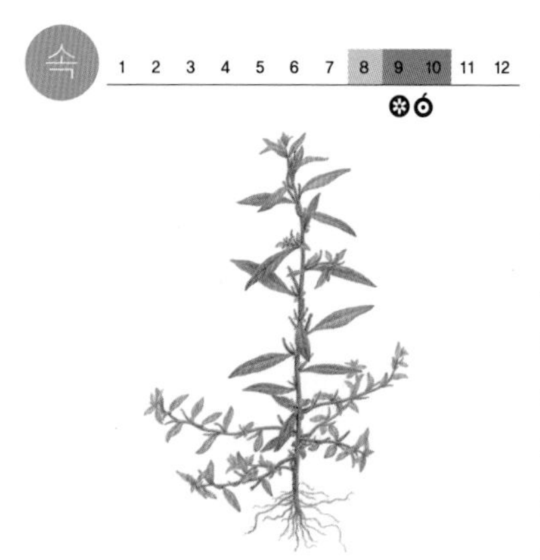

여뀌바늘

여뀌바늘은 논에서 많이 난다. 기름진 땅을 좋아한다. 잎 모양이 여뀌와 닮았다. 키가 크고 가지가 많아서 멀리서도 잘 보인다. 줄기는 곧게 자라거나 비스듬히 자라고 불그스름하다. 잎은 양끝이 좁은 타원형이다. 가을에 잎겨드랑이에서 작고 노란 꽃이 한 송이씩 핀다. 꽃이 지면 길쭉한 열매가 달린다. 씨는 가벼워서 물에 잘 뜨고 바람에 날려 퍼진다. **생김새** 높이 30~60cm | 잎 3~12cm, 어긋난다. **사는 곳** 논, 개울, 강 둘레 **다른 이름** 꼬치풀, 여뀌대, 개좆방망이, Climbing seedbox **분류** 쌍떡잎식물 > 바늘꽃과

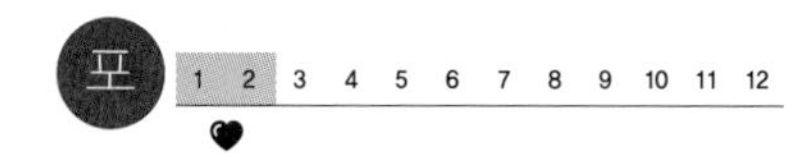

여우

여우는 산에 산다. 우리나라에서는 멸종된 것으로 알려졌다. 지금은 되살리려고 애쓰고 있다. 몸매가 날씬하고 털이 붉다. 꼬리가 길고 꼬리털이 풍성하다. 눈도 밝고 귀도 밝고 냄새도 잘 맡는다. 새벽이나 해 질 녘에 나와서 먹이를 찾는다. 새끼를 키울 때는 낮에도 사냥을 한다. 쥐를 많이 잡는다. 작은 동물이나 산열매도 먹는다. 굴을 보금자리로 삼아서 새끼를 키운다 **생김새** 몸길이 50~70cm **사는 곳** 산, 숲 **먹이** 쥐, 새, 벌레, 물고기, 산열매 **다른 이름** 여시, 여깨이, Fox **분류** 식육목 > 개과

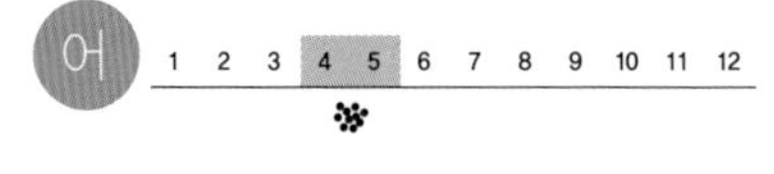

여울마자

여울마자는 여울에 산다고 붙인 이름이다. 모래와 자갈이 깔리고 물이 빠르게 흐르는 곳에서 산다. 돌마자와 닮았고 같은 곳에서 함께 살기도 하는데, 여울마자는 아주 귀하고 드물다. 낙동강 물줄기에 산다. 물속 바위에 붙어 사는 조류를 주로 먹는다. **생김새** 몸길이 5~10cm **사는 곳** 강, 냇물 **먹이** 조류 **분류** 잉어목 > 모래무지아과

여주

여주는 밭에 심어 기르는 열매채소이다. 줄기는 덩굴지고 가늘다. 덩굴손이 길게 나 다른 물체를 감고 올라간다. 잎은 손바닥 모양으로 5~7갈래로 깊게 갈라진다. 여름에 잎겨드랑이에서 노란 꽃이 한 송이씩 핀다. 꽃잎이 다섯 갈래로 갈라진다. 열매는 타원형이고 쓴맛이 난다. 겉이 오이보다 더 오톨도톨하다. 풀빛이다가 익으면 옅은 귤빛이 되고 이리저리 갈라진다. **생김새** 길이 1~5m | 잎 10~20cm, 어긋난다. **사는 곳** 밭, 정원 **다른 이름** 유자[북], 만려지, Bitter gourd **분류** 쌍떡잎식물 > 박과

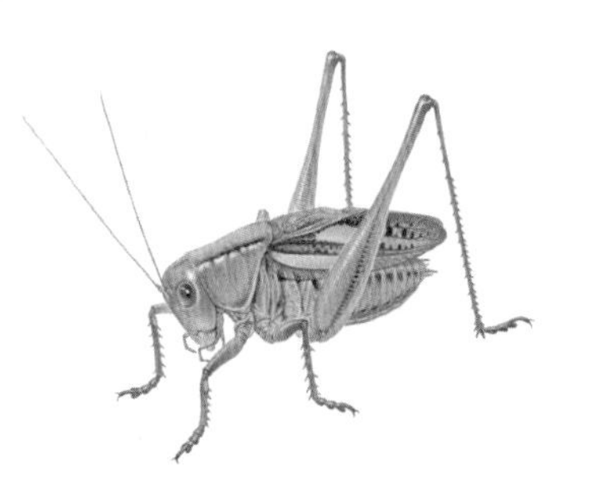

여치

여치는 볕이 잘 드는 산기슭 덤불에 많이 산다. 수컷은 여름철 낮에 '칫 찌르르 칫 찌르르' 하고 줄곧 운다. 풀에 잘 붙어 있는데, 발바닥에 빨판이 있어서 떨어지지 않는다. 어른벌레는 가시가 돋은 다리로 나방 애벌레나 메뚜기 따위를 잡아먹는다. 예전에는 여치 소리를 들으려고 밀짚으로 만든 집에 여치를 넣어 기르기도 했다. **생김새** 몸길이 33~45mm **사는 곳** 풀밭, 들판, 산길 **먹이** 애벌레_풀, 꽃가루 | 어른벌레_풀, 나방 애벌레, 메뚜기 **다른 이름** 되지여치, 북방여치, 왜여치 **분류** 메뚜기목 > 여치과

속 1 2 3 4 5 6 7 8 9 10 11 12

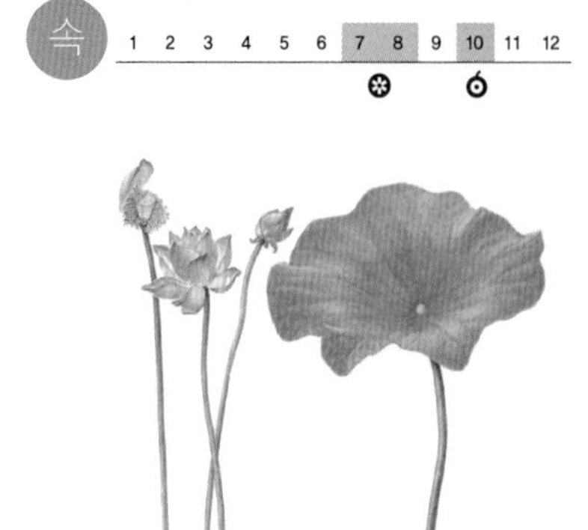

연꽃

연꽃은 연못이나 저수지에서 자란다. 꽃을 보거나 줄기를 먹으려고 심는다. 뿌리줄기는 연뿌리나 연근이라고 하는데 원통처럼 생겼고 통통하다. 속에는 구멍이 숭숭 나 있다. 잎은 물 위로 솟는다. 물방울이 굴러갈 만큼 매끄럽다. 여름에 희거나 붉은 꽃이 한 송이씩 핀다. 열매는 물뿌리개 꼭지같이 생겼다. 열매 구멍 속에 까만 씨가 들어 있다. 씨를 연밥이라고 한다. **생김새** 높이 1m | 잎 30~90cm, 한 잎씩 난다. **사는 곳** 연못, 저수지 **다른 이름** 련꽃[북], 연, Indian lotus **분류** 쌍떡잎식물 > 연꽃과

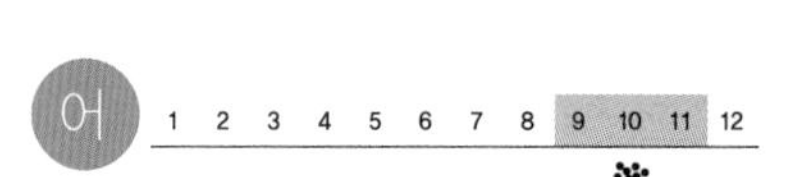

연어

연어는 강에서 태어나 바다로 나가서 산다. 떼로 헤엄쳐 다니면서 작은 새우나 물고기 따위를 잡아먹는다. 알 낳을 때가 되면 자기가 태어난 강을 찾아 거슬러 올라온다. 암컷과 수컷 모두 혼인색을 띠고 먹이는 먹지 않는다. 물 위로 펄쩍 뛰며 폭포를 거슬러 오르기도 한다. 강 바닥에 구덩이를 파고 알을 낳는다. 꼬리를 써서 모래로 알을 덮는다. 알을 낳은 뒤에 죽는다. **생김새** 몸길이 40~90cm **사는 곳** 동해, 남해 **먹이** 작은 새우, 물고기 **다른 이름** 련어[북], Salmon **분류** 연어목 > 연어과

어 1 2 3 4 5 6 7 8 9 10 11 12

연준모치

연준모치는 강원도 산골짜기 맑은 여울에서 산다. 물살이 센 여울 아래 소에서 떼로 헤엄쳐 다닌다. 쉴 새 없이 왔다 갔다 한다. 알 낳을 때가 되면 수컷은 혼인색을 띠어서 지느러미가 붉어진다. 자갈을 파고들어 가 알을 돌에 붙인다. 여름에는 무리를 지어 살고 날이 추워지면 바위 밑이나 물가 돌 밑에서 겨울을 난다. **생김새** 몸길이 6~8cm **사는 곳** 산골짜기 **먹이** 옆새우, 작은 물벌레, 물이끼 **다른 이름** 모치[북], 연문모치[북], 가물떼기, 챙피리, Eurasian minnow **분류** 잉어목 > 황어아과

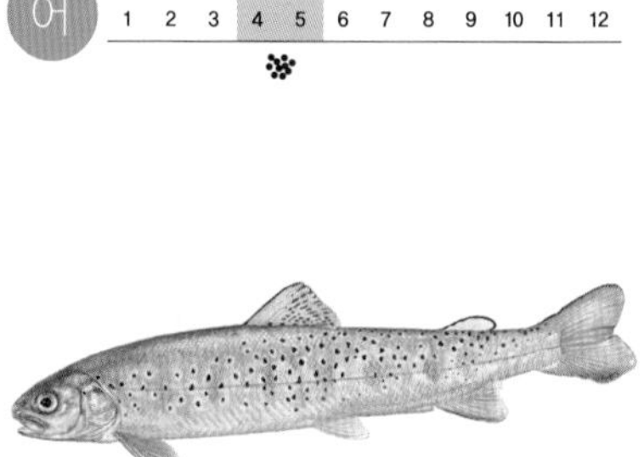

열목어

열목어는 맑고 차가운 물이 흐르는 깊은 산골짜기에서 산다. 곳곳에 깊은 소가 있고 큰 바위가 많은 곳을 좋아한다. 힘이 세서 물살이 거친 여울도 잘 타고 오른다. 겨울에는 물이 깊은 곳 바위 밑으로 들어가서 지낸다. 봄에 여울을 거슬러 올라가서 바닥을 우묵하게 파고 알을 낳는다. 알을 낳고 모래와 자갈로 덮는다. **생김새** 몸길이 30~70cm **사는 곳** 산골짜기 **먹이** 물고기, 물벌레, 새우 **다른 이름** 세지[북], 연매기, 댓잎이, Manchurian trout **분류** 연어목 > 연어과

염소

염소는 온 세계에 널리 퍼져 있는 집짐승이다. 평평한 땅보다 가파른 산비탈이나 바위가 많은 곳을 좋아한다. 수컷은 수염이 있고, 뾰족한 뿔이 나는 것도 있다. 초식성으로 풀이나 나뭇잎을 잘 먹는데, 칡넝쿨을 아주 좋아한다. 독이 있는 풀은 스스로 골라낼 줄 안다. 우두머리 수컷이 여러 암컷과 짝짓기를 한다. 봄, 가을에 짝짓기를 하고 새끼를 두 마리쯤 낳는다 **생김새** 몸길이 60~90cm **사는 곳** 우리에서 기른다. **먹이** 풀, 나뭇잎, 어린 가지, 이끼, 곡식 **다른 이름** Domestic goat **분류** 우제목 > 소과

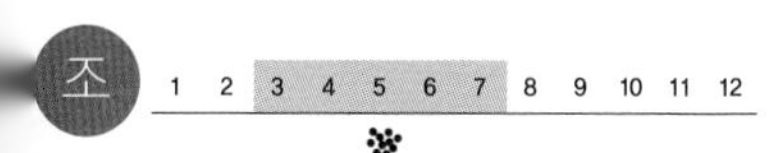

염주비둘기

염주비둘기는 마을 가까이에 산다. 서해안 섬에 살고, 남해안에도 산다. 멧비둘기와 닮았는데, 목 뒷면에 검고 짧은 띠무늬가 있다. 풀씨나 나무 열매를 먹고, 작은 벌레도 잡아먹는다. 봄부터 여름 사이에 큰 나무 위에 둥지를 짓고 알을 낳는다. 지금은 드물어서 쉽게 보기 어렵다. **생김새** 몸길이 33cm **사는 곳** 낮은 산, 마을 둘레 숲 **먹이** 벌레, 나무 열매, 씨앗 **다른 이름** 웃목도리비둘기[북], Eurasian collared dove **분류** 비둘기목 > 비둘기과

1 2 3 4 5 6 7 8 9 10 11 12

염통성게

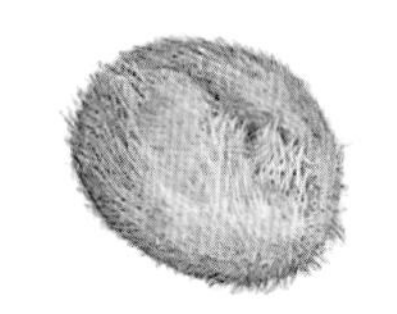

염통성게는 물 깊이가 10~20미터쯤 되는 바닷속 모래진흙 바닥에서 산다. 다른 성게보다 작다. 가시가 억세지 않고 껍데기도 얇아서 잘 깨진다. 모래진흙 속에 얕게 묻혀 있거나 모래를 뒤집어쓴 채 천천히 기어다니면서 바닥에 있는 유기물을 긁어 먹는다. 흔하지 않다. 제주도에서는 솜이라고 한다. **생김새** 몸통 지름 2~3cm **사는 곳** 바닷속 모래진흙 바닥 **먹이** 모래 속 영양분, 미생물 **다른 이름** 밤송이, 솜, Lacunal sea potato **분류** 극피동물 > 균열염통성게과

1 2 3 4 5 6 7 8 9 10 11 12

엽낭게

엽낭게는 바닷가 모래밭에 10~20cm 깊이로 굴을 곧게 파고 산다. 몸 빛깔이 모래와 비슷하고 크기도 작아서 눈에 잘 안 띈다. 물이 빠지면 수많은 엽낭게가 구멍에서 나와 기어다닌다. 두 집게발로 모래 속 영양분을 골라먹고 나머지는 경단처럼 뱉어 낸다. 6월에 알을 품는다. 조그만 기척에도 잽싸게 구멍으로 숨는다 **생김새** 등딱지 크기 1.1×0.8cm **사는 곳** 서해, 남해, 바닷가 모래밭, 모래진흙 바닥 **먹이** 모래 속 영양분 **다른 이름** 콩게, Sand-bubbler crab **분류** 절지동물 > 콩게과

속

1 2 3 4 5 6 7 8 9 10 11 12

영산홍

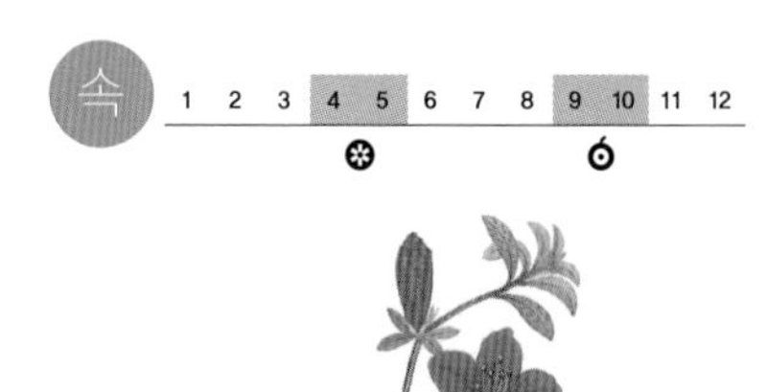

영산홍은 뜰이나 공원에 심어 기른다. 철쭉과 닮았다. 줄기는 곧게 서고 잔가지를 많이 치는데 옆으로 퍼진다. 잎은 가지 끝에 나고 잎자루가 짧다. 잎 가장자리는 밋밋하고, 양면에는 밤빛 털이 많다. 봄부터 여름 사이에 가지 끝에서 붉은빛 꽃이 한두 송이씩 핀다. 꽃은 잎이 나온 다음에 핀다. 품종마다 꽃 빛깔과 생김새가 여럿이다. **생김새** 높이 30~90cm | 잎 1~3cm, 어긋난다. **사는 곳** 뜰, 공원 **다른 이름** 큰꽃철죽나무, 오월철쭉, Satsuki azalea **분류** 쌍떡잎식물 > 진달래과

예덕나무

예덕나무는 남부 지방 산기슭과 산골짜기에서 자란다. 줄기는 밤빛이고 매끈하다. 잎은 때로는 두세 갈래로 갈라진다. 끝이 뾰족하다. 어린잎은 붉고 짧은 털로 덮여 있다. 점차 풀빛으로 바뀐다. 여름에 가지 끝에서 작고 노란 꽃이 모여 핀다. 암수딴그루이다. 열매는 세모난 공 모양이고 겉에 털이 많다. 익으면 밤빛이고 세 갈래로 갈라진다. **생김새** 높이 10m | 잎 10~20cm, 어긋난다. **사는 곳** 산기슭, 산골짜기 **다른 이름** 꽤잎나무, 야동, East Asian mallotus **분류** 쌍떡잎식물 > 대극과

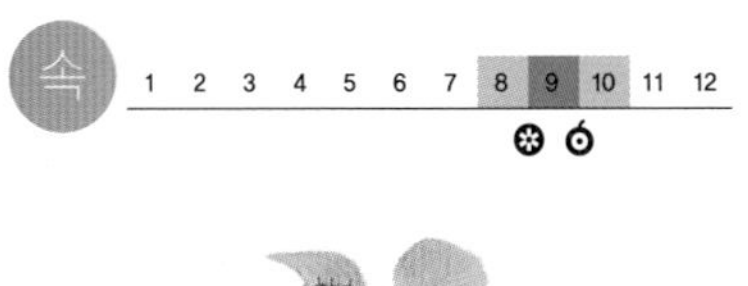

오갈피나무

오갈피나무는 산골짜기나 산기슭에서 잘 자란다. 쪽잎이 석 장이나 다섯 장씩 모여나는 겹잎이다. 잎 생김새 때문에 오갈피라는 이름이 붙었다. 작은 자줏빛 꽃이 바큇살 모양으로 모여 핀다. 옛날부터 약으로 쓰던 나무인데 지금도 약으로 쓰려고 밭에서 심어 기른다. 밭에 심을 때는 볕이 잘 들고 물기가 많은 땅이 좋다. 꺾꽂이를 해서 옮겨 심는다. **생김새** 높이 3~5m | 잎 6~15cm, 어긋난다. **사는 곳** 산골짜기, 산기슭 **다른 이름** Stalkless-flower eleuthero **분류** 쌍떡잎식물 > 두릅나무과

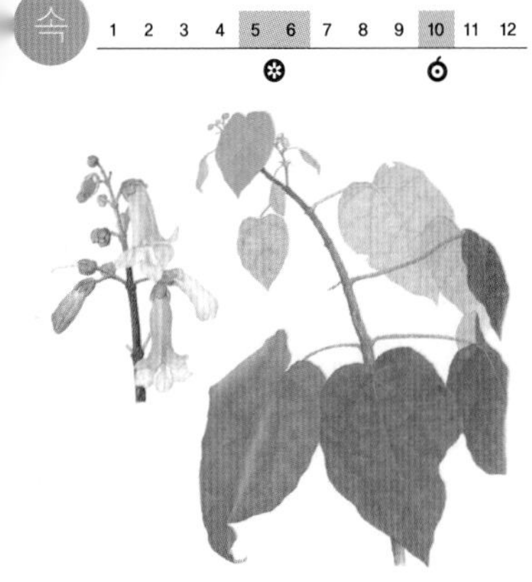

오동나무

오동나무는 목재로 쓰려고 심어 길렀다. 무척 빨리 자란다. 물이 잘 빠지는 기름진 땅을 좋아한다. 잎은 달걀 모양인데 오각형에 가깝다. 잎 뒷면에 별 모양 털이 나 있다. 꽃은 봄에 가지 끝에 모여 달린다. 열매는 둥글고 끝이 뾰족하다. 목재가 가볍고 잘 썩지 않아서 가구나 악기를 만드는 데 좋다. 봄에 피는 꽃이 향기가 좋고, 여름에는 나무 그늘이 시원하다. **생김새** 높이 10~15m | 잎 15~23cm, 마주난다. **사는 곳** 산기슭, 마을 **다른 이름** Korean paulownia **분류** 쌍떡잎식물 > 현삼과

오디균핵버섯

오디균핵버섯은 뽕나무 열매인 오디에 난다. 갓은 어릴 때는 거의 둥글다. 자라면서 위쪽 터진 부분이 차차 넓게 벌어지면서 술잔이나 밥공기 모양이 된다. 오래되면 갓 가장자리가 톱니처럼 갈라진다. 살은 얇고 고무처럼 질기다. 포자가 뽕나무 꽃이나 어린 열매에 들어가면 열매가 제대로 여물지 못하고 땅에 떨어진다. 이듬해 봄에 땅에 떨어져 있거나 파묻혀 있는 오디에서 버섯이 난다. **생김새** 갓 3~9×3~5mm **사는 곳** 밭, 마을 가까이 **다른 이름** 오디양주잔버섯 **분류** 고무버섯목 > 균핵버섯과

오리나무

오리나무는 산기슭이나 골짜기 눅눅한 곳에서 자라지만, 메마른 땅이라도 뿌리를 잘 내린다. 땅을 기름지게 한다. 추위에도 강하고 나쁜 공기에도 잘 견딘다. 잎은 긴 타원형이고 조금 윤기가 난다. 봄에 잎이 나기 전에 꽃이 핀다. 오리마다 심었다고 오리나무란 이름이 붙었다. 나무 열매와 껍질은 옷감에 물을 물들이는 데 썼다. 목재는 속이 치밀하다. **생김새** 높이 10~20m | 잎 6~12cm, 어긋난다. **사는 곳** 산기슭, 길가, 냇가 **다른 이름** East Asian alder **분류** 쌍떡잎식물 > 자작나무과

오목눈이

오목눈이는 마을 둘레 낮은 산이나 나무가 무성한 숲에서 산다. 작고 동그란 눈이 오목하게 들어가 보인다. 여름에는 암수가 함께 다니다가 새끼를 치고 나면 여럿이 무리를 짓는다. 여름에는 벌레를 잡아먹고, 겨울에는 나무 열매와 씨앗을 먹는다. 봄에 짝짓기를 하고 나뭇가지 사이에 둥지를 튼다. 긴 병을 눕혀 놓은 것처럼 구멍이 옆으로 나 있다. **생김새** 몸길이 14cm **사는 곳** 낮은 산, 숲, 마을, 공원 **먹이** 벌레, 나무 열매, 씨앗 **다른 이름** 긴꼬리오목눈이, Long-tailed Tit **분류** 참새목 > 오목눈이과

오미자

오미자는 낮은 산기슭에서 자란다. 열매를 먹거나 약으로 쓰려고 심어 기른다. 물이 잘 빠지고 서늘한 곳을 좋아한다. 덩굴이 잘 뻗는다. 덩굴은 굵고 억세지만 뿌리는 얕게 내린다. 잎은 두껍고 끝이 뾰족하다. 잎자루가 길다. 봄여름에 흰 꽃이 피고 열매는 늦여름에 붉게 익는다. 열매가 다섯 가지 맛이 난다고 붙은 이름이다. 시고, 달고, 쓰고, 맵고, 짜다. **생김새** 길이 6~9m | 잎 7~10cm, 어긋난다. **사는 곳** 산기슭 **다른 이름** Five-flavor magnolia vine **분류** 쌍떡잎식물 > 오미자과

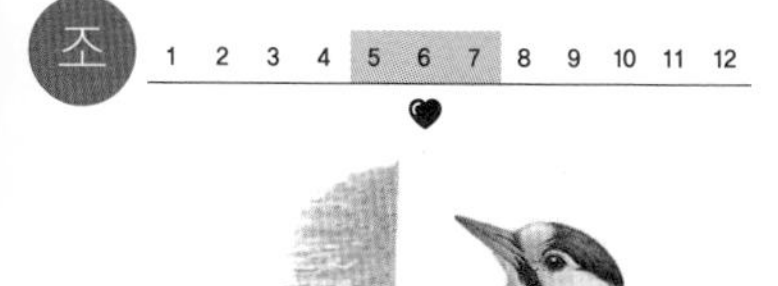

오색딱따구리

오색딱따구리는 나무가 우거진 숲에서 산다. 새끼를 치고 나면 가족끼리 지낸다. 낮에는 날면서 먹이를 찾고 밤에는 나무 구멍 속에서 잔다. 단단한 부리로 '딱따르르르' 하면서 나무줄기를 쪼아서 구멍을 뚫는다. 그 다음 긴 혀를 넣어서 벌레를 꺼내 먹는다. 봄여름에 짝짓기를 한다. 나무에 구멍을 내서 둥지를 짓고 새끼를 친다. **생김새** 몸길이 23cm **사는 곳** 숲, 야산, 마을 **먹이** 벌레, 풀씨, 나무 열매 **다른 이름** 알락딱따구리[북], 오색더구리, Great spotted woodpecker **분류** 딱따구리목 > 딱따구리과

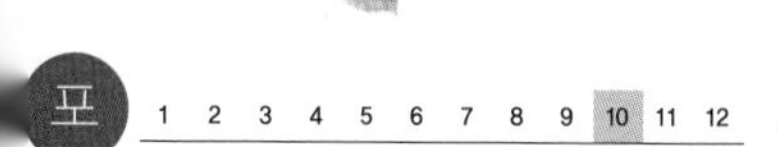

오소리

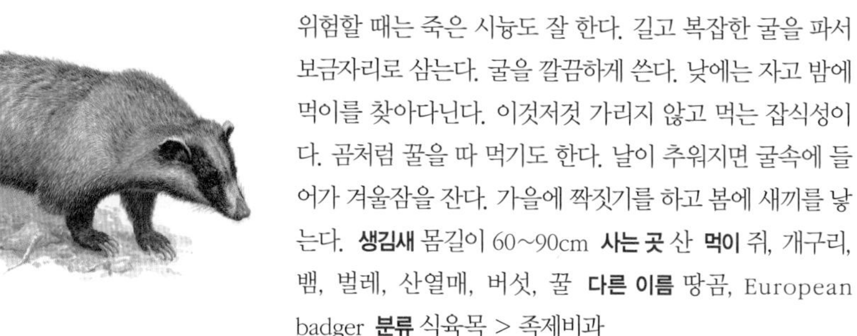

오소리는 산속에서 산다. 성질이 사납고 힘이 아주 세다. 위험할 때는 죽은 시늉도 잘 한다. 길고 복잡한 굴을 파서 보금자리로 삼는다. 굴을 깔끔하게 쓴다. 낮에는 자고 밤에 먹이를 찾아다닌다. 이것저것 가리지 않고 먹는 잡식성이다. 곰처럼 꿀을 따 먹기도 한다. 날이 추워지면 굴속에 들어가 겨울잠을 잔다. 가을에 짝짓기를 하고 봄에 새끼를 낳는다. **생김새** 몸길이 60~90cm **사는 곳** 산 **먹이** 쥐, 개구리, 뱀, 벌레, 산열매, 버섯, 꿀 **다른 이름** 땅곰, European badger **분류** 식육목 > 족제비과

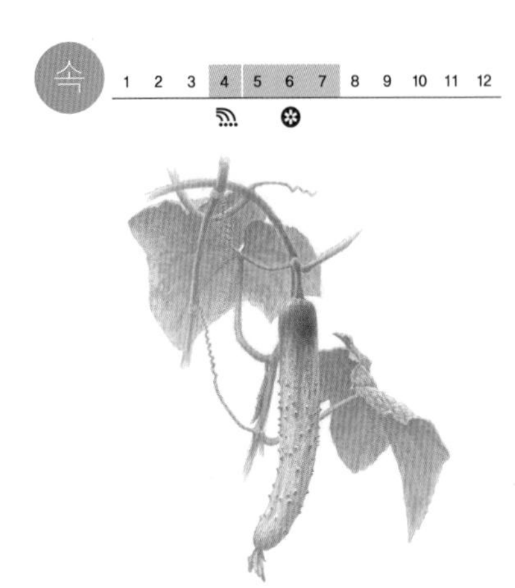

오이

오이는 밭에 심는 열매채소다. 덩굴을 뻗기 때문에 버팀대를 꼭 세우고 가지치기와 순지르기를 자주 한다. 기르기가 쉽다. 줄기는 모가 났고, 가시털이 빽빽이 나 있다. 잎은 호박잎과 닮았는데 크기가 좀 작고 끝이 뾰족하다. 여름에 노란 꽃이 피는데 암꽃과 수꽃이 따로 핀다. 열매는 진한 풀빛이다가 다 익으면 누레진다. 덜 여문 풋열매를 그때그때 따 먹고, 김치나 오이지도 담가 먹는다. **생김새** 길이 5m이상 | 잎 8~15cm, 어긋난다. **사는 곳** 밭 **다른 이름** 물외, 외, Cucumber **분류** 쌍떡잎식물 > 박과

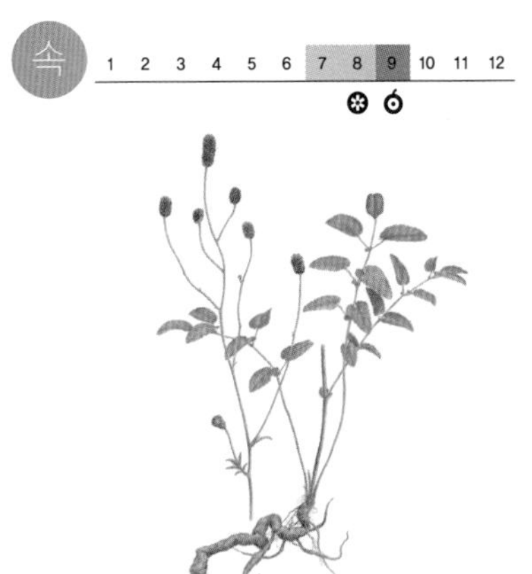

오이풀

오이풀은 햇볕이 잘 드는 산기슭이나 풀밭, 밭둑에서 자란다. 잎을 손으로 비비면 오이 냄새가 난다. 뿌리줄기가 옆으로 뻗으면서 여러 뿌리로 갈라진다. 줄기는 가늘지만 딱딱하고, 털이 없이 매끈하다. 여름에 가지와 줄기 끝에 붉은빛 꽃이 이삭처럼 모여 달린다. 꽃잎은 없고 꽃받침이 꽃잎처럼 보인다. **생김새** 높이 30~150cm | 잎 2.5~5cm, 어긋난다. **사는 곳** 산기슭, 풀밭, 밭둑 **다른 이름** 수박풀, 외순나물, 지유, 지우초, Great burnet **분류** 쌍떡잎식물 > 장미과

오징어새주둥이버섯

오징어새주둥이버섯은 긴 가지를 사방으로 펼친 모습이 오징어를 닮았다. 여름부터 가을까지 왕겨, 톱밥, 짚 더미에 난다. 홀로 나거나 무리 지어 난다. 어린 버섯은 알처럼 생겼는데 꼭대기가 갈라지면서 가지가 8~10개쯤 나온다. 처음에는 뭉쳐 나오고 자라면서 펼쳐진다. 가운데에 고약한 냄새가 나는 점액이 고여 있다. 벌레를 꾀어서는 점액 속에 들어 있는 포자를 묻혀서 퍼뜨린다. **생김새** 크기 키 100~200mm **사는 곳** 들 **다른 이름** 낙지버섯[북], 흰오징어버섯 **분류** 말뚝버섯목 > 말뚝버섯과

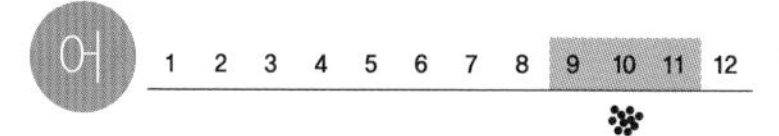

옥돔

옥돔은 따뜻한 물에 산다. 모래가 깔린 바닥에 살면서 구멍을 파고 들어가 있고 멀리 안 다닌다. 몸빛이 옥처럼 예쁘다고 옥돔이다. 바닥에 사는 작은 물고기나 게, 새우, 갯지렁이를 먹는다. 날씨가 쌀쌀해지는 가을에 제주도 바닷가에서 알을 낳는다. 옥돔은 낚시로 많이 잡는다. 국을 끓여 먹거나 찜을 하거나, 꾸덕하게 말려서 구워 먹기도 한다. **생김새** 몸길이 40~60cm **사는 곳** 제주, 남해 **먹이** 게, 새우, 갯지렁이 **다른 이름** 오톰이, 생선오름, 솔나리, Red tilefish **분류** 농어목 > 옥돔과

속 1 2 3 4 5 6 7 8 9 10 11 12

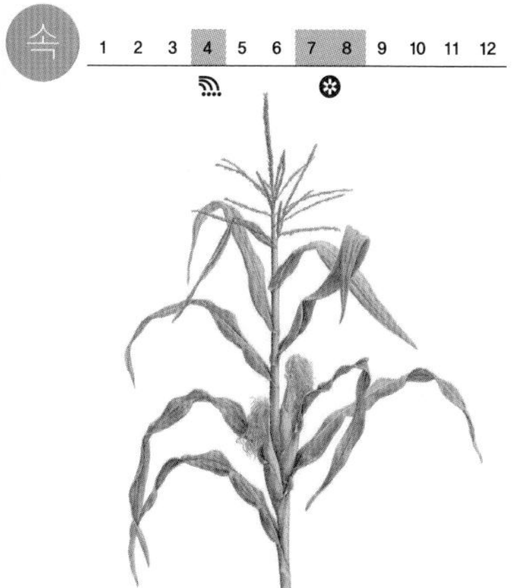

옥수수

옥수수는 밭에 심는 곡식이다. 전 세계에서 밀, 쌀과 함께 가장 많이 재배하는 곡식에 든다. 줄기는 마디가 지며 외대로 크게 자란다. 줄기가 땅과 만나는 곳에서 곁뿌리가 나와 받침대 노릇을 한다. 여름에 줄기 끝에서 수꽃이 이삭처럼 피고, 잎겨드랑이에서 암꽃이 돋는다. 강원도에서는 옥수수에 쌀, 조를 넣고 강냉이밥을 지어 먹었다. 통째로 쪄 먹거나 구워 먹거나 튀겨 먹는다. **생김새** 높이 1~3m | 잎 25~100cm, 어긋난다. **사는 곳** 밭, 산밭 **다른 이름** 강냉이, 옥시기, Corn **분류** 외떡잎식물 > 벼과

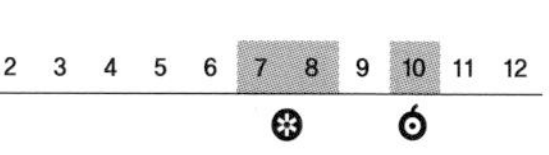

옥잠화

옥잠화는 뜰이나 공원에 심어 기른다. 잎은 뿌리에서 모여 나며 긴 달걀 모양이다. 잎자루가 길다. 끝이 뾰족하고 가장자리는 물결 모양이다. 여름에 꽃대 끝에서 흰 꽃이 옆을 보고 모여 달린다. 길쭉한 깔때기 모양이고 끝이 뒤로 살짝 젖혀진다. 해가 지는 저녁에 피었다가 아침이 되면 오므라든다. 뜰에 심어 가꾸는 것은 거의 씨를 맺지 않는다. **생김새** 높이 40~55cm | 잎 15~22cm, 모여난다. **사는 곳** 뜰, 공원 **다른 이름** 백학선, 옥비녀꽃, 토옥잠, August lily **분류** 외떡잎식물 > 백합과

올빼미

올빼미는 야산이나 숲속, 시골 마을 둘레에 혼자 산다. 낮에는 큰 나무 구멍에 들어가 잠을 자거나 쉬고, 밤에 사냥을 나선다. 깃뿔은 없고 얼굴이 둥글다. 눈이 사람 눈처럼 앞면에 붙어 있어 거리를 쉽게 가늠할 수 있다. 소리가 들리는 방향도 아주 잘 알아서 작은 소리만으로 먹이를 찾는다. 아무 소리 없이 날면서 먹이를 잡는다. 2~3월쯤 짝짓기를 하고 새끼를 친다. **생김새** 몸길이 38cm **사는 곳** 야산, 숲, 마을 **먹이** 쥐, 벌레, 새, 토끼, 개구리 **다른 이름** Tawny owl **분류** 올빼미목 > 올빼미과

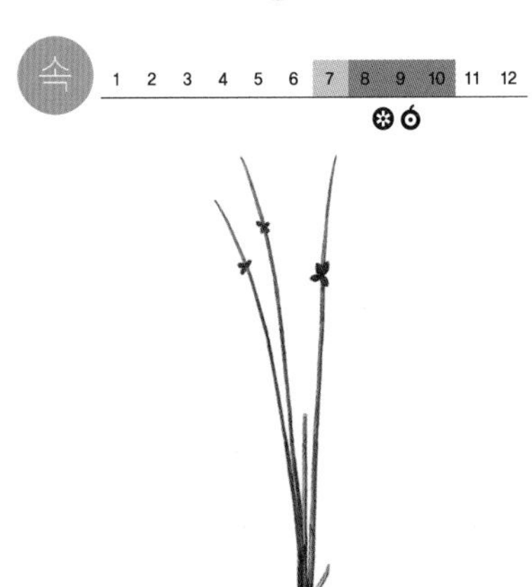

올챙이고랭이

올챙이고랭이는 논이나 도랑, 연못가에서 자란다. 논에서 무리를 지어 자란다. 벼보다 빨리 자란다. 줄기는 가늘고 둥근기둥처럼 생겼고, 모여난다. 잎은 줄기를 감싸며 난다. 여름부터 작은 꽃이삭이 줄기처럼 생긴 잎 옆에 붙어서 난다. 이삭은 밤빛으로 익는다. 씨앗으로도 퍼지고 줄기 밑동이 덩어리처럼 커져서 다시 줄기가 나기도 한다. **생김새** 높이 15~70cm | 잎 20~70cm, 모여난다. **사는 곳** 논, 도랑, 연못가, 얕은 물가 **다른 이름** 올챙이골, Rush-like bulrush **분류** 외떡잎식물 > 사초과

옴개구리

옴개구리는 차고 맑은 산골짜기에서도 살고, 속이 안 보이는 더러운 개골창에서도 산다. 물 밖으로 잘 안 나온다. 두꺼비를 닮았다. 몸집은 작다. 잘 뛰고 긴 뒷다리를 쭉쭉 뻗으면서 헤엄도 잘 친다. 밤에 나와서 벌레를 잡아먹는다. 여러 마리가 모여 겨울잠을 자고, 늦봄에 깨어나 짝짓기를 하고 알을 낳는다. **생김새** 몸길이 4~6cm **사는 곳** 산골짜기, 강, 개골창 **먹이** 나방, 모기, 지렁이, 물벌레 **다른 이름** 주름돌기개구리, Wrinkled frog **분류** 무미목 > 개구리과

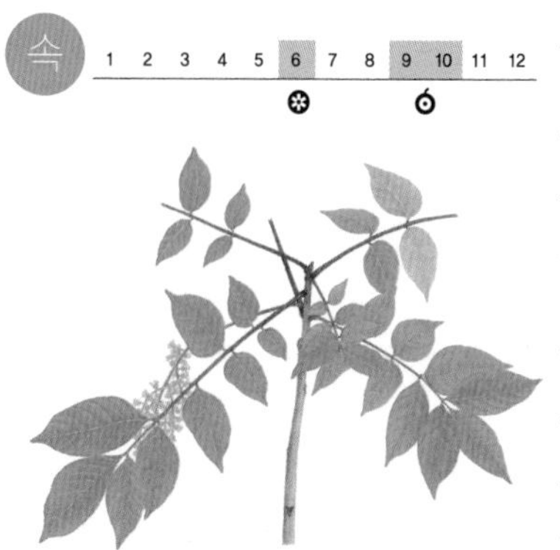

옻나무

옻나무는 옻을 받으려고 심어 기른다. 산에서 자라는 것은 사람이 기르던 옻나무가 퍼진 것이다. 잎은 깃꼴겹잎인데 가지 끝에 붙는다. 이른 여름에 풀빛이 도는 작은 꽃이 모여 핀다. 가을에 붉게 단풍이 든다. 옻은 옻나무 줄기에서 나오는 잿빛 진이다. 가구나 나무 그릇에 칠한다. 옻나무에는 독이 있어서 옻이 오른다. 사람마다 옻이 오르는 게 다르다. **생김새** 높이 20m | 잎 7~20cm, 어긋난다. **사는 곳** 산기슭, 숲 **다른 이름** 칠목, 칠순채, Chinese lacquer tree **분류** 쌍떡잎식물 > 옻나무과

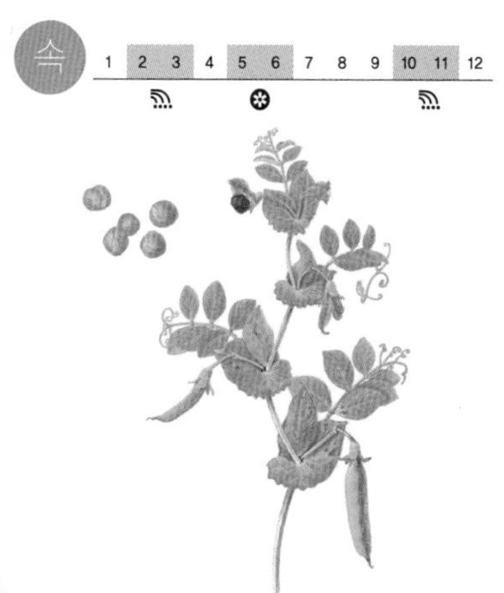

완두

완두는 밭에 심는 곡식이다. 봄에 일찍 익어서 가장 먼저 거둔다. 줄기는 덩굴로 자라고, 잎끝에서 덩굴손이 나와 버팀대를 감고 올라간다. 덩굴손은 쪽잎이 바뀐 것이다. 꽃은 꼭 나비처럼 생겼다. 꼬투리가 열리면 그 속에 동그란 연둣빛 풋콩이 나란히 들어 있다. 봄에 심기도 하고, 가을에 심기도 한다. 완두콩은 밥에 넣거나 여러 요리에 쓴다. 잎과 줄기는 집짐승을 먹인다. **생김새** 길이 1~2m | 잎 1.5~6cm, 어긋난다. **사는 곳** 밭 **다른 이름** 완두콩, Pea **분류** 쌍떡잎식물 > 콩과

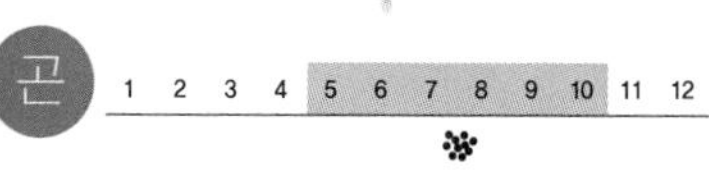

왕거위벌레

왕거위벌레는 큰 나무가 자라는 산에 많다. 머리 뒤쪽이 길게 늘어나 마치 거위 목처럼 보인다. 수컷이 암컷보다 목이 더 길다. 알을 낳을 때 나뭇잎을 돌돌 말아서 그 속에 알을 낳고 잎을 떨어뜨려 놓는다. 알에서 깬 애벌레는 암컷이 말아 놓은 나뭇잎을 갉아 먹고 자란다. 애벌레는 그 속에서 번데기를 거쳐서 어른벌레가 된다. 다 자란 거위벌레는 먹던 나뭇잎 뭉치를 뚫고 밖으로 나온다. **생김새** 몸길이 7~12mm **사는 곳** 큰 나무가 많은 산 **먹이** 나뭇잎 **다른 이름** 몽똑바구미 **분류** 딱정벌레목 > 거위벌레과

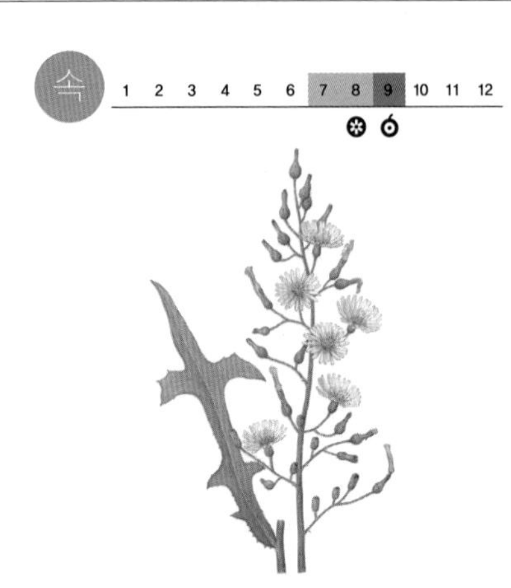

왕고들빼기

왕고들빼기는 볕이 잘 드는 밭둑이나 빈터에서 자란다. 나물로 먹으려고 심어 기르기도 한다. 줄기는 곧게 서고 위쪽에서 가지를 친다. 잎은 깃꼴로 깊이 갈라진다. 잎 밑이 조금 넓어지면서 줄기에 붙는다. 가장자리에 톱니가 있다. 자르면 흰 즙이 나온다. 여름에 옅은 노란 꽃이 많이 모여 달린다. 열매는 납작한 타원형이고 검은빛이다. **생김새** 높이 1~2m | 잎 10~30cm, 모여나거나 어긋난다. **사는 곳** 밭둑, 빈터 **다른 이름** 약사초, 고개채, Indian lettuce **분류** 쌍떡잎식물 > 국화과

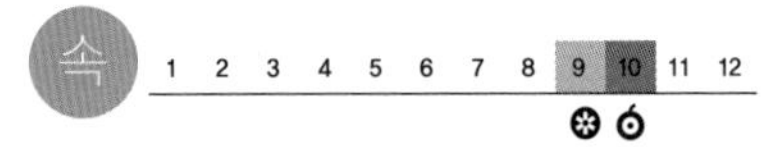

왕골

왕골은 물가에서 자라거나 논에 심어 기른다. 줄기는 키가 아주 크고 포기로 난다. 세모졌다. 잎은 줄기 아래쪽에서 나고 길이는 줄기와 비슷하다. 가장자리가 깔깔하다. 꽃은 줄기 끝에서 가지가 5~10개 나와 우산살처럼 갈라진다. 가지는 다시 잔가지 몇 개로 갈라지고 작은 이삭이 붙는다. 줄기 껍질을 말려서 돗자리나 바구니를 엮는다. **생김새** 높이 60~200cm | 잎 50~60cm, 어긋난다. **사는 곳** 물가, 논, 습지 **다른 이름** 왕굴, Tallculm-galingale **분류** 외떡잎식물 > 사초과

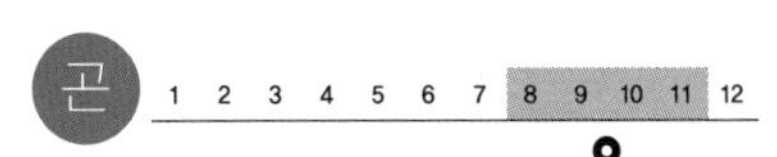

왕귀뚜라미

왕귀뚜라미는 집 둘레나 풀밭에 산다. 수컷은 가을밤에 '뜨으르르르' 하고 운다. 앞날개 두 장을 비벼서 소리를 낸다. 다른 수컷을 쫓는 소리와 암컷을 부르는 소리가 다르다. 암컷은 앞다리에 있는 귀로 소리를 듣는다. 짝짓기를 하고 나면 긴 산란관으로 흙 속에 알을 낳는다. 알로 겨울을 난다. 하수도에 많이 사는 꼽등이와 닮았지만 다른 벌레다. **생김새** 몸길이 20~26mm **사는 곳** 풀숲, 집 둘레 **먹이** 죽은 벌레, 풀 **다른 이름** 구뚤기, 구들배미, 귀뚜리, Black field cricket **분류** 메뚜기목 > 귀뚜라미과

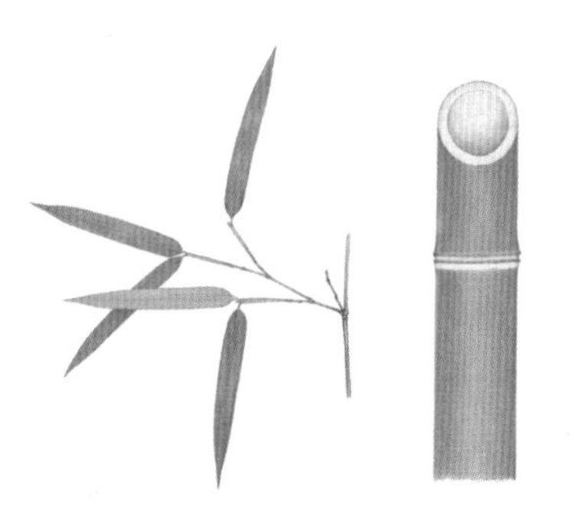

왕대

왕대는 대밭을 가꿔서 기른다. 대나무 가운데 가장 크다. 남쪽 지방에서 많이 심는다. 줄기가 시퍼렇고 거뭇거뭇한 점이 있다. 잎은 가늘고 얇다. 뒷면은 연한 흰빛을 띤다. 꽃은 60~120년에 한 번 피는데 꽃이 피면 나무가 죽는다. 죽순은 6월쯤 올라온다. 꼭 익혀 먹어야 한다. 대는 얇게 쪼개서 키나 삿갓, 대자리를 엮고 참빗을 만든다. **생김새** 높이 10~20m | 잎 10~20cm, 어긋난다. **사는 곳** 밭 **다른 이름** 참대, 늦죽, Giant Japanese timber bamboo **분류** 외떡잎식물 > 벼과

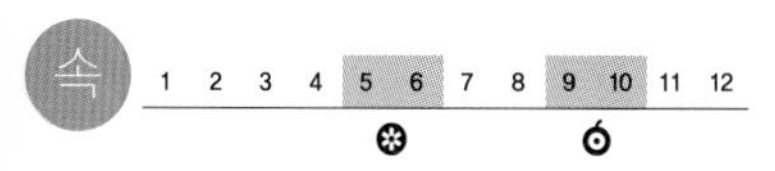

왕머루

왕머루는 산속에서 자란다. 물기가 많고 거름진 땅에서 잘 자란다. 다른 나무에 기어오르거나 땅 위로 뻗어 나가면서 자란다. 잎은 끝이 뾰족하고 다섯 갈래로 갈라진다. 가을에 검붉은 열매가 송이로 모여 달린다. 포도와 비슷한데 포도보다 작다. 가을에 따 먹는다. 머루는 잎 뒤에 털이 빽빽하고, 왕머루는 잎 뒤에 털이 거의 없다. **생김새** 길이 10m | 잎 12~25cm, 어긋난다. **사는 곳** 산기슭, 산골짜기 **다른 이름** 산머루, 멀위, 멀구, 산포도, Amur grapevine **분류** 쌍떡잎식물 > 포도과

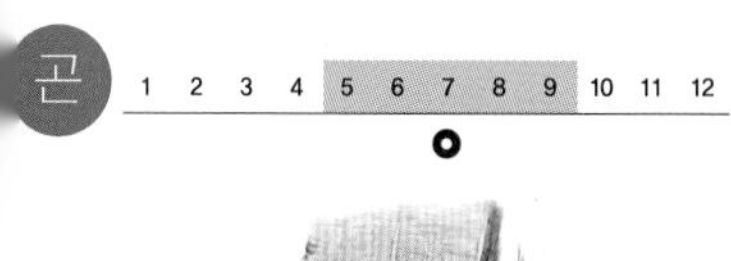

왕바다리

왕바다리는 낮은 산이나 들판에 산다. 쌍살벌 무리에 든다. 건드리면 침을 쏜다. 봄에 어미벌이 혼자 집을 짓는다. 나무껍질을 긁어 침을 섞어 가며 잘게 씹어서 방을 만든다. 애벌레가 깨어나면 물과 먹이를 먹인다. 식구가 불어나서 여름이면 수백 마리가 한 집에서 산다. 일벌들이 깨어나면 어미벌은 알만 낳는다. 애벌레를 돌보고 집을 짓는 일은 일벌들이 한다. 암벌만 살아서 겨울을 난다. **생김새** 몸길이 25mm **사는 곳** 들판, 낮은 산 **먹이** 꿀, 과일즙 **다른 이름** 바다리 **분류** 벌목 > 말벌과

속 1 2 3 4 5 6 7 8 9 10 11 12

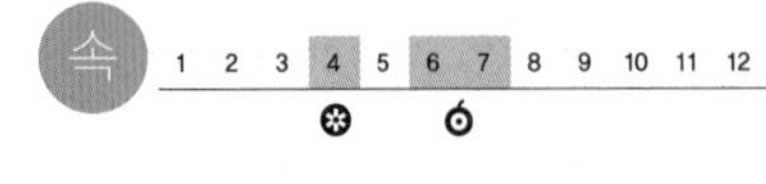

왕벚나무

왕벚나무는 제주도와 남쪽 지방에서 잘 자란다. 산에는 흔하지 않지만 길섶에 많이 심는다. 봄에 잎보다 먼저 꽃이 핀다. 하얗거나 연분홍빛 꽃이 나무를 뒤덮으면서 핀다. 벚나무와 달리 암술대에 털이 있다. 버찌는 다른 버찌보다 크고 즙이 많지만 맛은 씁쓸하다. 나무가 커서 집을 짓는데 쓰고 나무껍질은 약으로 쓴다 **생김새** 높이 15m | 잎 6~12cm, 어긋난다. **사는 곳** 길가, 공원 **다른 이름** Korean flowering cherry **분류** 쌍떡잎식물 > 장미과

곤 1 2 3 4 5 6 7 8 9 10 11 12

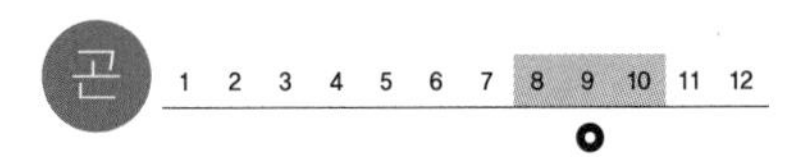

왕벼룩잎벌레

왕벼룩잎벌레는 산기슭에 사는데 잎벌레 무리에 든다. 빛깔이 곱고 알록달록 무늬가 있다. 애벌레나 어른벌레나 모두 옻나무, 개옻나무, 붉나무 잎을 갉아 먹는다. 애벌레는 먹는 잎에 따라 몸 빛깔이 달라진다. 독성이 있는 잎을 먹기 때문에 몸에도 독성이 있다. 자기가 눈 똥으로 온몸을 뒤덮어서 몸을 지키기도 한다. 알도 똥으로 덮어 놓는다. 알로 겨울을 난다. **생김새** 몸길이 9~12mm **사는 곳** 낮은 산 **먹이** 옻나무, 개옻나무, 붉나무 잎 **분류** 딱정벌레목 > 잎벌레과

곤 1 2 3 4 5 6 7 8 9 10 11 12

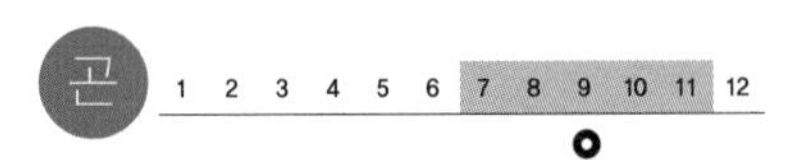

왕사마귀

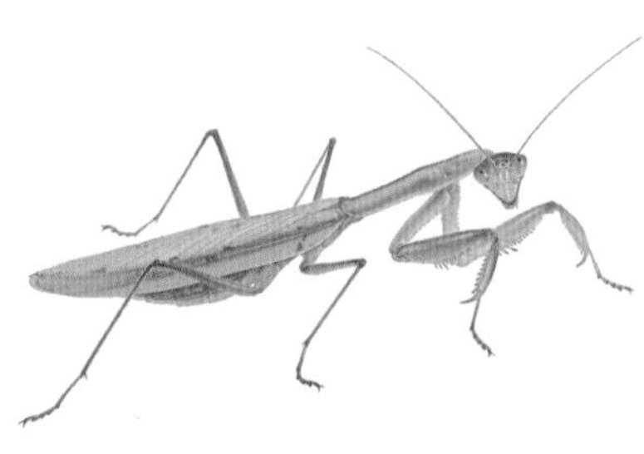

왕사마귀는 들이나 집 둘레에 산다. 살아 있는 벌레를 잡아먹는다. 앞다리가 낫처럼 구부러지고 톱니가 있어서 벌레를 잡기 좋다. 먹이가 나타나면 재빠르게 낚아챈다. 작은 벌레부터 벌, 파리, 나비, 잠자리도 잡아먹는다. 작은 개구리까지도 먹는다. 가을에 짝짓기를 하고 알집을 짓는다. 봄에 애벌레가 깨어나서 늦여름에 어른벌레가 된다. **생김새** 몸길이 70~80mm **사는 곳** 들, 집 둘레 **먹이** 벌레, 개구리 **다른 이름** 버마재비, 오줌싸개, Chinese mantis **분류** 바퀴목 > 사마귀과

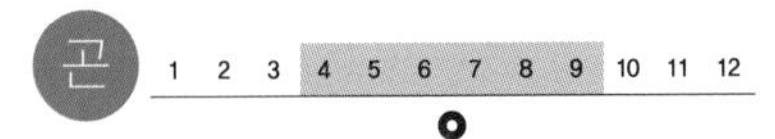

왕소등에

왕소등에는 들판이나 마을 가까이 산다. 소 등에 붙어 피를 빤다. 사람한테서도 피를 빤다. 왕소등에가 물면 아프고 금세 퉁퉁 붓는다. 좀 지나면 물린 자리가 가렵다. 평소에는 꿀이나 식물 즙을 먹다가, 알 낳을 때가 된 암컷만 짐승 피를 빤다. 진흙이나 물에 떠 있는 식물 잎이나 줄기에 알을 낳는다. 애벌레는 물속에 살면서 장구벌레나 잠자리 애벌레를 먹고 산다. **생김새** 몸길이 21~26mm **사는 곳** 들, 낮은 산 **먹이** 식물 즙, 꿀, 짐승 피 **다른 이름** 왕파리 **분류** 파리목 > 등에과

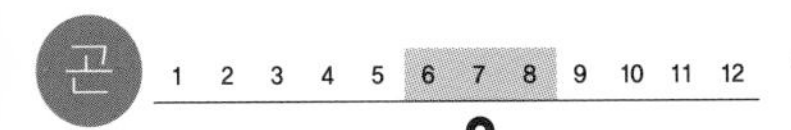

왕오색나비

왕오색나비는 낮은 산이나 마을 둘레에서 산다. 높이 떠서 날갯짓을 하지 않고 빙빙 돌기도 한다. 참나무 진을 빨거나 젖은 땅에서 물을 빨기도 한다. 알은 팽나무나 풍게나무에 무더기로 낳는다. 깨어난 애벌레는 실을 토해 잎사귀를 말고 그 속에서 들어가 살면서 잎을 갉아 먹으며 자란다. 애벌레로 겨울을 난다. **생김새** 날개 편 길이 71~101mm **사는 곳** 낮은 산, 마을 **먹이** 애벌레_팽나무, 풍게나무 잎 | 어른벌레_참나무 진, 동물 똥, 썩은 과일 **다른 이름** Great purple emperor **분류** 나비목 > 네발나비과

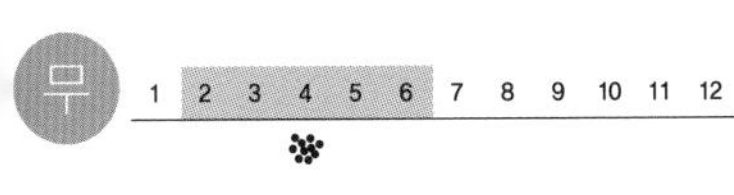

왕우럭조개

왕우럭조개는 남해에서 난다. 물 깊이가 20미터쯤 되는 바닷속 진흙 바닥에서 산다. 갯바닥 속으로 30~50센티미터쯤 파고들어 간다. 조가비 밖으로 늘 발이 나와 있다. 이 발로 바닷물을 빨아들이고 내보낸다. 발은 거무튀튀한 껍질로 싸여 있고, 껍질이 조가비를 살짝 덮는다. 이름처럼 아주 큰 조개로 사람들이 물속에 들어가서 잡는다. 살이 많고 비린내가 안 난다. **생김새** 크기 14×9cm **사는 곳** 남해 바닷속 **다른 이름** 껄구지, 말조개, Japanese horse clam **분류** 연체동물 > 개량조개과

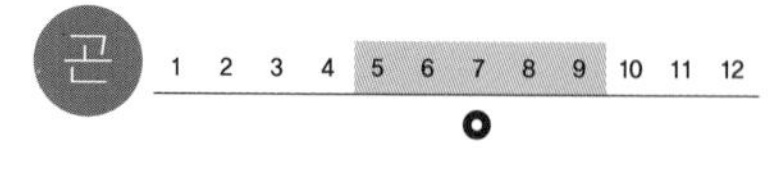

왕자팔랑나비

왕자팔랑나비는 볕이 잘 드는 산기슭 풀밭에서 산다. 늦은 봄부터 여름 사이에 나타난다. 날갯짓을 빨리한다. 앉을 때는 나방처럼 날개를 펴고 앉는다. 엉겅퀴나 개망초 꽃꿀을 빨거나, 짐승 똥에 앉아 즙을 먹기도 한다. 알은 단풍마나 마 잎 위에 낳는다. 애벌레는 잎을 자르고 입에서 뿜어낸 실로 집을 엮는다. 먹을 때만 집 밖으로 나온다. **생김새** 날개 편 길이 33~38mm **사는 곳** 낮은 산, 풀밭 **먹이** 애벌레_마, 단풍마 | 어른벌레_꿀, 단물 **다른 이름** 꼬마금강희롱나비[북] **분류** 나비목 > 팔랑나비과

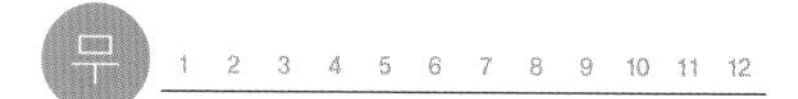

왕좁쌀무늬고둥

왕좁쌀무늬고둥은 서해와 남해 갯바닥에 사는 작은 고둥이다. 껍데기에 좁쌀 같은 혹이 오톨도톨 많이 나 있다. 껍데기가 두껍고 단단하다. 모래와 펄 흙을 뒤집어쓴 채 물기가 있는 갯바닥을 기어다닌다. 흩어져 있다가도 먹잇감이 생기면 우르르 떼로 몰려든다. 죽은 게, 물고기, 조개 따위를 말끔히 먹어 치운다 **생김새** 크기 1×1.8cm **사는 곳** 서해, 남해 갯벌 **먹이** 죽은 게나 물고기나 조개 **다른 이름** 멍석골뱅이[북], Nassa mud snail **분류** 연체동물 > 좁쌀무늬고둥과

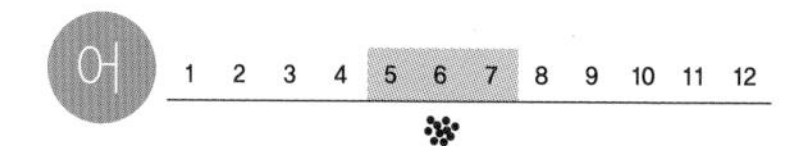

왕종개

왕종개는 미꾸리과 가운데 가장 몸이 길고 굵다. 산골짜기나 냇물에서 산다. 물살이 빠르고 자갈이 깔린 곳에서 물이끼나 작은 물벌레를 먹는다. 바닥에서 꼼짝 않고 있다가도 눈 깜짝할 사이에 자갈 밑이나 돌 밑으로 잘 숨는다. 꼬리자루에 있는 새까만 점이 아주 뚜렷하다. **생김새** 몸길이 10~18cm **사는 곳** 산골짜기, 냇물 **먹이** 작은 물벌레, 물이끼 **다른 이름** 기름미꾸라지, 얼룩미꾸라지, 기름도치, 양스래미, 토저지, King spine loach **분류** 잉어목 > 미꾸리과

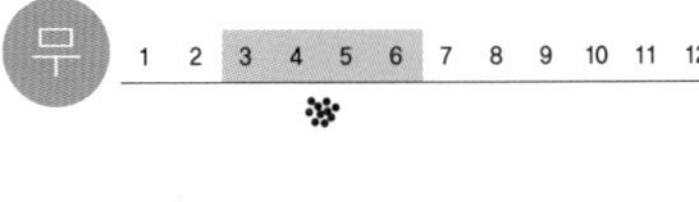

왕지네

왕지네는 산이나 들판의 어둡고 축축한 곳에서 산다. 집 가까이에도 있다. 몸에 마디가 여럿이고 마디마다 다리가 있다. 다리는 21쌍이다. 다리 빛깔이 노랗거나 붉다. 몸 옆으로 기문이라는 숨을 쉬는 구멍이 있다. 작은 벌레나 개구리도 잡아먹는다. 봄에서 여름 사이에 알을 낳는다. 독이 있어서 물리면 퉁퉁 붓는다. **생김새** 몸길이 15cm **사는 곳** 산, 들판, 마을의 어둡고 축축한 땅 **먹이** 작은 벌레, 개구리 **다른 이름** 지네, Chinese red-headed centipede **분류** 절지동물 > 왕지네과

왕풍뎅이

왕풍뎅이는 참나무가 많은 낮은 산에서 산다. 밤나무나 참나무 잎을 먹는데, 나무에 해가 될 만큼 많이 먹지는 않는다. 한여름에 많고, 밤에 불빛을 보고 날아오기도 한다. 알은 나무뿌리 옆 땅속에 낳는데, 과수원에 날아와서 알을 낳기도 한다. 애벌레는 땅속에 살면서 나무뿌리를 갉아 먹는다. 애벌레로 땅속에서 겨울을 나고, 땅속에서 번데기가 되었다가 두해 만에 어른벌레가 된다. **생김새** 몸길이 30mm 안팎 **사는 곳** 참나무가 많은 낮은 산 **먹이** 애벌레_나무뿌리 | 어른벌레_나뭇잎 **분류** 딱정벌레목 > 검정풍뎅이과

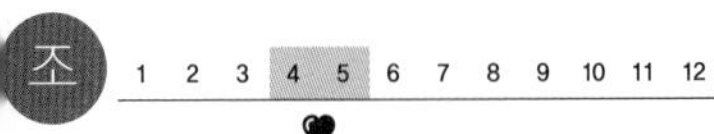

왜가리

왜가리는 저수지나 강 같은 민물에서 산다. '왜-액, 왜-액' 하고 소리를 낸다. 여름 철새인 백로 무리 가운데 몸집이 가장 크다. 밤에 자고 낮에 돌아다닌다. 물가에 가만히 서서 먹이를 찾는다. 가만히 서 있다가 목을 쭉 뻗으면서 먹이를 낚아챈다. 큰 나무 위에 둥지를 짓는다. 해마다 둥지를 고쳐서 쓴다. 봄에 짝짓기를 하고 새끼를 친다. **생김새** 몸길이 100cm **사는 곳** 저수지, 강, 냇가, 논, 개펄 **먹이** 물고기, 개구리, 뱀, 가재, 쥐, 새우, 벌레 **다른 이름** 왁새[북], Grey heron **분류** 황새목 > 백로과

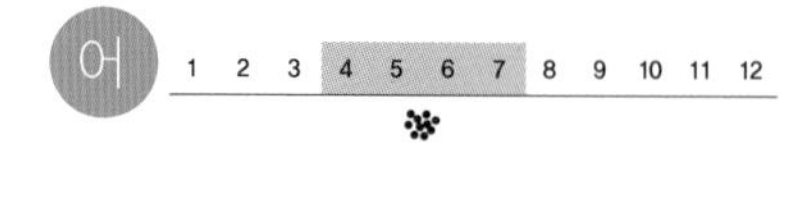

왜매치

왜매치는 맑은 물이 흐르는 냇물에 많이 산다. 돌마자와 닮았는데 몸집이 훨씬 작고 가늘다. 물살이 잔잔하고 모래와 자갈이 깔린 여울에서 떼를 지어 헤엄쳐 다닌다. 작은 물벌레와 돌말, 식물성 플랑크톤을 먹고 산다. 알 낳을 때가 되면 수컷은 혼인색을 띠어서 몸이 새까매지고 주둥이에는 돌기가 많이 생긴다. 냇물 가장자리 돌에 알을 낳는다. **생김새** 몸길이 6~8cm **사는 곳** 냇물, 강 **먹이** 작은 물벌레, 돌말, 식물성 플랑크톤 **다른 이름** Korean dwarf gudgeon **분류** 잉어목 > 모래무지아과

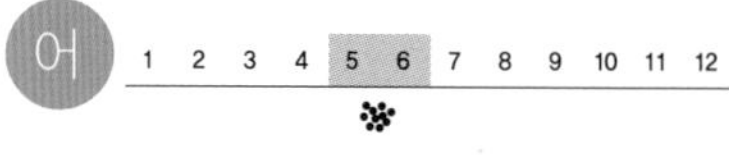

왜몰개

왜몰개는 냇물이나 논도랑에 살고 물이 고여 있는 저수지나 늪에서도 산다. 말즘이나 붕어말 같은 물풀이 수북하게 난 곳에서 떼 지어 헤엄쳐 다닌다. 몸통이 납작하고 입수염이 없다. 모기 애벌레인 장구벌레를 잘 잡아먹는다. 물낯 위로 조금 뛰어올라서 파리, 모기, 하루살이 같은 날벌레를 잡아먹기도 한다. **생김새** 몸길이 4~6cm **사는 곳** 논도랑, 냇물, 저수지, 늪 **먹이** 작은 물벌레, 물풀, 날벌레 **다른 이름** 눈달치[북], 농달치[북], 용달치, Chinese bleak **분류** 잉어목 > 피라미아과

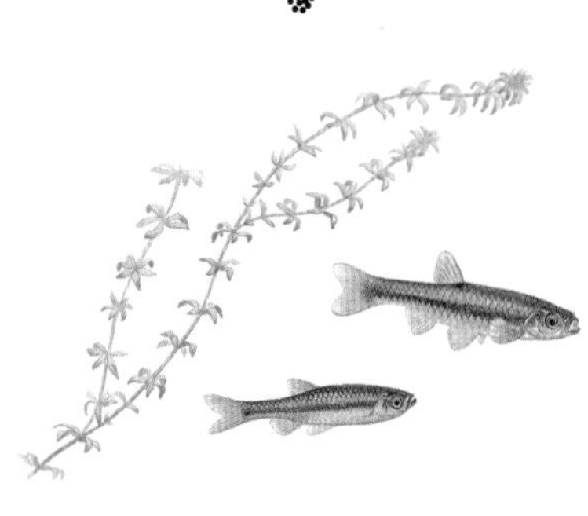

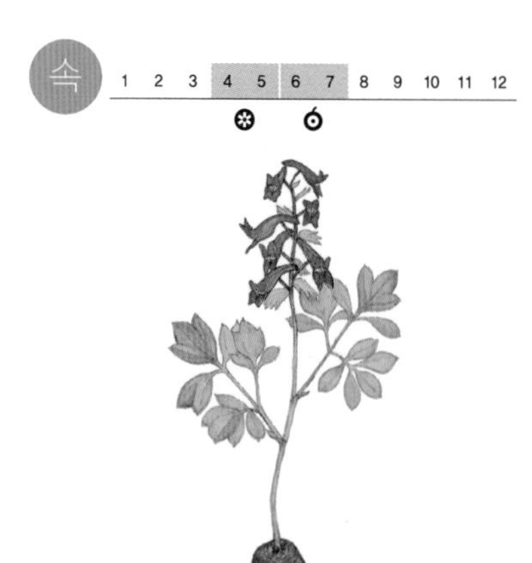

왜현호색

왜현호색은 산속 물이 잘 빠지고 기름진 땅에서 자란다. 꽃을 보려고 심어 기르기도 한다. 잎은 줄기 위쪽에 두 장 달리는데 두 번 갈라진 겹잎이다. 잎 가장자리는 밋밋하거나 세 갈래로 갈라진다. 봄에 줄기 끝에서 푸른 보랏빛 꽃이 핀다. 가끔 흰 꽃이 피는 것도 있다. 3~10송이가 줄줄이 옆을 보고 핀다. 열매는 긴 타원형이다. 씨앗은 검고 반질반질한 밤빛이다. **생김새** 높이 10~25cm | 잎 1~3cm, 어긋난다. **사는 곳** 산속 **다른 이름** 산현호색[북], Small corydalis **분류** 쌍떡잎식물 > 양귀비과

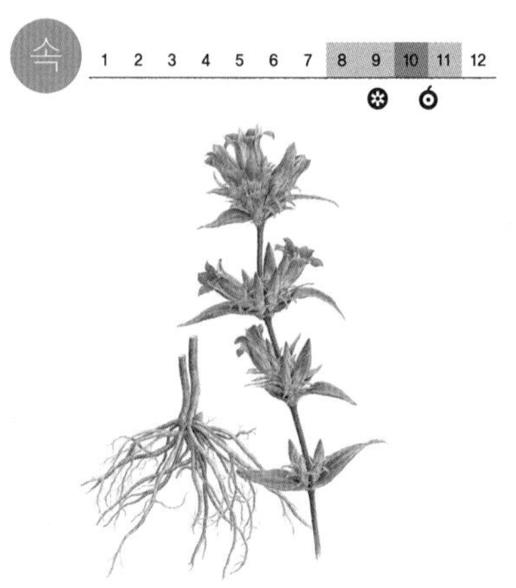

용담

용담은 햇볕이 잘 들고 물기가 많은 산이나 들녘에서 자란다. 약으로 쓰고 꽃을 보려고 마당에 심기도 한다. 가는 수염뿌리가 사방으로 자란다. 줄기는 가지를 안 치고 곧게 자란다. 잎은 잎자루가 없고, 잎끝이 뾰족하다. 잎 가장자리는 밋밋해 보이지만 손으로 만져 보면 깔깔하다. 한여름부터 가을까지 파랗거나 자줏빛이 도는 꽃이 핀다. 드물게 흰 꽃도 핀다. **생김새** 높이 30~80cm | 잎 5~15cm, 마주난다. **사는 곳** 산, 들 **다른 이름** 과남풀, 거친과남풀, East Asian clustered gentian **분류** 쌍떡잎식물 > 용담과

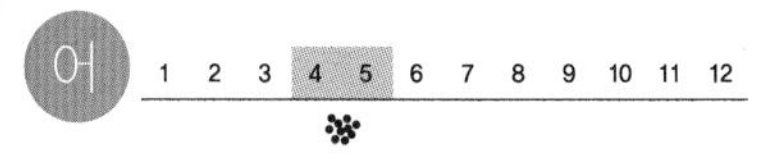

용치놀래기

용치놀래기는 바닥에 울퉁불퉁한 바위가 있고, 바위 사이에 모래가 깔려 있는 곳을 좋아한다. 낮에 나와 돌아다니면서 먹이를 잡는다. 이빨이 송곳처럼 뾰족하고 강해서 새우나 게나 조개 따위를 쪼아 먹는다. 다른 물고기가 안 먹는 해파리도 먹는다. 겨울에 모랫바닥을 파고들어 가 겨울잠을 잔다. 어릴 때는 암컷이었다가 크면서 수컷으로 바뀐다. **생김새** 몸길이 25cm **사는 곳** 제주, 남해, 서해 **먹이** 갯지렁이, 조개, 새우, 게, 해파리 **다른 이름** 용치[북], 고생이, 수멩이, Multicolorfin rainbowfish **분류** 농어목 > 놀래기과

우렁쉥이

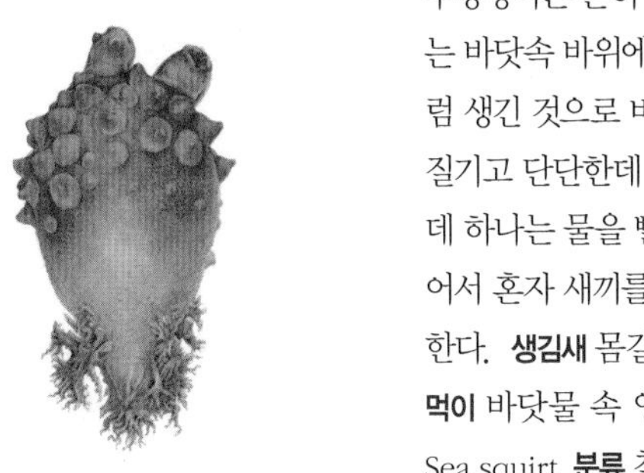

우렁쉥이는 흔히 멍게라고 한다. 물 깊이가 5~20미터쯤 되는 바닷속 바위에서 무리 지어 산다. 몸 아래쪽에 풀뿌리처럼 생긴 것으로 바위에 단단히 붙어 산다. 껍질은 가죽처럼 질기고 단단한데 속살은 물렁물렁하다. 구멍이 두 개 있는데 하나는 물을 빨아들이고, 하나는 내보낸다. 암수한몸이어서 혼자 새끼를 낳기도 하고, 짝짓기를 해서 알을 낳기도 한다. **생김새** 몸길이 10cm **사는 곳** 남해, 제주, 동해 바닷속 **먹이** 바닷물 속 영양분, 플랑크톤 **다른 이름** 멍게, 참멍게, Sea squirt **분류** 척삭동물 > 멍게과

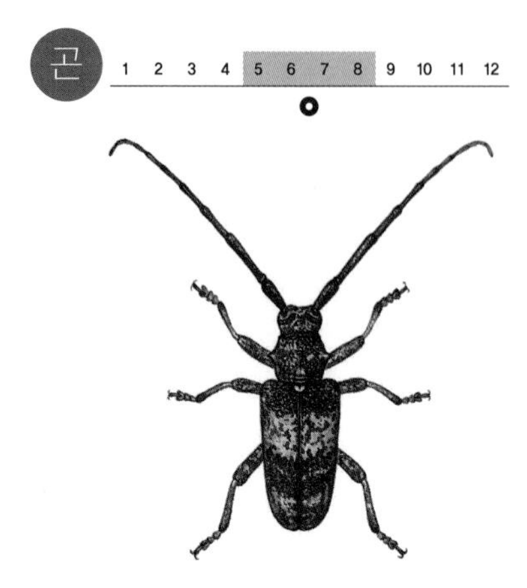

우리목하늘소

우리목하늘소는 참나무에 많이 산다. 이른 봄에 참나무 밑동이나 죽은 나무 둘레에서 볼 수 있다. 흔하고 낮에 돌아다녀서 눈에 자주 띈다. 알은 죽은 참나무 밑동에 낳는다. 애벌레가 깨어나면 나무껍질을 갉아 먹으면서 자란다. 다 자란 애벌레는 같은 자리에 번데기 방을 틀고 어른벌레로 탈바꿈을 한다. 애벌레에서 어른벌레가 되기까지 3~4년쯤 걸린다. **생김새** 몸길이 24~35mm **사는 곳** 참나무 숲 **먹이** 나무껍질 **다른 이름** 떡갈나무하늘소 **분류** 딱정벌레목 > 하늘소과

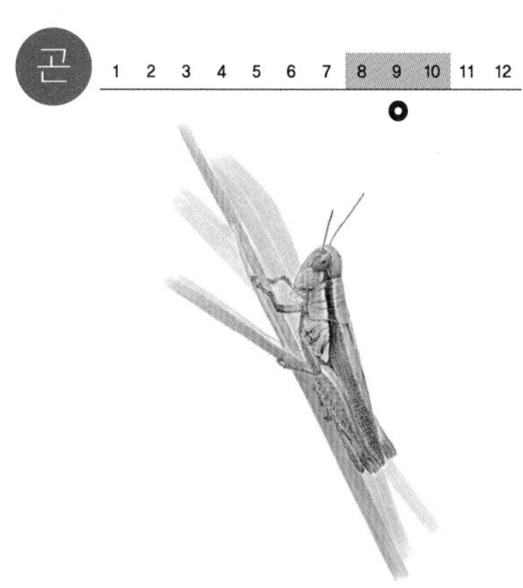

우리벼메뚜기

우리벼메뚜기는 벼를 기르는 논이나 풀숲에 산다. 몸 빛깔이 풀색인 것도 있고 갈색인 것도 있다. 벼메뚜기는 벼나 옥수수, 수수 잎을 갉아 먹는다. 떼로 늘어나면 농작물에 큰 해를 입힌다. 애벌레는 봄부터 볏잎을 갉아 먹고, 어른벌레도 늦여름부터 가을 사이에 볏잎과 이삭목을 갉아 먹는다. 땅속에서 알로 겨울을 난다. 예전에는 메뚜기를 잡아다가 구워 먹었다. **생김새** 몸길이 21~40mm **사는 곳** 논밭 **먹이** 벼과 식물 **다른 이름** 벼메뚜기, Rice grasshopper **분류** 메뚜기목 > 메뚜기과

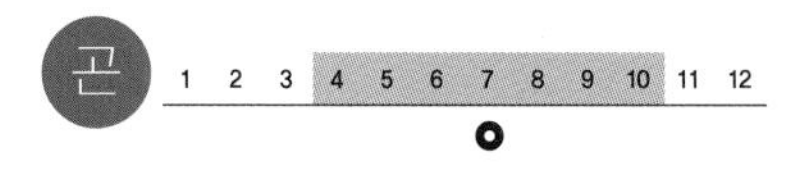

우묵날도래

우묵날도래는 애벌레 때 맑은 물속에서 산다. 입에서 끈적끈적한 실을 토해 내서 모래나 나뭇잎이나 나뭇가지를 붙여 집을 만든다. 집 속에 몸을 숨기고 다닌다. 몸집이 커지면 집을 다시 짓거나 크게 만든다. 어른벌레가 되면 물 밖으로 나온다. 나방과 닮았다. 물이 맑은 골짜기에 흔하다. 불을 보고 많이 모여든다. **생김새** 몸길이 25~30mm **사는 곳** 애벌레_개울 물속 | 어른벌레_개울가 **먹이** 애벌레_벌레, 물풀 | 어른벌레_나무즙 **다른 이름** 풀미끼[북], 돌누에, 물여우나비 **분류** 날도래목 > 우묵날도래과

우뭇가사리

우뭇가사리는 남해와 제주 바다에 많이 사는 바닷말이다. 맑은 바닷속 바위나 돌에 실처럼 생긴 헛뿌리를 붙이고 자란다. 얇고 가는 줄기가 여러 갈래로 갈라진다. 자라는 곳에 따라 모양이 여러 가지이다. 봄과 여름에 많이 뜯는데, 뿌리를 남겨 두면 또 돋는다. 많이 나는 곳을 천초밭이라고 한다. 늦가을이면 녹아 없어진다. 뜯어서 묵을 만들어 먹는다. **생김새** 길이 10~30cm **사는 곳** 남해 ,제주, 맑은 바닷속 바위, 돌 **다른 이름** 한천, 천초, 풍락초, Ceylon moss **분류** 홍조류 > 우뭇가사리과

속 1 2 3 4 5 6 7 8 9 10 11 12

우산나물

우산나물은 높은 산 깊은 숲속에서 자란다. 큰 나무 아래 그늘지고 축축한 땅을 좋아한다. 꽃을 보려고 심어 가꾸기도 한다. 땅속에 뿌리줄기를 뻗으면서 둘레로 퍼진다. 가지를 치지 않고 잎이 줄기에 바로 달린다. 잎이 우산처럼 펴지면서 난다. 가장자리에 톱니가 있다. 여름에 꽃대 끝에 작은 꽃이 여럿 모여서 핀다. **생김새** 높이 60~120cm | 잎 12~20cm, 어긋난다. **사는 곳** 숲속 **다른 이름** 삿갓나물[북], 토아산, Palmate shredded umbrella plant **분류** 쌍떡잎식물 > 국화과

민 1 2 3 4 5 6 7 8 9 10 11 12

우산이끼

우산이끼는 그늘지고 물기가 많은 땅 위에 붙어 자란다. 헛뿌리로 땅에 붙어 있다. 줄기, 잎, 뿌리의 구분이 뚜렷하지 않다. 온몸으로 물과 양분을 빨아들인다. 꽃이 피지 않고 홀씨로 퍼진다. 몸 일부가 떨어져서 퍼지기도 한다. 우산이끼는 암그루와 수그루로 따로 자란다. 수그루는 펼쳐진 우산 모양이고, 암그루는 갈라진 우산 모양이다. **생김새** 높이 0.7~2cm **사는 곳** 산속 시냇가, 도시 집 가까운 곳 **다른 이름** Umbrella liverwort **분류** 선태식물 > 우산이끼과

우수리땃쥐

우수리땃쥐는 들판이나 마을에 산다. 젖먹이동물 가운데 가장 작다. 주둥이가 길고 뾰족하다. 눈이 어두운 편이다. 어둑해지면 나와서 돌아다닌다. 육식성이어서 벌레를 많이 잡아먹는다. 쥐보다 두더지나 고슴도치에 가깝다. 두엄 더미나 뒷간, 하수구에도 드나든다. 남이 파 놓은 굴을 쓰거나, 돌 틈이나 가랑잎 밑에 둥지를 튼다 **생김새** 몸길이 6~10cm **사는 곳** 마을, 들판, 낮은 산 **먹이** 벌레, 지렁이, 달팽이, 지네 **다른 이름** 땃쥐, 첨서, Ussuri white-toothed shrew **분류** 땃쥐목 > 땃쥐과

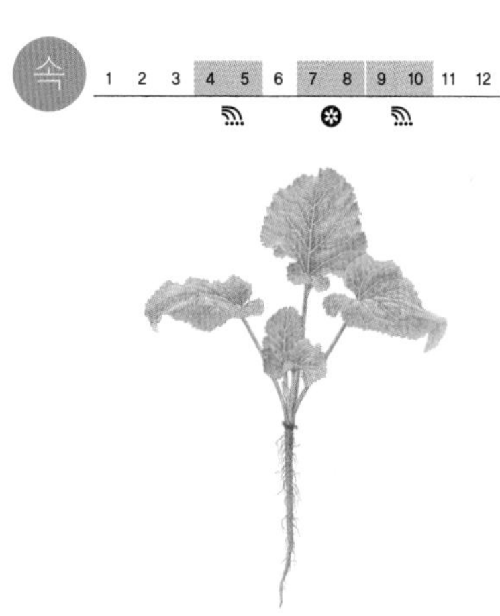

우엉

우엉은 밭에 심는 뿌리채소다. 뿌리가 곧고 깊게 뻗는다. 어른 키만큼 긴 것도 있다. 이 뿌리를 캐서 먹는다. 잎은 가장자리가 물결처럼 구불구불하다. 씨앗을 뿌린 이듬해에 자줏빛 꽃이 피고 밤송이처럼 생긴 열매가 열린다. 봄에 심어 초여름에 거두거나 가을에 심어 이듬해 봄에 캔다. 뿌리를 자르면 끈적한 물이 나오고, 날로 먹으면 사각사각 씹힌다. **생김새** 높이 150cm쯤 | 잎 30~60cm, 모여나거나 어긋난다. **사는 곳** 밭 **다른 이름** 우웡, 우채, Greater burdock **분류** 쌍떡잎식물 > 국화과

울새

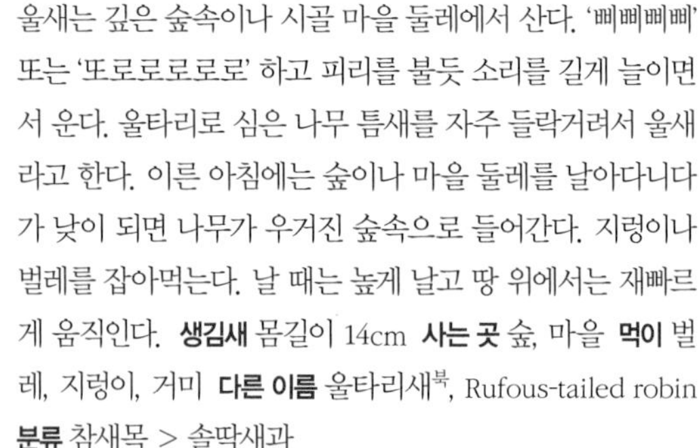

울새는 깊은 숲속이나 시골 마을 둘레에서 산다. '삐삐삐삐' 또는 '또로로로로로' 하고 피리를 불듯 소리를 길게 늘이면서 운다. 울타리로 심은 나무 틈새를 자주 들락거려서 울새라고 한다. 이른 아침에는 숲이나 마을 둘레를 날아다니다가 낮이 되면 나무가 우거진 숲속으로 들어간다. 지렁이나 벌레를 잡아먹는다. 날 때는 높게 날고 땅 위에서는 재빠르게 움직인다. **생김새** 몸길이 14cm **사는 곳** 숲, 마을 **먹이** 벌레, 지렁이, 거미 **다른 이름** 울타리새[북], Rufous-tailed robin **분류** 참새목 > 솔딱새과

어

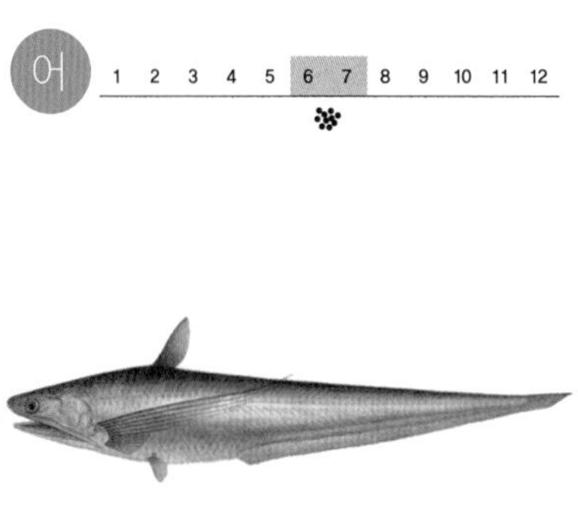

웅어

웅어는 바다에서 살다가 강을 거슬러 올라와 알을 낳는다. 봄에 갈대가 우거진 강 하류로 와서 여름에 알을 낳는다. 새끼는 바다로 내려가서 살다가 이듬해 봄이 되면 강어귀에 나타난다. 바다에서도 육지 가까이 산다. 낮에는 물가에 있다가 밤이면 깊은 곳으로 들어가 동물성 플랑크톤, 새우와 게, 어린 물고기를 먹는다. **생김새** 몸길이 20~30cm **사는 곳** 바다, 강어귀 **먹이** 동물성 플랑크톤, 새우, 게, 어린 물고기 **다른 이름** 차나리[북], 우어, 위어, Japanese grenadier anchovy **분류** 청어목 > 멸치과

조

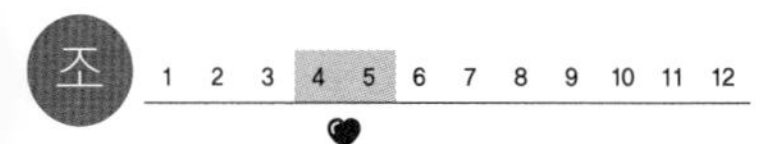

원앙

원앙은 산속 계곡이나 연못에 무리 지어 산다. 낮에는 눈에 띄지 않는 바위틈이나 나뭇가지 위에서 잠을 잔다. 걷기도 잘하고 헤엄도 잘 치기 때문에 땅에서도 물에서도 먹이를 찾는다. 도토리를 즐겨 먹고, 물에 사는 벌레나 달팽이, 작은 물고기도 잡아먹는다. 텃새도 있고 겨울에 우리나라를 찾는 철새도 있다. 짝짓기를 하고 알을 낳으면 수컷은 떠나고, 암컷 혼자서 새끼를 기른다. **생김새** 몸길이 45cm **사는 곳** 연못, 저수지 **먹이** 나무 열매, 물고기, 벌레, 풀씨 **다른 이름** Mandarin duck **분류** 기러기목 > 오리과

속

원지

원지는 산속 햇볕이 잘 드는 풀밭에서 자란다. 중부 지방보다 북쪽에서 드물게 자란다. 뿌리가 땅속으로 뻗어 가고 여기서 여러 줄기가 모여 나온다. 줄기는 가늘고 가지를 많이 친다. 잎은 갸름하고 길쭉하다. 여름에 줄기나 가지 끝에서 보랏빛 꽃이 듬성듬성 핀다. 열매는 납작하고 익으면 두 쪽으로 갈라져서 씨가 나온다. 씨에 털이 많다. **생김새** 높이 30cm | 잎 1.5~3cm, 어긋난다. **사는 곳** 산속 풀밭 **다른 이름** 실영신초, 아기원지, Thin-leaf milkwort **분류** 쌍떡잎식물 > 원지과

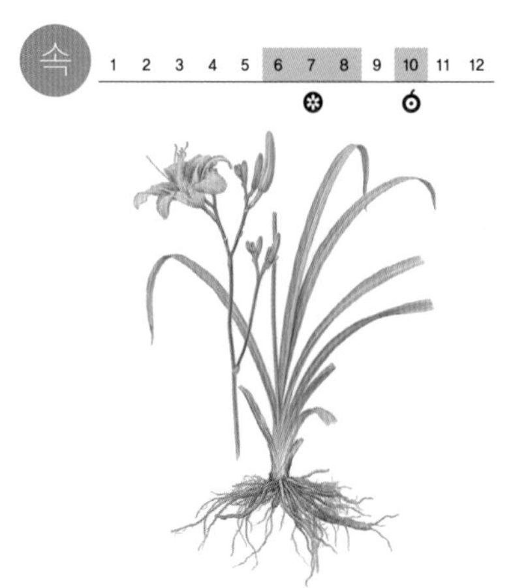

원추리

원추리는 햇볕이 잘 드는 산기슭에서 잘 자란다. 여름에 피는 노란 꽃을 보려고 마당에 심기도 한다. 줄기가 없고 뿌리에서 길쭉한 잎이 모여난다. 잎이 좁고 길쭉하고 끝이 뾰족하다. 여름에 꽃대가 올라와서 가지를 치고, 가지 끝마다 꽃이 핀다. 아침에 피었다가 밤에 시든다. 여름에 꽃을 따서 나물로 먹거나 말려서 술을 담그기도 한다. **생김새** 높이 1m | 잎 60~80cm, 모여난다. **사는 곳** 산기슭 **다른 이름** 넘나물, 의남초, 녹총, 망우초, Tawny daylily **분류** 외떡잎식물 > 백합과

유관버섯

유관버섯은 여름부터 가을까지 넓은잎나무 숲속 그루터기나 썩은 나무에 난다. 홀로 나거나 무리 지어 난다. 어린 버섯은 겉에 하얀 구멍이 나 있고 찌그러진 덩이 모양이다. 갓은 자라면서 펴져 부채꼴이 된다. 우산살처럼 뻗은 주름이 있고 가장자리가 물결치듯 구불거린다. 하얗거나 연한 빨간빛이고 털이 빽빽해서 만지면 부드럽다. 날씨가 축축할 때 포자 구멍에서 빨간 물방울이 배어 나온다. **생김새** 갓 50~120mm **사는 곳** 넓은잎나무 숲 **다른 이름** Blushing rosette **분류** 구멍장이버섯목 > 아교버섯과

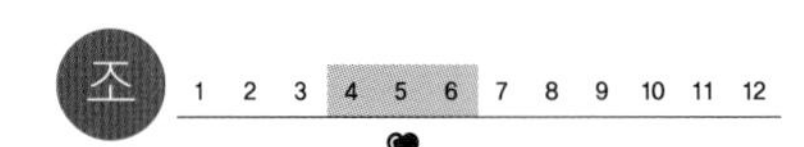

유리딱새

유리딱새는 바늘잎나무가 많은 숲이나 공원에서 혼자 또는 암수가 함께 산다. 겨울이 되면 평지나 수풀이 많은 곳에서 작은 무리를 짓기도 한다. 땅 위를 뛰어다니거나 덤불 속을 뒤지면서 먹이를 찾는다. 다른 딱새 무리보다 경계심이 적어 사람이 가까이 가도 도망가지 않는다. 날 때는 쉼 없이 날갯짓을 하면서 직선으로 난다. 암수가 몸 색깔이 많이 다르다. **생김새** 몸길이 14cm **사는 곳** 숲, 공원 **먹이** 벌레, 나무 열매, 풀씨 **다른 이름** Himalayan bush-robin **분류** 참새목 > 솔딱새과

유자나무

유자나무는 물이 많은 땅에서 잘 자란다. 추위에 약해서 남쪽 지방에서만 자란다. 가지에 길고 뾰족한 가시가 있다. 잎 가장자리는 물결 모양으로 잔 톱니가 있다. 잎자루에는 날개가 있다. 봄에 흰 꽃이 피고 가을에 열매가 노랗게 익는다. 열매는 신맛과 쓴맛이 강해서 날로는 못 먹고, 꿀이나 설탕에 재워 두고 차를 끓여 마신다. 가지에 길고 뾰족한 가시가 있다. **생김새** 높이 4~6m | 잎 6~9cm, 어긋난다. **사는 곳** 밭, 산기슭 **다른 이름** Fragrant citrus **분류** 쌍떡잎식물 > 운향과

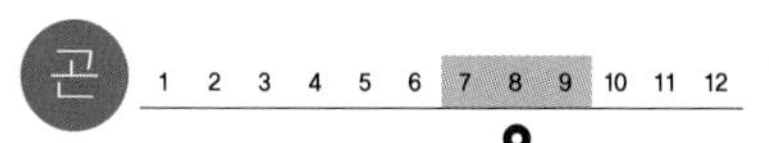

유지매미

유지매미는 들이나 울창한 숲에 많이 산다. ‘지글 지글 지글’ 하며 우는 소리가 기름 끓는 소리 같다. 굵은 소리로 천천히 울다가 빨라지면서 높아지다가 다시 낮아지면서 멎는다. 저녁 무렵에는 여기저기 옮겨 다니면서 왁자하게 운다. 애벌레는 땅속에서 산다. 나무뿌리에서 물을 빨아 먹는다. 땅속에서 서너 해 살다가 올라와서 어른벌레가 되면 한 달쯤 산다. **생김새** 몸길이 34~36mm **사는 곳** 애벌레_땅속 | 어른벌레_들판, 낮은 산, 숲 **먹이** 나무즙 **다른 이름** 기름매미, Large brown cicada **분류** 노린재목 > 매미과

유채

유채는 제주도와 남부 지방에서 밭에 심어 기르는 잎줄기 채소다. 줄기는 곧게 서고 가지를 많이 친다. 흰 가루가 덮여 있다. 잎은 위로 가면서 잎자루가 없어지고 줄기를 감싼다. 잎 뒷면은 흰빛이 돈다. 잎자루가 자줏빛인 것도 있다. 봄에 샛노란 꽃이 많이 모여 핀다. 열매는 원기둥 모양이고 여물면 벌어지면서 짙은 밤빛 씨앗이 나온다. **생김새** 높이 50~150cm | 잎 모여난다. **사는 곳** 제주도, 남부 지방 **다른 이름** 운대, 한채자, 호무, Canola **분류** 쌍떡잎식물 > 배추과

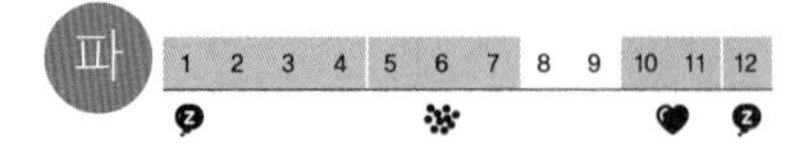

유혈목이

유혈목이는 강가나 논처럼 물이 가까이 있는 곳을 좋아한다. 색깔이 알록달록해서 꽃뱀이라고 한다. 헤엄을 잘 치고, 개구리를 많이 먹는다. 다른 뱀이 꺼리는 두꺼비도 먹는다. 물고기도 잡아먹는다. 나무 위에 있는 새 둥지에서 알을 꺼내 먹기도 한다. 가을에 짝짓기를 하고, 이듬해 여름에 덤불이나 풀 속에 알을 낳는다. 추워지면 여럿이 함께 겨울잠을 잔다. **생김새** 몸길이 70~80cm **사는 곳** 산기슭, 강가, 논 **먹이** 쥐, 개구리, 작은 물고기 **다른 이름** 늘메기[북], 꽃뱀, 너불대, 까치독사, 율모기, Tiger keelback **분류** 유린목 > 뱀과

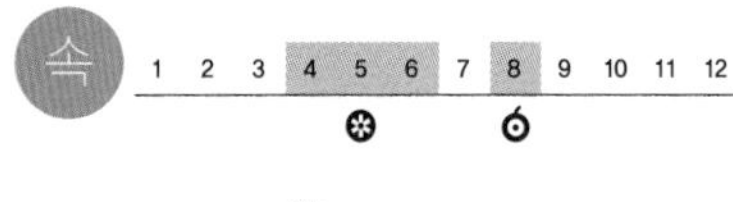

윤판나물

윤판나물은 산속 그늘진 곳에서 자란다. 물기가 많은 땅을 좋아한다. 뜰이나 공원에 심어 기르기도 한다. 줄기는 곧게 서고 위에서 갈라진다. 잎은 긴 타원형이고 끝이 뾰족하다. 세로로 긴 잎맥이 뚜렷하게 난다. 가장자리는 매끈하다. 봄에 가지 끝에서 노란 꽃 1~3송이가 밑을 보고 달린다. 열매는 둥글고 까맣다. **생김새** 높이 30~60cm | 잎 5~15cm, 어긋난다. **사는 곳** 산속, 그늘진 숲속, 뜰, 공원 **다른 이름** 대애기나리[북], 금윤판나물, Korean disporum **분류** 외떡잎식물 > 백합과

율무

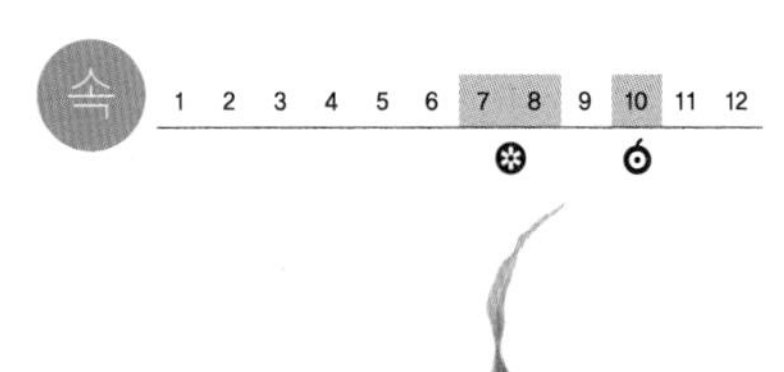

율무는 밭에 심는 곡식이다. 줄기는 반듯하게 자라고 가지를 많이 친다. 줄기는 속이 비었다. 잎은 줄기를 감싸 안다가 길게 자란다. 잎겨드랑이에서 꽃이삭 몇 개가 나온다. 가을에 동그란 열매가 달린다. 예전에는 열매를 구슬처럼 줄줄이 실에 꿰어서 가지고 놀기도 했다. 햇볕에 잘 말린 뒤 껍질을 벗겨서 먹는다. 쌀에 섞어서 밥을 지어 먹기도 하고 가루로 빻아서 죽을 쑤거나 차를 달여 먹기도 한다. **생김새** 높이 1~2m | 잎 20~50cm, 어긋난다. **사는 곳** 밭 **다른 이름** Adlay **분류** 외떡잎식물 > 벼과

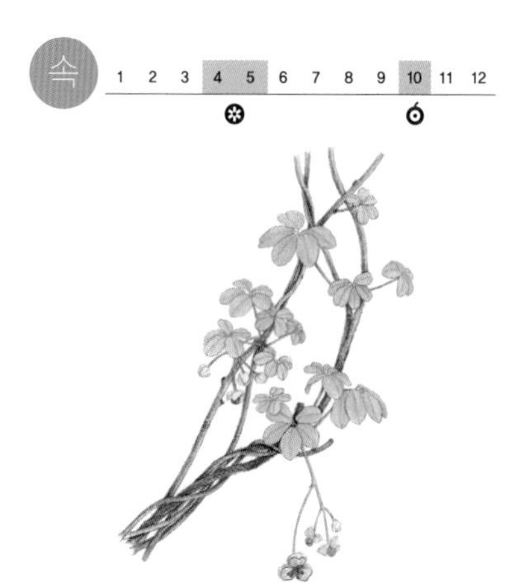

으름덩굴

으름덩굴은 낮은 산과 산기슭, 나무가 우거진 곳에 많다. 덩굴줄기가 다른 나무를 타고 올라간다. 잎은 손가락처럼 쪽잎 다섯 개가 붙는다. 털이 없고 가장자리가 밋밋하다. 봄에 옅은 보랏빛 꽃이 핀다. 가을에 누런 열매가 달리는데 맛이 달다. 어린잎과 줄기와 꽃은 삶거나 쪄서 먹는다. 덩굴로는 줄을 꼬아 썼다. **생김새** 길이 5m | 잎 3~6cm, 어긋나거나 모여난다. **사는 곳** 산기슭 **다른 이름** 어름, 목통, Five-leaf chocolate vine **분류** 쌍떡잎식물 > 으름덩굴과

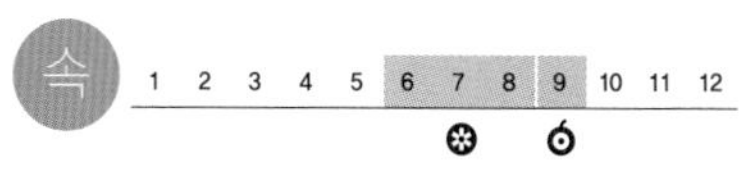

으아리

으아리는 볕이 잘 드는 산기슭과 들판에서 자란다. 덩굴나무인데 풀처럼 보인다. 줄기는 곧게 서거나 비스듬히 자라며 길게 뻗는다. 잎은 깃꼴겹잎으로 쪽잎 가장자리가 밋밋하다. 잎자루가 다른 물체를 감으며 자란다. 여름에 줄기 끝이나 잎겨드랑이에서 흰 꽃이 모여 핀다. 좋은 냄새가 난다. 열매에 흰 털이 배게 난다. **생김새** 길이 2m | 잎 마주난다. **사는 곳** 산기슭, 들 **다른 이름** 어사리, 선인초, 마음가리나물, 고추나물, Korean virgin's bower **분류** 쌍떡잎식물 > 미나리아재비과

속 1 2 3 4 5 6 7 8 9 10 11 12

은방울꽃

은방울꽃은 볕이 잘 드는 산속에서 무리를 지어 자란다. 땅속줄기가 옆으로 길게 뻗으면서 새순이 돋는다. 잎은 두 장이고 가장자리는 밋밋하다. 봄에 흰 꽃이 아래를 보고 조롱조롱 핀다. 작은 종처럼 생겼는데 끝이 여섯 갈래로 갈라져서 바깥으로 말린다. 좋은 냄새가 난다. 여름에 둥글고 붉은 열매가 익는다. **생김새** 높이 20~35cm | 잎 12~18cm, 마주난다. **사는 곳** 볕바른 산속 **다른 이름** 오월화, 둥구리아싹, 녹령초, 비비추, Lily of the valley **분류** 외떡잎식물 > 백합과

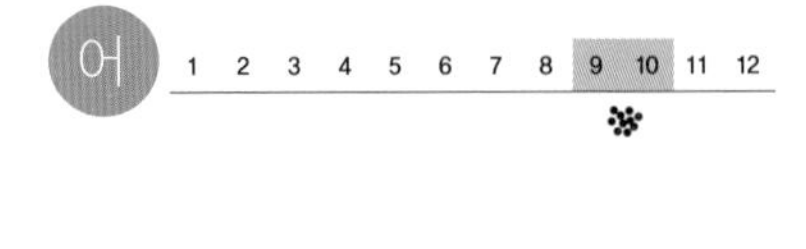

은어

은어는 맑은 물이 흐르고 바닥에 돌이 깔린 강에서 산다. 온몸에 은빛이 돈다. 가을에 강어귀로 내려가 알을 낳는데, 이때 수컷은 몸빛이 검어지고 몸 아래쪽에 붉은 띠가 또렷해진다. 암컷은 알을 낳고 죽는다. 강어귀에서 태어난 새끼는 바다에서 겨울을 난 뒤, 봄에 강을 거슬러 오른다. 돌에 낀 돌말을 많이 먹는다. 은어는 비린내가 안 나고 맛이 좋다. **생김새** 몸길이 20~30cm **사는 곳** 강, 냇물, 댐 **먹이** 돌말 **다른 이름** 곤쟁이, 은피리, 연광어, Sweet fish **분류** 바다빙어목 > 바다빙어과

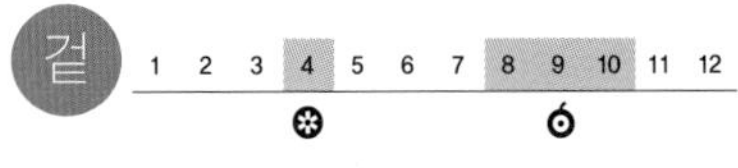

은행나무

은행나무는 오래전부터 집 가까이 심어 길렀다. 길가나 공원에도 많이 심는다. 오염이 심한 곳에서도 잘 자란다. 곧고 높게 자란다. 살아 있는 화석이라고 불릴 만큼 아주 오래전부터 지금까지 살아남은 나무이다. 오래 산다. 잎은 부채꼴이고 끝이 갈라졌다. 가을에 노랗게 단풍이 든다. 암수딴그루이다. 봄에 꽃이 피고 가을에 암나무에 열매가 달린다. 익으면서 진한 냄새가 난다. 열매껍질에 독이 있다. **생김새** 높이 60m | 잎 5~15cm, 모여나거나 어긋난다. **사는 곳** 길가, 공원 **다른 이름** Ginkgo **분류** 겉씨식물 > 은행나무과

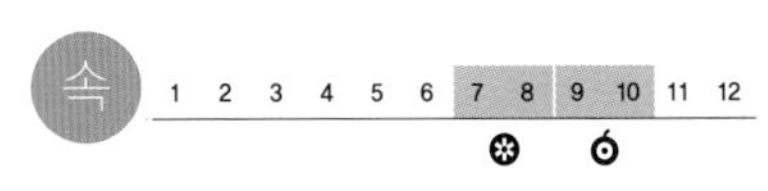

음나무

음나무는 산기슭이나 산골짜기 양지바른 곳이면 어디서나 잘 자란다. 빨리 자라고 오래 산다. 가지에는 굵고 억센 가시가 있다. 나무 전체에 가시가 많다. 잎은 잎자루가 길고 잎자루에도 가시가 난다. 우산살처럼 갈라진 꽃대 끝에 노란 풀빛 꽃이 모여 핀다. 옛날에는 음나무 가시가 귀신을 쫓는다고 해서 문설주 위에 놓았다. 나무껍질은 약으로 쓴다. **생김새** 높이 10~30m | 잎 10~30cm, 어긋난다. **사는 곳** 산기슭, 산골짜기 **다른 이름** 엄나무, 엄두릅나무, 개두릅나무, Prickly castor oil **분류** 쌍떡잎식물 > 두릅나무과

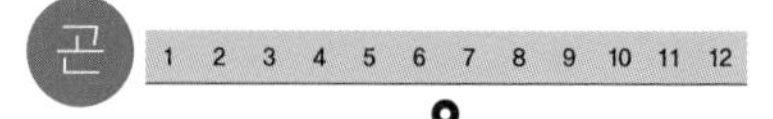

이

이는 사람 몸에 붙어서 살면서 피를 빨아 먹는다. 사람 몸에 사는 이에는 몸이와 머릿니가 있다. 몸이가 머릿니보다 크고 빛깔도 더 검다. 알은 서캐라고 한다. 알을 낳으면 일주일 뒤에 애벌레가 깨어나고, 다시 일주일쯤 지나면 어른벌레가 되어서 알을 낳는다. 머릿니를 없애려면 참빗으로 머리를 빗어서 잡아낸다. **생김새** 몸길이 3mm **사는 곳** 사람 몸, 머리카락 **먹이** 사람 피 **다른 이름** 옷니, 물것, 해기, 서캐(알), Sucking lice **분류** 이목 > 이과

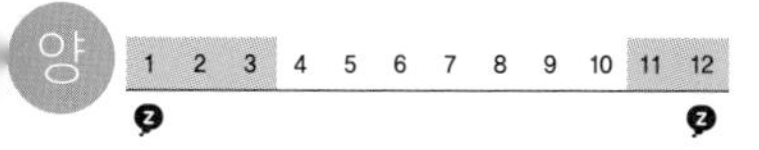

이끼도롱뇽

이끼도롱뇽은 아주 드물다. 깊은 산골짜기나 사람 발길이 뜸한 산에서 겨우 볼 수 있다. 개구리처럼 어릴 때는 물속에서 살다가 커서 물 밖으로 나온다. 앞다리가 먼저 나온다. 발이 아주 가늘고 발가락도 매우 짧다. 다른 도롱뇽과 달리 허파가 없어 살갗으로만 숨을 쉰다. 늦가을이 되면 돌 틈이나 나뭇잎이 쌓인 곳을 찾아 들어가서 겨울잠을 잔다. **생김새** 몸길이 8~12cm **사는 곳** 높은 산속 골짜기 **먹이** 지렁이, 거미, 작은 벌레 **다른 이름** Korean crevice salamander **분류** 유미목 > 미주도롱뇽과

이끼살이버섯

이끼살이버섯은 이끼가 난 곳에 흔히 자란다. 여름부터 가을까지 바늘잎나무 숲속 썩은 나무나 그루터기, 나무줄기를 덮고 있는 이끼 위에 무리 지어 난다. 갓은 붉은빛을 띤 노란빛이고, 가운데가 오목하게 들어간다. 물기를 머금으면 가장자리에 우산살 같은 줄무늬가 나타난다. 대는 아주 가늘고 구부러져 있다. **생김새** 갓 4~20mm **사는 곳** 바늘잎나무 숲 **다른 이름** 밤빛애기배꼽버섯[북] **분류** 주름버섯목 > 애주름버섯과

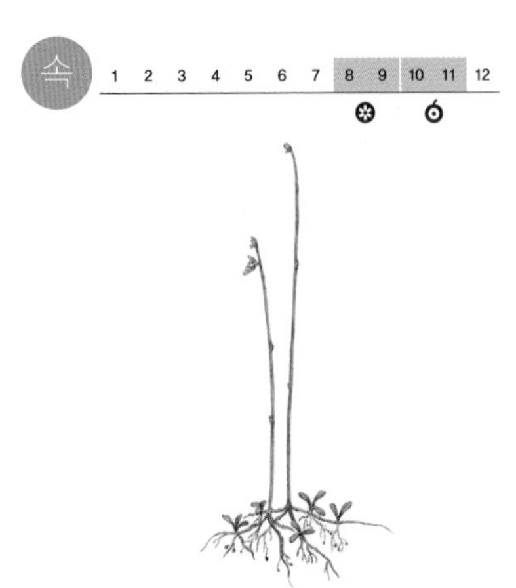

이삭귀개

이삭귀개는 산속 물가에서 아주 드물게 자란다. 땅속줄기는 실처럼 가늘고 작은 벌레잡이주머니가 달려 있다. 이 주머니로 작은 벌레를 잡아먹는다. 잎은 땅속줄기에서 군데군데 모여난다. 주걱 모양이다. 여름에 줄기 끝에서 보랏빛 꽃이 4~10송이씩 성기게 핀다. 꽃잎은 입술 모양이다. 열매는 둥글고 꽃받침에 싸여 있다. **생김새** 높이 10~30cm | 잎 0.2~0.4cm, 모여난다. **사는 곳** 산속 물가 **다른 이름** 이삭귀이개, 수원땅귀개, Dense-flower bladderwort **분류** 쌍떡잎식물 > 통발과

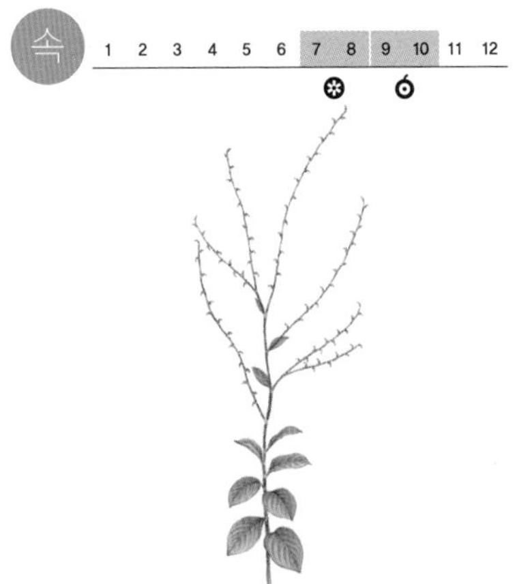

이삭여뀌

이삭여뀌는 산골짝 냇가나 나무숲 속에서 자란다. 물기가 많은 곳을 좋아한다. 줄기는 곧게 서고 마디가 굵다. 거칠고 긴 털이 나 있다. 잎은 달걀 모양인데 끝은 짧게 뾰족하고 가장자리는 밋밋하다. 양면에 털이 있고 흔히 검은 점이 있다. 만지면 뻣뻣하다. 여름에 작고 붉은 꽃이 드문드문 핀다. 열매는 타원형이고 납작하다. 윤기 나는 밤빛이다. **생김새** 높이 50~80cm | 잎 7~15cm, 어긋난다. **사는 곳** 산골짝 냇가, 나무숲 속 **다른 이름** Loose-spike smartweed **분류** 쌍떡잎식물 > 마디풀과

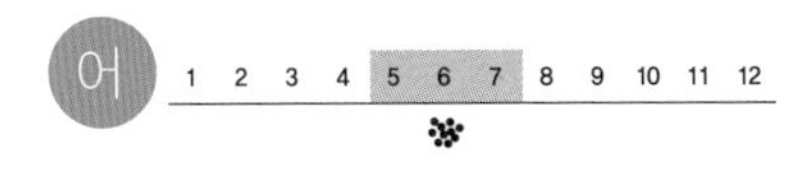

이스라엘잉어

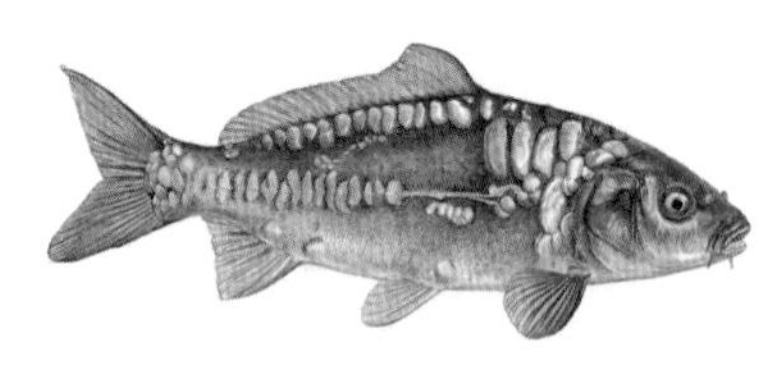

이스라엘잉어는 잉어와 닮았는데 몸에 비늘이 별로 없고 군데군데 나 있다. 커다란 저수지나 호수, 댐에서 산다. 물살이 느리고 바닥에 진흙이 깔린 냇물이나 강에도 산다. 강바닥에서 떼를 지어 헤엄쳐 다닌다. 물벌레나 지렁이, 조개나 물풀을 먹고 조그마한 물고기도 잘 잡아먹는다. 사람들이 먹으려고 양식을 많이 한다. **생김새** 몸길이 30~60cm **사는 곳** 댐, 저수지, 강, 냇물 **먹이** 물벌레, 지렁이, 조개, 물풀, 작은 물고기 **다른 이름** 향어, 독일잉어, 물돼지, Israeli carp **분류** 잉어목 > 잉어아과

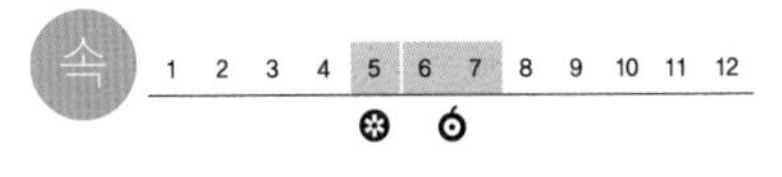

이스라지

이스라지는 우리나라 산과 들, 어디서나 자란다. 토박이 나무다. 요즘은 꽃과 열매가 아름답고, 메마른 땅에서도 잘 자라서 마당에 심어 기른다. 볕이 있어야 잘 자란다. 잎은 가장자리에 자잘한 겹톱니가 있다. 뒷면에는 잔털이 촘촘히 나 있다. 봄에 잎보다 꽃이 먼저 피거나 같이 핀다. 꽃은 연분홍빛이나 흰빛이다. 여름에 둥근 열매가 붉게 익는다. **생김새** 높이 1~1.5m | 잎 3~7cm, 어긋난다. **사는 곳** 산기슭, 뜰 **다른 이름** 산앵두나무, 물앵두, Oriental bush cherry **분류** 쌍떡잎식물 > 장미과

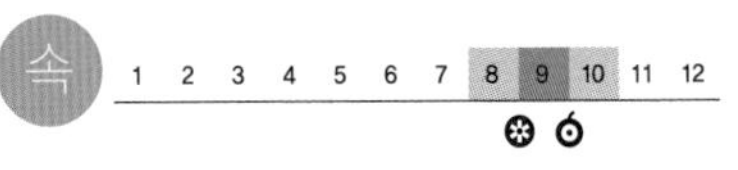

이질풀

이질풀은 산기슭이나 풀밭이나 길가에서 자란다. 약으로 쓰려고 밭에서 기르기도 한다. 물기가 많으면서 물 빠짐이 좋은 땅에서 가꾼다. 줄기가 옆으로 기다가 위로 뻗어 올라간다. 온몸에 흰 털이 있다. 잎몸은 손바닥 모양으로 생겨서 세 갈래에서 다섯 갈래로 깊게 갈라진다. 잎 가장자리에 톱니가 있다. 한여름에 꽃대가 올라와 붉은빛 꽃이 한 송이씩 핀다. **생김새** 높이 50cm | 잎 3~7cm, 마주난다. **사는 곳** 산기슭, 풀밭, 길가, 밭 **다른 이름** 쥐손이풀방, 우아묘, 현초, Thunberg's geranium **분류** 쌍떡잎식물 > 쥐손이풀과

이팝나무

이팝나무는 남부 지방 산골짜기나 개울가, 바닷가에서 크게 자란다. 볕이 잘 들고 기름진 땅을 좋아한다. 줄기는 세로로 깊이 팬다. 잎 가장자리는 매끈한데 잔 톱니가 있는 것도 있다. 뒷면에는 밤빛 털이 있다. 봄에 가지 끝에서 희고 작은 꽃이 많이 모여 핀다. 잎이 보이지 않을 만큼 흰 꽃이 나무를 뒤덮으며 핀다. 암수딴그루이다. **생김새** 높이 20~30m | 잎 3~5cm, 마주난다. **사는 곳** 산골짜기나 개울가, 바닷가 **다른 이름** 뻣나무, 쌀밥나무, Chinese fringe tree **분류** 쌍떡잎식물 > 물푸레나무과

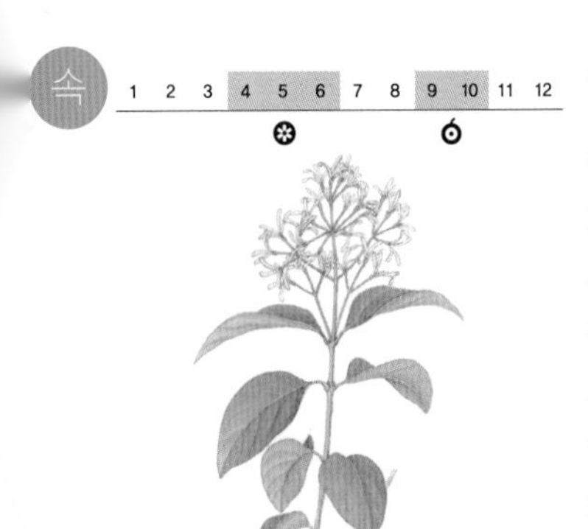

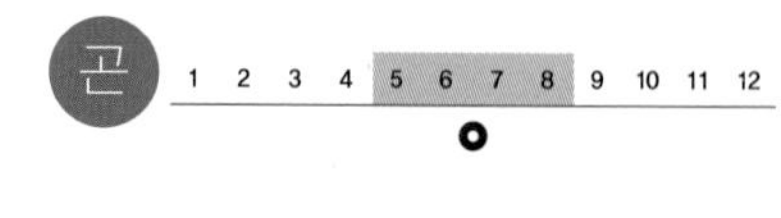

이화명나방

이화명나방은 논이나 연못에 산다. 온몸이 흰빛이 도는 누런빛이다. 앞날개 가장자리에 검은 점이 일곱 개 있다. 애벌레는 볏잎을 먹는다. 처음에는 잎을 먹다가 잎집 속으로 파고들어 가서 줄기 속까지 먹는다. 많이 먹으면 벼 포기가 쓰러지기도 한다. 피나 갈대 줄풀 같은 풀도 먹는다. 봄과 여름에 어른벌레가 두 번 나온다. 볏짚에서 애벌레로 겨울을 난다. **생김새** 날개 편 길이 22~34mm **사는 곳** 논, 연못 **먹이** 애벌레_벼, 갈대, 기장 **다른 이름** Asiatic rice borer **분류** 나비목 > 풀명나방과

속 1 2 3 4 5 6 7 8 9 10 11 12

익모초

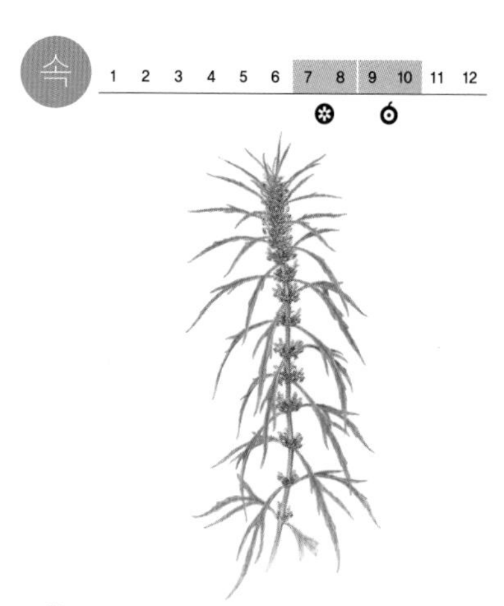

익모초는 볕이 잘 드는 길가, 밭둑, 냇가에서 흔히 자란다. 늘 축축한 땅을 좋아한다. 가을에 돋은 잎이 방석처럼 땅에 착 달라붙어서 겨울을 나고, 봄에 대가 뻗어 올라와 자란다. 잎은 길쭉하게 세 갈래로 갈라지고, 갈라진 잎이 또 두세 갈래로 갈라진다. 여름에 잎겨드랑이마다 분홍빛 꽃이 줄기를 빙 둘러서 층층이 핀다. **생김새** 높이 1~1.5m | 잎 2.5~6cm, 마주난다. **사는 곳** 길가, 밭둑, 냇가 **다른 이름** 야천마, 충울, 암눈비앗, Oriental motherwort **분류** 쌍떡잎식물 > 꿀풀과

속 1 2 3 4 5 6 7 8 9 10 11 12

인동덩굴

인동덩굴은 양지바른 밭둑이나 골짜기에서 자란다. 어디서든 잘 자라는데 볕이 좋으면 금세 자란다. 덩굴이라 다른 나무를 감으면서 자란다. 잎 가장자리는 매끈하고 잎자루에 털이 많다. 겨울에 푸른 잎이 남아 있기도 한다. 노란 꽃과 흰 꽃이 나란히 붙어서 피는데 처음에는 꽃이 하얗다가 시들면서 노랗게 변하는 것이다. 꿀이 많다. **생김새** 길이 5m | 잎 3~8cm, 마주난다. **사는 곳** 밭둑, 산골짜기 **다른 이름** 겨우살이덩굴, 금은화, 눙박나무, Golden-and-silver honeysuckle **분류** 쌍떡잎식물 > 인동과

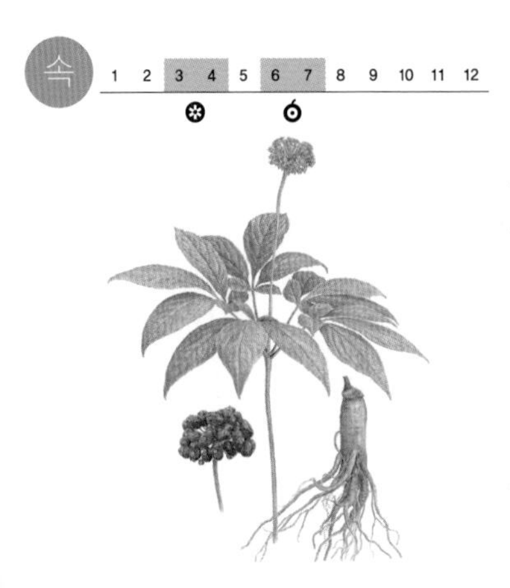

인삼

인삼은 모든 약초 가운데 으뜸으로 친다. 산삼은 인삼보다 약효가 뛰어나지만 드물다. 밭에서 기를 때는 그늘을 좋아해서 비스듬하게 그늘막을 치고 기른다. 6년까지 기르고 그 이상은 거의 기르지 않는다. 꽃은 풀빛으로 모여서 피고, 여름에 붉은 열매가 달린다. 뿌리는 옆으로 누워 자란다. 날뿌리는 수삼, 말리면 백삼, 껍질째 쪄서 말리면 홍삼이라고 한다. **생김새** 높이 60cm쯤 | 잎 8~20cm, 돌려난다. **사는 곳** 밭 **다른 이름** 심, 삼, 산삼, 야삼, Korean ginseng **분류** 쌍떡잎식물 > 두릅나무과

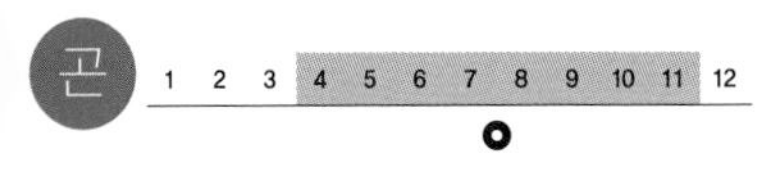

일본왕개미

일본왕개미는 우리나라에 사는 개미 가운데 가장 크다. 볕이 잘 드는 땅이나 나무줄기 안에 굴을 파고 산다. 진딧물이 많은 밭에도 흔하다. 한 집에 여왕개미 한 마리와 천 마리가 넘는 일개미가 함께 산다. 여왕개미는 알을 낳고 보살피고, 수개미는 짝짓기를 하고 죽는다. 일개미는 알과 애벌레를 돌보고 먹이를 구한다. 병정개미는 집을 지킨다. **생김새** 몸길이 6~18mm **사는 곳** 양지바른 땅, 나무속, 돌 밑 **먹이** 죽은 벌레, 단물 **다른 이름** 왕개미, 검정왕개미, Japanese carpenter ant **분류** 벌목 > 개미과

일본잎갈나무

일본잎갈나무는 일제강점기에 많이 심었다. 나무가 없는 산에 가장 많이 심었는데 무척 빨리 자라서 헐벗은 산을 푸르게 하는 데 큰 도움이 되었다. 줄기는 곧게 자라고 단단하다. 잎은 보드랍고 수십 개씩 모여난다. 다른 바늘잎나무들은 겨울에도 잎이 지지 않는데, 일본잎갈나무는 가을에 잎이 떨어진다. 목재도 좋은데 송진이 많아서 잘 썩지 않는다. 종이 재료로도 널리 쓴다. **생김새** 높이 30m | 잎 1~4cm, 모여난다. **사는 곳** 산 **다른 이름** 창성이깔나무, 낙엽송, Japanese larch **분류** 겉씨식물 > 소나무과

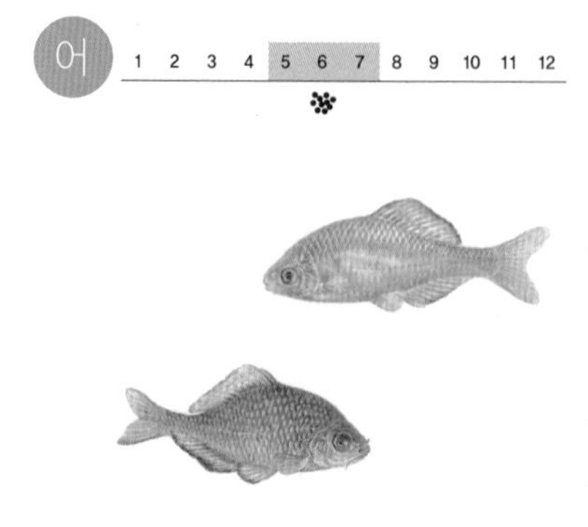

임실납자루

임실납자루는 우리나라 섬진강 물줄기에서만 산다. 물이 얕고 바닥이 모래펄이며 물풀과 부들, 갈대 같은 풀이 자라는 곳에 주로 산다. 칼납자루와 닮았는데 임실납자루 몸빛이 더 밝고 등도 낮다. 둘이 섞여서 지내기도 한다. 돌에 붙어 있는 돌말과 작은 물벌레를 먹는다. 알 낳을 때가 되면 수컷은 혼인색을 띠고, 암컷은 배에서 긴 산란관이 나온다. 조개에 알을 낳는다. **생김새** 몸길이 5~6cm **사는 곳** 냇물, 강 **먹이** 돌말, 작은 물벌레 **다른 이름** 납작붕어 **분류** 잉어목 > 납자루아과

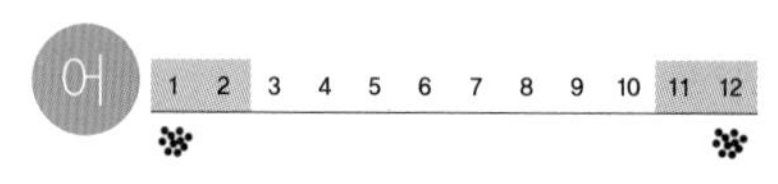

임연수어

임연수어는 깊고 차가운 물에서 산다. 새끼 때는 큰 무리를 지어 얕은 바다에서 지내다가 크면 깊은 바다 바닥 가까이에서 산다. 겨울에 알을 낳으러 얕은 바다로 떼 지어 몰려온다. 짝짓기 때가 되면 수컷 몸빛이 푸르스름하게 바뀐다. 바닷가 바위나 돌 틈에 여러 번 알을 낳는다. 수컷이 곁을 지킨다. 겨울에 그물이나 주낙으로 잡는다. **생김새** 몸길이 40~60cm **사는 곳** 동해 **먹이** 작은 물고기, 오징어, 새우, 게, 해파리 **다른 이름** 이민수, 찻치, 새치, 가르쟁이, Arabesque greenling **분류** 쏨뱅이목 > 쥐노래미과

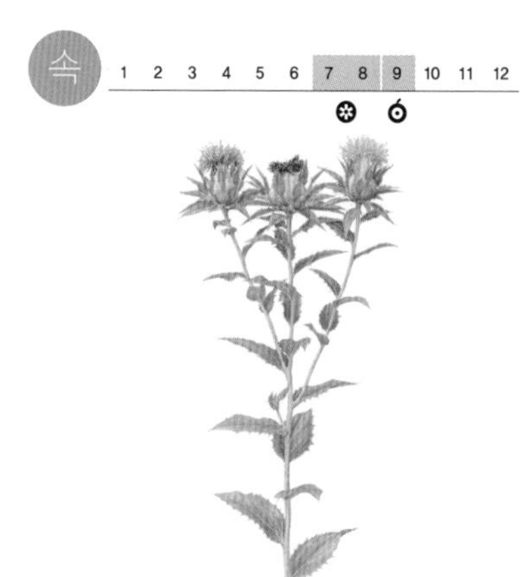

잇꽃

잇꽃은 약으로 쓰거나 염색하는 데에 쓰려고 밭에서 기른다. 줄기가 반듯하게 자라다가 위쪽에서 가지를 친다. 잎은 윤이 나고 세모꼴이다. 창끝처럼 뾰족하고 가장자리에 톱니가 있다. 톱니에 찔리면 주삿바늘에 찔린 것처럼 따끔하다. 꽃은 처음에 노랗다가 빨갛게 물들고 나중에는 검붉은 색으로 진다. 씨로 짠 기름을 홍화씨유라고 한다. **생김새** 높이 1m | 잎 6~8cm, 어긋난다. **사는 곳** 밭 **다른 이름** 홍화, 홍람, 연지, 약화 **분류** 쌍떡잎식물 > 국화과

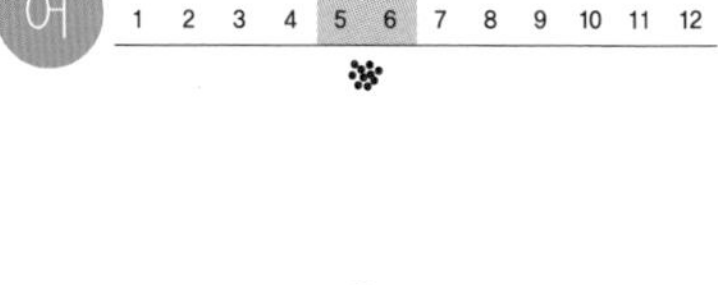

잉어

잉어는 저수지나 댐, 강이나 냇물에서 사는데, 흐리고 따뜻한 물을 좋아한다. 오래전부터 친근하면서도 귀하게 여겼다. 어린 잉어는 붕어와 닮았는데, 잉어는 주둥이에 수염이 나 있다. 30년을 넘게 살기도 한다. 겨울이 되면 깊은 곳에서 꼼짝 않고 지낸다. 옛날부터 먹으려고 잡았고 연못에 풀어 길렀다. **생김새** 몸길이 30~100cm **사는 곳** 강, 냇물, 저수지 **먹이** 물풀, 게, 물벌레, 지렁이, 새우, 어린 물고기 **다른 이름** 황잉어, 발갱이, 잉애, 주래기, Eurasian carp **분류** 잉어목 > 잉어아과

잎갈나무

잎갈나무는 북부 지방 높은 산에서 큰 숲을 이루고 자란다. 줄기는 밤빛인데 껍질이 떨어진 자리는 붉다. 잎은 20~30개씩 달린다. 납작하고 부드러우며 끝이 뾰족하다. 바늘잎나무이지만 가을에 잎이 누레지고 떨어진다. 봄에 짧은 가지 끝에서 꽃이 피고 가을에 솔방울 모양 열매가 익는다. 꽃 핀 해에 여문다. 씨앗은 세모꼴이고 날개가 있다. **생김새** 높이 35~40m | 잎 1.5~3cm, 모여난다. **사는 곳** 높은 산, 고원 **다른 이름** 이깔나무, 계수나무, Prince ruprecht larch **분류** 겉씨식물 > 소나무과

잎새버섯

잎새버섯은 가을에 넓은잎나무 밑동에 뭉쳐난다. 참나무, 밤나무, 물푸레나무에 나는데 우리나라에는 드물다. 대에서 가지가 여러 개 나오고 그 끝에 은행잎 같은 작은 갓이 달려 다발을 이룬다. 갓이 나뭇잎처럼 생겼다고 하지만, 다발을 이룬 모습은 꽃양배추나 활짝 핀 솔방울 같다. 갓 가장자리는 물결치듯 구불거린다. **생김새** 크기 155~310×150~300mm **사는 곳** 넓은잎나무 숲 **다른 이름** 무용버섯[북], 춤버섯[북], Hen-of-the-woods **분류** 구멍장이버섯목 > 왕잎새버섯과

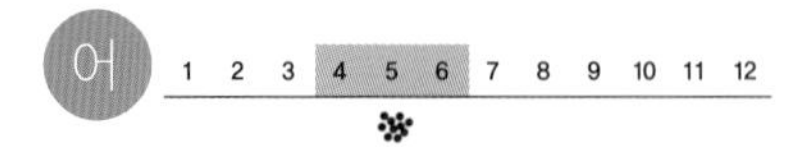

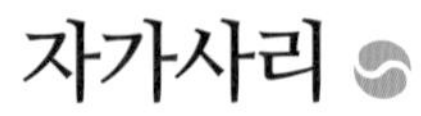

자가사리

자가사리는 맑은 물이 흐르고 바닥에 자갈과 큰 돌이 깔린 산골짜기나 냇물에 산다. 비늘이 없어 살갗이 매끈하고 미끌미끌하다. 긴 수염과 넙적한 주둥이로 돌을 헤집고 다니면서 작은 물벌레를 잡아먹는다. 넓고 평평한 돌 밑에 알을 낳는다. 새끼가 깨어날 때까지 수컷과 암컷이 알을 지킨다. **생김새** 몸길이 6~12cm **사는 곳** 산골짜기, 냇물 **먹이** 작은 물벌레 **다른 이름** 남방쏠자개[북], 자개미, 물쐬기, 쏠종개, 짜가사리, 쏜테기, South torrent catfish **분류** 메기목 > 퉁가리과

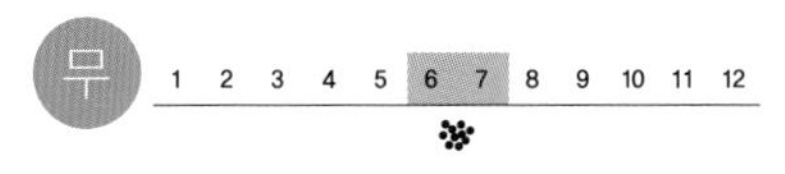

자게

자게는 조금 깊은 물에서 산다. 썰물 때 자갈밭이나 바위에 가만히 나와 있기도 한다. 몸 빛깔이 바위나 돌과 닮아서 눈에 잘 안 띈다. 집게발 한 쌍이 몸통보다 몇 배나 크고 길다. 나머지 걷는다리 네 쌍은 아주 작고 짧다. 마름모꼴 등딱지 때문에 북녘에서는 마름게라고 한다. 자게는 사람이 먹지 않아 잡지 않는다. **생김새** 등딱지 크기 5.9×4.5cm **사는 곳** 서해, 남해, 제주 바닷속 **다른 이름** 마름게[북], 칙게, Strong elbow crab **분류** 절지동물 > 자게과

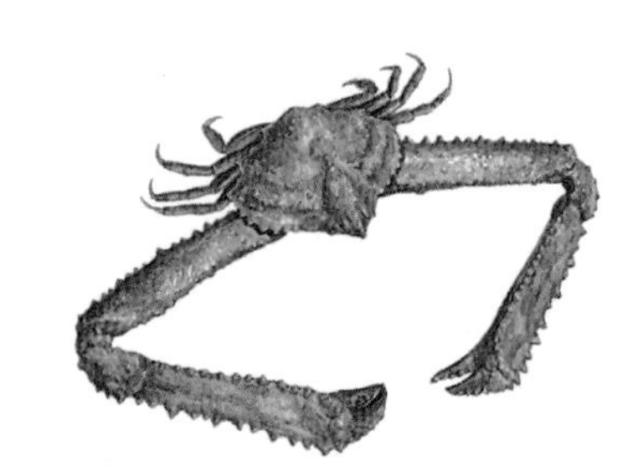

자귀나무

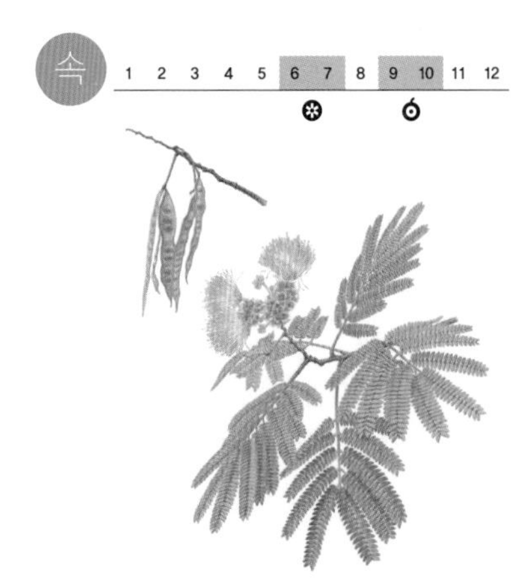

자귀나무는 따뜻하고 볕이 잘 드는 산기슭이나 숲 가장자리에서 자란다. 마당이나 공원, 길가에 심기도 한다. 잎은 자잘한 쪽잎 40~60개가 달린다. 해거름이나 비가 오면 잎들이 서로 맞붙고, 해가 나면 펴진다. 소가 아주 잘 먹어서 소쌀나무라고도 한다. 여름에 연분홍빛 꽃이 부채처럼 활짝 피고, 두 달쯤 줄곧 핀다. 열매는 꼬투리로 맺힌다. 호랑나비가 즐겨 찾는다. **생김새** 높이 3~8m | 잎 0.6~1.5cm, 어긋난다. **사는 곳** 산기슭, 공원 **다른 이름** 자괴나무, 소쌀나무, 합환수, Silk tree **분류** 쌍떡잎식물 > 콩과

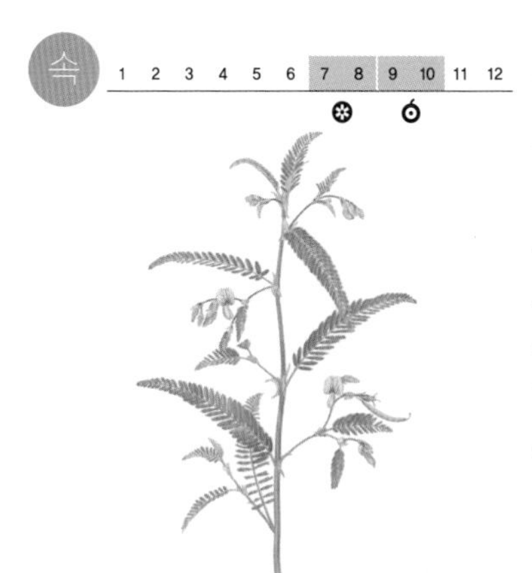

자귀풀

자귀풀은 물가나 논처럼 축축한 땅에서 자란다. 줄기는 속이 비어 있다. 곧게 자라고 가지가 여러 개로 갈라진다. 잎 모양이 자귀나무와 닮았다. 여름에 잎겨드랑이에서 옅은 노란빛 꽃이 핀다. 꽃이 지면 꼬투리가 달린다. 납작한 열매는 물에 잘 떠서 흘러 다니며 퍼진다. 논에 나면 잡초인데, 땅을 기름지게 해서 일부러 심기도 한다. **생김새** 높이 60~80cm | 잎 1~1.5cm, 마주난다. **사는 곳** 물가, 논 **다른 이름** 합맹, Indian jointvetch **분류** 쌍떡잎식물 > 콩과

자두나무

자두나무는 자두를 먹으려고 심어 기른다. 흙이 깊고 물이 잘 빠지는 땅에 심는다. 햇가지는 붉은 밤빛이고 털이 없다. 잎은 뾰족하고 가장자리에 톱니가 있다. 이른 봄에 흰 꽃이 잎보다 먼저 핀다. 꽃에 꿀도 많다. 여름에 열매가 익는데 품종에 따라 빛깔과 맛이 다르다. 자두는 그냥도 먹고, 졸여서 잼을 만들어 먹는다. 씨앗은 따로 모아서 약으로 쓴다. **생김새** 높이 3~10m | 잎 6~8cm, 어긋난다. **사는 곳** 밭 **다른 이름** 추리나무[북], 자도나무, 오얏나무, 애치나무, Plum tree **분류** 쌍떡잎식물 > 장미과

자라

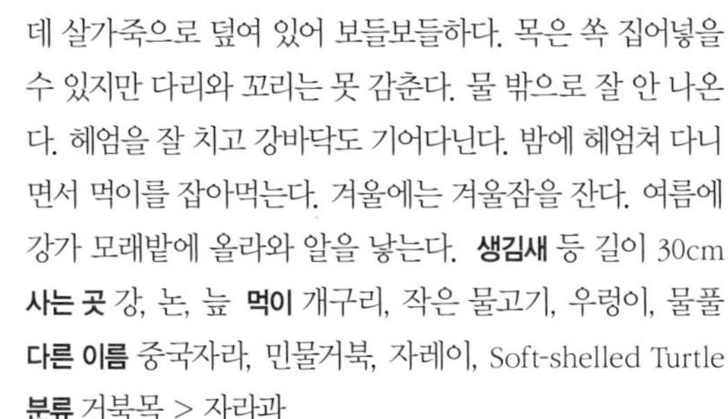

자라는 강이나 저수지에서 사는 거북이다. 등딱지가 있는데 살가죽으로 덮여 있어 보들보들하다. 목은 쏙 집어넣을 수 있지만 다리와 꼬리는 못 감춘다. 물 밖으로 잘 안 나온다. 헤엄을 잘 치고 강바닥도 기어다닌다. 밤에 헤엄쳐 다니면서 먹이를 잡아먹는다. 겨울에는 겨울잠을 잔다. 여름에 강가 모래밭에 올라와 알을 낳는다. **생김새** 등 길이 30cm **사는 곳** 강, 논, 늪 **먹이** 개구리, 작은 물고기, 우렁이, 물풀 **다른 이름** 중국자라, 민물거북, 자레이, Soft-shelled Turtle **분류** 거북목 > 자라과

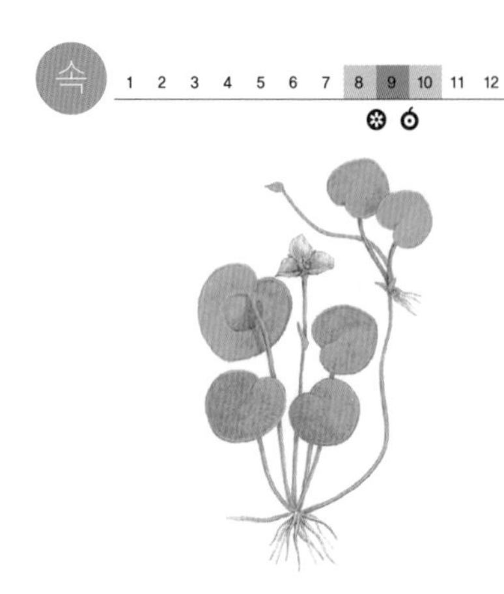

자라풀

자라풀은 연못이나 물웅덩이에서 떠서 자란다. 무리를 지어서 넓게 퍼진다. 줄기는 옆으로 길게 뻗고 연한 풀빛이다. 마디에서 수염뿌리를 내린다. 잎 뒷면에 공기주머니가 볼록하게 있어서 물 위에 잘 뜬다. 미끈하고 윤기가 난다. 여름에 흰 꽃이 물 위에서 핀다. 암꽃과 수꽃이 따로 핀다. 꽃잎이 석 장이다. 열매는 연한 풀빛이다. 씨가 많이 들어 있다. **생김새** 높이 1m | 잎 3.5~7cm, 모여난다. **사는 곳** 연못, 물웅덩이 **다른 이름** 수련아재비, 수별, Frogbit **분류** 외떡잎식물 > 자라풀과

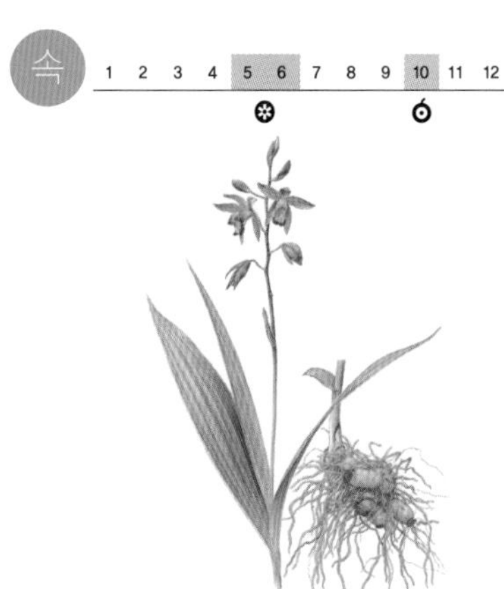

자란

자란은 따뜻한 남쪽 지방 바닷가에서 드물게 자란다. 뿌리를 약으로 쓰려고 밭에서 기르기도 한다. 씨가 퍼져도 싹이 트지 않고, 덩이뿌리로 퍼진다. 뿌리에서 곧바로 잎이 대여섯 장 나온다. 잎은 넓적하지만 길쭉하고 끝이 뾰족하다. 가장자리는 매끈하다. 오뉴월에 꽃대가 꼿꼿하게 올라온다. 꽃대 위쪽에서 붉은 보랏빛 꽃이 핀다. 열매는 긴 타원형이다. **생김새** 높이 50cm 안팎 | 잎 20~30cm, 어긋난다. **사는 곳** 밭 **다른 이름** 대왐풀[북], 대밤풀, Hyacinth orchid **분류** 외떡잎식물 > 난초과

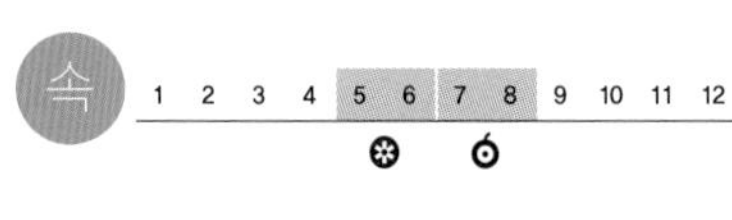

자리공

자리공은 길가나 공터, 밭 주위에서 자란다. 약으로 쓸려고 밭에 심어 기르기도 한다. 따뜻한 지방에서는 여러 해 살지만, 추운 곳에서는 한 해만 살고 얼어 죽는다. 줄기는 곧게 자라고 줄기를 따라 잎이 난다. 줄기 끝이나 잎겨드랑이에서 꽃대가 올라와 흰 꽃이 방망이 모양으로 모여 핀다. 꽃잎은 없다. 한여름부터 열매가 포도송이처럼 달린다. **생김새** 높이 1m | 잎 10~20cm, 어긋난다. **사는 곳** 길가, 공터, 밭 **다른 이름** 장녹, 상륙, Indian poke **분류** 쌍떡잎식물 > 자리공과

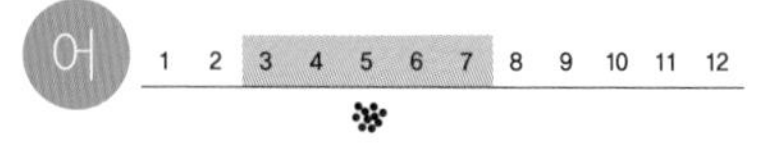

자리돔

자리돔은 물이 따뜻하고 울퉁불퉁한 바위가 많은 바닷가나 산호 밭에서 산다. 물속에서 떼로 몰려다닌다. 제주 바다에 흔하고, 따뜻한 물이 올라오는 울릉도에도 산다. 낮에 떼 지어 다니면서 플랑크톤을 잡아먹는다. 밤에는 돌 틈이나 산호 속에 들어가 쉰다. 알을 낳으면 수컷이 새끼가 나올 때까지 곁을 지킨다. 자리돔은 주낙이나 그물로 잡는다. **생김새** 몸길이 15cm 안팎 **사는 곳** 제주, 남해, 울릉도 **먹이** 플랑크톤 **다른 이름** 자돔, 자리, 생이리, Pearl-spot chromis **분류** 농어목 > 자리돔과

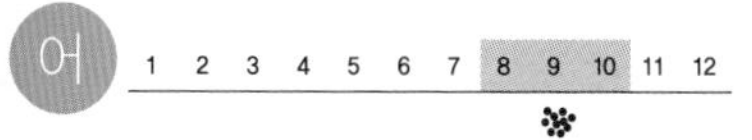

자바리

자바리는 따뜻한 물을 좋아한다. 바닷가 바위틈이나 굴에서 혼자 산다. 해거름부터 나와서 먹이를 잡아먹는다. 어릴 때는 작은 플랑크톤을 먹다가 크면서 물고기나 새우나 게 따위를 잡아먹는다. 덩치가 커서 1m 넘게 자란다. 몸에 난 줄무늬가 크면서 희미해지고 늙으면 아예 없어진다. 자바리는 낚시로 잡는다. 너무 많이 잡아서 지금은 수가 많지 않다. **생김새** 몸길이 1m **사는 곳** 제주, 남해 **먹이** 플랑크톤, 물고기, 게, 새우 **다른 이름** 다금바리, Longtooth grouper **분류** 농어목 > 바리과

속 1 2 3 4 5 6 7 8 9 10 11 12

자운영

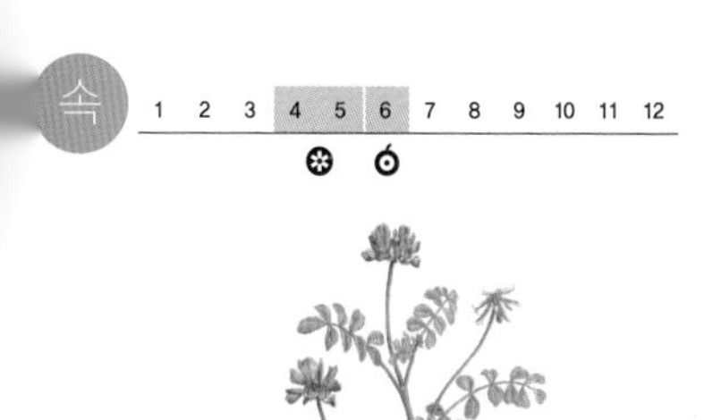

자운영은 논둑, 밭, 냇가에서 자란다. 넓게 무리 지어서 자란다. 땅을 기름지게 하려고 논밭에 심기도 한다. 줄기는 비스듬히 눕다가 곧추선다. 잎자루 하나에 작은 잎이 여러 개 붙는다. 봄에 잎겨드랑이에서 꽃대가 올라오고 끝에 자줏빛 꽃이 여러 송이 모여 핀다. 꽃에 꿀이 많다. 꽃이 지면 꼬투리가 달리는데 씨가 2~5개 들어 있다. **생김새** 높이 10~40cm | 잎 0.6~2cm, 어긋난다. **사는 곳** 논둑, 밭, 냇가, 강둑 **다른 이름** 연화초, Chinese milkvetch **분류** 쌍떡잎식물 > 콩과

속 1 2 3 4 5 6 7 8 9 10 11 12

자작나무

자작나무는 춥고 깊은 산에서 자란다. 곧고 높게 자란다. 껍질은 하얗고 윤이 나며 종이처럼 얇게 벗겨진다. 잎은 세모 모양이고 종이처럼 얇다. 봄에 암꽃과 수꽃이 따로 핀다. 고로쇠나무처럼 나무즙도 내어 마신다. 목재는 단단하고 결이 곱다. 지붕을 이는 데 쓴다. 아주 오래간다. 기름기가 많아서 불이 잘 붙는데 비를 맞아도 잘 탄다. **생김새** 높이 20m | 잎 5~7cm, 어긋난다. **사는 곳** 높은 산 **다른 이름** 봇나무, 보티나무, East Asian white birch **분류** 쌍떡잎식물 > 자작나무과

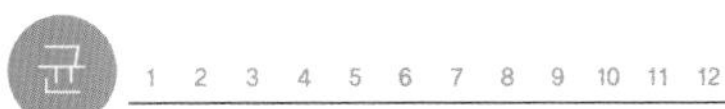

자작나무시루뺀버섯

자작나무시루뺀버섯은 살아 있는 나무에서 자라는 여러해살이 버섯이다. 흔히 차가버섯이라고 한다. 추운 곳에서 잘 자란다. 우리나라 북쪽 지방에서 볼 수 있다. 자작나무 줄기에 많이 난다. 나무줄기 속에서 여러 해를 자란 뒤 나무껍질을 뚫고 혹처럼 솟는다. 까맣고 단단해서 꼭 커다란 석탄 덩어리 같다. 이 버섯이 나면 나무가 결국 죽는다. **생김새** 크기 100~300mm **사는 곳** 산, 자작나무 숲 **다른 이름** 봇나무혹버섯[북], 차가버섯, Chaga mushroom **분류** 소나무비늘버섯목 > 소나무비늘버섯과

속 1 2 3 4 5 6 7 8 9 10 11 12

자주개자리

자주개자리는 볕이 잘 드는 길가나 빈터에서 자란다. 집짐승을 먹이려고 밭에 기르기도 한다. 줄기는 옆으로 눕거나 곧게 선다. 잎은 쪽잎 석 장으로 된 겹잎이고 턱잎이 있다. 쪽잎 가장자리에 톱니가 있다. 여름에 자잘하고 옅은 보랏빛 꽃이 잎겨드랑이에 모여 핀다. 열매 꼬투리는 두세 번 꼬인 달팽이처럼 생겼고 자잘한 털이 있다. **생김새** 높이 40~100cm | 잎 2~3cm, 어긋난다. **사는 곳** 길가, 빈터, 밭 **다른 이름** 자주꽃자리풀[북], 알팔파, 루선, Alfalfa **분류** 쌍떡잎식물 > 콩과

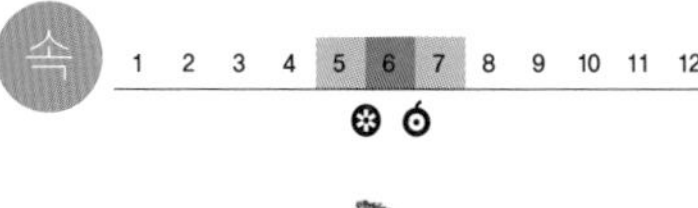

자주괴불주머니

자주괴불주머니는 산과 들판 그늘진 땅에서 자란다. 뜰에 심기도 한다. 줄기는 곧게 서고 무리 지어 난다. 잎은 두 번 갈라진 깃꼴겹잎이다. 잎 가장자리에 톱니가 있다. 봄에 줄기 끝에서 붉은 보랏빛 꽃이 많이 모여 핀다. 열매는 긴 타원형인데 아래로 처진다. 여물면 검고 윤기 나는 씨앗이 튀어나온다. **생김새** 높이 20~50cm | 잎 1~2cm, 어긋난다. **사는 곳** 산기슭, 들 **다른 이름** 자주뿔꽃[북], 자근, 자주현호색, 단장초, Incised corydalis **분류** 쌍떡잎식물 > 양귀비과

균 1 2 3 4 5 6 7 8 9 10 11 12

자주국수버섯

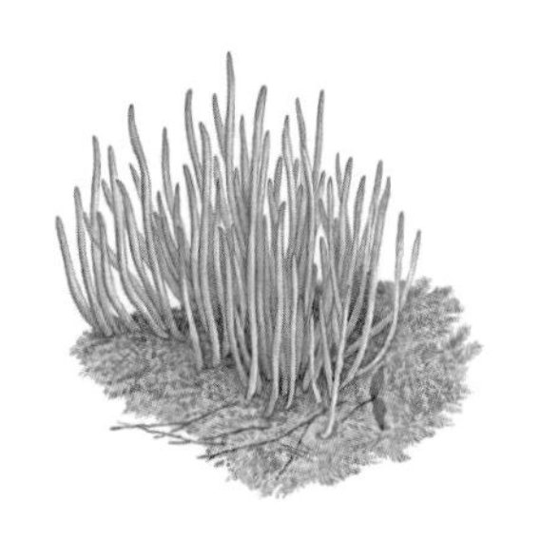

자주국수버섯은 가을에 바늘잎나무가 많은 숲속 땅이나 풀밭에 수십 수백 대가 무리 지어 난다. 소나무 둘레에 많다. 국수 가락처럼 가늘고 길게 생겼다. 연한 자줏빛인데 다 자라면 색이 바래서 잿빛이나 밤빛을 띤다. 겉은 매끈하고 대 가운데에 세로로 얕은 홈이 있다. 속은 비어 있다. 잘 부스러진다. **생김새** 크기 25~78×1.5~5mm **사는 곳** 바늘잎나무 숲, 풀밭 **다른 이름** 분홍색국수버섯[북], Purple fairy club **분류** 주름버섯목 > 국수버섯과

속 1 2 3 4 5 6 7 8 9 10 11 12

자주달개비

자주달개비는 뜰이나 공원에 심어 기른다. 줄기는 곧게 서고 둥근기둥 모양이다. 여럿이 모여난다. 잎은 긴 줄 모양이고 끝이 뾰족하다. 봄에 가지 끝에서 자줏빛 꽃이 많이 모여 핀다. 꽃은 하루 만에 피었다 진다. 방사선을 쬐면 돌연변이가 쉽게 생겨서 핵발전소 가까이에 심는다. 식물학을 연구하는 사람들이 세포 실험을 할 때에도 많이 쓴다 **생김새** 높이 40~50cm | 잎 25~30cm, 어긋난다. **사는 곳** 뜰, 공원 **다른 이름** 자주닭개비, 양달개비, Reflexed spiderwort **분류** 외떡잎식물 > 닭의장풀과

어

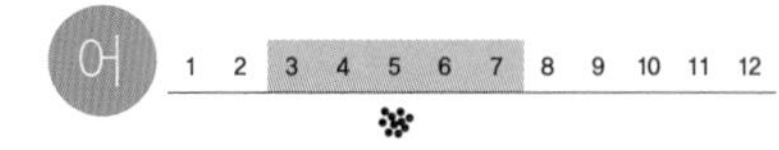

자주복

자주복은 모래나 진흙 바닥이 있는 바다에 산다. 다른 복어처럼 화가 나면 몸을 빵빵하게 부풀린다. 헤엄치는 것보다 모래나 펄 바닥에 몸을 파묻고 있기를 좋아한다. 겨울에는 따뜻한 남쪽 바다로 간다. 물이 차가우면 모래 속에 들어가 잠을 잔다. 봄에 바닷가 바위가 많은 곳에서 알을 낳는다. 자주복은 참복과 닮았는데, 등에 무늬가 있는 것이 다르다. **생김새** 몸길이 30~40cm **사는 곳** 우리나라 온 바다 **먹이** 새우, 게, 작은 물고기 **다른 이름** 검복아지[북], 참복, 자지복, 검복, Tiger puffer **분류** 복어목 > 참복과

균

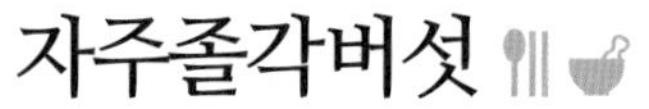

자주졸각버섯

자주졸각버섯은 높은 산부터 들판까지 어디서나 잘 난다. 거친 땅이나 오염된 땅도 가리지 않는다. 여름부터 가을까지 난다. 온몸이 고운 자줏빛을 띤다. 갓 가운데는 배꼽처럼 옴폭 파였다. 자라면서 갓이 판판해지는데 갓 가운데는 그대로 오목하다. 주름살은 갓보다 더 진한 자줏빛이다. 대는 굽어 있는데 갓과 같은 색이고 세로로 가는 힘줄이 있다. **생김새** 갓 15~36mm **사는 곳** 산, 들판 **다른 이름** 보라빛깔때기버섯[북], Amethyst deceiver **분류** 주름버섯목 > 졸각버섯과

속

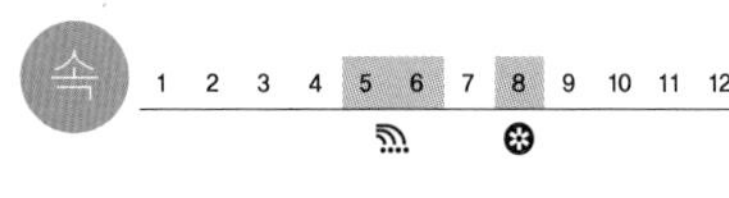

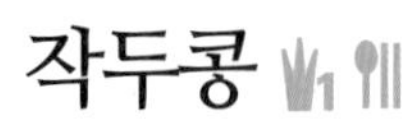

작두콩

작두콩은 밭에 심는 곡식이다. 줄기가 곧게 자라거나 덩굴로 뻗는다. 잎자루가 길고 작은 잎은 끝이 뾰족하다. 여름에 나비처럼 생긴 꽃이 핀다. 연한 붉은빛이나 흰빛이다. 꽃이 지면 꼬투리가 달린다. 콩 가운데 꼬투리가 가장 크다. 콩알이 탁구공만 한 것도 있다. 콩알을 삶아서 먹거나 밥에 넣기도 한다. 하얀 콩알은 약으로 많이 쓴다. 차를 끓여서 마시기도 한다. **생김새** 길이 60~100cm | 잎 8~19cm, 어긋난다. **사는 곳** 밭 **다른 이름** 칼콩, Sword bean **분류** 쌍떡잎식물 > 콩과

작약

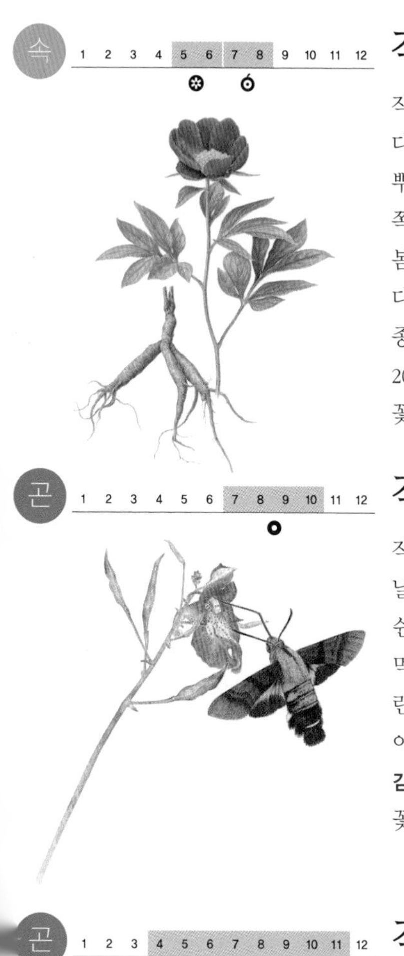

작약은 낮은 산에서 자란다. 꽃을 보려고 일부러 심어 기른다. 꽃이 크고 함지박만큼 풍성해서 함박꽃이라고도 한다. 뿌리가 굵고 길며, 줄기는 곧추 자란다. 잎은 잎꼭지가 길고 쪽잎이 석 장 달리는데, 쪽잎은 다시 두세 갈래로 갈라진다. 봄여름에 꽃이 활짝 핀다. 색이 또렷하고 꽃 한 송이가 크다. 가을에 열매가 익어 까맣고 동그란 씨앗이 나온다. 품종에 따라 생김새가 다르다. **생김새** 높이 50~80cm | 잎 20~40cm, 어긋난다. **사는 곳** 낮은 산, 마당 **다른 이름** 함박꽃[북], 적작약, Peony **분류** 쌍떡잎식물 > 작약과

작은검은꼬리박각시

작은검은꼬리박각시는 낮은 산골짜기에도 살고, 마당에도 날아온다. 나방이지만 나비처럼 낮에 날아다니고 밤에는 쉰다. 저녁 무렵에 더 잘 움직인다. 꽃꿀을 먹고 산다. 꿀을 먹을 때 제자리에서 붕붕 날갯짓을 하면서 빨대처럼 기다란 입을 꽃에 찌른 채로 빨아 먹는다. 앉지 않고 쉴 새 없이 이 꽃 저 꽃을 옮겨 다니며 먹는 모습이 벌새를 닮았다. **생김새** 날개 편 길이 41~44mm **사는 곳** 산골짜기, 들판 **먹이** 꽃꿀 **다른 이름** 꼭두서니박나비[북] **분류** 나비목 > 박각시과

작은빨간집모기

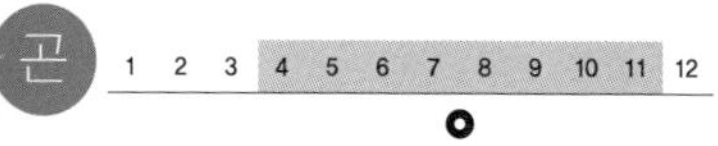

작은빨간집모기는 흔하게 볼 수 있다. 애벌레는 논이나 웅덩이처럼 더럽지 않은 물에서 많이 산다. 도시에서도 고여 있는 물에 산다. 온몸이 옅은 밤빛이고 뚜렷한 무늬는 없다. 어른벌레는 한낮에는 잘 다니지 않는다. 암컷 모기가 사람이나 동물 피를 빤다. 일본뇌염 같은 병을 옮기기도 한다. **생김새** 몸길이 4.5mm쯤 **사는 곳** 애벌레_고인 물, 논물 | 어른벌레_사람이 사는 곳 둘레 **먹이** 애벌레_플랑크톤 | 어른벌레_사람이나 동물 피 **분류** 파리목 > 모기과

작은주홍부전나비

작은주홍부전나비는 밭둑, 풀숲, 공원 어디서나 흔하다. 낮은 풀 위를 재빠르게 날아다닌다. 수컷은 날개로 쳐서 다른 나비를 쫓아낸다. 어른벌레는 개망초, 토끼풀, 붉은토끼풀, 민들레에서 꿀을 빨아 먹는다. 알은 수영이나 소리쟁이에 낳는다. 애벌레는 잎 뒷면에 붙어서 잎을 갉아 먹는다. 애벌레로 겨울을 난다. **생김새** 날개 편 길이 26~34mm **사는 곳** 들판, 낮은 산, 공원 **먹이** 애벌레_애기수영, 수영, 소리쟁이, 개대황 | 어른벌레_꿀 **다른 이름** 붉은숫돌나비[북], Small copper **분류** 나비목 > 부전나비과

어 1 2 3 4 5 6 7 8 9 10 11 12

잔가시고기

잔가시고기는 맑은 물이 흐르는 냇물과 강에 산다. 가시고기와 닮았는데, 조금 작고 몸빛은 더 짙다. 큰 바위와 자갈, 물풀이 많은 곳에서 무리를 짓는다. 큰가시고기와 다르게 민물에서만 지낸다. 가시고기처럼 수컷이 물풀 줄기에 둥지를 짓는다. 암컷이 둥지에 알을 낳으면 뒤이어 수컷이 들어가서 알을 수정시킨다. **생김새** 몸길이 6~7cm **사는 곳** 강, 냇물 **먹이** 작은 물벌레, 물벼룩, 실지렁이 **다른 이름** 침고기, 침쟁이, Short ninespine stickleback **분류** 큰가시고기목 > 큰가시고기과

잔나비불로초

잔나비불로초는 죽은 넓은잎나무 둥치에 홀로 나거나 겹쳐 난다. 여러해살이 버섯이다. 대가 없이 나무에 바로 붙어 난다. 원숭이가 앉아도 될 만큼 크고 단단하다고 잔나비걸상이라고도 한다. 가로수나 길가 말뚝에서도 자란다. 갓 위쪽에는 나이테가 있고 잔주름이 있다. 어릴 때는 밤빛이다가 자라면서 짙어진다. 새로 자라는 쪽은 하얗다. **생김새** 크기 100~600×20~300mm **사는 곳** 넓은잎나무 숲 **다른 이름** 넙적떡따리버섯[북], 잔나비걸상, Artist's fungus **분류** 구멍장이버섯목 > 불로초과

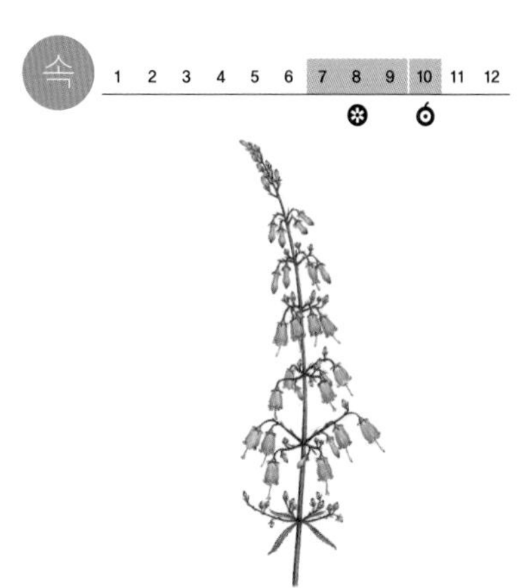

잔대

잔대는 산속 볕이 잘 드는 곳에서 자란다. 밭에서 키우거나 꽃을 보려고 심어 가꾸기도 한다. 줄기가 곧고 하얀 잔털이 나 있다. 줄기에서 나는 잎은 층층이 돌려난다. 길쭉하고 끝이 뾰족하다. 꽃도 잎처럼 돌려난다. 하늘색이고 종처럼 생겼다. 암술대가 꽃보다 더 길게 나온다. 도라지나 더덕처럼 뿌리를 먹는다. **생김새** 높이 40~130cm | 잎 4~8cm, 돌려나거나 마주나거나 어긋난다. **사는 곳** 산, 들, 밭 **다른 이름** 딱주, 잔다구, 백마육, 가는잎딱주, Japanese lady bell **분류** 쌍떡잎식물 > 초롱꽃과

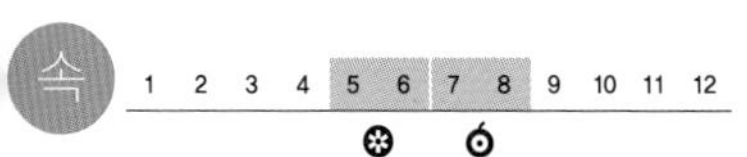

잔디

잔디는 볕이 잘 들고 거름기가 적은 모래땅에서 자란다. 낮은 산이나 들판, 길가에도 흔하다. 집 마당이나 공원, 운동장, 무덤에 일부러 심어 기른다. 땅을 빽빽하게 채워 가며 자란다. 줄기는 기는줄기인데 땅에 붙어서 옆으로 뻗어 나간다. 줄기 마디마다 가는 수염뿌리가 나오고 새싹이 돋는다. 봄에 꽃대가 나오고 꽃대 끝에 자줏빛 꽃이삭이 달린다. **생김새** 높이 5~20cm | 잎 2.5~6cm, 어긋난다. **사는 곳** 산, 들판, 길가 **다른 이름** 떼, 뗏장, Korean lawngrass **분류** 외떡잎식물 > 벼과

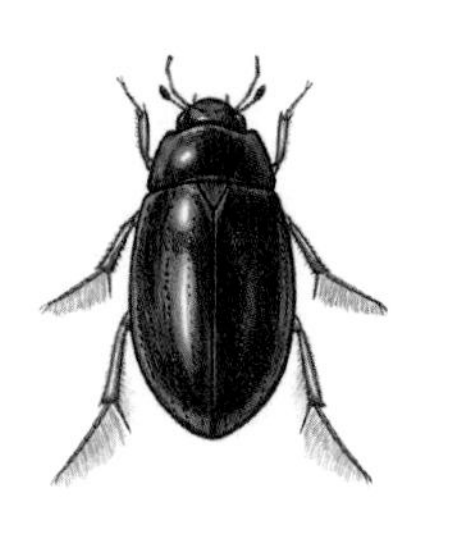

잔물땡땡이

잔물땡땡이는 연못이나 논처럼 고인 물에서 산다. 느리게 헤엄친다. 물방개보다 조금 작다. 애벌레는 작은 벌레를 먹고, 어른벌레는 돌말 같은 물풀이나 썩은 풀을 먹는다. 여름밤에 불빛을 보고 날아오기도 한다. 물땡땡이 무리는 알을 묵처럼 말랑말랑하고 속이 비치는 알주머니 안에 낳는데, 잔물땡땡이는 물 위에 띄워 놓고, 물땡땡이는 물풀에 붙여 놓는다. **생김새** 몸길이 15~18mm **사는 곳** 연못, 논 **먹이** 애벌레_작은 벌레 | 어른벌레_물풀 **다른 이름** 똥방개, 보리방개 **분류** 딱정벌레목 > 물땡땡이과

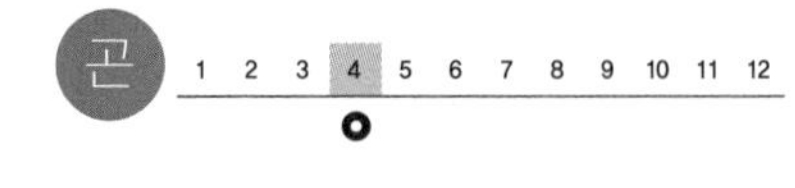

잠자리각다귀

잠자리각다귀는 산속 나무숲에 산다. 모기와 닮았지만 훨씬 크고 다리가 길다. 천천히 난다. 몸은 짙은 밤빛이고 날개는 한 쌍이다. 날개에 둥근 무늬가 있다. 날개를 모으고 앉아 있을 때가 많다. 애벌레는 물속에 살면서 물풀이나 이끼를 먹는다. 어른벌레는 밤에 돌아다니는데 거의 먹지 않는다. 짝짓기를 하고 알을 낳고 나면 죽는다. **생김새** 몸길이 28~40mm **사는 곳** 애벌레_물속 | 어른벌레_산속 **먹이** 애벌레_물풀, 이끼 | 어른벌레는 거의 먹지 않는다. **다른 이름** Crane fly **분류** 파리목 > 각다귀과

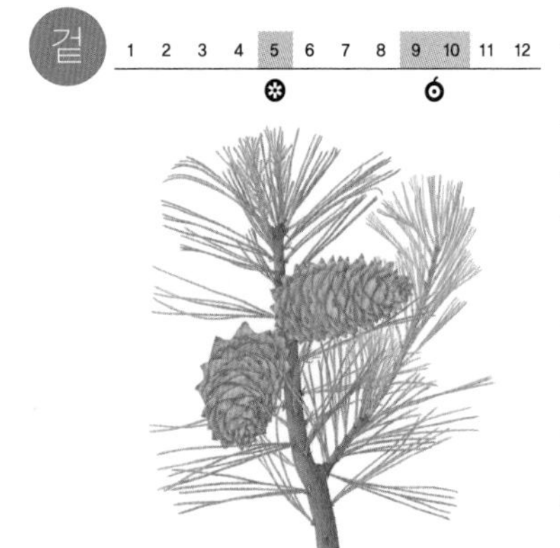

잣나무

잣나무는 높은 산이나 추운 곳에서 많이 자란다. 산에서도 흙이 깊고 물기가 많은 땅에서 잘 자란다. 암수한그루이다. 바늘잎이 다섯 개씩 모여난다. 잎은 3~4년 붙어 있다가 떨어진다. 봄에 꽃이 피고 잣송이는 이듬해 가을에 여문다. 나무 꼭대기 가까이에 달린다. 잣송이를 따서 며칠 두면 잣이 송이에서 잘 빠져 나온다. 잣은 맛이 고소하고 기름이 많다. **생김새** 높이 20~30m | 잎 6~12cm, 뭉쳐난다. **사는 곳** 높은 산 **다른 이름** 오엽송, Korean pine **분류** 겉씨식물 > 소나무과

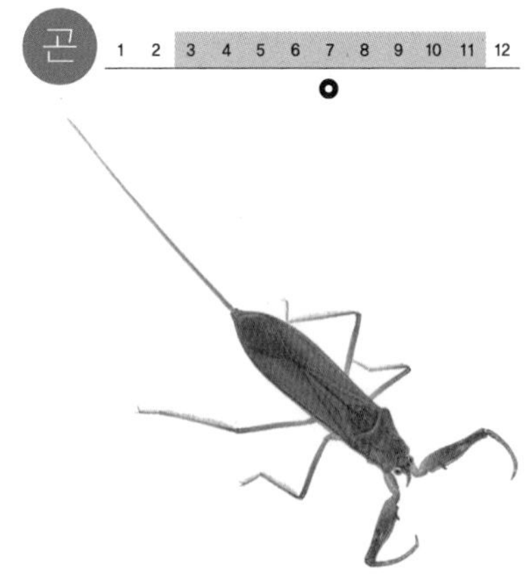

장구애비

장구애비는 연못이나 논 같은 얕은 물속에서 산다. 바닥에 가랑잎이나 나뭇가지가 쌓여 있는 고인 물에 많다. 배 끝에 길고 가느다란 대롱이 있어서 대롱 끝만 물 위로 내놓고 숨을 쉰다. 사는 곳을 옮길 때는 물 밖으로 나와 날개를 말린 뒤에 날기도 하고 밤에 불빛을 보고 날아들기도 한다. 어른벌레로 겨울을 난다. 봄에 축축한 이끼 위에 알을 낳는다. **생김새** 몸길이 30~38mm **사는 곳** 연못, 저수지, 논 **먹이** 물벌레, 물고기, 올챙이 **다른 이름** Japanese water scorpion **분류** 노린재목 > 장구애비과

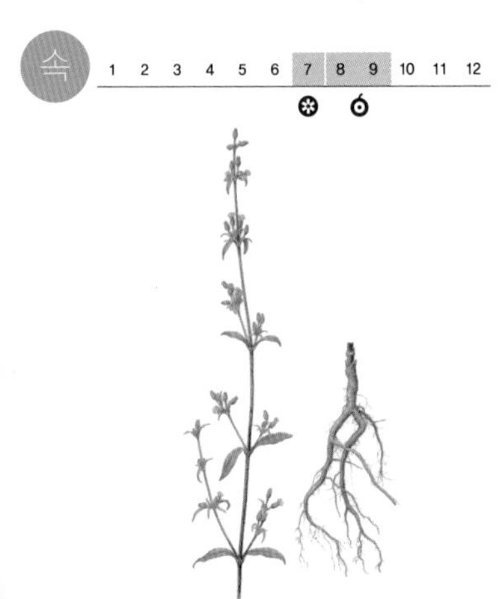

장구채

장구채는 볕이 잘 드는 풀밭이나 길가나 산속에서 자란다. 첫해는 싹이 터서 땅바닥에 방석처럼 딱 붙어서 겨울을 나고, 이듬해에 줄기가 두세 대 올라와 쭉 뻗어 자란다. 띄엄띄엄 마디가 지면서 잎이 난다. 잎은 갸름하면서 끝이 뾰족하다. 한여름에 줄기나 가지 끝 잎겨드랑이에서 꽃대가 올라와 흰 꽃이 핀다. 열매는 달걀 모양으로 끝이 6개로 갈라진다. **생김새** 높이 30~80cm | 잎 3~10cm, 마주난다. **사는 곳** 풀밭, 길가, 산속 **다른 이름** 왕불류행, Catchfly **분류** 쌍떡잎식물 > 석죽과

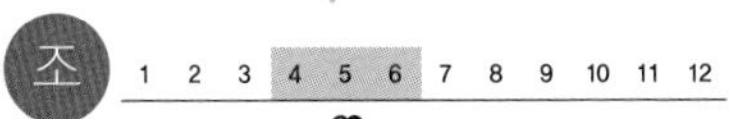

장다리물떼새

장다리물떼새는 논이나 호수, 바닷가 얕은 물에서 산다. 얕은 물가를 천천히 걸어 다니며 먹이를 찾는다. 물고기, 조개, 개구리, 벌레를 먹는다. 걷다가 멈춰 설 때는 몸을 위아래로 흔드는 버릇이 있다. 헤엄도 잘 치고 날 때는 긴 다리를 꼬리 뒤로 길게 뻗는다. 예전에는 여름에 우리나라에서 새끼를 치는 무리가 있었지만, 지금은 거의 없다. **생김새** 몸길이 50cm **사는 곳** 호수, 바다, 습지 **먹이** 개구리, 도마뱀, 물고기, 조개, 벌레 **다른 이름** 긴다리도요[북], Black-winged stilt **분류** 도요목 > 장다리물떼새과

속 1 2 3 4 5 6 7 8 9 10 11 12

장미

장미는 꽃을 보려고 뜰이나 공원에 심어 기른다. 품종에 따라 떨기나무도 있고, 덩굴나무도 있다. 줄기는 풀빛이고 단단한 가시가 있다. 어린 가지는 붉은 밤빛이다. 잎은 쪽잎 5~7개로 이루어진 깃꼴겹잎이다. 쪽잎 가장자리에 날카로운 톱니가 있다. 어린잎은 붉은 자줏빛이다. 가지 끝에서 한 송이나 여러 송이 꽃이 핀다. 품종이 셀 수 없이 많다. **생김새** 높이 2m, 길이 3~10m | 잎 15~45mm, 어긋난다 **사는 곳** 뜰, 공원 **다른 이름** Rose **분류** 쌍떡잎식물 > 장미과

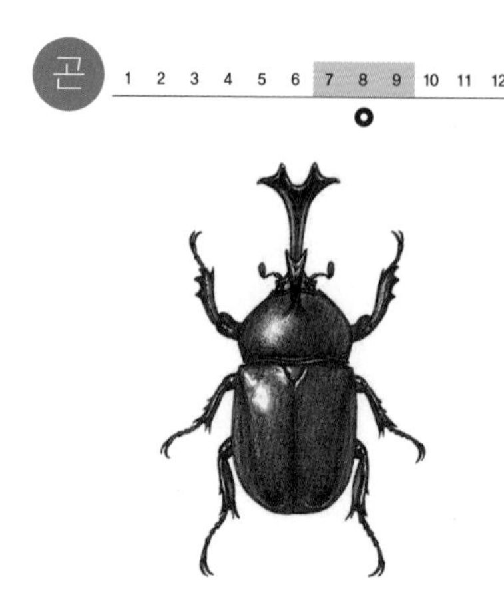

장수풍뎅이

장수풍뎅이는 넓은잎나무가 많은 산에서 산다. 우리나라 풍뎅이 가운데 가장 크다. 몸이 아주 단단하다. 수컷은 머리에 긴 뿔이 나 있고 가슴등판에도 뿔이 나 있다. 멀리 갈 때는 딱딱한 겉날개를 쳐들고 얇은 속날개를 펴서 날아간다. 여름에 썩은 가랑잎이나 두엄 밑에 알을 낳는다. 땅속에서 애벌레로 겨울을 난다. **생김새** 몸길이 30~55mm **사는 곳** 넓은잎나무가 많은 산 **먹이** 애벌레_썩은 풀, 나무, 나무뿌리 | 어른벌레_나뭇진 **다른 이름** Dynastid beetle **분류** 딱정벌레목 > 장수풍뎅이과

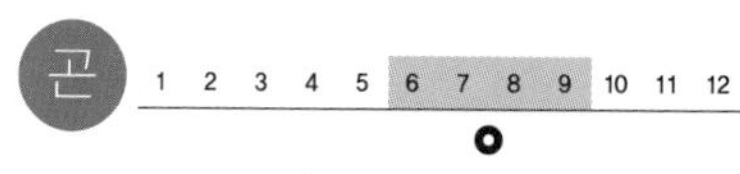

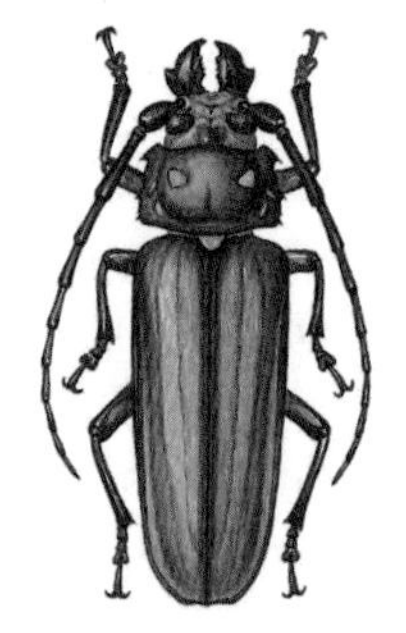

장수하늘소

장수하늘소는 서어나무, 신갈나무, 물푸레나무에 잘 모인다. 딱정벌레 가운데 가장 몸집이 크다. 지금은 아주 드물다. 온몸이 검은빛이 도는 밤빛이고, 윤이 난다. 수컷 큰턱은 사슴뿔 모양이다. 암컷은 큰턱이 작다. 애벌레는 나무에 살면서 나무속을 파먹고 자란다. 4~5년쯤 애벌레로 지낸다. 어른벌레는 여름에 나오는데, 나뭇진을 잘 먹는다. **생김새** 몸길이 65~120mm **사는 곳** 애벌레_나무속 | 어른벌레_나무숲 **먹이** 애벌레_큰 나무줄기 속 | 어른벌레_나뭇진 **다른 이름** Longhorned Beetle **분류** 딱정벌레목 > 하늘소과

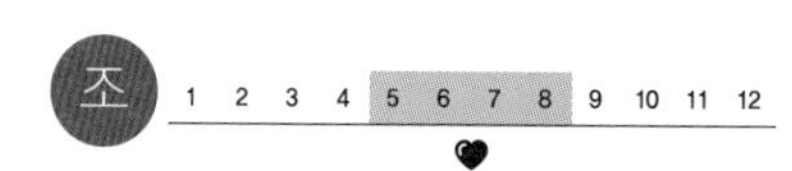

재갈매기

재갈매기는 바닷가에서 100~200마리씩 크게 무리 지어 산다. 괭이갈매기와 섞여서 지내기도 한다. 등과 날개가 잿빛을 띤다. 물고기, 알, 어린 새, 죽은 동물, 음식 찌꺼기, 나무 열매를 가리지 않고 먹는다. 배를 따라다니면서 그물에 걸려 나오는 물고기, 오징어, 게 같은 것을 먹기도 한다. 여름에 새끼를 친 다음 가을에 와서 겨울을 나고 간다. **생김새** 몸길이 62cm **사는 곳** 바다, 강 하구 **먹이** 물고기, 새, 새알, 죽은 짐승, 나무 열매 **다른 이름** European herring gull **분류** 도요목 > 갈매기과

조 1 2 3 **4 5** 6 7 8 9 10 11 12

재두루미

재두루미는 논이나 갯벌, 습지에서 산다. 가을에 우리나라를 찾아와 겨울을 난다. 암수와 새끼로 이루어진 가족 무리가 모여 큰 무리를 짓는다. 눈 둘레와 뺨이 붉다. 논에서 낟알이나 풀씨를 주워 먹거나 갯벌에서 작은 물고기나 새우를 잡아먹는다. 경계심이 강해서 조금만 곧 날아오른다. 여럿이 날 때는 V자 꼴을 이루고 난다. **생김새** 몸길이 120cm **사는 곳** 갯벌, 습지, 저수지, 강 하구 **먹이** 곡식, 풀씨, 물고기, 새우, 고둥, 벌레 **다른 이름** White-naped crane **분류** 두루미목 > 두루미과

무 1 2 3 4 5 **6 7 8** 9 10 11 12

재첩

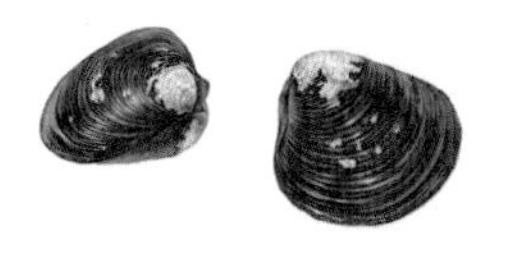

재첩은 바닷물이 드나드는 민물에 산다. 섬진강에 많다. 모랫바닥이나 진흙과 모래가 섞인 바닥 속을 파고들어 가 있는다. 껍질은 삼각형 모양인데, 모래에서 사는 것은 누렇고 진흙이 섞인 곳에 사는 것은 검다. 자라면서 생기는 줄무늬가 뚜렷하다. 어린 새끼는 보름 안팎 동안 물속을 떠다닌다. 봄에 많이 잡아서 먹는다. **생김새** 크기 3×3cm **사는 곳** 서해, 남해 바닷속 **다른 이름** 쇠가막조개[북], 갱조개, Marsh clam **분류** 연체동물 > 재첩과

균 1 2 3 4 5 6 7 8 9 10 11 12

잿빛만가닥버섯

잿빛만가닥버섯은 여름부터 늦가을까지 숲속 풀밭이나 땅 위, 죽은 나무뿌리에서 난다. 빽빽하게 뭉쳐나거나 무리 지어 난다. 땅에 떨어진 나뭇가지나 쌓인 가랑잎에서도 자란다. 갓은 둥근 산 모양이고 끝이 안쪽으로 말린다. 자라면서 판판해지는데 가장자리가 물결치듯 구불거린다. 자라는 곳에 따라 색이 다르다. 쫄깃쫄깃하고 맛이 좋다. **생김새** 갓 40~90mm **사는 곳** 숲, 죽은 나무뿌리, 가랑잎 더미 **다른 이름** 무리버섯[북], 방망이만가닥버섯, 무데기버섯, 천덕쟁이, Clustered domecap **분류** 주름버섯목 > 만가닥버섯과

저어새 

저어새는 바닷가나 논, 강 하구에서 사는데 잠은 숲으로 가서 잔다. 주걱 같은 부리를 물속에 넣고 저어 가면서 먹이를 잡는다. 가끔 백로 같은 새가 뒤를 따라다니면서 저어새가 물을 휘저을 때 도망 나오는 물고기를 잡기도 한다. 날 때는 목과 다리를 앞뒤로 쭉 뻗은 채 부드럽게 날개를 젓는다. 봄에 우리나라에 와서 새끼를 치고 가을에 남쪽으로 간다. **생김새** 몸길이 85cm **사는 곳** 강 하구, 논, 갯벌 **먹이** 우렁이, 물고기, 개구리, 게, 새우, 오징어 **다른 이름** 검은낯저어새[북], Black-faced spoonbill **분류** 황새목 > 저어새과

균 1 2 3 4 5 6 7 8 9 10 11 12

적갈색애주름버섯

적갈색애주름버섯은 여름부터 가을까지 죽은 나무줄기나 그루터기에 뭉쳐나거나 무리 지어 난다. 갓이나 대에 상처가 나면 피처럼 검붉은 물이 나온다. 갓은 옅은 자줏빛이고 가운데는 색이 짙다. 가장자리는 잘게 주름이 지고 삐죽삐죽하다. 물기를 머금으면 우산살 같은 줄무늬가 나타난다. 주름살은 어릴 때 잿빛이다가 살구색으로 바뀌고 불그스름한 밤빛 얼룩이 생긴다. **생김새** 갓 10~35mm **사는 곳** 넓은잎나무 숲 **다른 이름** 피빛줄갓버섯[북], 피빛버섯, Burgundydrop bonnet **분류** 주름버섯목 > 애주름버섯과

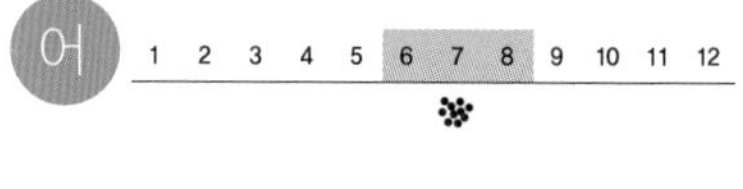

전갱이

전갱이는 따뜻한 물을 따라 떼 지어 다닌다. 남쪽 바다에 사는 것은 몸빛깔이 짙다. 바닷속 가운데나 밑에서 몰려다닌다. 날씨가 좋으면 물낯으로도 올라온다. 작은 멸치나 새우나 새끼 물고기를 잡아먹는다. 여름에 남해로 올라와서 알을 낳는다. 옆줄을 따라 큰 비늘이 붙어 있는데 여기에 짧고 뾰족한 가시가 있다. 여름에 그물이나 낚시로 잡는다. **생김새** 몸길이 40cm **사는 곳** 우리나라 온 바다 **먹이** 플랑크톤, 새우, 작은 물고기 **다른 이름** 매가리, 가라지, 빈쟁이, Horse mackerel **분류** 농어목 > 전갱이과

전기가오리

전기가오리는 제주 바다와 남해에 산다. 물 깊이가 50미터 안쪽인 얕은 바다에 산다. 전기가오리는 몸에서 전기를 일으킨다. 몸통 양쪽에 전기를 일으키는 발전기가 있다. 바닥 모래나 흙 속에 몸을 숨기고 있다가 먹이가 가까이 오면 전기를 일으켜 잡아먹는다. 큰 물고기나 사람이 건드려도 제 몸을 지키려고 전기를 일으킨다. 봄에 새끼를 낳는다. **생김새** 몸길이 40cm **사는 곳** 제주, 남해 **먹이** 새우, 갯지렁이, 작은 물고기 **다른 이름** 시끈가오리, 밀가우리, 쟁개비, Electric ray **분류** 홍어목 > 전기가오리과

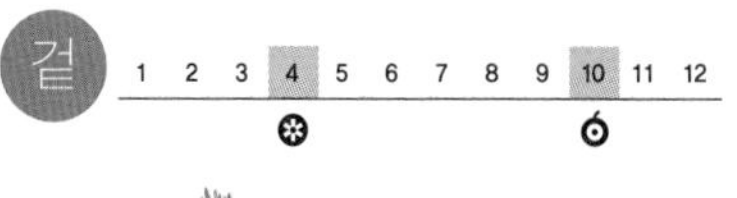

전나무

전나무는 높은 산에서 자란다. 우리나라에는 하늘을 찌를 듯 높이 자란 아름드리 전나무 숲이 여럿이다. 줄기는 곧게 뻗는다. 가지는 아래로 처지지 않고 사방으로 향한다. 오래 자라면 가지가 거의 없이 미끈해진다. 잎은 뾰족하고 솔잎보다 짧다. 잎 앞면은 짙은 풀빛이고 뒷면은 흰빛이다. 봄에 암꽃과 수꽃이 한 그루에 핀다. 열매는 가을에 여물고 겉이 송진으로 덮인 것이 많다. **생김새** 높이 40m | 잎 4cm, 돌려난다. **사는 곳** 높은 산 **다른 이름** 젓나무, 저수리, 삼송, Needle fir **분류** 겉씨식물 > 소나무과

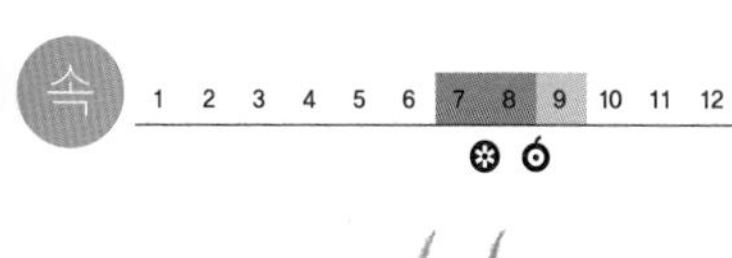

전동싸리

전동싸리는 길가나 개울가, 바닷가 풀밭에서 자란다. 줄기는 곧게 서고 가지를 많이 친다. 마르면 향기가 난다. 성글게 털이 있다가 점차 없어진다. 잎은 쪽잎 석 장으로 된 겹잎인데 특이한 냄새가 난다. 여름에 꽃대에 작고 노란 꽃이 줄줄이 모여 핀다. 꽃에 꿀이 많다. 열매 꼬투리는 달걀 모양이고 검게 익는다. 씨는 누런 밤빛이다. **생김새** 높이 60~90cm | 잎 1.5~3cm, 어긋난다. **사는 곳** 길가, 개울가, 바닷가, 집 둘레 **다른 이름** 초목서, 노랑풀싸리, Sweet clover **분류** 쌍떡잎식물 > 콩과

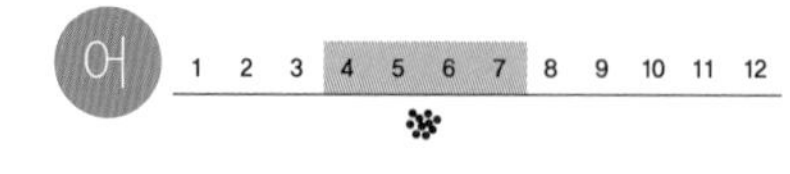

전어

전어는 따뜻한 물을 좋아한다. 물살이 세지 않은 바닷가나 섬 둘레에서 많이 산다. 몸이 뾰족해서 재빠르게 헤엄친다. 물에 떠다니는 작은 동물을 잡아먹고 진흙 속에 사는 유기물도 뒤져 먹는다. 봄여름에 바닷가 가까이에서 알을 낳는다. 물이 차가워지면 깊은 곳으로 모여들어 겨울을 난다. 가을이 되면 몸이 통통해지고 기름기가 끼면서 맛이 아주 좋아진다. **생김새** 몸길이 25cm **사는 곳** 서해, 남해 **먹이** 플랑크톤, 개흙 속에 사는 작은 동물 **다른 이름** 전애, Gizzard shad **분류** 청어목 > 청어과

절구무당버섯

절구무당버섯은 여름부터 가을까지 숲속 땅에 홀로 나거나 무리 지어 난다. 소나무, 가문비나무, 상수리나무 둘레에 많다. 갓은 어릴 때 둥근 산 모양이고 끝이 안쪽으로 말려 있다. 자라면서 판판해지고 나중에는 가운데가 오목한 깔때기 모양이 된다. 주름살은 하얗고 포자가 다 떨어지면 까매진다. 독이 아주 센 절구버섯아재비와 똑 닮았다. **생김새** 갓 65~180mm **사는 곳** 숲 **다른 이름** 성긴주름검은갓버섯[북], 검은거짓젖버섯[북], 절구버섯, Blackening brittlegill **분류** 무당버섯목 > 무당버섯과

절굿대

절굿대는 볕이 잘 드는 산기슭이나 풀밭에서 자란다. 요즘은 드물다. 줄기는 곧게 올라오다가 두서너 갈래로 가지를 친다. 온몸에 흰 털이 덮여 있다. 뿌리잎은 잎자루가 길고 줄기잎은 잎자루가 없다. 잎 가장자리에 톱니가 있다. 여름에 줄기나 가지 끝에 동그란 꽃 뭉치가 달린다. 뭉치 하나에 대롱꽃들이 빽빽하게 모여 핀다. **생김새** 높이 1m 안팎 | 잎 15~25cm, 어긋난다. **사는 곳** 산기슭, 풀밭 **다른 이름** 분취아재비[북], 둥둥방망이, 개수리취, Purple globe thistle **분류** 쌍떡잎식물 > 국화과

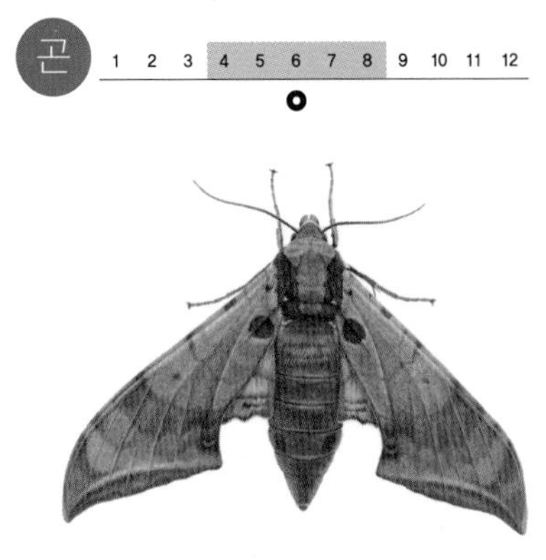

점갈고리박각시

점갈고리박각시는 산에 많이 산다. 낮에는 움직이지 않다가 밤이 되면 날아다닌다. 날개가 크고, 푸드덕푸드덕 빠르게 날아다닌다. 불빛에 모여들기도 한다. 냄새로 들꽃을 찾아서 대롱 같은 주둥이로 꿀을 빨아 먹는다. 갈고리 같은 발톱을 꽃잎에 걸고 매달린 채로 먹는다. 적이 나타나면 날개를 위로 반쯤 들어 올리고 몸을 부르르 떨어서 위협한다. **생김새** 날개 편 길이 91~99mm **사는 곳** 산 **먹이** 애벌레_나뭇잎 | 어른벌레_꿀, 나뭇진 **다른 이름** Ochreous gliding hawkmoth **분류** 나비목 > 박각시과

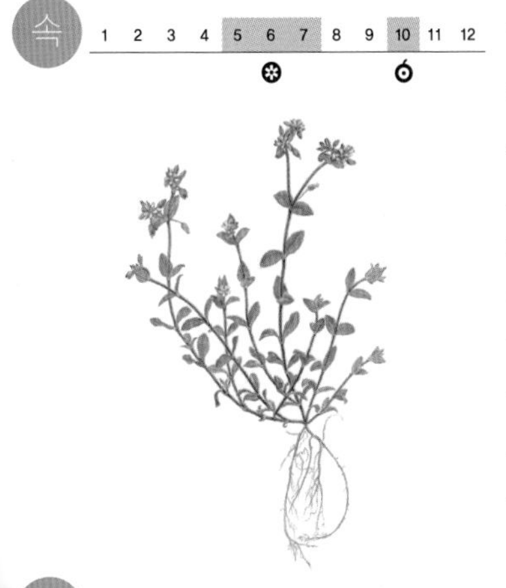

점나도나물

점나도나물은 밭이나 논둑, 길가에 흔히 자란다. 가을에 싹이 터서 겨울을 나고 이듬해 봄에 자란다. 줄기는 무더기로 모여난다. 잎은 끝이 좁고 잔털이 퍼져 있다. 초여름에 흰 꽃이 줄기 끝에 모여 핀다. 꽃이 핀 뒤 꽃대가 고개를 숙이면서 열매가 달린다. 열매는 둥근 통처럼 생겼고 연한 밤빛인데 익으면 터진다. **생김새** 높이 15~25cm | 잎 1~4cm, 마주난다. **사는 곳** 밭, 논둑, 길가 **다른 이름** 이채, 좀나도나물, Common mouse-ear chickweed **분류** 쌍떡잎식물 > 석죽과

점몰개

점몰개는 냇물이나 강에서 산다. 맑은 물이 흐르고 모래와 자갈이 깔린 얕은 곳을 좋아한다. 몰개와 닮았는데 옆줄 위에 큰 점이 박혀 있다. 짧은 입수염이 한 쌍 있다. 몸에 점이 많다고 점몰개라는 이름이 붙었다. 어떻게 살고 언제 알을 낳는지는 아직 알려지지 않았다. 남부 지역의 동해로 흐르는 하천에서만 보인다. 우리나라에만 산다. **생김새** 몸길이 5~7cm **사는 곳** 냇물, 강 **먹이** 물벌레, 물풀 **다른 이름** 딸쟁이, 물피리, Spotted barbel gudgeon **분류** 잉어목 > 모래무지아과

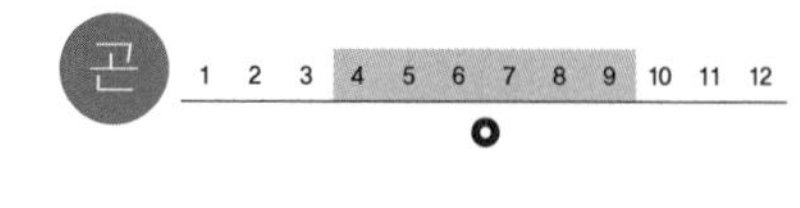

점박이꽃무지

점박이꽃무지는 꽃무지 무리에 든다. 꽃무지도 풍뎅이 종류인데 등과 딱지날개에 흰무늬가 흩어져 있다. 꽃무지들은 낮에 돌아다니는 것이 많다. 나뭇진이 흘러나오는 나무줄기나 새가 쪼아서 흠집이 난 과일에 잘 모인다. 두엄 더미나 썩은 식물 밑에 알을 낳는다. 애벌레는 굼벵이라고 하는데, 썩은 풀이나 두엄을 먹는다. 애벌레로 겨울을 난다. **생김새** 몸길이 20~25mm **사는 곳** 들판, 낮은 산 **먹이** 애벌레_썩은 풀, 두엄 | 어른벌레_나뭇진, 과일 **다른 이름** 점박이풍뎅이 **분류** 딱정벌레목 > 꽃무지과

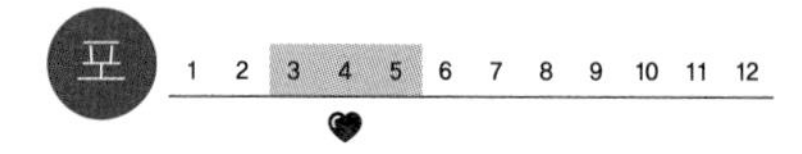

점박이물범

점박이물범은 서해 백령도에서 볼 수 있다. 겨울에 동해에 나타나기도 한다. 물개와 비슷한데 머리가 둥글고 귓바퀴가 없다. 옅은 잿빛 바탕에 검은 점무늬가 온몸에 있다. 새끼 때는 온몸이 흰빛이다. 헤엄을 칠 때는 앞발로 방향을 조절하고 뒷발을 움직여 앞으로 나아간다. 먹이를 잡을 때가 아니면 보통 물 밖에서 지낸다. 무리를 지어 생활하고 봄에 새끼를 한두 마리 낳는다. **생김새** 몸길이 1.4~1.7m **사는 곳** 서해, 동해 **먹이** 물고기, 오징어, 플랑크톤 **다른 이름** 물범, 잔점박이물범, Spotted seal **분류** 식육목 > 물범과

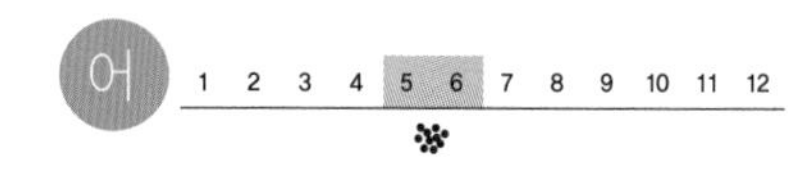

점줄종개

점줄종개는 맑은 물이 흐르고 물살이 느린 냇물이나 강에서 산다. 몸통에 점이 줄지어 있다. 수컷은 쭉 이어져 있고, 암컷은 옆줄 밑에 굵은 점이 띄엄띄엄 있다. 모래가 깔린 바닥에서 작은 물벌레나 돌말을 먹는다. 모래 속으로 파고들어 잘 숨는다. 알 낳을 때가 되면 수컷은 줄무늬가 하나 더 늘어나 보인다. 암컷 몸을 둘둘 감고 조여서 알을 낳는다. **생김새** 몸길이 8cm **사는 곳** 냇물, 강 **먹이** 작은 물벌레, 돌말 **다른 이름** 뽀드락지, 꼬들래미, 기름장군, Luther's spiny loach **분류** 잉어목 > 미꾸리과

접시껄껄이그물버섯

접시껄껄이그물버섯은 땅에서 나는 버섯 가운데 아주 큰 편이다. 여름부터 가을까지 숲속 땅에 홀로 나거나 흩어져 난다. 밤나무, 참나무, 모밀잣밤나무 둘레에 많이 난다. 갓이 피면서 거북 등처럼 갈라진다. 살을 문지르면 연한 분홍빛이 난다. 대 겉에는 빨간색 돌기가 촘촘하다. 어린 버섯을 먹는데 맛이 좋다. 날것을 먹으면 안 되고 익혀 먹어야 한다. **생김새** 갓 71~200mm **사는 곳** 밤나무 숲, 참나무 숲 **다른 이름** 껄껄이그물버섯 **분류** 그물버섯목 > 그물버섯과

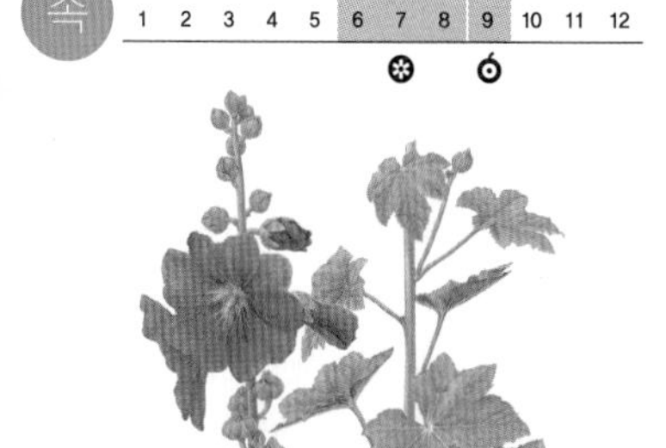

접시꽃

접시꽃은 꽃을 보려고 마당에 심어 기른다. 열매가 접시처럼 납작하다. 줄기는 해바라기만큼이나 쭉 뻗어 자란다. 가지를 안 치고 꼿꼿하게 큰다. 매끈해 보이지만 만져 보면 억센 털이 나 있다. 줄기에서 기다란 잎자루가 나와 넓적한 잎이 난다. 잎 가장자리에 톱니가 있다. 꽃은 여름에 줄기 아래에서 위쪽으로 올라가면서 차례로 핀다. 꽃 색깔이 여러 가지이다. **생김새** 높이 1.5~2.5m | 잎 6~10cm, 어긋난다. **사는 곳** 마당 **다른 이름** 접중화[북], 촉규화, 떡두화, Hollyhock **분류** 쌍떡잎식물 > 아욱과

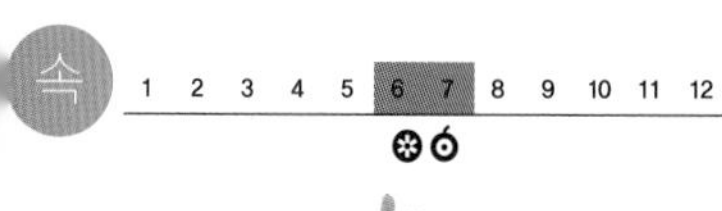

젓가락나물

젓가락나물은 볕이 잘 드는 들판에서 자란다. 물기가 많은 곳을 좋아한다. 줄기는 곧게 서고 가지를 친다. 속이 비어 있고 거친 털이 많다. 줄기잎은 어긋나고 세 갈래로 갈라지는데 갈라진 쪽잎은 다시 깊이 갈라진다. 여름에 가지 끝에서 노란 꽃이 핀다. 열매는 여러 개가 둥글게 모여 달린다. **생김새** 높이 40~80cm | 잎 2.5~7.5cm, 모여나거나 어긋난다. **사는 곳** 물기가 많은 들 **다른 이름** 애기젓가락풀[북], 애기젓가락바구지, Asian buttercup **분류** 쌍떡잎식물 > 미나리아재비과

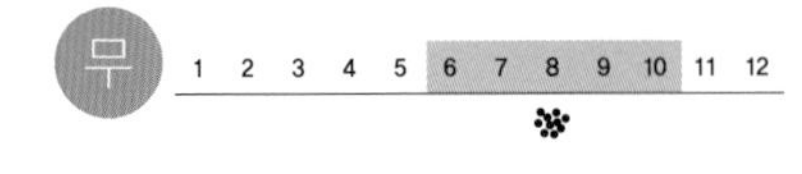

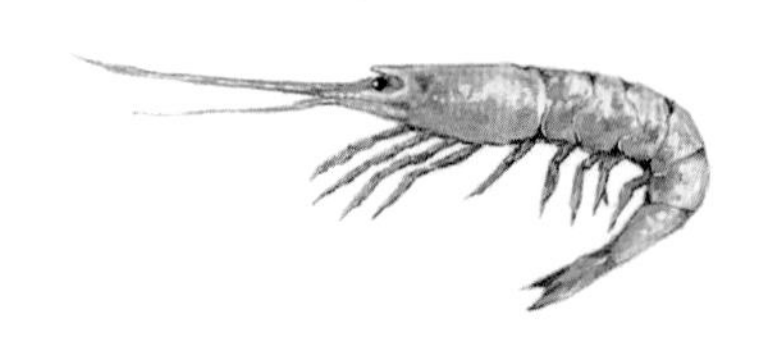

젓새우

젓새우는 서해에서 많이 난다. 새우젓을 담그는 새우이다. 늦가을에 무리를 지어 먼바다로 나가서 겨울을 난 뒤 봄에 다시 얕은 바다로 돌아온다. 봄가을에 많이 잡는다. 봄에 잡은 새우로 봄젓을 담그고, 가을에 잡은 새우로 추젓을 담근다. 육젓은 음력 6월에 잡힌 새우로 담근 젓갈을 말한다 **생김새** 몸길이 4cm쯤 **먹이** 바닥속 플랑크톤 **사는 곳** 서해, 남해 **다른 이름** 새오, 쌔비, Akiami paste shrimp **분류** 절지동물 > 젓새우과

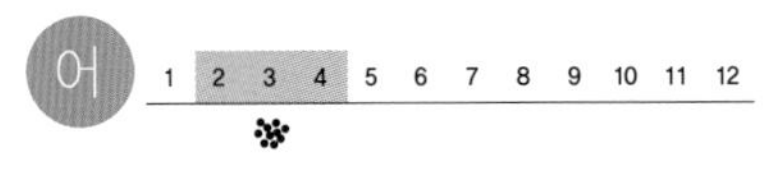

정어리

정어리는 동해와 남해에 산다. 겨울에는 제주 바다에서 지내다가 봄부터 남해를 거쳐 동해로 올라온다. 수십만 마리가 떼를 지어 몰려다닌다. 마치 한 몸처럼 이리저리 방향을 바꾸며 헤엄쳐 다닌다. 낮에는 물속 가운데쯤 있다가 밤에는 물낯으로 올라온다. 입을 딱 벌리고 헤엄치면서 플랑크톤을 걸러 먹는다. 정어리를 잡을 때는 밤에 불을 켜고 그물로 잡는다. **생김새** 몸길이 20~25cm **사는 곳** 동해, 남해, 제주 **먹이** 플랑크톤 **다른 이름** 눈치, Pilchard **분류** 청어목 > 청어과

제비

제비는 사람과 가까이 지낸다. 둥지도 사람 사는 집 처마에 튼다. 시골 마을에 사는데, 도시에서도 밝은 등을 켜 놓은 곳에 먹이를 잡으러 잘 나타난다. 짝짓기 무렵에는 혼자 또는 암수가 함께 살다가 새끼 치기가 끝나면 가족과 함께 수십 마리씩 무리 짓는다. 다리가 짧아 땅에서 잘 걷지 못한다. 나는 속도가 아주 빠르다. 입을 벌린 채 날면서 날아다니는 벌레를 잡는다. 한 해에 두 번 새끼를 친다. **생김새** 몸길이 18cm **사는 곳** 마을 **먹이** 벌레 **다른 이름** Barn swallow **분류** 참새목 > 제비과

제비갈매기

제비갈매기는 호수나 습지 둘레의 갈대숲에서 무리 지어 산다. 봄가을로 동해, 을숙도, 천수만에서 쉬어 간다. 제비처럼 날개 끝이 뾰족하고 꼬리가 두 갈래로 길게 뻗어 있다. 물 위를 낮게 날거나 공중에서 정지 비행을 하면서 먹이를 찾다가 물속으로 재빨리 뛰어들어 잡는다. 물에 사는 게, 새우, 작은 물고기, 날아다니는 딱정벌레, 잠자리 같은 벌레도 먹는다. **생김새** 몸길이 35cm **사는 곳** 바다, 강 하구, 습지, 호수 **먹이** 게, 새우, 벌레, 물고기, 오징어 **다른 이름** 검은머리소갈매기[북], Common tern **분류** 도요목 > 갈매기과

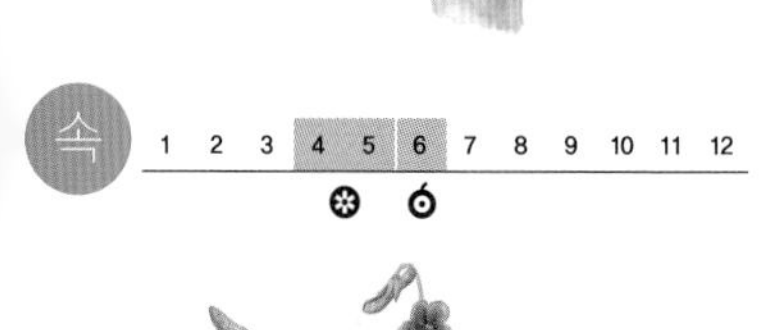

제비꽃

제비꽃은 봄에 길가나 빈터, 산기슭, 밭둑 어디서나 흔하게 핀다. 제비꽃은 종류가 많다. 줄기가 없이 뿌리에서 잎만 난다. 키가 작다. 잎은 길쭉한 세모꼴이다. 봄에 잎 사이에서 가느다란 꽃대 몇 개가 올라와 꽃이 핀다. 열매 안에는 좁쌀보다 작은 씨앗이 들어 있다. 개미들이 씨앗을 옮긴다. **생김새** 높이 10~15cm | 잎 3~8cm, 모여난다. **사는 곳** 길가, 빈터, 산기슭, 밭둑 **다른 이름** 오랑캐꽃, 병아리꽃, 앉은뱅이꽃, 장수꽃, 씨름꽃, Manchurian violet **분류** 쌍떡잎식물 > 제비꽃과

제비난초

제비난초는 높은 산 숲속에서 자란다. 잎은 줄기 아래쪽에 큰 잎 2장이 마주난 것처럼 달린다. 매끈하고 잎맥이 또렷하다. 여름에 줄기에 흰 꽃이 성글게 붙어 핀다. 꽃잎이 제비 날개를 닮았다. 꽃에서 좋은 냄새가 난다. 꽃을 보려고 심어 가꾼다 **생김새** 높이 20~50cm | 잎 8~15cm, 마주난다. **사는 곳** 높은 산 숲속 **다른 이름** 제비란[북], 향난초, 쌍두제비, Greater platanthera **분류** 외떡잎식물 > 난초과

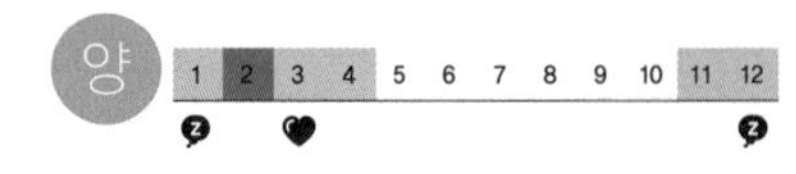

제주도롱뇽

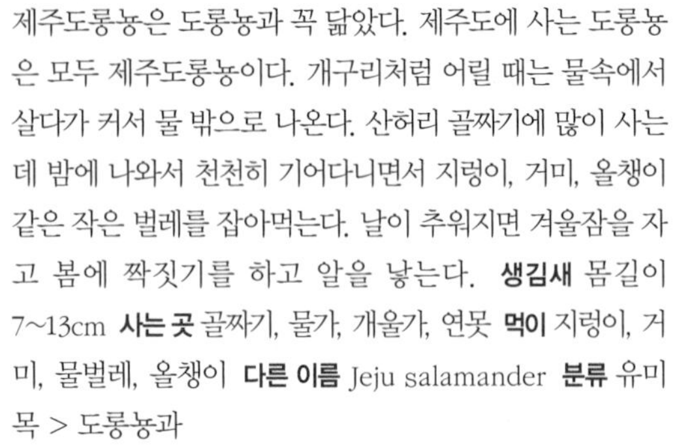

제주도롱뇽은 도롱뇽과 꼭 닮았다. 제주도에 사는 도롱뇽은 모두 제주도롱뇽이다. 개구리처럼 어릴 때는 물속에서 살다가 커서 물 밖으로 나온다. 산허리 골짜기에 많이 사는데 밤에 나와서 천천히 기어다니면서 지렁이, 거미, 올챙이 같은 작은 벌레를 잡아먹는다. 날이 추워지면 겨울잠을 자고 봄에 짝짓기를 하고 알을 낳는다. **생김새** 몸길이 7~13cm **사는 곳** 골짜기, 물가, 개울가, 연못 **먹이** 지렁이, 거미, 물벌레, 올챙이 **다른 이름** Jeju salamander **분류** 유미목 > 도롱뇽과

조

조는 밭에 심는 곡식이다. 아무 곳에서나 잘 자라서 우리나라 사람들은 벼나 보리보다 먼저 심어 길렀다. 줄기는 곧게 자라고 가지를 치지 않는다. 잎은 까칠까칠하고 여름에 줄기 끝에 강아지풀처럼 생긴 이삭이 올라온다. 자잘한 이삭 열매가 수천 알쯤 달린다. 곡식 가운데 알이 가장 잘다. 쌀과 섞어 밥을 짓는다. 좁쌀은 닭이나 새 모이로도 준다. **생김새** 높이 1m이상 | 잎 10~30cm, 어긋난다. **사는 곳** 밭 **다른 이름** 서숙, 율, 좌, 속미, Foxtail millet **분류** 외떡잎식물 > 벼과

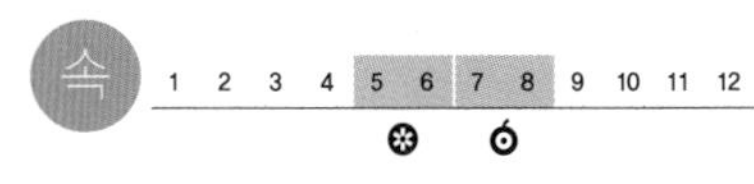

조개나물

조개나물은 볕이 잘 들고 메마른 땅에서 자란다. 꽃을 보려고 마당이나 화분에 심어 기르기도 한다. 줄기는 곧게 자라고 하얀 털이 촘촘히 나 있다. 잎에도 솜털이 있다. 줄기잎은 잎자루가 없다. 오뉴월에 보랏빛 꽃이 잎겨드랑이에 모여난다. 꽃이 마치 조개가 발을 내밀고 있는 것처럼 생겼다. 여름에 납작하게 생긴 열매가 익는다. **생김새** 높이 10~30cm | 잎 1.5~3cm, 마주난다. **사는 곳** 풀밭 **다른 이름** 수창포, 창포붓꽃, Korean pyramid bugle **분류** 쌍떡잎식물 > 꿀풀과

조개풀

조개풀은 물기가 많고 볕이 잘 드는 논둑이나 개울가에 흔하다. 줄기는 땅 위를 기면서 자라는데 위로 갈수록 곧게 선다. 줄기에는 마디마다 털이 나 있고, 마디에서 새로운 뿌리를 내린다. 잎 가장자리에는 긴 털이 있다. 잎이 줄기를 완전히 감싼다. 가을에 가지 끝에 길쭉한 꽃이삭이 여러 개 모여 달린다. 벼나 보리처럼 이삭들이 다닥다닥 붙어 있다. **생김새** 높이 20~50cm | 잎 2~6cm, 어긋난다. **사는 곳** 논둑, 개울가 **다른 이름** 신초, 민조개풀, Small carpetgrass **분류** 외떡잎식물 > 벼과

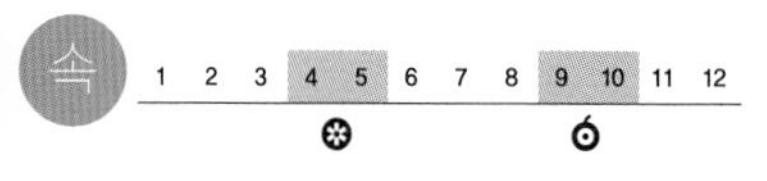

조록나무

조록나무는 따뜻한 남부 지방 산기슭에서 자란다. 줄기는 잿빛이 도는 거무스레한 풀빛이다. 잎은 긴 타원형이고 두껍고 윤이 난다. 끝이 뾰족하고 가장자리가 밋밋하다. 잎이나 작은 가지에 크기나 모양이 여러 가지인 벌레집이 생긴다. 봄에 잎겨드랑이에서 작고 붉은 꽃이 모여서 핀다. 열매 끝에는 짧은 돌기가 두 개 있다. **생김새** 높이 20m | 잎 3~6cm, 어긋난다. **사는 곳** 산기슭 **다른 이름** 잎벌레혹나무, 넓은잎조록나무, Evergreen witch hazel **분류** 쌍떡잎식물 > 조록나무과

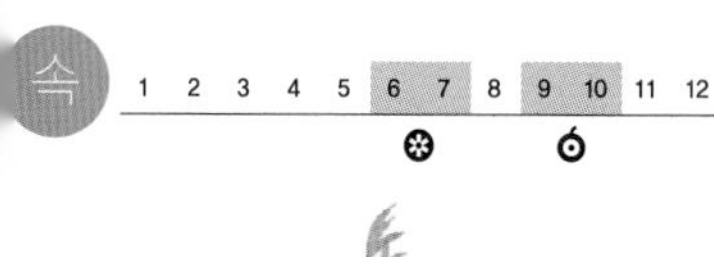

조록싸리

조록싸리는 산에서 자란다. 그늘진 곳이나 메마른 땅에서 잘 자란다. 줄기는 가지를 많이 치고 햇가지에는 털이 많다. 잎은 쪽잎 세 장으로 된 겹잎이다. 쪽잎 뒷면에 흰 털이 배게 나 있다. 여름에 붉은 보랏빛 꽃이 잎겨드랑이에서 핀다. 꽃에 꿀이 있다. 꽃줄기는 잎보다 짧고 털이 배게 덮여 있다. 열매는 콩꼬투리 모양이고 끝이 뾰족하다. 나무껍질로 밧줄을 만든다. **생김새** 높이 2~4m | 잎 3~6cm, 어긋난다. **사는 곳** 산, 숲 **다른 이름** 지리산싸리, Korean lespedeza **분류** 쌍떡잎식물 > 콩과

속 1 2 3 4 5 6 7 8 9 10 11 12

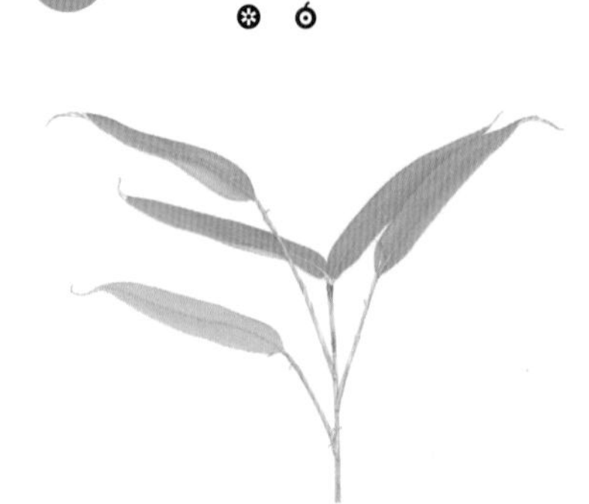

조릿대

조릿대는 산에서 자라는 대나무이다. 흔하고 겨울에도 잎이 푸르러서 겨울 산에서는 눈에 잘 띈다. 조리를 만드는 대나무라고 붙은 이름이다. 키가 작다. 잎 끝은 뾰족하고 가장자리에 가시 같은 톱니가 있다. 조릿대는 다른 대나무와 달리 몇 년마다 한 번씩 꽃을 피우고 열매를 맺는다. 꽃은 가지 끝에서 피고 가을에 열매가 여문다. **생김새** 높이 1~2m | 잎 10~25cm, 어긋난다. **사는 곳** 산 **다른 이름** 산죽, 갓대, Northern bamboo **분류** 외떡잎식물 > 벼과

속 1 2 3 4 5 6 7 8 9 10 11 12

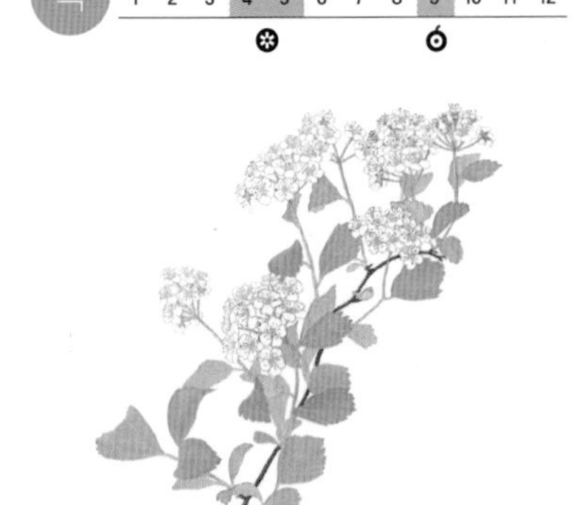

조팝나무

조팝나무는 들이나 밭둑에서 자란다. 산울타리로도 심는다. 물기가 많은 땅을 좋아한다. 추위에도 잘 견딘다. 줄기가 여럿 모여나서 큰 포기로 자란다. 봄에 잎이 나기 전에 꽃이 핀다. 가느다란 줄기에 작고 하얀 꽃이 빽빽이 핀다. 꽃은 향기가 진하고 꿀이 많다. 잎은 꽃이 질 무렵부터 돋는다. 가장자리에 자잘한 톱니가 있다. **생김새** 높이 3m | 잎 2~4cm, 어긋난다. **사는 곳** 들, 밭둑 **다른 이름** 튀밥꽃, 싸래기꽃, Simple bridalwreath spiraea **분류** 쌍떡잎식물 > 장미과

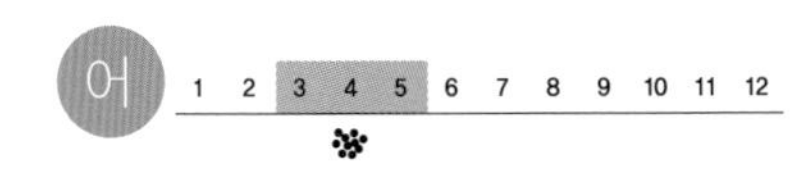

조피볼락

조피볼락은 동해나 남해에도 살지만 서해에 많다. 울퉁불퉁한 바위가 많고 바다풀이 수북이 자란 바닷가에서 많이 산다. 해가 뜨면 떼로 모이는데 아침저녁에 몰려다닌다. 밤에는 저마다 흩어져서 먹이를 찾거나 바위틈에서 가만히 쉰다. 알을 안 낳고 새끼를 낳는다. 조피볼락은 우리나라에서 많이 양식하는 바닷물고기 가운데 하나다. **생김새** 몸길이 30~70cm **사는 곳** 서해, 남해, 동해 **먹이** 작은 물고기, 새우, 게, 오징어 **다른 이름** 우럭, 개우럭, 검처구, Rockfish **분류** 쏨뱅이목 > 양볼락과

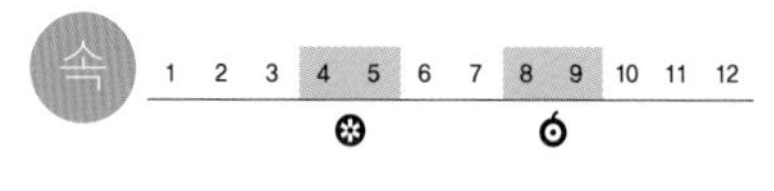

족도리풀

족도리풀은 깊은 산속 그늘지고 축축한 땅에서 자란다. 꽃이 족도리를 닮았다. 뿌리줄기에서 바로 잎줄기가 길게 나와 잎이 한두 장 난다. 잎은 얇고 끝이 뾰족하다. 잎자루와 함께 꽃대도 올라온다. 꽃대가 작아서 꽃이 땅에 닿을락 말락 한다. 꽃에 꿀이 없어서 나비나 벌이 안 오고, 개미나 땅 위를 기어다니는 벌레들이 가루받이를 해 준다. 뿌리로 은단이나 껌을 만들기도 한다. **생김새** 높이 10~30cm | 잎 5~10cm, 마주난다. **사는 곳** 산속 **다른 이름** Wild ginger **분류** 쌍떡잎식물 > 쥐방울덩굴과

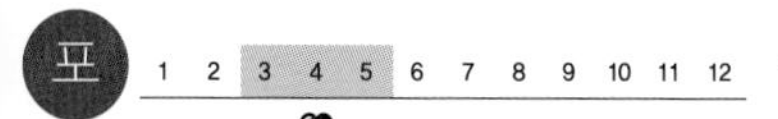

족제비

족제비는 산에서 사는데 논밭이나 마을 가까이에도 내려온다. 도시에도 더러 나타난다. 나무에도 잘 기어오르고, 헤엄도 잘 친다. 어디서든 사냥감을 찾아 재빨리 움직인다. 쥐를 잘 잡고, 새, 개구리, 물고기, 새알도 먹는다. 굴이나 돌 틈 사이를 보금자리로 쓴다. 마른 풀이나 털을 깔기도 하고, 먹이를 모아 두기도 한다. 봄에 새끼를 네 마리쯤 낳는다. **생김새** 몸길이 25~35cm **사는 곳** 산, 마을 둘레 **먹이** 쥐, 개구리, 새, 물고기 **다른 이름** 족, 황가리, Siberian weasel **분류** 식육목 > 족제비과

졸각버섯

졸각버섯은 여름부터 가을까지 숲속 땅이나 길가에 난다. 무리 지어 나거나 흩어져 난다. 어디서나 흔하다. 말랐을 때와 젖었을 때 색이 많이 다르다. 갓이 다 피면 가운데가 오목해지고 가장자리는 넓게 펴져 물결치듯 구불거린다. 주름살은 살구색이고 성글다. 대에는 세로로 가는 힘줄이 있고 질기다. **생김새** 갓 15~35mm **사는 곳** 숲, 길가 **다른 이름** 살색깔때기버섯[북], Deceiver mushroom **분류** 주름버섯목 > 졸각버섯과

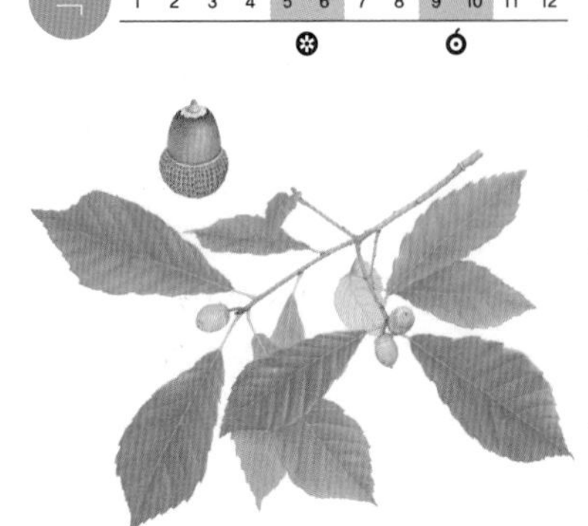

졸참나무

졸참나무는 축축하고 그늘진 산기슭이나 골짜기에 많이 나는 참나무이다. 어린 가지에는 털이 빽빽이 붙어 있다. 참나무 가운데 도토리도 가장 작고 잎사귀도 작다. 도토리가 다른 참나무보다 늦게 떨어진다. 작지만 껍질이 얇아서 가루가 많이 난다. 도토리는 사람이나 다람쥐, 멧돼지, 곰, 어치가 먹는다. **생김새** 높이 15~20m | 잎 2~19cm, 어긋난다. **사는 곳** 산기슭, 골짜기 **다른 이름** 재잘나무, 침도로나무, 굴밤나무, Jolcham oak **분류** 쌍떡잎식물 > 참나무과

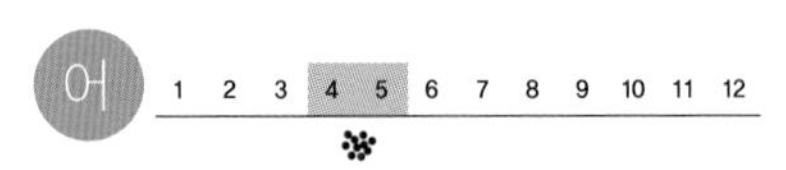

좀구굴치

좀구굴치는 몸통에 굵고 진한 밤빛 줄이 세로로 나란히 나 있다. 저수지에 많이 살고 물살이 느린 논도랑이나 냇물에서도 산다. 물풀이 수북한 곳을 좋아하고 여럿이 무리를 짓는다. 바닥에 가만히 있거나 물풀에 올라가 잘 붙어 있다. 알은 봄에 돌 밑에 붙여 가면서 낳는다. 암컷은 알을 다 낳은 뒤에 죽고, 수컷이 새끼가 다 깨어날 때까지 돌본다. **생김새** 몸길이 4~5cm **사는 곳** 늪, 저수지, 냇물, 강, 논도랑 **먹이** 작은 물벌레, 물벼룩, 실지렁이 **다른 이름** 기름치 **분류** 농어목 > 동사리과

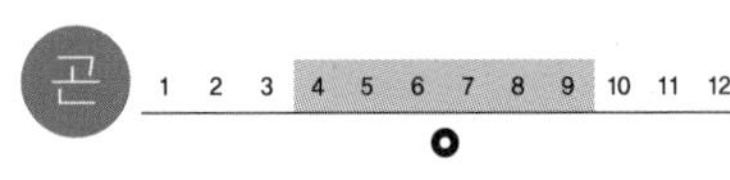

좀길앞잡이

좀길앞잡이는 산길에서 볼 때가 많은데, 가까이 가면 저만큼 날아가서 앞에 앉고 또 조금씩 날아가서 앉곤 한다. 꼭 길을 가르쳐 주는 것처럼 앞서서 날아간다고 길앞잡이라는 이름이 붙었다. 땅 위를 이리저리 다니면서 작은 벌레를 잡아먹고 산다. 애벌레는 땅속으로 곧게 굴을 파고 그 안에 산다. 개미 같은 작은 벌레가 굴 위로 지나가면 튀어 올라서 잡아먹는다. 어른벌레로 겨울을 난다. **생김새** 몸길이 15~19mm **사는 곳** 산, 숲 **먹이** 작은 벌레 **분류** 딱정벌레목 > 딱정벌레과

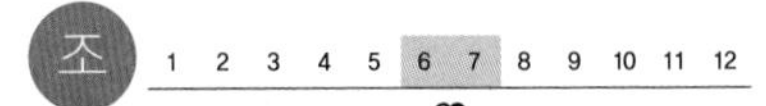

좀도요

좀도요는 바닷가 갯벌이나 강 하구, 염전 같은 물가에서 산다. 도요 무리 가운데 몸집이 가장 작다. 흔히 대여섯 마리씩 작은 무리를 짓는다. 갯벌에 사는 조개, 게, 가재를 먹고 벌레와 갯지렁이도 잘 잡아먹는다. 여름에 러시아에서 새끼를 친 다음 8월에 도요 무리 가운데 가장 먼저 우리나라를 찾아와서 쉬었다가 간다. **생김새** 몸길이 15cm **사는 곳** 염전, 습지, 논, 연못, 냇가 **먹이** 조개, 갯지렁이, 게, 가재, 새우, 벌레 **다른 이름** Red-necked stint **분류** 도요목 > 도요과

좀보리사초

좀보리사초는 바닷가 모래땅에서 자란다. 강가 모래땅이나 강둑에서 자라기도 한다. 줄기는 조금 세모지고 가늘다. 겉이 매끈하다. 옆으로 길게 뻗으면서 뿌리를 내린다. 잎은 줄기보다 더 길다. 여름에 줄기 끝에서 작은 이삭이 3~5개쯤 달린다. 위쪽에 수꽃이 두세 송이 붙고 조금 아래에 암꽃이 붙는다. **생김새** 높이 5~10cm | 잎 10~25cm, 어긋난다. **사는 곳** 바닷가 **다른 이름** 모래사초, Dwarf sand sedge **분류** 외떡잎식물 > 사초과

좀사마귀

좀사마귀는 들이나 집 둘레에 산다. 낫처럼 구부러지고 톱니가 있는 앞발로 먹이를 낚아챈다. 작은 벌레부터 벌, 파리, 나비, 잠자리도 잡아먹는다. 가을에 짝짓기를 한 뒤 알집을 만들고 그 속에 알을 낳는다. 알집은 주름이 있고 길쭉하다. 봄에 애벌레가 깨어나서 늦여름에 어른벌레가 된다. 사마귀 가운데 몸집이 가장 작다. **생김새** 몸길이 48~65mm **사는 곳** 들, 집 둘레 **먹이** 살아 있는 벌레 **다른 이름** 버마재비, 오줌싸개, 연가시, Praying mantis **분류** 바퀴목 > 사마귀과

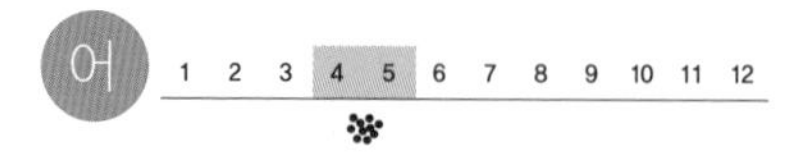

좀수수치

좀수수치는 모래와 자갈이 깔린 산골짜기와 냇물에서 산다. 여울 바로 아래 웅덩이 진 곳을 좋아한다. 우리나라에 사는 미꾸리 무리 물고기 가운데서 가장 작다. 새끼손가락만 하다. 아주 작은 물벌레를 잡아먹고 물이끼도 먹는다. 우리나라에만 산다. **생김새** 몸길이 5cm **사는 곳** 냇물, 산골짜기 **먹이** 작은 물벌레, 물이끼 **다른 이름** 기름쟁이 **분류** 잉어목 > 미꾸리과

1 2 3 4 5 6 7 8 9 10 11 12

좀작살나무

좀작살나무는 산에도 흔하고, 바닷가나 도시에서도 잘 버티며 자란다. 꽃과 열매가 보기 좋아서 공원이나 길가에도 심는다. 줄기는 진보랏빛이고 네모지며 별 모양 털이 있다. 잎은 가장자리에 톱니가 조금 있다. 여름에 연보랏빛 작은 꽃이 잎겨드랑이에 모여 핀다. 가을에 작은 구슬 같은 열매가 모여서 달린다. 짙은 보랏빛으로 익는다. 겨울에도 그대로 달려 있다. **생김새** 높이 1~2m | 잎 3~8cm, 마주난다. **사는 곳** 산, 바닷가, 공원 **다른 이름** 작살나무북, Purple beautyberry **분류** 쌍떡잎식물 > 마편초과

1 2 3 4 5 6 7 8 9 10 11 12

좀주름찻잔버섯

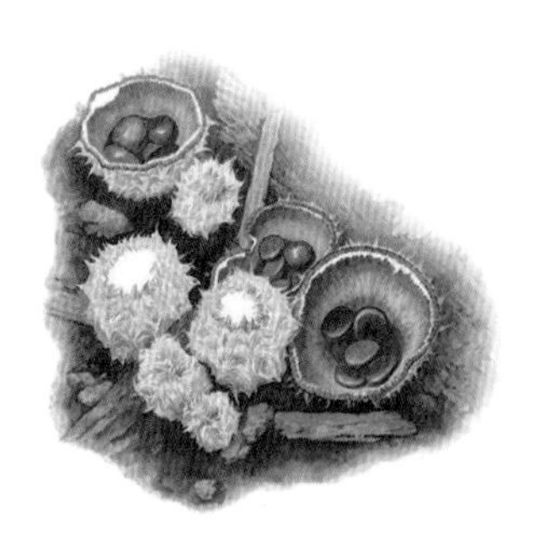

좀주름찻잔버섯은 초여름부터 가을까지 썩은 나무, 왕겨, 소똥, 두엄 더미, 거름기가 많은 땅에 무리 지어 난다. 사람 사는 곳 가까이에 흔히 난다. 찻잔처럼 생긴 작은 버섯이다. 어릴 때는 공처럼 생겼다. 자라면서 꼭대기에 있는 구멍이 벌어지면서 찻잔 모양으로 바뀐다. 다 자라면 구멍을 덮은 하얀 막이 찢어진다. 포자를 막으로 감싼 까만 알이 들어 있다. **생김새** 크기 5~8×5~12mm **사는 곳** 들, 집 가까이 **다른 이름** 밭도가니버섯북, Dung bird's nest **분류** 주름버섯목 > 주름버섯과

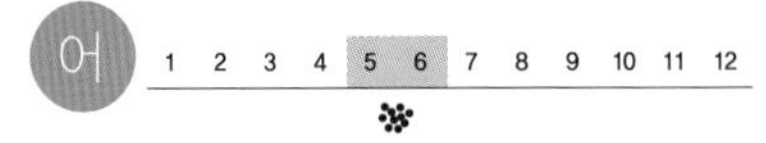

종개

종개는 맑고 찬 물이 흐르는 산골짜기나 냇물에 산다. 모래나 자갈이 깔린 여울에서 헤엄쳐 다닌다. 몸이 가늘고 길쭉하다. 주둥이가 툭 튀어나왔고 입가에 수염이 세 쌍 있다. 모래에 붙어 쉬거나 자갈을 파고들고, 돌 밑에 잘 숨는다. 작은 물벌레를 잡아먹거나 돌말을 먹는다. **생김새** 몸길이 10~15cm **사는 곳** 산골짜기, 냇물 **먹이** 물벌레, 돌말 **다른 이름** 쫑개[북], 종가니[북], 수수쟁이, 수수종개, 무늬미꾸라지, 산골지름종개, 산미꾸리, Siberian stone loach **분류** 잉어목 > 종개과

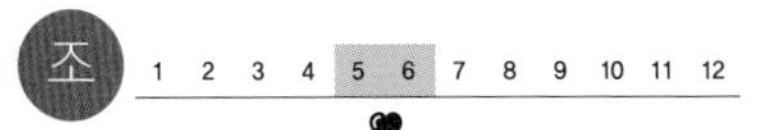

종다리

종다리는 넓게 트인 들판에 산다. 새끼를 치고 난 겨울에는 수십 마리씩 무리 짓는다. 나무에는 잘 앉지 않는다. 배를 땅에 붙이고 쉬거나 모래 목욕을 하며, 잠도 땅 위에서 잔다. 풀밭에서 벌레를 잡아먹는다. 겨울에는 풀씨를 주워 먹는다. 봄에 아름다운 소리로 지저귀면서 짝짓기를 한다. 강가 풀밭이나 보리밭, 밀밭 바닥에 둥지를 짓고 새끼를 친다. **생김새** 몸길이 18cm **사는 곳** 들판, 풀밭, 모래밭 **먹이** 벌레, 풀씨 **다른 이름** 종달새, 노고지리, Eurasian skylark **분류** 참새목 > 종다리과

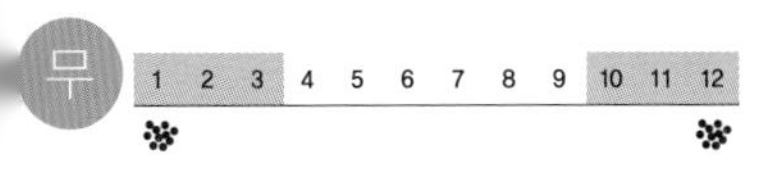

주꾸미

주꾸미는 서해와 남해 얕은 바다에서 산다. 물속 갯바닥에 굴을 파고 살거나 바위틈에 산다. 낙지보다 작고 다리도 짧다. 밤에 나와 돌아다니면서 새우와 조개, 게를 닥치는 대로 잡아먹는다. 낚시로 많이 잡는다. 피뿔고둥 껍데기를 줄에 엮어서 바다에 던져 놓았다가 한참 후에 주꾸미가 들어가 있으면 건져 올려 잡기도 한다. **생김새** 몸길이 15~20cm **사는 곳** 서해, 남해 얕은 바다 **먹이** 새우, 게, 조개, 물고기 **다른 이름** 직검발[북], 쭈꾸미, Webfoot octopus **분류** 연체동물 > 문어과

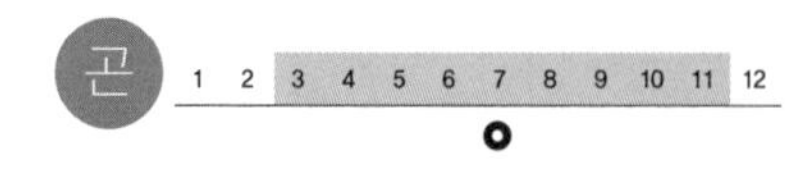

주름개미

주름개미는 길가나 공원에서 산다. 돌 틈, 땅속, 썩은 나무에 집을 짓고 산다. 흔하게 볼 수 있다. 몸집이 작고 주름이 많다. 몸은 어두운 밤빛이고, 다리는 옅은 밤빛이다. 큰턱은 넓은 삼각형 모양이다. 가슴 옆에는 돌기가 튀어나와 있다. 한 집에 여왕개미가 여러 마리 있다. 날씨가 더울 때는 밤에도 나와 다닌다. **생김새** 몸길이 3~7.5mm **사는 곳** 길가, 공원, 집 **먹이** 죽은 벌레, 진딧물의 감로, 과일, 곡식 **다른 이름** Emery ant **분류** 벌목 > 개미과

주름버섯

주름버섯은 여름부터 가을까지 풀밭, 잔디밭처럼 풀이 많고 거름기가 많은 땅에 무리 지어 난다. 버섯고리를 이루어서 둥글게 줄지어 나기도 한다. 갓은 어릴 때는 둥근 산 모양이고 갓 끝이 안쪽으로 말려 있다가 자라면서 넓고 판판하게 핀다. 자랄수록 색이 짙어진다. 맛도 좋고 향도 좋아 서양에서는 오래전부터 먹어 왔다. 주름살 색이 희거나 연분홍빛을 띠는 어린 버섯을 먹는다. **생김새** 갓 35~105mm **사는 곳** 풀밭, 잔디밭 **다른 이름** 들버섯[북], 벼짚버섯, Field mushroom **분류** 주름버섯목 > 주름버섯과

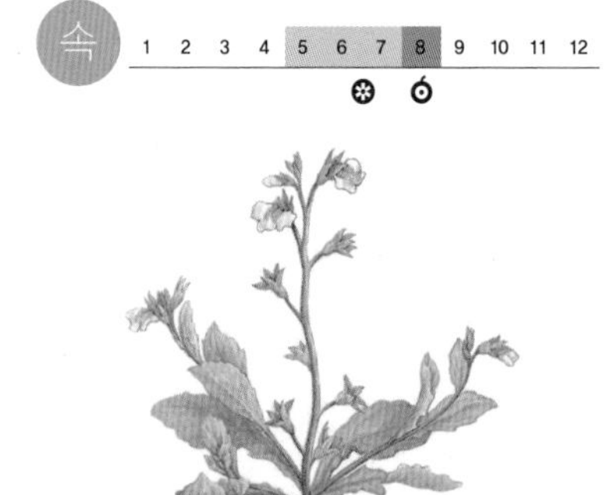

주름잎

주름잎은 축축하고 기름진 땅에서 자란다. 잎에 주름이 진다. 봄부터 여름까지 줄기 끝에서 연보랏빛 꽃이 이어서 피고 진다. 열매는 둥그스름하고 꽃받침에 싸여 있다. 꽃처럼 열매도 줄곧 맺고 익는다. 씨앗은 빗물에 쓸리거나 바람에 날려 퍼진다. **생김새** 높이 5~20cm | 잎 2~6cm, 마주난다. **사는 곳** 논밭, 개울가 **다른 이름** 고추풀, 담배풀, 담배깡탱이, Asian mazus **분류** 쌍떡잎식물 > 현삼과

주머니비단털버섯

주머니비단털버섯은 여름에 덥고 습할 때 두엄 더미나 톱밥이 쌓인 곳에서 난다. 홀로 나거나 무리 지어 난다. 어릴 때는 까맣고 달걀처럼 생겼는데, 나중에 갓과 대가 꼭대기를 찢고 나와서 커다란 대주머니가 밑동을 싸고 있다. 갓에는 비늘 조각이 빽빽하게 덮여 있다. 주름살은 하얗다가 살구색으로 바뀐다. 알처럼 생긴 어린 버섯을 먹는다. **생김새** 갓 35~150mm **사는 곳** 두엄 더미, 톱밥 더미 **다른 이름** 주머니버섯북, 풀버섯, 검은비단털버섯, 주머니털버섯, Straw mushroom **분류** 주름버섯목 > 난버섯과

주목

주목은 높은 산에서 자란다. 커다란 아름드리나무로 자라서 숲을 이룬다. 나무껍질이 붉어서 주목이라고 한다. 마당이나 공원에도 많이 심는다. 잎은 좁고 긴데 만져도 안 따갑다. 봄에 꽃이 핀다. 암수딴그루이다. 가을에 동그란 열매가 앵두처럼 빨갛게 익는다. 속에 둥글고 딱딱한 씨가 하나 들어 있다. **생김새** 높이 20m | 잎 1.5~2.5cm, 돌려난다. **사는 곳** 높은 산, 공원 **다른 이름** 적목, 경목, 노가리낭, 적벽, 정목, Rigid-branch yew **분류** 겉씨식물 > 주목과

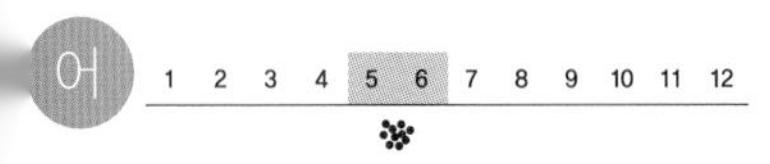

준치

준치는 따뜻한 물을 좋아한다. 겨울에는 제주도 남쪽 먼바다로 내려갔다가 봄이 되면 서해로 온다. 바닥에 모래나 펄이 깔린 얕은 바다 중간쯤 깊이에서 무리 지어 헤엄쳐 다닌다. 새우나 작은 물고기를 잡아먹는다. 오뉴월에 모래나 펄이 깔린 강어귀에서 알을 낳는다. '썩어도 준치'라는 말이 있을 만큼 맛이 좋지만, 가시가 많아서 발라 먹기 어렵다. **생김새** 몸길이 40~50cm **사는 곳** 서해, 남해 **먹이** 새우, 작은 물고기 **다른 이름** 시어, 진어, Elongate ilisha **분류** 청어목 > 청어과

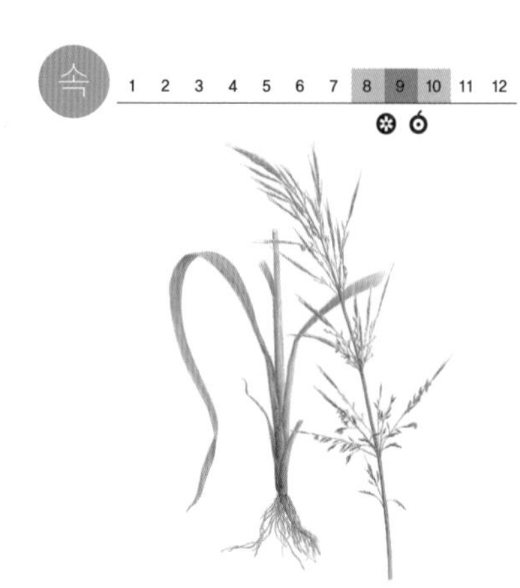

줄

줄은 늪이나 연못, 저수지, 냇가에서 자라는 물풀이다. 자라면서 물을 맑게 한다. 물속 땅에 뿌리를 내리고 잎과 줄기는 물 위로 뻗는다. 줄기는 곧고 매끈하다. 잎은 납작하고 두껍고 길다. 한 그루에 암꽃과 수꽃이 따로 핀다. 수꽃이 밑에 달리고 암꽃은 위에 달린다. 암꽃이삭에는 긴 까끄라기가 있다. 줄기와 잎이 길고 질겨서 자리나 멍석을 엮었다. **생김새** 높이 1.5~2.5m | 잎 50~100cm, 어긋난다. **사는 곳** 늪, 연못, 저수지, 냇가 **다른 이름** 줄풀, Manchurian wild rice **분류** 외떡잎식물 > 벼과

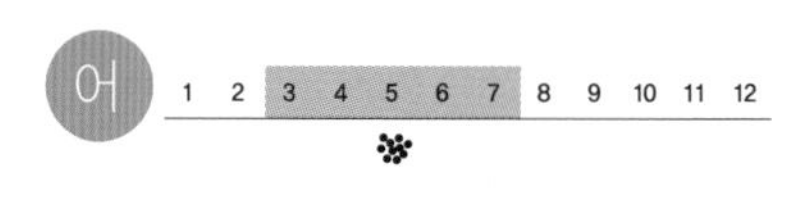

줄납자루

줄납자루는 물살이 약하고 바닥에 진흙과 자갈이 깔린 냇물과 강에 산다. 몸통에 여러 개의 줄무늬가 나 있다. 작은 물풀을 먹고 물벼룩이나 물벌레도 잡아먹는다. 알 낳을 때가 되면 떼로 모여 큰 무리를 이룬다. 수컷은 몸빛이 파랗게 짙어지고 암컷은 배에서 산란관이 나온다. 조개 몸속에 알을 낳는다. 우리나라에만 산다. **생김새** 몸길이 6~10cm **사는 곳** 냇물, 강, 댐 **먹이** 물벼룩, 물풀, 물벌레 **다른 이름** 줄납주레기[북], 빈지리, 버들납데기, 행지리, Korean stripted bitterling **분류** 잉어목 > 납자루아과

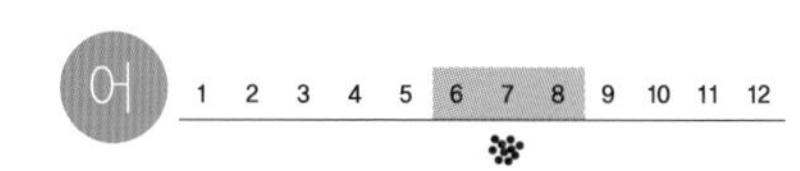

줄도화돔

줄도화돔은 따뜻한 물에 산다. 제주 바닷가에서 자주 볼 수 있다. 떼 지어 돌아다니고, 몸집이 더 큰 자리돔과 함께 큰 무리를 이루기도 한다. 밤에 떼 지어 다니면서 작은 새우나 곤쟁이나 플랑크톤 따위를 먹고 산다. 여름에 알을 낳는데 수컷이 알을 입에 넣고는 새끼가 나올 때까지 지킨다. **생김새** 몸길이 10~13cm **사는 곳** 제주 ,남해 **먹이** 작은 새우, 작은 물고기, 플랑크톤 **다른 이름** 도화돔, Half-lined cardinal **분류** 농어목 > 동갈돔과

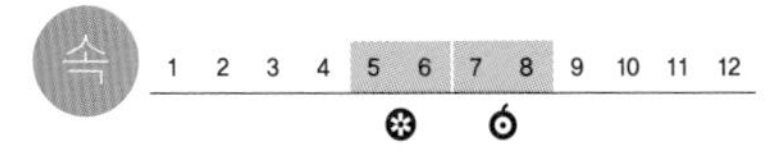

줄딸기

줄딸기는 낮은 산자락이나 골짜기에서 줄기가 덩굴지며 자란다. 그래서 덩굴딸기라고도 한다. 추위에 잘 버티고 바닷가나 도시에서도 잘 자란다. 줄기에 가시가 있는데 갈고리처럼 생겼다. 잎은 쪽잎 5~9장으로 된 깃꼴겹잎이다. 연붉은 꽃이 가지 끝에서 한 송이씩 핀다. 열매는 둥글고 붉은 빛이다. 산딸기 가운데 가장 먼저 익고 흔하게 볼 수 있다. **생김새** 길이 2m | 잎 2~3cm, 어긋난다. **사는 곳** 낮은 산, 골짜기 **다른 이름** 덩굴딸기, Korean creeping raspberry **분류** 쌍떡잎식물 > 장미과

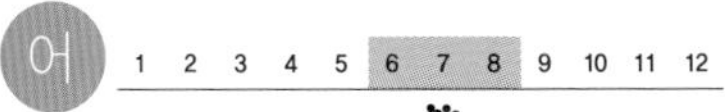

줄몰개

줄몰개는 맑은 물이 흐르는 냇물에서 산다. 다른 몰개 무리처럼 물살이 느리고 바닥에 모래와 진흙이 깔린 곳을 좋아한다. 물이 깊은 곳도 좋아한다. 몸통에 굵은 줄이 쭉 나 있다. 몇 마리씩 모여 헤엄쳐 다니면서 작은 물벌레를 잡아먹는다. **생김새** 몸길이 5~10cm **사는 곳** 냇물 **먹이** 새우, 작은 물벌레 **다른 이름** 줄버들붕어[북], 줄피리, 갈등피리, 둠벙피리, 왕동이, Manchurian gudgeon **분류** 잉어목 > 모래무지아과

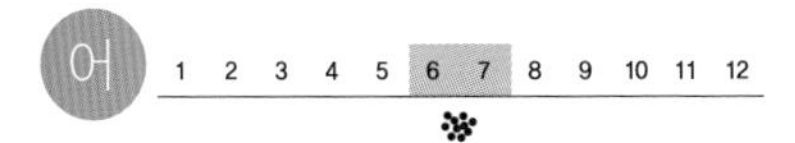

줄삼치

줄삼치는 남쪽 바다에 살다가 따뜻한 물을 따라 동해까지 올라오기도 한다. 물낯 가까이 헤엄쳐 다닌다. 다랑어 무리와 함께 떼 지어 헤엄쳐 다니기도 한다. 이름은 줄삼치이지만 생김새는 삼치보다 가다랑어를 더 닮았다. 사는 모습도 가다랑어처럼 무리를 지어 헤엄쳐 다닌다. 작은 물고기나 오징어, 새우를 잡아먹는다. 줄삼치는 그물을 둘러쳐 잡는다. **생김새** 몸길이 1m **사는 곳** 제주, 남해 **먹이** 작은 물고기, 오징어, 새우 **다른 이름** 이빨다랑어, 고시, 야내기, 망에, Striped bonito **분류** 농어목 > 고등어과

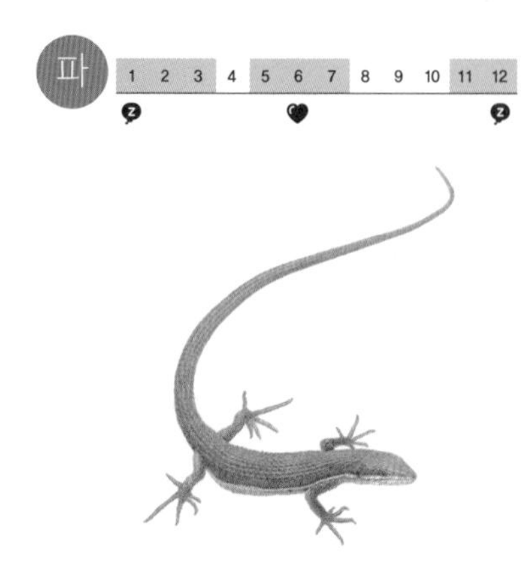

줄장지뱀

줄장지뱀은 아무르장지뱀과 많이 닮았는데 배 옆으로 줄이 나 있다. 길섶이나 너른 풀밭에 살면서 거미나 메뚜기, 귀뚜라미, 쥐며느리를 잡아먹는다. 나무를 잘 타서 나뭇가지에 올라가서도 먹이를 잡는다. 여름에 알을 낳는다. 새끼는 허물을 벗으면서 자란다. 겨울에는 돌 틈이나 땅속 구멍에 들어가 겨울잠을 잔다. **생김새** 몸길이 15~20cm **사는 곳** 산기슭, 풀숲 **먹이** 애벌레, 풀벌레, 달팽이, 거미 **다른 이름** 흰줄도마뱀[북], 장칼래비, Mountain grass lizard **분류** 유린목 > 장지뱀과

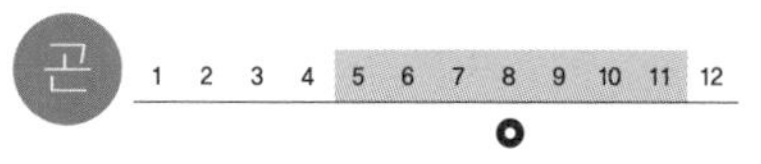

줄점팔랑나비

줄점팔랑나비는 마을이나 개울 가까이에 산다. 여름에 논에 날아와서 볏잎 위에 알을 하나씩 낳는다. 애벌레는 볏잎 서너 장을 한데 말아서 대롱 모양으로 집을 만들고 그 속에 있다가 해가 지면 나와서 잎을 갉아 먹는다. 보리, 억새, 강아지풀 같은 다른 벼과 식물도 먹는다. 다 자란 애벌레로 겨울을 난 다음 집 속에서 고치를 짓고 번데기가 된다. **생김새** 날개 편 길이 33~40mm **사는 곳** 마을, 개울가 **먹이** 애벌레_벼과 식물 잎 | 어른벌레_꿀, 과일즙 **다른 이름** 벼희롱나비, Common straight swift **분류** 나비목 > 팔랑나비과

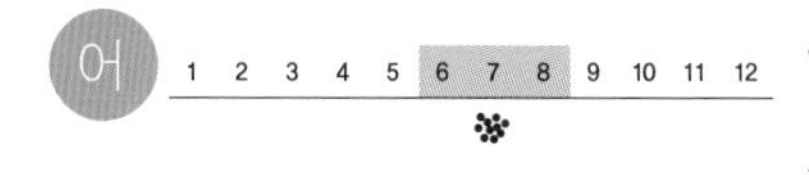

줄종개

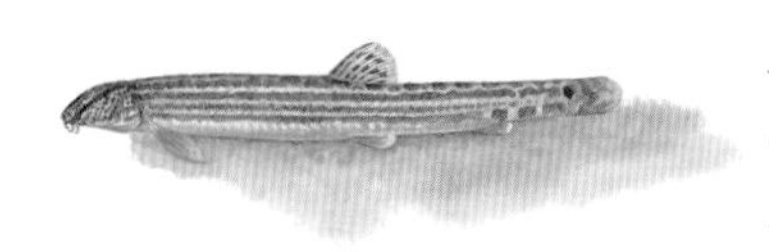

줄종개는 맑은 물이 흐르는 냇물에 사는데 모래가 깔린 바닥에서 헤엄치며 돌아다닌다. 몸에 줄무늬가 세 줄이 쭉 나 있다. 모래 위에 가만히 있다가도 곧잘 모래를 파고 쏙 숨는다. 깔따구 애벌레 같은 작은 물벌레를 잡아먹는다. 모래에 붙어 있는 작은 돌말도 먹는다. 겨울이 되어 물이 차가워지면 모래를 파고들어 가 겨울을 난다. **생김새** 몸길이 10cm **사는 곳** 냇물 **먹이** 작은 물벌레, 돌말 **다른 이름** 기름미꾸라지, 기름도둑, 모래미꾸리 **분류** 잉어목 > 미꾸리과

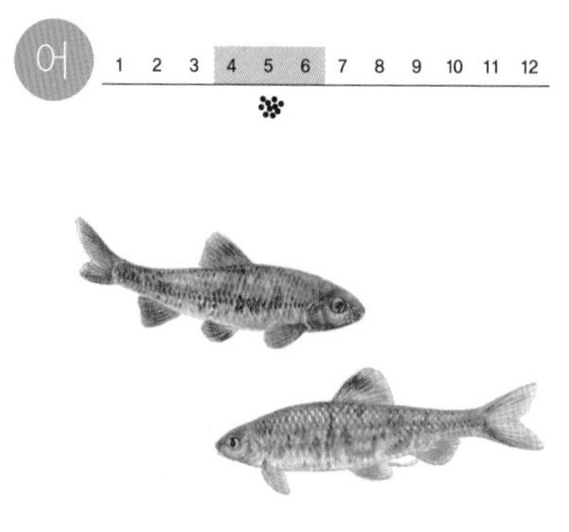

중고기

중고기는 물살이 느린 냇물이나 강에서 산다. 물이 맑은 너른 댐에 살기도 한다. 모래와 자갈이 깔리고 물풀이 수북한 곳을 좋아한다. 깊은 물속에서 혼자 헤엄쳐 다니며 물벌레나 새우, 실지렁이를 잡아먹는다. 알 낳을 때가 되면 수컷은 혼인색을 띠고, 암컷은 산란관이 나온다. 재첩, 펄조개, 대칭이 같은 조개 몸속에 알을 낳는다. **생김새** 몸길이 10~16cm **사는 곳** 강, 냇물, 댐 **먹이** 물벌레, 새우, 실지렁이 **다른 이름** 써거비[북], 기름치[북], 무당고기, 밤고기, Korea oily shiner **분류** 잉어목 > 모래무지아과

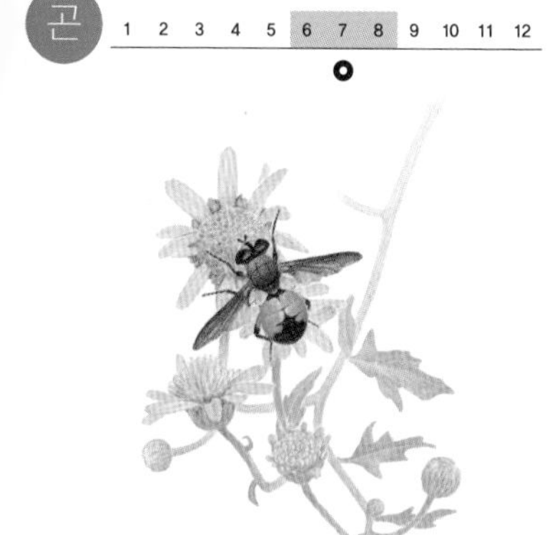

중국별뚱보기생파리

중국별뚱보기생파리는 몸집이 작고 통통하다. 다른 기생파리처럼 다른 곤충 몸속에 알을 낳고, 애벌레는 그 곤충을 먹고 자란다. 어른벌레는 꽃가루를 먹고 산다. 산에 많이 사는데 움직임이 몹시 재빨라서 잡으려고 하면 얼른 다른 곳으로 날아갔다가 자기가 앉았던 꽃으로 되돌아온다. **생김새** 몸길이 8~12mm **사는 곳** 애벌레_다른 곤충 몸속 | 어른벌레_높은 산 **먹이** 애벌레_곤충 | 어른벌레_꽃가루, 꿀 **다른 이름** 중국뚱보파리 **분류** 파리목 > 기생파리과

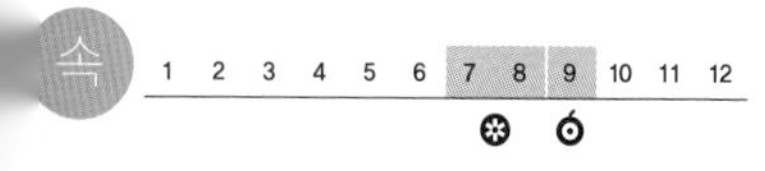

중대가리풀

중대가리풀은 밭이나 길가에서 흔하게 자란다. 물기가 조금 있는 땅을 좋아한다. 줄기는 땅 위를 뻗으면서 마디에서 가는 뿌리를 내린다. 가지를 많이 치고 가지가 비스듬히 선다. 잎은 주걱 모양인데 끝이 둔하고 윗부분에 톱니가 조금 있다. 잎자루는 없다. 여름에 잎겨드랑이에서 아주 작고 풀빛이나 밤빛이 도는 자줏빛 꽃이 핀다. 열매는 모가 나 있다. **생김새** 높이 10cm | 잎 0.7~2cm, 어긋난다. **사는 곳** 밭, 들, 길가 **다른 이름** 토방풀[북], 땅과리, Small centipeda **분류** 쌍떡잎식물 > 국화과

중대백로

중대백로는 논, 강, 개울 같은 민물이 있는 곳에서 지낸다. 혼자 또는 작은 무리를 지어 살다가 새끼를 칠 무렵부터 수백 마리씩 무리를 짓는다. 백로 무리가 지내는 나무는 독한 똥 때문에 죽기도 한다. 얕은 물속을 걸어 다니면서 먹이를 찾는다. 먹이를 찾으면 잽싸게 부리로 집는다. 큰 나무 위에 얼기설기 둥지를 짓고 새끼를 친다. **생김새** 몸길이 90cm **사는 곳** 강, 저수지, 개울, 바다 **먹이** 물고기, 올챙이, 개구리, 도마뱀, 벌레 **다른 이름** 백로, Western great egret **분류** 황새목 > 백로과

쥐가오리

쥐가오리는 따뜻한 물을 따라 먼바다를 돌아다닌다. 서해와 남해에 가끔 나타난다. 홍어와 닮았는데 몸집이 훨씬 커서 자동차만 하다. 몸집은 커도 성질은 아주 순하다. 입을 크게 벌리고 헤엄치면서 작은 플랑크톤이나 새우 따위를 걸러 먹는다. 상어 같은 천적이 달려들 때나 몸에 붙은 기생충을 떼어 내려고 할 때 물 밖으로 뛰어올라 공중제비를 돌기도 한다. 알을 안 낳고 새끼를 낳는다. **생김새** 몸길이 2~3m **사는 곳** 서해, 남해 **먹이** 플랑크톤, 작은 새우 **다른 이름** Devil ray **분류** 홍어목 > 매가오리과

속 1 2 3 4 5 6 7 8 9 10 11 12

쥐깨풀

쥐깨풀은 눅눅하고 그늘진 곳에서 모여 자란다. 줄기는 곧게 자라고 가지를 많이 친다. 모가 졌고 털이 없다. 잎은 달걀 모양인데 네모진 달걀 모양도 있다. 양 끝이 뾰족하고 가장자리에 톱니가 있다. 여름부터 가을 동안 줄기와 가지 끝에서 흰빛이나 연붉은 보랏빛 꽃이 줄줄이 모여 핀다. 열매는 둥글고 그물 무늬가 있다. **생김새** 높이 20~60cm | 잎 2~4cm, 마주난다. **사는 곳** 그늘진 숲 **다른 이름** 좀들깨풀[북], 괴향유, 좀산들깨, Miniature beefsteakplant **분류** 쌍떡잎식물 > 꿀풀과

속

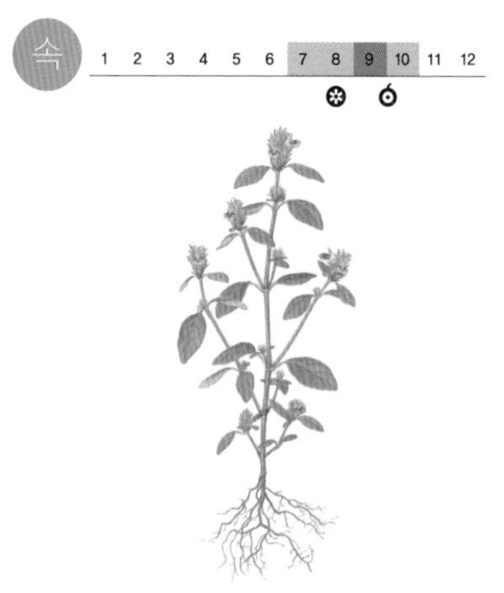

쥐꼬리망초

쥐꼬리망초는 밭이나 논둑, 길가, 숲 가장자리에 흔하게 퍼져 산다. 꽃이삭이 쥐 꼬리처럼 생겼다. 줄기는 곧게 뻗는데 모가 지고 잔털이 성기게 난다. 잎 가장자리는 밋밋하거나 작은 톱니가 있다. 여름에 가지 끝에 연보랏빛 꽃이 모여 핀다. 드물게 흰 꽃이 피는 것도 있다. 열매는 버들잎처럼 생겼고 익으면 두 쪽으로 갈라진다. **생김새** 높이 10~40cm | 잎 2~4cm, 마주난다. **사는 곳** 밭, 논둑, 길가, 숲 가장자리 **다른 이름** 무릎꼬리풀, Oriental water-willow **분류** 쌍떡잎식물 > 쥐꼬리망초과

어

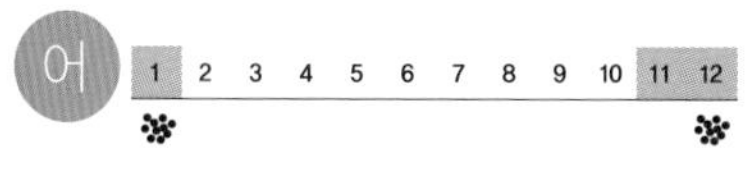

쥐노래미

쥐노래미는 바닥에 모래와 자갈이 깔리고 갯바위가 많은 곳에서 산다. 노래미보다 조금 더 깊은 곳에 산다. 사는 곳에 따라 몸빛이 다르다. 부레가 없어서 헤엄쳐 다니기보다 바닥에 배를 대고 가만히 있기를 좋아한다. 노래미와 닮았는데, 노래미는 옆줄이 하나고 쥐노래미는 옆줄이 다섯 줄이다. 알은 돌에 붙여서 낳고 새끼가 나올 때까지 수컷이 알을 지킨다. **생김새** 몸길이 20~50cm **사는 곳** 우리나라 온 바다 **먹이** 작은 새우, 게, 지렁이, 물고기, 바닷말 **다른 이름** 게르치, 돌삼치, Greenling **분류** 쏨뱅이목 > 쥐노래미과

속

쥐똥나무

쥐똥나무는 어디서나 잘 자란다. 열매가 쥐똥 같다고 해서 쥐똥나무다. 가지치기도 쉽고, 잘라 놓은 대로 반듯하게 있어서, 산울타리로 많이 심는다. 공원이나 길가에도 심는다. 새로 난 가지에는 털이 나 있고, 잎 가장자리는 매끈하다. 봄에 자잘한 흰 꽃이 모여 피고, 가을에 열매가 까맣게 익는다. 꽃은 향기가 좋아서 술을 담그기도 한다. **생김새** 높이 2~3m | 잎 2~7cm, 마주난다. **사는 곳** 공원, 길가 **다른 이름** 털광나무[북], 검정알나무[북], 새총나무, Border privet **분류** 쌍떡잎식물 > 물푸레나무과

1 2 3 4 5 6 7 8 9 10 11 12

쥐며느리

쥐며느리는 썩은 나무 아래처럼 그늘지고 축축한 곳에 모여 산다. 집 근처에도 흔하다. 생김새가 공벌레와 닮았다. 몸을 공처럼 말지는 않고 죽은 시늉만 한다. 몸은 머리와 가슴 일곱 마디, 배 여섯 마디로 나뉜다. 배는 가슴보다 무척 작다. 곰팡이나 죽은 동물과 식물을 먹는다. 짝짓기를 하고 나면 알을 배에 넣고 다니다가 새끼가 나온다. **생김새** 몸길이 10~11mm **사는 곳** 돌이나 가랑잎 밑, 어둡고 축축한 곳 **먹이** 음식물 찌꺼기, 썩은 나무 **다른 이름** Sow bug **분류** 절지동물 > 쥐며느리과

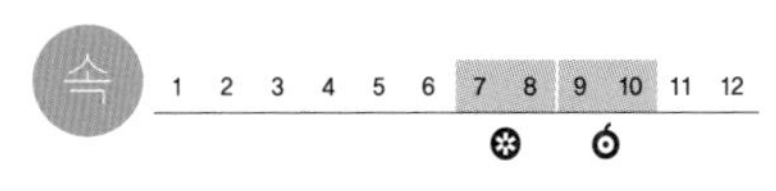

쥐방울덩굴

쥐방울덩굴은 산기슭에서 드물게 자란다. 다른 나무나 물체를 감고 올라가는 덩굴풀이다. 온몸에서 고약한 냄새가 난다. 줄기는 가늘고 길면서 단단하다. 가지를 많이 친다. 잎 뒤쪽에 흰 털이 나 있다. 여름에 잎겨드랑이에서 풀빛을 띤 자줏빛 꽃이 핀다. 가을에 열매가 익으면 낙하산처럼 가느다란 실에 매달려 있다. 한겨울까지 안 떨어진다. **생김새** 길이 1.5~3m | 잎 4~10cm, 어긋난다. **사는 곳** 산기슭 **다른 이름** 방울풀[북], 쥐방울, 마도령, 까치오줌요강, Northern pipevine **분류** 쌍떡잎식물 > 쥐방울덩굴과

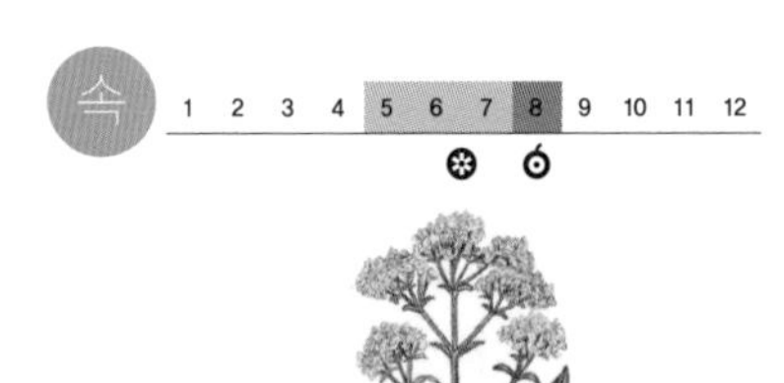

쥐오줌풀

쥐오줌풀은 산속 물기가 있는 곳에서 자란다. 줄기는 곧게 서고 모가 났다. 마디에 희고 긴 털이 있다. 뿌리잎은 먼저 났다가 꽃이 필 때 말라 없어진다. 줄기잎은 쪽잎 5~7장으로 된 깃꼴겹잎이다. 봄부터 여름 동안 가지 끝에서 옅은 붉은빛 꽃이 모여 핀다. 꽃받침이 털처럼 있어서 열매가 바람에 잘 날린다. 뿌리에서 쥐오줌 냄새가 난다. **생김새** 높이 40~80cm | 잎 2~5cm 마주난다. **사는 곳** 산속 **다른 이름** 바구니나물[북], 길초, 줄댕가리, Korean valeriana **분류** 쌍떡잎식물 > 마타리과

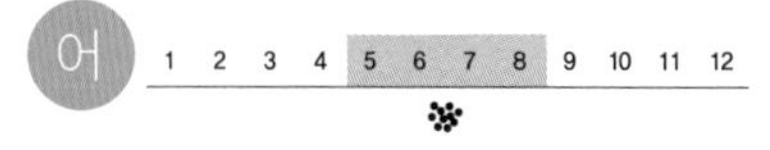

쥐치

쥐치는 따뜻한 물을 좋아한다. 물속 바위 밭에서 떼를 지어 산다. 느릿느릿 헤엄치다가 먹이를 잡을 때는 재빨리 쫓아가서 잡는다. 입으로 물을 쭉쭉 뿜어서 먹이를 잡는 재주가 있다. 해파리도 뜯어 먹는다. 위험할 때는 눈 깜짝할 사이에 몸 빛깔을 바꾸고 가시를 꼿꼿이 세운다. 물 밖으로 나오면 '찍찍' 쥐 소리를 낸다. **생김새** 몸길이 10~20cm **사는 곳** 동해, 남해, 제주 **먹이** 갯지렁이, 새우, 게, 조개, 해파리 **다른 이름** 객주리, 노랑쥐치, 가치, 쥐고기, 딱지, Thread-sail filefish **분류** 복어목 > 쥐치과

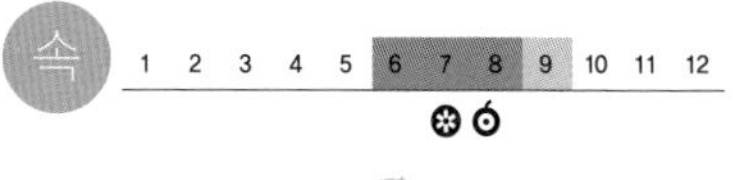

지느러미엉겅퀴

지느러미엉겅퀴는 볕이 잘 드는 밭둑이나 빈터에서 자란다. 줄기는 곧게 선다. 줄기에는 지느러미 같은 날개가 두 줄로 있는데 가장자리가 가시처럼 뾰족뾰족하다. 잎은 긴 타원 모양인데 밑이 줄기 날개와 이어진다. 잎 가장자리에도 가시가 있다. 뒷면에 흰 털이 있다. 여름에 가지 끝에서 자줏빛이나 흰빛 꽃이 한 송이씩 달린다. 열매에는 흰 우산털이 있다. **생김새** 높이 70~120cm | 잎 30~40cm, 어긋난다. **사는 곳** 산, 밭둑, 빈터 **다른 이름** 엉거시, Wilted thistle **분류** 쌍떡잎식물 > 국화과

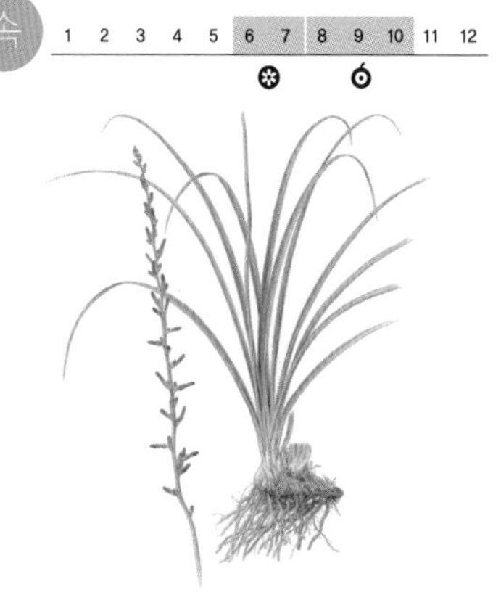

지모

지모는 뿌리를 약으로 쓰려고 밭에서 기른다. 황해도에서는 저절로 나서 자란다. 뿌리줄기가 굵고 짧게 옆으로 뻗고 뿌리줄기 끝에서 새순이 또 돋아나 퍼진다. 잎은 뿌리줄기에서 모여난다. 가늘고 길쭉하다. 여름에 잎사귀 사이에서 꽃대가 올라온다. 꽃대에 분홍빛 꽃이 듬성듬성 두세 송이씩 모여서 핀다. 열매 속에 까만 씨가 하나씩 들어 있다. **생김새** 높이 60~90cm | 잎 20~70cm, 모여난다. **사는 곳** 밭 **다른 이름** 지삼 **분류** 외떡잎식물 > 백합과

1 2 3 4 5 6 7 8 9 10 11 12

지중해담치

지중해담치는 갯바위에 무리 지어 다글다글 붙어 산다. 몸에서 족사를 내어 바위에 붙는다. 바닷가 방파제나 그물에도 많이 달라붙는다. 이름처럼 지중해가 고향이다. 다른 환경에 금세 맞추어 살고, 기르기도 쉽다. 홍합과 닮았지만 껍데기가 더 얇고 매끈하며 윤이 난다. 크기도 더 작다. 무척 흔해서 홍합으로 알고 먹는 것은 거의 지중해담치다 **생김새** 크기 4×7cm **사는 곳** 갯바위, 방파제, 그물 **다른 이름** 홍합, 진주담치, Mediterranean mussel **분류** 연체동물 > 홍합과

1 2 3 4 5 6 7 8 9 10 11 12

지충이

지충이는 바닷가 갯바위에 무리 지어 붙어서 사는 바닷말이다. 한 몸에서 여러 줄기가 뻗어 나온다. 줄기 겉에 돌기 모양으로 잎 같은 것이 난다. 겨울에 돋기 시작해서 봄이 되면 갯바위를 뒤덮는다. 연할 때 뜯어서 데쳐 먹는다. 다 자라면 껄끄러워서 못 먹는다. 파도에 쓸려 온 지충이는 집짐승을 먹이거나 거름으로 쓴다. **생김새** 길이 30~100cm **사는 곳** 서해, 남해, 동해 갯바위 **다른 이름** 지총, 쥐총나물 **분류** 갈조류 > 모자반과

1 2 3 4 5 6 7 8 9 10 11 12

지치

지치는 햇볕이 잘 드는 산속 풀밭에서 드물게 자란다. 저절로 나는 것은 아주 드물다. 약으로 쓰려고 밭에서 기른다. 뿌리는 땅속으로 깊게 뻗는다. 오래 묵을수록 빛깔이 진하다. 온몸에는 하얀 잔털이 잔뜩 나 있어서 만져 보면 꺼끌꺼끌하다. 잎은 잎자루가 없고 양 끝이 뾰족하다. 작고 하얀 꽃이 몇 송이씩 모여서 핀다. **생김새** 높이 30~70cm | 잎 3~7cm, 어긋난다. **사는 곳** 산속 풀밭 **다른 이름** 자초, 지추, 지초, Red-root gromwell **분류** 쌍떡잎식물 > 지치과

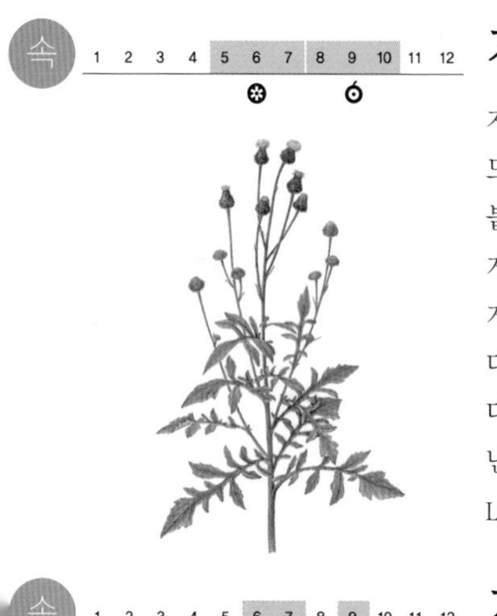

지칭개

지칭개는 논둑이나 밭둑, 길가에 흔히 자란다. 햇빛이 잘 드는 축축한 땅을 좋아한다. 가을에 싹이 터서 잎이 땅에 붙어 겨울을 나고 이듬해 봄에 줄기가 올라온다. 줄기는 곧게 서는데 속이 비어 있다. 잎은 길쭉하고 깃털 모양으로 깊게 파여 있다. 여름에 줄기나 가지 끝에서 자줏빛 꽃이 핀다. 긴 병처럼 생긴 자잘한 꽃이 뭉쳐서 한 송이처럼 보인다. **생김새** 높이 60~90cm | 잎 7~21cm, 모여나거나 어긋난다. **사는 곳** 논둑, 밭둑, 길가, 과수원 **다른 이름** 니호채, Lyre-shape hemistepta **분류** 쌍떡잎식물 > 국화과

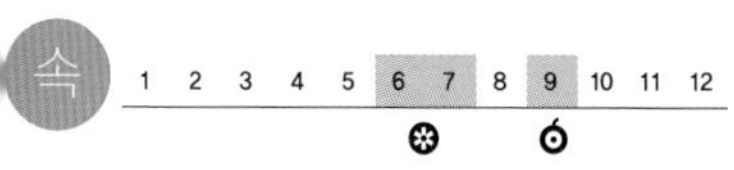

지황

지황은 뿌리를 약으로 쓰려고 밭에서 기른다. 뿌리는 옆으로 뻗으면서 자란다. 뿌리꼭지에서 잎이 뭉쳐나는데, 배춧잎처럼 주름이 많이 지고 가장자리에 톱니가 있다. 뭉쳐난 잎 가운데에서 줄기가 자라고 여기 달린 잎은 어긋난다. 여름에 줄기 끝과 잎겨드랑이에서 붉은 자줏빛 꽃이 핀다. 줄기와 꽃에는 하얀 잔털이 많이 나 있다. **생김새** 높이 30cm | 잎 3~16cm, 모여나거나 어긋난다. **사는 곳** 밭 **다른 이름** Adhesive rehmannia **분류** 쌍떡잎식물 > 현삼과

조 1 2 3 4 5 6 7 8 9 10 11 12

직박구리

직박구리는 시골 마을이나 숲, 도시 공원에서 산다. 여름에는 암수가 함께 다니고 새끼를 치고 난 겨울에는 여럿이 무리를 짓기도 한다. 날카롭고 요란한 소리를 자주 낸다. 하늘을 날면서 벌레를 입으로 낚아챈다. 나무 열매나 꿀, 과일도 좋아한다. 날 때 날개를 몸에 붙이고 파도를 그리듯 난다. 봄에 짝짓기를 하고 잎이 우거진 나무에 둥지를 짓고 새끼를 친다. **생김새** 몸길이 27cm **사는 곳** 마을, 숲 **먹이** 벌레, 거미, 나무 열매, 꽃꿀 **다른 이름** Brown-eared bulbul **분류** 참새목 > 직박구리과

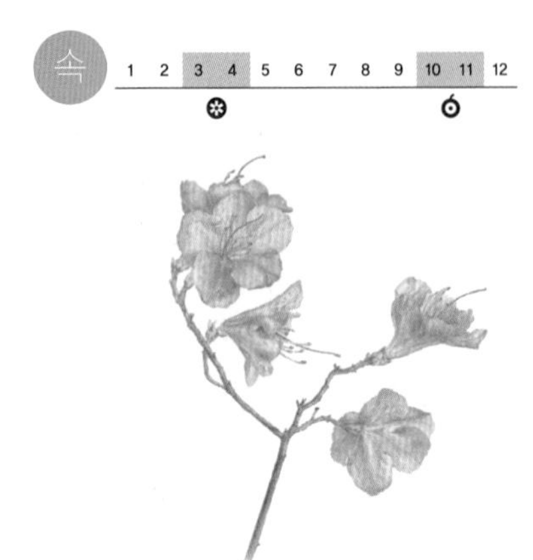

진달래

진달래는 봄에 볕이 잘 드는 산기슭이나 솔숲 아래서 무더기로 피어난다. 흔하고 친숙한 봄꽃이다. 공원이나 마당에 심어 기르기도 한다. 잎보다 먼저 꽃이 핀다. 가지 끝에서 두세 송이가 모여 핀다. 진달래 꽃은 먹을 수 있어서 참꽃이라고 하고 비슷하게 생긴 철쭉은 꽃을 먹을 수 없다고 개꽃이라 한다. 잎은 타원꼴이고 가장자리가 매끈하다. **생김새** 높이 1~3m | 잎 4~7cm, 어긋난다. **사는 곳** 산기슭, 솔숲, 공원 **다른 이름** 참꽃, Korean rhododendron **분류** 쌍떡잎식물 > 진달래과

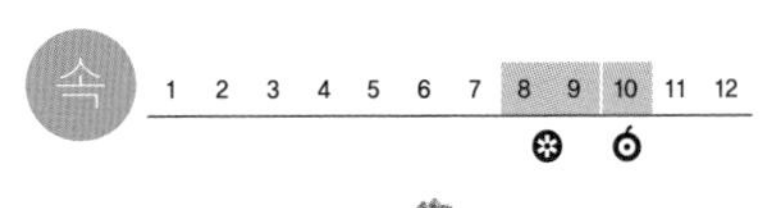

진득찰

진득찰은 밭두렁이나 빈터, 길가에서 흔히 자란다. 줄기가 올라와서 가지를 친다. 가지는 서로 마주 갈라져서 뻗는다. 잎은 세모꼴이고 잎 가장자리에는 뾰족한 톱니가 있다. 한여름부터 가을까지 줄기나 가지 끝에서 노란 꽃이 핀다. 꽃에서 진득한 물이 나온다. 가을에 열매가 여물면 짐승 털이나 옷에 들러붙어 퍼진다. **생김새** 높이 40~100cm | 잎 5~13cm, 마주난다. **사는 곳** 밭두렁, 빈터, 길가 **다른 이름** 희첨, 민득찰, Hair-stalk St. Paul's wort **분류** 쌍떡잎식물 > 국화과

진딧물

진딧물은 나무와 풀에 붙어서 즙을 빨아 먹는다. 깨알처럼 작지만 몇 마리만 있으면 금세 퍼진다. 연한 채소나 곡식 이삭, 과일나무 잎 같은 곳에 붙어서 즙을 빤다. 진딧물이 퍼지면 어린잎은 말라 죽는다. 진딧물은 먹고 난 자리에 끈적이는 단물을 내놓는다. 개미가 좋아한다. 이 단물 때문에 식물이 쉽게 병이 든다. 한 해에 여러 번 생기고, 알로 겨울을 난다. **생김새** 몸길이 1~3mm **사는 곳** 논밭, 들판, 공원 **먹이** 식물 즙 **다른 이름** 뜨물, 비리, 진두머리, 진디, Aphid **분류** 노린재목 > 진딧물과

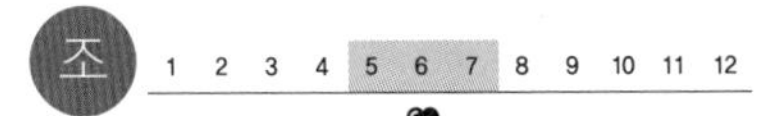

진박새

진박새는 여름에는 숲속이나 들판에서 살다가 겨울에는 마을 둘레로 내려오기도 한다. 머리와 가슴이 새까맣다. 박새 무리 가운데 가장 작다. 새끼를 치고 나면 다른 박새 무리와 섞여 다닌다. 나무를 잘 타고 거꾸로 매달리기도 한다. 벌레를 잡아먹고 나무 열매나 씨앗도 먹는다. 봄여름에 짝짓기를 하고 나면 나무 구멍, 나무줄기 틈에 둥지를 짓고 새끼를 친다. **생김새** 몸길이 10cm **사는 곳** 숲, 들, 마을 **먹이** 벌레, 거미, 나무 열매, 씨앗 **다른 이름** 깨새[북], Coal tit **분류** 참새목 > 박새과

곤 1 2 3 4 5 6 7 8 9 10 11 12

진홍색방아벌레

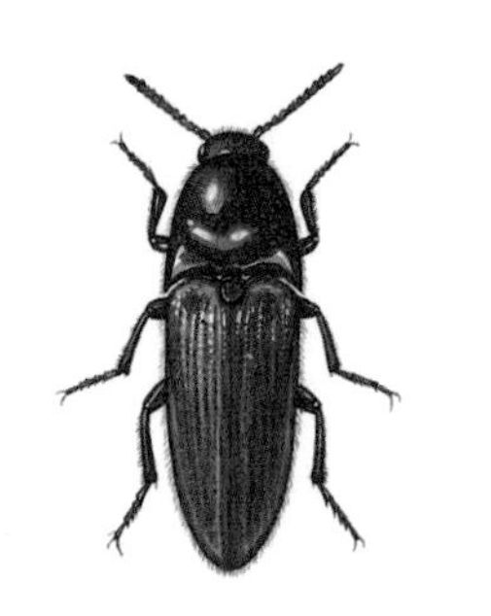

진홍색방아벌레는 낮은 산이나 들판에 산다. 뒤집어 놓으면 조금 있다가 탁 하면서 높이 튀어 올랐다가 떨어진다. 떨어질 때는 바른 자세로 떨어진다. 그래서 똑딱벌레라고도 한다. 꽃을 먹거나 과수원이나 뜰에서 과일나무 새싹을 갉아 먹기도 한다. 이른 봄에 죽은 나무껍질 속에서 애벌레를 볼 수 있다. 어른벌레로 겨울을 난다. **생김새** 몸길이 10~11mm **사는 곳** 낮은 산, 들판 **먹이** 죽은 나무, 꽃 **다른 이름** 똑딱벌레, Click beetle **분류** 딱정벌레목 > 방아벌레과

속 1 2 3 4 5 6 7 8 9 10 11 12

질경이

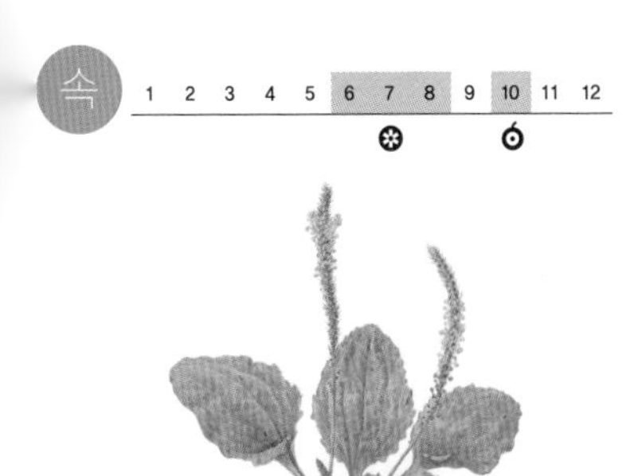

질경이는 들길이나 산길, 집 둘레, 논둑이나 밭둑에 흔하다. 다른 풀이 자라기 힘든 메마르고 단단한 땅에서도 잘 자란다. 끈질기게 자란다고 질경이라는 이름이 붙었다. 잎이 뿌리에서 바로 나와 옆으로 퍼진다. 잎맥이 두드러진다. 여름에 길쭉하고 하얀 꽃이 핀다. 씨앗은 끈적거려서 사람이나 짐승 몸에 붙어서 멀리 퍼진다. **생김새** 높이 10~50cm | 잎 4~15cm, 모여난다. **사는 곳** 들길, 산길, 집 둘레, 논둑, 밭둑 **다른 이름** 길경이, 빼뿌쟁이, 차전초, Asian plantain **분류** 쌍떡잎식물 > 질경이과

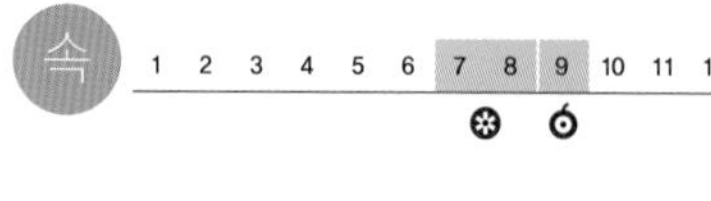

질경이택사

질경이택사는 논이나 못, 연못가, 강가 얕은 물에서 난다. 잎이 질경이 잎을 닮았다. 잎이 소 귀를 닮았다고 쇠귀나물이라고도 한다. 뿌리에서 잎이 바로 난다. 잎자루가 길게 뻗고 큰 잎이 달린다. 잎끝은 뾰족하고 잎맥이 나란하다. 잎사귀 사이에서 꽃대가 올라와 위에서 대여섯 가지로 갈라진다. 가지 끝에 흰 꽃이 핀다. **생김새** 높이 50~90cm | 잎 4~10cm, 모여난다. **사는 곳** 논, 못, 연못가, 강가 얕은 물 **다른 이름** 쇠귀나물, Asian water plantain **분류** 외떡잎식물 > 택사과

포 1 2 3 4 5 6 7 8 9 10 11 12

집박쥐

집박쥐는 지붕 밑이나 집 안에 자리를 잡고 산다. 아주 작다. 박쥐는 눈이 어둡다. 대신 초음파를 써서 무엇이 있는지 안다. 먹이도 찾는다. 소리도 잘 듣고 냄새도 잘 맡는다. 겨울에는 동굴이나 지붕 밑에 매달려 겨울잠을 잔다. 새끼는 젖 먹는 동안 어미한테 매달려 지낸다 박쥐는 하늘을 나는 하나뿐인 젖먹이동물이다. 대신 잘 걷지는 못한다. 육식성이다. **생김새** 몸길이 3~5cm **사는 곳** 마을, 집 가까이 **먹이** 밤에 나오는 날벌레 **다른 이름** 뽈쥐, 복쥐, Japanese house bat **분류** 박쥐목 > 애기박쥐과

집오리

오리는 알과 고기를 먹으려고 기른다. 깃털도 얻는다. 본디 들에서 살던 청둥오리를 길들인 것이다. 길들여지는 동안 궁둥이는 커지고 날개 힘이 약해져서 잘 날지 못한다. 발가락 사이에 물갈퀴가 있어서 헤엄을 잘 친다. 수컷이 암컷보다 몸집이 크지만 울음소리는 암컷이 크다. 땅바닥에 마른 풀잎과 가슴털을 뽑아 둥지를 튼다. 알은 달걀과 비슷하게 생겼는데 크기가 더 크다. **생김새** 몸길이 50~65cm **사는 곳** 집에서 기른다. **먹이** 벌레, 개구리, 물풀 **다른 이름** 오리, Domestic duck **분류** 기러기목 > 오리과

집쥐

집쥐는 집 둘레에 산다. 다른 쥐보다 몸집이 크다. 사람이 먹는 것은 다 먹는다. 곡식과 열매를 즐겨 먹는다. 이빨이 튼튼하고 계속 자라서 무엇이든 잘 갉아 먹고, 안 먹는 것도 막 쏠아 놓는다. 경계심이 많고 사납다. 한 해에 세 번에서 다섯 번쯤 새끼를 낳는다. 한배에 열 마리까지도 새끼를 낳는다 **생김새** 몸길이 160~230mm **사는 곳** 집 둘레 **먹이** 사람이 먹는 것은 다 먹는다. **다른 이름** 시궁쥐, Brown rat **분류** 설치목 > 쥐과

포 1 2 3 4 5 6 7 8 9 10 11 12

집토끼

토끼는 유럽의 굴토끼를 사람들이 가축으로 삼은 것이다. 야생에 사는 굴토끼는 입구가 여럿인 굴을 파서 보금자리로 삼는다. 초식성으로 풀, 곡식, 열매를 찾아 먹는다. 새끼를 키울 때는 따로 굴을 판 다음, 드나들 때마다 입구를 막았다가 열었다가 한다. 멧토끼와 비슷하지만 앞다리가 짧다. 귓바퀴 끝에 검은 무늬도 없다. **생김새** 몸길이 40cm쯤 **사는 곳** 집에서 기른다. **먹이** 풀, 곡식, 채소, 나무 열매 **다른 이름** 굴토끼, 토끼, 토깽이, European rabbit **분류** 토끼목 > 토끼과

짚신나물

짚신나물은 산기슭이나 길가나 풀밭에서 흔히 자란다. 사람이나 짐승에 밟혀도 잘 자라지만, 메마른 곳이나 공기가 나쁜 곳에는 거의 없다. 온몸에 털이 나서 만져 보면 거칠거칠하다. 긴 잎자루에 작은 잎이 여러 장 붙는다. 씨에는 갈고리 같은 털이 있어서 짐승 털이나 옷에 붙어서 멀리 퍼진다. **생김새** 높이 30~120cm | 잎 3~6cm, 어긋난다. **사는 곳** 산기슭, 길가, 풀밭 **다른 이름** 용아초, 지풀, 개구리눈, Hairy agrimony **분류** 쌍떡잎식물 > 장미과

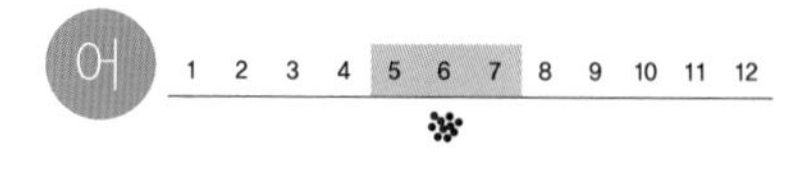

짱뚱어

짱뚱어는 질척질척한 갯벌에 구멍을 파고 산다. 펄에 나와 가슴지느러미를 팔처럼 써서 기어다니다 뛰어오르곤 한다. 살갗으로도 숨을 쉬고, 아가미에 공기주머니가 있어서 물 밖에서도 숨을 쉰다. 낮에는 구멍을 들락날락하면서 갯벌 흙을 긁어서 먹이를 찾는다. 식물성 먹이를 많이 먹는다. 겨울이 되면 펄 속에 들어가 겨울잠을 잔다. **생김새** 몸길이 20cm 안팎 **사는 곳** 서해, 남해 갯벌 **먹이** 갯벌 속 영양분, 플랑크톤, 물풀 **다른 이름** 대광어, 장등어, Bluespotted mud hopper **분류** 농어목 > 망둑어과

속 1 2 3 4 5 6 7 8 9 10 11 12

쪽

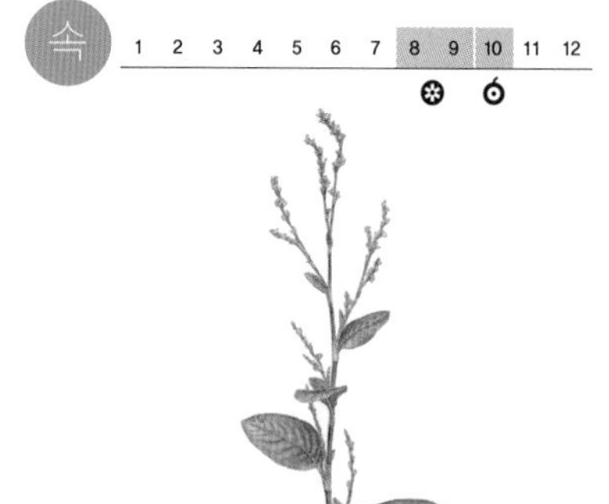

쪽은 옷감을 쪽빛으로 물들이는 데 쓰려고 밭에 심어 기른다. 줄기는 곧게 올라오고 가지를 조금 친다. 잎겨드랑이와 줄기 끝에서 꽃대가 올라와 작고 불그스름한 꽃이 핀다. 가을에 세모지고 반지르르한 씨가 여문다. 여러 나라에서 아주 오래전부터 물들이는 데에 썼다. 옷감에 물들일 때는 생잎을 쓰기도 하지만 쪽물을 만들어 물을 들인다. 짙푸른 색이 든다. **생김새** 높이 50~60cm | 잎 4~12cm, 어긋난다. **사는 곳** 밭 **다른 이름** Chinese indigo **분류** 쌍떡잎식물 > 마디풀과

속 1 2 3 4 5 6 7 8 9 10 11 12

쪽동백나무

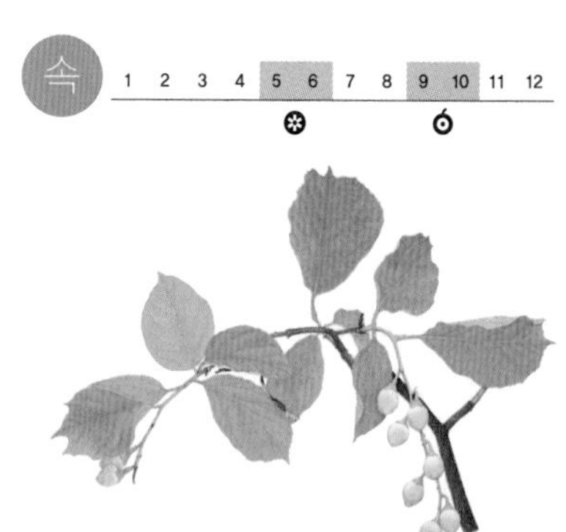

쪽동백나무는 산에서 자라는 작은 나무다. 볕이 잘 들고 물기가 있는 땅을 좋아한다. 흔하지는 않다. 나무는 작은데 나뭇잎은 아주 크다. 나무 모양이 곱고 꽃향기가 좋아서 마당이나 공원에도 심는다. 잎은 끝이 뾰족하고 뒷면에 털이 많다. 흰 꽃이 아래를 향해 핀다. 가을에 열매가 여물고, 씨로 기름을 짠다. **생김새** 높이 10m | 잎 7~20cm, 어긋난다. **사는 곳** 산, 뜰, 공원 **다른 이름** 정나무, 산아주까리나무, Fragrant snowbell **분류** 쌍떡잎식물 > 때죽나무과

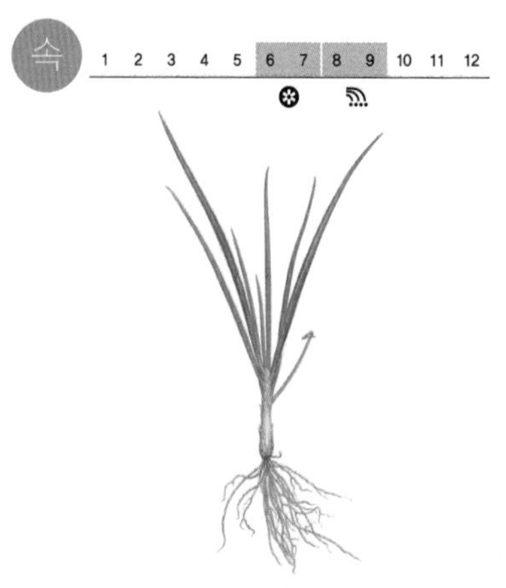

쪽파

쪽파는 밭에 심는 잎줄기채소다. 파와 양파가 꽃가루받이를 해서 생긴 잡종이다. 잎은 파처럼 생겼지만 더 가늘고 작다. 뿌리 위쪽에는 양파처럼 동그란 비늘줄기가 있다. 잎은 가늘고 포기가 많이 벌어진다. 여름 들머리에 줄기가 시들고 꽃이 핀다. 가을에 날씨가 선선해지면 심는다. 겨울이 되기 전이나 이듬해 봄에 거둔다. 가을에 거둔 것은 김장김치에 많이 넣는다. **생김새** 높이 60~70cm | 잎 25~45cm, 어긋난다. **사는 곳** 밭, 마당 **다른 이름** Shallot **분류** 외떡잎식물 > 백합과

찌르레기

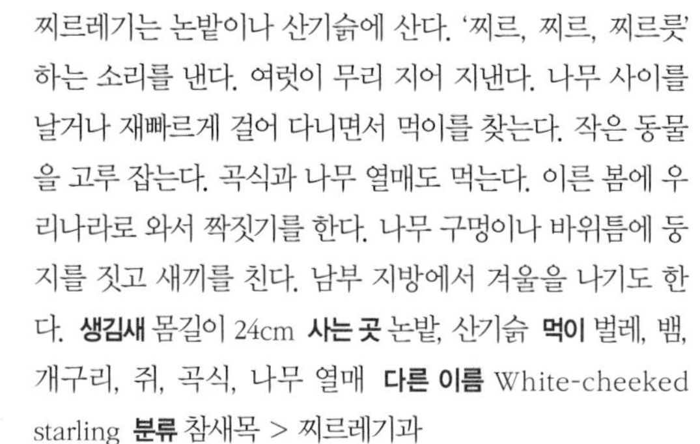

찌르레기는 논밭이나 산기슭에 산다. '찌르, 찌르, 찌르릇' 하는 소리를 낸다. 여럿이 무리 지어 지낸다. 나무 사이를 날거나 재빠르게 걸어 다니면서 먹이를 찾는다. 작은 동물을 고루 잡는다. 곡식과 나무 열매도 먹는다. 이른 봄에 우리나라로 와서 짝짓기를 한다. 나무 구멍이나 바위틈에 둥지를 짓고 새끼를 친다. 남부 지방에서 겨울을 나기도 한다. **생김새** 몸길이 24cm **사는 곳** 논밭, 산기슭 **먹이** 벌레, 뱀, 개구리, 쥐, 곡식, 나무 열매 **다른 이름** White-cheeked starling **분류** 참새목 > 찌르레기과

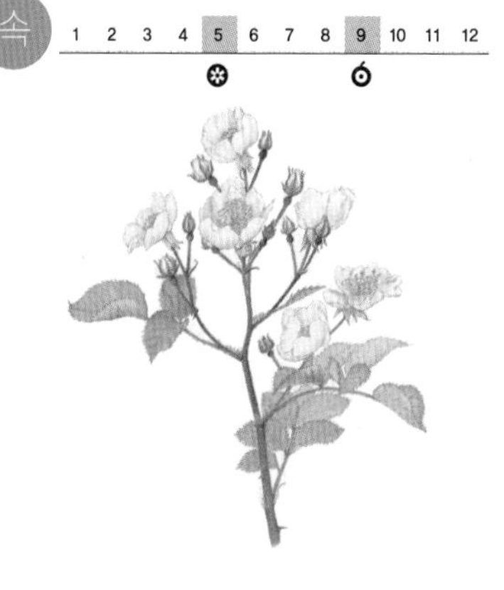

찔레나무

찔레나무는 산기슭이나 골짜기, 볕이 잘 드는 냇가에서 덤불을 이루며 자란다. 꽃을 보려고 뜰이나 공원에도 심는다. 이름처럼 가지에 날카로운 가시가 많다. 덩굴나무는 아니지만 긴 줄기가 휘어서 덤불을 이룬다. 잎은 쪽잎 5~9개가 붙는 깃꼴겹잎이다. 가장자리에 잔 톱니가 있다. 새순을 꺾어 씹으면 달큼하다. 봄에 흰 꽃이 핀다. 열매는 가을에 붉게 익는다. **생김새** 높이 5~6m | 잎 2~3cm, 어긋난다. **사는 곳** 산기슭, 골짜기, 냇가 **다른 이름** 가시나무, 질누나무, 들장미, Multiflora rose **분류** 쌍떡잎식물 > 장미과

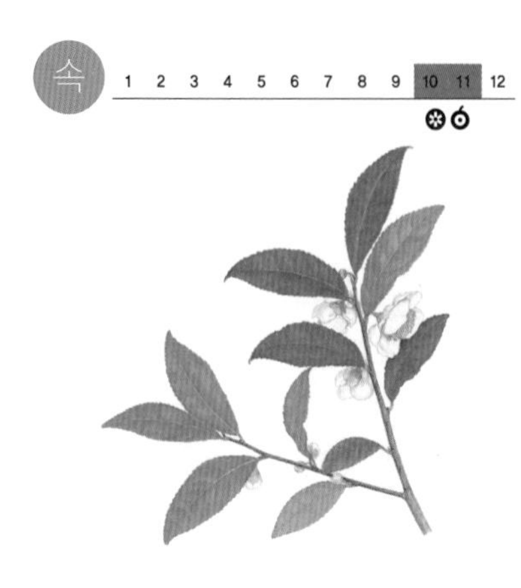

차나무

차나무는 찻잎을 따는 나무다. 녹차나 홍차가 모두 차나무 잎으로 만든 것이다. 따뜻하고 비가 많이 오는 경상남도 하동, 전라남도 보성, 광양, 제주도에서 많이 기른다. 잎은 도톰하고 윤이 난다. 톱니가 있다. 겨울에도 푸른 잎이 떨어지지 않는다. 차나무는 병이 잘 안 들고 벌레가 잘 안 먹는다. 봄에 새 가지가 나면서 잎이 많이 돋아난다. 잎을 한 해에 서너 번 따서 차를 만든다. **생김새** 높이 6~8m | 잎 2~15cm, 어긋난다. **사는 곳** 밭 **다른 이름** Tea-plant **분류** 쌍떡잎식물 > 차나무과

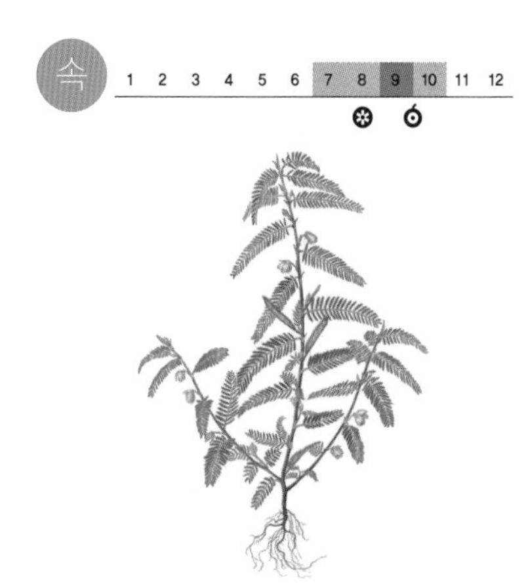

차풀

차풀은 볕이 잘 드는 냇가나 산기슭에서 자란다. 줄기는 곧게 서고 가지를 친다. 잔털이 배게 있다. 잎은 쪽잎 30~70장으로 된 깃꼴겹잎이다. 아주 작은 쪽잎이 줄줄이 붙는다. 여름에 잎겨드랑이에서 노란 꽃이 한두 송이씩 핀다. 열매 꼬투리는 짧은 털이 배게 덮여 있다. 익으면 꼬투리가 벌어지면서 까만 씨가 튀어나온다. **생김새** 높이 30~60cm | 잎 0.8~1.2cm, 어긋난다. **사는 곳** 냇가, 산기슭 **다른 이름** 며느리감나물, 눈차풀, Field sensitive pea **분류** 쌍떡잎식물 > 콩과

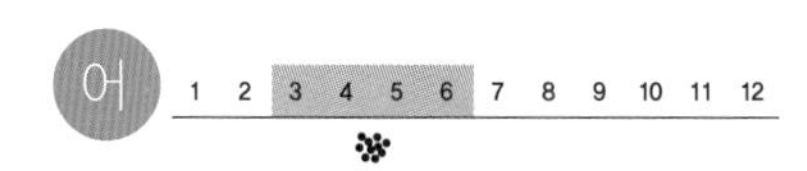

참가자미

참가자미는 찬물을 좋아해서 동해에 많다. 펄이나 모래가 깔린 바닥에 붙어서 산다. 자기 사는 곳에 맞춰 몸 색깔을 이래저래 바꾼다. 바닥에 파묻혀 있다가 새우나 갯지렁이, 조개를 잡아먹는다. 어릴 때는 눈이 몸 양쪽에 붙어 있다가 크면서 두 눈이 오른쪽으로 쏠리고 바닥에 내려가 산다. 가자미는 그물이나 낚시로 잡는다. 가자미식해를 만들기도 한다. **생김새** 몸길이 50cm **사는 곳** 동해, 남해, 서해 **먹이** 새우, 플랑크톤, 물고기, 갯지렁이 **다른 이름** 가재미, 도다리, Brown sole **분류** 가자미목 > 가자미과

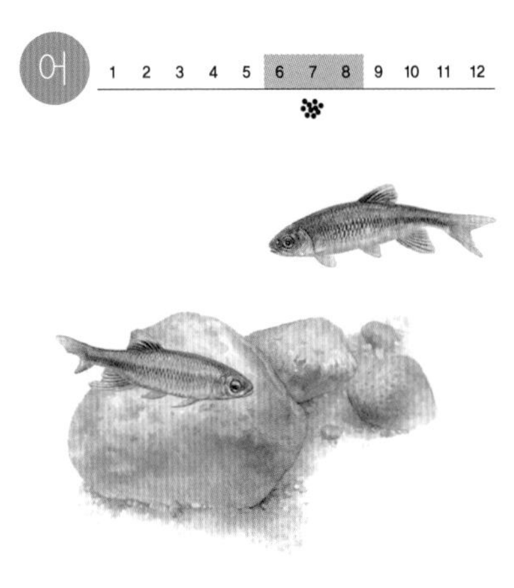

참갈겨니

참갈겨니는 갈겨니와 거의 똑같이 생겼는데 몸집이 조금 더 크다. 갈겨니보다 몸이 노랗고 눈에 빨간 점도 없다. 사는 모습은 비슷한데, 참갈겨니는 여울을 더 좋아하고 갈겨니는 물살이 느린 곳에서 지낸다. 물 위로 뛰어올라 날벌레를 잡기도 한다. 알 낳을 때가 되면 수컷은 혼인색을 띠어 몸이 노래진다. **생김새** 몸길이 13~20cm **사는 곳** 산골짜기 **먹이** 작은 물벌레, 돌말, 날벌레 **다른 이름** 불지네북, 괴리, 불괴리, 천둥불거지, 촌피래미, 산피리, Korean dark chub **분류** 잉어목 > 피라미아과

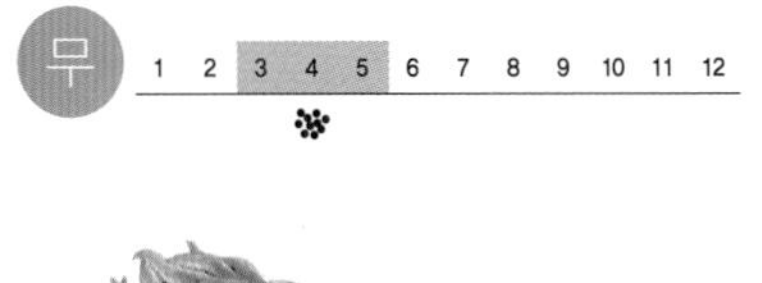

참갑오징어

참갑오징어는 모래 섞인 진흙 바닥에 잘 모여 있다. 서해에서 산다. 동해에서 많이 나는 오징어와 달리 몸이 납작하다. 몸통 가장자리에 짧은 지느러미가 있고, 몸속에 크고 단단한 뼈가 들어 있다. 위험을 느끼면 몸 색깔을 재빨리 바꾸거나 먹물을 내뿜고 도망간다. 봄에 얕은 바다의 암초나 해조류에 알을 붙여 낳는다. 배를 타고 나가 통발로 잡는다. **생김새** 몸길이 20~30cm **사는 곳** 서해, 남해 바닷속 **먹이** 새우, 작은 물고기, 다른 오징어 **다른 이름** 갑오징어, 맹마구리, 오징어뼈 **분류** 연체동물 > 갑오징어과

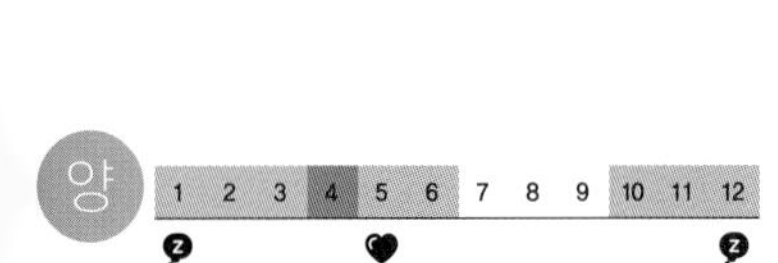

참개구리

참개구리는 논이나 물가에서 산다. 뛰는 것도 잘하고, 물갈퀴가 있어서 헤엄치는 것도 잘한다. 풀숲에 꼼짝 않고 숨어 있다가 먹이가 가까이 오면 혀를 쭉 내밀어 잡는다. 눈앞에서 움직이는 것은 무엇에든지 덤벼든다. 알에서 올챙이를 거쳐 개구리가 되기까지 두 달쯤 걸린다. 겨울에 겨울잠을 잔다. **생김새** 몸길이 6~9cm **사는 곳** 논, 시냇가, 웅덩이 **먹이** 작은 벌레, 달팽이 **다른 이름** 논개구리, 떡개구리, 억묵쟁이, 왕머구리, Black-spotted pond frog **분류** 무미목 > 개구리과

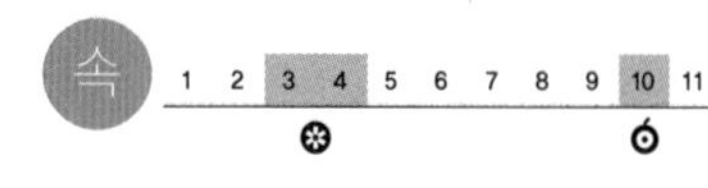

참개암나무

참개암나무는 다른 개암나무처럼 볕이 잘 드는 산기슭에서 잘 자란다. 가지를 많이 치는데 어린 가지에는 털이 있다. 개암나무보다 잎끝이 갸름하고 잎자루에 털이 있다. 잎보다 먼저 꽃이 핀다. 열매는 가을에 익는데 생김새는 개암과 무척 달라서 새 부리처럼 뾰족하고 길다. 맛은 개암처럼 고소하고 맛있다. 열매는 날로 먹기도 하고 기름도 짠다. **생김새** 높이 4~6m | 잎 4~10cm, 어긋난다. **사는 곳** 볕이 잘 드는 산기슭 **다른 이름** 가는물개암나무, Asian beaked hazel **분류** 쌍떡잎식물 > 자작나무과

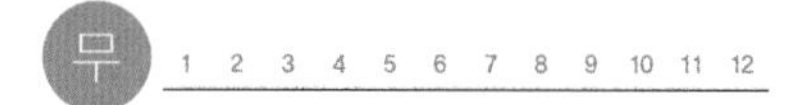

참거머리

참거머리는 논이나 연못, 웅덩이에 산다. 몸통은 가늘고 길다. 몸빛은 옅은 밤빛이고 등에 줄무늬가 있다. 죽은 동물이나 살아 있는 동물의 피를 빨아 먹는다. 몸 양쪽에 빨판이 있는데, 앞에 있는 빨판 밑에 입이 있다. 피를 빨아 먹을 때는 자기 몸무게의 몇 배나 되는 피를 빤다. 자웅동체이지만 짝짓기를 해서 알을 낳는다. **생김새** 몸길이 3~4cm **사는 곳** 논, 연못 **먹이** 다른 동물의 피 **다른 이름** 참거마리[북] **분류** 환형동물 > 거머리과

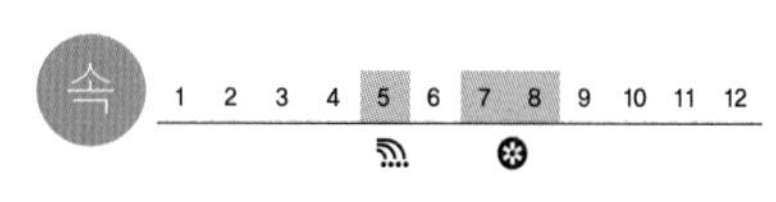

참깨

참깨는 씨를 먹거나 기름을 짜려고 밭에 심는다. 줄기는 곧게 자라고 마디지며 네모나다. 여름에 잎겨드랑이에서 연보랏빛 꽃이 핀다. 꽃이 지면 꼬투리가 달리고 속에 납작하고 작은 씨앗들이 들어 있다. 참깨 씨는 볶아서 양념으로 쓴다. 기름도 짠다. 참기름은 여러 음식에 양념으로 넣는다. 참기름을 짜고 남은 깻묵은 집짐승을 먹이거나 거름으로 쓴다. **생김새** 높이 1m쯤 | 잎 10cm쯤, 마주나거나 어긋난다. **사는 곳** 밭 **다른 이름** 깨, 호마, 유마, Sesame **분류** 쌍떡잎식물 > 참깨과

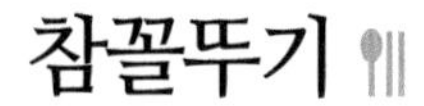

참꼴뚜기

참꼴뚜기는 서해 얕은 바다와 남해에서 많이 난다. 봄에 배를 타고 나가 불을 환하게 켜고 그물로 잡는다. 짧은 다리 여덟 개와 긴 더듬이 두 개가 있다. 몸이 아주 작다. 위험을 느끼면 오징어처럼 먹물을 쏜다. 흔히 꼴뚜기라고 한다. 갯마을에서는 호레기나 꼬록이라고 한다. 회로 먹거나 꼴뚜기젓을 담근다 **생김새** 몸길이 7cm **먹이** 작은 새우, 물고기 **사는 곳** 서해, 남해 **다른 이름** 호레기, 꼬록, Beka squid **분류** 연체동물 > 꼴뚜기과

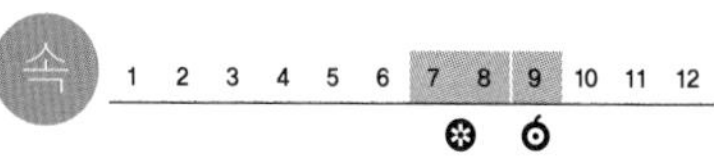

참나리

참나리는 볕이 잘 드는 산기슭이나 바위틈, 둑에서 난다. 나리꽃 가운데 으뜸이라고 이런 이름이 붙었다. 산에 핀다고 산나리라고도 한다. 꽃을 보려고 마당에서 가꾸기도 한다. 땅속에 비늘줄기가 있는데 얇은 비늘이 여러 겹 겹쳐져 있다. 줄기가 쭉 뻗어 자라면서 가지는 안 친다. 잎은 대나무 잎처럼 길쭉하고 끝이 뾰족하다. **생김새** 높이 1~2m | 잎 5~18cm, 어긋난다. **사는 곳** 산기슭, 바위틈, 둑 **다른 이름** 산나리, 호랑나리, 나리, 알나리, Tiger lily **분류** 외떡잎식물 > 백합과

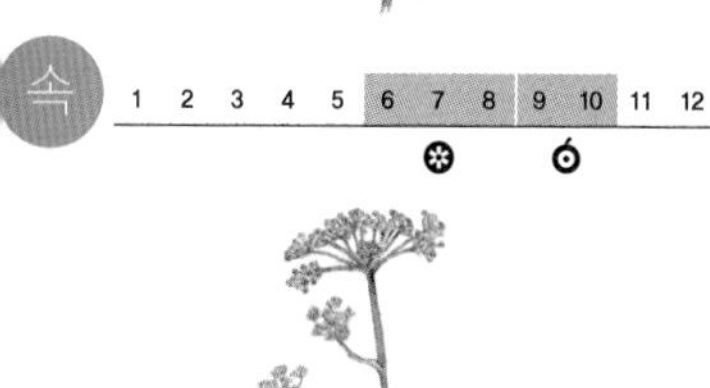

참나물

참나물은 깊은 산 나무 그늘에서 자란다. 봄나물로 먹으려고 밭에 심기도 한다. 줄기는 곧게 서고 아래쪽에서부터 가지를 친다. 잎은 쪽잎 석 장이 모인 겹잎인데 쪽잎은 끝이 뾰족하다. 가장자리에 톱니가 있다. 잎자루 밑이 넓어지면서 줄기를 감싼다. 여름에 줄기 끝에서 자잘한 흰 꽃이 모여 핀다. 열매는 납작하고 넓은 타원형이다. **생김새** 높이 50~80cm | 잎 3~8cm, 마주난다. **사는 곳** 깊은 산속 **다른 이름** 겹참나물, 노루참나물, 산노루참나물, Short-fruit pimpinella **분류** 쌍떡잎식물 > 산형과

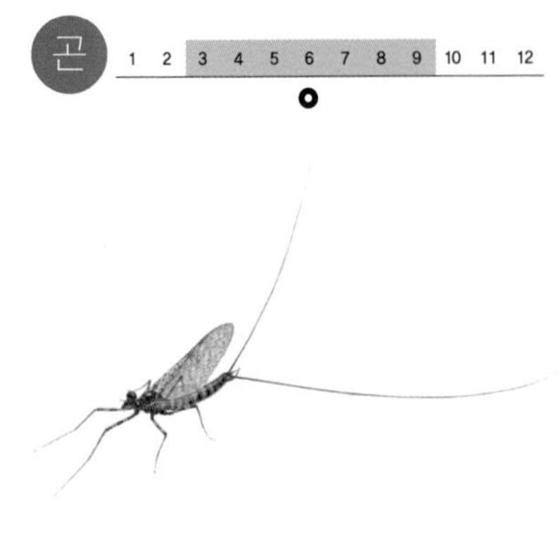

참납작하루살이

참납작하루살이는 물가에 산다. 하루살이는 하루만 산다고 붙은 이름이지만 이삼일이나 열흘까지 사는 것도 있다. 알이나 애벌레 때에는 물속에서 살다가 어른벌레가 되면 물 밖으로 나온다. 애벌레는 물속에 떨어진 썩은 나뭇조각이나 물풀을 먹고 산다. 어른벌레는 해가 질 무렵에 떼 지어 날면서 짝짓기를 하고 죽는다. **생김새** 몸길이 12~14mm **사는 곳** 애벌레_물속 | 어른벌레_물가, 풀숲 **먹이** 애벌레_물풀, 썩은 식물 | 어른벌레_안 먹는다. **다른 이름** 날파리 **분류** 하루살이목 > 납작하루살이과

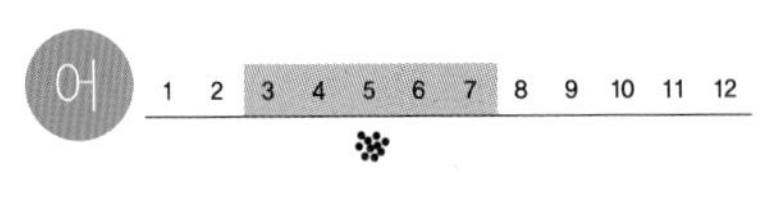

참다랑어

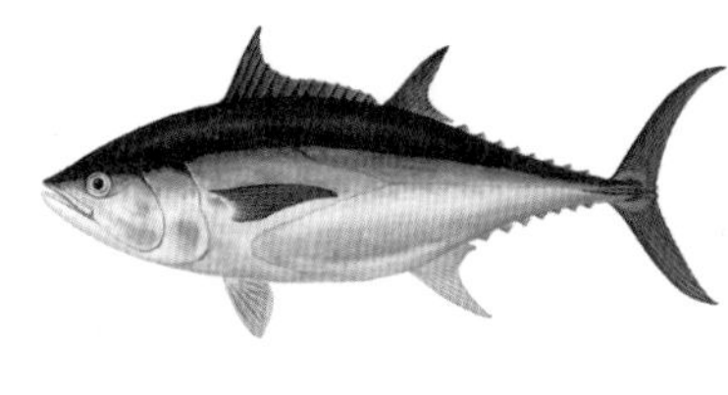

참다랑어는 봄이 되면 우리나라로 와서 동해를 거쳐 사할린과 쿠릴 열도까지 올라간다. 큰 무리를 지어 물낯 가까이에서 헤엄쳐 다닌다. 쉴 새 없이 헤엄쳐 다닌다. 멸치나 꽁치, 청어처럼 작은 물고기나 새우, 오징어를 잡아먹는다. 참다랑어는 주낙이나 그물로 잡아서, 잡자마자 얼린다. 다랑어 가운데 가장 비싸고 맛도 으뜸으로 친다. **생김새** 몸길이 3m **사는 곳** 제주, 남해, 동해 **먹이** 작은 물고기, 새우, 오징어 **다른 이름** 참치, 다랭이, Bluefin tuna **분류** 농어목 > 고등어과

참당귀

참당귀는 산골짜기 축축한 곳에서 자란다. 약으로 쓰거나 잎채소로 먹으려고 밭에서 기르기도 한다. 줄기가 곧게 올라와 어른 키만큼 자란다. 줄기는 속이 비었다. 뿌리와 줄기 아래에서 나는 잎은 잎자루가 길다. 긴 잎자루 아래쪽이 줄기를 감싼다. 여름에 줄기나 가지 끝에 자잘한 자줏빛 꽃이 모여 핀다. **생김새** 높이 1~2m | 잎 6~12cm, 어긋난다. **사는 곳** 산골짜기, 밭 **다른 이름** 당귀, 토당귀, 승검초, 신감채, 승암초, Korean angelica **분류** 쌍떡잎식물 > 산형과

참도박

참도박은 바닷가 바위나 돌에 붙어 자라는 바닷말이다. 이른 봄에 물 빠진 바닷가를 뒤덮을 만큼 많이 나기도 한다. 넓적하고 둥그렇다. 미역과 닮았는데 더 빳빳하고 무척 미끈거린다. 뜯어서 말렸다가 푹 고면 찐득한 물이 나온다. 이 물로 풀을 쑨다. 삼베옷에 풀을 먹이거나 벽지를 바를 때 많이 썼다. 한번 붙이면 잘 안 떨어지고 곰팡이도 안 생긴다. **생김새** 길이 20~60cm **사는 곳** 바닷가 갯바위 **다른 이름** 곰피 **분류** 홍조류 > 도박과

포
1 2 3 4 5 6 7 8 9 10 11 12

참돌고래

참돌고래는 바다에서 무리를 짓고 산다. 돌고래 가운데 가장 흔한 편이다. 머리 위 꼭대기에 숨쉬는 구멍이 있다. 저마다 다른 소리를 내서 서로 뜻을 전한다. 소리를 내보낸 다음 돌아오는 소리를 듣고 앞에 무엇이 있는지도 안다. 똑똑하고 사람이 하는 신호도 잘 알아듣는다. 빠른 속도로 헤엄을 치면서 오징어나 작은 물고기를 잡아 먹는다. **생김새** 몸길이 1.7~2.3m **사는 곳** 바다 **먹이** 멸치, 오징어, 물고기 **다른 이름** 곱등어[북], 물돼지, Common dolphin **분류** 고래목 > 돌고래과

어
1 2 3 4 5 6 7 8 9 10 11 12

참돔

참돔은 따뜻한 물을 좋아한다. 바닥에 자갈이 깔리고 울퉁불퉁한 바위가 솟은 곳을 좋아한다. 물속 바닥이나 가운데쯤에서 헤엄쳐 다닌다. 겨울에는 제주 남쪽 바다로 간다. 새우나 오징어나 작은 물고기를 잡아먹고, 이빨이 튼튼해서 게나 성게나 불가사리도 부숴 먹는다. 초여름부터 얕은 바닷가에서 짝짓기를 한다. 오래 살아서 오십 년까지도 산다. **생김새** 몸길이 1m **사는 곳** 우리나라 온 바다 **먹이** 새우, 게, 오징어, 성게, 불가사리, 작은 물고기 **다른 이름** 도미, 돔, Red seabream **분류** 농어목 > 도미과

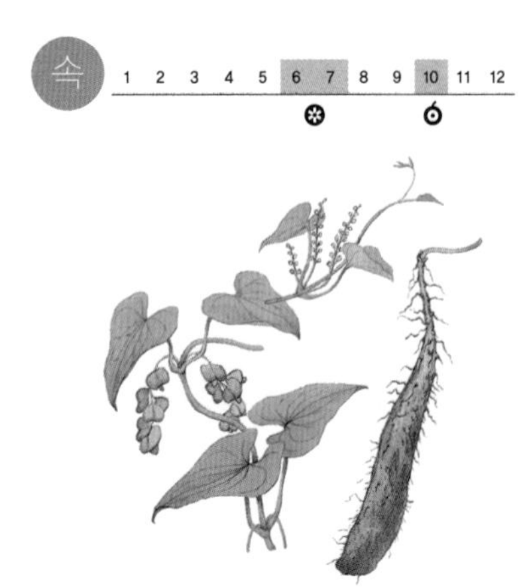

참마

참마는 낮은 산이나 들에서 자란다. 밭에 심기도 한다. 줄기는 덩굴지면서 길게 뻗고 성글게 가지를 친다. 덩이뿌리는 '마'라고 한다. 길고 살이 많고 희다. 잎은 세모 모양인데 끝이 뾰족하고, 세로로 난 잎맥이 또렷하다. 잎겨드랑이에 동그란 눈이 생기는데 땅에 떨어지면 싹이 난다. 여름에 작고 흰 꽃이 핀다. 열매는 거꾸로 된 달걀 모양이고 날개가 석 장 있다. **생김새** 길이 1~1.8m | 잎 5~10cm, 마주나거나 돌려난다. **사는 곳** 산, 들, 밭 **다른 이름** 산약, 서여, 마, Yam **분류** 외떡잎식물 > 마과

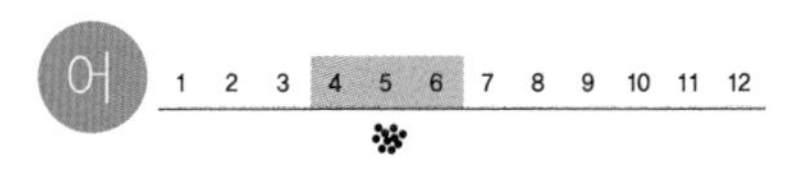

참마자

참마자는 냇물이나 강에서 산다. 물살이 느리고 모래와 잔자갈이 깔린 곳에 산다. 누치 새끼와 많이 닮았는데, 몸에 자잘한 검은 점이 있다. 모래 속에 잘 숨는다. 바닥을 헤엄쳐 다니면서 깔따구 애벌레나 물벌레, 새우 따위를 잡아먹는다. 돌말을 먹기도 한다. 알 낳을 때가 되면 수컷은 혼인색을 띤다. **생김새** 몸길이 15~22cm **사는 곳** 산골짜기, 냇물 **먹이** 물벌레, 새우, 돌말 **다른 이름** 마자[북], 매자, 참매자, 모자, 뜸마주, 두루치, Long-nosed barbel **분류** 잉어목 > 모래무지아과

참매

참매는 숲속이나 논밭 둘레에 있는 야산에서 산다. 혼자 또는 암수가 함께 지낸다. 날아오를 때는 상승 기류를 타고 아주 높이 난다. 높이 날면서 먹이를 찾는다. 먹이를 잡을 때는 빠르게 날면서 다리를 쭉 뻗어 발톱으로 낚아챈다. 발톱이 길고 날카로워 한번 잡으면 놓치는 일이 거의 없다. 살아 움직이는 것을 잡아먹는다. 예전에는 꿩 사냥을 하는 사냥매로 길렀다. **생김새** 몸길이 50~60cm **사는 곳** 산, 숲 **먹이** 새, 쥐, 토끼, 벌레 **다른 이름** Northern goshawk **분류** 매목 > 수리과

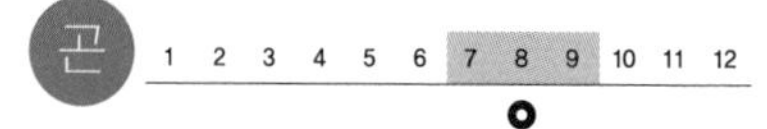

참매미

참매미는 산이나 숲이나 들판 어디서든 볼 수 있고 도시 건물 벽에 앉아서 울기도 한다. '맴 맴 맴 맴 매애앰' 하고 운다. 매미 소리를 떠올릴 때 흔히 떠올리는 소리이다. 낮에도 울고 궂은 날에도 울지만, 한여름 맑은 날 해 뜰 무렵 가장 왁자하게 운다. 애벌레는 땅속에서 2~4년을 지내고 어른벌레가 된다. 어른벌레는 3~4주쯤 산다. **생김새** 몸길이 33~37mm **사는 곳** 논밭, 들판, 숲, 공원 **먹이** 나무즙 **다른 이름** Korean dusky cicada **분류** 노린재목 > 매미과

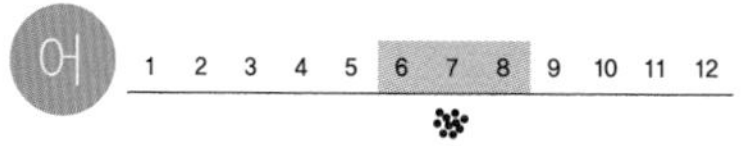

참몰개

참몰개는 냇물과 강, 저수지에 산다. 물이 얕고 물풀이 우거진 곳에서 산다. 주둥이가 뾰족하고 입수염은 길며 눈이 크다. 여러 마리가 떼를 지어 물낯 가까이에서 빠르게 헤엄쳐 다닌다. 물풀 씨앗이나 물벌레를 잡아먹고 산다. 물이 조금 더러워져도 잘 산다. **생김새** 몸길이 8~14cm **사는 곳** 냇물, 강, 저수지 **먹이** 물풀 씨앗, 작은 물벌레 **다른 이름** 대동버들붕어[북], 깨마자, 볼치, 샘놀이, 둠벙피리, 배통쟁이, Korean gudgeon **분류** 잉어목 > 모래무지아과

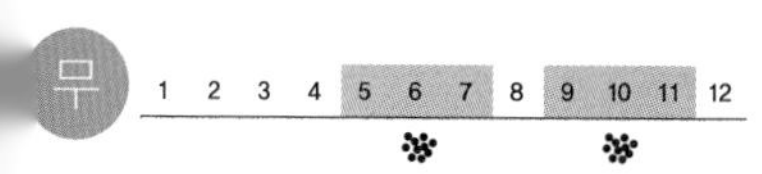

참문어

참문어는 흔히 문어라고 한다. 동해와 남해에서 많이 산다. 제주 바다에도 많다. 바닷속 바위틈이나 구멍에 들어가서 산다. 아주 똑똑하다. 머리처럼 생긴 곳이 몸통이고, 몸통과 다리 사이에 머리가 있다. 다리는 여덟 개인데 몸통보다 세 배쯤 길다. 다리마다 빨판이 있어서 잘 들러붙는다. 이빨이 날카로워서 껍데기가 두꺼운 소라도 깨 먹는다. **생김새** 몸길이 60~300cm **사는 곳** 동해, 남해, 제주 바다 **먹이** 새우, 게, 조개, 고둥 **다른 이름** 문에, 물낙지, Octopus **분류** 연체동물 > 문어과

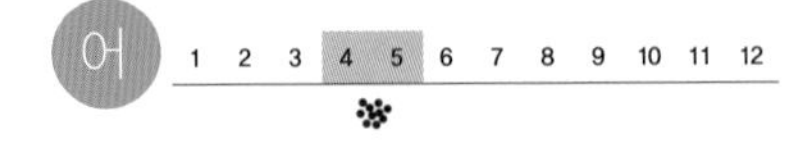

참복

참복은 서해에 많다. 물속 가운데나 바닥을 헤엄쳐 다니며 새우나 게, 오징어, 물고기, 조개를 잡아먹는다. 자주복과 비슷한데 자주복은 뒷지느러미 색깔이 하얗지만, 참복은 모든 지느러미가 까맣다. 사는 모습도 비슷하다. 봄에 알을 낳는다. 몸에 독이 있다. 색과 맛과 냄새가 전혀 없는데 조금만 먹어도 죽을 수 있다. **생김새** 몸길이 60cm **사는 곳** 우리나라 온 바다 **먹이** 새우, 게, 오징어, 물고기, 조개 **다른 이름** Eyespot puffer **분류** 복어목 > 참복과

어
1 2 3 4 5 6 7 8 9 10 11 12

참붕어

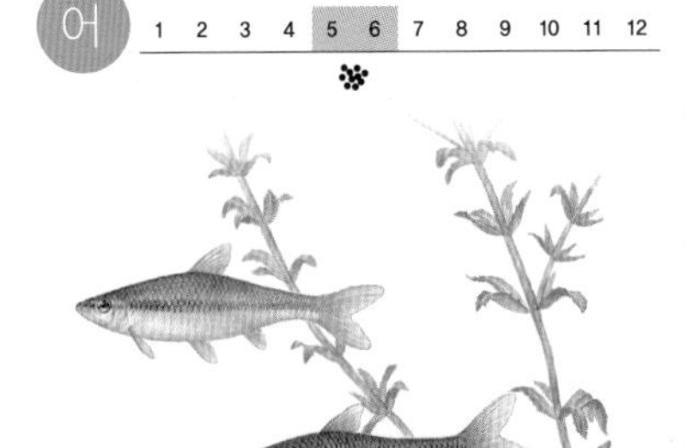

참붕어는 저수지나 논도랑에 살고 물이 얕은 냇물에도 산다. 물살이 센 곳보다 물이 느리게 흐르거나 머물러 있는 곳을 좋아한다. 물풀이 수북하게 난 곳에서 떼를 지어 헤엄쳐 다닌다. 물벌레나 플랑크톤, 물고기 알, 물이끼를 먹는다. 봄에 알을 낳으면 수컷은 알자리 둘레를 빙빙 돌면서 새끼가 깨어날 때까지 지킨다. **생김새** 몸길이 6~12cm **사는 곳** 저수지, 논도랑, 냇물 **먹이** 물벌레, 플랑크톤, 물고기 알, 물이끼 **다른 이름** 못고기[북], 보리붕어, 방아꼬, 쌀붕어, 깨붕어, Stone moroko **분류** 잉어목 > 피라미아과

속
1 2 3 4 5 6 7 8 9 10 11 12

참빗살나무

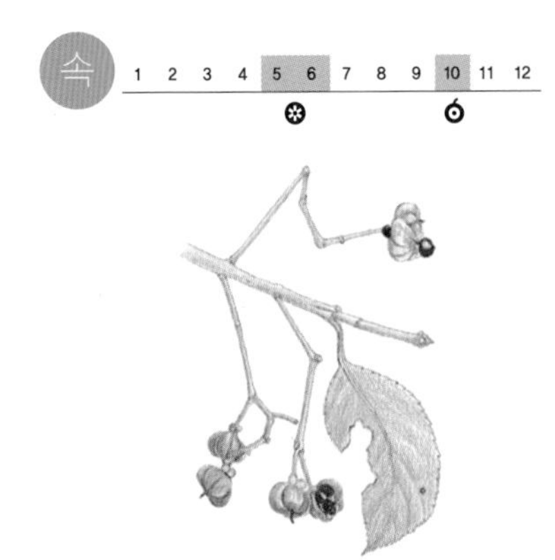

참빗살나무는 산기슭이나 강가나 바닷가에서 자란다. 이 나무로 참빗을 만든다고 참빗살나무라고 한다. 큰 나무에서 가지가 회초리처럼 가늘고 길게 뻗는다. 꽃은 햇가지 아래쪽에서 작고 연한 풀빛으로 성글게 모여 핀다. 열매가 다 익으면 네 갈래로 갈라지면서 속에 있던 빨간 씨가 밖으로 드러난다. 열매를 따서 약으로 쓴다. **생김새** 높이 8m | 잎 5~15cm, 마주난다. **사는 곳** 산기슭, 강가, 바닷가 **다른 이름** Hamilton's spindletree **분류** 쌍떡잎식물 > 노박덩굴과

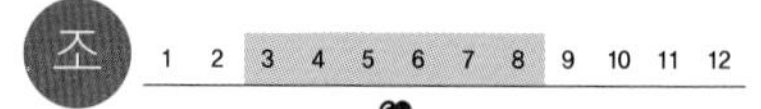

참새

참새는 도시, 시골, 어디서나 가장 흔히 보인다. 봄여름에 짝짓기를 하고 새끼를 치는 동안에는 암수가 함께 지낸다. 나무 구멍이나 처마 밑, 돌담 틈에 둥글게 둥지를 짓는다. 새끼를 치고 난 다음부터 겨울까지 수십 마리씩 무리를 짓는다. 봄여름에는 벌레를 잡아먹고, 가을부터는 낟알이나 나무 열매, 풀씨를 많이 먹는다. 곡식이나 풀씨를 찾아서 제법 멀리까지 다닌다. **생김새** 몸길이 14cm **사는 곳** 마을, 논밭, 야산, 숲 **먹이** 벌레, 곡식, 씨앗, 나무 열매 **다른 이름** Eurasian tree sparrow **분류** 참새목 > 참새과

속 1 2 3 4 5 6 7 8 9 10 11 12

참새귀리

참새귀리는 풀숲이나 길가, 집 둘레에 많다. 겨울에 농사를 안 짓는 밭에 무더기로 나기도 한다. 귀리와 닮았다. 볕이 잘 드는 곳을 좋아한다. 가을에 싹이 터서 겨울을 나고 이듬해 열매를 맺는다. 줄기는 뭉쳐나는데 속이 비어 있다. 잎몸과 잎집에는 털이 많다. 이삭과 씨앗에는 까끄라기가 달려 있어서 사람 옷이나 짐승 털에 붙어 멀리 퍼진다. **생김새** 높이 30~80cm | 잎 5~15cm, 어긋난다. **사는 곳** 풀숲, 길가, 집 둘레 **다른 이름** 귀보리, 참새귀밀, Common brome **분류** 외떡잎식물 > 벼과

어 1 2 3 4 5 6 7 8 9 10 11 12

참서대

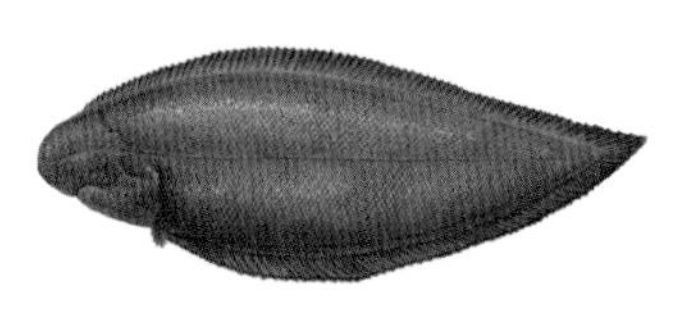

참서대는 펄과 모래가 섞인 바닥에 납작 붙어서 산다. 가자미나 넙치를 닮았는데 몸이 더 갸름하다. 두 눈이 오른쪽으로 치우쳐 있다. 낮에는 바닥에 숨어 있다가 밤에 나와 갯지렁이나 새우, 게를 잡아먹는다. 냄새를 맡아 먹이를 찾는다. 여름에 알을 낳는다. 참서대는 그물을 내려서 잡는다. **생김새** 몸길이 20cm 안팎 **사는 곳** 서해, 남해, 제주 **먹이** 갯지렁이, 새우, 게 **다른 이름** 서대, Red tongue sole **분류** 가자미목 > 참서대과

참식나무

참식나무는 남부 지방 바닷가 산기슭에서 자란다. 줄기는 어두운 잿빛이고 매끈하다. 햇가지는 풀빛이며 털이 있다. 잎은 도톰하고 윤이 난다. 어린잎은 밝은 밤빛 털이 배게 나 있어서 밤빛으로 보인다. 만지면 보드랍다. 가을에 잎겨드랑이에서 자잘한 노란 꽃이 모여서 핀다. 암수딴그루이다. 열매는 꽃이 핀 이듬해 가을에 붉게 익는다. **생김새** 높이 10~15m | 잎 7~18cm, 어긋난다. **사는 곳** 바닷가 산기슭 **다른 이름** 식나무, Sericeous newlitsea **분류** 쌍떡잎식물 > 녹나무과

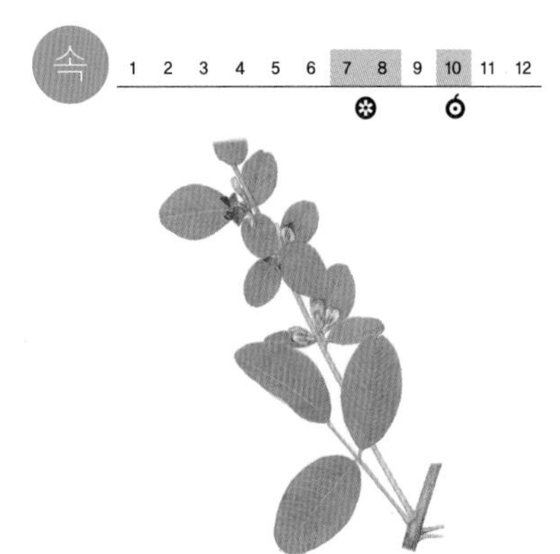

참싸리

참싸리는 낮은 산이나 들에서 자란다. 줄기는 곧게 서고 가지를 많이 친다. 무리를 지어 넓게 퍼진다. 잎은 쪽잎 석 장으로 된 겹잎이다. 쪽잎은 윗부분이 둥글거나 가운데가 오목하다. 뒷면에 흰 털이 있다. 여름에 잎겨드랑이에서 붉은 보랏빛 꽃이 모여 핀다. 열매는 찌그러진 모양인데 끝이 뾰족하고 털이 있다. 줄기와 가지로 살림살이를 만드는 데 쓴다. **생김새** 높이 1~2m | 잎 2~5cm, 어긋난다. **사는 곳** 산, 들 **다른 이름** 긴잎참싸리, Leafy lespedeza **분류** 쌍떡잎식물 > 콩과

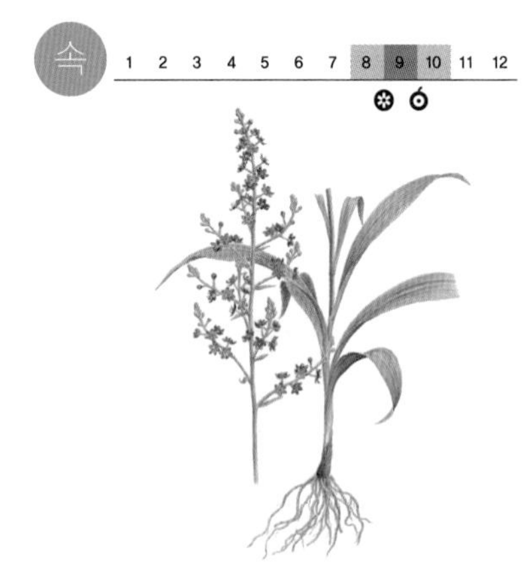

참여로

참여로는 산속 기름진 땅에서 자란다. 절로 나는 것은 아주 드물어서 함부로 뽑아서는 안 된다. 줄기 밑에만 잎이 수북하게 나고, 위쪽으로는 잎 없이 꼿꼿하게 자란다. 잎 밑동이 줄기를 감싼다. 늦여름부터 가을까지 자줏빛 꽃이 줄기 끝과 가지에서 다닥다닥 핀다. 열매는 타원형이고 짙은 자줏빛이다. **생김새** 높이 1.5m쯤 | 잎 40cm, 모여난다. **사는 곳** 산속 **다른 이름** 검정여로, 큰여로, Black false hellebore **분류** 외떡잎식물 > 백합과

참외

참외는 밭에 심는 열매채소다. 수박과 함께 여름에 많이 먹는다. 덩굴줄기는 땅 위로 길게 뻗는다. 줄기에는 가시털이 있고 마디에서 덩굴손이 나온다. 잎은 호박잎을 닮았지만 크기가 작다. 여름에 노란 꽃이 피는데, 암꽃 씨방이 자라서 우리가 먹는 참외가 된다. 열매는 풀빛이다가 노랗게 익는다. 맛이 달고 물이 많다. 과일처럼 날로 먹는다. 참외꼭지는 약으로도 쓴다. **생김새** 길이 1~4m | 잎 6~15cm, 어긋난다. **사는 곳** 밭 **다른 이름** 참의, 진과, 첨과, Oriental melon **분류** 쌍떡잎식물 > 박과

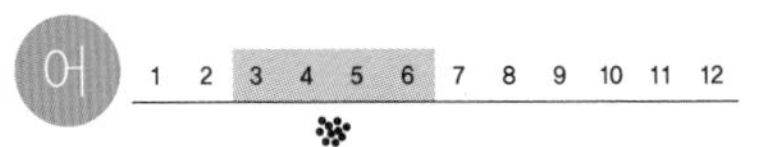

참조기

참조기는 서해에서 떼로 몰려다닌다. 겨울에는 따뜻한 남쪽 바다로 내려갔다가 2월쯤부터 서해안을 따라 알을 낳으러 올라온다. 이때 물속에서 '뿌욱, 뿌욱' 하며 운다. 부레를 움직여 소리를 낸다. 배 위까지 들린다. 옛날 사람들은 구멍 뚫린 대나무 통을 바다에 넣어 조기 떼가 몰려오는 소리를 들었다. 새끼줄에 둘둘 엮어서 말린 것은 굴비라고 한다. **생김새** 몸길이 30cm 안팎 **사는 곳** 서해, 남해, 제주 **먹이** 새우, 게, 작은 물고기, 바닷말 **다른 이름** 조기, 누렁조기, 기름조기, Redlip croaker **분류** 농어목 > 민어과

어 1 2 3 4 5 6 7 8 9 10 11 12

참종개

참종개는 맑은 물이 흐르는 냇물이나 강에서 산다. 몸이 미끌미끌하고, 몸통에 얼룩덜룩한 검은 무늬가 줄줄이 있다. 잔자갈 위에 가만히 있다가 잽싸게 파고들어 잘 숨는데 빼꼼히 주둥이와 눈만 밖으로 내놓는다. 바닥을 뒤져 깔따구 애벌레 같은 작은 물벌레를 찾아 잡아먹고, 모래에 붙어 있는 돌말을 걸러 먹기도 한다. **생김새** 몸길이 8~18cm **사는 곳** 냇물, 강, 산골짜기 **먹이** 작은 물벌레, 돌말 **다른 이름** 기름쟁이, 수수쟁이, 말미꾸라지, 물미꾸리, Korean spine loach **분류** 잉어목 > 미꾸리과

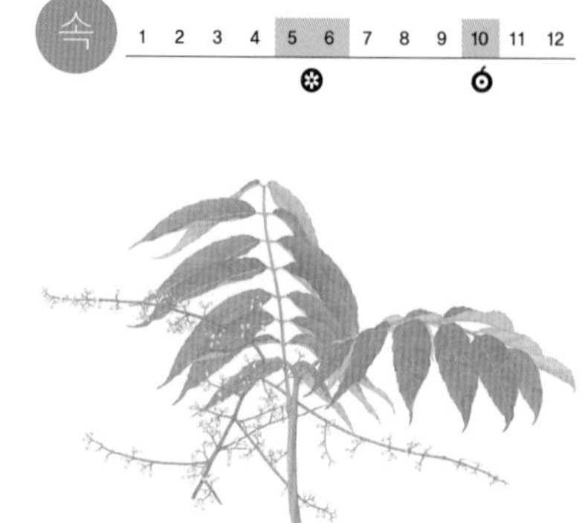

참죽나무

참죽나무는 햇볕이 잘 드는 곳을 좋아한다. 새순을 먹고 목재를 쓰려고 집 가까이에 심었다. 잔가지가 없이 곧고 높게 자란다. 잎은 겹잎인데 쪽잎이 10~20장 붙는다. 이른 여름에 자잘한 흰 꽃이 가지 끝에 모여 핀다. 가을에 열매가 익는다. 새순을 뜯어 나물로 무쳐 먹는다. 목재는 기둥감으로 많이 쓴다. 결이 아름답고 단단해 가구를 짜기에도 좋다. **생김새** 높이 20m | 잎 8~15cm, 어긋난다. **사는 곳** 산기슭, 마을 **다른 이름** 참중나무, 쭉나무, Chinese cedrela **분류** 쌍떡잎식물 > 멀구슬나무과

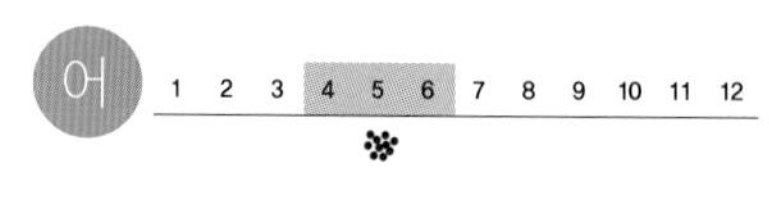

참중고기

참중고기는 큰 강에서 사는데 물살이 센 여울을 좋아한다. 놀라면 재빨리 물풀 속에 숨거나 돌 틈에 들어가 숨는다. 중고기와 닮았는데 참중고기는 등지느러미에 굵고 까만 줄이 있다. 몸통에 검은 무늬가 듬성듬성 크게 있다. 알 낳을 때가 되면 수컷은 혼인색을 띠고, 암컷은 산란관이 나온다. 재첩 몸속에 알을 낳는다. **생김새** 몸길이 8~10cm **사는 곳** 강, 냇물 **먹이** 물벼룩, 새우 **다른 이름** 중고기[북], 기름치, 돌도구리, 문동피리, 돌피리, 똘쟁이, Oily shinner **분류** 잉어목 > 모래무지아과

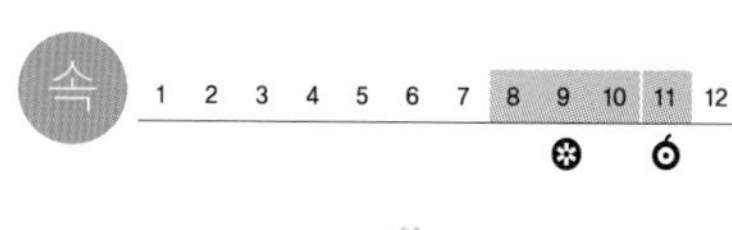

참취

참취는 볕이 잘 드는 산이나 들에서 자란다. 나물로 먹으려고 밭에서 기르기도 한다. 줄기는 곧게 서고 윗부분에서 가지를 친다. 뿌리줄기는 굵고 짧다. 뿌리잎은 잎자루가 길고 꽃이 필 때쯤 없어진다. 줄기잎은 앞뒷면에 털이 있고 잎 가장자리에 거친 톱니가 있다. 가을에 가지 끝에 흰 꽃이 모여 핀다. 씨앗에는 흰 우산털이 붙어 있다. **생김새** 높이 1~1.5m | 잎 9~24cm, 모여나거나 어긋난다. **사는 곳** 산, 들 **다른 이름** 나물취, 취, 선백초, Edible aster **분류** 쌍떡잎식물 > 국화과

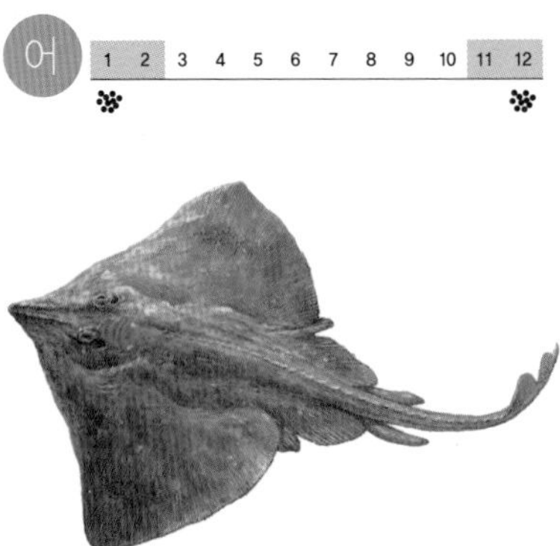

참홍어

참홍어는 물 깊이가 50~100미터쯤 되고 바닥에 모래와 펄이 깔린 곳에서 산다. 바닥에 납작 엎드려 있다가 새우나 게, 갯가재, 오징어 따위를 잡아먹는다. 어릴 때는 서해 바닷가에서 살다가 크면 먼바다로 나간다. 가을이 되면 다시 바닷가로 와서 겨울에 짝짓기를 하고 알을 낳는다. 암컷이 수컷보다 크다. 흔히 홍어라고 하면서 먹는 물고기다. 삭혀서 많이 먹는다. **생김새** 몸길이 1m **사는 곳** 서해 **먹이** 오징어, 새우, 게 **다른 이름** 눈가오리, 홍어, Mottled skate **분류** 홍어목 > 홍어과

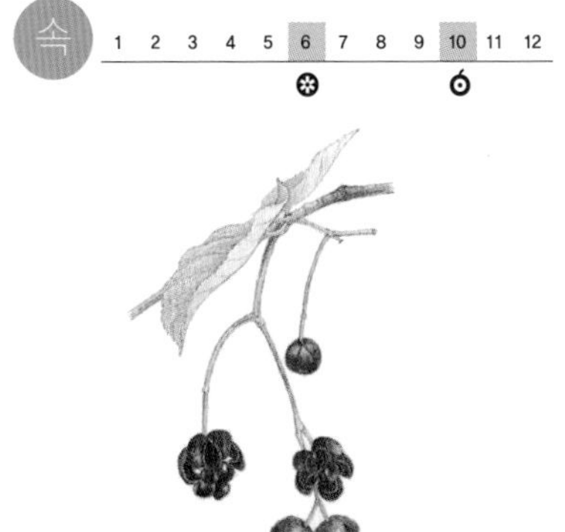

참회나무

참회나무는 비탈진 산골짜기에 많이 자란다. 가지가 길게 늘어지고 덤불을 이룬다. 꽃은 초여름에 여러 송이가 모여 핀다. 아주 작고 하얗거나 보랏빛이다. 가을이면 빨간 열매가 긴 열매꼭지에 매달려서 밑으로 축 처져 달린다. 다 익으면 다섯 갈래로 벌어지고 빨간 씨가 드러난다. 열매는 머릿니를 없애는 약으로 썼다 **생김새** 길이 1~2m | 잎 3~8cm, 마주난다. **사는 곳** 산골짜기 **다른 이름** 노랑회나무, 회뚝이나무, Korean spindletree **분류** 쌍떡잎식물 > 노박덩굴과

창포

창포는 늪이나 개울가, 연못가에서 드물게 자란다. 땅속줄기는 옆으로 길게 뻗고 마디가 많다. 마디에서 수염뿌리를 내린다. 잎은 땅속줄기에서 나는데 긴 칼처럼 생겼다. 여름에 꽃대 중간에서 노르스름한 꽃이 방망이 모양으로 핀다. 꽃대는 잎과 비슷하게 생겼다. 뿌리와 줄기와 잎에서 좋은 냄새가 난다. 단옷날 창포물에 머리를 감는 풍습이 있었다. **생김새** 높이 70cm | 잎 50~70cm, 모여난다. **사는 곳** 늪, 개울가, 연못가 **다른 이름** 장포, 향포, Common sweet flag **분류** 외떡잎식물 > 천남성과

채송화

채송화는 뜰이나 공원에 심어 가꾼다. 메마른 땅에서도 잘 자란다. 비스듬히 누워 자라고 가지를 많이 친다. 잎은 작고 통통하다. 잎겨드랑이에 흰 털이 많다. 여름부터 가을 동안 여러 빛깔 꽃이 핀다. 꽃잎이 다섯 장인 것도 있고 여러 장인 것도 있다. 낮에 피었다가 밤이 되면 오므라진다. 뜰에 한번 심으면 씨앗이 떨어져 해마다 다시 난다. **생김새** 높이 20cm | 잎 1~2cm, 어긋난다. **사는 곳** 뜰, 공원 **다른 이름** 따꽃, 불갑초, 만년초, Rose moss **분류** 쌍떡잎식물 > 쇠비름과

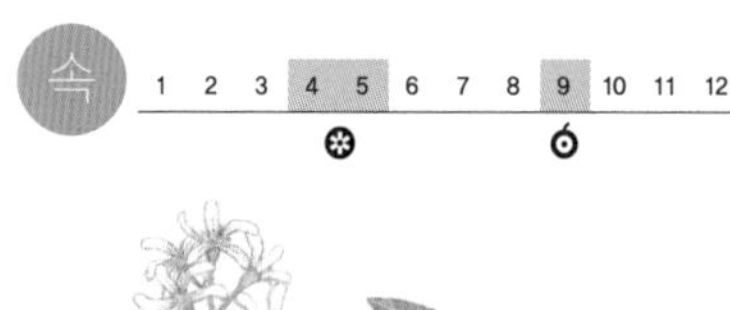

채진목

채진목은 남부 지방 산기슭에서 자란다. 줄기는 잿빛이다. 가지는 가늘고 길다. 어린 가지는 어두운 보랏빛을 띤다. 잎은 긴 타원형이고 끝이 뾰족하다. 가장자리에 톱니가 조금 있다. 잎자루가 길다. 봄에 짧은 가지 끝에 흰 꽃이 모여 핀다. 꽃잎은 다섯 장으로 길고 가늘다. 열매는 작고 둥근데, 가을에 검은 자줏빛으로 익는다. 씨가 3~5개 들어 있다. **생김새** 높이 5~10m | 잎 4~8cm, 어긋난다. **사는 곳** 산기슭 **다른 이름** 독요나무, Asian serviceberry **분류** 쌍떡잎식물 > 장미과

천궁

천궁은 밭에 심어 기른다. 물기가 많은 땅을 좋아한다. 줄기는 곧게 서고 성글게 가지를 친다. 잎은 두 번 깃꼴로 갈라진 겹잎이다. 쪽잎은 끝이 아주 뾰족하고 가장자리에 날카로운 톱니가 있다. 여름에 줄기와 가지 끝에서 작고 흰 꽃이 많이 모여 소복하게 핀다. 열매는 달걀 모양인데 잘 익지 않는다. 씨를 맺지 않아서 뿌리를 나누어 심는다. 뿌리에서 진한 냄새가 난다. **생김새** 높이 30~60cm | 잎 20~30cm, 어긋난다. **사는 곳** 밭 **다른 이름** 궁궁이[북] **분류** 쌍떡잎식물 > 산형과

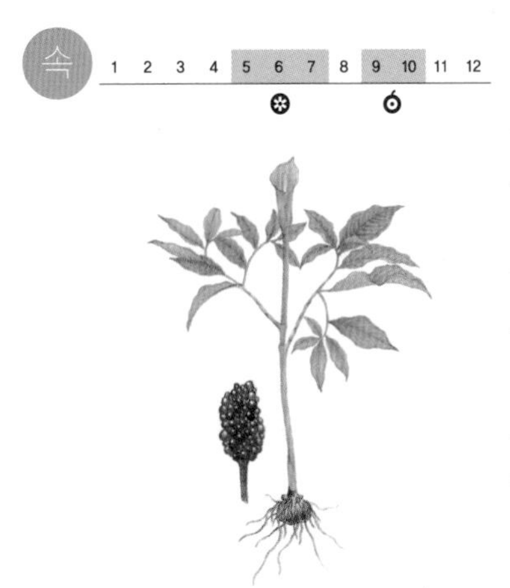

천남성

천남성은 산속 그늘지고 축축한 곳에서 자란다. 양파처럼 생긴 덩이줄기에서 대궁 하나가 꼿꼿하게 쑥 올라온다. 줄기 끝이 두 갈래로 갈라지면서 잎이 열 장 안팎으로 달린다. 봄여름에 꽃대가 올라와 긴 통처럼 생긴 꽃이 핀다. 가을에 동글동글한 열매가 달려 빨갛게 익는다. **생김새** 높이 15~30cm | 잎 10~20cm, 어긋난다. **사는 곳** 산속 **다른 이름** 호장, Serrate Amur jack-in-the-pulpit **분류** 외떡잎식물 > 천남성과

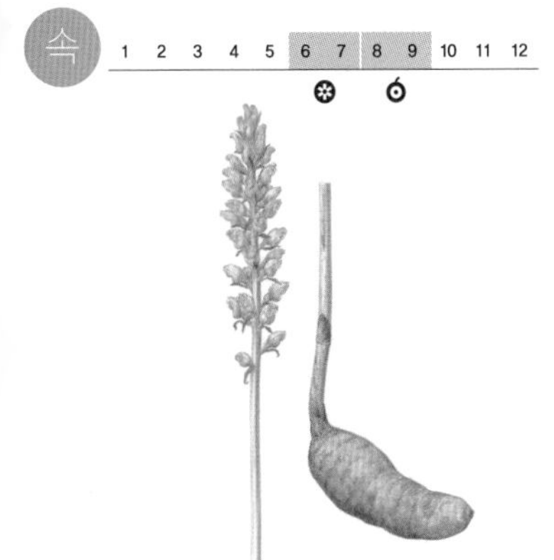

천마

천마는 깊은 산속 그늘에서 자란다. 기름지고 물이 잘 빠지는 땅을 좋아한다. 싹이 빨갛고 줄기 하나가 외줄기로 쑥 큰다. 대나무처럼 띄엄띄엄 마디지고 마디마다 작은 잎이 난다. 줄기 속은 텅 비었다. 여름에 줄기 끝에 꽃이 달린다. 한여름부터 씨가 여문다. 뿌리와 싹을 약으로 쓴다. 뿌리는 고구마를 닮았다. 감자처럼 푹 쪄서 먹거나 가루를 내서 먹기도 한다. **생김새** 높이 50~100cm | 잎 1~2cm **사는 곳** 산속 **다른 이름** 적전, 정풍초, 적마, Cheonma **분류** 외떡잎식물 > 난초과

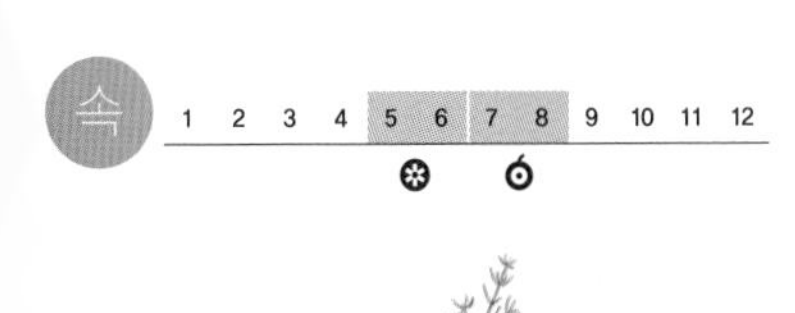

천문동

천문동은 남부 지방 바닷가 가까운 산기슭에서 자란다. 줄기는 가늘고 길게 자라면서 덩굴진다. 무리를 지어 난다. 잎은 날카로운 가시 모양이고 끝이 뾰족하다. 봄에 잎겨드랑이에서 누런빛 꽃이 두세 송이씩 모여 핀다. 꽃잎은 여섯 장이고 길쭉하다. 열매는 작고 둥글며 희다. 씨는 까맣다. 아스파라거스와 닮았는데 뿌리에 덩이가 생긴다. **생김새** 길이 1~2m | 잎 1~2cm, 모여난다. **사는 곳** 바닷가, 산기슭 **다른 이름** 부지깽나물, Lucid asparagus **분류** 외떡잎식물 > 백합과

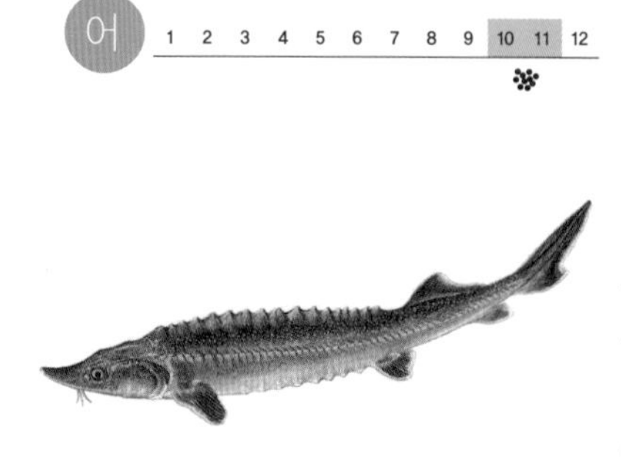

철갑상어

철갑상어는 강이나 강어귀뿐만 아니라 바다에서도 산다. 비늘이 두껍고 단단하며 억세다. 물 밑바닥에서 헤엄치며 먹이를 잡아먹는다. 조개나 게, 새우를 잡아먹고 물벌레나 작은 물고기도 잡아먹는다. 가을에 모래와 자갈이 깔린 여울로 올라와 알을 낳는다. 요즘은 알과 살코기를 얻으려고 양식을 많이 한다. **생김새** 몸길이 1~2m **사는 곳** 강, 바다 **먹이** 조개, 게, 새우, 물벌레, 작은 물고기 **다른 이름** 줄철갑상어[북], 가시상어, 용상어, 줄상어, Chinese sturgeon **분류** 철갑상어목 > 철갑상어과

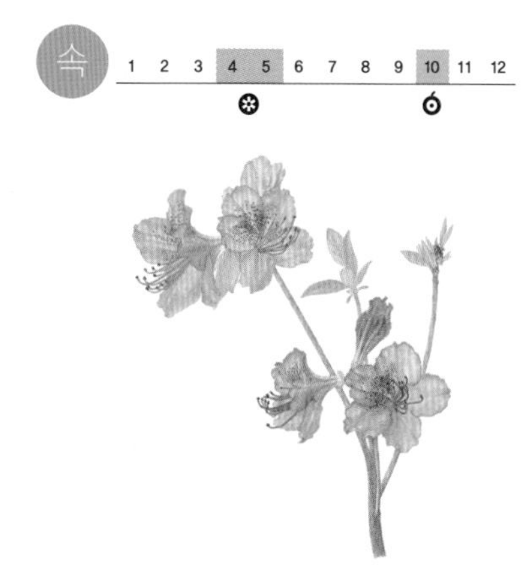

철쭉

철쭉은 산기슭이나 개울가에서 저절로 자란다. 마당이나 공원에도 많이 심는다. 바람이 잘 들고 물이 잘 빠지는 곳에 심는다. 가지를 많이 친다. 잎은 둥글고 넓으며 달걀꼴이다. 꽃이 진달래와 비슷하지만 독이 있다. 가지 끝에 2~5송이가 모여 달린다. 꽃잎에 자줏빛 점이 있다. 철쭉은 꽃과 잎이 함께 나고, 진달래는 꽃만 먼저 핀다. **생김새** 높이 2~5m | 잎 5~10cm, 모여난다. **사는 곳** 산기슭, 개울가, 뜰, 공원 **다른 이름** 개꽃, 철죽나무, 연달래, Royal azalea **분류** 쌍떡잎식물 > 진달래과

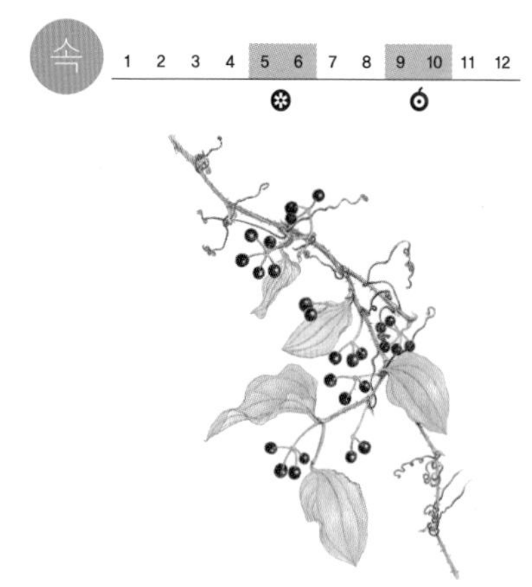

청가시덩굴

청가시덩굴은 산기슭 어디서나 흔하게 자란다. 산울타리로도 심는다. 다른 나무를 잘 감고 올라가는데 줄기에 날카로운 가시가 나 있다. 여름에 잎겨드랑이에 옅은 풀빛 꽃이 피어난다. 열매는 콩알만 한데 처음에는 짙은 풀빛이다가 까맣게 익는다. 청미래덩굴과 닮았지만 잎이 더 얇고 열매는 까맣다. 어린순은 나물로 먹는다. **생김새** 길이 5m | 잎 5~14cm, 어긋난다. **사는 곳** 산기슭 **다른 이름** 청가시나무, Siebold's greenbrier **분류** 외떡잎식물 > 백합과

청각

청각은 맑은 바닷속 바위나 조개껍데기에 붙어서 자라는 바닷말이다. 봄에 새로 돋아나는 가지는 사슴뿔 모양으로 갈라진다. 짙은 초록빛이고 통통하고 부드럽다. 몸 전체가 세포 사이에 막이 없이 모두 연결되어 있다. 녹조류지만 파래와 달리 깊은 바닷속에서도 난다. 다른 바다나물과 달리 여름에 뜯는다. 맛이 담백한데 날로도 먹지만 말려서 더 많이 먹는다. **생김새** 높이 5~30cm **사는 곳** 바닷속 바위나 조개껍데기에 붙어서 자란다. **다른 이름** 전각, 정각, 녹각채, Green sea fingers **분류** 녹조류 > 청각과

청개구리

청개구리는 논밭이나 집 가까이에 산다. 몸은 작지만 울음소리가 아주 크다. 벌레를 잡아먹는데 기다리다가 잡기도 하고, 나는 벌레를 뛰어서 잡기도 한다. 발가락 끝에 빨판이 있어서 얇은 풀잎에도 매달리고, 나무에도 오를 줄 안다. 사는 곳에 맞춰서 몸빛을 바꿀 줄도 안다. 봄에 짝짓기를 하고 알을 낳는다. 겨울에는 겨울잠을 잔다. **생김새** 몸길이 3~5cm **사는 곳** 산기슭, 논밭, 마을 **먹이** 파리, 벌, 작은 벌레 **다른 이름** 나무개구리, 풀개구리, 앙마구리, Tree frog **분류** 무미목 > 청개구리과

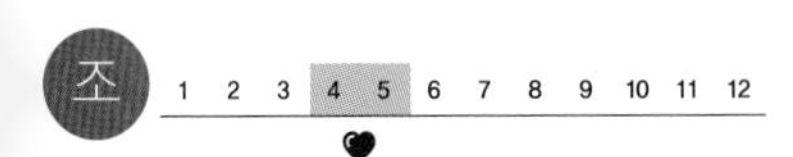

청다리도요

청다리도요는 바닷가 갯벌이나 저수지 얕은 물가에서 산다. 다리가 녹색이다. 가끔 노란색을 띠는 새도 있다. 두세 마리에서 많게는 70~80마리까지 무리를 짓는다. 이른 아침과 저녁에 먹이를 찾으러 다닌다. 얕은 물속에 들어가 물을 휘젓기도 하고 빠르게 뛰기도 한다. 긴 부리로 망둑어나 물에 사는 벌레, 지렁이, 조개를 잡아먹고 산다. **생김새** 몸길이 32cm **사는 곳** 바닷가, 냇가, 논 **먹이** 물고기, 벌레, 조개, 달팽이, 올챙이 **다른 이름** 푸른다리도요[북], Common greenshank **분류** 도요목 > 도요과

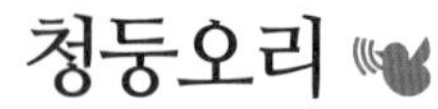

청둥오리

청둥오리는 강이나 호수에서 산다. 집오리의 조상이다. 낮에는 물 위나 물가에서 쉰다. 아침과 해 질 무렵에 낟알이나 풀씨를 주워 먹는다. 물낯 가까이 사는 물고기나 벌레, 물풀을 많이 먹는다. 날 때 V자 꼴을 이루기도 하는데, '쐐쐐쐐' 하고 날개 치는 소리가 난다. 여름에도 우리나라에서 사는 무리도 있다. **생김새** 몸길이 58cm **사는 곳** 호수, 저수지, 연못, 냇가 **먹이** 풀씨, 달팽이, 물고기, 나무 열매, 벌레 **다른 이름** 들오리, 물오리, 참오리, Mallard **분류** 기러기목 > 오리과

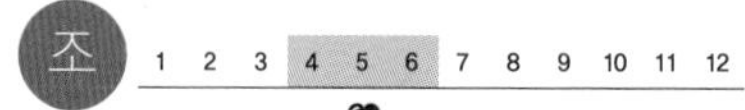

청딱따구리

청딱따구리는 산속이나 공원에서 혼자 산다. 부리로 나무를 쪼아 구멍을 낸 다음, 가늘고 긴 혀를 쑥 집어넣어 나무 속을 훑어서 벌레를 잡는다. 혀끝이 화살촉처럼 뾰족해서 벌레가 쉽게 잡혀 나온다. 다른 딱따구리 무리와는 달리 땅 위에 내려와 뛰어다니면서 먹이를 찾기도 한다. 봄에 짝짓기를 한다. 나무줄기에 구멍을 뚫어 둥지로 삼고 알을 낳는다. **생김새** 몸길이 30cm **사는 곳** 산, 공원, 마을 **먹이** 벌레, 나무 열매 **다른 이름** 풀색딱따구리[북], 청더구리, Grey-headed woodpecker **분류** 딱따구리목 > 딱따구리과

균 1 2 3 4 5 6 7 8 9 10 11 12

청머루무당버섯

청머루무당버섯은 여름부터 가을까지 숲속 땅에 홀로 나거나 무리 지어 난다. 너도밤나무 둘레에 많다. 갓은 빛깔이 자줏빛, 노란빛, 풀빛으로 여러 가지다. 어릴 때 둥근 산처럼 생겼다가 자라면서 판판해지는데 가운데가 오목해지기도 한다. 물기를 머금으면 끈적거린다. 대는 겉이 매끈하다. 맛이 좋아서 많이 먹지만 닮은 버섯이 많아서 독버섯과 헷갈리기 쉽다. **생김새** 갓 46~154mm **사는 곳** 너도밤나무 숲 **다른 이름** 색갈이갓버섯[북], Charcoal burner mushroom **분류** 무당버섯목 > 무당버섯과

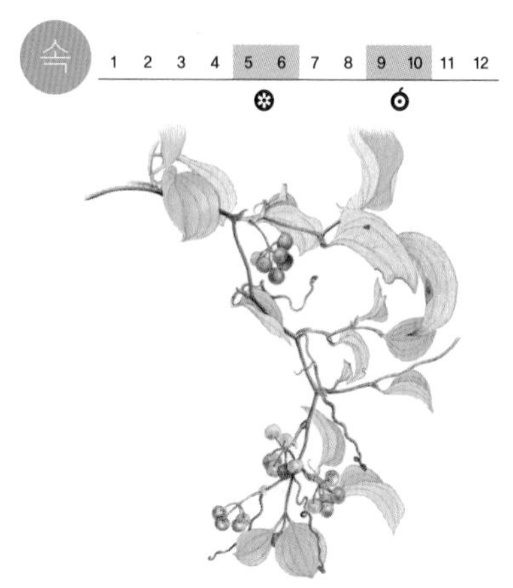

청미래덩굴

청미래덩굴은 볕이 잘 드는 산기슭에서 자란다. 흔히 볼 수 있는데 다른 나무를 잘 타고 오른다. 가지를 많이 치고 줄기에 마디가 진다. 줄기와 가지에 갈고리처럼 생긴 가시가 난다. 늦봄에 덩굴손 옆으로 꽃대가 길게 올라와 풀빛 꽃이 우산 꼴로 모여 핀다. 가을에 동그란 열매가 빨갛게 익는다. 어린순은 나물로 먹는다. **생김새** 길이 3m | 잎 3~12cm, 어긋난다. **사는 곳** 산기슭 **다른 이름** 퉁가리, 망개, 종가시덩굴, East Asian greenbrier **분류** 외떡잎식물 > 백합과

청상아리

청상아리는 먼바다에 산다. 따뜻한 물을 좋아한다. 우리나라 바다에는 봄과 여름에 가끔 나타난다. 백상아리처럼 성질이 사나워서 사람한테도 덤빈다. 상어 무리 가운데 헤엄을 가장 빠르게 친다. 참치나 농어, 청어 같은 물고기와 오징어 따위를 잡아먹는다. 백상아리처럼 새끼를 낳는다. 4~16마리쯤 낳는다. **생김새** 몸길이 4m **사는 곳** 우리나라 온 바다 **먹이** 물고기, 오징어 **다른 이름** 청상어, Mako shark **분류** 악상어목 > 악상어과

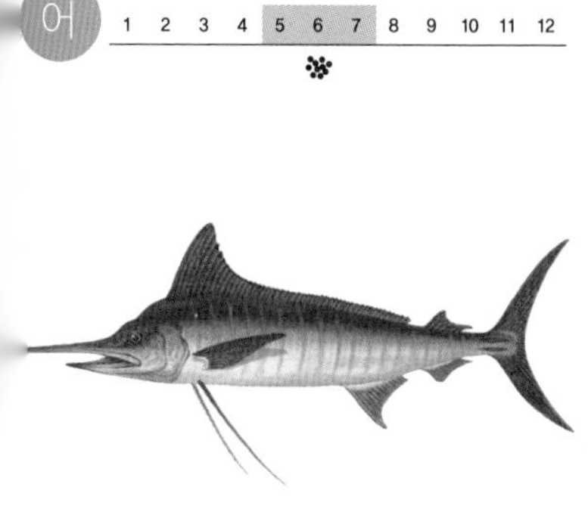

청새치

청새치는 몸집이 아주 크다. 너른 바다에서 헤엄쳐 다니다가 따뜻한 물을 따라 우리나라 제주 바다에 온다. 물낯 가까이에서 헤엄쳐 다니는데 혼자 다니기를 좋아한다. 다른 새치 무리처럼 헤엄을 아주 잘 친다. 정어리나 고등어, 날치, 전갱이, 꽁치처럼 작은 물고기를 쫓아가서 잡아먹는다. 청새치는 주낙으로 다랑어를 잡을 때 같이 잡히기도 한다. **생김새** 몸길이 3~4m **사는 곳** 제주 **먹이** 멸치, 정어리, 고등어, 꽁치, 날치, 전갱이 **다른 이름** 용삼치, Striped marlin **분류** 농어목 > 황새치과

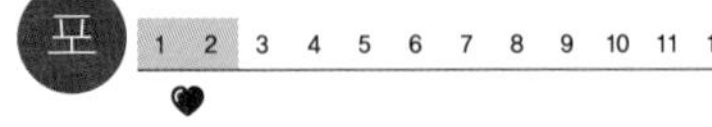

청설모

청설모는 큰 나무가 많은 숲이나 마을 가까운 산에도 산다. 오래전부터 우리 땅에서 살아온 산짐승이다. 땅에는 잘 안 내려온다. 낮에 나와서 잣, 도토리 같은 산열매를 즐겨 먹는다. 버섯, 새알, 벌레, 작은 동물도 잡아먹는 잡식성이다. 산열매를 땅에 묻어 두었다가 겨울에 찾아 먹는다. 겨울잠은 안 잔다. 나무 위에 둥지를 짓고 새끼를 낳아 기른다 **생김새** 몸길이 20~25cm **사는 곳** 숲, 낮은 산 **먹이** 도토리, 가래, 솔방울, 벌레, 새알, 버섯 **다른 이름** 청살피, 청서, Red squirrel **분류** 설치목 > 다람쥐과

어
1 2 3 4 5 6 7 8 9 10 11 12

청어

청어는 찬물을 따라 떼로 몰려다닌다. 동해에 많이 살고, 서해에도 산다. 작은 물고기나 새우, 게, 물고기 알 따위를 잡아먹는다. 청어는 정월부터 이른 봄이면 알을 낳으러 동해와 남해 동쪽 얕은 바닷가로 떼 지어 온다. 바다풀이 숲을 이루고 바위가 많은 곳에서 알을 낳는다. 꾸덕꾸덕하게 말린 청어를 과메기라고 한다. **생김새** 몸길이 35cm 안팎 **사는 곳** 동해, 서해 **먹이** 갯지렁이, 물고기 알, 새우, 게, 작은 물고기 **다른 이름** 등어, 동어, 과메기, Pacific herring **분류** 청어목 > 청어과

청줄돔

청줄돔은 따뜻한 바다에 산다. 얕은 바닷가 바위 밭이나 산호 밭에서 지낸다. 수컷 한 마리와 암컷 여러 마리가 무리를 지어 헤엄쳐 다닌다. 어릴 때는 온몸이 까맣고 머리 쪽에 노란 줄무늬가 나 있다. 어미 물고기와 몸빛이 전혀 다르다. 크면서 몸빛이 달라진다. 몸빛이 예뻐서 사람들이 수족관에서 키운다. **생김새** 몸길이 20cm 안팎 **사는 곳** 제주, 남해, 바위 밭, 산호 밭 **먹이** 플랑크톤, 작은 새우 **다른 이름** Blue-striped angelfish **분류** 농어목 > 청줄돔과

청줄보라잎벌레

청줄보라잎벌레는 물가의 갈대밭이나 낮은 산의 풀밭에 산다. 잎벌레 가운데 몸이 가장 크다. 초여름에 층층이꽃, 들깨, 쉽싸리 같은 꿀풀과 식물에 많이 온다. 어른벌레로 겨울을 나고, 봄에 나뭇잎에 알을 낳는다. 잎벌레는 작은 딱정벌레다. 모두 다 풀잎이나 나뭇잎을 갉아 먹는다. 줄기나 잎맥만 그물처럼 남기고 다 먹는 잎벌레도 있다. 애벌레도 잎을 먹는데 뿌리를 갉아 먹는 것도 있다. **생김새** 몸길이 11~15mm **사는 곳** 논밭, 들판 **먹이** 식물 잎 **분류** 딱정벌레목 > 잎벌레과

청줄청소놀래기

청줄청소놀래기는 따뜻한 바다에 산다. 청소놀래기 무리는 다른 물고기 몸을 깨끗하게 청소해 준다. 이빨 사이에 낀 찌꺼기나 몸과 아가미에 붙어사는 기생충이나 너덜너덜해어진 살갗도 깨끗하게 먹어 치운다. 청소할 마음이 있으면 꼬리를 위로, 머리를 아래로 까딱까딱 흔들면서 파도치듯이 헤엄친다. 그러면 청소를 받고 싶은 큰 물고기가 알아챈다. **생김새** 몸길이 12cm쯤 **사는 곳** 제주 **먹이** 음식 찌꺼기, 기생충, 헌 살갗 **다른 이름** 기생놀래기, Blueback black wrasse **분류** 농어목 > 놀래기과

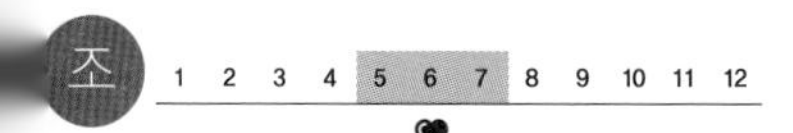

청호반새

청호반새는 호수나 산속 계곡에서 산다. 높은 나뭇가지에 꼼짝 않고 앉아 있거나 공중에서 정지 비행을 하면서 먹이를 찾는다. 먹잇감을 보면 재빨리 날아가 잡는다. 살아 있는 먹이는 돌이나 나무에 부딪쳐 기절시켜서 먹는다. 봄에 와서 짝짓기를 하고, 오래된 나무 구멍이나 흙 벼랑에 구멍을 파서 둥지를 짓고 새끼를 친다. **생김새** 몸길이 28cm **사는 곳** 호수, 계곡, 야산, 바다 **먹이** 쥐, 물고기, 개구리, 뱀, 게, 새우, 날벌레 **다른 이름** 푸른호반색[북], Black-capped kingfisher **분류** 파랑새목 > 물총새과

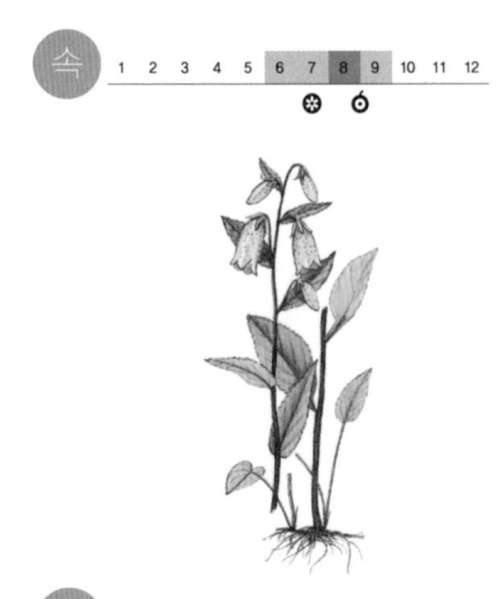

초롱꽃

초롱꽃은 볕이 잘 드는 산이나 풀밭에서 자란다. 꽃을 보려고 뜰에 심기도 한다. 물이 잘 빠지고 기름진 땅을 좋아한다. 줄기는 곧게 서고 거친 털이 배게 나 있다. 뿌리잎은 가장자리에 잔 톱니가 있다. 줄기잎은 잎자루에 날개가 있는 것도 있다. 여름에 줄기 끝과 잎겨드랑이에서 큰 꽃이 핀다. 종처럼 생겼고 끝이 다섯 갈래로 갈라졌다. **생김새** 높이 40~100cm | 잎 5~8cm, 어긋난다. **사는 곳** 산, 풀밭 **다른 이름** 자주초롱꽃, Spotted bellflower **분류** 쌍떡잎식물 > 초롱꽃과

초어

초어는 저수지나 댐, 큰 강에 산다. 이름처럼 초식성으로 물풀이나 물가에서 자라는 풀을 먹고 부드러운 나뭇잎도 먹는다. 물 밖에 있는 풀을 뜯으면 '아삭아삭' 하고 소리가 난다. 얼핏 보면 잉어처럼 생겼다. 잉어는 입 아래 수염이 두 쌍 있지만 초어는 없고 머리가 작다. 중국에 많이 사는 물고기로 먹으려고 들여왔지만, 잘 안 먹는다. **생김새** 몸길이 50~100cm **사는 곳** 강, 냇물, 댐, 저수지 **먹이** 물풀, 물가 풀, 나뭇잎 **다른 이름** Grass carp **분류** 잉어목 > 잉어아과

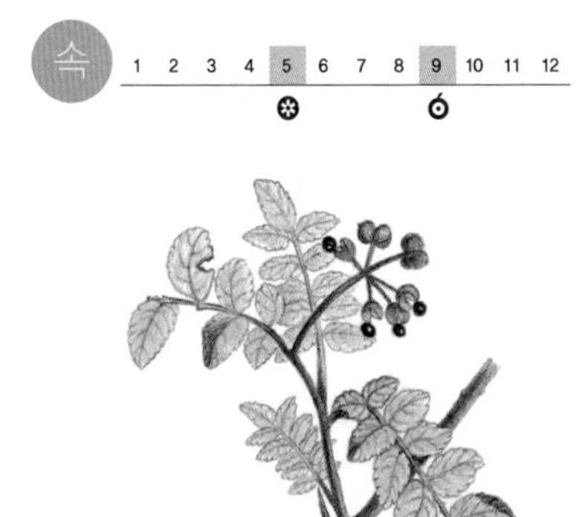

초피나무

초피나무는 따뜻한 지방에 많은데 볕이 비쳐 드는 산기슭에서 잘 자란다. 집 가까이에도 심는다. 암수딴그루로 연한 풀빛 꽃이 핀다. 산초나무와 닮았는데, 초피나무는 잎이 더 쪼글쪼글하고 줄기에 가시가 마주나 있다. 산초나무 가시는 어긋난다. 초피는 다 익으면 열매껍질이 터지면서 까만 씨앗이 드러난다. 열매껍질과 씨를 함께 갈아서 양념으로 쓰고 씨는 기름을 짠다. 어린잎을 무쳐서도 먹는다. **생김새** 높이 3m | 잎 1~4cm, 어긋난다. **사는 곳** 산기슭 **다른 이름** Korean pepper **분류** 쌍떡잎식물 > 운향과

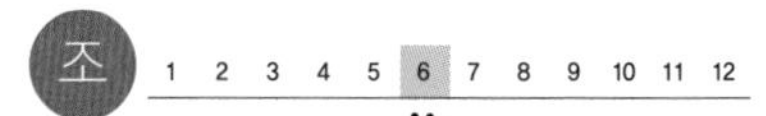

촉새

촉새는 낮은 산이나 논밭 가까운 덤불에서 지낸다. 몇 마리씩 무리를 짓는다. 참새보다 조금 더 크고 날씬하다. 저마다 몸 빛깔이나 무늬가 다르다. 등에는 짙은 세로무늬가 있다. 부리가 뾰족하고 끝이 검다. 거의 나그네새이지만 북녘에서는 여름에 머물면서 새끼를 치기도 한다. 둥지는 물가 풀밭에 튼다. **생김새** 몸길이 16cm **사는 곳** 낮은 산, 논밭, 물가 풀밭 **먹이** 풀씨, 낟알, 작은 벌레 **다른 이름** Black-faced bunting **분류** 참새목 > 멧새과

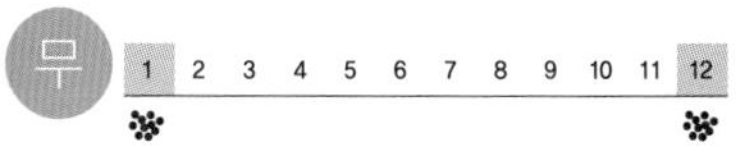

총알고둥

총알고둥은 뭍에서 가까운 바닷가 바위나 자갈밭에 산다. 물기가 없는 곳에서도 잘 견딘다. 갯바위에서도 물이 잘 안 닿는 위쪽에 붙어 있다. 몸 색깔이 바위 색과 비슷하고 자잘하다. 꽁무니가 뾰족하다. 껍데기 겉에 튀어나온 돌기들이 줄무늬처럼 또렷하게 이어진다. 제주도에서는 몸보말이라고 한다. 큰 것을 골라 삶아 먹는다 **생김새** 크기 1.2×1.6cm **사는 곳** 뭍에 가까운 갯바위 **먹이** 바닷말 **다른 이름** 수수골뱅이[북], 몸보말, Korean common periwinkle **분류** 연체동물 > 총알고둥과

측백나무

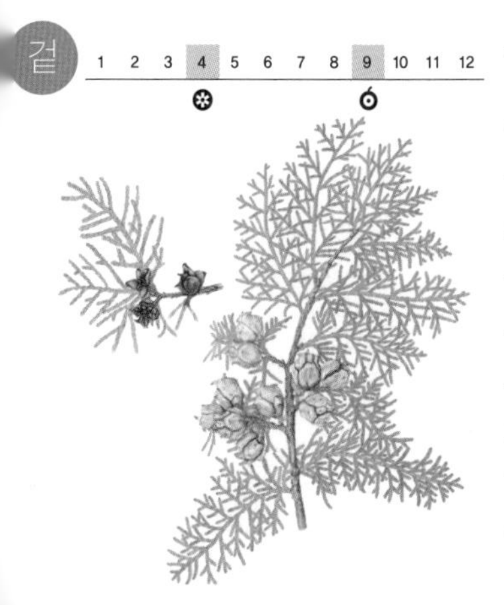

측백나무는 공원이나 마당에 많이 심는다. 추위와 가뭄, 공해에 잘 버텨서 기르기가 쉽다. 줄기는 곧게 위로 자라서 키가 크게 자란다. 겨울에도 잎이 푸른 나무이다. 산울타리로도 많이 가꾼다. 측백은 잎이 납작하고 옆으로 뻗어서 붙은 이름이다. 편백, 화백과 닮았는데 서로 잎이 겹치는 생김새가 조금씩 다르다. 비늘잎은 짧은 가지에 붙는데 만져도 따갑지 않다. **생김새** 높이 20m | 잎 0.1~0.3cm, 마주난다. **사는 곳** 뜰, 공원 **다른 이름** Oriental arborvitae **분류** 겉씨식물 > 측백나무과

속 1 2 3 4 5 6 7 8 9 10 11 12

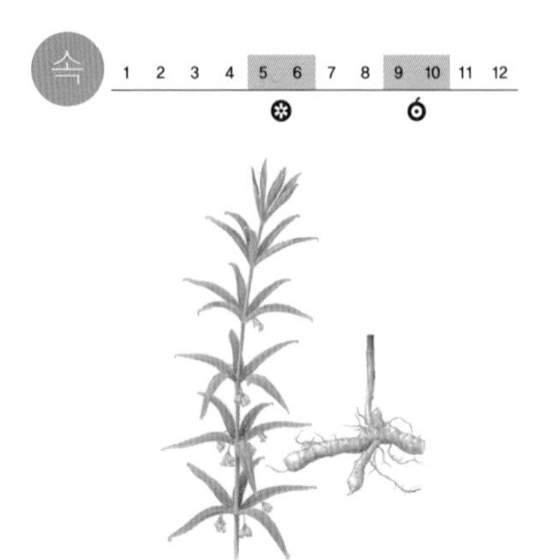

층층갈고리둥굴레

층층갈고리둥굴레는 뿌리를 약으로 쓰려고 밭에서 기른다. 드물게 산에서 절로 나기도 한다. 뿌리줄기가 옆으로 뻗는다. 줄기가 대나무처럼 쭉 뻗어 올라와서 잎이 난다. 잎은 대나무 잎처럼 생겼는데 층층으로 돌려난다. 잎끝이 갈고리처럼 휘어 있다. 뿌리줄기는 캐서 그대로 먹거나 볶아서 차로도 마신다. **생김새** 높이 90~150cm | 잎 11~17cm, 돌려난다. **사는 곳** 밭 **다른 이름** 죽대둥굴레북, 낚시둥굴레, Siberian solomon's seal **분류** 외떡잎식물 > 백합과

속 1 2 3 4 5 6 7 8 9 10 11 12

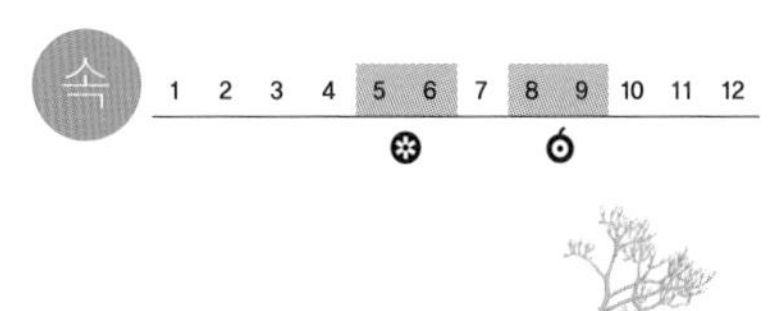

층층나무

층층나무는 산 중턱이나 골짜기에서 다른 나무와 어우러져 자란다. 마당이나 공원에도 심는다. 추위에도 잘 버텨서 제주도부터 백두산까지 자란다. 자라면서 해마다 가지가 한 층씩 돌려난다고 붙은 이름이다. 이른 여름에 흰 꽃이 나무를 가득 덮은 것처럼 핀다. 꽃에 꿀이 많다. 열매는 까맣게 익는데 새가 좋아한다. **생김새** 높이 20m | 잎 5~12cm, 어긋난다. **사는 곳** 산비탈, 골짜기, 공원 **다른 이름** 물깨금나무, 꺼그렁나무, Wedding cake tree **분류** 쌍떡잎식물 > 층층나무과

균 1 2 3 4 5 6 7 8 9 10 11 12

층층버섯

층층버섯은 가문비나무에 많이 나는 여러해살이 버섯이다. 일본잎갈나무, 소나무에도 흔히 난다. 살아 있는 나무를 썩게 만든다. 대 없이 나무에 바로 붙어 난다. 갓은 넓적한 반원 꼴이다. 어릴 때는 누런 밤빛이다가 점점 어두운 밤빛이나 까만빛으로 바뀐다. 겉에 뚜렷하게 홈이 파이고 오래되면 거북 등처럼 갈라진다. **생김새** 크기 100~400×50~200mm **사는 곳** 가문비나무 숲, 솔숲 **다른 이름** 소나무혹버섯북, 낙엽송층버섯, 낙엽층층버섯, 가문비나무상황 **분류** 소나무비늘버섯목 > 소나무비늘버섯과

치약송이

치약송이는 가을에 일본잎갈나무 숲에 많이 난다. 갓에 족제비 털 같은 가느다란 비늘 조각이 덮여 있다. 갓은 어릴 때 둥근 산처럼 생겼다가 자라면서 판판해진다. 가운데는 볼록하다. 물기를 머금어도 끈적거리지 않는다. 물기가 없을 때는 겉이 갈라지기도 한다. 주름살은 오래되면 밤빛 얼룩이 생긴다. 대는 아래가 약간 굵고 갓처럼 비늘 조각이 덮여 있다. **생김새** 갓 30~50mm **사는 곳** 일본잎갈나무 숲 **다른 이름** 낙엽송송이, 족제비송이, Larch knight **분류** 주름버섯목 > 송이과

치자나무

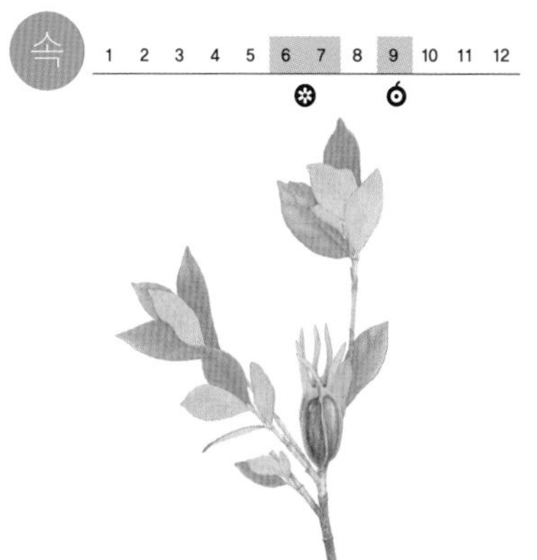

치자나무는 꽃을 보고 열매를 쓰려고 심어 기른다. 남쪽 지방에서 잘 자란다. 가지를 많이 치며 자란다. 잎은 두툼하면서 윤기가 나고 가장자리는 매끈하다. 꽃은 흰빛이고 크다. 향기가 좋고, 꿀도 많다. 가을에 열매가 익는데 오래전부터 옷감이나 음식에 노란 물을 들이는 데 썼다. 잘 마른 치자를 물에 풀어서 물을 들였다. **생김새** 높이 1~2m | 잎 3~15cm, 마주난다. **사는 곳** 뜰, 마을 **다른 이름** 좀치자나무, Gardenia fruit **분류** 쌍떡잎식물 > 꼭두서니과

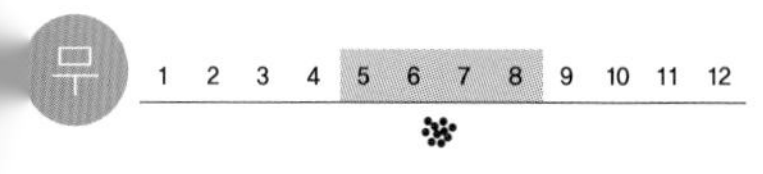

칠게

칠게는 물기가 촉촉한 갯벌에 굴을 파고 산다. 갯벌에서 흔히 볼 수 있다. 무리를 크게 짓는다. 물이 빠지면 구멍 밖으로 나와 쉴 새 없이 펄 흙을 먹고 영역 싸움을 한다. 눈치가 빨라서 여차하면 구멍 속으로 잽싸게 들어간다. 구멍 속에서 긴 눈자루만 잠망경처럼 밖으로 내놓고 둘레를 살핀다. 게장을 담가 먹는다 **생김새** 등딱지 크기 3.5×2.3cm **사는 곳** 서해, 남해 갯벌 **먹이** 갯벌 속 영양분 **다른 이름** 찔기미, 찍게, Japanese ghost crab **분류** 절지동물 > 칠게과

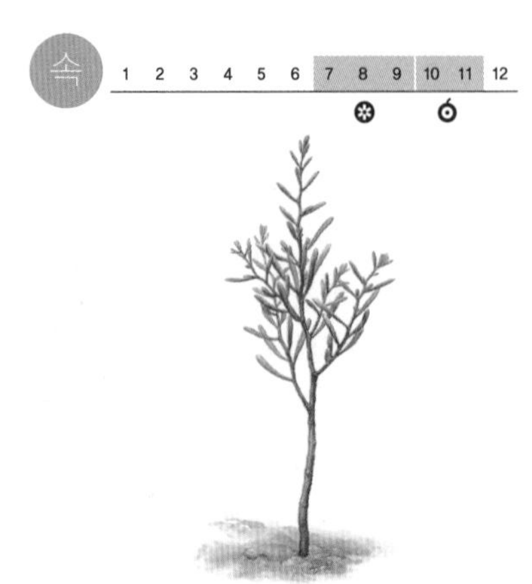

칠면초

칠면초는 서해와 남해 갯벌이나 강어귀에 넓게 무리 지어 자란다. 밀물 때 물이 잠기는 곳부터 뭍 가까이까지 널리 퍼져 난다. 줄기가 곧게 서고 통통하다. 잎은 곤봉처럼 생겼다. 여름에는 푸른색이다가 가을에 붉은빛이나 자줏빛으로 바뀐다. 꽃도 녹색에서 점점 자줏빛으로 바뀐다. 색이 일곱 번이나 달라진다고 칠면초라고 한다. **생김새** 높이 15~50cm | 잎 0.5~3.5cm, 어긋난다. **사는 곳** 서해, 남해, 갯벌, 강어귀 **다른 이름** 해홍나물, East Asian seepweed **분류** 쌍떡잎식물 > 명아주과

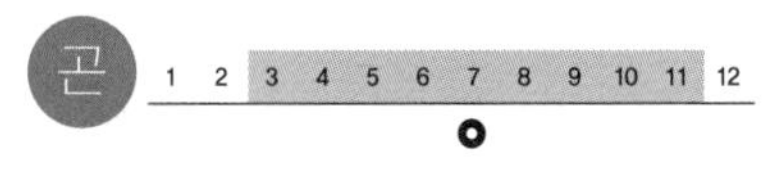

칠성무당벌레

칠성무당벌레는 논밭이나 들판에 산다. 딱지날개에 까만 점이 일곱 개 있다. 이른 봄부터 가을 사이에 진딧물이 있는 곳이면 어디서나 쉽게 볼 수 있다. 어른벌레와 애벌레가 함께 보일 때가 많다. 둘이 아주 다르게 생겼지만 둘 다 진딧물을 잡아먹고 산다. 봄에 알을 낳으면 한 달 안에 어른벌레가 된다. 여럿이 모여서 어른벌레로 겨울을 난다. **생김새** 몸길이 6~7mm **사는 곳** 논밭, 과수원, 들판 **먹이** 진딧물 **다른 이름** 칠점박이무당벌레, Seven spotted ladybug **분류** 딱정벌레목 > 무당벌레과

어
1 2 3 4 5 6 7 8 9 10 11 12

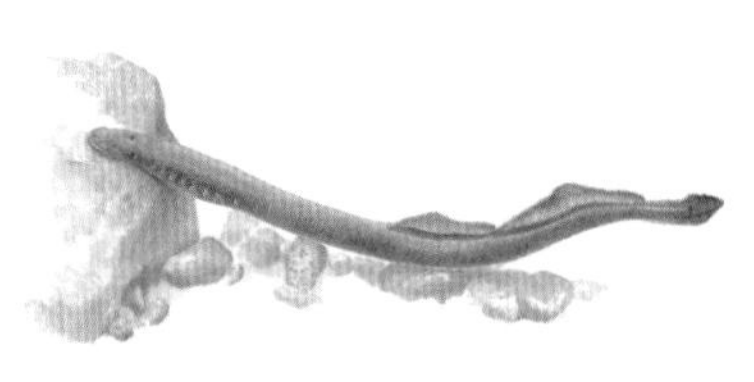

칠성장어

칠성장어는 강과 바다를 오가며 산다. 바다에서 살다가 강을 거슬러 올라와 알을 낳는다. 새끼는 서너 해쯤 강에서 살다가 바다로 간다. 바다에서는 큰 물고기에 달라붙어 살갗을 파먹고 피를 빤다. 한번 붙으면 물고기가 죽을 때까지 피를 빨아 먹는다. 또 죽은 물고기를 말끔히 먹어 치워서 바다 청소부 노릇도 한다. 이삼 년 살다가 봄에 강으로 와서 알을 낳는다. 알을 낳으면 암컷은 죽는다. **생김새** 몸길이 40~50cm **사는 곳** 동해 **먹이** 죽은 물고기 **다른 이름** 다묵장어, Lamprey **분류** 칠성장어목 > 칠성장어과

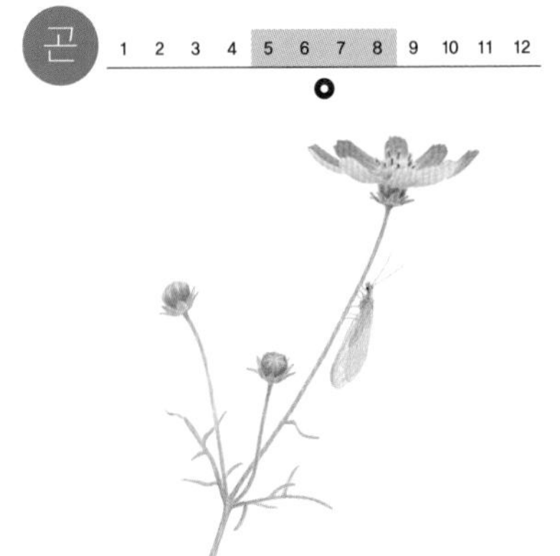

칠성풀잠자리

칠성풀잠자리는 늦봄부터 이른 가을 사이에 논밭이나, 낮은 산어귀에서 볼 수 있다. 이름에 잠자리가 있지만, 잠자리하고는 많이 다르다. 날 때는 느리게 날고, 앉을 때는 날개를 접고 앉는다. 진딧물이 끼는 곳에 많이 돌아다닌다. 애벌레가 진딧물이나 응애, 깍지벌레, 총채벌레 들을 잡아먹는다. 긴 머리카락처럼 생긴 자루 끝에 알을 붙여 낳는다. 번데기로 겨울을 난다. **생김새** 몸길이 13~15mm **사는 곳** 논밭, 과수원, 들판 **먹이** 진딧물, 응애, 깍지벌레 **다른 이름** 칠성풀잠자리붙이 **분류** 풀잠자리목 > 풀잠자리과

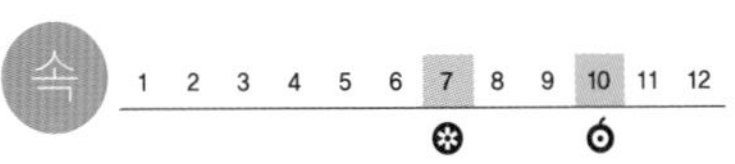

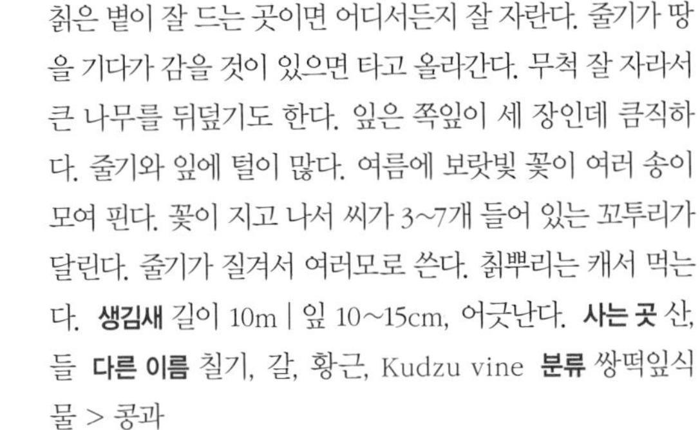

칡

칡은 볕이 잘 드는 곳이면 어디서든지 잘 자란다. 줄기가 땅을 기다가 감을 것이 있으면 타고 올라간다. 무척 잘 자라서 큰 나무를 뒤덮기도 한다. 잎은 쪽잎이 세 장인데 큼직하다. 줄기와 잎에 털이 많다. 여름에 보랏빛 꽃이 여러 송이 모여 핀다. 꽃이 지고 나서 씨가 3~7개 들어 있는 꼬투리가 달린다. 줄기가 질겨서 여러모로 쓴다. 칡뿌리는 캐서 먹는다. **생김새** 길이 10m | 잎 10~15cm, 어긋난다. **사는 곳** 산, 들 **다른 이름** 칡기, 갈, 황근, Kudzu vine **분류** 쌍떡잎식물 > 콩과

균 1 2 3 4 5 6 7 8 9 10 11 12

침비늘버섯

침비늘버섯은 여름부터 가을까지 숲속에 죽은 넓은잎나무 나무줄기나 그루터기에 무리 지어 난다. 갓은 어릴 때 동그랗다가 둥근 산처럼 바뀐다. 침같이 생긴 뾰족한 비늘 조각이 온통 갓을 덮는다. 물기를 머금으면 조금 끈적인다. 주름살은 하얗거나 연한 노란빛을 띤다. 대는 짧고 아래가 조금 가늘다. 턱받이 아래쪽에는 크고 거친 비늘 조각이 켜켜이 젖혀져 있다. **생김새** 갓 30~68mm **사는 곳** 넓은잎나무 숲 **분류** 주름버섯목 > 포도버섯과

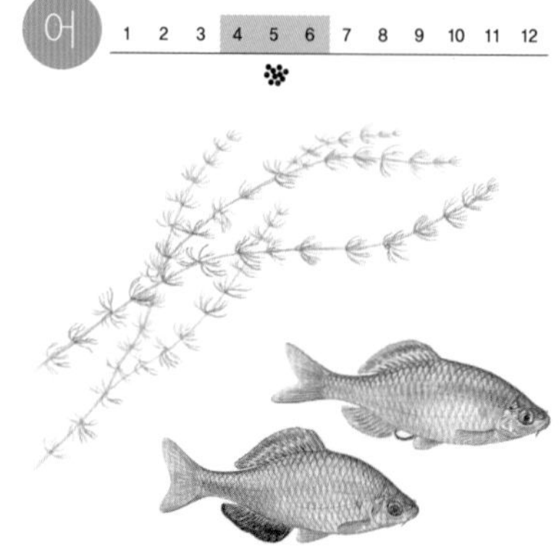

칼납자루

칼납자루는 너른 들판을 끼고 흐르는 냇물과 강에 산다. 돌과 자갈이 겹겹이 깔린 곳에 사는데, 돌 밑이나 물풀이 수북하게 난 곳에서 여러 마리씩 작은 떼를 이룬다. 돌말과 작은 벌레를 먹는다. 알 낳을 때가 되면 수컷은 혼인색을 띠고, 암컷은 산란관이 나온다. 조개 몸속에 알을 낳는다. 수컷들은 조개를 사이에 두고 서로 차지하려고 싸우기도 한다. **생김새** 몸길이 6~8cm **사는 곳** 냇물, 강 **먹이** 돌말, 물벌레 **다른 이름** 기름납저리[북], 달붕어, 망생어, 배납생이 **분류** 잉어목 > 납자루아과

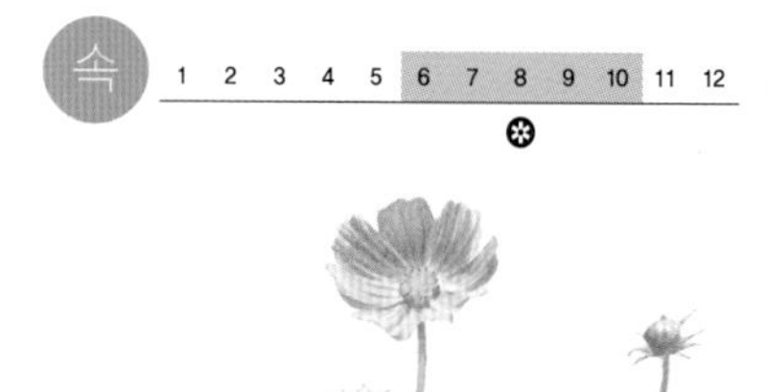

코스모스

코스모스는 꽃을 보려고 길가나 들에 심어 기른다. 한번만 심으면 씨앗이 떨어져 해마다 다시 난다. 줄기는 가늘고 가지를 많이 친다. 잎은 깃꼴로 깊이 갈라졌는데 갈라진 쪽잎들은 실처럼 가늘다. 가을에 가지 끝에서 희거나 분홍빛이거나 노란 꽃이 핀다. 품종에 따라 여름부터 꽃이 피기도 한다. 열매는 털이 없고 끝이 길다. **생김새** 높이 1.5~2m | 잎 6~11cm, 마주난다. **사는 곳** 길가, 공원 **다른 이름** 길국화, Cosmos **분류** 쌍떡잎식물 > 국화과

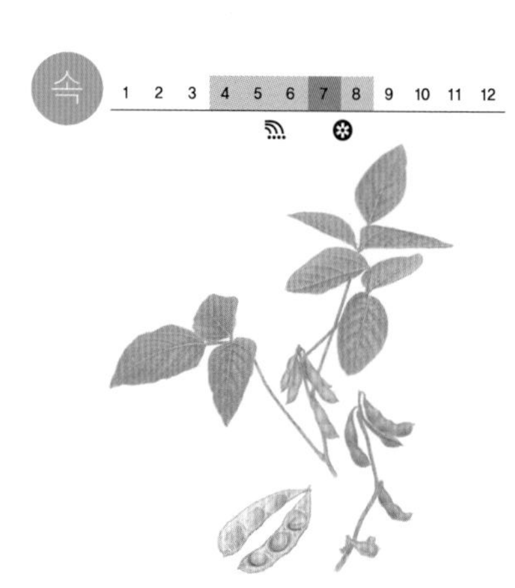

콩

콩은 밭에 심는 곡식이다. 뿌리는 곧고, 뿌리에는 많은 뿌리혹이 생겨서 땅을 기름지게 한다. 여름에 흰빛이나 연붉은 보랏빛 꽃이 핀다. 꽃이 지면 길쭉한 꼬투리가 열린다. 꼬투리 안에 콩알은 풀빛이다가 여물면 누레진다. 두부를 만들고, 나물콩으로는 콩나물을 기른다. 말려 두었다가 간장이나 된장을 담근다. 흔히 식용유라고 하는 콩기름도 짠다. **생김새** 높이 30~90cm | 잎 7~9cm, 어긋난다. **사는 곳** 밭, 논두렁 **다른 이름** 대두, 백태, 메주콩, Soybean **분류** 쌍떡잎식물 > 콩과

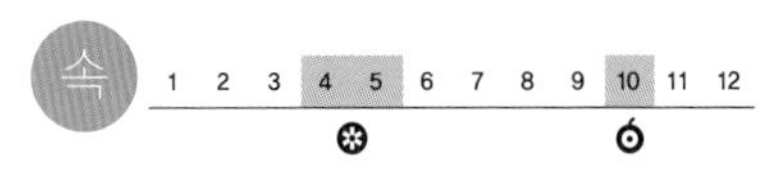

콩배나무

콩배나무는 볕이 잘 드는 산기슭과 들판에서 자란다. 열매가 콩알만 하고 배를 닮았다고 콩배나무라고 한다. 가지를 많이 치고 어린 가지에 하얀 껍질눈이 뚜렷하다. 잎은 끝이 뾰족하고 가장자리에 둔한 톱니가 있다. 털이 있다가 자라면서 없어진다. 봄에 흰 꽃이 가지 끝에 모여 핀다. 꽃이 지고 푸르댕댕한 콩배가 달리는데 가을에 까맣게 익는다. 맛이 시큼하다. **생김새** 높이 3m | 잎 2~5cm, 어긋난다. **사는 곳** 들판, 산기슭 **다른 이름** Korean sun pear **분류** 쌍떡잎식물 > 장미과

콩새

콩새는 시골 마을 둘레에 많이 살고 야산이나 숲에도 산다. 콩을 잘 먹는 새라서 콩새라고 한다. 혼자 또는 두세 마리씩 지내지만 멀리 갈 때는 열 마리쯤 무리를 짓는다. 밀화부리 무리와 섞여 다니기도 한다. 나무 열매나 풀씨, 낟알도 먹고, 벌레도 고루 잡아먹는다. 먹이를 찾다가 자기보다 몸집이 큰 새와 만나도 움츠러들지 않고, 다른 새들을 쫓아내고 먹이를 차지한다. **생김새** 몸길이 18cm **사는 곳** 마을, 야산, 숲 **먹이** 나무 열매, 풀씨, 곡식, 벌레 **다른 이름** Hawfinch **분류** 참새목 > 되새과

콩애기버섯

콩애기버섯은 여름부터 가을까지 숲속 썩은 나무 위나 가랑잎 위, 거름기 많은 땅에 무리 지어 난다. 갓은 투명한 흰색이고 가운데는 살구색을 띤다. 주름살은 하얗고 빽빽하다. 대는 실처럼 가늘고 물결치듯 구불구불하다. 겉에 솜털 같은 작은 비늘 조각이 있다. 밑동은 뿌리처럼 길게 뻗는데 그 끝에 균사 덩어리가 있다. 이게 콩알만 하다고 콩애기버섯이라고 한다. **생김새** 갓 4~9mm **사는 곳** 숲 **다른 이름** Pale-spore Mushroom **분류** 주름버섯목 > 송이과

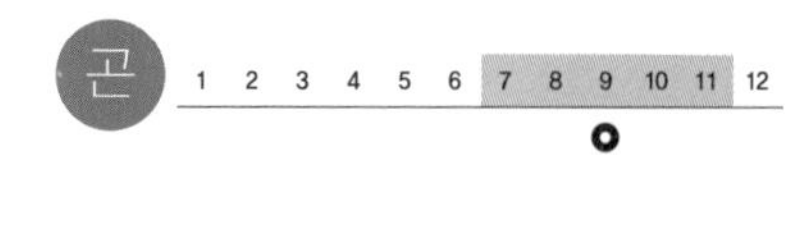

콩중이

콩중이는 낮은 산이나 들에 산다. 이름과 달리 콩은 잘 안 먹는다. 메뚜기 무리에는 콩중이, 팥중이, 풀무치라는 곤충이 있는데, 서로 비슷하게 생겼다. 팥중이가 흔하다. 콩중이는 검정 띠무늬가 또렷하다. 수컷은 암컷보다 작다. 수컷은 뛰고 날며 짝을 찾는다. 날 때 '따라라락' 하는 소리가 난다. 큰턱으로 벼나 잔디나 억새 따위를 씹어 먹는다. 알로 겨울을 난다. **생김새** 몸길이 35~65mm **사는 곳** 낮은 산, 들, 냇가 풀밭 **먹이** 벼, 잔디, 억새 **다른 이름** Band-winged grasshopper **분류** 메뚜기목 > 메뚜기과

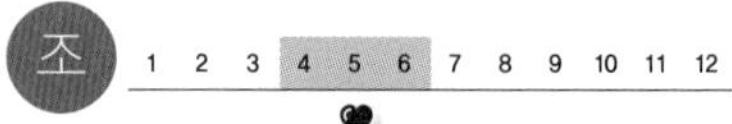

크낙새

크낙새는 큰 나무가 자라는 울창한 숲에서 산다. '클락, 클락' 하고 운다고 붙은 이름이다. 딱따구리 무리 가운데 가장 크다. 이른 아침과 저녁에 나다니면서 먹이를 잡는다. 부리로 줄기를 쪼아 구멍을 낸 다음 벌레를 잡는다. 가끔 나무 열매도 먹는다. 우리나라에서 마지막으로 보인 것은 1993년이다. 전세계에서 한반도에만 산다고 알려져 있다. 북녘에 적은 수가 살고 있다. **생김새** 몸길이 40cm **사는 곳** 숲 **먹이** 벌레, 나무 열매 **다른 이름** 클락새[북], 골락새, White-bellied woodpecker **분류** 딱따구리목 > 딱따구리과

무 1 2 3 4 5 6 7 8 9 10 11 12

큰가리비

큰가리비는 동해에서 산다. 바닷속 맑고 깨끗한 모랫바닥을 좋아한다. 가리비 가운데 큰 편이다. 폭이 20센티미터나 되는 것도 있다. 껍데기에 따개비나 갯지렁이가 붙어 살기도 한다. 어릴 때는 바위에 붙어 살고 자라면 떨어져 나와 모랫바닥에서 산다. 위험을 느끼면 조가비를 재빨리 열었다 닫으며 멀리 달아난다. **생김새** 크기 12×12cm **사는 곳** 동해 바닷속 **다른 이름** 참가리비, 밥죽, 부채조개, 깔리비, 밥조개, Large weathervane scallop **분류** 연체동물 > 가리비과

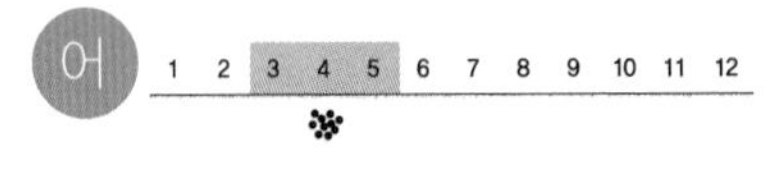

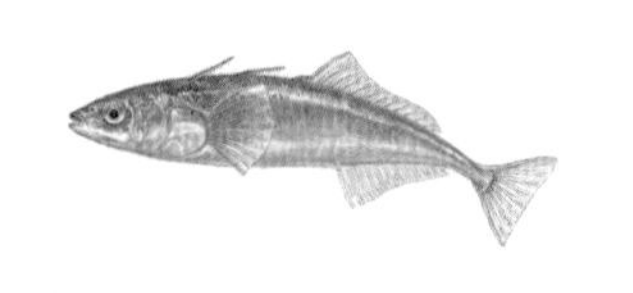

큰가시고기

큰가시고기는 강어귀나 바닷가에서 떼로 몰려다니며 산다. 등지느러미에 가시가 있다. 작은 벌레나 새우를 먹는다. 짝짓기 때가 되면 수컷 몸빛이 발그스름하게 바뀐다. 강을 거슬러 올라와서 알을 낳는다. 물이 많은 시내나 도랑에서 수컷이 물풀로 둥지처럼 생긴 집을 짓는다. 여기에 알을 낳는다. 암컷은 알을 낳으면 죽고, 수컷이 새끼가 나올 때까지 지킨다. **생김새** 몸길이 10cm 안팎 **사는 곳** 동해, 남해 **먹이** 플랑크톤, 새끼 물고기, 새우 **다른 이름** Three-spined stickleback **분류** 큰가시고기목 > 큰가시고기과

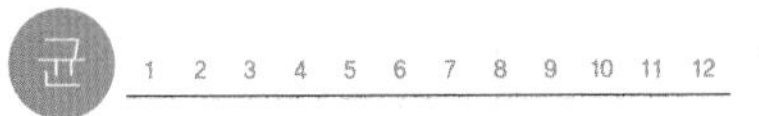

큰갓버섯

큰갓버섯은 여름부터 가을까지 숲 가장자리나 풀밭에 난다. 홀로 나거나 흩어져 나는데, 어디서나 보이는 흔한 버섯이다. 특히 제주도에 많이 난다. 크게 자라면 수박만 하게도 큰다. 갓은 어릴 땐 달걀 모양이다가 자라면서 가장자리가 펴진다. 독버섯인 독흰갈대버섯과 닮았다. 문지르거나 상처를 내면 큰갓버섯은 색이 그대로인데, 독흰갈대버섯은 붉은빛으로 바뀐다. **생김새** 갓 70~200mm **사는 곳** 숲, 풀밭 **다른 이름** 종이우산버섯[북], 큰우산버섯, 갓버섯, Parasol mushroom **분류** 주름버섯목 > 주름버섯과

속 1 2 3 4 5 6 7 8 9 10 11 12

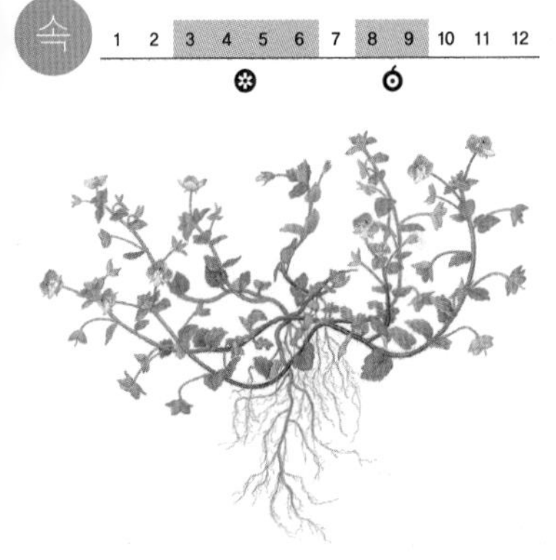

큰개불알풀

큰개불알풀은 물기가 많고 기름진 땅에서 잘 자란다. 줄기는 옆으로 뻗고 줄기 끝은 곧게 선다. 밑에서 가지를 많이 친다. 줄기와 잎에 부드러운 털이 많이 난다. 잎은 손톱만 하고 가장자리에 톱니가 서너 쌍 있다. 이른 봄에 하늘색 꽃이 잎겨드랑이에서 핀다. 밭둑을 뒤덮는다. 남부 지방에서는 겨울에 피기도 한다. **생김새** 높이 10~40cm | 잎 1~2cm, 마주나거나 어긋난다. **사는 곳** 밭둑, 길가, 빈터, 들판 **다른 이름** 봄까치꽃, 지금초, 왕지금, 큰개불알꽃, Field speedwell **분류** 쌍떡잎식물 > 현삼과

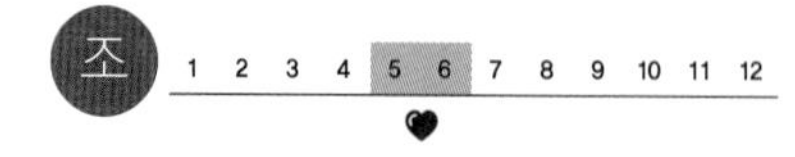

큰고니

큰고니는 강, 호수, 바닷가에 산다. 겨울에 우리나라를 찾는다. 쉬거나 잠을 잘 때는 큰 무리를 짓고 먹이를 찾을 때는 가족끼리 다닌다. 목을 곧게 세우고 헤엄친다. 물구나무 서듯이 긴 목을 물속 깊이 넣어서 먹이를 찾는다. 다른 고니들처럼 큰고니도 달음박질을 쳐야만 날아오를 수 있다. 내릴 때도 발을 물 위에 대고 미끄러지면서 내린다. **생김새** 몸길이 140cm **사는 곳** 호수, 강, 연못, 바닷가 **먹이** 우렁이, 조개, 물고기, 물풀, 벌레 **다른 이름** Whooper swan **분류** 기러기목 > 오리과

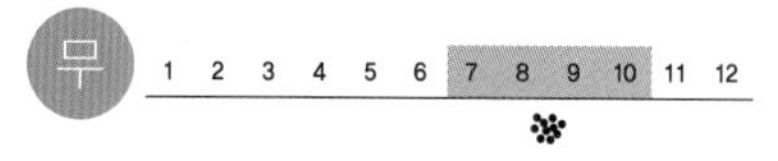

큰구슬우렁이

큰구슬우렁이는 진흙과 모래가 섞인 갯바닥에서 산다. 생김새가 둥글고 매끄럽다. 갯벌 속에 몸을 얕게 묻고 기어다닌다. 먹잇감을 만나면 제 살을 한껏 부풀려서 완전히 감싼다. 그러고는 혀이빨로 껍데기에 작고 동그란 구멍을 뚫어 속살을 녹여 먹는다. 늦은 봄에 갯바닥에 동그란 알집을 만들어 알을 낳는다. **생김새** 크기 12×9cm **사는 곳** 갯벌, 얕은 바닷속 **먹이** 조개, 고둥 **다른 이름** 반들골뱅이[북], 골뱅이, 개소랑, Real bladder moon snail **분류** 연체동물 > 구슬우렁이과

큰기러기

큰기러기는 논이나 물가에서 여럿이 무리 지어 산다. 밤에는 물가에서 쉰다. 무리가 다들 잠을 잘 때도 한두 마리는 깨어 있으면서 둘레를 살핀다. 아침저녁으로 먹이를 찾아가서 곡식 낟알이나 물풀을 먹는다. 멀리 이동할 때는 흔히 수십에서 수백 마리씩 모여 V자 꼴을 이루며 난다. 날다가 몸을 다치는 새가 있으면 함께 옆을 지킨다. **생김새** 몸길이 90cm **사는 곳** 논, 강, 연못, 저수지, 호수 **먹이** 벼, 보리, 밀, 물풀, 감자, 고구마, 풀씨 **다른 이름** 기러기, Bean goose **분류** 기러기목 > 오리과

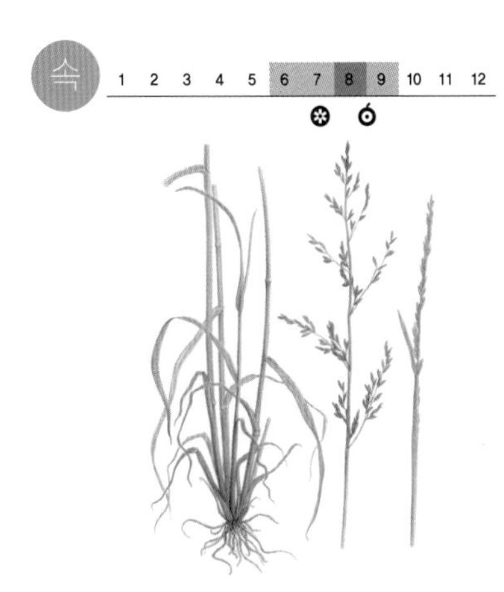

큰김의털

큰김의털은 길가, 밭, 냇가에서 자란다. 땅을 안 가리고 아무 데서나 잘 자란다. 본디 유럽에서 자라던 풀인데 집짐승을 먹이려고 심어 기르면서 우리나라에 퍼졌다. 줄기는 곧게 자라고 뭉쳐난다. 잎집이 줄기를 감싸는데 성긴 털이 줄지어 나 있다. 여름에 줄기에서 이삭이 올라와 꽃이 덩어리로 핀다. 작은 이삭에는 까끄라기가 있어서 씨앗이 널리 퍼지게 돕는다. **생김새** 높이 40~180cm | 잎 13~26cm, 어긋난다. **사는 곳** 길가, 밭, 냇가, 강둑 **다른 이름** Reed fescue **분류** 외떡잎식물 > 벼과

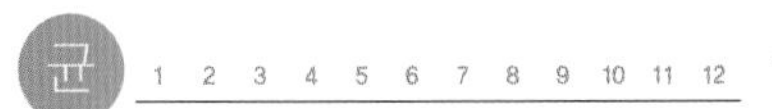

큰낙엽버섯

큰낙엽버섯은 봄부터 가을까지 삼나무 숲이나 여러 나무가 섞여 자라는 숲속에 쌓인 가랑잎 사이에서 무리 지어 난다. 갓은 자라면서 판판하게 피는데 우산살 모양으로 줄무늬가 있고, 쭈글쭈글하다. 활짝 피면 위로 젖혀지기도 한다. 주름살은 갓보다 색이 연하고 성글다. 대는 가늘고 질긴 힘줄이 있다. 독은 없다. **생김새** 갓 40~90mm **사는 곳** 삼나무 숲 **다른 이름** 큰가랑잎버섯[북] **분류** 주름버섯목 > 낙엽버섯과

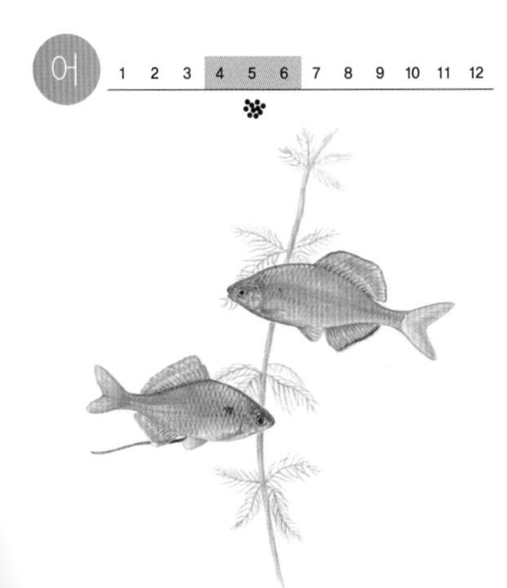

큰납지리

큰납지리는 물살이 느린 하천 중하류에 산다. 우리나라 납자루 무리 가운데 가장 크다. 물풀이 우거진 곳, 모래와 진흙이 깔린 바닥에서 헤엄치며 주로 식물성 플랑크톤을 먹는다. 돌말, 해캄, 작은 벌레도 잡아먹는다. 알 낳을 때가 되면 수컷은 혼인색을 띠고, 암컷은 산란관이 나온다. 조개 몸속에 알을 낳는다. **생김새** 몸길이 6~15cm **사는 곳** 냇물, 강, 저수지 **먹이** 플랑크톤, 돌말, 작은 벌레 **다른 이름** 큰가시납지리[북], 매납지래기, 배납탕구, Russian bitterling **분류** 잉어목 > 납자루아과

1 2 3 4 5 6 7 8 9 10 11 12

큰넓적송장벌레

큰넓적송장벌레는 산이나 들판, 마을 가까이 산다. 동물 시체에 모인다. 죽은 동물을 뜯어 먹고 산다. 다른 송장벌레들처럼 동물 시체를 발견하면 시체 바로 밑으로 들어가 구덩이를 파고 시체를 묻는다. 다 묻고 나면 짝짓기를 하고 그 속에 알을 낳는다. 알에서 깨어난 애벌레는 시체를 먹고 자란다. 썩은 나무나 흙 속에서 어른벌레로 겨울을 난다. **생김새** 몸길이 17~23mm **사는 곳** 들판, 마을 **먹이** 죽은 동물 **분류** 딱정벌레목 > 송장벌레과

1 2 3 4 5 6 7 8 9 10 11 12

큰눈물버섯

큰눈물버섯은 봄부터 늦가을까지 숲속 땅 위나 풀밭, 정원, 길가 어디서나 흔히 난다. 거칠고 단단한 땅에서도 잘 난다. 무리 지어 난다. 갓은 짧고 거친 털 같은 비늘 조각으로 빽빽하게 덮여 있다. 주름살은 연한 밤빛이다가 검은 얼룩이 생기면서 검게 바뀐다. 거미줄 같은 턱받이는 대 위쪽에 붙어 있는데 곧 떨어져 나간다. 빛깔은 하얀데 까만 포자가 묻어 있어서 까맣게 보인다. **생김새** 갓 28~88mm **사는 곳** 숲, 풀밭, 정원, 길가 **다른 이름** Weeping widow mushroom **분류** 주름버섯목 > 눈물버섯과

속

1 2 3 4 5 6 7 8 9 10 11 12

큰도둑놈의갈고리

큰도둑놈의갈고리는 산속 숲에서 자란다. 온몸에 털이 있다. 줄기는 곧게 서고 여러 대가 나와서 포기를 이룬다. 잎은 밑이 둥글고 끝은 뾰족하다. 앞면은 진한 풀빛이다. 여름에 긴 꽃대에 옅은 붉은빛 꽃이 두 송이씩 줄줄이 달린다. 열매는 꼬투리가 납작하고 마디가 두세 개 있다. 마디에 짧은 갈고리 같은 털이 있다. **생김새** 높이 50~150cm | 잎 8~16cm, 어긋난다. **사는 곳** 산속 숲 **다른 이름** 큰갈구리풀[북], Oldham's tick clover **분류** 쌍떡잎식물 > 콩과

큰마개버섯

큰마개버섯은 늦여름부터 가을까지 소나무나 곰솔이 자라는 땅 위에 난다. 홀로 나거나 흩어져 난다. 못버섯과 닮았는데 갓 가운데가 판판하다. 갓은 연한 분홍빛이나 붉은빛인데 오래되면 검은 얼룩이 생긴다. 겉은 매끈한데 물기를 머금으면 끈적거린다. 주름살은 하얗거나 잿빛이다가 점점 밤빛을 띤다. **생김새** 갓 27~60mm **사는 곳** 소나무 숲 **다른 이름** 나사못버섯[북], 큰못버섯, Rosy spike mushroom **분류** 그물버섯목 > 못버섯과

큰매미포식동충하초

큰매미포식동충하초는 매미 몸에 붙어 자란다. 봄부터 여름까지 숲속이나 들판에 사는 유지매미, 깽깽매미, 참매미의 몸이나 땅속에 있는 죽은 매미 몸에 붙어 자란다. 매미 몸은 단단한 껍질에 싸여 있는데, 버섯 포자는 딱딱한 껍질을 녹이고 매미 속으로 균사를 뻗어 들어간다. 나중에 매미 몸 밖으로 자실체가 한두 개 올라온다. 땅속에서 길게 자라고, 밖으로 드러나는 것은 짧다. **생김새** 머리 20×7~9mm **사는 곳** 숲, 들판 **다른 이름** 큰매미동충하초, 큰매미기생동충하초 **분류** 동충하초목 > 잠자리동충하초과

큰바다사자

큰바다사자는 겨울에 동해안에서 볼 수 있다. 몸집이 크고 머리와 주둥이가 크고 넓다. 앞지느러미 발이 길고 넓다. 뭍에 올라와서는 이 발로 딛고 움직인다. 물고기나 오징어, 조개, 새우 같은 것을 잡아먹는다. 무리를 지어 지낸다. 밤에 주로 움직이고 잠을 잘 때는 땅에 올라와서 잔다. 봄에서 여름 사이에 짝짓기를 한다. 새끼를 한 마리 낳는다. **생김새** 몸길이 2.2~3.2m **사는 곳** 동해 **먹이** 물고기, 오징어, 조개, 새우 **다른 이름** 스텔라바다사자, Northern sealion **분류** 식육목 > 바다사자과

큰방가지똥

큰방가지똥은 볕이 잘 드는 빈터나 집 가까이에서 자란다. 줄기는 곧게 서고 굵다. 속이 비어 있다. 자르면 흰 즙이 나온다. 뿌리잎은 꽃이 필 때 시든다. 줄기잎은 밑이 넓어서 줄기를 감싼다. 모두 가장자리에 날카로운 톱니가 있다. 톱니 끝이 가시 같다. 여름에 노란 꽃이 모여 핀다. 열매에는 잿빛 우산털이 달려 있다. **생김새** 높이 30~120cm | 잎 7~20cm, 모여나거나 어긋난다. **사는 곳** 집 둘레, 빈터 **다른 이름** 큰방가지풀[북], 개방가지똥, Spiny sow-thistle **분류** 쌍떡잎식물 > 국화과

큰부리까마귀

큰부리까마귀는 산이나 마을 둘레에 산다. 텃새 가운데 몸집이 가장 크고, 까마귀만큼 똑똑하다. 특히 한라산에서는 사람을 따라다니면서 먹이를 구하는 새가 여럿 있다. 여름에는 가족끼리 살다가 겨울이면 여럿이 무리를 짓는다. 먹이를 돌 틈 같은 데 숨겼다가 겨울에 찾아 먹기도 한다. 둥지는 깊은 산속 나무나 벼랑에 짓는다. **생김새** 몸길이 57cm **사는 곳** 마을, 산 **먹이** 벌레, 새, 쥐, 죽은 동물, 곡식, 나무 열매 **다른 이름** Large-billed crow **분류** 참새목 > 까마귀과

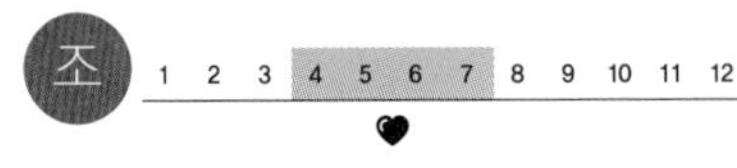

큰오색딱따구리

큰오색딱따구리는 나무가 우거진 숲에서 혼자 또는 암수가 함께 산다. 가슴과 옆구리에 검은색 줄무늬가 있다. 어린 새와 수컷은 머리꼭대기가 붉은색이다. 단단한 부리로 나무줄기를 쪼아서 구멍을 뚫고 긴 혀를 넣어서 벌레를 잡는다. 나무 위에서 통통 뛰며 오르내린다. 우리나라 텃새이지만, 보기 드물다. **생김새** 몸길이 27cm **사는 곳** 숲, 산 **먹이** 벌레, 거미, 풀씨, 나무 열매 **다른 이름** White-backed woodpecker **분류** 딱따구리목 > 딱따구리과

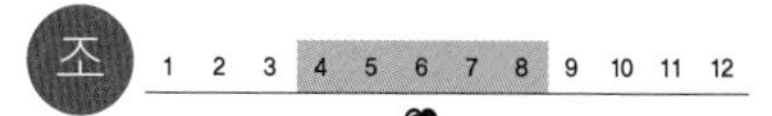

큰유리새

큰유리새는 나무가 우거진 숲이나 계곡 둘레에서 암수가 함께 산다. 새끼를 치고 나면 가족끼리 무리 지어 다닌다. 나무 위에서 지내고 땅 위에는 내려오지 않는다. 딱정벌레나 나비, 메뚜기 같은 벌레와 거미, 지네를 잡아먹고 나무 열매도 먹는다. 날 때는 날갯짓이 빠르다. 봄에 우리나라에 와서 바위틈이나 벼랑 틈에 밥그릇처럼 생긴 둥지를 짓고 새끼를 친다. **생김새** 몸길이 17cm **사는 곳** 숲, 계곡, 야산, 공원 **먹이** 벌레, 거미, 나무 열매 **다른 이름** Blue-and-white flycatcher **분류** 참새목 > 솔딱새과

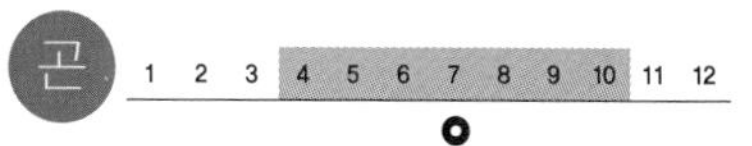

큰이십팔점박이무당벌레

큰이십팔점박이무당벌레는 논밭이나 들판에 산다. 까만 점이 스물여덟 개나 있다. 밭에 심은 감자나 가지 잎을 많이 갉아 먹는다. 이십팔점박이무당벌레도 비슷하다. 잎이 처음에는 하얗다가 점점 누렇게 되면서 말라 죽는다. 다른 무당벌레들은 진딧물을 잡아먹지만, 이 무당벌레 무리는 채소 잎을 먹는다. 어른벌레로 겨울을 난다. **생김새** 몸길이 6~8mm **사는 곳** 논밭, 들판 **먹이** 채소 잎 **다른 이름** 큰이십팔점벌레[북], 왕무당벌레붙이, 28-spotted potato ladybird **분류** 딱정벌레목 > 무당벌레과

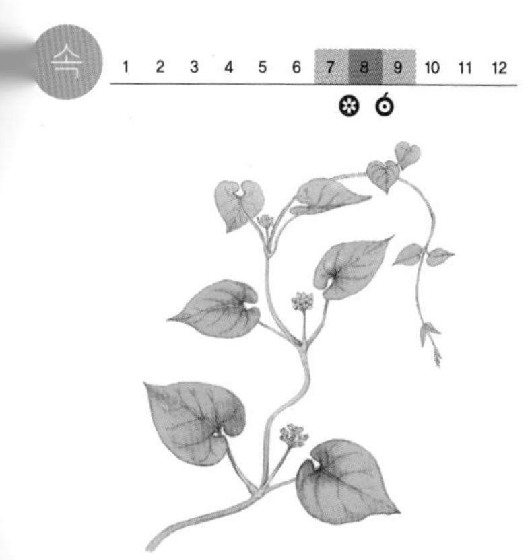

큰조롱

큰조롱은 볕이 잘 드는 산이나 풀밭, 바닷가 비탈진 땅에서 자란다. 덩이뿌리가 굵다. 줄기는 가늘고 덩굴진다. 다른 풀을 왼쪽으로 감고 오른다. 줄기를 꺾으면 흰 즙이 나온다. 잎은 가장자리가 밋밋하고 위로 갈수록 잎자루가 짧아진다. 여름에 잎겨드랑이에서 노란 꽃이 모여 핀다. 열매는 버들잎 모양 꼬투리이고 털이 있다. **생김새** 길이 1~3m | 잎 5~10cm, 마주난다. **사는 곳** 산, 바닷가, 풀밭 **다른 이름** 은조롱[북], 백수오, 새박, Wilford's swallow-wort **분류** 쌍떡잎식물 > 협죽도과

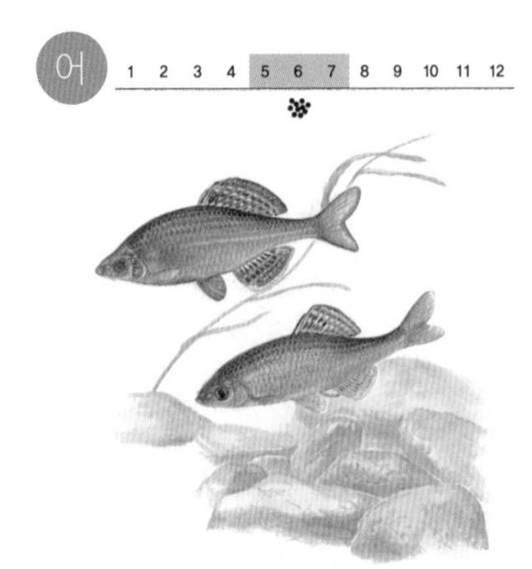

큰줄납자루

큰줄납자루는 물이 얕은 냇물에서 산다. 몸통 앞쪽에서 꼬리자루까지 아주 짙은 초록색 띠가 가로로 나 있다. 큰 돌이 깔리고 물살이 느린 곳 바닥에서 헤엄치며 주로 물벌레를 잡아먹는다. 알 낳을 때가 되면 수컷은 혼인색이 뚜렷해지고, 암컷은 배에서 산란관이 나온다. 조개 몸속에 알을 낳는다. 우리나라에만 산다. **생김새** 몸길이 9~11cm **사는 곳** 냇물, 강 **먹이** 물벌레 **다른 이름** 납떼기 **분류** 잉어목 > 납자루아과

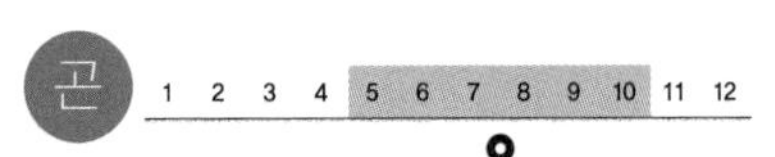

큰허리노린재

큰허리노린재는 들이나 낮은 산, 밭이나 밭 둘레에 있는 작은키나무에 많다. 노린재 가운데 아주 큰 편이다. 몸집이 크지만 잘 날아다닌다. 5월에서 10월 사이에 나타나서 콩이나 벼나 들풀, 작은 나무에 붙어서 즙을 빨아 먹는다. 봄에 올라오는 새순에 붙어서 즙을 빨아 순이 말라 죽게도 한다. 손으로 잡으면 시큼한 냄새를 피운다. 어른벌레로 겨울을 난다. **생김새** 몸길이 19~25mm **사는 곳** 낮은 산, 논밭 **먹이** 풀이나 나무즙 **분류** 노린재목 > 허리노린재과

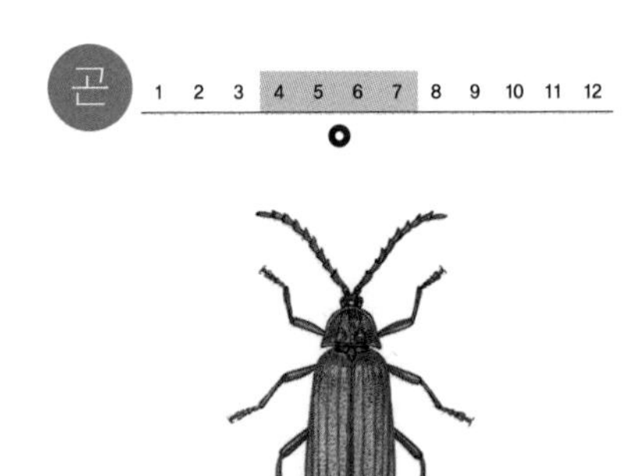

큰홍반디

큰홍반디는 나무가 우거진 산에 산다. 몸이 작고 길쭉하며 빛깔이 붉다. 여름날 낮에 나뭇잎 위에 앉아 있으면 멀리서도 눈에 잘 띈다. 몸 빛깔이 눈에 잘 띄는 경고색을 띠고 있다. 사람이 나타나도 도망치지 않고 손으로 잡으면 고약한 냄새를 피운다. 애벌레는 나무껍질 밑이나 썩은 나무속에서 산다. **생김새** 몸길이 15mm 안팎 **사는 곳** 나무가 우거진 산 **먹이** 애벌레_나무 속살 | 어른벌레_나뭇진 **분류** 딱정벌레목 > 홍반디과

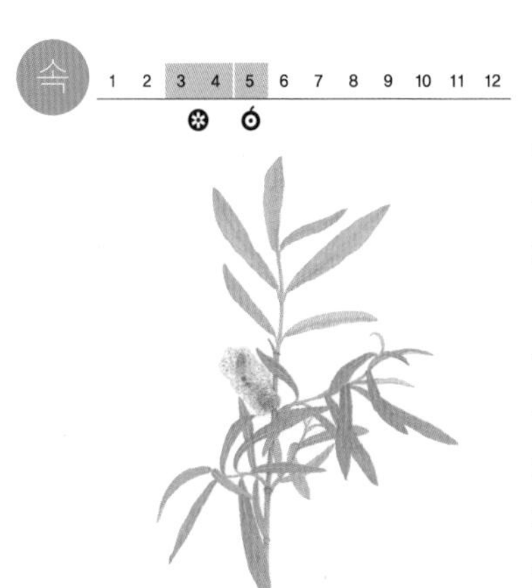

키버들

키버들은 개울가나 축축한 땅에서 무성하게 자란다. 강기슭이나 냇가에 부러 심거나, 공원 큰키나무 아래에 보기 좋게끔 심기도 한다. 잎은 끝이 뾰족하고 가장자리에 톱니가 있거나 매끈하다. 잎 앞면은 진한 풀색이고 뒷면은 희다. 꽃은 이른 봄에 피는데, 겉에 털이 있다. 버들가지는 희고 질기다. 이것으로 살림살이를 만든다. **생김새** 높이 1~2m | 잎 6~11cm, 마주나거나 돌려난다. **사는 곳** 강기슭, 냇가, 들 **다른 이름** 고리버들, Winnow willow **분류** 쌍떡잎식물 > 버드나무과

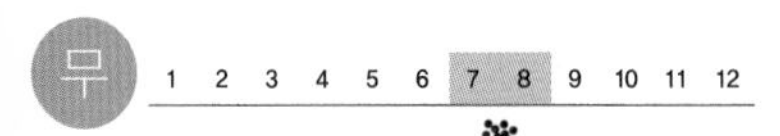

키조개

키조개는 물 깊이가 5~20미터쯤 되는 바닷속 진흙 바닥에 산다. 우리나라에서 나는 조개 가운데 가장 크다. 곡식을 까부르는 농기구인 키를 닮았다. 껍데기가 얇아서 물기가 마르면 금이 가거나 잘 깨진다. 껍데기 겉에 돌기가 오톨도톨 나 있다. 겉에 가로로 나 있는 선을 성장선이라고 하는데, 이것을 보고 나이테처럼 나이를 짐작한다. **생김새** 크기 15×22cm **사는 곳** 서해, 남해 바닷속 **다른 이름** 도끼조개, 가래조개, 게두, 치조개, 챙이, 개지, Comb pen shell **분류** 연체동물 > 키조개과

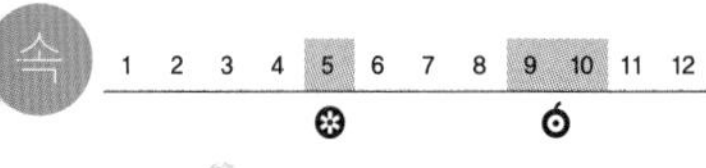

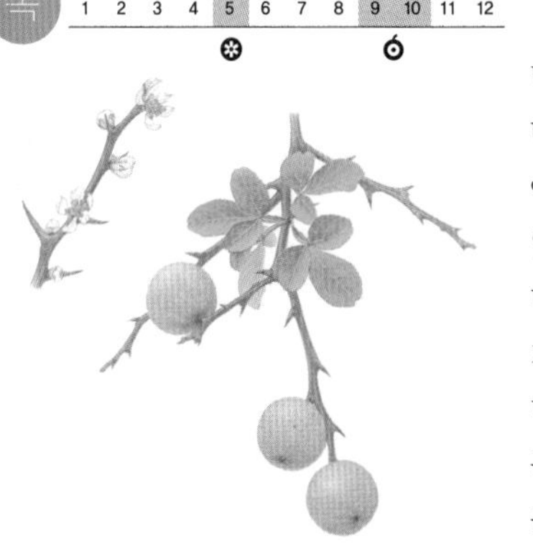

탱자나무

탱자나무는 양지바른 산기슭이나 들판에서 저절로 자란다. 가시가 억세고 날카롭고, 흰 꽃과 노란 열매가 보기 좋아서 산울타리로 많이 심는다. 잎은 쪽잎 석 장이 붙은 겹잎이다. 잎자루에 날개가 있다. 잎이 나기 전에 흰 꽃이 핀다. 탱자는 처음에는 푸르다가 노랗게 익는다. 귤과 비슷하게 생겼는데 더 잘고 단단하다. 향은 좋지만 맛이 시고 쓰다. **생김새** 높이 3m | 잎 3~6cm, 어긋난다. **사는 곳** 산기슭, 들 **다른 이름** 구귤, 지귤, Trifoliate orange **분류** 쌍떡잎식물 > 운향과

1 2 3 4 5 6 7 8 9 10 11 12

턱받이포도버섯

턱받이포도버섯은 이른 봄부터 가을까지 풀밭, 밭, 길가, 목장의 거름기 많은 땅 위에 난다. 말똥과 소똥 위에서도 잘 자란다. 홀로 나거나 무리 지어 난다. 갓은 붉은 밤빛인데 봄에는 황금빛을 띠고 가을에는 진한 자줏빛이다. 대 겉에는 세로줄이 있고 반들반들하다. 턱받이 위쪽은 하얗고 아래쪽은 노랗다. **생김새** 갓 45~158mm **사는 곳** 풀밭, 밭, 길가 **다른 이름** 별가락지버섯[북], 독청버섯아재비, 큰개암버섯, Wine roundhead mushroom **분류** 주름버섯목 > 포도버섯과

무

1 2 3 4 5 6 7 8 9 10 11 12

털게

털게는 동해 찬 바다에서 산다. 남해에서도 가끔 볼 수 있다. 온몸에 털이 많다. 깊은 바닷속에 살다가 겨울에 얕은 바다로 나와 짝짓기를 한다. 암컷은 알을 낳아 열 달 동안 배에 붙이고 다닌다. 모자반이 무성한 곳에 많이 산다고 몰게라고도 하고, 씀벙게라고 하는 지역도 있다. **생김새** 등딱지 크기 10×10.4cm **사는 곳** 동해, 남해 **먹이** 작은 물고기, 조개, 새우, 바닷말 **다른 이름** 몰게, 웅게, 씀벙게, Horsehair crab **분류** 절지동물 > 털게과

1 2 3 4 5 6 7 8 9 10 11 12

털귀신그물버섯

털귀신그물버섯은 여름부터 가을까지 숲속 땅에 난다. 홀로 나거나 여럿이 흩어져서 난다. 갓에 잿빛 밤빛을 띤 작은 비늘 조각이 빽빽하다. 비늘 조각은 약간 딱딱한데 뿔처럼 곧추선다. 비에 젖으면 비늘 조각이 납작하게 엉겨 붙는다. 갓은 자라면서 까맣게 바뀐다. 살을 문지르면 빨개지다가 까맣게 된다. 대에는 세로로 길쭉한 그물 무늬가 있다. **생김새** 갓 45~98mm **사는 곳** 숲 **분류** 그물버섯목 > 그물버섯과

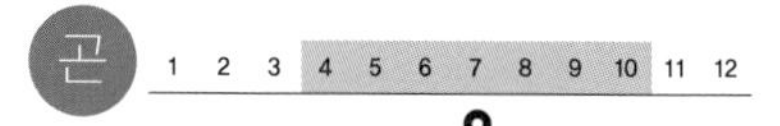

털두꺼비하늘소

털두꺼비하늘소는 산이 가까운 들판이나 마을에 자주 날아온다. 온몸이 아주 짧고 검붉은 털로 덮여 있다. 손으로 잡으면 '끼이 끼이' 하고 소리를 낸다. 어른벌레는 죽은 참나무나 밤나무, 가시나무에 알을 낳는다. 나무껍질을 입으로 뜯어 상처를 내고 알을 낳는다. 애벌레는 나무속을 파먹고 산다. 나무껍질이나 가랑잎 밑에서 어른벌레로 겨울을 난다. **생김새** 몸길이 19~27mm **사는 곳** 낮은 산, 들판, 마을 **먹이** 애벌레_나무속 | 어른벌레_나뭇진 **다른 이름** Hairy long-horned toad beetle **분류** 딱정벌레목 > 하늘소과

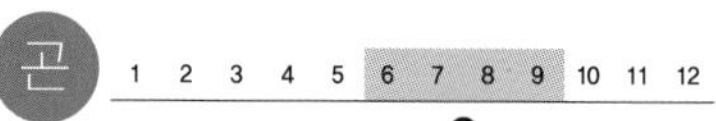

털매미

털매미는 들이나 낮은 산에서 볼 수 있는데, 밤에 불빛을 보고 날아들기도 한다. 온몸이 짧은 털로 덮여 있다. 매미 소리는 낮아지다가 갑자기 높아지는데 이렇게 되풀이해서 울고 또 울어서, 긴 시간 동안 운다. 과일나무에 많이 와서 즙을 빨아 먹는다. 그러면 나무가 쉽게 병에 걸린다. 애벌레로 2~4년 살고, 어른벌레가 돼서 한 달쯤 산다. **생김새** 몸길이 20~28mm **사는 곳** 낮은 산, 들 **먹이** 나무즙 **다른 이름** 씽씽매미 **분류** 노린재목 > 매미과

털머위

털머위는 바닷가 숲속에서 자란다. 줄기는 곧게 서고 연한 밤빛 솜털이 있다. 잎은 동그란 심장 모양이고 도톰하다. 가장자리에 톱니가 있다. 가을에 가지 끝마다 노란 꽃이 한 송이씩 달린다. 꽃잎이 가늘고 길다. 겨울까지 피어 있기도 한다. 열매는 털이 많다. 검은 밤빛이다. **생김새** 높이 30~50cm | 잎 4~15cm, 모여난다. **사는 곳** 바닷가 숲속 **다른 이름** 말곰취[북], 갯머위, 넓은잎말곰취, Leopard plant **분류** 쌍떡잎식물 > 국화과

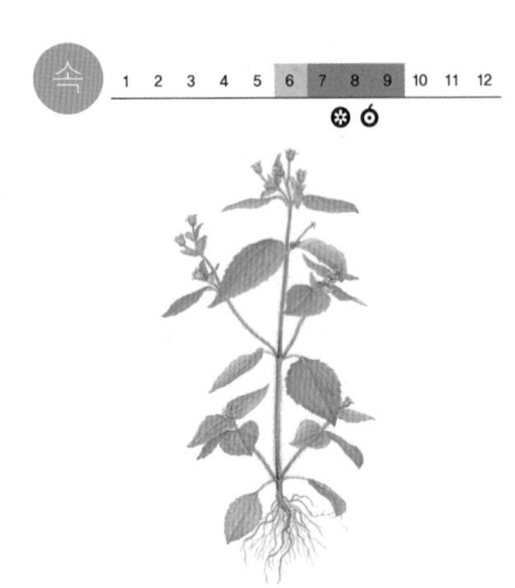

털별꽃아재비

털별꽃아재비는 밭 가까이나 길가에 흔하게 자란다. 줄기는 곧게 서고 가지를 친다. 흰 털이 나 있다. 잎은 달걀 모양이고 어린잎에는 흰 털이 많다. 여름부터 가지 끝에 희고 작은 꽃이 달린다. 꽃잎은 다섯 장인데 끝이 세 갈래로 갈라졌다. 열매는 검게 익는다. 1970년대부터 우리나라에 와서 나기 시작했다. **생김새** 높이 10~50cm | 잎 2~8cm, 마주난다. **사는 곳** 밭 둘레, 길가 **다른 이름** 큰별꽃아재비, 털쓰레기꽃, Shaggy soldier **분류** 쌍떡잎식물 > 국화과

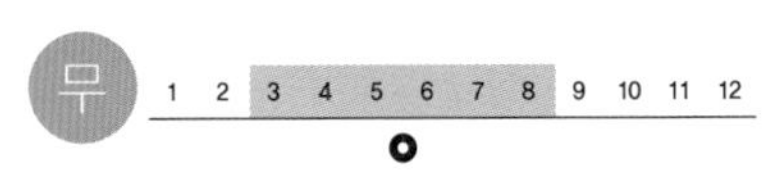

털보깡충거미

털보깡충거미는 산이나 들판에서 산다. 온몸에 털이 빽빽하게 나 있다. 눈은 모두 여덟 개인데, 앞에 홑눈 두 개가 유난히 크다. 옆에 있는 작은 눈으로 옆과 뒤까지 사방을 본다. 거미줄을 치지 않고 땅 위를 돌아다니면서 먹이를 잡는다. 작은 벌레를 잡아먹는다. 밤에는 거미줄로 잠자리를 만들고 쉰다. 겨울을 날 때에는 나무껍질이나 마른 잎으로 집을 짓는다. 봄에서 여름 사이에 두세 번 알을 낳는다. **생김새** 몸길이 5~9mm **사는 곳** 산, 풀밭 **먹이** 작은 벌레 **분류** 절지동물 > 깡충거미과

털작은입술잔버섯

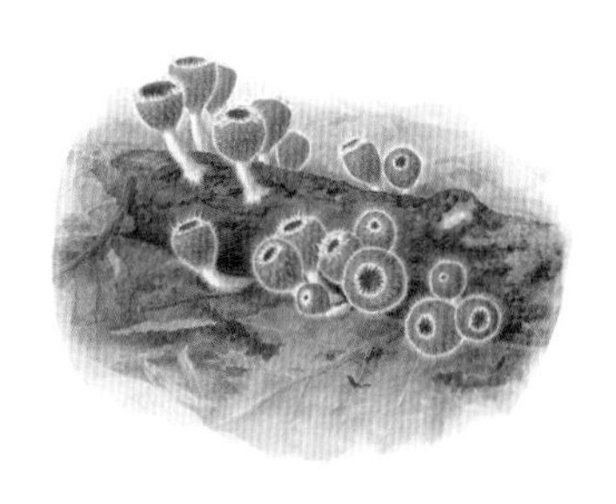

털작은입술잔버섯은 늦은 봄부터 여름까지 축축한 숲속에서 흔하게 난다. 죽은 넓은잎나무 줄기나 나뭇가지나 가랑잎 위에 무리 지어 난다. 이끼 위에 나기도 한다. 가느다란 대 위에 붙어 있는 동그스름한 갓이 술잔을 닮았다. 갓은 고운 붉은빛이고 대는 새하얗다. 갓은 어릴 때는 동그랗다가 자라면서 작은 구멍이 점점 넓게 벌어져 술잔 또는 깔때기 모양이 된다. 겉에는 하얀 털이 빽빽하게 나 있다. 독성분은 밝혀지지 않았다. **생김새** 갓 5~10×3~10mm **사는 곳** 숲 **분류** 주발버섯목 > 술잔버섯과

1 2 3 4 5 6 7 8 9 10 11 12

테두리고둥

테두리고둥은 바닷가 바위나 돌에 딱 붙어 산다. 물웅덩이나 물기가 있는 갯바위에 흔하다. 껍데기가 두껍고 단단하며 줄무늬가 6~8개쯤 튀어나와 있다. 바위에 딱 달라붙어서 떼어 내기 어렵다. 갯마을에서는 테두리고둥을 호미로 떼어 낸 뒤 살을 발라 반찬으로 먹는다 **생김새** 크기 3.5×1.1cm **사는 곳** 갯바위, 물웅덩이 **먹이** 바위에 붙은 영양분 **다른 이름** 벨, 고깔, Saccharine limpet **분류** 연체동물 > 두드럭배말과

1 2 3 4 5 6 7 8 9 10 11 12

테두리방귀버섯

테두리방귀버섯은 여름부터 가을까지 가랑잎이 쌓인 곳에 난다. 홀로 나거나 흩어져 난다. 도토리와 닮았다. 어릴 때는 공처럼 둥글고 땅속에 묻혀 있다가 자라면서 겉껍질이 찢어지고 땅 위로 드러난다. 찢어진 조각이 별 모양으로 벌어지면서 끝이 아래로 말린다. 껍질은 불그스름한데 안쪽은 하얗다. 대는 없다. 꼭대기 구멍으로 방귀를 뀌듯 포자를 내뿜는다. **생김새** 크기 15~40mm **사는 곳** 넓은잎나무 숲, 산 **다른 이름** 흰땅밤버섯[북], 흰땅별버섯[북], Sessile earthstar fungus **분류** 방귀버섯목 > 방귀버섯과

1 2 3 4 5 6 7 8 9 10 11 12

토굴

토굴은 얕은 바닷속 바위나 돌에 붙어 산다. 다 자라면 갯바닥을 이리저리 굴러다니기도 한다. 굴 가운데 가장 크다. 껍데기가 두껍고 단단하며 둥글둥글하게 생겼다. 소나무 껍질 같은 얇은 껍데기가 겹겹이 붙어 있다. 큼직한 껍데기에 따개비나 미더덕 따위가 붙어 살기도 한다. 토굴은 껍데기째 구워 먹거나 속살을 까서 국에 넣어 먹는다 **생김새** 크기 15×15cm **사는 곳** 동해, 서해, 남해 바닷속 **다른 이름** 퍽굴[북], 대굴, Lamellated oyster **분류** 연체동물 > 굴과

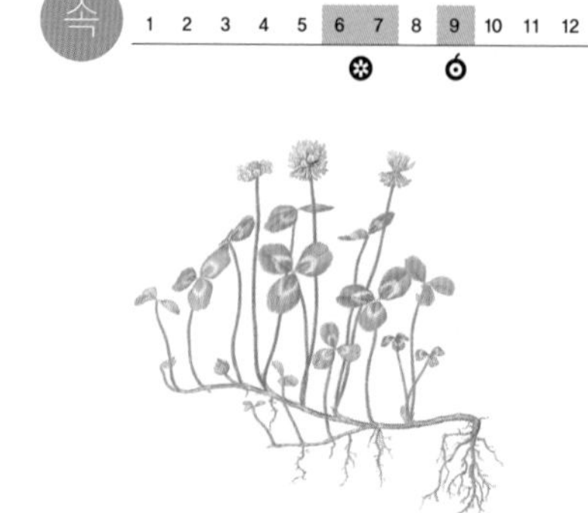

토끼풀

토끼풀은 볕이 잘 드는 길가나 풀밭, 밭둑, 집 둘레에서 자란다. 줄기는 땅 위를 기면서 자라는데 마디에서 가지를 치고 새 뿌리가 나온다. 잎은 동그란 잎이 석 장씩 달린다. 드물게 넉 장 달리는 것도 있다. 이런 잎을 '네 잎 클로버'라고 한다. 여름에 흰 꽃이 피는데 작은 꽃이 모여 둥근 꽃송이를 이룬다. 풀을 뜯는 짐승들이 잘 먹는다. **생김새** 높이 30~60cm | 잎 0.8~2cm, 어긋난다. **사는 곳** 길가, 풀밭, 밭둑, 집 둘레 **다른 이름** 클로버, White clover **분류** 쌍떡잎식물 > 콩과

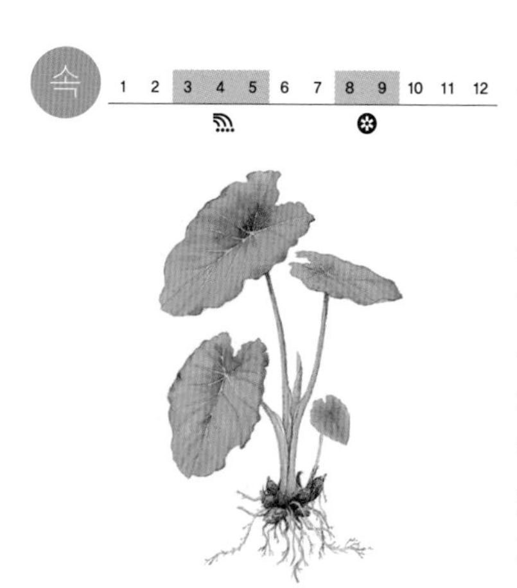

토란

토란은 잎자루나 덩이줄기를 먹으려고 심는다. 눅눅한 땅을 좋아해서 우물이나 도랑 둘레에 많이 심는다. 덩이줄기는 달걀처럼 동글동글하다. 덩이줄기로 포기를 늘려 간다. 잎은 뿌리에서 나고 유난히 넓어서 우산 대신 쓸 수 있을 정도다. 잎이 물에 안 젖고 물방울이 굴러 떨어진다. 덩이줄기를 캐서 국이나 죽을 끓여 먹는다. 잎자루는 토란대라고 하는데 나물로 먹는다. **생김새** 높이 50~100cm | 잎 30~50cm, 모여난다. **사는 곳** 밭, 물가 눅눅한 땅 **다른 이름** 토련, 토지, Taro **분류** 외떡잎식물 > 천남성과

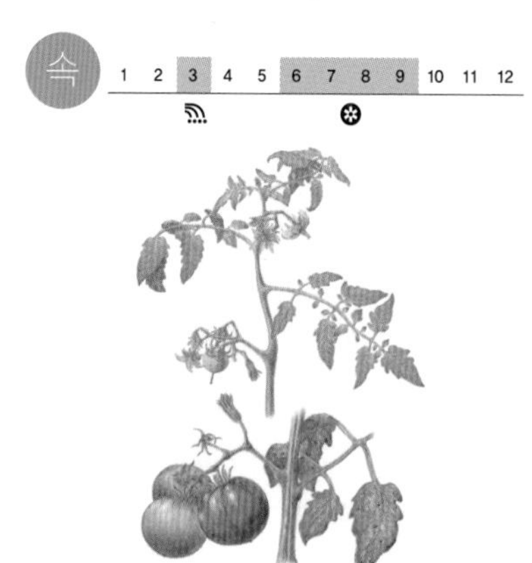

토마토

토마토는 밭에 심는 한해살이 열매채소다. 우리나라에서는 흔히 과일처럼 먹는다. 온 세계에서 가장 많이 먹는 열매채소이다. 줄기는 곧게 자라다가 자라면서 옆으로 눕는다. 초여름부터 노란 꽃이 연달아 이어 가며 핀다. 꽃이 지면 열매가 달리는데 풀빛이다가 빨갛게 익는다. 다른 나라에서는 거의 볶거나 삶아 먹는다. 삶아서 재어 놓고 양념으로도 많이 쓴다. 케첩도 만든다. **생김새** 높이 1~1.5m | 잎 15~45cm, 어긋난다. **사는 곳** 밭 **다른 이름** 땅감, 일년감, Tomato **분류** 쌍떡잎식물 > 가지과

톱다리개미허리노린재

톱다리개미허리노린재는 논밭이나 풀숲에 산다. 몸이 가늘고 길다. 빠르게 날갯짓을 하면서 날쌔게 잘 난다. 뒷다리 안쪽에 톱날 같은 가시가 많이 있어서 톱다리라는 이름이 붙었다. 콩밭에도 많은데 콩이 어릴 때는 잎이나 줄기 즙을 빨아 먹고, 콩꼬투리가 달리기 시작하면 덜 여문 콩을 빨아 먹는다. 벼, 보리, 팥, 단감도 빨아 먹는다. 어른벌레로 겨울을 난다. **생김새** 몸길이 14~17mm **사는 곳** 논밭, 풀숲 **먹이** 콩, 팥, 벼, 과일 **다른 이름** 콩밭노린재, Bean bug **분류** 노린재목 > 호리허리노린재과

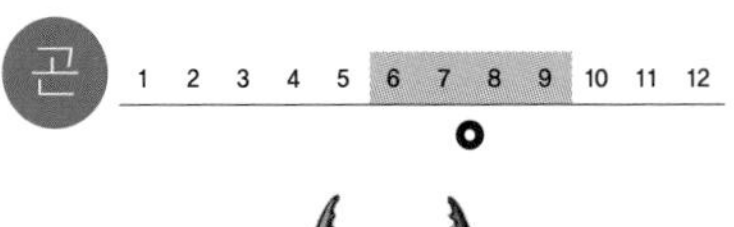

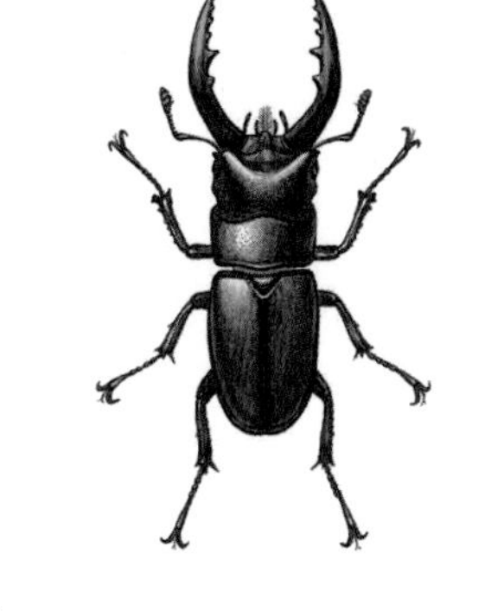

톱사슴벌레

톱사슴벌레는 큰나무가 많은 산에 산다. 큰턱이 앞으로 길게 뻗어서 아래쪽으로 휘었다. 큰턱 안쪽에 작은 돌기가 많아서 마치 톱날 같다. 큰턱을 써서 싸운다. 밤에 많이 돌아다니는데 불빛이 있으면 잘 날아든다. 애벌레는 죽은 나무 속살을 먹는다. 알에서 어른벌레가 되는 데 이삼 년쯤 걸린다. **생김새** 몸길이 23~45mm **사는 곳** 숲, 산 **먹이** 애벌레_나무 속살 | 어른벌레_나뭇진, 과일 단물 **다른 이름** 집게벌레, 하늘가재, 찍게, Saw stag beetle **분류** 딱정벌레목 > 사슴벌레과

어 1 2 3 4 5 6 7 8 9 10 11 12

톱상어

톱상어는 바다 바닥에 산다. 우리나라 남해와 제주 바다에 드물게 산다. 상어 무리 가운데 몸집이 작은 편이다. 바닥에 살면서 긴 주둥이로 진흙을 헤집어 작은 동물들을 잡아먹는다. 또 물고기 떼가 있으면 그 속으로 뛰어들어가 주둥이를 휘둘러 먹이를 기절시킨 뒤 잡아먹기도 한다. 다른 상어처럼 새끼를 낳는다. 요즘에는 드물어서 보기 어렵다. **생김새** 몸길이 1m **사는 곳** 제주, 남해 **먹이** 작은 동물, 물고기 **다른 이름** 줄상어, Saw shark **분류** 톱상어목 > 톱상어과

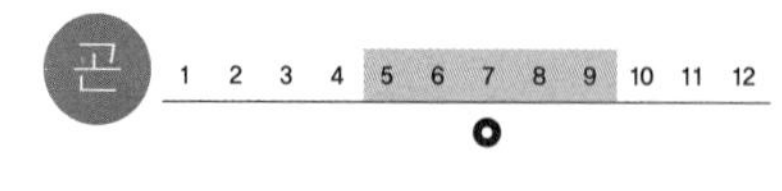

톱하늘소

톱하늘소는 큰 나무가 우거진 깊은 산속에 산다. 톱사슴벌레만큼 몸집이 크다. 앞가슴 양옆에 커다란 톱날 같은 것이 삐죽삐죽 나와 있고 더듬이도 톱날 같다. 더듬이가 짧은 편이다. 다른 하늘소는 더듬이가 11마디인데, 톱하늘소는 12마디이다. 낮에는 숨어 있다가 밤에 나온다. 손으로 잡으면 '끼이 끼이' 하고 소리를 낸다. 애벌레는 나무속을 파먹고 산다. **생김새** 몸길이 23~48mm **사는 곳** 깊은 산 **먹이** 애벌레_죽은 나무속 | 어른벌레_나뭇진 **분류** 딱정벌레목 > 하늘소과

원 1 2 3 4 5 6 7 8 9 10 11 12

톳

톳은 남해와 제주 바다에서 나는 바닷말이다. 갯바위에 무더기로 붙어 자란다. 줄기와 잎이 뚜렷이 나뉘어 보이는데, 잎은 가장자리에 톱니가 있다. 가을에 돋기 시작해서 봄에는 갯바위를 뒤덮는다. 여름에는 녹아 없어진다. 겨울부터 이른 봄까지 여러 차례 뜯을 수 있다. 나물로 많이 먹는다. 물에 데치면 파래진다. 무쳐 먹거나 밥에 넣어 먹는다. **생김새** 길이 30~300cm **사는 곳** 서해, 남해, 제주도 갯바위 **다른 이름** 톳나물, 톨, 따시래기, Sea weed fusiforme **분류** 갈조류 > 모자반과

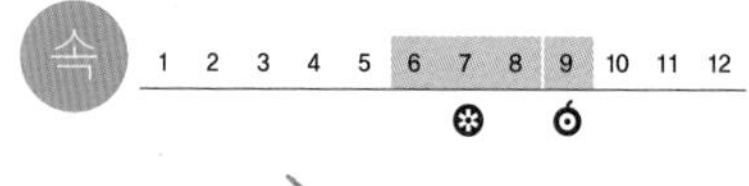

통보리사초

통보리사초는 바닷물이 안 닿는 바닷가 모래땅에서 자란다. 모래 속에서 굵고 단단한 땅속줄기를 옆으로 길게 뻗으면서 퍼진다. 땅속줄기가 모래흙이 안 무너지게 막는다. 잎은 딱딱하고 길게 뻗는다. 줄기 끝에서 늦봄부터 여름 내내 꽃이 핀다. 열매는 보리 이삭처럼 생겼다. **생김새** 높이 10~20cm | 잎 20cm~30cm, 어긋난다. **사는 곳** 바닷가 마른 모래땅 **다른 이름** 큰보리대가리, Asian sand sedge **분류** 외떡잎식물 > 사초과

투구꽃

투구꽃은 깊은 산속이나 골짜기에서 자란다. 꽃을 보려고 일부러 마당에 심기도 한다. 마늘쪽처럼 생긴 덩이뿌리에서 줄기가 올라온다. 줄기 아래쪽 잎은 다섯 갈래로 갈라지고, 위쪽 잎은 세 갈래로 갈라진다. 가을에 자줏빛 꽃이 줄줄이 핀다. 꽃이 머리에 쓰는 투구처럼 생겼다. 옛날에는 사약을 만들기도 했다. **생김새** 높이 1m 안팎 | 잎 7~12cm, 어긋난다. **사는 곳** 산속, 골짜기 **다른 이름** 개싹눈바꽃, 진돌쩌귀, 세잎돌쩌귀, 그늘돌쩌귀, Monkshood **분류** 쌍떡잎식물 > 미나리아재비과

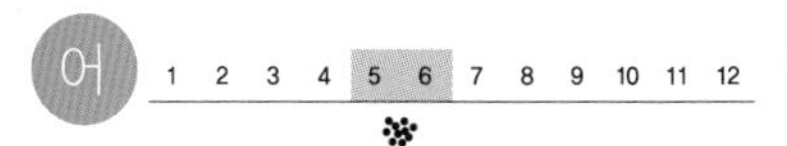

퉁가리

퉁가리는 맑은 물이 흐르고 바닥에 돌과 자갈이 깔린 산골짜기와 냇물에서 산다. 메기와 비슷하게 생겼지만 더 작다. 돌 틈을 잘 비집고 들어간다. 낮에는 숨어 있고 밤에 나와서 먹이를 잡아먹는다. 물벌레를 먹는데, 날도래 애벌레를 좋아한다. 몸집은 작지만 가슴지느러미에 가시가 있어 찔리면 아주 쓰리다. **생김새** 몸길이 10cm **사는 곳** 산골짜기, 냇물 **먹이** 물벌레 **다른 이름** 쏠자개[북], 황충이[북], 누름바우, Korean torrent catfish **분류** 메기목 > 퉁가리과

어 1 2 3 4 5 6 7 8 9 10 11 12

퉁사리

퉁사리는 여울과 깊은 소가 번갈아 나타나는 곳에서 산다. 잔자갈이 깔리고 물살이 완만한 곳을 좋아한다. 자가사리, 퉁가리와 닮았지만 몸통이 더 퉁퉁하다. 낮에 돌 밑에서 지내다가 밤에 나와 작은 물벌레를 잡아먹는다. 알을 낳을 때는 수컷이 납작한 돌 아래에 구덩이를 파고 돌 밑을 깨끗이 청소해서 알자리를 만든다. 새끼가 깨어날 때까지 수컷이 알자리를 지킨다. **생김새** 몸길이 8~10cm **사는 곳** 산골짜기, 냇물 **먹이** 물벌레 **다른 이름** Bull-head torrent catfish **분류** 메기목 > 퉁가리과

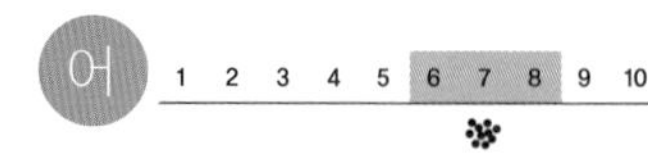

통쏠치

통쏠치는 얕은 바다 밑바닥에서 산다. 쑤기미처럼 등지느러미에 난 가시가 독가시다. 쏘이면 목숨을 잃을 수도 있으니 쏘이지 않도록 조심해야 된다. 쑤기미와 사는 모습이 비슷하다. 물고기 가운데 가장 독성이 강한 편에 든다. **생김새** 몸길이 15cm **사는 곳** 서해, 남해, 제주 **먹이** 작은 물고기, 새우 **다른 이름** Pitted stonefish **분류** 쏨뱅이목 > 양볼락과

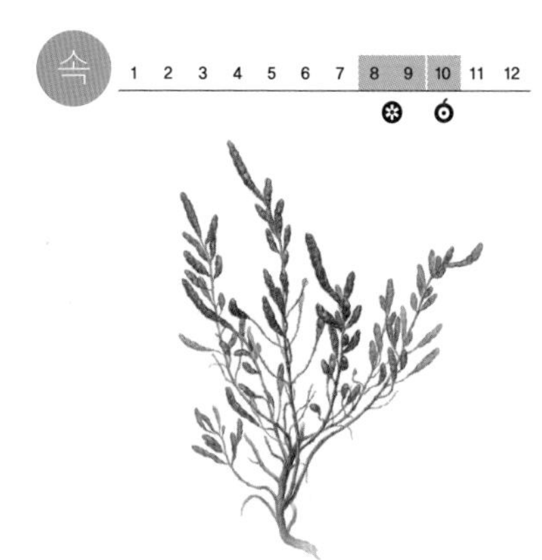

통통마디

통통마디는 갯벌이나 강어귀 진흙밭에 무리 지어 자란다. 줄기가 통통하고 마디가 많다. 여름에는 푸르다가 가을에 빨갛게 물든다. 여름에 작은 녹색 꽃이 가지 끝 쪽 마디 사이에 핀다. 통통마디를 씹으면 짠맛이 난다고 함초라고도 한다. 소금이 귀할 때는 통통마디를 소금 대신 썼다. 늦봄부터 여름 사이에 뜯어 말렸다가 가루를 내어 소금처럼 쓴다. **생김새** 높이 10~30cm | 잎 비늘 같은 작은 잎이 마주난다. **사는 곳** 서해, 남해 갯벌, 강어귀 **다른 이름** 함초, Glasswort **분류** 쌍떡잎식물 > 명아주과

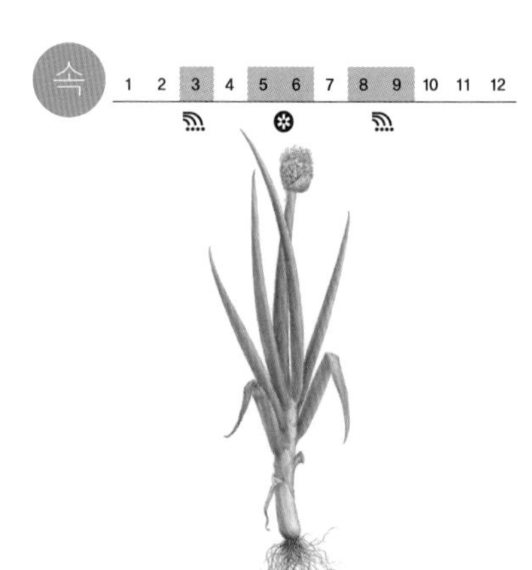

파

파는 밭에 심는 여러해살이 잎줄기채소다. 뿌리는 수염뿌리고, 줄기가 한 뼘쯤 자라다가 잎이 대여섯 개 돋는다. 잎은 속이 비었다. 봄여름에 줄기 끝에서 하얗고 자잘한 꽃이 공처럼 모여서 핀다. 꽃이 지면 까만 씨가 튀어나온다. 뿌리 쪽 하얀 비늘줄기와 곧게 자라는 파란 잎을 먹는다. 봄에 심어 가을에 거두거나 가을에 심어 이듬해 봄에 거둔다. 온갖 음식에 양념으로 넣는다. **생김새** 높이 50~70cm | 잎 50~70cm, 어긋난다. **사는 곳** 밭, 마당 **다른 이름** 총, 움파, Spring onion **분류** 외떡잎식물 > 백합과

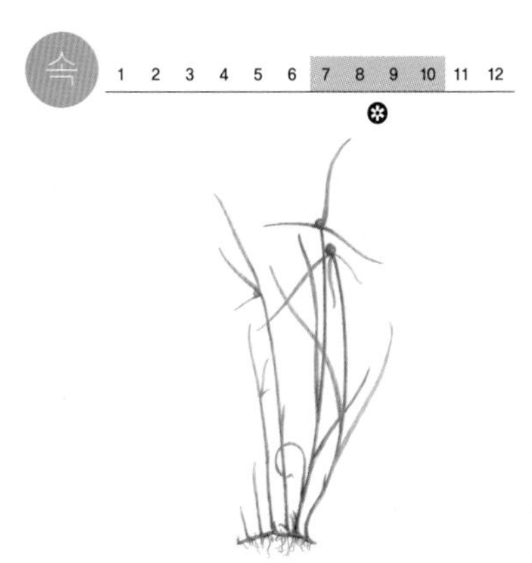

파대가리

파대가리는 볕이 잘 들고 물기가 있는 들판에서 자란다. 뿌리줄기는 길게 옆으로 뻗는데 밤빛 비늘이 덮여 있다. 마디에서 새싹이 생긴다. 줄기는 곧게 서고 세모졌다. 잎은 줄기 아래쪽에 네댓 장이 난다. 잎 가장자리와 뒷면 가운데에 가는 가시가 있다. 여름에 줄기 끝에서 둥글고 삐죽삐죽한 이삭이 달린다. 파꽃을 닮았다 **생김새** 높이 5~20cm | 잎 5~8cm, 어긋난다. **사는 곳** 들, 풀밭 **다른 이름** 파송이골북, 큰송이방동산이, Short-leaf spikesedge **분류** 외떡잎식물 > 사초과

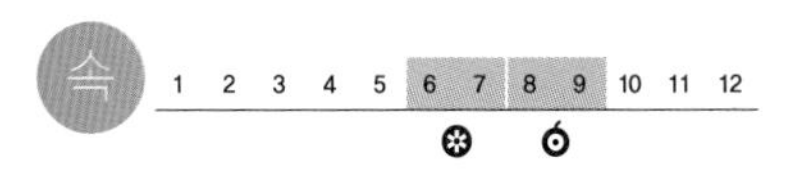

파드득나물

파드득나물은 산속 풀밭이나 나무숲에서 자란다. 참나물과 닮았다. 나물로 먹으려고 밭에 심기도 한다. 줄기는 가늘고 곧게 선다. 잎은 쪽잎 석 장으로 된 겹잎이다. 쪽잎은 끝이 뾰족하고 가장자리에 고르지 않은 날카로운 톱니가 있다. 여름에 가지 끝에서 희고 작은 꽃이 모여 핀다. 열매는 털이 없고 납작하다. **생김새** 높이 30~60cm | 잎 3~8cm, 어긋난다. **사는 곳** 산속, 나무숲 **다른 이름** 반디나물, 참나물, East Asian wildparsley **분류** 쌍떡잎식물 > 산형과

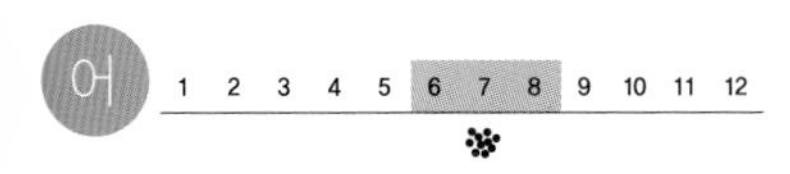

파랑돔

파랑돔은 따뜻한 물을 좋아해서 제주 바다와 남해에 사는데, 따뜻한 물을 따라 울릉도까지 올라가기도 한다. 크기는 어른 손가락만 하지만 온몸이 파랗고 배지느러미, 뒷지느러미, 꼬리지느러미는 노래서 바닷속에서 눈에 확 띈다. 바닷가 바위 밭이나 산호 밭에서 산다. 새끼들은 작은 플랑크톤이나 새우를 먹으며 큰다. 몸빛이 예뻐서 수족관에서 기른다. **생김새** 몸길이 7~8cm **사는 곳** 제주, 남해 **먹이** 작은 동물, 새우 **다른 이름** Neon damselfish **분류** 농어목 > 자리돔과

파랑새

파랑새는 큰키나무가 많은 숲속이나 논밭 둘레에서 산다. 나무 꼭대기나 전봇대에 앉아서 둘레를 살피거나 천천히 날면서 벌레를 찾아 잡아먹는다. 날아다니는 딱정벌레, 나방, 매미, 잠자리 같은 벌레를 쫓아가 잡는다. 봄에 우리나라로 와서 짝짓기를 한다. 오래된 나무 구멍이나 버려진 둥지를 찾아 쓴다. 때로 새끼를 키우는 딱따구리나 까치 둥지에 가서 주인을 쫓아내고 둥지를 차지한다. **생김새** 몸길이 30cm **사는 곳** 논밭, 공원, 물가, 숲속 **먹이** 벌레 **다른 이름** Dollarbird **분류** 파랑새목 > 파랑새과

파래

파래는 바닷가 바위나 돌에 붙어 자라는 바닷말이다. 민물이 흘러들어오는 곳에서 잘 자라고, 바닷가 물웅덩이에도 난다. 두껍고 단단한 헛뿌리를 바위에 붙이고 산다. 자라는 곳에 따라 외줄로 자라기도 하고, 곁가지가 많이 나기도 한다. 겨울에서 봄 사이에 많이 해 먹는 바다나물이다. 말려 두고 먹거나 김과 섞여 자란 것은 그대로 김과 같이 먹는다. **생김새** 길이 10~20cm **사는 곳** 민물이 섞이는 바닷가 바위 **다른 이름** 포래, 청태 **분류** 녹조류 > 갈파래과

파리매

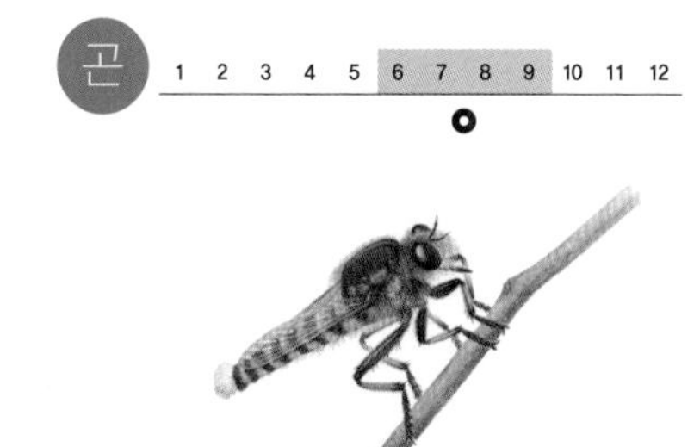

파리매는 들이나 숲이나 개울가에서 산다. 수컷은 배 끝에 하얀 털뭉치가 나 있다. 살아 있는 벌레들을 잡아먹는다. 작은 날벌레를 매처럼 낚아채서 잡는다. 송곳처럼 뾰족하고 튼튼한 입을 찔러 넣어서 체액을 빨아 먹는다. 먹이를 들고 옮겨 다니는데 다리 끝이 갈고리처럼 생겨서 놓치지 않는다. 건드리면 물기도 한다. 물리면 부어오르고 가렵다. **생김새** 몸길이 25~28mm **사는 곳** 들판, 숲, 물가 **먹이** 파리, 꿀벌, 나비 같은 날벌레 **다른 이름** 풍뎅이파리매[북], Robber fly **분류** 파리목 > 파리매과

파리버섯

파리버섯은 여름부터 가을까지 바람이 잘 통하고 메마른 숲속 땅에 흩어져 난다. 갓은 어릴 때 둥근 산 모양이다가 자라면서 판판해진다. 연한 노란빛인데 겉에 하얗거나 노란 가루 덩어리 같은 돌기가 퍼져 있다. 가장자리에는 우산살처럼 뻗은 줄무늬가 있다. 주름살은 하얗고 성글다. 독성이 있다. 예전에 파리를 잡는 데 썼다. 버섯을 으깨 밥에 비벼 놓아두면 파리가 먹고 죽는다. **생김새** 갓 27~56mm **사는 곳** 숲 **분류** 주름버섯목 > 광대버섯과

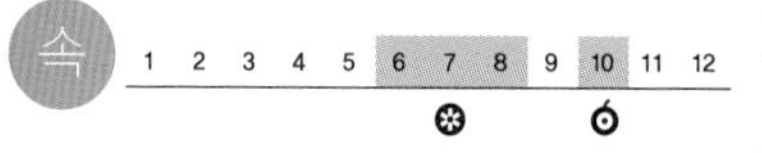

파초

파초는 남부 지방에서 뜰이나 화분에 심어 기른다. 뿌리에서 돋은 잎이 서로 감싸면서 줄기처럼 자란다. 아주 높게 자란다. 처음에는 말려서 나왔다가 사방으로 퍼진다. 여름에 노르스름한 빛깔 꽃이 핀다. 잎처럼 생긴 꽃턱잎 안에 15송이쯤 달리며 아래를 보고 핀다. 꽃대는 잎 사이에서 나온다. 열매는 드물게 달리고 바나나 모양이다. 까만 씨가 들어 있다. **생김새** 높이 5m | 잎 5m, 모여난다. **사는 곳** 뜰 **다른 이름** Hardy banana **분류 외**떡잎식물 > 파초과

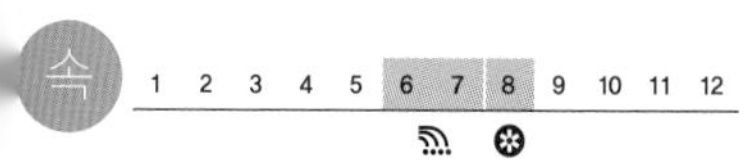

팥

팥은 밭에 심는 곡식이다. 콩과 닮았지만 알이 붉다. 꽃이 노랗고 꼬투리는 콩보다 가늘고 길다. 줄기는 사방으로 뻗는다. 긴 털이 난다. 긴 잎자루 밑에 작은 턱잎이 난다. 여름에 노란 꽃이 여러 송이 모여 핀다. 꽃이 지면 길고 가는 꼬투리가 달린다. 꼬투리 속에 팥알이 열 개 안팎 들어 있다. 밥을 짓거나 떡을 해 먹는다. 떡고물이나 양갱도 만든다. 팥잎도 콩잎처럼 먹는다. **생김새** 높이 30~60cm | 잎 5~10cm, 어긋난다. **사는 곳** 밭 **다른 이름** 소두, 적소두, Red bean **분류** 쌍떡잎식물 > 콩과

팥배나무

팥배나무는 나무가 우거진 산속이나 바위틈에서 자란다. 열매 빛깔은 팥색이고 생김새는 배를 닮았다. 그래서 팥배나무라고 한다. 잎은 끝이 뾰족하고 어릴 때 잔털이 있다가 자라면서 없어진다. 늦봄부터 햇가지 끝에 하얀 꽃이 모여서 핀다. 꿀이 많다. 가을에 팥배가 빨갛게 익는데 훑어 먹으면 맛이 좋다. 새들도 잘 먹는다. **생김새** 높이 15m | 잎 5~10cm, 어긋난다. **사는 곳** 숲속, 바위틈 **다른 이름** Korean mountain ash **분류** 쌍떡잎식물 > 장미과

패랭이꽃

패랭이꽃은 볕이 잘 들고 마른 길가나 풀밭, 산기슭, 강가 모래밭에서 자란다. 꽃을 보려고 마당에 심기도 한다. 꽃이 옛날 사람들이 쓰고 다니던 패랭이 모자를 닮았다. 한 뿌리에서 여러 대가 나와서 무더기로 자란다. 줄기는 희끄무레하고 윗부분에서 가지를 친다. 잎은 길쭉하게 난다. 여름 가을에 줄기 끝에서 꽃이 핀다. **생김새** 높이 30cm쯤 | 잎 3~4cm, 마주난다. **사는 곳** 길가, 풀밭, 산기슭, 강가 모래밭 **다른 이름** 석죽, 거구맥, 산구맥, Rainbow pink **분류** 쌍떡잎식물 > 석죽과

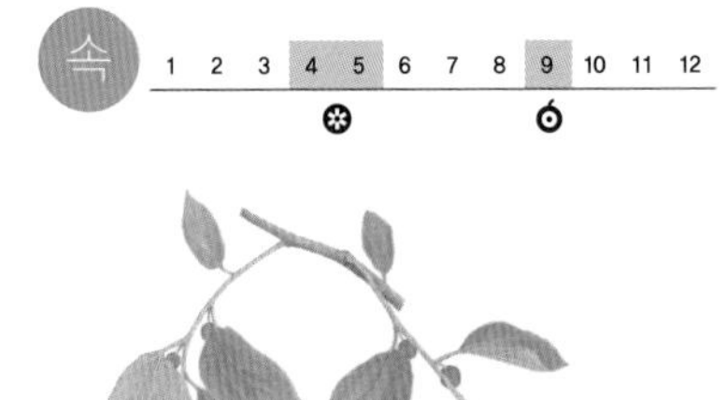

팽나무

팽나무는 우리나라 어디에서나 잘 자란다. 땅이 깊고 평평한 곳을 좋아한다. 오래 살고 크게 자란다. 그늘을 넓게 드리워서 정자나무로 많이 심는다. 새로 난 가지는 잔털이 덮여 있다. 잎 가장자리에 잔톱니가 있다. 봄에 노란 꽃이 피고, 가을에 콩알 같은 열매가 익는다. 처음에는 푸르다가 익으면 붉게 된다. 열매를 팽이라고 한다. **생김새** 높이 20m | 잎 4~11cm, 어긋난다. **사는 곳** 마을, 들, 산기슭 **다른 이름** 달주나무, 매태나무, East Asian hackberry **분류** 쌍떡잎식물 > 느릅나무과

팽나무버섯

팽나무버섯은 흔히 팽이버섯이라고 한다. 늦가을부터 이듬해 봄까지 팽나무, 미루나무 같은 넓은잎나무 줄기나 그루터기, 죽은 나뭇가지에 뭉쳐나거나 무리 지어 난다. 추운 겨울 눈 속에서도 난다. 갓은 잘 구운 빵처럼 노란 밤빛을 띤다. 대 겉에는 짧은 털이 빽빽하게 나 있다. 팽이버섯은 팽나무버섯을 톱밥 같은 곳에서 키운 것이다. 맛과 향은 야생버섯보다 덜하지만 오래 두고 먹을 수 있다. **생김새** 갓 15~65mm **사는 곳** 넓은잎나무 숲 **다른 이름** 팽이버섯, Velvet shank **분류** 주름버섯목 > 뽕나무버섯과

무 1 2 3 4 5 6 7 8 9 10 11 12

펄털콩게

펄털콩게는 뭍이 가까운 진흙 갯바닥에 구멍을 파고 산다. 등딱지 크기 너비가 1센티미터 남짓으로 작다. 크기가 콩알만 하다고 콩게라고도 한다. 두 집게발 크기가 같고 등딱지 크기에는 아주 짧은 털이 나 있다. 물이 빠지면 구멍 밖으로 나와서 펄 흙을 주워 먹는다. 굴을 파면서 끄집어낸 흙을 굴 밖으로 내놓는다. 그래서 갯바닥 위에 모래알이 굴뚝처럼 쌓인다 **생김새** 등딱지 크기 1.1×0.8cm **사는 곳** 갯가 진흙 바닥 **먹이** 갯벌 속 영양분 **다른 이름** 펄깅이, 콩게 **분류** 절지동물 > 콩게과

속 1 2 3 4 5 6 7 8 9 10 11 12

편두

편두는 밭에 심는 곡식이다. 콩 모양이 납작하다고 편두라고 한다. 줄기는 덩굴로 뻗는다. 잎은 끝이 갑자기 뾰족해진다. 잎자루가 길다. 여름에 자줏빛이나 하얀 꽃이 핀다. 꽃이 지면 꼬투리가 달린다. 크게 자라고 꼬투리 색이 진해서 눈에 잘 띈다. 속에 콩이 너덧 알 들어 있다. **생김새** 길이 6m | 잎 7~12cm, 어긋난다. **사는 곳** 밭 **다른 이름** 까치콩, 제비콩, 작두, Hyacinth bean **분류** 쌍떡잎식물 > 콩과

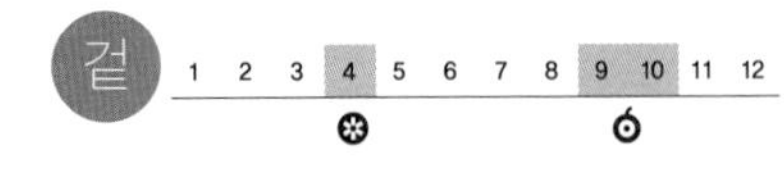

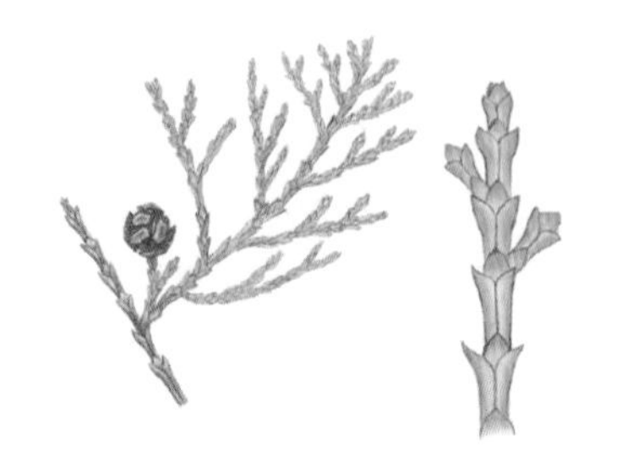

편백

편백은 남부 지방 산기슭이나 개울가에 심어 기른다. 높게 자란다. 줄기는 붉은 밤빛이고 세로로 터진다. 햇가지는 아래로 처진다. 잎은 비늘 모양이고 잔가지에 빽빽이 붙어 있다. 잎 뒷면에 흰 줄무늬가 또렷하다. 봄에 꽃이 피는데 암꽃과 수꽃이 서로 다른 가지에 달린다. 수꽃은 누런빛이다. 씨앗에는 날개가 붙어 있다. 나무에서 좋은 냄새가 난다. **생김새** 높이 30~40m | 잎 2.2~3.9mm 마주난다. **사는 곳** 산기슭, 개울가 **다른 이름** 편백나무, Japanese false cypress **분류** 쌍떡잎식물 > 측백나무과

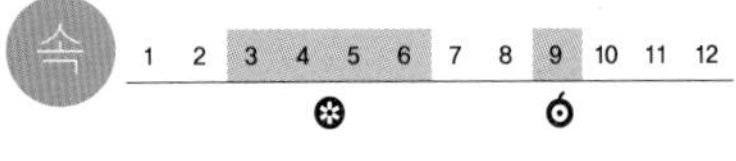
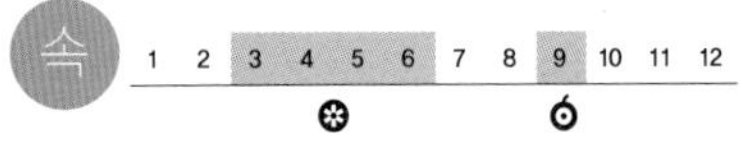

포도나무

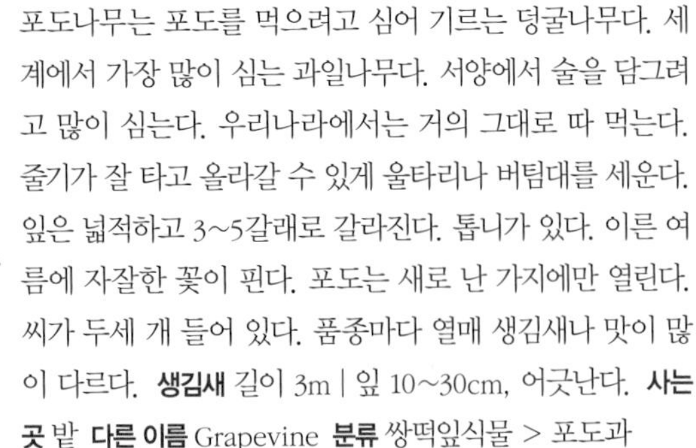

포도나무는 포도를 먹으려고 심어 기르는 덩굴나무다. 세계에서 가장 많이 심는 과일나무다. 서양에서 술을 담그려고 많이 심는다. 우리나라에서는 거의 그대로 따 먹는다. 줄기가 잘 타고 올라갈 수 있게 울타리나 버팀대를 세운다. 잎은 넓적하고 3~5갈래로 갈라진다. 톱니가 있다. 이른 여름에 자잘한 꽃이 핀다. 포도는 새로 난 가지에만 열린다. 씨가 두세 개 들어 있다. 품종마다 열매 생김새나 맛이 많이 다르다. **생김새** 길이 3m | 잎 10~30cm, 어긋난다. **사는 곳** 밭 **다른 이름** Grapevine **분류** 쌍떡잎식물 > 포도과

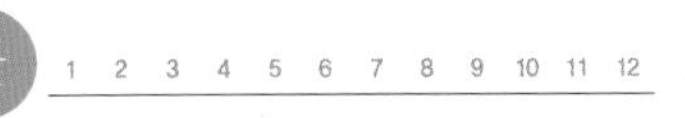

표고

표고는 가장 흔히 먹는 버섯 가운데 하나다. 오래전부터 길러 먹었다. 맛이 좋다. 봄가을에 죽은 참나무 줄기나 나뭇가지, 그루터기에 홀로 나거나 무리 지어 난다. 갓은 둥그스름하고 가장자리가 안쪽으로 말린다. 두껍고 탱탱하며 짙은 향이 난다. 겉에 실처럼 생긴 비늘 조각이 덮여 있다. 마르면 거북등무늬처럼 갈라지기도 한다. 말려 두었다가 먹는다. 말리면 향도 짙어진다. **생김새** 갓 35~130mm **사는 곳** 넓은잎나무 숲 **다른 이름** 참나무버섯[북], 표고버섯, Shiitake **분류** 주름버섯목 > 솔밭버섯과

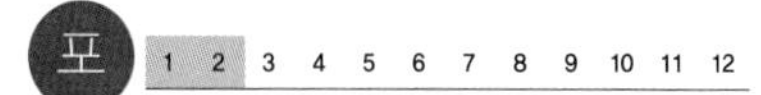

표범

표범은 호랑이보다 작다. 온몸에 동글동글한 엽전처럼 생긴 까만 무늬가 또렷하다. 혼자 다닌다. 해거름이나 새벽에 먹이를 찾아다닌다. 나무 위에서 덮치기도 한다. 힘이 아주 세서 제 몸보다 큰 동물도 입으로 물어서 나무 위로 끌어올린다. 지금은 거의 사라졌다. 겨울에 짝짓기를 하고 새끼를 두세 마리 낳는다 **생김새** 몸길이 100~120cm **사는 곳** 깊은 산 **먹이** 사슴, 고라니, 멧돼지, 멧토끼, 족제비, 쥐 **다른 이름** 얼룩호래이, 돈점배기, 포범, 측범, Amur leopard **분류** 식육목 > 고양이과

표범장지뱀

표범장지뱀은 바닷가나 강가 모래밭에 산다. 온몸에 노란 점무늬가 있다. 몸이 작은 알갱이로 된 비늘로 덮여 있다. 모래밭을 뛰어다니다가 모래 속으로 잘 숨는다. 모래 속에 몸을 파묻고 머리만 내밀고 있다가 작은 벌레가 앞을 지나갈 때 덮쳐서 잡는다. 추위를 잘 타서 일찍 겨울잠을 잔다. 아주 보기 드물다. **생김새** 몸길이 6~10cm **사는 곳** 바닷가나 강가 모래밭 **먹이** 거미, 작은 벌레 **다른 이름** 표문장지뱀[북], Mongolia racerunner **분류** 유린목 > 장지뱀과

무 1 2 3 4 5 6 7 8 9 10 11 12

풀게

풀게는 바닷가 바위나 자갈밭에서 산다. 사는 곳에 따라 빛깔이나 무늬가 다르다. 자갈밭에서는 자갈색을 띠고 조개 더미에서는 조개껍데기 색을 띤다. 수컷 집게발은 크고 억세다. 암컷 집게발은 작다. 위험을 느끼면 바위나 돌 틈으로 숨는다. 서해 갯마을에서는 풀게처럼 바위에 사는 자잘한 게를 두루 똘장게라고 한다. **생김새** 등딱지 크기 2.5×2cm **사는 곳** 갯바위 돌 틈, 자갈밭 **먹이** 바닷물 속 영양분, 작은 동물 **다른 이름** 똘장게, 납작게, Penicillate shore crab **분류** 절지동물 > 참게과

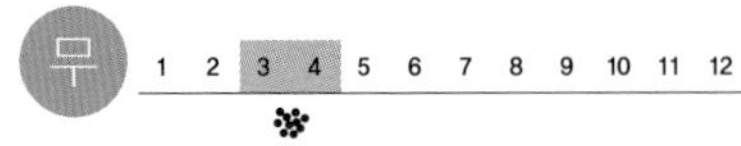

풀망둑

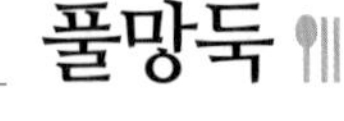

풀망둑은 서해와 남해 얕은 바다에서 산다. 먹성이 좋아서 작은 물고기나 게, 갯지렁이를 닥치는 대로 잡아먹는다. 겨울에는 갯벌 속에서 지내다가 봄에 나와 짝짓기를 한다. 짝짓기를 하고 조금 지나서 죽는다. 밀물이 들어올 때 낚시로 잡는데 갯가에 쳐 둔 그물에도 잘 걸린다. 말린 풀망둑을 문저리라고 하는데 오래 두고 먹는다 **생김새** 몸길이 40cm쯤 **사는 곳** 서해, 남해 얕은 바다 **먹이** 작은 물고기, 게, 갯지렁이 **다른 이름** 망둥어, 꼬시래기, Javeline goby **분류** 농어목 > 망둑어과

곤 1 2 3 4 5 6 7 8 9 10 11 12

풀색꽃무지

풀색꽃무지는 산과 들에 피는 온갖 꽃에 모인다. 꽃 속에서 꿀도 먹고 꽃잎과 꽃술도 갉아 먹는다. 봄과 가을에 많이 보인다. 과일나무에도 오는데, 과일 씨방에 흠집을 낸다. 애벌레는 땅속에 살면서 나무뿌리나 썩은 가랑잎도 먹고, 마른 소똥도 먹는다. 굼벵이라고 한다. **생김새** 몸길이 12mm 안팎 **사는 곳** 낮은 산, 들판, 논밭 **먹이** 애벌레_나무뿌리, 썩은 풀, 소똥 | 어른벌레_꽃잎, 꽃술, 꿀 **다른 이름** 애꽃무지, 애기꽃무지, 애초록꽃무지, Citrus flower chafer **분류** 딱정벌레목 > 꽃무지과

무 1 2 3 4 5 6 7 8 9 10 11 12

풀색꽃해변말미잘

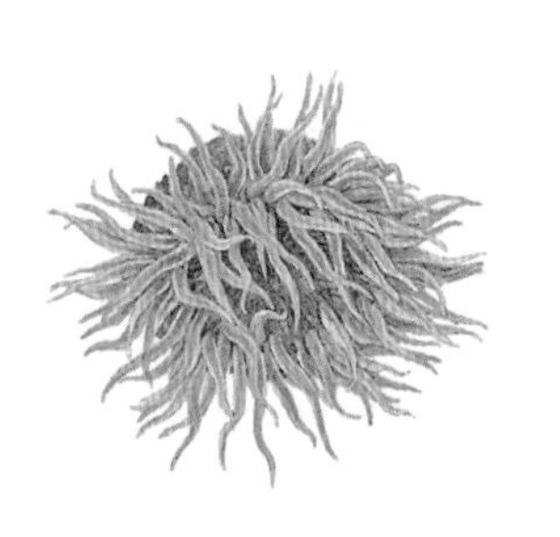

풀색꽃해변말미잘은 모랫바닥이나 바위틈에 단단히 몸을 박고 산다. 물이 들어오면 촉수를 활짝 펼치고 있다가 작은 물고기나 새우가 지나가면 촉수로 독을 쏘아 잡아먹는다. 하지만 사람은 만져도 괜찮다. 몸통에 모래알이나 조개껍데기 따위가 붙어 있어서 오므리고 있으면 눈에 잘 안 띈다. **생김새** 몸통 지름 5cm쯤 **먹이** 작은 물고기, 게, 새우 **사는 곳** 모래갯벌, 갯바위 물웅덩이 **다른 이름** 바위꽃[북], Green rock anemone **분류** 자포동물 > 해변말미잘과

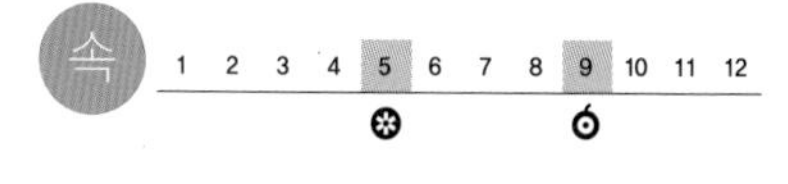

풍게나무

풍게나무는 산기슭이나 산골짜기, 마을 가까이에서 자란다. 크게 자라고 그늘을 넓게 드리워서 남쪽 바닷가에서는 정자나무로도 심는다. 잎은 팽나무 잎과 닮았는데 가장자리 아래에 톱니가 있다. 잎 뒷면에 잎맥이 세 갈래로 뚜렷하게 갈라진다. 열매도 팽나무와 닮았는데 열매꼭지가 더 길다. 팽나무처럼 가을에 새끼손톱만 한 열매가 까맣게 익는다. **생김새** 높이 15~20m | 잎 8~13cm, 어긋난다. **사는 곳** 산기슭, 마을 **다른 이름** Caudate-leaf hackberry **분류** 쌍떡잎식물 > 느릅나무과

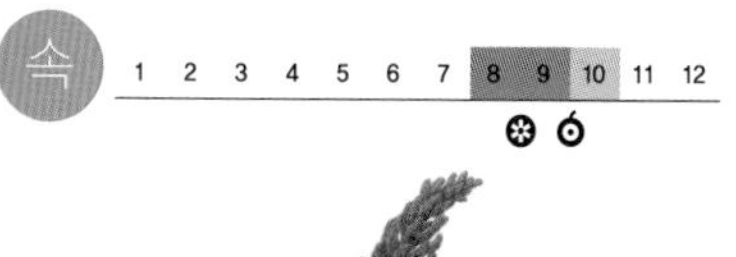

피 

피는 논이나 물기가 많은 땅에서 자란다. 줄기는 곧게 자라고 둥근기둥 모양이고 굵다. 포기를 이룬다. 잎은 줄 모양으로 길쭉하다. 가장자리에 잔 톱니가 있다. 여름부터 줄기 끝에서 옅은 풀빛이거나 밤빛 이삭이 달린다. 낟알이 둥글다. 돌피는 낟알이 길쭉하다. 돌피나 물피가 피보다 더 흔하다. 논에 난 피를 뽑는 것을 피사리라고 한다. **생김새** 높이 1~2m | 잎 30~50cm, 어긋난다. **사는 곳** 논 **다른 이름** Esculent barnyard grass **분류** 외떡잎식물 > 벼과

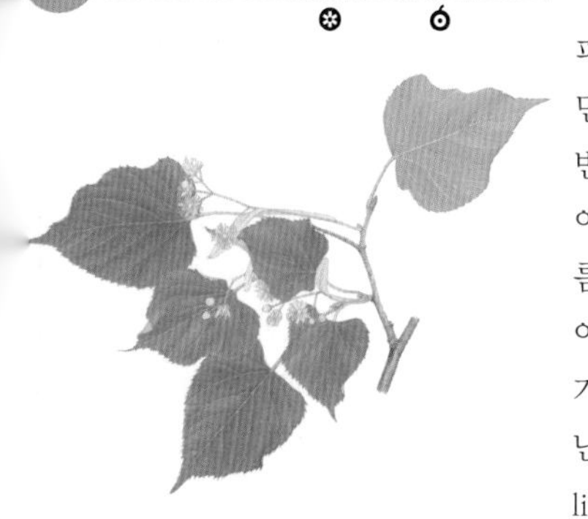

피나무

피나무는 높은 산에서 곧게 자란다. 줄기는 어느 만큼 자라면 속이 저절로 빈다. 이것으로 벌통이나 여물통, 쌀통, 소반 같은 것도 만든다. 나무껍질이 질기고 튼튼하고 섬유질이 많다. 여러모로 쓰이는데, 껍질을 쓴다고 피나무라는 이름이 붙었다. 잎은 뒷면에 털이 조금 있고 잔톱니가 있다. 여름에 희고 작은 꽃이 핀다. 꿀이 많이 난다. 꿀 중에 향이 가장 진한 편이다. **생김새** 높이 20~25m | 잎 3~9cm, 어긋난다. **사는 곳** 높은 산 **다른 이름** 달피나무, 피목, Amur linden **분류** 쌍떡잎식물 > 피나무과

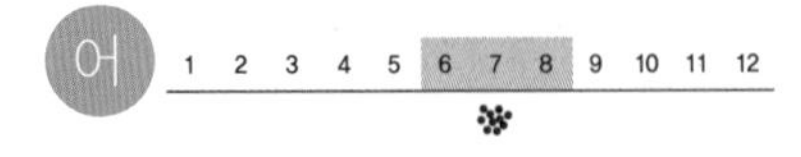

피라미

피라미는 냇물에 많고 강이나 저수지에도 산다. 물이 조금 더러워도 잘 산다. 여럿이 떼를 지어 헤엄쳐 다닌다. 물 위로 뛰어올라 날벌레를 잡기도 한다. 알 낳을 때가 되면 수컷은 혼인색을 띤다. 아주 뚜렷하다. 몸통이 파래지고 붉은 무늬가 생겨서 울긋불긋해진다. 모래나 잔자갈이 깔린 바닥을 파헤쳐 알을 낳는다. **생김새** 몸길이 10~17cm **사는 곳** 냇물, 강, 저수지 **먹이** 돌말, 물풀, 물벌레, 하루살이 같은 날벌레 **다른 이름** 행베리[북], 불거지, 피리, 개리, Pale chub **분류** 잉어목 > 피라미아과

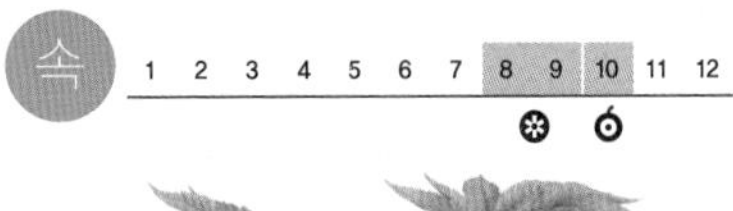

피마자

피마자는 잎을 나물로 먹고 씨로 기름을 짜려고 밭둑이나 길가에 심어 기른다. 줄기가 나무처럼 자라고 가지를 친다. 매끈하고 띄엄띄엄 마디가 진다. 마디에서 잎자루가 길게 뻗고 삼 잎을 닮은 커다란 잎이 달린다. 가을에 둥그런 열매가 맺는데, 겉에 뾰족한 가시가 잔뜩 있다. 만지면 따갑지 않고 부들부들하다. **생김새** 높이 2~3m | 잎 30~60cm, 어긋난다. **사는 곳** 밭둑, 길가 **다른 이름** 아주까리, 피마, 대마자, 피마주, Castor **분류** 쌍떡잎식물 > 대극과

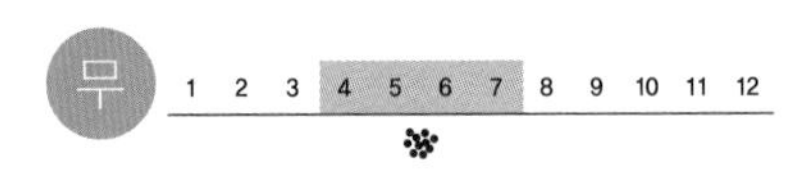

피뿔고둥

피뿔고둥은 물 깊이가 10~20미터쯤 되는 바닷속에서 산다. 고둥 가운데 몸집이 아주 크다. 껍데기가 두껍고 단단하다. 오톨도톨한 돌기가 나선 모양으로 나 있다. 조개나 다른 고둥을 잡아먹는다. 봄에 많이 나오는데 배를 타고 나가서 그물이나 통발로 잡는다. 삶아서 얇게 썰어 먹고 장조림처럼 졸여서 오래 두고 먹는다. **생김새** 크기 12×15cm **사는 곳** 서해, 남해 얕은 바다 **먹이** 조개, 고둥 **다른 이름** 소라, 참소라, Purple whelk **분류** 연체동물 > 뿔소라과

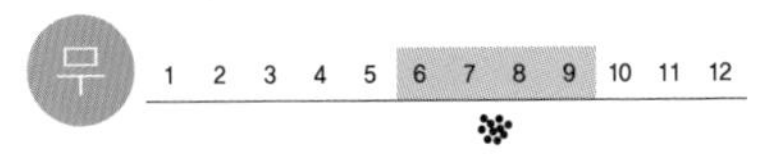

피조개

피조개는 물 깊이가 10~20미터쯤 되는 바닷속 모래가 섞인 진흙 바닥에 산다. 꼬막이나 새꼬막보다 훨씬 크고 더 깊은 바닷속에 산다. 조갯살을 발라 내면 빨간 피가 뚝뚝 떨어진다고 피조개다. 껍데기가 두껍고 단단하다. 세로줄이 39~44줄쯤 있고 골이 가늘게 난다. 껍데기에 털이 많아서 털조개라고도 한다. **생김새** 크기 9×9cm **사는 곳** 서해, 남해 바닷속 **다른 이름** 큰피조개[북], 털조개, Inflated ark **분류** 연체동물 > 돌조개과

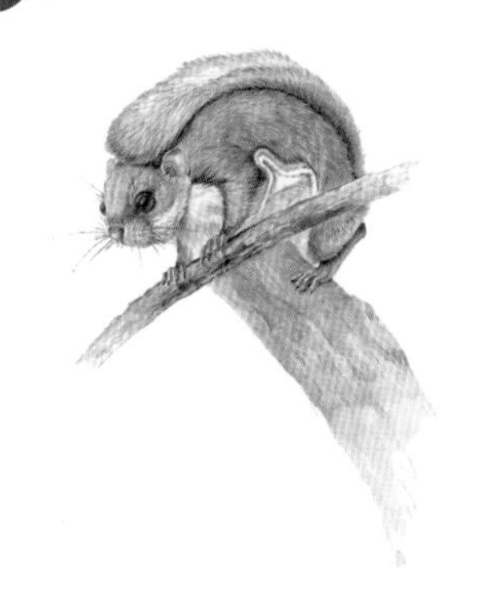

하늘다람쥐

하늘다람쥐는 나무 위에서 산다. 옆구리에 있는 얇은 막을 펴서 종이비행기처럼 날 줄 안다. 땅으로 잘 내려오지 않는다. 눈이 유난히 크고 동그랗다. 나무 구멍에서 살기도 하고 나뭇가지나 잎을 모아 둥지를 짓기도 한다. 어두울 때 나와 먹이를 먹는다. 겨울에는 나무에 나 있는 겨울눈을 먹기도 한다. 봄에 짝짓기를 하고 새끼를 두 마리에서 네 마리쯤 낳는다. **생김새** 몸길이 10~20cm **사는 곳** 깊은 산, 숲 **먹이** 나무 열매, 나뭇잎 **다른 이름** Korean small flying squirrel **분류** 설치목 > 다람쥐과

하늘색깔때기버섯

하늘색깔때기버섯은 여름부터 가을까지 숲속 땅 위나 가랑잎 사이에 난다. 하나씩 흩어져 나지만 때로 무리 지어 나기도 한다. 갓 가운데가 조금 오목하다. 어릴 때는 푸르스름한 풀빛을 띠다가 자라면서 점점 푸르스름한 잿빛을 띤다. 대는 갓보다 색이 조금 연하고 세로로 실 같은 줄이 있다. 비슷하게 생긴 독버섯이 많다. 맛이 좋고 향이 독특하고 진하다. 먹을 때는 끓는 물에 한 번 데쳐 먹는다. **생김새** 갓 32~75mm **사는 곳** 숲 **다른 이름** 하늘빛깔때기버섯[북], Aniseed funnel **분류** 주름버섯목 > 송이과

곤 1 2 3 4 5 6 7 8 9 10 11 12

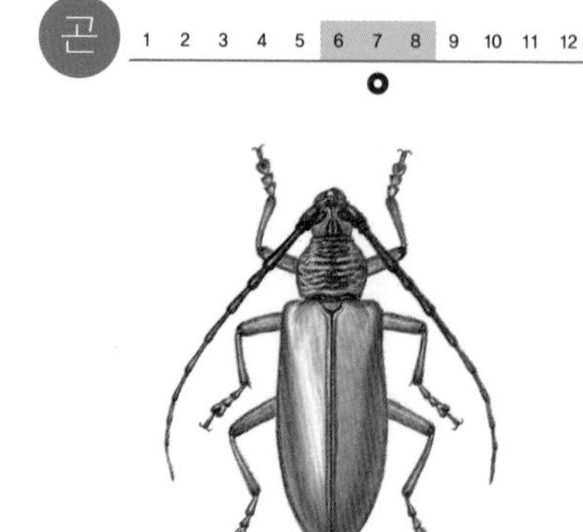

하늘소

하늘소는 큰 나무가 있는 숲이나 산에 산다. 장수하늘소 다음으로 큰 하늘소다. 몸집이 커서 장수하늘소라고 잘못 알기도 한다. 밤에 돌아다니고, 불빛에 날아오기도 한다. 살아 있는 참나무나 밤나무에 알을 낳는다. 나무줄기 속에 알을 낳으면, 애벌레가 나무속을 파먹고 산다. 어른벌레는 나뭇진을 먹는다. **생김새** 몸길이 34~57mm **사는 곳** 산, 숲 **먹이** 애벌레_나무속 | 어른벌레_나뭇진, 나무줄기 **다른 이름** 뻥나무벌비, 참나무하늘소, 미끈이하늘소, Longicorn beetles **분류** 딱정벌레목 > 하늘소과

속 1 2 3 4 5 6 7 8 9 10 11 12

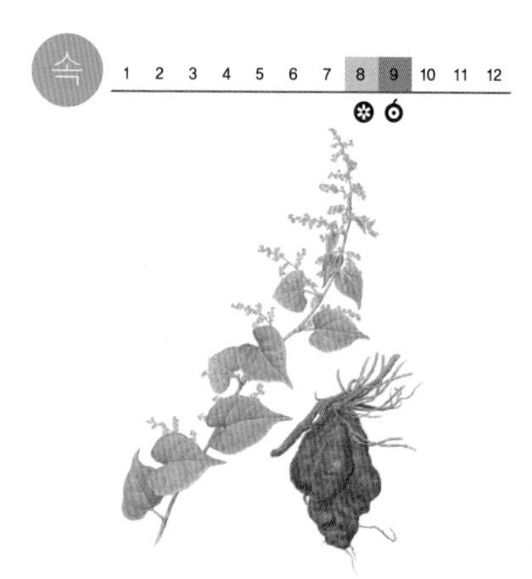

하수오

하수오는 약으로 쓰려고 밭에 심어 기른다. 뿌리줄기가 옆으로 뻗고 군데군데 굵은 덩이뿌리가 땅속 깊게 들어가 큰다. 수년에서 수십 년 오랫동안 큰다. 줄기는 덩굴져 자란다. 다른 물체를 왼쪽으로 감아 올라간다. 불그스름한 빛깔이 돈다. 한여름부터 가을까지 잎겨드랑이에서 꽃대가 올라와 흰 꽃이 핀다. 봄가을에 덩이뿌리를 캐서 약으로 쓴다. **생김새** 길이 1~3m | 잎 3~6cm, 어긋난다. **사는 곳** 밭 **다른 이름** 붉은조롱, Chinese fleece flower **분류** 쌍떡잎식물 > 마디풀과

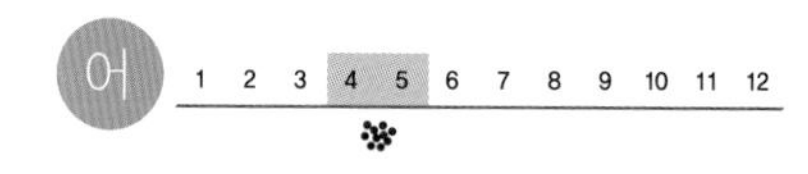

학공치

학공치는 봄여름에 따뜻한 물을 따라 올라오고, 가을이 되면 도로 남쪽으로 내려간다. 물이 얕고 잔잔한 바닷가나 강어귀 물낯 가까이에서 떼 지어 돌아다닌다. 어린 물고기는 강어귀 민물에도 간다. 물이 얕고 바다풀이 수북한 바닷가에서 알을 낳는다. 새끼 때는 플랑크톤을 먹다가 크면 물에 둥둥 떠다니는 작은 동물들을 잡아먹는다. **생김새** 몸길이 40~50cm **사는 곳** 우리나라 온 바다 **먹이** 떠다니는 작은 동물, 플랑크톤 **다른 이름** 공미리, 청갈치, Halfbeak **분류** 동갈치목 > 꽁치과

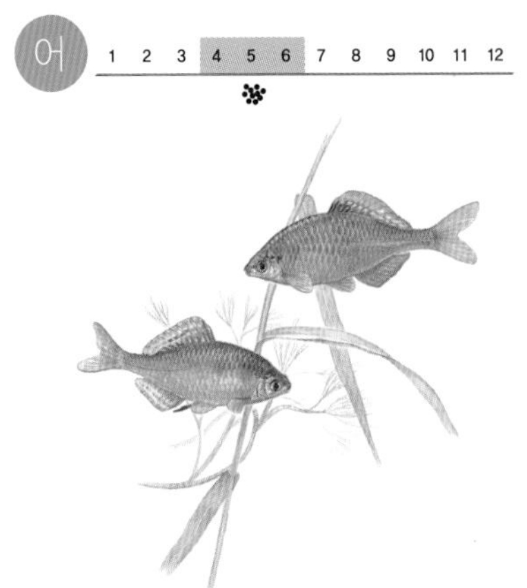

한강납줄개

한강납줄개는 한강 물줄기에만 산다. 물살이 느리고 돌이 있는 냇물이나 저수지에 산다. 물풀과 갈대, 물억새가 우거진 곳에서 헤엄을 치고 다닌다. 잡식성으로 작은 동식물 플랑크톤이나 유기물을 먹는다. 다른 납줄개처럼 봄에 조개 몸속 아가미에 낳는다. **생김새** 몸길이 5~9 cm **사는 곳** 냇물, 강, 댐 **먹이** 플랑크톤, 작은 유기물 **다른 이름** 아무르망성어[북], Hangang bitterling **분류** 잉어목 > 납자루아과

한국꼬리치레도롱뇽

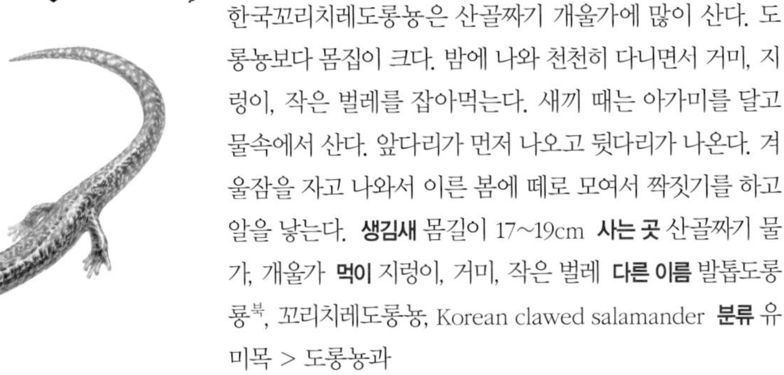

한국꼬리치레도롱뇽은 산골짜기 개울가에 많이 산다. 도롱뇽보다 몸집이 크다. 밤에 나와 천천히 다니면서 거미, 지렁이, 작은 벌레를 잡아먹는다. 새끼 때는 아가미를 달고 물속에서 산다. 앞다리가 먼저 나오고 뒷다리가 나온다. 겨울잠을 자고 나와서 이른 봄에 떼로 모여서 짝짓기를 하고 알을 낳는다. **생김새** 몸길이 17~19cm **사는 곳** 산골짜기 물가, 개울가 **먹이** 지렁이, 거미, 작은 벌레 **다른 이름** 발톱도롱룡[북], 꼬리치레도롱뇽, Korean clawed salamander **분류** 유미목 > 도롱뇽과

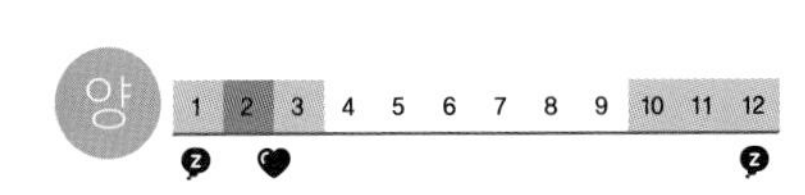

한국산개구리

한국산개구리는 산기슭 논에 많이 산다. 산개구리보다 훨씬 작고 날씬하다. 얼굴에 있는 검은 무늬가 주둥이 끝까지 나 있다. 개구리 가운데 가장 먼저 겨울잠에서 깨어난다. 이른 봄에 나와서 짝짓기를 한다. 짝짓기한 암컷은 배가 붉어진다. 알을 낳고 일주일쯤 지나 올챙이가 깨어난다. 암컷은 알 낳은 곳에서 멀리 가지 않고 알을 돌본다. **생김새** 몸길이 3.5~4cm **사는 곳** 산기슭 무논 **먹이** 작은 벌레 **다른 이름** 애기개구리[북], 붉은개구리, 좀개구리, Korean brown frog **분류** 무미목 > 개구리과

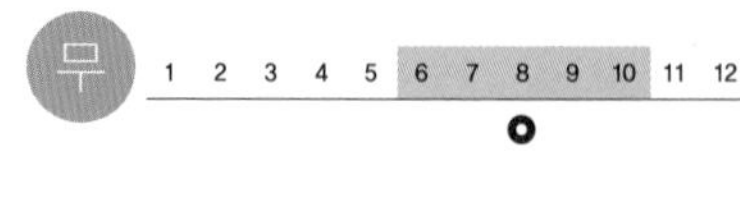

한국염낭거미

한국염낭거미는 낮은 산 풀밭이나 물가, 덤불숲에 산다. 거미줄을 치지 않고 땅 위를 돌아다니면서 먹이를 잡는다. 몸이 누렇고 가슴 가장자리가 거뭇하다. 작은 벌레를 잡아먹는다. 다른 염낭거미들처럼 나뭇잎을 말아서 둥지를 지은 다음 그 속에 들어가서 알을 낳는다. 알에서 깬 새끼가 둥지 속에서 어미를 먹고 자란다. **생김새** 몸길이 8~12mm **사는 곳** 산, 풀밭 **먹이** 작은 벌레 **다른 이름** 염낭거미 **분류** 절지동물 > 염낭거미과

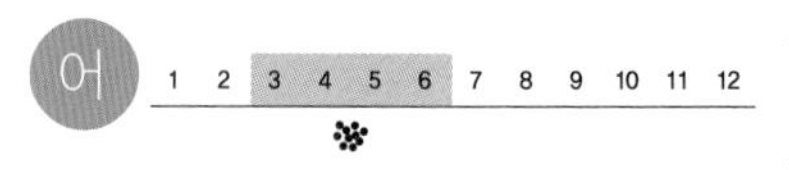

한둑중개

한둑중개는 하천 중류와 하류에 산다. 바닥에 자갈이나 모래가 깔린 곳을 좋아한다. 돌 밑에 잘 숨는데 몸이 거무죽죽하고 돌 색깔이랑 비슷하다. 물벌레와 작은 물고기를 잡아먹는다. 냇가 큰 돌 밑에 알을 덩어리로 붙여 낳는다. 수컷은 알에서 새끼가 깰 때까지 곁에서 보살핀다. **생김새** 몸길이 10~15cm **사는 곳** 냇물 **먹이** 물벌레, 작은 물고기 **다른 이름** 함경뚝중개[북], 뚝지[북], 뚝바우, 뚜구리, Truman river sculpin **분류** 쏨뱅이목 > 둑중개과

한련초

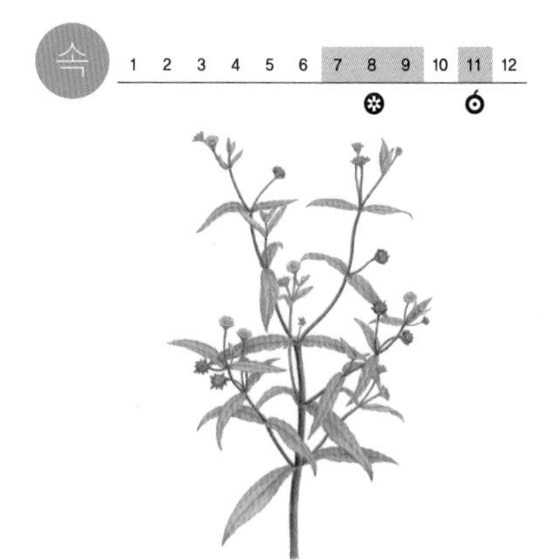

한련초는 논이나 도랑, 냇가, 강둑에서 흔히 자란다. 줄기는 곧게 서거나 땅에 바짝 붙어서 옆으로 자란다. 논에 나면 벼처럼 줄기가 곧게 큰다. 잎에는 짧고 억센 털이 나 있어서 거칠거칠하고 가장자리에 톱니가 있다. 줄기나 잎에서 까만 물이 나온다. 여름부터 가을까지 하얀 꽃이 줄곧 핀다. 까만 열매는 날개가 있어서 바람에 날려 퍼진다. **생김새** 높이 70cm | 잎 3~10cm, 마주난다. **사는 곳** 논, 도랑, 냇가, 강둑 **다른 이름** 묵한련, 묵두초, 하년초, False daisy **분류** 쌍떡잎식물 > 국화과

할미꽃

할미꽃은 볕이 잘 드는 산기슭이나 들판에서 자란다. 산속 무덤가에서 많이 자란다. 뿌리가 땅속 깊이까지 뻗어 내린다. 뿌리로 겨울을 나고 봄에 잎이 무더기로 뭉쳐 나온다. 잎은 작은 잎으로 갈라지고, 작은 잎은 또 깊게 갈라진다. 온몸에 흰 털이 뽀얗다. 자줏빛 꽃이 고개를 푹 숙이고 핀다. 가느다란 실뭉치처럼 씨들이 달린다. **생김새** 높이 30~40cm | 잎 3~8cm, 모여난다. **사는 곳** 산기슭, 들판 **다른 이름** 백두옹, 노고초, 호왕사자, 나하초, Korean pasque flower **분류** 쌍떡잎식물 > 미나리아재비과

할미송이

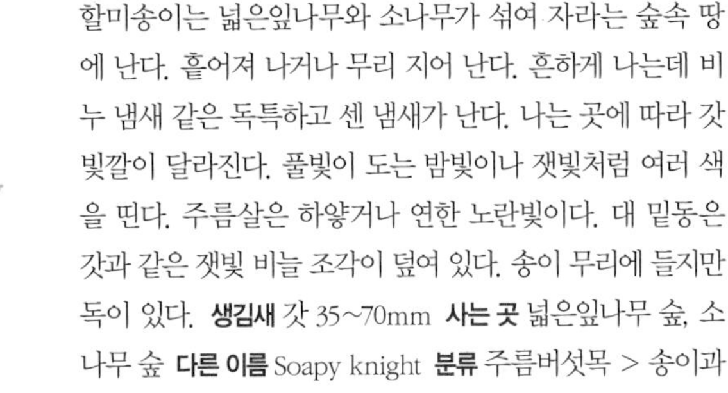

할미송이는 넓은잎나무와 소나무가 섞여 자라는 숲속 땅에 난다. 흩어져 나거나 무리 지어 난다. 흔하게 나는데 비누 냄새 같은 독특하고 센 냄새가 난다. 나는 곳에 따라 갓 빛깔이 달라진다. 풀빛이 도는 밤빛이나 잿빛처럼 여러 색을 띤다. 주름살은 하얗거나 연한 노란빛이다. 대 밑동은 갓과 같은 잿빛 비늘 조각이 덮여 있다. 송이 무리에 들지만 독이 있다. **생김새** 갓 35~70mm **사는 곳** 넓은잎나무 숲, 소나무 숲 **다른 이름** Soapy knight **분류** 주름버섯목 > 송이과

속 1 2 3 4 5 6 7 8 9 10 11 12

함박꽃나무

함박꽃나무는 깊은 산 중턱, 물이 흐르는 골짜기나 산기슭에서 자란다. 물기가 넉넉하고 기름진 땅에서 잘 자란다. 추위에 잘 견디지만 더위에 약하다. 잎은 윤기가 나고 뒷면이 희다. 봄에 목련꽃을 많이 닮은 흰 꽃이 핀다. 목련은 잎보다 꽃이 먼저 피지만 함박꽃나무는 잎이 다 나고 꽃이 핀다. 꽃은 향기가 좋고 꿀이 많다. **생김새** 높이 4~10m | 잎 6~15cm, 어긋난다. **사는 곳** 산기슭, 골짜기 **다른 이름** 목란, 산목란, 산목련, 개목련, Korean mountain magnolia **분류** 쌍떡잎식물 > 목련과

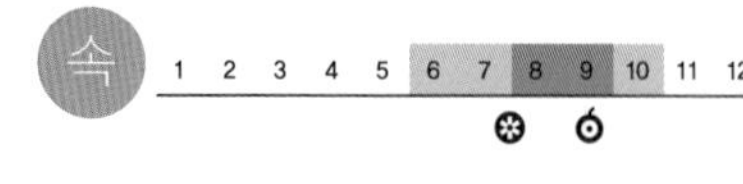

해당화

해당화는 바닷가 모래밭에서 자라는 떨기나무이다. 볕을 좋아해서 바닷가나 산기슭 양지바른 곳에서 자란다. 바닷바람에도 강하고 소금기에도 잘 견뎌서 바닷가 모래땅에서 잘 자란다. 한데 모여서 자란다. 꽃을 보려고 집 가까이에 산울타리로 심기도 한다. 찔레나무처럼 가지와 줄기에 가시가 많다. 잎은 윤기가 나고 톱니가 있다. 꽃은 향이 진하다. **생김새** 높이 1~2m | 잎, 어긋난다. **사는 곳** 바닷가 모래밭, 산기슭 **다른 이름** 때찔레, 큰찔레, 붉은찔레, Rugose rose **분류** 쌍떡잎식물 > 장미과

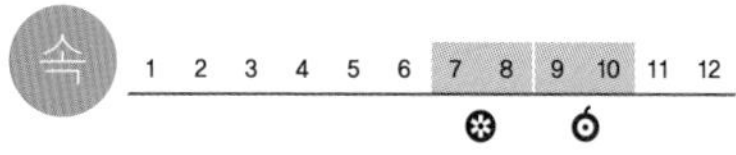

해란초

해란초는 볕이 잘 드는 바닷가 모래땅에서 자란다. 뿌리는 옆으로 길게 뻗으면서 자라고 마디에서 새싹이 돋는다. 줄기는 곧게 서거나 비스듬히 자란다. 잎은 버들잎 모양이고 도톰하다. 잎자루가 없다. 여름에 줄기 끝에서 옅은 노란빛 꽃이 모여 핀다. 열매는 둥글고 씨앗에 두꺼운 날개가 있다. **생김새** 높이 15~40cm | 잎 1.5~3cm, 마주나거나 돌려나거나 어긋난다. **사는 곳** 바닷가 **다른 이름** 운란초[북], 꽁지꽃, 꼬리풀, Seashore toadflax **분류** 쌍떡잎식물 > 현삼과

해마

해마는 육지 가까운 바다에 산다. 머리는 말처럼 생겼고 꼬리는 길고 동그랗게 말린다. 몸빛이나 몸 무늬가 저마다 아주 다르다. 꼬리를 바닷말에 감고 몸을 꼿꼿이 세우고 물살에 흔들흔들 움직이며 붙어 있다. 작은 플랑크톤을 긴 주둥이로 쪽 빨아 먹는다. 꼿꼿이 선 채로 헤엄친다. 짝짓기를 할 때는 암수가 꼬리를 감아 껴안듯이 짝짓기를 한다. 수컷이 배주머니에서 새끼를 키운다. **생김새** 몸길이 10cm 안팎 **사는 곳** 우리나라 온 바다 **먹이** 작은 플랑크톤 **다른 이름** Sea horse **분류** 큰가시고기목 > 실고기과

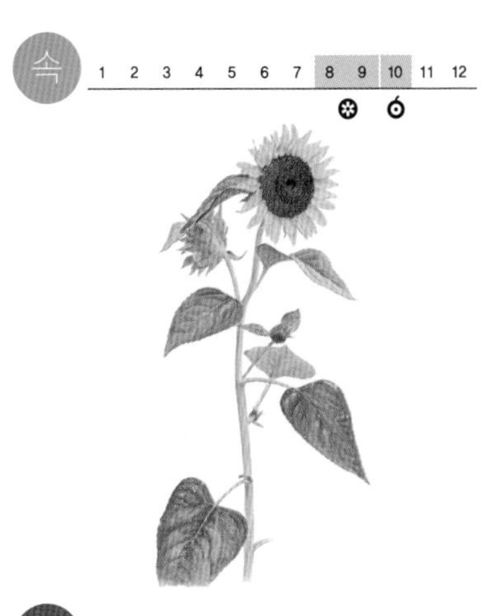

해바라기

해바라기는 길가나 뜰에 심어 기른다. 키도 크고 꽃송이도 아주 크다. 꽃이 해가 있는 쪽을 본다. 온몸에 거센 털이 나 있다. 잎은 큰 심장 모양이다. 가장자리에 큰 톱니가 있고 잎자루가 길다. 꽃은 바깥쪽으로 노란빛 꽃잎이 한 줄 빙 둘러 있다. 안쪽에는 대롱 모양 노란빛 꽃이 빽빽이 있다. 나중에 안쪽에 있는 꽃이 열매가 된다. 씨앗은 고소해서 날로 먹거나 기름을 짠다 **생김새** 높이 1~3m | 잎 10~30cm, 어긋난다. **사는 곳** 길가, 뜰 **다른 이름** 향일화, Sunflower **분류** 쌍떡잎식물 > 국화과

해오라기

해오라기는 강이나 저수지에서 사는데, 낮에는 숲속 높은 나무 위에서 잠을 자고 밤에 먹이를 찾아다닌다. 해가 뜰 무렵이면 다시 나무 위로 돌아간다. 물속을 가만히 들여다보다가 먹잇감이 나타나면 잽싸게 낚아챈다. 낚시를 하듯 물고기를 유인하기도 한다. 봄에 와서 짝짓기를 한다. 높은 나무 위에 둥지를 짓고 새끼를 친다. **생김새** 몸길이 65cm **사는 곳** 저수지, 논, 갈대밭 **먹이** 물고기, 새우, 개구리, 뱀, 벌레, 쥐 **다른 이름** 밤물까마귀[북], Black-crowned night-heron **분류** 황새목 > 백로과

해홍나물

해홍나물은 바닷가 모래땅에서 자란다. 멀리서도 붉게 무리 지어 난 것이 잘 보인다. 줄기는 붉은빛을 띤다. 통통하고 가지를 많이 친다. 잎은 가는 줄 모양이고 끝이 뾰족하다. 칠면초와 비슷한데 잎이 더 가늘다. 여름에 잎겨드랑이에서 아주 작은 누런 풀빛 꽃이 3~5송이씩 핀다. 열매는 별 모양이다. **생김새** 높이 15~50cm | 잎 1~3cm, 어긋난다. **사는 곳** 바닷가 **다른 이름** 갯나문재, Herbaceous seepweed **분류** 쌍떡잎식물 > 명아주과

향나무

향나무는 섬이나 바닷가에서 저절로 자라기도 하지만, 공원이나 길가에 심는다. 어린 가지에 달린 바늘잎은 뾰족하고 따갑다. 오래된 가지에는 비늘잎이 달리고 부드럽다. 봄에 꽃이 피는데 작아서 눈에 잘 띄지 않는다. 열매는 이듬해에 익는다. 온 나무에서 향기가 난다. 불에 태워 쓰는 향을 만든다. 상자를 만들어서 물건을 넣으면 안에 벌레가 생기지 않는다. **생김새** 높이 20m | 잎 0.4~1cm, 마주나거나 돌려난다. **사는 곳** 바닷가, 공원 **다른 이름** 상나무, 노송나무, Chinese juniper **분류** 겉씨식물 > 측백나무과

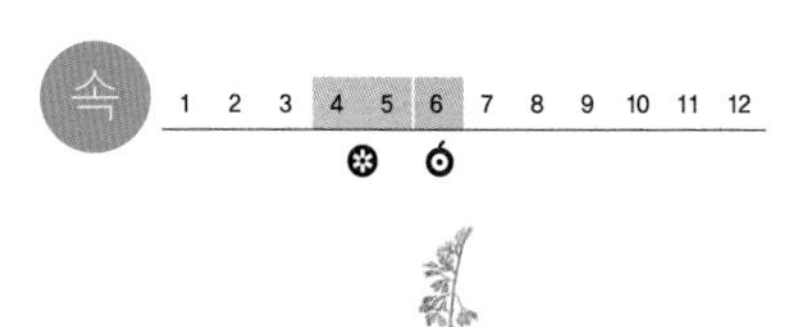

향모

향모는 볕이 잘 드는 들판이나 논둑, 밭둑에서 자란다. 가늘고 흰 뿌리줄기가 뻗으면서 퍼진다. 줄기는 곧게 자라고 무리 지어 자란다. 잎은 줄 모양이고 안으로 말린다. 가장자리에 짧은 털이 있다. 벼과 식물 가운데 일찍 이삭이 달린다. 이삭은 납작하고 누런 밤빛이다. 까끄라기는 없다. 뿌리줄기에서 좋은 냄새가 많이 나 향료로 쓴다. **생김새** 높이 20~60cm | 잎 20~40cm, 어긋난다. **사는 곳** 들, 논둑, 밭둑 **다른 이름** 참기름새, 향기름새, 모향, Sweetgrass **분류** 외떡잎식물 > 벼과

향부자

향부자는 바닷가나 개울가 모래밭, 논둑, 밭둑에서 자란다. 따뜻한 남쪽 지방에서 많이 자란다. 덩이줄기에서 난초 잎처럼 길쭉한 잎이 무더기로 나온다. 덩이줄기가 옆으로 뻗으면서 풀숲을 이룬다. 잎은 매끈하고 빤질빤질하다. 잎 사이로 세모진 대가 올라와서 우산살처럼 갈라진 다음 작은 꽃이삭이 달린다. **생김새** 높이 20~70cm | 잎 30~60cm, 모여난다. **사는 곳** 바닷가, 개울가 모래밭, 논둑, 밭둑 **다른 이름** 약방동사니[북], Nutgrass flatsedge **분류** 외떡잎식물 > 사초과

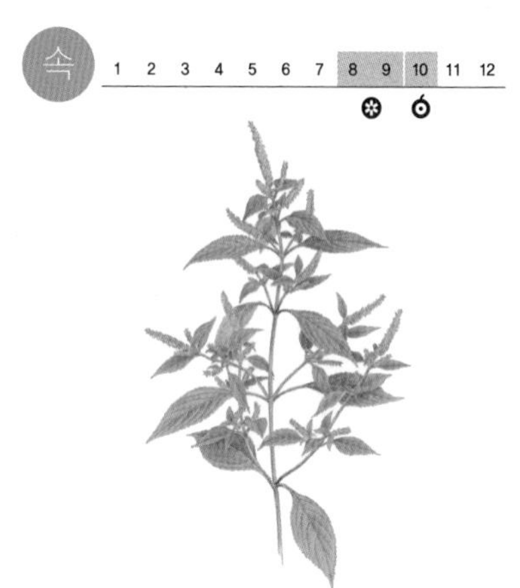

향유

향유는 햇볕이 잘 드는 길가에서 흔히 자란다. 줄기가 곧추 자라는데 네모나고 보들보들한 털이 나 있다. 마디에서 가지가 양쪽으로 마주 올라온다. 잎 앞뒤에도 털이 나 있고 가장자리에는 톱니가 있다. 줄기와 가지 끝에서 분홍빛 꽃이 잔뜩 모여 핀다. 꽃에서 향긋한 냄새가 난다. 가을에 씨가 맺는데, 깨알 같은 씨가 쏟아진다. **생김새** 높이 30~60cm | 잎 3~10cm, 마주난다. **사는 곳** 길가 **다른 이름** 노야기, 밀봉초, Crested late summer mint **분류** 쌍떡잎식물 > 꿀풀과

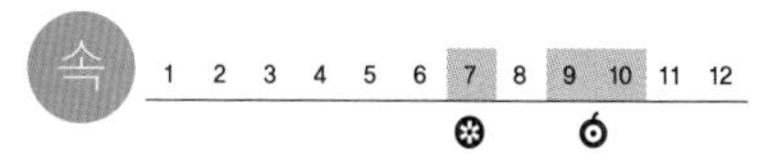

헛개나무

헛개나무는 깊은 산골짜기에서 자란다. 기름진 땅에서 잘 자라는데 흔하지는 않다. 빨리 자라는 편이다. 잎은 끝이 뾰족하고 가장자리에 톱니가 있다. 이른 여름에 풀빛 꽃이 피는데 꿀이 많아서 벌이 많이 모인다. 가을에 열매가 밤빛으로 여문다. 열매꼭지가 울퉁불퉁 부풀어 올라 이리저리 구부러진다. 열매와 열매꼭지를 말려서 약으로 쓴다. **생김새** 높이 15m | 잎 8~15cm, 어긋난다. **사는 곳** 깊은 산골짜기 **다른 이름** 호리깨나무, 볼게나무, Oriental raisin tree **분류** 쌍떡잎식물 > 갈매나무과

현삼

현삼은 산과 들판 물기가 많은 땅에서 자란다. 약으로 쓰려고 밭에서 기르기도 한다. 줄기가 네모나고 곧게 자란다. 줄기 위쪽에서 가지를 조금 친다. 잎은 층층이 서로 다른 쪽으로 난다. 한여름부터 가을까지 가지 끝에 자잘한 꽃이 핀다. 가을에 둥그스름한 열매가 달리고 다 익으면 두 조각으로 쩍 갈라진다. **생김새** 높이 80~150cm | 잎 5~10cm, 마주난다. **사는 곳** 산, 들판 **다른 이름** Buerger's figwort **분류** 쌍떡잎식물 > 현삼과

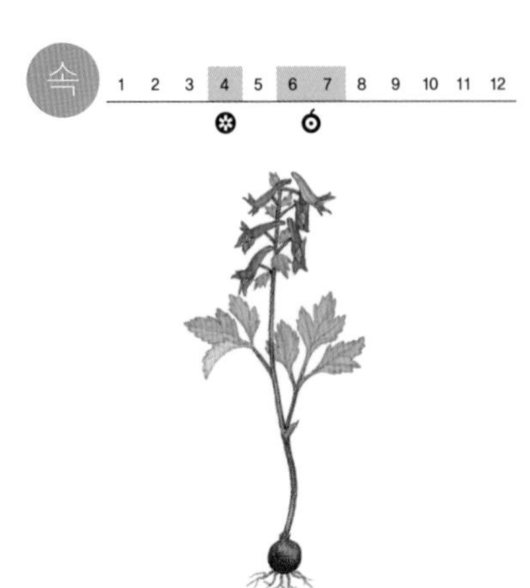

현호색

현호색은 산속 그늘진 땅에서 자란다. 물이 잘 빠지고 기름진 땅을 좋아한다. 무리를 지어 난다. 줄기는 곧게 서고 밑에서 가지를 친다. 잎은 쪽잎 석 장으로 된 겹잎이다. 쪽잎은 거꾸로 된 달걀 모양이고 끝이 깊게 갈라지기도 한다. 뒷면은 희뿌연 잿빛이다. 봄에 줄기 끝에서 보랏빛 꽃이 줄줄이 핀다. 꽃 무더기가 눈에 잘 띈다. 씨는 까맣고 매끄럽다. **생김새** 높이 10~25cm | 잎 2~16cm, 어긋난다. **사는 곳** 산속 **다른 이름** 가는잎현호색, Common corydalis **분류** 쌍떡잎식물 > 양귀비과

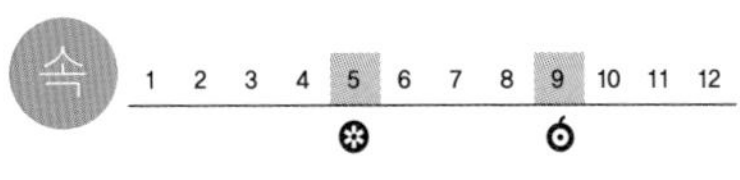

호두나무

호두나무는 뜰이나 밭둑, 산비탈에 심어 기른다. 흙이 깊고 물이 잘 빠지는 땅에 심으면 잘 자란다. 호두는 고소하고 맛이 좋다. 날로 깨 먹거나 기름을 짜서 먹는다. 좋은 기름이 많이 들었다. 잎은 진한 풀색이고 윤이 난다. 봄에 꽃이 핀다. 암꽃과 수꽃이 한 나무에 핀다. 열매는 둥글고 풀빛이다. 가을에 검게 여물면서 벌어지고 안에서 호두가 떨어진다. **생김새** 높이 20m | 잎 4~13cm, 어긋난다. **사는 곳** 밭, 마을, 산비탈 **다른 이름** Walnut **분류** 쌍떡잎식물 > 가래나무과

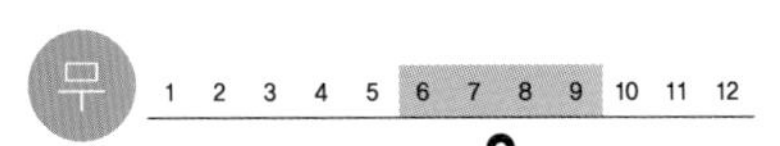

호랑거미

호랑거미는 산이나 들판, 집 가까운 곳에서 산다. 배에 노란빛과 검은빛 줄무늬가 있다. 햇볕이 잘 드는 곳에 그물을 쳐서 벌레를 잡는다. 그물 가운데에 X자 모양으로 흰 띠를 만든다. 띠 가운데에 가만히 숨어 있는다. 먹이를 잡으면 곧바로 먹기도 하지만, 거미줄로 싸 두기도 한다. 여름에서 가을 사이에 거미줄로 알을 감싸서 알집을 만든다. **생김새** 몸길이 5~25mm **사는 곳** 들판, 산, 논밭 **먹이** 작은 벌레 **다른 이름** Kogane-gumo **분류** 절지동물 > 왕거미과

호랑나비

호랑나비는 들판이나 낮은 산에 많이 산다. 날개 무늬가 호랑이 줄무늬와 비슷하다. 봄과 여름에 어른벌레가 나오는데 봄 나비가 몸집이 더 작고 빛깔이 또렷하다. 어른벌레는 여러 가지 꽃에서 꿀을 먹는다. 알은 탱자나무, 산초나무, 황벽나무, 귤나무에 낳는다. 알에서 깬 애벌레는 나뭇잎을 먹으며 산다. 번데기로 겨울을 난다. **생김새** 날개 편 길이 56~97mm **사는 곳** 들판, 낮은 산, 마을 **먹이** 애벌레_나뭇잎 | 어른벌레_꿀 **다른 이름** 범나비[북], Yellow swallowtail butterfly **분류** 나비목 > 호랑나비과

포 1 2 3 4 5 6 7 8 9 10 11 12

호랑이

호랑이는 가장 힘세고 사나운 맹수다. 냄새를 잘 맡고, 밤에도 잘 본다. 거의 밤에 움직이고 혼자 지낸다. 소리 없이 달리고, 헤엄도 잘 쳐서, 하룻밤에 수십 킬로미터를 쉽게 다닌다. 크고 작은 동물을 다 잡아먹는다. 봄에 짝짓기를 하고, 암컷이 새끼를 키운다. 조선 시대까지는 서울에서도 볼 수 있었지만, 지금은 남녘에서는 사라졌고, 북녘에도 몇 마리 없다. **생김새** 몸길이 160~290cm **사는 곳** 깊은 산 **먹이** 멧돼지, 붉은사슴, 노루, 고라니, 작은 동물 **다른 이름** 범, 호랭이, Siberian tiger **분류** 식육목 > 고양이과

조 1 2 3 4 5 6 7 8 9 10 11 12

호랑지빠귀

호랑지빠귀는 깊은 숲속이나 시골 마을 가까이 산다. 짝짓기 무렵이면 낮이나 밤이나 '휘-이, 휘-이' 하는 소리를 낸다. 수컷이 암컷을 부르는 소리이다. 짝짓기를 마치면 나뭇가지에 밥그릇처럼 생긴 둥지를 틀고 새끼를 친다. 부리로 바닥에 쌓인 나뭇잎을 뒤져 가며 먹이를 찾는다. 여름 철새였지만, 요즘은 남부 지방에서 머물러 산다. **생김새** 몸길이 30cm **사는 곳** 숲, 마을 **먹이** 벌레, 달팽이, 지렁이, 곡식, 나무 열매 **다른 이름** 호랑티티, 혼새, 귀신새, White's thrush **분류** 참새목 > 지빠귀과

곤 1 2 3 4 5 6 7 8 9 10 11 12

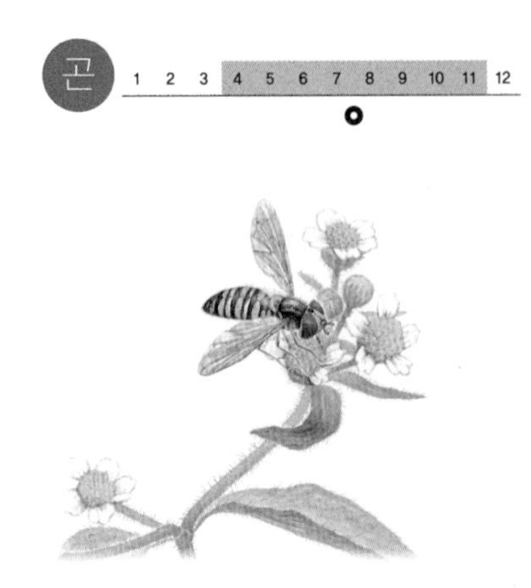

호리꽃등에

호리꽃등에는 들판이나 낮은 산에 산다. 벌과 비슷하게 생겼지만 파리 무리에 든다. 침은 없다. 잘 날아서 공중에서 멈추거나 재빨리 방향을 바꾸어 날 수 있다. 벌처럼 온갖 꽃에서 꿀을 빤다. 꽃가루받이를 돕는다. 애벌레는 진딧물을 많이 먹어서 농사에 도움을 준다. 번데기나 어른벌레로 겨울을 난다. **생김새** 몸길이 8~11mm **사는 곳** 애벌레_물가 흙 속 | 어른벌레_들판, 낮은 산 **먹이** 애벌레_진딧물 어른벌레 꿀, 꽃가루 **다른 이름** Marmelade hoverfly **분류** 파리목 > 꽃등에과

속 1 2 3 4 5 6 7 8 9 10 11 12

호밀

호밀은 밭에 심는 곡식이다. 밀과 비슷하지만 추위에 더 강하다. 뿌리는 수염뿌리고 줄기는 여러 대가 모여난다. 키가 아주 크게 자라서 사람 키보다도 훌쩍 크고, 잎과 까락은 밀이나 보리보다 더 부드럽다. 낟알은 밀보다 더 작고 갸름하다. 가을에 심어 겨울을 나고 초여름에 거둔다. 가루를 내서 먹는데 밀보다 찰기가 덜하다. 추운 나라에서는 호밀빵을 밥처럼 먹는다. **생김새** 높이 1~2m쯤 | 잎 10~20cm, 어긋난다. **사는 곳** 밭 **다른 이름** 호맥, 흑맥, Rye **분류** 외떡잎식물 > 벼과

호박

호박은 밭두렁이나 마당에 심는 열매채소다. 줄기는 덩굴로 뻗는다. 한 포기만으로도 넓게 퍼진다. 줄기는 모가 나고 까끌까끌한 털이 많다. 잎은 손바닥처럼 넓적하다. 꽃이 지면 암꽃 씨방이 자라 호박이 된다. 잎은 쪄 먹고, 열매는 온갖 반찬거리를 만든다. 찌개에도 넣고 볶아도 먹는다. 다 여문 늙은 호박은 범벅을 만들거나 죽을 쒀 먹고 약으로도 쓴다. 씨도 먹는다. **생김새** 길이 5m | 잎 25~30cm, 어긋난다. **사는 곳** 밭두렁, 담장 옆 **다른 이름** 남과, 금과, Pumpkin **분류** 쌍떡잎식물 > 박과

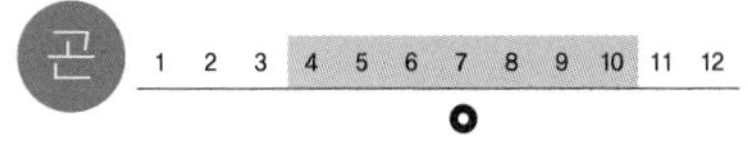

호박벌

호박벌은 꿀벌보다 몸집이 두 배쯤 크고 몸에 털이 많이 나 있다. 사납지는 않지만 잘못 건드리거나 벌집을 만지면 쏜다. 주둥이가 길어서 꽃 속 깊숙한 곳에 들어 있는 꿀도 잘 빨아 먹는다. 한 집에 여왕벌, 일벌, 수벌이 무리를 지어 산다. 봄에 여왕벌이 땅속 구멍에 집을 짓고 꿀을 채운 다음 알을 낳는다. 식구가 늘면 저마다 맡은 일을 하면서 지낸다. **생김새** 몸길이 12~23mm **사는 곳** 들판, 논밭, 마을 **먹이** 꽃꿀, 꽃가루 **다른 이름** 곰벌, Fiery-tailed bumblebee **분류** 벌목 > 꿀벌과

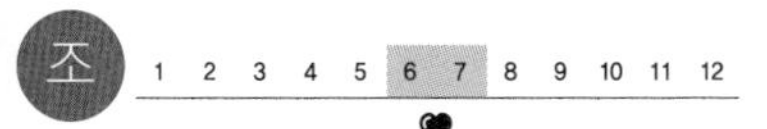

호반새

호반새는 햇빛이 잘 들지 않고 나무가 무성한 호숫가나 계곡에 산다. 나뭇가지에 가만히 앉아 있다가 먹이가 보이면 재빨리 날아가 낚아챈다. 살아 움직이는 먹이는 입에 물고 여러 번 쳐서 기절시킨 다음 먹는다. 봄에 우리나라에 와서 짝짓기를 하고, 오래된 나무 구멍이나 흙 벼랑에 구멍을 파서 둥지를 틀고 새끼를 친다. **생김새** 몸길이 28cm **사는 곳** 호수, 계곡, 저수지 **먹이** 물고기, 가재, 개구리, 벌레 **다른 이름** 비새, 적비취, Ruddy kingfisher **분류** 파랑새목 > 물총새과

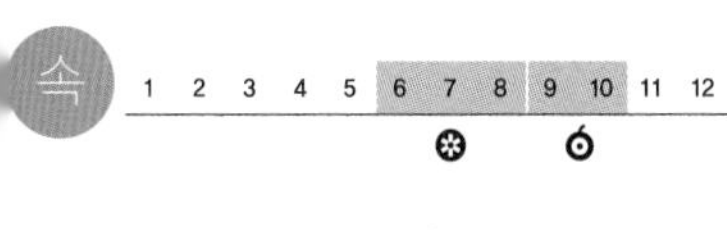

호장근

호장근은 볕이 잘 드는 산기슭이나 들판, 냇가에서 자란다. 물기가 많은 땅을 좋아한다. 뿌리줄기가 옆으로 뻗으면서 싹이 돋아 포기를 이룬다. 뿌리줄기는 대나무 뿌리처럼 마디가 지고 단단하다. 어린순은 마치 죽순 같다. 줄기도 마디가 지고 속이 비었다. 잎겨드랑이나 가지 끝에서 암꽃과 수꽃이 따로 모여 핀다. **생김새** 높이 1~1.5m | 잎 6~15cm, 어긋난다. **사는 곳** 산기슭, 들판, 냇가 **다른 이름** 감제풀[북], 호장, 범싱아, 싱아, 까치수영, Asian knotweed **분류** 쌍떡잎식물 > 마디풀과

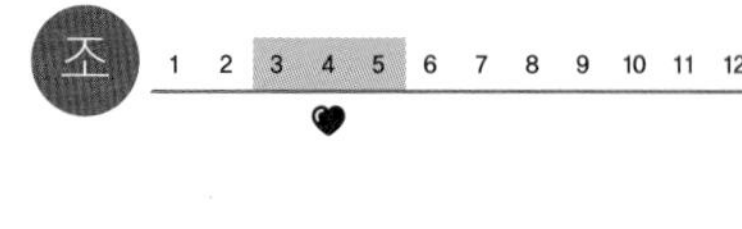

혹고니

혹고니는 동해안에서 볼 수 있지만 드물다. 이마와 콧등 사이에 검은 혹이 있다. 온몸이 희다. 무리를 짓고 다른 고니 무리와 섞이기도 한다. 혹고니는 소리 없이 조용한 편이지만, 짝짓기 무렵에는 큰 소리를 내면서 다른 새들을 쫓아내기도 한다. 물에서는 부리로 물을 내리찍듯이 움직이며 헤엄친다. 하늘로 날아오를 때는 물 위에서 도움닫기를 해서 날아오른다. **생김새** 몸길이 150cm **사는 곳** 호수, 저수지 **먹이** 물풀, 벌레, 조개 **다른 이름** Mute swan **분류** 기러기목 > 오리과

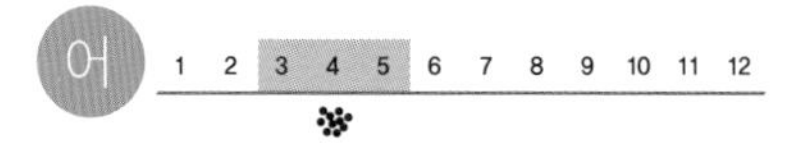

혹돔

혹돔은 얕은 바다 바위 밭에서 산다. 따뜻한 물을 좋아한다. 멀리 안 돌아다니고 바위틈이나 굴을 제집 삼아 산다. 무리를 안 짓고 혼자 살거나 짝이랑 함께 산다. 낮에 나와서 어슬렁거리며 먹이를 찾는다. 턱 힘이 세고 이빨이 강해서 소라나 고둥이나 전복이나 성게도 깨서 먹는다. 밤에는 굴에서 쉰다. 이름에 돔이 들어가지만 놀래기 무리에 든다. **생김새** 몸길이 1m **사는 곳** 제주, 남해, 울릉도, 독도 **먹이** 전복, 소라, 새우, 게 **다른 이름** 엥이, 웽이, 혹도미, Bulgyhead wrasse **분류** 농어목 > 놀래기과

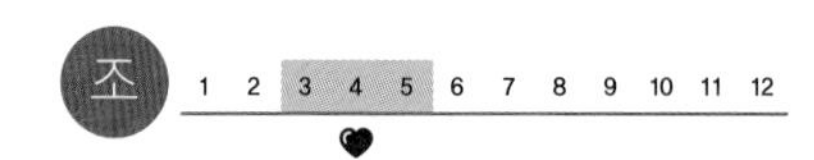

혹부리오리

혹부리오리는 남부 지방 강 하구 갯벌이나 바다에서 무리를 지어 지낸다. 수컷은 짝짓기 할 때 부리에 있는 붉은 혹이 커진다. 몸 빛깔이 여러 가지인데 하늘을 날 때에도 붉은 부리와 검은 머리, 적갈색 띠와 흑백 날개깃이 또렷이 보인다. 물에 떠서 머리만 물속에 넣고 먹이를 찾거나, 갯벌에서 개흙을 부리로 헤쳐서 먹이를 잡는다. **생김새** 몸길이 60cm **사는 곳** 갯벌, 바다, 강 하구, 호수 **먹이** 조개, 물고기, 게, 벌레, 물풀 **다른 이름** 꽃진경[북], Common shelduck **분류** 기러기목 > 오리과

홀아비바람꽃

홀아비바람꽃은 높은 산속 물기가 많은 땅에서 무리를 지어 자란다. 기름진 땅을 좋아한다. 뿌리줄기는 옆으로 뻗고 꽃대가 하나씩 난다. 뿌리잎은 한두 장이 모여나는데 손바닥 모양으로 갈라진다. 꽃대 중간에는 잎처럼 생긴 꽃턱잎이 석 장 돌려붙는다. 봄에 흰 꽃이 한 송이씩 핀다. 열매에는 날개와 잔털이 있다. **생김새** 높이 3~10cm | 잎 3~7cm, 모여난다. **사는 곳** 산속 **다른 이름** 홀바람꽃[북], 좀바람꽃, 조선은련화, Korean anemone **분류** 쌍떡잎식물 > 미나리아재비과

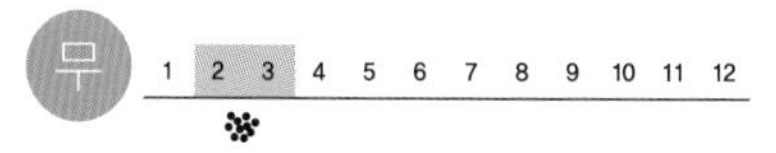

홍게

홍게는 물이 차고 깊은 동해 바닷속 진흙이나 모랫바닥에 산다. 온몸이 붉고 대게와 닮아서 붉은대게라고도 한다. 대게보다 흔하다. 밤에 나와서 조개나 갯지렁이, 작은 물고기를 잡아먹는다. 이삼월에 알을 낳는다. 대게만큼 크지만 껍데기가 두껍고 속살이 대게보다 적다. 쪄 먹으면 맛이 짭조름하면서도 달고 담백하다 **생김새** 등딱지 크기 10.5×7.5cm **먹이** 조개, 갯지렁이, 물고기 **사는 곳** 동해 바닷속 **다른 이름** 붉은대게, 장수대게, Red snow crab **분류** 절지동물 > 긴집게발게과

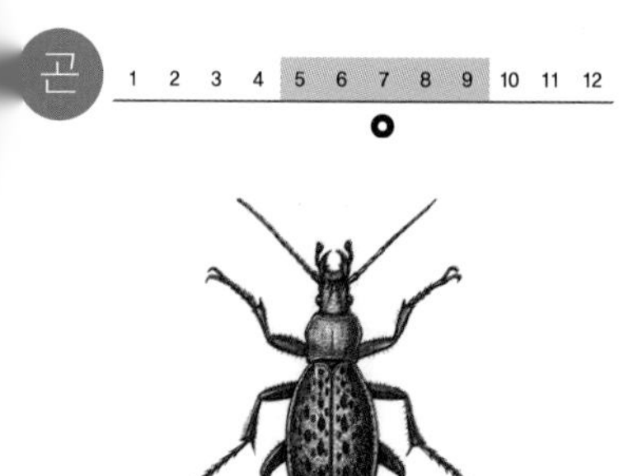

홍단딱정벌레

홍단딱정벌레는 큰 나무들이 우거진 산속에 산다. 빛깔이 붉고 화려하다. 빛깔이 푸른 것도 있다. 축축한 땅 위를 느릿느릿 기어다니면서 땅바닥에 사는 벌레나 달팽이와 지렁이 같은 작은 동물을 잡아먹는다. 잘 걷지만 날지는 못한다. 앞날개가 두꺼운 딱지날개로 바뀌었고, 뒷날개는 없기 때문이다. 알은 땅속에 낳고 애벌레는 땅속이나 땅 위에 산다. **생김새** 몸길이 25~45mm **사는 곳** 산, 숲 **먹이** 지렁이, 달팽이 같은 작은 동물 **다른 이름** 청단딱정벌레 **분류** 딱정벌레목 > 딱정벌레과

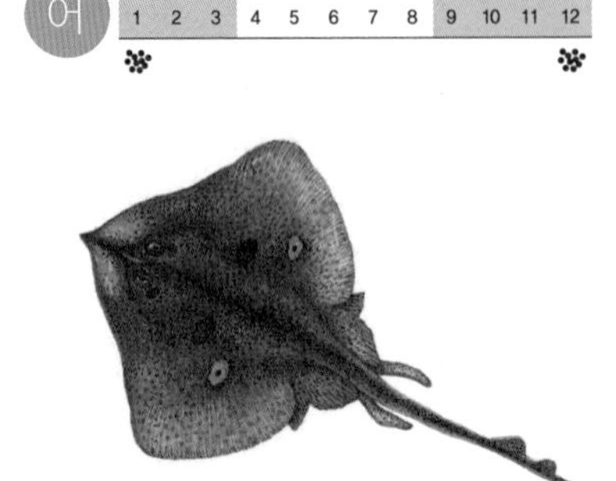

홍어

홍어는 물 깊이가 20~80미터쯤 되는 얕은 바다 바닥에 산다. 날씨가 추워지면 제주도 서쪽 바다로 내려가 지내다가 봄이 되면 올라온다. 생김새는 참홍어와 닮았지만 몸이 훨씬 작고 몸통에 둥근 반점이 있다. 오징어, 새우, 게, 갯가재 따위를 잡아먹고 물고기는 거의 안 잡아먹는다. 흔히 사람들이 홍어라고 하는 것은 참홍어이고, 간재미라고 하는 것이 홍어이다. **생김새** 몸길이 1.5m **사는 곳** 우리나라 온 바다 **먹이** 오징어, 새우, 게, 갯가재 **다른 이름** 간재미, 고동무치, 가부리, Skate ray **분류** 홍어목 > 홍어과

홍여새

홍여새는 낮은 산이나 마을 둘레에서 산다. 꼬리 끝과 날개에 있는 붉은색 깃이 돋보인다. 머리 위에 뾰족하게 머리깃이 서 있고 몸빛이 울긋불긋하다. 예전에는 흔해서 잡아 기르기도 했다. 지금은 드물다. 적은 수가 무리 지어 다닌다. 황여새 무리와 섞여 다닐 때가 많다. 향나무나 팥배나무, 찔레나무, 산사나무, 감나무, 산수유 열매를 즐겨 먹고 벌레도 잡아먹는다. **생김새** 몸길이 18cm **사는 곳** 낮은 산, 마을, 공원 **먹이** 나무 열매, 벌레 **다른 이름** 붉은꼬리여새[북], Japanese waxwing **분류** 참새목 > 여새과

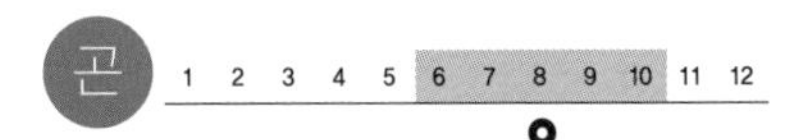

홍줄노린재

홍줄노린재는 낮은 산과 들에서 산다. 몸에 붉고 뚜렷한 줄무늬가 있다. 눈에 띄는 빛깔로 경고를 하고, 위험을 느끼면 고약한 냄새를 풍긴다. 풀이나 보리, 밀 같은 곡식에 모여 즙을 빨아 먹는다. 인삼이나 당귀 같은 약초에 꼬이기도 한다. 어른벌레로 겨울을 나고 여름에 알을 낳는다. 애벌레도 풀에서 즙을 빨아 먹는다. **생김새** 몸길이 9~12mm **사는 곳** 낮은 산, 논밭, 들판 **먹이** 풀, 곡식 **분류** 노린재목 > 노린재과

홍합

홍합은 물 흐름이 세고 맑은 바다에서 산다. 조갯살이 붉다고 홍합이라는 이름이 붙었다. 몸에서 실같이 생긴 족사를 내어 바위나 돌에 몸을 붙이고 산다. 껍데기가 두껍고 따개비가 붙어 살거나 바닷말이 잘 달라붙는다. 국을 끓이거나 죽을 끓여 먹고, 홍합밥도 짓는다. 흔히 지중해담치를 홍합이라고 하는데, 껍데기 생김새가 많이 다르다. **생김새** 크기 5×15cm **사는 곳** 갯바위, 방파제 **다른 이름** 섭조개[북], 담치, 가마귀부리, Far Eastern mussel **분류** 연체동물 > 홍합과

화경솔밭버섯

화경솔밭버섯은 여름부터 가을까지 죽은 넓은잎나무 줄기에 무리 지어 난다. 경기도 광릉, 지리산, 설악산에서 드물게 본다. 멸종위기종이다. 갓에는 작은 비늘 조각이 있다. 살은 하얗고 아주 두껍다. 주름살은 어두운 곳에서 푸르스름한 빛을 낸다. 이 빛으로 벌레를 꾀어 포자를 퍼뜨린다. 느타리와 닮았는데, 대를 세로로 자르면 밑동에 검붉은 얼룩이 있다. 독버섯이다. **생김새** 갓 67~225mm **사는 곳** 넓은잎나무 숲 **다른 이름** 독느타리버섯[북], 달버섯, 화경버섯, Tsukiyotake **분류** 주름버섯목 > 솔밭버섯과

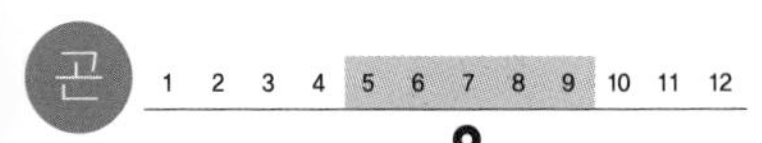

화랑곡나방

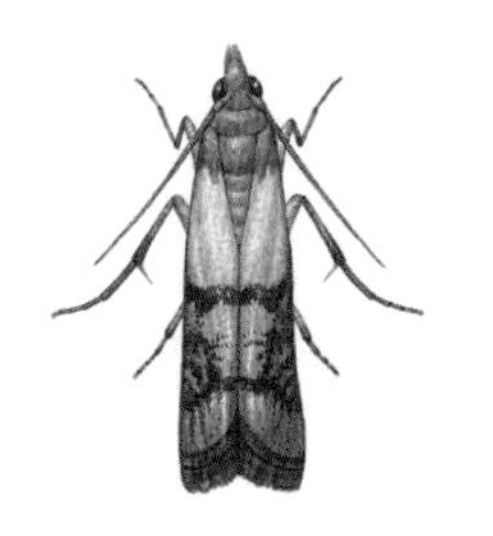

화랑곡나방은 곡식을 쌓아 둔 곳에서 많이 산다. 어른벌레는 옅은 밤빛으로 먹이에 따라서 몸 크기도 다르다. 애벌레는 옅은 초록빛이거나 누런빛이다. 곡식이나 밀가루, 견과를 먹는다. 애벌레가 먹은 곡식은 애벌레가 토해 내서 엮은 그물과 똥이 섞여서 뭉쳐진다. 어른벌레는 밤에 나와서 돌아다닌다. 날이 따뜻하면 한 해 동안 알을 여러 번 낳는다. **생김새** 몸길이 6~9mm **사는 곳** 곡식 창고 **먹이** 쌀, 견과, 콩, 다른 곡식 **다른 이름** Indianmeal moth **분류** 나비목 > 명나방과

속 1 2 3 4 5 6 7 8 9 10 11 12

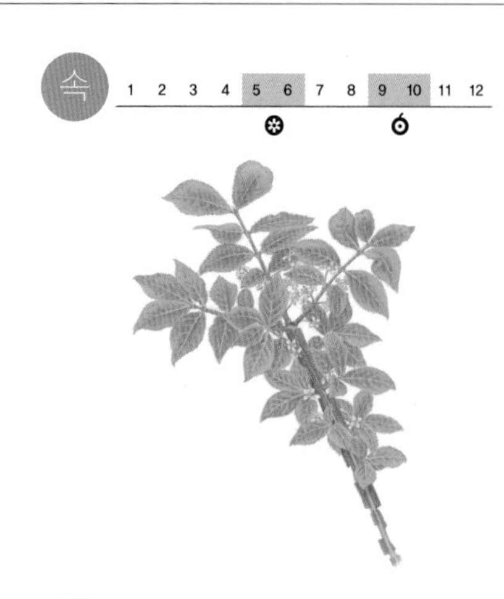

화살나무

화살나무는 낮은 산기슭이나 들에서 저절로 자란다. 집 뜰에 심기도 한다. 가지를 많이 치고 자란다. 가지가 네모난데 화살 깃처럼 생긴 날개가 붙어 있다. 두 줄에서 넉 줄쯤 달린다. 겨울에도 쉽게 알아볼 수 있다. 잎은 가장자리에 톱니가 있고 가을에 붉게 든다. 새순을 홑잎나물이라고 한다. 열매가 겨울까지도 빨갛게 매달려 있는다. **생김새** 높이 1~3m | 잎 3~5cm, 어긋난다. **사는 곳** 산기슭, 들 **다른 이름** 참빗나무[북], 홑잎나무, Burning bush spindletree **분류** 쌍떡잎식물 > 노박덩굴과

속 1 2 3 4 5 6 7 8 9 10 11 12

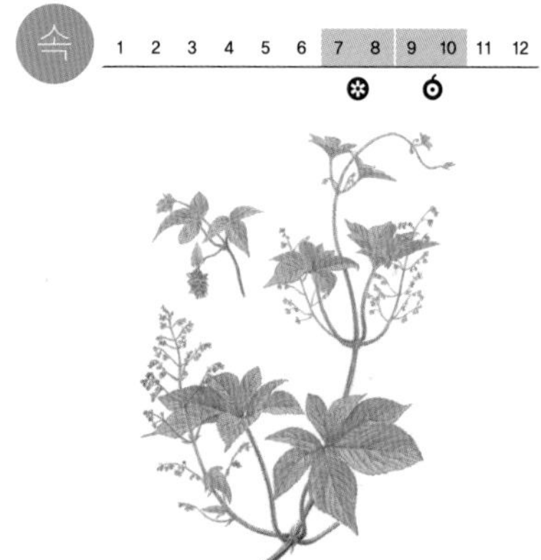

환삼덩굴

환삼덩굴은 다른 풀이나 나무가 자라기 어려운 길가나 척박한 곳, 풀숲 가장자리에 자라서 쉽게 볼 수 있다. 줄기가 땅 위를 기면서 덩굴져 자라다가 큰 풀이나 나무, 담장을 감아 오른다. 줄기에 가시가 많아서 까칠하다. 쓸리면 따갑다. 잎은 손바닥처럼 생겼다. 열매는 가을에 맺는데 둥글납작하다. 들쥐나 새가 씨앗을 먹어서 퍼트린다. **생김새** 길이 2~4m | 잎 5~12cm, 마주난다. **사는 곳** 길가, 집 둘레, 밭, 산기슭 **다른 이름** 범삼덩굴, 언겅퀴, Japanese hops **분류** 쌍떡잎식물 > 삼과

속 1 2 3 4 5 6 7 8 9 10 11 12

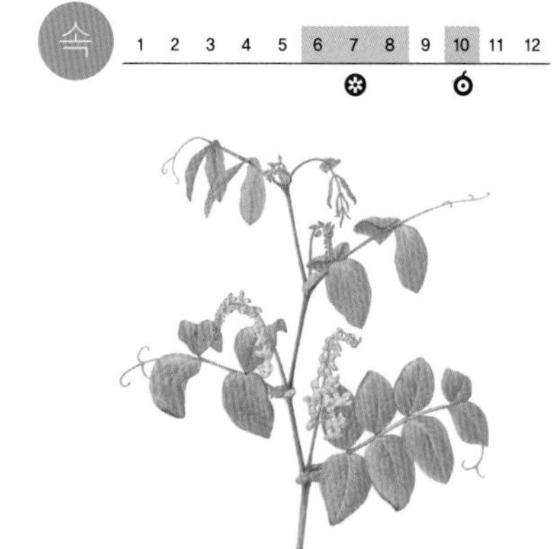

활량나물

활량나물은 볕이 잘 드는 산이나 들에서 자란다. 줄기는 곧게 서거나 조금 기울어진다. 잎은 2~4쌍의 쪽잎으로 된 깃꼴겹잎이다. 잎줄기 끝이 두세 갈래로 갈라진 덩굴손으로 된다. 잎 뒷면은 흰빛이 돈다. 잎 가장자리에 톱니가 있다. 여름에 긴 꽃대에서 노란 꽃이 줄줄이 핀다. 꽃은 노랗다가 밤빛으로 바뀐다. 꼬투리 열매 안에 씨앗이 열 개쯤 들어 있다. **생김새** 높이 80~150cm | 잎 3~8cm, 어긋난다. **사는 곳** 산, 들 **다른 이름** David's vetchling **분류** 쌍떡잎식물 > 콩과

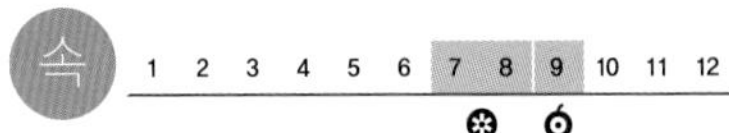

황금

황금은 약으로 쓰려고 밭에서 기른다. 중부 지방이나 그보다 더 추운 곳에서 절로 자라기도 한다. 뿌리 속살이 황금빛을 띤다고 붙은 이름이다. 뿌리에서 줄기가 여럿 올라와 가지를 많이 친다. 줄기는 나뭇가지처럼 뻣뻣하고 네모나다. 잎은 끝이 뾰족하고 가장자리가 밋밋하다. 자줏빛 꽃이 줄기 위쪽에서 한쪽을 바라보며 핀다. **생김새** 높이 60cm 안팎 | 잎 2~5cm, 마주난다. **사는 곳** 밭 **다른 이름** 속썩은풀, 골무꽃, Baikal skullcap **분류** 쌍떡잎식물 > 꿀풀과

균 1 2 3 4 5 6 7 8 9 10 11 12

황금씨그물버섯

황금씨그물버섯은 여름부터 초가을까지 숲속 땅에 난다. 홀로 나거나 무리 지어 난다. 소나무, 너도밤나무, 참나무 둘레에 흔히 난다. 갓은 자라면서 판판해지는데 다 자라면 가장자리가 뒤집어진다. 겉은 매끄럽고 물기를 머금으면 끈적거린다. 갓 밑은 문지르면 밤빛으로 바뀐다. 대 겉은 세로로 갈라지거나 터져서 하얀 줄무늬가 생긴다. 독성이 있다. **생김새** 갓 30~80mm **사는 곳** 숲 **다른 이름** 진갈색먹그물버섯 **분류** 그물버섯목 > 그물버섯과

속 1 2 3 4 5 6 7 8 9 10 11 12

황기

황기는 뿌리를 약으로 쓰려고 밭에서 심어 기른다. 가끔 산기슭에서 자라기도 하지만 드물다. 줄기가 쭉 뻗고 가지를 많이 친다. 줄기를 따라 긴 잎줄기가 서로 어긋난다. 잎줄기에 작은 잎이 6~11쌍까지 달린다. 맨끝에는 잎이 하나만 달린다. 여름에 줄기 끝이나 잎줄기 겨드랑이에서 꽃대가 나와 노란 나비 모양 꽃이 핀다. 콩꼬투리처럼 생긴 열매가 달린다. **생김새** 높이 1m 안팎 | 잎 1~3cm, 어긋난다. **사는 곳** 밭 **다른 이름** 단너삼[북], 기초, Mongolian milkvetch **분류** 쌍떡잎식물 > 콩과

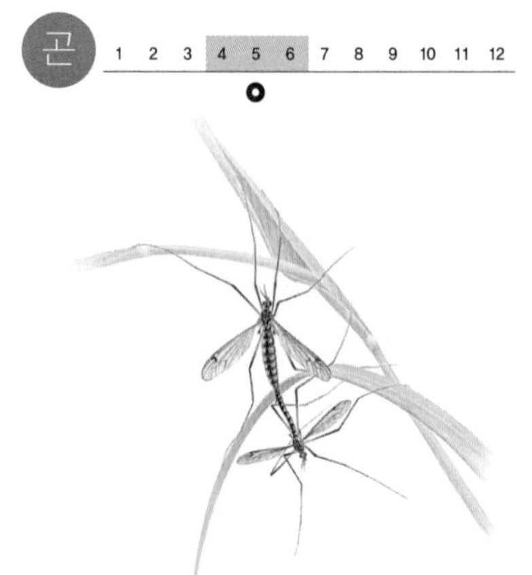

황나각다귀

황나각다귀는 물가나 산골짜기에 많이 산다. 눅눅하고 서늘한 곳을 좋아한다. 모기와 닮았는데 훨씬 크다. 물지 않는다. 가늘고 긴 다리는 쉽게 떨어진다. 민들레나 미나리 같은 풀에서 즙을 빨아 먹고 산다. 몸이 누렇고 검은 무늬가 있는데 몸빛이 조금씩 다르다. 애벌레는 물속에서 살면서 가랑잎이나 썩은 풀을 먹는다. **생김새** 몸길이 10~12mm **사는 곳** 물가, 풀숲, 산골짜기 **먹이** 애벌레_가랑잎, 썩은 풀 | 어른벌레_풀 즙 **분류** 파리목 > 각다귀과

황다랑어

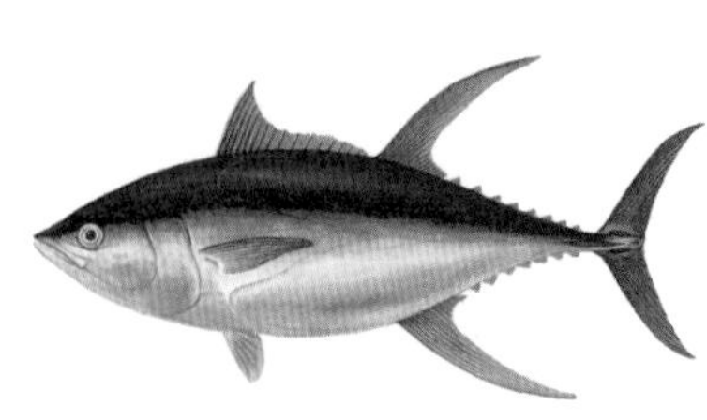

황다랑어는 따뜻한 물을 따라 우리나라 제주 바다와 남해로 올라온다. 지느러미가 누런빛이다. 여럿이 떼로 헤엄쳐 다니면서 고등어, 날치 같은 작은 물고기나 오징어, 새우 따위를 잡아먹는다. 다른 다랑어와 섞여 다니기도 한다. 황다랑어는 먼바다로 원양 어선이 나가서 잡는다. 커다란 그물로 둘러쳐서 잡거나 낚시로도 잡는다. **생김새** 몸길이 2m **사는 곳** 제주, 남해 **먹이** 작은 물고기, 오징어, 새우 **다른 이름** 황다랭이, Yellowfin tuna **분류** 농어목 > 고등어과

황로

황로는 논 둘레나 풀밭에서 지낸다. 봄에 우리나라로 오는데 백로 무리 가운데 늦게 온다. 백로 무리에 섞여서 지내기도 한다. 짝짓기 무렵에 목과 등에 노란색 깃이 난다. 큰 나무의 가지에 접시처럼 생긴 둥지를 짓고 새끼를 친다. 물고기, 개구리, 뱀, 새우, 게, 쥐, 벌레까지 고루 먹는다. 논을 갈면 따라 다니면서 흙 위로 나온 벌레를 잡아먹는다. **생김새** 몸길이 50cm **사는 곳** 풀밭, 논, 습지 **먹이** 물고기, 벌레, 개구리, 뱀, 쥐 **다른 이름** 누른물까마귀[북], Western cattle egret **분류** 황새목 > 백로과

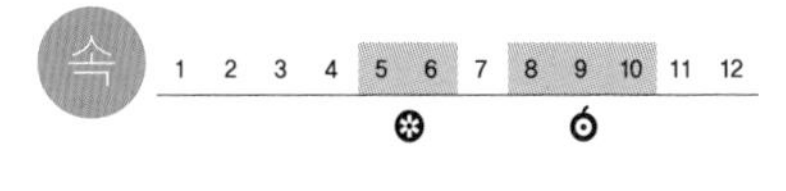

황벽나무

황벽나무는 깊은 산골짜기에서 잘 자란다. 나무 속껍질이 노랗다고 붙은 이름이다. 잎은 뒷면에 털이 조금 있다. 암수딴그루다. 여름에 노란 꽃이 가지 끝에 모여서 핀다. 꿀이 많다. 열매는 가을에 까맣게 익어서 겨울을 나고 이듬해까지도 달려 있다. 새들이 열매를 좋아해서 곧잘 따 먹는다. 속껍질은 약으로 쓰고 천에 노란 물도 들인다. **생김새** 높이 10~15m | 잎 5~10cm, 마주난다. **사는 곳** 깊은 산골짜기 **다른 이름** 황경피나무[북], Amur corktree **분류** 쌍떡잎식물 > 운향과

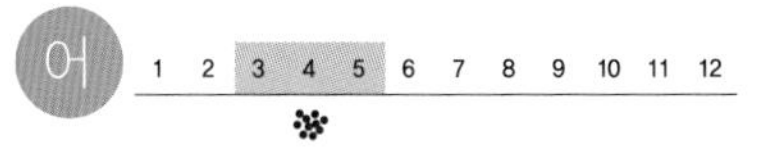

황복

황복은 서해에서 사는데 바다와 강을 오가며 산다. 서해로 흐르는 금강, 한강, 대동강, 임진강, 압록강에서 볼 수 있다. 봄에 강 위쪽까지 올라와 알을 낳는다. 복어 무리 가운데 황복만 강에 올라와 알을 낳는다. 물고기나 새우를 잡아먹는데, 이빨이 튼튼해서 참게도 잘라 먹는다. 성질이 사나워서 무엇이든 문다. 화가 나면 다른 복어처럼 배를 뽈록하게 부풀린다. **생김새** 몸길이 45cm **사는 곳** 서해 **먹이** 작은 물고기, 새우, 게 **다른 이름** 황복아지, 눈복, 강복, River puffer **분류** 복어목 > 참복과

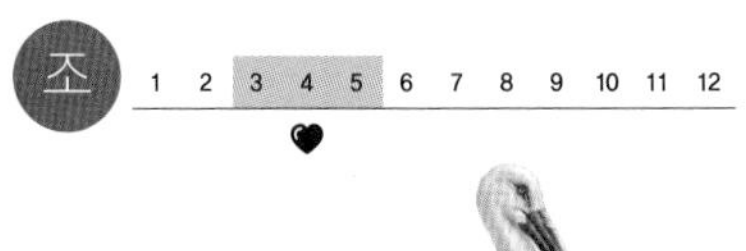

황새

황새는 물이 고인 논이나 호수 같은 물가에서 혼자 살거나 두세 마리씩 무리 지어 산다. 키가 크고 몸이 흰빛이어서 멀리서도 눈에 잘 띈다. 논이나 강에서 물고기나 개구리를 잡기도 하고 벌레나 거미를 잡아먹기도 한다. 날 때는 기다란 목을 쭉 뻗은 채 너울너울 난다. 울음소리를 낼 수 없어서 부리를 여닫거나 다른 황새와 서로 부리를 부딪쳐서 의사소통을 한다. **생김새** 몸길이 112cm **사는 곳** 강, 연못, 호수 **먹이** 물고기, 개구리, 벌레, 쥐 **다른 이름** Oriental stork **분류** 황새목 > 황새과

황새냉이

황새냉이는 논밭이나 냇가에서 흔하게 무리를 지어 자란다. 줄기는 곧게 서고 아래쪽에서 가지를 많이 친다. 잎은 깃꼴로 갈라지는 겹잎이다. 넓은 달걀 모양인데 3~5갈래로 갈라지기도 한다. 가장자리에는 잔 톱니가 있다. 봄에 가지 끝에서 희고 작은 꽃이 모여 달린다. 열매는 긴 기둥 모양이다. **생김새** 높이 10~30cm | 잎 0.3~1.5cm, 어긋난다. **사는 곳** 논밭, 냇가 **다른 이름** 싸라기제, Wavy bittercress **분류** 쌍떡잎식물 > 배추과

황소개구리

황소개구리는 우리나라에 사는 개구리 가운데 가장 크다. 다른 나라에서 들여와 기르던 것이 온 나라에 퍼졌다. 물풀이 많이 자라고 물이 깊어 겨울에도 얼지 않는 곳에 산다. 봄에 짝짓기를 하고 물풀이 많은 곳에서 알을 낳는다. 올챙이로 오랫동안 있어서 겨울을 나고 이듬해에 어른 개구리가 된다. **생김새** 몸길이 12~20cm **사는 곳** 냇가, 웅덩이, 논 **먹이** 벌레, 물고기, 작은 들쥐, 새끼 뱀 **다른 이름** 왕개구리[북], 소개구리[북], 식용개구리, American bull frog **분류** 무미목 > 개구리과

황소비단그물버섯

황소비단그물버섯은 여름부터 가을까지 소나무나 곰솔 같은 바늘잎나무 숲속 땅에 난다. 흩어져 나거나 무리 지어 난다. 큰마개버섯이 자라는 곳에서 함께 볼 수 있다. 갓은 물기를 머금으면 끈적거리고 마르면 반들반들하다. 갓 밑은 벌집처럼 구멍이 나 있다. 풀빛이 돌다가 자라면서 누런 밤빛이 된다. 갓이 많이 피지 않은 어린 것을 먹는다. 한 번에 많이 먹는 것은 좋지 않다. **생김새** 갓 34~110mm **사는 곳** 솔숲 **다른 이름** 그물버섯[북], Bovine bolete **분류** 그물버섯목 > 비단그물버섯과

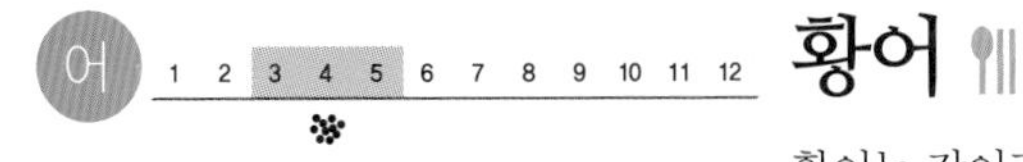

황어

황어는 강어귀나 가까운 바닷가에서 살다가 알을 낳으러 강을 거슬러 오른다. 차가운 물을 좋아한다. 우리나라 동해와 남해로 흐르는 강과 바다에 산다. 몸빛은 푸르스름한데 짝짓기 때가 되면 누런 밤빛으로 바뀐다. 떼로 알을 낳는다. 강에서 깬 새끼는 바다로 내려가거나 강에 눌러살기도 한다. 플랑크톤이나 작은 물고기 따위를 먹는다. **생김새** 몸길이 40~50cm **사는 곳** 동해, 남해 **먹이** 물벌레, 플랑크톤, 작은 물고기 **다른 이름** 황사리, 밀하, Sea rundace **분류** 잉어목 > 잉어과

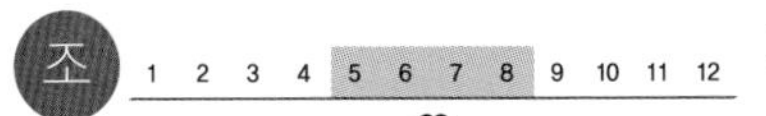

황여새

황여새는 낮은 산이나 마을 둘레에서 산다. 홍여새보다 몸집이 조금 더 크다. 꼬리 끝이 노란색이고 날개에 흰색 반점이 있다. 홍여새만큼이나 깃색이 곱고 아름답다. 가을에 우리나라에 와서 겨울을 나고 봄에 돌아간다. 수십 마리가 무리 지어 다닌다. 홍여새와 섞여 지낼 때가 많다. 나무 열매를 쪼아 먹고, 벌레를 먹기도 한다. 정지 비행도 할 줄 안다. **생김새** 몸길이 19cm **사는 곳** 낮은 산, 마을, 공원 **먹이** 나무 열매, 벌레 **다른 이름** Bohemian waxwing **분류** 참새목 > 여새과

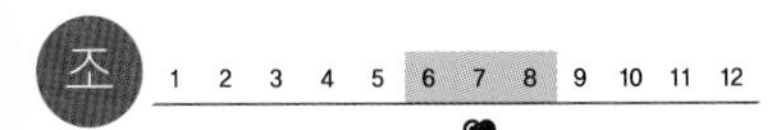

황조롱이

황조롱이는 혼자 또는 암수끼리 함께 산다. 산, 시골 마을, 도시를 가리지 않고 산다. 매과 새 가운데 사람과 가장 가까이 산다. 하늘에서 낮게 날거나 정지 비행을 하면서 먹이를 찾는다. 날개를 반쯤 접고 내리꽂듯 날아서 날카로운 발톱으로 먹이를 움켜쥔다. 다른 새가 썼던 둥지나, 바위틈, 건물 틈, 땅 위에 둥지를 마련해서 알을 낳고, 새끼를 친다. **생김새** 몸길이 33~38cm **사는 곳** 산, 마을 **먹이** 쥐, 개구리, 벌레, 작은 새 **다른 이름** 바람개비새, 바람새, 조롱이[북], Common kestrel **분류** 매목 > 매과

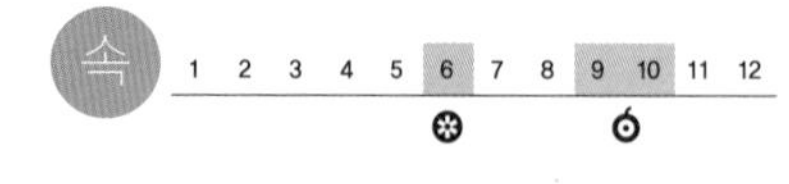

황칠나무

황칠나무는 남부 지방 바닷가나 섬의 나무숲에서 자란다. 줄기는 어릴 때는 풀빛이다가 점점 검어진다. 잎은 어릴 때는 3~5갈래로 갈라지다가 타원형이 된다. 겨울에도 푸르고 윤이 난다. 여름에 가지 끝에서 흰 꽃이 핀다. 암꽃과 수꽃이 따로 핀다. 열매는 가을에 검게 익는다. 줄기 껍질에 상처를 내면 노란빛 나뭇진이 나온다. 이것으로 칠하는 것을 황칠이라고 한다. **생김새** 높이 15m | 잎 10~20cm, 어긋난다. **사는 곳** 바닷가, 섬의 나무숲 **다른 이름** 노란옻나무, Korean dendropanax **분류** 쌍떡잎식물 > 두릅나무과

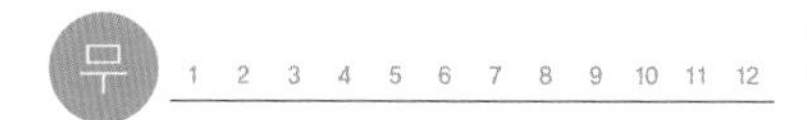

황해비단고둥

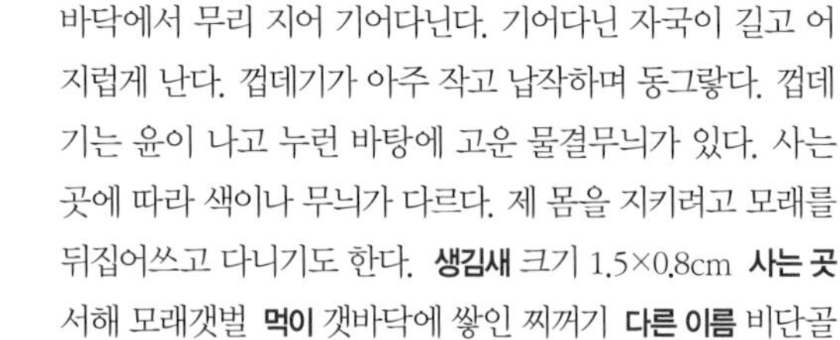
황해비단고둥은 서해 모래갯벌에서 산다. 물 빠진 모래 갯바닥에서 무리 지어 기어다닌다. 기어다닌 자국이 길고 어지럽게 난다. 껍데기가 아주 작고 납작하며 동그랗다. 껍데기는 윤이 나고 누런 바탕에 고운 물결무늬가 있다. 사는 곳에 따라 색이나 무늬가 다르다. 제 몸을 지키려고 모래를 뒤집어쓰고 다니기도 한다. **생김새** 크기 1.5×0.8cm **사는 곳** 서해 모래갯벌 **먹이** 갯바닥에 쌓인 찌꺼기 **다른 이름** 비단골뱅이[북], 서해비단고둥, Yellow sea sand snail **분류** 연체동물 > 밤고둥과

회양목

회양목은 산기슭이나 산골짜기, 석회가 많은 땅에서 저절로 자란다. 가지치기를 해도 잘 자라고 메마른 땅이나 공해에도 강하고 겨울에도 푸르러서 길가나 공원에 많이 심는다. 잎은 달걀 모양이다. 두껍고 윤기가 난다. 노란빛이 도는 풀빛 꽃이 피는데 향기가 좋다. 더디게 자라는데 그만큼 나무는 단단하고 촘촘하다. **생김새** 높이 7m | 잎 1~2cm, 마주난다. **사는 곳** 산기슭, 골짜기, 공원, 길가 **다른 이름** 고양나무, 회양나무, 도장나무, Korean boxwood **분류** 쌍떡잎식물 > 회양목과

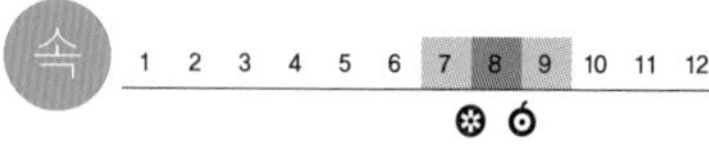

회향

회향은 약으로 쓰려고 그늘이 지는 밭에 심어 기른다. 가끔 절로 자라는 것도 있다. 줄기는 곧게 서고 여럿이 모여난다. 위쪽에서 가지를 많이 친다. 잎은 서너 번 갈라지는데 실 모양으로 가늘다. 잎자루 밑이 줄기를 둘러싼다. 여름에 가지 끝에서 노란빛이 도는 작은 꽃이 모여 핀다. 꽃잎은 다섯 장인데 안으로 구부러졌다. 열매는 달걀 모양이고 진한 냄새가 난다. **생김새** 높이 2m | 잎 25~40cm, 모여나거나 어긋난다. **사는 곳** 밭 **다른 이름** 토회목, Fennel **분류** 쌍떡잎식물 > 산형과

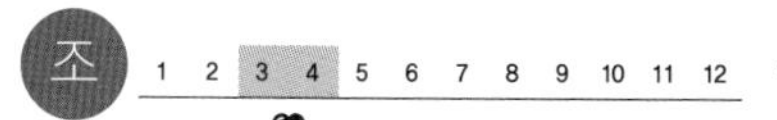

후투티

후투티는 논밭이나 풀밭에서 혼자 또는 암수가 함께 산다. 거름 더미와 낙엽 더미를 헤집거나 땅을 파고 다니면서 먹이를 찾는다. 놀랐을 때나 둘레를 살필 때는 머리깃을 부채처럼 활짝 펼친다. 봄에 우리나라에 와서 짝짓기를 하고, 새끼를 치는데 요즘은 남부 지방에서 머물러 지내기도 한다. 다른 새가 쓰던 나무 구멍이나 돌벽 틈 같은 곳을 둥지로 삼는다. **생김새** 몸길이 28cm **사는 곳** 논밭, 마을, 풀밭 **먹이** 벌레, 지렁이, 거미 **다른 이름** 오디새, Eurasian hoopoe **분류** 파랑새목 > 후투티과

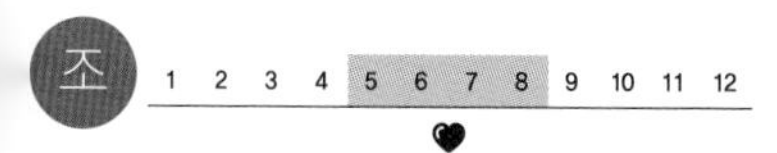

휘파람새

휘파람새는 논밭이나 떨기나무가 많은 숲속에 산다. 겨울에도 혼자 또는 암수가 함께 산다. 늘 몸을 숨기고 지낸다. 여름에는 벌레를 먹고 겨울에는 식물 씨앗을 많이 먹는다. 봄에 우리나라에 와서 짝짓기를 하고, 떨기나무 숲이나 대나무 숲에 밥그릇처럼 둥지를 짓고 새끼를 친다. 새끼를 치고 나면 따뜻한 남쪽 나라로 가서 겨울을 난다. **생김새** 몸길이 13~16cm **사는 곳** 숲, 산기슭 **먹이** 벌레, 거미, 열매, 씨앗 **다른 이름** 피죽새, 고비용새, Japanese bush warbler **분류** 참새목 > 휘파람새과

흑두루미

흑두루미는 가을에 우리나라를 찾아와 순천만, 천수만에서 겨울을 난다. 암수와 새끼로 이루어진 가족끼리 다니기도 하고 다른 흑두루미들과 섞이기도 한다. 가을걷이하고 난 논이나 습지에서 먹이를 찾는다. 논바닥을 걸어 다니면서 떨어진 낟알이나 풀씨를 주워 먹고 물가에서 작은 물고기나 개구리, 우렁이, 새우도 잡아먹는다. **생김새** 몸길이 100cm **사는 곳** 습지, 저수지, 갯벌 **먹이** 물고기, 우렁이, 개구리, 곡식, 풀 줄기, 풀씨 **다른 이름** 흰목검은두루미[북], Hooded crane **분류** 두루미목 > 두루미과

흰굴뚝버섯

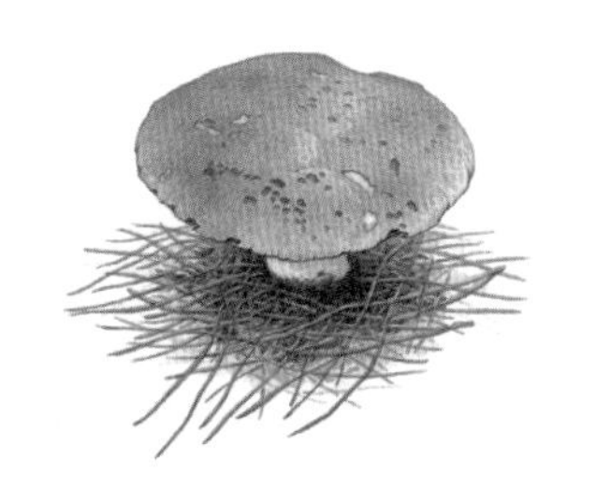

흰굴뚝버섯은 가을에 바늘잎나무 숲속 땅에 난다. 흩어져 나거나 무리 지어 난다. 오래된 소나무나 전나무 둘레에서 잘 자란다. 송이와 닮았는데, 송이가 난 다음에 송이 둘레에 흔히 난다. 어릴 때는 하얗다가 까맣게 바뀐다. 살이 가죽처럼 질기다. 독버섯인 검은망그물버섯과 닮아서 헷갈리기 쉽다. 흰굴뚝버섯은 늦가을에 나지만 검은망그물버섯은 여름 장마철에 난다. **생김새** 갓 45~212mm **사는 곳** 바늘잎나무 숲 **다른 이름** 검은가죽버섯[북], 굽더더기 **분류** 사마귀버섯목 > 노루털버섯과

흰긴수염고래

흰긴수염고래는 지구에 사는 동물 가운데 가장 크다. 어린 새끼도 몸길이가 7m쯤이고, 다 자라면 몸무게는 160톤에 이른다. 한두 마리가 같이 생활하는데, 가끔 여러 마리가 무리를 짓기도 한다. 긴 수염이 달려 있어서 물을 빨아들인 다음 수염으로 먹이를 걸러 먹는다. 늦가을에 짝짓기를 하고 한 해 뒤에 새끼를 낳는다. 여러 소리를 내서 서로 뜻을 주고받는다고 여겨진다. **생김새** 몸길이 23~33m **사는 곳** 우리나라 온 바다 **먹이** 크릴새우 **다른 이름** 대왕고래, 흰수염고래, Blue whale **분류** 고래목 > 긴수염고래과

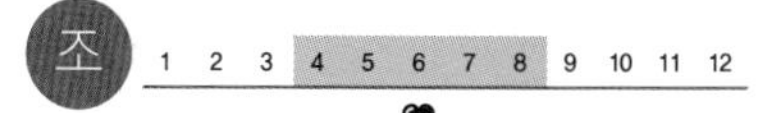

흰날개해오라기

흰날개해오라기는 강이나 논 둘레에서 산다. 나그네새이지만 아주 가끔 여름 동안 우리나라에서 짝짓기를 하고 새끼를 치는 새도 있다. 백로 무리와 섞여서 지낸다. 머리와 목, 가슴은 적갈색이고 등은 청흑색, 날개와 꼬리는 흰색이다. 날개를 펴고 나는 모습을 보면 날개가 하얗다. 짝짓기가 끝나면 온몸이 갈색으로 바뀐다. **생김새** 몸길이 50cm **사는 곳** 저수지, 논, 갈대밭 **먹이** 물고기, 새우, 개구리, 뱀, 벌레, 쥐 **다른 이름** Chinese pond heron **분류** 황새목 > 백로과

흰넓적다리붉은쥐

흰넓적다리붉은쥐는 높은 산 우거진 숲에 많다. 논밭에도 나온다. 우리나라 들쥐 가운데 등줄쥐 다음으로 흔하다. 뒷다리와 배에 흰 털이 나 있다. 귀가 동그랗고 큰 편이다. 몸놀림이 재빠르고, 밤에 나와서 풀 이삭이나 곡식이나 도토리 같은 산열매를 먹고, 작은 벌레도 잡아먹는 잡식성이다. 다른 들쥐보다 뒷다리가 튼튼해서 재빠르게 뛰어다닌다. **생김새** 몸길이 82~113mm **사는 곳** 높은 산, 들판 **먹이** 풀 이삭, 나무 열매, 작은 벌레 **다른 이름** Korean field mouse **분류** 설치목 > 쥐과

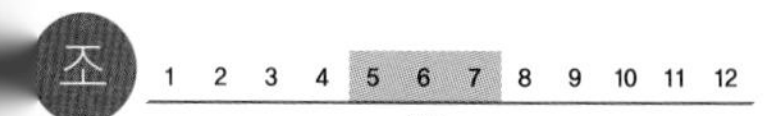

흰눈썹황금새

흰눈썹황금새는 나무가 많은 산이나 숲에서 산다. 수컷은 눈썹줄이 흰색이다. 날아다니는 벌레를 부리로 낚아채 잡아먹는다. 부리 둘레에 빳빳한 털이 나 있어 벌레가 잘 걸려든다. 나뭇가지에 앉아 꼬리를 위아래로 흔들면서 '따륵따륵' 하고 우는 버릇이 있다. 봄여름에 짝짓기를 하고 나무 구멍이나 가지 위, 지붕 밑에 밥그릇 모양으로 둥지를 틀고 새끼를 친다. **생김새** 몸길이 13cm **사는 곳** 낮은 산, 숲, 마을 **먹이** 벌레 **다른 이름** Yellow-rumped flycatcher **분류** 참새목 > 솔딱새과

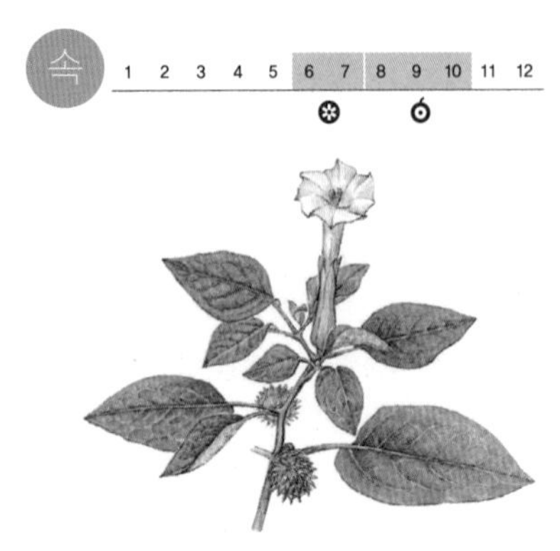

흰독말풀

흰독말풀은 약으로 쓰려고 심어 기른다. 물이 잘 빠지는 땅을 좋아한다. 줄기는 곧게 서고 가지를 많이 친다. 풀빛을 띤다. 잎 가장자리에 고르지 않은 톱니가 있거나 밋밋하다. 여름에 줄기 끝에서 흰 꽃이 한 송이씩 핀다. 긴 깔때기 모양이고 가장자리가 얕게 갈라진다. 열매에는 가시 같은 짧은 돌기가 많이 있다. **생김새** 높이 1~2m | 잎 8~15cm, 어긋난다. **사는 곳** 길가, 밭 둘레 **다른 이름** 독말풀, 네조각독말풀, Common thorn apple **분류** 쌍떡잎식물 > 가지과

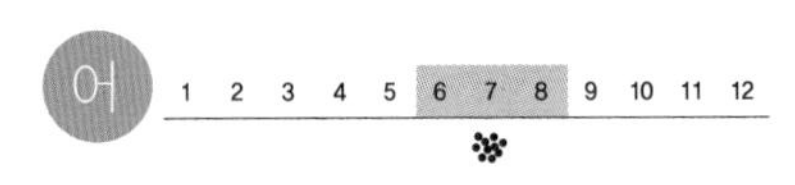

흰동가리

흰동가리는 제주 바다에 산다. 말미잘과 서로 돕고 사는 공생 관계다. 말미잘 촉수에는 독이 있는데 흰동가리는 말미잘 독침에도 끄떡없어서 말미잘 속에 숨어 지낸다. 대신 찌꺼기를 깨끗하게 치워 주고, 다른 물고기를 꾀어서 말미잘이 잡을 수 있게 한다. 떠다니는 새우나 바다풀, 플랑크톤 따위를 먹는다. 사는 곳에 따라 몸빛이 여러 가지이다. 암컷이 알을 지킨다. **생김새** 몸길이 5~7cm **사는 곳** 제주 **먹이** 떠다니는 작은 새우, 바닷말 **다른 이름** Clownfish **분류** 농어목 > 자리돔과

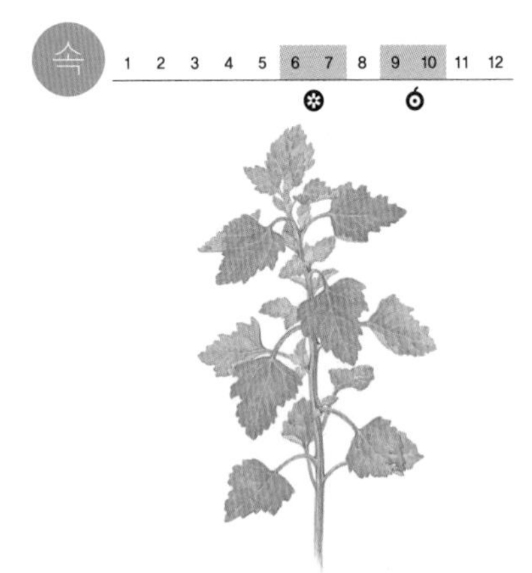

흰명아주

흰명아주는 볕이 잘 드는 곳이면 어디서나 잘 자라고 금방 무리를 이룬다. 2미터 넘게 크기도 한다. 줄기는 높고 곧게 자라서 나무처럼 단단해진다. 잎 가장자리는 톱니가 물결처럼 나 있다. 잎자루는 길고 세모꼴이다. 여름에 꽃이 줄기 끝에 모여 핀다. 열매가 익으면 씨앗이 튀어나와 바람이나 빗물을 타고 퍼진다. 지팡이를 만들어 썼다. **생김새** 높이 60~150cm | 잎 5~7cm, 어긋난다. **사는 곳** 밭, 집 둘레, 길가 **다른 이름** 흰능쟁이, 가는명아주, Water goosefoot **분류** 쌍떡잎식물 > 명아주과

조

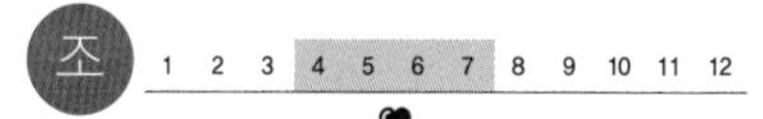

흰목물떼새

흰목물떼새는 강과 냇가, 개울, 바닷가의 자갈이나 모래밭에서 무리를 이루고 산다. 우리나라 이곳저곳에 살지만 드물어서 찾기 어렵다. 가슴에 가늘고 검은 띠가 있다. 둥지는 자갈밭이나 모래밭에 바닥을 오목하게 파서 짓는다. 둥지 가까이 천적이 오면 다친 척하면서 천적을 다른 곳으로 이끈다. 새끼는 병아리처럼 아주 어릴 때부터 스스로 먹이를 찾아 잡아먹는다. **생김새** 몸길이 17cm **사는 곳** 강, 저수지, 간척지 **먹이** 작은 벌레 **다른 이름** Long-billed plover **분류** 도요목 > 물떼새과

균

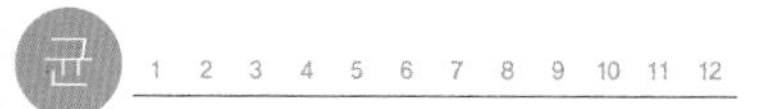

흰목이

흰목이는 여름부터 가을까지 숲속 죽은 나무줄기에 난다. 홀로 나거나 무리 지어 난다. 물참나무에서 잘 자란다. 매끈하고 얇으면서 살짝 비친다. 살은 말랑말랑하고 부드러운데 마르면 오그라들어 딱딱해진다. 물에 불리면 다시 몇십 배나 불어나면서 부드러워진다. 드문 버섯으로 참나무에 키운다. 맛이 부드럽고 오독오독 씹힌다. **생김새** 크기 43~114×36~52mm **사는 곳** 숲 **다른 이름** 흰흐르레기버섯[북], Snow fungus **분류** 흰목이목 > 흰목이과

곤

흰무늬왕불나방

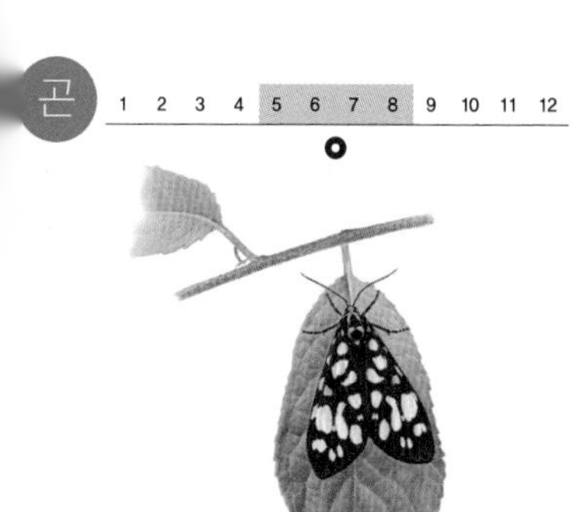

흰무늬왕불나방은 넓은잎나무가 많은 숲과 낮은 산골짜기에서 산다. 불나방 무리 가운데 몸집이 가장 크다. 다른 불나방은 거의 밤에 다니지만 흰무늬왕불나방은 낮에 많이 움직인다. 고추나무같이 산에 피는 꽃에서 꿀을 먹는다. 자리를 잘 옮기지 않고 잘 날아가지도 않는다. 밤에 불빛에 날아들기도 한다. 애벌레는 나무껍질 속에서 번데기가 된다. **생김새** 날개 편 길이 80~90mm **사는 곳** 숲, 산골짜기 **먹이** 애벌레_나뭇잎 | 어른벌레_꿀 **분류** 나비목 > 불나방과

흰물떼새

흰물떼새는 바닷가나 강, 저수지에서 무리 지어 산다. 몸빛이 흰빛을 많이 띤다. 다른 물떼새 무리와 섞이기도 한다. 가만히 서서 둘러보다가 먹이를 찾으면 재빨리 달려가 잡는다. 갯지렁이나 물에 사는 벌레를 먹는다. 흔히 봄가을에 이동하면서 우리나라에 들러 간다. 가끔 우리나라에서 여름에 새끼를 치거나, 겨울을 나는 새들도 있다. **생김새** 몸길이 17cm **사는 곳** 강, 저수지, 간척지 **먹이** 갯지렁이, 작은 벌레, 새우 **다른 이름** 흰가슴알도요[북], Kentish plover **분류** 도요목 > 물떼새과

흰발농게

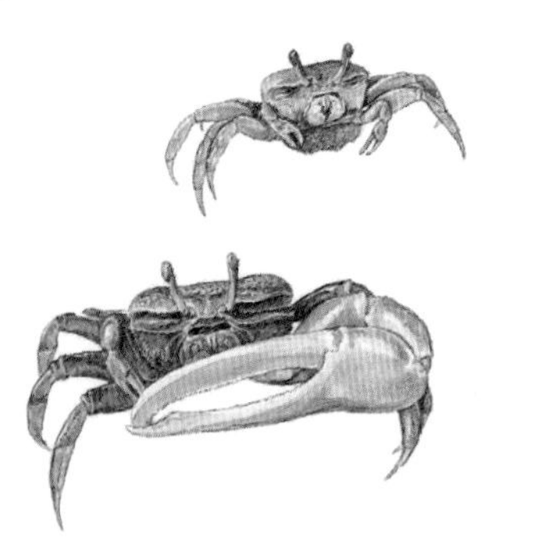

흰발농게는 모래가 많이 섞인 갯벌에 구멍을 파고 산다. 물이 빠지면 구멍 밖으로 나와 부지런히 펄 흙을 먹는다. 농게와 닮았는데 농게보다 작다. 수컷 한쪽 집게발이 하얗다고 흰발농게라고 한다. 몸보다 집게발이 훨씬 크다. 짝짓기 철에는 암컷 눈에 띄려고 큰 집게발을 들고 앞뒤로 흔들어 댄다. 위험을 느끼면 눈 깜짝할 사이에 구멍 속으로 숨는다 **생김새** 등딱지 크기 2×1.3cm **사는 곳** 서해, 남해 갯벌 **먹이** 갯벌 속 영양분 **다른 이름** Milky fiddler crab **분류** 절지동물 > 달랑게과

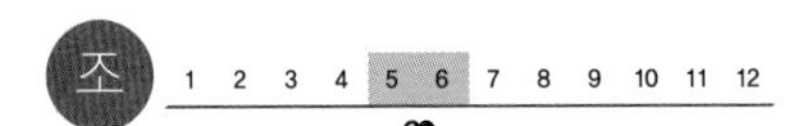

흰배지빠귀

흰배지빠귀는 울창한 숲속에서 산다. 짝짓기를 하는 여름에는 암수가 함께 깊은 숲속에 살다가 겨울이 오면 혼자 지낼 때가 많다. 나뭇가지를 옮겨 다니면서 벌레를 잡아먹고, 땅 위에서 걷거나 뛰면서 먹이를 찾는다. 봄에 짝짓기를 하고 나뭇가지에 밥그릇처럼 생긴 둥지를 튼다. 여름 철새지만 남부 지방에서 머무르기도 한다. **생김새** 몸길이 23cm **사는 곳** 숲, 야산, 공원 **먹이** 벌레, 지렁이, 거미, 나무 열매, 씨앗 **다른 이름** 흰배티티, Pale thrush **분류** 참새목 > 지빠귀과

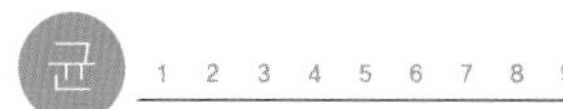

흰비단털버섯

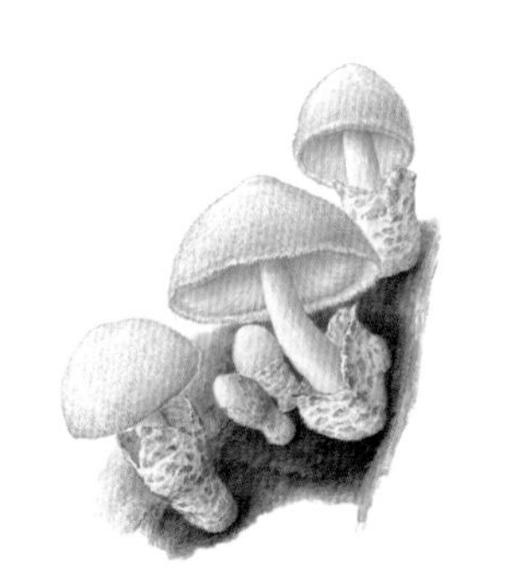

흰비단털버섯은 여름부터 가을까지 죽은 넓은잎나무 줄기나 그루터기에 홀로 나거나 무리 지어 난다. 버드나무나 피나무에서 잘 자란다. 어릴 때는 달걀 같고 자라면서 꼭대기에서 갓과 대가 나온다. 갓에 비단실처럼 반들거리는 하얀 털이 덮여 있다. 또 컵처럼 생긴 커다랗고 노란 대주머니가 밑동을 싸고 있다. 주름살은 하얗다가 살구색으로 바뀐다. **생김새** 갓 65~150mm **사는 곳** 넓은잎나무 숲 **다른 이름** 노란주머니버섯[북], Silky rosegill **분류** 주름버섯목 > 난버섯과

흰뺨검둥오리

흰뺨검둥오리는 호수나 강 같은 물가에서 산다. 우리나라에서 볼 수 있는 오리 무리 가운데 하나뿐인 텃새이다. 얕은 물을 부리로 휘저으면서 물고기나 개구리를 잡아먹고, 논에서 낟알이나 풀씨를 먹기도 한다. 봄여름에 짝짓기를 한다. 마른 풀을 엮어 둥지를 틀고 새끼를 친다. 새끼는 곧 어미를 따라 걷거나 헤엄쳐 다닌다. **생김새** 몸길이 60cm **사는 곳** 논, 강, 냇가, 바다 **먹이** 물고기, 나무 열매, 물풀, 곡식, 벌레 **다른 이름** 검독오리[북], Spot-billed duck **분류** 기러기목 > 오리과

흰뺨오리

흰뺨오리는 바다나 강에서 산다. 수컷 뺨에 희고 둥근 무늬가 있다. 5~10마리씩 작은 무리를 지어 산다. 겨울을 나기 위해 우리나라로 오거나 떠날 때는 수백 마리씩 모여 같이 움직인다. 헤엄을 잘 치고 잠수도 잘한다. 물 위에서 헤엄치거나 깊은 곳까지 잠수해서 물에 사는 작은 벌레부터 조개, 물고기, 물풀, 풀씨까지 온갖 동식물을 먹는다. **생김새** 몸길이 45cm **사는 곳** 바다, 강, 호수 **먹이** 조개, 달팽이, 벌레, 물고기, 물풀, 풀씨 **다른 이름** Common goldeneye **분류** 조류 > 기러기목 > 오리과

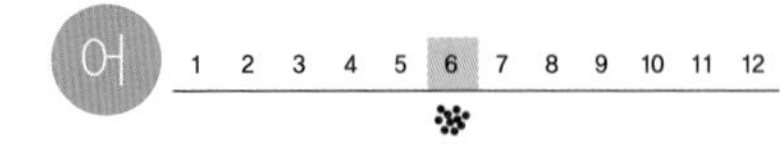

흰수마자

흰수마자는 맑은 물이 흐르는 냇물이나 강에서 산다. 바닥에 모래가 깔리고 물살이 센 여울에서 산다. 입수염이 네 쌍 있는데 모두 길고 새하얗다. 물속에 사는 작은 물벌레를 잡아먹는다. 눈이 세로로 길쭉하고 톡 튀어나왔다. 눈동자를 옆으로 이리저리 잘 굴린다. 초여름에 알을 낳는다. **생김새** 몸길이 6~10cm **사는 곳** 냇물, 강 **먹이** 작은 물벌레 **다른 이름** 낙동돌상어[북], 흰수염마자, 돌모래무지, 돌모래미, 댕이 **분류** 잉어목 > 모래무지아과

흰주름버섯

흰주름버섯은 늦여름부터 가을까지 거름기가 많은 풀밭, 숲 언저리에서 난다. 말 같은 짐승을 키우는 곳에 특히 많다. 홀로 나거나 무리 지어 나며 때로 버섯고리를 이루어서 둥글게 나기도 한다. 키도 크고 갓도 커서 눈에 잘 띈다. 갓은 어릴 때는 둥글거나 둥근 산 모양이고 갓 끝이 안쪽으로 말려 있다. 자라면서 갓이 판판해지고 색도 짙어진다. **생김새** 갓 80~200mm **사는 곳** 풀밭, 숲 언저리 **다른 이름** 큰들버섯[북], Horse mushroom **분류** 주름버섯목 > 주름버섯과

흰주름젖버섯

흰주름젖버섯은 여름부터 가을까지 숲속 땅 위에 흩어져 나거나 무리 지어 난다. 갓은 어릴 때는 둥근 산 모양이고 끝이 안쪽으로 말려 있다. 자라면서 판판해지는데 가운데가 오목하게 꺼져 깔때기 모양이 되기도 한다. 겉에 고운 가루 같은 비늘 조각이 덮여 있고 잔주름이 있다. 배젖버섯과 닮았는데 색이 옅고 주름살 사이가 넓다. 주름살을 칼로 베면 하얀 젖이 나오는데 시간이 지나도 색이 안 바뀐다. **생김새** 갓 32~105mm **사는 곳** 숲 **다른 이름** 성긴주름젖버섯[북], 넓은갓젖버섯 **분류** 무당버섯목 > 무당버섯과

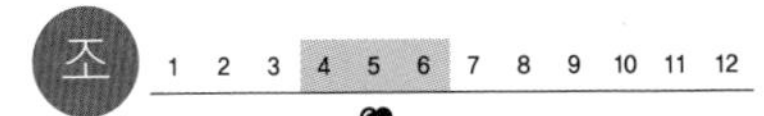

흰죽지

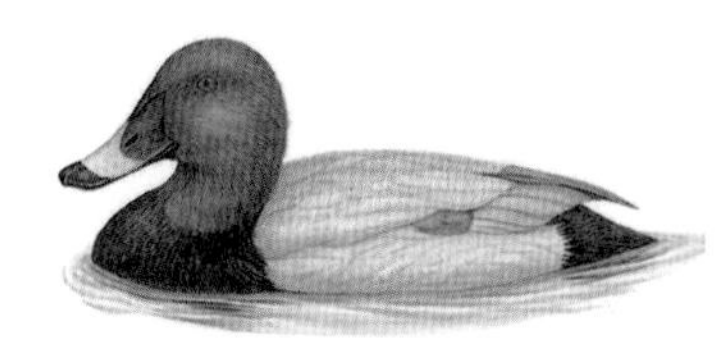

흰죽지는 갈대나 줄풀이 우거진 호수나 저수지 물 위에 떠서 지낸다. 댕기흰죽지나 검은머리흰죽지 무리와 섞여 다닐 때가 많다. 다리가 몸통 뒤쪽에 붙어 있어서 아주 뒤뚱거리고 느리게 걷는다. 대신 헤엄을 잘 치고 잠수도 깊이 할 수 있다. 큰 물고기나 게를 잡았을 때는 물고 물 위에서 여러 번 흔든 다음 먹는다. 날 때는 물 위를 달음박질하면서 날아오른다. **생김새** 몸길이 46cm **사는 곳** 저수지, 강, 바다 **먹이** 물풀, 벌레, 물고기, 조개, 달팽이 **다른 이름** Common pochard **분류** 기러기목 > 오리과

어 1 2 3 4 5 6 7 8 9 10 11 12

흰줄납줄개

흰줄납줄개는 물이 느리게 흐르는 냇물이나 저수지에 산다. 떼를 지어 물풀이 우거진 곳에서 헤엄쳐 다닌다. 파랗거나 하얀 줄무늬 하나가 꼬리에 가로로 쭉 나 있다. 봄에 알을 낳는데, 수컷은 혼인색을 띠어 등이 파래지고 몸통은 빨개진다. 암컷은 긴 산란관을 조개 몸속에 넣어 알을 낳는다. 한 달 뒤에 새끼가 나온다. **생김새** 몸길이 6~8cm **사는 곳** 냇물, 저수지 **먹이** 물벌레, 실지렁이, 물풀 **다른 이름** 망성어[북], 흰납줄개, 흰납죽이, 꽃납지래기, Rosy bitterling **분류** 잉어목 > 납자루아과

속 1 2 3 4 5 6 7 8 9 10 11 12

히어리

히어리는 남부 지방 산기슭에서 자란다. 햇가지는 누런 밤빛이고 껍질에 흰 껍질눈이 있다. 잎에 옆으로 뻗는 잎맥이 뚜렷하다. 앞면은 풀빛이고 뒷면은 연한 잿빛이다. 가을에 누렇게 물든다. 꽃은 이른 봄에 잎겨드랑이에서 노랗게 핀다. 꽃받침이 얇은 종이처럼 조금 투명하다. 열매는 털이 많고 껍질이 단단하다. 여물면 두 갈래로 갈라진다. **생김새** 높이 1~5m | 잎 5~9cm, 어긋난다. **사는 곳** 산기슭 **다른 이름** 납판나무, 송광꽃나무, 조선납판화, Winter hazel **분류** 쌍떡잎식물 > 조록나무과

2. 자연과 생태계

생물과 생태계

우리 둘레에는 어디에나 생명체가 산다. 우리 몸에도 눈에 보이지 않을 만큼 작은 미생물이 살고, 집 안에도 작은 여러 생물들이 산다. 바깥으로 나서면 산과 들, 깊은 바다까지 온갖 동물과 식물, 균류, 미생물 들이 산다.

생물들은 저마다 물과 햇빛, 흙과 공기와 같은 자연 환경에 적응하고, 다른 생명체와 영향을 주고받으며 살아간다. 생산자인 식물은 필요한 에너지를 태양에서 얻는다. 식물이 햇빛을 받아 광합성을 해서 양분을 만들고 이것을 다른 생물들이 나누어 쓴다. 초식 동물인 1차 소비자, 육식 동물인 2차 소비자, 죽은 생물체나 배설물을 썩게 하는 분해자들이다. 모든 생물들은 서로 먹고 먹히는 관계에 있을 뿐만 아니라, 살아가는 데 필요한 많은 것들을 주고받으며 살아간다.

생태계의 순환

버섯이나 곰팡이 따위는 죽은 생물을 썩히거나 살아 있는 생물에 붙어살면서 양분을 얻고, 남은 찌꺼기를 무기물로 분해하는 일을 한다.

먹이 그물

생물은 모두 다른 생물에 기대어서 살아간다. 생태계에서 생물들은 서로 먹고 먹히며 살아간다. 먹이를 중심으로 이어진 생물 사이의 관계는 '먹이 사슬'처럼 단순하게 나타낼 수 있다. 이것을 피라미드 모양으로 나타내기도 한다. 가장 아래에 생산자인 식물이 있고 그 위로 소비자를 두는데, 위로 올라갈수록 생물종 수가 줄어든다. 하지만 많은 생물들은 한 가지 이상의 먹이를 먹기 때문에 실제로 자연은 우리가 쉽게 파악하기 어려울 만큼 관계가 아주 복잡하다. 먹고 먹히는 관계가 뒤바뀌는 경우도 흔하다. 이렇게 먹이 사슬이 그물처럼 복잡하게 얽혀 있는 먹이 관계가 '먹이 그물'이다.

먹이 사슬

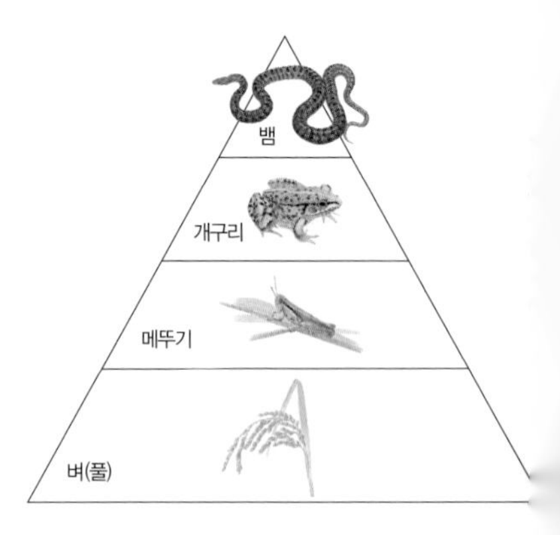

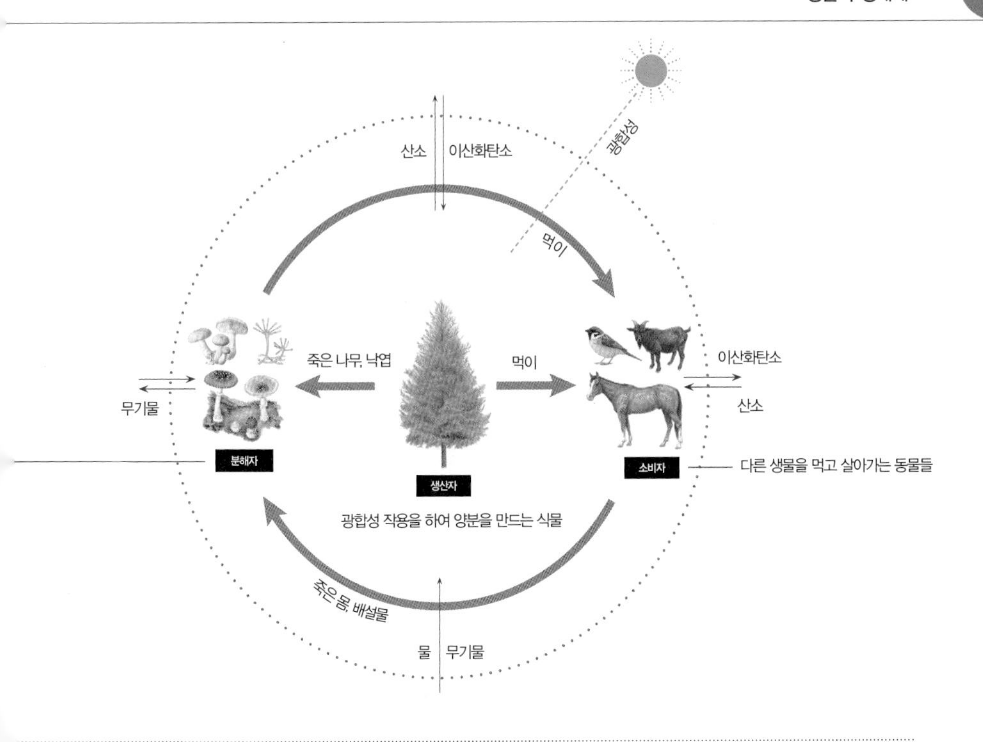
광합성
산소
이산화탄소
먹이
죽은 나무, 낙엽
먹이
이산화탄소
산소
무기물
분해자
생산자
소비자
다른 생물을 먹고 살아가는 동물들
광합성 작용을 하여 양분을 만드는 식물
죽은 몸, 배설물
물
무기물

먹이 그물

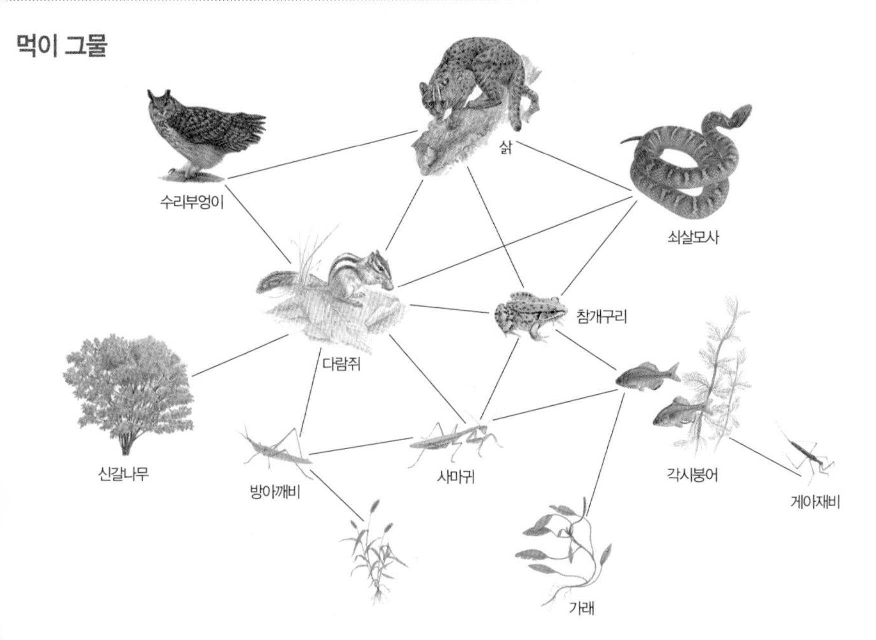
삵
수리부엉이
쇠살모사
다람쥐
참개구리
신갈나무
방아깨비
사마귀
각시붕어
게아재비
가래

생물의 진화

지구에서 맨 처음 생명이 태어난 곳은 바다라고 알려져 있다. 지구에 물이 생긴 때는 약 40억 년 전이고, 35억 년 전에 처음으로 생명이 태어났다. 처음으로 생겨난 생명체는 감기를 옮기는 박테리아 같은 모습이었다. 시간이 지나면서 점점 구조가 복잡해지고 덩치가 커졌다.
17억 년 전에 다세포 생물이 나타났다. 바다에는 둥실둥실 떠다니는 플랑크톤이나 흐느적흐느적 자라는 바닷말이나 오징어처럼 뼈 없는 동물들이 나타났다.
그러다가 약 7억 년 전쯤에 처음으로 등뼈가 있는 동물이 나타났다. 4억 5천만 년 전에는 땅 위에 사는 식물이 나타나고, 그 뒤에 땅 위에 사는 동물이 나타났다. 사람 조상은 겨우 400만 년 전쯤에 나타났다. 그러니까 사람이 나타나기 훨씬 전부터 지구에는 많은 생물이 살고 있었다.
지금 세상에 있는 모든 생물은 먼 옛날 한 생명체에서 갈라져 나왔다. 생물들은 돌연변이와 자연 선택과 같은 진화 과정을 거치면서 지금처럼 온갖 생물종이 나타나 지구에서 살게 되었다.

지구 생물의 역사

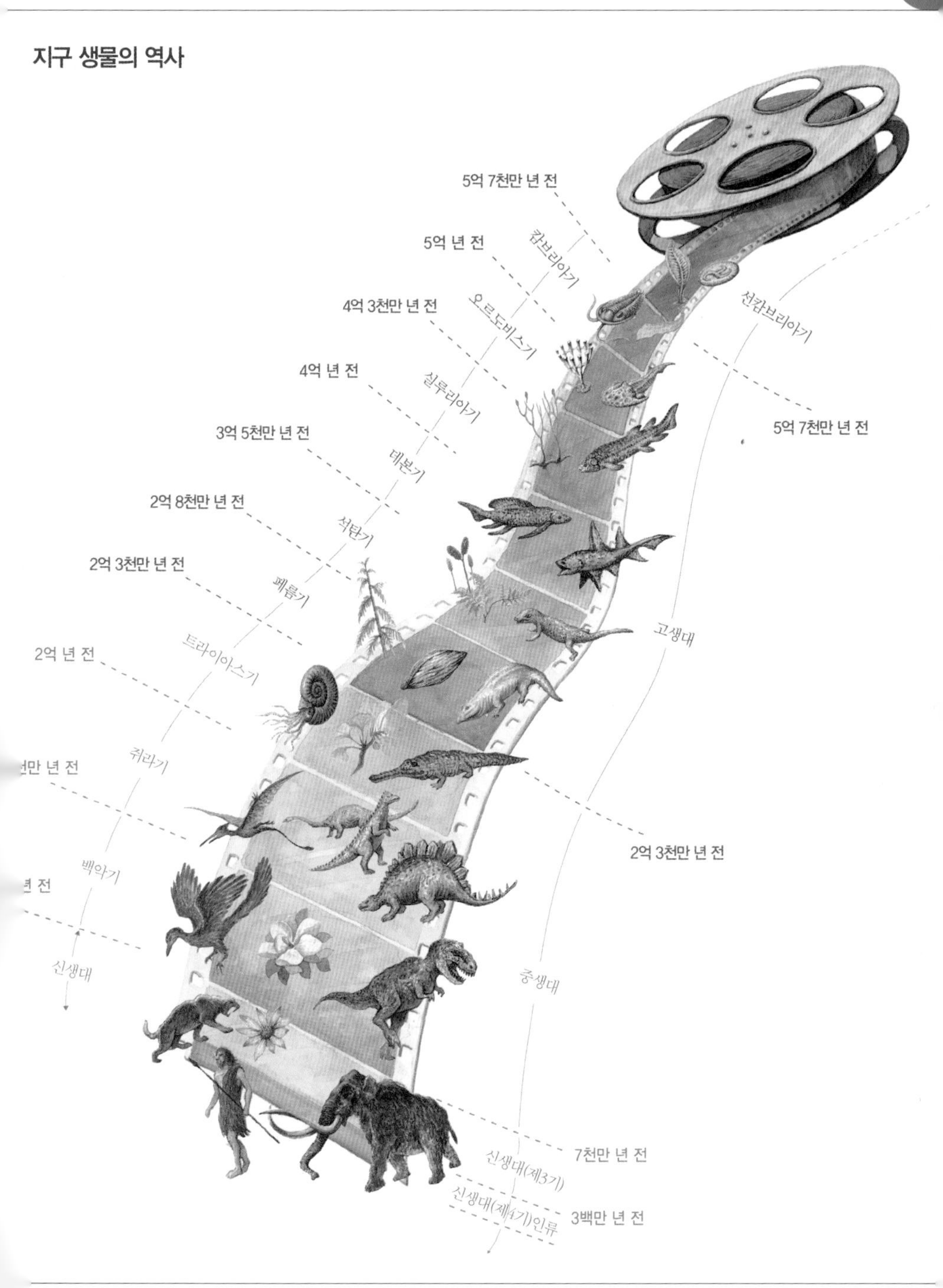
5억 7천만 년 전
캄브리아기
5억 년 전
오르도비스기
4억 3천만 년 전
실루리아기
4억 년 전
데본기
3억 5천만 년 전
석탄기
2억 8천만 년 전
페름기
2억 3천만 년 전
트라이아스기
2억 년 전
쥐라기
천만 년 전
백악기
년 전
신생대
선캄브리아기
5억 7천만 년 전
고생대
2억 3천만 년 전
중생대
7천만 년 전
신생대(제3기)
신생대(제4기)인류
3백만 년 전

생태계 다양성

바다

바다는 넓고 깊다. 그리고 모두 이어져 있다. 지구 전체에서 바다는 땅보다 두 배쯤 더 넓고, 땅의 평균 높이보다 바다의 평균 깊이가 네댓 배쯤 된다. 살고 있는 생명체도 다양하다. 아주 작은 플랑크톤부터 지구에서 가장 큰 동물인 대왕고래까지 산다. 우리가 모르는 생명체들이 아직도 많다.
바다에는 물낯 가까운 곳부터 깊은 바다까지 어디에나 물고기가 산다. 바다에 사는 물고기는 거의 민물에서 살지 못하지만, 민물과 바다를 오가는 물고기도 있다. 물고기 말고도 여러 무척추동물이 살고, 원생생물에 드는 바닷말도 살아간다.

우리나라는 동쪽, 서쪽, 남쪽이 바다로 둘러싸여 있다. 동해는 모래가 바닥에 깔려 있고 바닷가를 벗어나면 2,000~3,000미터까지 깊어진다. 서해는 질척질척한 갯벌이 넓게 펼쳐져 있고, 물이 얕아서 평균 깊이가 44미터쯤 된다. 남해는 갯바위가 많고, 해안선이 꼬불꼬불하다. 제주는 바다가 따뜻해서 산호가 있다.
바닷물은 가만히 고여 있지 않고 강물처럼 흐른다. 이 흐름을 '해류'라고 한다. 우리나라 남쪽에서는 따뜻한 바닷물이 올라오고, 북쪽에서는 차가운 바닷물이 내려온다.

바닷물고기

고등어

임연수어

바다 포유류

바다사자

무척추동물

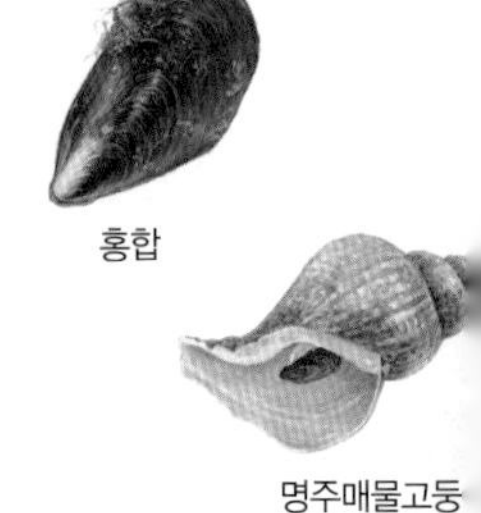

홍합

우렁쉥이

명주매물고둥

해조류

미역

명태
넙치
참홍어
황복
멸치

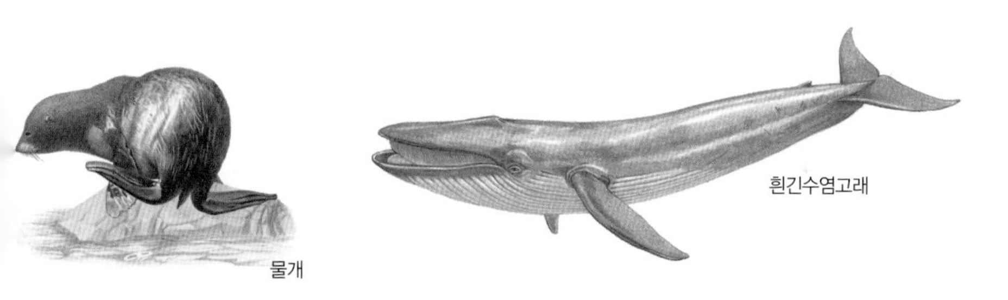
흰긴수염고래
물개

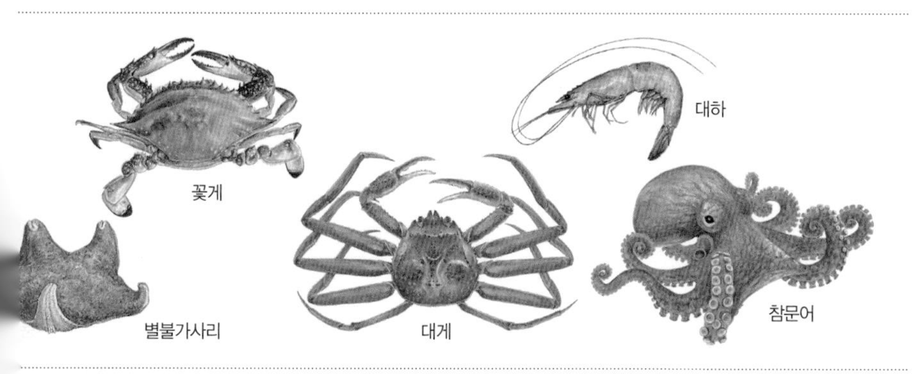
대하
꽃게
별불가사리
대게
참문어

다시마

갯벌

갯벌은 밀물 때는 바다물에 잠겼다가 썰물 때는 바닥이 드러나는 넓고 평평한 곳이다. 바닷물이 들고 나면서 모래나 진흙 알갱이를 계속 쌓는다. 모래가 많은 곳은 모래갯벌이라고 하고, 진흙이 많으면 진흙갯벌, 펄갯벌이라고 한다.

우리나라 서해안은 해안선이 구불구불하고 밀물과 썰물 때 높이 차가 크다. 그리고 강에서 흘러드는 퇴적물이 많고, 파도가 약해서 갯벌이 넓게 펴져 있다. 남해안에도 그런 곳이 있다.

갯벌에는 아주 많은 동물이 산다. 땅이 기름지고, 먹을 것이 계속 쌓이기 때문이다. 또 갯벌은 땅이나 물을 더럽히는 물질도 없애 준다.

우리나라 서해와 남해는 갯벌이 생기기에 좋은 곳이다. 우리나라에 갯벌이 만들어진 것은 8천 년쯤 전부터라고 한다. 넓이는 부산의 세 배가 넘는다. 서해안으로 펼쳐진 갯벌이 전체 갯벌 가운데 84퍼센트쯤 된다.

서해와 남해에는 갯벌이 흔하지만, 전 세계를 살펴보면 갯벌은 드문 지형이다. 그래서 우리나라 갯벌은 전 세계에서도 5대 갯벌에 든다. 그중에서도 다양한 생물이 모여 살기로는 첫손에 꼽힌다. 최근에는 갯벌의 생물들이 이산화탄소를 많이 흡수한다는 것이 알려졌다.

갯벌에 사는 무척추동물

갯가에 사는 새

갯벌에 사는 식물

갯벌 해조류

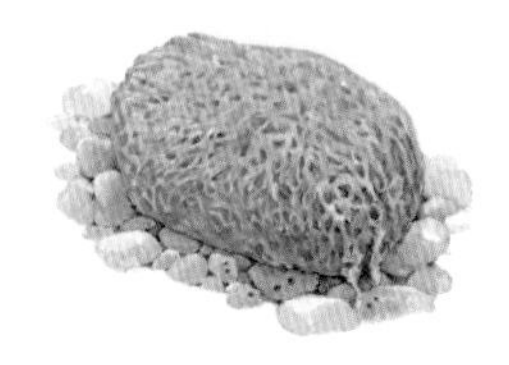

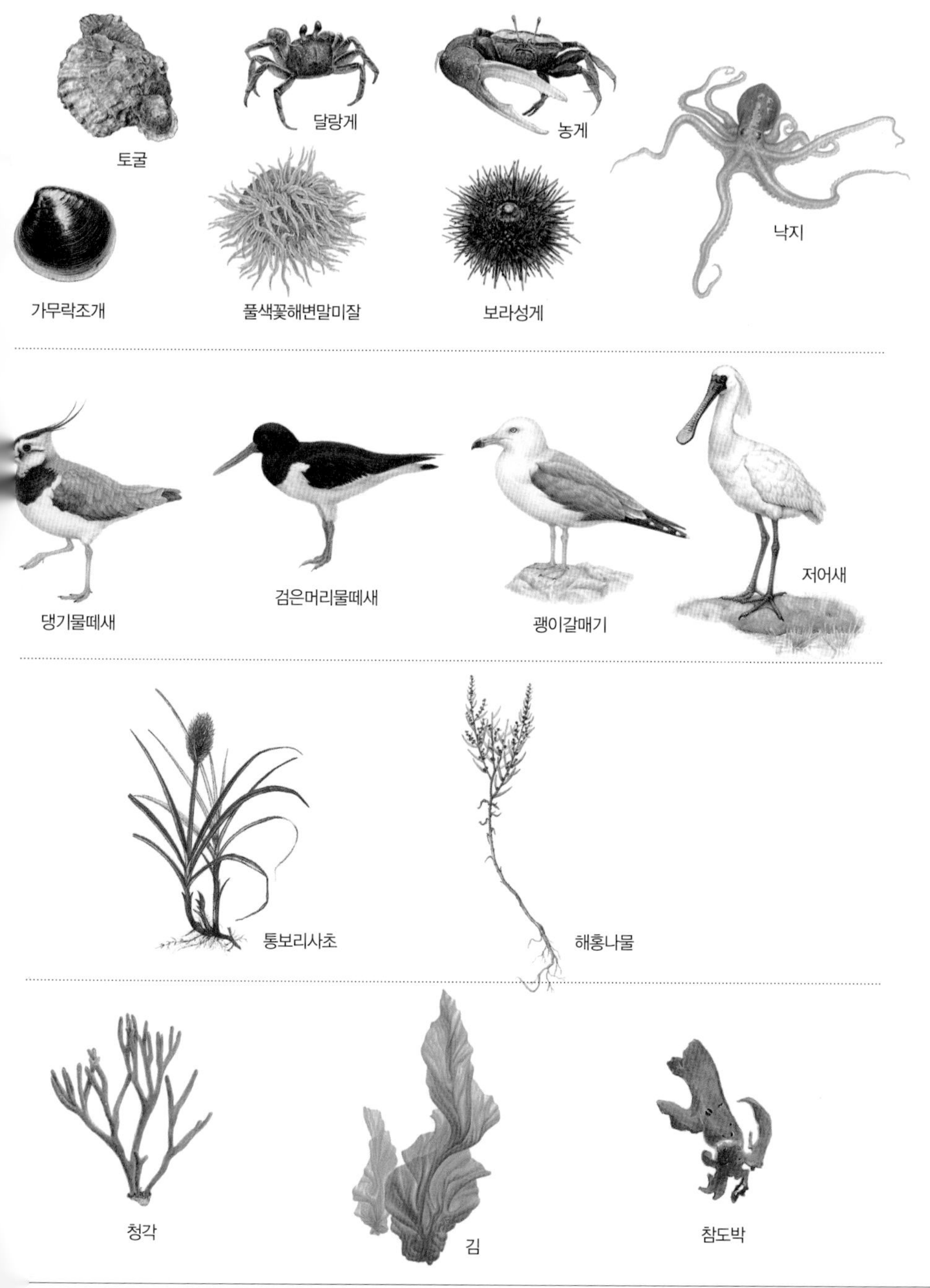
토굴
달랑게
농게
낙지
가무락조개
풀색꽃해변말미잘
보라성게
댕기물떼새
검은머리물떼새
괭이갈매기
저어새
통보리사초
해홍나물
청각
김
참도박

민물과 습지

우리 땅에는 강과 크고 작은 냇물이 많다. 늪 같은 습지도 있고, 물을 모아 두려고 만든 저수지나 물이 고여 있는 호수나 크고 작은 못도 있다. 논에는 물이 차 있는 동안 민물 생물들이 살아간다. 민물 속에는 플랑크톤부터 물벌레, 민물고기, 물풀 같은 생명체들이 살아간다. 물가에서만 사는 새와 양서류, 파충류 같은 동물들과 물가 식물들도 여럿이다. 민물과 습지에는 들판보다 훨씬 더 다양한 생명체들이 모여 살아간다.

강과 냇물, 습지의 물속에 사는 동물은 다른 강으로 옮겨가는 것이 거의 불가능하다. 그래서 민물고기는 그 강에서만 사는 고유종이 많이 있다. 같은 종이더라도 사는 강에 따라 생김새가 달라지기도 한다. 큰 강마다 많이 사는 물고기도 서로 다르다.

한반도 지대는 동쪽이 높고 서쪽이 낮으며 북쪽이 높고 남쪽이 낮다. 그래서 큰 강은 서해나 남해로 흘러들어 간다. 한강 수계, 금강 수계, 영산강 수계의 강들은 동쪽에서 시작해 서해로 흐른다. 섬진강 수계와 낙동강 수계는 북쪽에서 시작해서 남해로 흐른다. 서해와 남해로 흐르는 강과 하천은 길고 폭도 넓다. 동해로 흐르는 강은 북한에 있는 두만강을 빼고는 큰 강이 없다. 우리나라 강과 냇물의 길이는 3만 킬로미터쯤 되고, 낙동강 수계와 한강 수계가 저마다 1/3쯤 된다.
습지는 저수지나 늪처럼 물이 고여 있는 곳이다. 우리나라 육지에는 습지가 2천 곳 가까이 있고, 넓이는 전체 육지의 2퍼센트에 조금 못 미친다.

민물고기

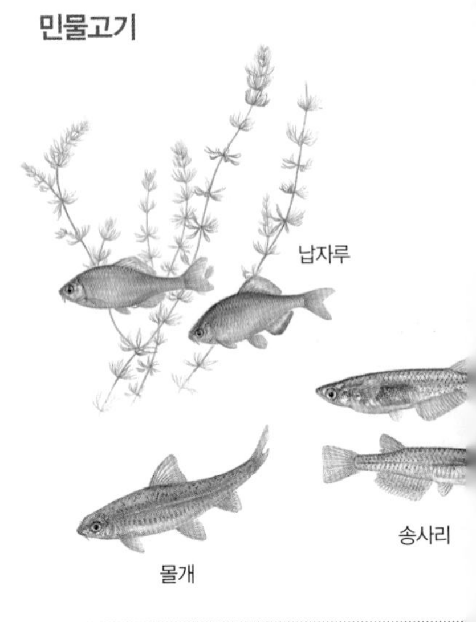

물벌레

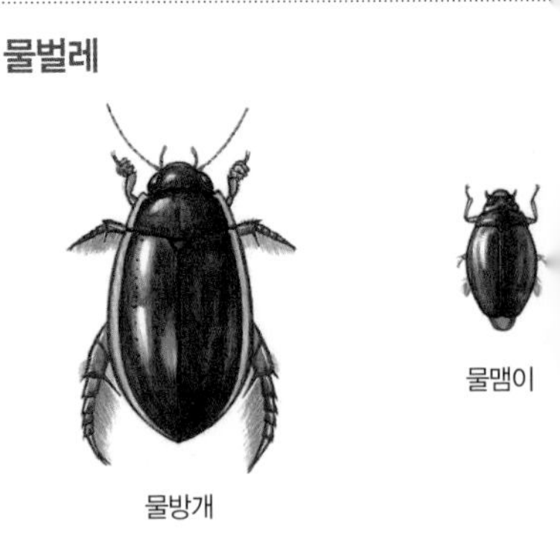

물풀과 물가 나무

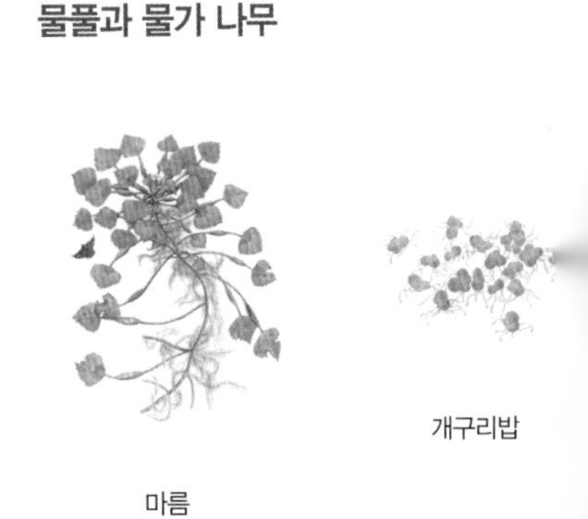

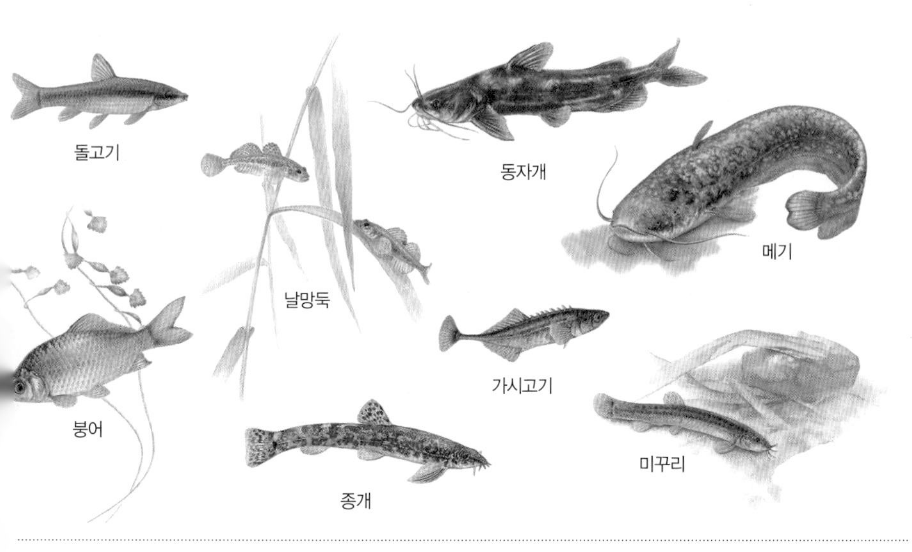
돌고기
동자개
메기
날망둑
붕어
가시고기
미꾸리
종개

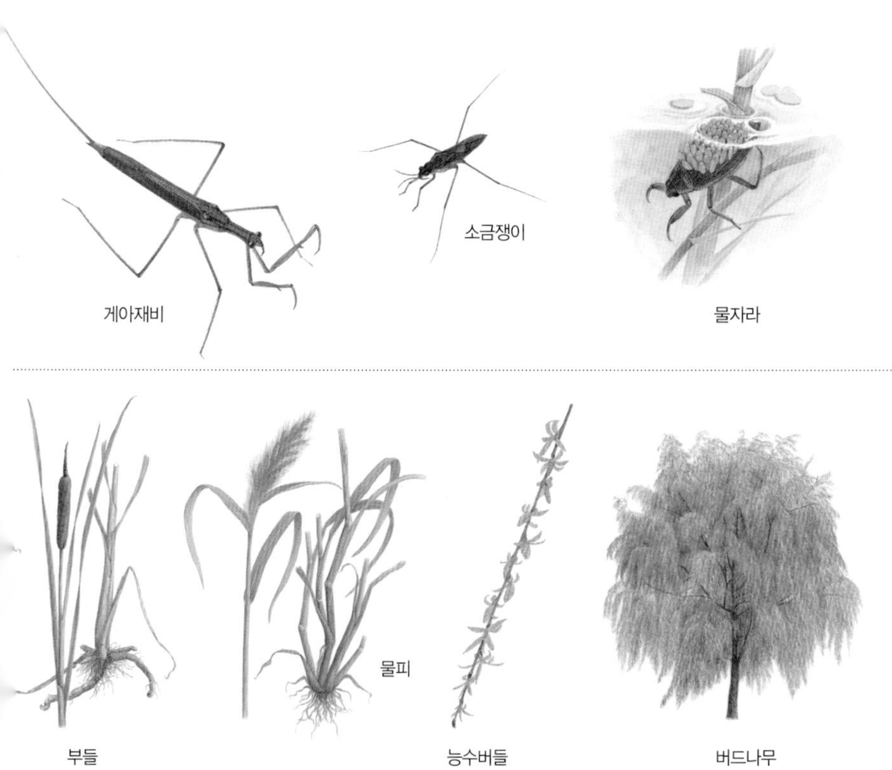
소금쟁이
게아재비
물자라
물피
부들
능수버들
버드나무

산

생명체들은 저마다 좋아하는 땅이 있다. 빛과 온도에 따라, 땅이 머금은 물기와 흙에 섞인 무기물에 따라, 사는 식물이 다르고 식물에 기대어 살아가는 동물도 다르다.
산은 우리나라 땅 가운데 가장 넓다. 산은 사람이 가지 않는 곳이 많아서, 사람을 피해 다양한 생물들이 저마다의 방식으로 살아간다. 큰 나무가 자라서 숲을 이루고, 여러 식물과 동물과 균류가 어우러져 산다. 높이에 따라서 날씨가 달라지고, 자리에 따라 햇빛과 물기와 바람, 흙과 바위 같은 자연 조건이 다양하게 바뀐다. 생명체도 다양하다.

우리나라는 나라 땅의 2/3쯤이 산이다. 일본과 몇몇 나라를 빼면 육지에서 산이 차지하는 비율이 아주 높은 나라에 든다. 우리나라 산은 넓이가 줄곧 줄어서 지난 60년 동안 산의 5퍼센트쯤이 도시와 농경지와 길로 바뀌었다. 하지만 넓이가 줄어드는 동안, 산에서 자라는 나무는 몇 배나 무성해졌다.
산에 어떤 나무가 많이 사는가에 따라 바늘잎나무 숲, 넓은잎나무 숲, 그리고 이 둘이 섞인 숲으로 나눈다. 우리나라는 이 세 숲이 비슷하게 있는데, 바늘잎나무 숲이 조금 더 넓다.

숲을 이루는 나무

산새

깊은 산 벌레

산에서 자라는 풀
가문비
구상나무
속새
도라지모시대
더덕
분홍할미꽃
가지더부살이
족도리풀
얼레지
곰취
산짐승
솔잣새
어치
호랑이
반달가슴곰
산양
하늘다람쥐
말사슴
산에서 자라는 버섯
분개미
두꺼비메뚜기
노란개암버섯
나팔버섯
송이
표고
노루궁뎅이

논과 밭

농사를 짓는 논과 밭은 오랜 시간에 걸쳐 사람이 땅을 일군 것이다. 땅을 평평하게 골라 논둑이나 밭둑을 쌓고, 돌을 골라내고, 물을 대고, 해마다 거름을 한다.
논은 논둑과 도랑이 있어서 물을 채웠다 뺐다 할 수 있다. 논흙은 진흙이라서 물을 잘 가둔다. 논에 물을 채우면 다른 풀이 덜 자란다. 그래도 물이 늘 있기 때문에 민물에 사는 개구리나 물벌레가 모여 살고, 물풀도 난다.
밭은 경사진 곳이 많고, 고랑과 이랑이 있어서 물이 잘 빠진다. 농작물을 키우기 위해서 거름을 하기 때문에 다른 풀도 자라기에 좋다. 밭에 잘 나는 잡초들이 여럿 있다. 벌레와 동물도 많이 모여든다.
농사를 지을 때는 작물을 빼고 다른 동식물이 못 살도록 농약을 쓰는 경우가 많다. 농약을 덜 쓰는 논밭일수록 다양한 생명체가 살아간다.

곡식

과일

벌레

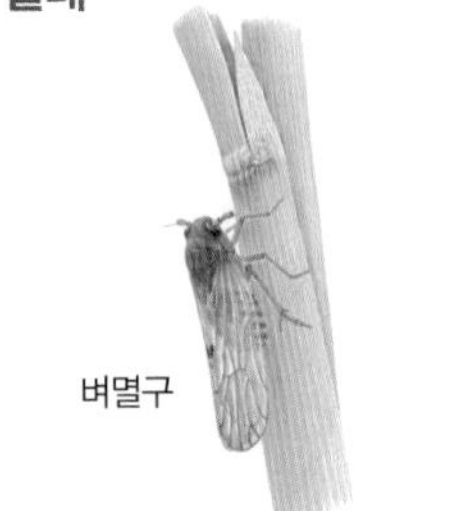

우리나라 땅에서 농사를 짓는 땅은 1/5쯤 된다. 큰 평야에 논이 이어져 있는 풍경을 보면 논이 많아 보이지만 나라 전체로는 밭이 더 많다. 산을 일군 땅이나 경사진 땅은 밭으로 가꾼다. 그래서 산이 많은 북쪽 지방일수록 밭이 많고, 남쪽에는 논이 많다.

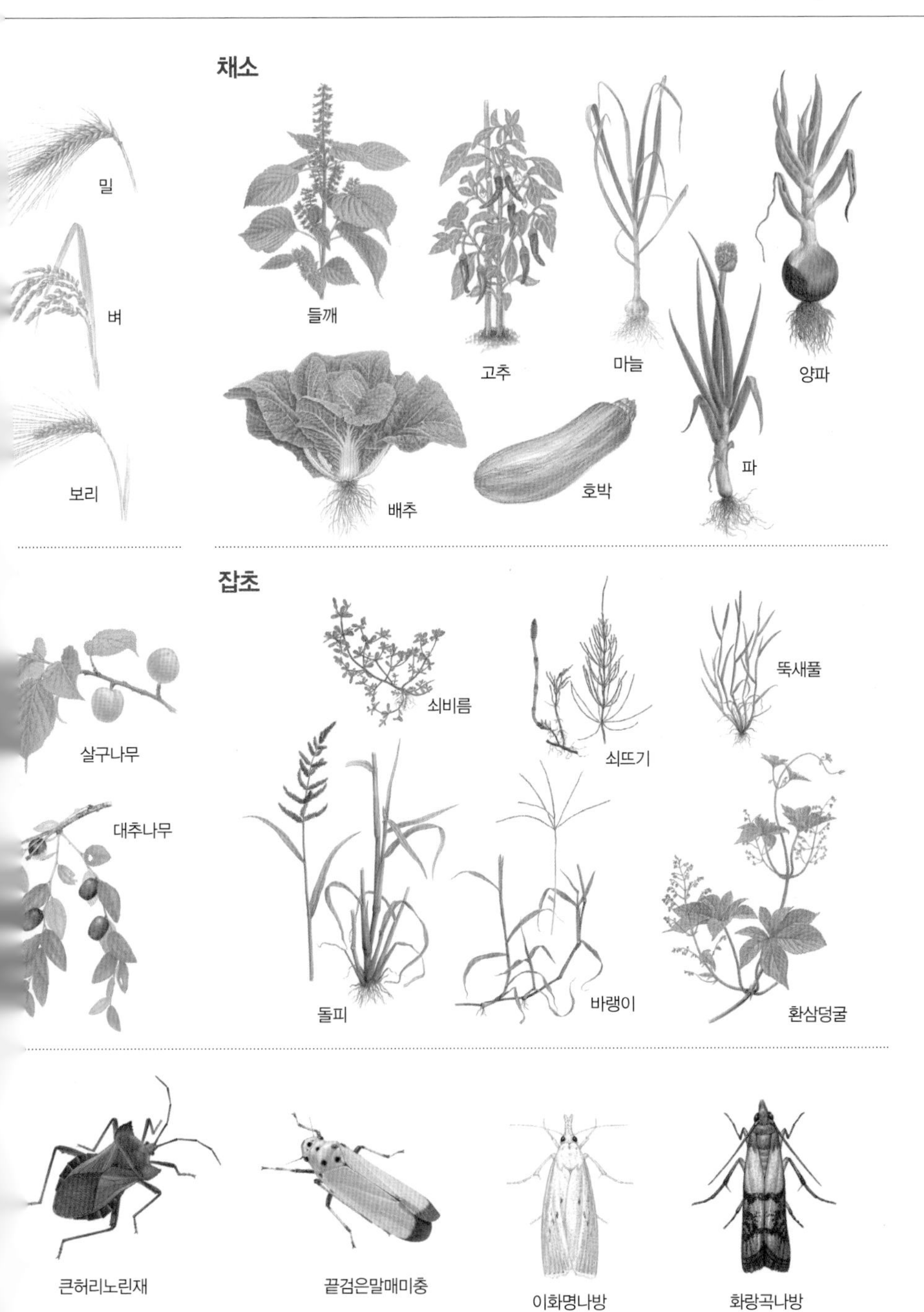
채소
밀
벼
보리
들깨
고추
마늘
양파
배추
호박
파
잡초
쇠비름
쇠뜨기
뚝새풀
살구나무
대추나무
돌피
바랭이
환삼덩굴
큰허리노린재
끝검은말매미충
이화명나방
화랑곡나방

도시

도시는 사람이 많이 모여 산다. 땅은 건물과 도로로 덮여 있다. 흙이 드러나 있거나 물이 흐르는 것을 보려면 공원이나 강가로 가야 한다.
산과 들에 견주면 생명체가 다양하지는 않지만, 도시에서도 많은 동식물이 산다. 오래전부터 사람이 사는 곳 가까이에서 사는 동물도 있고, 집이나 공원에는 사람이 가꾸는 식물들이 있다. 요즘 우리나라에는 사람이 키우는 반려동물이 많이 늘고 있다.
우리나라는 도시에도 작은 산이 많고, 강이나 냇물이 흐른다. 작은 공원들도 여기저기에 있다. 이런 곳에는 작은 새나 황조롱이, 개구리, 물고기 같은 야생동물도 제법 살아간다. 사람이 사는 집이나 도시 한복판에는 그곳에서만 사는 벌레도 있다.

우리나라는 개발로 산림은 줄어들고 도시는 점점 커져 왔다. 지금은 나라 땅의 1/5쯤이 도시이다. 도시에도 크고 작은 산과 풀과 나무가 자라는 땅이 있고, 곳곳에 공원도 만들어져 있다. 요즘은 도시마다 생태현황지도라는 것을 만들어서 어떤 동식물이 살아가는지 쉽게 알 수 있다.

반려동물

개

꽃밭, 정원 식물

백일홍

맨드라미

텃밭 식물

호박

집안 벌레

검정볼기쉬파리

노랑초파리

고양이

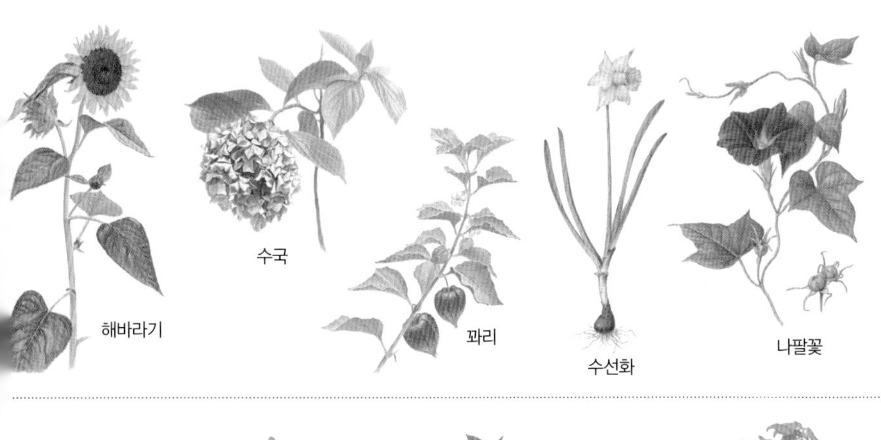
수국
해바라기
꽈리
수선화
나팔꽃

가지
부추
고추
토마토

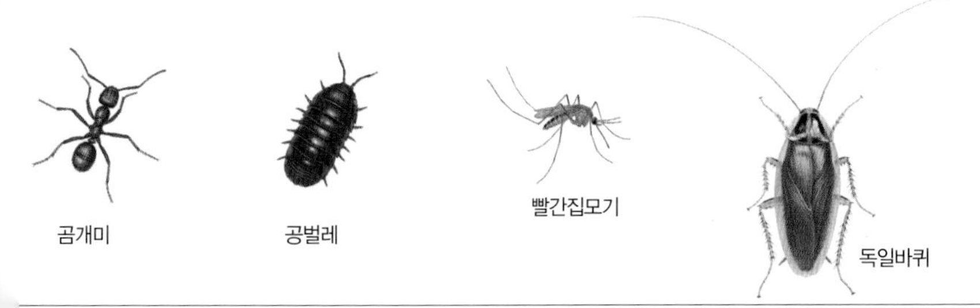
빨간집모기
곰개미
공벌레
독일바퀴

생물의 분류

생물을 분류하는 방법은 여러 가지가 있다. 오래전부터 사람들은 생물을 먹을 수 있는 것과 아닌 것, 약이 되는 것, 독이 있거나 위험한 것, 옷이나 집을 짓는 데 쓰이는 것, 연장을 만드는 데 쓸 수 있는 것, 가까이 두고 아름다움을 느낄 수 있는 것, 움직이는 것과 늘 같은 자리에 있는 것 하는 식으로 여러 기준으로 생물을 무리 짓고 나누었다.

이런 기준은 지금도 중요한 것이지만, 생물학이라는 학문이 체계를 잡으면서 생물의 생김새가 중요한 기준이 되었다. 그러다가 요즘 생물을 연구하는 과학자들은 유전학에서 연구한 결과에 기대어 생물을 서로 가까운 계통으로 묶고 생물을 분류하고, 종을 찾는다. 이런 방법으로 지구에 사는 온 생물을 5계에서 7계 체계로 나눈다.

생물 분류의 단위는 계문강목과속종이다. 호랑이는 동물계 〉 척삭동물문 〉 포유동물강 〉 식육목 〉 고양이과 〉 표범속 〉 호랑이로 분류된다. 무궁화는 식물계 〉 피자식물문 〉 목련강 〉 아욱목 〉 아욱과 〉 무궁화속 〉 무궁화로 분류된다.

지금도 새롭게 알려지는 생물종이 아주 많다. 우리나라에 산다고 알려진 생물도 계속 늘어나서 2013년에 4만 1천 종쯤이던 것이, 2022년에는 6만 종쯤이 되었다. 이 가운데 동물이 3만 3천여 종, 식물은 8천 2백여 종, 균류가 6천 2백여 종, 원생생물은 2천 9백여 종, 진정세균은 4천 7백여 종, 고세균은 50종 정도이다.

생물의 6계 분류 체계

동물계

동물은 많은 세포가 모여 한 생물이 된다. 몸에는 여러 조직과 기관이 있고, 식물이나 다른 동물 같은 유기 물질을 섭취해서 양분과 에너지를 얻고 살아간다. 생태계에서 주로 소비자 역할을 한다.

진핵생물 세포에 핵이 있다.

원핵생물 세포에 핵이 없다.

균계

균계 가운데 버섯은 대부분 여러 세포로 이루어져 있다. 효모처럼 단세포인 것도 있다. 다른 생물한테서 양분을 얻는다. 버섯이나 곰팡이 같은 것들이다. 생태계에서 분해자 역할을 한다.

식물계

식물은 여러 세포가 모여 한 생물이 된다. 세포는 단단한 세포벽으로 둘러싸여 있다. 몸은 뿌리, 줄기, 잎 같은 기관으로 나뉘어져 있다. 거의 대부분 광합성을 해서 양분을 만든다.

원생생물계

원생생물은 진핵생물 가운데 동물과 식물, 균류를 빼고 나머지 생물을 통틀어서 한덩어리로 묶은 이름이다. 바다의 식물 플랑크톤이나 아메바, 유글레나, 짚신벌레 같은 단세포 생물들과 다시마와 김도 여기에 든다.

유글레나

진정세균계

진정세균은 박테리아라고 하는 세균을 가리킨다. 단세포 생물이다. 고세균과 구별하기 위해 진정세균이라고 한다. 김치를 발효시키는 젖산균도 여기에 든다.

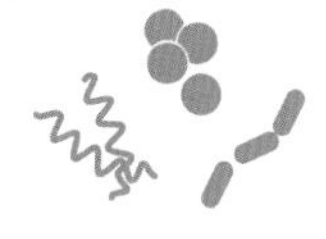

고세균계

단세포로 되어 있는 미생물의 한 종류이다. 핵이 없고 아주 작다. 흔히 오랜 옛날의 지구 환경과 비슷한 환경에서 사는 것이 많다. 세포막을 이루는 성분이 다른 생물과 많이 다르다.

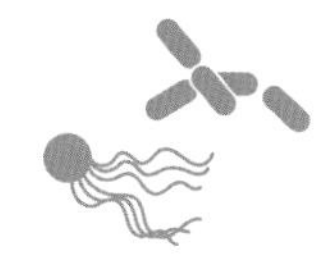

동물계

동물의 갈래

척추동물

포유류 (젖먹이동물)

새끼에게 젖을 먹인다. 몸에는 털이 나 있고, 몸이 늘 따뜻하다. 다리는 네 개이다.

조류 (새)

하늘을 날아다닌다. 몸에는 깃털이 있고, 몸이 늘 따뜻하다. 다리는 두 개이다.

무척추동물

원생동물

오직 하나의 세포로 이루어진 동물이다. 아메바나 짚신벌레 따위가 있다.

자포동물

침으로 쏘는 동물이라는 뜻이다. 강장동물이라고도 한다. 말미잘이나 산호, 해파리 따위가 있다.

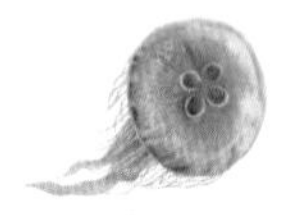

해면동물

솜과 같은 동물이라는 뜻이다. 갯솜동물이라고도 한다. 모두 바다에 산다.

환형동물

몸이 고리 모양의 마디로 이루어졌다. 지렁이, 거머리, 갯지렁이 따위가 있다.

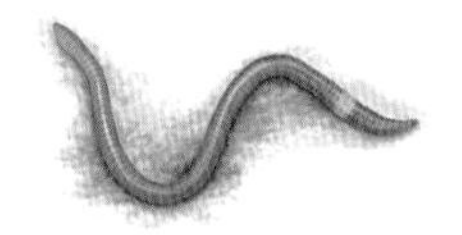

파충류

다리가 아주 짧거나 없어져서 땅을 기어다닌다. 파충류는 기어다니는 동물이라는 뜻이다. 몸이 늘 따뜻하지는 않다. 살가죽은 단단한 비늘로 덮여 있다. 뱀과 거북 무리가 있다.

양서류

척추동물 가운데 어릴 때와 자란 후의 모습이 가장 많이 바뀌는 동물이다. 어릴 때는 물에서 살고, 자라면 물가나 뭍에서 산다. 양서류는 물과 뭍을 오가며 사는 동물이라는 뜻이다. 개구리와 도롱뇽 무리가 있다.

어류 (물고기)

물에서 헤엄치고 산다. 몸에 비늘이 있거나 단단한 살가죽이 덮여 있다. 물속에서 사는 척추동물로 무악어류, 연골어류, 경골어류 무리가 있다.

연체동물

몸이 연하고 물컹물컹하다. 조개, 달팽이, 오징어 따위가 있다.

편형동물

몸통이 납작한 동물이라는 뜻이다. 플라나리아나 몸속에 기생하는 촌충 따위가 있다.

극피동물

몸에 가시나 돌기가 나 있다. 불가사리, 성게, 해삼 따위가 있다.

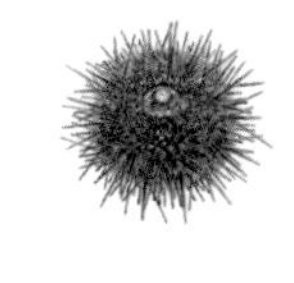

미삭동물

척추와 비슷한 조직이 있거나 어릴 때 이런 조직을 지닌 적이 있는 동물이다. 멍게 따위가 있다.

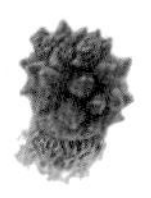

절지동물

다리에 마디가 있는 동물이다. 곤충이 대표적이다. 거미, 지네, 노래기 같은 벌레와 게, 새우 같은 갑각류 따위가 있다.

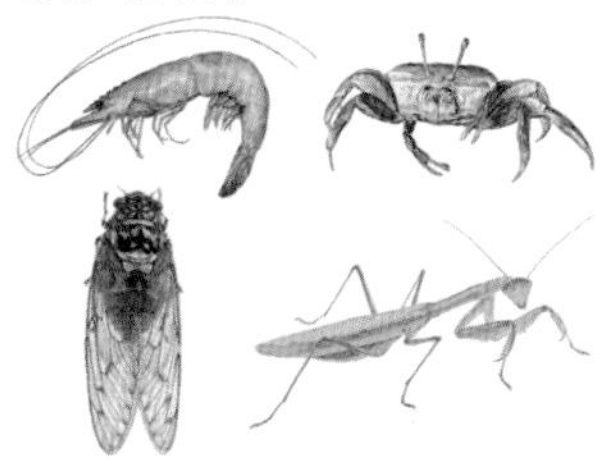

동물의 특징

움직임

동물은 식물과 달리 움직여야 살 수 있다. 먹이를 찾거나 짝을 찾거나 도망치거나 숨기 위해서 저마다 다르게 생겼고 다르게 움직인다. 걷거나 뛰고, 달리고, 기어 다닌다. 꿈틀거리면서 움직이기도 하고, 나무를 타거나 매달린다. 지느러미를 움직여서 헤엄을 치고, 날갯짓을 하면서 하늘을 난다. 아주 드물게 자리를 잡고 한자리에서 꼼짝 않고 지내는 동물도 있다. 이런 동물도 일생의 어떤 시기에는 움직인다.

뜀뛰는 청개구리

감각

동물은 자신이 살아가는 곳에서 무슨 일이 있는지 알기 위해 다양한 감각을 쓴다. 많은 동물은 피부에 닿는 것을 촉각으로 느끼고, 눈으로 본다. 그리고 소리를 듣고, 냄새를 맡고, 맛을 보는데, 동물마다 느끼는 곳이 다르다. 곤충은 더듬이로 여러 가지 신호를 감지한다. 피부에 난 털로 움직임을 느끼는 동물도 있다. 수염은 그중 하나다. 뱀은 갈라진 혀로 냄새를 맡는다. 물고기는 옆줄에서 물의 움직임을 느낀다. 또한 물속의 전기 신호를 느껴 무엇이 있는지 안다. 어떤 동물은 적외선을 감지하는 세포가 있어서 멀리 있는 따뜻한 무언가를 알아차릴 수도 있다.

쇠부엉이 시각

뜀뛰는 노루

하늘로 날아오르는 비오리

헤엄치는 물고기

후각이 뛰어난 돼지

더듬이로 떨림, 온도, 습도를
알아채는 남색초원하늘소

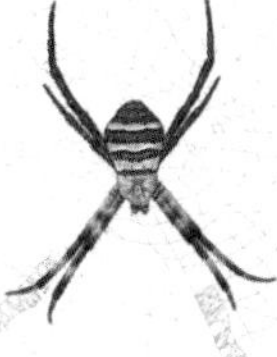

옆줄로 물의 흐름을 느끼는
묵납자루

더듬이다리를 가진
호랑거미

먹기와 숨쉬기

동물은 식물한테서 에너지를 얻는다. 초식 동물은 식물을 먹고, 육식 동물은 다른 동물을 먹는다. 잡식 동물은 식물도 먹고 동물도 먹는다.
먹이를 먹어서 필요한 양분을 얻으면, 호흡 과정을 통해서 이것을 자기가 쓰는 에너지로 바꾼다. 땅 위에 사는 동물은 허파로, 물에 사는 동물은 아가미로 호흡을 하는 것이 많다.

육식 동물

호랑이

초식 동물

청줄보라잎벌레

잡식 동물

개

짝짓기

동물은 번식을 해서 대를 잇는다. 대부분 암수가 짝짓기를 하고 알이나 새끼를 낳는다. 사람처럼 새끼를 낳는 포유류를 빼면, 동물은 거의 알을 낳는다. 땅에 사는 동물은 암컷 몸속에서 수정이 되고, 물에 사는 동물은 암수가 난자와 정자를 물속에 흩뿌리면 이것들이 뒤섞이면서 수정이 된다.

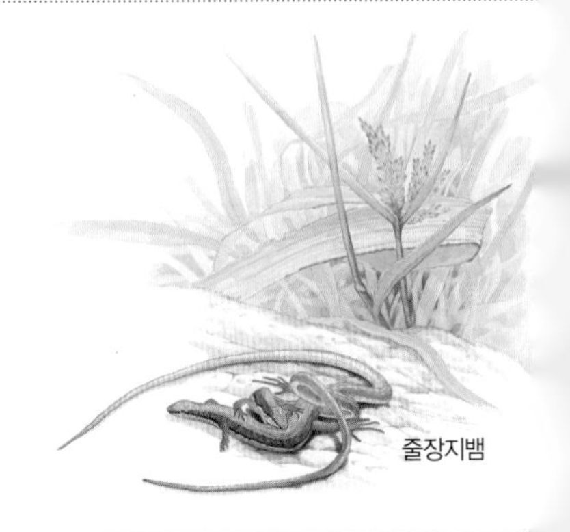

줄장지뱀

두더지
참개구리
황조롱이
왕사마귀
눈동자개

화랑곡나방
은어
고라니

너구리
미꾸라지
참새

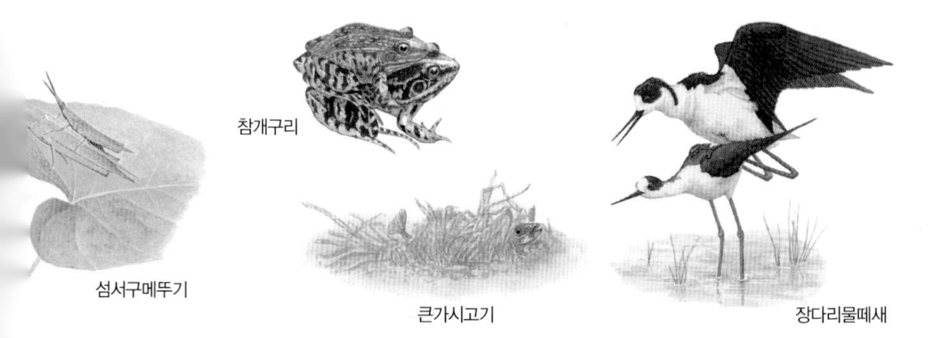
섬서구메뚜기
참개구리
큰가시고기
장다리물떼새

포유류(젖먹이동물)

포유류는 새끼를 낳고, 젖을 먹여 기른다. 젖먹이동물이라고 한다. 우리나라에는 모두 120종쯤 되는 젖먹이동물이 살고 있다. 땅에서 사는 젖먹이동물이 80종쯤, 물개와 고래처럼 바다에서 사는 젖먹이동물이 40종쯤 된다. 사람도 젖먹이동물이다.

젖먹이동물은 식물성 먹이를 먹는 초식 동물, 다른 동물을 잡아먹는 육식 동물, 동물도 먹고 식물도 먹는 잡식 동물이 있다.

초식 동물은 기제목, 멧돼지를 뺀 우제목, 토끼목에 드는 동물들이다. 토끼 무리는 쥐처럼 앞니가 발달했다. 집토끼, 멧토끼, 우는토끼가 있다. 우제목 무리는 소처럼 짝수로 발굽이 있는 동물이다. 사향노루, 사슴, 소 무리에 드는 동물이다. 고라니는 전 세계에서 우리나라에 가장 많이 산다. 기제목은 말처럼 홀수 발굽을 가진 동물이다.

육식 동물은 고슴도치목, 땃쥐목과 식육목 가운데 족제비과, 고양이과 동물들이다. 고래도 육식 동물이다. 고슴도치와 땃쥐 무리는 대부분 주둥이가 길고 뾰족하며, 몸집이 작다. 작은 벌레를 엄청나게 많이 먹는다. 족제비와 고양이 무리에 드는 짐승은 사냥을 잘하고, 크고 날카로운 이빨이 있다. 혼자나 둘이서 산다.

곰이나 오소리, 멧돼지, 박쥐는 동물도 먹고 식물도 먹는 잡식 동물이다. 개과 동물들은 늑대나 여우처럼 야생에서는 거의 육식을 하지만, 사람이 길들인 개는 이것저것 무엇이든 먹는다. 너구리도 개처럼 잡식성이다.

고슴도치목

고슴도치

식육목

개

고양이

기제목

말

토끼목

멧토끼

고래목

참돌고래

땃쥐목
두더지
땃쥐
박쥐목
집박쥐
족제비
수달
스라소니
반달가슴곰
우제목
소
노루
멧돼지
산양
쥐목
흰넓적다리붉은쥐
다람쥐
등줄쥐
바다사자
흰긴수염고래

젖먹이동물의 특징

젖먹이동물은 몸이 늘 따뜻하다. 항온 동물 또는 정온 동물이라 한다. 꾸준히 먹이를 먹어서 에너지를 얻고, 열이 밖으로 나가지 않게 몸이 털로 덮여 있다.
몸은 머리, 목, 몸통, 꼬리로 나뉘고, 다리가 두 쌍 있다. 물에서 사는 고래 같은 젖먹이동물은 다리가 지느러미 모양으로 바뀌었다.
머리가 좋고, 시각, 청각, 후각 같은 감각도 뛰어나다. 뼈와 근육이 발달해서 몸놀림이 자유롭다. 뼈로 중심을 잡고, 근육을 써서 제 뜻대로 움직일 수 있는 범위가 아주 넓다. 사람이 손으로 정교한 일을 할 수 있는 것이나, 짐승이 튼튼한 네 다리로 잘 걷고, 달릴 수 있는 것도 이 때문이다. 다양한 먹이를 먹을 수 있게 이빨도 모양이 여러 가지이다.
젖먹이동물은 대개 네 발로 걸어 다니는데, 네 다리가 있는 것은 서로 거의 비슷하지만 발가락 부분은 저마다 많이 다르게 생겼다. 사람은 발뒤꿈치가 땅에 닿지만 개는 뒤꿈치가 한참 들려 있어서 거의 발가락 끝으로 걷는 셈이다. 개나 고양이는 엄지발가락도 들려 있어서 발자국에는 발가락이 네 개만 보이고, 족제비나 곰 무리는 발가락이 다섯 개 모두 찍힌다. 두더지는 앞발이 마치 삽처럼 생겨서 땅을 파기에 좋다. 박쥐와 같은 젖먹이동물은 발가락 모양이 아주 많이 바뀌었다. 박쥐는 앞발 발가락 사이의 피부가 늘어나 날개 구실을 해서 날아다닐 수 있게 되었다.
사람이 키우는 동물을 빼면, 우리나라에서 젖먹이동물을 직접 보는 것은 어렵다. 대신에 발자국을 보고 짐승이 어디에 사는지, 어디쯤 있는지, 무엇을 했는지 알 수 있다. 똥, 먹이 흔적, 보금자리 같은 흔적으로도 짐승 생태를 알 수 있다.

발자국과 발바닥

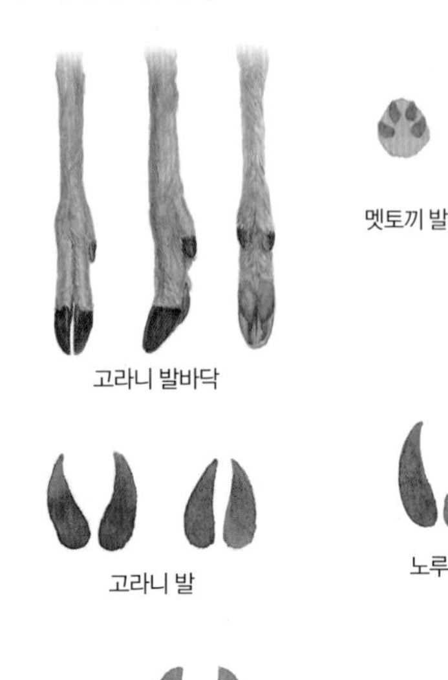
고라니 발바닥
멧토끼 발
고라니 발
노루 발

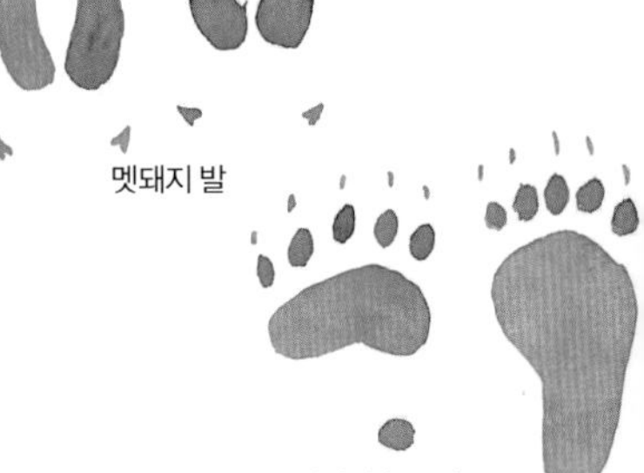
멧돼지 발
반달가슴곰 발

짐승 똥

노루 똥
고라니 똥

호랑이 발
삵 발
여우 발
늑대 발
너구리 발바닥
청설모 발바닥
두더지 발
너구리 발
다람쥐 발
청설모 발
고슴도치 발
수달 발
담비 발
오소리 발
무산흰족제비 발
족제비 발
너구리 똥
산양 똥
수달 똥
족제비 똥
삵 똥

조류(새)

새는 생김새에 따라 오리 무리, 참새 무리, 백로 무리 따위로 묶는다. 같은 무리 새들은 습성도 비슷해서, 백로 무리는 거의 여름 철새이고, 오리 무리는 거의 겨울 철새이기 쉽다.

지내는 시기에 따라 텃새와 철새로 나눌 수도 있다. 여름 철새는 봄에 우리나라에 와서 짝짓기를 하고 새끼를 친다. 이르면 3월 초부터 찾아왔다가 10월 말이면 거의 다 떠난다. 제비, 뻐꾸기, 꾀꼬리, 파랑새, 물총새, 개개비, 백로 들이 있다.

겨울 철새는 가을에 우리나라를 찾아와 겨울을 나고 이듬해 봄에 북쪽으로 가서 새끼를 친다. 9월부터 시작해 10월에서 11월까지 가장 많이 찾아왔다가 이듬해 3월이면 거의 다 떠난다. 몽골, 러시아와 우리나라를 오간다. 겨울 철새 가운데 흔한 것은 오리 무리이다. 독수리, 콩새, 두루미도 겨울에 볼 수 있다.

나그네새는 봄가을에 먼 거리를 이동하는 도중에 중간 지점인 우리나라에 잠시 들러 쉬었다 가는 새다. 물새 가운데 도요 무리는 거의가 나그네새다.

텃새는 한 해 내내 한 지역에 머물러 지낸다. 그런데 많은 텃새들이 여름에 새끼를 칠 때는 산속에서 지내다가 먹이가 귀해지는 겨울에는 마을 가까이로 내려온다. 조금 더 옮겨 다니는 새는 여름에는 중부 지방에서 지내다가 추워지면 남쪽 바닷가로 옮겨가 살기도 한다. 요즘은 기후가 바뀌면서 철새와 텃새가 사는 곳도 바뀌는 것이 많다.

텃새

여름 철새

겨울 철새

나그네새

붉은머리오목눈이
황조롱이
올빼미
까마귀
박새
뻐꾸기
제비
쇠백로
왜가리
혹부리오리
고니
큰기러기
독수리

민물도요
꺅도요
알락꼬리마도요
울새
유리딱새

새의 특징

새는 깃털이 있고, 날개가 있으며, 먹이에 따라 다르게 생긴 부리가 있다. 몸은 늘 따뜻해서 젖먹이동물보다 체온이 조금 더 높다. 하늘을 날면서 생활을 하기 때문에 새들은 대개 시력이 뛰어나다. 소리도 잘 듣는다. 새 몸은 하늘을 날기 위해서 바람을 가르기에 좋게 날렵하게 생겼고, 앞다리는 날개로 바뀌었으며, 온몸은 가벼운 깃털로 뒤덮여 있다. 그리고 몸 크기에 견주어 몸무게가 아주 가볍다. 깃털만 가벼운 게 아니라 온몸이 새털처럼 가볍다. 몸을 가볍게 하려고 뼈는 단단하지만 속이 비었고, 오줌이나 똥은 배 속에 모아 두지 않고 생기는 대로 빨리 내보낸다. 소화관도 짧고 소화가 되는 시간도 오래 걸리지 않는다.

새들은 번식을 할 때 둥지를 틀고 알을 낳아서 새끼를 기른다. 대개 알을 여러 개 낳는데, 한 번에 다 낳는 것이 아니라 하루나 이틀에 한 개씩 알을 낳는다. 배 속에 다 큰 알이 여럿 들어 있으면 몸이 너무 무거워져서 하나씩 알을 키워 가며 낳는다.

알을 낳는 개수와 새끼 치는 횟수는 저마다 다른데, 여름새나 텃새들은 한 해에 한두 번 새끼를 치는 것이 많다. 독수리처럼 큰 새는 알을 하나 낳지만, 작은 새들은 알을 여러 개 낳는다.

알의 생김새는 새가 사는 곳이나 둥지 생김새에 따라 달라진다. 주어진 환경 속에서 잘 보살필 수 있으면서도 천적 눈에는 띄지 않도록 발달한 것이다. 흔히 새알은 한쪽이 좀 더 뾰족하다. 알이 굴러떨어질 염려가 있는 곳에 사는 새일수록 더 뾰족해서 알이 잘 구르지 않는다. 둥지가 어두운 새의 알은 빛깔이 하얗다. 그래야 더 잘 보이기 때문이다. 자갈밭이나 땅 위에 마른풀을 깔고 알을 낳는 새의 알은 주위와 비슷한 모양이다.

깃털

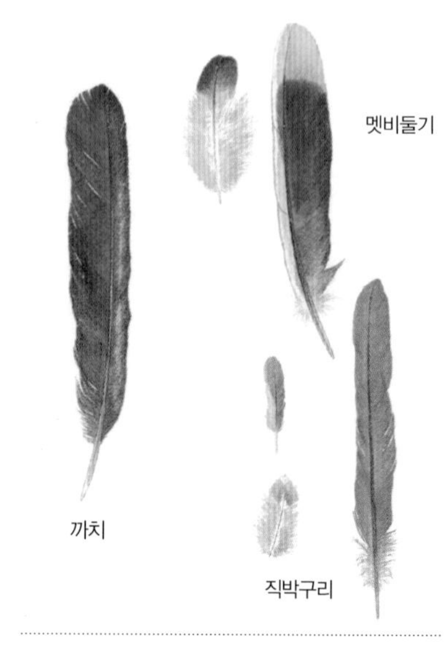

알

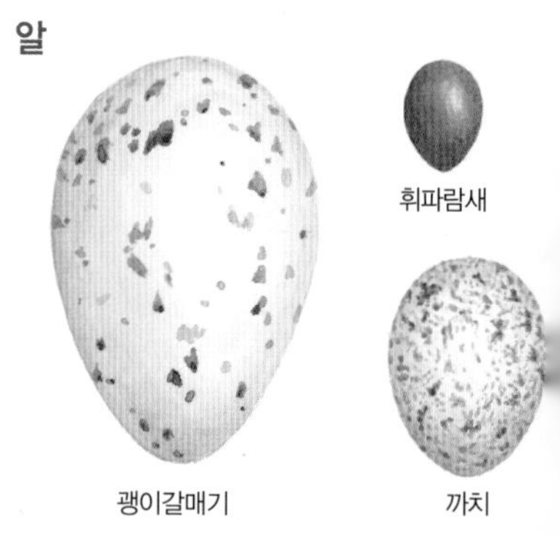

둥지

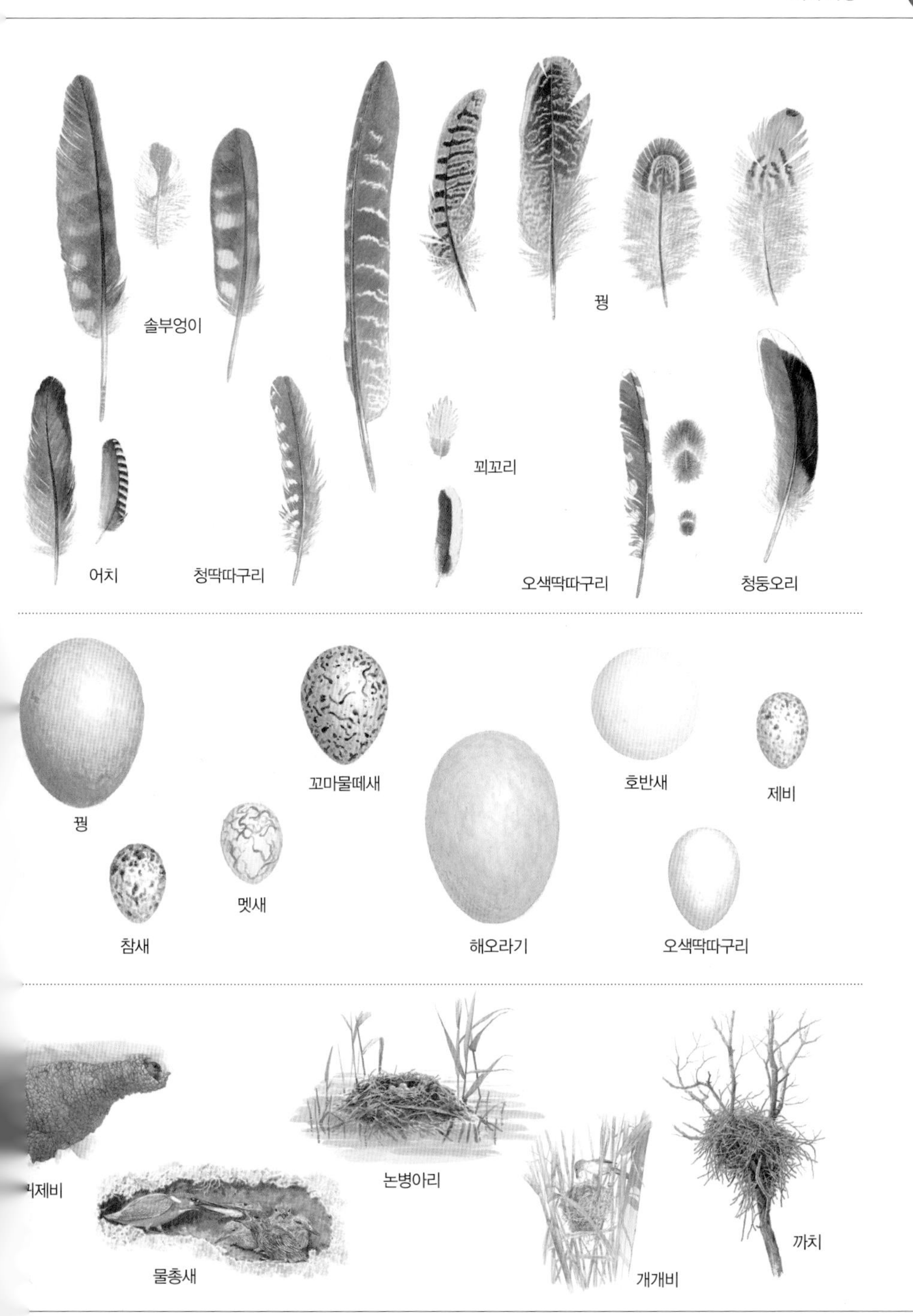
솔부엉이
꿩
어치
청딱따구리
꾀꼬리
오색딱따구리
청둥오리
꼬마물떼새
호반새
제비
꿩
멧새
참새
해오라기
오색딱따구리
제비
논병아리
물총새
개개비
까치

파충류

파충류라는 말은 기어다니는 동물이라는 뜻이다. 우리나라에 사는 파충류 동물은 크게 뱀 무리, 도마뱀 무리, 거북 무리가 있다. 살갗이 비늘로 덮여 있다.
파충류의 비늘이나 등딱지는 몸통이 자라는 것에 맞춰 자라지 않는다. 몸통은 자라는데 껍데기는 그대로인 셈이다. 그래서 파충류는 적당한 때에 한 번씩 허물을 벗는다. 몸통을 죄는 작은 껍질을 벗어 버리면서 자라는 것이다. 뱀은 몸통 모양 그대로 허물이 벗겨지지만, 도마뱀은 허물이 너덜너덜 떨어진다. 거북은 등딱지가 한 장 한 장 떨어진다.
뱀은 다리가 없어서 배를 땅에 대고 기어다니고, 도마뱀이나 거북도 다리가 짤막해서 거의 배를 땅에 끌듯이 하며 다닌다. 파충류는 양서류처럼 체온이 바깥 온도에 따라 달라지는 변온 동물이다. 추운 겨울에는 땅속이나 물속의 적당한 곳을 찾아 들어가서 겨울잠을 자는 것이 많다.
거북 무리는 물속에서 살면서 땅 위로는 잘 올라오지 않는다. 민물 거북은 강이나 큰 웅덩이 가까이 살고, 바다거북은 바다에서 산다.
도마뱀 무리는 산비탈이나 숲속이나 밭둑이나 시골집 돌담 같은 곳에서 흔하다. 벌레가 많고, 볕이 따뜻한 곳이라면 도마뱀은 어렵지 않게 볼 수 있다. 무리 가운데 표범장지뱀은 바닷가 모래밭에서 산다.
뱀 무리는 산꼭대기부터 논과 밭에도 살고 사람이 사는 집 안까지 들어오기도 한다. 능구렁이나 누룩뱀은 나무도 잘 탄다. 무자치는 논 가까이 사는데, 헤엄을 아주 잘 친다.

거북 무리

남생이
자라

도마뱀 무리

도마뱀

뱀 무리

구렁이

누룩뱀

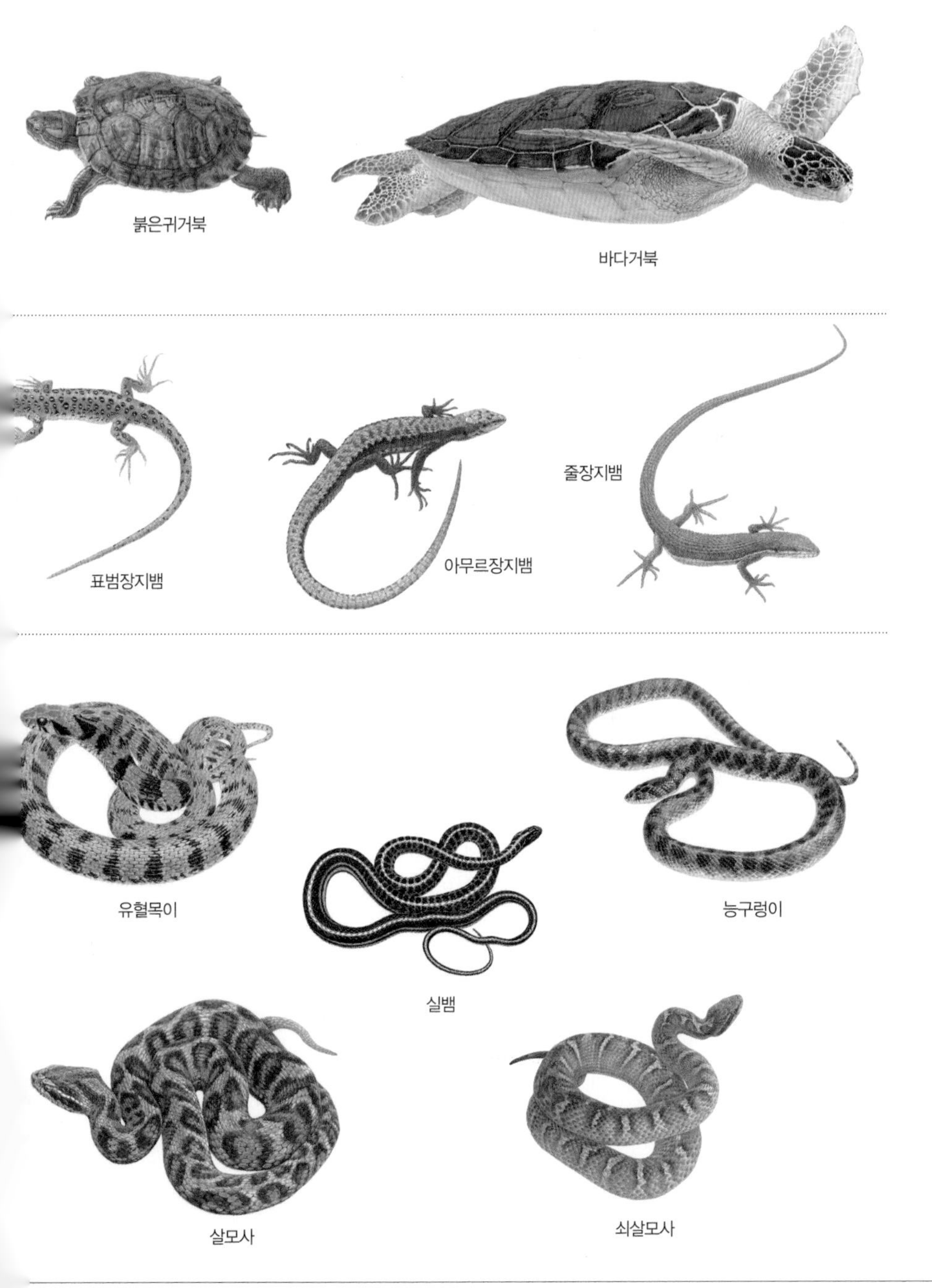
붉은귀거북
바다거북
표범장지뱀
아무르장지뱀
줄장지뱀
유혈목이
실뱀
능구렁이
살모사
쇠살모사

파충류의 특징

파충류는 양서류와 달리 체내 수정을 한다. 그런 다음 새처럼 알을 낳는다. 파충류 알은 새알처럼 껍질이 단단하고, 노른자도 또렷하다. 알을 낳은 뒤에 돌보는 경우는 별로 없지만, 구렁이나 누룩뱀은 알을 돌본다. 아예 살모사처럼 배 속에서 알을 깐 다음 새끼를 낳는 것도 있다.

뱀 무리와 도마뱀 무리는 육식성이고 거북 무리는 잡식성이다. 도마뱀은 거미나 딱정벌레 같은 작은 벌레를 줄곧 잡아먹으며 다니는데, 뱀은 한 번 큰 먹이를 먹고 나면 오랜 시간 쉰다. 아주 큰 먹이를 먹었을 때는 몇 달을 아무것도 안 먹고 견딜 수도 있다.

거북과 도마뱀 무리는 짤막한 다리가 네 개씩 있고, 뱀 무리는 다리가 없다. 무리마다 생김새와 뼈대가 많이 다르다. 거북은 딱딱하고 넓적한 등딱지와 배딱지가 있다. 목을 길게 뺄 수도 있고 등딱지 속으로 숨길 수도 있다. 등딱지는 살갗이 바뀌어 생긴 몇 개의 뼈로 되어 있고, 등딱지와 배딱지는 몸속에서 허리뼈와 가슴뼈로 이어져 있다. 민물 거북은 발가락에 물갈퀴가 있고, 바다거북은 앞발이 아예 노처럼 생겼다.

도마뱀 무리는 도롱뇽 다리와 비슷하게 생긴 다리가 있는데, 다리만 빼면 뱀처럼 생겼다. 혀를 날름거려서 냄새를 맡는다. 위험할 때 꼬리를 끊고 도망을 간다.

뱀은 다리가 없어 땅 위를 꿈틀꿈틀 기어다닌다. 몸이 아주 길쭉하고 종마다 서로 다른 무늬가 몸에 있다. 살갗을 덮고 있는 비늘도 분명하게 보인다. 언제나 혀를 날름거리면서 냄새를 맡는다. 뱀은 독이 있는 것이 많다. 독으로 적을 위협해서 몸을 지킨다.

생김새

아무르장지뱀

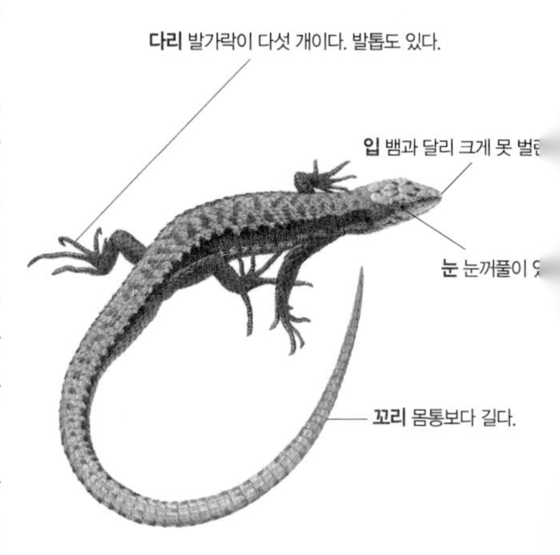

특징

붉은귀거북 등껍질과 배딱지

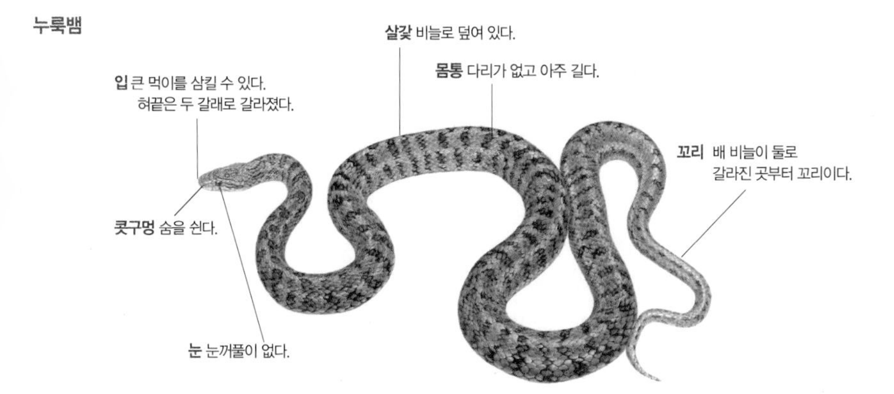

아무르장지뱀 꼬리 끊기

쇠살모사 허물

양서류

양서류는 물과 뭍 두 곳에서 산다고 붙은 이름이다. 어릴 때는 아가미로 숨을 쉬면서 민물에서 살고, 자라면 허파와 피부로 숨을 쉬면서 땅에서 산다. 우리나라에서 사는 양서류는 개구리 무리와 도롱뇽 무리가 있다.
양서류는 물속에서 사는 올챙이 때 모습과 다 자란 모습이 아주 다르다. 척추동물 가운데 양서류만큼 생김새가 크게 바뀌는 동물은 없다. 살아가는 곳이 물속에서 물 위로 바뀌듯, 그에 맞춰서 생김새나 몸의 기관도 바뀌는 것이다. 겉으로는 다리가 생기고, 몸속 기관도 달라진다.
양서류의 몸에는 털이나 비늘이나 깃털 따위가 없다. 양서류의 살가죽은 물기가 쉽게 드나들어서 오랫동안 햇빛을 쬐면 몸이 말라 버리고 만다. 그래서 몸의 물기가 마르지 않도록 때마다 물속을 들락거리거나, 그늘진 곳에서 지낸다. 추운 겨울에는 저마다 땅속이나 물속의 적당한 곳을 찾아 들어가서 겨울잠을 잔다.
양서류가 물고기와 땅에서 사는 동물의 중간쯤에 있는 동물이라는 것은 짝짓기를 하고, 알을 낳는 것을 보고도 알 수 있다. 알은 대부분 물속에 낳기 때문에 물고기 알과 비슷한데, 물 위에 흩어지는 맹꽁이 알을 빼면, 덩어리로 뭉쳐 있고 물컹하다. 파충류나 조류의 알처럼 단단한 껍질이 있거나 노른자가 또렷하지는 않다. 도롱뇽 알은 알 주머니에 들어 있다. 알 주머니 안에는 알을 싼 주머니가 따로 있고, 알 하나하나는 다시 우무질에 싸여 있다. 알 주머니를 한 쌍씩 낳는다.

개구리 무리

참개구리

금개구리

도롱뇽 무리

도롱뇽

두꺼비
산개구리
청개구리
무당개구리
계곡산개구리
옴개구리

이끼도롱뇽
꼬리치레도롱뇽

양서류의 특징

양서류는 태어나서 죽기까지 알, 유생, 다 자란 모습, 이렇게 세 가지 모습을 거친다. 물고기처럼 체외수정을 하고 물속에 알을 낳는다.

알에서 깬 유생은 아가미가 있고 물속에서 산다. 동그스름한 몸통에는 입과 눈과 콧구멍, 아가미, 소화 기관이 있다. 개구리 유생인 올챙이는 꼬리지느러미가 물고기 지느러미하고는 다르게 뼈가 없이 살갗 두 겹으로만 되어 있다. 입에 자잘한 이빨이 많아서 물풀을 갉아 먹기 좋게 생겼는데, 서로 비슷하게 생긴 올챙이라도 이빨을 자세히 들여다보면 무슨 올챙이인지 알아낼 수 있다.

유생은 자라면서 몸통에서 다리가 나오는데, 개구리 무리는 뒷다리가 먼저 나오고, 도롱뇽 무리는 앞다리가 먼저 나온다. 다리가 다 나오는 것에 맞춰서 호흡 기관도 물 밖 생활에 알맞게 바뀐다. 올챙이는 물고기처럼 아가미로 숨을 쉬다가 다 자라면 허파와 살갗으로 숨을 쉰다. 개구리는 허파 구조가 단순하고 충분히 크지 않아서 몸 전체에 산소를 충분히 보내지 못하기 때문에 살갗으로도 숨을 쉰다. 거의 살갗으로만 숨을 쉬는 것도 있다. 먹이가 달라지기 때문에 소화 기관도 바뀐다.

개구리나 도롱뇽이나 살아 움직이는 것을 잡아먹는다. 작은 벌레나 지렁이, 달팽이, 날벌레 따위를 먹는다. 먹이를 기다렸다가 혀로 낚아채서 잡는 것이 많다.

양서류는 몸집이 작고 자기 몸을 지킬 방법이 마땅치 않다. 개구리들은 숨어서 지내거나, 조금만 위험하다 싶으면 물속으로 뛰어 들어간다. 무당개구리나 두꺼비처럼 살갗에서 독물을 내는 것도 있다. 도롱뇽은 눈에 띄지 않으려고 밤에 많이 나온다.

개구리 생김새

도롱뇽 생김새

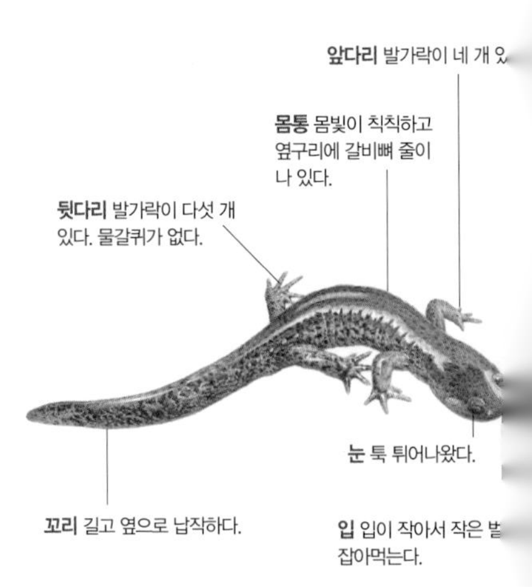

참개구리 한살이

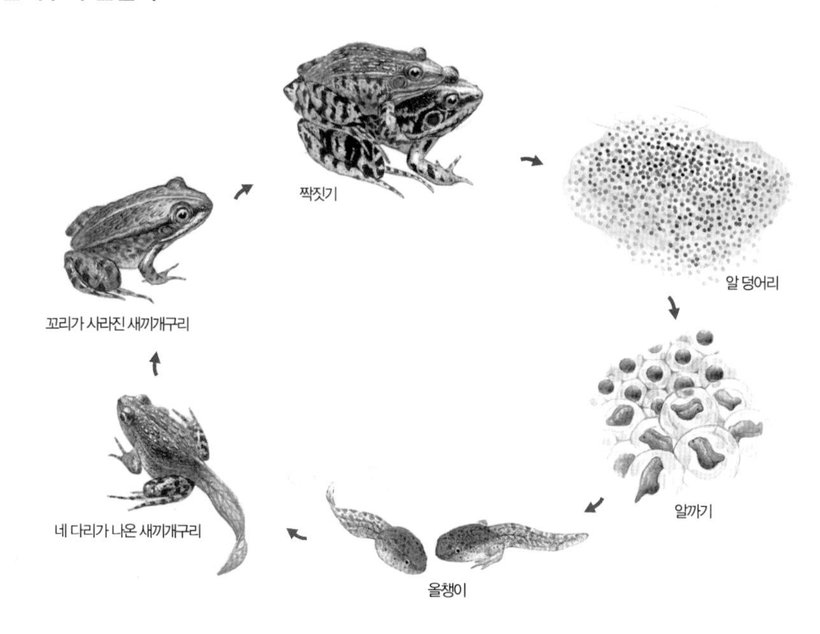

도롱뇽 한살이

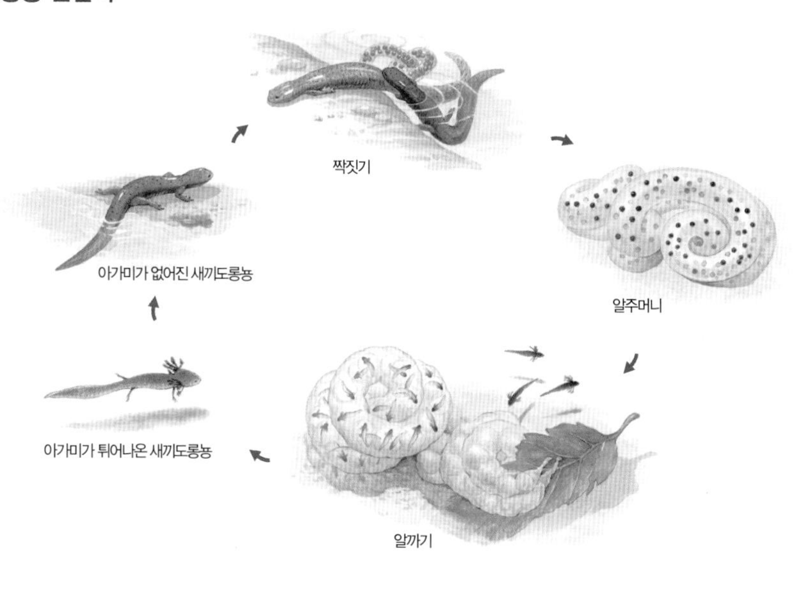

어류(물고기)

물고기는 물속에서 산다. 아가미로 숨을 쉬고, 몸이 비늘로 덮여 있거나 미끈하다. 대부분의 물고기들은 물속에서 움직일 때 주로 꼬리와 몸통, 지느러미를 힘 있게 놀려서 헤엄친다. 몸이 가늘고 길게 생긴 물고기는 뱀처럼 몸을 꾸불거리면서 헤엄친다. 가오리처럼 지느러미를 파도 모양으로 놀리면서 헤엄치는 물고기도 있다. 말뚝망둥어처럼 물 밖에서도 잘 지내는 물고기도 있다.

물고기는 흔히 바닷물고기와 민물고기로 나누어 다룬다. 사는 곳이 달라 서로 넘나들지 못하기 때문이다. 뱀장어나 연어처럼 바다와 민물을 오가는 몇몇 물고기도 있다. 하지만 이런 물고기는 얼마 되지 않는다.

생김새에 따라 나눌 때에는 크게 턱이 있는 물고기와 턱이 없는 물고기로 나눈다. 턱이 있는 물고기는 다시 뼈가 물렁물렁한 물고기와 뼈가 단단한 물고기로 나눈다. 물고기는 많은 수가 뼈가 단단한 경골어류에 든다.

물고기 몸은 크게 머리, 몸통, 꼬리로 이루어져 있다. 몸통은 실북처럼 날씬하고 매끈하다. 힘들이지 않고 물을 가르며 헤엄치기 좋게 생겼다. 머리에는 입, 코, 눈, 아가미가 있고, 배, 등, 가슴, 꼬리에는 지느러미가 달려 있다.

물고기는 몸통 생김새에 따라서도 몇 가지 무리로 나눌 수 있다. 몸이 납작한 물고기와 둥그스름한 물고기, 길쭉한 물고기와 뚱뚱한 물고기 따위이다. 날씬한 물고기는 물살을 잘 가르고 헤엄을 빠르게 잘 친다. 가다랑어, 고등어 같은 물고기들이다. 몸통이 옆으로 납작한 물고기는 헤엄치는 속도가 느리다. 도미나 조기, 전어 같은 물고기다. 홍어나 가자미처럼 위아래로 납작한 것은 바닥에 붙어 산다. 뱀장어처럼 몸이 가늘고 긴 물고기는 바닥에 살면서 모래나 펄을 잘 파고든다.

턱이 없는 물고기(무악어류)

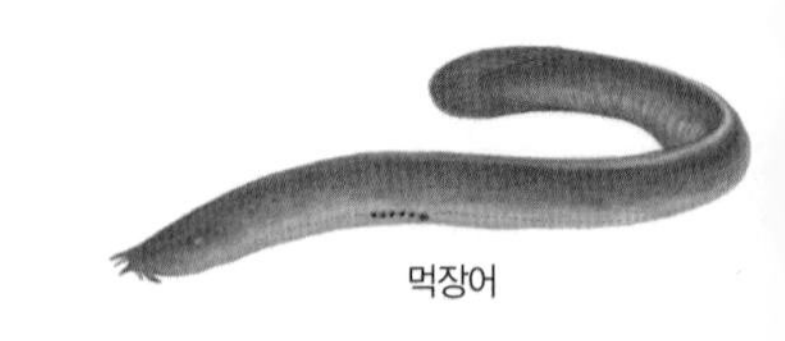

먹장어

뼈가 물렁물렁한 물고기(연골어류)

참홍어

뼈가 단단한 물고기(경골어류)

고등어

참복

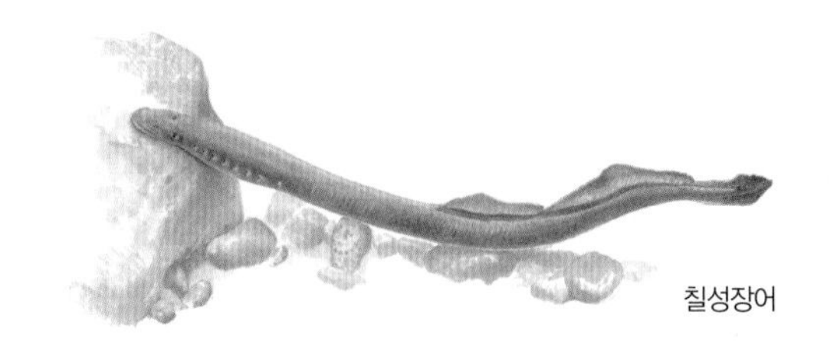
칠성장어

백상아리
고래상어

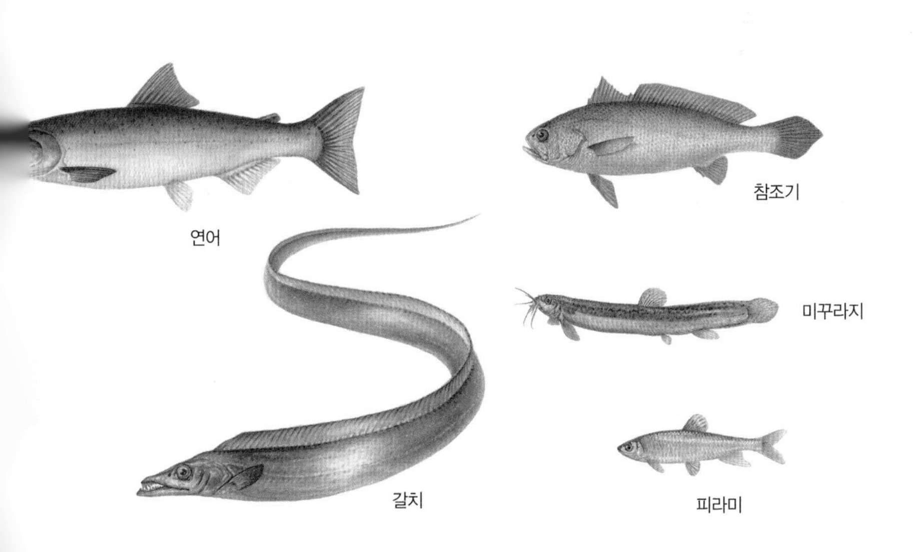
참조기
연어
미꾸라지
갈치
피라미

물고기의 특징

물고기는 물속에서 살기에 알맞은 여러 특징이 있다. 살갗은 비늘로 덮여 있다. 비늘은 둥글거나 빗처럼 생겼거나 방패처럼 생겼다. 비늘이 바늘처럼 바뀐 것도 있고, 비늘이 퇴화해서 겉이 미끈거리는 물고기도 있다. 몸 여기저기에는 지느러미가 있다. 지느러미를 써서 헤엄도 치고 균형도 잡는다.

사람은 입과 코로 숨을 쉬지만 물고기는 아가미로 숨을 쉰다. 입으로 물을 들이켜고 아가미로 뱉어 낸다. 아가미에는 가느다란 털이 빗자루처럼 촘촘하게 나 있다. 이 털이 물속에 녹아 있는 산소를 빨아들여 숨을 쉰다. 몸속에는 부레라는 공기주머니가 있다. 부레에 공기를 넣으면 물 위로 뜨고, 공기를 빼면 아래로 가라앉는다. 상어나 넙치처럼 없는 것도 있다. 몸통 옆으로는 옆줄이 나 있다. 작은 구멍이 줄지어 있는 것인데, 이것으로 물이 얼마나 깊고 얕은지, 물살이 얼마나 빠르고 느린지 안다.

물고기는 눈꺼풀이 없어서 항상 눈을 뜨고 있다. 눈이 머리 양쪽으로 있어서 넓게 볼 수 있지만 또렷하게 보는 능력은 시원찮다. 깊은 바다에 사는 물고기는 거의 앞을 못 보는 물고기도 많다. 콧구멍으로 드나드는 물에서 냄새를 맡는다. 소리는 옆줄을 통해서 듣는다. 냄새를 맡거나 소리를 듣는 능력은 뛰어난 편이다.

물고기는 대부분 알을 낳는다. 저마다 알 낳는 자리가 있어서 알 낳을 때가 되면 떼를 지어 옮겨 다니는 일이 많다. 물고기는 한 번에 알을 많이 낳지만, 알도 그만큼 많이 잡아먹히고 새끼도 많이 잡아먹힌다. 가시고기처럼 알을 돌보는 물고기는 몇 종류 되지 않는다.

비늘

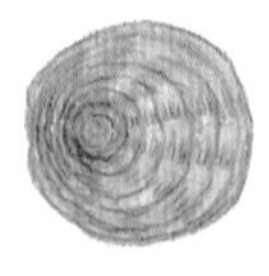

둥근비늘
비늘이 얇고 미끈하며 둥

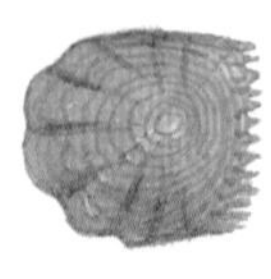

빗비늘
비늘 한쪽에 빗처럼 생긴
가시가 있다.

방패비늘
비늘에 단단한 돌기가

아가미

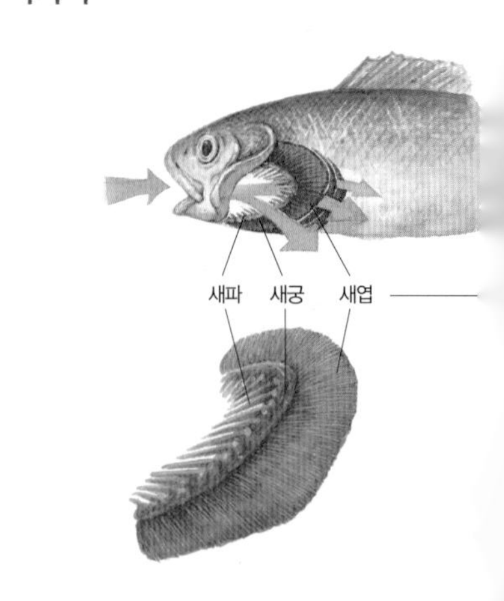

옆줄

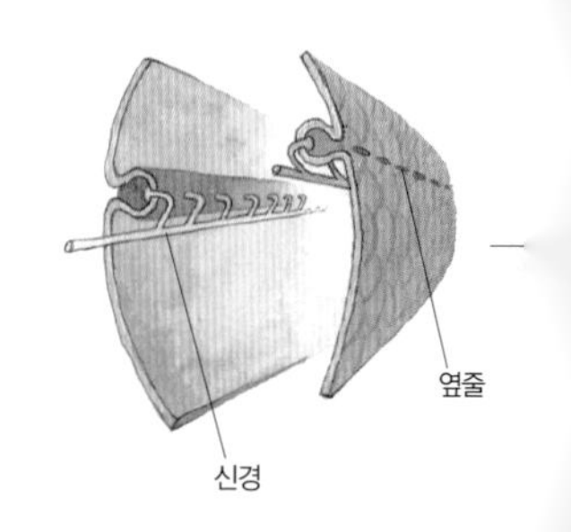

굳비늘
겉이 단단하고 마름모꼴로
생겼다.

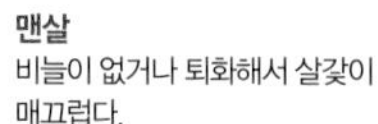

맨살
비늘이 없거나 퇴화해서 살갗이
매끄럽다.

뱀장어

가시
비늘이 뾰족한 가시로
바뀌었다.

가시복

지느러미

새파 작은 먹이를 걸러 낸다.
새궁 새파와 새엽이 붙어 있는 말랑말랑한 뼈다.
새엽 물속에 녹아 있는 산소를 빨아들인다.

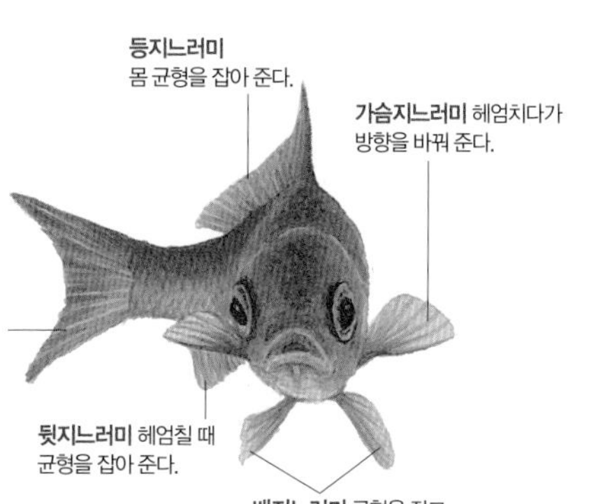

부레

옆줄 물 흐름이 어떤지 느낀다. 물속에 다른
물고기나 물체가 있는지도 안다.

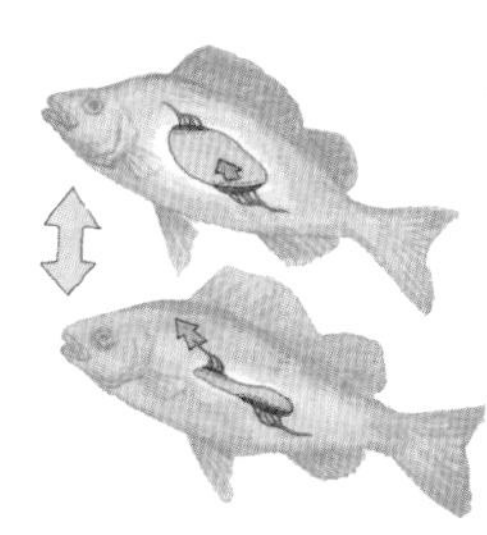

물 위로 뜰 때는 공기주머니를
풍선처럼 부풀린다. 아래로 가라앉을
때는 공기주머니에서 공기를 뺀다.

곤충

지구에 사는 동물 가운데 알려진 것은 140만 종쯤이다. 그중에 곤충이 100만 종쯤 된다. 곤충은 절지동물에 든다. 절지동물은 몸이 마디져 있다는 뜻이다. 곤충은 몸이 머리, 가슴, 배로 나뉘어 있고, 다리가 세 쌍이다.

동물 가운데 가장 종 수가 많은 만큼 곤충은 그 안에서도 여러 무리가 있다. 곤충을 나누는 방법은 여러 가지이지만, 흔히 생김새에 따라 나눈다. 곤충을 나눌 때 첫 기준이 되는 것은 날개와 입틀이다.

좀 벌레처럼 날개가 없는 것과 잠자리나 나비처럼 날개가 있는 것으로 나눈다. 우리가 아는 거의 모든 곤충은 날개가 있다. 날개가 덜 발달된 고시류에는 하루살이와 잠자리 무리가 있다. 모두 애벌레가 물속에서 살고 안갖춘탈바꿈을 한다.

날개를 접을 수 있는 신시류는 안갖춘탈바꿈을 하는 외시류와 갖춘탈바꿈을 하는 내시류로 나눈다. 번데기 과정을 거치지 않고 어른벌레가 되는 곤충에는 메뚜기 계열와 매미 계열이 있다. 메뚜기 계열에는 바퀴·사마귀·메뚜기·집게벌레·대벌레 무리가 있고, 매미 계열에는 이·매미·노린재·진딧물·깍지벌레 무리가 있다.

번데기를 거쳐 어른벌레가 되는 갖춘탈바꿈을 하는 곤충에는 뿔잠자리, 날도래, 딱정벌레, 나방, 파리, 벌 무리가 여기에 든다. 딱정벌레는 가짓수로는 곤충 가운데 삼분의 일이 넘는다. 풍뎅이, 반날개, 물땡땡이, 사슴벌레, 꽃무지, 방아벌레, 수시렁이, 바구미, 잎벌레, 거저리, 가뢰 같은 벌레가 모두 딱정벌레 무리이다. 나비는 나방 무리에 들고, 모기는 파리 무리에 든다. 개미는 벌 무리에 든다.

고시류 (안갖춘탈바꿈)

참납작하루살이

신시류

외시류 (안갖춘탈바꿈)

왕귀뚜라미

내시류(갖춘탈바꿈)

톱하늘소

풀색꽃무지

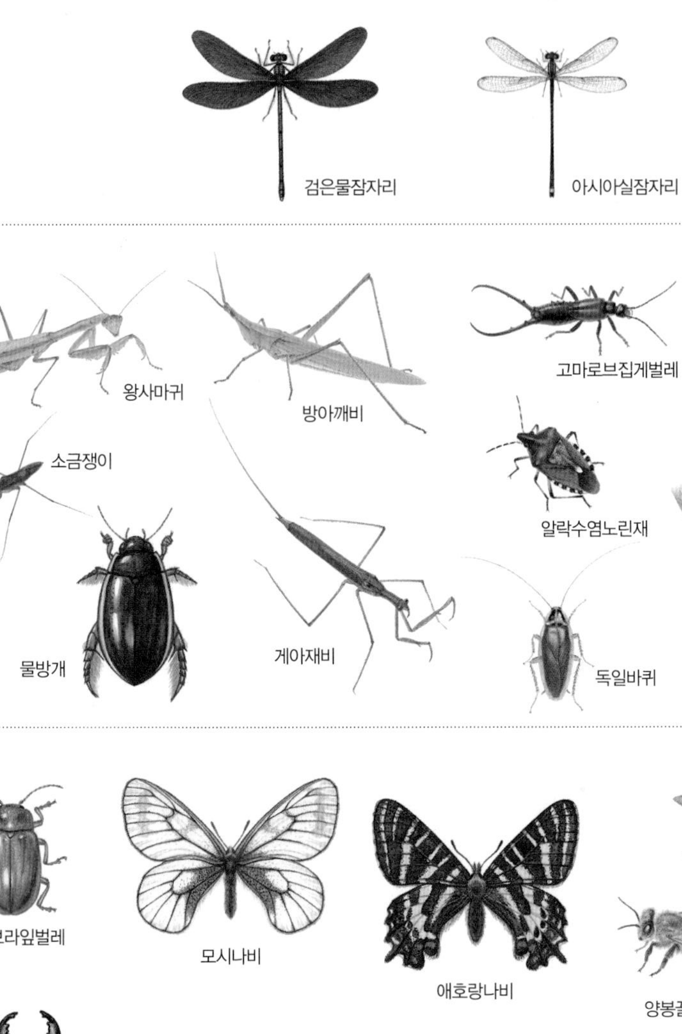
검은물잠자리
아시아실잠자리
왕사마귀
방아깨비
고마로브집게벌레
소금쟁이
알락수염노린재
물방개
게아재비
독일바퀴
말매미

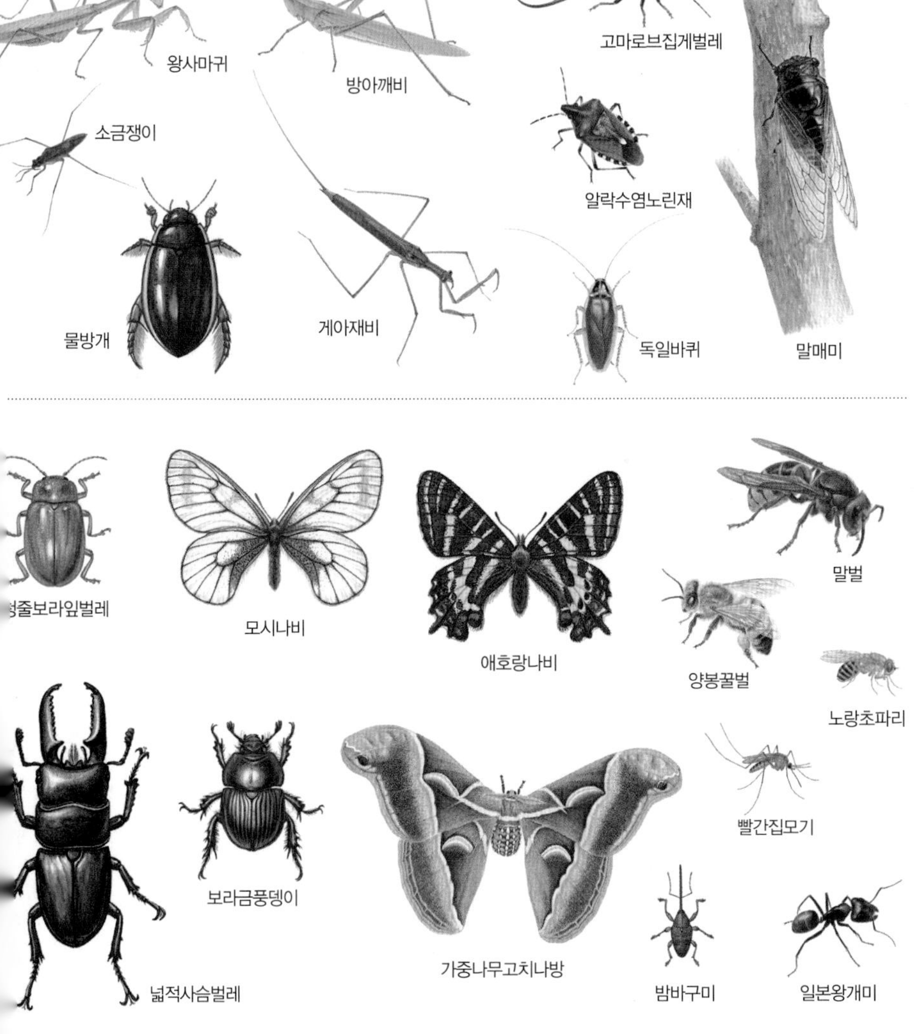
줄보라잎벌레
모시나비
애호랑나비
말벌
양봉꿀벌
노랑초파리
빨간집모기
보라금풍뎅이
가중나무고치나방
넓적사슴벌레
밤바구미
일본왕개미

곤충의 특징

곤충의 몸은 머리, 가슴, 배로 나뉘어 있다. 머리에는 눈과 더듬이와 입이 있고, 가슴은 다시 세 마디로 나뉘어서 마디마다 다리가 한 쌍씩 있다. 그리고 가운뎃가슴과 뒷가슴에 날개가 한 쌍씩 있다. 날개가 있는 동물은 새와 곤충, 그리고 박쥐 정도이다. 새나 박쥐의 날개는 다리가 바뀐 것이지만, 곤충 날개는 다리와 상관없이 솟아났다.

날개를 가지고 가장 먼저 날아오른 동물이 곤충이다. 다리 세 쌍은 걷고 뛰는 것이 본디 구실이지만 사마귀나 물자라 앞다리는 먹이를 잡기 좋게, 땅강아지는 땅을 파기 좋게 바뀌었다. 물방개 뒷다리는 헤엄치기에 좋다. 이렇게 곤충은 사는 곳이나 습성에 따라 적응하는 능력이 뛰어나서, 아주 오랜 세월 동안 지구 어디에서나 살아갈 수 있게 되었다. 다만 바다에서는 거의 찾기 어렵다.

곤충의 한살이는 알에서 시작해서 애벌레와 번데기를 거쳐 어른벌레에서 끝난다. 이렇게 네 단계를 거치는 것을 갖춘탈바꿈이라고 하고, 번데기를 거치지 않고 애벌레에서 바로 어른벌레가 되는 것을 안갖춘탈바꿈이라고 한다.

짝짓기를 한 암컷은 애벌레의 먹이 가까이에 알을 낳는다. 하나씩 낳기도 하고 수백 개를 덩어리로 낳기도 한다. 곤충은 애벌레일 때 가장 많이 먹는다. 애벌레로 살아가는 시간이 아주 긴 곤충도 많고, 어른벌레가 되면 짝짓기를 하고 알을 낳은 다음 곧바로 죽는 곤충도 많다. 애벌레는 허물을 벗으면서 크는데, 세 번 허물을 벗는 것부터 많게는 열여섯 번 허물을 벗는 것까지 있다. 번데기는 갖춘탈바꿈을 하는 곤충만 거친다. 번데기 껍질 안에서는 애벌레가 어른벌레로 바뀌는 큰 변화가 일어난다.

생김새

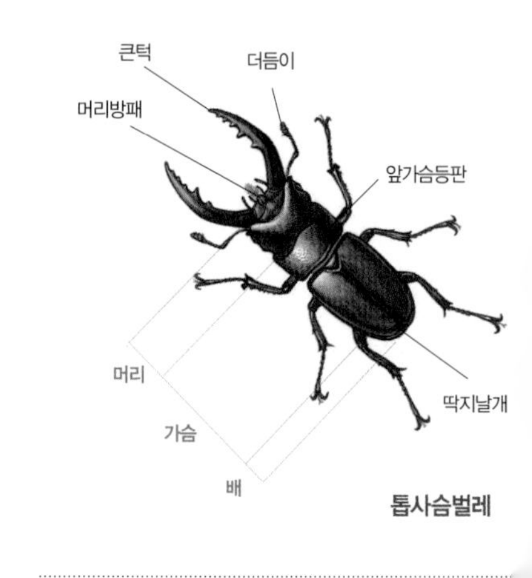

톱사슴벌레

알 낳기

나무껍질 속에 사는 하늘소 애벌레 몸속에 알을 낳는 맵시벌

나뭇잎 위에서 알을 지키 집게벌레 암컷

한살이

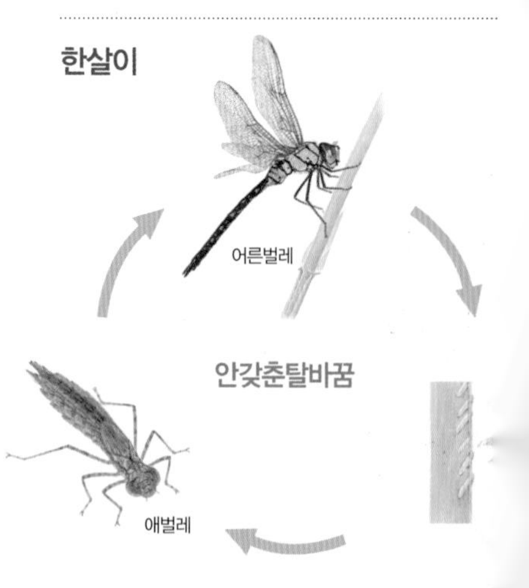

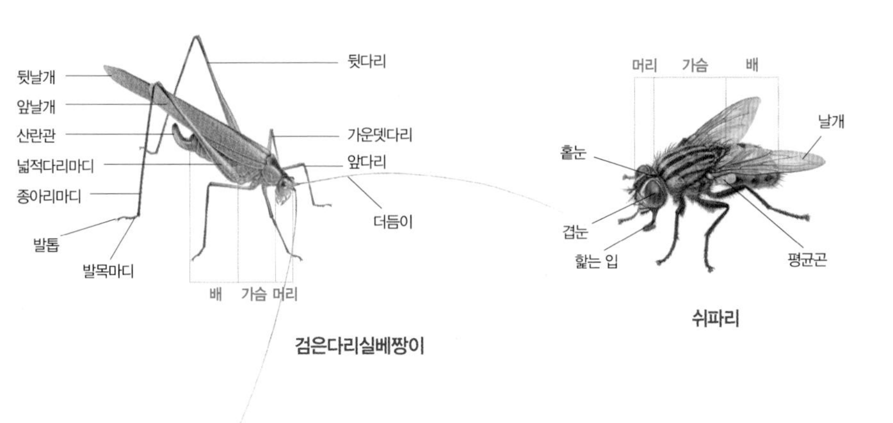

검은다리실베짱이

쉬파리

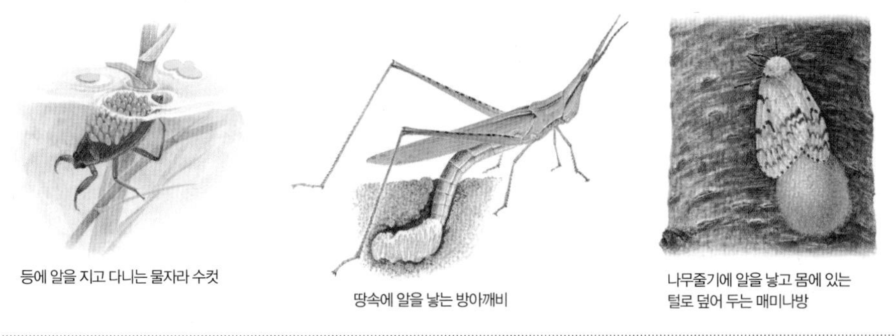

등에 알을 지고 다니는 물자라 수컷

땅속에 알을 낳는 방아깨비

나무줄기에 알을 낳고 몸에 있는 털로 덮어 두는 매미나방

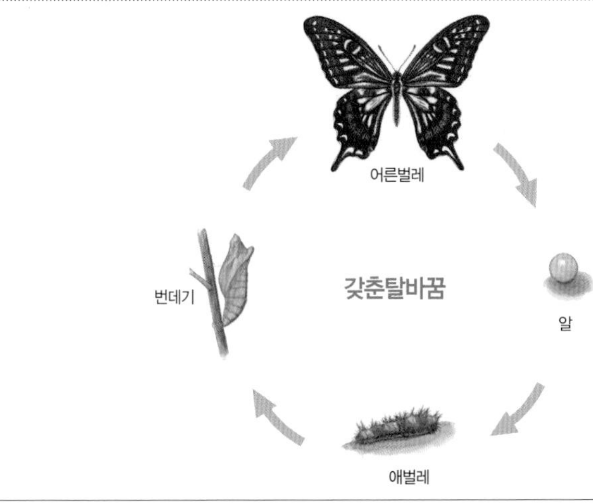

극피동물

불가사리, 성게, 해삼처럼 몸에 가시나 혹 같은 것이나 있는 동물을 극피동물이라고 한다. 거의 모든 극피동물이 바다에서 산다. 극피동물은 따로 머리라고 할 만한 것이 없고, 몸 전체가 방사 대칭형으로 생겼다. 움직일 때는 대롱처럼 생긴 관족이라는 발을 써서 바닥을 기어다닌다. 극피동물은 다시 살아나는 힘이 세서 몸의 일부가 떨어져 나가거나 상처를 입어도 다시 온전하게 자라난다.

극피동물

아무르불가사리

검은띠불가사리

절지동물

몸이 마디로 되어 있는 동물을 절지동물이라고 한다. 절지동물은 온 세계 동물 가운데 절반이 훨씬 넘는다. 절지동물 가운데 가장 수가 많은 것은 곤충이고, 다른 절지동물로는 거미 무리, 지네처럼 다리가 많은 다지류, 게나 새우, 가재처럼 몸이 단단한 껍데기로 싸여 있는 갑각류가 있다. 절지동물은 몸이 자라도 단단한 껍데기는 안 자라기 때문에 몸이 자랄 때마다 껍데기를 바꾼다.

거미는 곤충과 달리 몸이 머리가슴과 배로 이루어져 있고, 다리가 네 쌍이다. 더듬이도 없다. 갑각류는 물에 사는 것이 많다. 특히 바다에 많이 산다. 쥐며느리나 갯강구도 크게는 갑각류에 든다.

절지동물

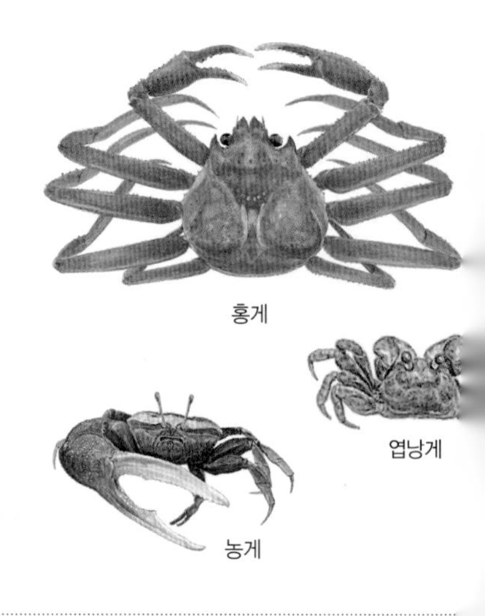

홍게

엽낭게

농게

환형동물

갯지렁이처럼 몸이 마디로 되어 있고 몸통이 가늘고 긴 원통처럼 생긴 동물을 환형동물이라고 한다. 환형은 고리 모양이라는 뜻이다. 물에 사는 지렁이나 거머리도 환형동물이다. 갯지렁이는 털처럼 생긴 강모가 셀 수 없이 많아서 다모류라고 하고, 지렁이나 거머리는 적다고 빈모류라고 한다.

환형동물

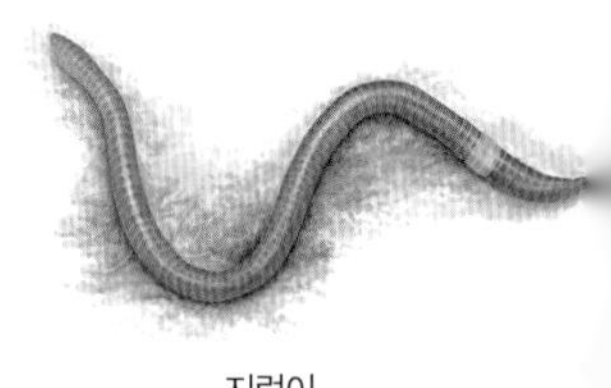

지렁이

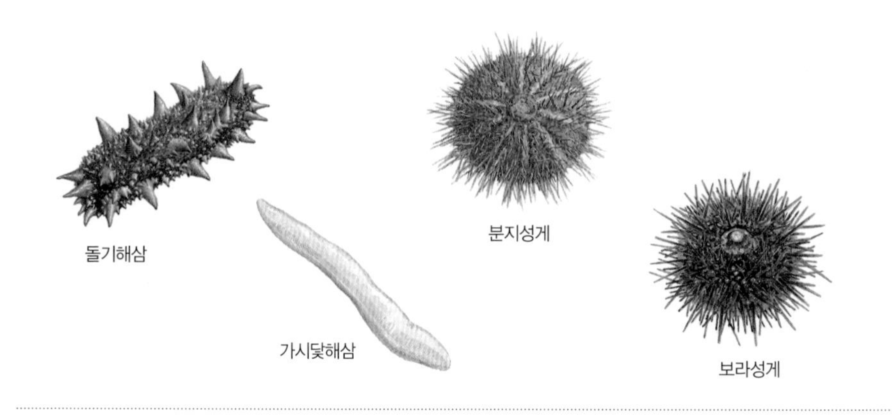
돌기해삼
가시닻해삼
분지성게
보라성게

쥐며느리
별늑대거미
털보깡충거미
쏙
호랑거미
젓새우
대하
호랑나비
양봉꿀벌

참거머리

두토막눈썹참갯지렁이

연체동물

연체동물은 몸에 뼈가 없이 살이 물렁물렁하고 연한 동물이다. 우리가 많이 먹는 조개와 고둥, 오징어와 문어, 바위에 꼭 붙어 있는 납작한 군부와 전복, 물컹거리는 군소 따위가 모두 연체동물이다.
조개는 조가비 밖으로 내밀고 다니는 크고 튼튼한 발이 도끼날처럼 생겼다고 부족류라고 한다. 조가비가 두 장씩 있어서 이매패류라고도 한다.
고둥이나 달팽이는 조개와 달리 껍데기가 하나이고, 배에 발이 붙어 있다고 복족류라고 한다.
오징어나 문어는 단단한 껍데기가 없이 외투막으로 몸이 싸여 있다. 머리처럼 보이는 것이 몸통이고, 몸통 아래쪽에 머리가 있다. 머리에 다리가 붙어 있다고 두족류라고 한다.

연체동물

이매패류(조개)

홍합

복족류(고둥과 달

큰구슬우렁이

두족류

살

자포동물

말미잘이나 해파리나 산호처럼 촉수에 독침을 갖고 있는 동물을 자포동물이라고 한다. 몸은 거의 방사형이고, 오목한 모양의 입구가 하나 있다. 만지면 물컹거리고 부드럽다. 긴 수염같이 생긴 촉수로 냄새를 맡거나 침을 쏘아서 먹이를 잡는다. 거의 바다에서 살고, 살아가는 동안 바다를 자유롭게 떠다니는 시기와 한 곳에 붙어서 지내는 시기를 거친다.

자포동물

노무라입깃해

갯고둥

눈알고둥

총알고둥

달팽이

낙지

문어

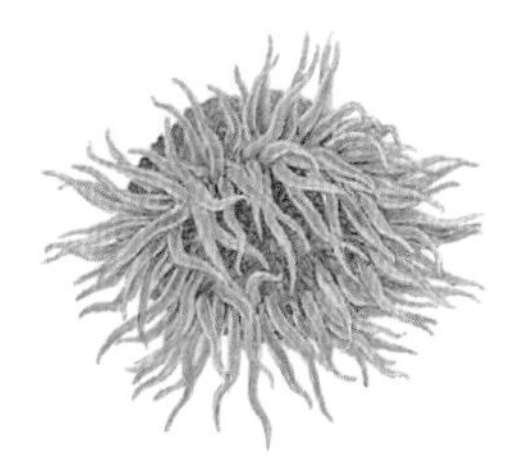

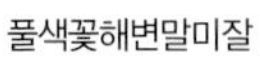

풀색꽃해변말미잘

담황줄말미잘

식물계

식물은 한 자리에서 뿌리를 내리고 살아간다. 땅속에서 뿌리로 물과 무기물을 얻고, 잎으로 햇볕과 공기를 받는다. 흙이 있고, 햇볕이 있으면 스스로 제 몸을 자라게 하고, 살아갈 양분을 만들 수 있다. 햇빛을 받아 광합성을 해서 만든 양분은 식물이 살아가는 에너지의 원천이 된다. 식물이 만든 양분으로 거의 모든 생물이 살아간다.

식물의 갈래

식물을 나눌 때 크게 풀과 나무로 나누거나, 곡식, 채소, 약초, 잡초로 나누거나 하는 여러 가지 방법이 있다. 식물분류학에서는 아래 같이 식물을 나눈다.

식물은 크게 꽃을 피우는가 아닌가를 두고 민꽃식물과 꽃식물로 나눈다. 민꽃식물은 고사리나 이끼처럼 꽃을 피우지 않는 것들이다. 열매를 맺지 않고 홀씨로 수를 늘리고 퍼진다. 그 다음에 꽃을 피우는 식물은 밑씨가 씨방 겉에 드러나 있는가, 감춰져 있는가로 나눈다. 밑씨가 드러나 있는 것은 겉씨식물이라고 하고, 감춰져 있는 것은 속씨식물이라고 한다. 겉씨식물은 밑씨가 씨방에 싸여 있지 않고 겉으로 드러나 있어서 가루받이를 할 때, 꽃가루가 밑씨에 곧바로 들어간다. 거의 나무들 뿐인데 은행나무, 소나무 들이 있다.

민꽃식물이나 겉씨식물을 뺀 나머지 식물들이 속씨식물이다. 우리가 흔히 식물이라고 생각하는 대부분이 밑씨가 씨방에 감춰져 있는 속씨식물에 든다. 속씨식물은 다시 외떡잎식물과 쌍떡잎식물로 나뉜다. 외떡잎식물은 씨앗에서 싹이 틀 때 떡잎이 한 장 나오는 식물이고, 쌍떡잎식물은 두 장이 나온다. 외떡잎식물과 쌍떡잎식물은 자라면서 생김새가 뚜렷하게 달라진다.

민꽃식물

고사리

꽃식물

겉씨식물

향나무

속씨식물

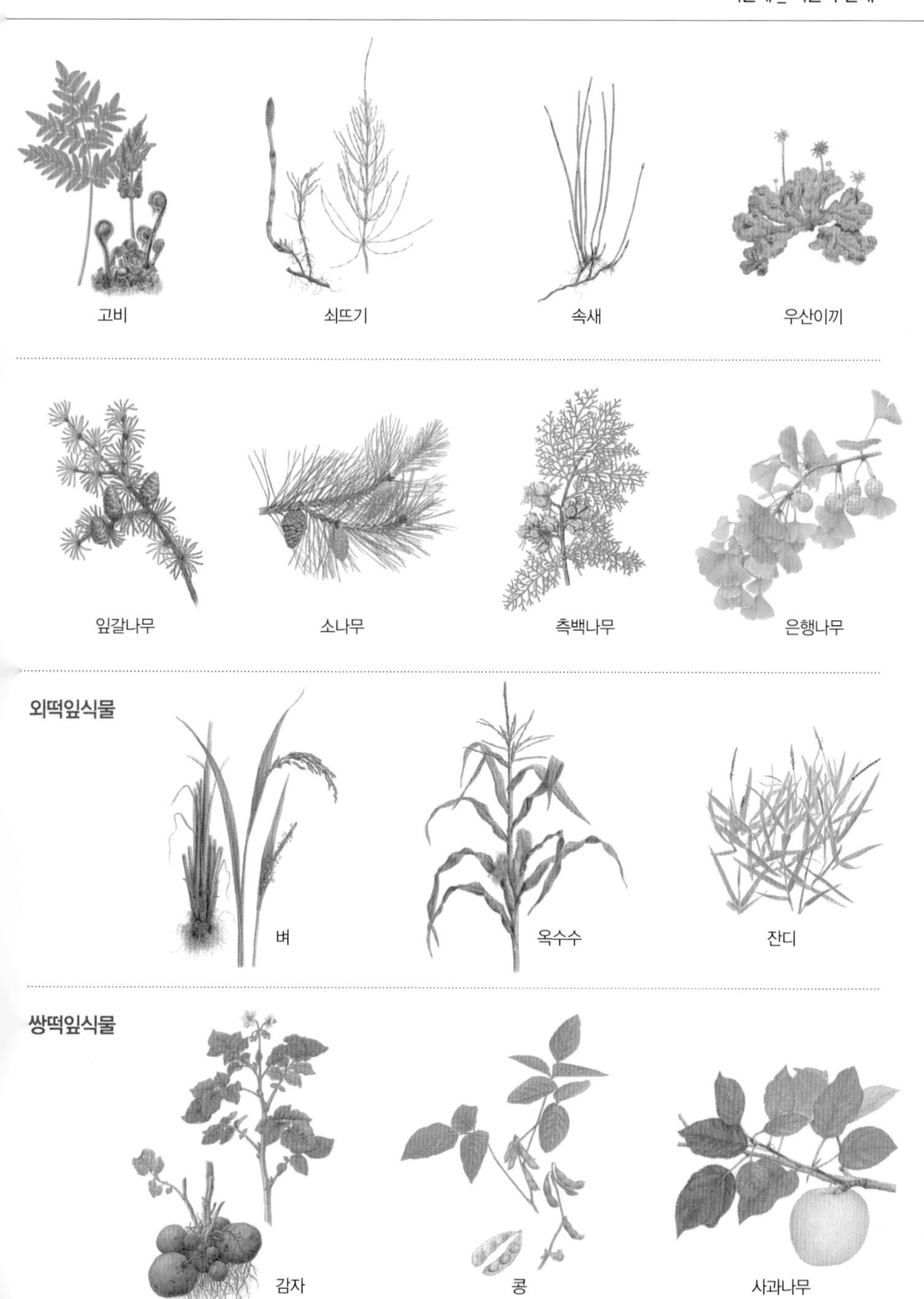
고비
쇠뜨기
속새
우산이끼
잎갈나무
소나무
측백나무
은행나무
외떡잎식물
벼
옥수수
잔디
쌍떡잎식물
감자
콩
사과나무

식물과 계절

우리나라는 계절이 바뀌면 날씨도 많이 바뀐다. 여름에는 덥고 겨울에는 춥다. 한해 동안 비가 적당히 오지만, 장마에는 비가 줄곧 많이 내린다. 이 땅에 사는 풀과 나무는 이렇게 바뀌는 계절에 맞추어 살아간다.

우리 땅에 사는 풀은 봄에서 여름 사이에 잘 자라는데, 비가 많이 오고 날씨가 더운 여름에는 하루가 다르게 쑥쑥 자란다. 높은 산등성이나 추운 북쪽보다 따뜻한 남쪽 들판에서 더 잘 자란다. 꿋꿋하게 추위를 견디면서 한겨울을 나는 풀도 있다.

이른 봄에 꽃 피는 나무는 잎이 나기에 앞서 꽃이 먼저 핀다. 생강나무, 산수유, 매화가 피고, 4월이 되면 앵두꽃과 진달래와 벚꽃이 핀다. 이 무렵이면 나무마다 나뭇잎이 돋아나기 시작한다. 두릅나무, 참죽나무, 다래 같은 나무에서 새순을 따서 나물을 할 수 있다. 5월로 접어들면 나뭇잎이 푸르게 우거지기 시작한다.

여름이 되면 숲은 더 짙어지고, 여름 꽃이 핀다. 대밭에서는 죽순이 커 올라오고, 소나무에서도 새순이 난다. 여름에 열매가 익는 나무도 많다. 버찌, 오디, 산딸기, 앵두, 매실, 복숭아가 익는다.

가을이 오면 곡식과 나무 열매가 풍성하게 여문다. 밤이나 호두처럼 단단한 열매들도 익고, 머루나 다래도 익는다. 사과, 배, 감 같은 과일도 맛을 볼 수 있다. 푸른 잎은 붉거나 노랗게 물든다.

나무는 겨울에 잎을 떨구고 몸을 줄여서 겨우살이에 들어간다. 가지에는 겨울눈이 있다. 동백나무나 소나무처럼 겨우내 푸른잎을 달고 있는 나무도 있다.

요즘은 기후가 바뀌면서 풀과 나무가 계절을 지내는 모습도 점점 바뀌고 있다.

봄꽃

큰개불알풀 괭이밥

여름 열매와 여름 꽃

수국 감나무

가을 열매와 곡식

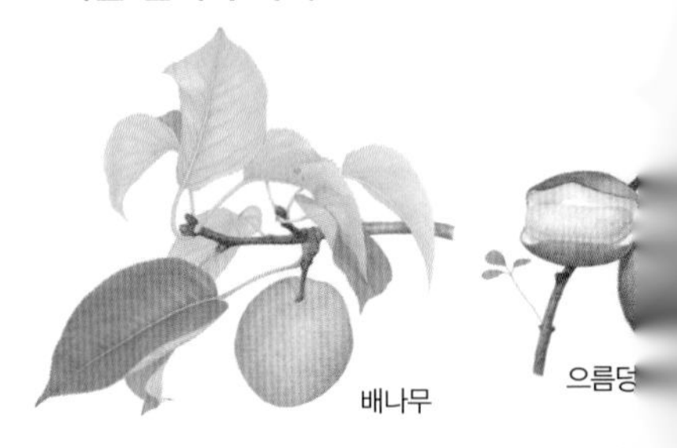

배나무 으름덩

겨울눈과 로제트

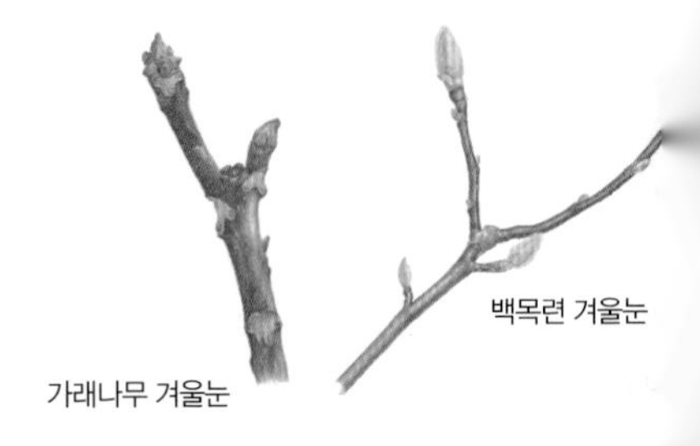

백목련 겨울눈 가래나무 겨울눈

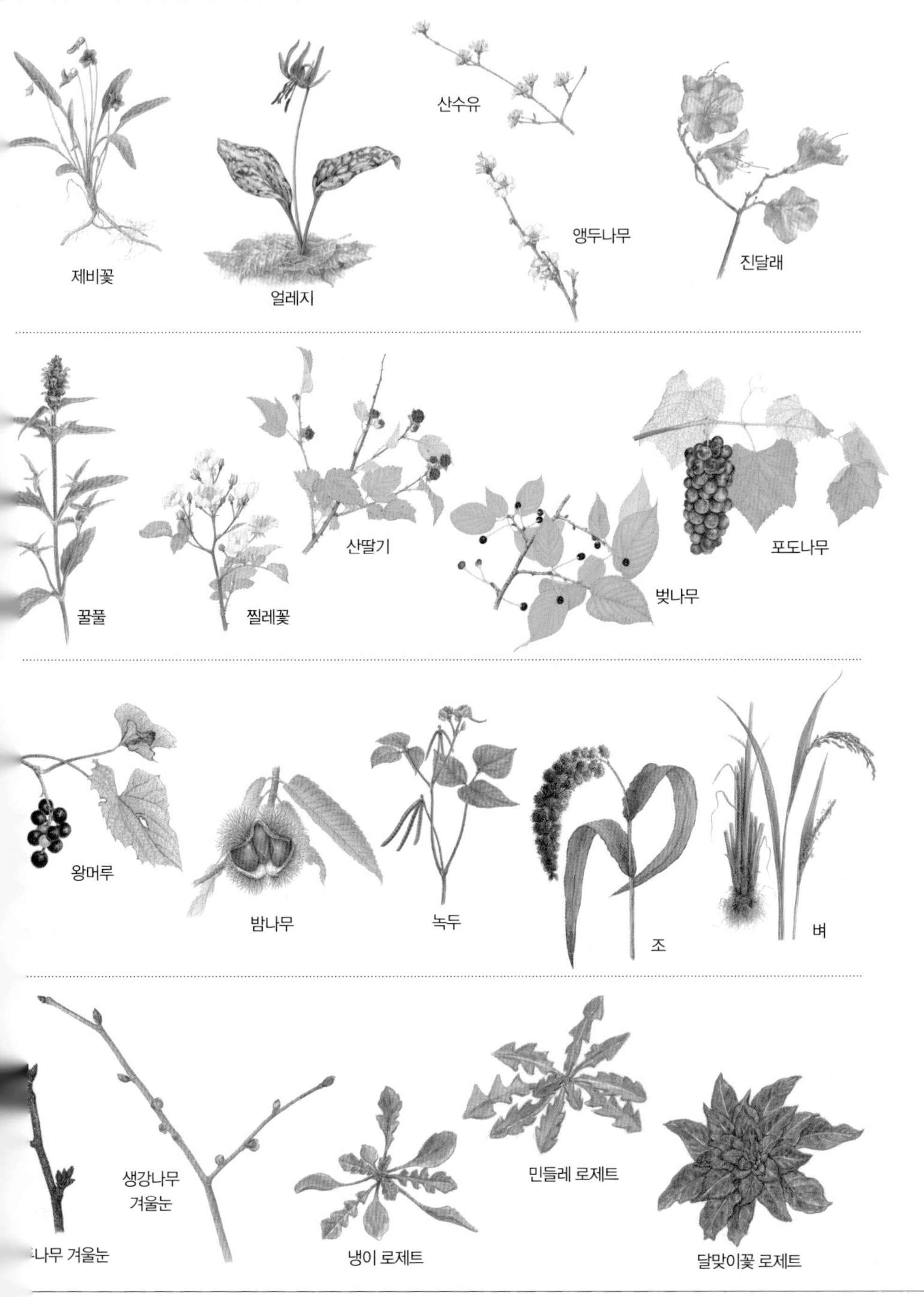
제비꽃
얼레지
산수유
앵두나무
진달래
꿀풀
찔레꽃
산딸기
벚나무
포도나무
왕머루
밤나무
녹두
조
벼
나무 겨울눈
생강나무
겨울눈
냉이 로제트
민들레 로제트
달맞이꽃 로제트

식물의 특징

뿌리

뿌리는 땅속으로 뻗어 있다. 식물이 쓰러지지 않게 떠받치고, 흙 속에 있는 물과 양분을 빨아들인다. 잎에서 광합성으로 만들어 낸 영양분을 뿌리에 갈무리해 두기도 한다. 또 흙 속에 있는 공기로 숨쉬기를 한다.
뿌리는 크게 곧은뿌리와 수염뿌리로 나뉜다. 곧은뿌리는 굵고 튼튼한 원뿌리에 곁뿌리가 나와 얼기설기 엉켜 있다. 쌍떡잎식물은 곧은뿌리를 많이 내린다. 수염뿌리는 가는 뿌리들이 수염처럼 나는데, 외떡잎식물이 수염뿌리가 많다.

곧은뿌리

고들빼기

수염뿌리

그령

줄기

줄기는 식물의 몸 가운데 땅속에 있는 뿌리에서 나와서 땅 밖으로 뻗는부분이다. 식물의 기둥 구실을 하면서 뿌리와 잎을 잇는다. 꽃과 열매도 매달린다. 줄기에서 여러 갈래로 가지를 쳐 나가기도 한다. 뿌리에서 빨아들인 물과 양분은 줄기를 거쳐 잎으로 가고, 잎에서 광합성으로 만든 영양분도 줄기를 통해 옮겨 다닌다.
줄기는 생김새에 따라 곧은줄기, 감는줄기, 기는줄기로 나뉜다. 곧은줄기는 줄기가 위로 꼿꼿하게 자란다. 위로 자라면서 가지를 치고 잎을 낸다. 많은 나무들과 똑바로 서 있는 풀은 모두 곧은줄기이다. 감는줄기는 둘레에 있는 나무나 풀을 감으면서 자란다. 줄기가 가늘고 부드러워서 이리저리 잘 휜다. 감아 오르는 방향은 식물마다 다르다. 기는줄기는 위로 자라지 않고 옆으로 자라면서 새로운 줄기와 뿌리를 내린다. 기는줄기로 사는 식물은 줄기가 끊어져도 새 뿌리를 내려서 산다. 땅속줄기는 덩이나 알처럼 모양에 따라 나뉜다.

곧은줄기

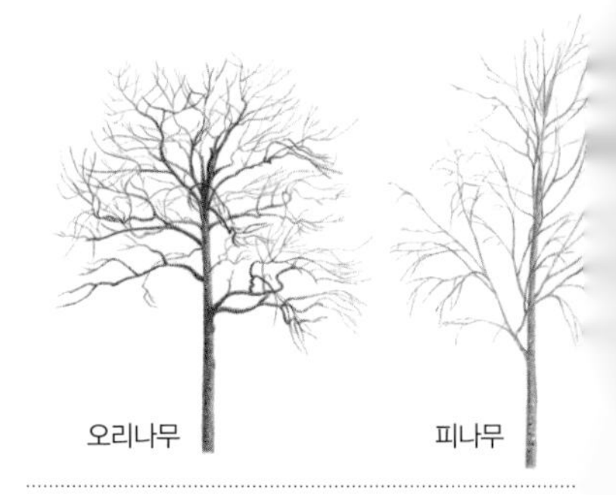

오리나무 피나무

기는줄기

뱀딸기

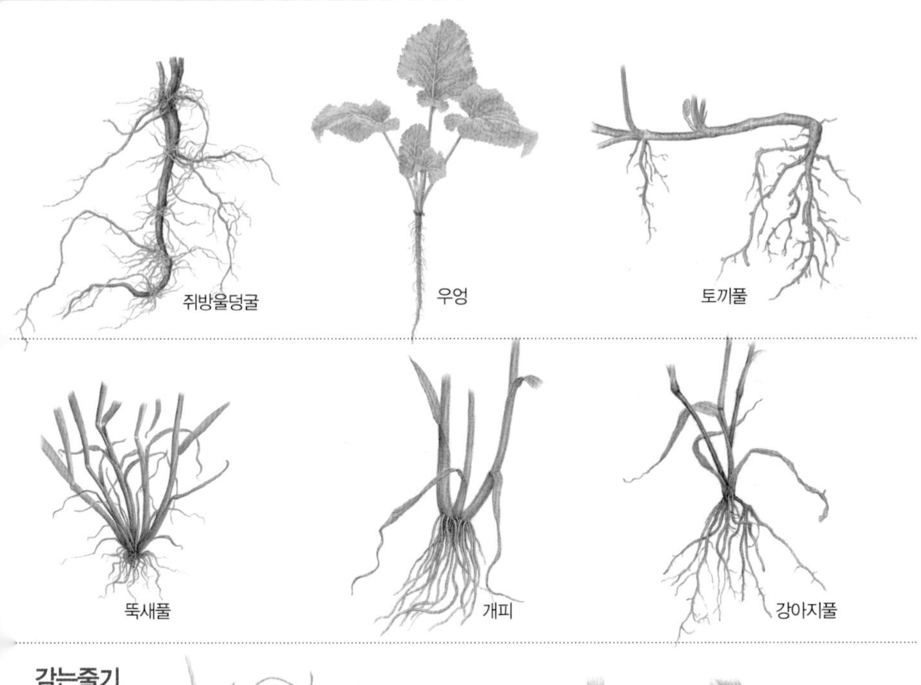

감는줄기

땅속줄기

잎

잎은 줄기나 가지 끝에 매달려 있다. 거의 녹색이고 납작하다. 햇빛을 받아 광합성을 해서 영양분을 만들고 숨쉬기와 김내기 같은 일을 한다. 한 해 내내 녹색 잎을 달고 있는 식물도 있고, 가랑잎이 져서 잎이 떨어지는 식물도 있다.

잎모양을 보고 쌍떡잎식물인지 외떡잎식물인지 알 수 있다. 쌍떡잎식물은 잎자루가 있고 잎맥이 그물처럼 뻗어 있다. 외떡잎식물 잎은 끈처럼 길쭉한데 잎자루가 없는 대신 잎집이 줄기를 감싸면서 난다. 잎맥이 나란히 줄을 지어 길게 뻗어 있다.

잎이나 잎자루가 줄기나 가지에 달리는 모양을 '잎차례'라고 한다. 잎차례는 풀마다 조금씩 다르다. 두 잎이 마주나는 식물이 있고, 번갈아 가면서 어긋나는 식물이 있다. 여러 잎이 마디에서 둥글게 돌려서 나거나, 잎이 한곳에서 모여나기도 한다.

잎맥

나란히맥

물피

홑잎과 겹잎

홑잎

깨풀

잎차례

어긋나기

모시대

꽃

꽃은 식물의 줄기나 가지에서 피어난다. 꽃이 시들고 난 자리에 열매나 씨가 맺힌다. 꽃은 꽃잎, 꽃받침, 암술, 수술 이렇게 네 부분으로 되어 있다. 네 가지가 다 있는 꽃도 있고 그렇지 않은 꽃도 있다. 꽃받침은 꽃잎을 받치고, 꽃잎은 암술과 수술을 보호한다. 수술에 있는 꽃가루가 암술에 있는 밑씨를 만나 씨앗을 맺는다.

꽃은 색깔이 알록달록해서 눈에 잘 띄고 좋은 냄새가 난다. 또 꿀샘을 가지고 있는 꽃이 있다. 여기에는 꽃가루받이를 도와줄 온갖 벌과 나비들이 꼬여 든다.

꽃은 꽃잎 모양에 따라 통꽃과 갈래꽃으로 나뉜다. 꽃잎이 하나로 둥글게 붙어 있는 꽃이 통꽃이다. 꽃잎이 여러 장으로 되어 있는 꽃은 갈래꽃이다. 국화과 꽃들은 갈래꽃처럼 보이지만 통꽃이다. 작은 통꽃들이 수없이 뭉쳐서 꽃 한 개처럼 보인다.

통꽃

큰개불알풀　　잔대

갈래꽃

물질경이

그물맥

미루나무

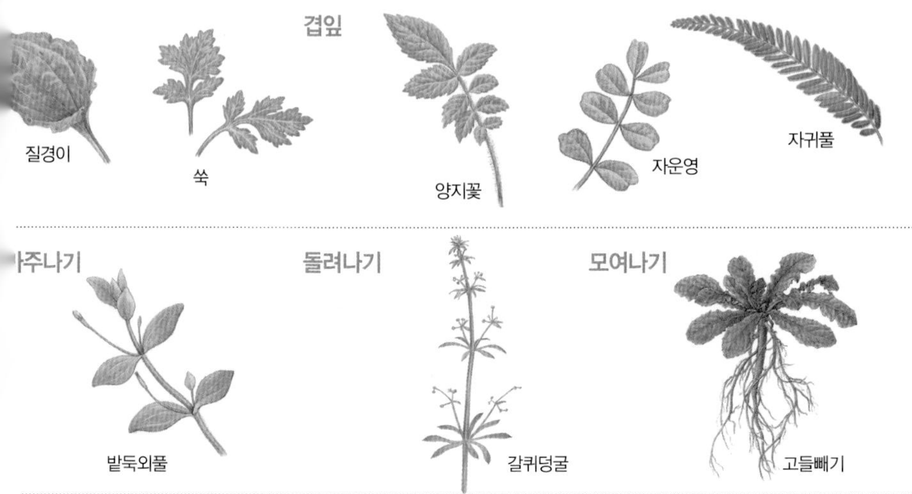
겹잎
질경이
쑥
양지꽃
자운영
자귀풀
주나기
돌려나기
모여나기
밭둑외풀
갈퀴덩굴
고들빼기

꽃 속 생김새

통꽃
서양민들레
가락지나물

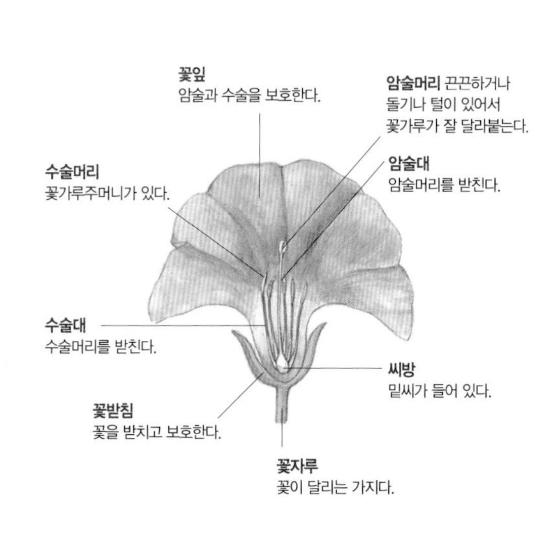
꽃잎
암술과 수술을 보호한다.
암술머리 끈끈하거나
돌기나 털이 있어서
꽃가루가 잘 달라붙는다.
암술대
암술머리를 받친다.
수술머리
꽃가루주머니가 있다.
수술대
수술머리를 받친다.
씨방
밑씨가 들어 있다.
꽃받침
꽃을 받치고 보호한다.
꽃자루
꽃이 달리는 가지다.

열매

꽃가루받이가 끝나면 꽃잎은 지고 열매를 맺는다. 열매는 씨앗을 둘러싸는 부분이다. 속씨식물만 열매를 맺는다. 열매는 씨앗을 보호하거나 씨앗이 널리 퍼지게 돕는다. 식물은 저마다 다르게 생긴 열매를 맺는다. 사과, 복숭아, 귤처럼 우리가 먹는 과일은 거의 열매이다.

과일

복사나무

콩 꼬투리

콩

호두, 도토리

호두

가래

씨앗

씨앗은 식물이 번식을 하기 위해 생긴다. 씨앗에서 같은 식물이 다시 생겨난다. 씨앗 속에는 떡잎과 양분이 있어서 처음에는 스스로 싹을 틔우고 잎을 낸다. 우리가 먹는 쌀, 보리, 밀 같은 곡식은 모두 씨앗이다.
씨앗은 바람이나 곤충, 동물, 사람의 도움을 받아 퍼진다. 씨앗은 싹이 트려면 알맞은 습도와 온도, 산소와 빛이 있어야 한다. 씨앗은 메말라 있을 때는 잠을 자지만 알맞은 습도가 되면 물기를 머금어 싹이 틀 준비를 한다. 껍질은 부드러워지고 안에서는 싹이 생겨난다.

곡식, 풀, 나무

흰깨

검은깨

참깨 씨

가지 씨

볍씨

보리 씨

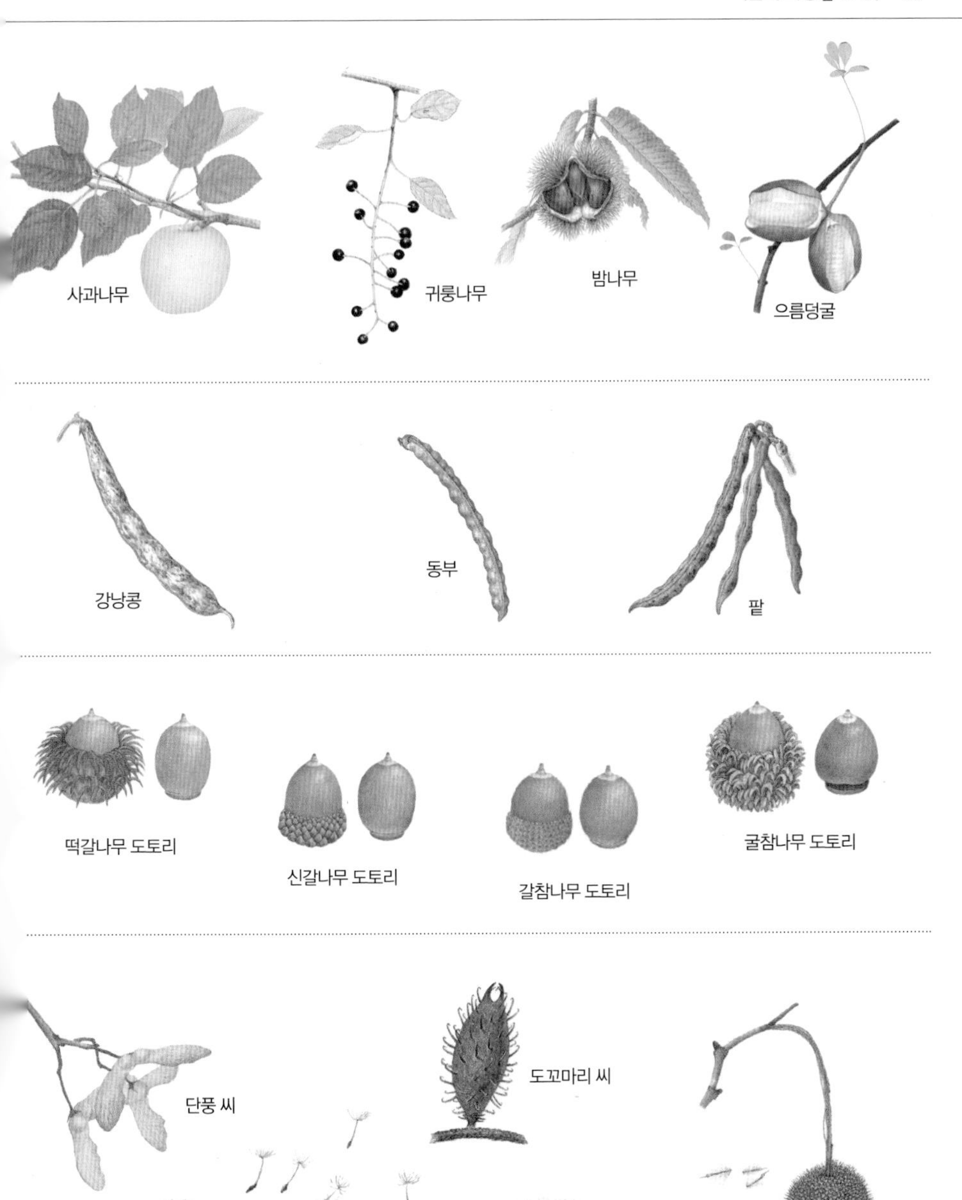
사과나무
귀룽나무
밤나무
으름덩굴
강낭콩
동부
팥
떡갈나무 도토리
신갈나무 도토리
갈참나무 도토리
굴참나무 도토리
단풍 씨
도꼬마리 씨
민들레 씨
박주가리 씨
양버즘나무 열매와 씨

나무와 풀

식물은 흔히 나무와 풀로 나눈다. 나무는 줄기가 두꺼워지면서 자라는 여러해살이 식물이다. 풀은 식물을 나눌 때 나무와 짝으로 여기는 것이다. 줄기가 두꺼워지지 않고, 대부분 한두 해만 산다. 여러 해를 사는 것도 연한 상태로 자라는 것은 풀이라고 한다. 하지만 식물분류학에서는 식물을 나눌 때 풀과 나무로 나누지는 않는다.

풀인지 나무인지 헷갈리는 것도 있다. 대나무 같은 것들이다. 고추 같은 것은 우리나라에서는 겨울에 추위를 이기지 못하고 한해살이 풀로 자라지만, 더운 나라에서는 여러해 동안 살고 나무처럼 자란다.

숲에서 자라는 식물은 저마다 키가 다 다르다. 숲은 식물의 키에 따라 여러 층으로 이루어진다. 숲을 이루는 맨 위층은 큰키나무들이 차지하고 있다. 키가 보통 20~30미터 되는 나무들이다. 참나무, 소나무같이 키가 큰 나무는 어느 것이나 맨 위층을 이룬다.

큰키나무 아래에는 작은키나무들로 이루어진 층이 있다. 보통 키가 7~8미터쯤 자라는 나무들이다. 단풍나무, 쪽동백나무, 함박꽃나무 들이다. 큰키나무가 너무 우거져서 작은키나무가 없는 숲도 꽤 많다. 작은키나무 밑에는 떨기나무가 층을 이룬다. 개암나무, 국수나무, 싸리, 진달래 들이다.

떨기나무 아래는 풀이 있다. 풀은 큰키나무나 떨기나무가 엉성할수록 무성하게 나고 배게 있을수록 보잘것없다. 나무에 잎이 무성해지기 전, 바닥까지 햇빛이 드는 이른 봄에 재빨리 잎이 나고 꽃이 피는 풀도 있다. 나무 그늘이 지지 않는 산기슭이나 들판, 논밭 가장자리에는 저마다 다른 풀꽃이 핀다.

큰키나무

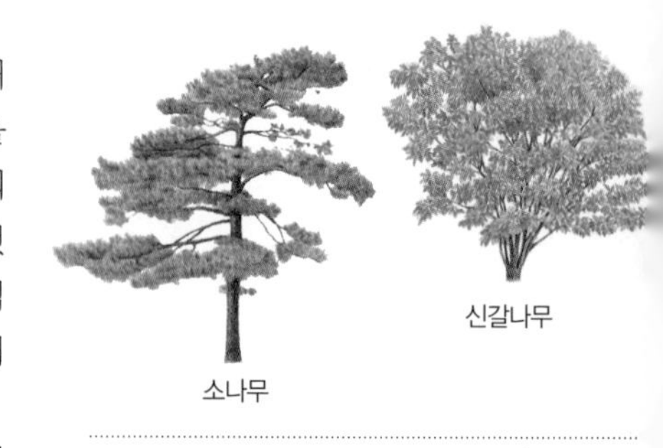

떨기나무

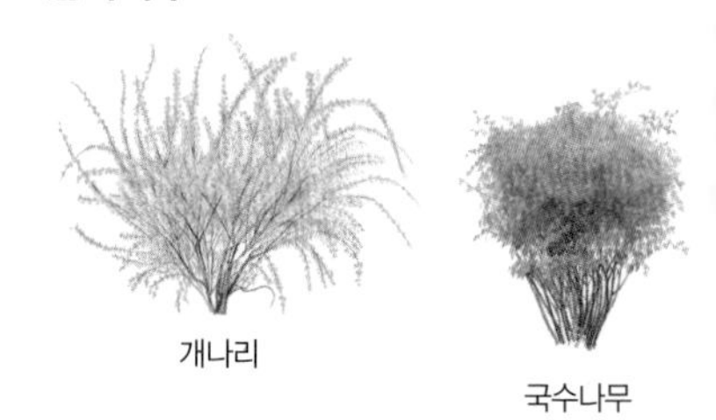

한해살이풀

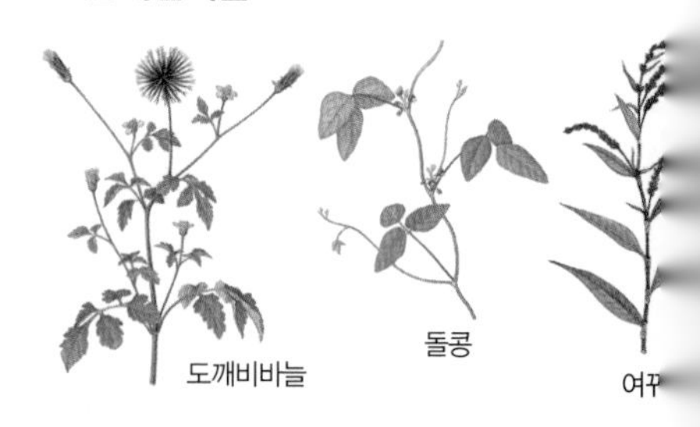

두해살이풀

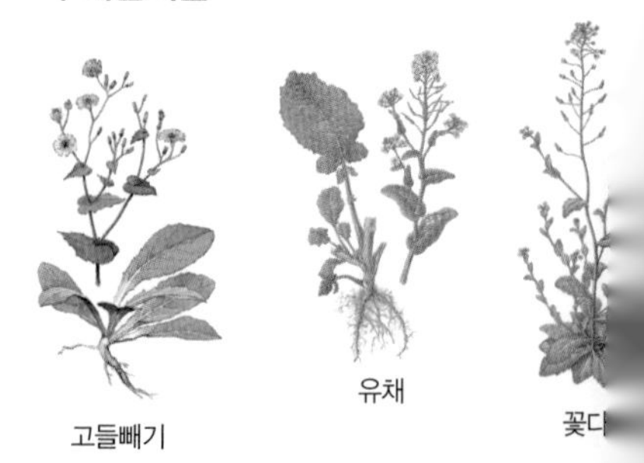

작은키나무

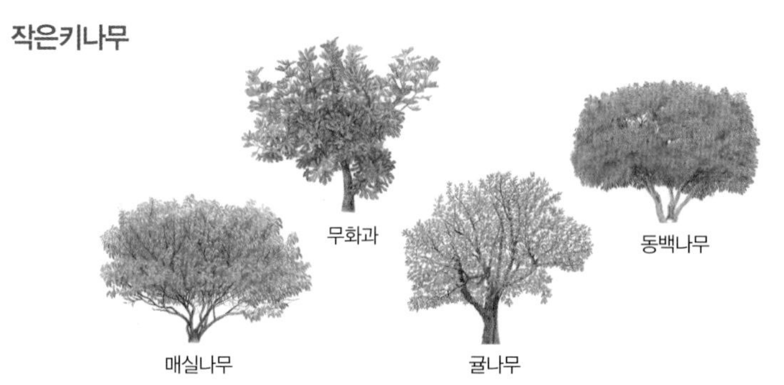

덩굴나무

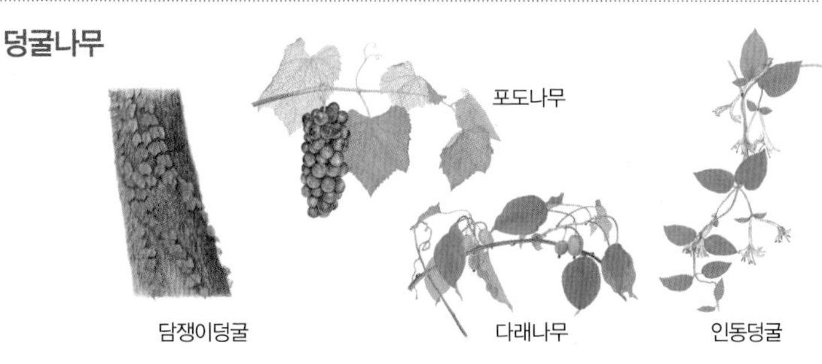

한두해살이풀

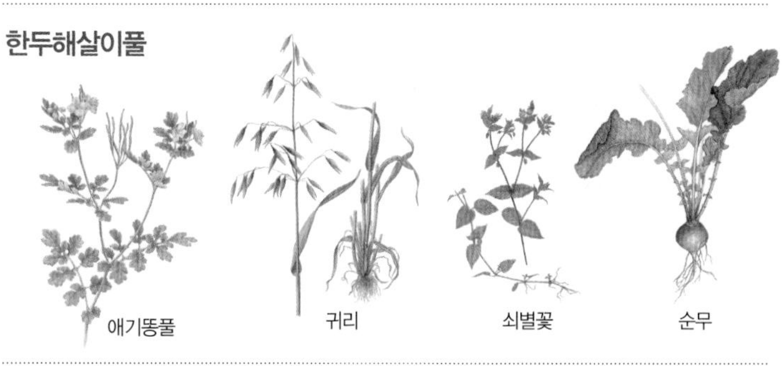

여러해살이풀

곡식과 채소와 과일

우리는 오래전부터 농사를 지어서 먹고 살았다. 식물 가운데 농사 짓기 알맞은 것을 골라서 농사를 짓는다. 곡식은 씨를 먹고, 채소는 잎, 뿌리, 줄기, 열매를 먹는다. 과일은 열매를 먹는다. 곡식 농사는 논에서 짓는 벼농사가 많고, 밭에서는 벼가 아닌 다른 곡식, 콩, 보리, 잡곡을 가꾼다. 반찬 거리가 될 채소도 밭에서 가꾼다. 과일은 나무를 심어서 여러 해 동안 길러서 열매를 거둔다.

곡식

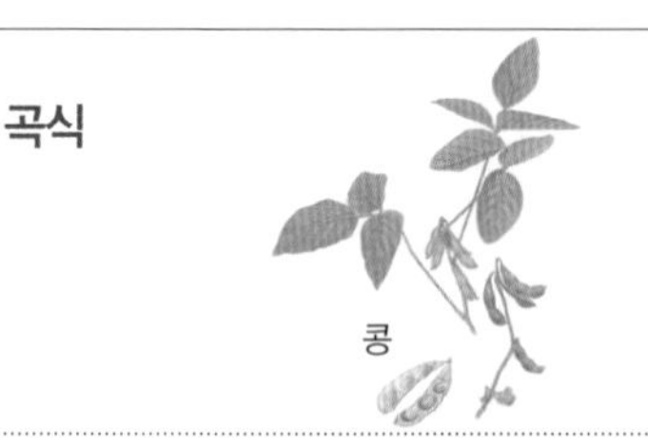

채소

과일

약초

약초는 여러 가지 풀 가운데 병을 고치는 힘이 도드라진 풀이다. 깊은 산속에서 드물게 나는 산삼뿐 아니라, 길가에 흔하게 나는 잡초 가운데에도 약효가 있는 풀들이 여럿이다. 예전에는 따로 약을 구하기 어려워서, 가까이에 나는 풀들이 어떤 약효가 있는지 잘 알고 있었다. 오래전부터 마당에 심었던 꽃과 풀은 약초로 쓰기에 좋은 것을 골라 가꾸었다.

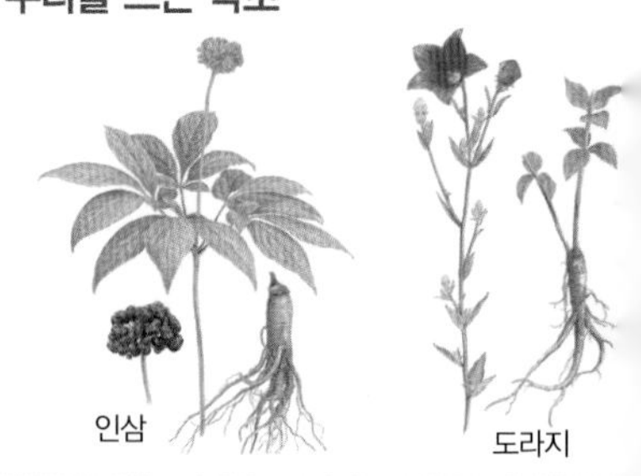

꽃을 쓰는 약초

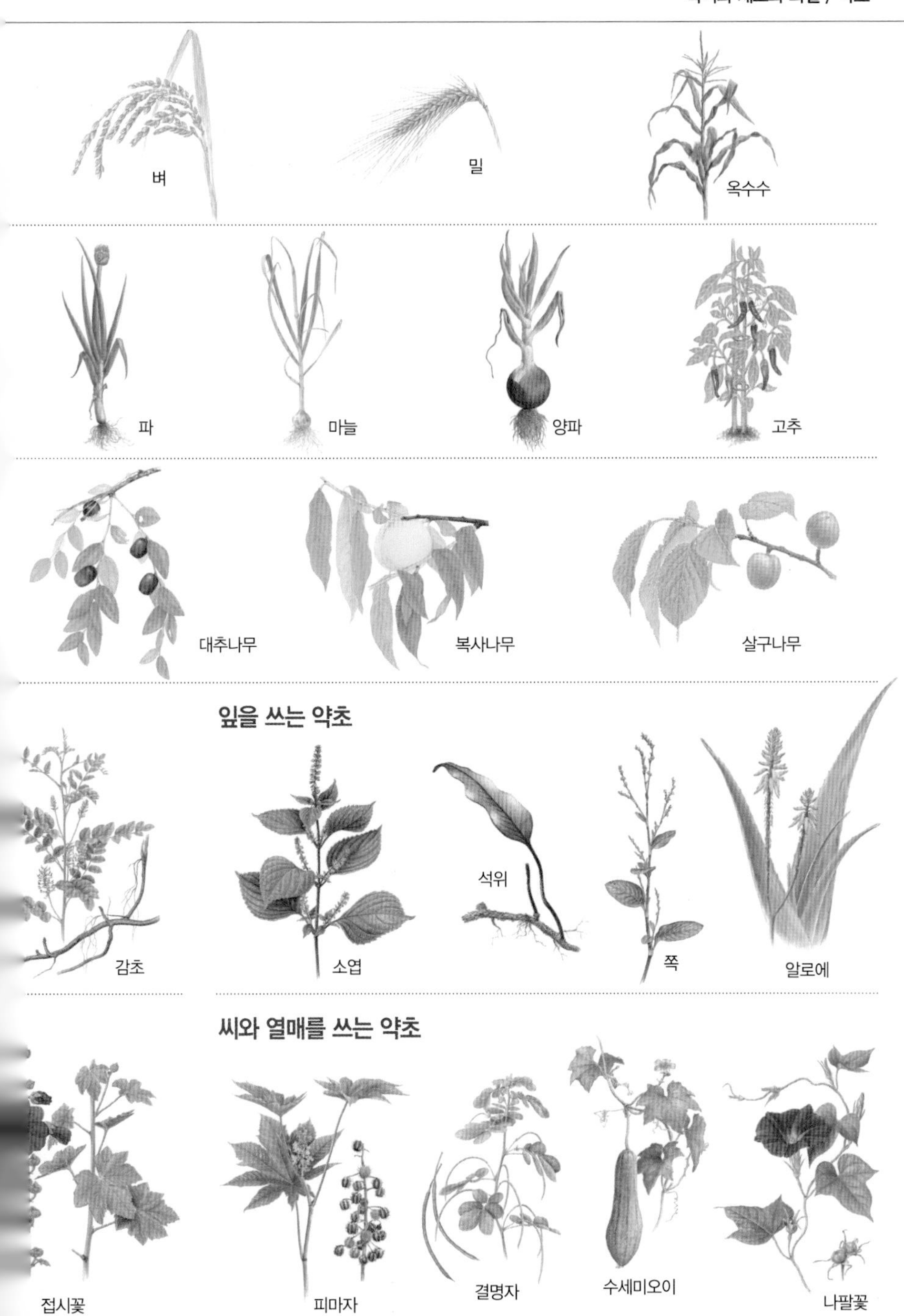
벼
밀
옥수수
파
마늘
양파
고추
대추나무
복사나무
살구나무
잎을 쓰는 약초
감초
소엽
석위
쪽
알로에
씨와 열매를 쓰는 약초
접시꽃
피마자
결명자
수세미오이
나팔꽃

균계

균계(균류)는 생태계에서 분해자 역할을 한다. 곰팡이, 효모, 버섯 같은 것들이다. 균류는 살아가는 방식, 양분을 섭취하는 법, 세포를 구성하는 물질 따위가 식물과는 아주 다르다.

균류는 포자를 만들어 자손을 퍼뜨린다.

버섯은 균계에 속하는 생물인데 흔히 공생균, 기생균, 분해균으로 나누기도 한다. 공생균은 식물의 뿌리에 균근을 만들어 서로 공생 관계를 맺는 버섯이다. 기생균은 살아 있는 동식물의 몸에 붙어 양분을 빼앗으며 자라는 버섯이다. 분해균은 죽은 동식물의 몸에 붙어 숙주를 분해하면서 영양분을 얻어 자라는 버섯을 말한다.

분해균

진흙버섯

잔나비불로초

공생균

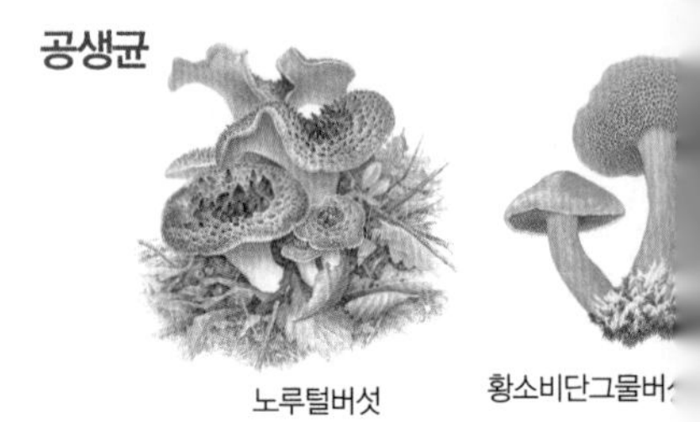

노루털버섯

황소비단그물버

기생균

뽕나무버

버섯의 구조와 한살이

버섯의 한살이는 자실체로 피어나서 자손인 포자를 만드는 일을 하는 번식 활동 기간과, 자실체를 피워 내기 위해 끊임없이 균사를 뻗어 양분을 얻는 일을 하는 영양 활동 기간으로 이루어진다. 버섯은 독버섯도 많고, 사람이 식용으로 쓰는 버섯도 여러 가지이다. 우리가 음식으로 먹는 버섯은 자실체 부분이다.

버섯의 구조

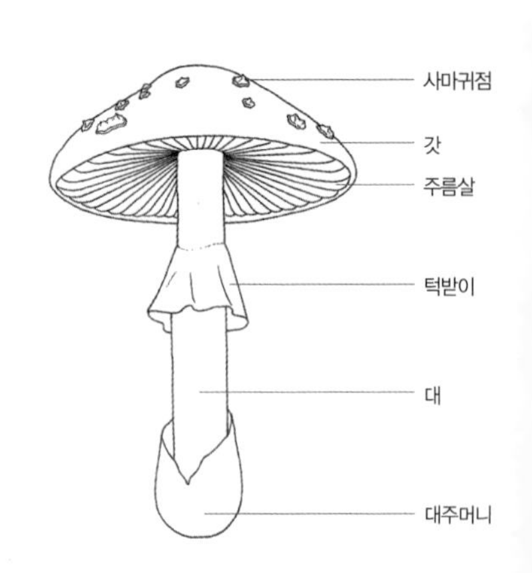

솔방울털버섯
표고
노루궁뎅이
느타리
달걀버섯
송이
흰굴뚝버섯
기와버섯
싸리버섯
동충하초
오디균핵버섯
덧부치버섯
꽃송이버섯

섯의 한살이

자실체
주름살
유성 세대
포자
무성 세대
포자 발아
2차 균사
균사체
1차 균사

3. 그림 모아 보기

* 이 책에 나오는 생물을 분류 순서로 실었다. 생물이 진화해 온 역사가 비슷하거나, 생김새나 구조가 비슷한 개체끼리 모여 있다. 식물은 과 이름을 표시하고, 그 밖에 다른 생물은 목 이름을 표시했다.

원생생물

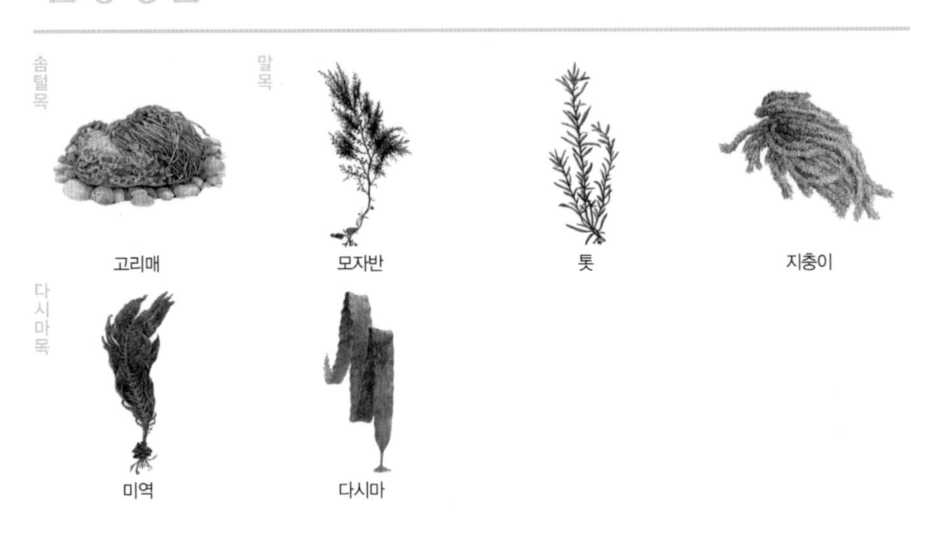

민꽃식물

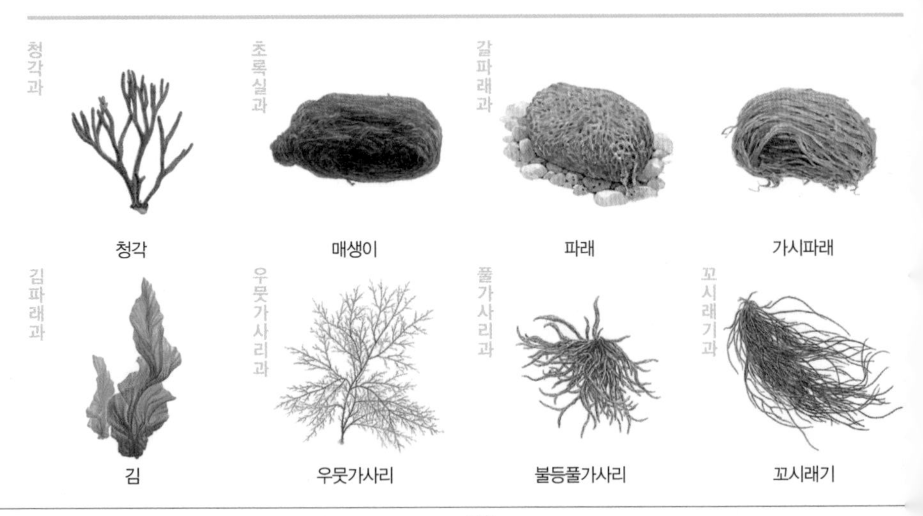

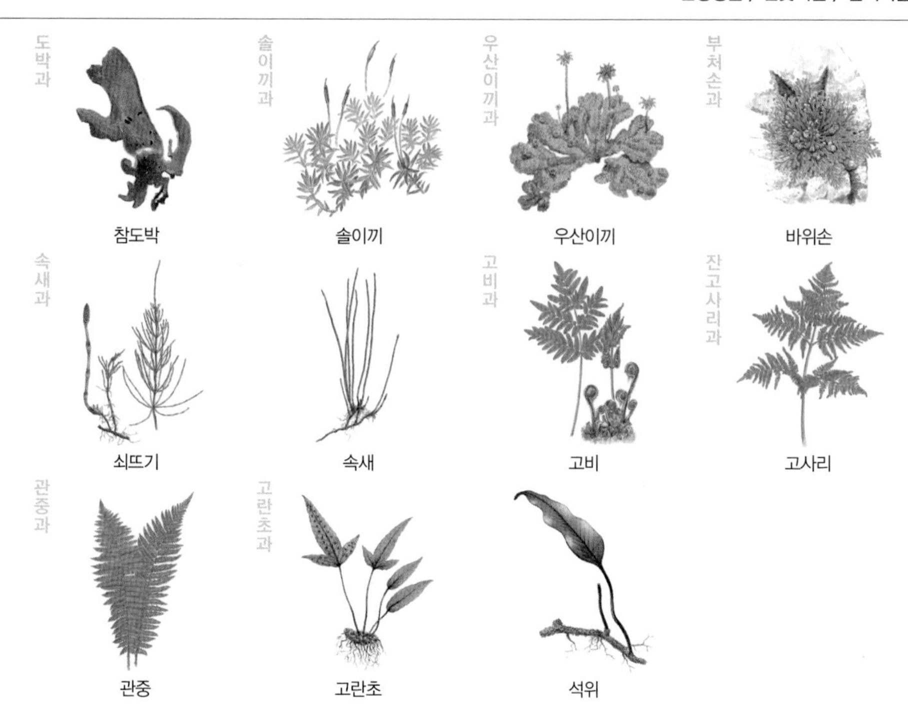
도박과
솔이끼과
우산이끼과
부처손과
참도박
솔이끼
우산이끼
바위손
속새과
고비과
잔고사리과
쇠뜨기
속새
고비
고사리
관중과
고란초과
관중
고란초
석위

겉씨식물

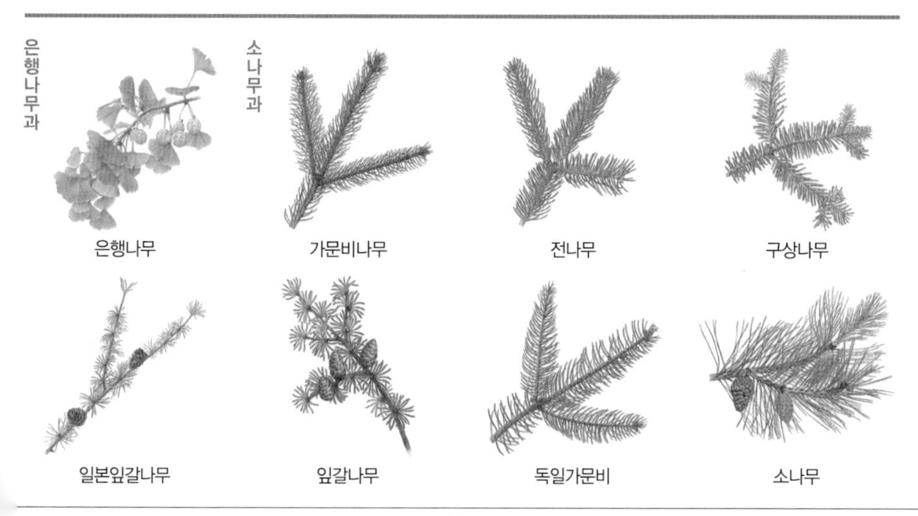
은행나무과
소나무과
은행나무
가문비나무
전나무
구상나무
일본잎갈나무
잎갈나무
독일가문비
소나무

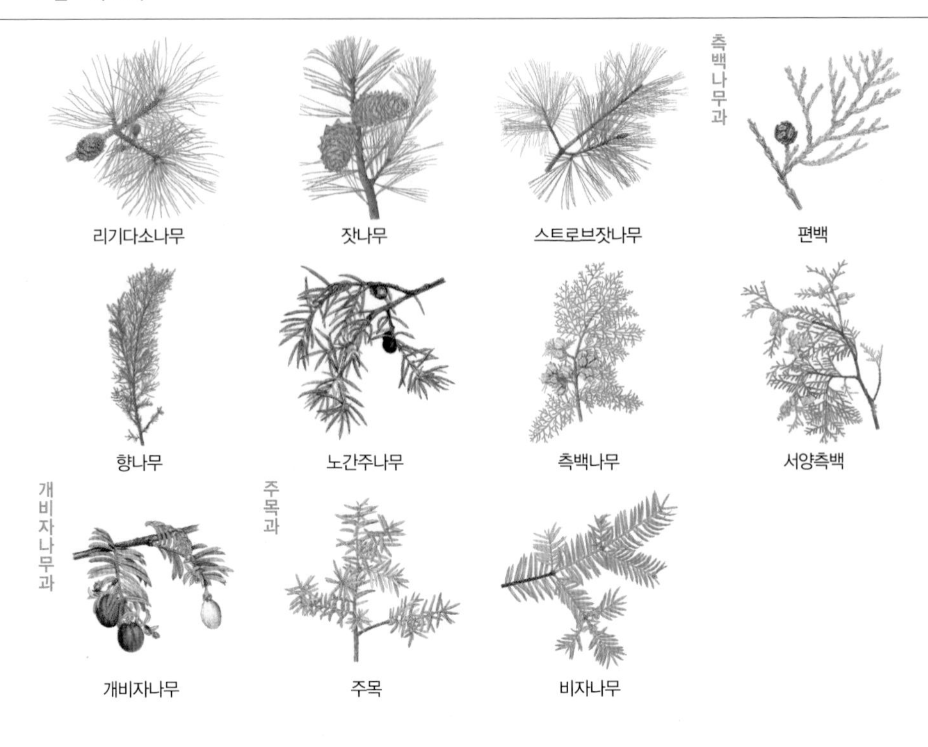

리기다소나무 잣나무 스트로브잣나무 편백

향나무 노간주나무 측백나무 서양측백

개비자나무 주목 비자나무

속씨식물

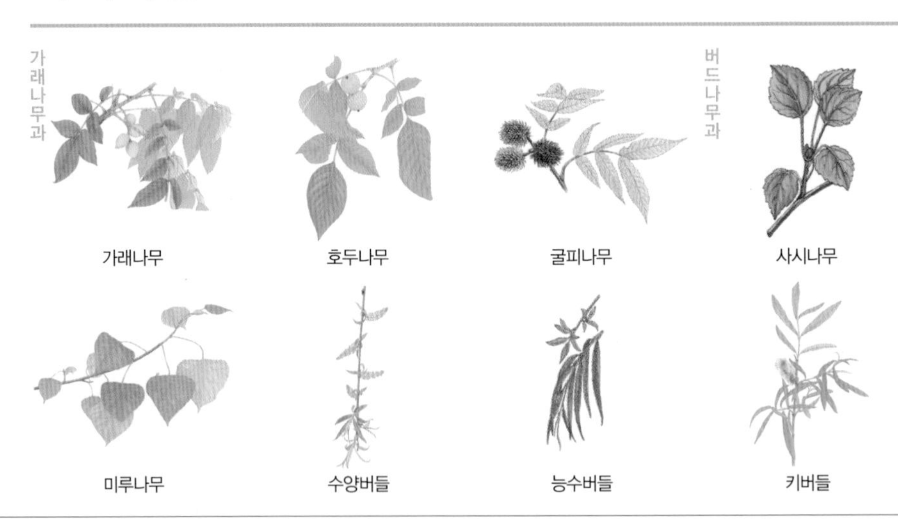

가래나무 호두나무 굴피나무 사시나무

미루나무 수양버들 능수버들 키버들

버드나무
자작나무과
오리나무
물오리나무
박달나무
물박달나무
자작나무
개암나무
참개암나무
참나무과
밤나무
너도밤나무
가시나무
붉가시나무
갈참나무
굴참나무
떡갈나무
상수리나무
신갈나무
졸참나무
두충과
두충
느릅나무과
풍게나무
팽나무
느릅나무
느티나무
뽕나무과
닥나무

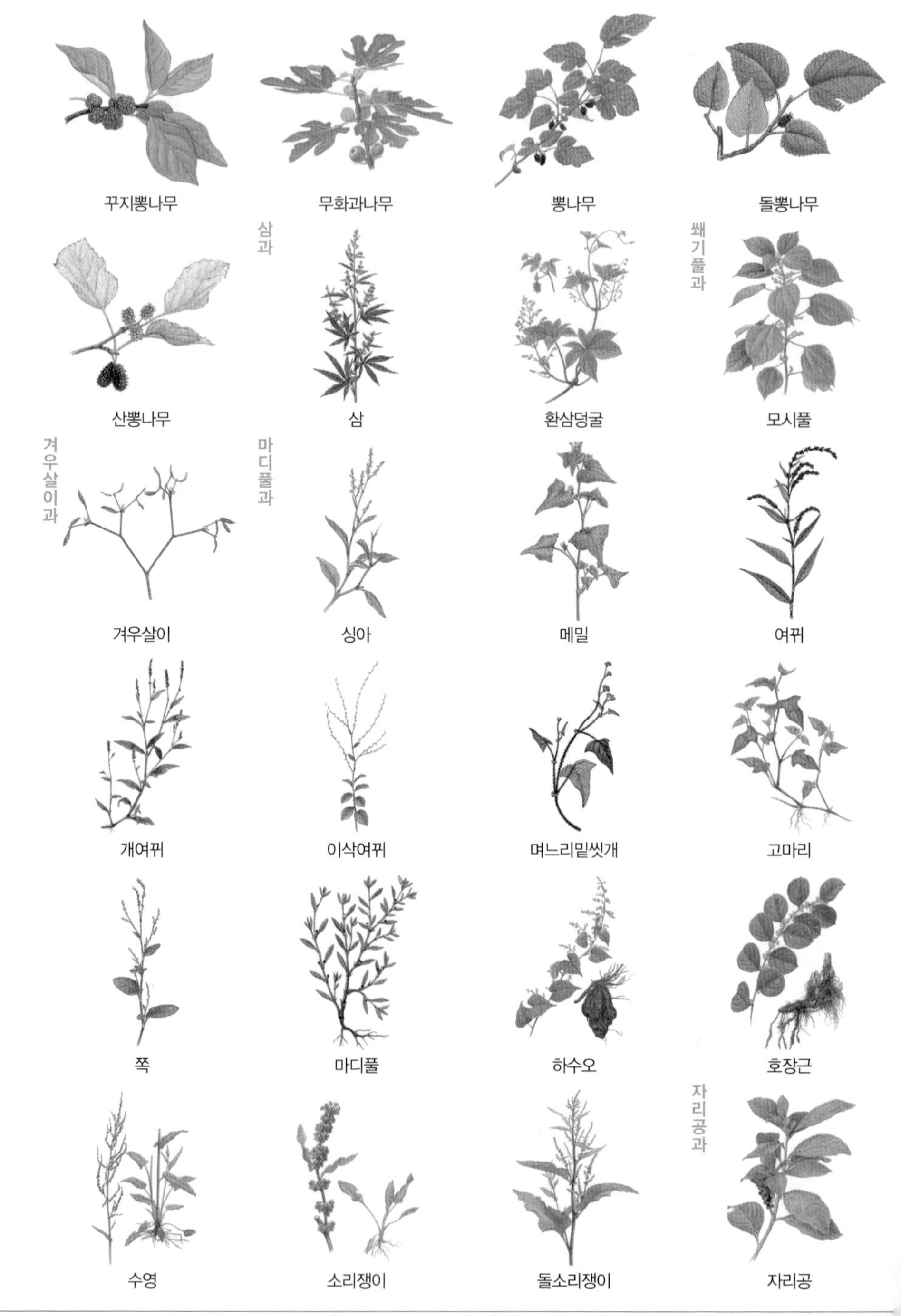
꾸지뽕나무
무화과나무
뽕나무
돌뽕나무
산뽕나무
삼과
삼
환삼덩굴
쐐기풀과
모시풀
겨우살이과
겨우살이
마디풀과
싱아
메밀
여뀌
개여뀌
이삭여뀌
며느리밑씻개
고마리
쪽
마디풀
하수오
호장근
수영
소리쟁이
돌소리쟁이
자리공과
자리공

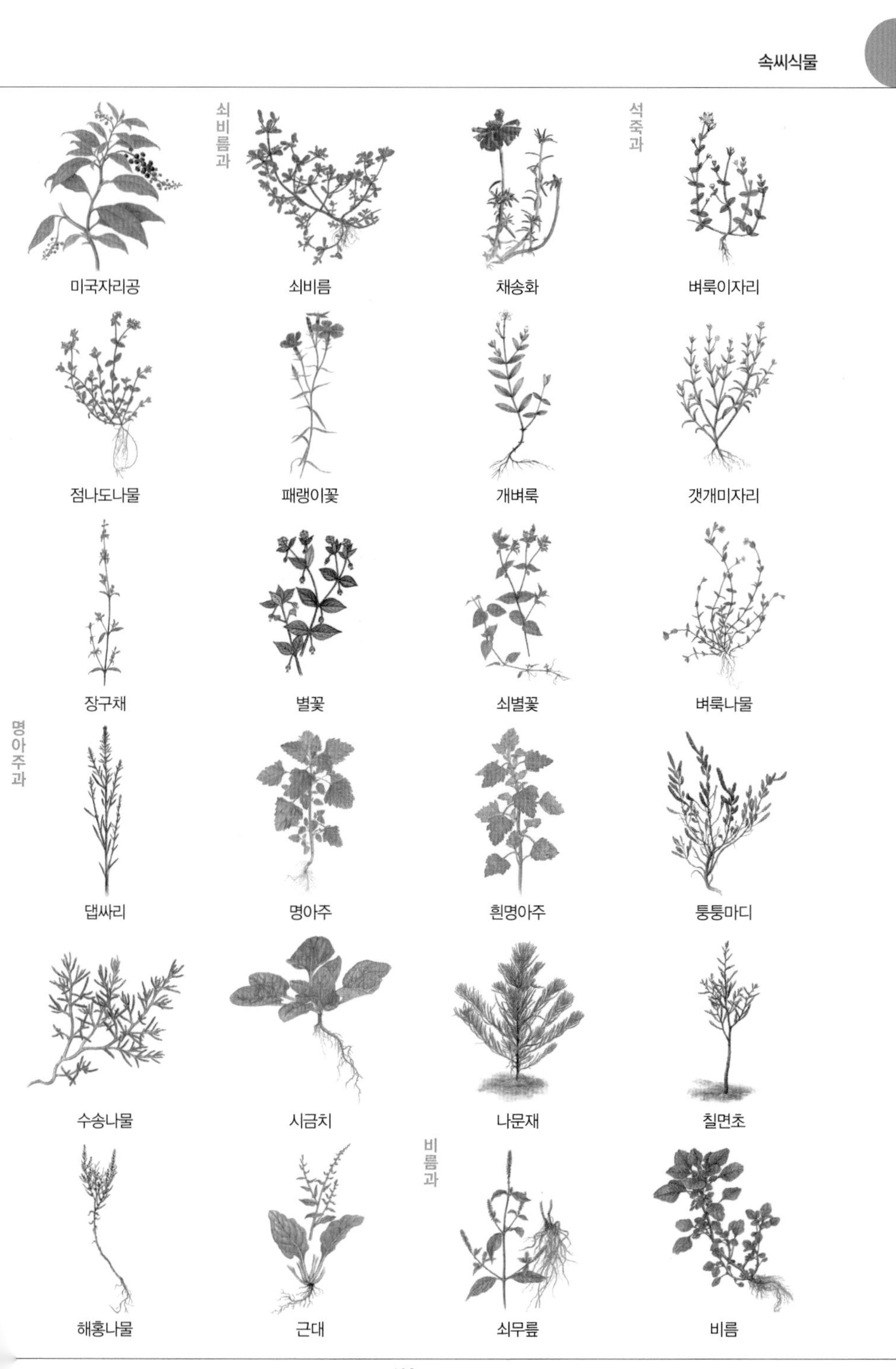
쇠비름과
석죽과
미국자리공
쇠비름
채송화
벼룩이자리
점나도나물
패랭이꽃
개벼룩
갯개미자리
장구채
별꽃
쇠별꽃
벼룩나물
명아주과
댑싸리
명아주
흰명아주
퉁퉁마디
수송나물
시금치
나문재
칠면초
비름과
해홍나물
근대
쇠무릎
비름

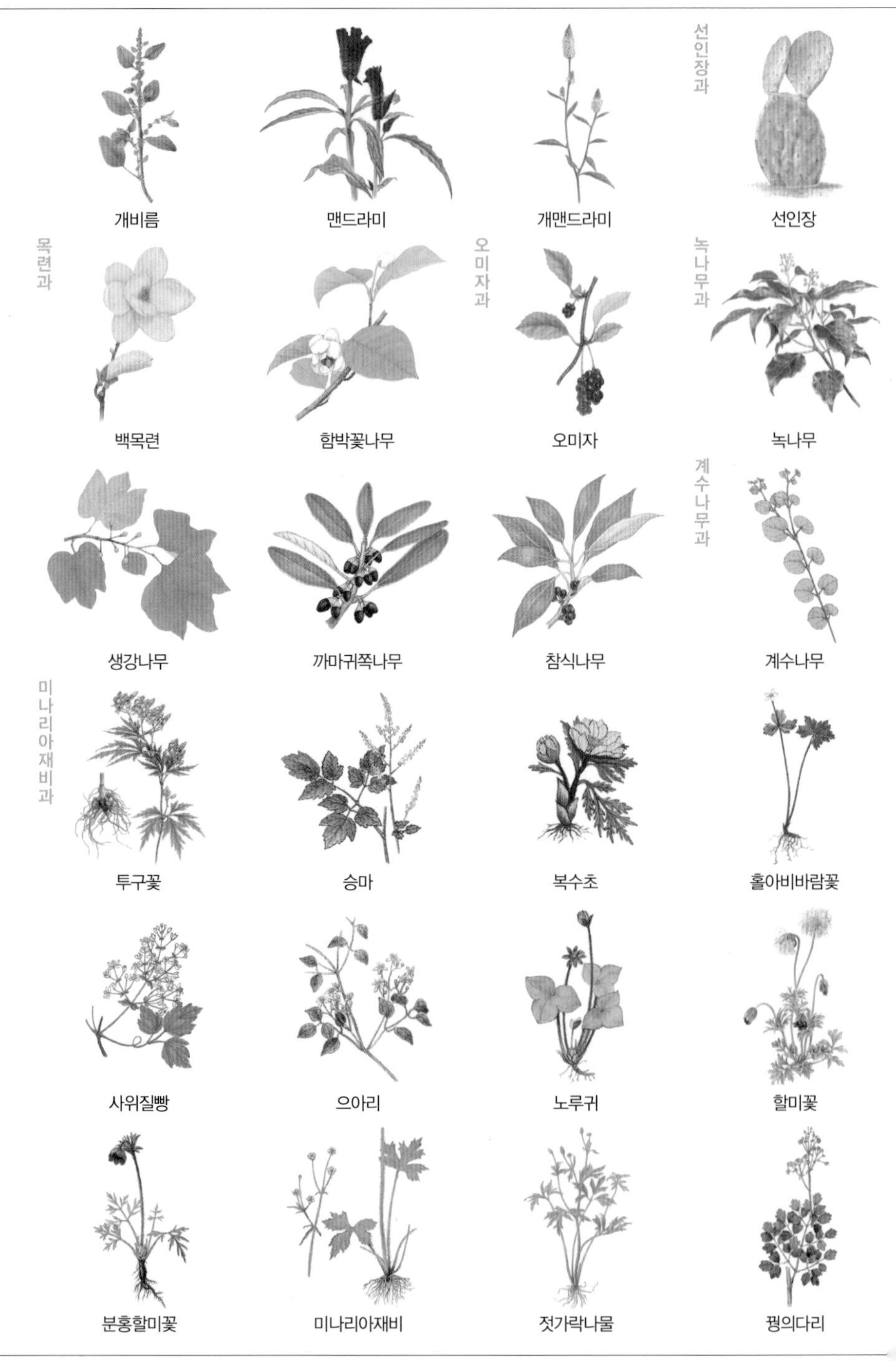
선인장과
개비름
맨드라미
개맨드라미
선인장
목련과
오미자과
녹나무과
백목련
함박꽃나무
오미자
녹나무
계수나무과
생강나무
까마귀쪽나무
참식나무
계수나무
미나리아재비과
투구꽃
승마
복수초
홀아비바람꽃
사위질빵
으아리
노루귀
할미꽃
분홍할미꽃
미나리아재비
젓가락나물
꿩의다리

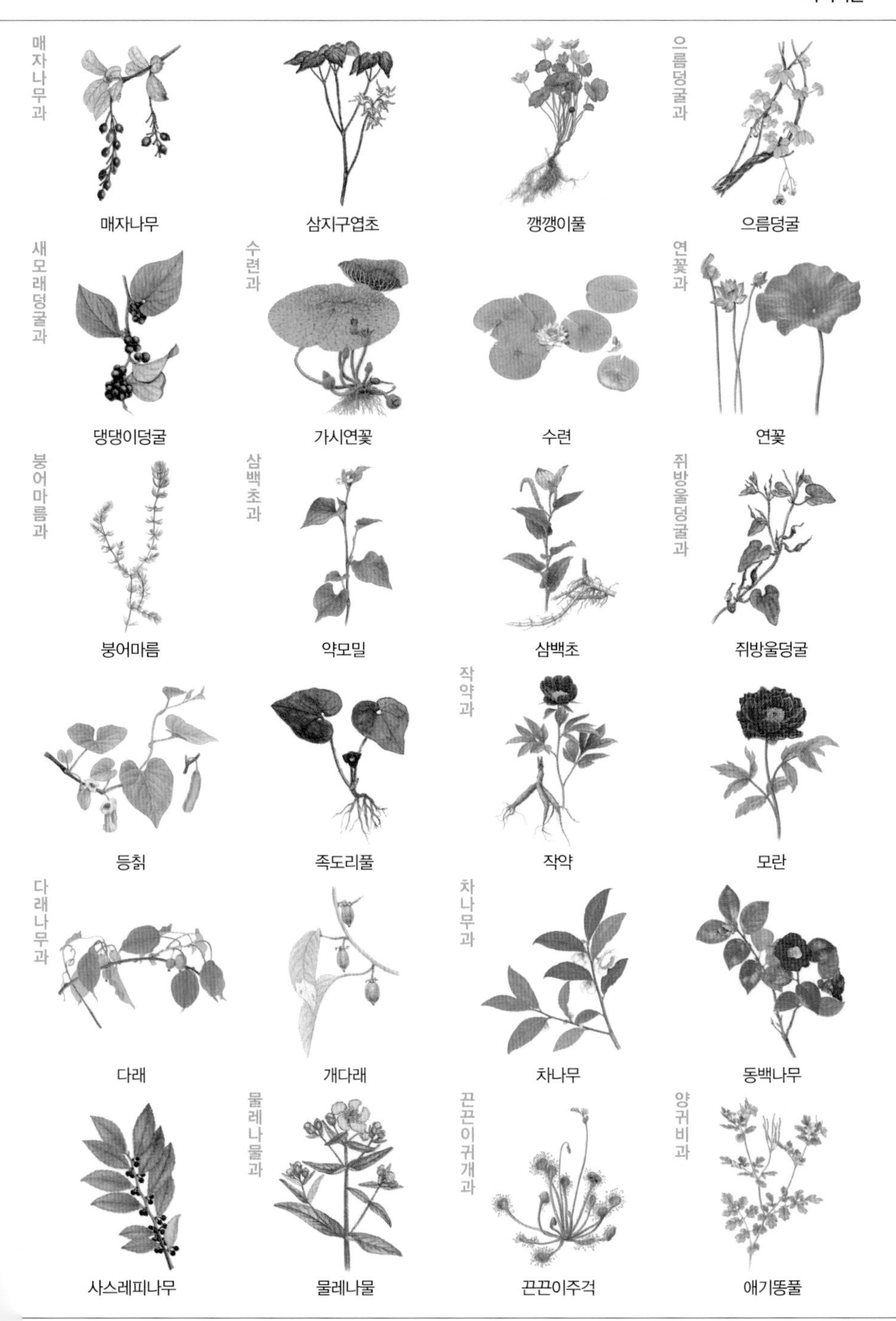
매자나무과
매자나무
삼지구엽초
깽깽이풀
으름덩굴과
으름덩굴
새모래덩굴과
댕댕이덩굴
수련과
가시연꽃
수련
연꽃과
연꽃
붕어마름과
붕어마름
삼백초과
약모밀
삼백초
쥐방울덩굴과
쥐방울덩굴
등칡
족도리풀
작약과
작약
모란
다래나무과
다래
개다래
차나무과
차나무
동백나무
사스레피나무
물레나물과
물레나물
끈끈이귀개과
끈끈이주걱
양귀비과
애기똥풀

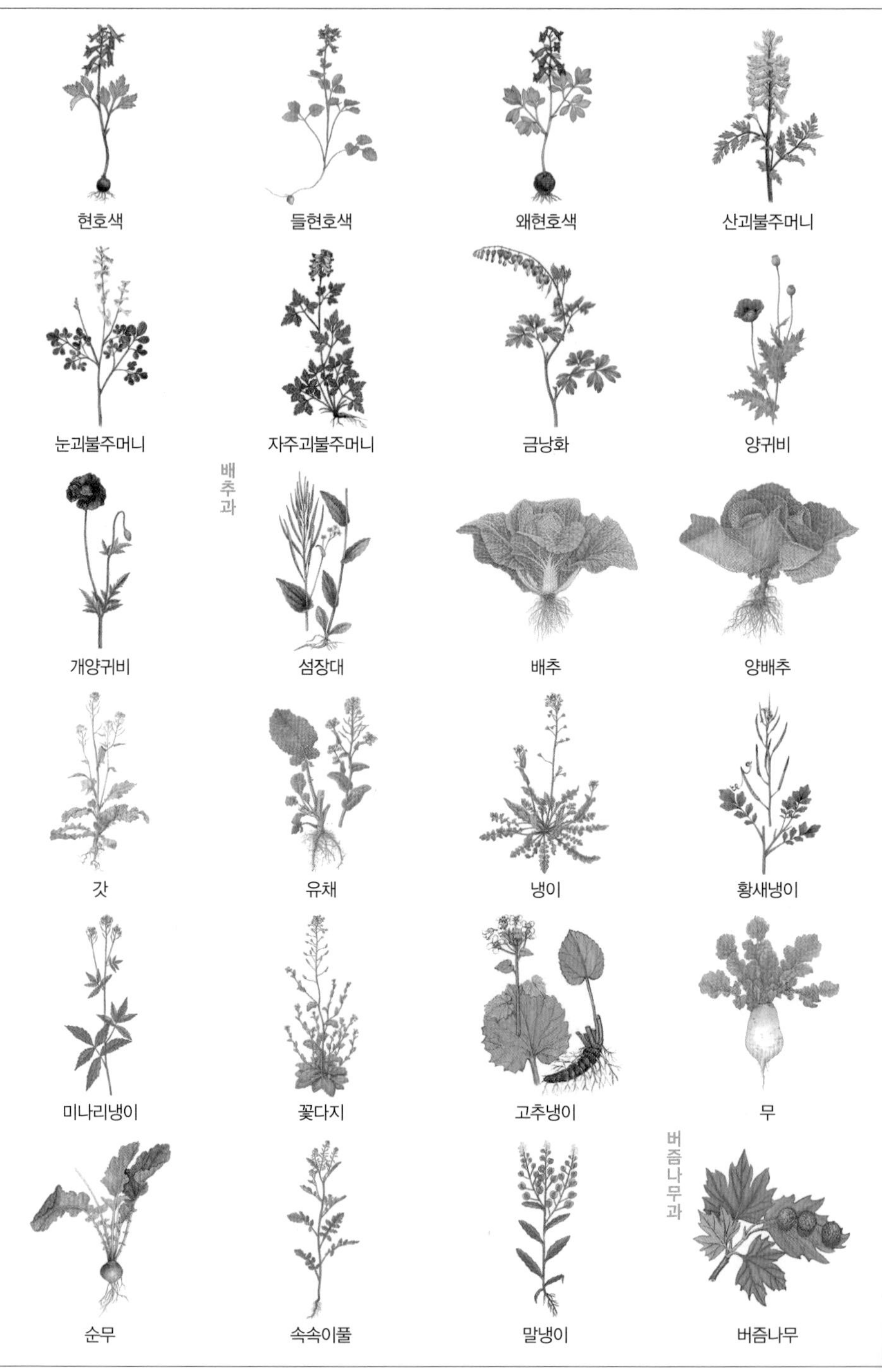
현호색
들현호색
왜현호색
산괴불주머니
눈괴불주머니
자주괴불주머니
금낭화
양귀비
배추과
개양귀비
섬장대
배추
양배추
갓
유채
냉이
황새냉이
미나리냉이
꽃다지
고추냉이
무
순무
속속이풀
말냉이
버즘나무과
버즘나무

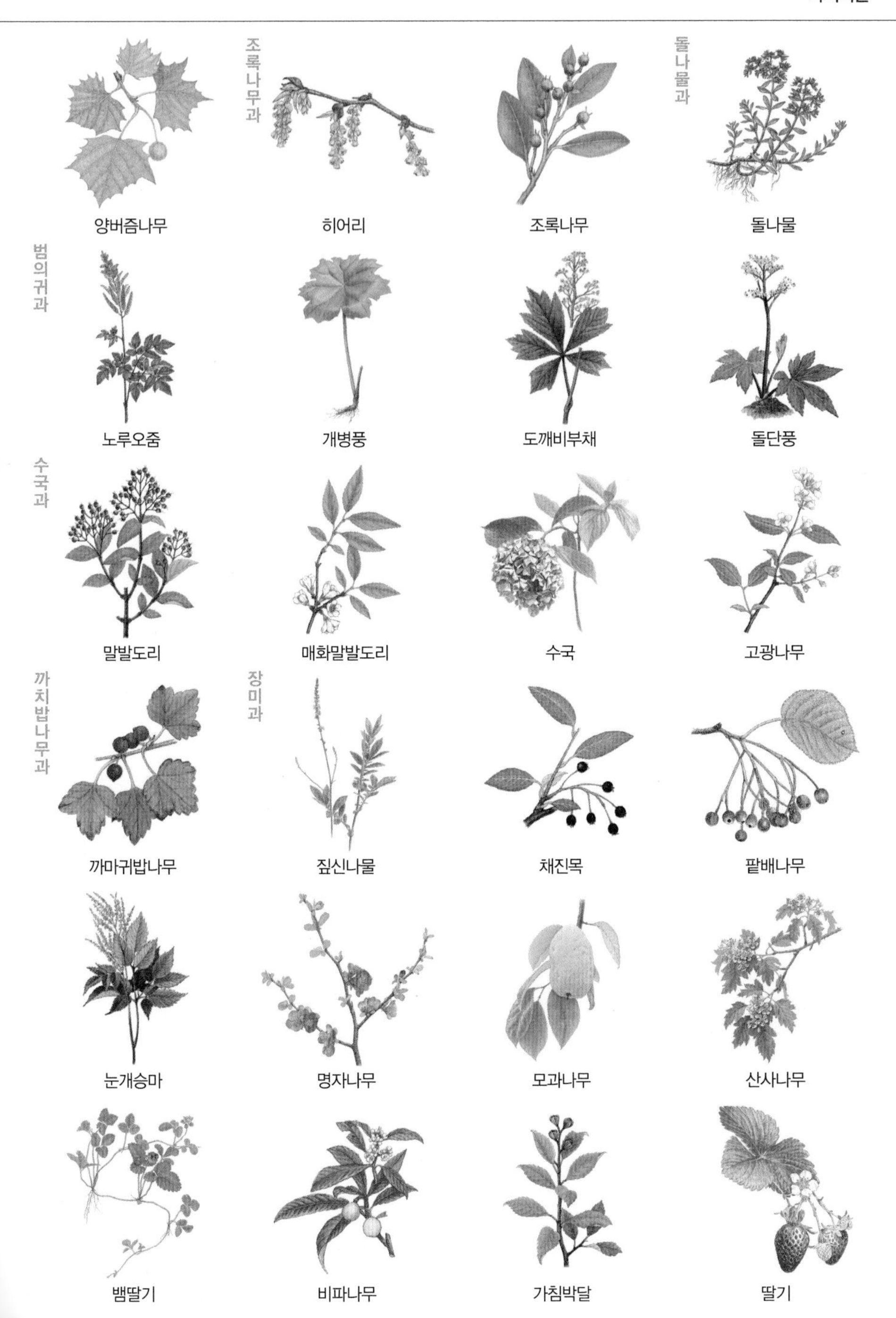
조록나무과
돌나물과
양버즘나무
히어리
조록나무
돌나물
범의귀과
노루오줌
개병풍
도깨비부채
돌단풍
수국과
말발도리
매화말발도리
수국
고광나무
까치밥나무과
장미과
까마귀밥나무
짚신나물
채진목
팥배나무
눈개승마
명자나무
모과나무
산사나무
뱀딸기
비파나무
가침박달
딸기

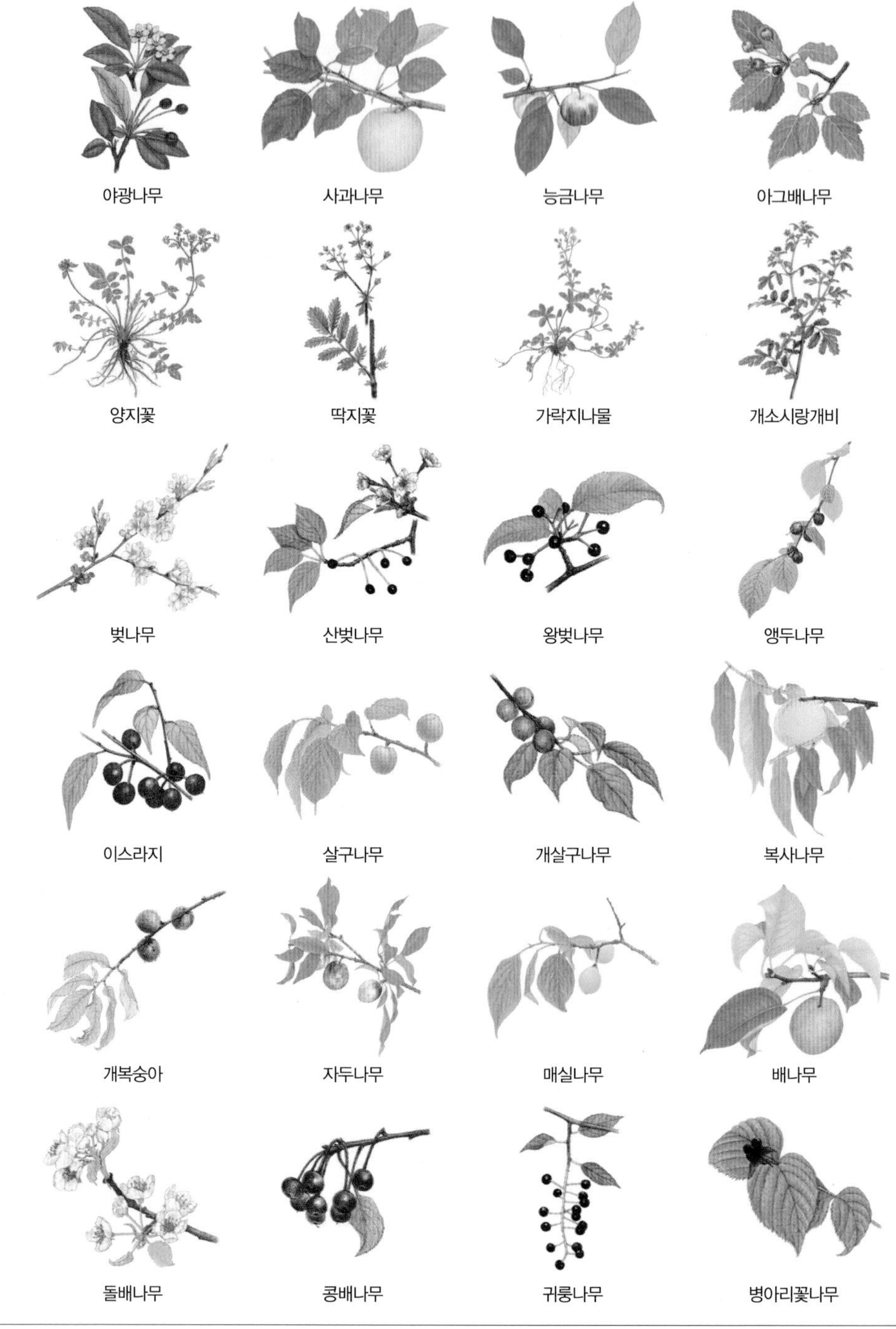
야광나무
사과나무
능금나무
아그배나무
양지꽃
딱지꽃
가락지나물
개소시랑개비
벚나무
산벚나무
왕벚나무
앵두나무
이스라지
살구나무
개살구나무
복사나무
개복숭아
자두나무
매실나무
배나무
돌배나무
콩배나무
귀룽나무
병아리꽃나무

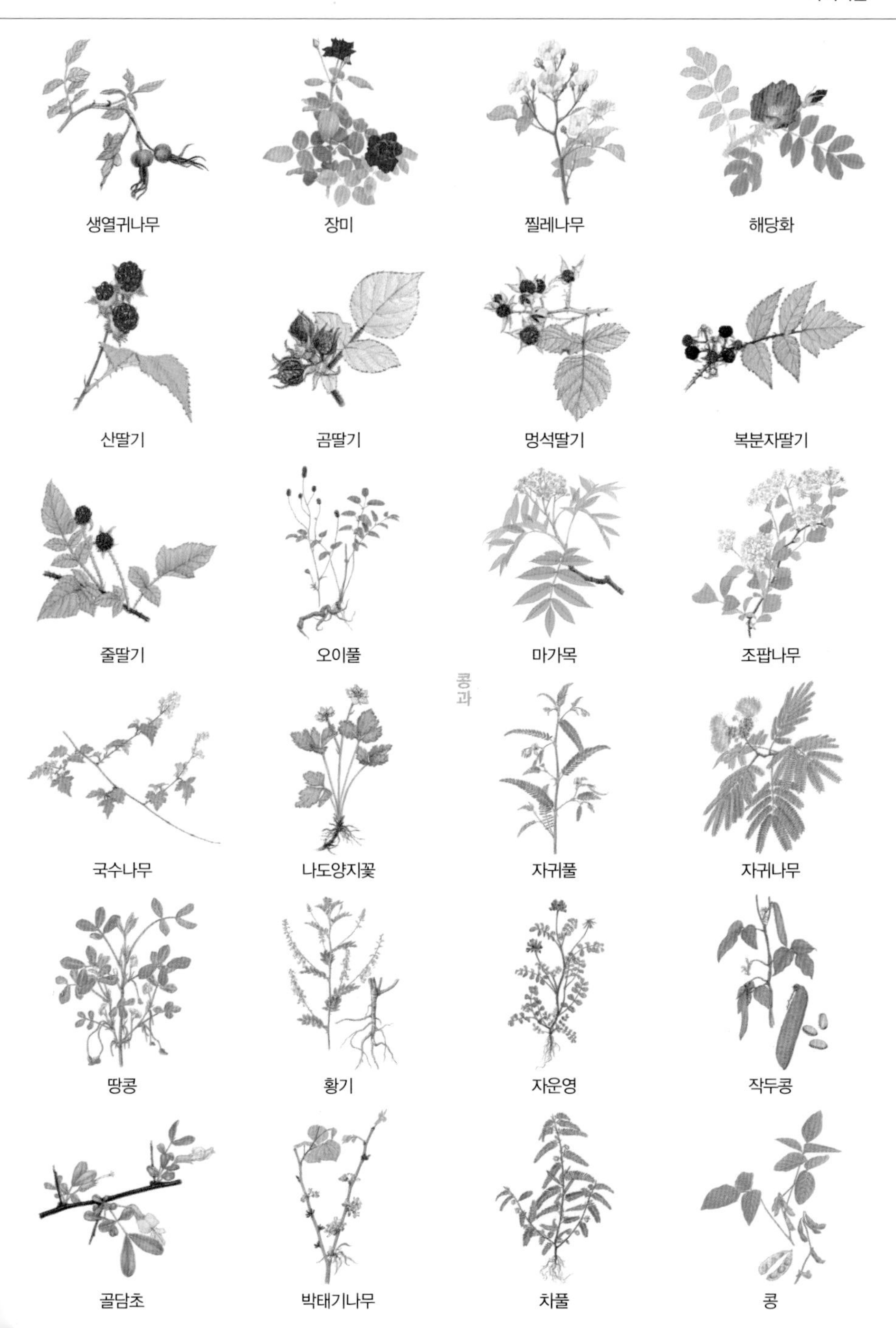
생열귀나무
장미
찔레나무
해당화
산딸기
곰딸기
멍석딸기
복분자딸기
줄딸기
오이풀
마가목
조팝나무
콩과
국수나무
나도양지꽃
자귀풀
자귀나무
땅콩
황기
자운영
작두콩
골담초
박태기나무
차풀
콩

돌콩
감초
큰도둑놈의갈고리
매듭풀
활량나물
갯완두
편두
싸리
개싸리
참싸리
조록싸리
자주개자리
전동싸리
미모사
강낭콩
완두
칡
아까시나무
결명자
고삼
토끼풀
노랑갈퀴
얼치기완두
팥

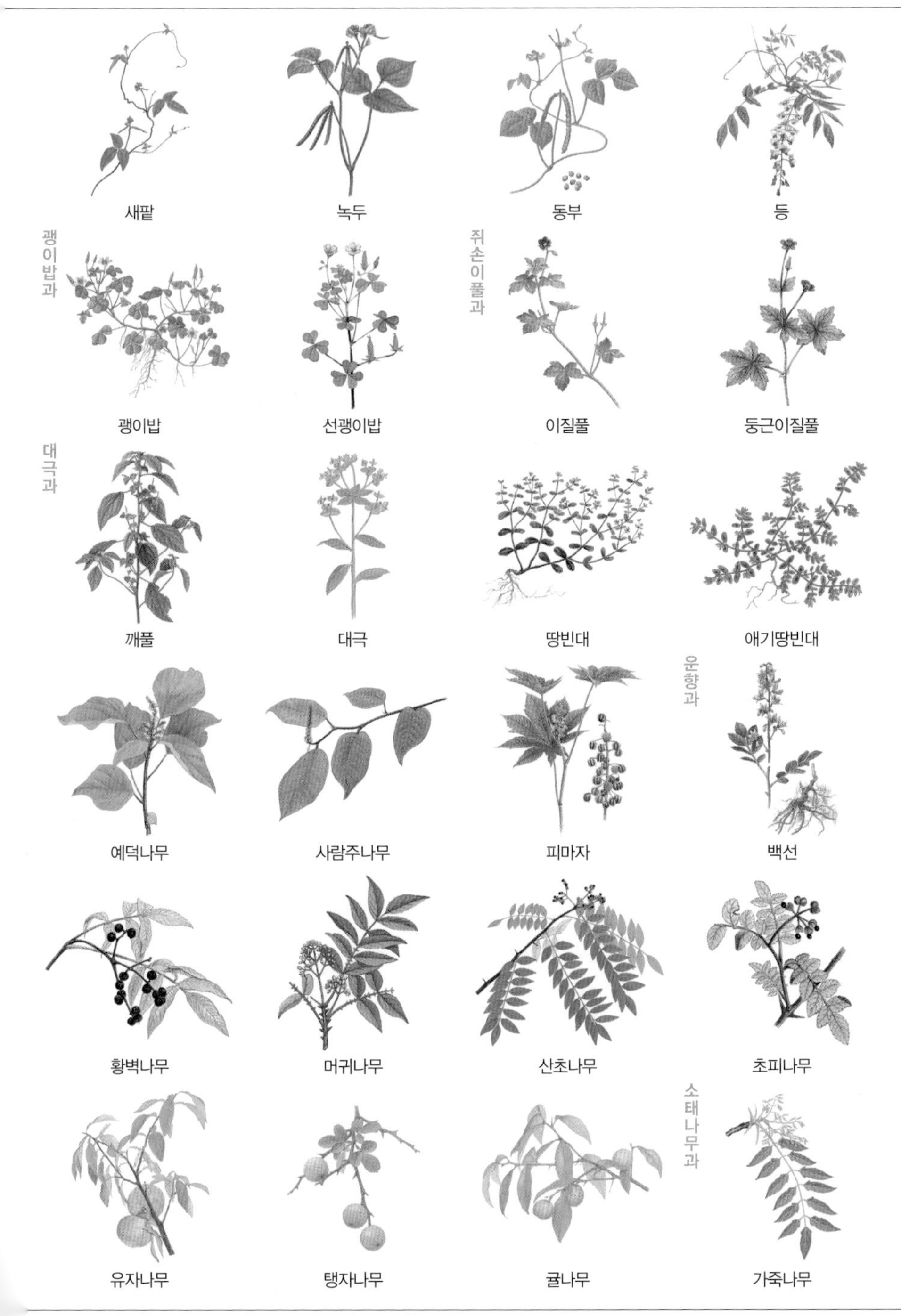
새팥
녹두
동부
등
괭이밥과
괭이밥
선괭이밥
쥐손이풀과
이질풀
둥근이질풀
대극과
깨풀
대극
땅빈대
애기땅빈대
예덕나무
사람주나무
피마자
운향과
백선
황벽나무
머귀나무
산초나무
초피나무
유자나무
탱자나무
귤나무
소태나무과
가죽나무

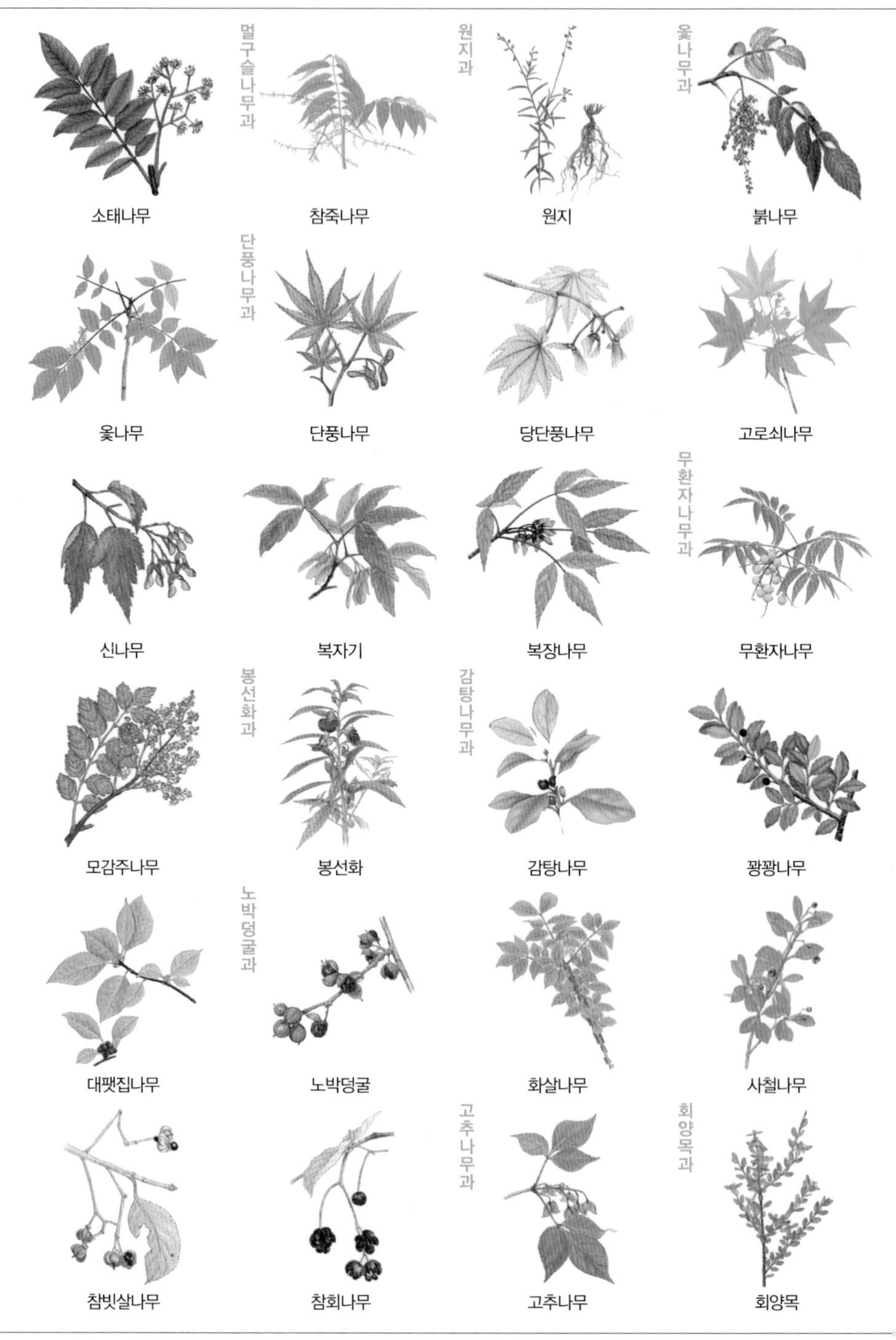

소태나무 참죽나무 원지 붉나무

옻나무 단풍나무 당단풍나무 고로쇠나무

신나무 복자기 복장나무 무환자나무

모감주나무 봉선화 감탕나무 꽝꽝나무

대팻집나무 노박덩굴 화살나무 사철나무

참빗살나무 참회나무 고추나무 회양목

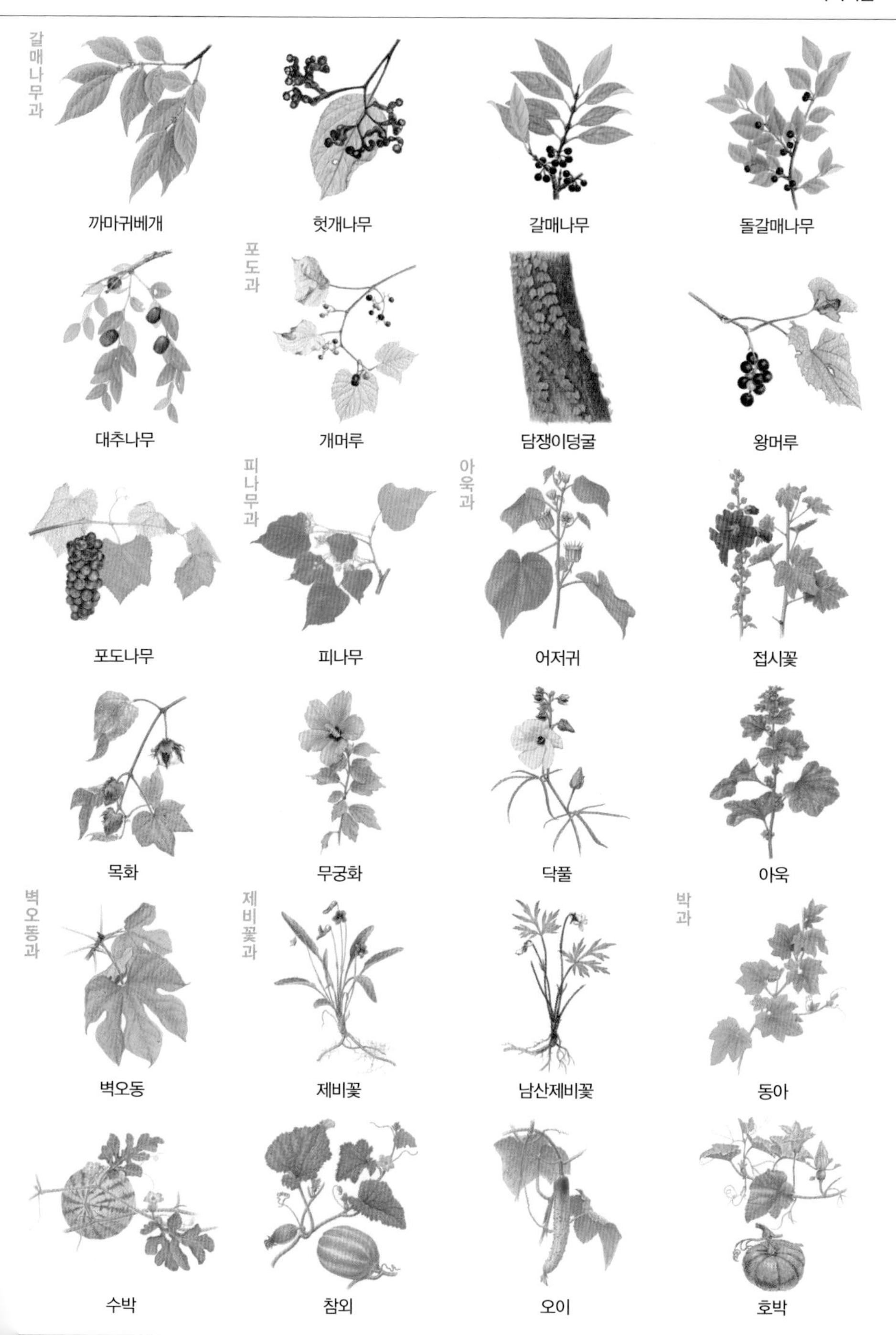

갈매나무과
까마귀베개
헛개나무
갈매나무
돌갈매나무
대추나무
포도과
개머루
담쟁이덩굴
왕머루
포도나무
피나무과
피나무
아욱과
어저귀
접시꽃
목화
무궁화
닥풀
아욱
벽오동과
벽오동
제비꽃과
제비꽃
남산제비꽃
박과
동아
수박
참외
오이
호박

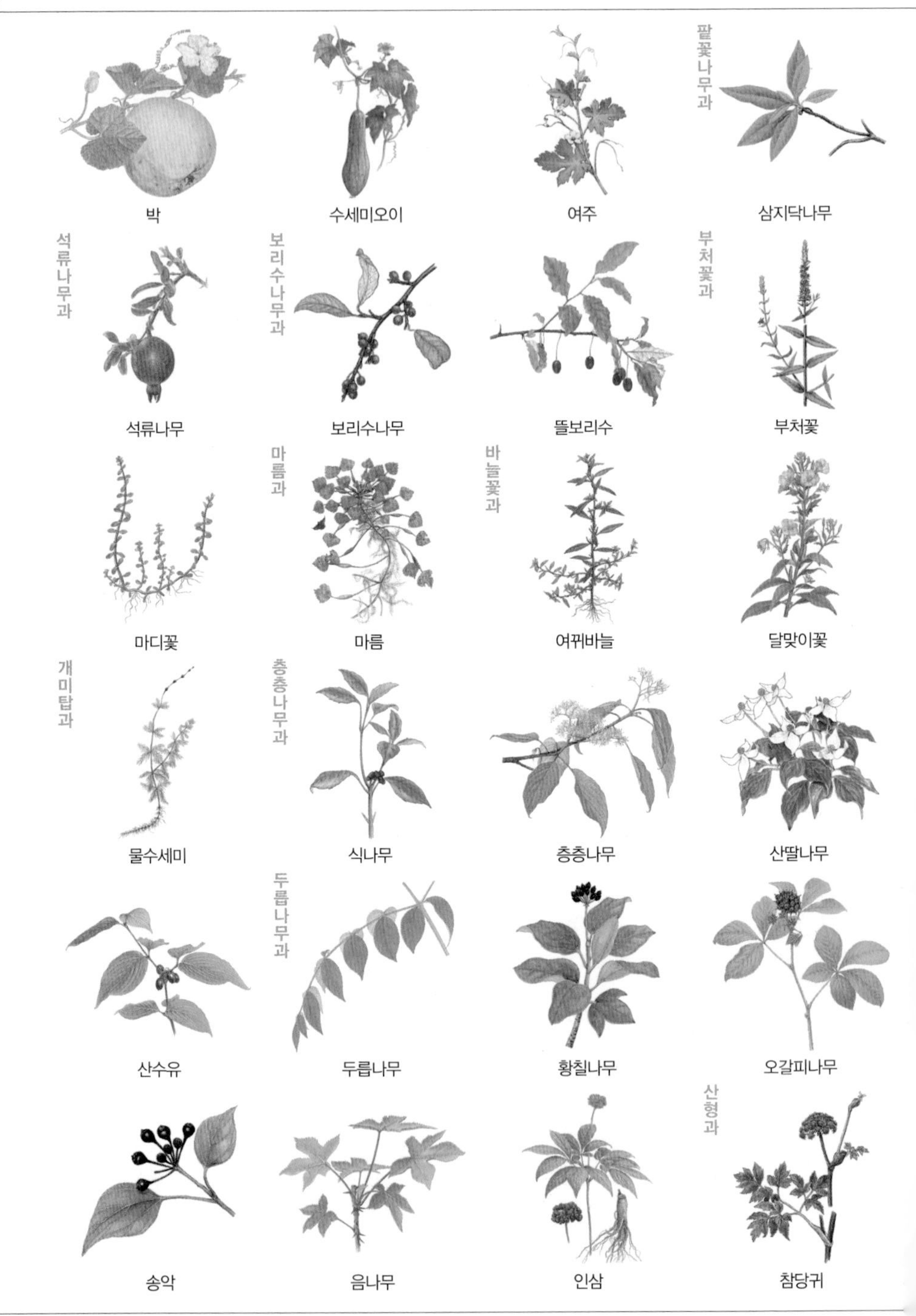
박
수세미오이
여주
팥꽃나무과
삼지닥나무
석류나무과
석류나무
보리수나무과
보리수나무
뜰보리수
부처꽃과
부처꽃
마디꽃
마름과
마름
바늘꽃과
여뀌바늘
달맞이꽃
개미탑과
물수세미
층층나무과
식나무
층층나무
산딸나무
산수유
두릅나무과
두릅나무
황칠나무
오갈피나무
송악
음나무
인삼
산형과
참당귀

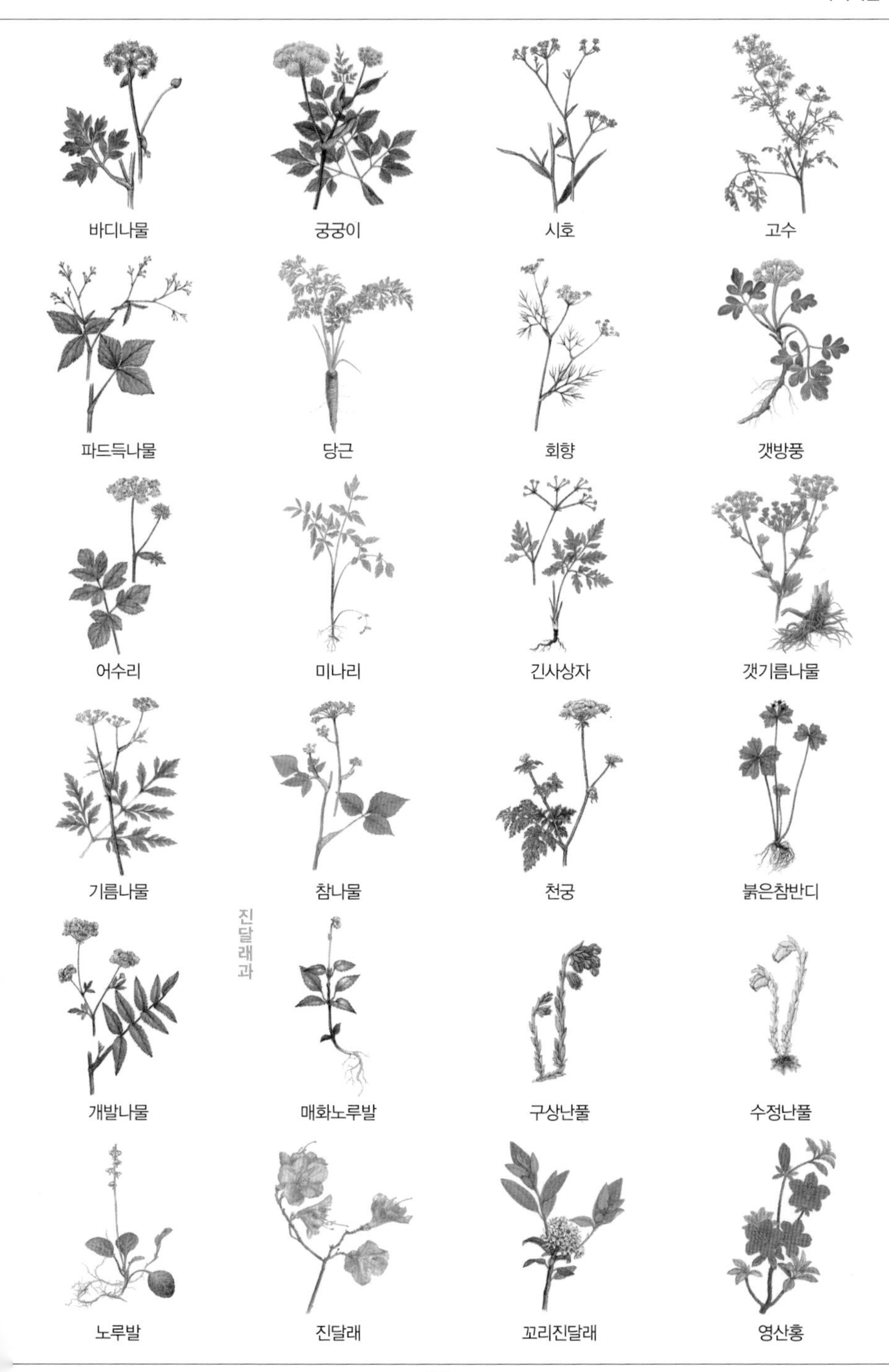
바디나물
궁궁이
시호
고수
파드득나물
당근
회향
갯방풍
어수리
미나리
긴사상자
갯기름나물
기름나물
참나물
천궁
붉은참반디
진달래과
개발나물
매화노루발
구상난풀
수정난풀
노루발
진달래
꼬리진달래
영산홍

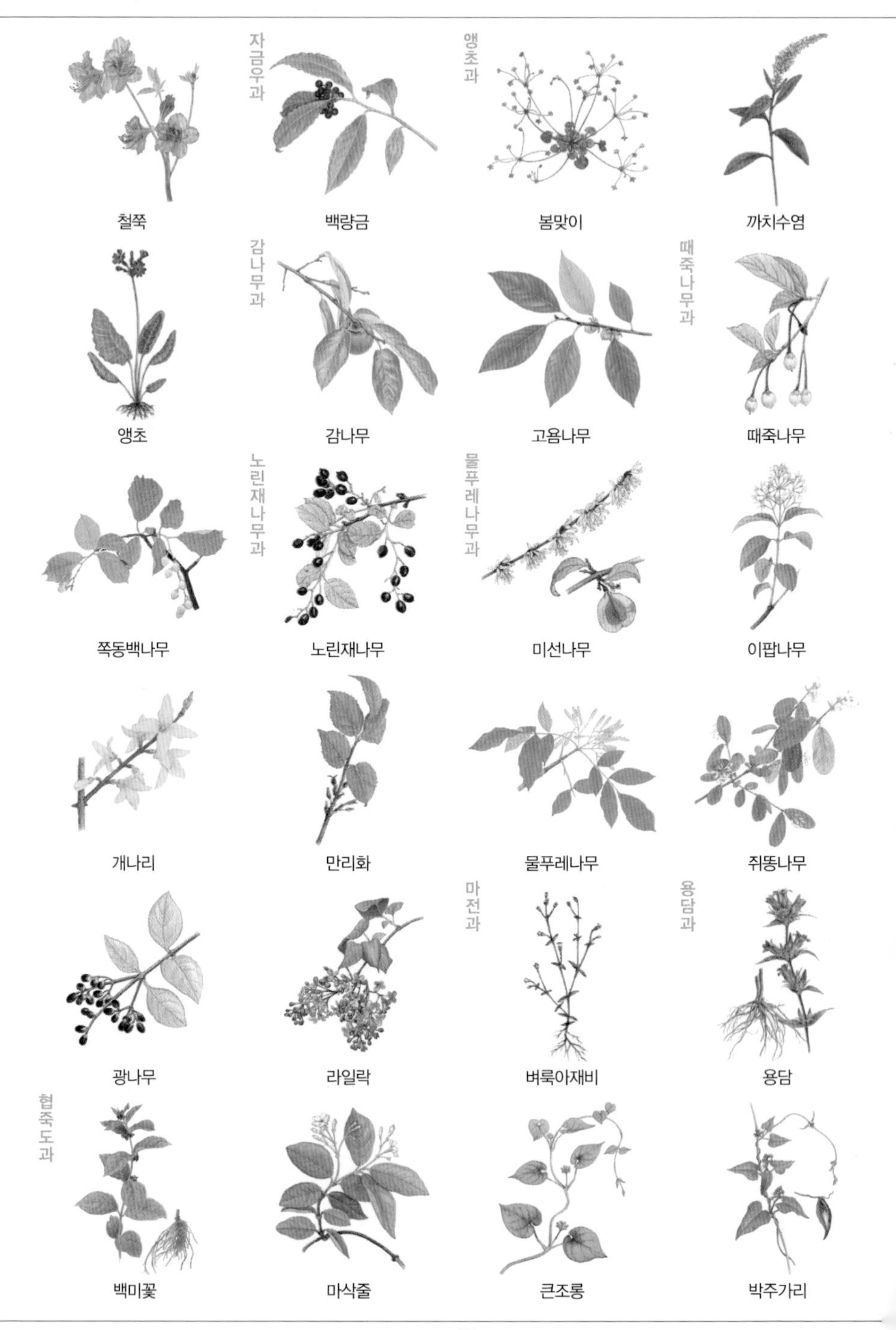

철쭉
자금우과
백량금
앵초과
봄맞이
까치수염
앵초
감나무과
감나무
고욤나무
때죽나무과
때죽나무
쪽동백나무
노린재나무과
노린재나무
물푸레나무과
미선나무
이팝나무
개나리
만리화
물푸레나무
쥐똥나무
광나무
라일락
마전과
벼룩아재비
용담과
용담
협죽도과
백미꽃
마삭줄
큰조롱
박주가리

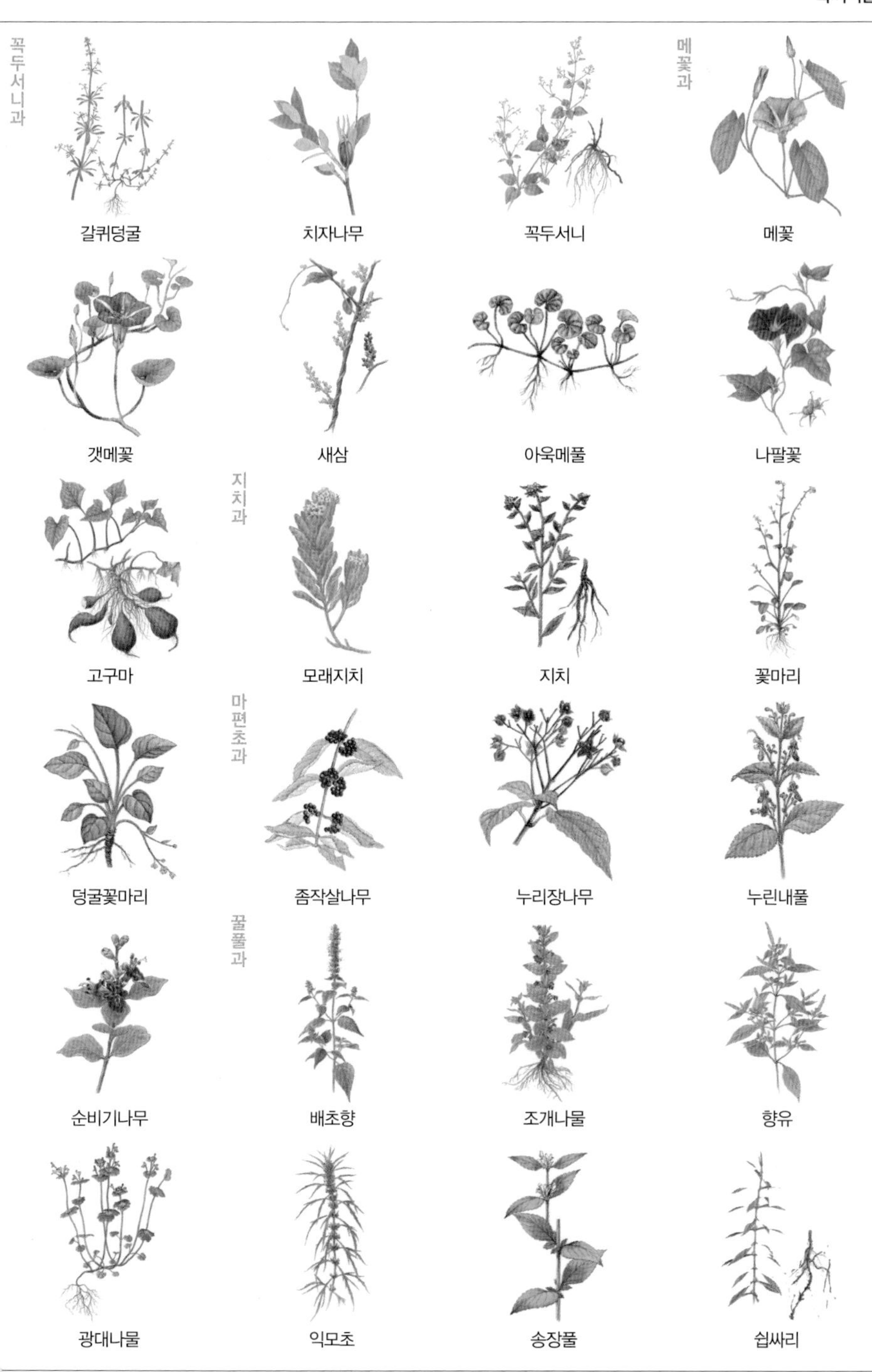
꼭두서니과
갈퀴덩굴
치자나무
꼭두서니
메꽃과
메꽃
갯메꽃
새삼
아욱메풀
나팔꽃
고구마
지치과
모래지치
지치
꽃마리
덩굴꽃마리
마편초과
좀작살나무
누리장나무
누린내풀
순비기나무
꿀풀과
배초향
조개나물
향유
광대나물
익모초
송장풀
쉽싸리

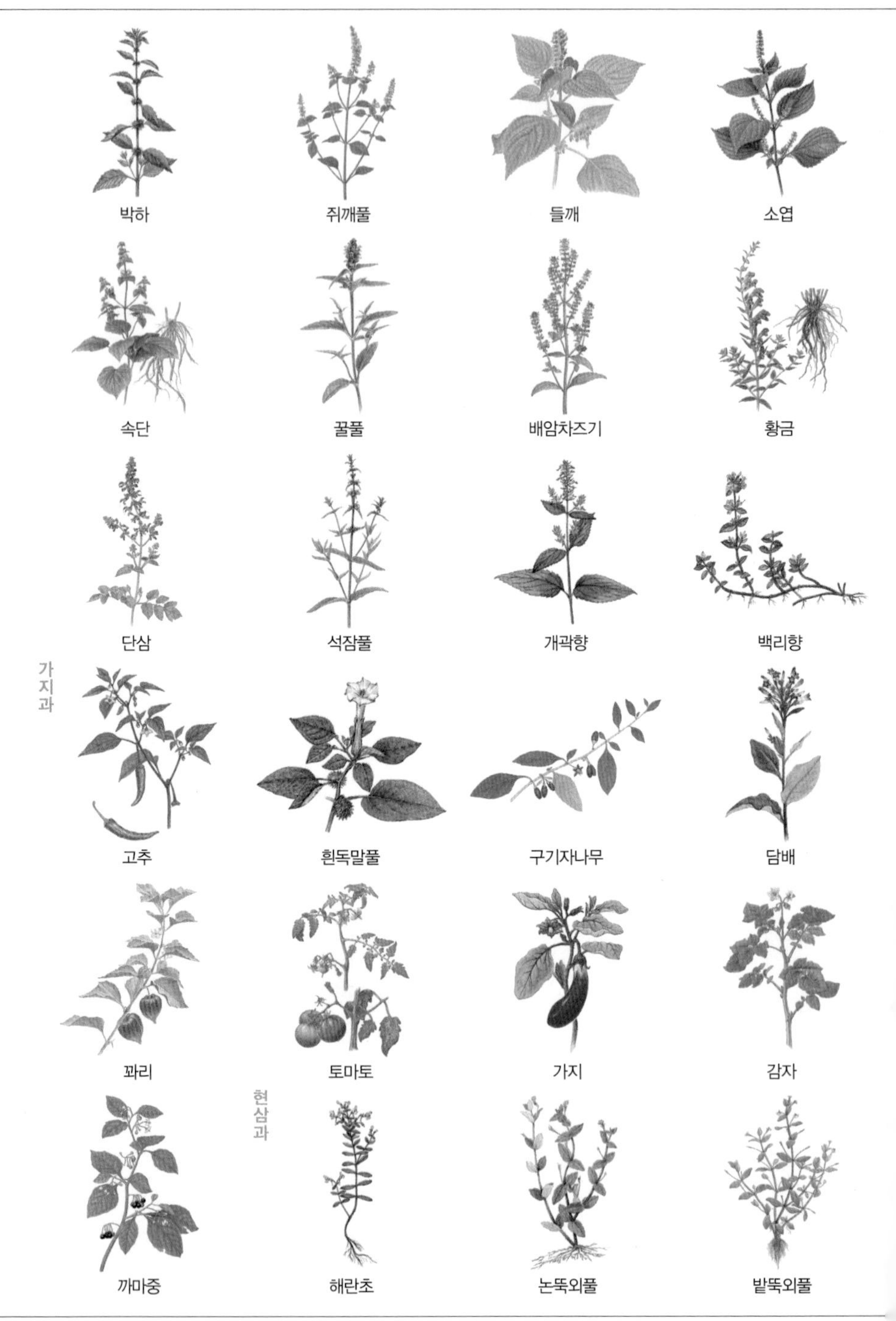
박하
쥐깨풀
들깨
소엽
속단
꿀풀
배암차즈기
황금
단삼
석잠풀
개곽향
백리향
가지과
고추
흰독말풀
구기자나무
담배
꽈리
토마토
가지
감자
까마중
현삼과
해란초
논뚝외풀
밭뚝외풀

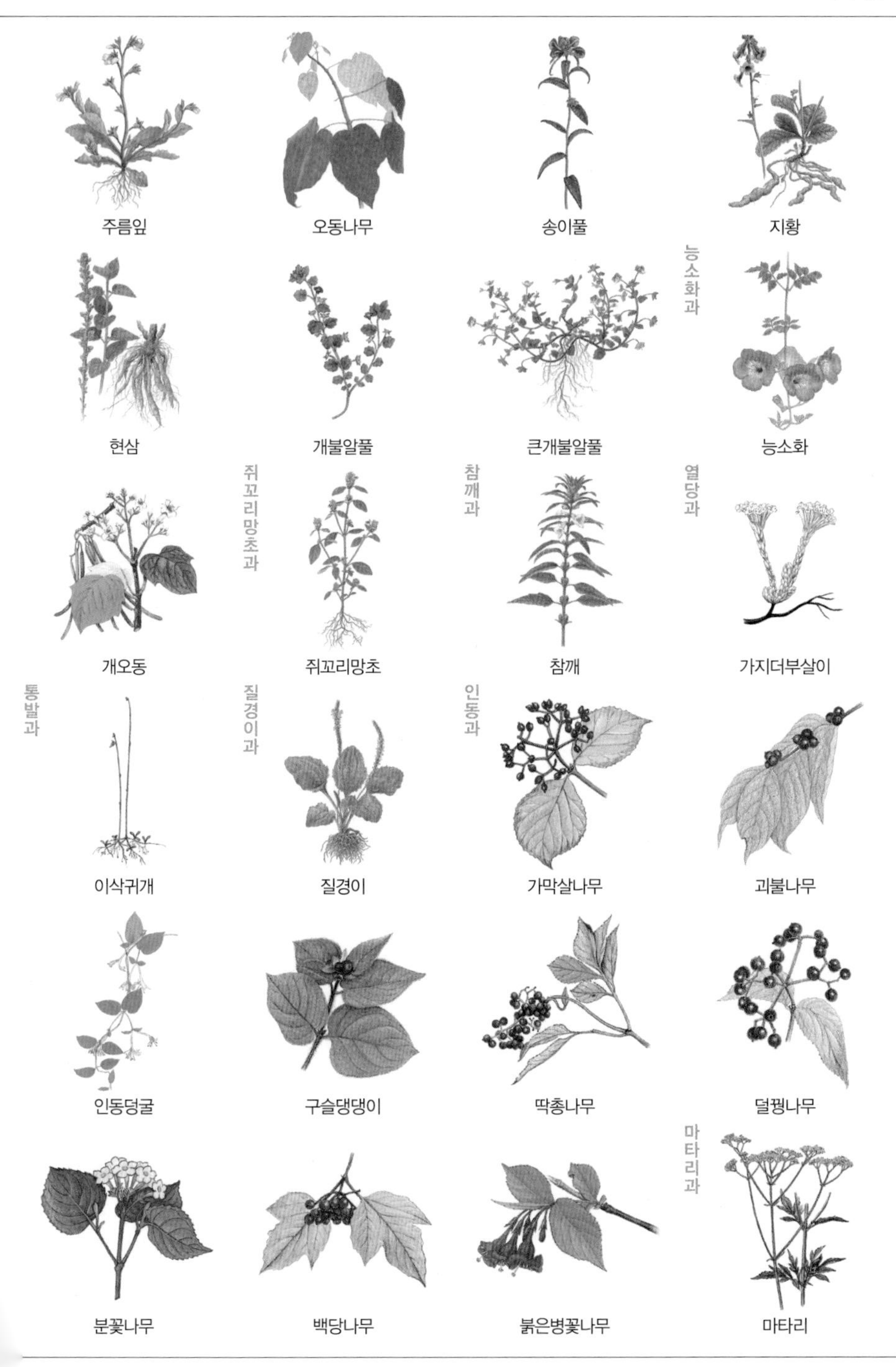
주름잎
오동나무
송이풀
지황
능소화과
현삼
개불알풀
큰개불알풀
능소화
쥐꼬리망초과
참깨과
열당과
개오동
쥐꼬리망초
참깨
가지더부살이
통발과
질경이과
인동과
이삭귀개
질경이
가막살나무
괴불나무
인동덩굴
구슬댕댕이
딱총나무
덜꿩나무
마타리과
분꽃나무
백당나무
붉은병꽃나무
마타리

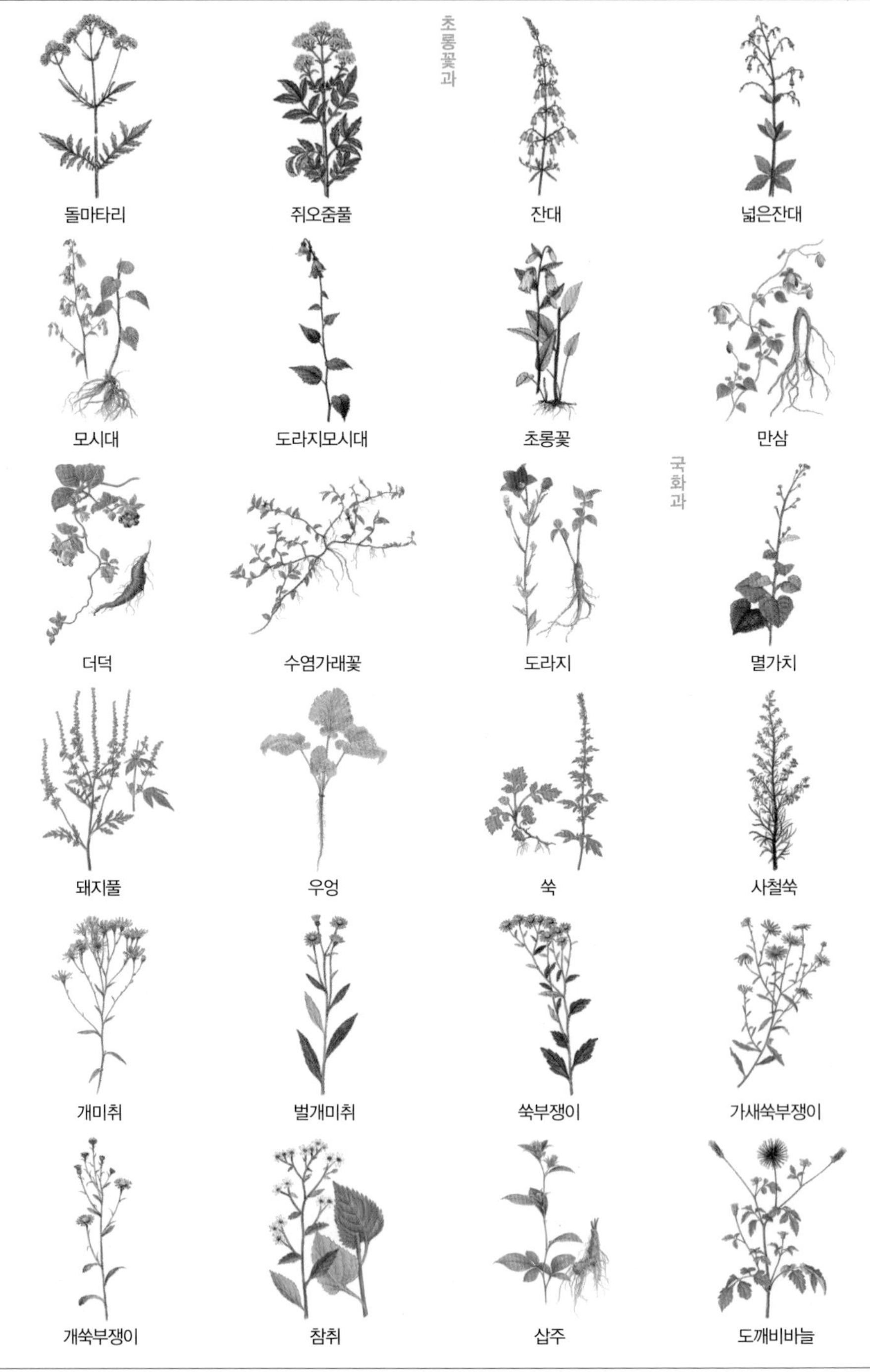
초롱꽃과
돌마타리
쥐오줌풀
잔대
넓은잔대
모시대
도라지모시대
초롱꽃
만삼
국화과
더덕
수염가래꽃
도라지
멸가치
돼지풀
우엉
쑥
사철쑥
개미취
벌개미취
쑥부쟁이
가새쑥부쟁이
개쑥부쟁이
참취
삽주
도깨비바늘

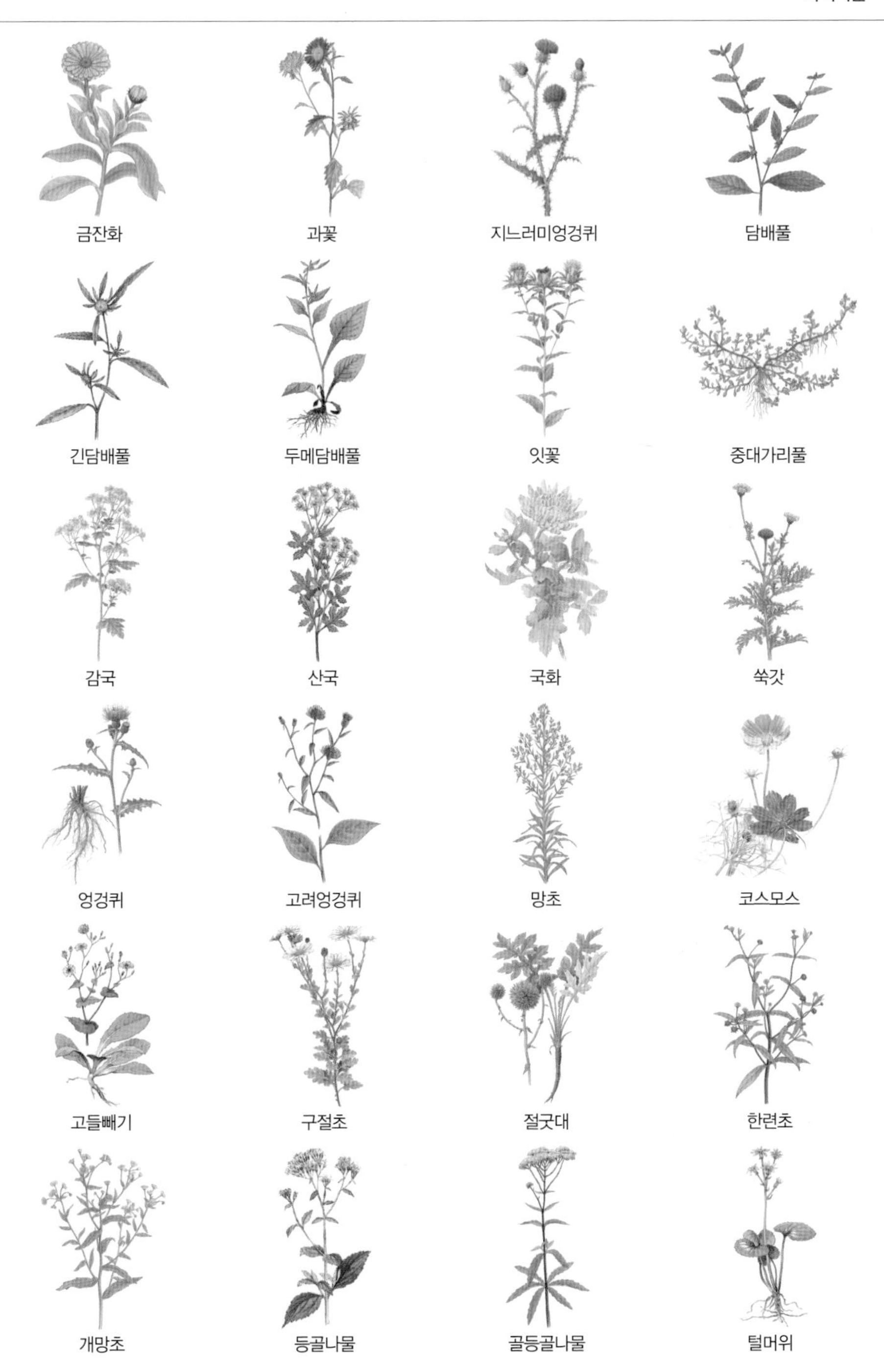
금잔화
과꽃
지느러미엉겅퀴
담배풀
긴담배풀
두메담배풀
잇꽃
중대가리풀
감국
산국
국화
쑥갓
엉겅퀴
고려엉겅퀴
망초
코스모스
고들빼기
구절초
절굿대
한련초
개망초
등골나물
골등골나물
털머위

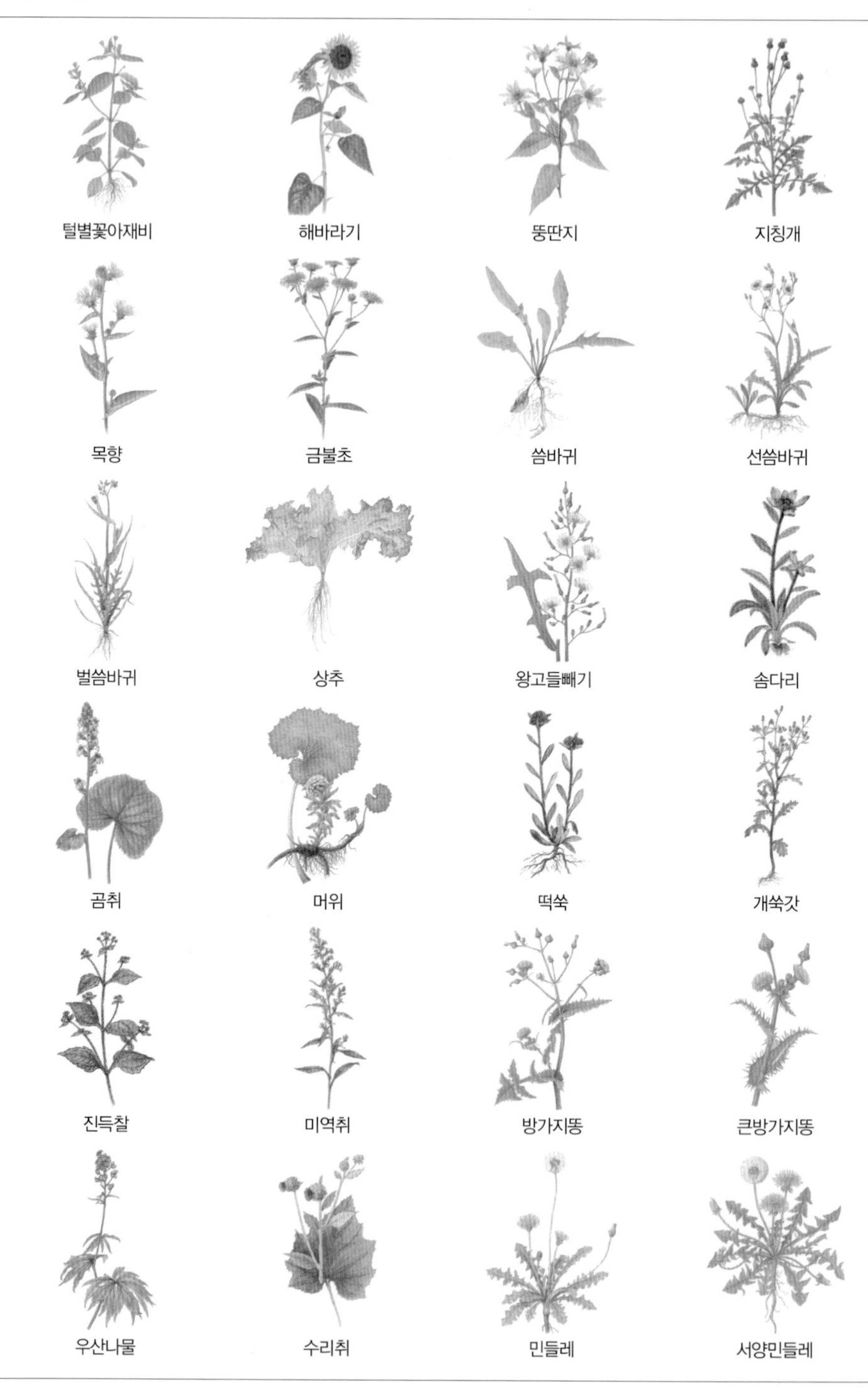
털별꽃아재비
해바라기
뚱딴지
지칭개
목향
금불초
씀바귀
선씀바귀
벌씀바귀
상추
왕고들빼기
솜다리
곰취
머위
떡쑥
개쑥갓
진득찰
미역취
방가지똥
큰방가지똥
우산나물
수리취
민들레
서양민들레

도꼬마리

뿌리뱅이

백일홍

가막사리

택사과

질경이택사

벗풀

소귀나물

자라풀과

검정말

자라풀

물질경이

나사말

가래과

가래

거머리말과

거머리말

나자스말과

나자스말

백합과

부추

달래

산달래

마늘

산마늘

파

양파

쪽파

지모

천문동

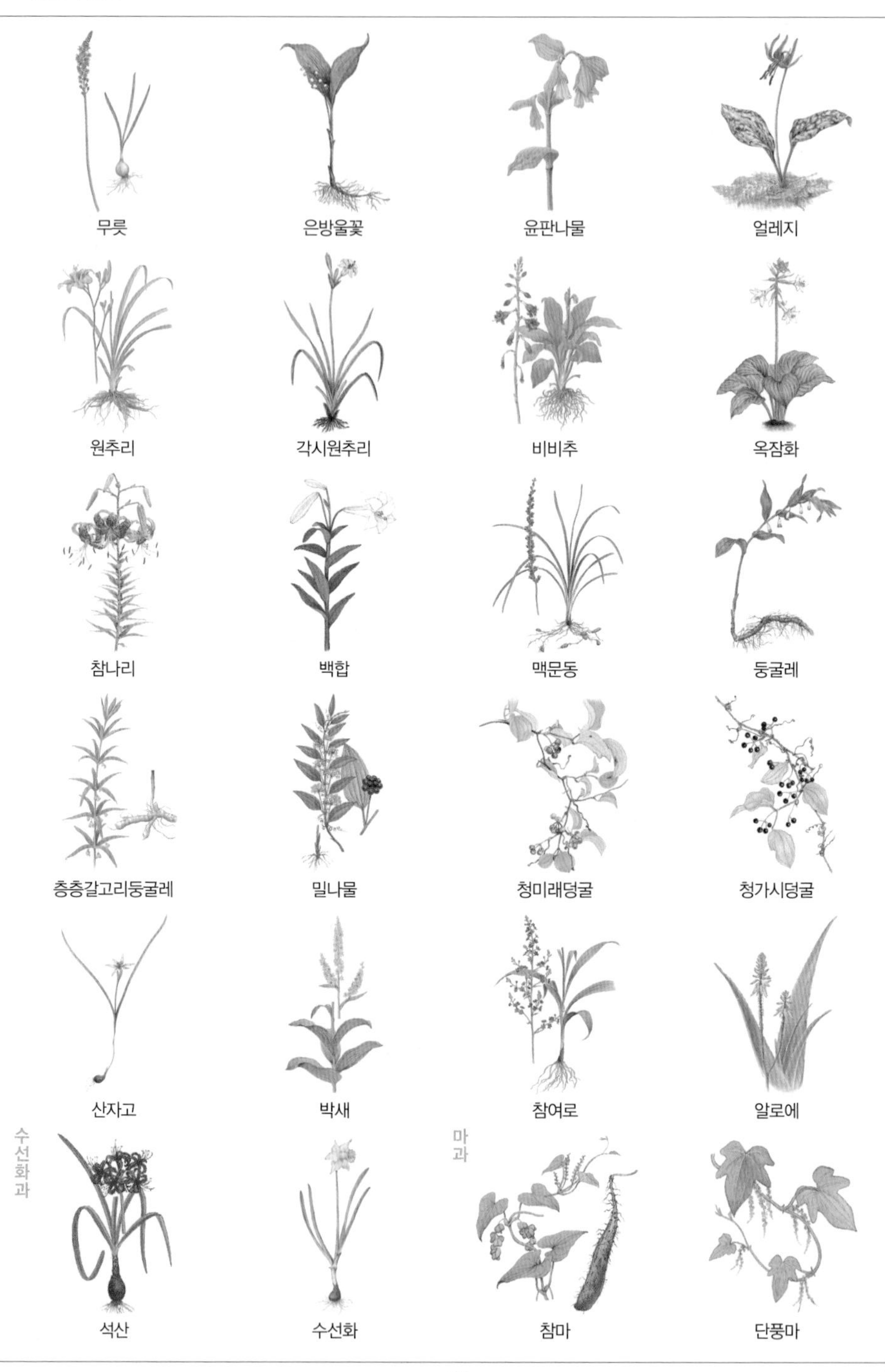
무릇
은방울꽃
윤판나물
얼레지
원추리
각시원추리
비비추
옥잠화
참나리
백합
맥문동
둥굴레
층층갈고리둥굴레
밀나물
청미래덩굴
청가시덩굴
산자고
박새
참여로
알로에
수선화과
석산
수선화
마과
참마
단풍마

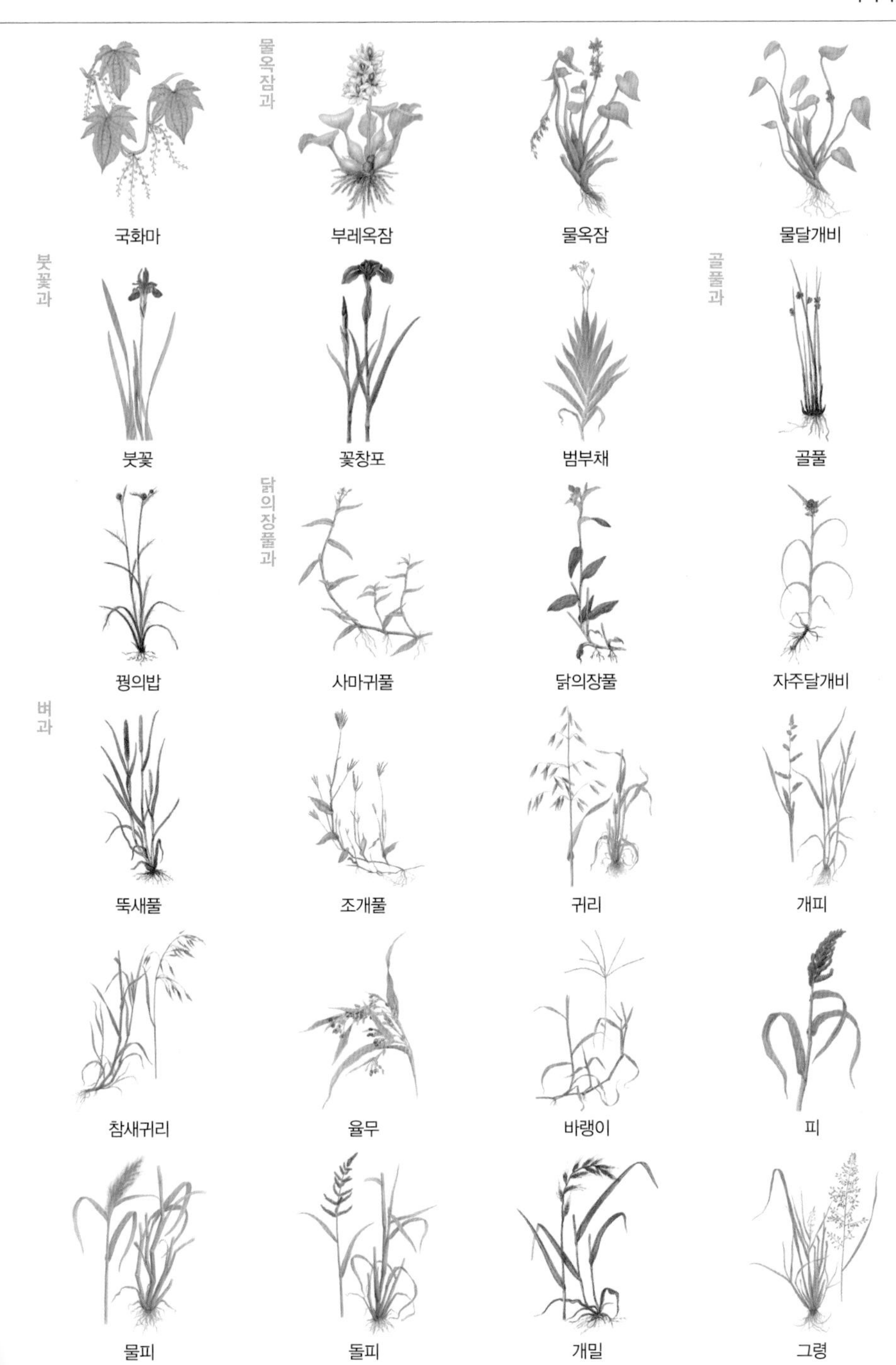
물옥잠과
국화마
부레옥잠
물옥잠
물달개비
붓꽃과
골풀과
붓꽃
꽃창포
범부채
골풀
닭의장풀과
꿩의밥
사마귀풀
닭의장풀
자주달개비
벼과
뚝새풀
조개풀
귀리
개피
참새귀리
율무
바랭이
피
물피
돌피
개밀
그령

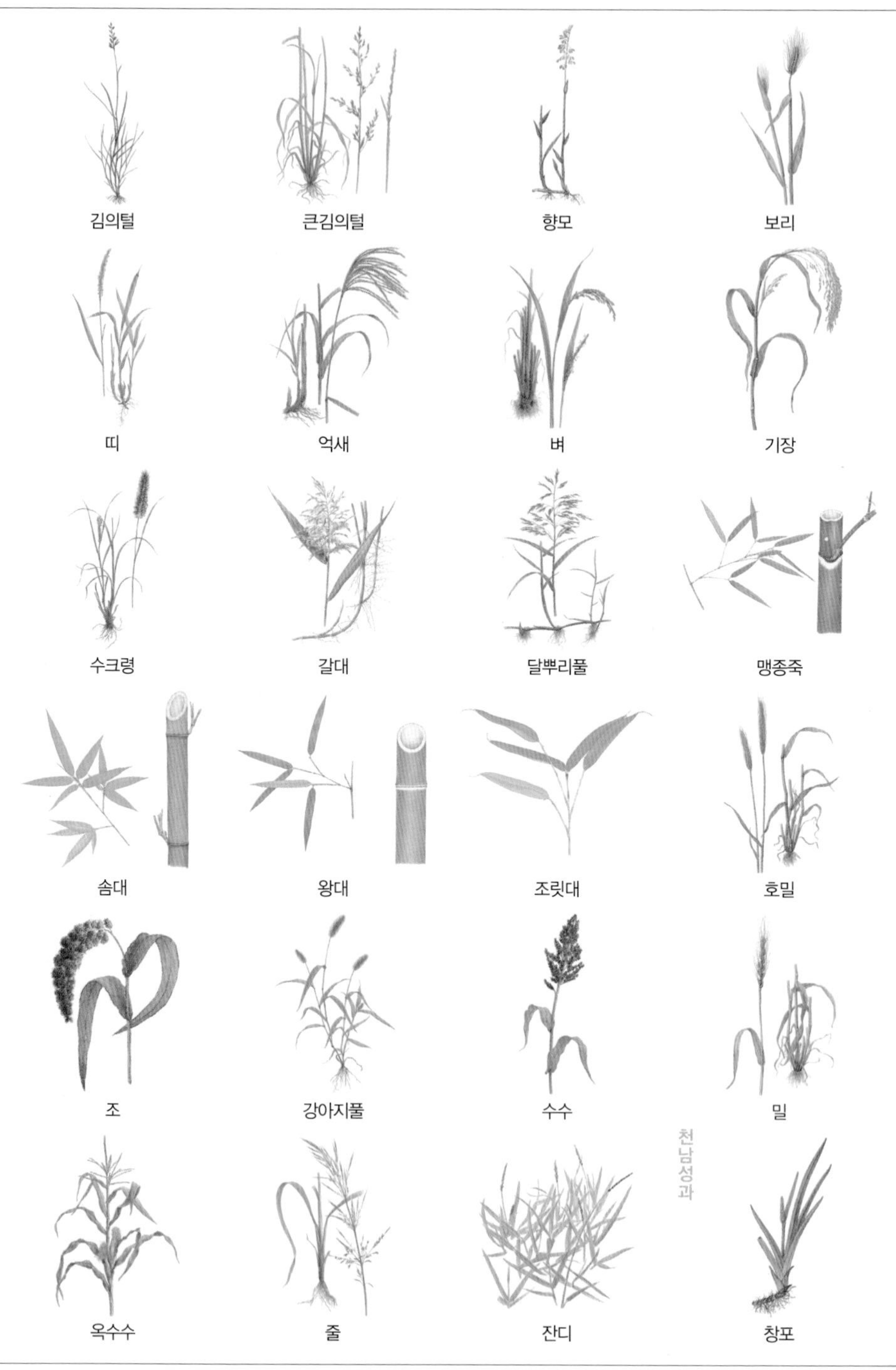
김의털
큰김의털
향모
보리
띠
억새
벼
기장
수크령
갈대
달뿌리풀
맹종죽
솜대
왕대
조릿대
호밀
조
강아지풀
수수
밀
천남성과
옥수수
줄
잔디
창포

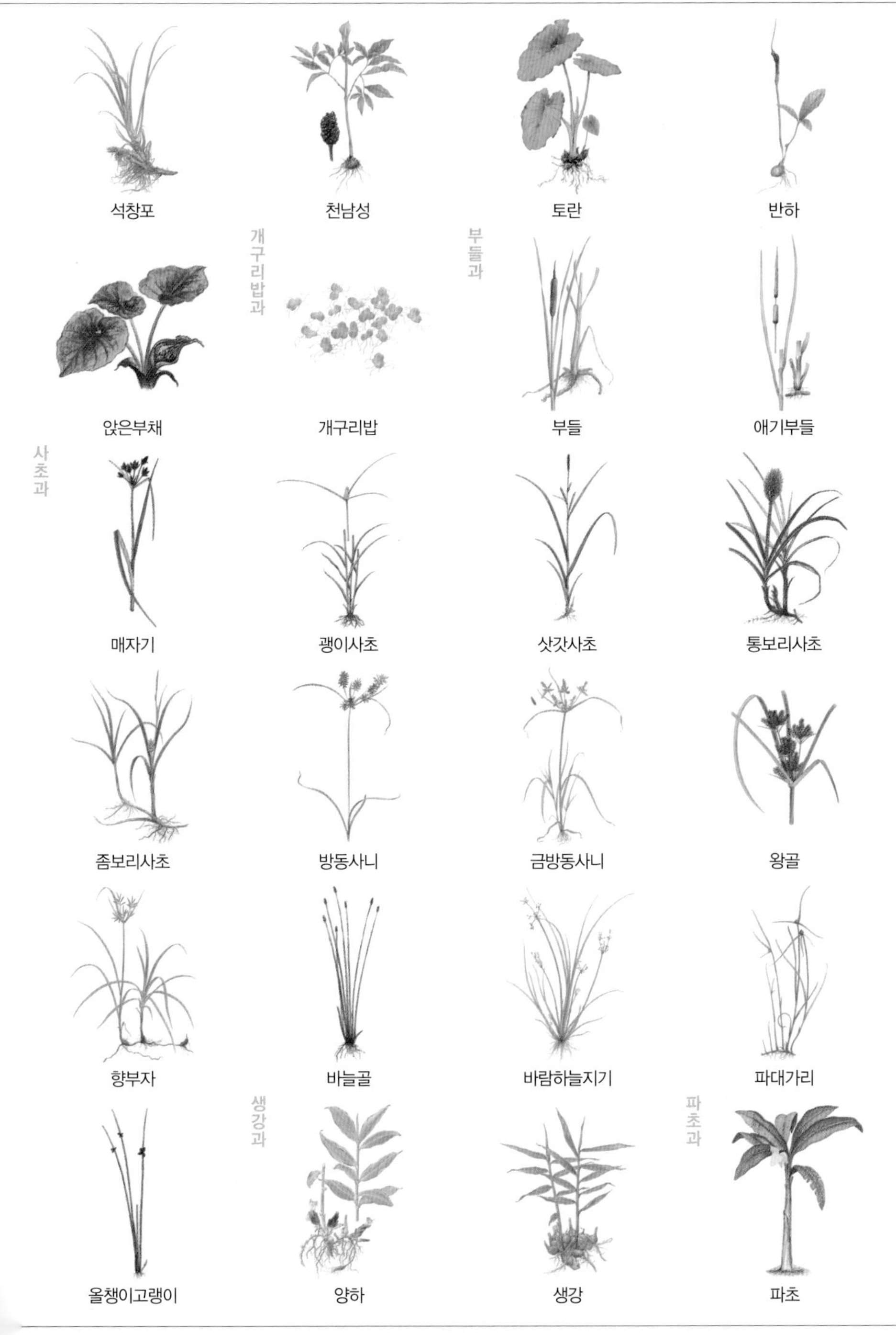
석창포
천남성
토란
반하
개구리밥과
부들과
앉은부채
개구리밥
부들
애기부들
사초과
매자기
괭이사초
삿갓사초
통보리사초
좀보리사초
방동사니
금방동사니
왕골
향부자
바늘골
바람하늘지기
파대가리
생강과
파초과
올챙이고랭이
양하
생강
파초

난초과

자란

복주머니란

석곡

닭의난초

제비난초

천마

균류

고무버섯목

오디균핵버섯

주발버섯목

마귀곰보버섯

긴대안장버섯

곰보버섯

들주발버섯

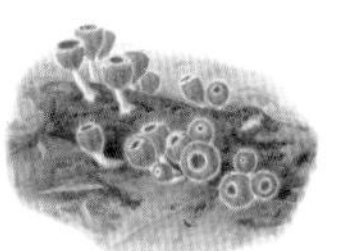

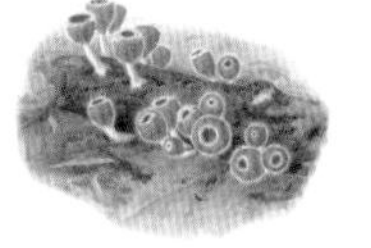

털작은입술잔버섯

동충하초목

동충하초

나방꽃동충하초

붉은사슴뿔버섯

벌포식동충하초

큰매미포식동충하초

주름버섯목

주름버섯

흰주름버섯

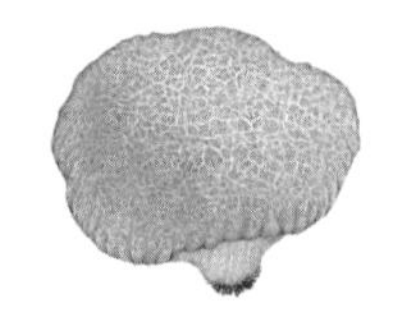
말징버섯

먹물버섯

좀주름찻잔버섯

낭피버섯

말불버섯

큰갓버섯

개나리광대버섯

고동색광대버섯

긴골광대버섯아재비

달걀버섯

독우산광대버섯

마귀광대버섯

뱀껍질광대버섯

붉은점박이광대버섯

양파광대버섯

파리버섯

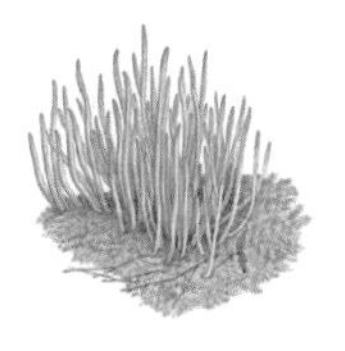
자주국수버섯

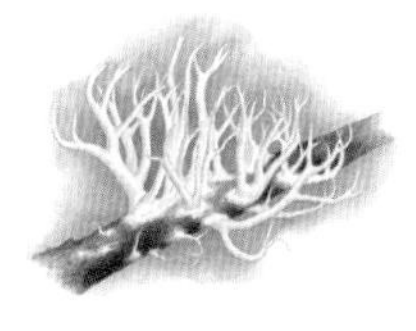
쇠뜨기버섯

검은띠말똥버섯

말똥버섯

삿갓외대버섯

노란꼭지버섯

자주졸각버섯

졸각버섯

배불뚝이연기버섯

꽃버섯

다색벚꽃버섯

솔땀버섯

덧부치버섯

잿빛만가닥버섯

앵두낙엽버섯

큰낙엽버섯

맑은애주름버섯

적갈색애주름버섯

이끼살이버섯

밀꽃애기버섯

화경솔밭버섯

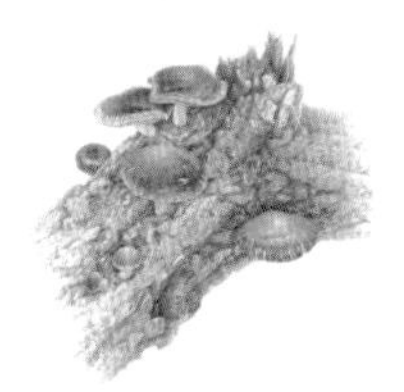
표고

뽕나무버섯

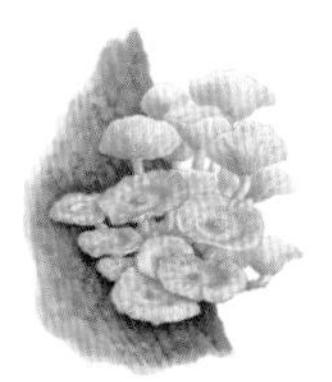
뽕나무버섯부치

팽나무버섯

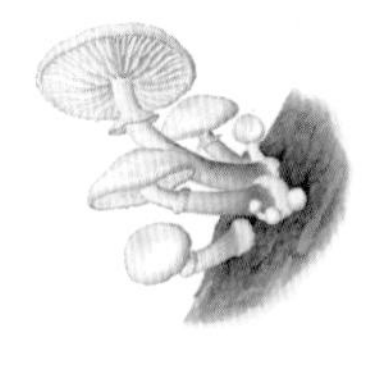
끈적끈끈이버섯

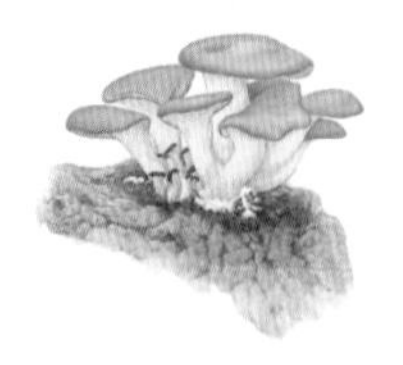
느타리

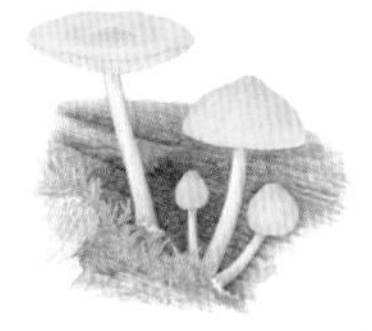
노란난버섯

주머니비단털버섯

흰비단털버섯

노랑갈색먹물버섯

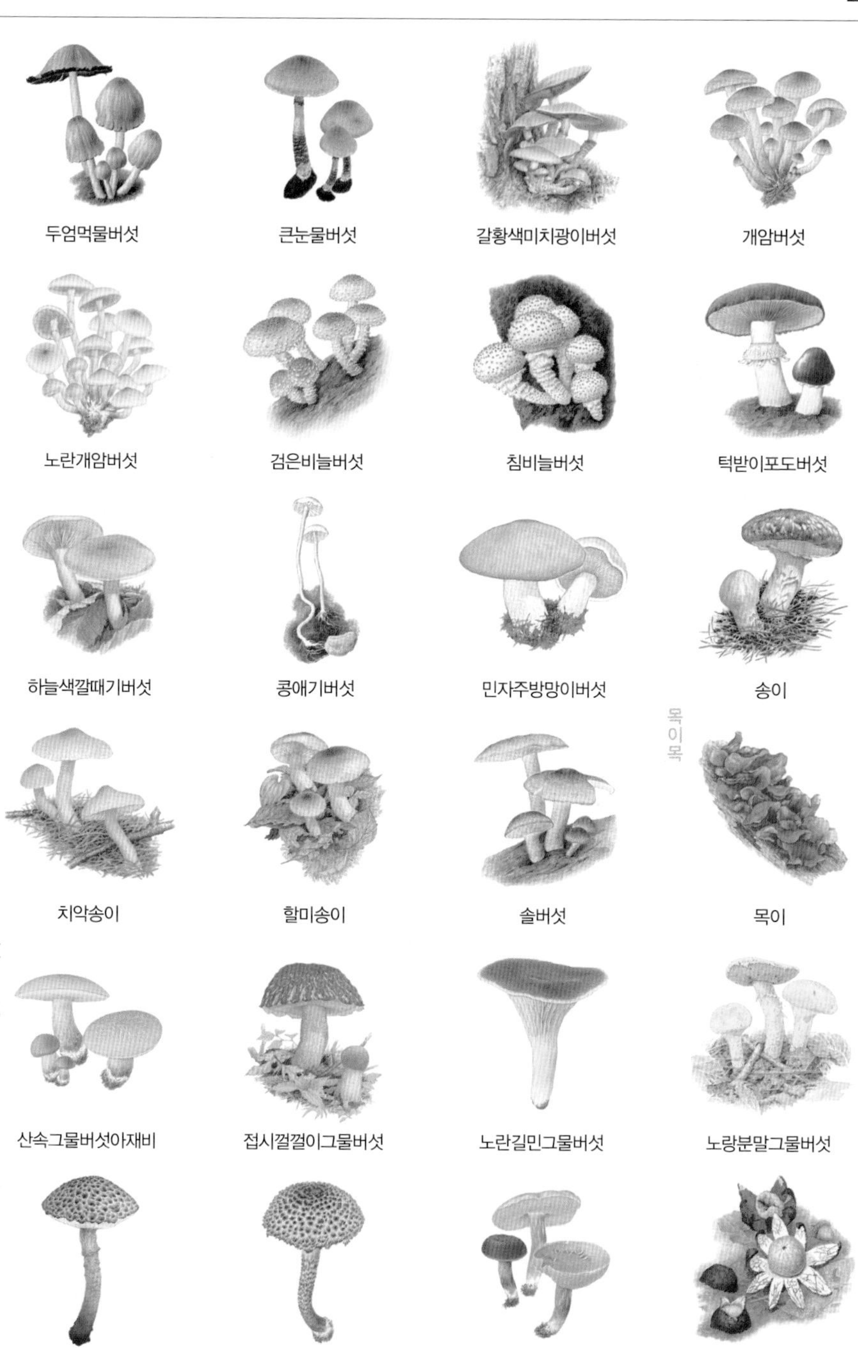

두엄먹물버섯
큰눈물버섯
갈황색미치광이버섯
개암버섯
노란개암버섯
검은비늘버섯
침비늘버섯
턱받이포도버섯
하늘색깔때기버섯
콩애기버섯
민자주방망이버섯
송이
목이목
치악송이
할미송이
솔버섯
목이
그물버섯목
산속그물버섯아재비
접시껄껄이그물버섯
노란길민그물버섯
노랑분말그물버섯
귀신그물버섯
털귀신그물버섯
황금씨그물버섯
먼지버섯

못버섯
큰마개버섯
비단그물버섯
황소비단그물버섯
꾀꼬리버섯목
방귀버섯목
나팔버섯목
꾀꼬리버섯
테두리방귀버섯
나팔버섯
싸리버섯
소나무비늘버섯목
자작나무시루뻔버섯
목질진흙버섯
말똥진흙버섯
층층버섯
말뚝버섯목
오징어새주둥이버섯
노랑망태버섯
말뚝버섯
망태말뚝버섯
구멍장이버섯목
세발버섯
소나무잔나비버섯
불로초
잔나비불로초
잎새버섯
유관버섯
긴침버섯
때죽조개껍질버섯

새잣버섯

구름송편버섯

복령

꽃송이버섯

무당버섯목

솔방울털버섯

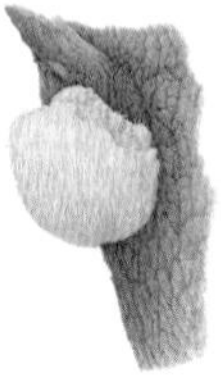

노루궁뎅이

기와버섯

수원무당버섯

절구무당버섯

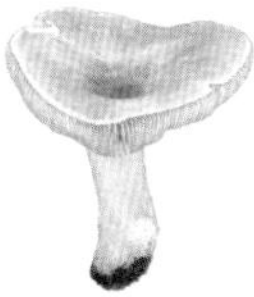

청머루무당버섯

배젖버섯

굴털이

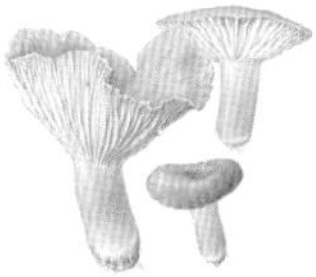

사마귀버섯목

흰주름젖버섯

흰굴뚝버섯

노루털버섯

까치버섯

흰목이목

흰목이

무척추동물

해세목
해변말미잘목
근구해파리목
바다선인장
풀색꽃해변말미잘
담황줄말미잘
노무라입깃해파리
개맛목
군부목
원시복족목
개맛
군부
둥근배무래기
테두리고둥
둥구멍고둥목
밤고둥목
둥근전복
보말고둥
개울타리고둥
황해비단고둥
고리갈고둥목
총알고둥목
눈알고둥
소라
갈고둥
총알고둥
신복족목
큰구슬우렁이
갯우렁이
갈색띠매물고둥
명주매물고둥

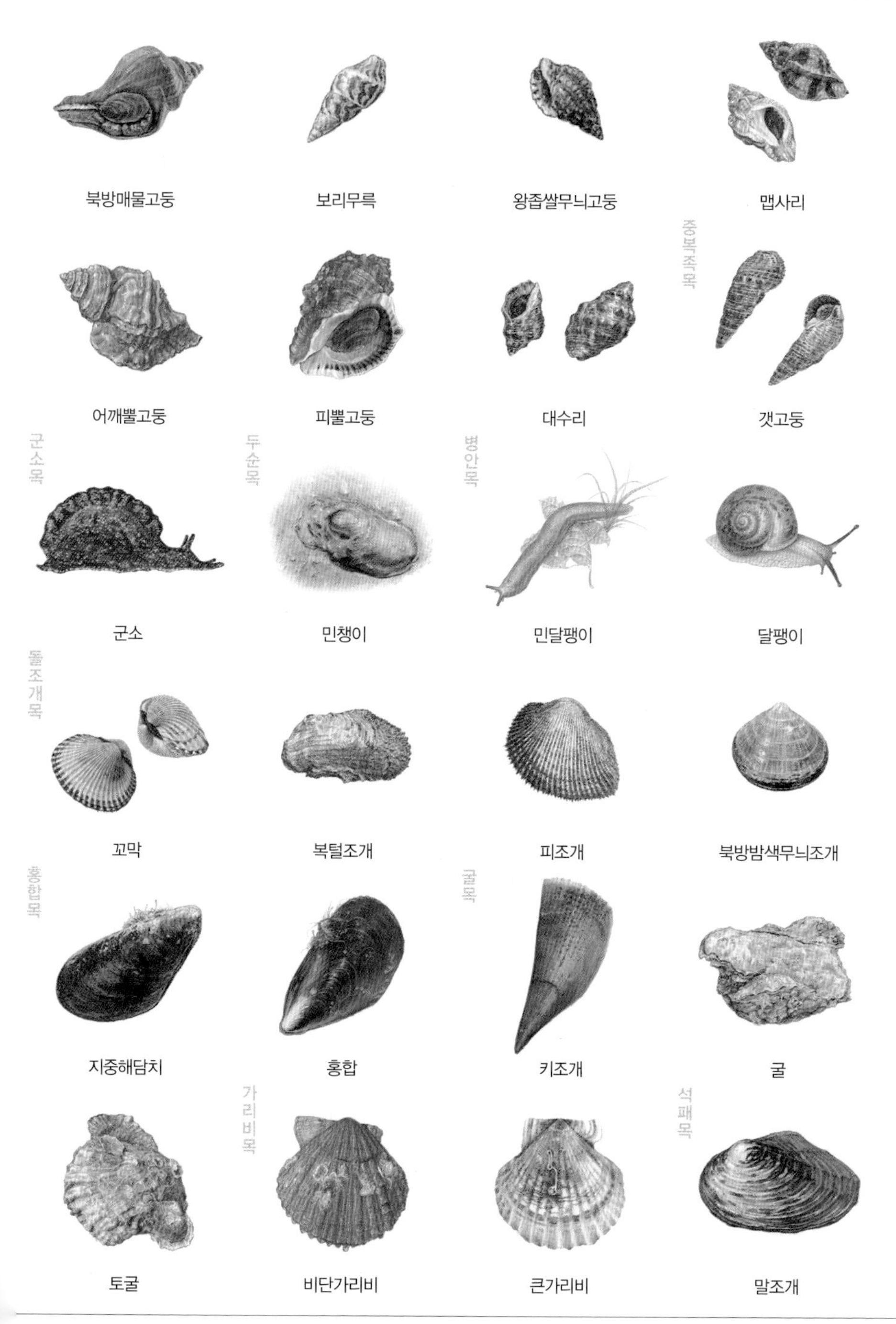
북방매물고둥
보리무륵
왕좁쌀무늬고둥
맵사리
중복족목
어깨뿔고둥
피뿔고둥
대수리
갯고둥
군소목
군소
두순목
민챙이
병안목
민달팽이
달팽이
돌조개목
꼬막
복털조개
피조개
북방밤색무늬조개
홍합목
지중해담치
홍합
굴목
키조개
굴
토굴
가리비목
비단가리비
큰가리비
석패목
말조개

죽합목

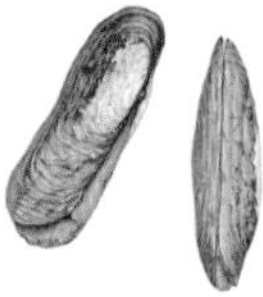

가리맛조개

대맛조개

맛조개

새조개목

새조개

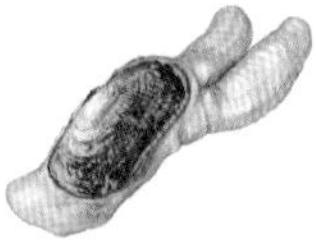

돼지가리맛

백합목

재첩

가무락조개

개조개

떡조개

민들조개

바지락

백합

살조개

아담스백합

진판새목

개량조개

동죽

북방대합

왕우럭조개

폐안목

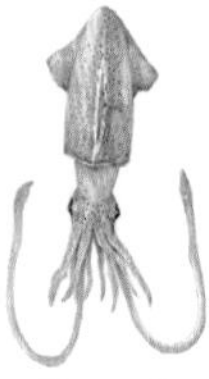

참꼴뚜기

문어목

낙지

주꾸미

참문어

개안목

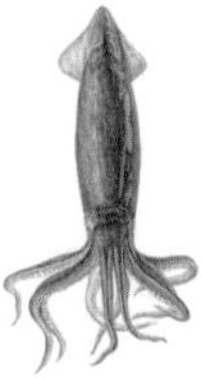

살오징어

갑오징어목

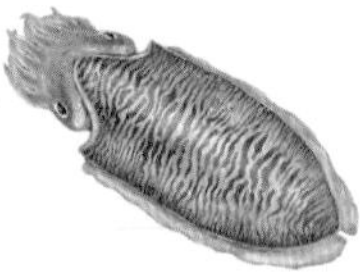

참갑오징어

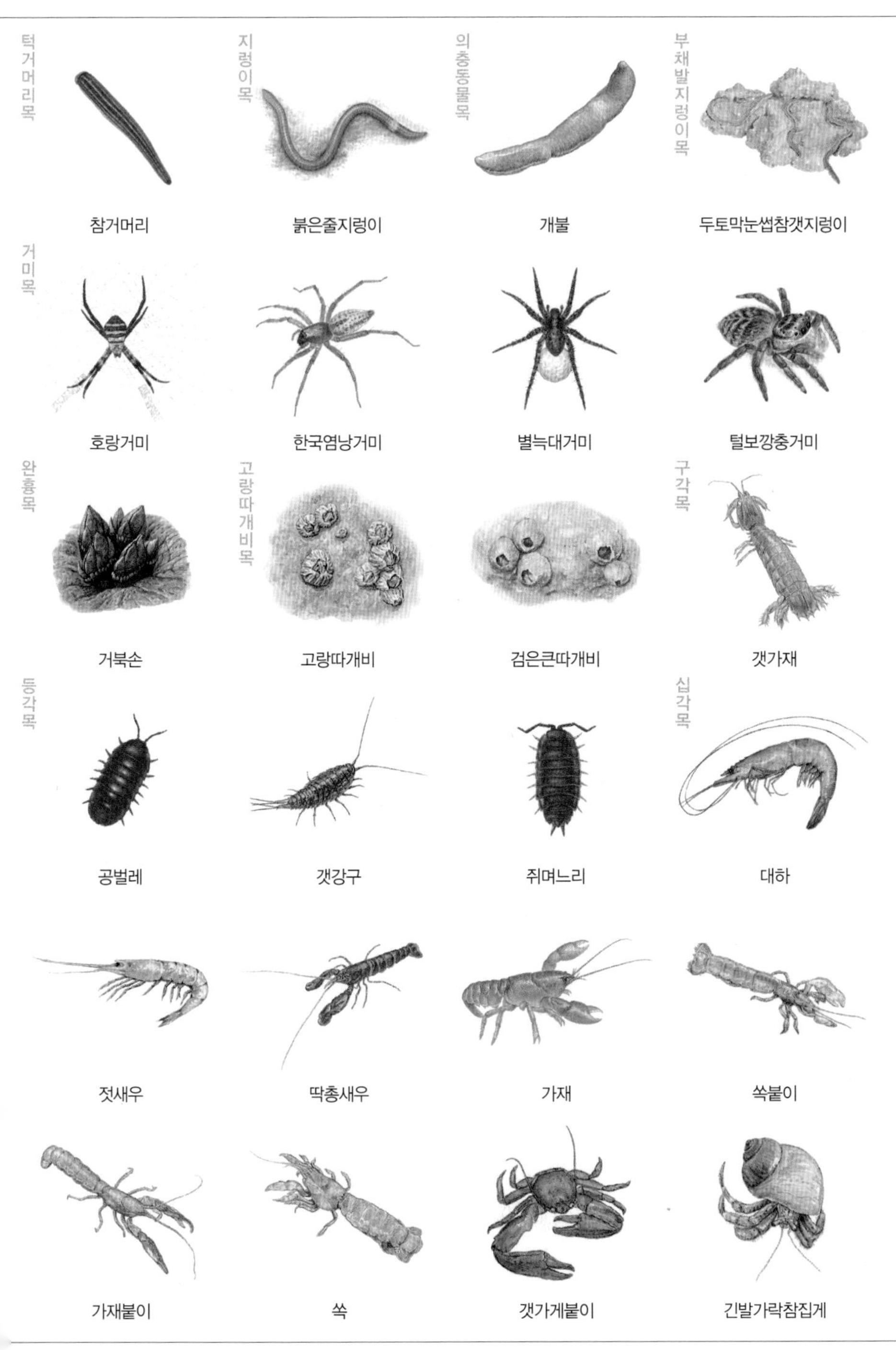
털거머리목
지렁이목
의충동물목
부채발지렁이목
참거머리
붉은줄지렁이
개불
두토막눈썹참갯지렁이
거미목
호랑거미
한국염낭거미
별늑대거미
털보깡충거미
완흉목
고랑따개비목
구각목
거북손
고랑따개비
검은큰따개비
갯가재
등각목
십각목
공벌레
갯강구
쥐며느리
대하
젓새우
딱총새우
가재
쏙붙이
가재붙이
쏙
갯가게붙이
긴발가락참집게

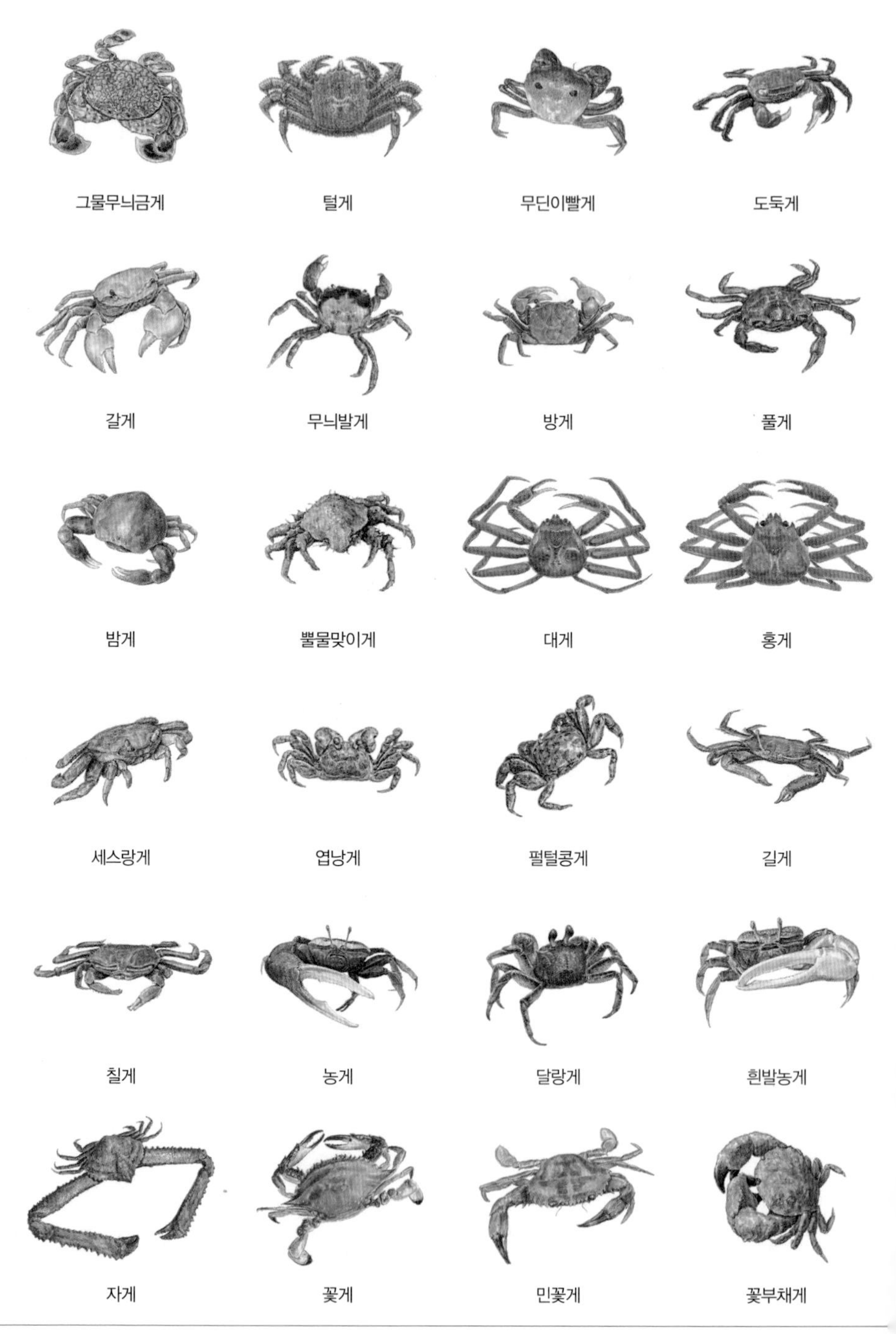
그물무늬금게
털게
무딘이빨게
도둑게
갈게
무늬발게
방게
풀게
밤게
뿔물맞이게
대게
홍게
세스랑게
엽낭게
펄털콩게
길게
칠게
농게
달랑게
흰발농게
자게
꽃게
민꽃게
꽃부채게

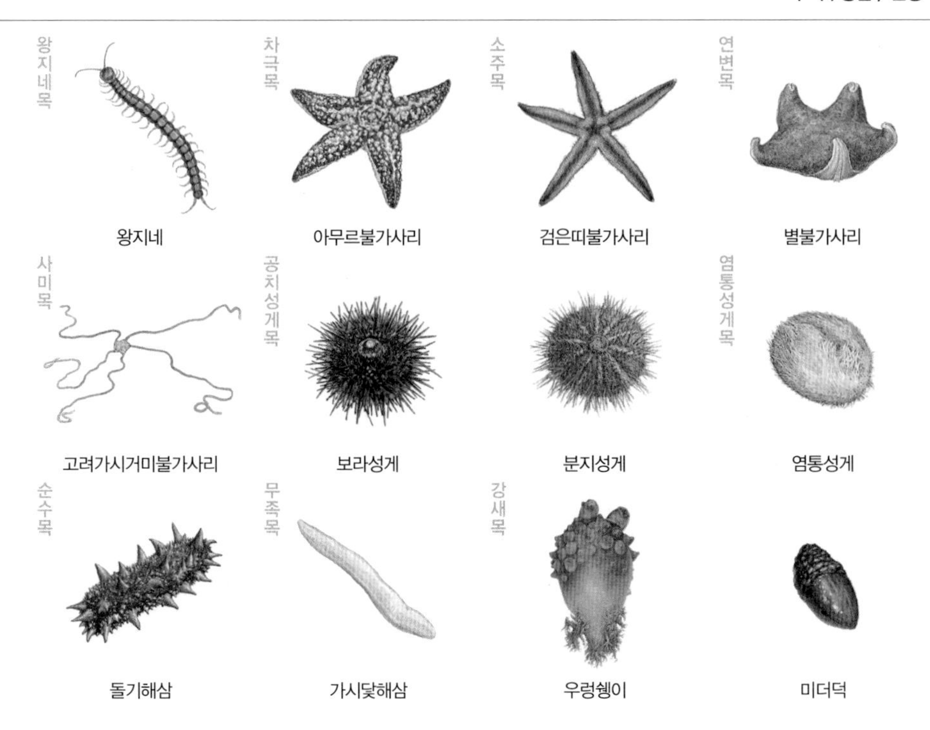
왕지네목
왕지네
차극목
아무르불가사리
소주목
검은띠불가사리
연변목
별불가사리
사미목
고려가시거미불가사리
공치성게목
보라성게
분지성게
염통성게목
염통성게
순수목
돌기해삼
무족목
가시닻해삼
강새목
우렁쉥이
미더덕

곤충

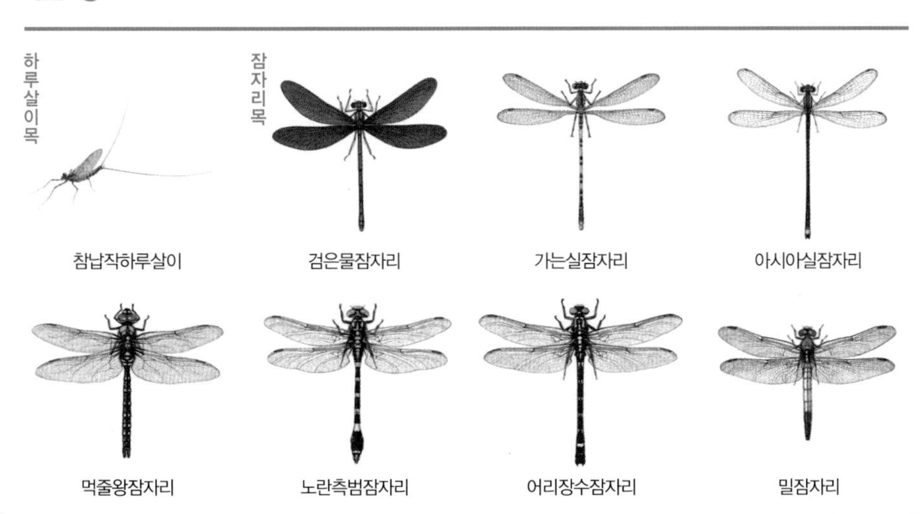
하루살이목
참납작하루살이
잠자리목
검은물잠자리
가는실잠자리
아시아실잠자리
먹줄왕잠자리
노란측범잠자리
어리장수잠자리
밀잠자리

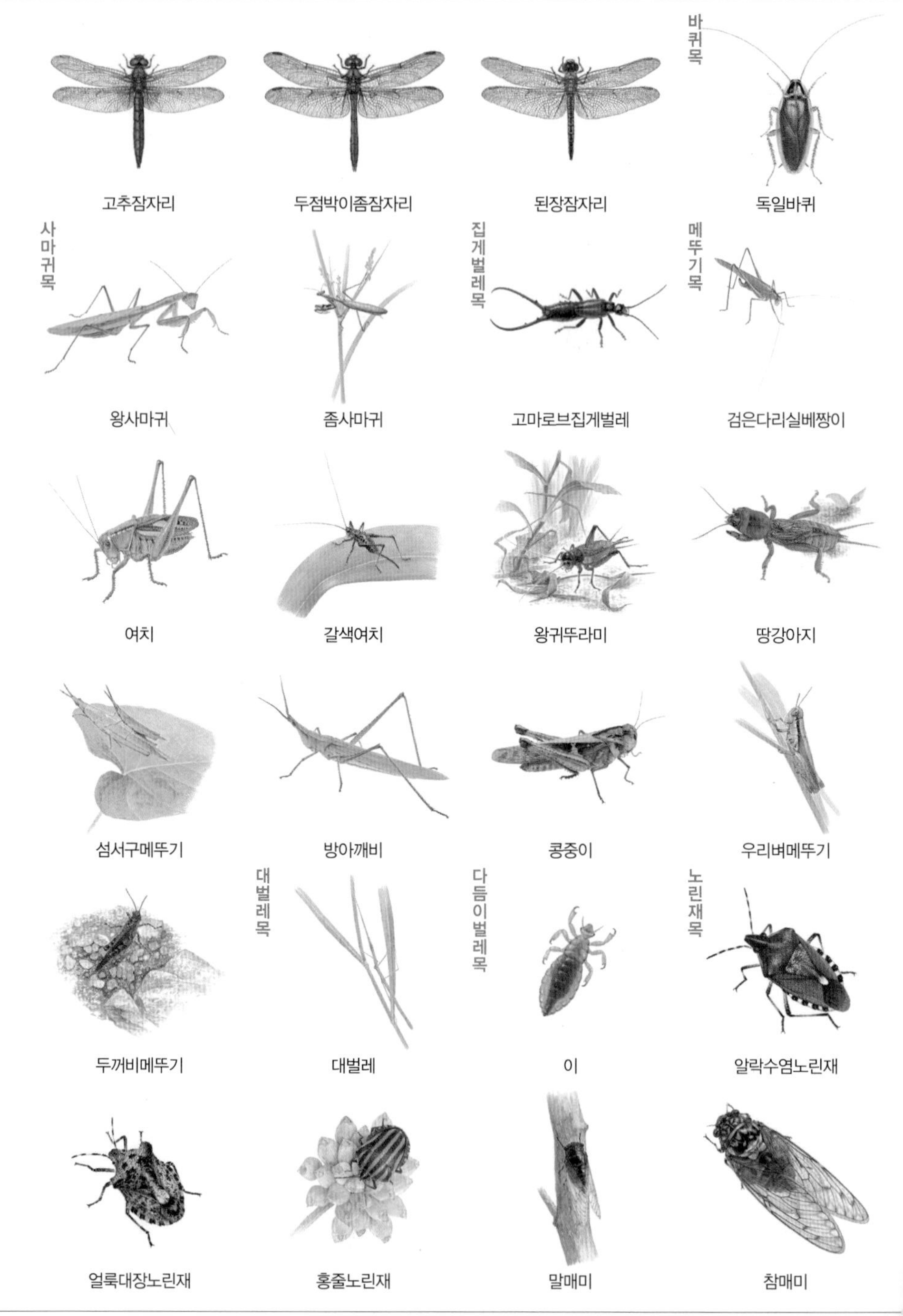

고추잠자리 두점박이좀잠자리 된장잠자리 독일바퀴
왕사마귀 좀사마귀 고마로브집게벌레 검은다리실베짱이
여치 갈색여치 왕귀뚜라미 땅강아지
섬서구메뚜기 방아깨비 콩중이 우리벼메뚜기
두꺼비메뚜기 대벌레 이 알락수염노린재
얼룩대장노린재 홍줄노린재 말매미 참매미

털매미 유지매미 끝검은말매미충 벼멸구

물자라 물장군 빈대 소금쟁이

송장헤엄치게 장구애비 게아재비 진딧물

톱다리개미허리노린재 시골가시허리노린재 큰허리노린재 명주잠자리

노랑뿔잠자리 칠성풀잠자리 홍단딱정벌레 좀길앞잡이

물맴이 물방개 잔물땡땡이 큰넓적송장벌레

톱사슴벌레

넓적사슴벌레

보라금풍뎅이

애기뿔소똥구리

왕풍뎅이

몽고청동풍뎅이

등얼룩풍뎅이

장수풍뎅이

풀색꽃무지

점박이꽃무지

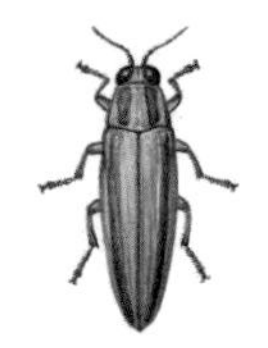

비단벌레

진홍색방아벌레

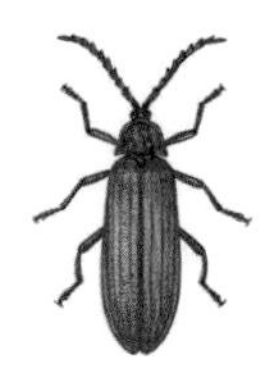

큰홍반디

애반딧불이

남생이무당벌레

칠성무당벌레

큰이십팔점박이무당벌레

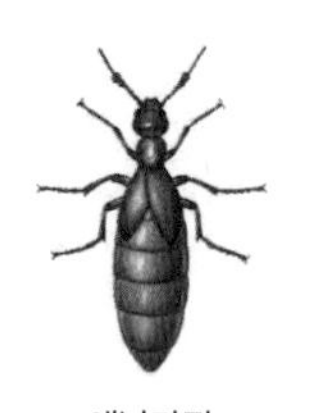

애남가뢰

애홍날개

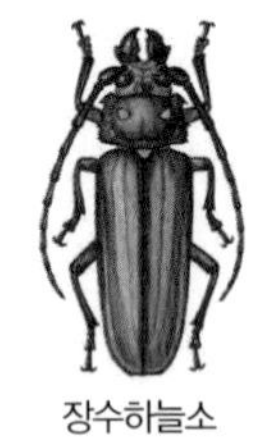

장수하늘소

톱하늘소

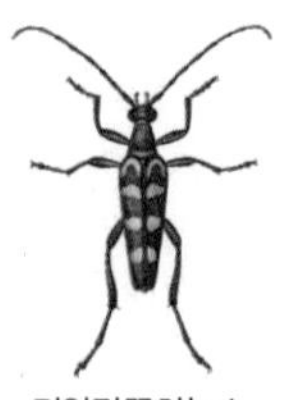

긴알락꽃하늘소

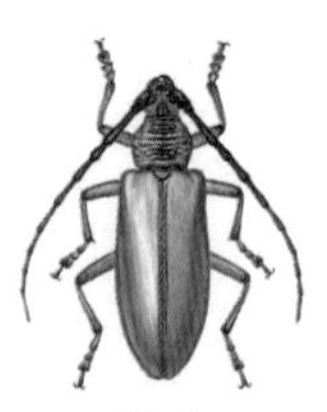

하늘소

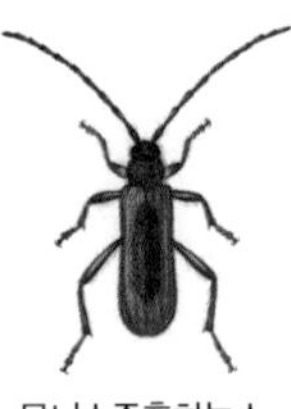

무늬소주홍하늘소

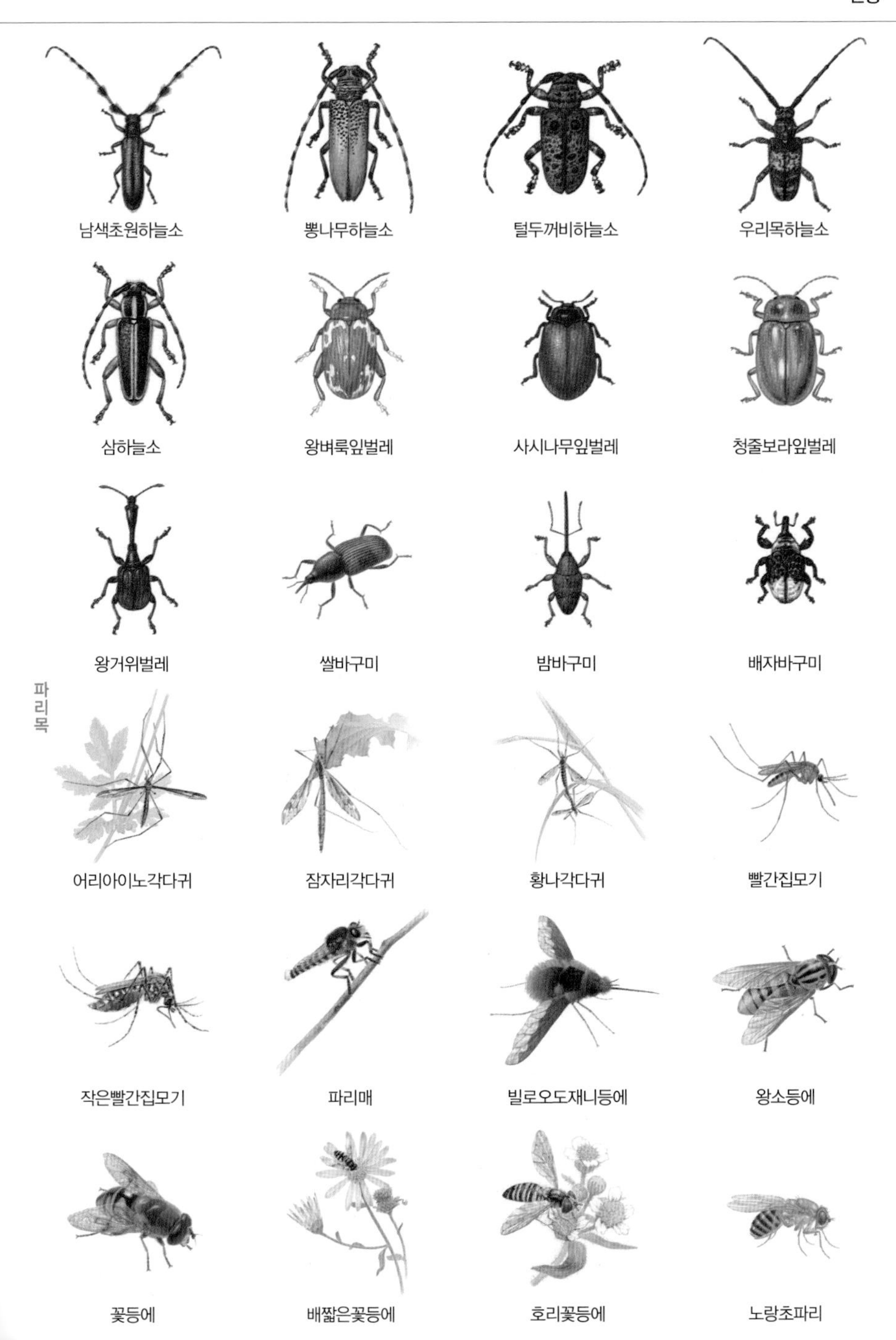

남색초원하늘소 뽕나무하늘소 털두꺼비하늘소 우리목하늘소

삼하늘소 왕벼룩잎벌레 사시나무잎벌레 청줄보라잎벌레

왕거위벌레 쌀바구미 밤바구미 배자바구미

어리아이노각다귀 잠자리각다귀 황나각다귀 빨간집모기

작은빨간집모기 파리매 빌로오도재니등에 왕소등에

꽃등에 배짧은꽃등에 호리꽃등에 노랑초파리

아메리카잎굴파리
검정볼기쉬파리
뒤영벌기생파리
중국별뚱보기생파리
벼룩목
날도래목
나비목
벼룩
우묵날도래
누에나방
솔나방
밤나무산누에나방
가중나무고치나방
작은검은꼬리박각시
점갈고리박각시
노랑띠알락가지나방
줄점팔랑나비
왕자팔랑나비
흰무늬왕불나방
얼룩나방
남방부전나비
작은주홍부전나비
왕오색나비
뿔나비
애기세줄나비
네발나비
긴꼬리제비나비

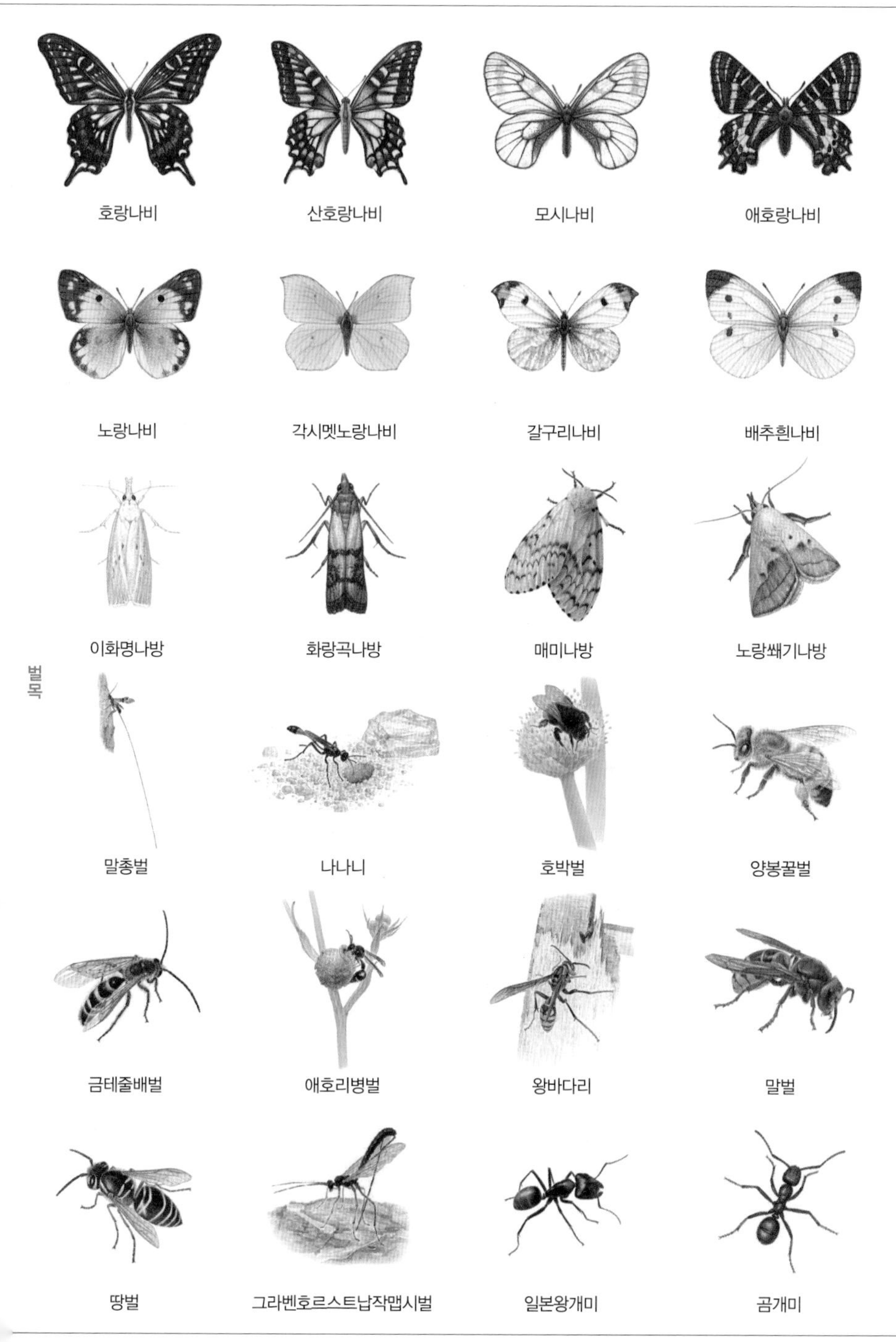
호랑나비
산호랑나비
모시나비
애호랑나비
노랑나비
각시멧노랑나비
갈구리나비
배추흰나비
이화명나방
화랑곡나방
매미나방
노랑쐐기나방
벌목
말총벌
나나니
호박벌
양봉꿀벌
금테줄배벌
애호리병벌
왕바다리
말벌
땅벌
그라벤호르스트납작맵시벌
일본왕개미
곰개미

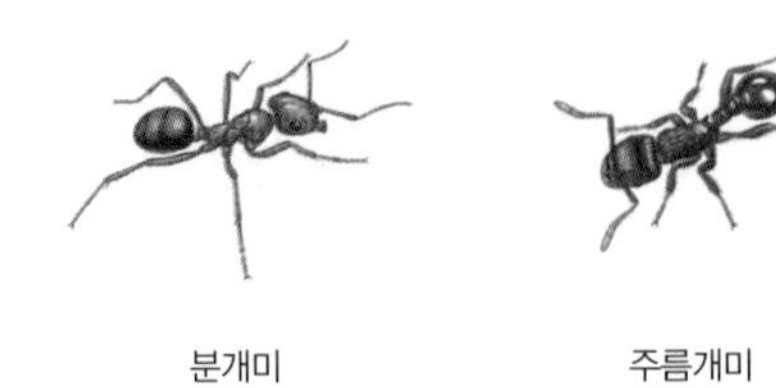

분개미 주름개미

어류

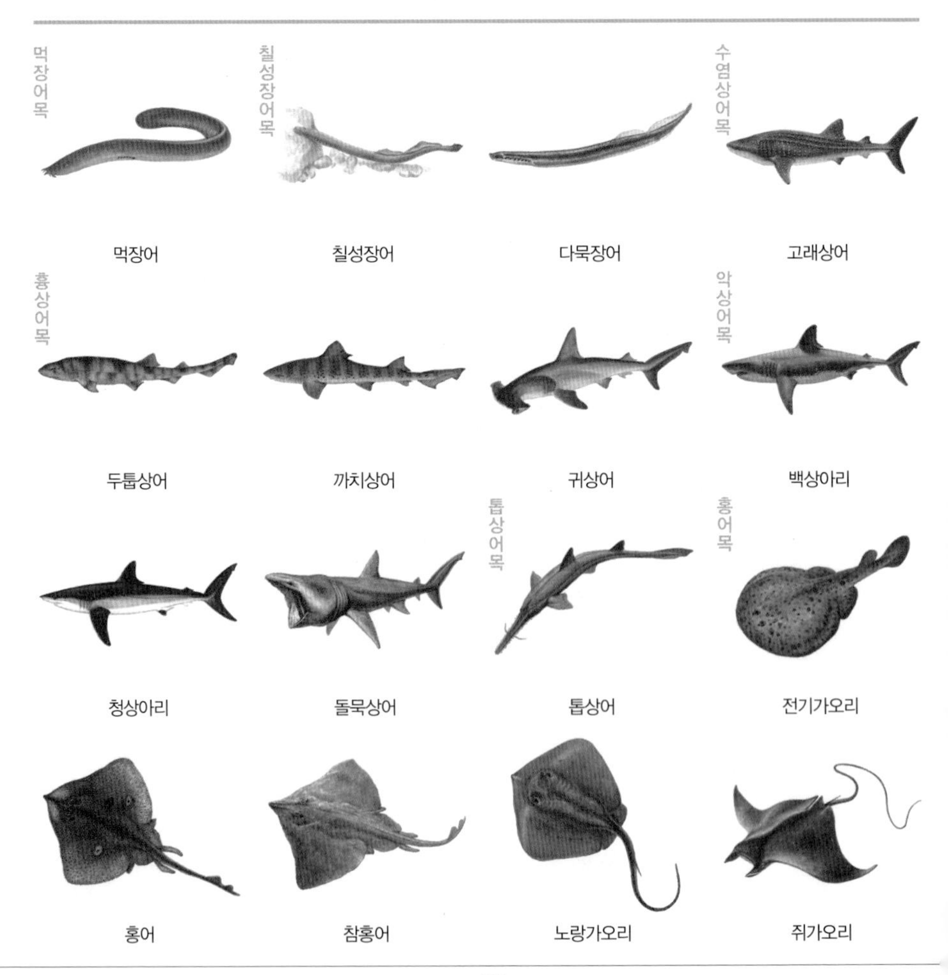
먹장어목
칠성장어목
수염상어목
먹장어
칠성장어
다묵장어
고래상어
흉상어목
악상어목
두툽상어
까치상어
귀상어
백상아리
톱상어목
홍어목
청상아리
돌묵상어
톱상어
전기가오리
홍어
참홍어
노랑가오리
쥐가오리

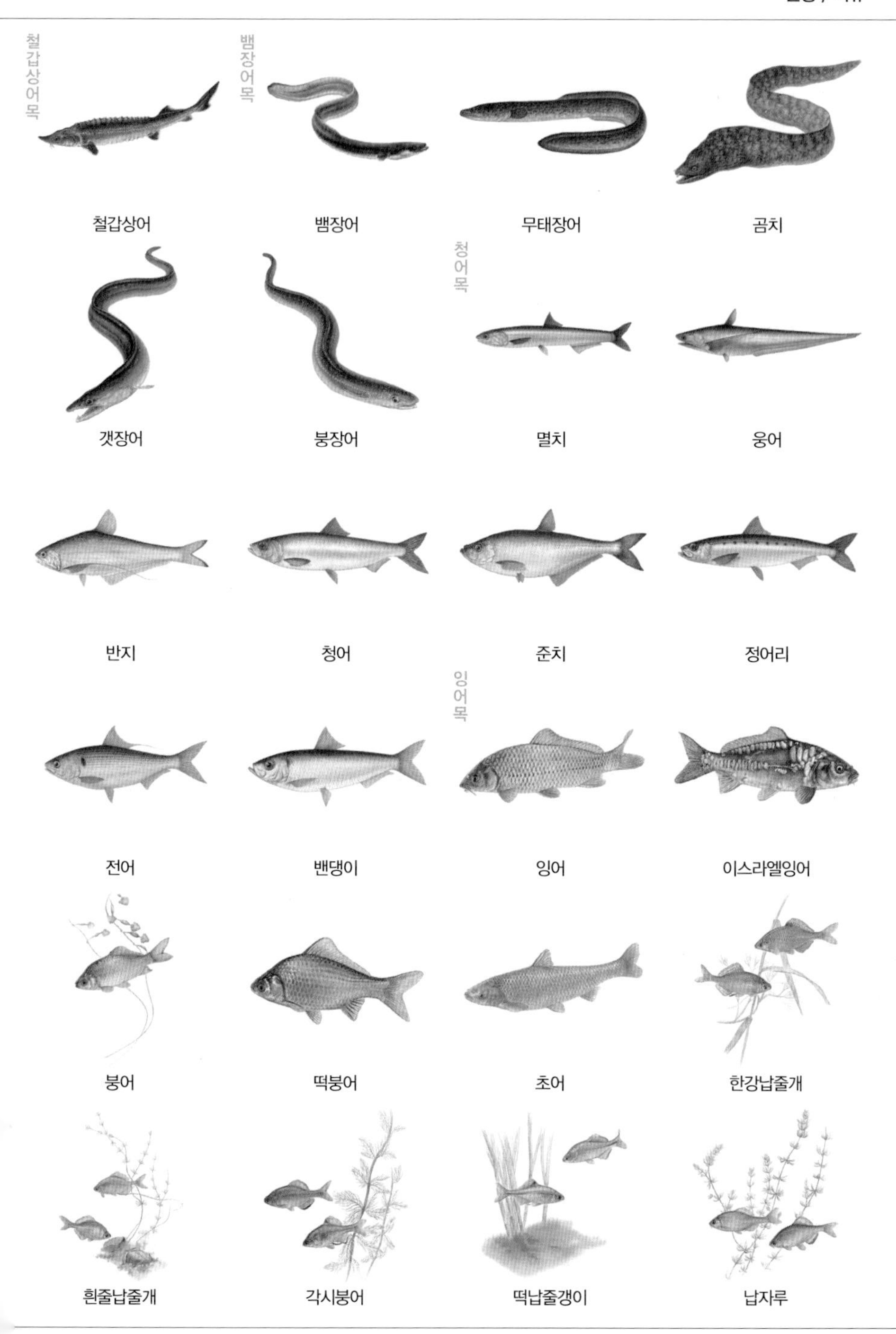
철갑상어목
뱀장어목
철갑상어
뱀장어
무태장어
곰치
청어목
갯장어
붕장어
멸치
웅어
반지
청어
준치
정어리
잉어목
전어
밴댕이
잉어
이스라엘잉어
붕어
떡붕어
초어
한강납줄개
흰줄납줄개
각시붕어
떡납줄갱이
납자루

묵납자루
임실납자루
줄납자루
칼납자루
큰줄납자루
납지리
큰납지리
가시납지리
참붕어
돌고기
감돌고기
가는돌고기
쉬리
새미
중고기
참중고기
몰개
긴몰개
점몰개
줄몰개
참몰개
누치
참마자
어름치

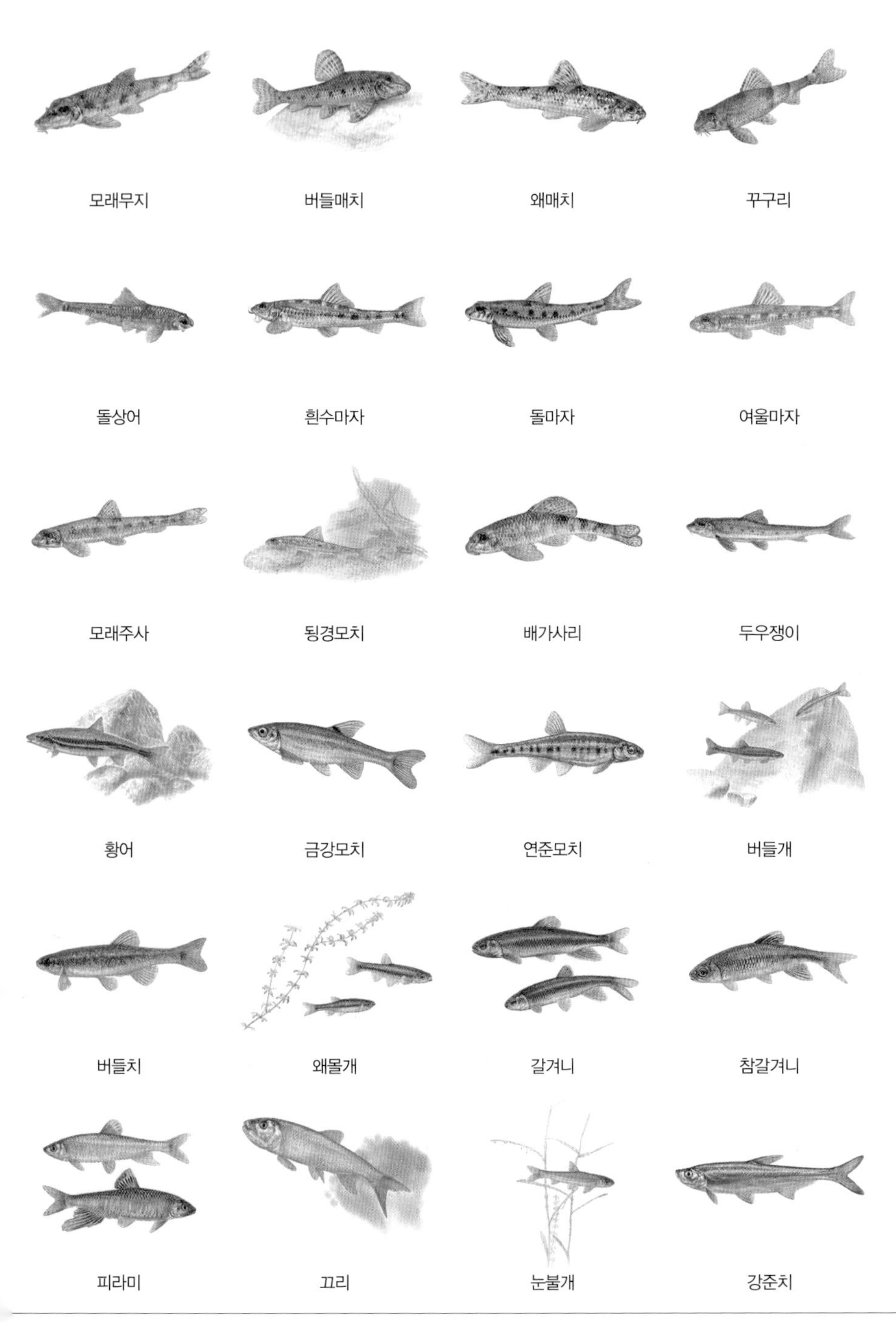
모래무지
버들매치
왜매치
꾸구리
돌상어
흰수마자
돌마자
여울마자
모래주사
됭경모치
배가사리
두우쟁이
황어
금강모치
연준모치
버들개
버들치
왜몰개
갈겨니
참갈겨니
피라미
끄리
눈불개
강준치

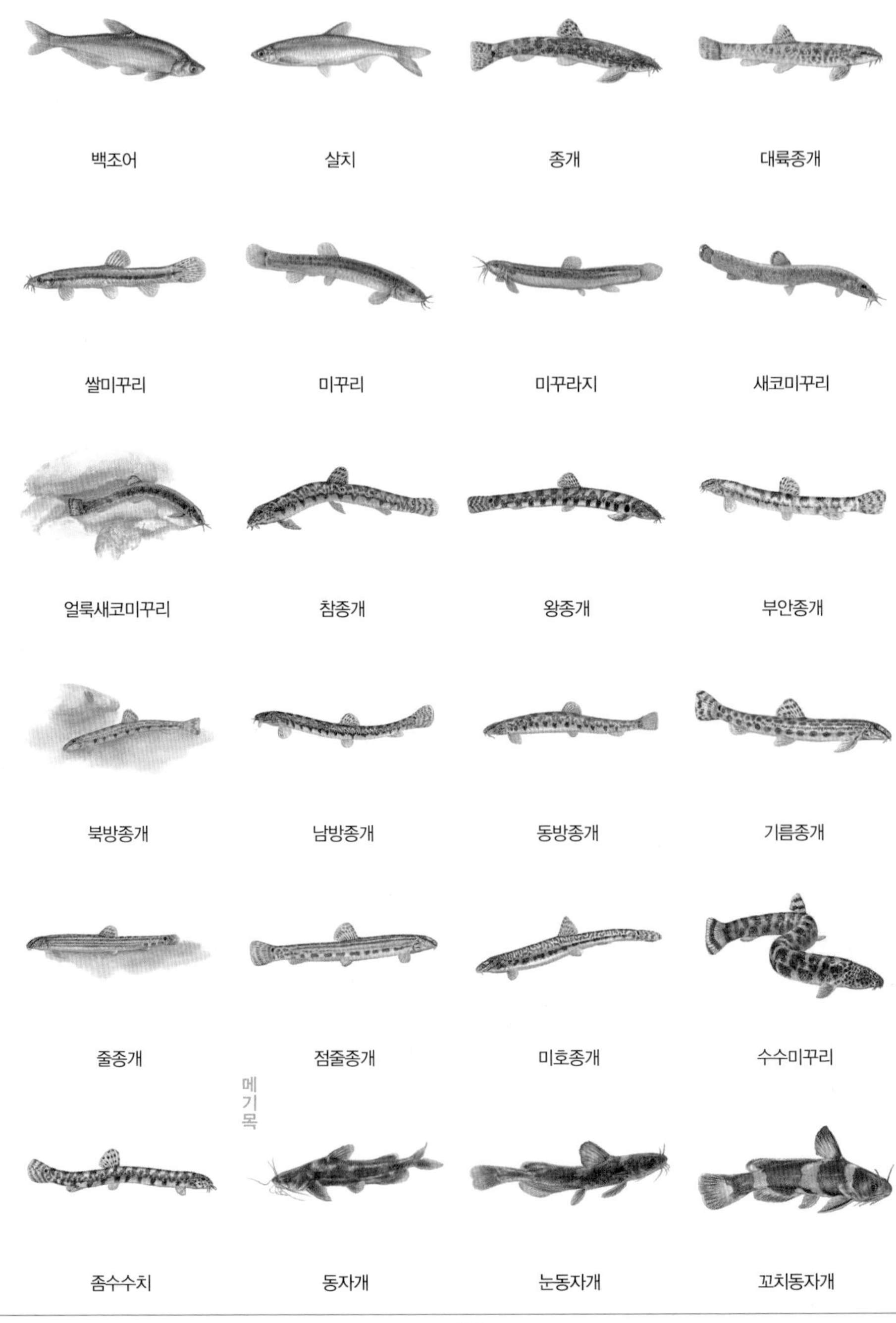
백조어
살치
종개
대륙종개
쌀미꾸리
미꾸리
미꾸라지
새코미꾸리
얼룩새코미꾸리
참종개
왕종개
부안종개
북방종개
남방종개
동방종개
기름종개
줄종개
점줄종개
미호종개
수수미꾸리
메기목
좀수수치
동자개
눈동자개
꼬치동자개

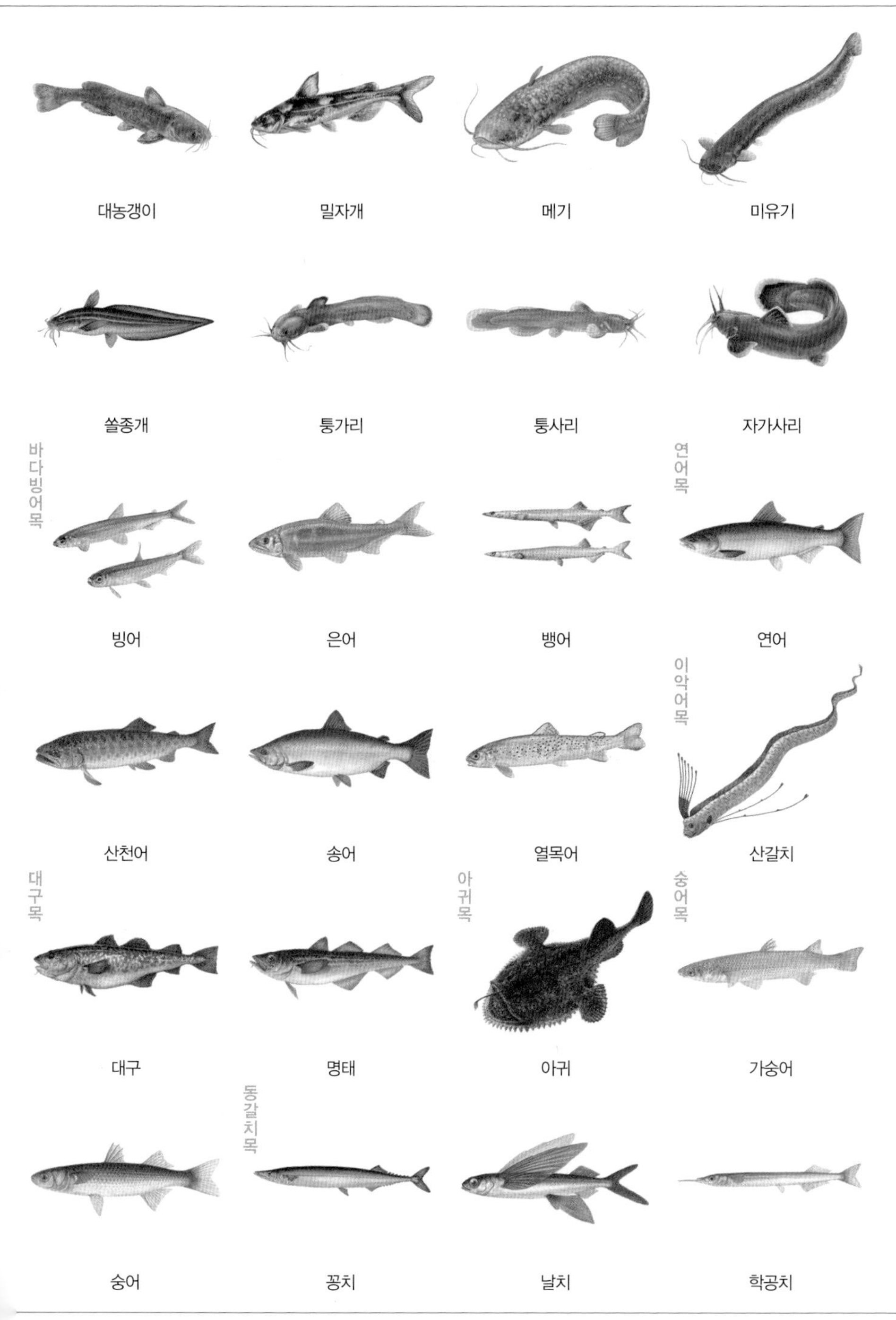
대농갱이
밀자개
메기
미유기
쏠종개
퉁가리
퉁사리
자가사리
바다빙어목
연어목
빙어
은어
뱅어
연어
이악어목
산천어
송어
열목어
산갈치
대구목
아귀목
숭어목
대구
명태
아귀
가숭어
동갈치목
숭어
꽁치
날치
학공치

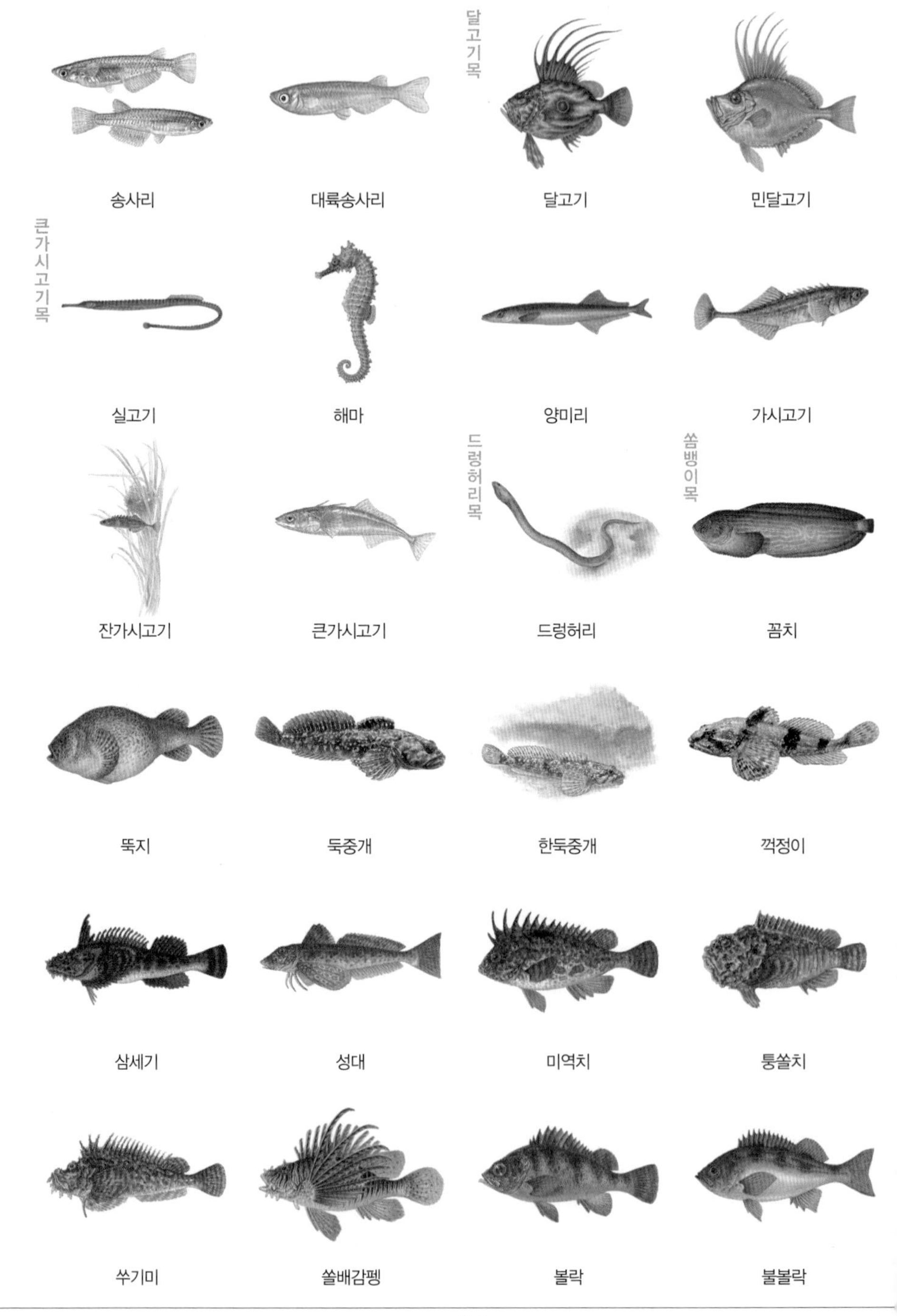

송사리 대륙송사리 달고기 민달고기

실고기 해마 양미리 가시고기

잔가시고기 큰가시고기 드렁허리 꼼치

뚝지 둑중개 한둑중개 꺽정이

삼세기 성대 미역치 퉁쏠치

쑤기미 쏠배감펭 볼락 불볼락

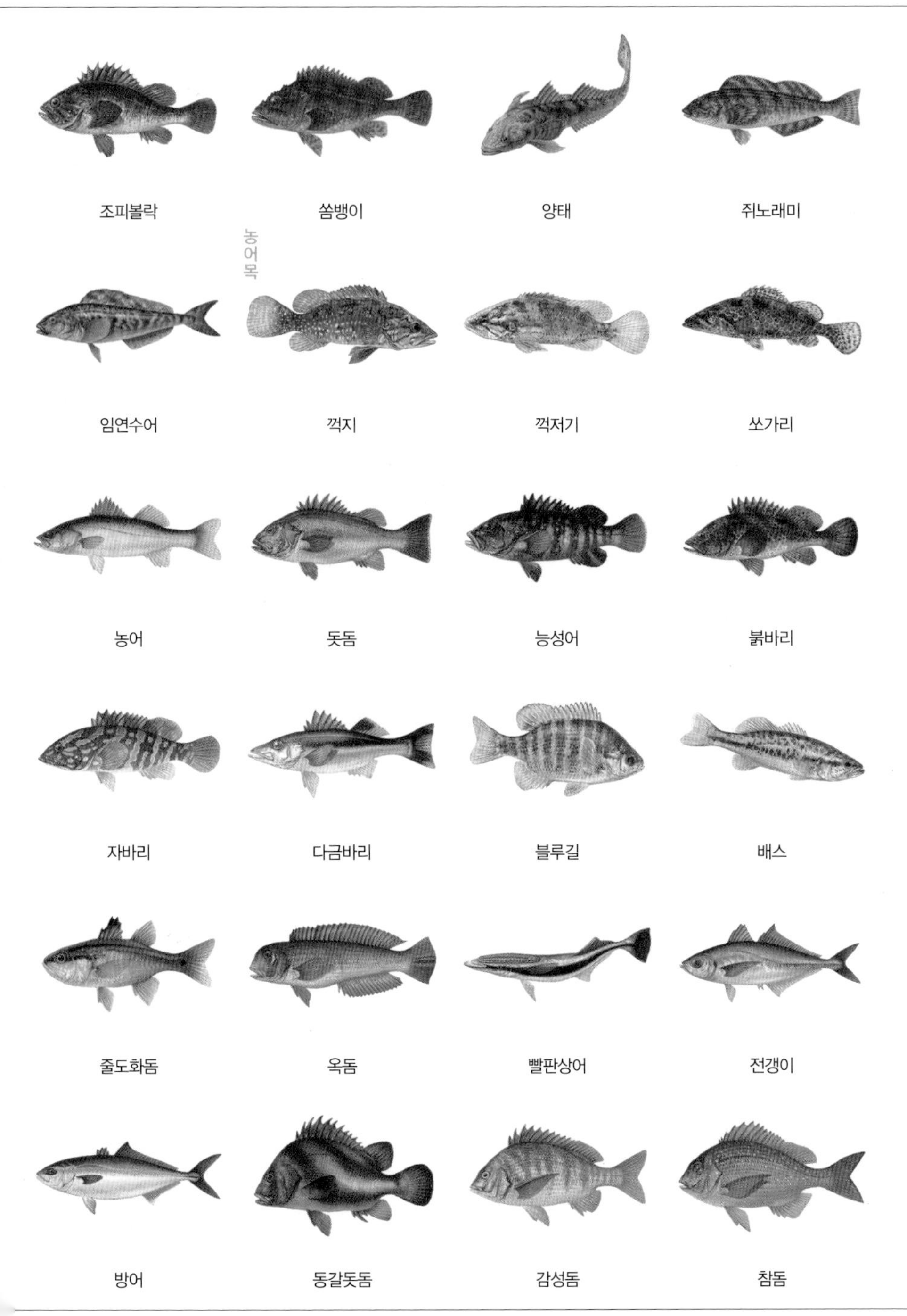
조피볼락
쏨뱅이
양태
쥐노래미
농어목
임연수어
꺽지
꺽저기
쏘가리
농어
돗돔
능성어
붉바리
자바리
다금바리
블루길
배스
줄도화돔
옥돔
빨판상어
전갱이
방어
동갈돗돔
감성돔
참돔

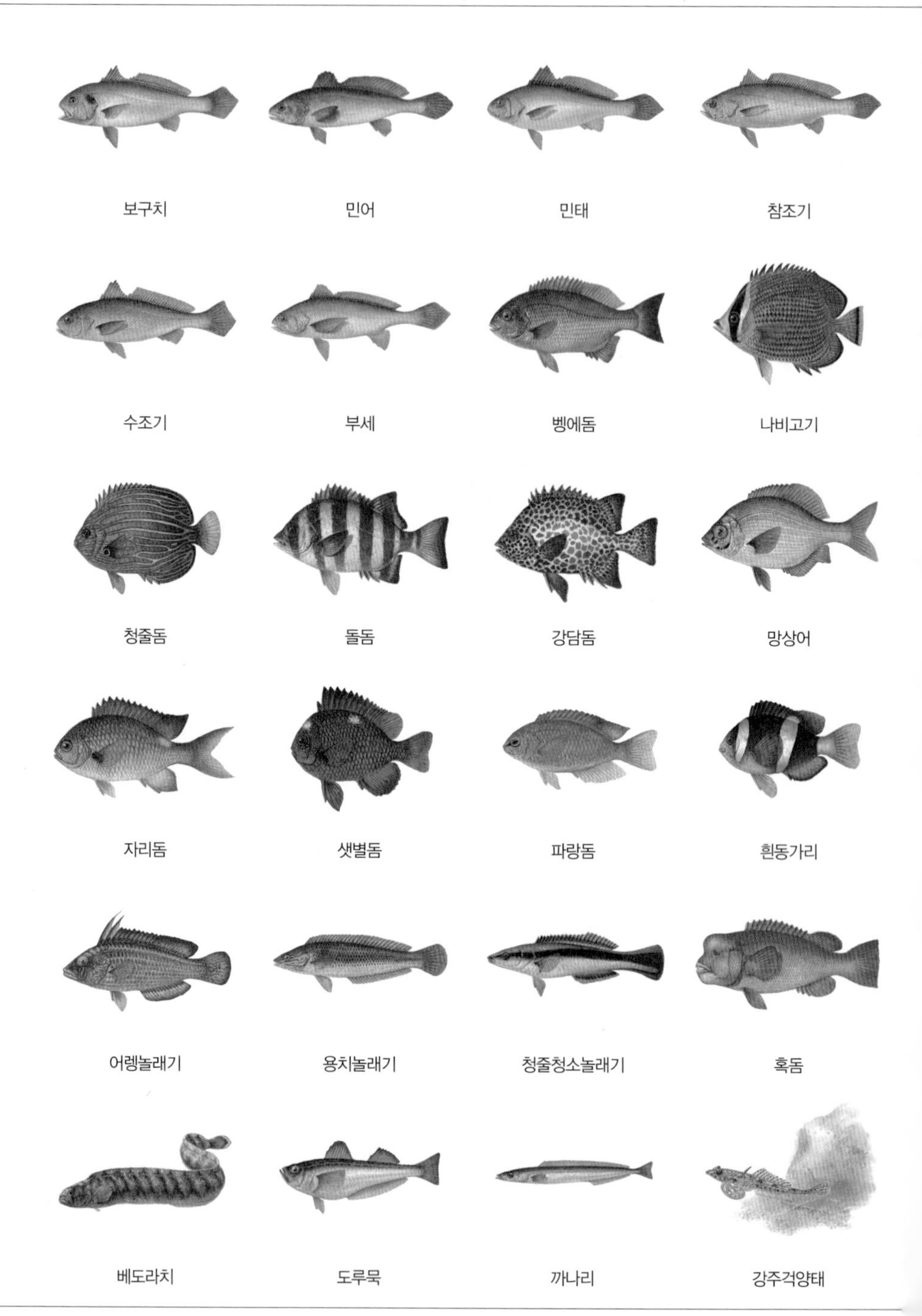
보구치
민어
민태
참조기
수조기
부세
벵에돔
나비고기
청줄돔
돌돔
강담돔
망상어
자리돔
샛별돔
파랑돔
흰동가리
어렝놀래기
용치놀래기
청줄청소놀래기
혹돔
베도라치
도루묵
까나리
강주걱양태

좀구굴치
동사리
얼록동사리
문절망둑
짱뚱어
꾹저구
날망둑
미끈망둑
모치망둑
말뚝망둥어
밀어
갈문망둑
풀망둑
민물검정망둑
민물두줄망둑
독가시치
깃대돔
갈치
분장어
고등어
삼치
줄삼치
가다랑어
참다랑어

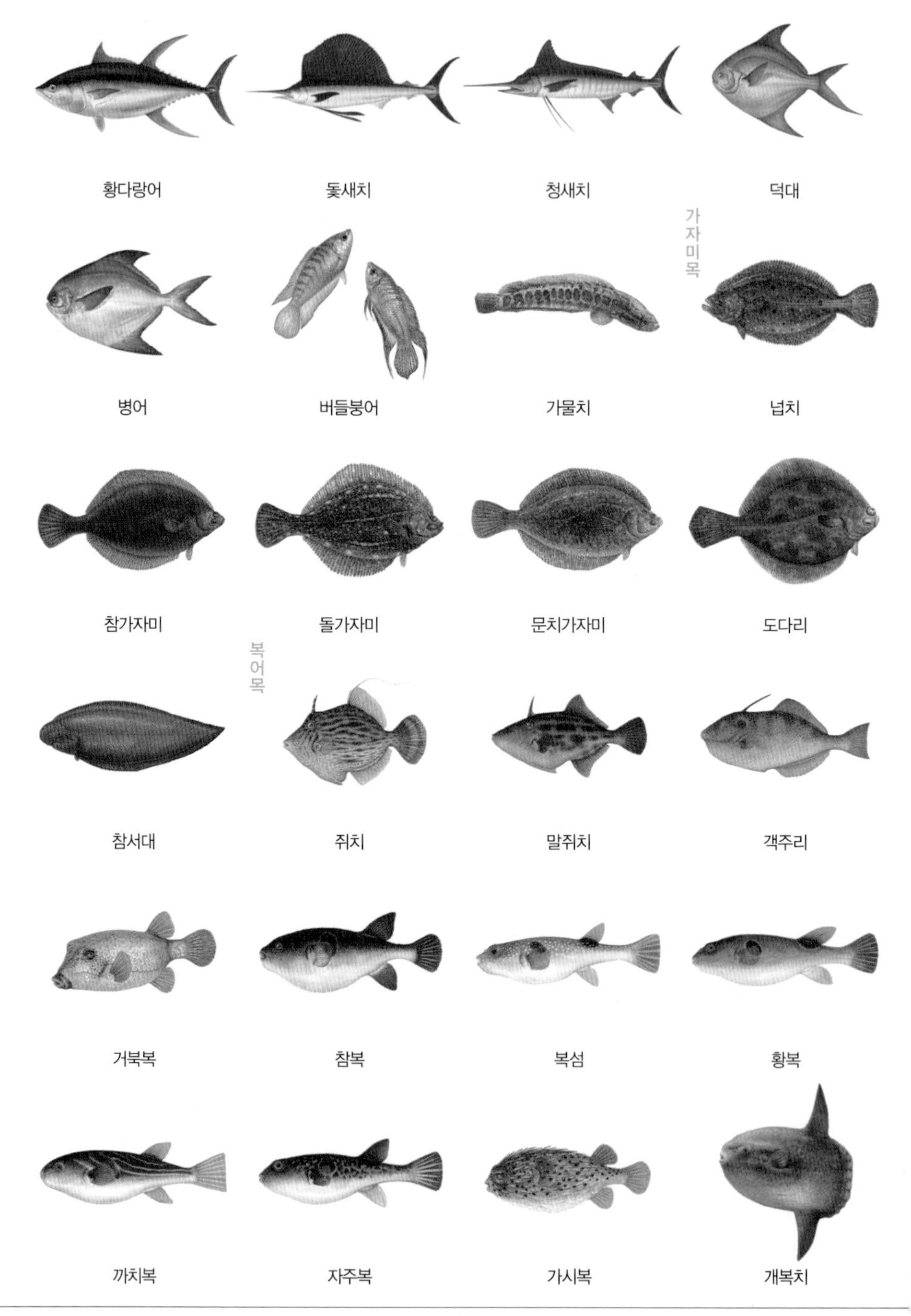
황다랑어
돛새치
청새치
덕대
가자미목
병어
버들붕어
가물치
넙치
참가자미
돌가자미
문치가자미
도다리
복어목
참서대
쥐치
말쥐치
객주리
거북복
참복
복섬
황복
까치복
자주복
가시복
개복치

양서류

유미목

도롱뇽  | 제주도롱뇽  | 한국꼬리치레도롱뇽  | 이끼도롱뇽

무미목

무당개구리  | 두꺼비  | 물두꺼비  | 청개구리

맹꽁이  | 산개구리  | 한국산개구리  | 계곡산개구리

금개구리  | 참개구리  | 옴개구리  | 황소개구리

파충류

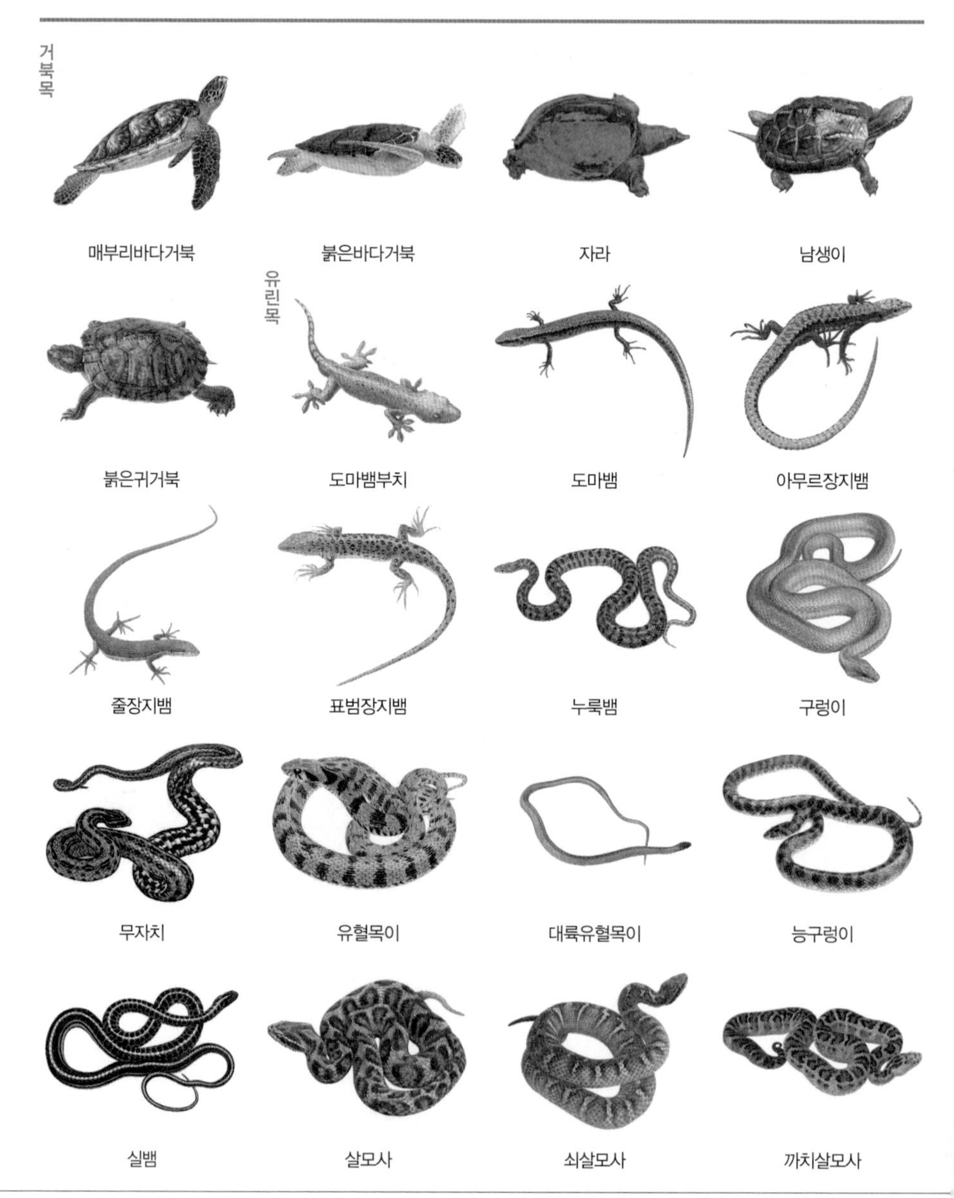

매부리바다거북 붉은바다거북 자라 남생이

붉은귀거북 도마뱀부치 도마뱀 아무르장지뱀

줄장지뱀 표범장지뱀 누룩뱀 구렁이

무자치 유혈목이 대륙유혈목이 능구렁이

실뱀 살모사 쇠살모사 까치살모사

조류

기러기목

개리

거위

쇠기러기

큰기러기

고니

큰고니

혹고니

흰뺨오리

비오리

혹부리오리

흰죽지

댕기흰죽지

가창오리

흰뺨검둥오리

집오리

고방오리

청둥오리

원앙

닭목

메추라기

꿩

논병아리목
비둘기목
닭
논병아리
뿔논병아리
멧비둘기
쏙독새목
두견목
염주비둘기
쏙독새
뻐꾸기
벙어리뻐꾸기
두루미목
두견
뜸부기
물닭
두루미
아비목
황새목
재두루미
흑두루미
아비
황새
덤불해오라기
흰날개해오라기
해오라기
황로
왜가리
중대백로
쇠백로
노랑부리백로

사다새목
저어새
노랑부리저어새
따오기
가마우지
도요목
검은머리물떼새
뒷부리장다리물떼새
장다리물떼새
개꿩
검은가슴물떼새
흰물떼새
꼬마물떼새
흰목물떼새
댕기물떼새
마도요
알락꼬리마도요
좀도요
민물도요
꺅도요
삑삑도요
쇠청다리도요
알락도요
청다리도요
검은머리갈매기
붉은부리갈매기

괭이갈매기
재갈매기
제비갈매기
쇠제비갈매기
매목
물수리
독수리
참매
솔개
말똥가리
매
황조롱이
올빼미목
솔부엉이
소쩍새
올빼미
쇠부엉이
수리부엉이
딱따구리목
청딱따구리
크낙새
쇠딱따구리
오색딱따구리
큰오색딱따구리
파랑새목
후투티
파랑새
물총새

참새목
호반새
청호반새
꾀꼬리
굴뚝새
어치
까치
까마귀
큰부리까마귀
참새
노랑할미새
알락할미새
되새
콩새
밀화부리
양진이
긴꼬리홍양진이
멋쟁이
솔잣새
방울새
검은머리방울새
멧새
노랑턱멧새
촉새
박새

쇠박새
진박새
곤줄박이
종다리
뿔종다리
개개비
휘파람새
산솔새
귀제비
제비
직박구리
검은이마직박구리
오목눈이
붉은머리오목눈이
동박새
상모솔새
홍여새
황여새
동고비
찌르레기
물까마귀
큰유리새
꼬까울새
울새

유리딱새 흰눈썹황금새 딱새 바다직박구리

개똥지빠귀 노랑지빠귀 흰배지빠귀 호랑지빠귀

포유류

멧토끼 집토끼 고슴도치 우수리땃쥐

두더지 집박쥐 반달가슴곰 불곰

수달 담비 오소리 족제비

무산쇠족제비
고양이
삵
표범
호랑이
스라소니
개
너구리
늑대
승냥이
여우
물개
기제목
바다사자
큰바다사자
점박이물범
말
우제목
멧돼지
돼지
사향노루
고라니
노루
말사슴
대륙사슴
산양

고래목
소
염소
흰긴수염고래
쇠고래
설치목
참돌고래
상괭이
하늘다람쥐
청설모
다람쥐
집쥐
멧밭쥐
등줄쥐
흰넓적다리붉은쥐

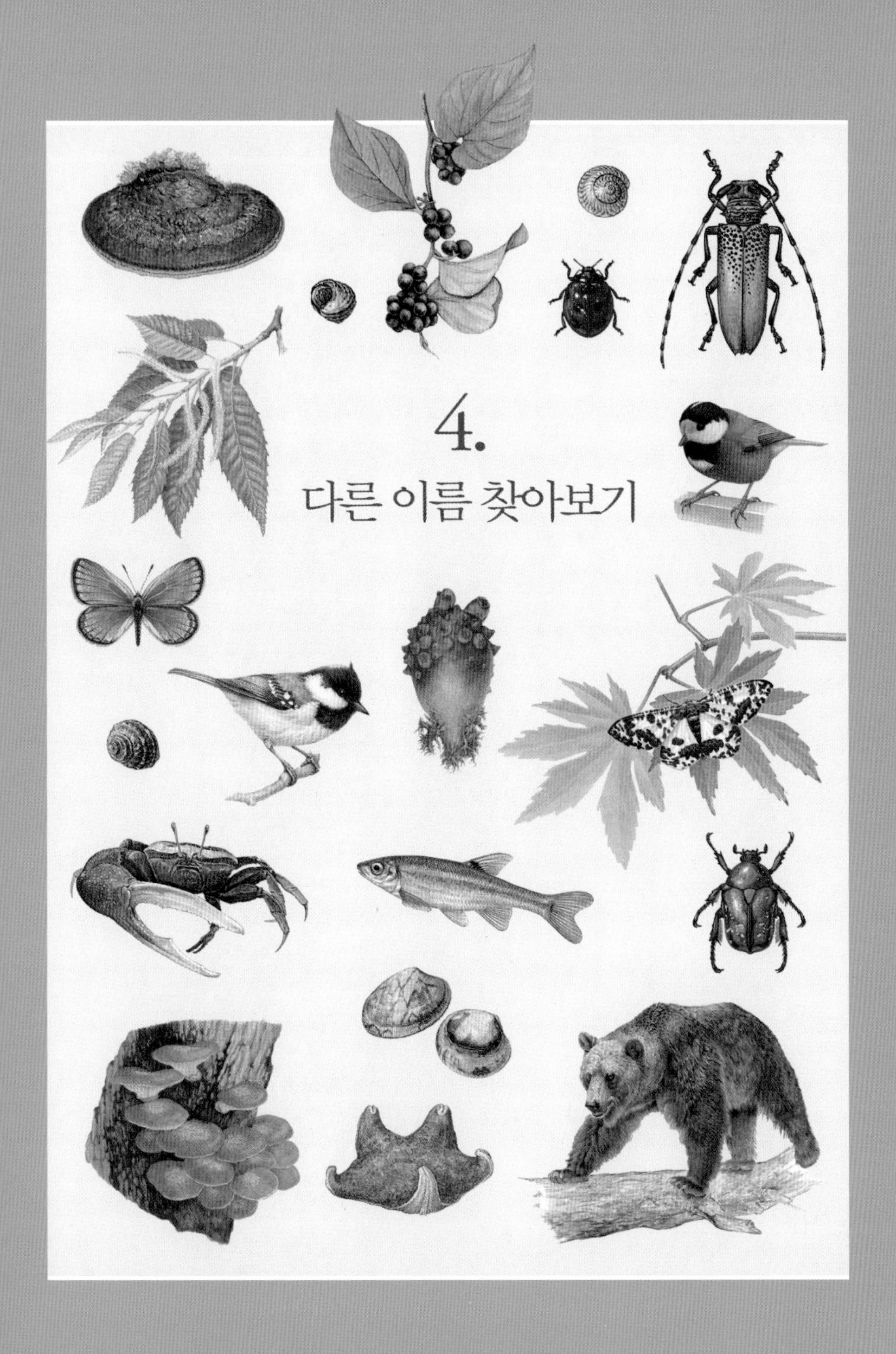
4.
다른 이름 찾아보기

다른 이름 찾아보기

가

나

다

라

마

바

사

아

자

차

타

파

영어 이름 찾아보기

A

B

C

D

F

G

H

I

J

K

L

M

N

Q

R

S

Y

1